MATLAB을 이용한

디지털 신호 처리 제4판

Digital Signal Processing Using MATLAB®: A Problem Solving Companion, International Edition, 4th Edition

Vinay K. Ingle
John G. Proakis

Original edition © 2017 Cengage Engineering, a part of Cengage Learning.
Digital Signal Processing Using MATLAB®: A Problem Solving Companion, International Edition, 4th Edition by Vinay K. Ingle and John G. Proakis
ISBN: 9781305637535

This edition is translated by license from Cengage Engineering a part of Cengage Learning, for sale in Korea only.

ISBN-13: 979-11-5971-148-0

Cengage Learning Korea Ltd.
14F YTN Newsquare 76 Sangamsan-ro
Mapo-gu Seoul 03926 Korea
Tel: (82) 2 1533 7053
Fax: (82) 2 330 7001

Cengage is a leading provider of customized learning solutions with employees residing in nearly 40 different countries and sales in more than 125 countries around the world. Find your local representative at: **www.cengage.com**.

To learn more about Cengage Solutions, visit **www.cengageasia.com**.

Printed in Korea
Print Number: 02 Print Year: 2023

MATLAB을 이용한

디지털 신호처리 4판

Vinay K. Ingle · John G. Proakis 지음
권욱현 · 백준기 · 양연모 옮김

북스힐
Cengage
Australia • Brazil • Canada • Mexico • Singapore • United Kingdom • United States

옮긴이 소개

권욱현

학력 · 경력

1962~1966 서울대학교 공과대학 전기공학 학사
1972~1975 미국 브라운대학교 박사
1977~2008 서울대학교 공과대학 전기정보공학부 교수
2008~현재 서울대학교 명예교수
2010~2014 DGIST 석좌교수 2015년 이후 초빙석좌교수
2005~2008 국제자동제어연맹(IFAC) 회장
2007 대한민국최고과학기술인상 수상

양연모

학력 · 경력

1989 한국과학기술원(KAIST), 전기 및 전자공학 학사
2005 광주과학기술원(GIST), 정보기전공학 박사
1995 LG 산전,정밀 선임연구원
2005 노스캐롤라이나 주립대학 박사후 연구원(Post Doc.)
2006 대구경북과학기술원(DGIST) 과제책임자(PL)
2008 금오공과대학교 전자공학부 교수

백준기

학력 · 경력

1984 서울대학교 공과대학 제어계측공학과 공학사
1987 Northwestern University 전기 및 컴퓨터공학과 공학석사
1990 Northwestern University 전기 및 컴퓨터공학과 공학박사
1990~1993 삼성전자 반도체부문 선임연구원
1993~1997 삼성전자 기술고문
1993~ 현재 중앙대학교 교수
2005~2007, 2013~2016 중앙대학교 첨단영상대학원장

MATLAB을 이용한 **디지털 신호 처리** -제4판-
Digital Signal Processing Using MATLAB®
A Problem Solving Companion, 4th Edition

제4판 1쇄 발행 | 2018년 7월 25일
제4판 2쇄 발행 | 2023년 5월 30일

지은이 | Vinay K. Ingle, John G. Proakis
옮긴이 | 권욱현 · 백준기 · 양연모
발행인 | 조승식
발행처 | ㈜도서출판 북스힐
등록번호 | 22-457호(1998년 7월 28일)
주 소 | 서울시 강북구 한천로 153길 17
전 화 | 02) 994-0071
팩 스 | 02) 994-0073
이메일 | bookshill@bookshill.com
홈페이지 | www.bookshill.com

ISBN: 979-11-5971-148-0

값 42,000원

PREFACE

옮긴이 머리말

디지털 신호 처리는 공학에서 매우 중요한 부분으로, 그 중요성과 활용도가 점차 커지고 있다. 그리고 응용 분야는 각종 가전 및 모바일 기기, 건강 관리, 우주 국방 분야, 로봇 비전 및 생산 분야, 안전 시스템 등 실로 다양하다. 따라서 국내 대부분의 전기 및 전자공학 학부 과정에서 필수 과목으로 가르치고 있으며, 그 밖의 학문 분야에서도 선택적으로 많이 가르치고 있다.

이 책은 실제 응용할 때 생기는 복잡한 계산을 MATLAB을 사용하여 용이하게 직접 풀어봄으로써 구체적이고 실용적인 기술을 몸에 익히게 하기 때문에 교육에 많이 활용되고 있다.

원저자가 이 개정판의 개요를 머리말에서 지적했으니 읽어보기 바라며 여기서 재론하지 않는다.

원저자인 Ingle과 Proakis가 본 교재를 집필할 때 다른 이론 중심 교재를 참조할 수 있다는 전제하에 자세한 이론 설명이나 증명을 생략하고 MATLAB을 사용하여 예제 중심의 실습을 통해 학습할 수 있도록 했다. 따라서 이 책을 주 교재로 사용하여 디지털 신호 처리를 배울 때 이론을 깊이 있게 다루는 다른 부 교재가 필요해진다. 다른 교재는 기호도 다르고 내용의 연속성이 부족하여 어떤 책을 선정할지 어렵고 또한 추가로 책을 더 구입해야 하는 부담이 따른다. 따라서 이 역서에서는 Ingle과 Proakis의 원서 내용을 전부 포함하고 원서에 생략한 이론 설명 및 증명을 추가했다. 따라서 추가적인 참고서 없이 이 역서 한 권만으로 디지털 신호 처리의 이론과 실용적인 기술을 배울 수 있다. 이론의 설명이나 증명이 필요치 않으면 그 부분을 생략하고 읽기 바란다. 그러면 원서와 동일할 것이다. 책 마지막의 역서비교표를 참조하기 바란다. 이 역서에서 추가한 이론 설명과 내용은 다음과 같다.

2장 '이산 시간 신호 및 시스템'에서는 2.1.1절에서 복소수 지수 신호에 대한 설명을 약간 추가했다. 2.2.1절에서 선형 시스템의 안정도에 대한 정리의 증명을 추가했다. 2.3절에서 콘볼루션의 계산 절차와 세 가지 특성을 추가했다. 2.4절에서 차분 방정식의 해를 자세히 설명한 내용을 추가했다.

3장 '이산 시간 푸리에 해석'에서는 3.1절에서 역 이산 시간 푸리에 변환의 유도 과정과 복소 함수 설명을 추가했다. 푸리에 변환의 각종 특성에 관한 증명과 샘플링 정리에 관한 증명도 추가했다. 3.1.1절에서 주기성과 대칭성의 증명을 추가했다. 3.2절에서 이산 시간 푸리에 변환의 모든 성질에 증명을 추가했으며, 주파수 영역의 미분과 파시발의 정리를 추가했다. 3.4.1절에서 샘플링 정리의 증명을 추가했다.

4장 'z-변환'에서는 4.1절에서 극형식과 수렴 영역에 관한 내용을 추가했다. 4.2절에서 z-변환의 모든 성질에 증명을 추가했다. 그리고 초기치 정리와 피시발의 정리를 추가했으며, 표 4.1을 추가하여 그 특성을 정리해두었다. 4.3절에서 역변환의 공식 유도를 추가했다. 4.4.5절에서 z-영역 안정성 이론인 정리 2와 3의 증명을 추가했다. 4.5절에서 편측 z-변환의 성질을 일부 추가했고, 시간 앞섬 신호의 이동 성질도 포함했다.

5장 '이산 푸리에 변환'에서는 5.1절에서 이산 푸리에 급수 계수에 관한 내용을 일부 추가했고, 5.1.4절은 전부 추가된 내용으로 이산 푸리에 급수의 상세한 성질과 유도 과정을 설명했으며 이를 표 5.1에 나타내었다. 5.4절에서 이산 푸리에 변환 특성을 요약한 표 5.2를 추가했다. 5.5.2절에서 블록 콘벌루션을 위한 중첩 보류법 설명을 추가했으며, 중첩 가산법과 중첩 보류법을 도시화한 그림 5.19과 그림 5.20을 추가했다. 5.6.5절은 전부 추가한 내용으로, 주파수 데시메이션 알고리즘을 설명하고 그림 5.24를 추가하였다.

6장 '이산 시간 필터의 구현'에서는 6.2.1절에서 직접형 구조에 대한 설명을 약간 추가했으며, 6.3.5절에서 선형 위상형 필터의 성질에 관한 설명을 추가했다. 6.3.7절에 주파수 샘플링형 필터 구조의 원리에 관한 설명을 추가했다.

7장 'FIR 필터 설계'에서는 7.2.4절에서 영점 위치에 관한 설명을 추가했고, 7.5.3절에서는 팍스-맥클레란 알고리즘 설명을 더 추가했다.

8장 'IIR 필터 설계'에서는 8.4.3절에서 쌍일차 변환에 관해 더 상세한 내용을 추가했다.

4판에서 추가한 13~15장은 디지털신호처리의 고급 내용이다. 원서에서는 책의 크기와 가격을 줄이기 위하여 이 책의 강사 웹사이트에서 제공하고 있으나 이 번역서에서는 독자가 쉽게 이용할 수 있도록 전부 이 책에 포함시켰다.

이 책에서는 세계적으로 널리 사용되는 MATLAB을 사용하여 예제 풀이를 하고 있으며 이와 관련된 웹사이트가 원저자의 머리말에 소개되어 있다. 이 책에 실린 예제들은 국산 범용 패키지인 CEMTOOL을 통해서도 그 해답을 구할 수 있으며 소프트웨어와 매뉴얼을 www.cemware.com 이나 www.cemtool.co.kr에서 무료로 다운로드 받아 사용할 수 있다. 또한 국산 온라인 패키지인 MathFreeOn을 통해서도 해답을 구할 수 있으며 www.mathfreeon.com 에서 사용할 수 있다.

아무쪼록 이 책이 이 분야를 전공하는 학생들에게 큰 도움이 되기를 바란다. 끝으로 새로운 개정판 발간에 도움을 준 출판사 관계자 분들께도 감사 드린다.

2018년
역 자

PREFACE

머리말

1980년대 초반부터 컴퓨터 기술이 혁명적으로 발전했고 사용하기 쉬운 응용 제품이 폭발적으로 급증했다. 이러한 혁명은 오늘날 값비싼 워크스테이션의 성능에 비견되는 저렴한 노트북 컴퓨터 시스템을 이용하여 여전히 계속되고 있다. 이러한 뛰어난 혁명적인 기술은 좀 더 좋은 학습을 위해 교육에 효과적으로 이용되어야 한다. 디지털 신호 처리에 관한 이 문제 풀이 책은 그러한 기술을 사용하여 교육 효과를 높이고 있다. 4판에서는 최적 및 적응필터와 같은 고급 디지털신호처리 토픽에 전통적 교육과 MATLAB®에 기초한 학습을 결합하는 혁신적인 접근을 계속했다.

신호 처리를 가르치는 방법은 수년간에 걸쳐, 단지 강의만을 하는 형식으로부터 실용적인 주제를 디지털 신호 처리 하드웨어를 이용하여 강의와 실험이 통합되는 환경으로 변화해왔다. 한편 디지털 신호 처리를 효과적으로 가르치기 위해 강의는 컴퓨터에 기초하여 설명하고, 예제 및 연습문제를 광범위하게 다루어야 한다. 지난 몇 년간, 매스웍스(MathWorks)사가 개발한 MATLAB 소프트웨어는 신호 처리 분야에서 대표적인 수치 계산 방법으로 사용되어 왔으며, 알고리즘 개발에 있어서도 기본 도구로 사용되어 왔다. 이러한 발전에는 여러 가지 이유가 있으나, 가장 중요한 것은 MATLAB이 거의 모든 컴퓨터에서 사용 가능하다는 점이다. 이 책에서는 MATLAB과 전통적인 디지털 신호 처리 주제를 결합함으로써 어려운 주제를 연구하고 직관을 얻기 위한 문제를 풀 수 있도록 했다. 디지털 신호 처리에서는 복잡한 문제의 해와 설계 알고리즘을 구할 때 상당한 계산이 필요하다. 이런 경우에 MATLAB은 여러 가지 경우를 쉽게 테스트할 수 있는 편리한 도구로 사용될 수 있으며 이러한 방법을 사용하여 학습 효과를 높이도록 했다.

이 책의 범위

이 책은 학사과정 4학년 또는 대학원과정 1학년을 대상으로 한 디지털신호처리 문제 해결 참고교재로 사용할 수 있다. 독자가 MATLAB의 기초적인 내용을 알고 있다고 가정하고 있지만, 1장에서 MATLAB을 간단히 소개하고 있다. 또한 훌륭한 교재들이 이미 시중에 많이 나와 있기 때문에 이 책은 교재로 쓸 목적으로 저술한 것이 아니다. 다만 설명이 일관성이 있고, 논리적이고 즐겁도록 MATLAB의 함수와 예제를 심층적으로 검토하는 데 초점을 맞추었다. 따라서 이 책은 디지털 신호 처리에 관심이 있는 사람들이 자습서로 사용할 수 있다.

이번 개정판의 새로운 내용

- 새로운 13장에서 확률 변수와 대역통과 과정을 포함한 확률 과정을 검토한다. MATLAB 예제를 많이 사용하여 이들 주제를 이해하기 쉽도록 한다
- 새로운 14장에서 대학원 공부를 준비하는 학생을 위하여 선형 예측과 최적 (혹은 위너) 필터를 논의한다.
- 새로운 15장에서 적응필터의 이론과 응용을 다룬다. 이 장은 쉽게 이해할 수 있는 LMS 과 RLS 알고리즘을 다룬다. 시스템식별, 반향(echo), 잡음 제거 및 적응 배열(array)를 포함하여 다양한 실용 예제를 다룬다.
- 보다 논리적인 정보 제시를 위하여 격자/사다리 필터는 6장에서 14장으로 이동하여 다루었다.
- 모든 MATLAB 함수와 스크립트(script)를 테스트하고 갱신하여 MATLAB-2014b 이후 버전이 수행할 수 있도록 하였다. 비슷하게, 더 나은 그래프 요소를 사용하여 모든 MATLAB 플롯을 다시 만들었다.
- 모양이 일정하게 보이도록 하고 불필요한 인쇄를 감소시키기 위하여 플롯 명령어를 활용하여 다수의 MATLAB 스크립트를 조정하였다. 또한 모든 스크리프와 함수가 이 책의 웹사이트에서 전부 이용 가능하도록 하였다

이 책의 구성

이 책의 1~10장까지는 디지털 신호 처리의 개론에서 전통적으로 다루는 내용이다. 11장 및 12장에서는 MATLAB을 이용한 프로젝트 위주로 디지털 신호 처리에서의 응용을 다루었다. 마지막 13~15장은 디지털신호처리의 고급 내용이며 대학원 과정에서 다룰 수 있다. 책의 크기와 가격을 줄이기 위하여 마지막 3장은 이 책의 강사 웹사이트에서 제공하고 있으며 이들을 구할 수 있는 방법을 다음 절에서 설명하기로 한다. 각 장에 대한 설명은 다음과 같다.

- 1장 '서론': 신호 처리를 설명하고 악음 처리, 반향 발생, 반향 제거 및 디지털 잔향(reverberation) 등 디지털 신호 처리의 여러 가지 응용을 제시한다. MATLAB에 대한 간단한 설명도 제공할 것이다.
- 2장 '이산 시간 신호 및 시스템': 시간 영역에서의 이산 시간 신호 및 시스템을 설명하고,

MATLAB 함수의 적절한 사용을 보여준다.

- 3장 '이산 시간 푸리에 해석': 주파수 영역에서의 이산 시간 신호 및 시스템에 대한 표현을 배워본다. 또한 아날로그 신호의 샘플링과 복원에 대해서도 설명한다.
- 4장 'z-변환': 복소 주파수 영역에서의 신호 및 시스템의 표현에 대해 설명한다. 또한 z-변환을 해석하고, 역 z-변환을 구하기 위한 MATLAB 기법을 소개한다. 그리고 z-변환과 MATLAB을 이용한 차분 방정식의 해도 제공할 것이다.
- 5장 '이산 푸리에 변환': 푸리에 변환과 그 효율적인 구현을 다룬다. 이산 푸리에 급수를 이용하여 이산 푸리에 변환을 소개하고, 이산 푸리에 변환과 관련된 몇 가지 성질을 MATLAB을 사용하여 보여준다. 또한 고속 콘벌루션 및 고속 푸리에 변환과 관련된 주제를 충분히 논의할 것이다.
- 6장 '이산 시간 필터의 구현': 디지털 필터 구현을 위한 여러 기본 구조를 다룬다. 몇 가지 유용한 MATLAB 함수가 이런 구조를 결정하고 구현하기 위해 개발되었다. 여러 가지 필터 구조를 고려하는 데 추가하여 유한 정밀도를 갖는 연산을 사용하여 IIR 필터나 FIR 필터를 구현할 때 일어나는 양자화 영향을 다루기로 한다.
- 7장 'FIR 필터 설계': 7장과 8장에서는 디지털 필터 설계의 중요한 내용을 다룬다. FIR 필터를 설계하는 데 사용되는 세 가지 주요 기법(창함수 설계, 주파수 샘플링 설계, 등리플 필터 설계)을 소개할 것이다. 이 기법에 대한 예제들이 MATLAB을 이용하여 제공된다.
- 8장 'IIR 필터 설계': IIR 필터 설계에 관한 기법을 다룬다. 기본적인 필터 형태를 먼저 다루는데 디지털 공진기, 노치 필터, 빗살형 필터, 전역통과 필터, 디지털 정현파 발진기 등이다. 그리고 널리 사용되고 있는 세 가지 아날로그 필터의 특성을 간단히 다룬다. 이러한 원형 아날로그 필터를 다른 주파수 선택적인 디지털 필터로 변화하기 위한 변환 기법을 알아본다. 마지막으로, MATLAB을 사용하여 여러 IIR 필터를 설계할 것이다.
- 9장 '샘플링률 변환': 디지털 신호 처리에서 샘플링률 변환에 관한 중요한 문제를 다룬다. 정수배 데시메이션 및 보간, 유리수를 이용한 샘플링률 변환, 샘플링률 변환을 위한 필터 구조에 대한 논의가 여기에 포함된다.
- 10장 '디지털 필터에서의 반올림 영향': 이 장에서는 신호 처리의 필터링 관점에서 유한 정밀도 산술의 영향에 초점을 둔다. 아날로그-디지털 변환에서 생기는 양자화 잡음을 통계적으로 다뤄보고, 유한 정밀도 곱셈 및 덧셈에서의 양자화 영향도 통계적으로 모델화한다. 필터 출력에서 이러한 오차의 영향은 한계 순환이라 부르는 상관되어 있는 오차와, 반올림 잡음이라 부르는 상관되어 있지 않은 오차로 다루어진다.
- 11장 '적응 필터에의 응용': 11장과 12장에서는 MATLAB을 이용한 과제를 제공한다. 시스템 식별과 간섭 억제, 협대역 주파수 강화 및 적응 동기화에 대한 과제를 통해 적응 FIR 필터의 이론 및 구현을 다룰 것이다.

- 12장 '통신에의 응용': 파형 표현과 부호화 그리고 디지털 통신에 대해 다룬다. 펄스 부호 변조(PCM), 차동 펄스 부호 변조(DPCM), 적응 차동 펄스 부호 변조(ADPCM), 델타 변조(DM), 적응 델타 변조(ADM), 선형 예측 부호화, 복합 주파수 부호(DTMF) 신호의 생성과 검출 그리고 이진 통신 및 확산 스펙트럼 통신에서의 신호 검출 응용에 대해 알아볼 것이다.
- 13장 확률 과정: 이 장은 이 책의 웹사이트에서 온라인으로 이용할 수 있는 세 장 가운데 첫 번째 장이다.

  이 장에서는 파형 변화를 모델 할 수 있는 확률신호의 해석적 개념을 간단히 검토하고 확률신호에 대한 선형필터의 반응을 계산하는 기법을 제공한다. 확률 함수 와 통계적 평균값 을 처음 정의하고 확률변수 쌍에 대하여 계속하여 정의한다. 이 개념들이 2차 통계학 면에서 확률신호에 확장되며 그리고 이어서 정상 및 에르고딕(ergodic) 과정, 상관(correlation)함수, 및 전력스펙트럼을 탐구한다. 시간 및 주파수 영역에서 확률신호가 시불변(LTI) 시스템을 통하여 처리되는 데 이 이론을 사용할 것이다. 마지막으로 가우스 과정, 마르코프 과정, 백색잡음 과 필터된 잡음 과정 등 일부 대표적인 확률과정을 논의한다.
- 14장 선형 예측과 최적 선형 필터: 이 장에서는 통계적 관점에서 최적 필터 설계 문제를 다룬다. 이들 필터는 선형이라는 구속조건을 가지며 최적판정기준은 평균제곱오차(mean square error)의 최소화에 기반을 두고 있다. 선형 예측으로 최적필터의 설계를 논의하며 음성신호처리, 영상처리 및 통신시스템에서의 잡음 억제에 응용된다. 이 설계 기법은 특수한 대칭성을 갖고 있는 선형 방정식 집합의 해가 필요하게 된다. 레빈슨-더빈(Levinson-Durbin)과 슈어(Schur) 알고리즘이라는 두 가지 알고리즘을 제시하며, 대칭성질을 활용하여 계산적으로 효율적인 절차를 통하여 해를 얻는다. 이장의 마지막 절은 위너 필터라고 불리는 중요한 최적 필터를 다루며 추가적인 잡음으로 손상된 신호를 추정하는데 관련된 많은 응용에 광범위하게 사용된다.
- 15장 적응 필터: 알려져 있지 않거나 혹은 변화하는 통계치 때문에 필터 계수를 미리 설계하지 못하는 경우에 응용 될 수 있는 것으로, 조절할 수 있는 계수를 갖고 있는 적응 필터에 중점을 두고 있다. 잡음이나 다른 간섭으로 손상된 신호의 추정에서 적응 필터가 성공적으로 사용되고 있는 여러 실제적인 응용부터 시작한다. 적응 필터는 필터 계수가 신호 통계치 변화에 대응하여 적응하도록 하는 알고리즘을 갖고 있다. 두 가지 기본적인 알고리즘으로 최소평균제곱(LMS) 알고리즘과 재귀최소제곱(RLS) 알고리즘 들을 논의한다. 최소평균제곱(LMS)알고리즘은 계수를 정하는데 경사 최적에 기초하고 있다.

온라인 자료에 대하여

이 책은 우리가 MATLAB에 기초하여 학사과정 디지털 신호 처리 강좌를 수년간 가르치면서 나온 결과물이다. 이 책에서 논의되고 있는 많은 MATLAB 함수가 이 강좌에서 개발되었다. 이 함수들은 DSPUM_v4 라고 부르는 도구상자(toolbox)에 모아져 있으며, 이 책자와 연계된 센게이지러닝 코리아 홈페이지(www.cengage.co.kr) 자료실에서 구할 수 있다. 이 책의 많은 예제가 MATLAB 코드를 포함하고 있다. 마찬가지로 MATLAB 그래프도 코드를 사용하여 생성되었다. 이 모든 코드는 학생과 강사에게 도움이 되도록 연관 웹사이트에서 구할 수 있도록 했다. 학생들은 MATLAB을 통해 디지털 신호 처리에 관한 통찰력을 얻기 위해 코드들을 공부해야 한다. 이 책의 함수 및 예제 코드에 대해서 어떠한 의견이나 교정을 제안하거나 또는 더 간단한 방법을 제시해주길 바란다. 연습문제의 해답과 관련된 코드 파일은 이 책을 채택한 강사들에게 연관된 웹사이트를 통해 얻을 수 있다. 책과 연계된 웹사이트나 추가된 코스자료에 접속하려면 먼저 센게이지 출판사를 통해 강사 인증을 받아야 한다.

책과 연계된 웹사이트나 추가된 코스자료에 접속하려면 www.cengage.com/login를 방문하기 바란다. 로그인 한 후 꼭대기에 있는 검색창을 사용하여 책의 ISBN(책 뒤표지 참조)을 입력하면 자료를 확인할 수 있다.

MATLAB에 대한 추가 정보와 관련된 출판물은 아래에서 구할 수 있다.

The MathWorks, Inc.
24 Prime Park Way
Natick, MA 01760-1500
Phone: (508) 647-7000 Fax: (508) 647-7001
E-mail: info@mathworks.com
WWW: http://www.mathworks.com

감사의 글

MATLAB을 이용하여 교육하도록 토론의 장을 제공한 노스이스턴대학교의 많은 학생에게 감사를 표한다. 이들이 이 책에 사용된 효율적인 MATLAB 함수를 개발하는 데 기여했다. 또한 원판 책을 검토해 준 캘리포니아(로스앤젤레스)대학교의 Abeer A. H. Alwan, 가톨릭대학교의 Steven Chin 그리고 노스캐롤라이나주립대학교의 Joel Trussel 등에게도 도움을 받았는데, 그들의 건설적인 비평으로 인해 더 좋은 책을 집필할 수 있었다. 다음 분들은 개정판 책을 꼼꼼히 검토하면서 많은 격려와 조언을 주었다: 페어리디킨슨대학교의 Jyotsna Bapat, 캘

리포니아주립공과대학교의 David Clark, 텍사스(샌안토니오)대학교의 Artyom Grigoryan, 플로리다대학교의 Tao Li, 텍사스 A & M 대학교의 Zixiang Xiong 등이다. 이분들께 깊은 감사를 드린다. 2판을 사용하면서 페어리디킨슨대학교의 Kalyan Mondal, 텍사스(샌안토니오)대학교의 Artyom M. Grigoryan, 펜실베이니아주립대학교의 A. David Salvia, 웨스트버지니아대학교의 Matthew Valenti, 영국 사우샘프턴대학교의 Christopher J. James 등이 여러 가지 새로운 제안과 수정 보완 내용을 제공했으며 이것이 3판에 이르게 되었다. 끝으로 4판은 센트럴 플로리다 대학의 Wasfy B. Mikhael, 스티븐 공과대학의 hongbin Li, 뉴멕시코 주립대학의 Roert Paz 그리고 Gammon 대학의 Ramakrishnan Sundaram 등이 보낸 건설적인 피드백과 코멘트가 동기가 되었다. 이분들에게도 감사를 드린다.

또한 이 기회에 센게이지 출판사 관계자 여러분께 감사를 전한다. 이분들이 없었다면 이번 개정 작업은 불가능했을 것이다. 센게이지 회사에서 범세계 공학 출판 프로그램을 담당하고 있는 생산 책임자인 Thimothy Anderson가 4판을 격려하여 주신데 감사를 드린다. 미디어 조원인 Ashley Kaupert가 수정에 참여하고 개발부터 생산까지 4판을 도와주었다. 그들의 끊임없는 추진력이 없었다면 시간에 맞추어 일을 마무리할 수 없었을 것이다. 내용 기획 책임매니저인 Jennifer Risden가 책의 제작 과정을 감독하였다. 그들의 전문가적인 도움에 감사를 드린다. 마지막으로 부지런하게 편집하여 준 Richard Camp와 이 4판에 도움을 주신 센게이지 여러분의 노고에 감사를 드린다.

Vinay K. Ingle
John G. Proakis
보스턴, 매사추세츠

CONTENTS

차례

서론 01 chapter

지난 수십 년 동안 디지털 신호 처리(DSP: digital signal processing) 분야는 이론적으로나 기술적으로 모두 중요해졌다. 산업 분야에서 이렇게 성공한 원인은 값싼 소프트웨어와 하드웨어가 개발되어 사용할 수 있었기 때문이다. 다양한 분야의 새로운 기술과 응용은 DSP 알고리즘을 필요로 하게 되었으며, 이 때문에 DSP의 배경지식을 갖춘 전기공학자에 대한 수요가 많아지는 추세이다. 따라서 DSP는 전기공학 교과 과정의 필수적인 부분으로 지정되고 있다.

30 년 전에는 DSP를 소개하는 강좌가 주로 대학원에 있었다. 그 당시 필터 설계, 스펙트럼 추정 및 기타 DSP 관련 주제들은 메인프레임(mainframe) 혹은 미니(mini) 컴퓨터를 이용하여 실습했다. 그러나 지난 30년 동안 개인용 컴퓨터와 소프트웨어의 상당한 진전 때문에 DSP 강좌를 학사 과정에 도입하는 것이 가능해졌다. DSP의 응용은 주로 DSP 연산 처리기[36]나 소프트웨어로 구현되는 알고리즘들이기 때문에 상당히 많은 양의 프로그래밍이 필요하다. 그러나 MATLAB과 같은 대화형(interactive) 소프트웨어를 이용하면 프로그래밍 알고리즘 보다는 새롭고 어려운 개념들을 중점적으로 배우는 것이 가능하다. 흥미롭고 실용적인 예제들을 공부할 수 있고, 유용한 문제들을 연구할 수도 있다.

이런 경향 때문에 이 책에서는 DSP의 주제와 개념을 설명하는 데 MATLAB을 이용했다. 이 책은 [71, 79]과 같은 전통적인 교재와 함께 병행하여 사용할 수 있다. MATLAB은 많은 대학의 컴퓨터실에서 광범위하게 사용되며, 최근 저가의 학생용 버전이 교육용으로 사용되고 있기 때문에 이 책에서 다룰 프로그래밍 도구로서 적합하다고 본다. MATLAB은 문제를 연구하고 학습 과정을 돕는 다양한 기능을 제공하기 때문에 널리 사용되고 있다.

이 책은 학사 과정 학생들에게 재미있고 실용적인 DSP 분야를 소개하기 위해 개론 수준으로 쓰였다. 이 책은 전통적인 교과서와는 다르며, 특히 MATLAB을 이용한 문제 해결과 실제 경험에 더욱 많은 주의를 기울였다. 이 책은 MATLAB 지도서가 아니며, 독자들이 MATLAB에 익숙하다고 가정하고 있다. 이 책은 디지털 기술을 이용하여 실제 세계의 신호(아날로그 신호라고도 함)를 처리하는 데 필요한 기본적인 분석 도구들을 제공하고 있다. 대부분 이산 시간 신호 및 시스템을 다루며 시간 및 주파수 영역에서 분석한다. 필터라고 부르는 신호 처리 구조의 해석과 설계 및 스펙트럼 분석이 DSP에서 가장 중요한 부분이며, 이 책에서는 이 내용을 아주 자세히 다룬다. 비슷하게, 필터 성능뿐만 아니라 필터 출력에서 유한 단어 길이의 영향에 관한 주제 및 두 DSP 시스템 사이에서의 샘플링률 변환에 관한 주제도 실용적으로 아주 중요하다. 이 주제들도 이 책에서 자세하게 다룬다. 대학원에서 가르치는 고급주제들을 MATLAB에 기반하여 쉽게 배울 수 있다는 생각으로 확률 신호, 선형 예측, 최적 필터 및 적응 필터 등과 같은 통계 및 적응 신호처리 분야에 관한 내용도 포함하였다.

이 장에서 간단히 DSP와 MATLAB을 설명하기로 한다.

1.1 디지털 신호 처리의 개관

현대 세계에서 우리는 다양한 형태의 여러 가지 신호들에 둘러싸여 있다. 자연발생적인 신호도 있지만, 대부분의 신호는 인공적이다. 어떤 신호(말)는 꼭 필요하고 어떤 신호(음악)는 유쾌한 반면, 주어진 상황에서 필요치 않은 신호들도 많다. 공학적인 면에서 보면 유용한 정보이든 필요치 않은 정보이든, 신호는 정보의 전달자이다. 그러므로 정보에서 유용한 정보를 추출하거나 강화하는 기술이 가장 기초가 되는 신호 처리 기술이다. 더욱 일반적으로 말하면, 신호 처리는 유용한 정보를 추출, 강화, 저장, 전달하기 위해 계획된 연산 작용이다. 유용한 정보와 필요치 않은 정보의 차이는 종종 객관적일 뿐만 아니라 주관적일 수도 있다. 따라서 신호 처리는 응용 분야에 의존하는 경향을 보인다.

1.1.1 신호는 어떻게 처리되는가?

실제 우리가 만나는 신호는 대부분 아날로그 신호이다. 시간과 크기가 모두 연속적으로 변하는 이 신호는 능동 또는 수동 전기 소자를 포함하는 회로망을 이용하여 처리된다. 이 접근 방법은 아날로그 신호 처리(ASP: analog signal processing)로 알려져 있다. 예를 들면, 라디오와 텔레비전 수신기가 있다.

$$\text{아날로그 신호: } x_a(t) \longrightarrow \boxed{\text{아날로그 신호 처리기}} \longrightarrow y_a(t)\text{: 아날로그 신호}$$

아날로그 신호는 또한 덧셈기, 곱셈기 및 논리 소자를 포함하는 디지털 하드웨어나 특수 용도의 마이크로프로세서를 이용하여 처리할 수 있다. 그러나 아날로그 신호를 디지털 하드웨어에 적당한 형태로 바꾸어야 하는데, 이러한 형태의 신호를 디지털 신호라 한다. 디지털 신호는 시간상으로 특정한 순간(instance)에 유한개의 값을 가지므로 이진수, 즉 비트(bit)로 표현이 가능하다. 디지털 신호를 처리하는 것을 DSP라 한다. 블록선도 형태로 표현하면 다음과 같다.

다양한 블록 요소들은 다음과 같다.

- PrF: 에일리어싱을 방지하기 위해 아날로그 신호를 조절하는 전필터(prefilter) 혹은 반에일리어싱(antialiasing) 필터이다.
- ADC: 아날로그 신호로부터 연속된 이진수를 만들어내는 아날로그-디지털 변환기이다.
- 디지털 신호 처리기: DSP의 중심으로, 범용 컴퓨터나 특수 용도의 연산 처리기나 디지털 하드웨어 등을 나타낸다.
- DAC: 이진수 수열로부터 계단 모양의 파형을 만들어내는 디지털-아날로그 변환기로, ADC의 반대 기능을 한다. 아날로그 신호를 만드는 데 첫 번째 단계로 사용된다.
- PoF: 계단 모양의 파형을 매끄럽게 하여 원하는 아날로그 신호로 만드는 후필터(postfilter)이다.

앞의 두 가지(아날로그 및 디지털) 신호 처리의 접근 방식에서 ASP는 간단해 보이는 반면, DSP 접근 방식은 더 복잡하고 더 많은 요소가 포함된 것처럼 보인다. 따라서 어떤 사람은 "왜 신호를 디지털 방식으로 처리하는가?"라고 질문할지도 모른다. 그 대답은 DSP가 제공하는 많은 장점에 있다.

1.1.2 DSP가 ASP에 비해 나은 점

ASP의 주요 단점은 신호 처리에서 복잡한 응용을 수행하는 데 있어 범위가 제한된다는 것이다. 바꾸어 말하면, ASP는 신호를 처리할 때 융통성이 부족하고 시스템 설계가 복잡하다고 할 수 있다. 이 때문에 ASP를 사용하면 일반적으로 제품의 가격이 비싸진다. 한편 DSP 접근 방식을 사용하면 저렴한 개인용 컴퓨터를 강력한 신호 처리기로 사용할 수가 있다. DSP의 주요 장점은 다음과 같다.

1. DSP 기법은 범용 컴퓨터에서 동작하는 소프트웨어를 이용하여 개발할 수 있다. 따라서 DSP는 개발하고 검사하기에 상대적으로 편리하고, 소프트웨어가 휴대 가능하다.
2. DSP 동작은 오로지 덧셈과 곱셈에 기초하므로 매우 안정된 처리 능력을 갖게 된다. 예를 들어, 온도에 무관한 안정성을 갖는다.

3. DSP 동작은 단순히 프로그램을 바꾸거나 레지스터를 다시 다른 값으로 바꿈으로써 실시간에서 쉽게 바꿀 수 있다.
4. DSP는 메모리, 게이트(gate), 마이크로프로세서 등의 가격을 낮춘 VLSI 기술에 힘입어 값이 싸다.

DSP의 주요 단점은 특히 초고주파 영역에서 동작 속도가 느리다는 점이다. 하지만 위와 같은 장점들이 너무 많기 때문에 DSP는 현재 가전, 통신, 무선 전화, 의료, 영상과 같은 많은 기술과 응용에서 이미 우선적으로 사용되고 있다.

1.1.3 DSP의 두 가지 중요한 범주

대부분의 DSP 기능은 다음과 같이 신호 분석(analysis) 작업이나 신호 필터링(filtering) 작업으로 분류가 가능하다.

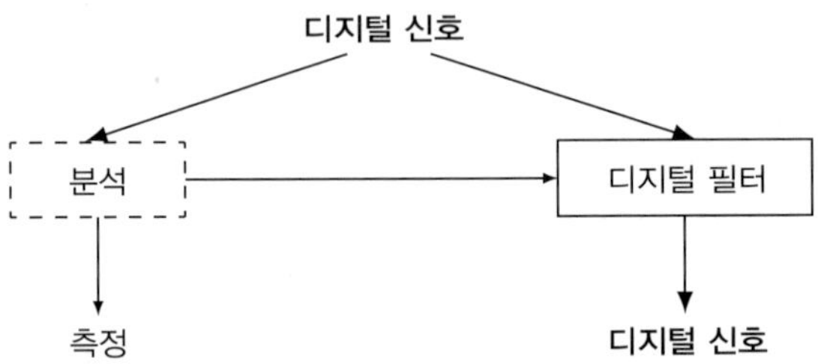

신호 분석 이 작업은 신호의 특성 측정을 주로 다루며, 일반적으로 주파수 영역에서 처리된다. 몇 가지 응용은 다음과 같다.

- 스펙트럼(주파수나 위상) 분석
- 언어 인식
- 화자 확인
- 목표물 탐지

신호 필터링 이 작업은 '신호 입력, 신호 출력'으로 특징지을 수 있다. 신호 필터링을 수행하는 시스템을 일반적으로 필터(filter)라고 하며, 주로 시간 영역에서 동작한다. 몇 가지 응용은 다음과 같다.

- 불필요한 배경 잡음의 제거
- 간섭의 제거
- 주파수 영역의 분리
- 신호의 스펙트럼 형상(shaping)

음성 합성과 같은 몇 가지 응용에서는 먼저 특성을 연구하기 위해 신호를 분석하고, 그 특성이 얻어진 후 합성된 음성을 생성하기 위해 디지털 필터링을 이용한다.

1.2 MATLAB에 대한 간단한 소개

MATLAB은 행렬에 기초한 대화형 과학과 공학용 수치 계산 및 시각화를 위한 시스템이다. MATLAB의 장점은 복잡한 계산 문제를 쉽게 풀 수 있고, 포트란이나 C와 같은 프로그래밍 언어를 사용하여 프로그램을 작성할 때보다 시간이 훨씬 적게 걸린다는 것이다. 또한 비교적 간단한 프로그래밍 능력만 있으면 쉽게 새로운 명령어와 함수를 만들어 확장할 수 있다는 점에서 강력하다.

MATLAB은 수많은 계산 환경에서 이용 가능하다. PC에서 사용되는 여러 취향의 윈도우(Windows), 애플(Apple) MAC에서 돌아가는 OS-X, 유닉스(UNIX)/리눅스(Linux) 워크스테이션, 그리고 병렬 컴퓨터 환경에서도 사용 가능하다. 기본적인 MATLAB 프로그램은 수년간 수많은 도구상자(toolbox, 특정 주제에서 특화된 함수들의 집합)가 이용 가능해짐에 따라 훨씬 강력해졌다. 이 책의 내용을 다루기 위해서는 기본적인 MATLAB 프로그램 외에 Signal Processing 도구상자가 필요하다. 이 책은 처음에 도스(DOS)상에서 동작되는 MATLAB 프로페셔널 버전 3.5를 이용하여 출시되었고, 지금 이 책에서 설명하는 내용과 함수들은 최근의 MATLAB에 맞게 변환되었다. 앞으로도 www.cengage.com/international의 서비스를 통해 지속적으로 새로 출시되는 MATLAB 버전에 호환 가능하도록 할 것이다.

이 절에서는 MATLAB을 간단히 검토하기로 한다. MATLAB의 범위와 기능은 이 절에서 설명하고 있는 얼마 안 되는 기능보다 훨씬 강력하다. MATLAB이 생소한 학생이나 연구자는 더 자세한 개인지도에 기초한 토론을 위해 [29], [35], [76] 등을 포함하여 현재 문헌으로 이용 가능한 여러 우수한 참고서를 참조하기 바란다. 이들 참고서 및 온라인 MATLAB 도움말 기능에 주어진 정보는 학생들이 이 책을 사용하는 데 충분하다. MATLAB에 친숙해지는 가장 좋은 접근 방법은 MATLAB 단기 과정을 열어 각종 연산자, 함수, 명령어의 사용과 역량이 이해될 때까지 실험하는 것이다. 그러고 나서 간단한 MATLAB 코드와 함수를 작성해 보고, 해석적인 목표를 달성하게 하는 일련의 명령어를 실행한다.

1.2.1 시작하며

MATLAB과는 그래픽 사용자 인터페이스(GUI: graphical user interface)의 명령어 창을 통해 상호작동한다. 사용자가 명령어 창에 MATLAB 명령어를 타이핑하면 순식간에 실행되어 결과가 창에 표시된다. MATLAB 명령어 창에서 '>>' 문자는 사용자가 실행할 명령어를 타이핑하기를 기다리는 프롬프트(prompt)를 나타낸다. 예를 들어

```
>> command;
```

는 MATLAB 프롬프트에 어떤 명령어가 제시되었음을 뜻한다. 명령어 마지막에 세미콜론(;)이 있다면 명령어로부터의 모든 결과는 억제된다. 다수의 명령어가 세미콜론으로 구별되어

같은 줄에 위치할 수도 있다. 코멘트는 퍼센트 기호(%)로 표시되는데, 이 경우 MATLAB은 기호의 오른쪽에 있는 것은 무엇이든지 무시한다. 코멘트는 독자가 코드를 좀 더 쉽게 따라가도록 도와준다. 종합 도움말 매뉴얼(help manual)이 있어 모든 명령어에 대해 다음과 같은 짧은 문장으로 도움을 받을 수 있다.

```
>> help command;
```

그러면 해당 명령어의 입력, 출력, 용도, 기능에 관한 정보가 제공된다. 기능으로 분류된 명령어의 전체 목록은 프롬프트에서 help를 타이핑하면 구할 수 있다.

MATLAB에는 수(number), 변수(variable), 연산자(operator)라는 세 가지 기본 요소가 있다. 문장부호(',', ';', ':' 등)는 특별한 뜻을 지니고 있다.

수 MATLAB은 고정밀 수치 엔진이며 정수, 실수, 복소수 등 여러 수를 비교적으로 쉽게 다룰 수 있다. 예를 들어, 실수인 1.23은 바로 `1.23`으로 표시한다. 반면 실수 4.56×10^7은 `4.56e7`로 표시한다. 허수인 $\sqrt{-1}$은 `1i` 혹은 `1j`로 표시한다. 이 책에서는 `1j`를 사용할 것이다. 따라서 실수가 5이고 허수가 3인 복소수는 `5+1j*3`으로 표시한다. MATLAB에서 미리 지정한 다른 상수로 π를 대신하여 `pi`, ∞를 대신하여 `inf`, 그리고 수가 아닌 것(예: 0/0)을 대신하여 `NaN`을 사용한다. 미리 지정된 이러한 상수들은 매우 중요하며, 혼란을 피하기 위해 사용자가 다시 정의해서는 안 된다.

변수 MATLAB은 'MATrix LABoratory'를 뜻하는데, 여기서 보듯이 기본 변수는 행렬이나 배열이다. MATLAB이 이런 변수를 연산할 때는 변수의 모든 원소에 대해 연산한다. 이런 점이 MATLAB을 강력하고 효율적인 엔진으로 만들어준다. MATLAB은 이제 다차원 배열을 지원한다. 이 책에서는 수로 구성된 이차원 배열까지만 다루기로 한다.

1. **행렬(matrix)**: 행렬은 행과 열로 정돈되어 있는 2차원의 수 집합이다. 수는 실수 값일 수도 있고 또는 복소수 값일 수도 있다.
2. **배열(array)**: 행렬의 다른 이름이다. 그러나 배열에서의 연산은 행렬에서의 연산과는 다르게 취급된다. 이 차이점이 구현할 때 아주 중요하다.

다음은 네 가지 행렬(혹은 배열) 형태이다.

- **스칼라(scalar)**: 1×1 행렬, 혹은 단일 수이다. 다음과 같은 소문자 이탤릭 서체인 변수 기호로 스칼라를 나타낸다.

$$a = a_{11}$$

- **열 벡터(column vector)**: $(N \times 1)$ 행렬, 혹은 수를 수직 방향으로 정돈한 것이다. 다음과 같은 소문자 굵은 서체인 벡터 기호로 열 벡터를 나타낸다.

$$\mathbf{x} = [x_{i1}]_{i:1,\ldots,N} = \begin{bmatrix} x_{11} \\ x_{21} \\ \vdots \\ x_{N1} \end{bmatrix}$$

선형대수에서 대표적인 벡터는 열 벡터로 나타낸다.

- **행 벡터(row vector):** $(1 \times M)$ 행렬, 혹은 수를 수평 방향으로 정돈한 것이다. 다음과 같은 벡터 기호로 행 벡터를 나타낸다.

$$\mathbf{y} = [y_{1j}]_{j=1,\ldots,M} = [y_{11}\ y_{12}\ \cdots\ y_{1M}]$$

1차원 이산 시간 신호는 대표적으로 행 벡터의 배열로 표시한다.

- **일반 행렬:** 가장 일반적인 경우로 $(N \times M)$ 행렬이며, 다음과 같은 대문자 굵은 서체인 행렬 기호로 일반 행렬을 나타낸다.

$$\mathbf{A} = [a_{ij}]_{i=1,\ldots,N;j=1,\ldots,m} = \begin{bmatrix} a_{11} & a_{12} & \cdots & a_{1M} \\ a_{21} & a_{22} & \cdots & a_{2M} \\ \vdots & \vdots & \ddots & \vdots \\ a_{N1} & a_{N2} & \cdots & a_{NM} \end{bmatrix}$$

이렇게 정돈된 것은 대표적으로 2차원 이산 시간 신호나 이미지를 위해 사용된다.

MATLAB은 배열과 행렬을 구별하지 않는다. 단, 연산은 다르다. 다음 과제물은 MATLAB에서 지정된 네 가지 행렬 형태이다.

`a = [3]`은 스칼라

`x = [1,2,3]`은 행 벡터

`y = [1;2;3]`은 열 벡터

`A = [1,2,3;4,5,6]`은 행렬

MATLAB은 특수한 행렬을 생성하기 위해 유용한 함수를 제공한다. `Zeros(M,N)`은 모든 원소가 0인 행렬을 생성하고, `ones(M,N)`은 모든 원소가 1인 행렬을 생성하며, `eye(N)`은 $N \times N$ 단위 행렬을 생성한다.

연산자 MATLAB은 여러 가지 산술 연산자와 논리 연산자를 제공한다. 그중 일부는 다음과 같으며, 전체 목록은 MATLAB의 도움말 매뉴얼을 참조하기 바란다.

`=`	대입	`==`	동등
`+`	덧셈	`-`	뺄셈
`*`	곱셈	`.*`	배열 곱셈

^	거듭제곱	.^	배열 거듭제곱
/	나눗셈	./	배열 나눗셈
<>	관계 연산자	&	논리 AND
|	논리 OR	~	논리 NOT
′	전치	.′	배열 전치

이제 연산자에 대해 더 자세히 알아보자.

1.2.2 행렬 연산

다음은 행렬에서 가장 유용하게 쓰이는 중요한 연산이다.

- **행렬 덧셈과 뺄셈:** 정렬 덧셈과 뺄셈에도 사용되는 가장 단순한 연산이다. 2개의 피연산 행렬은 크기가 꼭 같아야 한다는 점을 주의하기 바란다.
- **행렬 공액(conjugation):** 이 연산은 복소수 값을 갖는 행렬에만 적용된다. 모든 허수 부분이 반대 부호가 되는 행렬을 생성하며, 해석할 때는 $\mathbf{A}^*$로 나타내고 MATLAB에서는 `conj(A)`로 나타낸다.
- **행렬 전치(transpotition):** 모든 행(열)이 열(행)로 바뀌는 연산이다. $\mathbf{X}$가 $(N \times M)$ 행렬이라고 하자. 그러면

$$\mathbf{X}' = [x_{ji}]; \quad j = 1, \ldots, M, \ i = 1, \ldots, N$$

은 $(M \times N)$ 행렬이다. MATLAB에서 이 연산은 한 가지 추가적인 특성이 있다. 행렬이 실수 값일 경우 이 연산은 보통의 전치 행렬을 만들지만, 행렬이 복소수 값이면 이 연산은 복소 공액(complex conjugate) 전치 행렬을 만든다. 그냥 전치 행렬을 얻고자 한다면 공액 배열 연산을 사용하면 된다. 즉 `A.'`은 전치만을 수행할 것이다.

- **스칼라 곱셈:** 아주 단순한 연산인데, 행렬의 각 원소에 상수를 곱한다. 즉

$$ab \Rightarrow \texttt{a*b} \ (\text{스칼라})$$

$$a\mathbf{x} \Rightarrow \texttt{a*x} \ (\text{벡터 또는 배열})$$

$$a\mathbf{X} \Rightarrow \texttt{a*X} \ (\text{행렬})$$

이 연산은 배열에도 똑같이 적용된다.

- **벡터-벡터 곱셈:** 이 연산에서는 불완전한 결과를 얻지 않으려면 행렬 차수에 주의해야 한다. 연산 결과는 스칼라이거나 행렬이 된다. $\mathbf{x}$를 $(N \times 1)$, $\mathbf{y}$를 $(1 \times M)$ 벡터라고 하자. 그러면 다음과 같은 행렬을 얻는다.

$$\texttt{x * y} \Rightarrow \mathbf{xy} = \begin{bmatrix} x_1 \\ \vdots \\ x_N \end{bmatrix} \begin{bmatrix} y_1 & \cdots & y_M \end{bmatrix} = \begin{bmatrix} x_1 y_1 & \cdots & x_1 y_M \\ \vdots & \ddots & \vdots \\ x_N y_1 & \cdots & x_N y_M \end{bmatrix}$$

만약 $M = N$이라면 다음과 같은 스칼라 결과를 얻는다.

$$\mathtt{y*x} \Rightarrow \mathbf{yx} = \begin{bmatrix} y_1 & \cdots & y_M \end{bmatrix} \begin{bmatrix} x_1 \\ \vdots \\ x_M \end{bmatrix} = x_1 y_1 + \cdots + x_M y_M$$

- **행렬-벡터 곱셈:** 만약 행렬과 벡터의 차원이 일치한다면(즉, 행렬의 열의 수가 벡터의 행의 수와 같다면) 이 연산은 다음과 같은 열 벡터를 생성한다.

$$\mathtt{y = A*x} \Rightarrow \mathbf{y} = \mathbf{Ax} = \begin{bmatrix} a_{11} & \cdots & a_{1M} \\ \vdots & \ddots & \vdots \\ a_{N1} & \cdots & a_{NM} \end{bmatrix} \begin{bmatrix} x_1 \\ \vdots \\ x_M \end{bmatrix} = \begin{bmatrix} y_1 \\ \vdots \\ y_N \end{bmatrix}$$

- **행렬-행렬 곱셈:** 마지막으로 두 행렬의 차원이 일치한다면 곱셈은 잘 정의되며, 결과 행렬의 행의 수는 앞 행렬의 행의 수와 같고 열의 수는 뒤 행렬의 행의 수와 같다. 행렬의 곱에서는 순서가 매우 중요하다는 점을 유의하기 바란다.

배열 연산 이 연산은 행렬을 배열로 취급한다. 산술 연산에는 항상 점(.)이 앞에 오기 때문에 점(dot) 연산으로 알려져 있다. 즉, .*, ./, 혹은 .^와 같다.

- **배열 곱:** 이 연산은 원소와 원소의 곱 연산이다. 이것이 유용한 연산이 되기 위해서는 두 배열이 같은 크기가 되어야 한다. 그리하여 다음과 같다.

$$\mathtt{x.*y} \rightarrow \text{1D 배열}$$
$$\mathtt{X.*Y} \rightarrow \text{2D 배열}$$

- **배열 지수화(exponentiation):** 이 연산에서는 스칼라(실수 값이든 복소수 값이든)가 배열에 있는 각 요소와 같은 지수로 나타낸다. 즉,

$$\mathtt{a.\hat{}x} \equiv \begin{bmatrix} a^{x_1} \\ a^{x_2} \\ \vdots \\ a^{x_N} \end{bmatrix}$$

은 $(N \times 1)$ 배열이고,

$$\mathtt{a.\hat{}X} \equiv \begin{bmatrix} a^{x_{11}} & a^{x_{12}} & \cdots & a^{x_{1M}} \\ a^{x_{21}} & a^{x_{22}} & \cdots & a^{x_{2M}} \\ \vdots & \vdots & \ddots & \vdots \\ a^{x_{N1}} & a^{x_{N2}} & \cdots & a^{x_{NM}} \end{bmatrix}$$

은 $(N \times M)$ 배열이다.

- **배열 전치(transposition):** 설명했듯이 연산 `A.'`은 실수 값이나 복소수 값을 가진 배열 `A.`의 전치를 생성한다.

인덱스 연산 MATLAB은 연산자 ':'을 사용하여 아주 유용하고 강력한 배열 인덱스(indexing) 연산을 제공한다. 이것은 수열을 발생시킬 때 사용할 뿐만 아니라, 행렬의 행/열 원소에 접근할 때도 사용한다. `x = [a:b:c]`를 사용하여 a에서부터 b만큼 증가시키면서 c까지의 수열을 발생시킬 수 있다. 수열 x에서 만약 b가 양(음)이라면 증가(감소)하는 값을 갖게 된다.

`x(a:b:c)`는 인덱스 a로 시작하여 b단계로 c로 끝나는 x의 원소들에 접근한다. 인덱스 원소로 정수 값을 사용하도록 주의해야 한다. 비슷하게 연산자 ':'은 행렬로부터 부분행렬(submatrix)을 추출할 때도 사용한다. 예를 들어 `B = A(2:4,3:6)`은 행 2와 열 3으로 시작하여 3 × 4 부분행렬을 추출한다.

연산자 ':'의 또 다른 용도는 행 벡터나 혹은 행렬로부터 열 벡터를 형성하는 데 있다. 연산자 '='의 오른쪽에 사용될 때 `x=A(:)`은 A 행렬의 열을 연속적으로 연결하여 긴 열 벡터 x를 만든다. 마찬가지로, `x=A(:,3)`은 A의 3열로부터 벡터 x를 만든다. 그러나 연산자 '='의 오른쪽에 사용될 때 `A(;)=x`는 x의 원소들을 미리 정해진 크기의 A로 재구성한다.

제어 흐름 MATLAB은 프로그램에서 명령어의 흐름(flow)을 제어하는 다양한 명령어를 제공한다. 가장 흔한 구성은 `if-elseif-else` 구조이다. 이런 명령어로 여러 코드 블록이 어떤 조건에 따라 실행될 수 있도록 한다. 이 구성의 포맷은 다음과 같다.

```
if condition1
   command1
elseif condition2
   command2
else
   command3
end
```

여기서 만약 `condition1`이 만족되면 `command1`에 있는 스테이트먼트(statement)가 실행되고, `condition1`이 만족되지 않고 `condition2`가 만족되면 `command2`에 있는 스테이트먼트가 실행되며, 그렇지 않으면 `command3`이 실행된다.

또 다른 흔한 명령 흐름 구성은 `for..end` 루프(loop)이다. 이것은 단순히 반복되는 루프인데, 컴퓨터가 어떤 태스크를 주어진 수만큼 반복하도록 한다. `for..end` 루프의 포맷은 다음과 같다.

```
for index = values
   program statements
          :
end
```

배열 속의 인덱스로 반복 변수를 사용하여 배열 속의 데이터를 처리하는 데 `for..end` 루프가 유용하게 쓰이긴 하지만, 가능하다면 사용자는 MATLAB의 모든 배열 관련 수학을 사용하도록 노력해야 한다. 이렇게 하면 프로그램이 좀 더 짧아지고 효율이 더 높아진다. 경우에 따라서는 `for..end` 루프 사용이 불가피할 때가 있다. 다음 예제는 이 개념을 보여준다.

예제 1.1 다음과 같은 정현 함수의 합을 고려해보자.

$$x(t) = \sin(2\pi t) + \tfrac{1}{3}\sin(6\pi t) + \tfrac{1}{5}\sin(10\pi t) = \sum_{k=1}^{3} \frac{1}{k}\sin(2\pi kt), \qquad 0 \le t \le 1$$

MATLAB을 사용하여 `0:0.01:1` 순간에서 $x(t)$의 샘플 값을 발생시키고 싶다. 세 가지 접근 방법을 검토해보겠다.

첫 번째 접근 방법 여기서는 대표적인 C나 포트란(Fortran) 접근 방법을 고려하겠다. 즉 각각의 `t`와 `k`에 대해 2개의 `for.. end` 루프를 사용한다. 이것이 MATLAB에서 가장 비효율적인 접근 방법이나 가능은 하다.

```
>> t = 0:0.01:1; N = length(t); xt = zeros(1,N);
>> for n = 1:N
>>     temp = 0;
>>     for k = 1:3
>>         temp = temp + (1/k)*sin(2*pi*k*t(n));
>>     end
>>     xt(n) = temp;
>> end
```

두 번째 접근 방법 이 접근 방법에서는 시간 벡터 `t = 0:0.01:1`을 사용하여 벡터 형태로 한 스텝(step)에 각 정현 구성요소를 계산한다. 그리고 1개의 `for..end` 루프를 사용하여 모든 구성요소를 더한다.

```
>> t = 0:0.01:1; xt = zeros(1,length(t));
>> for k = 1:3
>>    xt = xt + (1/k)*sin(2*pi*k*t);
>> end
```

확실히 첫 번째보다 코드 줄이 더 적으며 좀 더 좋은 접근 방법이다.

세 번째 접근 방법 이 접근 방법에서는 MATLAB에서 아주 효율적인 행렬-벡터 곱셈을 사용한다. 데모 목적으로 네 가지 순간 $t = [t_1, t_2, t_3, t_4]$에서의 값만을 고려하기로 한다.

$$x(t_1) = \sin(2\pi t_1) + \tfrac{1}{3}\sin(2\pi 3t_1) + \tfrac{1}{5}\sin(2\pi 5t_1)$$

$$x(t_2) = \sin(2\pi t_2) + \tfrac{1}{3}\sin(2\pi 3t_2) + \tfrac{1}{5}\sin(2\pi 5t_2)$$

$$x(t_3) = \sin(2\pi t_3) + \tfrac{1}{3}\sin(2\pi 3t_3) + \tfrac{1}{5}\sin(2\pi 5t_3)$$

$$x(t_4) = \sin(2\pi t_4) + \tfrac{1}{3}\sin(2\pi 3t_4) + \tfrac{1}{5}\sin(2\pi 5t_4)$$

이것을 다음과 같은 행렬 형태로 다시 쓸 수 있다.

$$\begin{bmatrix} x(t_1) \\ x(t_2) \\ x(t_3) \\ x(t_4) \end{bmatrix} = \begin{bmatrix} \sin(2\pi t_1) & \sin(2\pi 3t_1) & \sin(2\pi 5t_1) \\ \sin(2\pi t_2) & \sin(2\pi 3t_2) & \sin(2\pi 5t_2) \\ \sin(2\pi t_3) & \sin(2\pi 3t_3) & \sin(2\pi 5t_3) \\ \sin(2\pi t_4) & \sin(2\pi 3t_4) & \sin(2\pi 5t_4) \end{bmatrix} \begin{bmatrix} 1 \\ \frac{1}{3} \\ \frac{1}{5} \end{bmatrix}$$

$$= \sin\left(2\pi \begin{bmatrix} t_1 \\ t_2 \\ t_3 \\ t_4 \end{bmatrix} \begin{bmatrix} 1 & 3 & 5 \end{bmatrix} \right) \begin{bmatrix} 1 \\ \frac{1}{3} \\ \frac{1}{5} \end{bmatrix}$$

혹은 전치를 하면 다음과 같다.

$$\begin{bmatrix} x(t_1) & x(t_2) & x(t_3) & x(t_4) \end{bmatrix} = \begin{bmatrix} 1 & \frac{1}{3} & \frac{1}{5} \end{bmatrix} \sin\left(2\pi \begin{bmatrix} 1 \\ 3 \\ 5 \end{bmatrix} \begin{bmatrix} t_1 & t_2 & t_3 & t_4 \end{bmatrix} \right)$$

MATLAB 코드로는 다음과 같다.

```
>> t = 0:0.01:1; k = 1:3;
>> xt = (1./k)*sin(2*pi*k'*t);
```

위에서 모든 다른 연산을 구현하기 위해 배열 나눗셈 (`1./k`)를 사용하여 행 벡터와 행렬 곱셈을 만들었음을 유의하기 바란다. 이것은 MATLAB에서 가장 간결한 코드이고, 가장 효율적인 실행이며, 특히 정현 항이 매우 클 경우에 유용하다.

1.2.3 스크립트와 함수

만약 코드 몇 줄을 실행시키고자 한다면, MATLAB은 대화형 명령 모드에서 편리하다. 그러나 반복하여 실행할 여러 줄의 코드를 작성하고 싶거나 혹은 다른 변수 값을 사용하여 여러 프로그램에 있는 코드를 사용하고자 한다면, 이 방법은 효율적이지 못하다. MATLAB은 이 목적을 위해 두 가지 구성 방법을 제공한다.

스크립트 첫 번째 구성 방법은 소위 블록 모드(block mode) 형태의 연산을 사용하여 성취하는 것이다. MATLAB에서 이 모드는 m 파일(확장자는 `.m`이다)이라고 불리는 **스크립트**(script) 파일을 사용하여 구현된다. 이 스크립트는 각 줄이 명령어 프롬프트에서 타이핑한 것처럼 되어 있는 하나의 텍스트 파일이다. 이 스크립트는 MATLAB에서 제공하는 에디터에서 만들어지며, 오류를 줄이고 쉽게 해독되도록 문맥(context)에 대응하는 색깔과 들여쓰기를 제공한다. 스크립트는 명령어 프롬프트에서 스크립트 이름을 타이핑함으로써 실행된다. 스크립트 파일은 `path` 환경의 디렉토리(directory)에서 현재의 디렉토리에 존재하고 있어야 한다. 예를 들어 예제 1.1에 있는 정현 함수를 고려한다. 이 함수의 일반 형태는 다음과 같다.

$$x(t) = \sum_{k=1}^{K} c_k \sin(2\pi kt) \tag{1.1}$$

만약 계수 c_k 혹은 항의 개수인 K를 여러 값으로 실험하고 싶다면 스크립트 파일을 생성해야 한다. 예제 1.1에서 세 번째 접근 방법을 구현하기 위해 다음의 스크립트 파일을 적성할 수 있다.

```
% Script file to implement (1.1)
t = 0:0.01:1; k = 1:2:5; ck = 1./k;
xt = ck * sin(2*pi*k'*t);
```

여기서 다른 값들을 사용하여 실험할 수 있다.

뒤에서 MATLAB 스크립트를 간단히 MATLAB 코드로 부르기도 한다.

함수 코드 블록을 생성하는 두 번째 구성 방법은 서브루틴을 통해서다. 이를 **함수**(function)라고 부르며, MATLAB의 역량을 확장 가능하게 한다. 사실 MATLAB의 주요 부분은 여러 부류에 속한 함수 파일을 사용하거나 **도구상자**(toolbox)라고 부르는 특별한 집합을 사용하여 모아둔 것이다. 함수는 또한 m 파일이다(확장자는 `.m`). 스크립트와 함수의 주된 차이점은 함수 파일에서는 첫 번째 실행 가능한 줄은 키워드(keyword) `funtion`으로 시작하고 뒤이어 출력-입력 변수 선언(declaration)이 따른다는 점이다. 예를 들어, 예제 1.1에서 임의의 수의 정현 항을 갖고 있을 때 함수 $x(t)$의 계산을 고려해보자. `sinsum.m`이라는 m 파일로 저장되는 함수로 구현한다.

```
function xt = sinsum(t,ck)
% Computes sum of sinusoidal terms of the form in (1.1)
% x = sinsum(t,ck)
%
K = length(ck); k = 1:K;
ck = ck(:)'; t = t(:)';
xt = ck * sin(2*pi*k'*t);
```

벡터 `t`와 `ck`는 `sinsum` 함수를 사용하기 전에 지정되어야 한다. `ck(:)'`과 `t(:)'`은 행 벡터가 되도록 강제하기 위해 인덱스 연산과 전치 연산을 사용한다는 점을 유의하기 바란다. 또한 함수 선언 바로 뒤에 있는 코멘트에 유의하자. 이것은 `help sinsum` 명령어에도 사용되고 있다. 함수가 실행하고자 하는 것을 사용자가 이해하도록 충분한 정보가 여기에 주어져야 한다.

1.2.4 그래프 작성

신호와 데이터 해석을 위한 MATLAB의 가장 강력한 특징 중 하나는 데이터를 그래프로 나타내는 기능이다. MATLAB은 간단한 2차원(2D) 그래프부터 완전한 컬러 기능을 갖춘 복잡한 다차원 그래프까지, 여러 형태의 그래프를 그릴 수 있다. 2차원 좌표계에서 한 벡터 대

다른 벡터를 그리는 2D 그래프 작성 방법만을 검토하겠다. 기본적인 그래프 작성 명령어는 `plot(t,x)`이며, 별도의 그림창에서 `t` 값에 따라 `x` 값을 도시한다. 배열 `t`와 `x`는 길이와 방향(orientation)에서 같아야 한다. 선택적으로, `plot` 함수에는 포맷을 하는 키워드가 추가적으로 제공될 수도 있다. 명령어 `xlabel`과 `ylabel`은 축에 글자를 추가하는 데 사용된다. 그리고 명령어 `title`은 그래프의 상단에 제목을 제공하는 데 사용된다. 데이터를 그래프화할 때는 축에 이름표를 달고 제목도 붙이는 습관을 들여야 한다. 그래프 작성의 거의 모든 측면(스타일, 크기, 컬러 등)은 프로그램에 내재되어 있는 적절한 명령어를 사용하거나 혹은 직접적으로 GUI(그래픽 사용자 인터페이스)를 통해 변경할 수 있다.

다음의 명령어 집합은 샘플 시점(point) 목록을 만들고, 이러한 시점에서 정현 함수 값을 구한 다음, 그래프에 축 이름과 제목을 넣고 샘플 정현파의 그래프를 생성한다.

```
>> t = 0:0.01:2; % sample points from 0 to 2 in steps of 0.01
>> x = sin(2*pi*t); % Evaluate sin(2 pi t)
>> plot(t,x,'b'); % Create plot with blue line
>> xlabel('t in sec'); ylabel('x(t)'); % Label axis
>> title('Plot of sin(2\pi t)'); % Title plot
```

결과 그래프는 그림 1.1에 나타나 있다.

이산 수 집합(혹은 이산 시간 신호)을 그래프로 나타내기 위해 줄기(stem)로 데이터 값을 표시하는 `stem` 명령어를 사용하기로 한다. 여기서 줄기는 그림 1.2에서 볼 수 있듯이 선의 끝에 있는 작은 원과 수평축을 연결하는 선을 말한다. 원은 기본적으로 속이 비어 있으나, 선택사항 '`filled`'를 사용하여 속을 채울 수도 있다. Handle Graphics(MATLAB의 그래픽 원시 기능(primitives)을 광범위하게 다룬다)를 사용하여 원 표시의 크기를 재조정할 수 있다. 다음의 명령어 조합이 이런 구성 방식을 사용하여 이산 시간 정현파 함수를 나타낸다.

```
>> n = 0:1:40; % sample index from 0 to 20
>> x = sin(0.1*pi*n); % Evaluate sin(0.2 pi n)
>> Hs = stem(n,x,'b','filled'); % Stem-plot with handle Hs
>> set(Hs,'markersize',4); % Change circle size
>> xlabel('n'); ylabel('x(n)'); % Label axis
>> title('Stem Plot of sin(0.2 pi n)'); % Title plot
```

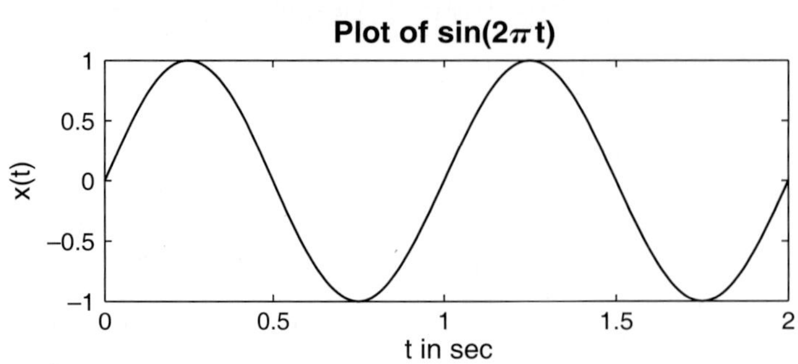

그림 1.1 sin($2\pi t$) 함수의 그래프

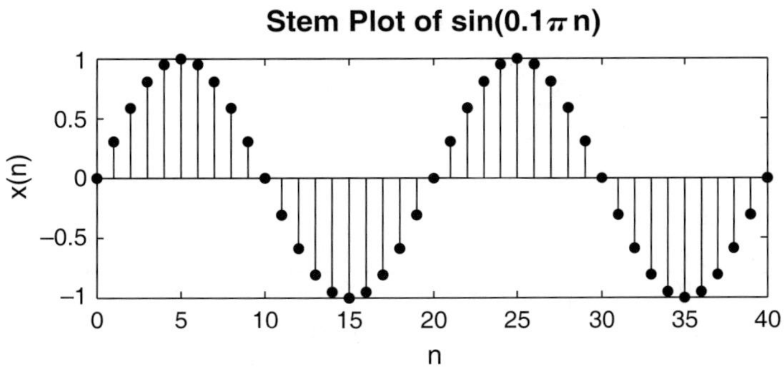

그림 1.2 sin(0.2πn) 신호의 그래프

결과 그래프는 그림 1.2에 나타나 있다.

MATLAB은 동일 그림창에서 다수의 그래프를 표시하는 기능을 제공한다. `hold on` 명령어를 사용하여 다수의 그래프가 동일한 축상에 도시될 수 있다. `hold off` 명령어는 그래프를 동시에 작성하는 것을 중지시킨다. 다음의 MATLAB 프로그램(그림 1.3 참조)은 그림 1.1과 그림 1.2의 그래프를 하나로 표시한다. 이 그래프는 나중에 살펴볼 샘플링(sampling)을 연상시킨다.

```
>> plot(t,xt,'b'); hold on; % Create plot with blue line
>> Hs = stem(n*0.05,xn,'b','filled'); % Stem-plot with handle Hs
>> set(Hs,'markersize',4); hold off; % Change circle size
```

또 다른 접근 방식은 `subplot` 명령어의 매개변수(parameter)를 사용하여 각각의 독자적인 축 집합을 갖는 여러 그래프를 하나의 그리드(grid) 안에 표시하는 것이다. 다음 프로그램(그림 1.4 참조)은 그림 1.1과 그림 1.2에 있는 그래프를 2개의 행으로 나누어 각각 나타낸다.

```
. . .
>> subplot(2,1,1); % Two rows, one column, first plot
>> plot(t,x,'b'); % Create plot with blue line
. . .
>> subplot(2,1,2); % Two rows, one column, second plot
>> Hs = stem(n,x,'b','filled'); % Stem-plot with handle Hs
. . .
```

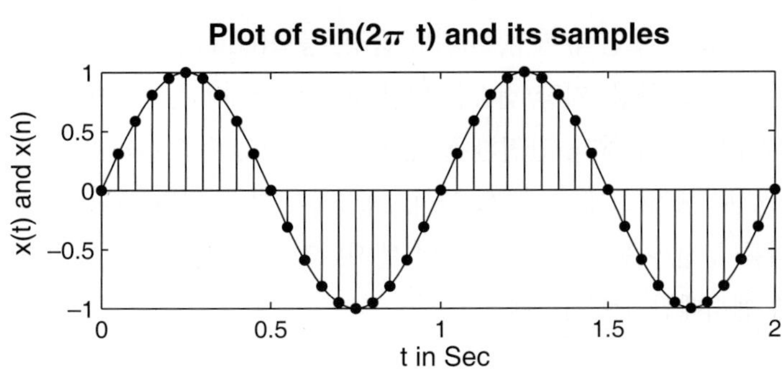

그림 1.3 $x(t)$와 $x(n)$을 동시에 그린 그래프

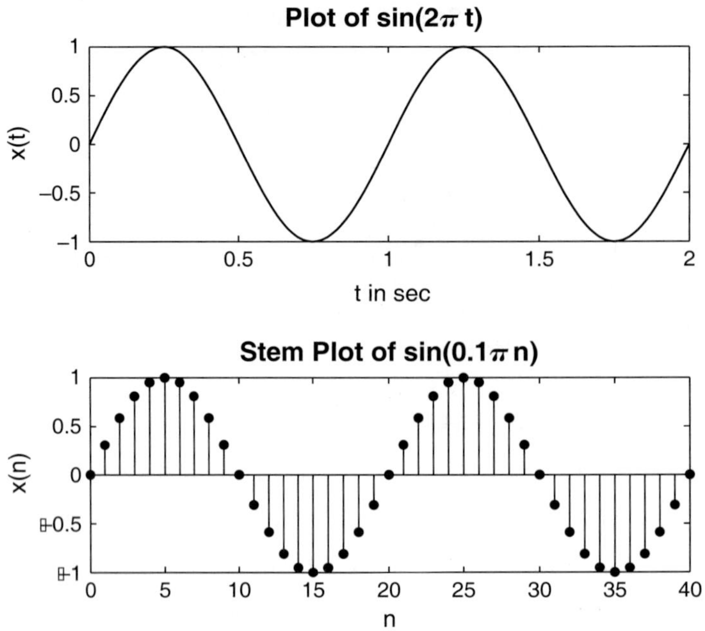

그림 1.4 $x(t)$와 $x(n)$을 2개의 행으로 그린 그래프

MATLAB의 그래프 작성 환경은 복잡성과 유용성 면에서 아주 풍부하다. handle-graphics를 사용하여 구성하면 더 풍부해진다. 그러므로 그래프에 관한 MATLAB 매뉴얼을 참조하기를 권한다. 이 구성 기법의 많은 부분을 이 책에서 사용할 것이다.

이와 같은 간단한 검토를 통해 MATLAB의 방대한 능력과 기능 중 일부만을 간신히 이해할 수 있었다. 기초적인 종합 도움말 시스템이나 상세한 브라우저 도우미, 혹은 지침서(tutorial)를 사용하면 합리적인 시간 내에 MATLAB을 충분히 숙달할 수 있을 것이다.

1.3 디지털 신호 처리의 응용

DSP 분야는 과거 수십 년 동안 상당히 성숙해졌으며, 이제는 여러 다양한 응용이나 제품에서 핵심 위치에 있다.

- 음성/오디오(언어 인식/합성, 디지털 음성, 등화(equalization) 등)
- 이미지/비디오(향상, 저장/전송을 위한 코딩, 로봇 비전, 애니메이션 등)
- 군사/우주(레이더 처리, 안전한 통신, 미사일 유도, 수중 음파 탐지기 처리 등)
- 생의학/건강케어(스캐너, ECG 해석, 엑스레이 분석, EEG 뇌 지도 장치 등)
- 가전제품(무선/이동 전화기, 디지털 텔레비전, 디지털 카메라, 인터넷 음성/음악/비디오, 양방향 엔터테인먼트 시스템 등)

이러한 응용과 제품은 복잡하고 연계된 많은 단계가 요구된다. 거의 실시간으로 현실 세계의 정보를 수집, 처리, 전송, 해석, 오디오/디스플레이 같은 단계가 있다. DSP 기술을 통해 이러한 단계를 혁신적이고 적당한 가격의 고품질 장비(예: 애플사의 아이폰)에 결합할 수 있게 되었다. 음악 분야의 전형적인 응용도 DSP를 공부하는 동기가 된다.

악음(musical sound) 처리 음악 산업에서 거의 모든 음악 제품(노래, 앨범 등)은 기본적으로 두 단계로 만들어진다. 우선, 개별 악기나 연주자의 소리가 음향적으로 안정된 스튜디오에서 단일 트랙이나 다중 트랙 기록 장치에 기록된다. 그런 다음, 소리 엔지니어가 각 트랙에 저장된 신호에 특수한 효과를 추가하여 디지털적으로 처리해서 스테레오 녹음에 결합되어 CD나 오디오 파일로 구입 가능해진다.

오디오 효과는 여러 신호 처리 기술을 사용하여 인공적으로 생성된다. 이런 효과에는 반향(echo) 생성, 잔향(reverberation, 콘서트 홀 효과), 플랜징(flanging, 이송 릴(reel)의 테두리에 DJ(디스크 자키)의 엄지를 놓아두어 오디오 재생 속도가 느려질 때의 효과), 합창 효과(여러 음악가가 같은 악기를 진폭과 지연에 조그마한 변화를 주어 연주할 때의 효과), 위상 조정(phasing, aka 위상 이동, 위상 차이가 있는 음파가 서로 작용하여 발생하는 오디오 효과) 등이 있다. 이런 효과는 이제 DSP 기술을 사용하여 만들 수 있다. 이 중 몇 가지 효과를 검토해보자.

반향 생성 모든 오디오 효과 중 가장 기본은 시간 지연과 반향이다. 이것은 잔향과 플랜징 같은 좀 더 복잡한 효과를 만드는 빌딩 블록(building block)으로 사용된다. 방과 같은 시청 공간에서 우리 귀에 도달하는 음파는 음원에서 직접 오는 음과 벽에서 반사되는 음으로 구성된다. 반사되는 음은 진폭과 지연의 양이 다른 형태로 도달한다.

반향은 지연된 신호이다. 이 신호는 지연 단위를 사용하여 생성될 수 있다. 예를 들어, 이산 신호 $y[n]$으로 표시되는 직접 음과 D 샘플 후(초 단위로 표시되는 지연)에 나타나는 단일 반향과의 결합은 다음 형태의 식(차분 방정식이라고 한다)으로 생성될 수 있다.

$$x[n] = y[n] + \alpha y[n-D], \qquad |\alpha| < 1 \tag{1.2}$$

여기서 $x[n]$은 결과적으로 생성되는 신호이며, α는 직접 음의 감쇠 정도를 나타낸다. 차분 방정식은 MATLAB에서 `filter` 함수를 사용하여 구현된다. MATLAB에는 헨델의 '할렐루야' 합창곡 한 토막이 있는데, 약 9초간의 디지털 음이며 초당 8192샘플로 샘플링되었다. 식 (1.2)에 있는 반향을 사용하여 음을 경험해보기 위해 윈도우 창에 다음과 같은 프로그램을 실행해보자. 반향은 $D = 4196$샘플만큼 지연된 것이며, 이것은 0.5초의 지연 시간에 해당된다.

```
load handel; % the signal is in y and sampling freq in Fs
sound(y,Fs); pause(10); % Play the original sound
alpha = 0.9; D = 4196; % Echo parameters
b = [1,zeros(1,D),alpha]; % Filter parameters
x = filter(b,1,y); % Generate sound plus its echo
sound(x,Fs); % Play sound with echo
```

약 0.5초가 지나면 합창곡에서 뚜렷한 반향을 들을 수 있다.

반향 제거 이 시뮬레이션을 수행한 후 청취하는 동안 반향은 듣기 좋지 않은 간섭이라는 사실을 경험할 것이다. DSP는 반향을 줄이거나 거의 모두 제거하기 위해서도 사용될 수 있다. 그런 반향 제거 시스템은 다음과 같은 차분 방정식으로 주어진다.

$$w[n] + \alpha w[n-D] = x[n] \tag{1.3}$$

여기서 $x[n]$은 반향이 섞인 음 신호이며, $w[n]$은 반향이 제거되기를 바라는 출력 음 신호이다. 이 시스템은 소프트웨어나 하드웨어로 구현하기에 아주 간단하다는 점을 다시 지적한다. 신호 $x[n]$에 다음의 MATLAB 코드를 수행해보라.

```
w = filter(1,b,x);
sound(w,Fs)
```

반향은 더 이상 들리지 않아야 할 것이다.

디지털 잔향 공간적으로 접근된 다수의 반향은 결국은 잔향으로 이어진다. 이것은 디지털적으로 좀 더 연계된 차분 방정식으로 발생될 수 있다.

$$x[n] = \sum_{k=0}^{N-1} \alpha^k y[n-kD] \tag{1.4}$$

이 식은 지수적으로 감쇠하는 진폭을 갖고 있으며, D 샘플 간격 차이가 나는 다수의 반향을 생성한다. 자연스럽게 들리는 또 다른 잔향은 다음과 같이 주어지는데,

$$x[n] = \alpha y[n] + y[n-D] + \alpha x[n-D], \quad |\alpha| < 1 \tag{1.5}$$

여기서는 좀 더 고차원적인 반향 밀도(echo density)를 시뮬레이션한다.

이러한 간단한 응용은 DSP의 예제들이다. 이 책에서 배운 기술, 개념, MATLAB 함수를 사용하여 여러 다양한 흥미로운 음 효과를 시뮬레이션할 수 있을 것이다.

1.4 이 책의 개관

이 책은 대략 4부분으로 구성되어 있다. 처음 3부분은 지난번 개정판과 같이 인쇄본에 포함되어 있다. 반면 고급 주제를 다루는 마지막 부분은 이 책의 웹사이트를 통하여 이용 가능하다(이 책의 웹사이트를 접속하려면 이 책의 서문을 보기 바란다).

2장부터 5장까지를 구성하고 있는 첫 부분에서는 DSP의 신호 분석을 다룬다. 2장에서 이산 시간 신호 및 시스템에 대한 기초적인 내용을 다루고, 3장에서 이산 시간 신호 및 시스템을

주파수 영역에서 분석한다. z-변환이라고 불리는 주파수 영역에 대한 일반적인 설명은 4장에서 소개한다. 푸리에 변환을 계산하기 위한 실용적인 알고리즘은 5장에서 이산 푸리에 변환과 고속 푸리에 변환의 형태로 다룬다.

6장부터 8장까지는 이 책의 둘째 부분을 구성하고 있는데 DSP의 신호 필터링을 다룬다. 6장에서 디지털 필터의 다양한 구현과 구조를 설명한다. 또한 유한 정밀도 수 표현, 필터 계수 양자화, 그리고 이들이 필터 성능에 미치는 영향을 소개한다. 7장에서는 유한 임펄스 응답(FIR) 필터라는 디지털 필터를 설계하기 위한 기법과 알고리즘을 제공한다. 8장에서는 마찬가지로 무한 임펄스 응답(IIR) 필터라는 또 다른 종류의 필터에 대해서도 알아본다. 두 장 모두에서 실제로 유용하면서도 간단한 필터 설계 기법을 다루고, 고급 기법은 다루지 않는다.

9장부터 12장까지 구성되어 있는 셋째 부분에서는 DSP의 중요한 주제와 응용을 제공한다. 9장에서는 샘플링률(sampling rate) 변환에 관한 유용한 주제를 다루고, 실용적인 샘플링률 변환을 설계하기 위해 7장의 FIR 필터 설계를 응용한다. 10장에서는 유한 정밀도 수 표현 취급을 신호 양자화로 확장하고, 유한 정밀도 연산이 필터 성능에 어떤 영향을 주는지 알아본다. 마지막 두 장은 앞의 8개 장에서 배운 내용을 이용하여 수행할 수 있는 과제의 형태로 몇 가지 실용적인 응용을 제공한다. 11장에서는 적응 필터링의 개념을 소개하고 시스템 식별, 간섭 억제, 적응형 회선 강화 등의 간단한 과제를 다룬다. 12장에서는 디지털 통신의 간단한 소개로 펄스 부호 변조(PCM), 차동 PCM(DPCM), 선형 예측 부호화(LPC) 등의 주제를 다룬다.

마지막으로, 13장부터 15장이 마지막 부분을 구성하고 있는데 고급 학부 과정이나 대학원 과정에서의 과제를 다루고 있다. 13장에서는 신호를 확률 과정 (혹은 신호)라고 부르는 확률적 실체로 다루며 확률 변수 개념을 통하여 확률적 표현법뿐만 아니라 통계적 표현법도 제공한다. 얼마간의 대표적인 확률 과정도 논의한다. 14장에서는 확률 신호를 처리하기 위한 최적 필터에 대한 이론도 개발한다. 이 경우를 다루기 위하여 인가된 잡음으로 손상된 신호를 추정하기 위한 선형 예측 필터와 위너 필터도 고려한다. 15장에서는 적응 필터를 제시하는데 이것은 통계치가 미리 알려져 있지 않는 데 응용되는 확률 시스템이다. 두 가지 기초적이지만 중요한 적응 알고리즘인 LMS 와 RLS 알고리즘을 묘사한다.

모든 장의 핵심은 MATLAB 도구를 풍부하게 사용하고 적절하게 구사하는 것이다. MATLAB은 효과적인 교육 도구인 동시에 배우는 도구로 사용할 수 있기 때문이다. DSP를 위한 MATLAB 함수 대부분을 자세히 설명하고 올바른 사용법을 많은 예제에서 보여주고 있다. 또한 알고리즘의 작동을 보여주고자 새로운 MATLAB 함수들이 개발되었다. 우리는 패키지(package)를 사용하여 실제 문제를 푸는 접근 방식이 학생들로 하여금 DSP에 대한 두려움을 쫓아내고 학습 경험을 풍부하게 하리라 믿는다.

이산 시간 신호 및 시스템

02 chapter

이 장에서는 먼저 이산 시간에서의 신호 및 시스템에 대한 개념을 알아본다. 또한 많은 종류의 중요한 신호와 그 연산을 소개한다. 분석과 구현이 쉬운 선형 시불변 시스템이 주로 언급된다. 콘벌루션과 차분 방정식 표현은 디지털 신호 처리와 MATLAB에서 중요하기 때문에 특별히 주의를 기울였다. 이 장에서 강조하는 부분은 MATLAB을 이용하여 신호 및 시스템을 표현하고 구현하는 것이다.

2.1 이산 시간 신호

신호는 대체로 연속(analog) 신호와 이산(discrete) 신호로 분류된다. 연속 신호는 $x_a(t)$로 표시될 것이다. 여기서 변수 t는 어떤 물리량을 나타낼 수도 있으나, 초 단위의 시간을 나타낸다고 가정한다. 이산 신호는 $x(n)$으로 표시하는데, 변수 n은 정수 값을 갖고 시간에서 이산 순간(instance)을 나타낸다. 그러므로 이산 시간 신호라고도 하는데, 이는 **수열**(number sequence)이며 다음 표기법들 중의 하나로 나타낸다.

$$x(n) = \{x(n)\} = \{\ldots, x(-1), \underset{\uparrow}{x(0)}, x(1), \ldots\}$$

여기서 **위쪽 방향의 화살표**는 $n = 0$일 때의 샘플 값을 표시한다.

MATLAB에서는 **유한**(finite-duration) 신호를 적당한 값을 가진 행 벡터로 나타낸다. 그러나 그러한 벡터는 샘플 위치 n에 대해 어떤 정보도 갖지 않는다. 그러므로 $x(n)$의 올바른 표현은 각각 x와 n을 위한 2개의 벡터를 필요로 할 것이다. 예컨대, 신호 $x(n) = \{2, 1, -1, \underset{\uparrow}{0}, 1, 4, 3, 7\}$은 MATLAB에서 다음과 같이 나타낼 수 있다.

```
>> n=[-3,-2,-1,0,1,2,3,4];  x=[2,1,-1,0,1,4,3,7];
```

일반적으로, 샘플 위치의 정보가 필요하지 않거나 그 정보가 하찮을 때(예: 신호가 $n = 0$에서 시작할 때) x-벡터 표시법만을 사용한다. 임의의 무한(infinite-duration) 신호는 메모리의 한계 때문에 MATLAB에서 표현할 수 없다.

2.1.1 신호의 종류

분석 목적의 디지털 신호 처리에서는 몇 가지 기초적인 신호를 사용한다. 그 정의와 MATLAB에서의 표현은 다음과 같다.

1. 단위 샘플 신호(unit sample sequence)

$$\delta(n) = \begin{cases} 1, & n = 0 \\ 0, & n \neq 0 \end{cases} = \left\{ \dots, 0, 0, \underset{\uparrow}{1}, 0, 0, \dots \right\}$$

단위 샘플 신호는 단위 임펄스(impulse) 신호라고도 하며, $n = 0$인 순간을 제외한 다른 모든 시간에는 0의 값을 갖는다.

MATLAB에서 zeros(1,N) 함수는 N개의 0을 가진 행 벡터를 생성하는데, 이 벡터는 유한 구간에서 $\delta(n)$을 구현하는 데 사용할 수 있다. 한편 논리 관계식 n==0은 $\delta(n)$을 구현하는 세련된 방식이다. 예를 들어, $n_1 \leq n_0 \leq n_2$ 구간에 걸쳐

$$\delta(n - n_0) = \begin{cases} 1, & n = n_0 \\ 0, & n \neq n_0 \end{cases}$$

을 구현하기 위해 다음의 MATLAB 함수를 이용한다.

```
function [x,n] = impseq(n0,n1,n2)
% Generates x(n) = delta(n-n0); n1 <= n <= n2
% ----------------------------------------------
% [x,n] = impseq(n0,n1,n2)
%
n = [n1:n2]; x = [(n-n0) == 0];
```

2. 단위 계단 신호(unit step sequence)

$$u(n) = \begin{cases} 1, & n \geq 0 \\ 0, & n < 0 \end{cases} = \{ \dots, 0, 0, \underset{\uparrow}{1}, 1, 1, \dots \}$$

MATLAB에서 ones(1,N) 함수는 N개의 1을 가진 행 벡터를 만든다. 이 함수는 유한 구간에서 $u(n)$을 만드는 데 사용할 수 있다. 여기서도 세련된 방식은 논리 관계식 n>=0을 이용하는 것이다. $n_1 \leq n_0 \leq n_2$ 구간에 걸쳐

$$u(n - n_0) = \begin{cases} 1, & n \geq n_0 \\ 0, & n < n_0 \end{cases}$$

을 구현하기 위해, 다음의 MATLAB 함수를 이용한다.

```
function [x,n] = stepseq(n0,n1,n2)
% Generates x(n) = u(n-n0); n1 <= n <= n2
% ------------------------------------------
% [x,n] = stepseq(n0,n1,n2)
%
n = [n1:n2]; x = [(n-n0) >= 0];
```

단위 샘플 신호는 다음과 같이 단위 계단 신호의 일차 미분으로 표현할 수도 있다.

$$\delta(n) = u(n) - u(n-1)$$

따라서 단위 계단 신호는 다음과 같이 단위 샘플 신호의 연속 합으로 나타낼 수 있다.

$$u(n) = \sum_{m=-\infty}^{\infty} \delta(m)$$

또는

$$u(n) = \sum_{m=0}^{\infty} \delta(n-m)$$

3. 실수 지수 신호(real-valued exponential sequence)

기본적으로 $|\alpha| > 1$이면 신호는 n에 따라서 지수적으로 증가하며, $|\alpha| < 1$이면 지수적으로 감소한다. 또한 α가 양수이면 $x(n)$의 값이 같은 부호를 갖지만, α가 음수이면 $x(n)$의 부호는 음양으로 교대로 변한다.

$$x(n) = \mathrm{C}\alpha^n, \forall n;\ \ a \in \mathbb{R} \tag{2.1}$$

MATLAB에서는 실수 지수 신호를 구현하기 위해 행렬 연산자 '.^'가 필요하다. 예를 들어, $x(n) = (0.9)^n$, $0 \le n \le 10$을 만들기 위해 다음과 같은 MATLAB 코드가 필요하다.

```
>> n = [0:10]; x = (0.9).^n;
```

4. 복소수 지수 신호(complex-valued exponential sequence)

식 (2.1)에서 $\alpha = e^{(\sigma + j\omega_0)n}$이면,

$$\begin{aligned} x(n) &= Ce^{(\sigma + j\omega_0)n}, \forall n \\ &= Ce^{\sigma n} e^{j\omega_0 n} = Ce^{\sigma n}[\cos\, \omega_0 n + j\sin\, \omega_0 n] \end{aligned}$$

여기서 σ는 감쇠(attenuation)라고 하고, ω_0는 라디안 단위의 주파수이다. 또 다른 복소수 지수 신호의 형태로서 식 (2.1)에서 $C = |C|e^{j\theta}$이고 $\alpha = |\alpha|e^{j\omega_0 n}$이면,

$$x(n) = |C||\alpha|^n e^{j(\theta+\omega_0 n)}, \forall n$$
$$= |C||\alpha|^n [\cos(\omega_0 n + \theta) + j\sin(\omega_0 n + \theta)]$$

$|\alpha| = 1$인 경우, 복소수 지수 신호의 실수와 허수 부분은 정현파이다. $|\alpha| < 1$인 경우는 감소하는 지수함수로 곱해진 정현파 신호에 해당하고, $|\alpha| > 1$인 경우는 증가하는 지수함수로 곱해진 정현파 신호에 해당한다.

MATLAB 함수 exp는 지수 신호를 생성하기 위해 사용된다. 예를 들어 $x(n) = \exp[(2 + j3)n]$, $0 \le n \le 10$을 만들기 위해서는 다음의 MATLAB 코드가 필요하다.

```
>> n = [0:10]; x = exp((2+3j)*n);
```

5. 정현파 신호(sinusoidal sequence)

$$x(n) = A\cos(\omega_0 n + \theta_0), \forall n$$

여기서 A는 진폭이고, θ_0는 라디안 단위의 위상이다. MATLAB 함수 `cos`(또는 `sin`)은 정현파 신호를 만들기 위해 사용한다. 예를 들어 $x(n) = 3\cos(0.1\pi n + \pi/3) + 2\sin(0.5\pi n)$, $0 \le n \le 10$을 만들기 위해서는 다음과 같은 MATLAB 코드가 필요하다.

```
>> n = [0:10]; x = 3*cos(0.1*pi*n+pi/3) + 2*sin(0.5*pi*n);
```

6. 불규칙 신호(random sequence)

실제의 많은 신호는 위와 같이 수학적으로 표현되지 않거나, 표현 가능하더라도 다루기에 매우 복잡한 형태로 표현된다. 따라서 임의의 시점에서 정확한 신호를 예측할 수 없지만 통계적 분석을 통해 확률적으로 신호를 표현하는 것은 가능하다. 이 신호들은 불규칙(혹은 확률(stochastic)) 신호라 하고, 확률 밀도 함수(probability density function)나 통계적 모멘트(statistical moment)에 의해 특징지어진다. MATLAB에서는 두 종류의 (의사) 불규칙 신호를 이용할 수 있다. `rand(1,N)`은 원소가 [0, 1] 사이에 균일하게 분포된 길이 N의 불규칙 신호를 만든다. `randn(1,N)`은 평균 0, 분산 1인 길이 N의 가우시안(Gaussian) 불규칙 신호를 만든다. 그 밖의 불규칙 신호들은 위 함수들을 변환하여 생성할 수 있다.

7. 주기 신호(periodic sequence)

신호 $x(n)$이 $x(n) = x(n + N)$, $\forall n$을 만족하면 $x(n)$은 주기적이라고 한다. 이 관계를 만족하는 가장 작은 정수 N을 기본 주기(fundamental period)라고 한다. 주기 신호를 표시하기 위해 $\tilde{x}(n)$을 사용한다. 한 주기 $\{x(n), 0 \le n \le N-1\}$으로부터 P 주기의 $\tilde{x}(n)$을 만들기 위해 $x(n)$을 P번 복사한다.

```
>> xtilde = [x,x,...,x];
```

그러나 세련된 방식은 MATLAB의 강력한 지시 능력을 사용하는 것이다. 먼저 $x(n)$의 값을 가진 P개의 행을 포함하는 행렬을 만든다. 그러고 나서 구성체(construct, :)를 이용하여 P개의 행을 긴 행 벡터로 연결한다. 그러나 이 구성체는 단지 열에만 작용한다. 따라서 행에 대해서도 똑같은 효과를 가져오기 위해 행렬 전치 연산자 '을 사용해야 한다.

```
>> xtilde = x' * ones(1,P);    % P columns of x; x is a row vector
>> xtilde = xtilde(:);         % long column vector
>> xtilde = xtilde';           % long row vector
```

마지막 두 줄은 간결한 부호화를 위해 하나로 결합될 수 있음을 주의하기 바란다. 이것은 예제 2.1에서 볼 수 있다.

2.1.2 신호에 대한 연산

여기서는 간단하게 기본적인 신호에 대한 연산과 그에 상당하는 MATLAB 표현을 기술한다.

1. 신호 덧셈(signal addition)

이것은 샘플과 샘플의 덧셈으로, 다음과 같이 주어진다.

$$\{x_1(n)\} + \{x_2(n)\} = \{x_1(n) + x_2(n)\}$$

이는 MATLAB에서 산술 연산자 '+'에 의해 구현된다. 그러나 $x_1(n)$과 $x_2(n)$의 길이가 같아야 한다. 만약 신호들의 길이가 다르거나 같은 길이의 신호에서 샘플 위치들이 다르면, 직접 연산자 '+'를 이용할 수 없다. 같은 위치 벡터 n(따라서 같은 길이)을 갖도록 하기 위해 먼저 $x_1(n)$과 $x_2(n)$을 늘려야 한다. 이것은 MATLAB의 지시 기능들에 세심한 주의를 필요로 한다. 특히 논리 연산인 논리곱 '&', '<='와 '==' 같은 관계 연산, 그리고 find 함수는 같은 길이의 $x_1(n)$과 $x_2(n)$을 필요로 한다. sigadd라는 다음 함수는 이 기능들을 보여준다.

```
function [y,n] = sigadd(x1,n1,x2,n2)
% implements y(n) = x1(n)+x2(n)
% -----------------------------
% [y,n] = sigadd(x1,n1,x2,n2)
%   y = sum sequence over n, which includes n1 and n2
%  x1 = first sequence over n1
%  x2 = second sequence over n2 (n2 can be different from n1)
%
n = min(min(n1),min(n2)):max(max(n1),max(n2)); % duration of y(n)
y1 = zeros(1,length(n)); y2 = y1;              % initialization
y1(find((n>=min(n1))&(n<=max(n1))==1))=x1;     % x1 with duration of y
y2(find((n>=min(n2))&(n<=max(n2))==1))=x2;     % x2 with duration of y
y = y1+y2;                                     % sequence addition
```

사용 방법은 예제 2.2에서 보여준다.

2. 신호 곱셈(signal multiplication)

이것은 샘플과 샘플의 곱셈(혹은 점(dot) 곱셈)으로, 다음과 같이 주어진다.

$$\{x_1(n)\} \cdot \{x_2(n)\} = \{x_1(n)x_2(n)\}$$

이것은 MATLAB에서 행렬 연산자 '.*'에 의해 구현된다. 다시 한 번 비슷한 제한이 + 연산자처럼 '.*' 연산자에도 적용된다. 따라서 우리는 `sigmult` 함수를 개발했는데, 이 함수는 `sigadd` 함수와 비슷하다.

```
function [y,n] = sigmult(x1,n1,x2,n2)
% implements y(n) = x1(n)*x2(n)
% ----------------------------
% [y,n] = sigmult(x1,n1,x2,n2)
%   y = product sequence over n, which includes n1 and n2
%  x1 = first sequence over n1
%  x2 = second sequence over n2 (n2 can be different from n1)
%
n = min(min(n1),min(n2)):max(max(n1),max(n2)); % duration of y(n)
y1 = zeros(1,length(n)); y2 = y1;              %
y1(find((n>=min(n1))&(n<=max(n1))==1))=x1;     % x1 with duration of y
y2(find((n>=min(n2))&(n<=max(n2))==1))=x2;     % x2 with duration of y
y = y1 .* y2;                                  % sequence multiplication
```

사용 방법은 예제 2.2에서 보여준다.

3. 크기 조정(scaling)

이 연산에서 각 샘플 값은 스칼라 값 α만큼 곱해진다.

$$\alpha\{x(n)\} = \{\alpha x(n)\}$$

산술 연산자 '*'가 MATLAB에서 크기 조정 연산을 구현하기 위해 사용된다.

4. 자리 이동(shifting)

이 연산에서 $x(n)$의 각 샘플은 이동된 신호 $y(n)$을 구하기 위해 k만큼 이동된다.

$$y(n) = \{x(n-k)\}$$

만약 $m = n - k$라면 $n = m + k$이고, 위의 연산은 다음과 같이 주어진다.

$$y(m+k) = \{x(m)\}$$

따라서 이 연산은 벡터 `x`에 아무런 영향이 없으나, 벡터 `n`은 각 원소에 k만큼 더해지는 변화가 있다. 이것은 함수 `sigshift`에서 볼 수 있다.

```
function [y,n] = sigshift(x,m,k)
% implements y(n) = x(n-k)
% -------------------------
% [y,n] = sigshift(x,m,k)
%
n = m+k; y = x;
```

사용 방법은 예제 2.2에서 보여준다.

5. 반전(folding)

이 연산에서 $x(n)$의 각 샘플은 접힌 신호 $y(n)$을 구하기 위해 $n = 0$을 중심으로 뒤집힌다.

$$y(n) = \{x(-n)\}$$

MATLAB에서 이 연산은 `sigfold` 함수에서 나타난 것처럼 샘플 값에 대해서는 함수 `fliplr(x)`에 의해 구현되고, 샘플 위치에 대해서는 `-fliplr(n)` 함수에 의해 구현된다.

```
function [y,n] = sigfold(x,n)
% implements y(n) = x(-n)
% -----------------------
% [y,n] = sigfold(x,n)
%
y = fliplr(x); n = -fliplr(n);
```

6. 샘플 합(sample summation)

이 연산은 신호 덧셈 연산과 달리, n_1과 n_2 사이의 모든 $x(n)$ 값을 더한다.

$$\sum_{n=n_1}^{n_2} x(n) = x(n_1) + \cdots + x(n_2)$$

이것은 `sum(x(n1:n2))` 함수에 의해 구현된다.

7. 샘플 곱(sample product)

이 연산은 신호 곱셈 연산과 달리, n_1과 n_2 사이의 모든 $x(n)$ 값을 곱한다.

$$\prod_{n_1}^{n_2} x(n) = x(n_1) \times \cdots \times x(n_2)$$

이것은 `prod(x(n1:n2))` 함수에 의해 구현된다.

8. 신호 에너지(signal energy)

신호 $x(n)$의 에너지는 다음과 같이 주어진다.

$$\mathcal{E}_x = \sum_{-\infty}^{\infty} x(n)x^*(n) = \sum_{-\infty}^{\infty} |x(n)|^2$$

여기서 첨자 *는 켤레복소수 연산을 표시한다.[1] 유한 신호 $x(n)$의 에너지는 MATLAB에서 다음을 사용하여 계산한다.

```
>> Ex = sum(x .* conj(x)); % one approach
>> Ex = sum(abs(x) .^ 2); % another approach
```

1 기호 *는 디지털 신호 처리에서 많은 연산을 의미하는데, 글꼴(roman 혹은 computer)이나 위치(일반 혹은 첨자) 등에 따라 해당 연산의 의미를 구분한다.

9. 신호 전력(signal power)

기본 주기 N인 주기 신호의 평균 전력은 다음과 같이 주어진다.

$$\mathcal{P}_x = \frac{1}{N}\sum_{0}^{N-1}|\tilde{x}(n)|^2$$

예제 2.1 지시된 구간에서 다음 신호를 각각 만들고 그려라.

a. $x(n) = 2\delta(n+2) - \delta(n-4),\ -5 \le n \le 5$

b. $x(n) = n[u(n) - u(n-10)] + 10e^{-0.3(n-10)}[u(n-10) - u(n-20)],\ 0 \le n \le 20$

c. $x(n) = \cos(0.04\pi n) + 0.2w(n),\ 0 \le n \le 50$, 여기서 $w(n)$은 평균이 0이고 분산이 1인 가우시안 불규칙 신호이다.

d. $\tilde{x}(n) = \{\ldots, 5, 4, 3, 2, 1, \underset{\uparrow}{5}, 4, 3, 2, 1, 5, 4, 3, 2, 1, \ldots\};\ -10 \le n \le 9$

풀이

a. $x(n) = 2\delta(n+2) - \delta(n-4),\ -5 \le n \le 5$

```
>> n = [-5:5];
>> x = 2*impseq(-2,-5,5) - impseq(4,-5,5);
>> stem(n,x); title('Sequence in Problem 2.1a')
>> xlabel('n'); ylabel('x(n)');
```

이 신호의 그래프는 그림 2.1a에 나타나 있다.

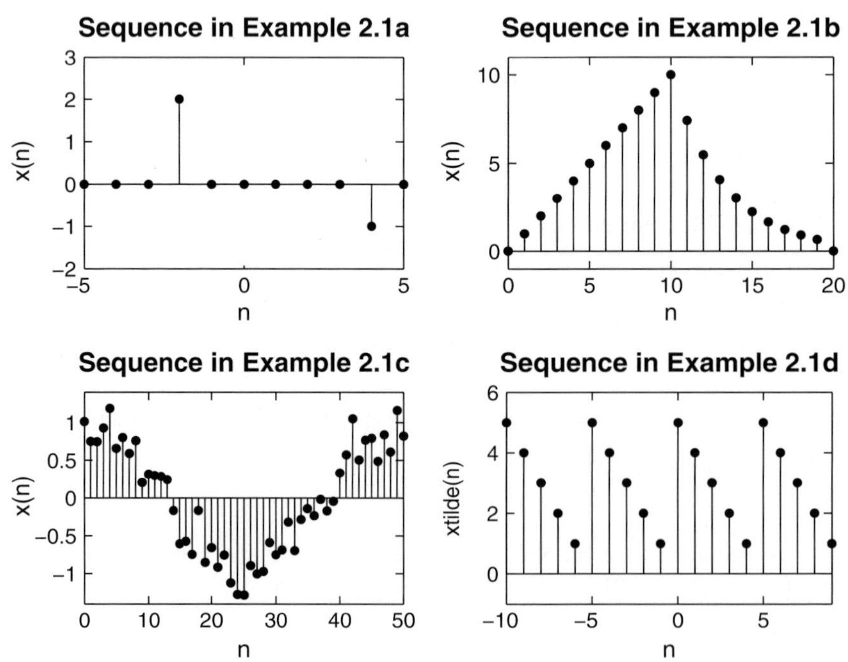

그림 2.1 예제 2.1의 신호

b. $x(n) = n[u(n) - u(n-10)] + 10e^{-0.3(n-10)}[u(n-10) - u(n-20)],\ 0 \le n \le 20$

```
>> n = [0:20]; x1 = n.*(stepseq(0,0,20)-stepseq(10,0,20));
>> x2 = 10*exp(-0.3*(n-10)).*(stepseq(10,0,20)-stepseq(20,0,20));
>> x = x1+x2;
>> subplot(2,2,3); stem(n,x); title('Sequence in Problem 2.1b')
>> xlabel('n'); ylabel('x(n)');
```

이 신호의 그래프는 그림 2.1b에 나타나 있다.

c. $x(n) = \cos[(0.04\pi n) + 0.2w(n),\ 0 \le n \le 50$

```
>> n = [0:50]; x = cos(0.04*pi*n)+0.2*randn(size(n));
>> subplot(2,2,2); stem(n,x); title('Sequence in Problem 2.1c')
>> xlabel('n'); ylabel('x(n)');
```

이 신호의 그림은 그림 2.1c에 나타나 있다.

d. $\tilde{x}(n) = \{\dots, 5, 4, 3, 2, 1, \underset{\uparrow}{5}, 4, 3, 2, 1, 5, 4, 3, 2, 1, \dots\};\ -10 \le n \le 9$

주어진 구간에 걸쳐 신호 $\tilde{x}(n)$은 네 주기를 갖고 있음에 주의하라.

```
>> n = [-10:9]; x = [5,4,3,2,1];
>> xtilde = x' * ones(1,4);    xtilde = (xtilde(:))';
>> subplot(2,2,4); stem(n,xtilde); title('Sequence in Problem 2.1d')
>> xlabel('n'); ylabel('xtilde(n)');
```

이 신호의 그래프는 그림 2.1d에 나타나 있다.

예제 2.2 $x(n) = \{1, 2, \underset{\uparrow}{3}, 4, 5, 6, 7, 6, 5, 4, 3, 2, 1\}$이라고 가정하자. 다음 신호들을 구하고 그려라.

a. $x_1(n) = 2x(n-5) - 3x(n+4)$

b. $x_2(n) = x(3-n) + x(n)\,x(n-2)$

풀이 신호 $x(n)$은 $-2 \le n \le 10$에서 0이 아니다. 따라서

```
>> n = -2:10; x = [1:7,6:-1:1];
```

은 $x(n)$을 만들어낼 것이다.

a. $x_1(n) = 2x(n-5) - 3x(n+4)$

첫 번째 부분은 $x(n)$을 5만큼 자리 이동하고, 두 번째 부분은 -4만큼 자리 이동하여 얻어진다. 이러한 자리 이동과 덧셈은 `sigshift`와 `sigadd` 함수를 이용하여 쉽게 실행할 수 있다.

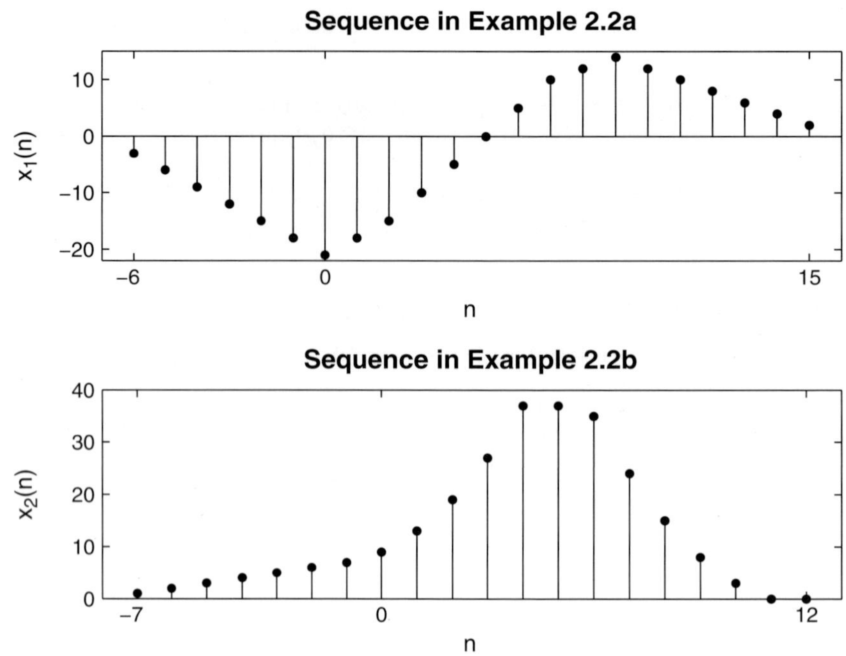

그림 2.2 예제 2.2의 신호

```
>> [x11,n11] = sigshift(x,n,5); [x12,n12] = sigshift(x,n,-4);
>> [x1,n1] = sigadd(2*x11,n11,-3*x12,n12);
>> subplot(2,1,1); stem(n1,x1); title('Sequence in Example 2.2a')
>> xlabel('n'); ylabel('x1(n)');
```

$x_1(n)$의 그래프는 그림 2.2a에 나타나 있다.

b. $x_2(n) = x(3-n) + x(n)x(n-2)$

첫 번째 항은 $x(-(n-3))$으로 쓸 수 있다. 따라서 이것은 먼저 $x(n)$을 뒤집고 나서 그 결과를 3만큼 이동함으로써 얻어진다. 두 번째 부분은 $x(n)$과 $x(n-2)$의 곱인데, 둘 다 길이는 같지만 샘플 위치가 다르다. 이 연산들은 `sigfold`와 `sigmult` 함수를 이용하여 쉽게 실행할 수 있다.

```
>> [x21,n21] = sigfold(x,n); [x21,n21] = sigshift(x21,n21,3);
>> [x22,n22] = sigshift(x,n,2); [x22,n22] = sigmult(x,n,x22,n22);
>> [x2,n2] = sigadd(x21,n21,x22,n22);
>> subplot(2,1,2); stem(n2,x2); title('Sequence in Example 2.2b')
>> xlabel('n'); ylabel('x2(n)');
```

$x_2(n)$의 그래프는 그림 2.2b에 나타나 있다. ■

예제 2.2는 이번 절에서 개발한 네 가지 `sig*` 함수가 신호 조작에 대해 편리한 접근 방식을 제공함을 보여준다.

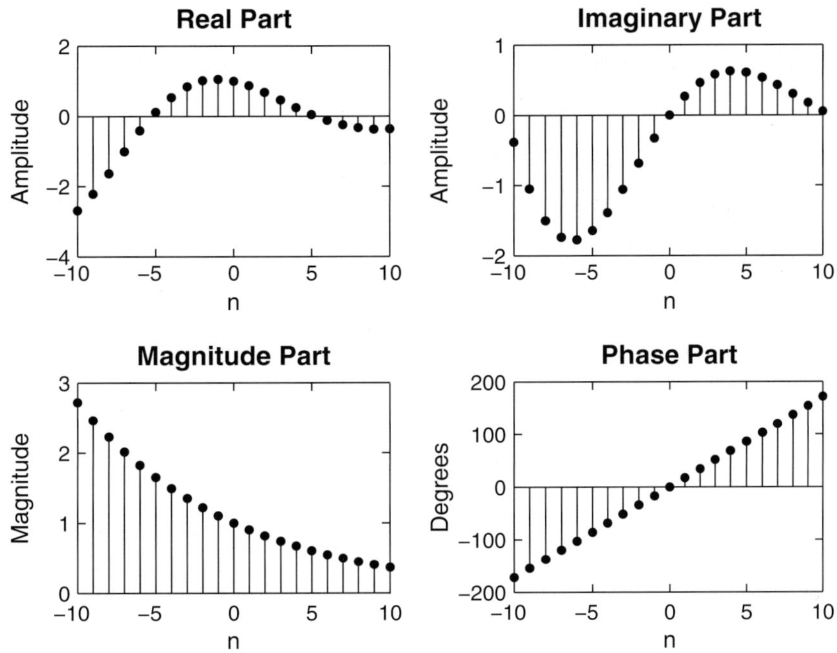

그림 2.3 예제 2.3의 복소수 신호

예제 2.3 다음과 같은 복소수 신호를 만들고

$$x(n) = e^{(-0.1+j0.3)n}, \quad -10 \le n \le 10$$

크기, 위상, 실수부, 허수부로 분리된 4개의 그래프로 그려라.

풀이

```
>> n = [-10:1:10]; alpha = -0.1+0.3j;
>> x = exp(alpha*n);
>> subplot(2,2,1); stem(n,real(x));title('real part');xlabel('n')
>> subplot(2,2,2); stem(n,imag(x));title('imaginary part');xlabel('n')
>> subplot(2,2,3); stem(n,abs(x));title('magnitude part');xlabel('n')
>> subplot(2,2,4); stem(n,(180/pi)*angle(x));title('phase part');xlabel('n')
```

이 신호의 그래프는 그림 2.3에 나타나 있다.

2.1.3 이산 시간 정현파

마지막 절에서 기본 신호의 하나로 이산 시간 정현파 신호 $x(n) = A\cos(\omega_0 n + \theta_0)$를 소개했다. 이 신호는 푸리에(Fourier) 변환을 위한 기본으로 신호 이론에서 아주 중요하고, 시스템 이론에서도 정상 상태 해석을 위한 기본으로 매우 중요하다. 이 신호는 3장에서 다룰 샘플링이라는 연산을 사용하여 편리하게 연속 시간 정현파 $x_a(t) = A\cos(\Omega_0 t + \theta_0)$에 연관시킬 수 있다. 이 경우 동일 간격으로 된 점들 $t = nT_s$에서 연속 시간 정현파 값을 $x(n)$ 값으로 지정할 수 있다. T_s 양(quantity)은 샘플링 간격이라 하고, $\Omega_0 = \omega_0/T_s$는 아날로그 주파수라고 하며, 라디안/초 단위로 측정된다.

n이 이산 변수이고 t는 연속 변수라는 사실은 이산 시간 정현파 신호와 연속 시간 정현파 신호 사이에 중요한 차이점을 만든다.

시간에서의 주기성 주기성의 정의로부터 정현파 신호는 다음과 같으면 주기적이다.

$$x[n+N] = A\cos(\omega_0 n + \omega_0 N + \theta) = A\cos(\omega_0 n + \theta_0) = x[n] \tag{2.2}$$

이것이 가능한 필요충분조건은 $\omega_0 N = 2\pi k$이며, 여기서 k는 정수이다. 이것은 다음과 같은 중요한 결과(연습문제 P2.1 참조)를 얻게 된다.

> 신호 $x(n) = A\cos(\omega_0 n + \theta_0)$가 주기적이 되는 필요충분조건은 $f_0 \triangleq \omega_0/2\pi = k/N$이다. 즉, f_0는 유리수이다. 만약 k와 N이 소수(prime number) 켤레라면, N은 $x(n)$의 기본 주기이며, k는 상응하는 연속 시간 정현파 신호의 주기 kT_s의 k 정수를 나타낸다.

주파수에서의 주기성 이산 시간 정현파 신호의 정의에 의하면 $(kn)2\pi$가 항상 2π의 정수배이기 때문에 다음과 같은 성질을 쉽게 알 수 있다.

$$\begin{aligned} A\cos[(\omega_0 + k2\pi)n + \theta_0] &= A\cos(\omega_0 n + kn2\pi + \theta_0) \\ &= A\cos(\omega_0 n + \theta_0) \end{aligned}$$

> 신호 $x(n) = A\cos(\omega_0 n + \theta)$는 기본 주기 2π를 갖고 있고 ω_0에 주기적이며, 기본 주기 1을 갖고 있고 f_0에 주기적이다.

이 성질은 다음과 같은 여러 가지 중요한 뜻을 내포하고 있다.

1. 2π의 정수배만큼 분리된 각 주파수를 갖고 있는 정현파 신호는 동일하다.
2. 다른 모든 정현파 신호는 각각 2π 간격의 주파수를 갖고 있다. 다음과 같은 기본 주파수 영역을 사용할 것이다.

$$-\pi < \omega \le \pi \quad \text{또는} \quad 0 \le \omega < 2\pi \tag{2.3}$$

   그러므로 $0 \le \omega_0 \le 2\pi$인 경우 주파수 ω_0와 $\omega_0 + m2\pi$는 대응되는 신호를 관찰하면 구별할 수 없이 같다.
3. $A\cos[\omega_0(n + n_0) + \theta] = A\cos[\omega_0 n + (\omega_0 n_0 + \theta)]$이므로 시간 이동은 위상 변화에 해당한다.
4. ω_0가 $\omega_0 = 0$에서 $\omega_0 = \pi$까지 증가하면 이산 시간 정형파 신호의 진동률도 증가한다. 그러나 ω_0가 $\omega_0 = \pi$에서 $\omega_0 = 2\pi$까지 증가하면 진동은 늦어진다. 따라서 저주파수(늦은 진동)는 $\omega_0 = k2\pi$ 근방이고, 고주파수(빠른 진동)는 $\omega_0 = \pi + k2\pi$ 근방에 있다.

2.1.4 몇 가지 유용한 결과

이산 시간 신호 처리 이론에서 몇 가지 중요한 결과가 있다. 디지털 신호 처리에서 유용한 몇 가지를 말하고자 한다.

단위 샘플 합성 어떤 임의의 신호 $x(n)$이라도 다음과 같이 지연되고 크기 조정된 단위 샘플 신호의 가중 합(weighted sum)으로 합성(synthesis)할 수 있다.

$$x(n) = \sum_{k=-\infty}^{\infty} x(k)\delta(n-k) \tag{2.4}$$

이 결과를 다음 절에서 사용할 것이다.

기함수와 우함수 합성 실수 신호 $x_e(n)$은 다음을 만족하면 우함수(even, 대칭) 신호라고 한다.

$$x_e(-n) = x_e(n)$$

마찬가지로, 실수 신호 $x_o(n)$은 다음을 만족하면 기함수(odd, 반대칭) 신호라고 한다.

$$x_o(-n) = -x_o(n)$$

그러면 어떤 임의의 실수 신호 $x(n)$이라도 기함수 성분과 우함수 성분으로 분해할 수 있다.

$$x(n) = x_e(n) + x_o(n) \tag{2.5}$$

여기서 우함수 부분과 기함수 부분은 각각 다음과 같이 주어진다.

$$x_e(n) = \frac{1}{2}[x(n) + x(-n)] \quad \text{그리고} \quad x_o(n) = \frac{1}{2}[x(n) - x(-n)] \tag{2.6}$$

푸리에 변환의 성질을 공부하는 데 이 분해를 사용한다. 그러므로 주어진 신호를 우함수 성분과 기함수 성분으로 분해하는 MATLAB 함수를 개발해보면 좋은 경험이 될 것이다. 지금까지 논한 MATLAB 연산들을 사용하여 다음의 evenodd 함수를 얻을 수 있다.

```
function [xe, xo, m] = evenodd(x,n)
% Real signal decomposition into even and odd parts
% -----------------------------------------------
% [xe, xo, m] = evenodd(x,n)
%
if any(imag(x) ~= 0)
      error('x is not a real sequence')
end
m = -fliplr(n);
m1 = min([m,n]); m2 = max([m,n]); m = m1:m2;
nm = n(1)-m(1); n1 = 1:length(n);
x1 = zeros(1,length(m));   x1(n1+nm) = x; x = x1;
xe = 0.5*(x + fliplr(x));  xo = 0.5*(x - fliplr(x));
```

신호와 그 샘플 위치는 x와 n 행렬로 각각 제공된다. 함수는 먼저 주어진 신호가 실수인지를 검사하고 우함수 성분과 기함수 성분의 샘플 위치를 m 행렬에 정한다. 그러고 나서 MATLAB 지시 기능에 특별한 주의를 기울여 식 (2.6)을 구현한다. 결과로 나오는 성분은 xe와 xo 행렬에 저장된다.

예제 2.4 $x(n) = u(n) - u(n-10)$을 가정하자. $x(n)$을 우함수 성분과 기함수 성분으로 분해하라.

풀이 $0 \le n \le 9$에서 0이 아닌 신호 $x(n)$은 직각 펄스(rectangular pulse)라고 한다. 우함수 성분과 기함수 성분을 정하고 그리기 위해 MATLAB을 사용할 것이다.

```
>> n = [0:10]; x = stepseq(0,0,10)-stepseq(10,0,10);
>> [xe,xo,m] = evenodd(x,n);
>> subplot(2,2,1); stem(n,x); title('Rectangular pulse')
>> xlabel('n'); ylabel('x(n)'); axis([-10,10,0,1.2])
>> subplot(2,2,2); stem(m,xe); title('Even Part')
>> xlabel('n'); ylabel('xe(n)'); axis([-10,10,0,1.2])
>> subplot(2,2,4); stem(m,xo); title('Odd Part')
>> xlabel('n'); ylabel('xe(n)'); axis([-10,10,-0.6,0.6])
```

그림 2.4에 나타난 그림은 명확히 분해를 보여준다.

복소수 신호의 비슷한 분해가 연습문제 P2.1에서 연구되고 있다.

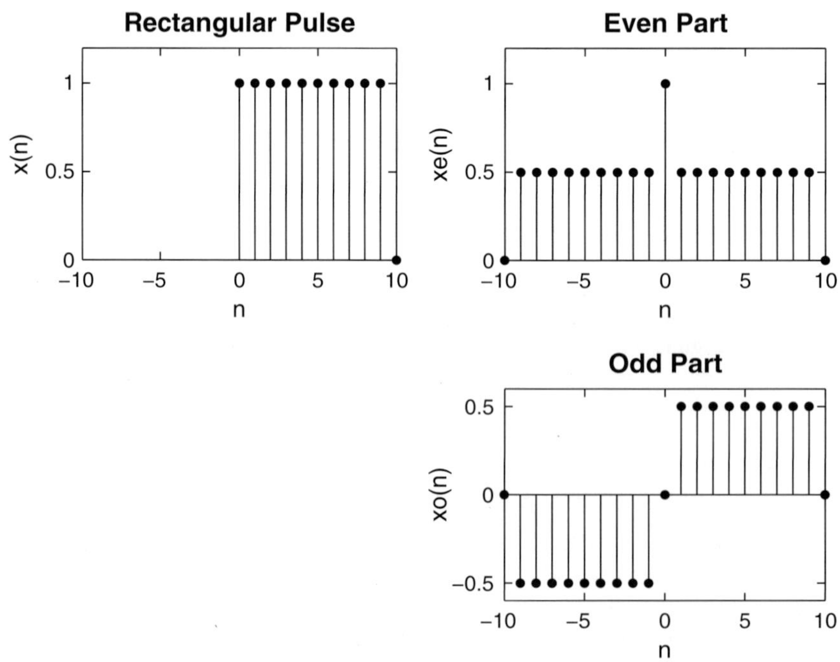

그림 2.4 예제 2.4의 우함수–기함수 분해

기하 신호 $\{\alpha^n,\ n \geq 0\}$(α는 임의의 상수)의 형태를 갖는 편측(one-sided) 지수 신호는 기하 신호(geometric series)라고 한다. 디지털 신호 처리에서 이 신호의 합에 대한 수렴과 표현은 많은 응용에서 사용된다. 이 신호는 $|\alpha| < 1$이면 수렴하는 반면, 그 성분의 합은 다음과 같이 수렴한다.

$$\sum_{n=0}^{\infty} \alpha^n \longrightarrow \frac{1}{1-\alpha}, \quad |\alpha| < 1\text{인 경우} \tag{2.7}$$

또한 다음과 같이 주어지는, 임의의 유한개의 항을 가진 신호의 합에 대한 표현이 필요하다.

$$\sum_{n=0}^{N-1} \alpha^n = \frac{1-\alpha^N}{1-\alpha}, \forall\alpha \tag{2.8}$$

이 두 가지 결과는 이 책 전반에 걸쳐 사용될 것이다.

신호의 상관관계 상관관계는 디지털 신호 처리의 많은 응용에서 사용되는 연산이다. 이것은 두 신호가 비슷한 정도에 대한 척도이다. 에너지가 유한한 두 실수 신호 $x(n)$과 $y(n)$이 주어졌을 때, $x(n)$과 $y(n)$의 **교차상관관계**(crosscorrelation)는 다음과 같이 정의되는 신호 $r_{xy}(\ell)$이다.

$$r_{x,y}(\ell) = \sum_{n=-\infty}^{\infty} x(n)y(n-\ell) \tag{2.9}$$

지표 ℓ는 이동 혹은 지연 매개변수라고 한다. 식 (2.9)의 특별한 경우는 **자기상관관계**(autocorrelation)라고 하고, 다음과 같이 정의된다.

$$r_{xx}(\ell) = \sum_{n=-\infty}^{\infty} x(n)x(n-\ell) \tag{2.10}$$

이것은 한 신호의 다른 배열 사이에 비슷한 정도의 기준을 제공한다. 자기상관관계와 교차상관관계를 계산하는 MATLAB 함수들은 이 장의 뒤에 가서 논할 것이다.

2.2 이산 시스템

수학적으로 이산 시간 시스템(또는 짧게 **이산 시스템**(discrete system))은 입력 신호 $x(n)$(또는 **여기**(excitation) 신호라고 함)을 다른 신호 $y(n)$(**응답**(response)이라고 함)으로 변환해주는 연산자 $T[\cdot]$로 표시할 수 있다.

$$y(n) = T[x(n)]$$

DSP에서 시스템은 **입력**(input) 신호를 **출력**(output) 신호로 처리한다고 말한다. 이산 시스템은 넓게 **선형**(linear)과 **비선형**(nonlinear) 시스템으로 분류된다. 이 책에서는 대부분 선형 시스템을 다룰 것이다.

2.2.1 선형 시스템

선형 연산자 $L[\cdot]$은 다음과 같은 중첩(superposition) 원리를 만족한다.

$$L[a_1x_1(n) + a_2x_2(n)] = a_1L[x_1(n)] + a_2L[x_2(n)], \forall a_1, a_2, x_1(n), x_2(n) \tag{2.11}$$

이산 시스템 $T[\cdot]$가 $L[\cdot]$과 같은 성질을 만족하면 선형 시스템이라고 한다.

시간 n에서의 임의의 입력 신호 $x(n)$은

$$\sum_{n=-\infty}^{\infty} x(k)\,\delta(n-k)$$

로 표시할 수 있다. 그리고 식 (2.4)와 식 (2.11)을 사용하여 선형 시스템을 통과하면 다음과 같은 해를 얻는다.

$$y(n) = L[x(n)] = L\left[\sum_{n=-\infty}^{\infty} x(k)\,\delta(n-k)\right] = \sum_{n=-\infty}^{\infty} x(k)L[\delta(n-k)] \tag{2.12}$$

여기서 응답 $L[\delta(n-k)]$는 시간 k에서 단위 임펄스 신호가 입력되었을 때, 시간 n에서의 선형 시스템 응답으로 해석될 수 있다. 이를 임펄스 응답(impulse response)이라 하고 $h(n, k)$로 나타낸다. 따라서 식 (2.12)에서처럼 모든 임펄스 입력 시간 k에 대해 출력 $h(n, k)$의 선형 결합된 형태가 바로 시간 n에서의 시스템 출력이다. 즉, 시간 n에서 시스템의 출력 $y(n)$은 계속적인 입력 임펄스 값에 대한 응답의 중첩이 되며 다음과 같이 표현된다.

$$y(n) = \sum_{n=-\infty}^{\infty} x(k)h(n,k) \tag{2.13}$$

식 (2.13)의 계산은 시변(time-varying) 임펄스 응답 $h(n, k)$를 필요로 하는데, 이는 실제로 그다지 편리하지 않다. 따라서 시불변(time-invariant) 시스템이 DSP에서 널리 사용된다.

예제 2.5 다음의 시스템이 선형인지 결정하라.

1. $y(n) = T[x(n)] = 3x^2(n)$

2. $y(n) = 2x(n-2) + 5$

3. $y(n) = x(n+1) - x(n-1)$

풀이 $y_1(n) = T[x_1(n)]$이고, $y_2(n) = T[x_2(n)]$이라고 하자. 선형 결합 $a_1x_1(n) + a_2x_2(n)$에 대한 시스템의 응답이 선형 결합 $a_1y_1(n) + a_2y_2(n)$과 동일한지를 조사하려고 한다. 여기서 a_1과 a_2는 임의의 상수이다.

1. $y(n) = T[x(n)] = 3x^2(n)$: 다음을 고려한다.

$$\begin{aligned} T\left[a_1x_1(n)+a_2x_2(n)\right] &= 3\left[a_1x_1(n)+a_2x_2(n)\right]^2 \\ &= 3a_1^2x_1^2(n)+3a_2^2x_2^2(n)+6a_1a_2x_1(n)x_2(n) \end{aligned}$$

이것은 다음과 같지 않다.

$$a_1y_1(n)+a_2y_2(n)=3a_1^2x_1^2(n)+3a_2^2x_2^2(n)$$

따라서 주어진 시스템은 비선형이다.

2. $y(n) = 2x(n-2)+5$: 다음을 고려한다.

$$\begin{aligned} T\left[a_1x_1(n)+a_2x_2(n)\right] &= 2\left[a_1x_1(n-2)+a_2x_2(n-2)\right]+5 \\ &= a_1y_1(n)+a_2y_2(n)-5 \end{aligned}$$

분명히 입력-출력 관계가 직선 함수이지만 주어진 시스템은 비선형이다.

3. $y(n) = x(n+1) - x(1-n)$: 다음을 고려한다.

$$\begin{aligned} T[a_1x_1(n)+a_2x_2(n)] &= a_1x_1(n+1)+a_2x_2(n+1)+a_1x_1(1-n) \\ &\quad +a_2x_2(1-n) \\ &= a_1[x_1(n+1)-x_1(1-n)] \\ &\quad +a_2[x_2(n+1)-x_2(1-n)] \\ &= a_1y_1(n)+a_2y_2(n) \end{aligned}$$

따라서 주어진 시스템은 선형이다.

선형 시불변 시스템 입출력 쌍 $x(n)$과 $y(n)$이 아래의 식과 같이 시간의 이동 k에 대해 불변인 선형 시스템을 선형 시불변(LTI: linear time-invariant) 시스템이라고 한다.

$$x(n) \rightarrow L[\cdot] \rightarrow y(n) \text{일 때, } x(n-k) \rightarrow L[\cdot] \rightarrow y(n-k)$$

LTI 시스템에서 $L[\cdot]$과 자리 이동(shift) 연산자는 다음에 보는 바와 같이 가역(reversible)이다. 즉, $L[\cdot]$을 먼저 적용하고 자리 이동한 것과 자리 이동 후 $L[\cdot]$을 적용한 것이 동일한 결과를 낸다.

$x(n) \longrightarrow$ [$L[\cdot]$] $\longrightarrow y(n) \longrightarrow$ [k만큼 이동] $\longrightarrow y(n-k)$

$x(n) \longrightarrow$ [k만큼 이동] $\longrightarrow x(n-k) \longrightarrow$ [$L[\cdot]$] $\longrightarrow y(n-k)$

예제 2.6 다음 선형 시스템이 시불변인지 결정하라.

1. $y(n) = L[x(n)] = 10\sin(0.1\pi n)x(n)$

2. $y(n) = L[x(n)] = x(n+1) - x(1-n)$

3. $y(n) = L[x(n)] = \frac{1}{4}x(n) + \frac{1}{2}x(n-1) + \frac{1}{4}x(n-2)$

풀이 먼저 이동된 입력 신호에 대한 응답 $y_k(n) \triangleq L[x(n-k)]$를 계산하겠다. 이것은 선형 변환의 오른쪽에 있는 모든 입력 신호 항의 독립 변수에 k만큼 감하여 얻는다. 시불변을 결정하기 위해 위에 얻은 결과와 선형 변형의 오른쪽에 n 대신 $(n-k)$로 대치하여 얻는 이동된 출력 신호 $y(n-k)$와 비교한다.

1. $y(n) = L[x(n)] = 10\sin(0.1\pi n)x(n)$: 이동된 입력에 대한 응답은 다음과 같다.

$$y_k(n) = L[x(n-k)] = 10\sin(0.1\pi n)x(n-k)$$

반면 이동된 출력은 다음과 같다.

$$y(n-k) = 10\sin[0.1\pi(n-k)]x(n-k) \neq y_k(n)$$

따라서 주어진 시스템은 시불변하지 않다.

2. $y(n) = L[x(n)] = x(n+1) - x(1-n)$: 이동된 입력에 대한 응답은 다음과 같다.

$$y_k(n) = L[x(n-k)] = x(n-k) - x(1-n-k)$$

반면 이동된 출력은 다음과 같다.

$$y(n-k) = x(n-k) - x(1-[n-k]) = x(n-k) - x(1-n+k) \neq y_k(n)$$

따라서 주어진 시스템은 시불변하지 않다.

3. $y(n) = L[x(n)] = \frac{1}{4}x(n) + \frac{1}{2}x(n-1) + \frac{1}{4}x(n-2)$: 이동된 입력에 대한 응답은 다음과 같다.

$$y_k(n) = L[x(n-k)] = \frac{1}{4}x(n-k) + \frac{1}{2}x(n-1-k) + \frac{1}{4}x(n-2-k)$$

반면 이동된 출력은 다음과 같다.

$$y(n-k) = \frac{1}{4}x(n-k) + \frac{1}{2}x(n-k-1) + \frac{1}{4}x(n-k-2) = y_k(n)$$

따라서 주어진 시스템은 시불변이다.

LTI 시스템을 연산자 $LTI[\cdot]$로 표시한다. 시간 k에서 단위 임펄스가 입력되었을 때 시간 n에서의 시스템 응답은 시불변 시스템의 경우 $n-k$에 좌우된다. 그러면 시변 함수 $h(n, k)$는 시불변 함수 $h(n-k)$로 표시할 수 있고, 식 (2.13)에서 출력은 다음과 같이 주어진다.

$$y(n) = LTI[x(n)] = \sum_{k=-\infty}^{\infty} x(k)h(n-k) \tag{2.14}$$

LTI 시스템의 임펄스 응답은 $h(n)$으로 주어진다. 식 (2.14)의 수학적 연산은 선형 콘벌루션

합(linear convolution sum)이라 하고, 다음과 같이 표시된다.

$$y(n) \triangleq x(n) * h(n) \tag{2.15}$$

따라서 LTI 시스템은 다음에 나타난 것처럼 시간 영역에서 임펄스 응답 $h(n)$에 의해 완전히 표현된다고 볼 수 있다.

$$x(n) \longrightarrow \boxed{h(n)} \longrightarrow y(n) = x(n) * h(n)$$

콘벌루션의 몇 가지 특성은 연습문제 P2.12에서 다룬다.

안정성(stability) 이 개념은 선형 시스템 이론에서 매우 중요하다. 안정성을 고려하는 주요 원인은 실제 시스템에서 변수가 너무 커져서 위험해지거나, 시스템 동작이 이상해서 포화가 생기는 것을 피하기 위해서이다. 시스템이 만약 유한한 크기의 입력에 대해 유한한 크기의 출력을 만들어내면 **유한 입력 유한 출력**(BIBO: bounded-input bounded-output) **안정**하다고 말한다. 즉, 입력 $x(n)$과 출력 $y(n)$이 각각 M_x와 M_y로 유한한 값을 갖는다면 다음과 같이 표시될 수 있다.

$$|x(n)| \le M_x < \infty \Rightarrow |y(n)| \le M_y < \infty, \forall\, x, y$$

여기서 $|x(n)|$은 절대값이다.

LTI 시스템의 BIBO 안정성은 다음과 같이 정리할 수 있다.

■ **정리 1** LTI 시스템은 임펄스 응답 $h(n)$에 의해 완전히 표시되므로, BIBO 안정성도 $h(n)$의 성질에 의해 완전히 표시될 수 있다. 만약 임펄스 응답이 절대 가합(absolutely summable)이면, LTI 시스템은 BIBO 안정하다.

$$\text{BIBO 안정성} \iff \sum_{-\infty}^{\infty} |h(n)| < \infty \tag{2.16}$$

위의 정리는 다음과 같이 증명할 수 있다.

〈충분조건〉

LTI 시스템의 응답 $y(n)$은 다음과 같이 구할 수 있다.

$$y(n) = \sum_{k=-\infty}^{\infty} h(n-k)\,x(k)$$

복소수의 삼각 부등식 성질에 의해

$$|y(n)| = \left| \sum_{k=-\infty}^{\infty} h(k)x(n-k) \right| \le \sum_{k=-\infty}^{\infty} |h(k)x(n-k)| \le \sum_{k=-\infty}^{\infty} |h(k)||x(n-k)|$$

입력 $x(n)$의 크기가 유한하므로 위 식은 다음과 같이 쓸 수 있다.

$$|y(n)| \le M_x \sum_{k=-\infty}^{\infty} |h(k)|$$

따라서 시스템의 임펄스 응답이 절대 가합이면 시스템 출력의 크기는 유한하다.

〈필요조건〉

만약 임펄스 응답이 절대 가합이 아니면(즉, $\sum_{-\infty}^{\infty} |h(n)| = \infty$) 출력이 발산하도록 하는 유계 입력을 찾을 수 있음을 보인다. 유계 입력으로 아래의 입력을 정한다.

$$x(n) = \begin{cases} \dfrac{h^*(n)}{|h(n)|} & h(n) \neq 0 \\ 0 & h(n) = 0 \end{cases}$$

위의 식에서 $h^*(n)$은 $h(n)$의 켤레복소수이다. 증명을 하기 위해서는 $y(n)$이 발산하는 n을 찾으면 된다. $N = 0$일 때,

$$y(0) = \sum_{k=-\infty}^{\infty} x(-k)h(k) = \sum_{k=-\infty}^{\infty} \frac{|h(n)|^2}{|h(n)|} = \sum_{k=-\infty}^{\infty} |h(n)|$$

따라서 식 (2.16)은 시스템이 안정하기 위한 필요충분조건이며, 이 식은 곧 임펄스 응답 $h(n)$이 n 값이 무한히 커져감에 따라서 0으로 수렴함을 의미한다. 따라서 유한한 입력 $x(n)$에 대해 시스템의 출력 $y(n)$ 역시 유한한 크기를 갖는다. 이것은 다음과 같이 증명된다.

$n > n_0$인 구간에서 $x(n) = 0$이고, $n \le n_0$인 구간에서 특정 상수 M_x에 대해 $|x(n)| < M_x$인 시스템의 입력 $x(n)$을 생각하자. 그러면 $n = n_0 + N$인 시점에서 시스템의 출력 $y(n)$은 다음과 같다.

$$y(n_0 + N) = \sum_{k=-\infty}^{N-1} h(k)x(n_0 + N - k) + \sum_{k=N}^{\infty} h(k)x(n_0 + N - k)$$

여기서 첫 번째 부분 합은 구간 내의 $x(n)$이 모두 0이므로 0이 되고, 남은 식에서 양변에 절대값을 취하면 다음과 같다.

$$\begin{aligned} |y(n_0 + N)| &= \left| \sum_{k=N}^{\infty} h(k)\, x(n_0 + N - k) \right| \\ &\le \sum_{k=N}^{\infty} |h(k)||x(n_0 + N - k)| \le M_x \sum_{k=N}^{\infty} |h(k)| \end{aligned}$$

여기서 $\lim_{N \to \infty} \sum_{k=N}^{\infty} |h(k)| = 0$이므로, 따라서 $\lim_{N \to \infty} |y(n_0 + N)| = 0$이다.

인과성(causality) 이 개념은 시스템이 만들어질 수 있음을 보장하기 위해 필요하다. 어떤 시

점에서의 출력이 현재와 과거의 입력 값에 의해서만 결정된다면 그 시스템은 인과관계가 있다고 한다. 이런 시스템은 시스템 출력이 입력의 미래 값을 예상하지 않았기 때문에 예측 불가능하다고 한다. 만약 지표 n_0의 출력이 단지 지표 n_0까지의 입력에 의존하면 시스템은 인과적이라고 한다. 즉, 출력은 미래의 입력 값들에 의존하지 않는다. 이 관계를 살펴보기 위해 $n = n_0$ 시점에서의 LTI 시스템을 생각하자.

$$y(n_0) = \sum_{k=-\infty}^{\infty} h(k)x(n_0 - k)$$

위 식은 다음과 같이 현재와 과거의 입력을 갖는 부분과 미래의 입력을 갖는 부분의 합으로 나눌 수 있다.

$$\begin{aligned} y(n_0) &= \sum_{k=0}^{\infty} h(k)x(n_0 - k) + \sum_{k=-\infty}^{-1} h(k)x(n_0 - k) \\ &= [h(0)x(n_0) + h(1)x(n_0 - 1) + h(2)x(n_0 - 2) + \cdots] \\ &\quad + [h(-1)x(n_0 + 1) + h(-2)x(n_0 + 2) + \cdots] \end{aligned}$$

두 번째 부분의 합이 미래의 입력을 나타내고 있으므로, 시스템이 인과적이기 위해서는 임펄스 응답이 다음 조건을 만족해야 한다.

$$h(n) = 0, \quad n < 0 \tag{2.17}$$

LTI 시스템이 인과적인 필요충분조건은 임펄스 응답이 위 식을 만족하는 것이다.

이런 신호를 인과적 신호(causal sequence)라고 한다. 신호 처리에서 특별한 언급이 없으면, 우리는 항상 시스템이 인과적이라고 가정할 것이다.

2.3 콘벌루션

우리는 LTI 시스템의 응답을 기술하기 위해 식 (2.15)의 콘벌루션 연산을 도입했다. 디지털 신호 처리에서 이것은 중요한 연산이고 이 책의 전체에 걸쳐 많이 사용된다. 콘벌루션은 여러 방법으로 계산될 수 있다. 그중 콘벌루션 정의를 가장 쉽게 이해할 수 있는 방법은 다음의 접고 이동한 형태로 해석하는 것이다.

$n = n_0$에서의 콘벌루션 출력 값을 계산한다고 하자. 이 경우 식 (2.15)는 다음과 같이 쓸 수 있다.

$$y(n_0) = \sum_{k=-\infty}^{\infty} x(k)h(n_0 - k)$$

위 식에서 오른쪽 항의 두 신호 모두 k에 관한 함수임을 알 수 있다. 신호 $h(n_0 - k)$는 임펄스 응답을 $k = 0$에 대해 접고 n_0만큼 이동한 형태이다. 여기에 입력 신호 $x(k)$와 모든 k에 대해 이동하면서 곱을 취하면 $n = n_0$에서의 출력 값을 얻을 수 있다. 요약하면 다음과 같다.

1. 접기(folding): $h(k)$를 $k = 0$에 대해 접고 $h(-k)$를 얻는다.
2. 이동(shifting): $h(-k)$를 n_0만큼 이동시킨다. 만약 n_0가 양수이면 오른쪽 방향으로, 음수이면 왼쪽 방향으로 이동시켜서 $h(n_0 - k)$를 구한다.
3. 곱(multiplication): $x(k)$와 $h(n_0 - k)$를 곱하여 신호 $v_{n_0}(k) \equiv x(k)h(n_0 - k)$를 얻는다.
4. 합(summation): 모든 k에 대해 $v_{n_0}(k)$를 계산한 뒤 더하면 $n = n_0$에서 콘벌루션 출력 값을 얻을 수 있다.

이제 여러 경우에 유용하게 쓰이는 콘벌루션의 특징을 살펴보자.

콘벌루션의 첫 번째 기본적인 특징은 교환성(commutative)이다. 즉,

$$x(n) * h(n) = h(n) * x(n)$$

이것은 식 (2.14)에서 변수를 치환함으로써 곧바로 증명될 수 있다. 식 (2.14)에서 $r = n - k$로 놓으면 다음과 같다.

$$y(n) = x(n) * h(n) = \sum_{k=-\infty}^{\infty} x(k)h(n-k) = \sum_{r=-\infty}^{\infty} x(n-r)h(r) = h(n) * x(n) \tag{2.18}$$

그러므로 변수의 치환으로 $x(n)$과 $h(n)$의 역할이 바뀜을 알 수 있다. 식 (2.18)에 따라서, 입력 $x(n)$과 단위 샘플 응답 $h(n)$을 갖는 LTI 시스템의 출력은 입력 $h(n)$과 단위 샘플 응답 $x(n)$을 갖는 LTI 시스템의 출력과 동일하다.

두 번째로 유용한 성질은 결합성(associative)이다. 즉,

$$x(n) * (h_1(n) * h_2(n)) = (x(n) * h_1(n)) * h_2(n)$$

이 성질은 포함된 합산 과정을 변형하여 직접 증명할 수 있다.

세 번째 유용한 성질은 분배성(additive)이다. 즉, 다음과 같이 합에 대해 콘벌루션이 나누어진다.

$$x(n) * (h_1(n) + h_2(n)) = x(n) * h_1(n) + x(n) * h_2(n)$$

여기서 알아둘 점은 이와 같은 콘벌루션의 성질들은 오직 LTI 시스템에만 적용된다는 사실이다. 특히 비선형 시스템의 단위 샘플 응답은 시스템의 특성을 완전히 나타내지를 못한다. 예제 2.7과 예제 2.8에서 콘벌루션의 실제 예를 들어본다.

예제 2.7 예제 2.4의 직각 펄스 $x(n) = u(n) - u(n - 10)$은 임펄스 응답이 다음과 같은 LTI 시스템의 입력이라고 하자.

$$h(n) = (0.9)^n u(n)$$

출력 $y(n)$을 구하라.

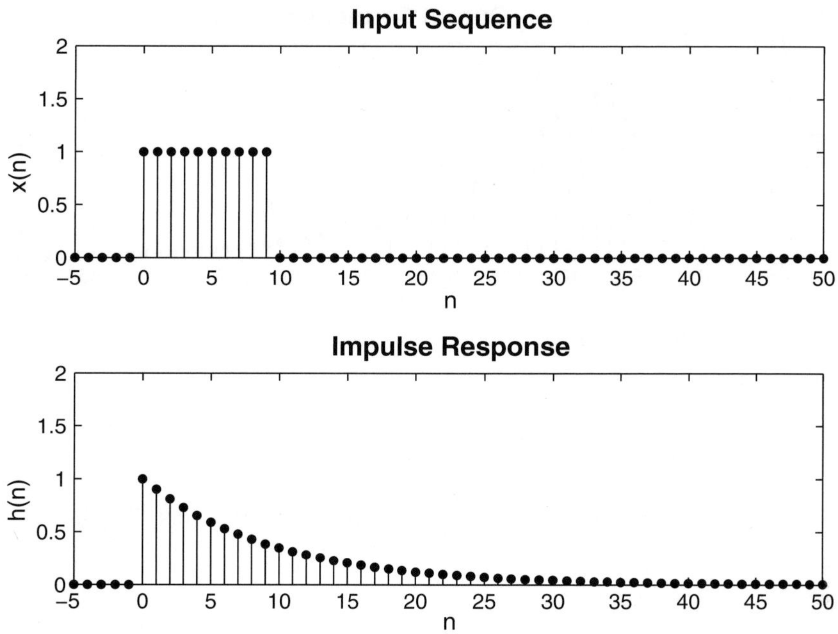

그림 2.5 예제 2.7의 입력 신호와 임펄스 응답

풀이 입력 $x(n)$과 임펄스 응답 $h(n)$은 그림 2.5에 나타나 있다. 식 (2.15)에서

$$y(n) = \sum_{k=0}^{9}(1)\,(0.9)^{(n-k)}\,u(n-k) = (0.9)^n \sum_{k=0}^{9}(0.9)^{-k}\,u(n-k) \tag{2.19}$$

식 (2.19)의 합은 $u(n-k)$ 항이 n과 k에 따라 다른 값을 갖는다는 것을 제외하고 거의 기하 신호의 합이다. $u(n-k)$가 계산될 수 있는 세 가지 조건이 있다.

경우 i $n < 0$: 그러면 $u(n-k) = 0,\ 0 \le k \le 9$. 따라서 식 (2.19)로부터

$$y(n) = 0 \tag{2.20}$$

이 경우 $x(n)$과 $h(n)$의 0이 아닌 값들은 겹치지 않는다.

경우 ii $0 \le n < 9$: 그러면 $u(n-k) = 1,\ 0 \le k \le n$. 따라서 식 (2.19)에서

$$\begin{aligned} y(n) &= (0.9)^n \sum_{k=0}^{n}(0.9)^{-k} = (0.9)^n \sum_{k=0}^{n}[(0.9)^{-1}]^k \\ &= (0.9)^n \frac{1-(0.9)^{-(n+1)}}{1-(0.9)^{-1}} = 10[1-(0.9)^{n+1}], \quad 0 \le n < 9 \end{aligned} \tag{2.21}$$

이 경우 임펄스 응답 $h(n)$은 입력 $x(n)$과 일부 겹친다.

경우 iii $n \ge 9$: 그러면 $u(n-k) = 1,\ 0 \le k \le 9$. 그리고 식 (2.19)에서

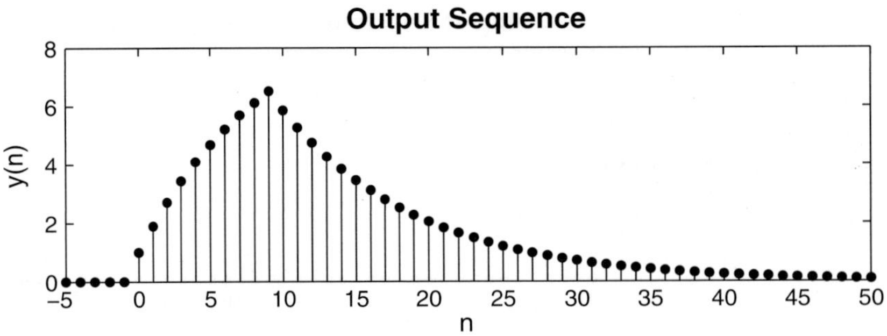

그림 2.6 예제 2.7의 출력 신호

$$\begin{aligned} y(n) &= (0.9)^n \sum_{k=0}^{9} (0.9)^{-k} \\ &= (0.9)^n \frac{1-(0.9)^{-10}}{1-(0.9)^{-1}} = 10(0.9)^{n-9}[1-(0.9)^{10}], \quad n \geq 9 \end{aligned} \tag{2.22}$$

이 경우 $h(n)$은 $x(n)$과 완전히 겹친다.

전체 응답은 식 (2.20), (2.21), (2.22)에 의해 주어진다. 이는 입력 펄스의 왜곡을 묘사하는 그림 2.6에 나타나 있다.

위 예제를 앞서 설명한 접고 이동한 형태의 콘벌루션을 이용해서도 해석해보자.

예제 2.8 다음 두 신호가 주어질 때,

$$x(n) = [3, 11, 7, \underset{\uparrow}{0}, -1, 4, 2], \quad -3 \leq n \leq 3; \qquad h(n) = [2, \underset{\uparrow}{3}, 0, -5, 2, 1], \quad -1 \leq n \leq 4$$

콘벌루션 $y(n) = x(n) * h(n)$을 구하라.

풀이 그림 2.7에 4개의 그래프가 있다. 왼쪽 위의 그림은 원래의 신호 $x(k)$와 $h(k)$를 나타낸다. 오른쪽 위의 그래프는 $x(k)$와, $h(k)$가 접힌 $h(-k)$를 나타낸다. 왼쪽 아래의 그래프는 $x(k)$와, $h(k)$가 접힌 후 -1만큼 이동된 $h(-1-k)$를 나타낸다. 그러면

$$\sum_k x(k)h(-1-k) = 3 \times (-5) + 11 \times 0 + 7 \times 3 + 0 \times 2 = 6 = y(-1)$$

오른쪽 아래의 그래프는 $x(k)$와, $h(k)$가 접힌 후 2만큼 이동된 $h(2-k)$를 나타낸다.

$$\sum_k x(k)h(2-k) = 11 \times 1 + 7 \times 2 + 0 \times (-5) + (-1) \times 0 + 4 \times 3 + 2 \times 2 = 41 = y(2)$$

이렇게 $y(n)$의 두 값을 얻었다. 마찬가지로, 그래프에 의한 계산은 $y(n)$의 남은 값들에 대해서도 행할 수 있다. 시작점(첫 번째 0이 아닌 샘플)이 $n = -3 + (-1) = -4$에 의해 주어지

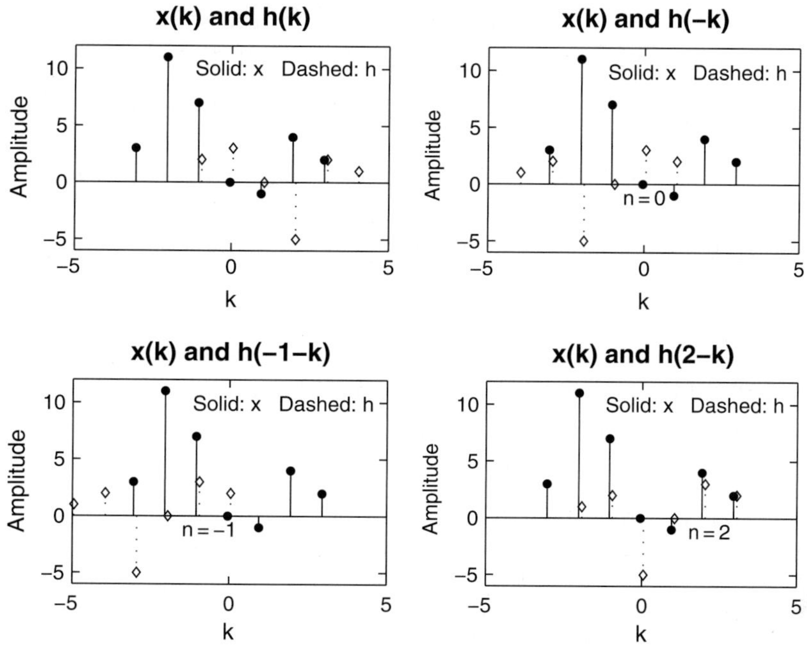

그림 2.7 예제 2.8의 그래픽 콘벌루션

는 반면, 끝점(마지막 0이 아닌 샘플)이 $n = 3 + 4 = 7$에 의해 주어짐을 주의하기 바란다. 전체 출력은 다음에 의해 주어진다.

$$y(n) = \{6, 31, 47, 6, \underset{\uparrow}{-51}, -5, 41, 18, -22, -3, 8, 2\}$$

학생들은 위 결과를 확인해보기를 적극 권장한다. 결과로 나온 신호 $y(n)$이 신호 $x(n)$과 $h(n)$보다 더 길다는 사실에 주의하라.

2.3.1 MATLAB 구현

만약 임의의 신호가 무한이라면, MATLAB은 콘벌루션을 계산하는 데 바로 사용될 수 없다. MATLAB은 두 유한 신호 사이의 콘벌루션을 계산하는 conv라는 내장(built-in) 함수를 제공한다. conv 함수는 두 신호가 $n = 0$에서 시작하고 다음에 의해 불려진다고 가정한다.

```
>> y = conv(x,h);
```

예를 들어 예제 2.7에서 콘벌루션을 하기 위해, 올바른 $y(n)$의 값을 다음을 사용하여 구한다.

```
>> x = [3, 11, 7, 0, -1, 4, 2];  h = [2, 3, 0, -5, 2, 1];
>> y = conv(x, h)
y =
   6    31    47    6    -51    -5    41    18    -22    -3    8    2
```

그러나 conv 함수는 만약 신호들이 임의의 샘플 위치를 갖는다면, 어떤 시간에 대한 정보도 제공하거나 받지 않는다. 필요한 것은 $y(n)$의 시작점과 끝점이다. 유한 신호 $x(n)$과 $h(n)$이 주어진다면, 이 점들을 정하기는 쉽다. 다음 신호들이 유한 신호라고 가정하자.

$$\{x(n);\ n_{xb} \le n \le n_{xe}\} \quad \text{그리고} \quad \{h(n);\ n_{hb} \le n \le n_{he}\}$$

그러면 예제 2.8을 참조하여 시작점과 끝점이 각각 다음과 같음을 알 수 있다.

$$n_{yb} = n_{xb} + n_{hb} \quad \text{그리고} \quad n_{ye} = n_{xe} + n_{he}$$

이제 임의의 지표를 갖는 신호의 콘벌루션을 수행하는 conv_m이라는 conv 함수의 간단한 확장을 설계할 수 있다.

```
function [y,ny] = conv_m(x,nx,h,nh)
% Modified convolution routine for signal processing
% --------------------------------------------------
%  [y,ny] = conv_m(x,nx,h,nh)
%  [y,ny] = convolution result
%  [x,nx] = first signal
%  [h,nh] = second signal
%
nyb = nx(1)+nh(1); nye = nx(length(x)) + nh(length(h));
ny = [nyb:nye];    y = conv(x,h);
```

예제 2.9 예제 2.8의 콘벌루션을 conv_m 함수를 사용하여 수행하라.

풀이 MATLAB 코드:

```
>> x = [3, 11, 7, 0, -1, 4, 2]; nx = [-3:3];
>> h = [2, 3, 0, -5, 2, 1]; ny = [-1:4];
```

```
>> [y,ny] = conv_m(x,nx,h,nh)
y =
   6    31    47     6   -51    -5    41    18   -22    -3     8     2
ny =
  -4    -3    -2    -1     0     1     2     3     4     5     6     7
```

따라서 예제 2.8에서처럼 다음과 같다.

$$y(n) = \{6, 31, 47, 6, \underset{\uparrow}{-51}, -5, 41, 18, -22, -3, 8, 2\}$$

MATLAB에서 콘벌루션을 수행하는 또 다른 방법이 있다. 이 방법은 행렬-벡터 곱셈을 사용하는데, 이는 연습문제 P2.18에서 다룬다.

2.3.2 다시 보는 신호의 상관관계

식 (2.15)의 콘벌루션 연산과 식 (2.9)에서 정의된 두 신호의 교차상관관계의 콘벌루션을 비교해보면, 매우 유사함을 볼 수 있다. 교차상관관계 $r_{yx}(\ell)$는 다음과 같은 형태로 쓴다.

$$r_{yx}(\ell) = y(\ell) * x(-\ell)$$

자기상관관계는 다음과 같은 형태로 쓴다.

$$r_{xx}(\ell) = x(\ell) * x(-\ell)$$

따라서 이 상관관계들은 만약 유한 신호라면 conv_m 함수를 사용하여 계산한다.

예제 2.10 이 예제는 교차상관관계 신호의 한 응용을 보인다. 다음을 원형(prototype) 신호라고 가정하고,

$$x(n) = [3, 11, 7, \underset{\uparrow}{0}, -1, 4, 2]$$

$y(n)$을 잡음에 의해 손상되고 이동된 형태라고 가정하자.

$$y(n) = x(n-2) + w(n)$$

여기서 $w(n)$은 평균이 0이고 분산이 1인 가우시안 신호이다. $y(n)$과 $x(n)$ 사이의 교차상관관계를 계산하라.

풀이 $y(n)$의 생성으로부터 $y(n)$은 $x(n-2)$와 비슷하고, 따라서 그 교차상관관계는 $\ell = 2$에서 가장 비슷함을 보일 것이라는 결과를 얻을 수 있다. MATLAB을 사용하여 이를 검사하기 위해, 두 가지 잡음 신호를 사용하여 교차상관관계를 계산해보자.

```
% noise sequence 1
>> x = [3, 11, 7, 0, -1, 4, 2]; nx=[-3:3]; % given signal x(n)
>> [y,ny] = sigshift(x,nx,2);              % obtain x(n-2)
>> w = randn(1,length(y)); nw = ny;        % generate w(n)
>> [y,ny] = sigadd(y,ny,w,nw);             % obtain y(n) = x(n-2) + w(n)
>> [x,nx] = sigfold(x,nx);                 % obtain x(-n)
>> [rxy,nrxy] = conv_m(y,ny,x,nx);         % crosscorrelation
>> subplot(1,1,1), subplot(2,1,1);stem(nrxy,rxy)
>> axis([-5,10,-50,250]);xlabel('lag variable l')
>> ylabel('rxy');title('Crosscorrelation: noise sequence 1')
%
% noise sequence 2
>> x = [3, 11, 7, 0, -1, 4, 2]; nx=[-3:3]; % given signal x(n)
>> [y,ny] = sigshift(x,nx,2);              % obtain x(n-2)
>> w = randn(1,length(y)); nw = ny;        % generate w(n)
>> [y,ny] = sigadd(y,ny,w,nw);             % obtain y(n) = x(n-2) + w(n)
>> [x,nx] = sigfold(x,nx);                 % obtain x(-n)
>> [rxy,nrxy] = conv_m(y,ny,x,nx);         % crosscorrelation
>> subplot(2,1,2);stem(nrxy,rxy)
>> axis([-5,10,-50,250]);xlabel('lag variable l')
>> ylabel('rxy');title('Crosscorrelation: noise sequence 2')
```

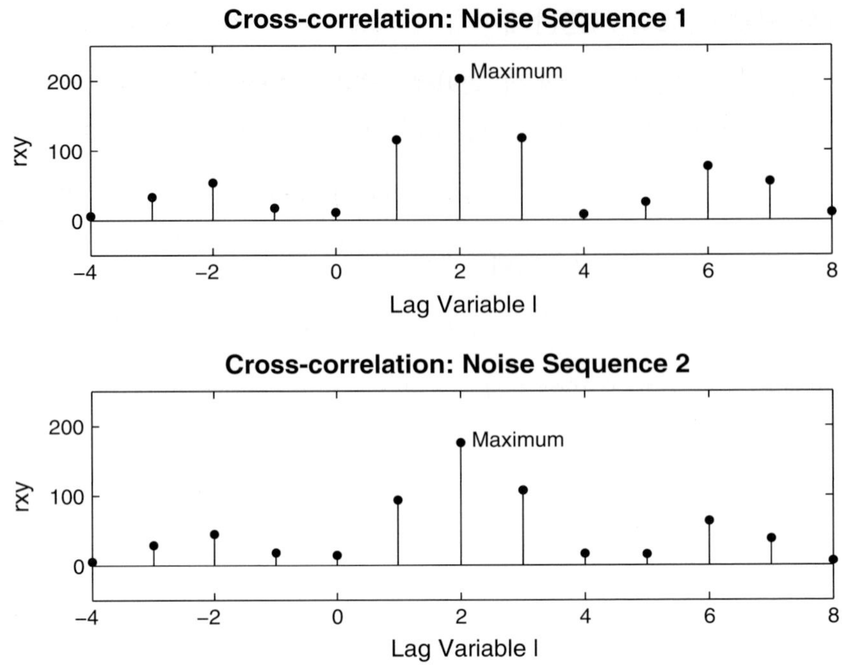

그림 2.8 두 가지 잡음을 갖는 신호의 교차상관관계

그림 2.8에서 교차상관관계가 정말 $\ell = 2$에서 최대임을 알 수 있는데, 이것은 $y(n)$이 2만큼 이동된 $x(n)$과 비슷함을 함축한다. 이 방법은 목표물을 식별하고 위치를 찾는 레이더 신호 처리와 같은 응용에 사용될 수 있다.

MATLAB의 신호 처리 도구상자는 또한 신호의 상관관계 계산을 위해 `xcorr`이라는 함수를 제공한다는 점에 주목하길 바란다. 이것의 가장 간단한 형태인 다음은

```
>> xcorr(x,y)
```

벡터 x와 y 사이의 교차상관관계를 계산하는 반면, 다음은 벡터 x의 자기상관관계를 계산한다.

```
>> xcorr(x)
```

이 함수는 MATLAB 학생용 판에서는 사용할 수 없다. 이 함수는 `conv_m` 함수를 적당히 사용하여 얻은 결과와 똑같은 결과를 만들어낸다. 그러나 `xcorr` 함수는 `conv_m` 함수처럼 시간(지연) 정보를 제공할 수 없는데, 시간 정보는 다른 방법으로 구해야 한다. 따라서 `conv_m` 함수의 사용에 중점을 둔다.

2.4 차분 방정식

LTI 이산 시스템은 또한 다음과 같은 형태의 선형 정계수 차분 방정식(linear constant coefficient difference equation)으로 기술한다.

$$\sum_{k=0}^{N} a_k y(n-k) = \sum_{m=0}^{M} b_m x(n-m), \quad \forall n \tag{2.23}$$

만약 $a_N \neq 0$이면, 차분 방정식은 차수가 N이다. 이 방정식은 입력 값과 이전에 계산된 출력 값이 주어진 상황에서 현재의 출력을 계산하기 위한 재귀 방법을 기술한다. 실제로 이 방정식은 시간 영역에서 앞으로, 즉 $n = -\infty$에서 $n = \infty$로 계산된다. 따라서 이 방정식의 다른 형태는 다음과 같다.

$$y(n) = \sum_{m=0}^{M} b_m x(n-m) - \sum_{k=1}^{N} a_k y(n-k) \tag{2.24}$$

시스템 출력 $y(n)$은 식 (2.24)의 오른쪽 항에서 나타나듯 두 부분으로 나눌 수 있다. 첫 번째 항은 입력 $x(n)$에 대한 시스템의 응답을 나타내며, 두 번째 항은 시스템의 이전 상태들을 나타낸다. 즉, 두 번째 항이 0이 아닌 경우 시스템의 현재 상태는 과거의 모든 시스템의 메모리 정보를 함축해서 갖고 있음을 의미한다. 만약 시스템의 초기값이 어떠한 상태 정보도 갖고 있지 않은 상황, 즉 $y(0) = 0$일 경우 입력에 대한 시스템의 출력을 영상태 응답(zero-state response) 혹은 강제 응답(forced response)이라고 하며, 이때의 시스템 출력 $y_{zs}(n)$은 다음과 같이 표현된다.

$$y_{zs}(n) = \sum_{m=0}^{M} b_m x(n-m)\,,\ n \geq 0$$

$n < 0$에서 $y(n) = 0$인 조건은 시스템의 입력이 인과적임을 의미한다.

마찬가지로 식 (2.24)에서 시스템의 초기 상태가 0이 아니고 시스템의 입력이 0인 경우를 생각해볼 수 있는데, 이때의 시스템 응답을 영입력 응답(zero-input response) 혹은 자연 응답(natural response)이라고 하며, 이때의 시스템 출력 $y_{zi}(n)$은 다음과 같이 표현된다.

$$y_{zi}(n) = -\sum_{k=1}^{N} a_k y(n-k)$$

영입력 응답은 입력에 독립적이며 오직 시스템의 특성과 초기 조건에 관련된다. 따라서 시스템의 최종 응답은 다음과 같이 쓸 수 있다.

$$y(n) = y_{zi}(n) + y_{zs}(n) \tag{2.25}$$

만약 시스템의 응답이 위 식을 만족하지 않거나, 영입력 응답 혹은 영상태 응답에서 중첩 원리가 만족되지 않는다면 그 시스템은 비선형(nonlinear)이다.

이제 초기 조건이 주어질 경우 식 (2.24)의 해를 구해보자. 해의 형태는 다음과 같이 주어진다.

$$y(n) = y_H(n) + y_P(n) \tag{2.26}$$

여기서 $y_H(n)$과 $y_p(n)$을 각각 **동차해**(homogeneous solution)와 **특해**(particular solution)라 한다.

동차해 부분 $y_H(n)$은 다음과 같은 과정으로 구할 수 있다. 식 (2.23)에 시스템의 입력 $x(n) = 0$으로 가정하면,

$$\sum_{k=0}^{N} a_k y(n-k) = 0 \tag{2.27}$$

여기서 위 형태를 만족시키는 $y_H(n)$은 지수함수 형태임을 알 수 있다. 즉,

$$y_H(n) = \lambda^n \tag{2.28}$$

식 (2.28)을 식 (2.27)에 대입하면

$$\sum_{k=0}^{N} a_k \lambda^{n-k} = 0$$

혹은

$$\lambda^{n-N}(\lambda^N + a_1\lambda^{N-1} + a_2\lambda^{N-2} + \cdots + a_{N-1}\lambda + a_N) = 0$$

따라서 $y_H(n)$은 N개의 근을 갖고 있음을 알 수 있다. 만약 중근이 없다고 가정하면, $y_H(n)$의 가장 일반적인 형태는 다음과 같다.

$$y_H(n) = C_1\lambda_1^n + C_2\lambda_2^n + C_3\lambda_3^n + \cdots + C_N\lambda_N^n \tag{2.29}$$

혹은

$$y_H(n) = \sum_{k=1}^{N} C_k \lambda_k^n \tag{2.30}$$

여기서 λ_k, $k = 1, \ldots, N$은 다음 특성 방정식의 N개 근(또는 고유 주파수(natural frequency))이다.

$$\sum_{k=0}^{N} a_k \lambda^k = 0$$

이 특성 방정식은 시스템의 안정성을 정하는 데 중요하다. 만약 근 λ_k가 다음 조건을 만족하면,

$$|\lambda_k| < 1,\ k = 1, \cdots, N \tag{2.31}$$

식 (2.24)에 의해 기술되는 인과적(causal) 시스템은 안정하다. 특해 부분 $y_p(n)$은 특정한 입력 $x(n)$에 대해 식 (2.23)을 만족시키기 위해 필요하며, 식 (2.23)의 오른쪽 부분에서 정해진다. 즉, 다음 식을 만족하는 해를 하나 구할 수 있다.

$$\sum_{k=0}^{N} a_k y_p(n-k) = \sum_{m=0}^{M} b_m x(n-m),\ a_0 = 1 \tag{2.32}$$

4장에서 z-변환을 이용하여 차분 방정식을 푸는 해석적 방법에 대해 논할 것이다.

2.4.1 MATLAB 구현

입력과 차분 방정식의 계수가 주어진 상태에서 차분 방정식을 수치적으로 풀기 위해 filter라는 함수를 사용할 수 있다. 이 함수는 다음과 같은 가장 간단한 형태로 불려진다.

```
y = filter(b,a,x)
```

여기서

```
b = [b0, b1, ..., bM]; a = [a0, a1, ..., aN];
```

은 식 (2.23)에 주어진 방정식에서 계수의 행렬이고, x는 입력 신호의 행렬이다. 출력 y는 입력 x와 같은 길이를 갖는다. 상수 a0가 0이 아님을 보증해야 한다.

임펄스 응답을 구하고 그리기 위해 MATLAB은 impz라는 함수를 제공하고, 다음의 형태로 불려진다.

```
h = impz(b,a,n);
```

이 함수는 n의 샘플 구간에서 분자의 계수가 b, 분모의 계수가 a인 필터의 임펄스 응답을 출력한다. 만약 h와 같은 출력 인자가 주어지지 않을 경우, impz 함수는 stem 함수를 사용하여 현재 그림창에 결과를 출력한다. 이 함수의 사용 방법을 다음 예제에서 살펴볼 것이다.

예제 2.11 다음 차분 방정식이 주어졌다.

$$y(n) - y(n-1) + 0.9y(n-2) = x(n); \quad \forall n$$

a. $n = -20, \ldots, 100$에서 임펄스 응답 $h(n)$을 계산하고 그려라.
b. $n = -20, \ldots, 100$에서 단위 계단 응답 $s(n)$을 계산하고 그려라.
c. $h(n)$에 의해 특징지어진 시스템은 안정한가?

풀이 주어진 차분 방정식에서 계수 행렬은 다음과 같다.

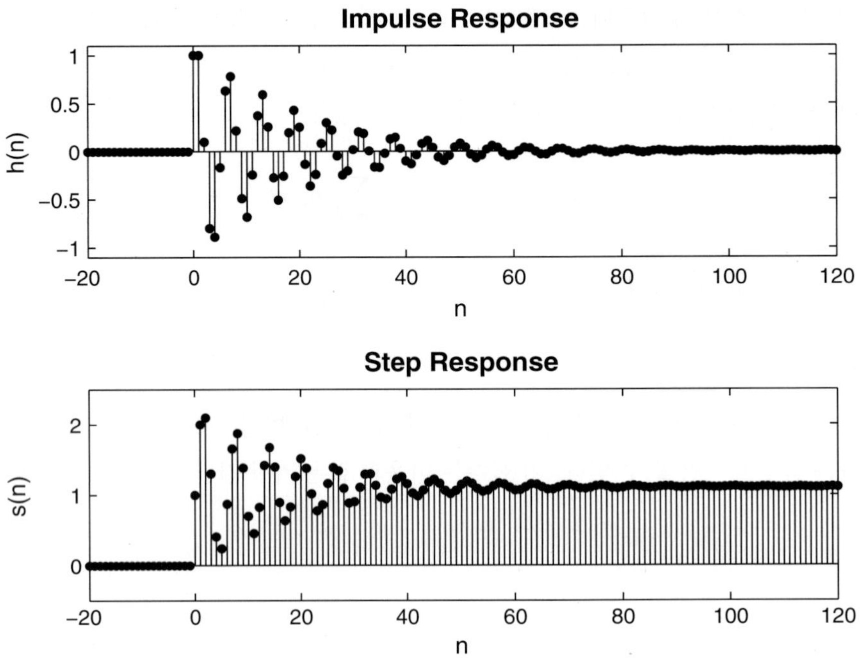

그림 2.9 예제 2.11의 임펄스 응답과 계단 응답

```
b = [1]; a=[1, -1, 0.9];
```

a. MATLAB 코드:

```
>> b = [1]; a = [1, -1, 0.9];  n = [-20:120];
>> h = impz(b,a,n);
>> subplot(2,1,1); stem(n,h);
>> title('Impulse Response'); xlabel('n'); ylabel('h(n)')
```

임펄스 응답은 그림 2.9에 나타나 있다.

b. MATLAB 코드:

```
>> x = stepseq(0,-20,120);    s = filter(b,a,x);
>> subplot(2,1,2); stem(n,s)
>> title('Step Response'); xlabel('n'); ylabel('s(n)')
```

단위 계단 응답은 그림 2.9에 나타나 있다.

c. 시스템의 안정성을 판단하기 위해 모든 n에 대해 $h(n)$을 구해야 한다. 차분 방정식을 푸는 방법을 기술하진 않았지만, 임펄스 응답의 그래프를 사용하여 $h(n)$이 $n > 120$인 범위에서 거의 0임을 알 수 있다. 그러므로 합 $\sum|h(n)|$은 MATLAB으로부터 다음과 같이 구할 수 있다.

```
>> sum(abs(h))
ans = 14.8785
```

이것은 시스템이 안정함을 보여준다. 다른 방법은 MATLAB의 `roots` 함수를 이용하여 안정성 조건식 (2.31)을 사용하는 것이다.

```
>>z = roots(a);    magz = abs(z)
magz =   0.9487
         0.9487
```

두 근의 크기가 모두 1보다 작으므로, 시스템은 안정하다.

앞 절에서는 콘벌루션에서 둘 중의 하나 또는 모두가 무한 신호이면 `conv` 함수는 사용할 수 없다는 사실에 주목했다. 만약 신호 중 하나가 무한 신호이면 콘벌루션을 수치적으로 계산하는 데 MATLAB을 사용할 수 있다. 다음 예제에서처럼 `filter` 함수를 사용하면 된다.

예제 2.12 예제 2.7에서 주어진 콘벌루션을 생각해보자. 입력 신호는 유한인 반면

$$x(n) = u(n) - u(n-10)$$

임펄스 응답은 무한이다.

$$h(n) = (0.9)^n\, u(n)$$

$y(n) = x(n) * h(n)$을 구하라.

풀이 만약 임펄스 응답 $h(n)$에 의해 주어진 LTI 시스템을 차분 방정식으로 기술할 수 있다면, $y(n)$은 `filter` 함수로부터 구할 수 있다. $h(n)$의 표현에서

$$(0.9)\, h(n-1) = (0.9)\,(0.9)^{n-1}\, u(n-1) = (0.9)^n\, u(n-1)$$

또는

$$\begin{aligned} h(n) - (0.9)\, h(n-1) &= (0.9)^n\, u(n) - (0.9)^n\, u(n-1) \\ &= (0.9)^n\, [u(n) - u(n-1)] = (0.9)^n\, \delta(n) \\ &= \delta(n) \end{aligned}$$

마지막 단계는 $\delta(n)$이 $n = 0$일 때만 0이 아니라는 사실로부터 나온다. 정의로부터 $h(n)$은 입력이 $\delta(n)$일 때 LTI 시스템의 출력이다. 따라서 $\delta(n)$ 대신 $x(n)$을 치환하고 $h(n)$ 대신 $y(n)$을 치환하면, 차분 방정식은 다음과 같다.

$$y(n) - 0.9y(n-1) = x(n)$$

이제 MATLAB의 `filter` 함수가 간접적으로 콘벌루션을 계산하기 위해 사용된다.

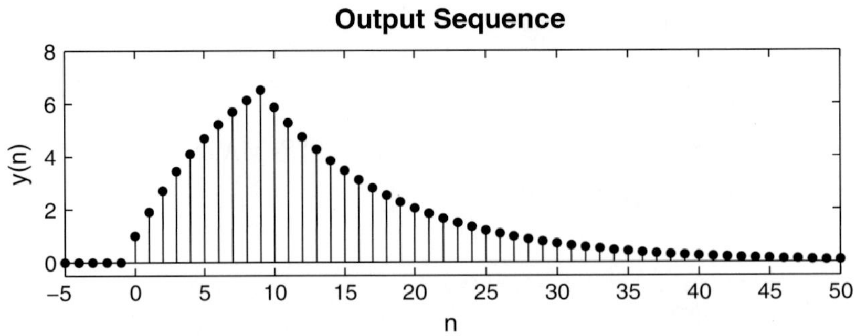

그림 2.10 예제 2.12의 출력 신호

```
>> b = [1]; a = [1,-0.9];
>> n = -5:50; x = stepseq(0,-5,50) - stepseq(10,-5,50);
>> y = filter(b,a,x);
>> subplot(2,1,2); stem(n,y); title('Output sequence')
>> xlabel('n'); ylabel('y(n)'); axis([-5,50,-0.5,8])
```

결과 그래프는 그림 2.10에 나타나 있는데, 그림 2.6과 똑같다.

예제 2.12에서 임펄스 응답은 차분 방정식 표현을 구할 수 있는, 단방향의 지수 신호였다. 이것은 모든 무한 임펄스 응답이 차분 방정식으로 바뀔 수 있는 것은 아니라는 뜻이다. 그러나 위의 해석은 단방향 지수 신호의 선형 조합으로 확장할 수 있는데, 이는 고차 차분 방정식으로 귀착된다. 한 표현에서 다른 표현으로의 전환이라는 이 주제를 4장에서 논할 것이다.

2.4.2 영입력 응답과 영상태 응답

디지털 신호 처리에서 차분 방정식은 일반적으로 $n = 0$으로부터 시작하여 앞쪽으로 계산된다. 따라서 $x(n)$과 $y(n)$의 초기 조건이 $n = 0$ 이후의 출력을 결정하는 데 필요하다. 즉, 다음의 조건

$$\{y(n);\ -N \le n \le -1\} \quad \text{그리고} \quad \{x(n);\ -M \le n \le -1\}$$

이 주어질 때 $n \ge 0$ 구간에서 출력식 (2.24)를 구한다. 식 (2.25)에서와 같이 초기 조건에만 관련된 영입력 응답과 초기 조건이 0일 때 입력만 관련된 영상태 응답으로 구성되어 있다. MATLAB에서는 초기 조건이 주어졌을 때 차분 방정식의 해를 얻는 데 다른 형태의 `filter` 함수를 사용할 수도 있다. 4장에서 이 형태의 사용을 설명할 것이다.

2.4.3 디지털 필터

필터는 주파수 선택(selection)이나 주파수 판별(discrimination)의 특정 작업을 위해 설계된 선형 시불변 시스템을 의미하는 포괄적인 이름이다. 따라서 이산 시간 LTI 시스템은 또한 디

지털 필터라고도 한다. 디지털 필터에는 두 가지 종류가 있다.

FIR 필터 만약 LTI 시스템의 단위 임펄스 응답이 유한이라면, 시스템은 유한 임펄스 응답(FIR: finite-duration impulse response) 필터라고 한다. 따라서 FIR 필터의 경우, $n < n_1$과 $n > n_2$의 범위에서 $h(n)$=0이다. 차분 방정식 (2.23)의 다음 부분은 인과적 FIR 필터를 기술하고 있다.

$$y(n) = \sum_{m=0}^{M} b_m x(n-m) \tag{2.33}$$

더구나 $h(0) = b_0$, $h(1) = b_1$, ..., $h(M) = b_M$인 반면, $h(n)$의 다른 모든 값은 0이다. FIR 필터는 **비재귀**(nonrecursive) 또는 **이동 평균**(MA: moving average) 필터라고도 한다. MATLAB에서 FIR 필터는 임펄스 응답 $\{h(n)\}$이나 차분 방정식의 계수 $\{b_m\}$과 $\{a_0 = 1\}$로 표현된다. 그러므로 FIR 필터를 구현하기 위해 `conv(x,h)` 함수(그리고 우리가 논한 이의 변형)나 `filter(b,1,x)` 함수를 사용할 수 있다. 이 두 가지 구현의 출력에는 주목해야 할 차이점이 있다. `conv(x,h)` 함수에 의한 출력 신호는 $x(n)$과 $h(n)$ 신호보다 길이가 길다. 반면 `filter(b,1,x)` 함수에 의한 출력 신호는 입력 신호 $x(n)$과 길이가 정확히 똑같다. 실제 사용에서는(특히 신호 처리에서) `filter` 함수의 사용을 권장한다.

IIR 필터 만약 시스템의 임펄스 응답이 무한이면, 시스템은 무한 임펄스 응답(IIR: infinite-duration impulse response) 필터라고 한다. 차분 방정식 (2.23)의 다음 부분은

$$\sum_{k=0}^{N} a_k y(n-k) = x(n) \tag{2.34}$$

이전에 계산된 값으로부터 출력 $y(n)$이 재귀적으로 계산되고, **자기회귀**(AR: autoregressive) 필터라고 불리는 **재귀**(recursive) 필터를 기술하고 있다. 이러한 필터의 임펄스 응답은 무한이고, 따라서 IIR 필터를 표현하고 있다. 일반 방정식 (2.23)은 또한 IIR 필터를 기술하고 있다. 이는 AR과 MA이라는 두 가지 부분을 갖고 있다. 이런 IIR 필터는 **자기회귀 이동 평균**(ARMA: autoregressive moving average) 필터라고 한다. MATLAB에서 IIR 필터는 차분 방정식의 계수 $\{b_m\}$과 $\{a_k\}$에 의해 기술되고 `filter(b,a,x)` 함수에 의해 구현된다.

2.5 연습문제

P2.1 복소 지수 신호 $e^{j\omega_0 n}$이나 정현파 신호 $\cos(\omega_0 n)$은 만약 **정규화 주파수** $f_0 \triangleq \frac{\omega_0}{2\pi}$가 유리수이면, 주기적이다. 즉, $f_0 = \frac{K}{N}$이다. 여기서 K와 N은 정수이다.

1. 위의 결과를 증명하라.
2. $\exp(0.1\pi n)$, $-100 \leq n \leq 100$을 구하고, 실수부와 허수부 각각에 대해 `stem` 함수를 사용하여

그려라. 이 신호는 주기적인가? 만약 그렇다면 기본 주기는 얼마인가? 그래프를 조사함으로써, 위의 정수 K와 N에 대해 어떤 해석을 할 수 있는가?

3. $\cos(0.1n)$, $-20 \le n \le 20$을 구하고 그려라. 이 신호가 주기적인가? 그래프로부터 무엇을 알 수 있는가? 만약 필요하다면, 결론을 끌어내기 위해 MATLAB에서 신호의 값을 조사하라.

P2.2 MATLAB을 사용하여 다음 신호의 샘플 값들을 구하고, `stem` 함수를 사용하여 그려라.

1. $x_1(n) = 3\delta(n+2) + 2\delta(n) - \delta(n-3) + 5\delta(n-7)$, $-5 \le n \le 15$
2. $x_2(n) = \sum_{k=-5}^{5} e^{-|k|}\delta(n-2k)$, $-10 \le n \le 10$
3. $x_3(n) = 10u(n) - 5u(n-5) - 10u(n-10) + 5u(n-15)$
4. $x_4(n) = e^{0.1n}[u(n+20) - u(n-10)]$
5. $x_5(n) = 5[\cos(0.49\pi n) + \cos(0.51\pi n)]$, $-200 \le n \le 200$ 파형의 형태에 대해 언급하라.
6. $x_6(n) = 2\sin(0.01\pi n)\cos(0.5\pi n)$, $-200 \le n \le 200$. 파형의 형태에 대해 언급하라.
7. $x_7(n) = e^{-0.05n}\sin(0.1\pi n + \pi/3)$, $0 \le n \le 100$. 파형의 형태에 대해 언급하라.
8. $x_8(n) = e^{0.01n}\sin(0.1\pi n)$, $0 \le n \le 100$. 파형의 형태에 대해 언급하라.

P2.3 $x(n) = \{2, 4, -3, \underset{\uparrow}{1}, -5, 4, 7\}$을 가정하자. 다음 신호의 샘플을 구하고 `stem` 함수를 이용하여 그려라.

1. $x_1(n) = 2x(n-3) + 3x(n+4) - x(n)$
2. $x_2(n) = 4x(4+n) + 5x(n+5) + 2x(n)$
3. $x_3(n) = x(n+3)x(n-2) + x(1-n)x(n+1)$
4. $x_4(n) = 2e^{0.5n}x(n) + \cos(0.1\pi n)\,x(n+2)$, $-10 \le n \le 10$

P2.4 다음 임의의 신호를 생성하고 `hist` 함수를 이용하여 100구간에 대한 히스토그램을 그려라. 각각의 히스토그램은 `bar` 함수를 이용하라.

1. $x_1(n)$은 [0, 2] 구간에서 독립적이고 균일한 분포의 샘플 값을 갖는 신호이다. 100,000개의 샘플에 대해 $x_1(n)$을 구하고 그려라.
2. $x_2(n)$은 평균 및 분산이 10인 가우시안 분포의 샘플 값을 갖는 신호이다. 10,000개의 샘플에 대해 $x_2(n)$을 구하고 그려라.
3. 1번에 주어진 $x_1(n)$을 이용하여, $x_3(n) = x_1(n) + x_3(n-1)$인 신호를 구하고 그려라. 그리고 얻어진 히스토그램의 형태를 언급하고 왜 그런 형태가 출력되었는지 논하라.
4. $y_k(n)$이 $[-0.5, 0.5]$ 구간에서 독립적이고 균일한 분포를 갖는 샘플일 때, $x_4(n) = \sum_{k=1}^{4} y_k(n)$을 구하고 얻어진 히스토그램의 형태에 대해 논하라.

P2.5 다음 주기 함수를 생성하고 주어진 주기에 대해 `stem` 함수를 사용하여 그려라.

1. $\tilde{x}_1(n) = \{\ldots, -2, -1, \underset{\uparrow}{0}, 1, 2, \ldots\}_{\text{periodic}}$. 5주기에 대해 그려라.
2. $\tilde{x}_2(n) = e^{0.1n}[u(n) - u(n-20]_{\text{periodic}}$. 3주기에 대해 그려라.
3. $\tilde{x}_3(n) = sin(0.1\pi n)[u(n) - u(n-10)]$. 4주기에 대해 그려라.
4. $\tilde{x}_4(n) = \{\ldots, \underset{\uparrow}{1}, 2, 3, \ldots\}_{\text{periodic}} + \{\ldots, \underset{\uparrow}{1}, 2, 3, 4, \ldots\}_{\text{periodic}}$, $0 \le n \le 24$일 때 $\tilde{x}_4(n)$의 주기는

얼마인가?

P2.6 conv_m 함수를 이용하여 다음 신호의 자기상관관계 신호 $r_{xx}(\ell)$와 교차상관관계 신호 $r_{xy}(\ell)$를 구하라.

$$x(n) = (0.9)^n, \quad 0 \le n \le 20; \qquad y(n) = (0.8)^{-n}, \quad -20 \le n \le 0$$

무엇을 관찰할 수 있는가?

P2.7 어떤 연주홀에서 원래 음성 신호 $x(n)$의 반향음이 벽과 천장에서의 반사로 인해 생긴다. 청중이 지각하는 음성 신호 $y(n)$은 $x(n)$과 그 반향음의 조합이다. 다음을 가정하자.

$$y(n) = x(n) + \alpha x(n-k)$$

여기서 k는 지연된 양이고, α는 상대적 세기이다. 우리는 상관관계 분석을 이용하여 지연을 추정하고 싶다.

1. 해석적으로 자기상관관계 $r_{yy}(\ell)$를 자기상관관계 $r_{xx}(\ell)$를 사용하여 구하라.
2. $x(n) = \cos(0.2\pi n) + 0.5\cos(0.6\pi n)$, $\alpha = 0.1$, $k = 50$을 가정하자. $y(n)$의 샘플 값 200개를 구하고, 그 자기상관관계를 구하라. $r_{yx}(\ell)$를 관찰함으로써 α와 k를 구할 수 있는가?

P2.8 복소수 신호 $x_e(n)$이 $x_e(n) = x_e^*(-n)$을 만족할 경우 **켤레 대칭**(conjugate-symmetric)이라 하고, 복소수 신호 $x_o(n)$이 $x_o(n) = -x_o^*(-n)$을 만족하면 **켤레 반대칭**(conjugate-antisymmetric)이라고 한다. 그러면 어떤 임의의 복소수 신호 $x(n)$이라도 다음과 같이 분해할 수 있다.

$$x(n) = x_e(n) + x_o(n)$$

여기서 $x_e(n)$과 $x_o(n)$은 각각 다음과 같이 주어진다.

$$x_e(n) = \frac{1}{2}\left[x(n) + x^*(-n)\right] \quad \text{그리고} \quad x_o(n) = \frac{1}{2}\left[x(n) - x^*(-n)\right] \tag{2.35}$$

1. 임의의 신호를 받아서 식 (2.35)를 구현함으로써 대칭 성분과 반대칭 성분으로 분해할 수 있도록 evenodd 함수를 고쳐라.
2. 다음 신호를 켤레 대칭 성분과 켤레 반대칭 성분으로 분해하라.

$$x(n) = 10\exp([-0.1 + \jmath 0.2\pi]n), \quad 0 \le n \le 10$$

분해를 확인하기 위해 성분의 실수와 허수 부분을 그려라(subplot 함수를 사용하라).

P2.9 evenodd 함수를 이용하여 다음에 주어진 신호를 우신호와 기신호로 분해하고, 각각을 stem 함수를 이용하여 그려라.

1. $x_1(n) = \{0, 1, 2, \underset{\uparrow}{3}, 4, 5, 6, 7, 8, 9\}$
2. $x_2(n) = e^{0.1n}[u(n+5) - u(n-10)]$
3. $x_3(n) = \cos(0.2\pi n + \pi/4)$, $-20 \le n \le 20$
4. $x_4(n) = e^{-0.05n}\sin(0.1\pi n + \pi/3)$, $0 \le n \le 100$

P2.10 신호 확장(signal dilation)(또는 데시메이션(decimation)이나 다운샘플링(down-sampling)) 연산은 다음과 같이 정의된다.

$$y(n) = x(nM)$$

여기서 신호 $x(n)$은 정수인 수 M만큼 다운샘플링되었다. 예를 들어, 다음을 만족하면

$$x(n) = \{\ldots, -2, 4, \underset{\uparrow}{3}, -6, 5, -1, 8, \ldots\}$$

인수 2만큼 다운샘플링된 신호는 다음과 같이 주어진다.

$$y(n) = \{\ldots, -2, \underset{\uparrow}{3}, 5, 8, \ldots\}$$

1. 위 연산을 구현하기 위해 다음과 같은 형태의 MATLAB 함수 `dnsample`을 만들어라.

```
function [y,m] = dnsample(x,n,M)
% Downsample sequence x(n) by a factor M to obtain y(m)
```

   MATLAB의 인덱스 기법(indexing mechnism)을 시간축의 시작 $n = 0$에 주의하여 사용하라.
2. $x(n) = \sin(0.125\pi n)$, $-50 \le n \le 50$을 가정하자. $y(n)$을 만들기 위해 $x(n)$을 인수 4만큼 데시메이션하라. `subplot`을 사용하여 $x(n)$과 $y(n)$의 그래프를 그리고 결과를 논하라.
3. $x(n) = \sin(0.5\pi n)$, $-50 \le n \le 50$을 사용하여, 2번 과정을 반복하라. 다운샘플링이 신호에 끼치는 영향을 정성적으로 논하라.

P2.11 다음 신호들에 대해 해석적으로 콘벌루션 $y(n) = x(n) * h(n)$을 구하고, 그 결과를 `conv_m` 함수를 이용하여 검증하라.

1. $x(n) = \{2, -4, 5, \underset{\uparrow}{3}, -1, -2, 6\}$, $h(n) = \{1, \underset{\uparrow}{-1}, 1, -1, 1\}$
2. $x(n) = \{1, 1, \underset{\uparrow}{0}, 1, 1\}$, $h(n) = \{1, -2, -3, \underset{\uparrow}{4}\}$
3. $x(n) = (1/4)^{-n}[u(n+1) - u(n-4)]$, $h(n) = u(n) - u(n-5)$
4. $x(n) = n/4[u(n) - u(n-6)]$, $h(n) = 2[u(n+2) - u(n-3)]$

P2.12 식 (2.15)에서 정의된 선형 콘벌루션은 다음과 같은 몇 가지 성질이 있다.

$$\begin{aligned}
x_1(n) * x_2(n) &= x_1(n) * x_2(n) && \text{: 교환(commutation)} \\
[x_1(n) * x_2(n)] * x_3(n) &= x_1(n) * [x_2(n) * x_3(n)] && \text{: 결합(association)} \\
x_1(n) * [x_2(n) + x_3(n)] &= x_1(n) * x_2(n) + x_1(n) * x_3(n) && \text{: 분배(distribution)} \\
x(n) * \delta(n - n_0) &= x(n - n_0) && \text{: 항등(identity)}
\end{aligned} \tag{2.36}$$

1. 이 성질들을 해석적으로 증명하라.
2. 다음 세 가지 신호를 사용하여 위의 성질을 확인하라.

$$x_1(n) = \cos(\pi n/4)[u(n+5) - u(n-25)]$$

$$x_2(n) = (0.9)^{-n}[u(n) - u(n-20)]$$

$x_3(n) = \text{round}[5w(n)],\ -10 \le n \le 10$; 여기서 $w(n)$은 $[-1,\ 1]$ 구간에서 균일한 신호이다.

`conv_m` 함수를 사용하라.

P2.13 다음의 이산 시간 시스템을 생각하자.

$$T_1[x(n)] = x(n)u(n) \qquad T_2[x(n)] = x(n) + n\,x(n+1)$$

$$T_3[x(n)] = x(n) + \frac{1}{2}x(n-2) - \frac{1}{3}x(n-3)x(2n) \qquad T_4[x(n)] = \sum_{k=-\infty}^{n+5} 2x(k)$$

$$T_5[x(n)] = x(2n) \qquad T_6[x(n)] = \text{round}[x(n)]$$

a. 식 (2.11)을 사용하여 해석적으로 위의 시스템이 선형인지 판별하라.

b. $x_1(n)$이 $0 \le n \le 100$ 구간에서 $[0,\ 1]$ 사이에 균일하게 분포된 불규칙 신호이고, $x_2(n)$이 $0 \le n \le 100$ 구간에서 평균이 0이고 분산이 10인 가우시안 불규칙 신호라 하자. 이 신호를 사용하여 위 시스템의 선형성을 검사해보라. 식 (2.11)의 상수 a_1과 a_2에 임의의 값을 선택하라. 결론에 도달하기 위해 위 신호의 여러 가지 구현 형태를 사용해야 한다.

P2.14 연습문제 P2.13의 시스템을 다시 생각해보자.

1. 선형 시불변 시스템의 특징을 이용하여 해석적으로 위 시스템이 시불변인지 판별하라.
2. $x(n)$이 $0 \le n \le 100$ 구간에서 평균이 0이고 분산이 10인 가우시안 불규칙 신호라 하자. 이 신호를 사용하여 위 시스템이 시불변인지 조사하라. 몇 가지 임의의 샘플 이동 값 k에 대해 구현하고 결론을 얻어야 한다.

P2.15 연습문제 P2.13에 주어진 시스템에 대해 해석적으로 안정성과 인과성을 판별하라.

P2.16 어떤 선형 시불변 시스템이 다음 차분 방정식으로 기술된다.

$$y(n) - 0.5y(n-1) + 0.25y(n-2) = x(n) + 2x(n-1) + x(n-3)$$

1. `filter` 함수를 사용하여 $0 \le n \le 100$ 구간에서 시스템의 임펄스 응답을 구하고 그려라.
2. 이 임펄스 응답으로부터 안정성을 판별하라.
3. 만약 이 시스템의 입력이 $x(n) = [5 + 3\cos(0.2\pi n) + 4\sin(0.6\pi n)]u(n)$이면, `filter` 함수를 사용하여 $0 \le n \le 200$ 구간에서 응답 $y(n)$을 구하라.

P2.17 '간단한' 디지털 미분기가 다음과 같이 주어진다.

$$y(n) = x(n) - x(n-1)$$

이것은 입력 신호의 후진 1차 차분(backward first-order difference)을 계산한다. 다음 신호에 대해 이 미분기를 실행하고 결과를 그려라. 이 간단한 미분기의 타당성에 대해 논하라.

1. $x(n) = 5\,[u(n) - u(n-20)]$: 직각 펄스
2. $x(n) = n\,[u(n) - u(n-10)] + (20-n)\,[u(n-10) - u(n-20)]$: 삼각 펄스
3. $x(n) = \sin\left(\frac{\pi n}{25}\right)[u(n) - u(n-100)]$: 정현파 펄스

P2.18 신호 $x(n)$과 $h(n)$이 각각 유한의 지속 시간 N_x와 N_h를 가질 때, 이들의 선형 콘벌루션 식 (2.14)는 **행렬-벡터 곱셈**을 이용하여 구현할 수도 있다. 만약 $y(n)$과 $x(n)$의 원소들이 각각 열 벡터 $\mathbf{x}$와 $\mathbf{y}$에 배열된다면, 식 (2.14)로부터 다음을 얻는다.

$$\mathbf{y} = \mathbf{H}\mathbf{x}$$

여기서 $n = 0, \ldots, N_h - 1$ 구간에서 $h(n-k)$의 선형 이동은 행렬 $\mathbf{H}$의 행으로 배열된다. 이 행렬은 흥미로운 구조를 갖고 있고, Toeplitz 행렬이라 한다. 이 행렬을 조사하기 위해 다음 신호를 생각해보자.

$$x(n) = \{\underset{\uparrow}{1}, 2, 3, 4, 5\} \qquad \text{그리고} \qquad h(n) = \{\underset{\uparrow}{6}, 7, 8, 9\}$$

1. 선형 콘벌루션 $y(n) = h(n) * x(n)$을 구하라.
2. $x(n)$을 5×1 열 벡터 $\mathbf{x}$로 표현하고, $y(n)$을 8×1 열 벡터 $\mathbf{y}$로 표현하라. 이제 $\mathbf{y} = \mathbf{H}\mathbf{x}$가 되도록 8×5 행렬 $\mathbf{H}$를 구하라.
3. 행렬 $\mathbf{H}$의 특징을 서술하라. 이 특징으로부터 Toeplitz 행렬에 대해 정의를 내릴 수 있는가? 어떻게 이 정의를 시불변성 정의와 비교할 수 있는가?
4. $\mathbf{H}$의 첫 번째 행과 첫 번째 열에 대해 무엇을 말할 수 있는가?

P2.19 MATLAB은 첫 번째 행과 열이 주어진 상태에서 Toeplitz 행렬을 만들기 위해 `toeplitz`라는 함수를 제공한다.

1. 이 함수와 연습문제 P2.18, 4번 부분의 답을 사용하여 선형 콘벌루션을 구현하는 다른 MATLAB 함수를 만들어라. 함수의 형식은 다음과 같아야 한다.

```
function [y,H]=conv_tp(h,x)
% Linear Convolution using Toeplitz Matrix
% ----------------------------------------
% [y,H] = conv_tp(h,x)
% y = output sequence in column vector form
% H = Toeplitz matrix corresponding to sequence h so that y = Hx
% h = Impulse response sequence in column vector form
% x = input sequence in column vector form
```

2. 연습문제 P2.18에서 주어진 신호에 대해 여러분이 만든 함수를 확인해보라.

P2.20 $x(n) = (0.8)^n u(n)$, $h(n) = (-0.9)^n u(n)$이고 $y(n) = h(n) * x(n)$이라고 가정하자. 1행 3열의 `subplot`을 이용하여 다음을 그려라.

1. $y(n)$을 해석적으로 구하라. $y(n)$의 처음 51개의 샘플을 `stem` 함수를 이용하여 그려라.
2. $x(n)$과 $h(n)$을 26개의 샘플이 되도록 자른 뒤, `conv` 함수를 이용하여 $y(n)$을 구하라. `stem` 함수를 이용하여 $y(n)$을 그리고 그 결과를 1번의 결과와 비교하라.
3. `filter` 함수를 이용하여 $x(n) * h(n)$의 처음 51개의 샘플을 구하라. `stem` 함수를 이용하여 $y(n)$을 그리고 그 결과를 1번과 2번의 결과와 비교하라.

이산 시간 푸리에 해석

03 chapter

지금까지 선형 시불변 시스템이 단위 임펄스 신호의 응답을 이용하여 어떻게 표현될 수 있는지를 살펴봤다. 단위 임펄스 응답 $h(n)$이라고 하는 이 응답과 아래에 나타난 선형 콘벌루션을 이용하여 임의의 입력 $x(n)$의 시스템 응답을 계산할 수 있다.

$$x(n) \longrightarrow \boxed{h(n)} \longrightarrow y(n) = h(n) * x(n)$$

이 콘벌루션 표현은 어떤 신호라도 크기 조정되고 시간이 지연된 단위 임펄스의 선형 조합으로 표현할 수 있다는 사실에 기초하고 있다. 마찬가지로 어떤 임의의 이산 신호도 2장에서 소개한 기초 신호들의 선형 조합으로 표현할 수 있다. 각 기초 신호의 집합은 새로운 신호 표현을 제공한다. 각각의 표현은 고려하는 시스템의 종류에 따라 장단점이 있다. 그러나 시스템이 선형이고 시불변일 때는 한 가지 표현만이 가장 유용한데, 이는 복소 지수 신호의 집합 $\{e^{j\omega n}\}$에 기초하며 이산 시간 푸리에 변환(DTFT: discrete-time Fourier transform)이라 한다.

3.1 이산 시간 푸리에 변환

만약 $x(n)$이 절대 가합(absolutely summable)이면, 즉 $\sum_{-\infty}^{\infty} |x(n)| < \infty$이면 이산 시간 푸리에 변환은 다음과 같이 정의된다.

$$X(e^{j\omega}) \triangleq \mathcal{F}[x(n)] = \sum_{n=-\infty}^{\infty} x(n)e^{-j\omega n} \tag{3.1}$$

이산 시간 푸리에 변환은 간단히 푸리에 변환이라고도 한다.

식 (3.1)의 양변에 $e^{j\omega n}$을 곱하고 이산 시간에서 주파수의 범위 $(-\pi,\ \pi)$ 혹은 $(0,\ 2\pi)$로 적분하면 다음과 같다.

$$\int_{-\pi}^{\pi} X(e^{j\omega})e^{j\omega m}d\omega = \int_{-\pi}^{\pi}\left[\sum_{n=-\infty}^{\infty} x(n)e^{-j\omega n}\right]e^{j\omega m}d\omega \tag{3.2}$$

여기서 복소 지수 함수의 직교성을 이용하면

$$\int_{-\pi}^{\pi} e^{j\omega(m-n)}dw = \begin{cases} 2\pi, & n = m \\ 0, & n \neq m \end{cases}$$

따라서 식 (3.2)의 우변은

$$\sum_{n=-\infty}^{\infty} x(n)\int_{-\pi}^{\pi} e^{j\omega(m-n)}d\omega = \begin{cases} 2\pi x, & n = m \\ 0, & n \neq m \end{cases} \tag{3.3}$$

식 (3.2)와 식 (3.3)을 합하여 정리하면 $X(e^{j\omega})$의 역 이산 시간 푸리에 변환(IDTFT: inverse discrete-time Fourier transform)을 구할 수 있다.

$$x(n) \triangleq \mathcal{F}^{-1}[X(e^{j\omega})] = \frac{1}{2\pi}\int_{-\pi}^{\pi} X(e^{j\omega})e^{j\omega n}d\omega \tag{3.4}$$

식 (3.4)에는 대단히 중요한 뜻이 담겨 있는데, 임의의 유한한 에너지를 갖는 신호 $x(n)$은 정현파 신호 혹은 복소 지수 신호의 모든 주파수 합으로 나타낼 수 있음을 의미한다. 이때 $X(e^{j\omega})$은 주파수 ω에서의 신호 크기를 나타낸다. 따라서 신호 $x(n)$의 주파수 영역(domain)에서의 표현이라 할 수 있다. 그리고 연산자 $\mathcal{F}[\cdot]$은 이산 신호 $x(n)$을 디지털 주파수라고 불리는 실변수 ω를 가진 복소수 연속 함수 $X(e^{j\omega})$으로 변환한다.

일반적으로 이산 시간 푸리에 변환은 ω의 복소 함수이다. $X(e^{j\omega})$을 직각좌표 형식으로 쓰면,

$$X(e^{j\omega}) = \mathrm{Re}[X(e^{j\omega})] + j\mathrm{Im}[X(e^{j\omega})]$$

극좌표 형식으로 쓰면,

$$X(e^{j\omega}) = |X(e^{j\omega})|e^{j\angle X(e^{j\omega})}$$

여기서 $|X(e^{j\omega})|$을 푸리에 변환의 크기(magnitude), $\angle X(e^{j\omega})$을 위상(phase)이라 한다.

예제 3.1 $x(n) = (0.5)^n u(n)$의 이산 시간 푸리에 변환을 구하라.

풀이 이 신호 $x(n)$은 절대 가합이므로 이산 시간 푸리에 변환이 존재한다.

$$X(e^{j\omega}) = \sum_{-\infty}^{\infty} x(n)e^{-j\omega n} = \sum_{0}^{\infty} (0.5)^n e^{-j\omega n}$$

$$= \sum_{0}^{\infty} (0.5e^{-j\omega})^n = \frac{1}{1-0.5e^{-j\omega}} = \frac{e^{j\omega}}{e^{j\omega}-0.5}$$

예제 3.2 다음 유한 신호의 이산 시간 푸리에 변환을 구하라.

$$x(n) = \{1, \underset{\uparrow}{2}, 3, 4, 5\}$$

풀이 식 (3.1)의 정의를 이용하여

$$X(e^{j\omega}) = \sum_{-\infty}^{\infty} x(n)e^{-j\omega n} = e^{j\omega} + 2 + 3e^{-j\omega} + 4e^{-j2\omega} + 5e^{-j3\omega}$$

$X(e^{j\omega})$이 복소수 함수이므로 $X(e^{j\omega})$을 시각적으로 기술하기 위해, 크기와 각도를(또는 실수와 허수 부분을) ω에 대해 따로 그릴 것이다. 이제 ω는 $-\infty$와 ∞ 사이의 실변수인데, 이는 MATLAB을 이용하여 함수의 일부분만을 그릴 수 있음을 의미한다. 이산 시간 푸리에 변환의 두 가지 중요한 성질을 이용하여 이 영역을 실수 신호에 대해 $[0,\ \pi]$ 구간으로 줄일 수 있다. $X(e^{j\omega})$의 그 밖의 유용한 성질은 다음 절에서 살펴본다.

3.1.1 두 가지 중요한 성질

1. 주기성(periodicity)

이산 시간 푸리에 변환 $X(e^{j\omega})$은 주기 2π로 ω에 대해 주기적이다.

$$X(e^{j\omega}) = X(e^{j[\omega+2\pi]})$$

위 결과는 다음과 같이 증명할 수 있다.

$$\begin{aligned} X(e^{j[\omega+2\pi]}) &= \sum_{n=-\infty}^{\infty} x(n)e^{-j[\omega+2\pi]n} \\ &= \sum_{n=-\infty}^{\infty} x(n)e^{-j\omega n}e^{-j2\pi n} \\ &= \sum_{n=-\infty}^{\infty} x(n)e^{-j\omega n} = X(e^{j\omega}) \end{aligned}$$

의미: 해석을 위해 $X(e^{j\omega})$의 전체 영역 $-\infty < \omega < \infty$이 아니라 단지 한 주기만(예를 들어, $\omega \in [0,\ 2\pi]$ 또는 $[-\pi,\ \pi]$) 필요하다.

2. 대칭성(symmetry)

실수 $x(n)$에 대해, $X(e^{j\omega})$은 켤레 대칭적이다.

$$X(e^{-j\omega}) = X^*(e^{j\omega})$$

위의 결과는 다음과 같이 증명할 수 있다.

복소수의 성질을 이용하면

$$X(e^{-j\omega}) = \sum_{n=-\infty}^{\infty} x(n)e^{-j\omega n}$$

$$= \sum_{n=-\infty}^{\infty} x(n)\overline{e^{j\omega n}}$$

$$= \overline{\sum_{n=-\infty}^{\infty} x(n)e^{-j\omega n}}$$

$$= X^*(e^{j\omega})$$

(주의: 위의 증명에서는 정확성을 위해 복소수 X의 켤레복소수를 $\overline{X}$로 나타내었다.) 이러한 성질을 이용하면 다음과 같은 결과를 얻을 수 있다.

$$\mathrm{Re}[X(e^{-j\omega})] = \mathrm{Re}[X(e^{j\omega})] \quad \text{(우대칭(even symmetry))}$$

$$\mathrm{Im}[X(e^{-j\omega})] = -\mathrm{Im}[X(e^{j\omega})] \quad \text{(기대칭(odd symmetry))}$$

$$|X(e^{-j\omega})| = |X(e^{j\omega})| \quad \text{(우대칭)}$$

$$\angle X(e^{-j\omega}) = -\angle X(e^{j\omega}) \quad \text{(기대칭)}$$

위 결과는 다음과 같이 증명할 수 있다.

$X(e^{j\omega})$은 다음과 같이 실수부와 허수부로 나타낼 수 있다.

$$X(e^{j\omega}) = \mathrm{Re}[X(e^{j\omega})] + j\mathrm{Im}[X(e^{j\omega})]$$

그러면 $X(e^{j\omega}) = X^*(e^{-j\omega})$으로부터 다음과 같은 식이 성립한다.

$$\mathrm{Re}[X(e^{j\omega})] + j\mathrm{Im}[X(e^{j\omega})] = \mathrm{Re}[X(e^{-j\omega})] - j\mathrm{Im}[X(e^{-j\omega})]$$

따라서

$$\mathrm{Re}[X(e^{j\omega})] = \mathrm{Re}[X(e^{-j\omega})]$$

$$j\mathrm{Im}[X(e^{j\omega})] = -j\mathrm{Im}[X(e^{-j\omega})]$$

다시 말해, 실수 신호일 경우 그 푸리에 변환의 실수부는 우함수이고 허수부는 기함수이다. 같은 방법으로 $X(e^{j\omega})$과 $X^*(e^{-j\omega})$을 극좌표 형식으로 표현하면 다음과 같다.

$$X(e^{j\omega}) = |X(e^{j\omega})|\, e^{j\angle X(e^{j\omega})}$$
$$X^*(e^{-j\omega}) = |X(e^{-j\omega})|\, e^{j\angle X(e^{-j\omega})}$$

따라서

$$|X(e^{j\omega})| = |X(e^{-j\omega})|$$
$$\angle X(e^{j\omega}) = -\angle X(e^{-j\omega})$$

이는 크기 $|X(e^{j\omega})|$은 ω의 우함수이고, 위상 $\angle X(e^{j\omega})$은 ω의 기함수임을 의미한다.

의미: $X(e^{j\omega})$을 그리기 위해, 이제 단지 $X(e^{j\omega})$의 반주기만을 고려하면 된다. 일반적으로 실제의 경우 이 주기는 $\omega \in [0, \pi]$로 선택한다.

3.1.2 MATLAB 구현

만약 $x(n)$이 무한 신호라면, MATLAB은 $x(n)$으로부터 $X(e^{j\omega})$을 계산하기 위해 직접 사용될 수 없다. 그러나 $[0, \pi]$ 주파수 범위에서 $X(e^{j\omega})$의 표현을 구하고 크기와 각도를(또는 실수와 허수 부분을) 그리기 위해 MATLAB을 사용할 수 있다.

예제 3.3 $[0, \pi]$ 사이에 있는 501개의 등간격 점들에서 예제 3.1의 $X(e^{j\omega})$을 구하고 크기, 각도, 실수부, 허수부를 그려라.

풀이 MATLAB 코드:

```
>> w = [0:1:500]*pi/500;  % [0, pi]  axis divided into 501 points.
>> X = exp(j*w) ./ (exp(j*w) - 0.5*ones(1,501));
>> magX = abs(X); angX = angle(X);  realX = real(X); imagX = imag(X);
>> subplot(2,2,1); plot(w/pi,magX); grid
>> xlabel('frequency in pi units'); title('Magnitude Part'); ylabel('Magnitude')
>> subplot(2,2,3); plot(w/pi,angX); grid
>> xlabel('frequency in pi units'); title('Angle Part'); ylabel('Radians')
>> subplot(2,2,2); plot(w/pi,realX); grid
>> xlabel('frequency in pi units'); title('Real Part'); ylabel('Real')
>> subplot(2,2,4); plot(w/pi,imagX); grid
>> xlabel('frequency in pi units'); title('Imaginary Part'); ylabel('Imaginary')
```

결과는 그림 3.1에 나타나 있다. 주파수축이 π 단위이고, 읽기 쉽게 하려고 그리기 전에 `w` 행렬을 `pi`로 나눴음에 주목하라. 이 방식을 적극 권장한다.

만약 $x(n)$이 유한 신호라면, MATLAB은 어떤 주파수 ω에 대해서도 수치적으로 $X(e^{j\omega})$을 계산하는 데 사용될 수 있다. 접근 방법은 식 (3.1)을 직접 구현하는 것이다. 게다가 $[0, \pi]$ 사이의 등간격 주파수에서 $X(e^{j\omega})$을 구현한다면 식 (3.1)은 **행렬-벡터 곱셈 연산**으로 구현될 수 있다. 이것을 이해하기 위해 신호 $x(n)$이 $n_1 \le n \le n_N$ 사이에서(즉, 반드시 $[0, N-1]$ 사이일 필요는 없다) N개의 샘플을 갖고 있고 $X(e^{j\omega})$을 다음 주파수에서 계산하기를 원한다고 가

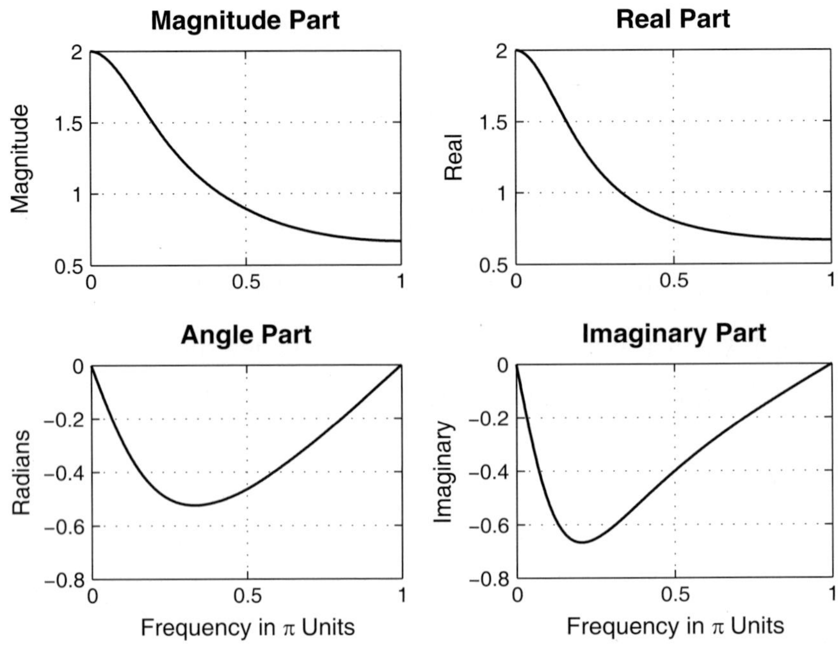

그림 3.1 예제 3.3의 그래프

정하자.

$$\omega_k \triangleq \frac{\pi}{M}k, \quad k = 0, 1, \ldots, M$$

이 주파수는 $[0, \pi]$ 사이의 $(M+1)$개의 등간격 주파수들이다. 그러면 식 (3.1)은 다음과 같다.

$$X(e^{j\omega_k}) = \sum_{\ell=1}^{N} e^{-j(\pi/M)kn_\ell} x(n_\ell), \quad k = 0, 1, \ldots, M$$

$\{x(n_\ell)\}$와 $\{X(e^{j\omega_k})\}$가 각각 열 벡터 $\mathbf{x}$와 $\mathbf{X}$로 배열될 때, 다음을 얻는다.

$$\mathbf{X} = \mathbf{W}\mathbf{x} \tag{3.5}$$

여기서 $\mathbf{W}$는 다음과 같이 주어지는 $(M+1) \times N$ 행렬이다.

$$\mathbf{W} \triangleq \left\{ e^{-j(\pi/M)kn_\ell};\ n_1 \le n \le n_N, \quad k = 0, 1, \ldots, M \right\}$$

게다가 $\{k\}$와 $\{n_\ell\}$를 각각 행 벡터 $\mathbf{k}$와 $\mathbf{n}$으로 배열하면 다음과 같이 된다.

$$\mathbf{W} = \left[\exp\left(-j\frac{\pi}{M}\mathbf{k}^T\mathbf{n} \right) \right]$$

MATLAB에서 신호와 지표를 행 벡터로 표시한다. 따라서 식 (3.5)의 전치 행렬을 취하면, 다음을 얻을 수 있다.

$$\mathbf{X}^T = \mathbf{x}^T \left[\exp\left(-j\frac{\pi}{M}\mathbf{n}^T\mathbf{k} \right) \right] \tag{3.6}$$

$\mathbf{n}^T\mathbf{k}$가 $N \times (M+1)$ 행렬임에 주목하라. 식 (3.6)은 MATLAB에서 다음과 같이 구현할 수

있다.

```
>> k = [0:M]; n = [n1:n2];
>> X = x * (exp(-j*pi/M)) .^ (n'*k);
```

예제 3.4 예제 3.2에서 주어진 신호 $x(n)$의 이산 시간 푸리에 변환을 $[0, \pi]$ 사이의 501개 등간격 주파수에서 수치적으로 계산하라.

풀이 MATLAB 코드:

```
>> n = -1:3; x = 1:5;  k = 0:500; w = (pi/500)*k;
>> X = x * (exp(-j*pi/500)) .^ (n'*k);
>> magX = abs(X); angX = angle(X);
>> realX = real(X); imagX = imag(X);
>> subplot(2,2,1); plot(k/500,magX);grid
>> xlabel('frequency in pi units'); title('Magnitude Part')
>> subplot(2,2,3); plot(k/500,angX/pi);grid
>> xlabel('frequency in pi units'); title('Angle Part')
>> subplot(2,2,2); plot(k/500,realX);grid
>> xlabel('frequency in pi units'); title('Real Part')
>> subplot(2,2,4); plot(k/500,imagX);grid
>> xlabel('frequency in pi units'); title('Imaginary Part')
```

주파수 영역은 그림 3.2에 나타나 있다. 각도의 그림이 $-\pi$와 π 사이에서 불연속 함수로 묘사됨을 주목하라. 이는 MATLAB의 `angle` 함수가 기본 각도를 계산하기 때문이다. ■

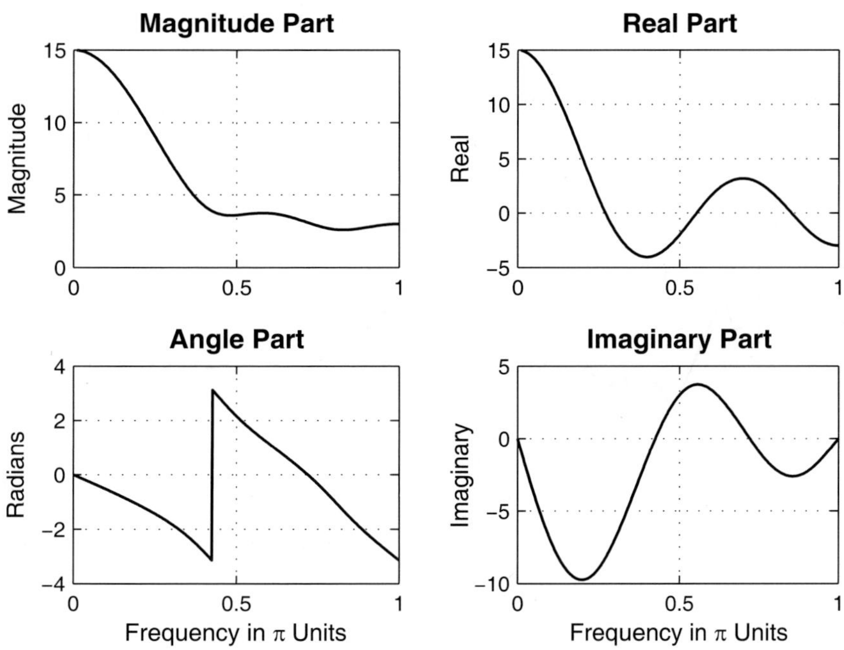

그림 3.2 예제 3.4의 그래프

예제 3.4의 과정은 구현을 쉽게 하기 위해 MATLAB 함수(예: `dtft` 함수)로 컴파일될 수 있다. 이는 연습문제 P3.2에서 다룬다. 이 수치 계산은 정의식 (3.1)에 기초하고 있다. 이 방법은 수치적으로 유한 신호의 이산 시간 푸리에 변환을 계산하는 가장 세련된 방법은 아니다. 5장에서는 이산 푸리에 변환(DFT: discrete Fourier transform)이라고 불리는 계산 가능한 변환과, 고속 푸리에 변환(FFT: fast Fourier transform)이라고 불리는 이의 효율적인 계산에 대해 자세히 살펴볼 것이다. 또한 유한 신호에 대해 MATLAB 함수 `freqz`을 사용하는 z-변환에 기초한 다른 방법도 있는데, 이는 4장에서 살펴본다. 이 장에서는 연구 목적뿐만 아니라 계산을 위해 지금까지 논한 방법을 계속 사용할 것이다.

이어지는 두 예제에서 복소수와 실수 신호를 사용하여 주기성과 대칭성을 조사한다.

예제 3.5 $x(n) = (0.9\exp(j\pi/3))^n,\ 0 \le n \le 10$임을 가정하자. $X(e^{j\omega})$을 구하고 이의 주기성을 조사하라.

풀이 $x(n)$이 복소수이므로 이는 오직 주기성만을 만족한다. 따라서 이 신호는 한 주기 2π에서 유일하게 정의된다. 그러나 주기성을 관찰하기 위해 $[-2\pi, 2\pi]$ 사이의 두 주기에 걸쳐 401개 주파수에서 값을 구하고 그린다.

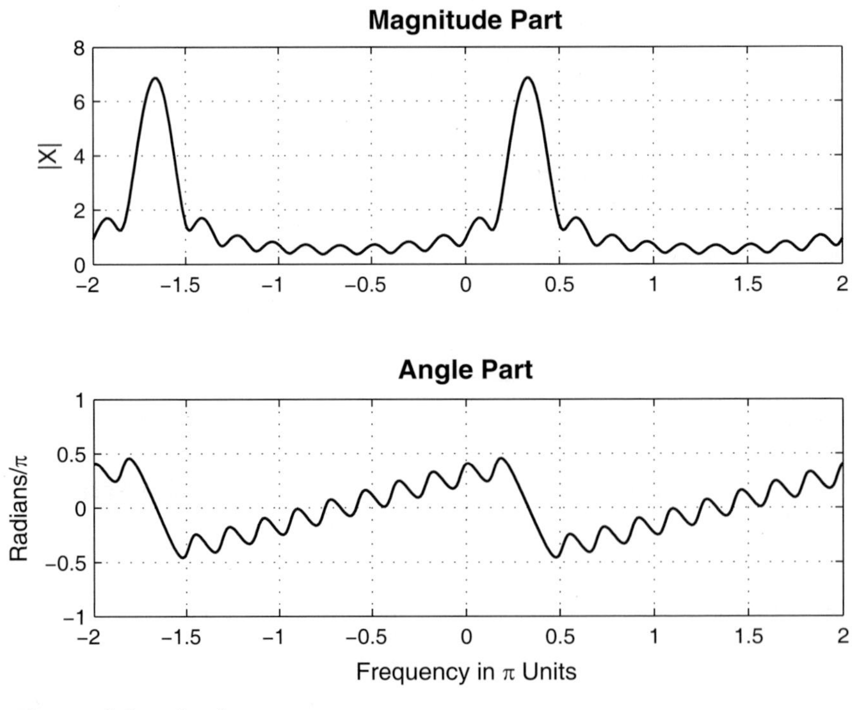

그림 3.3 예제 3.5의 그래프

MATLAB 코드:

```
>> n = 0:10; x = (0.9*exp(j*pi/3)).^n;
>> k = -200:200; w = (pi/100)*k;
>> X = x * (exp(-j*pi/100)) .^ (n'*k);
>> magX = abs(X); angX =angle(X);
>> subplot(2,1,1); plot(w/pi,magX);grid
>> xlabel('frequency in units of pi'); ylabel('|X|')
>> title('Magnitude Part')
>> subplot(2,1,2); plot(w/pi,angX/pi);grid
>> xlabel('frequency in units of pi'); ylabel('radians/pi')
>> title('Angle Part')
```

그림 3.3에서 $X(e^{j\omega})$이 ω에 대해 주기적이지만 켤레 대칭은 아님을 관찰할 수 있다.

예제 3.6 $x(n) = (0.9)^n$, $-10 \leq n \leq 10$임을 가정하자. 이 신호의 이산 시간 푸리에 변환의 켤레 대칭성을 조사하라.

풀이 다시 한 번 대칭성을 공부하기 위해 두 주기에 걸쳐 $X(e^{j\omega})$을 계산하고 그린다.

MATLAB 코드:

```
>> n = -5:5; x = (-0.9).^n;
>> k = -200:200; w = (pi/100)*k;  X = x * (exp(-j*pi/100)) .^ (n'*k);
>> magX = abs(X); angX =angle(X);
>> subplot(2,1,1); plot(w/pi,magX);grid;  axis([-2,2,0,15])
>> xlabel('frequency in units of pi'); ylabel('|X|')
>> title('Magnitude Part')
>> subplot(2,1,2); plot(w/pi,angX/pi);grid;  axis([-2,2,-1,1])
>> xlabel('frequency in units of pi'); ylabel('radians/pi')
>> title('Angle Part')
```

그림 3.4로부터 $X(e^{j\omega})$이 ω에 대해 주기적일 뿐만 아니라 켤레 대칭임을 관찰할 수 있다. 따라서 실수 신호에 대해 푸리에 변환의 크기와 각도 응답을 0부터 π까지 그린다.

3.1.3 자주 쓰이는 DTFT 쌍

2장에서 살펴본 기본 신호의 이산 시간 푸리에 변환은 매우 유용하다. 이 신호들의 이산 시간 푸리에 변환은 기본 정의식인 식 (3.1)과 식 (3.2)를 사용하여 쉽게 얻을 수 있다. 이들 변환 쌍과 그 밖의 변환 쌍이 표 3.1에 주어져 있다. 만약 푸리에 변환에 임펄스 함수를 허용한다면 단위 계단 함수 $u(n)$ 같은 신호가 절대 가합이 아니어도 극한적인 면에서 그들의 이산 시간 푸리에 변환은 존재한다. 그러한 신호는 유한 전력을 갖는다고 말한다. 즉, $\sum_n |u(n)|^2 < \infty$

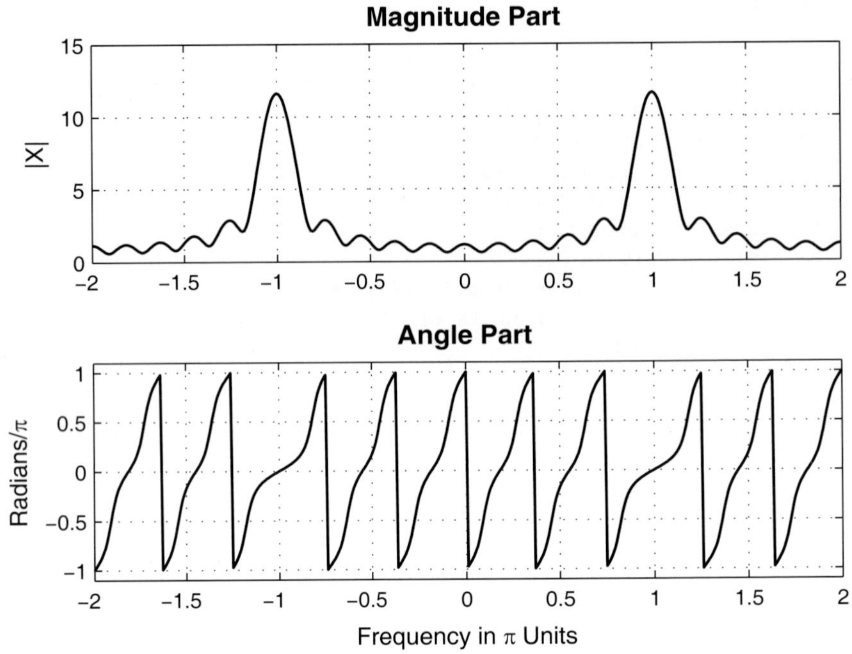

그림 3.4 예제 3.6의 그래프

표 3.1 자주 쓰이는 DTFT 쌍

신호 유형	신호 $x(n)$	DTFT $X(e^{j\omega})$, $-\pi \le \omega \le \pi$
단위 임펄스 신호	$\delta(n)$	1
상수 신호	1	$2\pi\delta(\omega)$
단위 계단 신호	$u(n)$	$\dfrac{1}{1-e^{-j\omega}}+\pi\delta(\omega)$
인과적(causal) 지수 신호	$\alpha^n u(n)$	$\dfrac{1}{1-\alpha e^{-j\omega}}$
복소수 지수 신호	$e^{j\omega_0 n}$	$2\pi\delta(\omega-\omega_0)$
코사인 신호	$\cos(\omega_0 n)$	$\pi[\delta(\omega-\omega_0)+\delta(\omega+\omega_0)]$
사인 신호	$\sin(\omega_0 n)$	$j\pi[\delta(\omega+\omega_0)-\delta(\omega-\omega_0)]$
이중(double) 지수 신호	$\alpha^{\vert n\vert}u(n)$	$\dfrac{1-\alpha^2}{1-2\alpha\cos(\omega)+\alpha^2}$

주: $X(e^{j\omega})$은 주기가 2π인 주기 함수이기 때문에 기본 주기 기간인 $-\pi \le \omega \le \pi$에서만 표시된다.

이다. 이 표와 3.2절에서 살펴볼 푸리에 변환의 특성을 사용하면 좀 더 많은 신호의 이산 시간 푸리에 변환을 얻을 수 있다.

3.2 이산 시간 푸리에 변환의 성질

앞 절에서 DTFT의 두 가지 성질, 즉 주기성과 대칭성을 살펴봤다. 이제 DTFT의 나머지 유용한 성질을 증명과 함께 살펴보자. $X(e^{j\omega})$이 $x(n)$의 이산 시간 푸리에 변환이라고 하자.

1. 선형성

이산 시간 푸리에 변환은 선형 변환이다. 즉, 모든 α, β, $x_1(n)$, $x_2(n)$에 대해 다음을 만족한다.

$$\mathcal{F}[\alpha x_1(n)+\beta x_2(n)]=\alpha\mathcal{F}[x_1(n)]+\beta\mathcal{F}[x_2(n)] \tag{3.7}$$

위 결과는 다음과 같이 증명할 수 있다.

$$\begin{aligned}\mathcal{F}[\,\alpha x_1(n)+\beta x_2(n)\,] &= \sum_{n=-\infty}^{\infty}[\,\alpha x_1(n)+\beta x_2(n)\,]e^{-j\omega n}\\ &=\alpha\sum_{n=-\infty}^{\infty}x_1(n)e^{-j\omega n}+\beta\sum_{n=-\infty}^{\infty}x_2(n)e^{-j\omega n}\\ &=\alpha\mathcal{F}[\,x_1(n)\,]+\beta\mathcal{F}[\,x_2(n)\,]\end{aligned}$$

2. 시간 이동(shift)

시간 영역에서의 이동은 위상의 이동에 대응한다.

$$\mathcal{F}[x(n-k)]=X(e^{j\omega})e^{-j\omega k} \tag{3.8}$$

위 결과는 다음과 같이 증명할 수 있다.

$$\mathcal{F}[x(n-k)]=\sum_{n=-\infty}^{\infty}x(n-k)e^{-j\omega n}$$

에서 $m=n-k$로 치환하면

$$\begin{aligned}\mathcal{F}[x(m)] &= \sum_{m=-\infty}^{\infty}x(m)e^{-j\omega(m+k)}\\ &=\sum_{m=-\infty}^{\infty}x(m)e^{-j\omega m}e^{-j\omega k}\\ &=X(e^{j\omega})e^{-j\omega k}\end{aligned}$$

3. 주파수 이동

복소 지수만큼의 곱셈은 주파수 영역에서의 이동에 해당한다.

$$\mathcal{F}\left[x(n)e^{j\omega_0 n}\right]=X(e^{j(\omega-\omega_0)}) \tag{3.9}$$

위 결과는 다음과 같이 증명할 수 있다.

$$\begin{aligned}\mathcal{F}[x(n)e^{j\omega_0 n}] &= \sum_{n=-\infty}^{\infty}[x(n)e^{j\omega_0 n}]e^{-j\omega n}\\ &=\sum_{n=-\infty}^{\infty}x(n)e^{-j(\omega-\omega_0)n}\\ &=X(e^{j(\omega-\omega_0)})\end{aligned}$$

4. 켤레(conjugation)

시간 영역에서의 켤레는 주파수 영역에서 반전과 켤레에 해당한다.

$$\mathcal{F}[x^*(n)] = X^*(e^{-j\omega}) \tag{3.10}$$

위 결과는 다음과 같이 증명할 수 있다.

$$\begin{aligned}\mathcal{F}[x^*(n)] &= \sum_{n=-\infty}^{\infty} \overline{x(n)} e^{-j\omega n} \\ &= \sum_{n=-\infty}^{\infty} \overline{x(n) e^{j\omega n}} \\ &= \overline{\sum_{n=-\infty}^{\infty} x(n) e^{j\omega n}} \\ &= X^*(e^{-j\omega})\end{aligned}$$

5. 반전(folding)

시간 영역에서의 반전은 주파수 영역에서의 반전에 해당한다.

$$\mathcal{F}[x(-n)] = X(e^{-j\omega}) \tag{3.11}$$

위 결과는 다음과 같이 증명할 수 있다.

$$\begin{aligned}\mathcal{F}[x(-n)] &= \sum_{n=-\infty}^{\infty} x(-n) e^{-j\omega n} \\ &= \sum_{m=-\infty}^{\infty} x(m) e^{-(-j\omega)m} \ (\text{여기서 } m=-n) \\ &= X(e^{-j\omega})\end{aligned}$$

6. 실수 신호의 대칭성

우리는 이미 실수 신호의 켤레 대칭성에 대해 살펴봤다. 이러한 실수 신호는 2장에서 논했듯이 우함수 부분과 기함수 부분으로 분해될 수 있다.

$$x(n) = x_e(n) + x_o(n)$$

여기서

$$x_e(n) = \frac{1}{2}[x(n) + x^*(-n)]$$

$$x_o(n) = \frac{1}{2}[x(n) - x^*(-n)]$$

그러면 다음의 푸리에 변환식이 성립한다.

$$\begin{aligned}\mathcal{F}[x_e(n)] &= \text{Re}\left[X(e^{j\omega})\right] \\ \mathcal{F}[x_o(n)] &= j\,\text{Im}\left[X(e^{j\omega})\right]\end{aligned} \tag{3.12}$$

의미: 만약 신호 $x(n)$이 실수이고 우함수이면, $X(e^{j\omega})$ 또한 실수이고 우함수이다. 따라서 완전한 표현을 위해 단지 $[0, \pi]$ 구간에서의 하나의 그림만 필요하다.

복소수 신호의 비슷한 성질은 연습문제 P3.10에서 다룬다.

7. 콘벌루션

이는 주파수 영역에서의 시스템 해석을 편리하게 하는 가장 유용한 성질 중의 하나이다.

$$\mathcal{F}[x_1(n) * x_2(n)] = \mathcal{F}[x_1(n)]\,\mathcal{F}[x_2(n)] = X_1(e^{j\omega})X_2(e^{j\omega}) \tag{3.13}$$

위 결과는 다음과 같이 증명할 수 있다.

$$\mathcal{F}[x_1(n) * x_2(n)] = \sum_{n=-\infty}^{\infty}\Big[\sum_{k=-\infty}^{\infty} x_1(k)x_2(n-k)\Big]e^{-j\omega n}$$

에서 $q = n - k$로 치환하면

$$\begin{aligned}\mathcal{F}[x_1(n) * x_2(n)] &= \sum_{q=-\infty}^{\infty}\Big[\sum_{k=-\infty}^{\infty} x_1(k)x_2(q)\Big]e^{-j\omega(q+k)}\\ &= \sum_{k=-\infty}^{\infty} x_1(k)e^{-j\omega k}\sum_{q=-\infty}^{\infty} x_2(q)e^{-j\omega q}\\ &= X_1(e^{j\omega})X_2(e^{j\omega})\end{aligned}$$

8. 곱셈

이는 콘벌루션 성질의 듀얼(dual)이다.

$$\mathcal{F}[x_1(n)\cdot x_2(n)] = \mathcal{F}[x_1(n)] \circledast \mathcal{F}[x_2(n)] \triangleq \frac{1}{2\pi}\int_{-\pi}^{\pi} X_1(e^{j\theta})X_2(e^{j(\omega-\theta)})d\theta \tag{3.14}$$

위의 콘벌루션과 비슷한 연산은 **주기적 콘벌루션**(periodic convolution)이라 하고, $\circledast$로 표시된다. 이는 (이산 형태로) 5장에서 논한다.

9. 주파수 영역에서의 미분

$$\mathcal{F}[nx(n)] = j\frac{dX(e^{j\omega})}{d\omega} \tag{3.15}$$

위 결과는 다음과 같이 증명할 수 있다.

식 (3.1)의 양변을 ω에 대해 미분하면 다음과 같다.

$$\begin{aligned}\frac{dX(e^{j\omega})}{d\omega} &= \sum_{n=-\infty}^{\infty}(-jn)x(n)e^{-j\omega n}\\ &= \frac{1}{j}\sum_{n=-\infty}^{\infty} nx(n)e^{-j\omega n}\\ &= \frac{1}{j}\mathcal{F}[nx(n)]\end{aligned}$$

10. 파시발(Parseval)의 정리와 에너지

다음과 같은 두 신호를 생각하자.

$$\mathcal{F}[x_1(n)] = X_1(\omega)$$

$$\mathcal{F}[x_2(n)] = X_2(\omega)$$

그러면

$$\sum_{n=-\infty}^{\infty} x_1(n)x_2(n) = \frac{1}{2\pi}\int_{-\pi}^{\pi} X_1(\omega)X_2^*(\omega)d\omega \tag{3.16}$$

위 증명은 오른쪽 항의 $X_1(\omega)$를 식 (3.1)을 이용해서 교환하면 곧바로 가능하다.

$$\frac{1}{2\pi}\int_{-\pi}^{\pi}\Big[\sum_{n=-\infty}^{\infty} x_1(n)e^{-j\omega n}\Big]X_2^*(\omega)d\omega$$

$$= \sum_{n=-\infty}^{\infty} x_1(n)\,\frac{1}{2\pi}\int_{-\pi}^{\pi} X_2^*(\omega)e^{-j\omega n}d\omega$$

$$= \sum_{n=-\infty}^{\infty} x_1(n)x_2(n)$$

특별한 경우로 $x_1(n) = x_2(n) = x(n)$인 경우 파시발의 정리는 다음과 같다.

$$\sum_{n=-\infty}^{\infty} |x(n)|^2 = \frac{1}{2\pi}\int_{-\pi}^{\pi} |X(e^{j\omega})|^2 d\omega \tag{3.17}$$

여기서 왼쪽 항의 경우 신호 $x(n)$의 에너지 값임을 알 수 있다. 또한 식 (2.10)에서 나타나는 $x(n)$의 자기상관 신호에서 $\ell = 0$인 경우임을 알 수 있다.

$$E_x = r_{xx}(0) = \sum_{n=-\infty}^{\infty} |x(n)|^2 = \frac{1}{2\pi}\int_{-\pi}^{\pi} |X(e^{j\omega})|^2 d\omega \tag{3.18}$$

$$= \int_{0}^{\pi} \frac{|X(e^{j\omega})|^2}{\pi} d\omega \quad \text{(실수 신호의 경우 우대칭을 이용하여)}$$

식 (3.18)로부터 $x(n)$의 에너지 밀도 스펙트럼(energy density spectrum)은 다음과 같이 정의된다.

$$\Phi_x(\omega) \triangleq \frac{|X(e^{j\omega})|^2}{\pi} \tag{3.19}$$

그러면 $[\omega_1, \omega_2]$ 대역에서 $x(n)$의 에너지는 다음과 같이 주어진다.

$$\int_{\omega_1}^{\omega_2} \Phi_x(\omega) d\omega, \quad 0 \le \omega_1 < \omega_2 \le \pi$$

다음의 예제들에서 유한 신호를 사용하여 위 DTFT 성질 중 몇 가지를 확인해보겠다.

예제 3.7 이 예제에서는 실수 유한 신호를 이용하여 선형성(식 (3.7))을 확인할 것이다. $x_1(n)$과 $x_2(n)$이 $0 \le n \le 10$ 구간에서 [0, 1] 사이에 균일하게 분포된 불규칙 신호라 하자. 그러면 다음과 같이 수치적 이산 시간 푸리에 변환 절차를 사용할 수 있다.

MATLAB 코드:

```
>> x1 = rand(1,11); x2 = rand(1,11); n = 0:10;
>> alpha = 2; beta = 3;  k = 0:500; w = (pi/500)*k;
>> X1 = x1 * (exp(-j*pi/500)).^(n'*k);  % DTFT of x1
>> X2 = x2 * (exp(-j*pi/500)).^(n'*k);  % DTFT of x2
>> x = alpha*x1 + beta*x2;              % Linear combination of x1 & x2
>> X = x * (exp(-j*pi/500)).^(n'*k);    % DTFT of x
>> % verification
>> X_check = alpha*X1 + beta*X2;        % Linear Combination of X1 & X2
>> error = max(abs(X-X_check))          % Difference
error =
  7.1054e-015
```

두 푸리에 변환 행렬 사이의 최대 절대 오차가 10^{-14}보다 작으므로, 두 행렬은 MATLAB의 제한된 수치 정밀도 이내에서 같다.

■

예제 3.8 $x(n)$이 $0 \le n \le 10$ 구간에서 [0, 1] 사이에 균일하게 분포된 불규칙 신호이고 $y(n) = x(n-2)$라고 하자. 그러면 다음과 같이 샘플 이동 성질(식 (3.8))을 확인할 수 있다.

```
>> x = rand(1,11); n = 0:10;
>> k = 0:500; w = (pi/500)*k;
>> X = x * (exp(-j*pi/500)).^(n'*k);    % DTFT of x
>> % signal shifted by two samples
>> y = x; m = n+2;
>> Y = y * (exp(-j*pi/500)).^(m'*k);    % DTFT of y
>> % verification
>> Y_check = (exp(-j*2).^w).*X;         % multiplication by exp(-j2w)
>> error = max(abs(Y-Y_check))          % Difference
error =
  5.7737e-015
```

■

예제 3.9 주파수 이동 성질(식 (3.9))을 확인하기 위해 그래픽 접근 방법을 사용하려고 한다. 다음을 가정하자.

$$x(n) = \cos(\pi n/2), \quad 0 \le n \le 100 \qquad \text{그리고} \quad y(n) = e^{j\pi n/4}x(n)$$

그러면 MATLAB을 사용하고,

```
>> n = 0:100; x = cos(pi*n/2);
>> k = -100:100; w = (pi/100)*k;           % frequency between -pi and +pi
>> X = x * (exp(-j*pi/100)).^(n'*k);       % DTFT of x
%
>> y = exp(j*pi*n/4).*x;                   % signal multiplied by exp(j*pi*n/4)
>> Y = y * (exp(-j*pi/100)).^(n'*k);       % DTFT of y
% Graphical verification
>> subplot(2,2,1); plot(w/pi,abs(X)); grid; axis([-1,1,0,60])
>> xlabel('frequency in pi units'); ylabel('|X|')
>> title('Magnitude of X')
>> subplot(2,2,2); plot(w/pi,angle(X)/pi); grid; axis([-1,1,-1,1])
>> xlabel('frequency in pi units'); ylabel('radiands/pi')
>> title('Angle of X')
>> subplot(2,2,3); plot(w/pi,abs(Y)); grid; axis([-1,1,0,60])
>> xlabel('frequency in pi units'); ylabel('|Y|')
>> title('Magnitude of Y')
>> subplot(2,2,4); plot(w/pi,angle(Y)/pi); grid; axis([-1,1,-1,1])
>> xlabel('frequency in pi units'); ylabel('radians/pi')
>> title('Angle of Y')
```

그림 3.5로부터 $X(e^{j\omega})$이 크기와 각도 모두 $\pi/4$만큼 이동한 것을 관찰할 수 있다.

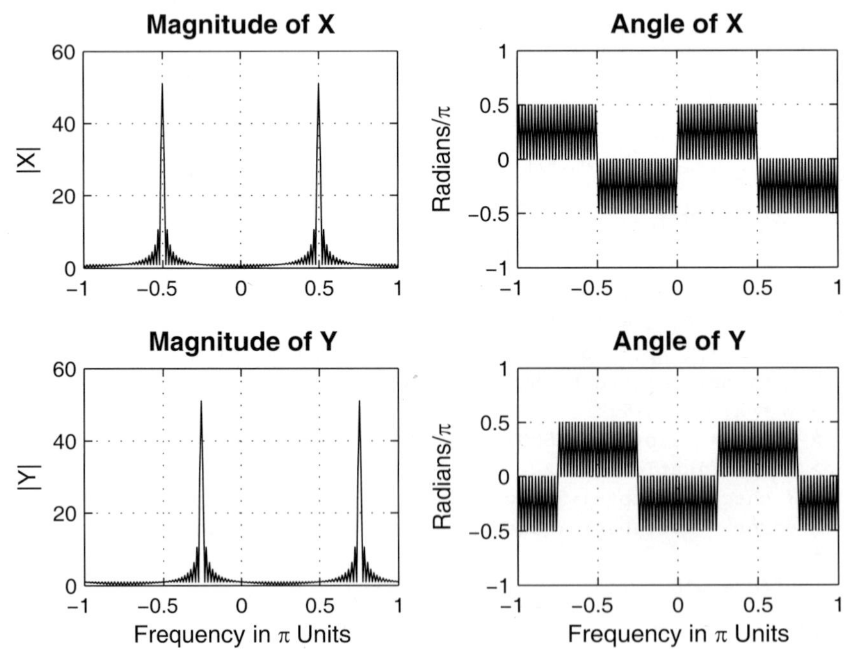

그림 3.5 예제 3.9의 그래프

예제 3.10 켤레 성질(식 (3.10))을 확인하기 위해, $x(n)$이 실수부와 허수부가 $-5 \le n \le 10$ 구간에서 [0, 1] 사이에 균일하게 분포된 복소수 불규칙 신호라 하자. MATLAB을 이용한 확인은 다음과 같다.

```
>> n = -5:10; x = rand(1,length(n)) + j*rand(1,length(n));
>> k = -100:100; w = (pi/100)*k;          % frequency between -pi and +pi
>> X = x * (exp(-j*pi/100)).^(n'*k);      % DTFT of x
% conjugation property
>> y = conj(x);                           % signal conjugation
>> Y = y * (exp(-j*pi/100)).^(n'*k);      % DTFT of y
% verification
>> Y_check = conj(fliplr(X));             % conj(X(-w))
>> error = max(abs(Y-Y_check))            % Difference
error =
     0
```

예제 3.11 반전 성질(식 (3.11))을 확인하기 위해 $x(n)$이 $-5 \le n \le 10$ 구간에서 [0, 1] 사이에 균일하게 분포된 복소수 불규칙 신호라 하자. MATLAB을 이용한 확인은 다음과 같다.

```
>> n = -5:10; x = rand(1,length(n));
>> k = -100:100; w = (pi/100)*k;          % frequency between -pi and +pi
>> X = x * (exp(-j*pi/100)).^(n'*k);      % DTFT of x
% folding property
>> y = fliplr(x); m = -fliplr(n);         % signal folding
>> Y = y * (exp(-j*pi/100)).^(m'*k);      % DTFT of y
% verification
>> Y_check = fliplr(X);                   % X(-w)
>> error = max(abs(Y-Y_check))            % Difference
error =
     0
```

예제 3.12 이 문제에서 실수 신호의 대칭성(식 (3.12))을 확인한다. 다음을 가정하자.

$$x(n) = \sin(\pi n/2), \quad -5 \le n \le 10$$

그러면 2장에서 만든 evenodd 함수를 이용하여 $x(n)$의 우함수부와 기함수부를 계산하고 각 부분의 이산 시간 푸리에 변환을 구할 수 있다. 시각적으로만이 아니라 수치적으로도 확인할 것이다.

MATLAB 코드:

```
>> n = -5:10; x = sin(pi*n/2);
>> k = -100:100; w = (pi/100)*k;          % frequency between -pi and +pi
>> X = x * (exp(-j*pi/100)).^(n'*k);      % DTFT of x
% signal decomposition
```

```
>> [xe,xo,m] = evenodd(x,n);                % even and odd parts
>> XE = xe * (exp(-j*pi/100)).^(m'*k);     % DTFT of xe
>> XO = xo * (exp(-j*pi/100)).^(m'*k);     % DTFT of xo
% verification
>> XR = real(X);                            % real part of X
>> error1 = max(abs(XE-XR))                 % Difference
error1 =
  1.8974e-019
>> XI = imag(X);                            % imag part of X
>> error2 = max(abs(XO-j*XI))               % Difference
error2 =
  1.8033e-019
% graphical verification
>> subplot(2,2,1); plot(w/pi,XR); grid; axis([-1,1,-2,2])
>> xlabel('frequency in pi units'); ylabel('Re(X)');
>> title('Real part of X')
>> subplot(2,2,2); plot(w/pi,XI); grid; axis([-1,1,-10,10])
>> xlabel('frequency in pi units'); ylabel('Im(X)');
>> title('Imaginary part of X')
>> subplot(2,2,3); plot(w/pi,real(XE)); grid; axis([-1,1,-2,2])
>> xlabel('frequency in pi units'); ylabel('XE');
>> title('Transform of even part')
>> subplot(2,2,4); plot(w/pi,imag(XO)); grid; axis([-1,1,-10,10])
>> xlabel('frequency in pi units'); ylabel('XO');
>> title('Transform of odd part')
```

그림 3.6에서 $X(e^{j\omega})$의 실수부(또는 $X(e^{j\omega})$의 허수부)가 $x_e(n)$(또는 $x_o(n)$)의 이산 시간 푸리에 변환과 같음을 관찰할 수 있다.

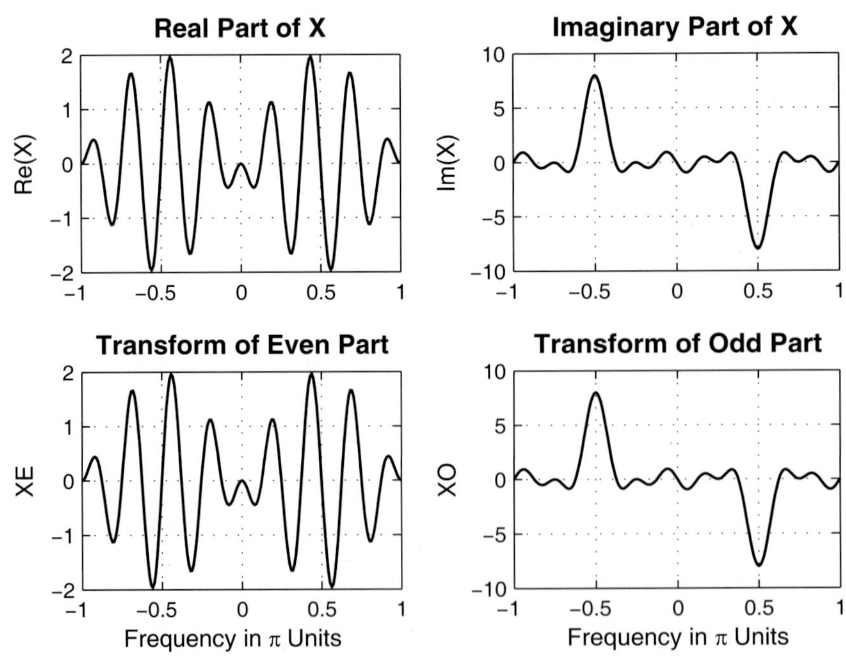

그림 3.6 예제 3.12의 그래프

3.3 선형 시불변 시스템의 주파수 영역 표현

앞서 푸리에 변환 표시는 LTI 시스템의 가장 유용한 신호 표현이라고 언급했다. 이는 다음 결과에 기인한다.

3.3.1 복소 지수 신호 $e^{j\omega_0 n}$의 응답

$x(n) = Ae^{j\omega_0 n}$이 임펄스 응답 $h(n)$으로 표시되는 LTI 시스템의 입력이라고 하자. 여기서 A는 입력의 크기이며, ω_0는 $[-\pi, \pi]$ 구간 내의 임의의 주파수이다.

그러면 시스템의 출력은 다음과 같이 임펄스 응답과 시스템 입력의 콘벌루션 합으로 주어진다.

$$y(n) = \sum_{k=-\infty}^{\infty} h(k)x(n-k)$$

그러면

$$\begin{aligned} y(n) &= h(n) * Ae^{j\omega_0 n} = A\sum_{k=-\infty}^{\infty} h(k)e^{j\omega_0(n-k)} \\ &= A\left[\sum_{k=-\infty}^{\infty} h(k)e^{-j\omega_0 k}\right]e^{j\omega_0 n} \end{aligned} \tag{3.20}$$

식 (3.20)에서 [ ] 안의 식은 임펄스 응답의 ω_0에서 푸리에 변환이다. 즉,

$$H(\omega_0) = \left[\sum_{k=-\infty}^{\infty} h(k)e^{-j\omega_0 k}\right]$$

시스템이 BIBO 안정일 경우 $H(\omega_0)$의 값이 존재하며, 식 (3.20)을 다시 나타내면 다음과 같이 시스템의 출력을 얻을 수 있다.

$$y(n) = AH(\omega_0)e^{j\omega_0 n}$$

여기서 출력 또한 입력과 같이 주파수의 복소 지수 함수의 형태로 나타남을 확인할 수 있다.

정의 1 주파수 응답

임펄스 응답의 이산 시간 푸리에 변환은 LTI 시스템의 주파수 응답(또는 전달 함수)이라고 하며, 다음과 같이 정의된다.

$$H(e^{j\omega n}) \triangleq \sum_{-\infty}^{\infty} h(n)e^{-j\omega n} \tag{3.21}$$

그러면 식 (3.20)으로부터 시스템을 다음과 같이 나타낼 수 있다.

$$x(n) = e^{j\omega_0 n} \longrightarrow \boxed{H(e^{j\omega})} \longrightarrow y(n) = H(e^{j\omega_0}) \times e^{j\omega_0 n} \tag{3.22}$$

따라서 출력 신호는 주파수 ω_0에서 시스템의 응답에 의해 수정된 입력 지수 신호이다. 이것을 볼 때 주파수 응답이 출력 $y(n)$을 구하기 위해 복소 지수 함수에 곱해지는 것이기 때문에 $H(e^{j\omega})$을 주파수 응답이라 정의한 것은 타당하다. 이 강력한 결과는 LTI 시스템의 선형성을 이용하여 복소 지수 함수의 선형 조합에 확장될 수 있다.

$$\sum_k A_k e^{j\omega_k n} \longrightarrow \boxed{h(n)} \longrightarrow \sum_k A_k H(e^{j\omega_k})\, e^{j\omega_k n}$$

일반적으로 주파수 응답 $H(e^{j\omega})$은 ω의 복소 함수이다. 아래에서 설명하듯이 $H(e^{j\omega})$의 크기 $|H(e^{j\omega})|$은 크기(magnitude)(또는 이득(gain)) 응답 함수라 하고, 각도 $\angle H(e^{j\omega})$은 위상 응답(phase response) 함수라고 한다.

3.3.2 정현파 신호의 응답

$x(n) = A\cos(\omega_0 n + \theta_0)$가 LTI 시스템 $h(n)$의 입력이라 하자. 그러면 식 (3.22)로부터 응답 $y(n)$은 크기가 $|H(e^{j\omega_0})|$만큼 커지고 위상이 $\angle H(e^{j\omega_0})$만큼 이동된, 같은 주파수 ω_0의 또 다른 정현파임을 보일 수 있다.

$$y(n) = A|H(e^{j\omega_0})|\cos(\omega_0 n + \theta_0 + \angle H(e^{j\omega_0})) \tag{3.23}$$

이 응답은 $y_{ss}(n)$으로 표시되는 정상 상태 응답(steady-state response)이라 한다. 이는 정현파 신호의 선형 조합으로 확장될 수 있다.

$$\sum_k A_k \cos(\omega_k n + \theta_k) \longrightarrow \boxed{H(e^{j\omega})} \longrightarrow \textstyle\sum_k A_k|H(e^{j\omega_k})|\cos(\omega_k n + \theta_k + \angle H(e^{j\omega_k}))$$

3.3.3 임의의 신호의 응답

마지막으로 식 (3.22)는 임의의 절대 가합 신호로 일반화될 수 있다. $X(e^{j\omega}) = \mathcal{F}[x(n)]$과 $Y(e^{j\omega}) = \mathcal{F}[y(n)]$을 가정하자. 그러면 콘벌루션 성질(식 (3.13))을 이용하여 다음을 얻는다.

$$Y(e^{j\omega}) = H(e^{j\omega})\ X(e^{j\omega}) \tag{3.24}$$

그러므로 LTI 시스템은 주파수 영역에서 다음과 같이 나타낸다.

$$X(e^{j\omega}) \longrightarrow \boxed{H(e^{j\omega})} \longrightarrow Y(e^{j\omega}) = H(e^{j\omega})\ X(e^{j\omega})$$

그러면 출력 $y(n)$은 역 이산 시간 푸리에 변환(식 (3.4))을 이용하여 $Y(e^{j\omega})$으로부터 계산된다. 이는 적분 연산을 필요로 하는데, 적분 연산은 MATLAB에서 편리한 연산이 아니다. 4장에서 설명하겠지만, z-변환과 부분 분수 전개법을 이용하여 임의의 입력에 대한 출력을 계산하는 다른 접근 방법이 있다. 이 장에서는 정상 상태 응답을 계산하는 데 주안점을 두겠다.

예제 3.13 $h(n) = (0.9)^n u(n)$으로 특징지어지는 시스템의 주파수 응답 $H(e^{j\omega})$을 구하라. 크기와 위상 응답을 그려라.

풀이 식 (3.21)을 사용하여

$$H(e^{j\omega}) = \sum_{-\infty}^{\infty} h(n)e^{-j\omega n} = \sum_{0}^{\infty}(0.9)^n e^{-j\omega n}$$

$$= \sum_{0}^{\infty}(0.9e^{-j\omega})^n = \frac{1}{1-0.9e^{-j\omega}}$$

그러므로

$$|H(e^{j\omega})| = \sqrt{\frac{1}{(1-0.9\cos\omega)^2 + (0.9\sin\omega)^2}} = \frac{1}{\sqrt{1.81-1.8\cos\omega}}$$

그리고

$$\angle H(e^{j\omega}) = -\arctan\left[\frac{0.9\sin\omega}{1-0.9\cos\omega}\right]$$

이 응답을 그리기 위해 $|H(e^{j\omega})|$과 $\angle H(e^{j\omega})$ 함수 또는 주파수 응답 $H(e^{j\omega})$을 구현할 수 있고, 그러고 나서 크기와 위상을 계산할 수 있다. 두 번째 접근 방법이 실용적 관점에서(식 (3.23)에서 볼 수 있듯이) 더 유용하다.

```
>> w = [0:1:500]*pi/500;  % [0, pi] axis divided into 501 points.
>> H = exp(j*w) ./ (exp(j*w) - 0.9*ones(1,501));
>> magH = abs(H); angH = angle(H);
>> subplot(2,1,1); plot(w/pi,magH); grid;
>> xlabel('frequency in pi units'); ylabel('|H|');
>> title('Magnitude Response');
>> subplot(2,1,2); plot(w/pi,angH/pi); grid
>> xlabel('frequency in pi units'); ylabel('Phase in pi Radians');
>> title('Phase Response');
```

이 그래프는 그림 3.7에 나타나 있다.

예제 3.14 예제 3.13에서 시스템의 입력이 $0.1u(n)$이라 하자. 정상 상태 응답 $y_{ss}(n)$을 구하라.

풀이 입력이 절대 가합이 아니므로, 이산 시간 푸리에 변환은 전체 응답을 계산하는 데 별로 유용하지 않다. 그러나 정상 상태 응답을 계산하는 데 사용될 수 있다. 정상 상태에서(예를 들어, $n\to\infty$) 입력은 상수 신호(또는 $\omega_0 = \theta_0 = 0$인 정현파)이다. 그러면 출력은 다음과 같다.

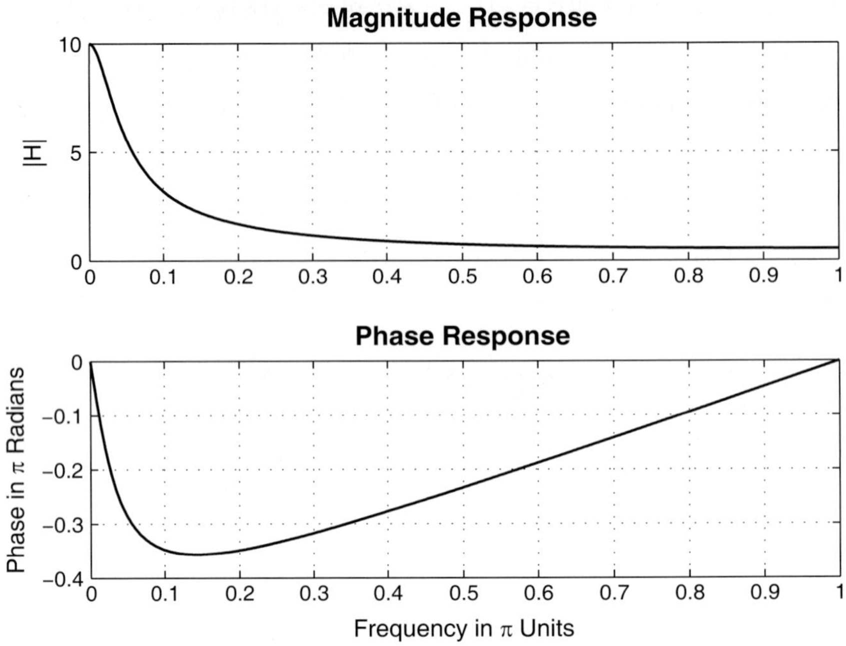

그림 3.7 예제 3.13의 주파수 응답 그래프

$$y_{ss}(n) = 0.1 \times H(e^{j0}) = 0.1 \times 10 = 1$$

여기서 $\omega = 0$에서의 시스템 이득(DC 이득라고도 함)은 $H(e^{j0}) = 10$인데, 이는 그림 3.7에서 구했다.

3.3.4 차분 방정식으로부터 구한 주파수 응답 함수

LTI 시스템이 다음의 차분 방정식으로 표현되면

$$y(n) + \sum_{\ell=1}^{N} a_\ell y(n-\ell) = \sum_{m=0}^{M} b_m x(n-m) \tag{3.25}$$

식 (3.21)로부터 주파수 응답을 구하기 위해, 임펄스 응답 $h(n)$이 필요할 것이다. 그러나 식 (3.22)를 사용하여 쉽게 $H(e^{j\omega})$을 얻을 수 있다. $x(n) = e^{j\omega n}$일 때 $y(n)$이 $H(e^{j\omega})e^{j\omega n}$이어야 함을 알고 있다. 식 (3.25)에서 대입하면

$$H(e^{j\omega})e^{j\omega n} + \sum_{\ell=1}^{N} a_\ell H(e^{j\omega})e^{j\omega(n-\ell)} = \sum_{m=0}^{M} b_m \; e^{j\omega(n-m)}$$

공통요소 항을 없애고 다시 정리한 후 다음을 얻는다.

$$H(e^{j\omega}) = \frac{\sum_{m=0}^{M} b_m \; e^{-j\omega m}}{1 + \sum_{\ell=1}^{N} a_\ell \; e^{-j\omega\ell}} \tag{3.26}$$

이 식은 차분 방정식 계수가 주어진다면 MATLAB에서 쉽게 구현될 수 있다.

예제 3.15 LTI 시스템이 다음 차분 방정식으로 특징지어진다.

$$y(n) = 0.8y(n-1) + x(n)$$

a. $H(e^{j\omega})$을 구하라.

b. 다음에 대한 정상 상태 응답 $y_{ss}(n)$을 계산하고 그려라.

$$x(n) = \cos(0.05\pi n)u(n)$$

풀이 차분 방정식을 $y(n) - 0.8y(n-1) = x(n)$으로 다시 쓴다.

a. 식 (3.26)을 이용하여 다음을 얻는다.

$$H(e^{j\omega}) = \frac{1}{1-0.8e^{-j\omega}} \tag{3.27}$$

b. 정상 상태에서 입력은 주파수 $\omega_0 = 0.05\pi$와 $\theta_0 = 0°$인 $x(n) = \cos(0.05\pi n)$이다. 시스템의 응답은 다음과 같다.

$$H(e^{j0.05\pi}) = \frac{1}{1-0.8e^{-j0.05\pi}} = 4.0928e^{-j0.5377}$$

따라서

$$y_{ss}(n) = 4.0928\cos(0.05\pi n - 0.5377) = 4.0928\cos[0.05\pi(n-3.42)]$$

이는 출력에서 정현파가 4.0928만큼 크기 조정되고 3.42 샘플만큼 이동됨을 의미하는데, MATLAB을 이용하여 확인할 수 있다.

```
>> subplot(1,1,1)
>> b = 1; a = [1,-0.8];
>> n=[0:100];x = cos(0.05*pi*n);
>> y = filter(b,a,x);
>> subplot(2,1,1); stem(n,x);
>> xlabel('n'); ylabel('x(n)'); title('Input sequence')
>> subplot(2,1,2); stem(n,y);
>> xlabel('n'); ylabel('y(n)'); title('Output sequence')
```

그림 3.8에서 $y_{ss}(n)$의 크기가 대략 4임을 주목하라. 출력 정현파에서 이동을 구하기 위해, 입력과 출력의 제로 교차(zero crossing)를 비교할 수 있다. 이는 그림 3.8에 나타나 있는데, 여기서 이동이 대략 3.4 샘플이다. ■

예제 3.15에서 시스템은 일차 차분 방정식에 의해 결정되었다. 이는 예제 3.13에서 한 것처럼 MATLAB에서 식 (3.27)을 구현하기에 상당히 수월하다. 실제로 차분 방정식은 고차이므로 일반적인 표현식 (3.26)을 구현하는 간결한 방법이 필요하다. 이는 간단한 행렬-벡터 곱

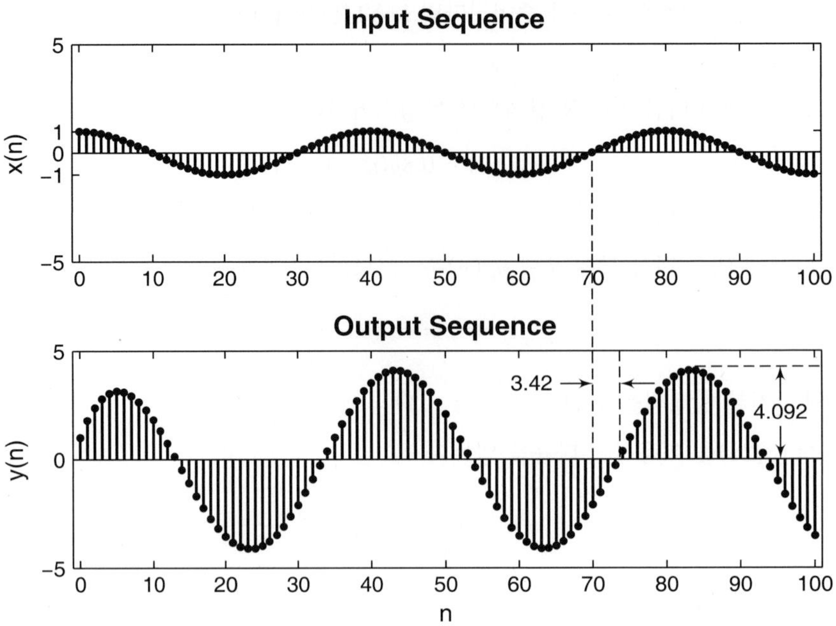

그림 3.8 예제 3.15의 그래프

셈을 이용하면 가능하다. $[0, \pi]$ 구간의 $k = 0, 1, \ldots, K$ 등간격 주파수에서 $H(e^{j\omega})$을 구하면, 다음과 같다.

$$H(e^{j\omega_k}) = \frac{\sum_{m=0}^{M} b_m \, e^{-j\omega_k m}}{1 + \sum_{\ell=1}^{N} a_\ell \, e^{-j\omega_k \ell}}, \quad k = 0, 1, \ldots, K \tag{3.28}$$

만약 $\{b_m\}$, $\{a_\ell\}$($a_0 = 1$을 만족하는), $\{m = 0, \ldots, M\}$, $\{\ell = 0, \ldots, N\}$, 그리고 $\{\omega_k\}$가 행렬(또는 행 벡터)이라 하면, 식 (3.28)의 분자와 분모는 각각 다음과 같다.

$$\underline{b} \exp(-j\underline{m}^T \underline{\omega}); \quad \underline{a} \exp(-j\underline{\ell}^T \underline{\omega})$$

이제 식 (3.28)의 행렬 $H(e^{j\omega_k})$은 ./ 연산을 이용하여 계산할 수 있다. 이 과정은 $\{b_m\}$과 $\{a_\ell\}$ 행렬이 주어진다면, 주파수 응답 함수를 구하는 MATLAB 함수로 구현할 수 있다. 이를 예제 3.16과 연습문제 P3.17에서 다룬다.

예제 3.16 3차 저역통과 필터가 다음 차분 방정식으로 기술된다.

$$\begin{aligned} y(n) &= 0.0181x(n) + 0.0543x(n-1) + 0.0543x(n-2) + 0.0181x(n-3) \\ &\quad +1.76y(n-1) - 1.1829y(n-2) + 0.2781y(n-3) \end{aligned}$$

이 필터의 크기와 위상 응답을 그리고, 이것이 저역통과 필터임을 확인하라.

풀이 위의 과정을 MATLAB에서 구현하고 필터 응답을 그린다.

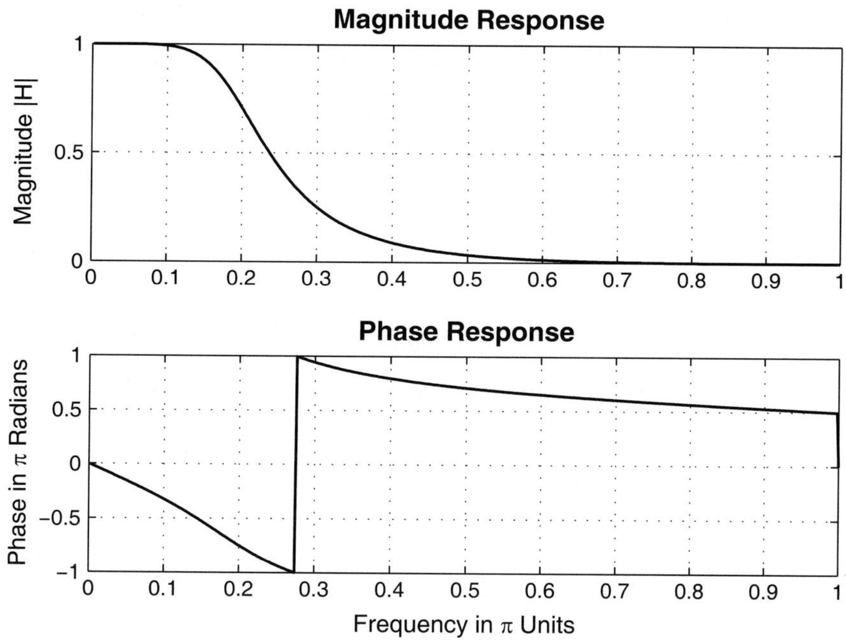

그림 3.9 예제 3.16의 그래프

```
>> b = [0.0181,  0.0543, 0.0543,  0.0181]; % filter coefficient array b
>> a = [1.0000, -1.7600, 1.1829, -0.2781]; % filter coefficient array a
>> m = 0:length(b)-1; l = 0:length(a)-1;   % index arrays m and l
>> K = 500; k = 0:1:K;                     % index array k for frequencies
>> w = pi*k/K;                             % [0, pi] axis divided into 501 points.
>> num = b * exp(-j*m'*w);                 % Numerator calculations
>> den = a * exp(-j*l'*w);                 % Denominator calculations
>> H = num ./ den;                         % Frequency response
>> magH = abs(H); angH = angle(H);         % mag and phase responses
>> subplot(2,1,1); plot(w/pi,magH); grid; axis([0,1,0,1])
>> xlabel('frequency in pi units'); ylabel('|H|');
>> title('Magnitude Response');
>> subplot(2,1,2); plot(w/pi,angH/pi); grid
>> xlabel('frequency in pi units'); ylabel('Phase in pi Radians');
>> title('Phase Response');
```

그림 3.9에서 필터가 정말 저역통과 필터임을 볼 수 있다.

3.4 아날로그 신호의 샘플링과 복원

많은 응용(예: 디지털 통신)에서 실제 세계의 아날로그 신호는 샘플링(sampling)과 양자화(quantization) 연산(종합해서 아날로그-디지털 전환 또는 ADC라고 함)을 이용하여 이산 신호로 바뀐다. 이 이산 신호는 디지털 신호 처리기에 의해 처리되고 처리된 신호는 복원

(reconstruction) 연산(디지털-아날로그 전환 또는 DAC라고 함)을 이용하여 아날로그 신호로 바뀐다. 푸리에 해석을 이용하여 주파수 영역의 관점으로부터 샘플링 연산을 기술하고 그 영향을 해석하고 복원 연산에 대해 말할 수 있다. 또한 양자화의 이산 신호에 대한 영향을 무시할 수 있을 정도로 양자화 단계의 수가 충분히 크다고 가정한다. 양자화의 영향은 10장에서 다루기로 한다.

3.4.1 샘플링

$x_a(t)$가 아날로그(절대적으로 적분 가능(absolutely integrable)) 신호라 하자. 이의 연속 시간 푸리에 변환(CTFT: continuous-time Fourier transform)은 다음과 같다.

$$X_a(j\Omega) \triangleq \int_{-\infty}^{\infty} x_a(t)e^{-j\Omega t}dt \tag{3.29}$$

여기서 Ω는 라디안/초 단위의 아날로그 주파수이다. 역 연속 시간 주파수 변환은 다음과 같다.

$$x_a(t) = \frac{1}{2\pi}\int_{-\infty}^{\infty} X_a(j\Omega)e^{j\Omega t}d\Omega \tag{3.30}$$

이제 이산 시간 신호 $x(n)$을 구하기 위해 $x_a(t)$를 샘플링 간격(sampling interval) T_s초만큼 떨어져서 샘플링한다.

$$x(n) \triangleq x_a(\ nT_s)$$

$X(e^{j\omega})$이 $x(n)$의 이산 시간 푸리에 변환이라 하자. 그러면 $X(e^{j\omega})$이 푸리에 변환 $X_a(j\Omega)$의 크기 및 주파수가 크기 조정되고 평행 이동된 변형의 가산 합임을 보일 수 있다[79].

$$X(e^{j\omega}) = \frac{1}{T_s}\sum_{\ell=-\infty}^{\infty} X_a\left[j\left(\frac{\omega}{T_s} - \frac{2\pi}{T_s}\ell\right)\right] \tag{3.31}$$

위 관계는 에일리어싱 공식(aliasing formula)으로 알려져 있다. 아날로그와 디지털 주파수는 T_s를 통해 관계된다.

$$\omega = \Omega T_s \tag{3.32}$$

반면에 샘플링 주파수 F_s는 다음과 같다.

$$F_s \triangleq \frac{1}{T_s}, \quad \text{샘플/초} \tag{3.33}$$

식 (3.31)을 그래프로 나타낸 예는 그림 3.10에서 볼 수 있는데, 만약 겹침이 있으면 높은 주파수는 낮은 주파수로 에일리어싱되기 때문에 얻어진 이산 신호는 대응하는 아날로그 신호의 에일리어싱된 변형임을 알 수 있다. 그러나 만약 $X_a(j\Omega)$의 무한 '복제(replica)'가 $X(e^{j\omega})$을 만들기 위해 서로 겹치지 않는다면, $X(e^{j\omega})$으로부터 푸리에 변환 $X(j\Omega)$를(또는 대등하게 아날로그 신호 $x_a(t)$를 이의 샘플 $x(n)$으로부터) 복원할 수가 있다. 대역이 제한된 아날로그 신호의 경우 $X(j\Omega)$의 무한 '복제'가 $X(e^{j\omega})$을 만들기 위해 서로 겹치지 않는다.

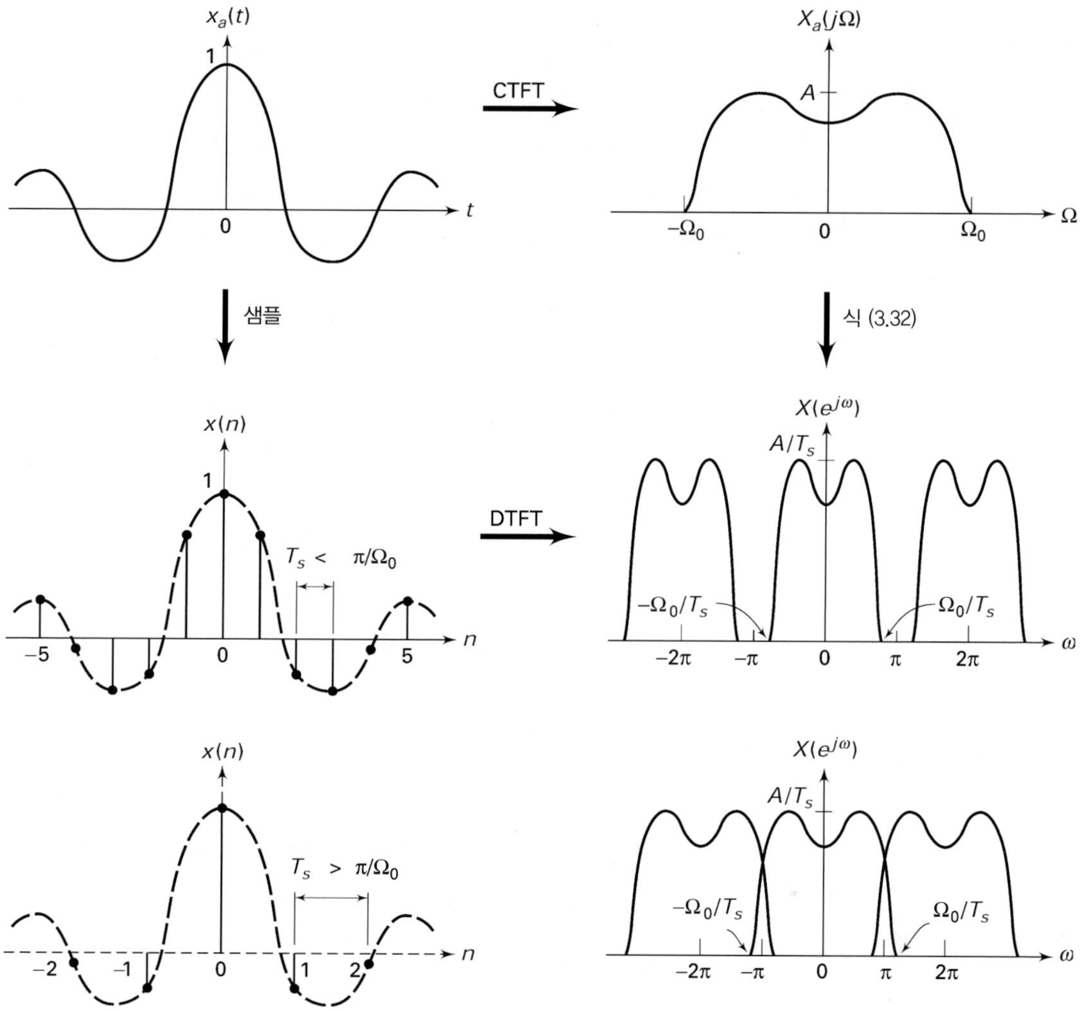

그림 3.10 시간 영역과 주파수 영역에서의 샘플링 연산

■ 정의 2 대역 제한 신호

신호는 만약 $|\Omega| > \Omega_0$에 대해 $X_a(j\Omega)$가 0인 유한의 라디안 주파수 Ω_0가 존재하면 대역 제한(band-limited)이다. 주파수 $F_0 = \Omega_0/2\pi$는 Hz 단위의 신호 대역폭이라 한다.

그림 3.10을 참조하여, 만약 $\pi > \Omega_0 T_s$ 또는 이와 대등하게 $F_s/2 > F_0$이면 다음이 성립한다.

$$X(e^{j\omega}) = \frac{1}{T_s} X\left(j\frac{\omega}{T_s}\right); \quad -\frac{\pi}{T_s} < \frac{\omega}{T_s} \le \frac{\pi}{T_s} \tag{3.34}$$

이는 대역 제한 신호에 대한 샘플링 원리로 이어진다.

■ 정리 3 샘플링 원리

대역폭이 F_0인 대역 제한 신호 $x_a(t)$는 만약 샘플링 주파수 $F_s = 1/T_s$가 $x_a(t)$의 대역폭 F_0의 2배보다 크면, 즉 $F_s > 2F_0$이면 샘플 값 $x(n) = x_a(nT_s)$로부터 복원될 수 있다.

만약 $F_s < 2F_0$이면 에일리어싱이 $x(n)$에 일어날 것이다. 아날로그 대역 제한 신호의 샘플링률 $2F_0$를 나이키스트 속도(Nyquist rate)라 한다.

위의 결과는 다음과 같이 증명할 수 있다.

식 (3.34) 외의 구간, 즉 $-\frac{\pi}{T_s} < \frac{\omega}{T_s} < \frac{\pi}{T_s}$ 외의 구간에서는 $X_a(j\Omega) = 0$이기 때문에 다음과 같은 관계가 성립한다.

$$x_a(t) = \frac{1}{2\pi}\int_{-\infty}^{\infty} X_a(j\Omega)e^{-j\Omega t}d\Omega$$
$$= \frac{1}{2\pi}\int_{-\pi/T_s}^{\pi/T_s} X_a(j\Omega)e^{-j\Omega t}d\Omega$$

$X_a(j\Omega)$와 $X(e^{-j\Omega T_s})$의 관계로부터 위 식은 다음과 같이 된다.

$$x_a(t) = \frac{T_s}{2\pi}\int_{-\pi/T_s}^{\pi/T_s} X(e^{j\Omega T_s})e^{-j\Omega t}d\Omega$$

여기서 $\omega = \Omega T_s$, $x(n) = x_a(nT_s)$일 때, $X(e^{j\Omega T_s}) = \sum_{k=-\infty}^{\infty} x_a(kT_s)e^{-j\Omega T_s k}$이므로

$$x_a(t) = \frac{T_s}{2\pi}\int_{-\pi/T_s}^{\pi/T_s}\left[\sum_{k=-\infty}^{\infty} X_a(kT_s)e^{-j\Omega T_s k}\right]e^{j\Omega t}d\Omega$$
$$= \sum_{k=-\infty}^{\infty} x_a(kT_s)\left[\frac{T_s}{2\pi}\int_{-\pi/T_s}^{\pi/T_s} e^{j\Omega t}d\Omega\right]$$

을 얻게 되며, 위 식에서 적분 항을 수행하면 다음과 같이 된다.

$$x_a(t) = \sum_{k=-\infty}^{\infty} x_a(kT_s)\frac{T_s}{\pi}\frac{1}{t-kT_s}\left[\frac{e^{j\frac{\pi}{T_s}(t-kT_s)} - e^{j\frac{\pi}{T_s}(t-kT_s)}}{2j}\right]$$
$$= \sum_{k=-\infty}^{\infty} x_a(kT_s)\frac{\sin\frac{\pi}{T_s}(t-kT_s)}{\frac{\pi}{T_s}(t-kT_s)}$$

다음에 정의되는 sinc 함수

$$\text{sinc } u = \frac{\sin(\pi u)}{\pi u}$$

를 사용하면 $x_a(t)$는 다음과 같이 표현될 수 있다.

$$x_a(t) = \sum_{k=-\infty}^{\infty} x_a(kT_s) \text{ sinc } (\frac{1}{T_s})(t-kT_s)$$

따라서 만약 신호 $x_a(t)$가 $\Omega > \Omega_0(\Omega_0 = 2\pi F_0,\ F_0$는 대역폭)일 때 $X_a(j\Omega) = 0$인 대역 제한된 주파수 응답 $x_a(j\Omega)$를 갖는다면, $\frac{1}{T_s} \geq 2(\frac{\Omega_0}{2\pi}) = \frac{\Omega_0}{\pi}$일 때, $x_a(t)$는 균등한 간격의 샘플 $x_a(nT_s)$, $-\infty \leq n \leq \infty$로부터 유일하게 복원될 수 있다. 즉, 샘플링 주파수 $\Omega_s = 2\pi F_s$는 $\Omega_0 = 2\pi F_0$보다 적어도 두 배가 되어야 한다.

주의: $x_a(t)$가 샘플링된 후 $x(n)$이 표시하는 가장 높은 아날로그 주파수는 $F_s/2$ Hz(또는 $\omega = \pi$)임을 주목해야 한다. 이는 3.1절에 있는 이산 시간 푸리에 변환의 성질 2에서 말한 의미와 일치한다. 샘플링을 MATLAB으로 구현하기 전에, 다음 예제에서 정현파 신호의 샘플링과 결과로 얻어지는 푸리에 변환을 고려하기로 한다.

예제 3.17 아날로그 신호 $x_a(t) = 4 + 2\cos(150\pi t + \pi/3) + 4\sin(350\pi t)$가 $F_s = 200$샘플/초로 샘플링하여 이산 시간 신호 $x(n)$을 얻는다. $x(n)$과 이 신호의 DTFT $X(e^{j\omega})$을 구하라.

풀이 $x_a(t)$에서 최고 높은 주파수는 $F_0 = 175$ Hz이다. $F_s = 200$이고 $2F_0$보다 작으므로 샘플링한 후에 $x(n)$에 에일리어싱이 있을 것이다. 샘플링 구간이 $T_s = 1/F_s = 0.005$초이다. 따라서 다음과 같다.

$$\begin{aligned} x(n) &= x_a(nT_s) = x_a(0.005n) \\ &= 4 + 2\cos\left(0.75\pi n + \frac{\pi}{3}\right) + 4\sin(1.75\pi n) \end{aligned}$$

위 식의 세 번째 항에서 디지털 주파수 1.75π는 기본 구간인 $-\pi \leq \omega \leq \pi$ 밖에 있으며 에일리어싱이 일어남을 주목하라. 2장에서 살펴본 디지털 정현 신호의 주기적 성질로부터 디지털 정현 신호의 주기는 2π임을 안다. 따라서 주파수 1.75π의 에일리어스를 구할 수 있는데, 다음과 같다.

$$\begin{aligned} x(n) &= 4 + 2\cos(0.75\pi n + \tfrac{\pi}{3}) + 4\sin(1.75\pi n - 2\pi n) \\ &= 4 + 2\cos(0.75\pi n + \tfrac{\pi}{3}) - 4\sin(0.25\pi n) \end{aligned}$$

오일러(Euler)의 등식을 사용하여 $x(n)$을 다음과 같이 표시할 수 있다.

$$x(n) = 4 + e^{j\pi/3}e^{j0.75\pi n} + e^{-j\pi/3}e^{-j0.75\pi n} + 2je^{j0.25\pi n} - 2je^{j0.25\pi n}$$

표 3.1과 DTFT 특성으로부터 $x(n)$의 DTFT는 다음과 같이 주어진다.

$$\begin{aligned} X(e^{j\omega}) &= 8\pi\delta(\omega) + 2\pi e^{j\pi/3}\delta(\omega - 0.75\pi) + 2\pi e^{-j\pi/3}\delta(\omega + 0.75\pi) \\ &\quad + j4\pi\delta(\omega - 0.25\pi) - j4\pi\delta(\omega + 0.25\pi),\ -\pi \leq \omega \leq \pi \end{aligned}$$

$X(e^{j\omega})$의 그래프는 그림 3.15에 나타나 있다.

3.4.2 MATLAB 구현

엄격하게 말하면 MATLAB을 이용하여 아날로그 신호를 해석하는 것은 불가능하다. 그러나 매끄러운 그림을 만들 정도로 충분히 작은 시간 증가와 모든 모드(mode)를 보일 정도로 충분히 큰 최대 시간을 갖는 세밀한 격자에서 $x_a(t)$를 샘플링한다면, 그 해석을 근사할 수 있다. Δt가 $\Delta t \ll T_s$를 만족하는 격자 간격이라 하자. 그러면 다음은

$$x_G(m) \triangleq x_a(m\Delta t) \tag{3.35}$$

아날로그 신호를 흉내 내는(simulate) 행렬로 사용될 수 있다. 샘플링 간격 T_s는 MATLAB에서 아날로그 신호를 표시하는 데 엄격하게 사용되는 격자 간격 Δt와 혼동하지 말아야 한다. 마찬가지로, 푸리에 변환 관계식 (3.29) 역시 식 (3.35)의 관점에서 다음과 같이 근사되어야 한다.

$$X_a(j\Omega) \approx \sum_m x_G(m)e^{-j\Omega m\Delta t}\Delta t = \Delta t \sum_m x_G(m)e^{-j\Omega m\Delta t} \tag{3.36}$$

이제 만약 $x_a(t)$(따라서 $x_G(m)$)가 유한이면 식 (3.36)은 이산 시간 푸리에 변환 관계식 (3.5)와 비슷하고, 따라서 MATLAB에서 샘플링 현상을 해석하는 방법과 비슷하게 구현될 수 있다.

예제 3.18 $x_a(t) = e^{-1000|t|}$이라 하자. 이의 푸리에 변환을 구하고 그려라.

풀이 식 (3.29)로부터

$$\begin{aligned} X_a(j\Omega) &= \int_{-\infty}^{\infty} x_a(t)e^{-j\Omega t}dt = \int_{-\infty}^{0} e^{1000t}e^{-j\Omega t}dt + \int_{0}^{\infty} e^{-1000t}e^{-j\Omega t}dt \\ &= \frac{0.002}{1+(\frac{\Omega}{1000})^2} \end{aligned} \tag{3.37}$$

$x_a(t)$가 실수 우함수 신호이므로 이는 실수 함수이다. $X_a(j\Omega)$를 수치적으로 계산하기 위해, 먼저 $x_a(t)$를 유한 격자 신호 $x_G(m)$으로 근사해야 한다. 근사 $e^{-5} \approx 0$을 사용하여, $x_a(t)$가 $-0.005 \le t \le 0.005$(또는 등가적으로 $[-5,\ 5]$ ms) 구간에서 유한 신호로 근사될 수 있음을 주목한다. 식 (3.37)로부터 마찬가지로, $\Omega \ge 2\pi(2000)$일 때 $X_a(j\Omega) \approx 0$이다. 따라서 다음과 같이 선택하면

$$\Delta t = 5 \times 10^{-5} \ll \frac{1}{2\,(2000)} = 25 \times 10^{-5}$$

$x_G(m)$을 얻을 수 있고, 식 (3.36)을 MATLAB에서 구현할 수 있다.

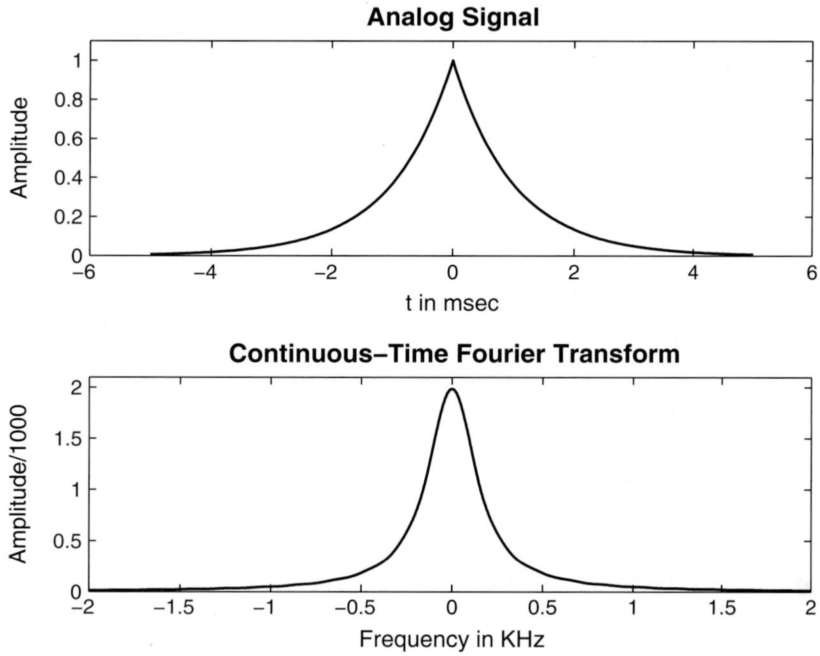

그림 3.11 예제 3.18의 그래프

```
% Analog Signal
>> Dt = 0.00005; t = -0.005:Dt:0.005; xa = exp(-1000*abs(t));
% Continuous-time Fourier Transform
>>Wmax = 2*pi*2000; K = 500; k = 0:1:K; W = k*Wmax/K;
>>Xa = xa * exp(-j*t'*W) * Dt; Xa = real(Xa);
>>W = [-fliplr(W), W(2:501)]; % Omega from -Wmax to Wmax
>>Xa = [fliplr(Xa), Xa(2:501)]; % Xa over -Wmax to Wmax interval
>>subplot(2,1,1);plot(t*1000,xa);
>>xlabel('t in msec.'); ylabel('xa(t)')
>>title('Analog Signal')
>>subplot(2,1,2);plot(W/(2*pi*1000),Xa*1000);
>>xlabel('Frequency in KHz'); ylabel('Xa(jW)*1000')
>>title('Continuous-time Fourier Transform')
```

그림 3.11은 $x_a(t)$와 $X_a(j\Omega)$의 그래프를 보여준다. 계산의 수를 줄이기 위해, 그래프를 그릴 목적으로 $X_a(j\Omega)$를 $[0,\ 4000\pi]$ 라디안/초(또는 등가적으로 [0, 2] KHz) 구간에서 계산하고 그 후 이를 $[-4000\pi,\ 0]$ 구간으로 복사했음을 주목하라. 표시된 $X_a(j\Omega)$의 그래프는 식 (3.37)과 일치한다.

■

예제 3.19 샘플링이 주파수 영역의 양(quantity)에 끼치는 영향을 공부하기 위해, 예제 3.18의 $x_a(t)$를 두 가지 샘플링 주파수로 샘플링할 것이다.

a. $x_1(n)$을 구하기 위해 $x_a(t)$를 $F_s = 5000$샘플/초로 샘플링하라. $X_1(e^{j\omega})$을 구하고 그려라.

b. $x_2(n)$을 구하기 위해 $x_a(t)$를 $F_s = 1000$샘플/초로 샘플링하라. $X_2(e^{j\omega})$을 구하고 그려라.

풀이

a. $x_a(t)$의 대역폭이 2 KHz이므로, 나이키스트 속도는 4000샘플/초인데, 이는 주어진 F_s보다 작다. 따라서 에일리어싱은 (거의) 없을 것이다.

MATLAB 코드:

```
% Analog Signal
>> Dt = 0.00005; t = -0.005:Dt:0.005; xa = exp(-1000*abs(t));
% Discrete-time Signal
>> Ts = 0.0002; n = -25:1:25; x = exp(-1000*abs(n*Ts));
% Discrete-time Fourier transform
>> K = 500; k = 0:1:K; w = pi*k/K;
>> X = x * exp(-j*n'*w); X = real(X);
>> w = [-fliplr(w), w(2:K+1)];    X = [fliplr(X), X(2:K+1)];
>> subplot(2,1,1);plot(t*1000,xa);
>> xlabel('t in msec.'); ylabel('x1(n)')
>> title('Discrete Signal'); hold on
>> stem(n*Ts*1000,x); gtext('Ts=0.2 msec'); hold off
>> subplot(2,1,2);plot(w/pi,X);
>> xlabel('Frequency in pi units'); ylabel('X1(w)')
>> title('Discrete-time Fourier Transform')
```

그림 3.12의 맨 위 그림에서 샘플링을 강조하기 위해 이산 신호 $x_1(n)$을 $x_a(t)$ 위에 포개놓았다. $X_2(e^{j\omega})$의 그래프는 $X_a(j\Omega)$의 크기 조정된 변형($F_s = 5000$만큼 크기 조정되었다)이다. 명백히 에일리어싱이 없다.

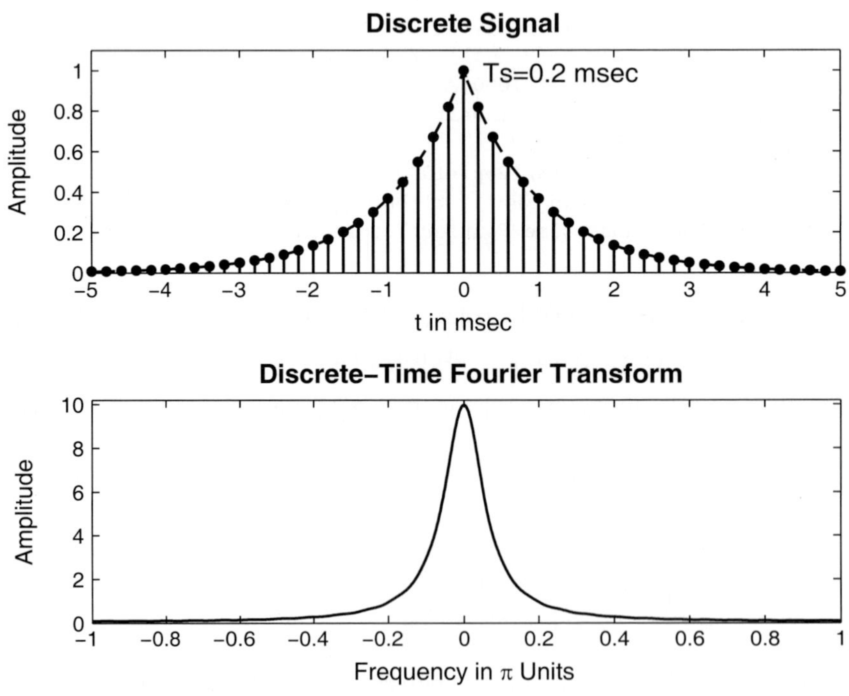

그림 3.12 예제 3.19a의 그래프

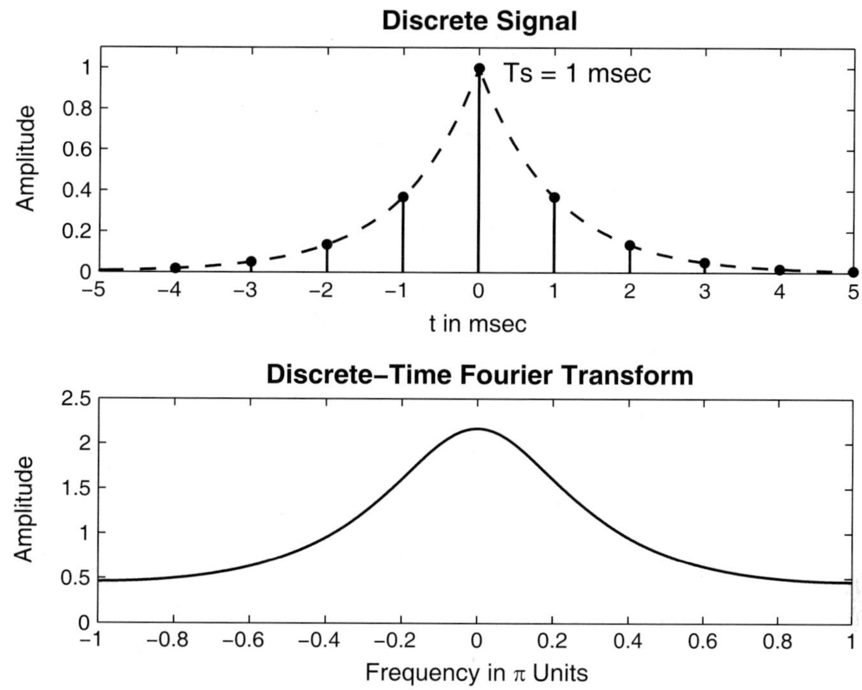

그림 3.13 예제 3.19b의 그래프

b. 여기서 $F_s = 1000 < 4000$이다. 따라서 상당한 양의 에일리어싱이 있을 것이다. 이는 그림 3.13으로부터 명확하다. 이 그래프에서 $X(e^{j\omega})$의 모양은 $X_a(j\Omega)$의 모양과 다르고, 겹치는 $X_a(j\Omega)$의 복사를 더한 결과로 볼 수 있다.

3.4.3 복원

샘플링 정리와 위의 예제로부터 만약 대역 제한인 $x_a(t)$를 나이키스트 속도 위로 샘플링한다면, 이의 샘플 $x(n)$으로부터 $x_a(t)$를 복원할 수 있다. 이 복원은 두 단계 과정으로 생각할 수 있다.

1. 먼저 샘플은 가중 임펄스 열(train)로 전환된다.

$$\sum_{n=-\infty}^{\infty} x(n)\delta(t-nT_s) = \cdots + x(-1)\delta(n+T_s) + x(0)\delta(t) + x(1)\delta(n-T_s) + \cdots$$

2. 그러고 나서 임펄스 열은 $[-F_s/2, F_s/2]$ 대역으로 대역 제한된 이상적인 아날로그 저역통과 필터를 통해 여파된다.

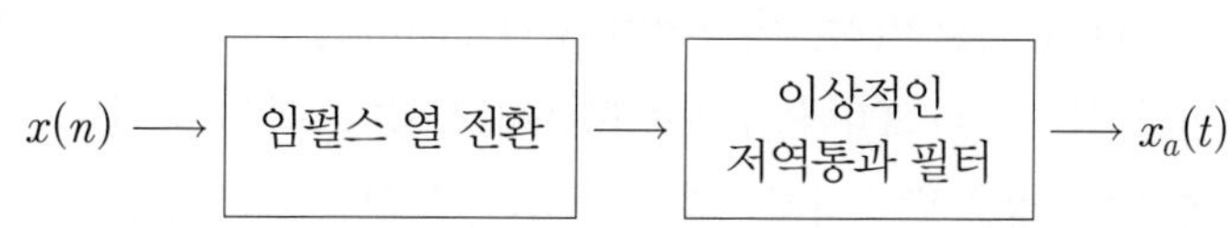

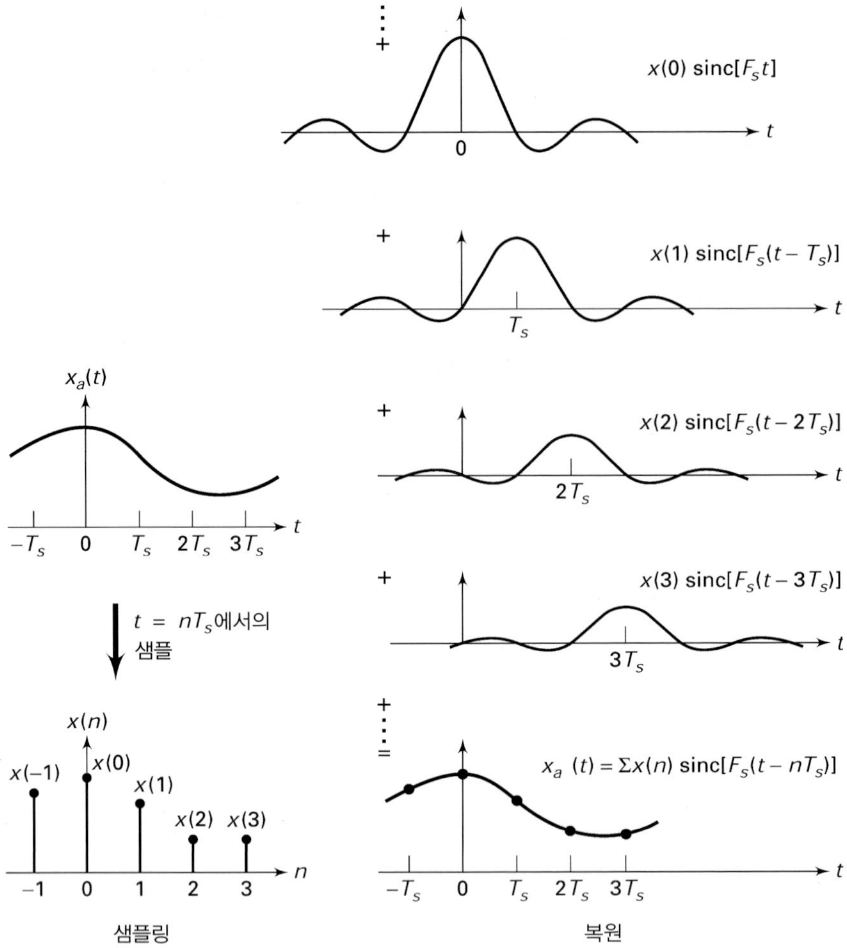

그림 3.14 샘플로부터 대역 제한 신호의 복원

이 두 단계 과정은 보간(interpolating) 공식[79]을 사용하여 수학적으로 기술된다.

$$x_a(t) = \sum_{n=-\infty}^{\infty} x(n)\,\text{sinc}\,[F_s(t - nT_s)] \tag{3.38}$$

여기서 $\text{sinc}(x) = \frac{\sin \pi x}{\pi x}$는 보간 함수이다. 위 복원[식 (3.38)]의 물리적 해석은 그림 3.14에 주어지는데, 이 그래프에서는 전체 시스템이 인과적이지 않고 따라서 실현 가능하지 않으므로 이 이상 보간은 실제로 실현 가능하지 않다는 사실을 관찰할 수 있다.

예제 3.20 예제 3.17로부터 샘플링된 신호 $x(n)$을 고려한다. 아날로그 신호 $y_a(t)$를 얻기 위해 이 신호가 이상적인 D/A 전환기(즉, 이상적인 보간기(interpolator))에 입력으로 인가된다. 이상적인 D/A 변환기는 $F_s = 200$샘플/초로 작동하고 있다. 복원된 신호 $y_a(t)$를 얻고 샘플링/복원 연산이 에일리어싱을 발생시키는지 결정하라. 또한 푸리에 변환 $X_a(j\Omega)$, $X(e^{j\omega})$, $Y_a(j\Omega)$를 도시하라.

풀이 예제 3.17에서 주어진 두 번째 식을 사용하여 $y_a(t)$를 구할 수 있다. 그러나 정현 신호 $x(n)$에서 모든 주파수는 기본 구간 $-\pi \le \omega \le \pi$에 있기 때문에 n 대신 tF_s를 대치하여 등가적으로 $y_a(t)$를 얻는다. 예제 3.17에서 주어진 두 번째 식으로부터 다음과 같은 결과를 얻는다.

$$\begin{aligned} y_a(t) &= x(n)\big|_{n=tFs} = x(n)\big|_{n=200t} \\ &= 4 + 2\cos\left(0.75\pi 200t + \frac{\pi}{3}\right) - 4\sin(0.25\pi 200t) \\ &= 4 + 2\cos\left(150\pi t + \frac{\pi}{3}\right) - 4\sin(50\pi t) \end{aligned}$$

예상했듯이 $x_a(t)$의 175 Hz 성분은 $y_a(t)$에서 25 Hz 성분에 에일리어싱되어 있다.

주어진 $x_a(t)$에 오일러 등식과 성질을 사용하면 CTFT $X_a(j\Omega)$는 다음과 같이 주어진다.

$$\begin{aligned} X_a(j\Omega) &= 8\pi\delta(\Omega) + 2\pi e^{j\pi/3}\delta(\Omega - 150\pi) + 2\pi e^{-j\pi/3}\delta(\Omega + 150\pi) \\ &\quad + 4j\pi\delta(\Omega - 350\pi) - 4j\pi\delta(\Omega + 350\pi) \end{aligned}$$

$\Omega = 2\pi F$를 사용하여 순환 주파수 F의 함수로 CTFT $X_a(j\Omega)$를 도시해보면 유익한 자료가 많다. 따라서 $X_a(j2\pi F)$는 위 식으로부터 다음과 같이 주어진다.

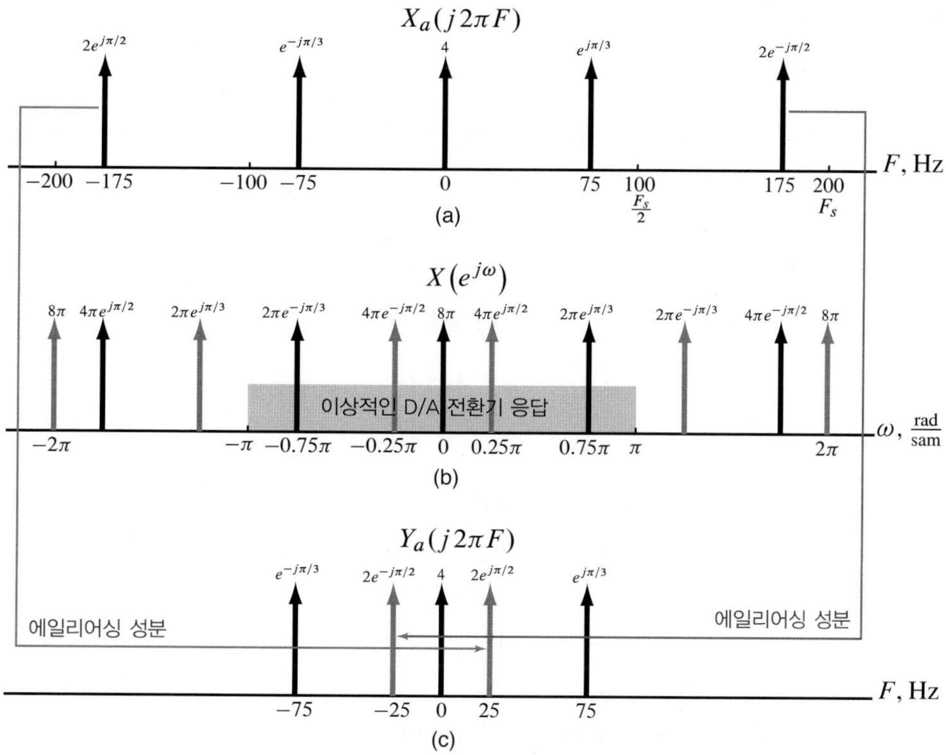

그림 3.15 정현 신호 $x_a(t)$, $x(n)$, $y_a(t)$의 푸리에 변환

$$\begin{aligned} X_a(j2\pi F) &= 4\delta(F) + e^{j\pi/3}\delta(F-75) + e^{-j\pi/3}\delta(F+75) \\ &\quad + 2j\delta(F-175) - 2j\delta(F+175) \end{aligned}$$

여기서 등식 $\delta(\Omega) = \delta(2\pi F) = \frac{1}{2\pi}\delta(F)$를 사용했다. 이와 비슷하게 CTFT $Y_a(j2\pi F)$도 다음과 같이 주어진다.

$$\begin{aligned} Y_a(j2\pi F) &= 4\delta(F) + e^{j\pi/3}\delta(F-75) + e^{-j\pi/3}\delta(F+75) \\ &\quad + 2j\delta(F-25) - 2j\delta(F+25) \end{aligned}$$

그림 3.15(a)는 원래 신호 $x_a(t)$의 CTFT를 F 함수로 보여주고 있다. 샘플링된 신호 $x(n)$의 DTFT $X(e^{j\omega})$은 그림 3.15(b)에서 ω의 함수로 보여주고 있다. 이 그림에서 이동된 복제(replica)에 의한 임펄스는 명확하게 하기 위해 회색 그늘로 표시했다. 이상적인 D/A 전환기 응답은 또한 회색 그늘로 표시했다. 복원된 신호 $y_a(t)$의 CTFT는 그림 3.15(c)에 나타나 있는데, 에일리어싱 영향을 분명하게 보여주고 있다.

실용적 D/A 전환기 실제로는 식 (3.38)과 다른 접근 방법이 필요하다. 두 단계 과정은 여전히 실현 가능하지만 이제 우리는 이상적인 저역통과 필터를 실용적인 아날로그 저역통과 필터로 바꾼다. 식 (3.38)의 또 다른 해석은 이것이 무한 차수의 보간이라는 것이다. 우리는 유한 차수의(그리고 사실은 낮은 차수의) 보간을 원한다. 이를 행하는 여러 가지 접근 방식이 있다.

- **0차 홀드(ZOH: zero-order-hold) 보간:** 이 보간에서 주어진 샘플 값은 다음 샘플을 받을 때까지 샘플 간격만큼 유지된다.

$$\hat{x}_a(t) = x(n), \quad nT_s \le n < (n+1)T_s$$

이는 $x(n)$의 임펄스 열을 다음과 같은 형태의 보간 필터에 통과시킴으로써 구할 수 있다.

$$h_0(t) = \begin{cases} 1, & 0 \le t \le T_s \\ 0, & \text{그 외} \end{cases}$$

이는 직각 펄스이다. 결과로 나오는 신호는 정확한 파형 복원을 위해 적절히 설계된 아날로그 후필터(post-filter)를 필요로 하는 구분적(piecewise) 상수(계단) 파형이다.

$$x(n) \longrightarrow \boxed{\text{ZOH}} \longrightarrow \hat{x}_a(t) \longrightarrow \boxed{\text{후필터}} \longrightarrow x_a(t)$$

- **1차 홀드(FOH: first-order-hold) 보간:** 이 경우 인접한 샘플은 직선으로 연결된다. 이는 임펄스 열을 다음과 같은 필터에 통과시킴으로써 구할 수 있다.

$$h_1(t) = \begin{cases} 1 + \dfrac{t}{T_s}, & 0 \le t \le T_s \\ 1 - \dfrac{t}{T_s}, & T_s \le t \le 2T_s \\ 0, & \text{그 외} \end{cases}$$

다시 한 번, 적절히 설계된 아날로그 후필터가 정확한 복원을 위해 필요하다. 이 보간은 높은 차수까지 확장될 수 있다.

- **3차 스플라인(spline) 보간:** 이 접근 방식은 샘플 사이에서 좀 더 매끄러운 아날로그 신호의 추정을 위해 사용되지만 반드시 더 정확한 결과를 얻는 것은 아니다. 이 보간은 아날로그 후필터가 필요하지 않으며, 구분적으로 연속인 3차 다항식의 집합을 이용하여 구한다. 이는 [10]에 주어졌다.

$$\begin{aligned} x_a(t) &= \alpha_0(n) + \alpha_1(n)(t - nT_s) + \alpha_2(n)(t - nT_s)^2 \\ &\quad + \alpha_3(n)(t - nT_s)^3, \quad nT_s \le n < (n+1)T_s \end{aligned} \tag{3.39}$$

여기서 $\{\alpha_i(n),\ 0 \le i \le 3\}$은 다항식 계수로, 샘플 값의 최소 제곱 해석을 이용하여 구한다.

3.4.4 MATLAB 구현

$(\sin \pi x)/\pi x$ 함수를 만드는 함수 `sinc(x)`는 유한개의 샘플이 주어진다면 식 (3.38)을 구현하는 데 사용될 수 있다. 만약 $\{x(n),\ n_1 \le n \le n_2\}$가 주어지고 격자 간격이 Δt인 매우 세밀한 격자로 $x_a(t)$를 보간하기를 원한다면, 식 (3.38)로부터

$$x_a(m\Delta t) \approx \sum_{n=n_1}^{n_2} x(n) \operatorname{sinc}\left[F_s(m\Delta t - nT_s)\right], \quad t_1 \le m\Delta t \le t_2 \tag{3.40}$$

즉, 다음과 같이 행렬-벡터 곱셈 연산을 통해 구현할 수 있다.

```
>> n = n1:n2; t = t1:t2; Fs = 1/Ts; nTs = n*Ts;  % Ts is the sampling interval
>> xa = x * sinc(Fs*(ones(length(n),1)*t-nTs'*ones(1,length(t))));
```

유한개의 샘플을 가정한 사실에 비추어 정확한 아날로그 $x_a(t)$를 얻는 것은 불가능함을 주목하라. 이제 다음 두 예제에서 `sinc` 함수의 사용법을 살펴보고, 또한 시간 영역에서의 에일리어싱 문제를 알아보자.

예제 3.21 예제 3.19a의 샘플 $x_1(n)$으로부터 $x_a(t)$를 복원하고 그 결과에 대해 논하라.

풀이 $x_1(n)$이 $x_a(t)$를 $T_s = 1/F_s = 0.0002$초로 샘플링하여 얻어졌음을 주목하라. 우리는 $-0.005 \le t \le 0.005$ 구간에서 0.00005초의 격자 간격을 사용할 텐데, 이는 $x(n)$을

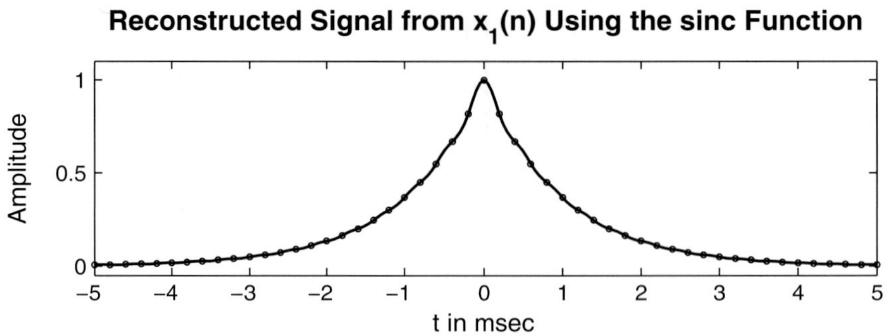

그림 3.16 예제 3.21의 복원된 신호

$-25 \le n \le 25$ 구간에서 만든다.

MATLAB 코드:

```
% Discrete-time Signal x1(n)
>> Ts = 0.0002; n = -25:1:25; nTs = n*Ts;  x = exp(-1000*abs(nTs));
% Analog Signal reconstruction
>> Dt = 0.00005; t = -0.005:Dt:0.005;
>> xa = x * sinc(Fs*(ones(length(n),1)*t-nTs'*ones(1,length(t))));
% check
>> error = max(abs(xa - exp(-1000*abs(t))))
error =
     0.0363
```

복원된 신호와 실제 아날로그 신호 사이의 최대 오차는 0.0363인데, 이는 $x_a(t)$가 엄밀히 대역 제한이 아니라는(그리고 또한 유한개의 샘플을 갖는다) 사실에 기인한다. 그림 3.16에서 시각적으로 복원이 훌륭함에 주목한다.

예제 3.22 예제 3.19b의 샘플 $x_2(n)$으로부터 $x_a(t)$를 복원하고 그 결과에 대해 논하라.

풀이 $x_2(n)$이 $x_a(t)$를 $T_s = 1/F_s = 0.001$초로 샘플링하여 얻어졌음을 주목하라. $-0.005 \le t \le 0.005$ 구간에서 0.00005초의 격자 간격을 다시 사용할 텐데, 이는 $x(n)$을 $-5 \le n \le 5$ 구간에서 만든다.

```
% Discrete-time Signal x2(n)
>> Ts = 0.001; n = -5:1:5; nTs = n*Ts;  x = exp(-1000*abs(nTs));
% Analog Signal reconstruction
>> Dt = 0.00005; t = -0.005:Dt:0.005;
>> xa = x * sinc(Fs*(ones(length(n),1)*t-nTs'*ones(1,length(t))));
% check
>> error = max(abs(xa - exp(-1000*abs(t))))
error =
     0.1852
```

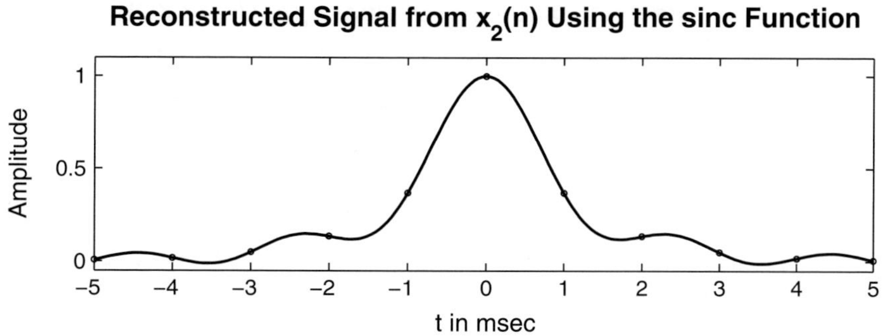

그림 3.17 예제 3.22의 복원된 신호

복원된 신호와 실제 아날로그 신호 사이의 최대 오차는 0.1852인데, 이는 상당히 큰 값이며 오차의 원인을 $x_a(t)$가 대역 제한이 아니라는 것만으로 돌릴 수 없다. 그림 3.17에서 복원된 신호가 보간 영역의 많은 곳에서 실제 신호와 다름을 관찰하라. 이는 시간 영역에서 에일리어싱의 시각적 예증이다.

신호 복원을 위한 두 번째 MATLAB 접근 방식은 그리는 접근 방식이다. `stairs` 함수는 샘플이 주어진 상태에서 아날로그 신호의 계단(ZOH) 표현을 그리는 반면, `plot` 함수는 샘플 사이의 선형(FOH) 보간을 묘사한다.

예제 3.23 예제 3.19의 샘플 $x_1(n)$으로부터 ZOH와 FOH 보간을 이용하여 복원된 신호를 그려라. 그림에 대해 논하라.

풀이 이 복원에서 $x_a(t)$를 계산하지 않고 이의 샘플을 이용하여 그래프를 그리기만 한 점을 을 주목하라.

```
% Discrete-time Signal x1(n) : Ts = 0.0002
>> Ts = 0.0002; n = -25:1:25; nTs = n*Ts;  x = exp(-1000*abs(nTs));
% Plots
>> subplot(2,1,1); stairs(nTs*1000,x);
>> xlabel('t in msec.'); ylabel('xa(t)')
>> title('Reconstructed Signal from x1(n) using zero-order-hold'); hold on
>> stem(n*Ts*1000,x); hold off
%
% Discrete-time Signal x2(n) : Ts = 0.001
>> Ts = 0.001; n = -5:1:5; nTs = n*Ts;  x = exp(-1000*abs(nTs));
% Plots
>> subplot(2,1,2); plot(nTs*1000,x);
>> xlabel('t in msec.'); ylabel('xa(t)')
>> title('Reconstructed Signal from x2(n) using zero-order-hold'); hold on
>> stem(n*Ts*1000,x); hold off
```

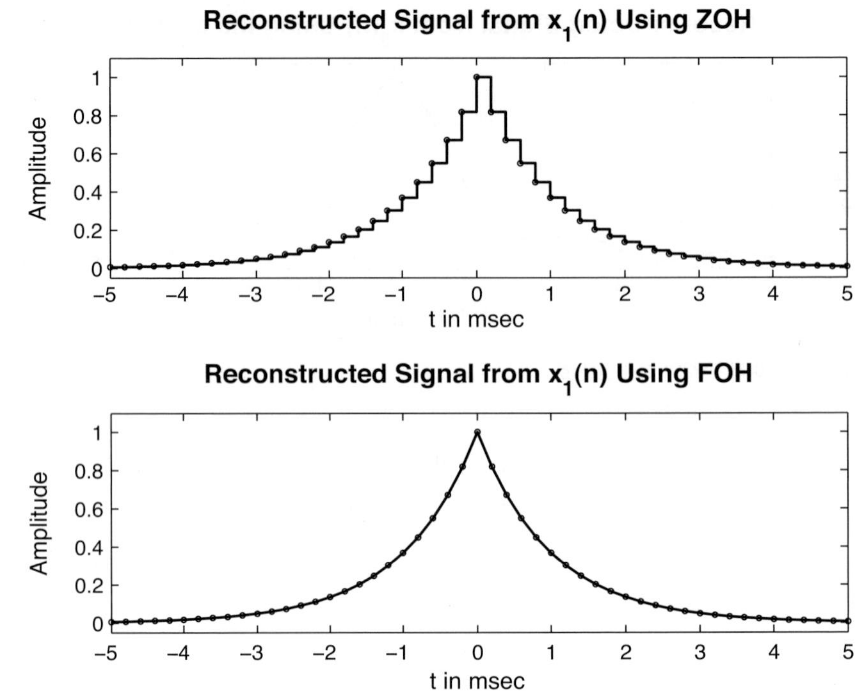

그림 3.18 예제 3.23의 신호 복원

그림은 그림 3.18에 나타나 있는데, ZOH 복원이 불완전하고 추가적인 아날로그 신호의 처리가 필요함을 알 수 있다. FOH 복원은 좋은 것처럼 보이나 $t = 0$ 근처에서 주의 깊게 관찰하면 신호의 최대점이 올바르게 재생되지 않음을 알 수 있다. 일반적으로, 샘플링 주파수가 나이키스트 속도보다 훨씬 높으면 FOH 보간은 받아들일 만한 복원을 제공한다.

MATLAB을 사용한 세 번째 보간 방법은 3차 스플라인 함수를 사용하는 것이다. 스플라인 함수는 각 샘플 사이에 보간을 수행하며, `xa = spline(nTs,x,t)`의 함수 형태를 갖는다. 여기서 `x`와 `nTs`는 각각 $x(n)$과 nT_s의 샘플 값을 갖는 배열이고, `t`는 원하는 $x_a(t)$의 구간과 그 샘플 간격에 대한 정보를 담고 있다. 마찬가지로, 스플라인 보간을 통해서도 정확한 아날로그 신호 $x_a(t)$를 얻지는 못한다는 점에 주목하자.

예제 3.24 예제 3.19에서 얻은 샘플 $x_1(n)$과 $x_2(n)$으로부터 `spline` 함수를 사용하여 $x_a(t)$를 각각 복원하라.

풀이 이 예제는 예제 3.21 및 3.22와 유사하기 때문에 샘플링 매개변수를 동일하게 사용할 수 있다.

MATLAB 코드:

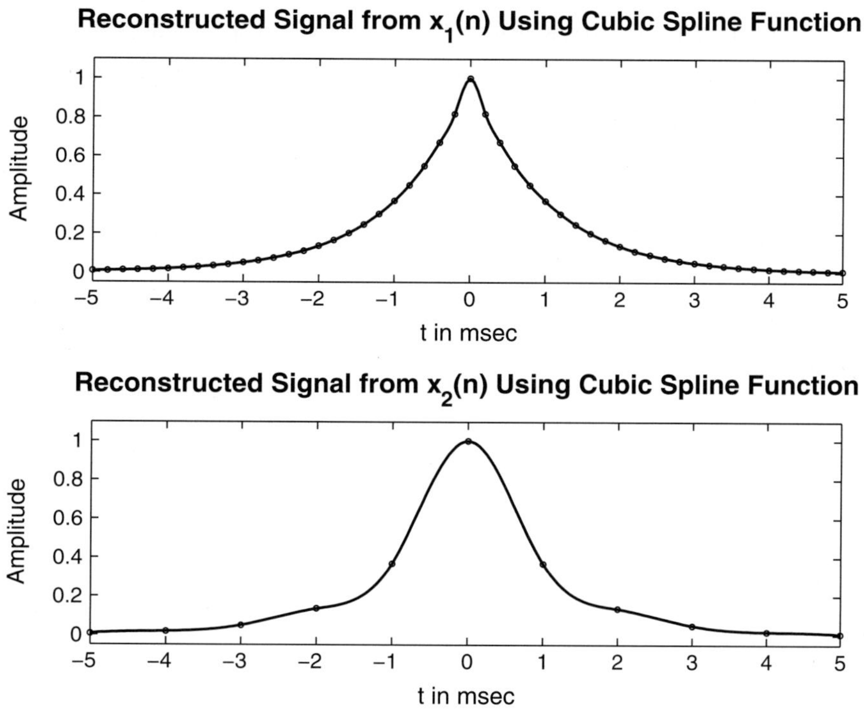

그림 3.19 예제 3.24의 복원된 신호

```
% a) Discrete-time Signal x1(n): Ts = 0.0002
>> Ts = 0.0002; n = -25:1:25; nTs = n*Ts;    x = exp(-1000*abs(nTs));
% Analog Signal reconstruction
>> Dt = 0.00005; t = -0.005:Dt:0.005;    xa = spline(nTs,x,t);
% check
>> error = max(abs(xa - exp(-1000*abs(t))))
error = 0.0317
```

이상적이지 않은 보간 처리 및 $x_a(t)$가 제한된 대역폭을 갖지 않는다는 이유로 인해, 복원된 아날로그 신호와 실제 신호 $x_a(t)$ 간에 오차가 발생하는데 그 최대값은 0.0317이다. 앞서 sinc(혹은 이상적인) 보간과 이 오차 값을 비교할 때, 스플라인 보간이 더 작음을 알 수 있다. 이상적인 보간은 보통 샘플링을 하는 시간의 제한이나 유한한 샘플의 개수로 인한 오차가 더 크게 발생한다. 그림 3.19의 위쪽 그래프로부터 보간이 매우 잘된 것을 확인할 수 있다.

MATLAB 코드:

```
% Discrete-time Signal x2(n): Ts = 0.001
>> Ts = 0.001; n = -5:1:5; nTs = n*Ts;    x = exp(-1000*abs(nTs));
% Analog Signal reconstruction
>> Dt = 0.00005; t = -0.005:Dt:0.005;    xa = spline(nTs,x,t);
% check
>> error = max(abs(xa - exp(-1000*abs(t))))
error = 0.1679
```

이 경우 최대 오차는 0.1679로 매우 큰데, 이는 이상적이지 않은 보간 및 $x_a(t)$의 대역폭이 제한되지 않았다는 사실로도 충분히 설명되지 않는 값이다. 그림 3.19의 아래쪽 그래프를 보면, 복원된 신호와 실제 신호 간에 복원 구간 내의 많은 곳에서 차이가 있음을 알 수 있다.

이 예제들로부터 스플라인 보간이 가장 좋은 복원 결과를 보여준다는 결론을 얻을 수 있다.

3.5 연습문제

P3.1 다음과 같은 각 신호의 DTFT를 해석적으로 구하라. MATLAB을 이용하여 $0 \le \omega \le \pi$에서 $X(e^{j\omega})$의 크기와 각도를 그려라.

1. $x(n) = 2(0.5)^n\, u(n+2)$
2. $x(n) = (0.6)^{|n|}\, [u(n+10) - u(n-11)]$
3. $x(n) = n(0.9)^n\, u(n+3)$
4. $x(n) = (n+3)(0.8)^{n-1}\, u(n-2)$
5. $x(n) = 4(-0.7)^n \cos(0.25\pi n) u(n)$

P3.2 유한 신호의 DTFT를 계산하는 MATLAB 함수를 작성하라. 함수의 형식은 다음과 같아야 한다.

```
function [X] = dtft(x,n,w)
% Computes Discrete-time Fourier Transform
% [X] = dtft(x,n,w)
%   X = DTFT values computed at w frequencies
%   x = finite duration sequence over n
%   n = sample position vector
%   w = frequency location vector
```

$-\pi \le \omega \le \pi$에서 다음 유한 구간 신호의 DTFT $X(e^{j\omega})$을 구하라. $X(e^{j\omega})$의 크기와 각도를 그려라.

1. $x(n) = (0.6)^{|n|}\, [u(n+10) - u(n-11)]$. 각도 그래프에 대해 논하라.
2. $x(n) = n(0.9)^n\, [u(n) - u(n-21)]$
3. $x(n) = [\cos(0.5\pi n) + j\sin(0.5\pi n)][u(n) - u(n-51)]$. 크기 그래프에 대해 논하라.
4. $x(n) = \{\underset{\uparrow}{4}, 3, 2, 1, 2, 3, 4\}$. 각도 그래프에 대해 논하라.
5. $x(n) = \{\underset{\uparrow}{4}, 3, 2, 1, -1, -2, -3, -4\}$. 각도 그래프에 대해 논하라.

P3.3 다음 유한 구간 신호는 창함수(windows)라고 하며 DSP에서 매우 유용하다.

$$\text{직사각형: } \mathcal{R}_M(n) = \begin{cases} 1, & 0 \le n < M \\ 0, & \text{그 외} \end{cases}$$

$$\text{해닝: } \mathcal{C}_M(n) = 0.5\left[1 - \cos\frac{2\pi n}{M-1}\right]\mathcal{R}_M(n)$$

$$\text{삼각형: } \mathcal{T}_M(n) = \left[1 - \frac{|M-1-2n|}{M-1}\right]\mathcal{R}_M(n)$$

$$\text{해밍: } \mathcal{H}_M(n) = \left[0.54 - 0.46\cos\frac{2\pi n}{M-1}\right]\mathcal{R}_M(n)$$

각각의 창함수에 대해 $M = 10,\ 25,\ 50,\ 101$일 때 DTFT를 구하라. 최대값이 1이 되도록 DTFT를 크기 조정하라. 정규화된 DTFT를 $-\pi \le \omega \le \pi$ 구간에서 그려라. 이 그림을 조사하고 M에 따라 어떻게 달라지는지 설명하라.

P3.4 식 (3.1)의 역 DTFT 정의를 사용하여 다음과 같은 각 신호의 DTFT를 구하라.

1. $X(e^{j\omega}) = 3 + 2\cos(\omega) + 4\cos(2\omega)$
2. $X(e^{j\omega}) = [1 - 6\cos(3\omega) + 8\cos(5\omega)]\, e^{-j3\omega}$
3. $X(e^{j\omega}) = 2 + j4\sin(2\omega) - 5\cos(4\omega)$
4. $X(e^{j\omega}) = [1 + 2\cos(\omega) + 3\cos(2\omega)]\cos(\omega/2)e^{-j5\omega/2}$
5. $X(e^{j\omega}) = j\,[3 + 2\cos(\omega) + 4\cos(2\omega)]\sin(\omega)e^{-j3\omega}$

P3.5 $x_1(n) = \{\underset{\uparrow}{1},\ 2,\ 2,\ 1\}$이라 가정하자. 새로운 신호 $x_2(n)$은 다음과 같이 형성된다.

$$x_2(n) = \begin{cases} x_1(n), & 0 \le n \le 3 \\ x_1(n-4), & 4 \le n \le 7 \\ 0, & \text{그 외} \end{cases} \tag{3.41}$$

1. $X_1(e^{j\omega})$을 완전히 계산하지 않고 $X_1(e^{j\omega})$을 사용하여 $X_2(e^{j\omega})$을 표현하라.
2. MATLAB을 사용하여 각 DTFT의 크기를 구하고 그린 뒤, 위 결과를 검증하라.

P3.6 복소수 DTFT $X(e^{j\omega})$은 또한 켤레 대칭 부분 $X_e(e^{j\omega})$과 켤레 반대칭 부분 $X_o(e^{j\omega})$으로 분해될 수 있다.

$$X(e^{j\omega}) = X_e(e^{j\omega}) + X_o(e^{j\omega})$$

여기서

$$X_e(e^{j\omega}) = \frac{1}{2}[X(e^{j\omega}) + X^*(e^{-j\omega})] \quad \text{그리고} \quad X_0(e^{j\omega}) = \frac{1}{2}[X(e^{j\omega}) - X^*(e^{-j\omega})]$$

다음을 보여라.

$$\mathcal{F}^{-1}[X_e(e^{j\omega})] = x_R(n) \quad \text{그리고} \quad \mathcal{F}^{-1}[X_0(e^{j\omega})] = jx_I(n)$$

여기서 $x_R(n)$과 $x_I(n)$은 $x(n)$의 실수와 허수부이다. 2장에서 개발한 MATLAB 함수를 이용하여 이 성질을 다음에 대해 확인하라.

$$x(n) = e^{j0.1\pi n}\,[u(n) - u\,(n-20)]$$

P3.7 $x(n) = \mathcal{T}_{10}(n)$이 연습문제 P3.3에서 주어진 삼각 펄스라 하자. DTFT의 성질을 이용하여 다음 신호의 DTFT를 구하고 그려라.

1. $x(n) = \mathcal{T}_{10}(-n)$
2. $x(n) = \mathcal{T}_{10}(n) - \mathcal{T}_{10}(n-10)$
3. $x(n) = \mathcal{T}_{10}(n) * \mathcal{T}_{10}(-n)$
4. $x(n) = \mathcal{T}_{10}(n)e^{j\pi n}$
5. $x(n) = \cos(0.1\pi n)\mathcal{T}_{10}(n)$

P3.8 주파수 이동 성질을 이용하여 다음 정현파 펄스의 실수 부분이 아래와 같이 주어짐을 보여라.

$$x(n) = (\cos\omega_o n)\mathcal{R}_M(n)$$

여기서 $\mathcal{R}_M(n)$은 연습문제 P3.2에서 주어진 직각 펄스이다.

$$\begin{aligned} X_{\mathrm{R}}(e^{j\omega}) = & \frac{1}{2}\cos\left\{\frac{(\omega-\omega_0)(M-1)}{2}\right\}\frac{\sin\{(\omega-\omega_0)M/2\}}{\sin\{(\omega-\omega_0)/2\}} \\ & +\frac{1}{2}\cos\left\{\frac{(\omega+\omega_0)(M-1)}{2}\right\}\frac{\sin\{[\omega-(2\pi-\omega_0)]M/2\}}{\sin\{[\omega-(2\pi-\omega_0)]/2\}} \end{aligned}$$

$\omega_0 = \pi/2$와 $M = 5,\ 15,\ 25,\ 100$에 대해 $X_{\mathrm{R}}(e^{j\omega})$을 계산하고 그려라. 그리는 구간 $[-\pi,\ \pi]$를 이용하고, 결과에 대해 논하라.

P3.9 식 (3.4)의 역 DTFT 정의를 사용하여 다음과 같은 각 신호의 DTFT를 구하라.

1. $X(e^{j\omega}) = \begin{cases} 1, & 0 \le |\omega| \le \pi/3 \\ 0, & \pi/3 < |\omega| \le \pi \end{cases}$
2. $X(e^{j\omega}) = \begin{cases} 0, & 0 \le |\omega| \le 3\pi/4 \\ 1, & 3\pi/4 < |\omega| \le \pi \end{cases}$
3. $X(e^{j\omega}) = \begin{cases} 2, & 0 \le |\omega| \le \pi/8 \\ 1, & \pi/8 < |\omega| \le 3\pi/4 \\ 0, & 3\pi/4 < |\omega| \le \pi \end{cases}$
4. $X(e^{j\omega}) = \begin{cases} 0, & -\pi \le |\omega| < \pi/4 \\ 1, & \pi/4 \le |\omega| \le 3\pi/4 \\ 0, & 3\pi/4 < |\omega| \le \pi \end{cases}$
5. $X(e^{j\omega}) = \omega\, e^{j(\pi/2-10\omega)}$

위 변환들은 2π에 대해 ω의 주기를 가짐을 기억하라. 따라서 함수들은 단지 주기 $-\pi \le \omega \le \pi$에 대해서만 주어진다.

P3.10 복소수 신호 $x(n)$은 2장에서 언급했듯이 켤레 대칭 부분 $x_e(n)$과 켤레 반대칭 부분 $x_o(n)$으로 분해할 수 있다. 다음을 보여라.

$$\mathcal{F}[x_e(n)] = X_R(e^{j\omega}) \quad 그리고 \quad \mathcal{F}[x_o(n)] = jX_I(e^{j\omega})$$

여기서 $X_R(e^{j\omega})$과 $X_I(e^{j\omega})$은 각각 DTFT $X(e^{j\omega})$의 실수와 허수 부분이다. 2장에서 개발한 MATLAB 함수를 이용하여 이 성질을 다음에 대해 확인하라.

$$x(n) = 2(0.9)^{-n}\left[\cos(0.1\pi n) + j\sin(0.9\pi n)\right]\left[u(n) - u(n-10)\right]$$

P3.11 $x(n) = A\cos(\omega_0 n + \theta_0)$를 선형 시불변 시스템에 대한 임펄스 응답 $h(n)$으로 기술된 입력으로 가정하자. 출력 신호 $y(n)$이 다음과 같이 주어짐을 보여라.

$$y(n) = A|H(e^{j\omega_0})|\cos[\omega_0 n + \theta_0 + \angle H(e^{j\omega_0})]$$

P3.12 이상적인 저역통과 필터가 주파수 영역에서 다음에 의해 기술된다.

$$H_d(e^{j\omega}) = \begin{cases} 1 \cdot e^{-j\alpha\omega}, & |\omega| \le \omega_c \\ 0, & \omega_c < |\omega| \le \pi \end{cases}$$

여기서 ω_c는 차단 주파수이고, α는 위상 지연이다.

1. 이상 임펄스 응답 $h_d(n)$을 IDTFT 관계식 (3.4)를 이용하여 구하라.
2. $N = 41$, $\alpha = 20$, $\omega_c = -0.5\pi$에 대해 줄여진(truncated) 임펄스 응답을 구하고 그려라.

$$h(n) = \begin{cases} h_d(n), & 0 \le n \le N-1 \\ 0, & \text{그 외} \end{cases}$$

3. 주파수 응답 함수 $H(e^{j\omega})$을 구하고 그린 다음, 이를 이상적인 저역통과 필터 응답 $H_d(e^{j\omega})$과 비교하라. 관찰 결과에 대해 논하라.

P3.13 이상적인 고역통과 필터는 주파수 영역에서 다음과 같이 기술된다.

$$H_d(e^{j\omega}) = \begin{cases} 1 \cdot e^{-j\alpha\omega}, & \omega_c < |\omega| \le \pi \\ 0, & |\omega| \le \omega_c \end{cases}$$

여기서 ω_c는 차단 주파수이고, α는 위상 지연이다.

1. 이상 임펄스 응답 $h_d(n)$을 IDTFT 관계식 (3.4)를 이용하여 구하라.
2. $N = 31$, $\alpha = 15$, $\omega_c = 0.5\pi$에 대해 줄여진 임펄스 응답을 구하고 그려라.

$$h(n) = \begin{cases} h_d(n), & 0 \le n \le N-1 \\ 0, & \text{그 외} \end{cases}$$

3. 주파수 응답 함수 $H(e^{j\omega})$을 구하고 그린 다음, 이를 이상적인 고역통과 필터 응답 $H_d(e^{j\omega})$과 비교하라. 관찰 결과에 대해 논하라.

P3.14 임펄스 응답으로 기술된 각 선형 시불변 시스템에 대해 구간 $[-\pi, \pi]$에서 주파수 응답 함수 $H(e^{j\omega})$을 구하고, 크기 응답 $|H(e^{j\omega})|$과 위상 응답 $\angle H(e^{j\omega})$을 그려라.

1. $h(n) = (0.9)^{|n|}$
2. $h(n) = \text{sinc}(0.2n)[u(n+20) - u(n-20)]$. 여기서 $\text{sinc}\, 0 = 1$이다.
3. $h(n) = \text{sinc}(0.2n)[u(n) - u(n-40)]$
4. $h(n) = [(0.5)^n + (0.4)^n]u(n)$
5. $h(n) = (0.5)^{|n|}\cos(0.1\pi n)$

P3.15 $x(n) = 3\cos(0.5\pi n + 60°) + 2\sin(0.3\pi n)$이 연습문제 P3.14에서 기술된 각 시스템의 입력이라 하자. 각각의 경우 출력 $y(n)$을 구하라.

P3.16 선형 시불변 시스템이 다음 차분 방정식으로 기술된다.

$$y(n) = \sum_{m=0}^{3} x(n-2m) - \sum_{\ell=1}^{3} (0.81)^{\ell}\, y(n-2\ell)$$

다음 입력에 대한 시스템의 정상 상태 응답을 구하라.

1. $x(n) = 5 + 10(-1)^n$
2. $x(n) = 1 + \cos(0.5\pi n + \pi/2)$
3. $x(n) = 2\sin(\pi n/4) + 3\cos(3\pi n/4)$
4. $x(n) = \sum_{k=0}^{5}(k+1)\cos(\pi k n/4)$
5. $x(n) = \cos(\pi n)$

각 경우에서 $x(n)$, $0 \le n \le 200$을 만들고 $y(n)$을 구하기 위해 이를 `filter` 함수를 통해 처리하라. 각 경우에 대해 $y(n)$을 정상 상태 응답과 비교하라.

P3.17 다음 차분 방정식으로 기술되는 선형 시불변 시스템에 대해

$$y(n) = \sum_{m=0}^{M} b_m x(n-m) - \sum_{\ell=1}^{N} a_{\ell} y(n-\ell)$$

주파수 응답 함수는 다음과 같이 주어진다.

$$H(e^{j\omega}) = \frac{\sum_{m=0}^{M} b_m e^{-j\omega m}}{1 + \sum_{\ell=1}^{N} a_{\ell} e^{-j\omega \ell}}$$

위 관계를 구현하는 MATLAB 함수 `freqresp`를 작성하라. 이 함수의 형식은 다음과 같아야 한다.

```
function [H] = freqresp(b,a,w)
% Frequency response function from difference equation
%  [H] = freqresp(b,a,w)
% H = frequency response array evaluated at w frequencies
% b = numerator coefficient array
% a = denominator coefficient array (a(1)=1)
% w = frequency location array
```

P3.18 아날로그 신호 $x_a(t) = \sin(1000\pi t)$가 다음의 샘플 간격을 이용하여 샘플링된다. 각 경우의 결과로 나오는 이산 시간 신호의 스펙트럼을 그려라.

1. $T_s = 0.1$ ms
2. $T_s = 1$ ms
3. $T_s = 0.01$ s

P3.19 다음의 각 시스템에 대해 $H(e^{j\omega})$을 구하고, 그 크기와 위상을 그려라.

1. $y(n) = \frac{1}{5}\sum_{m=0}^{4} x(n-m)$
2. $y(n) = x(n) - x(n-2) + 0.95y(n-1) - 0.9025y(n-2)$
3. $y(n) = x(n) - x(n-1) + x(n-2) + 0.95y(n-1) - 0.9025y(n-2)$
4. $y(n) = x(n) - 1.7678x(n-1) + 1.5625x(n-2) + 1.1314y(n-1) - 0.64y(n-2)$
5. $y(n) = x(n) - \sum_{\ell=1}^{5} (0.5)^{\ell}\, y(n-\ell)$

P3.20 아날로그 신호 $x_a(t) = \cos(20\pi t + \theta)$, $0 \le t \le 1$을 생각해보자. $x(n)$을 구하기 위해 이 신호가 $T_s = 0.05$초 간격으로 샘플링된다. $\theta = 0, \pi/6, \pi/4, \pi/3, \pi/2$라고 가정하자. 각각의 θ에 대해 다음을 구하라.

1. $x_a(t)$를 그리고 `plot(n,x,'o')` 함수를 이용하여 그 위에 $x(n)$을 겹쳐놓아라.
2. sinc 보간을 이용하여($\Delta t = 0.001$을 이용하라) 샘플 $x(n)$으로부터 아날로그 신호 $y_a(t)$를 복원하고, 그 위에 $x(n)$을 겹쳐놓아라.
3. 3차 스플라인 보간을 이용하여 샘플 $x(n)$으로부터 아날로그 신호 $y_a(t)$를 복원하고, 그 위에 $x(n)$을 겹쳐놓아라.
4. 여러분은 각 경우의 결과로 나온 복원 신호는 올바른 주파수를 갖지만 크기가 다르다는 사실을 관찰해야 한다. 이 관찰 결과를 설명하라. $x_a(t)$의 위상이 신호의 샘플링과 복원에 끼치는 영향에 대해 논하라.

P3.21 다음과 같은 아날로그 필터가 있는데, 이는 이산 필터를 이용하여 실현된다.

$$x_a(t) \longrightarrow \boxed{\text{A/D}} \xrightarrow{x(n)} \boxed{h(n)} \xrightarrow{y(n)} \boxed{\text{D/A}} \longrightarrow y_a(t)$$

A/D와 D/A에서 샘플링 속도는 8000샘플/초이고, 임펄스 응답은 $h(n) = (-0.9)^n u(n)$이다.

1. $x_a(t) = 10\cos(10000\pi t)$라면 $x(n)$의 디지털 주파수는 얼마인가?
2. $x_a(t) = 10\cos(10000\pi t)$인 경우 정상 상태 출력 $y_a(t)$를 구하라.
3. $x_a(t) = 5\sin(8000\pi t)$인 경우 정상 상태 출력 $y_a(t)$를 구하라.
4. $x_a(t) = 10\cos(10000\pi t)$가 적용될 때의 정상 상태 출력 $y_a(t)$와 같은 출력을 보일 수 있는 각기 다른 아날로그 주파수를 가진 두 아날로그 신호 $x_a(t)$를 구하라.
5. 에일리어싱을 방지하려면, A/D 변환기를 지나기 전에 $x_a(t)$를 처리하기 위해 전필터(prefilter)가 필요할 것이다. 어떤 종류의 필터를 사용해야 하며, 주어진 구성에 작용할 가장 큰 차단 주파수는 얼마여야 하는가?

P3.22 아날로그 신호 $x_a(t) = \cos(20\pi t)$, $0 \le t \le 1$을 생각해보자. $x(n)$을 구하기 위해 이 신호가 $T_s = 0.01, 0.05, 0.1$초 간격으로 샘플링된다.

1. 각 T_s에 대해 $x(n)$을 그려라.
2. sinc 보간을 이용하여($\Delta t = 0.001$을 이용하라) 샘플 $x(n)$으로부터 아날로그 신호 $y_a(t)$를 복원하고, 그래프로부터 $y_a(t)$의 주파수를 구하라(끝의 영향을 무시하라).

3. 3차 스플라인 보간을 이용하여 샘플 $x(n)$으로부터 아날로그 신호 $y_a(t)$를 복원하고, 그래프로부터 $y_a(t)$의 주파수를 구하라(끝의 영향을 무시하라).
4. 결과에 대해 논하라.

z-변환 04 chapter

3장에서는 복소 지수 신호를 이용하여 이산 신호와 이산 시간 시스템을 표현하는 데 중요한 역할을 하는 이산 시간 푸리에 변환 방식을 알아봤다. 이 표현은 주파수 응답 함수 $H(e^{j\omega})$을 이용하여 주파수 영역에서 시스템을 기술하기 때문에 확실히 LTI 시스템을 해석하는 데 장점이 있다. 예를 들어 정현파 정상 상태 응답의 계산은 $H(e^{j\omega})$을 이용함으로써 훨씬 쉬워진다. 그리고 어떤 임의의 절대 가합 신호 $x(n)$의 응답도 푸리에 변환을 통해 $X(e^{j\omega})$과 주파수 응답 $H(e^{j\omega})$을 곱함으로써 주파수 영역에서 쉽게 계산할 수 있다. 그러나 푸리에 변환 접근 방식에는 두 가지 단점이 있다. 첫째, 실제 $u(n)$과 $nu(n)$ 같이 푸리에 변환이 수렴하지 않아서 이산 시간 푸리에 변환이 존재하지 않는 많은 유용한 신호가 있다. 둘째, 초기 조건이나 변하는 입력으로 인한 시스템의 과도 응답과 같은 여러 가지 해석적인 문제를 다루는 데 있어 이산 시간 푸리에 변환 방식은 부적절한 경우가 많다.

따라서 위의 두 문제를 해결하기 위해 이제 이산 시간 푸리에 변환의 확장을 생각해야 한다. 이 확장은 **z-변환**이라 하고, 양측(two-sided 또는 bilateral)형과 편측(onesided 또는 unilateral)형이 있다. z-변환의 양측형은 좀 더 많은 신호와 시스템의 집합을 해석하는 데 사용할 수 있고, 편측형은 초기 조건 또는 변하는 입력에 대한 시스템의 응답을 구하는 데 사용할 수 있다.

4.1 양측 z-변환

신호 $x(n)$의 z-변환은 다음과 같이 정의한다.

$$X(z) \triangleq \mathcal{Z}[x(n)] = \sum_{n=-\infty}^{\infty} x(n)z^{-n} \tag{4.1}$$

여기서 z는 복소 변수이다. $X(z)$가 z의 무한 멱급수로 주어지기 때문에 수렴하기 위한 z의 집합이 존재하는데, 이런 z의 집합을 수렴 영역(ROC: region of convergence)이라 한다.

z를 극 형식(polar form)으로 표현하면 다음과 같다.

$$z = re^{j\theta}$$

여기서 $r = |z|$이고, $\theta = \angle z$이다. 그러면 식 (4.1)은 다음과 같이 주어진다.

$$X(z)|_{z=re^{j\theta}} = \sum_{n=-\infty}^{\infty} x(n)r^{-n}e^{-j\theta n} \tag{4.2}$$

식 (4.2)에서 확인할 수 있는 것처럼 z-변환은 원래의 신호 $x(n)$과 r^{-n}의 곱을 푸리에 변환한 식으로 해석할 수 있다. 식 (4.2)를 바탕으로 양측 z-변환과 푸리에 변환식을 비교해보면, 푸리에 변환과 z-변환 사이에 밀접한 관계를 확인할 수 있다. 식 (4.1)에서 복소 변수 z를 $e^{j\omega}$으로 치환할 경우 푸리에 변환과 동일한 식으로 변환된다. $X(z)$에 대해 원래 신호의 푸리에 변환이 존재할 경우 $X(z)$에 대해 z의 크기를 1로 제한($|z| = 1$인 단위원)하고 $-\pi \le \omega \le \pi$에서 정의된 함수를 의미한다. 푸리에 변환을 $X(e^{j\omega})$으로 쓰는 이유도 여기에 있다.

푸리에 변환에서와 마찬가지로 z-변환 역시 모든 경우에 수렴하는 것은 아니다. 식 (4.2)에서 확인할 수 있듯이, $X(z)$를 $\mathcal{F}[x(n)r^{-n}]$으로 생각하면 푸리에 변환의 수렴 조건에 따라 다음과 같이 z-변환 수렴 조건을 유도할 수 있다.

$X(z)$의 수렴 영역은 $|X(z)| < \infty$인 z의 영역이므로

$$\begin{aligned} |X(z)| &= \left| \sum_{n=-\infty}^{\infty} x(n)r^{-n}e^{-j\theta n} \right| \\ &\le \sum_{n=-\infty}^{\infty} |x(n)r^{-n}e^{-j\theta n}| = \sum_{n=-\infty}^{\infty} |x(n)r^{-n}| \end{aligned} \tag{4.3}$$

$X(z)$의 수렴 영역을 구하는 문제는 위 부등식에 따라서 $x(n)r^{-n}$이 절대 가합이 되는 r의 범위를 구하는 문제와 동일하다. 위 식은 다시 두 부분의 합으로 나누어 쓸 수 있다.

$$\begin{aligned} |X(z)| &\le \sum_{n=-\infty}^{-1} |x(n)r^{-n}| + \sum_{n=0}^{\infty} \left| \frac{x(n)}{r^n} \right| \\ &\le \sum_{n=1}^{\infty} |x(-n)r^{n}| + \sum_{n=0}^{\infty} \left| \frac{x(n)}{r^n} \right| \end{aligned}$$

두 부분의 합이 각각 수렴한다면, $X(z)$의 수렴 영역이 존재한다. 첫 번째 부분 합이 수렴하는 r의 범위는 $r < R_{x+}$로 주어질 것이고, 두 번째 부분 합이 수렴하는 r의 범위는 $r > R_{x-}$로 주어질 것이다. 따라서 $X(z)$의 수렴 영역이 존재하기 위한 r의 범위는

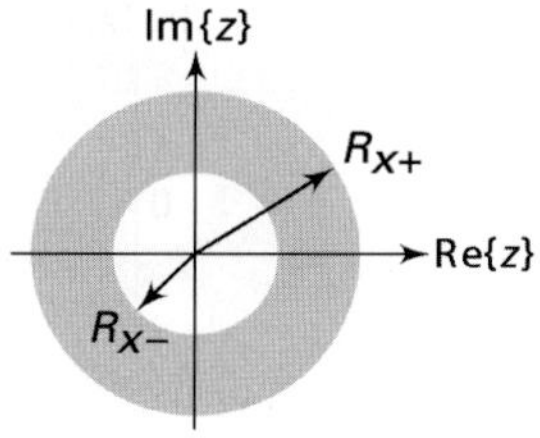

그림 4.1 일반적인 수렴 영역

$$R_{x-} < r < R_{x+}$$

으로 주어지고, 위 조건은 곧 다음과 같이 주어진다.

$$R_{x-} < |z| < R_{x+} \tag{4.4}$$

가장 중요하며 유용한 z-변환 형태는 다음과 같이 주어진다.

$$X(z) = \frac{P(z)}{Q(z)} \tag{4.5}$$

위 식에서 $P(z)$와 $Q(z)$는 z의 다항식 형태를 갖는다. $X(z) = 0$의 조건을 만족시키는 z평면에서의 점을 **영점**(zero)이라 하고, $X(z) \to \infty$의 조건을 만족시키는 점을 **극점**(pole)이라 한다. 극점은 $z = 0$ 또는 $z = \infty$에서 생길 수도 있다. $X(z)$의 극점은 그 값이 유한한 경우 분모 다항식 $Q(z)$의 근이 된다. 수렴 영역과 극점, 영점의 위치 관계에 따라 시스템 및 신호의 해석이 가능하다.

위의 내용을 다음과 같이 정리할 수 있다.

1. 복소 변수 z는 $z = |z|e^{j\omega}$에 의해 주어지며 **복소 주파수**(complex frequency)라고 한다. 여기서 $|z|$은 크기이고, ω는 실수 주파수이다.
2. 식 (4.4)와 같이 주어진 ROC가 크기 $|z|$에 의해 정의되므로 ROC의 모양은 그림 4.1에 나타난 것처럼 열린 고리(ring) 모양이다. R_{x-}는 0이 될 수도 있고 R_{x+}는 ∞가 될 수 있음을 주목하라.
3. 만약 $R_{x+} < R_{x-}$이면 ROC는 **영 공간**(null space)이고 z-변환은 **존재하지 않는다**.
4. 함수 $|z| = 1$(또는 $z = e^{j\omega}$)은 z평면에서 반지름이 1인 원이고 **단위원**이라 불린다. 만약 ROC가 단위원을 포함하면 $X(z)$를 단위원에서 계산할 수 있다.

$$X(z)|_{z=e^{j\omega}} = X(e^{j\omega}) = \sum_{n=-\infty}^{\infty} x(n)e^{-j\omega} = \mathcal{F}[x(n)]$$

따라서 이산 시간 푸리에 변환 $X(e^{j\omega})$은 z-변환 $X(z)$의 특수한 경우로 볼 수 있다.

예제 4.1 $x_1(n) = a^n u(n)$, $0 < |a| < \infty$라 하자(이 신호는 **양의 시간**(positive-time) **신호**라고 한다). 그러면

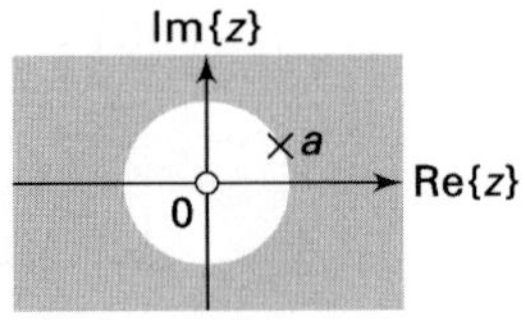

그림 4.2 예제 4.1의 수렴 영역

$$X_1(z) = \sum_0^\infty a^n z^{-n} = \sum_0^\infty \left(\frac{a}{z}\right)^n = \frac{1}{1-az^{-1}};\ \text{만약}\ \left|\frac{a}{z}\right| < 1\text{라면}$$
$$= \frac{z}{z-a},\quad |z| > |a| \Rightarrow \text{ROC}_1\text{:}\ \underbrace{|a|}_{R_{x-}} < |z| < \underbrace{\infty}_{R_{x+}}$$

주의: 이 예제의 $X_1(z)$는 유리함수이다. 즉,

$$X_1(z) \triangleq \frac{B(z)}{A(z)} = \frac{z}{z-a}$$

여기서 $B(z) = z$는 분자 다항식이고, $A(z) = z - a$는 분모 다항식이다. 이 예제에서 $X_1(z)$는 원점 $z = 0$에 영점을 하나 갖고 있고 $z = a$에 극점을 하나 갖고 있다. 따라서 $x_1(n)$은 또한 z 평면에서 그림 4.2에 나타난 것처럼 영점은 ○로 표시되고 극점은 ×로 표시되는 극-영점 다이어그램(pole-zero diagram)으로 표현할 수 있다.

예제 4.2 $x_2(n) = -b^n u(-n-1)$, $0 < |b| < \infty$라 하자(이 신호는 음의 시간(negative-time) 신호라고 한다). 그러면

$$X_2(z) = -\sum_{-\infty}^{-1} b^n z^{-n} = -\sum_{-\infty}^{-1}\left(\frac{b}{z}\right)^n = -\sum_1^\infty\left(\frac{z}{b}\right)^n = 1 - \sum_0^\infty \left(\frac{z}{b}\right)^n$$
$$= 1 - \frac{1}{1-z/b} = \frac{z}{z-b},\quad \text{ROC}_2\text{:}\ \underbrace{0}_{R_{x-}} < |z| < \underbrace{|b|}_{R_{x+}}$$

이 $x_2(n)$에 대한 ROC_2와 극-영점 그래프는 그림 4.3에 나타나 있다.

주의: 이 예제에서 $b = a$이면, 각각의 ROC를 제외하고(즉, $\text{ROC}_1 \neq \text{ROC}_2$) $X_2(z) = X_1(z)$이다. 이것은 ROC가 z-변환이 갖는 특징 중 유일성(uniqueness)을 보여주는 예이다. 따라서 이는 시스템 해석에서 매우 중요한 역할을 한다.

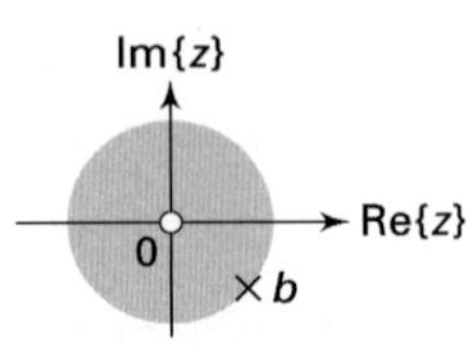

그림 4.3 예제 4.2의 수렴 영역

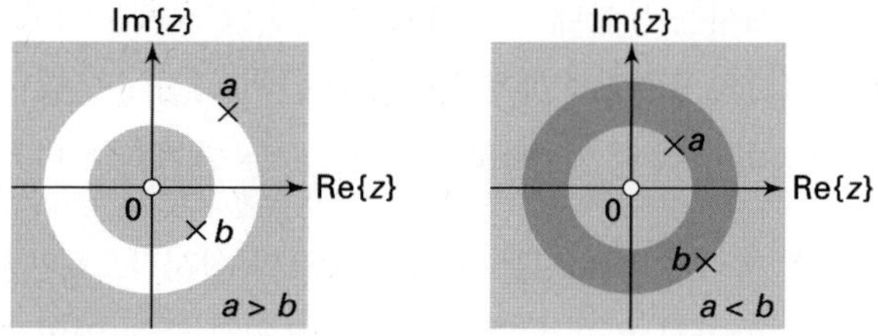

그림 4.4 예제 4.3의 수렴 영역

예제 4.3 $x_3(n) = x_1(n) + x_2(n) = a^n u(n) - b^n u(-n-1)$이라 하자(이 신호는 양측(two-sided) 신호라고 한다). 그러면 위의 두 예제를 이용하여

$$\begin{aligned} X_3(z) &= \sum_{n=0}^{\infty} a^n z^{-n} - \sum_{-\infty}^{-1} b^n z^{-n} \\ &= \left\{\frac{z}{z-a}, \mathrm{ROC_1}\colon |z| > |a|\right\} + \left\{\frac{z}{z-b}, \mathrm{ROC_1}\colon |z| < |b|\right\} \\ &= \frac{z}{z-a} + \frac{z}{z-b}; \quad \mathrm{ROC_3}\colon \mathrm{ROC_1} \cap \mathrm{ROC_2} \end{aligned}$$

만약 $|b| < |a|$이면 $\mathrm{ROC_3}$은 영 공간이고, $X_3(z)$는 존재하지 않는다. 만약 $|a| < |b|$이면 $\mathrm{ROC_3}$은 $|a| < |z| < |b|$이고, $X_3(z)$는 그림 4.4에 나타난 것처럼 이 영역에서 존재한다.

4.1.1 수렴 영역의 성질

위의 세 가지 예제에서 수렴 영역을 관찰함으로써 다음 성질을 얻을 수 있다.

1. 수렴 조건이 크기 $|z|$에 해당하므로 ROC는 항상 z평면에서 원점을 중심으로 고리 모양 또는 **동심원판 모양**이 된다.
2. 예제 4.1의 신호 $x_1(n) = a^n u(n)$은 $n < n_0$에 대해 0인 신호 $x(n)$으로 정의된 우측(right-sided) 신호의 특수한 경우이다. 예제 4.1로부터 우측 신호의 ROC는 **항상 반지름 R_{x-}인 원의 바깥쪽**이다. 만약 $n_0 \geq 0$이면 우측 신호는 항상 인과적(causal) 신호라고 한다.
3. 예제 4.2의 신호 $x_2(n) = -b^n u(-n-1)$은 $n > n_0$에 대해 0인 신호 $x(n)$으로 정의된 좌측(left-sided) 신호의 특수한 경우이다. 만약 $n_0 \leq 0$이면, 좌측 신호는 반인과적(anticausal) 신호라고 한다. 예제 4.2로부터 좌측 신호의 ROC는 또한 **항상 반지름 R_{x+}인 원의 내부**이다.
4. 예제 4.3의 신호 $x_3(n)$은 양측 신호이다. 양측 신호의 ROC는 만약 존재한다면 **항상 열린 고리 모양 $R_{x-} < |z| < R_{x+}$**이다.
5. $n < n_1$와 $n > n_2$에 대해 0인 신호는 유한 신호라고 한다. 이러한 신호의 ROC는 **전체 z평면**이다. 만약 $n_1 < 0$이면 $z = \infty$는 ROC에 있지 않다. 만약 $n_2 > 0$이면 $z = 0$은 ROC에 있지 않다.

6. $X(z)$가 극점에서는 무한대가 되어 수렴하지 않기 때문에 ROC는 극점을 포함할 수 없다.
7. 유리함수 $X(z)$의 ROC 경계에 적어도 하나의 극점이 있다.
8. ROC는 하나의 연속된 영역이다. 즉, ROC는 단편으로 나누어져 있지 않다.

디지털 신호 처리는 거의 모든 디지털 자료가 실시간으로 얻어지기 때문에 신호는 인과적이라고 가정한다. 따라서 우리가 관심을 갖는 유일한 수렴 영역은 위의 성질 2에 주어진 것이다.

4.2 z-변환의 중요한 성질

z-변환의 성질은 3장에서 살펴본 이산 시간 푸리에 변환의 성질을 일반화한 것이다.

1. 선형성

z-변환은 선형 변환이다. 즉, 모든 a_1, b_1, $x_1(n)$, $x_2(n)$에 대해 다음을 만족한다. 2개의 신호 $x_1(n)$과 $x_2(n)$을 선형 결합한 z-변환은 각 z-변환의 선형 결합과 같다.

$$\mathcal{Z}\left[a_1x_1(n)+a_2x_2(n)\right]=a_1X_1(z)+a_2X_2(z); \quad \text{ROC: ROC}_{x_1}\cap\text{ROC}_{x_2} \tag{4.6}$$

위의 결과는 다음과 같이 증명할 수 있다.

$$\begin{aligned}\mathcal{Z}[a_1x_1(n)+a_2x_2(n)] &= \sum_{n=-\infty}^{\infty}[a_1x_1(n)+a_2x_2(n)]z^{-n}\\ &= a_1\sum_{n=-\infty}^{\infty}x_1(n)z^{-n}+a_2\sum_{n=-\infty}^{\infty}x_2(n)z^{-n}\\ &= a_1X_1(z)+a_2X_2(z)\end{aligned}$$

전체 수렴 영역은 적어도 각 수렴 영역의 공통 부분을 포함한다. 유리 z-변환의 신호에 있어서는 $a_1X_1(z) + a_2X_2(z)$의 극점들이 $X_1(z)$와 $X_2(z)$의 모든 극점으로 이루어진다면, 즉 극점과 영점의 상쇄가 없다면, 전체 수렴 영역은 정확히 각 수렴 영역의 공통 부분과 일치한다. 만약 선형 결합에 의해 극점을 상쇄하는 영점이 생긴다면 수렴 영역은 더 넓어진다. 간단한 예를 들면, $x_1(n)$과 $x_2(n)$은 무한 신호인데 그 선형 결합은 유한 신호가 되는 경우이다. 이 경우 ROC는 $z = 0$과 $z = \infty$에서 발산할 수도 있지만 나머지 z평면에서는 수렴한다.

2. 샘플 이동

$$\mathcal{Z}\left[x\left(n-n_0\right)\right]=z^{-n_0}X(z); \quad \text{ROC: ROC}_x \tag{4.7}$$

위의 결과는 다음과 같이 증명할 수 있다.

$$\mathcal{Z}[x(n-n_0)]=\sum_{n=-\infty}^{\infty}x(n-n_0)z^{-n}$$

에서 $m = n - n_0$로 치환하면

$$\begin{aligned}\mathcal{Z}[x(n-n_0)] &= \sum_{m=-\infty}^{\infty} x(m)z^{-(m+n_0)} \\ &= \sum_{m=-\infty}^{\infty} x(m)z^{-m}z^{-n_0} \\ &= z^{-n_0}X(z)\end{aligned}$$

정수 n_0가 양수라면 원래 신호 $x(n)$이 오른쪽으로 이동되고, n_0가 음수라면 원래 신호 $x(n)$이 왼쪽으로 이동된다. 선형성의 경우처럼 $z-n_0$가 $z=0$ 혹은 $z=\infty$에서 극점의 수가 변할 수 있으므로 ROC가 변할 수 있다. 샘플 이동 특성은 다른 성질과 결합하여 역 z-변환을 구하는 데 유용하다.

3. 주파수 이동

$$\mathcal{Z}\left[a^n x(n)\right] = X\left(\frac{z}{a}\right); \quad \text{ROC: } |a| \text{만큼 크기 조정된 } \text{ROC}_x \tag{4.8}$$

위의 결과는 다음과 같이 증명할 수 있다.

$$\begin{aligned}\mathcal{Z}[a^n x(n)] &= \sum_{n=-\infty}^{\infty} [a^n x(n)]z^{-n} \\ &= \sum_{n=-\infty}^{\infty} x(n)\left(\frac{z}{a}\right)^{-n} \\ &= X\left(\frac{z}{a}\right)\end{aligned}$$

이 성질의 결과로 $X(z)$가 $z=z_1$에서 극점을 갖는다면 $X(a^{-1}z)$는 $z=az_1$에서 극점을 갖기 때문에, 모든 극점과 영점의 위치는 a에 의해 크기 조정된다. a가 양의 실수라면, 이것은 z평면의 확대 혹은 압축으로 해석할 수 있다. 즉, 극점과 영점의 위치가 z평면의 방사선을 따라 변한다. 만약 a가 단위 크기의 복소수라면, 즉 $a=e^{j\omega_0}$이 된다면, 크기 조정은 z평면에서 ω_0의 각만큼 회전하는 것에 해당한다. 즉, 극점과 영점의 위치가 원점에 중심을 둔 원을 따라 변한다.

4. 반전

$$\mathcal{Z}\left[x(-n)\right] = X(1/z); \quad \text{ROC: 반전된 } \text{ROC}_x \tag{4.9}$$

위의 결과는 다음과 같이 증명할 수 있다.

$$\begin{aligned}\mathcal{Z}[x(-n)] &= \sum_{n=-\infty}^{\infty} x(-n)z^{-n} \\ &= \sum_{m=-\infty}^{\infty} x(m)z^{m} \quad (m=-n\text{으로 치환}) \\ &= \sum_{m=-\infty}^{\infty} x(m)\left(\frac{1}{z}\right)^{-m} \\ &= X\left(\frac{1}{z}\right)\end{aligned}$$

5. 복소 켤레성

$$\mathcal{Z}[x^*(n)] = X^*(z^*); \quad \text{ROC: ROC}_x \tag{4.10}$$

위의 결과는 다음과 같이 증명할 수 있다.

$$\begin{aligned}\mathcal{Z}[x^*(n)] &= \sum_{n=-\infty}^{\infty} \overline{x(n)z^{-n}} \\ &= \sum_{n=-\infty}^{\infty} \overline{x(n)z^{n}} \\ &= \overline{\sum_{n=-\infty}^{\infty} x(n)z^{n}} \\ &= X^*(z^*)\end{aligned}$$

이 성질로부터 다음과 같은 두 가지 식을 유도할 수 있다.

$$\mathcal{Z}[\text{Re}x(n)] = \frac{1}{2}[X(z) + X^*(z^*)]\,\text{ROC: ROC}_x \text{ 포함} \tag{4.11}$$

$$\mathcal{Z}[\text{Im}x(n)] = \frac{1}{2}[X(z) - X^*(z^*)]\,\text{ROC: ROC}_x \text{ 포함} \tag{4.12}$$

6. z-영역에서의 미분

$$\mathcal{Z}[nx(n)] = -z\frac{dX(z)}{dz}; \quad \text{ROC: ROC}_x \text{ (단, 0과 ∞가 포함/배제 가능)} \tag{4.13}$$

위의 결과는 다음과 같이 증명할 수 있다. 식 (4.1)의 양변을 z에 대해 미분하면

$$\begin{aligned}-z\frac{dX(z)}{dz} &= -z\sum_{n=-\infty}^{\infty}(-n)x(n)z^{-n-1} \\ &= \sum_{n=-\infty}^{\infty} nx(n)z^{-n} \\ &= \mathcal{Z}[nx(n)]\end{aligned}$$

이 성립한다. 이 성질은 또한 '램프(ramp) 곱셈' 성질이라고도 한다.

7. 곱셈

$$\mathcal{Z}[x_1(n)x_2(n)] = \frac{1}{2\pi j}\oint_C X_1(\nu)X_2(z/\nu)\,\nu^{-1}d\nu; \tag{4.14}$$

$$\text{ROC: ROC}_{x_1} \cap \text{ 반전된 ROC}_{x_2}$$

$$\text{ROC: } r_{R_1}r_{R_2} < |z| < r_{L_1}r_{L_2} \text{ 포함} \Leftarrow \begin{cases}\text{ROC}_{x_1}\text{: } r_{R_1} < |z| < r_{L_1} \\ \text{ROC}_{x_2}\text{: } r_{R_2} < |z| < r_{L_2}\end{cases}$$

여기서 C는 원점을 둘러싸고 공통의 ROC에 놓여 있는 폐경로이다.

위의 결과는 다음과 같이 증명할 수 있다. 아래와 같은 식을 생각한다.

$$y(n) = x_1(n)x_2(n)$$

$$\mathcal{Z}[y(n)] = Y(z) = \sum_{n=-\infty}^{\infty} x_1(n)x_2(n)z^{-n}$$

$x_1(n)$의 z-변환을 $X_1(z)$라고 표시하면

$$x_1(n) = \frac{1}{2\pi j}\oint_C X_1(\boldsymbol{\nu})\boldsymbol{\nu}^{n-1}d\boldsymbol{\nu}$$

위 식에서 C는 $X_1(\nu)$의 수렴 영역 안에 있는 반시계 방향의 경로이다. 이들로부터 다음 식을 얻는다.

$$Y(z) = \frac{1}{2\pi j}\oint_C X_1(\boldsymbol{\nu})(z/\boldsymbol{\nu})^{-n}\boldsymbol{\nu}^{-1}x_2(n)d\boldsymbol{\nu}$$

$$= \frac{1}{2\pi j}\oint_C X_1(\boldsymbol{\nu})\Big[\sum_{n=-\infty}^{\infty} x_1(n)(z/\boldsymbol{\nu})^{-n}x_2(n)\Big]\boldsymbol{\nu}^{-1}d\boldsymbol{\nu}$$

혹은

$$Y(z) = \frac{1}{2\pi j}\oint_C X_1(\boldsymbol{\nu})X_2(z/\boldsymbol{\nu})\boldsymbol{\nu}^{-1}d\boldsymbol{\nu}$$

위 식에서 C는 $X_1(\nu)$와 $X_2(z/\nu)$의 중첩된 수렴 영역 안에 있는 폐경로이다.

8. 콘벌루션

$$\mathcal{Z}\left[x_1(n) * x_2(n)\right] = X_1(z)X_2(z); \quad \text{ROC: ROC}_{x_1} \cap \text{ROC}_{x_2} \tag{4.15}$$

위의 결과는 다음과 같이 증명할 수 있다. 다음과 같은 식을 생각한다.

$$y(n) = \sum_{k=-\infty}^{\infty} x_1(k)x_2(n-k)$$

그 z-변환식은 다음과 같다.

$$Y(z) = \sum_{n=-\infty}^{\infty} y(n)z^{-n}$$

$$= \sum_{n=-\infty}^{\infty}\sum_{k=-\infty}^{\infty} x_1(k)x_2(n-k)z^{-n}$$

덧셈의 순서를 바꾸면

$$Y(z) = \sum_{k=-\infty}^{\infty} x_1(k)\sum_{n=-\infty}^{\infty} x_2(n-k)z^{-n}$$

$m = n - k$로 치환하면

$$Y(z) = \sum_{k=-\infty}^{\infty} x_1(k) \sum_{m=-\infty}^{\infty} x_2(m) z^{-m} z^{-k}$$

을 얻는다. 그러므로 위 식에서 수렴 영역은 $X_1(z)$와 $X_2(z)$의 공통 수렴 영역을 포함한다. 만약 두 z-변환 중 하나의 수렴 영역을 결정하는 극점이 다른 z-변환의 영점에 의해 상쇄된다면, 콘벌루션된 것의 수렴 영역은 더 커질 수 있다. 이는 z-변환의 많은 성질 중 가장 중요한 성질이며, 시간 영역의 콘벌루션 연산을 두 함수의 곱셈으로 변환한다.

9. 초기치 정리

$$x(0) = \lim_{z \to \infty} X(z) \tag{4.16}$$

단, $x(n)$은 양의 시간 신호이다.

위의 결과는 다음과 같이 증명할 수 있다.

$$\begin{aligned}
\lim_{z \to \infty} X(z) &= \lim_{z \to \infty} \left[\sum_{n=-\infty}^{\infty} x(n) z^{-n} \right] \\
&= \lim_{z \to \infty} \left[\sum_{n=0}^{\infty} x(n) z^{-n} \right] \ (x(n)\text{은 양의 신호이므로}) \\
&= \lim_{z \to \infty} \left[x(0) + \frac{x(1)}{z} + \frac{x(2)}{z^2} + \cdots \right] \\
&= x(0)
\end{aligned}$$

10. 파시발의 정리

z-변환에 대한 파시발의 관계는 이미 설명한 두 신호의 곱셈에 대한 z-변환으로부터 얻는다.

$$\sum_{n=-\infty}^{\infty} x_1(n) x_2^*(n) = \frac{1}{2\pi j} \oint_C X_1(\nu) X_2^*(1/\nu^*) \nu^{-1} d\nu \tag{4.17}$$

여기서 적분 경로는 $X_1(\nu)$와 $X_2^*(1/\nu^*)$의 수렴 영역이 겹치는 곳에 있어야만 한다.

위의 결과는 다음과 같이 증명할 수 있다. 아래와 같은 신호 $y(n)$을

$$y(n) = x_1(n) x_2^*(n)$$

로서 정의하고,

$$\sum_{n=-\infty}^{\infty} y(n) = Y(z)_{z=1}$$

을 이용하면 된다. 성질 7의 곱셈에 관한 z-변환을 이용하면 다음 식이 성립한다.

$$Y(z) = \sum_{n=-\infty}^{\infty} x_1(n) x_2^*(n) z^{-n} = \frac{1}{2\pi j} \oint_C X_1(\nu) X_2^*(z^*/\nu^*) \nu^{-1} d\nu$$

표 4.1 z-변환의 특성

신호	변환	ROC
1. $a_1x_1(n)+a_2x_2(n)$	$a_1X_1(n)+a_2X_2(n)$	$ROC_{x_1} \cap ROC_{x_2}$ 포함
2. $x(n-n_0)$	$z^{-n_0}X(z)$	ROC_x(0, ∞ 포함/배제 가능)
3. $a^n x(n)$	$X\left(\frac{z}{a}\right)$	$\lvert a\rvert$만큼 크기 조정된 ROC_x
4. $x(-n)$	$X(1/z)$	반전된 ROC_x
5. $x^*(n)$	$X^*(z^*)$	ROC_x
6. $\mathrm{Re}[x(n)]$	$\frac{1}{2}[X(z)+X^*(z^*)]$	ROC_x 포함
7. $\mathrm{Im}[x(n)]$	$\frac{1}{2}[X(z)-X^*(z^*)]$	ROC_x 포함
8. $nx(n)$	$-z\dfrac{dX(z)}{dz}$	ROC_x(0, ∞ 포함/배제 가능)
9. $x_1(n)x_2(n)$	$\frac{1}{2\pi j}\oint_C X_1(\nu)X_2(z/\nu)\nu^{-1}d\nu$	$ROC_{x_1} \cap$ 반전된 ROC_{x_2} 포함
10. $x_1(n)*x_2(n)$	$X_1(n)X_2(n)$	$ROC_{x_1} \cap ROC_{x_2}$ 포함

초기치 정리: $x(0) = \lim_{z\to\infty} X(z)$ (단, $x(n)=0, n<0$)

파시발의 정리: $\sum_{n=-\infty}^{\infty} x_1(n)x_2^*(n) = \frac{1}{2\pi j}\oint_C X_1(\nu)X_2(z/\nu)\nu^{-1}d\nu$

위 식에서 $z = 1$이라 놓으면 식 (4.17)을 얻는다. 이 정리는 이산 시간 신호의 에너지가 z-변환된 형태의 에너지와 일치하는 것으로부터 에너지 보존 법칙을 의미한다.

z-변환의 중요한 성질을 표 4.1에 나타내었다. 여기서 $x(n)$, $x_1(n)$, $x_2(n)$의 z-변환 및 ROC를 각각 $X(z)$, $X_1(z)$, $X_2(z)$와 ROC_x, ROC_{x_1}, ROC_{x_2}로 정의했다.

예제 4.4 $x_1(z) = 2 + 3z^{-1} + 4z^{-2}$과 $X_2(z) = 3 + 4z^{-1} + 5z^{-2} + 6z^{-3}$을 가정하자. $X_3(z) = X_1(z)X_2(z)$를 구하라.

풀이 z-변환의 정의로부터 다음을 관찰한다.

$$x_1(n) = \{\underset{\uparrow}{2}, 3, 4\} \qquad \text{그리고} \qquad x_2(n) = \{\underset{\uparrow}{3}, 4, 5, 6\}$$

그러면 위 두 신호의 수렴은 필요한 다항식 곱의 계수를 줄 것이다.

MATLAB 코드:

```
>> x1 = [2,3,4]; x2 = [3,4,5,6]; x3 = conv(x1,x2)
x3 =       6    17    34    43    38    24
```

따라서

$$X_3(z) = 6 + 17z^{-1} + 34z^{-2} + 43z^{-3} + 38z^{-4} + 24z^{-5}$$

2장에서 만든 conv_m 함수를 이용하여, 비인과적 신호에 해당하는 두 z-영역 다항식을 곱할 수도 있다.

예제 4.5 $X_1(z) = z + 2 + 3z^{-1}$과 $X_2(z) = 2z^2 + 4z + 3 + 5z^{-1}$을 가정하자. $X_3(z) = X_1(z)X_2(z)$를 구하라.

풀이 다음을 주목하라.

$$x_1(n) = \{1, \underset{\uparrow}{2}, 3\} \qquad \text{그리고} \qquad x_2(n) = \{2, 4, \underset{\uparrow}{3}, 5\}$$

MATLAB을 사용하여

```
>> x1 = [1,2,3]; n1 = [-1:1];  x2 = [2,4,3,5]; n2 = [-2:1];
>> [x3,n3] = conv_m(x1,n1,x2,n2)
x3 =
     2     8    17    23    19    15
n3 =
    -3    -2    -1     0     1     2
```

다음을 얻는다.

$$X_3(z) = 2z^3 + 8z^2 + 17z + 23 + 19z^{-1} + 15z^{-2}$$

다항식 하나를 또 다른 다항식으로 나누기 위해 **디콘벌루션**(deconvolution)[23, 6장]이라는 역 연산이 필요할 것이라는 데 주목한다. MATLAB에서 [p,r] = deconv(b,a)는 b를 a로 나눈 결과를 다항식 부분 p와 나머지 r로 계산한다. 예를 들어, 예제 4.4의 다항식 $X_3(z)$를 $X_1(z)$로 나누면

```
>> x3 = [6,17,34,43,38,24]; x1 = [2,3,4]; [x2,r] = deconv(x3,x1)
x2 =
     3     4     5     6
r =
     0     0     0     0     0     0
```

다항식의 계수 $X_2(z)$를 예상한 대로 구했다. 샘플의 지표를 구하기 위해 conv_m 함수에서 했던 것처럼 deconv 함수를 수정해야 할 것이다. 이는 연습문제 P4.6에서 다룬다. 이 연산은 **가분수**(improper rational) 부분으로부터 **진분수**(proper rational) 부분을 얻는 데 유용하다.

콘벌루션 성질의 두 번째 중요한 사용은 다음 절에서 살펴볼 시스템 출력 계산이다. 이 해석은 MATLAB을 이용하여 z-변환 표현 $X(z)$를 확인하는 데 특히 유용하다. MATLAB이 수치 처리기(numerical processor)이므로 직접 z-변환 계산에 사용될 수 없음에 주목하라. 이

제 이 내용을 자세히 설명할 것이다. $x(n)$이 다음과 같은 분수 변환을 갖는 신호라고 하자.

$$X(z) = \frac{B(z)}{A(z)}$$

여기서 $B(z)$와 $A(z)$는 z^{-1}의 다항식이다. $B(z)$와 $A(z)$의 계수를 `filter` 루틴에서 `b`와 `a` 행렬로 사용하고 이 필터를 임펄스 신호 $\delta(n)$으로 동작시키면, 식 (4.15)와 $\mathcal{Z}[\delta(n)] = 1$을 사용하여 필터의 출력은 $x(n)$일 것이다(이는 역 z-변환을 계산하는 수치적 접근 방식이다. 해석적 접근 방식은 다음 절에서 설명할 것이다). $X(z)$가 정말 $x(n)$의 변환임을 확인하기 위해 이 출력을 주어진 $x(n)$과 비교할 수 있다. 이는 예제 4.6에서 볼 수 있다. 이와 동일한 접근 방법으로 2장에서 다룬 `impz` 함수를 이용할 수 있다.

4.2.1 일반적인 z-변환 쌍

z-변환의 정의와 성질을 이용하여 일반적인 신호의 z-변환을 구할 수 있다. 이러한 몇 가지 신호를 표 4.2에 나타내었다.

예제 4.6 z-변환 성질과 z-변환 표를 이용하여 다음의 z-변환을 구하라.

$$x(n) = (n-2)(0.5)^{(n-2)} \cos\left[\frac{\pi}{3}(n-2)\right] u(n-2)$$

풀이 ROC에는 변화가 없는 상태에서 샘플 이동 성질을 적용하면 다음을 얻는다.

표 4.2 일반적인 z-변환 쌍

신호	변환	ROC
$\delta(n)$	1	$\forall z$
$u(n)$	$\dfrac{1}{1-z^{-1}}$	$\lvert z\rvert > 1$
$-u(-n-1)$	$\dfrac{1}{1-z^{-1}}$	$\lvert z\rvert < 1$
$a^n u(n)$	$\dfrac{1}{1-az^{-1}}$	$\lvert z\rvert > \lvert a\rvert$
$-b^n u(-n-1)$	$\dfrac{1}{1-bz^{-1}}$	$\lvert z\rvert < \lvert b\rvert$
$[a^n \sin\omega_0 n]\, u(n)$	$\dfrac{(a\sin\omega_0)z^{-1}}{1-(2a\cos\omega_0)z^{-1}+a^2z^{-2}}$	$\lvert z\rvert > \lvert a\rvert$
$[a^n \cos\omega_0 n]\, u(n)$	$\dfrac{1-(a\cos\omega_0)z^{-1}}{1-(2a\cos\omega_0)z^{-1}+a^2z^{-2}}$	$\lvert z\rvert > \lvert a\rvert$
$na^n u(n)$	$\dfrac{az^{-1}}{(1-az^{-1})^2}$	$\lvert z\rvert > \lvert a\rvert$
$-nb^n u(-n-1)$	$\dfrac{bz^{-1}}{(1-bz^{-1})^2}$	$\lvert z\rvert < \lvert b\rvert$

$$X(z) = \mathcal{Z}[x(n)] = z^{-2}\mathcal{Z}\left[n(0.5)^n \cos\left(\frac{\pi n}{3}\right)u(n)\right]$$

ROC에는 변화가 없는 상태에서 램프 곱셈 성질을 적용하면 다음을 얻는다.

$$X(z) = z^{-2}\left\{-z\frac{d\mathcal{Z}[(0.5)^n \cos(\frac{\pi}{3}n)u(n)]}{dz}\right\}$$

이제 $(0.5)^n \cos(\frac{\pi}{3}n)u(n)$의 z-변환은 표 4.2로부터 다음과 같다.

$$\begin{aligned}\mathcal{Z}\left[(0.5)^n \cos\left(\frac{\pi n}{3}\right)u(n)\right] &= \frac{1-(0.5\cos\frac{\pi}{3})z^{-1}}{1-2(0.5\cos\frac{\pi}{3})z^{-1}+0.25z^{-2}}; \quad |z|>0.5 \\ &= \frac{1-0.25z^{-1}}{1-0.5z^{-1}+0.25z^{-2}}; \quad |z|>0.5\end{aligned}$$

따라서

$$\begin{aligned}X(z) &= -z^{-1}\frac{d}{dz}\left\{\frac{1-0.25z^{-1}}{1-0.5z^{-1}+0.25z^{-2}}\right\}, & |z|>0.5 \\ &= -z^{-1}\left\{\frac{-0.25z^{-2}+0.5z^{-3}-0.0625z^{-4}}{1-z^{-1}+0.75z^{-2}-0.25z^{-3}+0.0625z^{-4}}\right\}, & |z|>0.5 \\ &= \frac{0.25z^{-3}-0.5z^{-4}+0.0625z^{-5}}{1-z^{-1}+0.75z^{-2}-0.25z^{-3}+0.0625z^{-4}}, & |z|>0.5\end{aligned}$$

MATLAB 확인: 위의 $X(z)$가 정말 바른 표현인지 검사하기 위해, 전에 말한 것처럼 $X(z)$에 해당하는 신호 $x(n)$의 처음 8개 샘플을 계산해보자.

```
>> b = [0,0,0,0.25,-0.5,0.0625]; a = [1,-1,0.75,-0.25,0.0625];
>> [delta,n]=impseq(0,0,7)
delta =
     1     0     0     0     0     0     0     0
n =
     0     1     2     3     4     5     6     7
>> x = filter(b,a,delta) % check sequence
x =
  Columns 1 through 4
                   0                   0                   0   0.25000000000000
  Columns 5 through 8
 -0.25000000000000  -0.37500000000000  -0.12500000000000   0.07812500000000
>> x = [(n-2).*(1/2).^(n-2).*cos(pi*(n-2)/3)].*stepseq(2,0,7) % original sequence
x =
 Columns 1 through 4
                   0                   0                   0   0.25000000000000
  Columns 5 through 8
  -0.25000000000000  -0.37500000000000  -0.12500000000000   0.07812500000000
```

이 접근 방식은 z-변환 계산을 확인하는 데 사용된다.

4.3 역 z-변환

z-변환은 이산 시간 선형 시스템의 해석에 주로 이용되는데, 이 경우 대부분 신호의 z-변환에 대해 수학적 연산을 수행한 후에 역 z-변환을 수행하여 결과 신호를 도출하는 방식을 취한다. 주어진 대수식과 수렴 영역으로부터 역 z-변환을 구하는 많은 방법이 있는데, 공식적으로는 다음과 같이 구할 수 있다.

식 (4.1)의 양변에 z^{n-1}을 곱하고 $X(z)$의 수렴 영역 내에서 원점을 감싸는 폐경로 C를 잡자. 이제 C에 대해 반시계 방향의 적분을 취하면

$$\oint_C X(z)z^{n-1}dz = \oint_C \Big[\sum_{k=-\infty}^{\infty} x(k)z^{n-1-k}\Big]dz$$

오른쪽 항의 적분과 합 연산은 모두 선형 연산이므로 순서를 교환할 수 있다. 따라서

$$\oint_C X(z)z^{n-1}dz = \sum_{k=-\infty}^{\infty} x(k)\oint_C [z^{n-1-k}]\,dz$$

코시(Cauchy)의 적분 정리로부터 다음을 얻을 수 있다.

$$\frac{1}{2\pi j}\oint_C [z^{n-1-k}]\,dz = \begin{cases} 1, & k = n \\ 0, & k \neq n \end{cases}$$

위 정리를 대입하면

$$x(n) = \mathcal{Z}^{-1}[X(z)] = \frac{1}{2\pi j}\oint_C X(z)z^{n-1}dz \tag{4.18}$$

그러나 일반적인 경우 정의식 (4.18)로부터 역 z-변환 계산은 복잡한 과정인 복소 폐경로 적분의 계산이 필요하므로 실제 적용에 부적합하다. 따라서 우리가 선형 시불변 이산 시스템의 해석에서 마주치는 신호와 z-변환에 대해서는 비공식적인 방법을 더 자주 이용한다. 그중 하나로 직관적인 방법을 들 수 있다. 이 방법은 단순히 특정한 변환 쌍을 이용하거나, 직관적으로 알아내는 것이다.

표 4.1과 같은 z-변환 쌍은 직관적인 방법을 사용하는 데 있어 아주 중요하다. 표가 충분히 많은 변환 쌍을 포함하고 있다면, 주어진 z-변환을 표에 주어진 역변환 항들의 합으로 표현할 수 있다. 그 경우 역변환은 간단히 구할 수 있다. 또 다른 비공식적이며 가장 실용적인 접근 방식은 부분 분수 전개 방법을 사용하는 것이다. 이는 z-변환 표 4.2를 사용한다. 그러나 z-변환이 유리함수여야 한다. 이 필요조건은 일반적으로 디지털 신호 처리에서 만족된다.

$X(z)$가 z^{-1}의 유리함수일 때, 이는 부분 분수 전개를 사용하여 단순한(1차의) 요소의 합으로 표현할 수 있다. 이 요소에 해당하는 각 신호는 z-변환 표를 이용하여 구할 수 있다.

역 z-변환 과정은 다음과 같이 요약할 수 있다.

- 다음이 주어졌을 때

$$X(z)=\frac{b_0+b_1z^{-1}+\cdots+b_Mz^{-M}}{1+a_1z^{-1}+\cdots+a_Nz^{-N}},\ R_{x-}<|z|<R_{x+} \tag{4.19}$$

- 이를 다음과 같이 표현하라.

$$X(z)=\underbrace{\frac{\tilde{b}_0+\tilde{b}_1z^{-1}+\cdots+\tilde{b}_{N-1}z^{-(N-1)}}{1+a_1z^{-1}+\cdots+a_Nz^{-N}}}_{\text{진분수 부분}}+\underbrace{\sum_{k=0}^{M-N}C_kz^{-k}}_{\text{만약 } M\geq N\text{이면 다항식 부분}} \tag{4.20}$$

여기서 우측의 첫째 항은 진분수 부분이고, 둘째 항은 다항식(길이가 유한인) 부분이다. 이는 만약 $M \geq N$이면 deconv 함수를 이용하여 다항식 나눗셈을 함으로써 구할 수 있다.

- 다음을 얻기 위해 $X(z)$의 진분수 부분에 대해 부분 분수 전개를 실행하라.

$$X(z)=\sum_{k=1}^{N}\frac{R_k}{1-p_kz^{-1}}+\underbrace{\sum_{k=0}^{M-N}C_kz^{-k}}_{M\geq N} \tag{4.21}$$

여기서 p_k는 $X(z)$의 k번째 극점이고, R_k는 p_k에서 유수(residue)이다. 유수가 다음과 같이 주어지는 극점은 서로 다르다고 가정한다.

$$R_k=\left.\frac{\tilde{b}_0+\tilde{b}_1z^{-1}+\cdots+\tilde{b}_{N-1}z^{-(N-1)}}{1+a_1z^{-1}+\cdots+a_Nz^{-N}}(1-p_kz^{-1})\right|_{z=z_k}$$

반복된 극점에 대해 전개식 (4.21)은 더 일반적인 형태를 띠고 있다. 만약 극점 p_k가 다중성 r을 갖고 있다면, 이의 전개는 다음과 같다.

$$\sum_{\ell=1}^{r}\frac{R_{k,\ell}z^{-(\ell-1)}}{(1-p_kz^{-1})^{\ell}}=\frac{R_{k,1}}{1-p_kz^{-1}}+\frac{R_{k,2}z^{-1}}{(1-p_kz^{-1})^2}+\cdots+\frac{R_{k,r}z^{-(r-1)}}{(1-p_kz^{-1})^r} \tag{4.22}$$

여기서 유수 $R_{k,\ell}$는 더 일반적인 공식을 이용하여 계산되는데, 이 공식은 [79]에서 구할 수 있다.

- $x(n)$을 다음과 같이 써라.

$$x(n)=\sum_{k=1}^{N}R_k\mathcal{Z}^{-1}\left[\frac{1}{1-p_kz^{-1}}\right]+\underbrace{\sum_{k=0}^{M-N}C_k\delta(n-k)}_{M\geq N}$$

- 마지막으로, $x(n)$을 계산하기 위해 표 4.2의 관계를 이용하라.

$$\mathcal{Z}^{-1}\left[\frac{z}{z-p_k}\right] = \begin{cases} p_k^n u(n) & |z_k| \le R_{x-} \\ -p_k^n u(-n-1) & |z_k| \ge R_{x+} \end{cases} \tag{4.23}$$

예제 4.7 $x(z) = \dfrac{z}{3z^2-4z+1}$ 의 역 z-변환을 구하라.

풀이 다음과 같이 써라.

$$X(z) = \frac{z}{3(z^2-\frac{4}{3}z+\frac{1}{3})} = \frac{\frac{1}{3}z^{-1}}{1-\frac{4}{3}z^{-1}+\frac{1}{3}z^{-2}}$$

$$= \frac{\frac{1}{3}z^{-1}}{(1-z^{-1})(1-\frac{1}{3}z^{-1})} = \frac{\frac{1}{2}}{1-z^{-1}} - \frac{\frac{1}{2}}{1-\frac{1}{3}z^{-1}}$$

또는

$$X(z) = \frac{1}{2}\left(\frac{1}{1-z^{-1}}\right) - \frac{1}{2}\left(\frac{1}{1-\frac{1}{3}z^{-1}}\right)$$

이제 $X(z)$는 2개의 극점 $z_1 = 1$과 $z_2 = \frac{1}{3}$을 갖고 있다. 그리고 ROC가 지정되지 않았으므로 그림 4.5에 나타나 있듯이 가능한 세 가지의 ROC가 있다.

a. ROC_1: $1 < |z| < \infty$. 여기서 2개의 극점 모두 ROC_1의 내부에 있다. 즉, $|z_1| \le R_{x-} = 1$과 $|z_2| \le 1$이다. 따라서 식 (4.23)으로부터 다음을 얻을 수 있다.

$$x_1(n) = \frac{1}{2}u(n) - \frac{1}{2}\left(\frac{1}{3}\right)^n u(n)$$

이는 우측 신호이다.

b. ROC_2: $0 < |z| < \frac{1}{3}$. 여기서 2개의 극점 모두 ROC_2의 외부에 있다. 즉, $|z_1| \ge R_{x+} = \frac{1}{3}$과 $|z_2| \ge \frac{1}{3}$이다. 따라서 식 (4.23)으로부터 다음을 얻을 수 있다.

$$x_2(n) = \frac{1}{2}\{-u(-n-1)\} - \frac{1}{2}\left\{-\left(\tfrac{1}{3}\right)^n u(-n-1)\right\}$$

$$= \frac{1}{2}\left(\frac{1}{3}\right)^n u(-n-1) - \frac{1}{2}u(-n-1)$$

이는 좌측 신호이다.

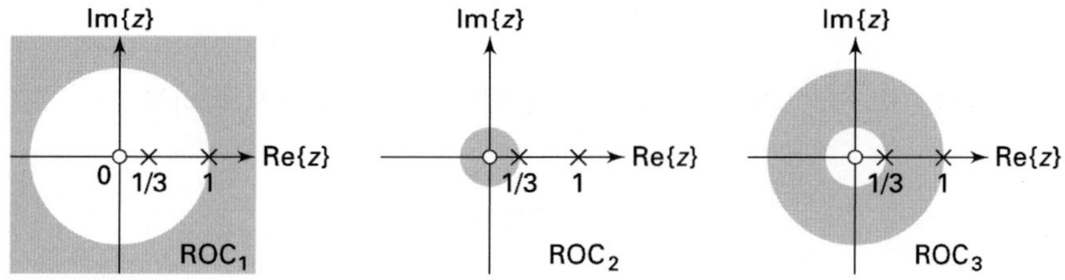

그림 4.5 예제 4.7의 수렴 영역

c. ROC$_3$: $\frac{1}{3} < |z| < 1$. 여기서 극점 z_1은 ROC$_3$의 외부에 있다. 즉, $|z_1| \geq R_{x+} = 1$이나 극점 z_2는 내부에 있다. 즉, $|z_2| \leq \frac{1}{3}$이다. 따라서 식 (4.23)으로부터 다음을 얻을 수 있다.

$$x_3(n) = -\frac{1}{2}u(-n-1) - \frac{1}{2}\left(\frac{1}{3}\right)^n u(n)$$

이는 양측 신호이다.

4.3.1 MATLAB 구현

MATLAB 함수 `residuez`는 z^{-1}의 유리함수의 나머지 부분과 다항식 항을 계산하는 데 사용할 수 있다.

$$\begin{aligned} X(z) &= \frac{b_0 + b_1 z^{-1} + \cdots + b_M z^{-M}}{a_0 + a_1 z^{-1} + \cdots + a_N z^{-N}} = \frac{B(z)}{A(z)} \\ &= \sum_{k=1}^{N} \frac{R_k}{1 - p_k z^{-1}} + \underbrace{\sum_{k=0}^{M-N} C_k z^{-k}}_{M \geq N} \end{aligned}$$

위 식이 분자와 분모의 다항식이 z^{-1}의 오름차순인 유리함수라 하자. 그러면 `[R,p,C]= residuez(b,a)`는 두 다항식 $B(z)$와 $A(z)$가 각각 두 벡터 `b`와 `a`로 주어진 $X(z)$의 나머지, 극점 및 다항식 항을 구한다. 구해진 열 벡터 `R`은 나머지를 포함하고, 열 벡터 `p`는 극점의 위치를 포함하고, 행 벡터 `C`는 다항식 항을 포함한다. 만약 `p(k)=...=p(k+r-1)`이 다중성 `r`을 가진 극점이면, 전개는 다음과 같은 형태의 항을 포함한다.

$$\frac{R_k}{1 - p_k z^{-1}} + \frac{R_{k+1}}{(1 - p_k z^{-1})^2} + \cdots + \frac{R_{k+r-1}}{(1 - p_k z^{-1})^r} \tag{4.24}$$

마찬가지로, `[b,a]=residuez(R,p,C)`는 세 가지 입력 변수와 두 가지 출력 변수를 가지고 부분 분수 전개를 역으로 계수가 행 벡터 `b`와 `a`인 다항식으로 바꾼다.

예제 4.8 나머지 함수를 검사하기 위해, 예제 4.7에 주어진 다음 유리함수를 생각해보자.

$$X(z) = \frac{z}{3z^2 - 4z + 1}$$

풀이 먼저 z^{-1}의 오름차순 함수가 되도록 $X(z)$를 다시 정리한다.

$$X(z) = \frac{z^{-1}}{3 - 4z^{-1} + z^{-2}} = \frac{0 + z^{-1}}{3 - 4z^{-1} + z^{-2}}$$

이제 MATLAB을 사용하여

```
>> b = [0,1]; a = [3,-4,1]; [R,p,C] = residuez(b,a)
R =
    0.5000
   -0.5000
p =
    1.0000
    0.3333
c =
     []
```

전과 같이 다음을 얻는다.

$$X(z) = \frac{\frac{1}{2}}{1 - z^{-1}} - \frac{\frac{1}{2}}{1 - \frac{1}{3}z^{-1}}$$

마찬가지로, 유리함수 형태로 전환하기 위해

```
>> [b,a] = residuez(R,p,C)
b =
    0.0000
    0.3333
a =
    1.0000
   -1.3333
    0.3333
```

그리하여 전과 같이 다음을 얻는다.

$$X(z) = \frac{0 + \frac{1}{3}z^{-1}}{1 - \frac{4}{3}z^{-1} + \frac{1}{3}z^{-2}} = \frac{z^{-1}}{3 - 4z^{-1} + z^{-2}} = \frac{z}{3z^2 - 4z + 1}$$

예제 4.9 다음의 역 z-변환을 계산하라.

$$X(z) = \frac{1}{(1 - 0.9z^{-1})^2 (1 + 0.9z^{-1})}, \quad |z| > 0.9$$

풀이 MATLAB을 이용하여 나머지뿐만 아니라 분모의 다항식도 계산할 수 있다.

```
>> b = 1; a = poly([0.9,0.9,-0.9])
a =
     1.0000    -0.9000    -0.8100     0.7290
>> [R,p,C]=residuez(b,a)
R =
    0.2500
    0.5000
    0.2500
p =
    0.9000
    0.9000
   -0.9000
```

```
c =
     []
```

근이 주어지면 다항식 계수를 계산하는 MATLAB의 다항식 함수 `poly`를 이용하여 분모의 다항식이 계산됨을 주목하라. `conv` 함수를 사용할 수 있었으나 `poly` 함수를 사용하는 것이 이 목적에 더 편리하다. 나머지 계산과 식 (4.24)에 주어진 나머지의 차수를 이용하여 다음을 얻는다.

$$X(z) = \frac{0.25}{1-0.9z^{-1}} + \frac{0.5}{(1-0.9z^{-1})^2} + \frac{0.25}{1+0.9z^{-1}}, \qquad |z| > 0.9$$

$$= \frac{0.25}{1-0.9z^{-1}} + \frac{0.5}{0.9}z\frac{\left(0.9z^{-1}\right)}{(1-0.9z^{-1})^2} + \frac{0.25}{1+0.9z^{-1}}, \quad |z| > 0.9$$

따라서 표 4.2와 z-변환 성질 시간 이동을 이용하면

$$x(n) = 0.25(0.9)^n u(n) + \frac{5}{9}(n+1)(0.9)^{n+1}u(n+1) + 0.25\left(-0.9\right)^n u(n)$$

간단히 하면 다음과 같다.

$$x(n) = 0.75(0.9)^n u(n) + 0.5n(0.9)^n u(n) + 0.25\left(-0.9\right)^n u(n)$$

MATLAB 확인:

```
>> [delta,n] = impseq(0,0,7);   x = filter(b,a,delta) % check sequence
x =
  Columns 1 through 4
   1.00000000000000   0.90000000000000   1.62000000000000   1.45800000000000
  Columns 5 through 8
   1.96830000000000   1.77147000000000   2.12576400000000   1.91318760000000
>> x = (0.75)*(0.9).^n + (0.5)*n.*(0.9).^n + (0.25)*(-0.9).^n % answer sequence
x =
  Columns 1 through 4
   1.00000000000000   0.90000000000000   1.62000000000000   1.45800000000000
  Columns 5 through 8
   1.96830000000000   1.77147000000000   2.12576400000000   1.91318760000000
```

■

예제 4.10 결과로 나온 신호가 인과적이고 복소수를 포함하지 않도록 다음의 역 z-변환을 구하라.

$$X(z) = \frac{1+0.4\sqrt{2}z^{-1}}{1-0.8\sqrt{2}z^{-1}+0.64z^{-2}}$$

풀이 인과적 신호의 ROC를 구하기 위해 극좌표 형태로 $X(z)$의 극점을 구해야 한다.

MATLAB 코드:

```
>> b = [1,0.4*sqrt(2)]; a=[1,-0.8*sqrt(2),0.64];
>> [R,p,C] = residuez(b,a)
R =
   0.5000 - 1.0000i
   0.5000 + 1.0000i
p =
   0.5657 + 0.5657i
   0.5657 - 0.5657i
C =
     []
>> Mp=(abs(p))'   % pole magnitudes
Mp =
    0.8000    0.8000
>> Ap=(angle(p))'/pi   % pole angles in pi units
Ap =
   0.2500   -0.2500
```

위 계산으로부터

$$X(z) = \frac{0.5-j}{1-0.8e^{+j\frac{\pi}{4}}z^{-1}} + \frac{0.5+j}{1-0.8e^{-j\frac{\pi}{4}}z^{-1}}, \quad |z| > 0.8$$

그리고 표 4.2로부터 다음을 얻는다.

$$\begin{aligned} x(n) &= (0.5-j)\,0.8^n e^{+j\frac{\pi}{4}n}u(n) + (0.5+j)\,0.8^n e^{-j\frac{\pi}{4}n}u(n) \\ &= 0.8^n[0.5\{e^{+j\frac{\pi}{4}n} + e^{-j\frac{\pi}{4}n}\} - j\{e^{+j\frac{\pi}{4}n} - e^{-j\frac{\pi}{4}n}\}]u(n) \\ &= 0.8^n\left[\cos\left(\frac{\pi n}{4}\right) + 2\sin\left(\frac{\pi n}{4}\right)\right]u(n) \end{aligned}$$

MATLAB 확인:

```
>> [delta, n] = impseq(0,0,6);
 x = filter(b,a,delta) % check sequence
x =
  Columns 1 through 4
   1.00000000000000   1.69705627484771   1.28000000000000   0.36203867196751
  Columns 5 through 8
  -0.40960000000000  -0.69511425017762  -0.52428800000000  -0.14829104003789
>> x = ((0.8).^n).*(cos(pi*n/4)+2*sin(pi*n/4))
x =
  Columns 1 through 4
   1.00000000000000   1.69705627484771   1.28000000000000   0.36203867196751
  Columns 5 through 8
  -0.40960000000000  -0.69511425017762  -0.52428800000000  -0.14829104003789
```

4.4 z-영역에서의 시스템 표현

주파수 응답 함수 $H(e^{j\omega})$과 비슷하게, 시스템 함수(system function)라고 불리는 z-영역 함수 $H(z)$를 정의할 수 있다. 그러나 $H(e^{j\omega})$과 달리 BIBO 안정적이지 않은 시스템에 대해서도 $H(z)$는 존재한다.

정의 1 시스템 함수

시스템 함수 $H(z)$는 다음과 같이 주어진다.

$$H(z) \triangleq \mathcal{Z}[h(n)] = \sum_{-\infty}^{\infty} h(n) z^{-n}; \quad R_{h-} < |z| < R_{h+} \tag{4.25}$$

z-변환의 콘벌루션 성질(식 (4.15))을 이용하여, 출력 변환 $Y(z)$는 만약 ROC_x가 ROC_h와 겹친다면 다음과 같이 주어진다.

$$Y(z) = H(z)\, X(z) \quad : \text{ROC}_y = \text{ROC}_h \cap \text{ROC}_x \tag{4.26}$$

그러므로 선형 시불변 시스템은 z-영역에서 다음과 같이 표현할 수 있다.

$$X(z) \longrightarrow \boxed{H(z)} \longrightarrow Y(z) = H(z)\, X(z)$$

4.4.1 차분 방정식 표현으로부터의 시스템 함수

LTI 시스템이 다음 차분 방정식으로 기술될 때

$$y(n) + \sum_{k=1}^{N} a_k y(n-k) = \sum_{\ell=0}^{M} b_\ell x(n-\ell) \tag{4.27}$$

시스템 함수 $H(z)$는 쉽게 계산될 수 있다. 양변 모두에 대해 z-변환을 취하고 z-변환의 성질을 이용하여

$$Y(z) + \sum_{k=1}^{N} a_k z^{-k} Y(z) = \sum_{\ell=0}^{M} b_\ell z^{-\ell} X(z)$$

또는

$$H(z) \triangleq \frac{Y(z)}{X(z)} = \frac{\sum_{\ell=0}^{M} b_\ell z^{-\ell}}{1 + \sum_{k=1}^{N} a_k z^{-k}} = \frac{B(z)}{A(z)}$$

$$= \frac{b_0 z^{-M} \left(z^M + \cdots + \frac{b_M}{b_0} \right)}{z^{-N} \left(z^N + \cdots + a_N \right)} \tag{4.28}$$

인수분해 후에 다음을 얻는다.

$$H(z) = b_0 \, z^{N-M} \, \frac{\prod_{\ell=1}^{N}(z - z_\ell)}{\prod_{k=1}^{N}(z - p_k)} \tag{4.29}$$

여기서 z_ℓ는 시스템의 영점이고, p_k는 시스템의 극점이다. 그리하여 $H(z)$는(그리고 따라서 LTI 시스템) 또한 극-영점 그래프를 이용하여 z-영역에서 표현할 수 있다. 이 사실은 극점과 영점을 적절히 위치시킴으로써 간단한 필터를 설계하는 데 유용하다.

유리함수 $H(z)$의 극점과 영점을 구하는 데 MATLAB 함수 `roots`를 분자와 분모 다항식 모두에 사용할 수 있다(이의 역함수 `poly`는 지난 절에서 말한 것처럼 다항식의 계수를 근으로부터 구한다). 극-영점 그래프를 시각적으로 표시하기 위해 이 근을 그리는 데 MATLAB을 사용하는 것 역시 가능하다. 함수 `zplane(b,a)`는 분자 **행 벡터** `b`와 분모 **행 벡터** `a`가 주어지면, 극점과 영점을 그린다. 전과 같이 기호 '`o`'은 영점을 나타내고, 기호 '`x`'는 극점을 나타낸다. 그림은 기준을 위해 단위원을 포함하고 있다. 마찬가지로, `zplane(z,p)`는 **열 벡터** `z`에서 영점을 그리고 **열 벡터** `p`에서 극점을 그린다. 이 함수를 적절히 이용하기 위해 입력 변수의 형태를 특히 주목하라.

4.4.2 전달 함수 표현

만약 $H(z)$의 ROC가 단위원($z = e^{j\omega}$)을 포함하면 $H(z)$를 단위원 위에서 구할 수 있고, 이것이 주파수 응답 함수 또는 전달 함수 $H(e^{j\omega})$이다. 그러면 식 (4.29)로부터

$$H(e^{j\omega}) = b_0 \, e^{j(N-M)\omega} \, \frac{\prod_{1}^{M}(e^{j\omega} - z_\ell)}{\prod_{1}^{N}(e^{j\omega} - p_k)} \tag{4.30}$$

인수 $(e^{j\omega} - z_\ell)$는 복소 z 평면에서 영점 z_ℓ에서 단위원 $z = e^{j\omega}$까지의 벡터로 해석할 수 있는 반면, 인수 $(e^{j\omega} - p_k)$는 극점 p_k에서 단위원 $z = e^{j\omega}$까지의 벡터로 해석할 수 있다. 이는 그림 4.6에서 볼 수 있다. 따라서 다음의 크기 응답 함수는

$$|H(e^{j\omega})| = |b_0| \frac{|e^{j\omega} - z_1| \cdots |e^{j\omega} - z_M|}{|e^{j\omega} - p_1| \cdots |e^{j\omega} - p_N|} \tag{4.31}$$

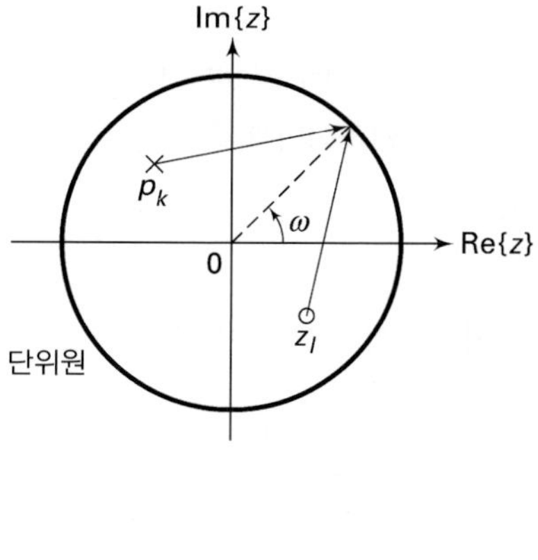

그림 4.6 극점 및 영점 벡터

$|b_0|$만큼 크기 조정되고, 극점에서 단위원까지의 벡터의 길이로 나누어진, 영점에서 단위원까지의 벡터 길이의 곱으로 해석할 수 있다. 마찬가지로, 위상 응답 함수는

$$\angle H(e^{j\omega}) = \underbrace{[0 \text{ or } \pi]}_{\text{상수}} + \underbrace{[(N-M)\,\omega]}_{\text{선형}} + \underbrace{\sum_{1}^{M} \angle(e^{j\omega} - z_k) - \sum_{1}^{N} \angle(e^{j\omega} - p_k)}_{\text{비선형}} \qquad (4.32)$$

상수 인수, 선형 위상 인수, 비선형 위상 인수('영점 벡터'의 각에서 '극점 벡터'의 각을 뺀 합)의 합으로 해석할 수 있다.

4.4.3 MATLAB 구현

3장에서는 MATLAB으로 직접 응답의 함수 형태를 구현함으로써 크기와 위상 응답을 그렸다. MATLAB은 또한 이 계산을 위해 `freqz`라는 함수를 제공하는데, 이 함수는 위에서 주어진 해석을 사용한다. 가장 간단한 형태로 이 함수는 다음에 의해 불려진다.

```
[H,w] = freqz(b,a,N)
```

이것은 분자와 분모 계수가 벡터 `b`와 `a`로 주어진 상태에서 시스템의 `N`개의 점을 가진 주파수 벡터 `w`와 `N`개의 점을 가진 복소 주파수 응답 벡터 `H`를 반환한다. 주파수 응답은 단위원의 위쪽 반원의 둘레에 등간격으로 있는 `N`개의 점에서 계산된다. `b`와 `a` 벡터가 `filter` 함수에서 사용하거나 차분 방정식 표현식 (4.27)에서 유도된 벡터와 같다는 데 주목하라.

다음의 두 번째

```
[H,w] = freqz(b,a,N,'whole')
```

형태는 계산을 위해 전체 단위원 둘레에 `N`개의 점을 사용한다.

또 다른 형태는 다음과 같다.

```
H = freqz(b,a,w)
```

이것은 벡터 `w`에서 지시된 주파수($0 \sim \pi$ 사이)의 주파수 응답을 반환한다. 또한 `freqz` 함수는 `b = x`이고 `a = 1`일 때, 인과적이고 유한 구간의 신호 $x(n)$의 DTFT 수치 계산에도 이용될 수 있음을 주목하라.

예제 4.11 다음과 같은 인과적 시스템이 주어져 있다.

$$y(n) = 0.9y(n-1) + x(n)$$

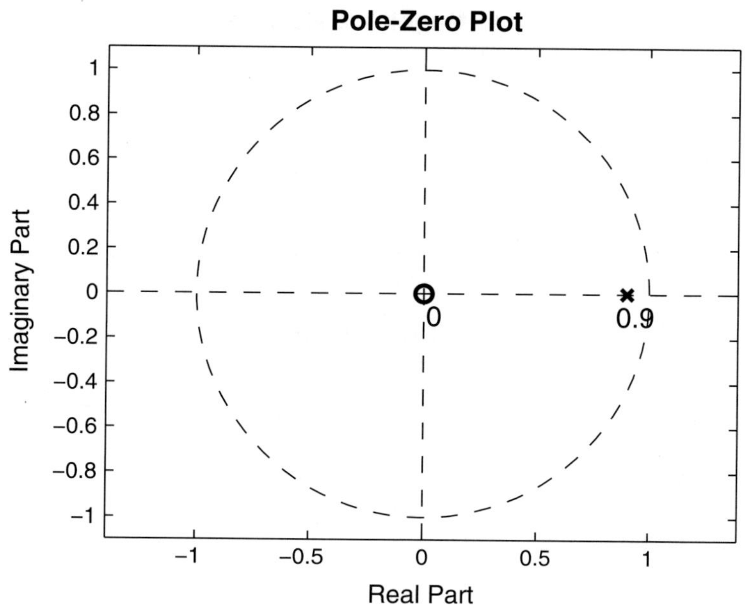

그림 4.7 예제 4.11a의 극-영점 그래프

a. $H(z)$를 구하고 극-영점 그래프를 그려라.

b. $|H(e^{j\omega})|$과 $\angle H(e^{j\omega})$을 그려라.

c. 임펄스 응답 $h(n)$을 구하라.

풀이 차분 방정식은 다음과 같은 형태로 표현할 수 있다.

$$y(n) - 0.9y(n-1) = x(n)$$

a. 식 (4.30)으로부터 시스템이 인과적이므로 다음이 성립한다.

$$H(z) = \frac{1}{1 - 0.9z^{-1}}; \quad |z| > 0.9$$

0.9에 하나의 극점이 있고 원점에 하나의 영점이 있다. `zplane` 함수의 이용을 보여주기 위해 MATLAB을 사용한다.

```
>> b = [1, 0]; a = [1, -0.9];  zplane(b,a)
```

`zplane` 함수가 스칼라량은 영점이나 극점으로 가정하기 때문에 우리가 `b = 1` 대신에 `b = [1,0]`으로 표시했음을 주목하라. 결과로 나오는 극-영점 그래프는 그림 4.7에 나타나 있다.

b. 식 (4.31)과 식 (4.32)를 이용하여 $H(e^{j\omega})$의 크기와 위상을 구할 수 있다. 다시 한 번

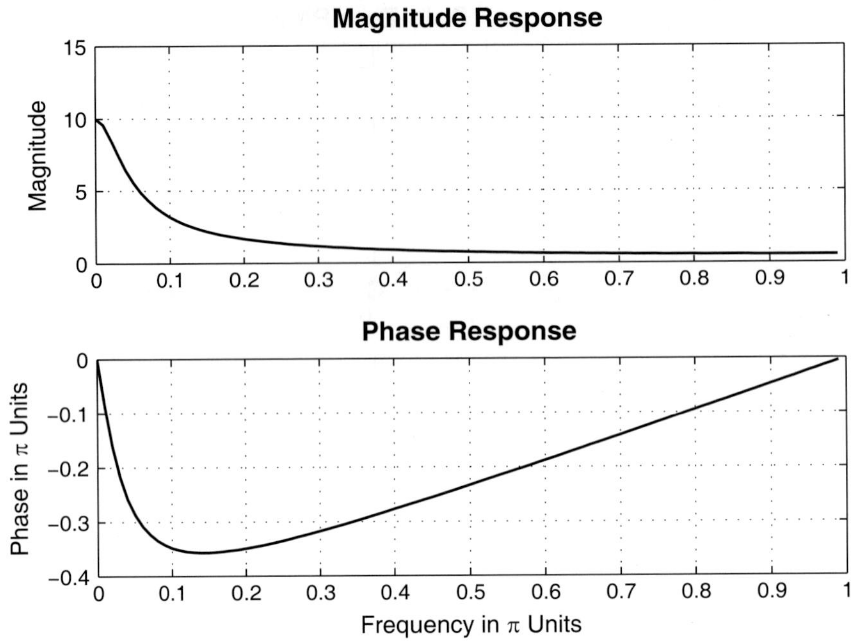

그림 4.8 예제 4.11의 주파수 응답

`freqz` 함수의 사용을 보여주기 위해 MATLAB을 사용한다. 첫 번째 형태를 사용하여 단위원의 위쪽 반을 따라 100개의 점을 취한다.

MATLAB 코드:

```
>> [H,w] = freqz(b,a,100);  magH = abs(H); phaH = angle(H);
>> subplot(2,1,1);plot(w/pi,magH);grid
>> xlabel('frequency in pi units'); ylabel('Magnitude');
>> title('Magnitude Response')
>> subplot(2,1,2);plot(w/pi,phaH/pi);grid
>> xlabel('frequency in pi units'); ylabel('Phase in pi units');
>> title('Phase Response')
```

응답은 그림 4.8에 나타나 있다. 이 그래프를 자세히 살펴보면, $0 \le \omega \le 0.99\pi$ 사이에서 계산되고 $\omega = \pi$에서 잘렸음을 알 수 있다. 이는 MATLAB에서 단위원의 아랫부분이 $\omega = \pi$에서 시작한다는 사실에 기인한다. 이 문제를 극복하기 위해 다음과 같이 `freqz` 함수의 두 번째 형태를 사용한다.

```
>> [H,w] = freqz(b,a,200,'whole');
>> magH = abs(H(1:101)); phaH = angle(H(1:101));
```

이제 행렬 `H`의 101번째 원소는 $\omega = \pi$에 해당할 것이다. `freqz` 함수의 세 번째 형태를 이용하여 비슷한 결과를 구할 수 있다.

```
>> w = [0:1:100]*pi/100;  H = freqz(b,a,w);
>> magH = abs(H); phaH = angle(H);
```

앞으로 우리는 편의에 따라 이 형태들 중 어느 하나를 이용할 것이다. 또한 그림에서 축이 π의 단위이고 읽기 쉽게 하기 위해 w와 phaH 행렬을 pi로 나눴음을 주목하라. 이 방식을 적극 권장한다.

c. z-변환 표 4.2로부터

$$h(n) = \mathcal{Z}^{-1}\left[\frac{1}{1-0.9z^{-1}},\ |z|>0.9\right] = (0.9)^n u(n)$$

예제 4.12

$$H(z) = \frac{z+1}{z^2-0.9z+0.81}$$

위와 같은 인과적 시스템이 주어졌을 때, 다음을 구하라.

a. 전달 함수 표현

b. 차분 방정식 표현

c. 임펄스 응답 표현

풀이 시스템 함수의 극점은 $z = 0.9\angle \pm \pi/3$에 있다. 따라서 위 인과적 시스템의 ROC는 $|z| > 0.9$이다. 그러므로 단위원은 ROC에 있고 이산 시간 푸리에 변환 $H(e^{j\omega})$은 존재한다.

a. $H(z)$에 $z = e^{j\omega}$을 대입하면

$$H(e^{j\omega}) = \frac{e^{j\omega}+1}{e^{j2\omega}-0.9e^{j\omega}+0.81} = \frac{e^{j\omega}+1}{(e^{j\omega}-0.9e^{j\pi/3})(e^{j\omega}-0.9e^{-j\pi/3})}$$

b. $H(z) = Y(z)/X(z)$를 이용하여

$$\frac{Y(z)}{X(z)} = \frac{z+1}{z^2-0.9z+0.81}\left(\frac{z^{-2}}{z^{-2}}\right) = \frac{z^{-1}+z^{-2}}{1-0.9z^{-1}+0.81z^{-2}}$$

교차로 곱하여,

$$Y(z) - 0.9z^{-1}Y(z) + 0.81z^{-2}Y(z) = z^{-1}X(z) + z^{-2}X(z)$$

이제 역 z-변환을 취하면

$$y(n) - 0.9y(n-1) + 0.81y(n-2) = x(n-1) + x(n-2)$$

또는

$$y(n) = 0.9y(n-1) - 0.81y(n-2) + x(n-1) + x(n-2)$$

c. MATLAB을 이용하여

```
>> b = [0,1,1]; a = [1,-0.9,0.81];  [R,p,C] = residuez(b,a)
R =
  -0.6173 - 0.9979i
  -0.6173 + 0.9979i
p =
   0.4500 + 0.7794i
   0.4500 - 0.7794i
C =
    1.2346
>> Mp = (abs(p))'
Mp =
    0.9000    0.9000
>> Ap = (angle(p))'/pi
Ap =
   0.3333   -0.3333
```

다음을 얻는다.

$$H(z) = 1.2346 + \frac{-0.6173 + j0.9979}{1 - 0.9e^{-j\pi/3}z^{-1}} + \frac{-0.6173 - j0.9979}{1 - 0.9e^{j\pi/3}z^{-1}}, \quad |z| > 0.9$$

따라서 표 4.2로부터

$$\begin{aligned} h(n) &= 1.2346\delta(n) + [(-0.6173 + j0.9979)0.9^n e^{-j\pi n/3} \\ &\quad +(-0.6173 - j0.9979)0.9^n e^{j\pi n/3}]u(n) \\ &= 1.2346\delta(n) + 0.9^n[-1.2346\cos(\pi n/3) + 1.9958\sin(\pi n/3)]u(n) \\ &= 0.9^n[-1.2346\cos(\pi n/3) + 1.9958\sin(\pi n/3)]u(n-1) \end{aligned}$$

마지막 단계는 $h(0) = 0$이라는 사실로부터 나온다.

4.4.4 시스템 표현 사이의 관계

이 장과 앞의 두 장에서 여러 가지 시스템 표현을 만들었다. 그림 4.9는 이 표현들 간의 관계를 그림의 형태로 묘사하고 있다.

4.4.5 안정성과 인과성

정리 2 z-영역 LTI 안정성

단위원이 $H(z)$의 수렴 영역에 있으면 LTI 시스템은 안정하다. LTI 시스템이 안정하면 단위원이 $H(z)$의 수렴 영역에 있다.

LTI 시스템에 대해 BIBO 안정성은 절대 가합, 즉 $\sum_{-\infty}^{\infty}|h(k)| < \infty$와 등가이다. 시스템 함수의 z-변환 $H(z)$는

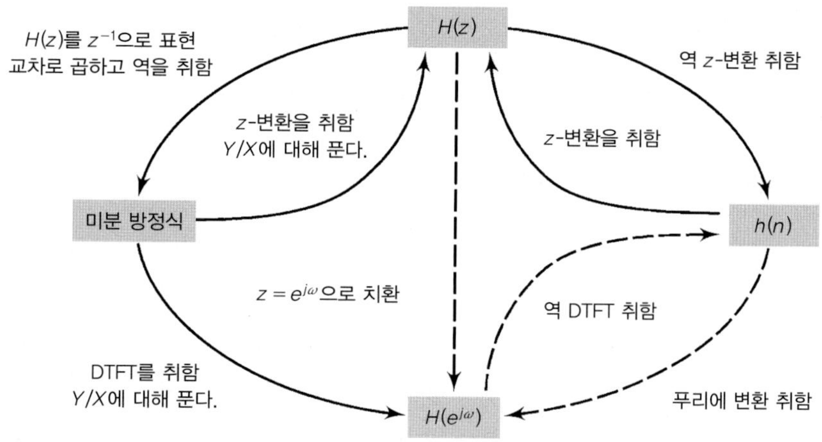

그림 4.9 그림 형태의 시스템 표현

$$H(z) = \sum_{n=-\infty}^{\infty} h(n)z^{-n}$$

로 표현되고, 수렴하기 위한 조건은

$$|H(z)| = \sum_{n=-\infty}^{\infty} |h(n)z^{-n}| \leq \sum_{n=-\infty}^{\infty} |h(n)||z^{-n}|$$

유한한 $H(z)$ 값을 갖는 것이다. 만약 $|z| = 1$이면, $H(z)$가 수렴하기 위한 조건은 결국 LTI 시스템에서의 안정성을 위한 조건과 동일하다. 따라서 LTI 시스템이 안정하기 위해서는 단위원 $|z| = 1$이 $H(z)$의 ROC에 있어야 함을 의미한다. 이 결과를 z-**영역 안정성 정리**라 한다. 따라서 그림 4.9에서 점선 경로는 시스템이 안정할 때만 존재한다.

LTI 인과성의 경우 $n < 0$에 대해 $h(n) = 0$(즉, 우측 신호)이 필요하다. 이는 $H(z)$의 ROC가 반지름 R_{h-}인 원의 외부에 있어야 함을 암시한다. 이것은 어떤 우측 신호도 비슷한 ROC를 갖고 있기 때문에 충분조건이 아니다. 그러나 시스템이 안정할 때 인과성은 검사하기 쉽다.

■ **정리 3 z-영역 인과적 LTI 안정성**

시스템 함수 $H(z)$가 모든 극점을 단위원 내부에 가지면 인과적 LTI 시스템은 안정하다.
인과적 LTI 시스템이 안정하면 시스템 함수 $H(z)$가 모든 극점을 단위원 내부에 갖는다.

위의 결과는 다음과 같이 증명할 수 있다.

우선 시스템이 안정하다고 가정하고 $H(z)$의 극점이 모두 단위원 $|z| = 1$의 내부에 존재함을 밝혀본다. $H(z)$의 정의로부터 인과적 시스템에 대해 다음의 식을 얻을 수 있다.

$$|H(z)| = \left|\sum_{k=0}^{\infty} h(k)z^{-k}\right| \leq \sum_{k=0}^{\infty} |h(k)||z|^{-k}$$

위 식은 $|z| \geq 1$일 때 다음 식과 같이 간략화된다.

$$|H(z)| = \sum_{k=0}^{\infty} |h(k)|, \ |z| \geq 1$$

시스템이 안정하다고 가정했으므로 다음의 관계가 성립한다.

$$|H(z)| = \sum_{k=0}^{\infty} |h(k)| \leq \infty, \ |z| \geq 1$$

$H(z)$가 $|z| \geq 1$에서 유한하므로 이 단위원의 내부에만 $H(z)$의 극점이 존재한다.

$H(z)$가 $|z| \geq 1$의 영역에서 적어도 하나의 극점 z_1이 존재한다고 가정하고 시스템이 불안정하다는 것을 밝혀본다. $z \to z_1$일 때

$$\lim_{z \to z_1} |H(z)| = \infty$$

임을 알 수 있으며, 급수 $\sum_{k=0}^{\infty} |h(k)|$는 발산하게 된다. 따라서 시스템은 불안정하다. 그러므로 인과적 선형 시불변 시스템은 시스템 함수 $H(z)$가 모든 극점을 단위원 내부에 가지면 안정하다.

예제 4.13

$$y(n) = 0.81y(n-2) + x(n) - x(n-2)$$

위와 같은 차분 방정식으로 기술되는 인과적 LTI 시스템에서 다음을 구하라.

a. 시스템 함수 $H(z)$
b. 단위 임펄스 응답 $h(n)$
c. 단위 계단 응답 $v(n)$, 즉 단위 계단 $u(n)$에 대한 응답
d. 주파수 응답 함수 $H(e^{j\omega})$, 그리고 이의 크기와 위상을 $0 \leq \omega \leq \pi$ 구간에서 그려라.

풀이 시스템이 인과적이므로 ROC는 가장 큰 극점의 크기와 같은 반지름을 가진 원의 외부에 있을 것이다.

a. 차분 방정식의 양변 모두 z-변환을 취하고 나서 $Y(z)/X(z)$에 대해 풀면 또는 식 (4.28)을 이용하여 다음을 얻는다.

$$H(z) = \frac{1 - z^{-2}}{1 - 0.81z^{-2}} = \frac{1 - z^{-2}}{(1 + 0.9z^{-1})(1 - 0.9z^{-1})}, \quad |z| > 0.9$$

b. 부분 분수 전개를 위해 MATLAB을 이용하여

```
>> b = [1,0,-1]; a = [1,0,-0.81]; [R,p,C] = residuez(b,a);
R =
  -0.1173
  -0.1173
p =
  -0.9000
   0.9000
```

```
C =
   1.2346
```

다음을 얻는다.

$$H(z) = 1.2346 - 0.1173\frac{1}{1+0.9z^{-1}} - 0.1173\frac{1}{1-0.9z^{-1}}, \ |z| > 0.9$$

또는 표 4.2로부터

$$h(n) = 1.2346\delta(n) - 0.1173\left\{1 + (-1)^n\right\}(0.9)^n u(n)$$

c. 표 4.2로부터 $\mathcal{Z}[u(n)] = U(z) = \frac{1}{1-z^{-1}}$, $|z| > 1$이다. 따라서

$$\begin{aligned} V(z) &= H(z)U(z) \\ &= \left[\frac{(1+z^{-1})(1-z^{-1})}{(1+0.9z^{-1})(1-0.9z^{-1})}\right]\left[\frac{1}{1-z^{-1}}\right], \quad |z| > 0.9 \cap |z| > 1 \\ &= \frac{1+z^{-1}}{(1+0.9z^{-1})(1-0.9z^{-1})}, \quad |z| > 0.9 \end{aligned}$$

또는

$$V(z) = 1.0556\frac{1}{1-0.9z^{-1}} - 0.0556\frac{1}{1+0.9z^{-1}}, \quad |z| > 0.9$$

마지막으로,

$$v(n) = \left[1.0556(0.9)^n - 0.0556\,(-0.9)^n\right] u(n)$$

$V(z)$를 계산할 때 $z = 1$에서 극점과 영점의 소거가 있음을 주목하라. 이는 두 가지를 암시한다. 첫째, $V(z)$의 ROC가 여전히 $\{|z| > 0.9\}$이고 $\{|z| > 0.9 \cap |z| > 1 = |z| > 1\}$가 아니다. 둘째, 계단 응답 $v(n)$은 정상 상태 항 $u(n)$을 포함하지 않는다.

d. $H(z)$에서 $z = e^{j\omega}$을 대입하면

$$H(e^{j\omega}) = \frac{1 - e^{-j2\omega}}{1 - 0.81e^{-j2\omega}}$$

응답을 계산하고 그리기 위해 MATLAB을 사용한다.

```
>> w = [0:1:500]*pi/500; H = freqz(b,a,w);
>> magH = abs(H); phaH = angle(H);
>> subplot(2,1,1); plot(w/pi,magH); grid
>> xlabel('frequency in pi units');  ylabel('Magnitude')
>> title('Magnitude Response')
>> subplot(2,1,2); plot(w/pi,phaH/pi); grid
>> xlabel('frequency in pi units'); ylabel('Phase in pi units')
>> title('Phase Response')
```

주파수 응답은 그림 4.10에 나타나 있다.

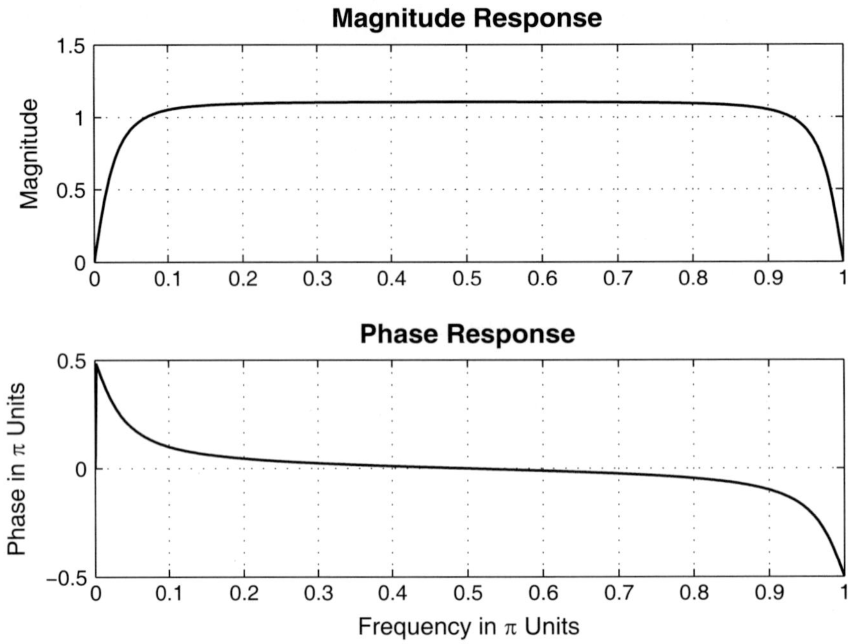

그림 4.10 예제 4.13의 주파수 응답

4.5 차분 방정식의 해

2장에서 선형 시불변 차분 방정식의 해에 대한 두 가지 형태를 살펴봤다. 하나는 특해와 동차해를 구하는 것을 포함하는 반면, 다른 형태는 영입력(초기 조건) 응답과 영상태 응답을 구하는 것을 포함한다. z-변환을 이용하여 이제 이 형태를 구하는 방법을 다룬다. 또한 **과도(transient) 응답**과 **정상 상태(steady-state) 응답**에 대해서도 논할 것이다. 디지털 신호 처리에서 차분 방정식은 일반적으로 양의 n방향으로 진행한다. 따라서 이러한 해를 위한 시간축은 $n \geq 0$일 것이다. 이 목적으로 양측 z-변환의 변형인 **편측 z-변환(one-sided z-transform)**을 정의한다.

정의 4 편측 z-변환

신호 $x(n)$의 편측 z-변환은 다음과 같이 주어진다.

$$\mathcal{Z}^+[x(n)] \triangleq \mathcal{Z}\left[x(n)u(n)\right] \triangleq X^+\left[z\right] = \sum_{n=0}^{\infty} x(n)z^{-n} \tag{4.33}$$

양측 z-변환과는 달리 편측 z-변환은 항상 $n = 0$에서부터 합을 취한다. 이것은 $n < 0$일 때

신호 $x(n)$이 0인 여부에 관계없이, 즉 신호의 인과성과는 상관없이 항상 0부터의 합으로 제약되어 있으며 이로 인해 편측 z-변환은 다음과 같은 특성을 갖는다.

1. 편측 z-변환은 $n<0$인 구간에서 신호 $x(n)$의 정보를 갖고 있지 않다.
2. 인과성을 갖는 신호의 경우에만 편측 z-변환은 유일성을 갖는다.
3. $x(n)$의 편측 z-변환 $X^+[z]$는 $x(n)u(n)$의 양측 z-변환과 동일하다. $x(n)u(n)$은 인과성을 갖고 있으므로 수렴 영역은 항상 원 밖의 영역이 된다.

편측 z-변환은 샘플 이동 성질을 제외하면 양측 z-변환의 성질을 그대로 따르고 있다.

편측 z-변환의 샘플 이동 성질은 두 가지 경우로 나눠볼 수 있는데, 하나는 시간 지연(time delay)이고 다른 하나는 시간 앞섬(time advance)이다.

경우 1. 시간 지연

$x(n-k)$는 다음과 같이 표현할 수 있다.

$$\mathcal{Z}^+[x(n-k)] \leftrightarrow z^{-k}[X^+[z]+\sum_{n=0}^{k} x(-n)z^n], \quad k>0$$

$x(n)$이 인과적일 경우

$$\mathcal{Z}^+[x(n-k)] \leftrightarrow z^{-k}X^+[z]$$

위 식은 다음과 같이 증명할 수 있다.

$$\begin{aligned}\mathcal{Z}^+[x(n-k)] &= \mathcal{Z}[x(n-k)u(n)] \\ &= \sum_{n=0}^{\infty} x(n-k)z^{-n} = \sum_{m=-k}^{\infty} x(m)z^{-(m+k)} \\ &= \sum_{m=-k}^{-1} x(m)z^{-(m+k)} + \left[\sum_{m=0}^{\infty} x(m)z^{-m}\right] z^{-k}\end{aligned}$$

또는

$$\mathcal{Z}^+[x(n-k)] = x(-1)z^{1-k} + x(-2)z^{2-k} + \cdots + x(-k) + z^{-k}X^+(z) \qquad (4.34)$$

이제 위 식은 다음과 같이 해석할 수 있다. $x(n-k)$는 $x(n)$이 k만큼 오른쪽으로 이동된 것으로, 따라서 새로운 k개의 샘플이 양의 시간축으로 이동하게 된다. 이 부분이 [ ] 안에 표현된 것이고, $x(n)$의 원래 양의 시간축 샘플들은 $z^{-k}X^+(z)$로 표현된다. 따라서 $x(n)$이 인과적이면 유일하게 $z^{-k}X^+(z)$로 결정할 수 있다.

경우 2. 시간 앞섬

$x(n+k)$는 다음과 같이 표현할 수 있다.

$$\mathcal{Z}^+[x(n+k)] \leftrightarrow z^k[X^+[z] - \sum_{n=0}^{k-1} x(n)z^{-n}], \quad k>0$$

위 식은 다음과 같이 증명할 수 있다.

$$\mathcal{Z}^+[x(n+k)] = \sum_{n=0}^{\infty} x(n+k)z^{-n} = z^{-k}\sum_{\ell=k}^{\infty} x(\ell)z^{-1}, \; n=\ell+k$$

식 (4.33)의 정의에 의해

$$X^+(z) = \sum_{\ell=0}^{\infty} x(\ell)z^{-1} = \sum_{\ell=0}^{k-1} x(\ell)z^{-1} + \sum_{\ell=k}^{\infty} x(\ell)z^{-1}$$

위 두 식을 결합하면 증명이 완료된다.

이제 위 식은 다음과 같이 해석할 수 있다. $x(n+k)$는 $x(n)$이 k만큼 왼쪽으로 이동된 것으로, 따라서 기존 $x(n)$의 $x(0)$부터 $x(k-1)$까지 k개의 샘플이 음의 시간축으로 이동하게 된다. 따라서 이 부분을 제거해주어야 하며, k만큼의 샘플 이동을 의미하는 z^{-k}을 곱하면 샘플 이동이 완료된다.

샘플 이동의 결과는 이제 0이 아닌 초기 조건이나 변하는 입력을 가진 차분 방정식을 푸는 데 유용하게 쓸 수 있다. 다음 차분 방정식을 풀어보자.

$$1 + \sum_{k=1}^{N} a_k y(n-k) = \sum_{m=0}^{M} b_m x(n-m), \; n \geq 0$$

초기 조건은 다음과 같다.

$$\{y(i), i=-1, \ldots, -N\} \quad \text{그리고} \quad \{x(i), i=-1, \ldots, -M\}$$

이제 예를 이용하여 이 해법을 보여주겠다.

예제 4.14 다음을 풀어라.

$$y(n) - \frac{3}{2}y(n-1) + \frac{1}{2}y(n-2) = x(n), \quad n \geq 0$$

여기서

$$x(n) = \left(\frac{1}{4}\right)^n u(n)$$

$y(-1) = 4$와 $y(-2) = 10$을 만족해야 한다.

풀이 차분 방정식의 양변 모두에 대해 편측 z-변환을 취하면 다음을 얻는다.

$$Y^+(z) - \frac{3}{2}[y(-1) + z^{-1}Y^+(z)] + \frac{1}{2}[y(-2) + z^{-1}y(-1) + z^{-2}Y^+(z)] = \frac{1}{1-\frac{1}{4}z^{-1}}$$

초기 조건을 대입하고 다시 정리하면

$$Y^{+}(z)\left[1-\frac{3}{2}z^{-1}+\frac{1}{2}z^{-2}\right]=\frac{1}{1-\frac{1}{4}z^{-1}}+(1-2z^{-1})$$

또는

$$Y^{+}(z)=\frac{\frac{1}{1-\frac{1}{4}z^{-1}}}{1-\frac{3}{2}z^{-1}+\frac{1}{2}z^{-2}}+\frac{1-2z^{-1}}{1-\frac{3}{2}z^{-1}+\frac{1}{2}z^{-2}} \tag{4.35}$$

마침내

$$Y^{+}(z)=\frac{2-\frac{9}{4}z^{-1}+\frac{1}{2}z^{-2}}{(1-\frac{1}{2}z^{-1})(1-z^{-1})(1-\frac{1}{4}z^{-1})}$$

부분 분수 전개를 사용하여 다음을 얻는다.

$$Y^{+}(z)=\frac{1}{1-\frac{1}{2}z^{-1}}+\frac{\frac{2}{3}}{1-z^{-1}}+\frac{\frac{1}{3}}{1-\frac{1}{4}z^{-1}} \tag{4.36}$$

역변환 후 해는 다음과 같다.

$$y(n)=\left[\left(\frac{1}{2}\right)^{n}+\frac{2}{3}+\frac{1}{3}\left(\frac{1}{4}\right)^{n}\right]u(n) \tag{4.37}$$

해의 형태 위의 해는 차분 방정식의 완전한 응답이다. 이는 여러 가지 형태로 표현할 수 있다.

- 동차해와 특해

$$y(n)=\underbrace{\left[\left(\frac{1}{2}\right)^{n}+\frac{2}{3}\right]u(n)}_{\text{동차해}}+\underbrace{\frac{1}{3}\left(\frac{1}{4}\right)^{n}u(n)}_{\text{특해}}$$

동차해 부분은 시스템의 극점 때문이고, 특해 부분은 입력의 극점 때문이다.

- 과도 응답과 정상 상태 응답

$$y(n)=\underbrace{\left[\frac{1}{3}\left(\frac{1}{4}\right)^{n}+\left(\frac{1}{2}\right)^{n}\right]u(n)}_{\text{과도 응답}}+\underbrace{\frac{2}{3}u(n)}_{\text{정상상태 응답}}$$

과도 응답은 단위원 내부의 극점 때문인 반면, 정상 상태 응답은 단위원 위의 극점 때문이다. 극점이 단위원 외부에 있을 때 응답이 무계의 응답으로 됨을 주목하라.

- 영입력(또는 초기 조건) 응답과 영상태 응답

식 (4.35)에서 $Y^{+}(z)$는 2개의 극점을 갖고 있다. 첫 번째 부분은 다음과 같이 해석할 수 있다.

$$Y_{ZS}(z)=H(z)X(z)$$

한편 두 번째 부분은 다음과 같다.

$$Y_{ZI}(z) = H(z)X_{IC}(z)$$

여기서 $X_{IC}(z)$는 초기 조건에 의해 만들어진 출력 $Y_{ZI}(z)$와 같은 출력을 만드는 등가의 초기 조건 입력으로 생각할 수 있다. 이 예제에서 $x_{IC}(n)$은 다음과 같다.

$$x_{IC}(n) = \{\underset{\uparrow}{1}, -2\}$$

이제 식 (4.35)의 각 부분에 대해 역 z-변환을 취하면 전체 응답을 다음과 같이 쓸 수 있다.

$$y(n) = \underbrace{\left[\frac{1}{3}\left(\frac{1}{4}\right)^n - 2\left(\frac{1}{2}\right)^n + \frac{8}{3}\right]u(n)}_{\text{영상태 응답}} + \underbrace{\left[3\left(\frac{1}{2}\right)^n - 2\right]u(n)}_{\text{영입력 응답}}$$

이 예제로부터 전체 해의 각 부분은 일반적으로 다른 함수이고 시스템 분석의 다른 면을 강조한다는 사실이 명확하다.

4.5.1 MATLAB 구현

2장에서 계수와 입력이 주어진 상태에서 차분 방정식을 풀기 위해 filter 함수를 사용했다. 이 함수는 또한 초기 조건이 주어질 때 전체 응답을 구하기 위해 사용할 수 있다. 이 형태에서 filter 함수는 다음에 의해 불려진다.

```
y = filter(b,a,x,xic)
```

여기서 xic는 등가 초기 조건 입력 행렬이다. 예제 4.14에서 전체 응답을 구하기 위해 다음을 사용할 것이다.

```
>>  n = [0:7]; x = (1/4).^n; xic = [1, -2];
>> format long;  y1 = filter(b,a,x,xic)
y1 =
  Columns 1 through 4
   2.00000000000000   1.25000000000000   0.93750000000000   0.79687500000000
  Columns 5 through 8
   0.73046875000000   0.69824218750000   0.68237304687500   0.67449951171875
>> y2 = (1/3)*(1/4).^n+(1/2).^n+(2/3)*ones(1,8) % MATLAB Check
y2 =
  Columns 1 through 4
   2.00000000000000   1.25000000000000   0.93750000000000   0.79687500000000
  Columns 5 through 8
   0.73046875000000   0.69824218750000   0.68237304687500   0.67449951171875
```

이는 식 (4.37)에 주어진 응답과 일치한다. 예제 4.14에서 $x_{IC}(n)$을 해석적으로 계산했다. 그러나 실제로, 그리고 특히 고차 차분 방정식에 대해 $x_{IC}(n)$을 해석적으로 구하는 일은 힘들다. MATLAB은 `filtic`이라는 함수를 제공한다. 이것은 다음에 의해 불려진다.

```
xic = filtic(b,a,Y,X)
```

여기서 `b`와 `a`는 필터의 계수 행렬이고, `Y`와 `X`는 각각 다음과 같은 형태를 가진 $y(n)$과 $x(n)$의 초기 조건 행렬이다.

$$\begin{aligned}\mathtt{Y} &= [y(-1),\ y(-2), \ldots,\ y(-N)]\\ \mathtt{X} &= [x(-1),\ x(-2), \ldots,\ x(-M)]\end{aligned}$$

만약 $x(n) = 0,\ n \le -1$이면 `X`는 `filtic` 함수에서 정해질 필요가 없다. 예제 4.14에서 $x_{IC}(n)$을 구하기 위해 다음을 사용할 수 있었다.

```
>> Y = [4, 10];  xic = filtic(b,a,Y)
xic =
    1     -2
```

예제 4.15 다음 차분 방정식을 풀어라.

$$y(n) = \frac{1}{3}\left[x(n) + x(n-1) + x(n-2)\right] + 0.95y(n-1) - 0.9025y(n-2), \quad n \ge 0$$

여기서 $x(n) = \cos(\pi n/3)u(n)$이고

$$y(-1) = -2,\ y(-2) = -3; \quad x(-1) = 1,\ x(-2) = 1$$

먼저 해석적으로 해를 구한 다음, MATLAB을 이용하여 구하라.

풀이 차분 방정식에 대해 편측 z-변환을 취하면

$$\begin{aligned}Y^+(z) = &\ \frac{1}{3}[X^+(z) + x(-1) + z^{-1}X^+(z) + x(-2) + z^{-1}x(-1) + z^{-2}X^+(z)]\\ &+ 0.95[y(-1) + z^{-1}Y^+(z)] - 0.9025[y(-2) + z^{-1}y(-1) + z^{-2}Y^+(z)]\end{aligned}$$

그리고 초기 조건을 대입하면, 다음을 얻는다.

$$Y^+(z) = \frac{\frac{1}{3} + \frac{1}{3}z^{-1} + \frac{1}{3}z^{-2}}{1 - 0.95z^{-1} + 0.9025z^{-2}}X^+(z) + \frac{1.4742 + 2.1383z^{-1}}{1 - 0.95z^{-1} + 0.9025z^{-2}}$$

명확히 $x_{IC}(n) = [1.4742,\ 2.1383]$이다. 이제 $X^+(z) = \dfrac{1 - 0.5z^{-1}}{1 - z^{-1} + z^{-2}}$을 대입하고 간단히 하면, $Y^+(z)$를 유리함수로 얻을 수 있다. 이 간략화와 추가적인 부분 분수 전개는 다음과 같이 MATLAB을 이용하여 할 수 있다.

```
>> b = [1,1,1]/3; a = [1,-0.95,0.9025];
>> Y = [-2,-3]; X = [1,1];  xic=filtic(b,a,Y,X)
xic =
    1.4742    2.1383
>> bxplus = [1,-0.5]; axplus = [1,-1,1]; % X(z) transform coeff.
>> ayplus = conv(a,axplus) % Denominator of Yplus(z)
ayplus =
    1.0000   -1.9500    2.8525   -1.8525    0.9025
>> byplus = conv(b,bxplus)+conv(xic,axplus)  % Numerator of Yplus(z)
byplus =
    1.8075    0.8308   -0.4975    1.9717
>> [R,p,C] = residuez(byplus,ayplus)
R =
   0.0584 + 3.9468i   0.0584 - 3.9468i   0.8453 + 2.0311i   0.8453 - 2.0311i
p =
   0.5000 - 0.8660i   0.5000 + 0.8660i   0.4750 + 0.8227i   0.4750 - 0.8227i
C =
     []
>> Mp = abs(p), Ap = angle(p)/pi % Polar form
Mp =
    1.0000    1.0000    0.9500    0.9500
Ap =
   -0.3333    0.3333    0.3333   -0.3333
```

따라서

$$\begin{aligned}
Y^{+}(z) &= \frac{1.8075 + 0.8308z^{-1} - 0.4975z^{-2} + 1.9717z^{-3}}{1 - 1.95z^{-1} + 2.8525z^{-2} - 1.8525z^{-3} + 0.9025z^{-4}} \\
&= \frac{0.0584 + j3.9468}{1 - e^{-j\pi/3}z^{-1}} + \frac{0.0584 - j3.9468}{1 - e^{j\pi/3}z^{-1}} \\
&\quad + \frac{0.8453 + j2.0311}{1 - 0.95e^{j\pi/3}z^{-1}} + \frac{0.8453 - j2.0311}{1 - 0.95e^{-j\pi/3}z^{-1}}
\end{aligned}$$

이제 표 4.2로부터

$$\begin{aligned}
y(n) &= (0.0584 + j3.9468)\, e^{-j\pi n/3} + (0.0584 - j3.9468)\, e^{j\pi n/3} \\
&\quad + (0.8453 + j2.031)\,(0.95)^n\, e^{j\pi n/3} + (0.8453 - j2.031)\,(0.95)^n\, e^{-j\pi n/3} \\
&= 0.1169\cos(\pi n/3) + 7.8937\sin(\pi n/3) \\
&\quad + (0.95)^n \left[1.6906\cos(\pi n/3) - 4.0623\sin(\pi n/3)\right], \quad n \ge 0
\end{aligned}$$

$y(n)$의 처음 두 항은 특수 응답뿐만 아니라 정상 상태 응답에도 해당하는 반면, 마지막 두 항은 과도 응답(그리고 동차 응답) 항이다.

MATLAB을 이용하여 이 예제를 풀기 위해서는, $x_{IC}(n)$ 신호를 구하기 위해 이미 사용한 `filtic` 함수가 필요하다. 해는 수치적 해일 것이다. $y(n)$의 처음 8개 샘플을 구해보자.

MATLAB 코드:

```
>> n = [0:7]; x = cos(pi*n/3);  y = filter(b,a,x,xic)
y =
  Columns 1 through 4
   1.80750000000000   4.35545833333333   2.83975000000000  -1.56637197916667
  Columns 5 through 8
  -4.71759442187500  -3.40139732291667   1.35963484230469   5.02808085078841
% Matlab Verification
>> A=real(2*R(1)); B=imag(2*R(1)); C=real(2*R(3)); D=imag(2*R(4));
>> y=A*cos(pi*n/3)+B*sin(pi*n/3)+((0.95).^n).*(C*cos(pi*n/3)+D*sin(pi*n/3))
y =
  Columns 1 through 4
   1.80750000000048   4.35545833333359   2.83974999999978  -1.56637197916714
  Columns 5 through 8
  -4.71759442187528  -3.40139732291648   1.35963484230515   5.02808085078871
```

4.6 연습문제

P4.1 z-변환 표와 z-변환 성질을 이용하여 다음 신호의 z-변환을 구하라. $X(z)$를 z^{-1}의 유리함수로 표현하라. MATLAB을 이용하여 결과를 확인하라. 각 경우에 수렴 영역을 표시하고 극-영점 그래프를 제공하라.

1. $x(n) = 2\delta(n-2) + 3u(n-3)$
2. $x(n) = 3(0.75)^n \cos(0.3\pi n)u(n) + 4(0.75)^n \sin(0.3\pi n)u(n)$
3. $x(n) = n\sin(\frac{\pi n}{3})u(n) + (0.9)^n u(n-2)$
4. $x(n) = n^2(2/3)^{n-2}u(n-1)$
5. $x(n) = (n-3)(\frac{1}{4})^{n-2}\cos\{\frac{\pi}{2}(n-1)\}u(n)$

P4.2 $x(n)$의 z-변환은 $X(z) = 1/(1+0.5z^{-1})$, $|z| \geq 0.5$이다. 다음 신호의 z-변환을 구하고 수렴 영역을 표시하라.

1. $x_1(n) = x(3-n) + x(n-3)$
2. $x_2(n) = (1+n+n^2)x(n)$
3. $x_3(n) = (\frac{1}{2})^n x(n-2)$
4. $x_4(n) = x(n+2) * x(n-2)$
5. $x_5(n) = \cos(\pi n/2)x^*(n)$

P4.3 정의 (4.1)을 이용하여 다음 신호의 z-변환을 구하라. 각 신호의 수렴 영역을 표현하고 MATLAB을 이용하여 z-변환 표현을 확인하라.

1. $x(n) = \{3, 2, \underset{\uparrow}{1}, -2, -3\}$
2. $x(n) = (0.8)^n u(n-2)$. MATLAB을 사용하여 z-변환 표현을 검증하라.

3. $x(n) = [(0.5)^n + (-0.8)^n]u(n)$. MATLAB을 사용하여 z-변환 표현을 검증하라.
4. $x(n) = 2^n \cos(0.4\pi n)u(-n)$
5. $x(n) = (n+1)(3)^n u(n)$. MATLAB을 사용하여 z-변환 표현을 검증하라.

P4.4 신호 $x(n) = (0.9)^n \cos(\pi n/4)u(n)$을 생각하자. $y(n)$이 다음과 같이 주어질 때,

$$y(n) = \begin{cases} x(n/2), & n = 0, \pm 2, \pm 4, \cdots \\ 0, & \text{그 외} \end{cases}$$

1. $y(n)$의 z-변환 $Y(z)$는 $x(n)$의 z-변환 $X(z)$를 이용하여, $Y(z) = X(z^2)$으로 표현 가능함을 보여라.
2. $Y(z)$를 구하라.
3. MATLAB을 이용하여 $y(n)$의 z-변환 $Y(z)$를 위 결과와 비교하라.

P4.5 $x(n)$은 실수부 $x_R(n)$과 허수부 $x_I(n)$으로 구성된 복소 신호라 가정하자.

1. 다음 z-변환 관계를 증명하라.

$$X_R(z) \triangleq \mathcal{Z}[x_R(n)] = \frac{X(z) + X^*(z^*)}{2} \quad \text{그리고} \quad X_I(z) \triangleq \mathcal{Z}[x_I(n)] = \frac{X(z) - X^*(z^*)}{2}$$

2. $x(n) = \exp\{(-1 + j0.2\pi)n\}\ u(n)$을 이용하여 위 관계를 검증하라.

P4.6 deconv 함수는 두 가지 인과적 신호를 나누는 데 유용하다. 2개의 비인과적 신호를 나누는 MATLAB 함수 deconv_m(conv 함수와 비슷하다)을 작성하라. 이 함수의 형식은 다음과 같아야 한다.

```
function [p,np,r,nr] = deconv_m(b,nb,a,na)
% Modified deconvolution routine for noncausal sequences
% function [p,np,r,nr] = deconv_m(b,nb,a,na)
%
%  p = polynomial part of support np1 <= n <= np2
% np = [np1, np2]
%  r = remainder part of support nr1 <= n <= nr2
% nr = [nr1, nr2]
%  b = numerator polynomial of support nb1 <= n <= nb2
% nb = [nb1, nb2]
%  a = denominator polynomial of support na1 <= n <= na2
% na = [na1, na2]
%
```

만든 함수를 다음 연산으로 검사하라.

$$\frac{z^2 + z + 1 + z^{-1} + z^{-2} + z^{-3}}{z + 2 + z^{-1}} = (z - 1 + 2z^{-1} - 2z^{-2}) + \frac{3z^{-2} + 3z^{-3}}{z + 2 + z^{-1}}$$

P4.7 만약 신호 $x_1(n)$, $x_2(n)$, $x_3(n)$이 $x_3(n) = x_1(n) * x_2(n)$의 관계를 갖는다면, 다음을 만족한다.

$$\sum_{n=-\infty}^{\infty} x_3(n) = \left(\sum_{n=-\infty}^{\infty} x_1(n)\right)\left(\sum_{n=-\infty}^{\infty} x_2(n)\right)$$

1. 좌변에 콘벌루션의 정의를 대입하여 위 결과를 증명하라.
2. 콘벌루션 성질을 이용하여 위 결과를 증명하라.
3. MATLAB을 이용하고 임의의 두 가지 불규칙 신호 $x_1(n)$과 $x_2(n)$을 골라서 위 결과를 확인하라.

P4.8 만약 다음 식이 성립한다면 연습문제 P4.2를 반복하라.

$$X(z) = \frac{1+z^{-1}}{1+\frac{5}{6}z^{-1}+\frac{1}{6}z^{-2}}; \ |z| > \frac{1}{2}$$

P4.9 $X(z)$의 역 z-변환은 $x(n) = (1/2)^n u(n)$이다. z-변환 성질을 이용하여 다음의 각 경우의 신호를 구하라.

1. $X_1(z) = \frac{z-1}{z}X(z)$
2. $X_2(z) = zX(z^{-1})$
3. $X_3(z) = 2X(3z) + 3X(z/3)$
4. $X_4(z) = X(z)X(z^{-1})$
5. $X_5(z) = z^2\frac{dX(z)}{dz}$

P4.10 MATLAB을 이용하여 다음 다항식 연산의 결과를 구하라.

1. $X_1(z) = (1-2z^{-1}+3z^{-2}-4z^{-3})(4+3z^{-1}-2z^{-2}+z^{-3})$
2. $X_2(z) = (z^2-2z+3+2z^{-1}+z^{-2})(z^3-z^{-3})$
3. $X_3(z) = (1+z^{-1}+z^{-2})^3$
4. $X_4(z) = X_1(z)X_2(z) + X_3(z)$
5. $X_5(z) = (z^{-1}-3z^{-3}+2z^{-5}+5z^{-7}-z^{-9})(z+3z^2+2z^3+4z^4)$

P4.11 다음과 같이 주어진 신호를 생각하자.

$$x(n) = A_c(r)^n\cos(\pi v_0 n)u(n) + A_s(r)^n\sin(\pi v_0 n)u(n) \tag{4.38}$$

이 신호의 z-변환은 복소 켤레 극점을 갖는 2차 함수의 형태이다. 이 함수의 역 z-변환이 어떤 복소수도 포함하지 않는 형태가 되도록 하기 위한 역 z-변환의 MATLAB 함수를 개발해보자.

1. 식 (4.38)의 신호 $x(n)$의 z-변환이 다음과 같이 주어짐을 보여라.

$$X(z) = \frac{b_0+b_1z^{-1}}{1+a_1z^{-1}+a_2z^{-2}}; \quad |z| > |r| \tag{4.39}$$

여기서

$$b_0 = A_c; \ b_1 = r[A_s\sin(\pi v_0) - A_c\cos(\pi v_0)]; \ a_1 = -2r\cos(\pi v_0); \ a_2 = r^2 \tag{4.40}$$

2. 식 (4.40)을 이용하여, 식 (4.39)에 주어진 함수의 매개변수 b_0, b_1, a_1, a_2로 A_c, A_s, r, v_0를 구

하라.

3. 위 2의 관계를 출력하는 MATLAB 함수 invCCPP를 만들어라. 함수의 형식은 다음과 같아야 한다.

```
function [As,Ac,r,v0] = invCCPP(b0,b1,a1,a2)
```

P4.12 부분 분수 전개 방법을 이용하여 다음 역 z-변환을 구하라.

1. $X_1(z) = (1 - z^{-1} - 4z^{-2} + 4z^{-3})/(1 - \frac{11}{4}z^{-1} + \frac{13}{8}z^{-2} - \frac{1}{4}z^{-3})$. 우측 신호이다.
2. $X_2(z) = (1 + z^{-1} - 4z^{-2} + 4z^{-3})/(1 - \frac{11}{4}z^{-1} + \frac{13}{8}z^{-2} - \frac{1}{4}z^{-3})$. 신호는 절대 가합이다.
3. $X_3(z) = (z^3 - 3z^2 + 4z + 1)/(z^3 - 4z^2 + z - 0.16)$. 좌측 신호이다.
4. $X_4(z) = z/(z^3 + 2z^2 + 1.25z + 0.25)$, $|z| > 1$
5. $X_5(z) = z/(z^2 - 0.25)^2$, $|z| < 0.5$

P4.13 인과적 신호의 z-변환이 다음과 같이 주어지고

$$X(z) = \frac{-2 + 5.65z^{-1} - 2.88z^{-2}}{1 - 0.1z^{-1} + 0.09z^{-2} + 0.648z^{-3}} \tag{4.41}$$

실수 값의 극점과 복소 켤레의 극점을 갖고 있다고 가정한다.

1. residuez 함수를 이용하여 식 (4.41)을 다음의 형태로 표현하라.

$$X(z) = \frac{(\ \ ) + (\ \ )z^{-1}}{1 + (\ \ )z^{-1} + (\ \ )z^{-2}} + \frac{(\ \ )}{1 + (\ \ )z^{-1}} \tag{4.42}$$

   이때 양측에서 대해 residuez 함수를 이용해야 한다.

2. invCCPP 함수와 실수 값의 극점을 이용하여, 식 (4.42)의 $X(z)$로부터 복소수가 없는 형태의 인과적 신호 $x(n)$을 구하라.

P4.14 아래의 임펄스 응답에 의해 기술되는 선형 시불변 시스템에 대해, (i) 시스템 함수 표현, (ii) 차분 방정식 표현, (iii) 극-영점 그래프, 그리고 (iv) 입력이 $x(n) = (\frac{1}{4})^n u(n)$인 경우의 출력 $y(n)$을 구하라.

1. $h(n) = 5(1/4)^n u(n)$
2. $h(n) = n(1/3)^n u(n) + (-1/4)^n u(n)$
3. $h(n) = 3(0.9)^n \cos(\pi n/4 + \pi/3) u(n+1)$
4. $h(n) = \dfrac{(0.5)^n \sin[(n+1)\pi/3]}{\sin(\pi/3)} u(n)$
5. $h(n) = [2 - \sin(\pi n)]u(n)$

P4.15 $X(z)$는 다음과 같이 주어진다.

$$X(z) = \frac{2 + 3z^{-1}}{1 - z^{-1} + 0.81z^{-2}}, \quad |z| > 0.9$$

1. 연습문제 P4.11에 주어진 MATLAB 함수 `invCCPP`를 이용하여, 복소수가 없는 형태로 $x(n)$을 구하라.
2. MATLAB을 이용하여 $x(n)$의 처음 20개의 샘플을 구하고 이를 위의 답과 비교하라.

P4.16 다음과 같은 시스템 함수로 기술되는 선형 시불변 시스템에 대해, (i) 임펄스 응답 표현, (ii) 차분 방정식 표현, (iii) 극-영점 그래프, 그리고 (iv) 입력이 $x(n) = 3\cos(\pi n/3)u(n)$인 경우의 출력 $y(n)$을 구하라.

1. $H(z) = (z+1)/(z-0.5)$, 인과적 시스템
2. $H(z) = (1+z^{-1}+z^{-2})/(1+0.5z^{-1}-0.25z^{-2})$, 안정한 시스템
3. $H(z) = (z^2-1)/(z-3)^2$, 비인과적 시스템
4. $H(z) = \dfrac{z}{z-0.25} + \dfrac{1-0.5z^{-1}}{1+2z^{-1}}$, 안정한 시스템
5. $H(z) = (1+z^{-1}+z^{-2})^2$

P4.17 안정한 시스템이 다음의 극점-영점 위치를 갖고 있다.

$$\text{영점: } \pm 1,\ \pm j1 \qquad \text{극점: } \pm 0.9,\ \pm j0.9$$

또한 주파수 응답 함수 $H(e^{j\omega})$이 $\omega = \pi/4$에서 1임이 알려져 있다. 즉,

$$H(e^{j\pi/4}) = 1$$

1. 시스템 함수 $H(z)$를 구하고 수렴 영역을 표시하라.
2. 차분 방정식 표현을 구하라.
3. 만약 입력이 $x(n) = \cos(\pi n/4)u(n)$이라면, 정상 상태 응답 $y_{ss}(n)$을 구하라.
4. 만약 입력이 $x(n) = \cos(\pi n/4)u(n)$이라면, 과도 응답 $y_{tr}(n)$을 구하라.

P4.18 그림 P4.1과 같이 주어진 시스템을 생각하자.

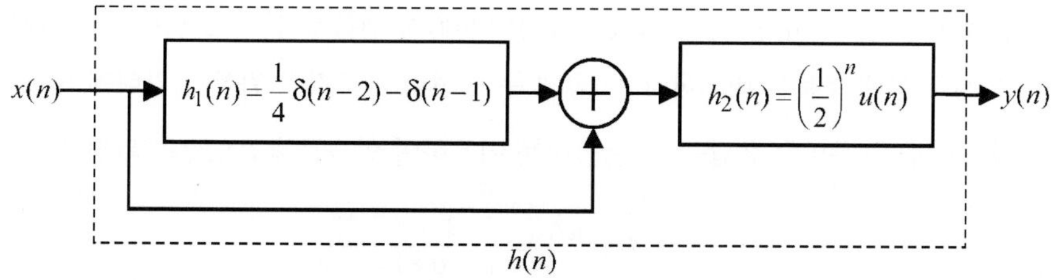

그림 P4.1 문제 4.18의 시스템

1. z-변환을 이용하여, 위 시스템의 임펄스 응답 $h(n)$이 다음과 같이 주어짐을 보여라.

$$h(n) = \delta(n) - \frac{1}{2}\delta(n-1)$$

2. 전체 시스템의 차분 방정식을 시스템의 입력 $x(n)$과 출력 $y(n)$에 대해 구하라.
3. 이 시스템이 인과적인가? BIBO 안정적인가? 명확하게 설명하라.

4. 전체 시스템의 주파수 응답 $H(e^{j\omega})$을 구하라.
5. MATLAB을 이용하여 위 주파수 응답을 $0 \le \omega \le \pi$에 대해 그려라.

P4.19 다음과 같은 차분 방정식을 기술되는 선형, 인과적, 시불변 시스템에 대해, (i) 임펄스 응답 표현, (ii) 시스템 함수 표현, (iii) 극-영점 그래프, 그리고 (iv) 입력이 $x(n) = 2(0.9)^n u(n)$인 경우의 출력 $y(n)$을 구하라.

1. $y(n) = [x(n) + 2x(n-1) + x(n-3)]/4$
2. $y(n) = x(n) + 0.5x(n-1) - 0.5y(n-1) + 0.25y(n-2)$
3. $y(n) = 2x(n) + 0.9y(n-1)$
4. $y(n) = -0.45x(n) - 0.4x(n-1) + x(n-2) + 0.4y(n-1) + 0.45y(n-2)$
5. $y(n) = \sum_{m=0}^{4}(0.8)^m x(n-m) - \sum_{\ell=1}^{4}(0.9)^\ell y(n-\ell)$

P4.20 연습문제 P4.19의 출력 신호 $y(n)$은 전체 응답이다. 위 문제에서 주어진 각 시스템에 대해 $y(n)$을 (i) 동차해 부분, (ii) 특해 부분, (iii) 과도 응답, (iv) 정상 상태 응답으로 분리하라.

P4.21 편측 z-변환 접근 방식을 이용하여 $y(n)$에 대해 다음 차분 방정식을 풀어라.

$$\begin{aligned} y(n) &= 0.81y(n-2) + x(n) - x(n-1),\ n \ge 0; \quad y(-1) = 2,\ y(-2) = 2 \\ x(n) &= (0.7)^n u(n+1) \end{aligned}$$

MATLAB을 이용하여 $y(n)$의 처음 20개의 샘플을 만들고 위의 답과 비교하라.

P4.22 디지털 필터가 다음과 같은 주파수 응답을 갖는다.

$$H(e^{j\omega}) = [1 + 2\cos(\omega) + 3\cos(2\omega)]\cos\left(\frac{\omega}{2}\right)e^{-j5\omega/2}$$

1. 디지털 필터의 차분 방정식을 구하라.
2. `freqz` 함수를 이용하여 위 필터의 주파수 응답의 크기와 위상을 그려라. $\omega = \pi/2$와 $\omega = \pi$에서 크기와 위상을 주목하라.
3. 신호 $x(n) = \sin(\pi n/2) + 5\cos(\pi n)$의 200개 샘플을 만들고 필터를 통과시켜라. $x(n)$ 출력의 정상 상태 부분을 비교하라. 어떻게 두 정현파의 크기와 위상이 필터에 의해 영향을 받는가?

P4.23 다음과 같은 주파수 응답을 갖는 필터를 이용하여 연습문제 P4.22의 과정을 반복하라.

$$H(e^{j\omega}) = \frac{1 + e^{-j4\omega}}{1 - 0.8145e^{-j4\omega}}$$

P4.24 안정적인 선형 시불변 시스템이 다음과 같이 주어질 때,

$$H(z) = \frac{4z^2 - 2\sqrt{2}z + 1}{z^2 - 2\sqrt{2}z + 4}$$

1. 이 시스템에 대해 차분 방정식을 구하라.
2. $H(z)$의 극점과 영점을 그리고 수렴 영역(ROC)을 표시하라.
3. 이 시스템의 단위 샘플 응답 $h(n)$을 구하라.

4. 이 시스템이 인과적인가? 만약 그렇다면, 이를 입증하라. 만약 그렇지 않다면, 위 시스템 함수를 만족하는 비인과적인 단위 샘플 응답을 구하라.

P4.25 다음 시스템의 영입력, 영상태 그리고 정상 상태 응답을 구하라.

$$y(n) = 0.9801y(n-2) + x(n) + 2x(n-1) + x(n-2),\ n \geq 0; \quad y(-2) = 1,\ y(-1) = 0$$

입력은 다음과 같다.

$$x(n) = 5(-1)^n u(n)$$

P4.26 $y(n)$, $n \geq 0$에 대해 다음 차분 방정식을 풀어라.

$$y(n) - 0.4y(n-1) - 0.45y(n-2) = 0.45x(n) + 0.4x(n-1) - x(n-2)$$

입력은 $x(n) = \left[2 + \left(\frac{1}{2}\right)^n\right] u(n)$이고 다음과 같은 조건이 있다.

$$y(-1) = 0,\ y(-2) = 3;\ x(-1) = x(-2) = 2$$

$y(n)$을 (i) 과도 응답, (ii) 정상 상태 응답, (iii) 영입력 응답, (iv) 영상태 응답으로 분해하라.

이산 푸리에 변환

chapter 05

3장과 4장에서는 이산 수열의 시간 영역과 주파수 영역 간의 변환을 살펴봤다. 푸리에 변환은 절대 가합인 신호에 대해 주파수 영역(ω) 표현을 제공했고, z-변환은 임의의 신호에 대해 일반화된 주파수 영역(z) 표현을 제공했다. 이 변환들은 공통적인 두 가지 특징이 있다. 첫째, 변환이 무한 신호에 대해 정의된다. 둘째, 주파수 영역으로의 변환 결과가 연속 변수(ω 또는 z)의 함수이다. 수치 계산 관점에서(또는 MATLAB의 관점에서), 셀 수 없을 정도로 무한한 주파수에서 무한 합을 계산해야 하므로 이 두 가지 특징은 문제가 많다. MATLAB을 사용하기 위해, 신호를 자르고 나서 유한한 많은 점들에서 표현의 값을 구해야 한다. 이전 두 장의 많은 예제에서 이와 같은 작업을 수행했다. 계산은 분명히 정확한 계산 값의 근사치이다. 즉, 이산 시간 푸리에 변환과 z-변환은 수치적으로 계산할 수 있는 변환이 아니다.

그러므로 수치적으로 계산할 수 있는 변환에 주의를 기울이기로 한다. 이는 주파수 영역에서 이산 시간 푸리에 변환(또는 단위원 위에서 z-변환)을 샘플링함으로써 얻을 수 있다. 먼저 주기 신호를 분석함으로써 이 변환을 설명하려고 한다. 푸리에 해석으로부터 주기적 함수(또는 수열)가 항상 조화적인 관계가 있는 복소 지수 함수(이것이 샘플링의 형태이다)의 선형 조합으로 표현될 수 있음을 알고 있다. 이것은 **이산 푸리에 급수**(DFS: discrete Fourier series) 표현을 제공한다. 샘플링이 주파수 영역에 있는 것이므로, 시간 영역에서 샘플링의 영향과 z-영역에서의 복원 문제를 공부한다. 그러고 나서 DFS를 무한 수열로 확장하는데, 이는 **이산 푸리에 변환**(DFT: discrete Fourier transform)이라는 새로운 변환으로 연결된다. DFT는 위에서 언급한 두 가지 문제를 피하고 컴퓨터로 구현하기에 적합한, 수치적으로 계산 가능한 변환이다. 우리는 이의 성질과 시스템 해석에서의 사용을 자세히 살펴볼 것이다. 긴 수열에 대한 DFT의 수치적 계산은 엄청난 시간이 걸린다. 그러므로 효율적으로 DFT를 계산하기 위해 여러 가지 알고리즘이 개발돼왔는데, 이들을 고속 푸리에 변환(FFT: fast Fourier transform) 알고리즘이라 한다. 이 중에서 두 가지 알고리즘을 자세히 살펴보자.

5.1 이산 푸리에 급수

2장에서 주기 신호를 다음 조건을 만족하는 $\tilde{x}(n)$으로 정의했다.

$$\tilde{x}(n) = \tilde{x}(n + kN), \quad \forall n, k \tag{5.1}$$

여기서 N은 신호의 기본 주기이다. 3장에서는 주기성이 없는 임의의 신호에 관한 이산 시간 푸리에 변환을 다루었다. 만약 신호에 식 (5.1)과 같은 주기성이 있으면 더 쉽게 다룰 수 있다. 주기 신호의 경우 한 주기의 신호를 알면 전부를 알 수 있으므로 한 주기의 N개 신호만이 반복되는 것이다. 이 경우 주파수가 기본 주파수 $2\pi/N$의 배수인 복소 지수 함수 신호의 선형 합으로 합성될 수 있다는 사실을 쉽게 보여줄 수 있다.

$$\tilde{x}(n) = \frac{1}{N}\sum_{k=0}^{N-1} \tilde{X}(k) e^{j\frac{2\pi}{N}kn}, \quad n = 0, \pm 1, \ldots, \tag{5.2}$$

여기서 $1/N$은 편의상 포함시킨 것으로 $\tilde{X}(k)$의 정의에 포함시킬 수도 있다.

주기 신호 $x(n)$으로부터 푸리에 급수의 계수 $\tilde{X}(k)$를 계산하기 위해 지수 신호의 직교성을 알아야 한다. 식 (5.2)의 양변에 $e^{-j(2\pi/N)rn}$을 곱하고 $n = 0$부터 $n = N - 1$까지 합을 취하면 다음을 얻는다.

$$\begin{aligned}\sum_{k=0}^{N-1}\tilde{x}(n)e^{-j\frac{2\pi}{N}rn} &= \sum_{n=0}^{N-1}\frac{1}{N}\sum_{k=0}^{N-1}\tilde{X}(k)e^{j\frac{2\pi}{N}(k-r)n} \\ &= \sum_{k=0}^{N-1}\tilde{X}(k)\Big[\sum_{n=0}^{N-1}\frac{1}{N}e^{j\frac{2\pi}{N}(k-r)n}\Big]\end{aligned} \tag{5.3}$$

복소 지수 신호의 직교성은 다음과 같이 알려져 있다.

$$\frac{1}{N}\sum_{k=0}^{N-1} e^{j\frac{2\pi}{N}(k-r)n} = \begin{cases} 1, & k - r = mN, \ m\text{은 정수} \\ 0, & \text{그 외} \end{cases}$$

위 성질은 $e^{j2\pi n}$이 $\cos(2\pi n) + j\sin(2\pi n)$으로 1이 됨을 알고, $\sum_{n=0}^{N-1} e^{j\frac{2\pi}{N}n}$에 나타나는 N개의 단위원 위에 놓인 점은 대칭되는 위치에 있는 점이 쌍으로 존재해서 그 합이 0이 돼버리기 때문에 간단히 이해할 수 있다.

복소 지수 신호의 직교성을 적용하면 식 (5.3)은

$$\sum_{k=0}^{N-1} \tilde{x}(n)e^{-j\frac{2\pi}{N}rn} = \tilde{X}(r)$$

따라서 푸리에 급수 $\tilde{X}(k)$는 $\tilde{x}(n)$으로부터 다음과 같이 구해진다.

$$\tilde{X}(k) = \sum_{n=0}^{N-1} \tilde{x}(n)e^{-j\frac{2\pi}{N}nk}, \quad k = 0, \pm 1, \ldots, \tag{5.4}$$

$\tilde{X}(k)$는 다음과 같이 N과 같은 기본 주기를 가진 (복소수) 주기 신호임을 주목하라.

$$\tilde{X}(k+N) = \tilde{X}(k) \tag{5.5}$$

식 (5.2)와 식 (5.4)를 주기 신호의 **이산 푸리에 급수**(DFS) 표현이라고 한다. 복소 지수 함수 항을 표시하기 위해 $W_N \triangleq e^{-j\frac{2\pi}{N}}$을 사용하여, 식 (5.4)를 다음과 같이 나타내었다.

$$\tilde{X}(k) \triangleq \text{DFS}[\tilde{x}(n)] = \sum_{n=0}^{N-1} \tilde{x}(n)W_N^{nk} \tag{5.6}$$

식 (5.2)를 역 이산 푸리에 급수(IDFS: inverse discrete Fourier series)라고 하며, 다음과 같이 표현된다.

$$\tilde{x}(n) \triangleq \text{IDFS}[\tilde{X}(k)] = \frac{1}{N}\sum_{k=0}^{N-1} \tilde{X}(k)W_N^{-nk} \tag{5.7}$$

푸리에 급수 계산 시 유한 개수가 있어 계산이 용이함을 주목하라.

예제 5.1 아래에 주어진 주기 신호의 DFS 표현을 구하라.

$$\tilde{x}(n) = \{\ldots, 0, 1, 2, 3, \underset{\uparrow}{0}, 1, 2, 3, 0, 1, 2, 3, \ldots\}$$

풀이 위 신호의 기본 주기는 $N = 4$이다. 따라서 $W_4 = e^{-j\frac{2\pi}{4}} = j$이다. 이제

$$\tilde{X}(k) = \sum_{n=0}^{3} \tilde{x}(n)W_4^{nk}, \quad k = 0, \pm 1, \pm 2, \ldots$$

따라서

$$\tilde{X}(0) = \sum_{0}^{3} \tilde{x}(n)W_4^{0\cdot n} = \sum_{0}^{3} \tilde{x}(n) = \tilde{x}(0) + \tilde{x}(1) + \tilde{x}(2) + \tilde{x}(3) = 6$$

마찬가지로,

$$\tilde{X}(1) = \sum_{0}^{3} \tilde{x}(n)W_4^n = \sum_{0}^{3} \tilde{x}(n)(-j)^n = (-2+2j)$$

$$\tilde{X}(2) = \sum_{0}^{3} \tilde{x}(n)W_4^{2n} = \sum_{0}^{3} \tilde{x}(n)(-j)^{2n} = 2$$

$$\tilde{X}(3) = \sum_{0}^{3} \tilde{x}(n)W_4^{3n} = \sum_{0}^{3} \tilde{x}(n)(-j)^{3n} = (-2-2j)$$

5.1.1 MATLAB 구현

식 (5.6), (5.7)을 자세히 보면 DFS가 수치적으로 계산할 수 있는 표현임을 알 수 있다. 이는 많은 방법으로 구현할 수 있다. 각 샘플 $\tilde{X}(k)$를 계산하기 위해, `for...end` 루프(loop)로 합을 구현할 수 있다. 모든 DFS 계수를 계산하려면 또 다른 `for...end` 루프가 필요하다. 중첩된 2개의 `for...end` 루프 구현으로 가능한데, MATLAB에서 이것은 분명히 비효율적이다. MATLAB에서 효율적인 구현은 식 (5.6), (5.7)의 각 관계에 대해 행렬-벡터 곱셈을 사용하는 것이다. 전에 이 접근 방식을 이산 시간 푸리에 변환의 수치적 근사를 구현하는 데 사용했다. $\tilde{\mathbf{x}}$와 $\tilde{\mathbf{X}}$가 각각 $\tilde{x}(n)$와 $\tilde{X}(k)$ 수열의 기본 주기에 해당하는 열 벡터를 표시한다고 하자. 그러면 식 (5.6), (5.7)은 다음과 같이 주어진다.

$$\begin{aligned} \tilde{\mathbf{X}} &= \mathbf{W}_N \tilde{\mathbf{x}} \\ \tilde{\mathbf{x}} &= \frac{1}{N}\mathbf{W}_N^* \tilde{\mathbf{X}} \end{aligned} \tag{5.8}$$

여기서 행렬 $\mathbf{W}_N$은 다음과 같이 주어진다.

$$\mathbf{W}_N \triangleq \left[W_N^{kn}{}_{\,0\le k,n\le N-1} \right] = \underset{\downarrow}{k} \overset{n\longrightarrow}{\begin{bmatrix} 1 & 1 & \cdots & 1 \\ 1 & W_N^1 & \cdots & W_N^{(N-1)} \\ \vdots & \vdots & \ddots & \vdots \\ 1 & W_N^{(N-1)} & \cdots & W_N^{(N-1)^2} \end{bmatrix}} \tag{5.9}$$

행렬 $\mathbf{W}_N$은 정방형 행렬이고 DFS 행렬이라 한다. 다음 MATLAB 함수 `dfs`는 위의 과정을 구현한다.

```
function [Xk] = dfs(xn,N)
% Computes Discrete Fourier Series Coefficients
% ---------------------------------------------
% [Xk] = dfs(xn,N)
% Xk = DFS coeff. array over 0 <= k <= N-1
% xn = One period of periodic signal over 0 <= n <= N-1
```

```
%  N = Fundamental period of xn
%
n = [0:1:N-1];                   % row vector for n
k = [0:1:N-1];                   % row vecor for k
WN = exp(-j*2*pi/N);             % Wn factor
nk = n'*k;                       % creates a N by N matrix of nk values
WNnk = WN .^ nk;                 % DFS matrix
Xk = xn * WNnk;                  % row vector for DFS coefficients
```

예제 5.1의 DFS는 MATLAB을 이용하여 다음과 같이 계산할 수 있다.

```
>> xn = [0,1,2,3]; N = 4;  Xk = dfs(xn,N)
Xk =
   6.0000            -2.0000 + 2.0000i  -2.0000 - 0.0000i  -2.0000 - 2.0000i
```

다음 idfs 함수를 통해 합성식, 즉 IDFS를 얻을 수 있다.

```
function [xn] = idfs(Xk,N)
% Computes Inverse Discrete Fourier Series
% ----------------------------------------
% [xn] = idfs(Xk,N)
% xn = One period of periodic signal over 0 <= n <= N-1
% Xk = DFS coeff. array over 0 <= k <= N-1
%  N = Fundamental period of Xk
%
n = [0:1:N-1];                   % row vector for n
k = [0:1:N-1];                   % row vecor for k
WN = exp(-j*2*pi/N);             % Wn factor
nk = n'*k;                       % creates a N by N matrix of nk values
WNnk = WN .^ (-nk);              % IDFS matrix
xn = (Xk * WNnk)/N;              % row vector for IDFS values
```

주의: 위 함수들은 식 (5.6), (5.7)을 MATLAB에서 구현하는 효율적인 접근 방식이다. 그러나 이들은 특히 N이 큰 경우의 계산에 효율적이지 않다. 이 문제는 이 장 뒷부분에서 다룰 것이다.

예제 5.2 주기적 '구형파' 신호가 다음과 같이 주어진다.

$$\tilde{x}(n) = \begin{cases} 1, & mN \le n \le mN + L - 1 \\ 0, & mN + L \le n \le (m+1)N - 1 \end{cases}; \quad m = 0, \pm 1, \pm 2, \ldots$$

여기서 N은 기본 주기이고, L/N은 의무 주기(duty cycle)이다.

a. L과 N으로 $|\tilde{X}(k)|$을 표현하라.

b. $L = 5,\ N = 20$; $L = 5,\ N = 40$; $L = 5,\ N = 60$; $L = 7,\ N = 60$인 경우에 대해 크기 $|\tilde{X}(k)|$을 그려라.

c. 결과에 대해 논하라.

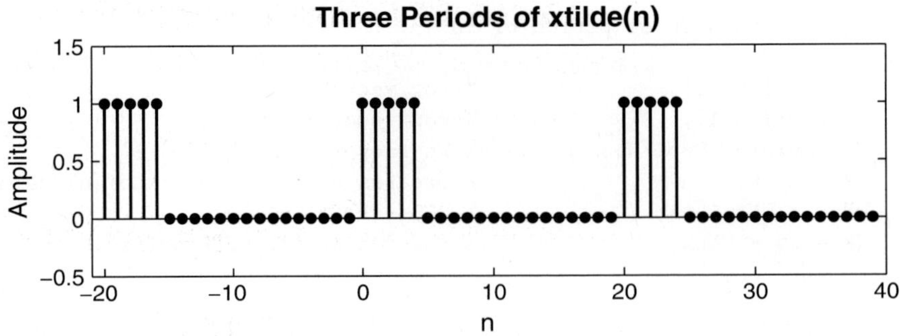

그림 5.1 주기적 구형파 신호

풀이 $L = 5$, $N = 20$일 때 이 신호는 그림 5.1과 같이 나타난다.

a. 분석식 (5.4)를 적용하여

$$\begin{aligned}\tilde{X}(k) &= \sum_{n=0}^{N-1} \tilde{x}(n) e^{-j\frac{2\pi}{N}nk} = \sum_{n=0}^{L-1} e^{-j\frac{2\pi}{N}nk} = \sum_{n=0}^{L-1} \left(e^{-j\frac{2\pi}{N}k}\right)^n \\ &= \begin{cases} L, & k = 0, \pm N, \pm 2N, \ldots \\ \dfrac{1-e^{-j2\pi Lk/N}}{1-e^{-j2\pi k/N}}, & \text{그 외} \end{cases}\end{aligned}$$

마지막 단계는 2장에서 살펴본 기하수열의 합 공식 (2.8)에서 나온다. 마지막 표현은 다음과 같이 간략화된다.

$$\begin{aligned}\frac{1-e^{-j2\pi Lk/N}}{1-e^{-j2\pi k/N}} &= \frac{e^{-j\pi Lk/N}}{e^{-j\pi k/N}} \frac{e^{j\pi Lk/N} - e^{-j\pi Lk/N}}{e^{j\pi k/N} - e^{-j\pi k/N}} \\ &= e^{-j\pi(L-1)k/N} \frac{\sin(\pi kL/N)}{\sin(\pi k/N)}\end{aligned}$$

또는 $\tilde{X}(k)$의 크기는 다음과 같이 주어진다.

$$|\tilde{X}(k)| = \begin{cases} L, & k = 0, \pm N, \pm 2N, \ldots \\ \left|\dfrac{\sin(\pi kL/N)}{\sin(\pi k/N)}\right|, & \text{그 외} \end{cases}$$

b. $L = 5$, $N = 20$인 경우의 MATLAB 코드가 아래에 주어졌다.

```
>> L = 5; N = 20; k = [-N/2:N/2];              % Sq wave parameters
>> xn = [ones(1,L), zeros(1,N-L)];             % Sq wave x(n)
>> Xk = dfs(xn,N);                             % DFS
>> magXk = abs([Xk(N/2+1:N) Xk(1:N/2+1)]); % DFS magnitude
>> subplot(2,2,1); stem(k,magXk); axis([-N/2,N/2,-0.5,5.5])
>> xlabel('k'); ylabel('Xtilde(k)')
>> title('DFS of SQ. wave: L=5, N=20')
```

위와 그 밖의 모든 경우에 대한 그래프는 그림 5.2에 나타내었다. $\tilde{X}(k)$가 주기적이므로 그

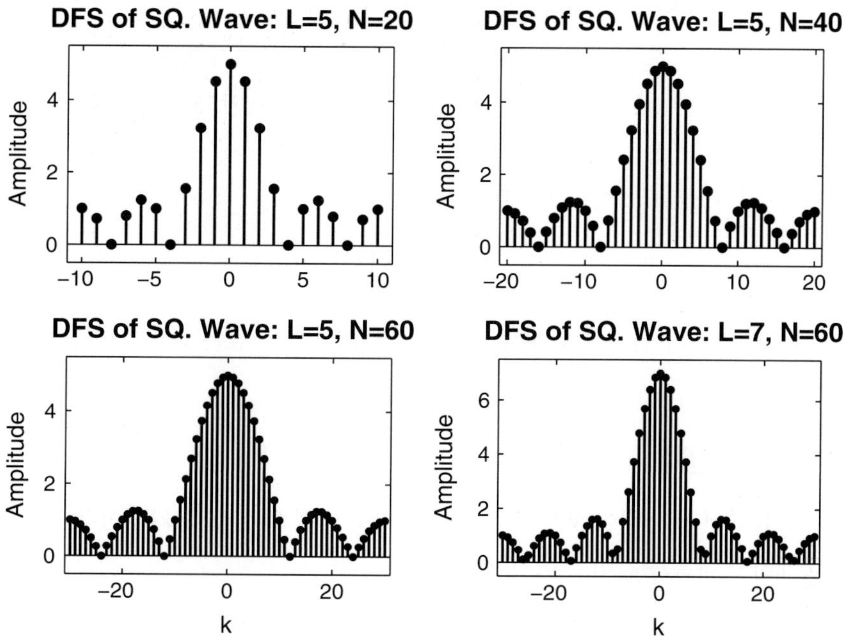

그림 5.2 다양한 L과 N에 대한 주기적 구형파의 DFS 그래프

래프는 $-N/2$부터 $N/2$까지 그려져 있음을 주목하라.

c. 그림 5.2로부터 여러 가지 흥미로운 관찰을 할 수 있다. 구형파의 DFS 계수의 포락선(envelop)은 'sinc' 함수처럼 보인다. $k = 0$에서 크기는 L과 같은 반면 함수의 영점은 N/L의 배수에 있는데, 이는 의무 주기의 역수이다. 이 함수를 이 장 뒷부분에서 살펴볼 것이다.

5.1.2 *z*-변환과의 관계

$x(n)$이 다음과 같은 N만큼 지속되는 유한 수열이라 하자.

$$x(n) = \begin{cases} 0\text{이 아님}, & 0 \le n \le N-1 \\ 0, & \text{그 외} \end{cases} \tag{5.10}$$

그러면 이의 z-변환을 구할 수 있다.

$$X(z) = \sum_{n=0}^{N-1} x(n) z^{-n} \tag{5.11}$$

이제 주기적으로 $x(n)$을 주기 N으로 반복함으로써 주기 신호 $\tilde{x}(n)$을 만든다.

$$x(n) = \begin{cases} \tilde{x}(n), & 0 \le n \le N-1 \\ 0, & \text{그 외} \end{cases} \tag{5.12}$$

$\tilde{x}(n)$의 DFS는 다음과 같이 주어진다.

$$\tilde{X}(k) = \sum_{n=0}^{N-1} \tilde{x}(n) e^{-j\frac{2\pi}{N}nk} = \sum_{n=0}^{N-1} x(n) \left[e^{j\frac{2\pi}{N}k}\right]^{-n} \tag{5.13}$$

이것을 식 (5.11)과 비교하여 다음을 얻는다.

$$\tilde{X}(k) = X(z)\big|_{z=e^{j\frac{2\pi}{N}k}} \tag{5.14}$$

이는 DFS $\tilde{X}(k)$가 단위원 위에서 z-변환 $X(z)$의 N개의 같은 간격을 가진 샘플을 표현한다는 뜻이다.

5.1.3 DTFT와의 관계

식 (5.10)의 $x(n)$이 길이 N인 유한 수열이므로, 이것 역시 절대 가합이다. 따라서 이의 DTFT는 존재하고 다음과 같이 주어진다.

$$X(e^{j\omega}) = \sum_{n=0}^{N-1} x(n) e^{-j\omega n} = \sum_{n=0}^{N-1} \tilde{x}(n) e^{-j\omega n} \tag{5.15}$$

식 (5.15)를 식 (5.13)과 비교하여, 다음을 얻는다.

$$\tilde{X}(k) = X(e^{j\omega})\big|_{\omega=\frac{2\pi}{N}k} \tag{5.16}$$

다음을 가정하면

$$\omega_1 \triangleq \frac{2\pi}{N} \quad \text{그리고} \quad \omega_k \triangleq \frac{2\pi}{N}k = k\omega_1$$

DFS $X(k) = X(e^{j\omega k}) = X(e^{jk\omega_1})$이고, 이는 DFS가 $\omega_1 = \frac{2\pi}{N}$의 간격으로 DTFT를 균일하게 샘플링함으로써 얻어진다는 뜻이다. 식 (5.14)와 (5.16)을 관찰해보면, DFS 표현은 우리에게 주파수 영역에서의 샘플링 기법을 제공하는데 이는 원칙적으로 시간 영역에서의 샘플링과 비슷하다는 사실을 알 수 있다. 간격 $\omega_1 = \frac{2\pi}{N}$는 주파수 영역에서의 샘플링 간격(sampling interval)이다. 이는 주파수 샘플(또는 측정치)이 얼마나 가까이 있는지 알려주므로 주파수 분해능(frequency resolution)이라고도 한다.

예제 5.3 $x(n) = \{\underset{\uparrow}{0}, 1, 2, 3\}$이라 하자.

a. 이의 이산 시간 푸리에 변환 $X(e^{j\omega})$을 계산하라.

b. $X(e^{j\omega})$을 $k\omega_1 = \frac{2\pi}{4}k$, $k = 0, 1, 2, 3$에서 샘플링하고 이것이 예제 5.1의 $\tilde{X}(k)$와 같음을 보여라.

풀이 신호 $x(n)$은 주기적이지 않지만 유한 수열이다.

a. 이산 시간 푸리에 변환은 다음과 같이 주어진다.

$$X(e^{j\omega}) = \sum_{n=-\infty}^{\infty} x(n)e^{-j\omega n} = e^{-j\omega} + 2e^{-j2\omega} + 3e^{-j3\omega}$$

b. $k\omega_1 = \frac{2\pi}{4}k$, $k = 0, 1, 2, 3$에서 샘플링하여 예상한 것처럼 다음을 얻는다.

$$\begin{aligned} X(e^{j0}) &= 1+2+3 = 6 = \tilde{X}(0) \\ X(e^{j2\pi/4}) &= e^{-j2\pi/4} + 2e^{-j4\pi/4} + 3e^{-j6\pi/4} = -2+2j = \tilde{X}(1) \\ X(e^{j4\pi/4}) &= e^{-j4\pi/4} + 2e^{-j8\pi/4} + 3e^{-j12\pi/4} = 2 = \tilde{X}(2) \\ X(e^{j6\pi/4}) &= e^{-j6\pi/4} + 2e^{-j12\pi/4} + 3e^{-j18\pi/4} = -2-2j = \tilde{X}(3) \end{aligned}$$

5.1.4 이산 푸리에 급수의 성질

이산 푸리에 급수의 어떤 성질은 신호 처리 문제에 있어 기본적인 중요성을 가지고 있다. 기본적인 여러 특성이 z-변환 및 푸리에 변환의 특성과 거의 동일하다는 점은 그다지 놀라운 사실이 아니지만 $\tilde{x}(n)$과 $\tilde{X}(k)$의 주기성이 중요한 특징을 나타낸다는 점에 유의해야 한다. 게다가 신호의 푸리에 변환이나 z-변환에는 없는 정확한 쌍대성(duality)이 DFS 쌍에는 존재한다.

1. 선형성

DFS는 선형 변환이다. 즉, 모든 α, β, $x_1(n)$, $x_2(n)$에 대해 다음을 만족한다. 2개의 신호 $\tilde{x}_1(n)$, $\tilde{x}_2(n)$을 선형 결합한 DFS는 각 DFS의 선형 결합과 같다.

$$\begin{aligned} \text{DFS}\left[\alpha\tilde{x}_1(n) + \beta\tilde{x}_2(n)\right] &= \alpha\text{DFS}\left[\tilde{x}_1(n)\right] + \beta\text{DFS}\left[\tilde{x}_2(n)\right] \\ &= \alpha\tilde{X}_1(k) + \beta\tilde{X}_2(k) \end{aligned} \tag{5.17}$$

위 결과는 다음과 같이 증명할 수 있다.

$$\begin{aligned} \text{DFS}\left[\alpha x_1(n) + \beta x_2(n)\right] &= \sum_{n=-\infty}^{N} \left[\alpha\tilde{x}_1(n) + \beta\tilde{x}_2(n)\right] e^{-j\omega n} \\ &= \alpha \sum_{n=-\infty}^{\infty} \tilde{x}_1(n)e^{-j\omega n} + \beta \sum_{n=-\infty}^{\infty} \tilde{x}_2(n)e^{-j\omega n} \\ &= \alpha\tilde{X}_1(k) + \beta\tilde{X}_2(k) \end{aligned}$$

2. 신호의 이동

주기 신호 $\tilde{x}(n)$의 푸리에 계수가 $\tilde{X}(k)$라고 하면, $\tilde{x}(n-m)$의 푸리에 계수는 $\tilde{X}(k)$가 주파수 영역에서 이동한 것이 되며 다음과 같다.

$$\text{DFS}\left[\tilde{x}(n-m)\right] = W_N^{km}\tilde{X}(k) \tag{5.18}$$

위 결과는 다음과 같이 증명할 수 있다.

$$\text{DFS}[\tilde{x}(n-m)] = \sum_{n=0}^{N-1} \tilde{x}(n-m) W_N^{km}$$

에서 $r = n - m$으로 치환하면

$$\text{DFS}[\tilde{x}(n-m)] = \sum_{r=-m}^{N-1-m} x(r) W_N^{(r+m)k}$$
$$= W_N^{mk} \sum_{r=-m}^{N-1-m} \tilde{x}(r) W_N^{k}$$

을 얻는다. 여기서 $\tilde{x}(k)W_N^k$ 역시 주기가 N인 수열이므로, 어떠한 위치에서라도 연속적인 N개 점에서의 합은 정확하게 $r = 0, 1, \ldots, N-1$일 때 얻은 합과 같다. 이 사실을 적용하면

$$\text{DFS}[\tilde{x}(n-m)] = W_N^{mk} \sum_{r=0}^{N-1} \tilde{x}(r) W_N^{k}$$
$$= W_N^{mk} \tilde{X}(k)$$

3. 주파수 이동

주기 신호의 푸리에 계수도 주기 신호를 이루기 때문에 비슷한 결론이 푸리에 계수에 적용된다. 이를 정수 ℓ를 사용하여 수식으로 나타내면 다음과 같다.

$$\text{DFS}[W_N^{-n\ell} \tilde{x}(n)] = \tilde{X}(k-\ell) \tag{5.19}$$

위 결과는 다음과 같이 증명할 수 있다.

$$\text{DFS}[W_N^{-n\ell} \tilde{x}(n)] = \sum_{n=0}^{N-1} W_N^{-n\ell} \tilde{x}(n) W_N^{nk}$$
$$= \sum_{n=0}^{N-1} \tilde{x}(n) W_N^{n(k-\ell)}$$
$$= \tilde{X}(k-\ell)$$

4. 쌍대성

식 (5.6)과 (5.7)로부터, DFS 해석 방정식과 합성 방정식이 서로 다른 점은 비례상수 $1/N$과 W_N^{rk}의 지수 부호이다. 이와 더불어, 주기 신호와 그의 DFS 계수는 서로 같은 종류의 함수 형태, 즉 주기 신호이다. 식 (5.6)과 (5.7)에서 $1/N$과 W_N^{rk}의 지수 부호를 고려할 때, 식 (5.9)로부터 다음과 같이 쓸 수 있다.

$$\text{DFS}[N\tilde{x}(-n)] = \sum_{k=0}^{N-1} \tilde{X}(k) W_N^{nk} \tag{5.20}$$

여기서 n과 k를 교환하면,

$$\mathrm{DFS}\,[N\tilde{x}(-k)] = \sum_{k=0}^{N-1} \tilde{X}(n) W_N^{nk} \tag{5.21}$$

식 (5.21)은 식 (5.6)과 대단히 비슷한 형태이다. 다시 말해, 주기 신호 $\tilde{X}(n)$의 DFS 계수는 역시 주기 신호로서 $N\tilde{X}(-k)$이며, 원래의 신호를 반대의 순서로 배열하고 N을 곱한 결과와 같다. 이 쌍대성을 요약하면 다음과 같다.

만약 $\tilde{x}(n)$에 관해서

$$\mathrm{DFS}\,[\tilde{x}(n)] = \tilde{X}(k)$$

이면

$$\mathrm{DFS}\,[\tilde{X}(n)] = N\tilde{x}(-k)$$

이다.

5. 복소 켤레성

시간 영역에서의 켤레는 주파수 영역에서 반전과 켤레에 해당한다.

$$\mathrm{DFS}\,[\tilde{x}^*(n)] = \tilde{X}^*(-k)$$

위 결과는 다음과 같이 증명할 수 있다.

$$\begin{aligned}\mathrm{DFS}\,[\tilde{x}^*(n)] &= \sum_{n=0}^{N-1} \overline{\tilde{x}(n)} W_N^{nk} \\ &= \sum_{n=0}^{N-1} \overline{\tilde{x}(n) W_N^{-nk}} \\ &= \overline{\sum_{n=0}^{N-1} \tilde{x}(n) W_N^{-nk}} \\ &= \tilde{X}^*(-k)\end{aligned}$$

이 성질로부터 다음 두 가지 식을 유도할 수 있다.

$$\mathrm{DFS}\,[\mathrm{Re}\{\tilde{x}(n)\}] = \frac{1}{2}\,[\tilde{X}(k) + \tilde{X}^*(-k)]$$

$$\mathrm{DFS}\,[j\mathrm{Im}\{\tilde{x}(n)\}] = \frac{1}{2}\,[\tilde{X}(k) - \tilde{X}^*(-k)]$$

6. 실수 수열의 대칭성

$x(n)$이 실수 수열이라 하자. 그러면 $x(n) = x^*(n)$이다. 위 성질을 이용하여

$$\tilde{X}(k) - \tilde{X}^*(-k)$$

이 대칭은 켤레 대칭성이라 한다. 이는 다음을 암시한다.

$$\mathrm{Re}[\tilde{X}(k)] = \mathrm{Re}[\tilde{X}(-k)] \quad \Rightarrow \text{ 우함수 신호}$$
$$\mathrm{Im}[\tilde{X}(k)] = -\mathrm{Im}[\tilde{X}(-k)] \quad \Rightarrow \text{ 기함수 신호}$$
$$|\tilde{X}(k)| = |\tilde{X}(-k)| \quad \Rightarrow \text{ 우함수 신호}$$
$$\angle\tilde{X}(k) = \angle\tilde{X}(-k) \quad \Rightarrow \text{ 기함수 신호}$$

이들은 다음과 같이 정의되는 순환-우함수와 순환-기함수 성분으로 부른다.

$$\tilde{x}(n) = \tilde{x}_e(n) + \tilde{x}_o(n)$$

여기서

$$\tilde{x}_e(n) = \frac{1}{2}[\tilde{x}(n) + \tilde{x}^*(-n)]$$
$$\tilde{x}_o(n) = \frac{1}{2}[\tilde{x}(n) - \tilde{x}^*(-n)]$$

그러면 다음의 푸리에 급수식이 성립한다.

$$\mathrm{DFS}[\tilde{x}_e(n)] = \mathrm{Re}[\tilde{X}(k)]$$
$$\mathrm{DFS}[\tilde{x}_o(n)] = \mathrm{Im}[\tilde{X}(k)]$$

$\tilde{X}(k)$를 다음과 같이 실수부와 허수부로 나타낼 수 있다.

$$\tilde{X}(k) = \mathrm{Re}[\tilde{X}(k)] + j\mathrm{Im}[\tilde{X}(k)]$$

그러면 $\tilde{X}(k) = \tilde{X}^*(-k)$로부터 다음과 같은 식이 성립한다.

$$\mathrm{Re}[\tilde{X}(k)] + j\mathrm{Im}[\tilde{X}(k)] = \mathrm{Re}[\tilde{X}(-k)] - j\mathrm{Im}[\tilde{X}(-k)]$$

따라서

$$\mathrm{Re}[\tilde{X}(k)] = \mathrm{Re}[\tilde{X}(-k)]$$
$$\mathrm{Im}[\tilde{X}(k)] = -\mathrm{Im}[\tilde{X}(-k)]$$

다시 말해, 실수 신호일 경우 그 푸리에 변환의 실수부는 우함수이고 허수부는 기함수이다. 같은 방법으로 $\tilde{X}(k)$와 $\tilde{X}^*(-k)$를 극좌표 형식으로 표현하면

$$\tilde{X}(k) = |\tilde{X}(k)|e^{j\angle\tilde{X}(k)}$$
$$\tilde{X}^*(k) = |\tilde{X}(-k)|e^{-j\angle\tilde{X}(-k)}$$

따라서

$$|\tilde{X}(k)| = |\tilde{X}(-k)|$$

$$\angle\tilde{X}(k) = -\angle\tilde{X}(-k)$$

이는 크기는 ω의 우함수이고, 위상은 ω의 기함수임을 의미한다. 따라서 다음의 푸리에 급수식이 성립한다.

$$\text{DFS}\,[\tilde{x}_e(n)] = \text{Re}\,[\tilde{X}(k)]$$

$$\text{DFS}\,[\tilde{x}_o(n)] = \text{Im}\,[\tilde{X}(k)]$$

7. 주기적 콘벌루션

주기가 N인 2개의 주기 신호 $\tilde{x}_1(n)$, $\tilde{x}_2(n)$에 대한 주기적 콘벌루션의 DFS는 다음과 같다.

$$\text{DFS}\,[\tilde{x}_1(n) * \tilde{x}_2(n)] = \tilde{X}_1(z)\tilde{X}_2(z) \tag{5.22}$$

위 결과는 다음과 같이 증명할 수 있다.

다음과 같이 $x_1(n)$, $x_2(n)$의 주기적 콘벌루션으로 표시되는 주기 신호 $\tilde{x}_3(n)$을 생각해 보자.

$$\tilde{x}_3(n) = \sum_{m=0}^{N-1} \tilde{x}_1(m)\tilde{x}_2(n-m) \tag{5.23}$$

변환에 관한 앞에서의 경험으로부터, 주파수 함수를 곱하는 것은 시간 영역에서 콘벌루션하는 것에 대응한다는 사실을 알기 때문에 위 결과는 새로운 사실이 아니다. 식 (5.23)은 $\tilde{x}_1(m)$과 $\tilde{x}_2(n-m)$을 곱해서 다시 합하는 것이다. 여기서 $\tilde{x}_2(m)$은 비주기 이산 콘벌루션에서와 같이 $\tilde{x}_2(n-m)$을 시간에 따라 반대 순서로 한 다음 이동시킨 수열이다. 그렇지만 식 (5.23)에서 모든 신호는 주기가 N인 주기 수열이고, 합은 한 주기에 걸쳐 행해진다. 식 (5.23)의 형태인 콘벌루션을 **주기 콘벌루션**(periodic convolution)이라고 한다. 비주기 콘벌루션과 같이, 주기 콘벌루션도 교환 법칙이 성립한다. 즉,

$$\tilde{x}_3(n) = \sum_{m=0}^{N-1} \tilde{x}_2(m)\tilde{x}_1(n-m)$$

식 (5.22)로 주어진 $\tilde{x}_3(k)$가 식 (5.23)으로 주어진 $\tilde{x}_3(n)$의 푸리에 계수임을 증명하기 위해, 먼저 식 (5.6)에 있는 DFS 해석 방정식을 식 (5.8)에 적용한다. 즉,

$$\tilde{X}_3(k) = W_N^{nk}\left(\sum_{m=0}^{N-1} \tilde{x}_2(m)\tilde{x}_1(n-m)\right)$$

여기서 덧셈의 순서를 바꾸어 표시하면 다음과 같다.

$$\tilde{X}_3(k) = \sum_{m=0}^{N-1} \tilde{x}_1(m)\tilde{x}_2(n-m)W_N^{nk} \tag{5.24}$$

안쪽의 합은 n에 관한 것으로서 이동된 신호 $\tilde{x}_2(n-m)$의 DFS이다. 앞에서 설명한 수열의 이동 성질에 의하면

$$\sum_{m=0}^{N-1} x_2(n-m)W_N^{nk} = \tilde{X}_2(k)W_N^{nk}$$

이고, 이것을 식 (5.24)에 대입하면

$$\tilde{X}_3(k) = \sum_{m=0}^{N-1} \tilde{x}_1(m)W_N^{nk}\tilde{X}_2(k) = \tilde{X}_1(k)\tilde{X}_2(k)$$

을 얻는다. 따라서 다음과 같은 결론을 얻는다.

$$\text{DFS}\left[\sum_{m=0}^{N-1} \tilde{x}_1(m)\tilde{x}_2(n-m)\right] = \tilde{X}_1(k)\tilde{X}_2(k) \tag{5.25}$$

주기 수열의 주기 콘벌루션은 각 푸리에 급수의 계수로 이루어지는 수열의 곱에 대응한다.

8. 곱셈

이는 위에서 설명한 주기적 콘벌루션 성질의 쌍대(dual)이다.

$$\text{DFS}[\tilde{x}_1(n)\tilde{x}_2(n)] = \frac{1}{N}\sum_{m=0}^{N-1} \tilde{X}_1(\ell)\tilde{X}_2(k-\ell) \tag{5.26}$$

이미 설명한 쌍대성 정리에 의하면, 시간 변수와 주파수 변수의 역할을 서로 교환했을 때 앞에서 얻은 것과 같은 결과를 얻을 수 있음을 알 수 있다. 식 (5.26)은 $\tilde{X}_1(k)$와 $\tilde{X}_2(k)$의 주기적 콘벌루션에 $1/N$을 곱한 것이다.

9. 파시발의 관계

이 관계는 주파수 영역에서 에너지를 계산한다.

$$E_x = \sum_{n=0}^{N-1} |\tilde{x}(n)|^2 = \frac{1}{N}\sum_{k=0}^{N-1} |\tilde{X}(k)|^2 \tag{5.27}$$

$\left|\dfrac{\tilde{X}(k)}{N}\right|^2$은 전력(power) 스펙트럼이라 한다.

지금까지 설명한 이산 푸리에 급수 표현의 성질을 표 5.1에 요약해뒀다.

표 5.1 DFS의 특성

주기 신호(*N*)	DFS(주기 *N*)
1. $\tilde{x}(n)$	$\tilde{X}(k)$ 주기 N
2. $\tilde{x}_1(n), \tilde{x}_2(n)$	$\tilde{X}_1(k), \tilde{X}_2(k)$ 주기 N
3. $a\tilde{x}_1(n)+b\,\tilde{x}_2$	$a\tilde{X}_1(k)+b\tilde{X}_2(k)$
4. $\tilde{x}(n-m)$	$W_N^{km}\tilde{x}(k)$
5. $W_N^{-\ell m}\tilde{x}(n)$	$\tilde{X}(k-\ell)$
6. $\tilde{X}(n)$	$N\tilde{x}(-k)$
7. $\tilde{x}^*(n)$	$\tilde{X}^*(-k)$
8. $\tilde{x}^*(-n)$	$\tilde{X}^*(k)$
9. $\mathrm{Re}[\tilde{x}(n)]$	$\tilde{X}_e(k)=\dfrac{1}{2}[\tilde{X}(k)+\tilde{X}^*(-k)]$
10. $j\mathrm{Im}[\tilde{x}(n)]$	$\tilde{X}_o(k)=\dfrac{1}{2}[\tilde{X}(k)-\tilde{X}^*(-k)]$
11. $\tilde{x}_e(n)=\dfrac{1}{2}[\tilde{x}(n)+\tilde{x}^*(-n)]$	$\mathrm{Re}[\tilde{X}(k)]$
12. $\tilde{x}_o(n)=\dfrac{1}{2}[\tilde{x}(n)-\tilde{x}^*(-n)]$	$j\mathrm{Im}[\tilde{X}(k)]$
13. $\sum_{m=0}^{N-1}\tilde{x}_1(m)\tilde{x}_2(n-m)$	$\tilde{X}_1(k)\tilde{X}_2(k)$
14. $[\tilde{x}_1(n)\tilde{x}_2(n)]$	$\dfrac{1}{N}\sum_{m=0}^{N-1}\tilde{X}_1(\ell)\tilde{X}_2(k-\ell)$
15. 대칭성	$\tilde{X}(k)=\tilde{X}^*(-k)$ $\mathrm{Re}[\tilde{X}(k)]=\mathrm{Re}[\tilde{X}(-k)]$ $\mathrm{Im}[\tilde{X}(k)]=-\mathrm{Im}[\tilde{X}(-k)]$ $\lvert\tilde{X}(k)\rvert=\lvert\tilde{X}(-k)\rvert$ $\angle\tilde{X}(k)=-\angle\tilde{X}(-k)$
16. $\tilde{x}_e(n)=\dfrac{1}{2}[\tilde{x}(n)+\tilde{x}(-n)]$	$\mathrm{Re}[\tilde{X}(k)]$
17. $\tilde{x}_o(n)=\dfrac{1}{2}[\tilde{x}(n)-\tilde{x}(-n)]$	$j\mathrm{Im}[\tilde{X}(k)]$

주: 여기서 15~17번의 성질은 $x(n)$이 실수일 때만 적용된다.

5.2 샘플링과 z-영역에서의 복원

$x(n)$이 임의의 절대 가합인 신호라 하자. 이 신호는 무한 신호일 수도 있다. 이의 z-변환은 다음과 같이 주어진다.

$$X(z)=\sum_{m=-\infty}^{\infty}x(m)z^{-m}$$

그리고 $X(z)$의 ROC가 단위원을 포함한다고 가정한다. $X(z)$를 단위원 위에서 $\omega_1 = 2\pi/N$의 각만큼 떨어진 균일한 간격의 점에서 샘플링하고 이를 DFS 신호라 한다.

$$\begin{aligned}\tilde{X}(k) &\triangleq X(z)\big|_{z=e^{j\frac{2\pi}{N}k}}, \qquad k = 0, \pm 1, \pm 2, \ldots \\ &= \sum_{m=-\infty}^{\infty} x(m) e^{-j\frac{2\pi}{N}km} = \sum_{m=-\infty}^{\infty} x(m) W_N^{km}\end{aligned} \tag{5.28}$$

이는 주기 N으로 주기적이다. 마지막으로 $\tilde{X}(k)$의 IDFS를 계산한다.

$$\tilde{x}(n) = \mathrm{IDFS}\big[\tilde{X}(k)\big]$$

이 식 역시 주기 N으로 주기적이다. 임의의 $x(n)$과 주기적 $\tilde{x}(n)$ 사이에 어떤 관계가 있음이 틀림없으며 이는 중요한 문제이다. 역 DTFT나 역 z-변환을 수치적으로 계산하기 위해 단위원 위에서 $X(z)$의 유한개의 샘플을 다루어야 한다. 따라서 시간 영역 신호에서 이러한 샘플링의 영향을 알아야 한다. 이 관계는 다음과 같이 쉽게 구할 수 있다.

$$\begin{aligned}\tilde{x}(n) &= \frac{1}{N}\sum_{k=0}^{N-1} \tilde{X}(k) W_N^{-kn} && (\text{식 (5.2)로부터}) \\ &= \frac{1}{N}\sum_{k=0}^{N-1} \left\{ \sum_{m=-\infty}^{\infty} x(m) W_N^{km} \right\} W_N^{-kn} && (\text{식 (5.28)로부터})\end{aligned}$$

또는

$$\begin{aligned}\tilde{x}(n) &= \sum_{m=-\infty}^{\infty} x(m) \underbrace{\frac{1}{N}\sum_{0}^{N-1} W_N^{-k(n-m)}}_{=\begin{cases}1, & n-m=rN \\ 0, & \text{그 외}\end{cases}} = \sum_{m=-\infty}^{\infty} x(m) \sum_{r=-\infty}^{\infty} \delta(n-m-rN) \\ &= \sum_{r=-\infty}^{\infty} \sum_{m=-\infty}^{\infty} x(m)\delta(n-m-rN)\end{aligned}$$

또는

$$\tilde{x}(n) = \sum_{r=-\infty}^{\infty} x(n-rN) = \cdots + x(n+N) + x(n) + x(n-N) + \cdots \tag{5.29}$$

이는 단위원 위에서 $X(z)$를 샘플링할 때 시간 영역에서 주기 신호를 얻는다는 것을 의미한다. 이 신호는 원래의 $x(n)$과 각각 $\pm N$의 배수만큼 이동된 이의 무한한 복제의 선형 조합이다. 이는 예제 5.5에서 보여준다. 식 (5.29)로부터 만약 $n < 0$이고 $n \geq N$일 때 $x(n) = 0$이면 시간 영역에서 겹침이나 에일리어싱이 없으리라는 사실을 알 수 있다. 따라서 $\tilde{x}(n)$으로부터 $x(n)$을 인식하고 복원할 수 있어야 한다.

$$x(n) = \tilde{x}(n) \quad 0 \le n \le (N-1)\text{일 때}$$

또는

$$x(n) = \tilde{x}(n)\mathcal{R}_N(n) = \begin{cases} \tilde{x}(n), & 0 \le n \le N-1 \\ 0, & \text{그 외} \end{cases}$$

여기서 $\mathcal{R}_N(n)$은 길이 N인 사각형 창함수(rectangular window function)라 한다. 그러므로 다음의 정리를 갖는다.

■ **정리 1 주파수 샘플링**

만약 $x(n)$이 $[0, N-1]$로 시간이 제한되면(즉, 유한 신호) 단위원 위의 $X(z)$의 N개 샘플은 모든 z에 대해 $X(z)$를 결정한다. 즉, 주파수 영역에서의 샘플 개수가 신호의 크기보다 크거나 같으면 $x(n)$의 푸리에 변환 $X(z)$는 이 샘플 값으로부터 재구성할 수 있고, 같은 의미에서 $x(n)$은 다음 관계식에 따라 $\tilde{x}(n)$으로부터 재구성할 수 있다.

$$x(n) = \begin{cases} \tilde{x}(n), & 0 \le n \le N \\ 0, & \text{그 외} \end{cases}$$

예제 5.4 $x_1(n) = \{\underset{\uparrow}{6}, 5, 4, 3, 2, 1\}$이라 하자. 이의 DTFT $X_1(e^{j\omega})$은 DFS 신호 $\tilde{X}_2(k)$를 구하기 위해 다음에서 샘플링된다.

$$\omega_k = \frac{2\pi k}{4}, \quad k = 0, \pm 1, \pm 2, \pm 3, \ldots$$

$\tilde{X}_2(k)$의 역 DFS를 가진 신호 $\tilde{x}_2(n)$을 구하라.

풀이 DTFT, DFS, 또는 역 DFS를 계산하지 않고 에일리어싱 공식 (5.29)를 이용함으로써 $\tilde{x}_2(n)$을 구할 수 있다.

$$\tilde{x}_2(n) = \sum_{r=-\infty}^{\infty} x_1(n-4r)$$

그리하여 $x(4)$는 $x(0)$으로 에일리어싱되고, $x(5)$는 $x(1)$로 에일리어싱된다. 따라서

$$\tilde{x}_2(n) = \{\ldots, 8, 6, 4, 3, \underset{\uparrow}{8}, 6, 4, 3, 8, 6, 4, 3, \ldots\}$$

■

예제 5.5 $x(n) = (0.7)^n u(n)$이라 하자. 이의 z-변환을 단위원에서 $N = 5, 10, 20, 50$으로 샘플링하고 이의 시간 영역에 대한 영향을 조사하라.

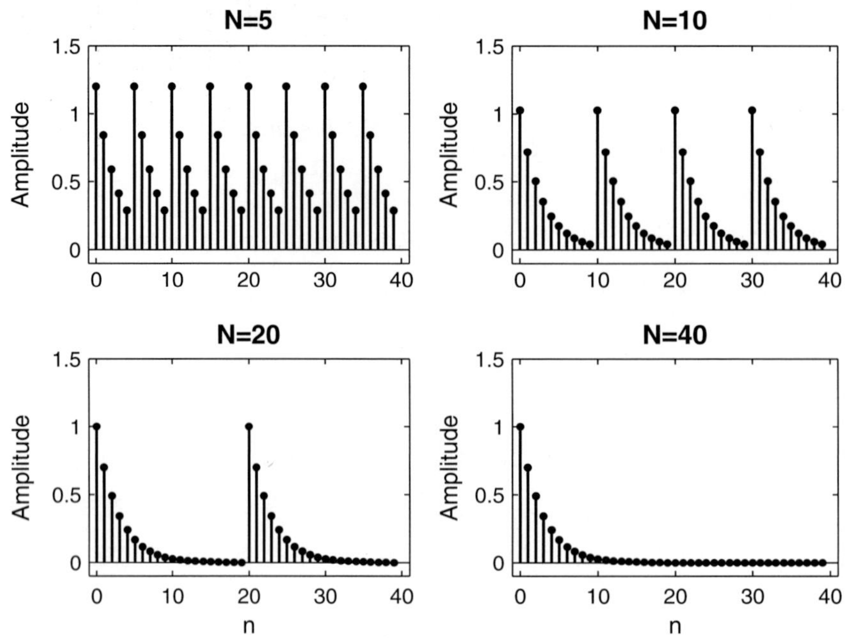

그림 5.3 예제 5.5의 그래프

풀이 표 4.2에서 $x(n)$의 z-변환은 다음과 같다.

$$X(z) = \frac{1}{1-0.7z^{-1}} = \frac{z}{z-0.7}, \quad |z| > 0.7$$

이제 다음의 샘플링 연산과 이에 해당하는 시간 영역 신호를 구하기 위한 역 DFS를 구현하기 위해 MATLAB을 이용한다.

$$\tilde{X}(k) = X(z)|_{z=e^{j2\pi k/N}}, \quad k = 0, \pm 1, \pm 2, \ldots$$

$N = 5$인 경우의 MATLAB 코드를 아래에 나타내었다.

```
>> N = 5; k = 0:1:N-1;                                  % sample index
>> wk = 2*pi*k/N; zk = exp(j*wk);                       % samples of z
>> Xk = (zk)./(zk-0.7);                                 % DFS as samples of X(z)
>> xn = real(idfs(Xk,N));                               % IDFS
>> xtilde = xn'* ones(1,8); xtilde = (xtilde(:))'; % Periodic sequence
>> subplot(2,2,1); stem(0:39,xtilde);axis([0,40,-0.1,1.5])
>> xlabel('n'); ylabel('xtilde(n)'); title('N=5')
```

그림 5.3은 특히 $N = 5$, $N = 10$일 때 시간 영역에서의 에일리어싱을 명확히 보여준다. N이 큰 경우 $x(n)$의 끝은 실제로 어떤 상당한 양의 에이리어싱도 가져오지 않을 정도로 충분히 작다. 이러한 정보는 변환을 하기 전에 효과적으로 무한 신호를 자르는 데 유용하다.

5.2.1 z-변환 복원 공식

$x(n)$이 $[0,\ N-1]$로 시간이 제한되어 있다고 하자. 그러면 정리 1로부터 샘플 $\tilde{X}(k)$를 이용하여 z-변환 $X(z)$를 복구할 수 있다. 이는 다음과 같이 주어진다.

$$\begin{aligned} X(z) &= \mathcal{Z}\left[x(n)\right] = \mathcal{Z}\left[\tilde{x}(n)\mathcal{R}_N(n)\right] \\ &= \mathcal{Z}[\,\mathrm{IDFS}\{\underbrace{\tilde{X}(k)}_{X(z)\text{의 샘플}}\}\mathcal{R}_N(n)] \end{aligned}$$

위 접근 방식은 z-영역 복원 공식으로 이어진다.

$$\begin{aligned} X(z) &= \sum_{0}^{N-1} x(n)z^{-n} = \sum_{0}^{N-1} \tilde{x}(n)z^{-n} \\ &= \sum_{0}^{N-1}\left\{\frac{1}{N}\sum_{0}^{N-1}\tilde{X}(k)W_N^{-kn}\right\}z^{-n} \\ &= \frac{1}{N}\sum_{k=0}^{N-1}\tilde{X}(k)\left\{\sum_{0}^{N-1}W_N^{-kn}z^{-n}\right\} \\ &= \frac{1}{N}\sum_{k=0}^{N-1}\tilde{X}(k)\left\{\sum_{0}^{N-1}\left(W_N^{-k}z^{-1}\right)^n\right\} \\ &= \frac{1}{N}\sum_{k=0}^{N-1}\tilde{X}(k)\left\{\frac{1-W_N^{-kN}z^{-N}}{1-W_N^{-k}z^{-1}}\right\} \end{aligned}$$

$W_N^{-kN}=1$이므로, 다음을 얻는다.

$$X(z) = \frac{1-z^{-N}}{N}\sum_{k=0}^{N-1}\frac{\tilde{X}(k)}{1-W_N^{-k}z^{-1}} \tag{5.30}$$

5.2.2 DTFT 보간 공식

복원 공식 (5.30)은 이를 단위원 $z=e^{j\omega}$에서 구함으로써 이산 시간 푸리에 변환으로 한정될 수 있다. 그러면

$$\begin{aligned} X(e^{j\omega}) &= \frac{1-e^{-j\omega N}}{N}\sum_{k=0}^{N-1}\frac{\tilde{X}(k)}{1-e^{j2\pi k/N}e^{-j\omega}} \\ &= \sum_{k=0}^{N-1}\tilde{X}(k)\frac{1-e^{-j\omega N}}{N\left\{1-e^{j2\pi k/N}e^{-j\omega}\right\}} \end{aligned}$$

다음을 고려해보자.

$$\frac{1-e^{-j\omega N}}{N\left\{1-e^{j2\pi k/N}e^{-j\omega}\right\}}=\frac{1-e^{-j(\omega-\frac{2\pi k}{N})N}}{N\left\{1-e^{-j(\omega-\frac{2\pi k}{N})}\right\}}$$
$$=\frac{e^{-j\frac{N}{2}(\omega-\frac{2\pi k}{N})}}{e^{-\frac{1}{2}j(\omega-\frac{2\pi k}{N})}}\left\{\frac{\sin\left[(\omega-\frac{2\pi k}{N})\frac{N}{2}\right]}{N\sin\left[(\omega-\frac{2\pi k}{N})\frac{1}{2}\right]}\right\}$$

다음을 가정하자.

$$\Phi(\omega)\triangleq\frac{\sin(\frac{\omega N}{2})}{N\sin(\frac{\omega}{2})}e^{-j\omega(\frac{N-1}{2})}:\text{보간 다항식} \tag{5.31}$$

그러면

$$X(e^{j\omega})=\sum_{k=0}^{N-1}\tilde{X}(k)\Phi\left(\omega-\frac{2\pi k}{N}\right) \tag{5.32}$$

이는 이의 샘플 $\tilde{X}(k)$로부터 $X(e^{j\omega})$을 복원하는 DTFT 보간 공식이다. $\Phi(0)=1$이므로 $X(e^{j2\pi k/N})=\tilde{X}(k)$를 얻는데, 이는 보간이 샘플 위치에서 정확하다는 뜻이다. 아날로그 신호에 대한 시간 영역 보간 공식 (3.38)을 상기하면 다음과 같다.

$$x_a(t)=\sum_{n=-\infty}^{\infty}x(n)\,\mathrm{sinc}\left[F_s(t-nT_s)\right] \tag{5.33}$$

DTFT 보간 공식 (5.32)와 비슷하다.

그러나 몇 가지 차이점이 있다. 첫째, 시간 영역 공식 (5.33)은 임의의 비주기 아날로그 신호를 복원하는 반면, 주파수 영역 공식 (5.32)는 주기적 파형을 준다. 둘째, 식 (5.32)에서 우리에게 더 익숙한 $\frac{\sin x}{x}$(sinc) 함수 대신에 $\frac{\sin(Nx)}{N\sin x}$ 보간 함수를 사용한다. $\Phi(\omega)$ 함수는 주기 함수이기 때문에 주기적 sinc 함수라고 하며, 또는 디리클레(Dirichlet) 함수라고도 불린다. 이 함수는 예제 5.2에서 살펴본 함수이다.

5.2.3 MATLAB 구현

보간 공식 (5.32)는 이를 실제 구현할 때, 식 (5.33)과 같은 문제에 직면하게 된다. 계산된 샘플 $\tilde{X}(k)$로부터 이산 시간 푸리에 변환 $X(e^{j\omega})$을 구하기 위해 여러 가지 보간 다항식 (5.31)을 만들고 이들의 선형 조합을 만들어야 한다. 게다가 MATLAB에서 $0\le\omega\le 2\pi$ 구간에 걸쳐 더욱 미세한 격자(grid)로 식 (5.32)의 값을 구해야 한다. 이는 명확히 비효율적인 접근 방식이다. 또 다른 접근 방식은 식 (5.32)의 효율적인 근사로 3차 스플라인 보간 함수를 사용하는 것이다. 이는 3장에서 식 (5.33)을 구현하기 위해 했던 방법이다. 그러나 이와는 달리 DFT에 기초한 효율적인 방법이 있는데, 다음 절에서 살펴보도록 하자.

5.3 이산 푸리에 변환

이산 푸리에 급수는 이산 시간 푸리에 변환을 수치적으로 계산하는 기법을 제공한다. 또한 이것은 시간 영역에서 잠재적인 문제인 에일리어싱에 대한 주의를 필요로 한다. 수학적 사실들로부터 이산 시간 푸리에 변환의 샘플링은 주기 신호 $\tilde{x}(n)$이 된다는 것을 알고 있다. 그러나 대부분의 실제 신호는 비주기적이고 유한 신호일 가능성이 높다. 이러한 신호에 대해 어떻게 수치적으로 계산 가능한 푸리에 표현을 만들 수 있는가? 이론적으로, 기본 파형이 유한 신호의 파형을 가진 주기 신호를 정의하고 이 주기 신호에 대해 DFS를 사용함으로써 이 문제를 다룰 수 있다. 실제는 **이산 푸리에 변환**(DFT)이라는 새로운 변환을 정의하는데, 이는 DFS의 기본 주기이다. 이 DFT는 임의의 유한 신호에 대해 수치적으로 계산 가능한 최종적인 푸리에 변환이다.

먼저 $0 \leq n \leq N-1$ 구간에서 N개의 샘플을 가진 유한 신호 $x(n)$을 N점 신호(N-point sequence)로 정의한다. $\tilde{x}(n)$이 N점 신호 $x(n)$을 이용하여 만들어진 주기 N의 주기 신호라 하자. 즉, 식 (5.32)로부터

$$\tilde{x}(n) = \sum_{r=-\infty}^{\infty} x(n - rN)$$

이것은 약간 불편한 표현이다. 독립 변수에 모듈로(modulo)-N 연산을 이용하여 이를 다음과 같이 간략화할 수 있다.

$$\tilde{x}(n) = x(n \bmod N) \tag{5.34}$$

이 연산을 해석하는 간단한 방법은 다음과 같다. 만약 독립 변수 n이 0과 $N-1$ 사이에 있으면 이를 그대로 두고, 그렇지 않으면 결과가 0과 $N-1$ 사이에 있을 때까지 n으로부터 N의 배수를 더하거나 뺀다. 식 (5.34)가 $x(n)$의 길이가 N 또는 이보다 작을 때만 유효함에 주목하라. 게다가 모듈로-N 연산을 표시하기 위해 다음과 같은 편리한 표시 방법을 사용한다.

$$x((n))_N \triangleq x(n \bmod N) \tag{5.35}$$

그러면 $x(n)$과 $\tilde{x}(n)$ 사이의 간단한 관계는 다음과 같다.

$$\begin{aligned} \tilde{x}(n) &= x((n))_N \quad &\text{(주기적 전개)} \\ x(n) &= \tilde{x}(n)\mathcal{R}_N(n) \quad &\text{(창함수 연산)} \end{aligned} \tag{5.36}$$

MATLAB에서 `rem(n,N)` 함수는 n을 N으로 나눈 나머지를 결정한다. 이 함수는 $n \geq 0$일 때, 모듈로-N 연산을 구현하는 데 사용된다. $n < 0$일 때는 정확한 값을 위해 결과를 수정할 필요가 있다. 다음은 `m=mod(n,N)` 함수를 보여준다.

```
function m = mod(n,N)
% Computes m = (n mod N) index
% ----------------------------
% m = mod(n,N)
m = rem(n,N);  m = m+N;  m = rem(m,N);
```

이 함수에서 n은 임의의 정수 행렬이 가능하고, 행렬 m은 해당하는 모듈로-N 값을 포함한다.

주파수 샘플링 정리로부터 N점 신호의 이산 시간 푸리에 변환 $X(e^{j\omega})$의 등간격 샘플 N개는 유일하게 $X(e^{j\omega})$을 복원할 수 있다고 결론을 내렸다. 단위원 위의 이 N개의 샘플은 이산 푸리에 변환 계수라고 한다. $\tilde{X}(k) = \text{DFS}\ \tilde{x}(n)$을 가정하자. 이 신호는 주기적(따라서 무한의) 신호이다. 그러면 이의 기본 간격은 이산 푸리에 변환인데 이 변환은 유한이다. 이 표시들은 다음의 정의에서 명확해진다. N점 신호의 이산 푸리에 변환은 다음과 같이 주어진다.

$$X(k) \triangleq \text{DFT}[x(n)] = \begin{cases} \tilde{X}(k), & 0 \le k \le N-1 \\ 0, & \text{그 외} \end{cases} = \tilde{X}(k)\mathcal{R}_N(k)$$

또는

$$X(k) = \sum_{n=0}^{N-1} x(n) W_N^{nk}, \quad 0 \le k \le N-1 \tag{5.37}$$

DFT $X(k)$ 역시 N점 신호임을 주목하라. 즉, 이는 $0 \le k \le N-1$의 외부에서는 정의되지 않는다. 식 (5.36)으로부터 $\tilde{X}(k) = X((k))_N$이다. 즉, $0 \le k \le N-1$의 외부에서 오직 DFS $\tilde{X}(k)$만이 정의되는데, 이 역시 $X(k)$의 주기적 전개이다. 마지막으로, $X(k) = \tilde{X}(k)\mathcal{R}_N(k)$는 DFT $X(k)$가 $\tilde{X}(k)$의 기본 간격임을 의미한다.

N점 DFT $X(k)$의 역 이산 푸리에 변환은 다음과 같이 주어진다.

$$x(n) \triangleq \text{IDFT}[X(k)] = \tilde{x}(n)\mathcal{R}_N(n)$$

또는

$$x(n) = \frac{1}{N} \sum_{k=0}^{N-1} X(k) W_N^{-kn}, \quad 0 \le n \le N-1 \tag{5.38}$$

다시 한 번 $x(n)$은 $0 \le n \le N-1$의 외부에서 정의되지 않는다. 이 범위 외부에서 $x(n)$을 확장한 것이 $\tilde{x}(n)$이다.

5.3.1 MATLAB 구현

이 절의 처음에서 말했듯이 명확히 DFS는 $0 \le n \le N-1$일 때 실제 DFT와 등가이다. 그러므로 DFT의 구현은 비슷한 방법으로 할 수 있다. 만약 $x(n)$과 $X(k)$가 각각 열 벡터 $\mathbf{x}$와 $\mathbf{X}$로 배열되면, 식 (5.37)과 (5.38)로부터 다음을 얻는다.

$$\begin{aligned} \mathbf{X} &= \mathbf{W}_N \mathbf{x} \\ \mathbf{x} &= \frac{1}{N} \mathbf{W}_N^* \mathbf{X} \end{aligned} \tag{5.39}$$

여기서 $\mathbf{W}_N$은 식 (5.9)에서 정의된 행렬이고 이제 DFT 행렬이라 불릴 것이다. 따라서 전의 dfs와 idfs MATLAB 함수는 이산 푸리에 변환 계산을 구현하는 dft와 idft 함수로 이름을 바꿀 수 있다.

```
function [Xk] = dft(xn,N)
% Computes Discrete Fourier Transform
% -----------------------------------
% [Xk] = dft(xn,N)
% Xk = DFT coeff. array over 0 <= k <= N-1
% xn = N-point finite-duration sequence
%  N = Length of DFT
%
n = [0:1:N-1];                  % row vector for n
k = [0:1:N-1];                  % row vecor for k
WN = exp(-j*2*pi/N);            % Wn factor
nk = n'*k;                      % creates a N by N matrix of nk values
WNnk = WN .^ nk;                % DFT matrix
Xk = xn * WNnk;                 % row vector for DFT coefficients

function [xn] = idft(Xk,N)
% Computes Inverse Discrete Transform
% -----------------------------------
% [xn] = idft(Xk,N)
% xn = N-point sequence over 0 <= n <= N-1
% Xk = DFT coeff. array over 0 <= k <= N-1
%  N = length of DFT
%
n = [0:1:N-1];                  % row vector for n
k = [0:1:N-1];                  % row vecor for k
WN = exp(-j*2*pi/N);            % Wn factor
nk = n'*k;                      % creates a N by N matrix of nk values
WNnk = WN .^ (-nk);             % IDFT matrix
xn = (Xk * WNnk)/N;             % row vector for IDFT values
```

예제 5.6 $x(n)$이 다음과 같은 4점 신호라 하자.

$$x(n) = \begin{cases} 1, & 0 \le n \le 3 \\ 0, & \text{그 외} \end{cases}$$

a. 이산 시간 푸리에 변환 $X(e^{j\omega})$을 계산하고, 그 크기와 위상을 그려라.

b. $x(n)$의 4점 DFT를 계산하라.

풀이

a. 이산 시간 푸리에 변환은 다음과 같이 주어진다.

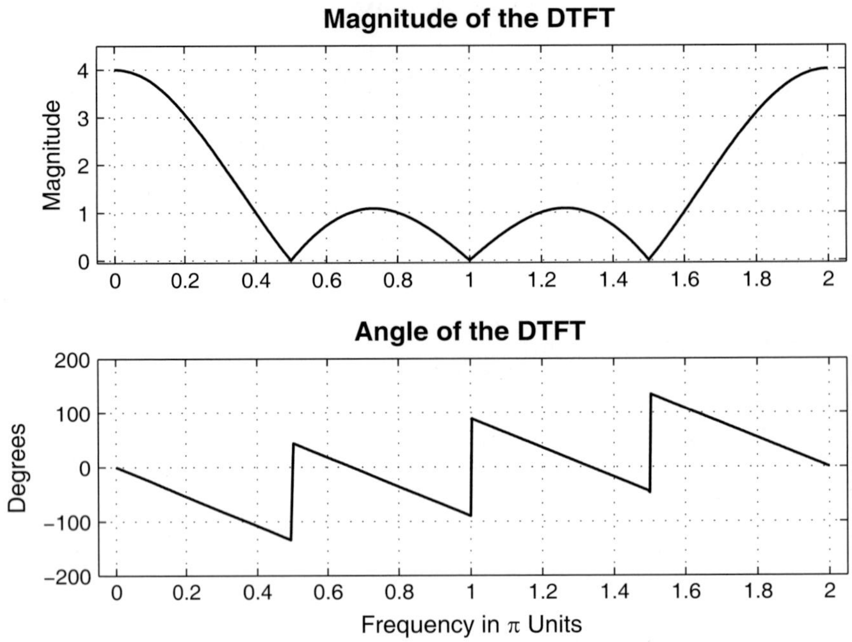

그림 5.4 예제 5.6의 DTFT 그래프

$$\begin{aligned} X(e^{j\omega}) &= \sum_{0}^{3} x(n)e^{-j\omega n} = 1 + e^{-j\omega} + e^{-j2\omega} + e^{-j3\omega} \\ &= \frac{1-e^{-j4\omega}}{1-e^{-j\omega}} = \frac{\sin(2\omega)}{\sin(\omega/2)}e^{-j3\omega/2} \end{aligned}$$

따라서

$$\left|X(e^{j\omega})\right| = \left|\frac{\sin(2\omega)}{\sin(\omega/2)}\right|$$

그리고

$$\angle X(e^{j\omega}) = \begin{cases} -\dfrac{3\omega}{2}, & \dfrac{\sin(2\omega)}{\sin(\omega/2)} \text{ 일 때} \\ -\dfrac{3\omega}{2} \pm \pi, & \dfrac{\sin(2\omega)}{\sin(\omega/2)} \text{ 일 때} \end{cases}$$

그래프는 그림 5.4에 나타내었다.

b. 4점 DFT를 $X_4(k)$로 표시하자. 그러면

$$X_4(k) = \sum_{n=0}^{3} x(n)W_4^{nk}; \quad k = 0, 1, 2, 3; \; W_4 = e^{-j2\pi/4} = -j$$

이 계산은 예제 5.1과 비슷하다. 또한 이 DFT를 계산하기 위해 MATLAB을 사용한다.

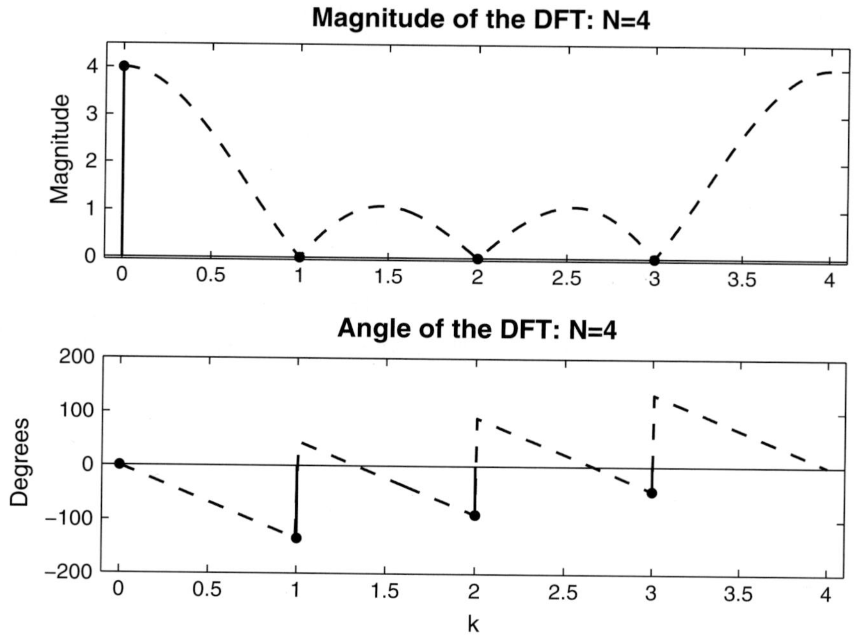

그림 5.5 예제 5.6의 DFT 그래프

```
>> x = [1,1,1,1]; N = 4;  X = dft(x,N);
>> magX = abs(X), phaX = angle(X)*180/pi
magX =
    4.0000    0.0000    0.0000    0.0000
phaX =
         0 -134.9810  -90.0000  -44.9979
```

따라서

$$X_4(k) = \{\underset{\uparrow}{4}, 0, 0, 0\}$$

크기 샘플이 0일 때 이에 해당하는 각도는 0이 아님을 주목하라. 이는 각도 부분을 계산하는, MATLAB에 사용되는 특수한 알고리즘에 기인한다. 일반적으로 이 각도는 무시되어야 한다. DFT 값의 그래프는 그림 5.5에 나타내었다. $X(e^{j\omega})$의 그래프 역시 비교를 위해 점선으로 나타내고 있다. 그림 5.5로부터 X_4가 올바르게 $X(e^{j\omega})$의 4개 샘플을 주고 있음을 관찰할 수 있다. 그러나 이는 0이 아닌 샘플을 하나만 갖고 있다. 이것이 새로운 사실인가? 모두 1을 가진 4점 신호 $x(n)$을 보면 이의 주기적 전개가 다음과 같다고 결론을 내릴 것임에 틀림없다.

$$\tilde{x}(n) = 1, \ \forall n$$

이는 상수(또는 DC) 신호이다. 이는 $k = 0$(또는 $\omega = 0$)에서 0이 아닌 샘플을 갖고 다른 주파수에서는 0을 갖는 DFT $X_4(k)$에 의해 예견된 것이다.

예제 5.7 DTFT $X(e^{j\omega})$의 다른 샘플을 어떻게 구할 수 있는가?

풀이 촘촘한(또는 더 미세한) 주파수에서 샘플링해야 하는 것은 명확하다. 즉, N을 증가시켜야 한다. 4 대신 8로 점의 개수를 두 배로 하자. 이는 $x(n)$을 4개의 0을 더한 8점 신호로 취급함으로써 할 수 있다.

$$x(n) = \{\underset{\uparrow}{1}, 1, 1, 1, 0, 0, 0, 0\}$$

이는 0-덧붙이기(zero-padding) 연산이라고 하는 매우 중요한 연산이다. 이 연산은 실제 앞으로 보게 될 것처럼 신호의 밀집한 스펙트럼(dense spectrum)을 구하는 데 필요하다. $X_8(k)$가 8점 DFT라 하자. 그러면

$$X_8(k) = \sum_{n=0}^{7} x(n) W_8^{nk}; \quad k = 0, 1, \ldots, 7; \; W_8 = e^{-j\pi/4}$$

이 경우 주파수 분해능은 $\omega_1 = 2\pi/8 = \pi/4$이다.

MATLAB 코드:

```
>> x = [1,1,1,1, zeros(1,4)]; N = 8;  X = dft(x,N);
>> magX = abs(X), phaX = angle(X)*180/pi
magX =
   4.0000    2.6131    0.0000    1.0824    0.0000    1.0824    0.0000    2.6131
phaX =
        0  -67.5000 -134.9810  -22.5000  -90.0000   22.5000  -44.9979   67.5000
```

따라서

$$X_8(k) = \{\underset{\uparrow}{4},\; 2.6131e^{-j67.5^\circ},\; 0,\; 1.0824e^{-j22.5^\circ},\; 0,\; 1.0824e^{j22.5^\circ},\; 0,\; 2.6131e^{j67.5^\circ}\}$$

이는 그림 5.6에 나타내었다. 더 계속하여 만약 $x(n)$을 12개의 0을 메워서 다음과 같은 16점 신호로 취급하면,

$$x(n) = \{\underset{\uparrow}{1}, 1, 1, 1, 0, 0, 0, 0, 0, 0, 0, 0, 0, 0, 0, 0\}$$

주파수 분해능은 $\omega_1 = 2\pi/16 = \pi/8$이고, $W_{16} = e^{-j\pi/8}$이다. 그러므로 $\pi/8$만큼 떨어진 스펙트럼 샘플을 가진 더 밀집한 스펙트럼을 얻는다. $X_{16}(k)$의 그래프는 그림 5.7에서 보여준다.

만약 큰 N 값을 선택하여 좀 더 많은 스펙트럼 샘플을 얻는다면 결과적으로 얻어지는 DFT 샘플은 서로 매우 가까워질 것이며 그림 5.4에 주어진 것과 비슷한 그래프를 얻게 될 것이라는 점은 명확하다. 그러나 표시된 줄기 형태 그래프는 밀집되어 있을 것이다. 이 경우 샘플을 표시하는 더 좋은 방법은 점을 사용하여 보여주거나 `plot` 명령어(즉, 3장에서 살펴본 FOH를 사용하여) 샘플 값을 연결하는 것이다. 그림 5.8은 120 0-덧붙이기를 하여 얻은 128점 DFT $x_{128}(k)$의 크기와 위상을 나타낸다. DFT 크기 그래프는 점선으로 표시된 DTFT 크기

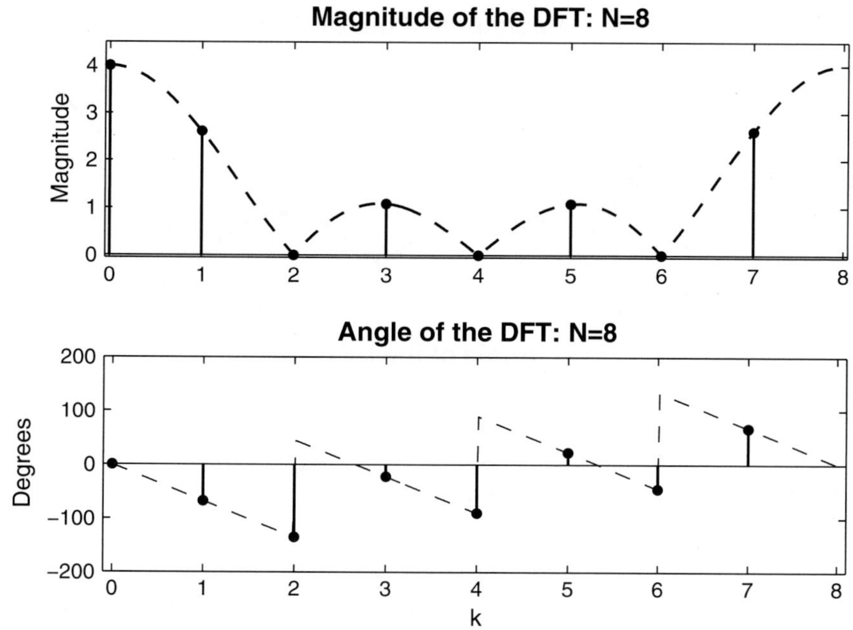

그림 5.6 예제 5.7의 DFT 그래프: $N = 8$

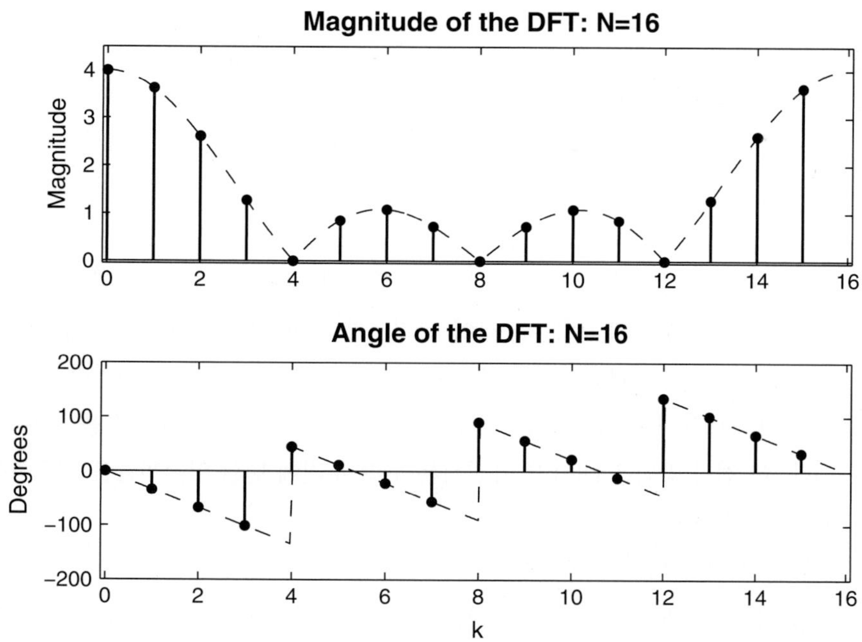

그림 5.7 예제 5.7의 DFT 그래프: $N = 16$

그래프와 겹치고 위상 그래프는 유한한 N 값 때문에 불연속점에서 불일치함을 보여준다. 이것은 예측된 것과 같다.

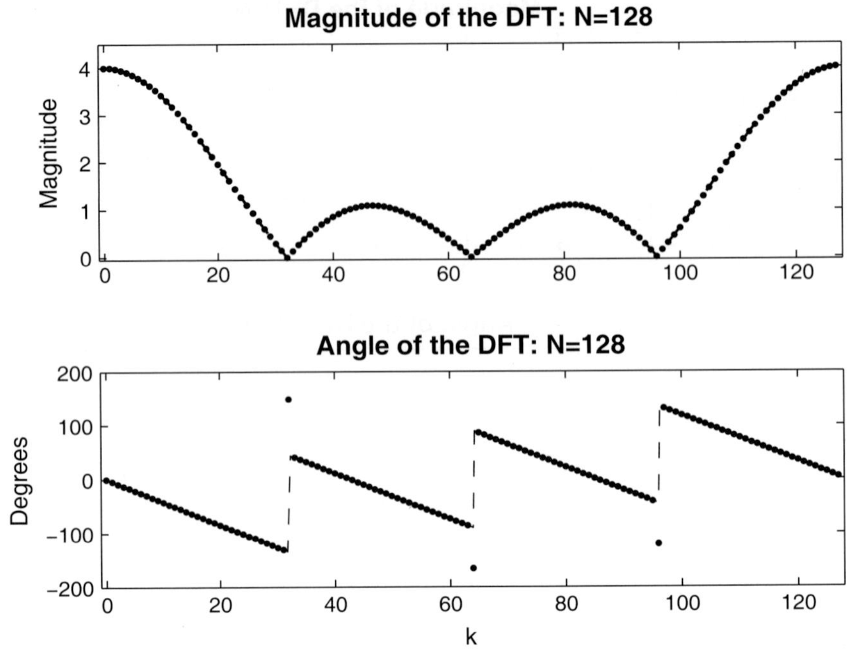

그림 5.8 $N = 128$인 경우 예제 5.7의 DFT 그래프가 선 형태로 표시되어 있다.

해설: 마지막 두 예제에 기초하여 여러 가지 해설을 할 수 있다.

1. 0-덧붙이기는 원래의 신호에 더 많은 0이 첨가되는 연산이다. 결과로 나온 더 긴 DFT는 원래 신호의 이산 시간 푸리에 변환의 밀접한 간격을 갖는 샘플을 제공한다. MATLAB에서 0-덧붙이기는 `zeros` 함수를 이용하여 구현된다.
2. 예제 5.6에서 정확히 $x(n)$의 이산 시간 푸리에 변환 $X(e^{j\omega})$을 그리기 위해 필요한 것은 $X_4(k)$, 4점 DFT였다. 이는 $x(n)$이 단지 4개의 0이 아닌 샘플을 갖기 때문이고, 따라서 $X(e^{j\omega})$을 구하기 위해 $X_4(k)$에 보간 공식 (5.32)를 이용할 수도 있었다. 그러나 실제로 보간 공식을 이용하는 것보다 $X_8(k)$와 $X_{16}(k)$ 등을 구해서 $X(e^{j\omega})$의 값을 구해나가는 편이 더 쉽다. 이 접근 방식은 DFT를 계산하는 고속 푸리에 변환 알고리즘을 이용하여 훨씬 더 효율적으로 될 수 있다.
3. 0-덧붙이기는 고밀도 스펙트럼을 제공하고 좀 더 잘 표시된 그래프의 변형을 제공한다. 그러나 새로운 정보가 신호에 더해지는 것이 없으므로 이는 높은 분해능을 가진 스펙트럼을 제공하지는 않는다. 단지 첨가된 0이 자료에 더해진다.
4. 고분해능 스펙트럼을 얻기 위해 실험이나 관찰로부터 더 많은 자료를 구해야 한다(예제 5.8 참조). 또한 첨가된 주변(side) 정보나 비선형 기법을 사용하는 그 밖의 진보된 방법도 있다.

예제 5.8 고밀도 스펙트럼과 고분해능 스펙트럼의 차이를 보이기 위해 다음 신호를 고려한다.

$$x(n) = \cos(0.48\pi n) + \cos(0.52\pi n)$$

유한개의 샘플에 기초한 이의 스펙트럼을 구하려고 한다.

a. $x(n)$, $0 \le n \le 10$의 이산 시간 푸리에 변환을 구하고 그려라.

b. $x(n)$, $0 \le n \le 100$의 이산 시간 푸리에 변환을 구하고 그려라.

풀이 각 경우에 이산 시간 푸리에 변환을 해석적으로 구할 수 있었으나 실제 계산에 있어서는 MATLAB이 이 문제를 공부하는 데 좋은 수단이 된다.

a. 먼저 이산 시간 푸리에 변환의 근사값을 구하기 위해 $x(n)$의 10점 DFT를 구할 수 있다.

MATLAB 코드:

```
>> n = [0:1:99]; x = cos(0.48*pi*n)+cos(0.52*pi*n);
>> n1 = [0:1:9] ;y1 = x(1:1:10);
>> subplot(2,1,1) ;stem(n1,y1); title('signal x(n), 0 <= n <= 9');xlabel('n')
>> Y1 = dft(y1,10); magY1 = abs(Y1(1:1:6));
>> k1 = 0:1:5 ;w1 = 2*pi/10*k1;
>> subplot(2,1,2);stem(w1/pi,magY1);title('Samples of DTFT Magnitude');
>> xlabel('frequency in pi units')
```

그림 5.9는 결론을 내기 위한 충분한 샘플이 없음을 보여준다. 따라서 밀집한 스펙트럼을 얻기 위해 90개의 0을 덧붙일 것이다. 예제 5.7에 설명한 바와 같이 이 스펙트럼은 `plot`

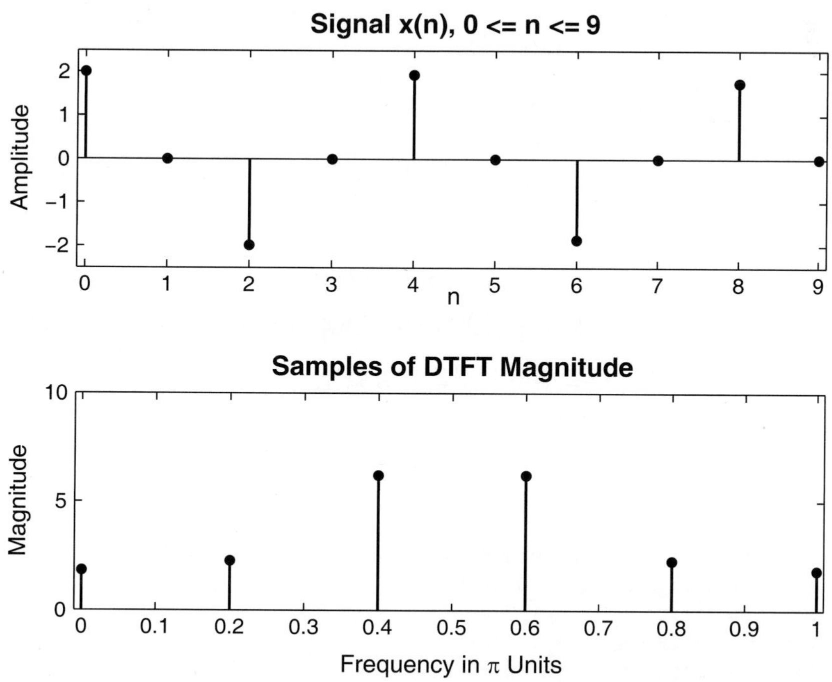

그림 5.9 예제 5.8a의 신호 및 해당 스펙트럼: $N = 10$

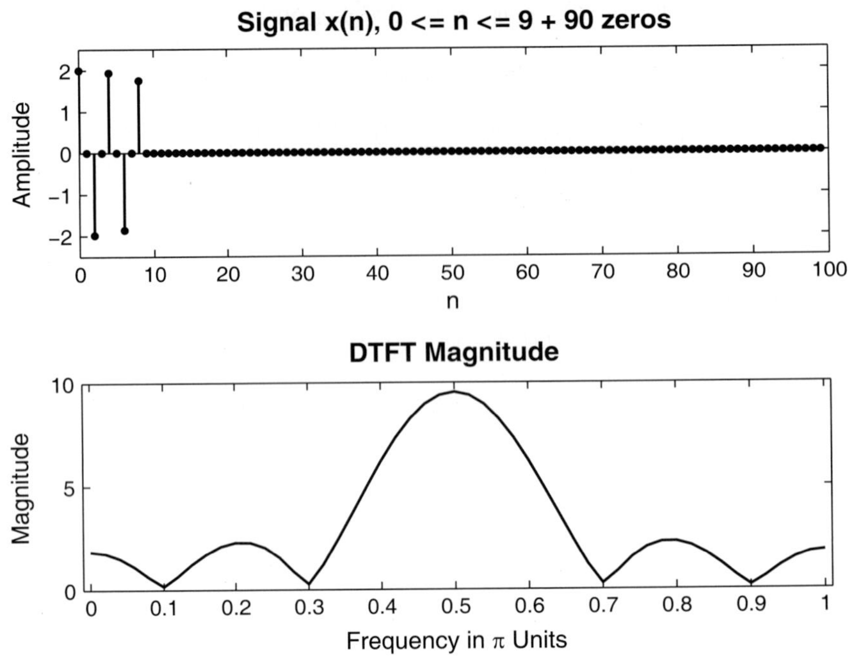

그림 5.10 예제 5.8a의 신호 및 해당 스펙트럼: $N = 100$

명령어를 사용하여 도시한다.

MATLAB 코드:

```
>> n2 = [0:1:99]; y2 = [x(1:1:10) zeros(1,90)];
>> subplot(2,1,1) ;stem(n2,y2) ;title('signal x(n), 0 <= n <= 9 + 90 zeros');
>> xlabel('n')
>> Y2 =dft(y2,100); magY2 = abs(Y2(1:1:51));
>> k2 = 0:1:50; w2 = 2*pi/100*k2;
>> subplot(2,1,2); plot(w3/pi,magY3); title('DTFT Magnitude');
>> xlabel('frequency in pi units')
```

이제 그림 5.10은 신호가 $\omega = 0.5\pi$에서 우세한(dominant) 주파수를 가짐을 보여준다. 이 사실은 2개의 주파수를 가진 원래 신호에 의해 뒷받침되지 않는다. 0-덧붙이기는 그림 5.9에서 더 매끄러운 스펙트럼의 변형을 제공했다.

b. 더 나은 스펙트럼 정보를 얻기 위해, $x(n)$의 처음 100개 샘플을 취하고 이의 이산 시간 푸리에 변환을 구할 것이다.

```
>> subplot(2,1,1); stem(n,x);
>> title('signal x(n), 0 <= n <= 99'); xlabel('n')
>> X = dft(x,100); magX = abs(X(1:1:51));
>> k = 0:1:50; w = 2*pi/100*k;
>> subplot(2,1,2); plot(w/pi,magX); title('DTFT Magnitude');
>> xlabel('frequency in pi units')
```

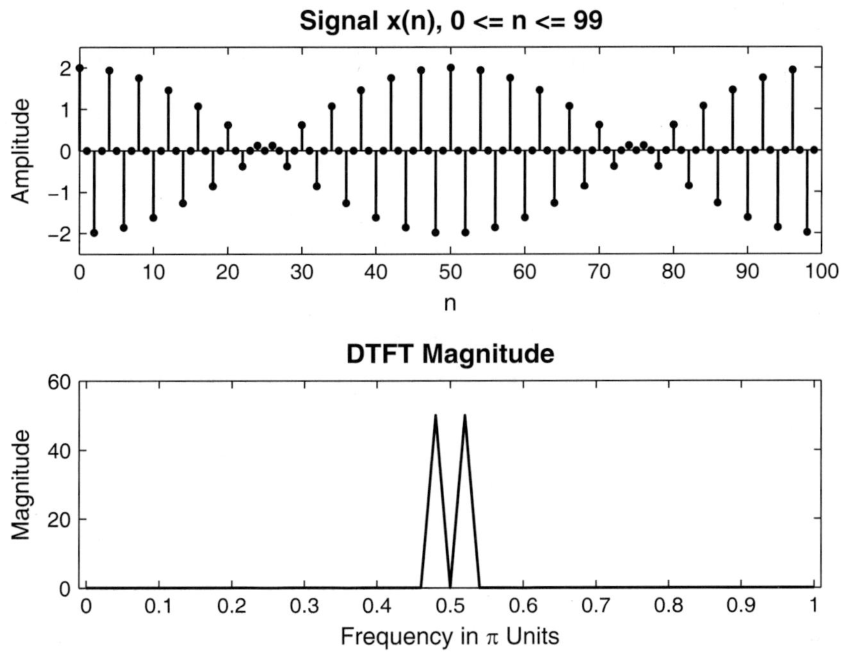

그림 5.11 예제 5.8b의 신호 및 해당 스펙트럼: $N = 100$

이제 그림 5.11의 이산 시간 푸리에 변환 그래프는 명확히 서로 매우 가까운 2개의 주파수를 보여주고 있다. 이는 $x(n)$의 고분해능 스펙트럼이다. 100점 신호에 더 많은 0을 메우면 그림 5.11에 나타난 스펙트럼이 더 매끄러워질 테지만 어떤 새 정보도 보여주지 못할 것임을 주목하라. 여기서는 독자들에게 이를 확인해보기를 권장한다.

5.4 이산 푸리에 변환의 성질

수학적으로 DFS가 타당한 표현이기 때문에 DFT 성질은 DFS의 성질로부터 유도된다. 몇 가지 유용한 성질을 증명 없이 언급할 것이다. 이 성질은 또한 필요한 변형과 함께 DFS에도 적용된다. $X(k)$가 신호 $x(n)$의 N점 DFT라 하자. 별다른 말이 없으면 N점 DFT가 이 성질에 사용될 것이다.

1. 선형성

DFT는 선형 변환이다.

$$\mathrm{DFT}\left[ax_1(n) + bx_2(n)\right] = a\,\mathrm{DFT}\left[x_1(n)\right] + b\,\mathrm{DFT}\left[x_2(n)\right] \tag{5.40}$$

주의: 만약 $x_1(n)$과 $x_2(n)$의 길이가 다르면, 즉 이들이 각각 N_1점과 N_2점 신호이면 $N_3 = \max(N_1, N_2)$를 고르고 N_3점 DFT를 취한다.

2. 순환 반전

만약 N점 신호가 접히면, 결과 $x(-n)$은 N점 신호가 아니고 이의 DFT를 계산할 수 없을 것이다. 그러므로 모듈로-N 연산을 독립 변수 $(-n)$에 이용하고 반전을 다음과 같이 정의한다.

$$x\left((-n)\right)_N = \begin{cases} x(0), & n = 0 \\ x(N-n), & 1 \le n \le N-1 \end{cases} \tag{5.41}$$

이는 순환 반전(circular folding)이라 한다. 이를 시각화하기 위해 신호 $x(n)$이 인덱스 $n = 0$과 $n = N$이 겹쳐지도록 반시계 방향으로 원 위에서 접힌다고 상상해보라. 그러면 $x((-n))_N$은 원 주위에서 $x(n)$의 시계 방향 겹침으로 볼 수 있다. 따라서 이름이 순환 반전이다. MATLAB에서 순환 반전은 `x=x(mod(-n,N)+1)`에 의해 달성될 수 있다. MATLAB에서 독립 변수는 1로 시작함을 주목하라. 그러면 이의 DFT는 다음과 같이 주어진다.

$$\text{DFT}\left[x\left((-n)\right)_N\right] = X\left((-k)\right)_N = \begin{cases} X(0), & k = 0 \\ X(N-k), & 1 \le k \le N-1 \end{cases} \tag{5.42}$$

예제 5.9 $x(n) = 10(0.8)^n$, $0 \le n \le 10$이라 하자.

a. $x((-n))_{11}$을 구하고 그려라.

b. 순환 반전 성질을 확인하라.

풀이

a. MATLAB 코드:

```
>> n = 0:100; x = 10*(0.8) .^ n;  y = x(mod(-n,11)+1);
>> subplot(2,1,1); stem(n,x); title('Original sequence')
>> xlabel('n'); ylabel('x(n)');
>> subplot(2,1,2); stem(n,y); title('Circularly folded sequence')
>> xlabel('n'); ylabel('x(-n mod 10)');
```

그림 5.12는 순환 반전의 영향을 보여준다.

b. MATLAB 코드:

```
>> X = dft(x,11); Y = dft(y,11);
>> subplot(2,2,1); stem(n,real(X));
>> title('Real{DFT[x(n)]}'); xlabel('k');
>> subplot(2,2,2); stem(n,imag(X));
>> title('Imag{DFT[x(n)]}'); xlabel('k');
>> subplot(2,2,3); stem(n,real(Y));
>> title('Real{DFT[x((-n))11]}'); xlabel('k');
>> subplot(2,2,4); stem(n,imag(Y));
>> title('Imag{DFT[x((-n))11]}'); xlabel('k');
```

그림 5.13은 이 성질을 입증한다.

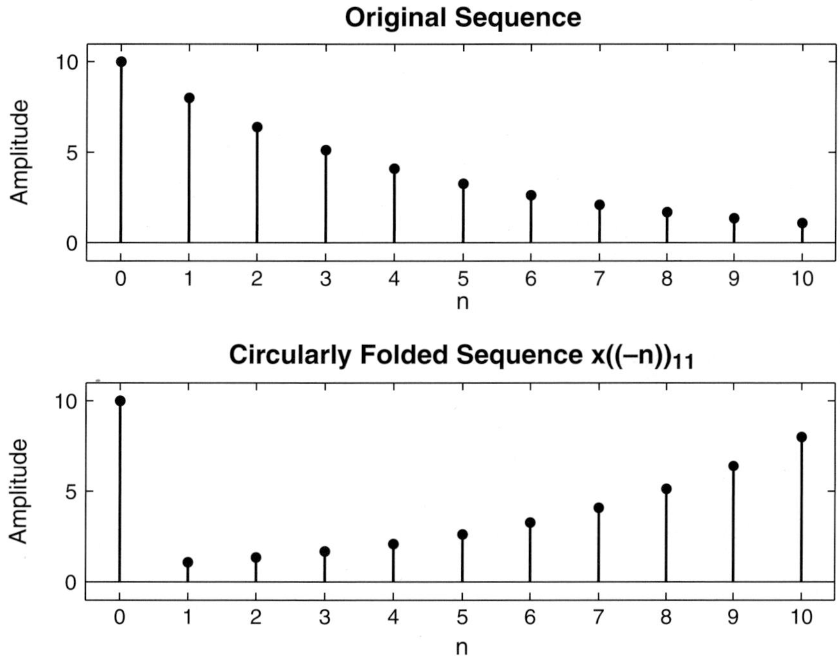

그림 5.12 예제 5.9a의 순환 반전

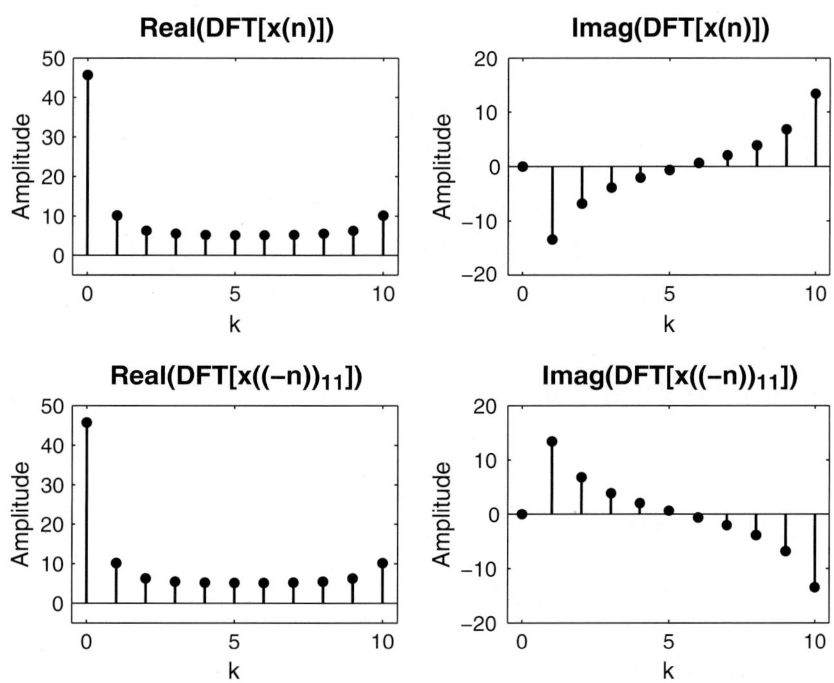

그림 5.13 예제 5.9b의 순환 반전 성질

3. 켤레성

위 성질과 비슷하게, 주파수 영역에서의 순환 반전을 소개한다.

$$\mathrm{DFT}\,[x^*(n)] = X^*\,((-k))_N \tag{5.43}$$

이 성질로부터 다음과 같은 두 가지 식을 유도할 수 있다.

$$\mathrm{DFT}[\,\mathrm{Re}\{x(n)\}] = \frac{1}{2}\,[X((k))_N + X^*((-k))_N]$$

$$\mathrm{DFT}[j\mathrm{Im}\{x(n)\}] = \frac{1}{2}\,[X((k))_N - X^*((-k))_N]$$

여기서 *는 켤레복소수 연산을 표시한다.

4. 실수 신호의 대칭성

$x(n)$이 실수 N점 신호라 하자. 그러면 $x(n) = x^*(n)$이다. 위 성질을 이용하여

$$X(k) = X^*\,((-k))_N \tag{5.44}$$

이 대칭은 순환 켤레 대칭성(circular conjugate symmetry)이라 한다. 이는 다음을 암시한다.

$$\begin{aligned}
\mathrm{Re}\,[X(k)] &= \mathrm{Re}\,[X\,((-k))_N] && \Longrightarrow \text{순환–우함수 신호}\\
\mathrm{Im}\,[X(k)] &= -\,\mathrm{Im}\,[X\,((N-k))_N] && \Longrightarrow \text{순환–기함수 신호}\\
|X(k)| &= |X\,((-k))_N| && \Longrightarrow \text{순환–우함수 신호}\\
\angle X(k) &= -\angle X\,((-k))_N && \Longrightarrow \text{순환–기함수 신호}
\end{aligned} \tag{5.45}$$

해설

1. 예제 5.6과 5.7에서 다양한 DFT의 크기와 각도를 관찰하라. 이들은 위의 순환 대칭성을 만족한다. 이 대칭성은 보통의 우함수 및 기함수 대칭성과 다르다. 이를 시각화하기 위해 인덱스 $k = 0$과 $k = N$이 겹치도록 원 주위에 배열된 DFT 샘플을 상상하라. 그러면 샘플은 $k = 0$에 대해 대칭이므로 순환 대칭성이라는 이름은 타당하다.
2. DFS 계수의 이에 대응하는 대칭성은 주기적 켤레 대칭성(periodic conjugate symmetry)이라 한다.
3. 이 DFT가 대칭성을 가지므로 다음에 대해서만 $X(k)$를 계산하면 된다.

   $$k = 0, 1, \ldots, \frac{N}{2}; \quad N\text{은 짝수}$$

   또는 다음에 대해서

   $$k = 0, 1, \ldots, \frac{N-1}{2}; \quad N\text{은 홀수}$$

   이는 저장뿐만 아니라 계산에서도 약 50%의 절감을 가져온다.
4. 식 (5.43)으로부터

$$X(0) = X^*((-0))_N = X^*(0)$$

이는 $k = 0$에서 DFT 계수가 실수여야 함을 의미한다. 그러나 $k = 0$은 주파수가 $\omega_k = k\omega_1 = 0$임을 의미한다. 이 주파수를 DC 주파수라고 한다. 따라서 실수 $x(n)$의 DC 계수는 실수여야 한다. 또한 만약 N이 짝수이면 $N/2$ 또한 정수이다. 그러면 식 (5.45)로부터

$$X(N/2) = X^*((-N/2))_N = X^*(N/2)$$

이는 $k = N/2$ 성분도 역시 실수임을 의미한다. 이 성분은 $k = N/2$가 디지털 나이키스트 주파수인 주파수 $\omega_{N/2} = (N/2)(2\pi/N) = \pi$를 의미하므로 **나이키스트 성분**(Nyquist component)이라 한다.

실수 신호는 또한 2장에서 언급했듯이 각각 우함수와 기함수 성분 $x_e(n)$과 $x_o(n)$으로 분해될 수 있다. 그러나 이 성분은 N점 신호가 아니므로 이에 대해 N점 DFT를 취할 수 없다. 따라서 위에서 말한 순환 반전을 이용하여 새로운 성분의 집합을 정의한다. 이들은 다음과 같이 정의되는 **순환-우함수**(circular-even)와 **순환-기함수**(circular-odd) 성분으로 부른다.

$$\begin{aligned} x_{ec}(n) &\triangleq \frac{1}{2}\left[x(n) + x((-n))_N\right] = \begin{cases} x(0), & n = 0 \\ \frac{1}{2}\left[x(n) + x(N-n)\right], & 1 \le n \le N-1 \end{cases} \\ x_{oc}(n) &\triangleq \frac{1}{2}\left[x(n) - x((-n))_N\right] = \begin{cases} 0, & n = 0 \\ \frac{1}{2}\left[x(n) - x(N-n)\right], & 1 \le n \le N-1 \end{cases} \end{aligned} \tag{5.46}$$

그러면

$$\begin{aligned} \text{DFT}\left[x_{ec}(n)\right] &= \text{Re}\left[X(k)\right] = \text{Re}\left[X((-k))_N\right] \\ \text{DFT}\left[x_{oc}(n)\right] &= \text{Im}\left[X(k)\right] = \text{Im}\left[X((-k))_N\right] \end{aligned} \tag{5.47}$$

의미: 만약 $x(n)$이 실수이고 순환-우함수이면 이의 DFT 또한 실수이고 순환-우함수이다. 따라서 단지 처음 $0 \le n \le N/2$ 계수들만 전체 표현에 필요하다.

식 (5.46)을 이용하면 N점 신호를 순환-우함수와 순환-기함수 성분으로 분해하는 함수를 만들기는 쉽다. 다음 `circevod` 함수는 모듈로-N 연산을 구현하기 위해 앞에서 주어진 `mod` 함수를 이용한다.

```
function [xec, xoc] = circevod(x)
% signal decomposition into circular-even and circular-odd parts
% -----------------------------------------------------------------
% [xec, xoc] = circevod(x)
%
if any(imag(x) ~= 0)
      error('x is not a real sequence')
end
N = length(x); n = 0:(N-1);
xec = 0.5*(x + x(mod(-n,N)+1));  xoc = 0.5*(x - x(mod(-n,N)+1));
```

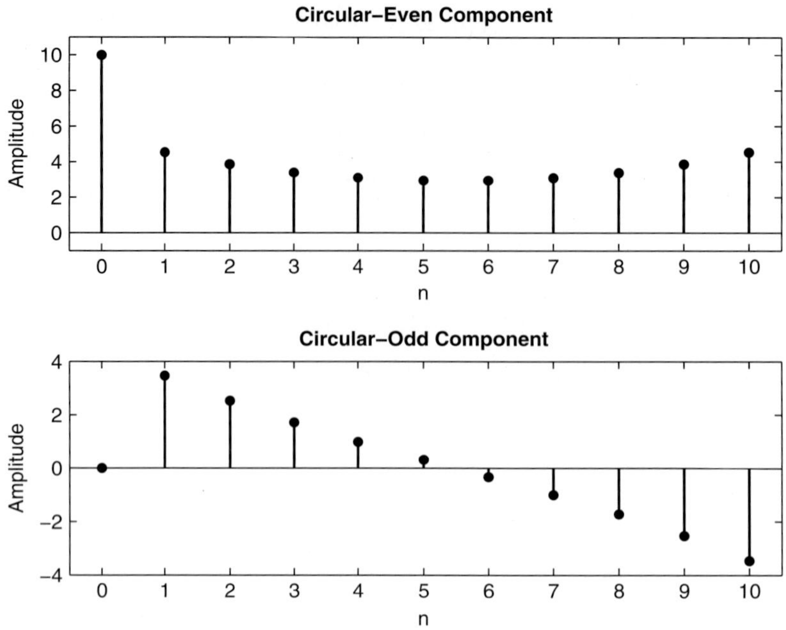

그림 5.14 예제 5.10a 신호의 순환-우함수 및 순환-기함수 성분

예제 5.10 예제 5.9처럼 $x(n) = 10(0.8)^n$, $0 \le n \le 10$이라 하자.

a. 분해하고 $x(n)$의 $x_{ec}(n)$과 $x_{oc}(n)$ 성분을 그려라.

b. 식 (5.47)의 성질을 확인하라.

풀이

a. MATLAB 코드:

```
>> n = 0:10; x = 10*(0.8) .^ n;
>> [xec,xoc] = circevod(x);
>> subplot(2,1,1); stem(n,xec); title('Circular-even component')
>> xlabel('n'); ylabel('xec(n)'); axis([-0.5,10.5,-1,11])
>> subplot(2,1,2); stem(n,xoc); title('Circular-odd component')
>> xlabel('n'); ylabel('xoc(n)'); axis([-0.5,10.5,-4,4])
```

그림 5.14는 $x(n)$의 순환 대칭인 성분을 보인다.

b. MATLAB 코드:

```
>> X = dft(x,11); Xec = dft(xec,11); Xoc = dft(xoc,11);
>> subplot(2,2,1); stem(n,real(X)); axis([-0.5,10.5,-5,50])
>> title('Real{DFT[x(n)]}'); xlabel('k');
>> subplot(2,2,2); stem(n,imag(X)); axis([-0.5,10.5,-20,20])
>> title('Imag{DFT[x(n)]}'); xlabel('k');
>> subplot(2,2,3); stem(n,real(Xec)); axis([-0.5,10.5,-5,50])
>> title('DFT[xec(n)]'); xlabel('k');
>> subplot(2,2,4); stem(n,imag(Xoc)); axis([-0.5,10.5,-20,20])
>> title('DFT[xoc(n)]'); xlabel('k');
```

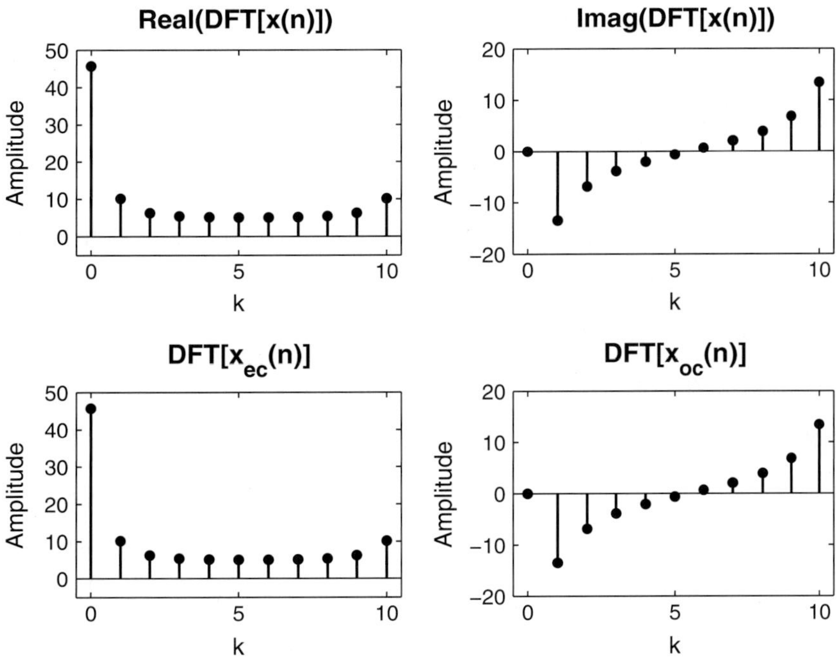

그림 5.15 예제 5.10b의 DFT 대칭성 그래프

그림 5.15로부터 $x_{ec}(n)$의 DFT가 $X(k)$의 실수 부분과 같고 $x_{oc}(n)$의 DFT가 $X(k)$의 허수 부분과 같음을 관찰할 수 있다.

복소수 수열의 비슷한 성질은 연습문제 P5.16에서 살펴본다.

5. 신호의 순환 이동

만약 N점 신호가 한 방향으로 이동되면, 결과는 더 이상 $0 \le n \le N-1$ 사이에 있지 않다. 따라서 먼저 $x(n)$을 이의 주기적 전개 $\tilde{x}(n)$으로 바꾸고 나서 다음을 얻기 위해 이를 m개의 샘플만큼 이동한다.

$$\tilde{x}(n-m) = x\left((n-m)\right)_N \tag{5.48}$$

이는 $\tilde{x}(n)$의 **주기적 이동**(periodic shift)이라 한다. 그러고 나서 이 주기적 이동은 N점 수열로 바뀐다. 결과로 나온 다음의 신호는 $x(n)$의 **순환 이동**(circular shift)이라 한다.

$$\tilde{x}(n-m)\mathcal{R}_N(n) = x\left((n-m)\right)_N \mathcal{R}_N(n) \tag{5.49}$$

다시 한 번 이를 시각화하기 위해, 신호 $x(n)$이 원 주위에서 겹쳐진다고 상상하라. 이제 원을 k 샘플만큼 돌리고 $0 \le n \le N-1$로부터 신호를 편다. 이의 DFT는 다음과 같이 주어진다.

$$\mathrm{DFT}\left[x\left((n-m)\right)_N \mathcal{R}_N(n)\right] = W_N^{km} X(k) \tag{5.50}$$

예제 5.11 $x(n) = 10(0.8)^n$, $0 \le n \le 10$이 11점 신호라 하자.

a. 왼쪽으로 4 샘플만큼의 순환 이동, 즉 $x((n+4))_{11}R_{11}(n)$을 그려라.

b. 오른쪽으로 3 샘플만큼의 순환 이동, 즉 $x((n-3))_{15}R_{15}(n)$을 그려라. 여기서 $x(n)$은 15점 신호로 가정한다.

풀이 순환 이동 연산을 보이기 위해 단계적 그림을 이용하여 접근한다. 이 접근 방식은 $x(n)$의 주기적 전개 $\tilde{x}(n) = x((n))_N$을 보이고 $\tilde{x}(n-m) = x((n-m))_N$을 구하기 위해 $\tilde{x}(n)$을 선형 이동한 후 마지막으로 순환 이동을 구하기 위해 $\tilde{x}(n-m)$을 자른다.

a. 그림 5.16은 네 가지 신호를 보여준다. 왼쪽 위는 $x(n)$을, 왼쪽 아래는 $\tilde{x}(n)$을, 오른쪽 위는 $\tilde{x}(n+4)$를, 그리고 마지막으로 오른쪽 아래는 $x((n+4))_{11}R_{11}(n)$을 나타낸다. 샘플이 한 방향으로 $[0, N-1]$ 창 바깥으로 움직임에 따라 이들이 반대 방향에서 다시 나타남을 주목하라. 이것이 순환 이동의 의미이고 선형 이동과는 다르다.

b. 이 경우 신호 $x(n)$은 4개의 0을 메움으로써 15점 신호로 취급한다. 이제 순환 이동은 $N = 11$일 때와 다르다. 이는 그림 5.17에 나타내었다. 사실 순환 이동 $x((n-3))_{15}$는 선형 이동 $x(n-3)$처럼 보인다.

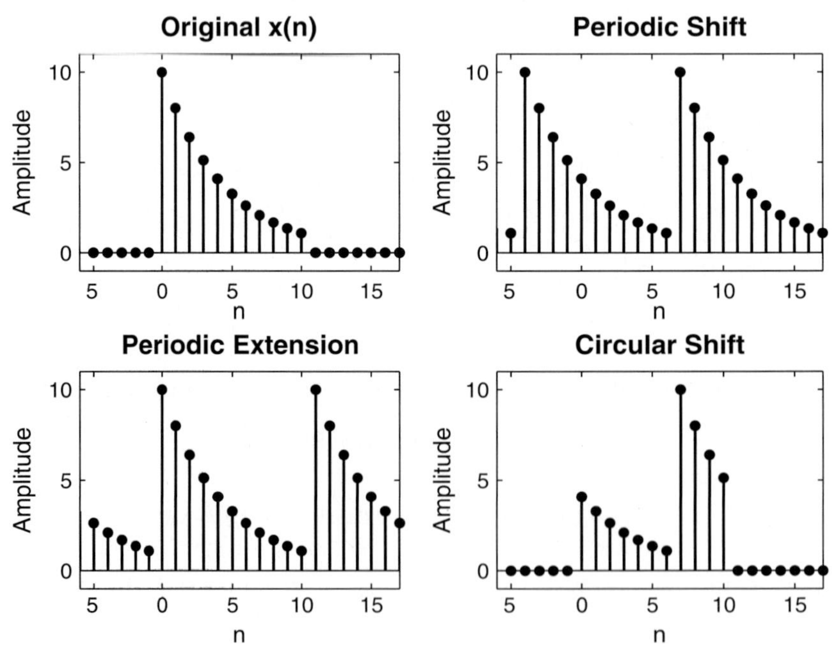

그림 5.16 순환 이동 $N = 11$의 그래픽 해석

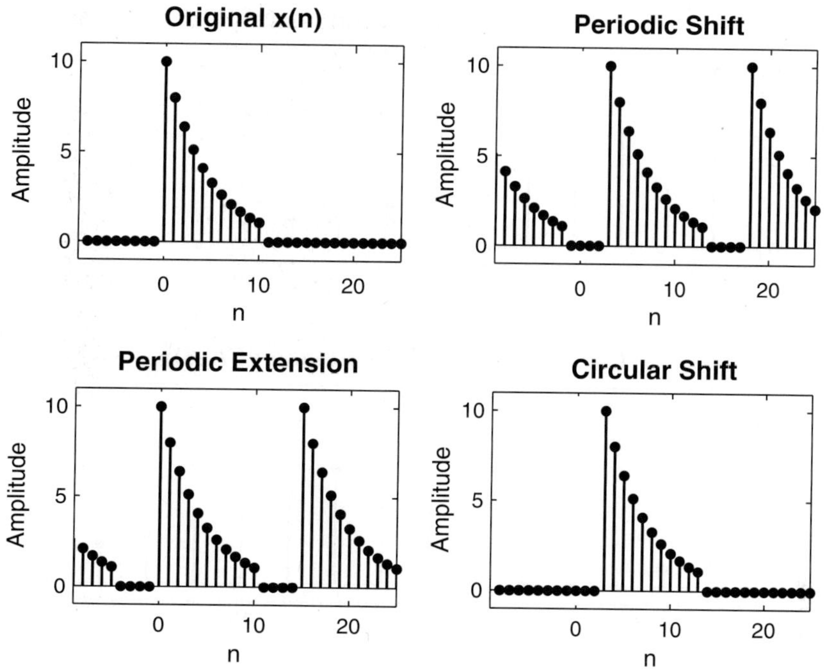

그림 5.17 순환 이동 $N = 15$의 그래픽 해석

순환 이동을 구현하기 위해 예제 5.11에서 살펴본 것처럼 주기적 이동을 전부 할 필요는 없다. 이는 두 가지 방법으로 직접 구현될 수 있다. 첫 번째 접근 방식에서 모듈로-N 연산이 시간 영역에서 독립 변수 $(n-m)$에 이용될 수 있다. 이는 다음의 `cirshftt` 함수에서 보여준다.

```
function y = cirshftt(x,m,N)
% Circular shift of m samples wrt size N in sequence x: (time domain)
% -------------------------------------------------------------------
% [y] = cirshftt(x,m,N)
% y = output sequence containing the circular shift
% x = input sequence of length <= N
% m = sample shift
% N = size of circular buffer
%  Method: y(n) = x((n-m) mod N)
% Check for length of x
if length(x) > N
      error('N must be >= the length of x')
end
x = [x zeros(1,N-length(x))];
n = [0:1:N-1];  n = mod(n-m,N);  y = x(n+1);
```

두 번째 접근 방식에서는 식 (5.50)이 주파수 영역에서 이용될 수 있다. 이는 연습문제 P5.19에서 살펴본다.

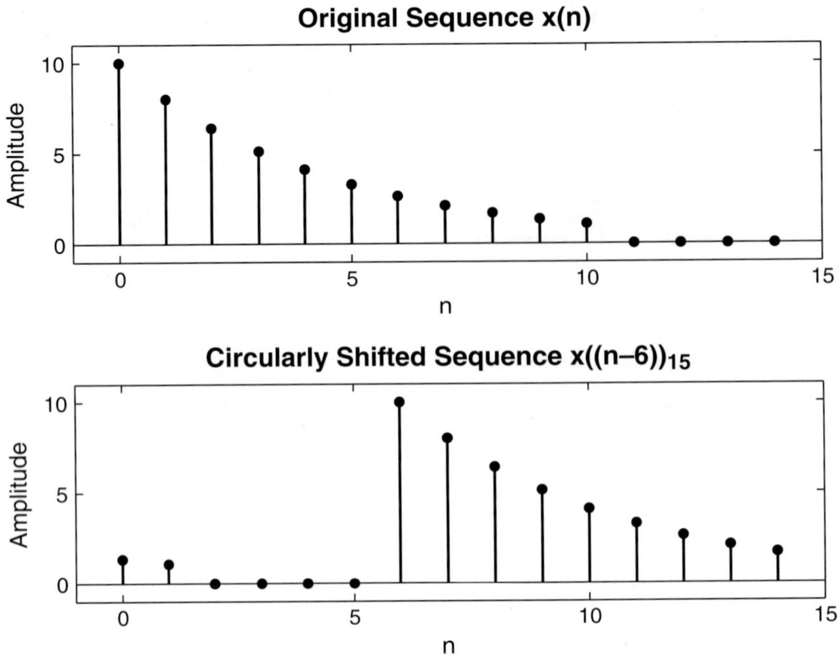

그림 5.18 예제 5.12의 순환 이동된 신호

예제 5.12 11점 신호 $x(n) = 10(0.8)^n$, $0 \le n \le 10$이 주어질 때, $x((n-6))_{15}$를 구하고 그려라.

풀이 MATLAB 코드:

```
>> n = 0:10; x = 10*(0.8) .^ n;  y = cirshftt(x,6,15);
>> n = 0:14; x = [x, zeros(1,4)];
>> subplot(2,1,1); stem(n,x); title('Original sequence')
>> xlabel('n'); ylabel('x(n)');
>> subplot(2,1,2); stem(n,y);
>> title('Circularly shifted sequence, N=15')
>> xlabel('n'); ylabel('x((n-6) mod 15)');
```

결과는 그림 5.18에 나타내었다.

6. 주파수 영역에서의 순환 이동

다음에 주어지는 이 성질은 위 성질과 한 쌍이다.

$$\text{DFT}\left[W_N^{-\ell n} x(n)\right] = X\left((k-\ell)\right)_N R_N(k) \tag{5.51}$$

7. 순환 콘벌루션

두 N점 신호 사이의 선형 콘벌루션은 더 긴 신호를 가져온다. 다시 한 번 간격을 $0 \le n \le N-1$로 제한해야 한다. 그러므로 선형 이동 대신에 순환 이동을 고려해야 한다. 순환 이동을 포함하는 콘벌루션 연산은 **순환 콘벌루션**(circular convolution)이라 하고, 다음과 같이 주어진다.

$$x_1(n) \textcircled{N} x_2(n) = \sum_{m=0}^{N-1} x_1(m) x_2((n-m))_N, \quad 0 \le n \le N-1 \tag{5.52}$$

순환 콘벌루션이 또한 N점 수열임을 주목하라. 이는 선형 콘벌루션과 구조가 비슷하다. 차이점은 합의 한계와 N점 순환 이동에 있다. 따라서 이는 N에 의존하고, N점 순환 콘벌루션이라고도 한다. 그러므로 표시 $\textcircled{N}$을 사용하는 것이 적당하다. 순환 콘벌루션의 DFT 성질은 다음과 같다.

$$\text{DFT}\left[x_1(n) \textcircled{N} x_2(n)\right] = X_1(k) \cdot X_2(k) \tag{5.53}$$

이 성질의 다른 해석은 주파수 영역에서 두 N점 DFT를 곱하면 시간 영역에서 보통의 선형 콘벌루션이 아닌 순환 콘벌루션을 얻는다는 것이다.

예제 5.13 $x_1(n) = \{1, 2, 2\}$와 $x_2(n) = \{1, 2, 3, 4\}$를 가정하자. 4점 순환 콘벌루션 $x_1(n) \textcircled{4} x_2(n)$을 계산하라.

풀이 $x_1(n)$이 3점 수열임을 주목하라. 따라서 순환 콘벌루션을 수행하기 전에 4점 신호를 만들기 위해 하나의 0을 채워야 한다. 이 문제를 주파수 영역뿐만 아니라 시간 영역에서도 풀 것이다. 시간 영역에서는 순환 콘벌루션 기법을 이용하는 반면, 주파수 영역에서는 DFT를 이용한다.

- **시간 영역 접근 방식**: 4점 순환 콘벌루션은 다음과 같다.

$$x_1(n) \textcircled{4} x_2(n) = \sum_{m=0}^{3} x_1(m) x_2((n-m))_4$$

이리하여 각 n의 값에 대해 순환 이동된 신호를 만들고 이를 샘플끼리 $x_1(m)$과 곱한 다음, 이 n에 대한 순환 콘벌루션 값을 구하기 위해 샘플을 더하고 나서 $0 \le n \le 3$에 대해 이 과정을 반복해야 한다. 다음을 생각해보자.

$$x_1(m) = \{1, 2, 2, 0\} \qquad \text{그리고} \qquad x_2(m) = \{1, 2, 3, 4\}$$

<u>$n = 0$일 때</u>

$$\begin{aligned}\sum_{m=0}^{3} x_1(m) \cdot x_2((0-m))_5 &= \sum_{m=0}^{3} [\{1, 2, 2, 0\} \cdot \{1, 4, 3, 2\}] \\ &= \sum_{m=0}^{3} \{1, 8, 6, 0\} = 15\end{aligned}$$

<u>$n = 1$일 때</u>

$$\sum_{m=0}^{3} x_1(m) \cdot x_2((1-m))_5 = \sum_{m=0}^{3} [\{1,\ 2,\ 2,\ 0\} \cdot \{2,\ 1,\ 4,\ 3\}]$$
$$= \sum_{m=0}^{3} \{2,\ 2,\ 8,\ 0\} = 12$$

<u>$n = 2$일 때</u>

$$\sum_{m=0}^{3} x_1(m) \cdot x_2((2-m))_5 = \sum_{m=0}^{3} [\{1,\ 2,\ 2,\ 0\} \cdot \{3,\ 2,\ 1,\ 4\}]$$
$$= \sum_{m=0}^{3} \{3,\ 4,\ 2,\ 0\} = 9$$

<u>$n = 3$일 때</u>

$$\sum_{m=0}^{3} x_1(m) \cdot x_2((3-m))_5 = \sum_{m=0}^{3} [\{1,\ 2,\ 2,\ 0\} \cdot \{4,\ 3,\ 2,\ 1\}]$$
$$= \sum_{m=0}^{3} \{4,\ 6,\ 4,\ 0\} = 14$$

따라서

$$x_1(n) \ \textcircled{4}\ x_2(n) = \{15,\ 12,\ 9,\ 14\}$$

- 주파수 영역 접근 방식: 이 접근 방식에서는 먼저 $x_1(n)$과 $x_2(n)$의 4점 DFT를 계산하고 이를 샘플끼리 곱한 다음, 순환 콘벌루션을 구하기 위해 이 결과의 역 DFT를 취한다.

<u>$x_1(n)$의 DFT</u>

$$x_1(n) = \{1, 2, 2, 0\} \Longrightarrow X_1(k) = \{5,\ -1-j2,\ 1,\ -1+j2\}$$

<u>$x_2(n)$의 DFT</u>

$$x_2(n) = \{1, 2, 3, 4\} \Longrightarrow X_2(k) = \{10,\ -2+j2,\ -2,\ -2-j2\}$$

이제

$$X_1(k) \cdot X_2(k) = \{50,\ 6+j2,\ -2,\ 6-j2\}$$

마지막으로 IDFT 후에

$$x_1(n) \circled{4}\ x_2(n) = \{15,\ 12,\ 9,\ 14\}$$

이는 앞과 같다.

순환 이동 구현과 마찬가지로, 순환 콘벌루션을 다른 많은 방법으로 구현할 수 있다. 가장 간단한 접근 방식은 `cirshftt` 함수를 이용하고 2개의 중첩된 `for...end` 루프를 필요로 하는 식 (5.52)를 그대로 구현하는 것이다. 명백히 이는 비효율적이다. 또 다른 접근 방식은 $[0,\ N-1]$의 각 n에 대한 신호 $x((n-m))_N$을 행렬의 행으로 만들고 `dft` 함수와 비슷하게 행렬-벡터 곱셈으로 식 (5.52)를 구현하는 것이다. 이는 하나의 `for...end` 루프를 필요로 한다. 다음의 `circonvt` 함수는 이 단계들을 하나로 만든다.

```
function y = circonvt(x1,x2,N)
% N-point circular convolution between x1 and x2: (time-domain)
% ---------------------------------------------------------------
% [y] = circonvt(x1,x2,N)
%  y = output sequence containing the circular convolution
% x1 = input sequence of length N1 <= N
% x2 = input sequence of length N2 <= N
%  N = size of circular buffer
%  Method: y(n) = sum (x1(m)*x2((n-m) mod N))
% Check for length of x1
if length(x1) > N
        error('N must be >= the length of x1')
end
% Check for length of x2
if length(x2) > N
        error('N must be >= the length of x2')
end
x1=[x1 zeros(1,N-length(x1))];
x2=[x2 zeros(1,N-length(x2))];
m = [0:1:N-1];  x2 = x2(mod(-m,N)+1);  H = zeros(N,N);
for n = 1:1:N
H(n,:) = cirshftt(x2,n-1,N);
end
y = x1*conj(H');
```

연습문제 P5.22와 P5.25는 `circonvt` 함수에서 `for...end` 루프를 없애는 접근 방식을 살펴본다. 세 번째 접근 방식은 `dft` 함수를 이용하여 주파수 영역 연산식 (5.53)을 구현하는 것이다. 이는 연습문제 P5.28에서 조사한다.

예제 5.14 예제 5.13의 순환 콘벌루션을 수행하기 위해 MATLAB을 사용하자.

풀이 신호는 $x_1(n) = \{1,\ 2,\ 2\}$와 $x_2(n) = \{1,\ 2,\ 3,\ 4\}$이다.

MATLAB 코드:

```
>> x1 = [1,2,2]; x2 = [1,2,3,4];  y = circonvt(x1, x2, 4)
y =
    15    12     9    14
```

따라서 전과 같이

$$x_1(n) \textcircled{4} x_2(n) = \{15,\ 12,\ 9,\ 14\}$$

예제 5.15 이 예제에서는 N의 순환 콘벌루션에 대한 영향을 알아본다. 명백히 $N \geq 4$이다. 그렇지 않으면 $x_2(n)$에 대해 시간 영역 에일리어싱이 있을 것이다. 예제 5.13의 두 신호를 이용한다.

a. $x_1(n) \textcircled{5} x_2(n)$을 계산하라.

b. $x_1(n) \textcircled{6} x_2(n)$을 계산하라.

c. 결과에 대해 논하라.

풀이 신호는 $x_1(n) = \{1,\ 2,\ 2\}$와 $x_2(n) = \{1,\ 2,\ 3,\ 4\}$이다. 비록 신호가 예제 5.14와 같지만, N 값이 다르면 다른 결과를 기대해야 한다. 이는 두 신호가 주어질 때 유일한 선형 콘벌루션의 경우에는 그렇지 않다.

a. 5점 순환 콘벌루션:

```
>> x1 = [1,2,2]; x2 = [1,2,3,4];  y = circonvt(x1, x2, 5)
y =
     9     4     9    14    14
```

따라서

$$x_1(n) \textcircled{5} x_2(n) = \{9,\ 4,\ 9,\ 14,\ 14\}$$

b. 6점 순환 콘벌루션:

```
>> x1 = [1,2,2]; x2 = [1,2,3,4];  y = circonvt(x1, x2, 6)
y =
     1     4     9    14    14     8
```

따라서

$$x_1(n) \textcircled{6} x_2(n) = \{1,\ 4,\ 9,\ 14,\ 14,\ 8\}$$

c. 이 예제와 전 예제의 4, 5, 6점 순환 콘벌루션을 자세히 살펴보면 독특한 특징을 알 수 있다. 명확히, N점 순환 콘벌루션은 N점 신호이다. 그러나 이 콘벌루션의 어떤 샘플은 같은

값을 갖는 반면, 다른 값은 다른 콘벌루션의 샘플의 합으로 구할 수 있다. 예를 들어, 5점 콘벌루션의 첫 샘플은 6점 콘벌루션의 처음과 마지막 샘플의 합이다. $x_1(n)$과 $x_2(n)$ 사이의 선형 콘벌루션은 다음과 같이 주어진다.

$$x_1(n) * x_2(n) = \{1,\ 4,\ 9,\ 14,\ 14,\ 8\}$$

이는 6점 순환 콘벌루션과 같다. 이와 그 밖의 주제들은 다음 절에서 연구한다.

표 5.2 이산 푸리에 변환 특성

유한 길이 신호(길이 N)	N점 DTFT 신호(길이 N)
1. $x(n)$	$X(k)$
2. $x_1(n),\ x_2(n)$	$X_1(k),\ X_2(k)$
3. $ax_1(n)+bx_2$	$aX_1(k)+bX_2(k)$
4. $x((n-m))_N$	$W_N^{km}x(k)$
5. $W_N^{-lm}x(n)$	$X[((k-\ell))_N]$
6. $X(n)$	$Nx((-k))_N$
7. $x((-n))_N$	$X^*[((-k))_N]$
8. $x^*(n)$	$X((-k))_N$
9. $x^*[((-n))_N]$	$X^*(k)$
10. $\mathrm{Re}[x(n)]$	$\frac{1}{2}[X[((k))_N]+X^*[((-k))_N]]$
11. $j\mathrm{Im}[x(n)]$	$\frac{1}{2}[X[((k))_N]-X^*[((-k))_N]]$
12. $x_{ec}(n)=\frac{1}{2}[x(n)+x^*[((-n))_N]]$	$\mathrm{Re}[X(k)]$
13. $x_{oc}(n)=\frac{1}{2}[x(n)-x^*[((-n)_N]]$	$j\mathrm{Im}[X(k)]$
14. $\sum_{m=0}^{N-1}x_1(m)x_2(n-m)$	$X_1(k)X_2(k)$
15. $x_1(n)x_2(n)$	$\frac{1}{N}\sum_{m=0}^{N-1}X_1(\ell)X_2[((k-\ell))_N]$
16. 대칭성	$X(k)=X[((-k))_N]$ $\mathrm{Re}[X(k)]=\mathrm{Re}[X((-k))_N]$ $\mathrm{Im}[X(k)]=-\mathrm{Im}[X((-k))_N]$ $\lvert X(k)\rvert=\lvert X(-k)\rvert$ $\angle X(k)=-\angle X(-k)$
17. $\tilde{x}_{ec}(n)=\frac{1}{2}[x(n)+x[((-n))_N]]$	$\mathrm{Re}[X(k)]$
18. $\tilde{x}_o(n)=\frac{1}{2}[\tilde{x}(n)-\tilde{x}(-n)]$	$j\mathrm{Im}[X(k)]$

주: 여기서 16~18번의 성질은 $x(n)$이 실수일 때만 적용된다.

8. 곱셈

이는 순환 콘벌루션 성질과 한 쌍으로, 다음과 같이 주어진다.

$$\text{DFT}\left[x_1(n) \cdot x_2(n)\right] = \frac{1}{N} X_1(k) \circledN X_2(k) \tag{5.54}$$

여기서 순환 콘벌루션은 주파수 영역에서 수행된다. $X_1(k)$와 $X_2(k)$가 역시 N점 신호이므로 순환 콘벌루션을 위해 개발된 MATLAB 함수를 여기서 사용할 수 있다.

9. 파시발의 관계

이 관계는 주파수 영역에서 에너지를 계산한다.

$$\mathrm{E}_x = \sum_{n=0}^{N-1} |x(n)|^2 = \frac{1}{N} \sum_{k=0}^{N-1} |X(k)|^2 \tag{5.55}$$

$\frac{|X(k)|^2}{N}$은 유한 수열의 에너지 스펙트럼(energy spectrum)이라 한다. 마찬가지로, 주기 신호의 경우 $|\frac{\tilde{X}(k)}{N}|^2$은 전력 스펙트럼(power spectrum)이라 한다.

위에서 설명한 이산 푸리에 변환 표현의 성질을 표 5.2에 요약해뒀다.

5.5 DFT를 이용한 선형 콘벌루션

선형 시스템에서 가장 중요한 연산 중의 하나는 선형 콘벌루션이다. 사실 FIR 필터는 일반적으로 이 선형 콘벌루션을 이용하여 실제로 구현된다. 한편 DFT는 주파수 영역에서 선형 시스템을 구현하는 실용적인 접근 방식이다. 나중에 살펴보겠지만 이는 또한 계산에 있어서 효율적인 연산이다. 그러나 여기에도 한 가지 문제가 있다. DFT 연산은 우리가 원하는 선형 콘벌루션이 아닌 (우리가 바라지 않는) 순환 콘벌루션으로 귀착된다. 이제 어떻게 선형 콘벌루션을 수행하기 위해 DFT를 이용하는지(즉, 어떻게 선형 콘벌루션과 같은 순환 콘벌루션을 만드는지) 보기로 한다. 예제 5.15에서 이 문제를 간접적으로 언급했다.

$x_1(n)$이 N_1점 신호이고 $x_2(n)$이 N_2점 신호라 하자. $x_3(n)$을 $x_1(n)$과 $x_2(n)$의 선형 콘벌루션으로 정의한다.

$$\begin{aligned} x_3(n) &= x_1(n) * x_2(n) \\ &= \sum_{k=-\infty}^{\infty} x_1(k)x_2(n-k) = \sum_{0}^{N_1-1} x_1(k)x_2(n-k) \end{aligned} \tag{5.56}$$

그러면 $x_3(n)$은 $(N_1 + N_2 - 1)$점 신호이다. 만약 $N = \max(N_1, N_2)$를 고르고 N점 순환 콘벌루션 $x_1(n)$ Ⓝ $x_2(n)$을 계산하면, 명백히 $x_3(n)$과 다른 N점 신호를 얻는다. 이 관찰은 우리에

게 하나의 실마리를 준다. $N = N_1 + N_2 - 1$을 고르고 $(N_1 + N_2 - 1)$점 순환 콘벌루션을 수행하는 것이 어떨까? 이 경우 적어도 이 콘벌루션은 둘 다 같은 수의 샘플을 가질 것이다.

그러므로 $N = N_1 + N_2 - 1$을 가정하고 $x_1(n)$과 $x_2(n)$을 N점 신호로 취급하자. $x_4(n)$을 다음의 N점 순환 콘벌루션으로 정의한다.

$$\begin{aligned} x_4(n) &= x_1(n) \text{ⓝ} x_2(n) \qquad (5.57) \\ &= \left[\sum_{m=0}^{N-1} x_1(m) x_2((n-m))_N\right] \mathcal{R}_N(n) \\ &= \left[\sum_{m=0}^{N-1} x_1(m) \sum_{r=-\infty}^{\infty} x_2(n-m-rN)\right] \mathcal{R}_N(n) \\ &= \left[\sum_{r=-\infty}^{\infty} \underbrace{\sum_{m=0}^{N_1-1} x_1(m) x_2(n-m-rN)}_{x_3(n-rN)}\right] \mathcal{R}_N(n) \\ &= \left[\sum_{r=-\infty}^{\infty} x_3(n-rN)\right] \mathcal{R}_N(n) \qquad \text{(식 (5.56)을 이용하여)} \end{aligned}$$

이 해석은 일반적으로 순환 콘벌루션이 선형 콘벌루션이 에일리어싱된 변형임을 보여준다. 이 사실을 예제 5.15에서 관찰했다. 이제 $x_3(n)$이 $N = (N_1 + N_2 - 1)$점 신호이므로 다음을 얻는다.

$$x_4(n) = x_3(n); \quad 0 \le n \le (N-1)$$

이는 시간 영역에서 에일리어싱이 없음을 의미한다.

결론: 만약 $x_1(n)$과 $x_2(n)$ 모두를 적당한 수의 0을 채움으로써 $N = (N_1 + N_2 - 1)$점 신호로 만들면, 순환 콘벌루션은 선형 콘벌루션과 같다.

예제 5.16 $x_1(n)$과 $x_2(n)$이 아래에 주어진 4점 신호라 하자.

$$x_1(n) = \{1,\ 2,\ 2,\ 1\}, \quad x_2(n) = \{1,\ -1,\ -1,\ 1\}$$

a. 이들의 선형 콘벌루션 $x_3(n)$을 구하라.

b. $x_3(n)$과 같도록 하기 위해 순환 콘벌루션 $x_4(n)$을 계산하라.

풀이 이 문제를 해결하기 위해 MATLAB을 이용할 것이다.

a. MATLAB 코드:

```
>> x1 = [1,2,2,1]; x2 = [1,-1,-1,1];  x3 = conv(x1,x2)
x3 =     1     1    -1    -2    -1     1     1
```

따라서 선형 콘벌루션 $x_3(n)$은 다음과 같이 주어진 7점 신호이다.

$$x_3(n) = \{1, 1, -1, -2, -1, 1, 1\}$$

b. $N \geq 7$을 이용해야 할 것이다. $N = 7$을 고르면, 다음을 얻는다.

```
>> x4 = circonvt(x1,x2,7)
x4 =    1     1    -1    -2    -1     1     1
```

따라서

$$x_4 = \{1, 1, -1, -2, -1, 1, 1\} = x_3(n)$$

5.5.1 오차 해석

선형 콘벌루션에 DFT를 이용하기 위해 N을 적절히 선택해야 한다. 그러나 실제로 그렇게 할 수 없는 경우도 있고, 특히 N이 매우 클 경우 기억에는 제한이 있다. 그러면 순환 콘벌루션을 수행하기 위해 필요한 값보다 작게 N이 선택될 때 오차가 생길 것이다. 우리는 실제로 유용한 이 오차를 계산하고자 한다. 명백히 $N \geq \max(N_1, N_2)$이다. 그러므로 다음을 가정하자.

$$\max(N_1, N_2) \leq N < (N_1 + N_2 - 1)$$

그러면 앞의 해석(식 (5.57))으로부터

$$x_4(n) = \left[\sum_{r=-\infty}^{\infty} x_3(n - rN)\right] \mathcal{R}_N(n)$$

오차 $e(n)$이 다음과 같이 주어진다고 하자.

$$\begin{aligned} e(n) &\triangleq x_4(n) - x_3(n) \\ &= \left[\sum_{r \neq 0} x_3(n - rN)\right] \mathcal{R}_N(n) \end{aligned}$$

$N \geq \max(N_1, N_2)$이므로 단지 $r = \pm 1$에 대응하는 두 항만이 위의 합에 남는다. 따라서

$$e(n) = [x_3(n - N) + x_3(n + N)]\, \mathcal{R}_N(n)$$

일반적으로 $x_1(n)$과 $x_2(n)$은 인과적 신호이다. 그러면 $x_3(n)$ 역시 인과적인데, 이는 다음을 의미한다.

$$x_3(n - N) = 0; \quad 0 \leq n \leq N - 1$$

그러므로

$$e(n) = x_3(n + N), \quad 0 \le n \le N - 1 \tag{5.58}$$

이는 간단하지만 중요한 관계이다. 이는 $\max(N_1, N_2) \le N < (N_1 + N_2 - 1)$일 때 샘플 n에서 오차 샘플이 N 샘플만큼 떨어진 선형 콘벌루션과 같음을 암시한다. 이제 선형 콘벌루션은 $(N_1 + N_2 - 1)$샘플 뒤에 0일 것이다. 이는 순환 콘벌루션의 처음 몇 안 되는 샘플은 오차가 있는 반면, 나머지는 정확한 선형 콘벌루션 값이다.

예제 5.17 이전 예제의 신호 $x_1(n)$과 $x_2(n)$을 생각하자. $N = 6, 5, 4$에 대해 선형 콘벌루션의 값을 구하라. 각 경우에 오차 관계를 확인하라.

풀이 분명히 선형 콘벌루션 $x_3(n)$은 여전히 같다.

$$x_3(n) = \{1, 1, -1, -2, -1, 1, 1\}$$

$N = 6$일 때 6점 신호를 얻는다.

$$x_4(n) = x_1(n) \textcircled{6}\, x_2(n) = \{2, 1, -1, -2, -1, 1\}$$

그러므로 기대한 것처럼 다음을 얻는다.

$$\begin{aligned} e(n) &= \{2, 1, -1, -2, -1, 1\} - \{1, 1, -1, -2, -1, 1\}, \quad 0 \le n \le 5 \\ &= \{1, 0, 0, 0, 0, 0\} \\ &= x_3(n + 6) \end{aligned}$$

$N = 5$일 때 5점 신호를 얻는다.

$$x_4(n) = x_1(n) \textcircled{5}\, x_2(n) = \{2, 2, -1, -2, -1\}$$

그러므로 기대한 것처럼 다음을 얻는다.

$$\begin{aligned} e(n) &= \{2, 2, -1, -2, -1\} - \{1, 1, -1, -2, -1\}, \quad 0 \le n \le 4 \\ &= \{1, 1, 0, 0, 0\} \\ &= x_3(n + 5) \end{aligned}$$

마지막으로, $N = 4$일 때 4점 신호를 얻는다.

$$x_4(n) = x_1(n) \textcircled{4}\, x_2(n) = \{0, 2, 0, -2\}$$

그러므로 기대한 것처럼 다음을 얻는다.

$$\begin{aligned} e(n) &= \{0, 2, 0, -2\} - \{1, 1, -1, -2\}, \quad 0 \le n \le 3 \\ &= \{-1, 1, 1, 0\} \\ &= x_3(n + 4) \end{aligned}$$

$N = 4$인 마지막 경우는 아래에 주어진 유용한 관찰을 제공한다.

관찰: 순환 콘벌루션에서 $N = \max(N_1, N_2)$를 고를 때, 처음 $(M - 1)$개의 샘플은 오차가 있다(즉, 선형 콘벌루션과 다르다). 여기서 $M = \min(N_1, N_2)$이다. 이 결과는 블록(block) 처리의 형태로 긴 콘벌루션을 구현하는 데 유용하다.

5.5.2 블록 콘벌루션

마이크로폰(microphone)의 음성 신호와 같은 연속적으로 받고 있는 입력 신호를 필터링(filtering)하고 싶을 때, 실용적인 목적으로 이 신호를 무한 수열로 생각할 수 있다. 만약 이 필터링 연산을 선형 콘벌루션이 DFT를 이용하여 계산되는 FIR 필터로 구현하고 싶다면, 몇 가지 실용적인 문제를 경험할 것이다. 우리는 일반적으로 실용적이지 않은 큰 DFT를 계산해야 할 것이다. 더구나 출력 샘플은 모든 입력 샘플이 처리될 때까지 구할 수 없다. 이는 받아들일 수 없을 만큼 많은 양의 지연을 가져온다. 그러므로 무한의 입력 신호를 더 작은 부분(또는 블록)으로 나누어서 각 부분을 DFT를 이용하여 처리하고, 마지막으로 각 부분의 출력으로부터 출력 신호를 종합해야 한다. 이 과정은 **블록 콘벌루션**(block convolution, 또는 블록 처리) 연산이라 한다.

신호 $x(n)$이 N점 신호로 나누어지고 필터의 임펄스 응답이 M점 신호라 하자. 여기서 $M < N$이다. 신호 $x(n)$은 유한 길이 N인 구획의 합으로 나타낼 수 있다. 즉,

$$x(n) = \sum_{r=0}^{\infty} x_r(n - rL)$$

여기서

$$x_r(n) = \begin{cases} x[n + rL], & 0 \le r \le L - 1 \\ 0, & \text{그 외} \end{cases}$$

콘벌루션은 선형 시불변 연산이기 때문에 다음을 얻는다.

$$y(n) = x(n) * h(n) = \sum_{r=0}^{\infty} y(n - rL) \tag{5.59}$$

여기서

$$y_r(n) = x_r(n) * h(n)$$

신호 $x_r(n)$은 L개의 0이 아닌 점을 갖고 있고, $h(n)$은 길이가 M이기 때문에 각 항 $y_r(n)$의 길이는 $(L + M - 1)$이 된다. 그런데 그림 5.19에 나타나 있듯이 각 $y_r(n)$의 시작점은 항상 rL인 지점이므로, 이웃 구획과 $(M - 1)$개의 샘플이 겹쳐지고, 이 겹쳐진 샘플들은 식 (5.59)의 합산에 더해진다. 따라서 전체 출력이 필터링된 출력의 구획이 겹치고, 더해서 얻어지기 때문

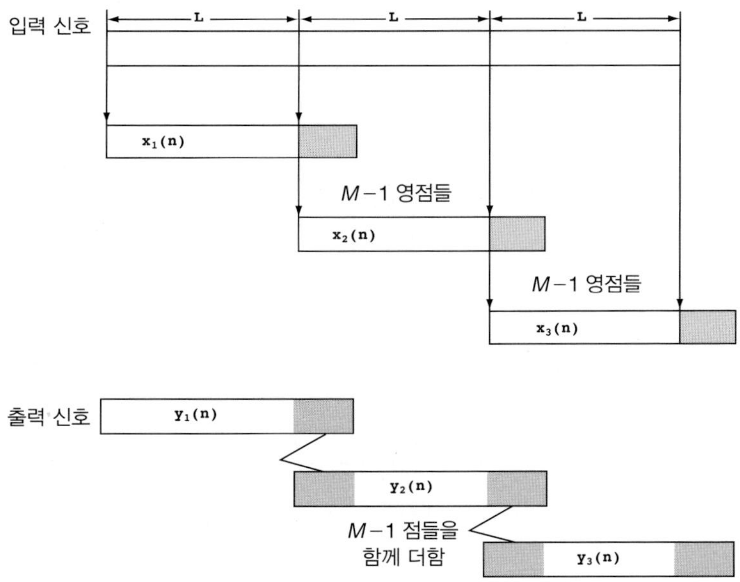

그림 5.19 중첩 가산법

에 **중첩 가산법**(overlap-add method)이라고 한다. 이 겹침은 입력 신호의 구획과 임펄스 응답의 선형 콘벌루션이 구획 길이보다 길기 때문에 일어난다.

흔히 **중첩 보류법**(overlap-save method)이라고 하는 또 하나의 블록 콘벌루션 과정은 순환 콘벌루션을 이용해서 구현된다. 앞서 순환 콘벌루션의 성질로부터 입력 구획과 임펄스 응답 사이의 L점 순환 콘벌루션은 처음 $(M-1)$개의 샘플이 정확하지 않다는 것을 보였다. 반면에 나머지 샘플들은 선형 콘벌루션 연산을 했을 때와 동일하다. 따라서 정확한 출력을 얻기 위해 각각의 입력 구획을 출력 신호 간에 $(M-1)$점이 겹칠 수 있도록 나누는 방법을 사용한다. 즉, 각 구간의 입력 신호 $x_r(n)$은 다음과 같이 정의된다.

$$\mathrm{x}_r(n)=x[n+r(L-M+1)-M+1],\quad 0\le n\le L-1 \tag{5.60}$$

출력 신호는 다음과 같다.

$$y(n)=\sum_{r=0}^{\infty}y_r[n+r(L-M+1)+M-1] \tag{5.61}$$

여기서 $y_r(n)$은 각 입력 구간 신호와 임펄스 응답 신호 간의 순환 콘벌루션 출력이다.

그림 5.20에서 볼 수 있듯이, 각 $y_r(n)$의 시작은 $r(L-M+1)$인 지점이고, 이 중 $0\le n\le M-2$ 범위에 대한 출력은 정확하지 않기 때문에 버려지는 부분이다. 대신 이웃 구획과 정확히 $(M-1)$개의 샘플이 겹쳐지고, 그 이웃 구획의 값은 정확한 출력이므로 $y(n)$을 구할 때 이용할 수 있다. $N\gg M$일 때, 이 방법이 더 효율적이다. 간단한 예를 이용하여 이를 살펴보자.

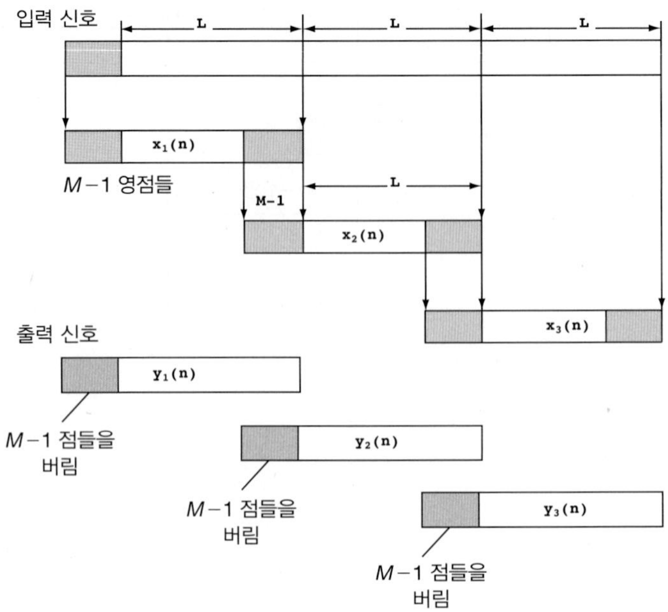

그림 5.20 중첩 보류법

예제 5.18 $x(n) = (n+1),\ 0 \le n \le 9$와 $h(n) = \{\underset{\uparrow}{1}, 0, -1\}$을 가정하자. $y(n) = x(n) * h(n)$을 계산하기 위해 $N = 6$을 이용하여 중첩 보류법을 구현하라.

풀이 $M = 3$이므로 각 부분을 앞부분과 2개의 샘플만큼 겹쳐야 한다. 이제 $x(n)$은 10점 신호이고 처음에 $(M-1) = 2$개의 0이 필요하다. $N = 6$이므로 3개의 부분이 필요하다. 각 부분이 다음과 같다고 하자.

$$
\begin{aligned}
x_1(n) &= \{0, 0, 1, 2, 3, 4\} \\
x_2(n) &= \{3, 4, 5, 6, 7, 8\} \\
x_3(n) &= \{7, 8, 9, 10, 0, 0\}
\end{aligned}
$$

$x(n)$이 $n = 9$에서 값이 없으므로 2개의 0을 $x_3(n)$에 메워야 함을 주목하라. 이제 각 부분과 $h(n)$의 6점 순환 콘벌루션을 계산한다.

$$
\begin{aligned}
y_1 = x_1(n) \; ⑥ \; h(n) &= \{-3, -4, 1, 2, 2, 2\} \\
y_2 = x_2(n) \; ⑥ \; h(n) &= \{-4, -4, 2, 2, 2, 2\} \\
y_3 = x_3(n) \; ⑥ \; h(n) &= \{7, 8, 2, 2, -9, -10\}
\end{aligned}
$$

처음 두 샘플이 버려질 것임에 주의하고, 출력 $y(n)$을 다음과 같이 종합한다.

$$
y(n) = \{\underset{\uparrow}{1}, 2, 2, 2, 2, 2, 2, 2, 2, 2, -9, -10\}
$$

선형 콘벌루션이 다음과 같이 주어진다.

$$x(n) * h(n) = \{\underset{\uparrow}{1}, 2, 2, 2, 2, 2, 2, 2, 2, 2, -9, -10\}$$

이는 중첩 보류법과 일치한다.

5.5.3 MATLAB 구현

위 예제를 길잡이로 삼아, 매우 긴 입력 신호 $x(n)$에 대한 중첩 보류법을 구현하는 MATLAB 함수를 만들 수 있다. 이 함수에서 중요한 단계는 분할된 부분에 대해 적절한 인덱스를 구하는 것이다. $n \geq 0$에 대해 $x(n)$이 주어질 때 블록 처리를 시작하기 위해 처음 $(M-1)$개의 샘플은 0으로 만들어야 한다. 이 늘려진 신호가 다음과 같고 $L = N - M + 1$이라 하자.

$$\hat{x}(n) \triangleq \{\underbrace{0, 0, \ldots, 0}_{(M-1)\text{개의 영}}, x(n)\}, \quad n \geq 0$$

그러면 k번째 블록 $x_k(n)$, $0 \leq n \leq N-1$은 다음과 같이 주어진다.

$$x_k(n) = \hat{x}(m); \quad kL \leq m \leq kL + N - 1,\ k \geq 0,\ 0 \leq n \leq N-1$$

블록의 전체 개수는 다음과 같이 주어진다.

$$K = \left\lfloor \frac{N_x + M - 2}{L} \right\rfloor + 1$$

여기서 N_x는 $x(n)$의 길이이고 $\lfloor \cdot \rfloor$은 절단(truncation) 연산이다. 이제 각 블록은 다음을 얻기 위해 앞서 개발한 `circonvt` 함수를 이용하여 $h(n)$과 순환 콘벌루션된다.

$$y_k(n) = x_k(n) \circledN h(n)$$

마지막으로, 각 $y_k(n)$의 처음 $(M-1)$개의 샘플을 버리고 나머지 샘플을 연결하면 선형 콘벌루션 $y(n)$을 구할 수 있다. 이 과정은 다음의 `ovrlpsav` 함수에서 하나로 만들어져 있다.

```
%%\leftskip12pt
function [y] = ovrlpsav(x,h,N)
% Overlap-Save method of block convolution
% ----------------------------------------
% [y] = ovrlpsav(x,h,N)
% y = output sequence
% x = input sequence
% h = impulse response
% N = block length
%
```

```
Lenx = length(x); M = length(h);  M1 = M-1; L = N-M1;
   h = [h zeros(1,N-M)];
   %
   x = [zeros(1,M1), x, zeros(1,N-1)]; % preappend (M-1) zeros
   K = floor((Lenx+M1-1)/(L));          % # of blocks
   Y = zeros(K+1,N);
   % convolution with succesive blocks
   for k=0:K
    xk = x(k*L+1:k*L+N);
    Y(k+1,:) = circonvt(xk,h,N);
   end
   Y = Y(:,M:N)';                       % discard the first (M-1) samples
   y = (Y(:))';                         % assemble output
```

주의: 여기서 개발한 ovrlpsav 함수가 가장 효율적인 접근 방식은 아니다. 고속 푸리에 변환을 언급할 때 이 문제를 다시 다룰 것이다.

예제 5.19 ovrlpsav 함수의 동작을 확인하기 위해, 예제 5.18에 주어진 신호를 생각해보자.

풀이 MATLAB 코드:

```
>> n = 0:9; x = n+1; h = [1,0,-1]; N = 6;  y = ovrlpsav(x,h,N)
y =
    1    2    2    2    2    2    2    2    2    2   -9   -10
```

이는 기대한 것과 일치하는 선형 콘벌루션이다.

중첩 가산(overlap-add) 방법이라는 블록 콘벌루션의 대안이 있다. 이 방법에서 입력 신호 $x(n)$은 겹치지 않는 부분들로 나뉘고, 임펄스 응답과 컨벌브된다. 결과 출력 블록들은 다음 부분들과 겹쳐지고 최종 출력을 형성하기 위해 더해진다. 이 내용은 연습문제 P5.33에서 살펴본다.

5.6 고속 푸리에 변환

앞에서 이야기했던 DFT(식 (5.37))는 시간 영역과 주파수 영역에서 모두 이산적 성질을 갖는 유일한 변환이고, 유한 구간 신호에 대해 정의된다. 계산 가능한 변환이기는 하지만 식 (5.37)의 직접적인 계산은 매우 비효율적이고, 특히 신호의 길이 N이 클 때는 더욱 비효율적이다. 1965년에 쿨리(Cooley)와 튜키(Tukey)[8]는 DFT 연산 중에 수행할 계산의 양을 실질적으로 줄이는 과정을 보여주었다. 이로 인해 디지털 신호 처리 분야를 포함한 여러 분야에서 DFT를 많이 사용하게 되었다. 게다가 그 밖의 효율적인 알고리즘이 개발되는 계기가 되었다. 이러한 모든 효율적인 알고리즘은 총체적으로 고속 푸리에 변환(FFT: fast Fourier transformation) 알고리즘으로 알려지게 되었다.

N점 신호 $x(n)$을 생각해보자. 식 (5.37)에 따르면 이 수열의 DFT는 다음과 같다.

$$X(k) = \sum_{n=0}^{N-1} x(n) W_N^{nk}, \quad 0 \le k \le N-1 \tag{5.62}$$

여기서 $W_N = e^{-j2\pi/N}$이다. $X(k)$ 중에서 샘플 하나를 얻으려면, N번의 복소수 곱셈과 $(N-1)$번의 복소수 덧셈이 필요하다. 그러므로 모든 DFT 계수의 집합을 얻으려면, N^2번의 복소수 곱셈과 $N(N-1) \simeq N^2$번의 복소수 덧셈이 필요한 셈이다. 또한 N^2개의 복소수 계수 $\{W_N^{kn}\}$을 저장해야만 한다. 즉, 내부적으로 추가적인 비용이 발생한다.

식 (5.62)를 실수에 대한 연산으로 표현하면 다음과 같다.

$$\begin{aligned} X(k) = \sum_{n=0}^{N-1} & [(\mathrm{Re}\{x(n)\}\,\mathrm{Re}\{\mathrm{W}_N^{kn}\} - \mathrm{Im}\{x(n)\}\,\mathrm{Im}\{\mathrm{W}_N^{kn}\}) \\ & + j(\mathrm{Re}\{x(n)\}\,\mathrm{Im}\{\mathrm{W}_N^{kn}\} + (\mathrm{Im}\{x(n)\}\,\mathrm{Re}\{\mathrm{W}_N^{kn}\})], \\ & 0 \le k \le N-1 \end{aligned} \tag{5.63}$$

여기서 각 복소 곱셈은 네 번의 실수 곱셈과 두 번의 실수 덧셈을 필요로 하며, 각 복소 덧셈은 두 번의 실수 덧셈을 필요로 한다. 그러므로 특정한 k에 대해 $X[k]$를 직접 구하려면 $4N^2$번의 실수 곱셈과 $2N(2N-1)$번의 실수 덧셈이 필요하다.

명백히 N점 신호에 필요한 DFT 계산의 수는 N의 제곱에 비례하고, 다음과 같이 표시된다.

$$C_N = o\left(N^2\right)$$

N이 큰 경우에 $o(N^2)$은 실제적으로 사용할 수 없다. 일반적으로 덧셈의 처리 시간은 곱셈의 처리 시간보다 훨씬 적다. 따라서 이제부터 4개의 실수 곱셈과 2개의 실수 덧셈이 필요한 복소수 곱셈의 개수에 집중할 것이다.

5.6.1 효율적 계산의 목적

효율적으로 설계된 알고리즘은 자료 샘플마다 계산의 수가 일정해야 하고, 총 계산의 수는 N에 대해 선형적으로 증가해야 한다.

N에 대한 의존성은, 계속해서 수행되는 대부분의 계산을 $\{W_N^{kn}\}$ 주기성

$$W_N^{kn} = W_N^{k(n+N)} = W_N^{(k+N)n}$$

과 대칭성

$$W_N^{kn+N/2} = -W_N^{kn}$$

을 이용하여 줄일 수 있다.

예를 들어 첫 번째 성질, 즉 정현파 함수의 대칭성을 이용하여 식 (5.63)의 합에서 n과 $(N-n)$에 따라서 항을 모을 수 있다.

$$\begin{aligned}
&\mathrm{Re}\{x(n)\}\ \mathrm{Re}\{W_N^{kn}\} + (\mathrm{Re}\{x(N-n)\}\ \mathrm{Re}\{W_N^{k(N-n)}\} \\
&= (\mathrm{Re}\{x(n)\} + (\mathrm{Re}\{x(N-n)\})\ \mathrm{Re}\{W_N^{kn}\} \\
&\quad - \mathrm{Im}\{x(n)\}\ \mathrm{Im}\{W_N^{kn}\} - (\mathrm{Im}\{x(N-n)\}\ \mathrm{Im}\{W_N^{k(N-n)}\} \\
&= -(\mathrm{Im}\{x(n)\} + \mathrm{Im}\{x(N-n)\}\ \mathrm{Im}\{W_N^{kn}\}
\end{aligned}$$

이런 식으로 곱셈의 횟수를 반으로 줄일 수 있다.

이와 같이 단지 $\{W_N^{kn}\}$의 주기성만을 고려한 알고리즘으로 고어첼(Goertzel) 알고리즘이 있다. 이 알고리즘은 여전히 $C_N = o(N^2)$의 곱셈이 필요하지만, 몇 가지 장점이 있다. 이 알고리즘은 12장에서 자세히 살펴볼 것이다. 먼저 계산의 수를 줄이는 데 있어 대칭성과 주기성의 이점을 보여주는 예제로 시작해보자. 그런 다음 $C_N = o(N \log N)$의 계산을 필요로 하는 2개의 특정한 FFT 알고리즘(시간 데시메이션 FFT 알고리즘과 주파수 데시메이션 FFT 알고리즘)을 분석해보자.

예제 5.20 4점 DFT의 계산 방법을 알아보고, 이 계산을 위한 효율적인 알고리즘을 만들어보라.

$$X(k) = \sum_{n=0}^{3} x(n) W_4^{nk}, \quad 0 \le k \le 3; \quad W_4 = e^{-j2\pi/4} = -j$$

풀이 위 식은 행렬 형태로 계산할 수 있다.

$$\begin{bmatrix} X(0) \\ X(1) \\ X(2) \\ X(3) \end{bmatrix} = \begin{bmatrix} W_4^0 & W_4^0 & W_4^0 & W_4^0 \\ W_4^0 & W_4^1 & W_4^2 & W_4^3 \\ W_4^0 & W_4^2 & W_4^4 & W_4^6 \\ W_4^0 & W_4^3 & W_4^6 & W_4^9 \end{bmatrix} \begin{bmatrix} x(0) \\ x(1) \\ x(2) \\ x(3) \end{bmatrix}$$

이것은 16번의 복소수 곱셈이 필요하다.

효율적 방법: 주기성을 사용하면,

$$\begin{aligned}
W_4^0 &= W_4^4 = 1 \quad ; \ W_4^1 = W_4^9 = -j \\
W_4^2 &= W_4^6 = -1 \ ; \ W_4^3 = j
\end{aligned}$$

위의 행렬 형태를 바꾸면 다음과 같다.

$$\begin{bmatrix} X(0) \\ X(1) \\ X(2) \\ X(3) \end{bmatrix} = \begin{bmatrix} 1 & 1 & 1 & 1 \\ 1 & -j & -1 & j \\ 1 & -1 & 1 & -1 \\ 1 & j & -1 & -j \end{bmatrix} \begin{bmatrix} x(0) \\ x(1) \\ x(2) \\ x(3) \end{bmatrix}$$

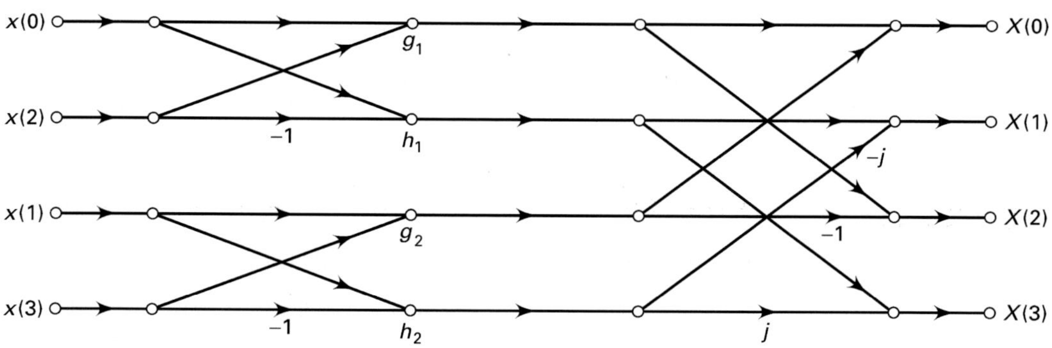

그림 5.21 예제 5.20의 신호 흐름도

대칭성을 이용하면 다음의 식을 얻을 수 있다.

$$\begin{aligned}
X(0) &= x(0)+x(1)+x(2)+x(3) = \underbrace{[x(0)+x(2)]}_{g_1} + \underbrace{[x(1)+x(3)]}_{g_2} \\
X(1) &= x(0)-jx(1)-x(2)+jx(3) = \underbrace{[x(0)-x(2)]}_{h_1} - j\underbrace{[x(1)-x(3)]}_{h_2} \\
X(2) &= x(0)-x(1)+x(2)-x(3) = \underbrace{[x(0)+x(2)]}_{g_1} - \underbrace{[x(1)+x(3)]}_{g_2} \\
X(3) &= x(0)+jx(1)-x(2)-jx(3) = \underbrace{[x(0)-x(2)]}_{h_1} + j\underbrace{[x(1)-x(3)]}_{h_2}
\end{aligned}$$

따라서 효율적인 알고리즘은 다음과 같아진다.

1단계	2단계
$g_1 = x(0) + x(2)$	$X(0) = g_1 + g_2$
$g_2 = x(1) + x(3)$	$X(1) = h_1 - jh_2$
$h_1 = x(0) - x(2)$	$X(2) = g_1 - g_2$
$h_2 = x(1) - x(3)$	$X(3) = h_1 + jh_2$

(5.64)

이것은 단지 두 번의 복소수 곱셈만이 필요하다. 이렇게 간단한 예제에서도 계산의 수가 상당히 줄어든 것이다. 이 알고리즘의 신호 흐름도 구조는 그림 5.21과 같다.

해석: 식 (5.64)의 효율적인 알고리즘은 다르게 해석할 수 있다. 첫째로, 4점 신호 $x(n)$은 2개의 2점 신호로 나뉘고, 아래와 같이 열 벡터로 정리가 된다.

$$\left[\begin{bmatrix} x(0) \\ x(2) \end{bmatrix}, \begin{bmatrix} x(1) \\ x(3) \end{bmatrix}\right] = \begin{bmatrix} x(0) & x(1) \\ x(2) & x(3) \end{bmatrix}$$

둘째로, 각 열에 대해 더 작은 2점 DFT가 행해진다.

$$\mathbf{W}_2\begin{bmatrix}x(0) & x(1)\\ x(2) & x(3)\end{bmatrix} = \begin{bmatrix}1 & 1\\ 1 & -1\end{bmatrix}\begin{bmatrix}x(0) & x(1)\\ x(2) & x(3)\end{bmatrix}$$
$$= \begin{bmatrix}x(0)+x(2) & x(1)+x(3)\\ x(0)-x(2) & x(1)-x(3)\end{bmatrix} = \begin{bmatrix}g_1 & g_2\\ h_1 & h_2\end{bmatrix}$$

그러고 나서 결과 행렬의 각 성분에 $\{W_4^{pq}\}$를 곱한다. 여기서 p는 행의 인덱스이고, q는 열의 인덱스이다. 즉, 다음과 같은 점 곱셈(dot product, 성분끼리의 곱셈)이 수행된다.

$$\begin{bmatrix}1 & 1\\ 1 & -j\end{bmatrix} \cdot * \begin{bmatrix}g_1 & g_2\\ h_1 & h_2\end{bmatrix} = \begin{bmatrix}g_1 & g_2\\ h_1 & -jh_2\end{bmatrix}$$

마지막으로, 행 벡터에 대해 2개의 더 작은 2점 DFT 연산이 수행된다.

$$\begin{bmatrix}g_1 & g_2\\ h_1 & -jh_2\end{bmatrix}\mathbf{W}_2 = \begin{bmatrix}g_1 & g_2\\ h_1 & -jh_2\end{bmatrix}\begin{bmatrix}1 & 1\\ 1 & -1\end{bmatrix} = \begin{bmatrix}g_1+g_2 & g_1-g_2\\ h_1-jh_2 & h_1+jh_2\end{bmatrix}$$
$$= \begin{bmatrix}X(0) & X(2)\\ X(1) & X(3)\end{bmatrix}$$

비록 이 해석이 효율적인 알고리즘보다 더 많은 곱셈을 하는 것처럼 보이기는 하지만, 큰 DFT 연산을 더 작은 DFT 연산들로 계산하는 체계적인 접근 방법을 제시해준다. ■

5.6.2 분할-조합 방법: 시간 데시메이션 알고리즘

N에 의존하는 DFT 계산을 줄이기 위해 합성수인 $N = LM$을 선택해야 하는데, 그 이유는 다음과 같다.

$$L^2 + M^2 \ll N^2 \quad N\text{이 큰 경우}$$

이제 그 신호를 길이가 L인 M개의 작은 수열로 분할하고, M번의 작은 L점 DFT 연산을 수행한다. 그러고 나서 L번의 작은 M점 DFT 연산을 통해 더 큰 DFT로 조합한다. 이것이 분할-조합 방법(divide-and-combine approach)의 핵심이다. $N = LM$이라 하면 식 (5.62)의 인덱스 n과 k는 다음과 같이 쓸 수 있다.

$$\begin{aligned} n &= \ell + Lm,\ 0 \le \ell \le L-1,\ 0 \le m \le M-1 \\ k &= q + Mp,\ 0 \le p \le L-1,\ 0 \le q \le M-1 \end{aligned} \tag{5.65}$$

그리고 신호 $x(n)$과 $X(k)$를 각각 배열 $x(\ell, m)$과 $X(p, q)$로 나타낸다. 그러면 식 (5.62)를 다음과 같이 쓸 수 있다.

$$
\begin{aligned}
X(p,q) &= \sum_{\ell=0}^{L-1}\sum_{m=0}^{M-1} x(\ell,m)W_N^{(\ell+Lm)(q+Mp)} \\
&= \sum_{\ell=0}^{L-1}\left\{W_N^{\ell q}\left[\sum_{m=0}^{M-1} x(\ell,m)W_N^{Lmq}\right]\right\}W_N^{M\ell p} \\
&= \underbrace{\sum_{\ell=0}^{L-1}\left\{W_N^{\ell q}\underbrace{\left[\sum_{m=0}^{M-1} x(\ell,m)W_M^{mq}\right]}_{M\text{점 DFT}}\right\}W_L^{\ell p}}_{L\text{점 DFT}}
\end{aligned}
\tag{5.66}
$$

따라서 식 (5.66)은 다음 세 단계의 과정으로 구현될 수 있다.

1. 각각의 행 $\ell = 0, \ldots, L-1$에 대해 M점 DFT 배열

$$F(\ell,q)\triangle \sum_{m=0}^{M-1} x(\ell,m)W_M^{mq}; \quad 0 \le q \le M-1 \tag{5.67}$$

를 계산한다.

2. 다른 배열을 얻기 위해 $F(\ell, q)$를 바꾼다.

$$G(\ell,q) = W_N^{\ell q}F(\ell,q), \quad \begin{matrix} 0 \le \ell \le L-1 \\ 0 \le q \le M-1 \end{matrix} \tag{5.68}$$

인수 $W_N^{\ell q}$은 회전 인수(twiddle factor)라고 한다.

3. 각각의 열 $q = 0, \ldots, M-1$에 대해 L점 DFT를 계산한다.

$$X(p,q) = \sum_{\ell=0}^{L-1} G(\ell,q)W_L^{\ell p} \quad 0 \le p \le L-1 \tag{5.69}$$

이러한 방법에 대한 복소수 곱셈의 총 수는 다음과 같이 주어진다.

$$C_N = LM^2 + N + ML^2 < o\left(N^2\right) \tag{5.70}$$

다음 예제에서 이 방법을 설명하기로 한다.

예제 5.21 $N = 15$인 경우의 분할-조합 FFT 알고리즘을 개발하라.

풀이 $L = 3$, $M = 5$라고 한다. 그러면 식 (5.65)로부터 다음을 얻는다.

$$
\begin{aligned}
n &= \ell + 3M, \quad 0 \le \ell \le 2, \quad 0 \le m \le 4 \\
k &= q + 5p, \quad 0 \le p \le 2, \quad 0 \le q \le 4
\end{aligned}
$$

그러면 식 (5.66)은 다음과 같이 된다.

$$X(p,q)=\sum_{\ell=0}^{2}\left\{W_{15}^{\ell q}\left[\sum_{m=0}^{4}x(\ell,m)W_5^{mq}\right]\right\}W_3^{\ell p}$$

이 식을 구현하기 위해 열 형태의 배열을 사용하여 주어진 신호 $x(n)$을 배열 $\{x(\ell,\ m)\}$ 형식으로 정리한다.

$$\begin{matrix} x(0) & x(3) & x(6) & x(9) & x(12) \\ x(1) & x(4) & x(7) & x(10) & x(13) \\ x(2) & x(5) & x(8) & x(11) & x(14) \end{matrix}$$

첫 단계로 세 행 각각에 대해 5점 DFT $F(\ell,\ q)$를 계산한다. 그리고 같은 배열 형식으로 다시 정리한다.

$$\begin{matrix} F(0,0) & F(0,1) & F(0,2) & F(0,3) & F(0,4) \\ F(1,0) & F(1,1) & F(1,2) & F(1,3) & F(1,4) \\ F(2,0) & F(2,1) & F(2,2) & F(2,3) & F(2,4) \end{matrix}$$

이것은 총 $3\times 5^2=75$개의 복소 연산을 필요로 한다. 두 번째 단계로 회전 인수 $W_{15}^{\ell q}$를 사용해서 배열 $G(\ell,\ q)$를 얻기 위해 $F(\ell,\ q)$를 변경하는 것이다.

$$\begin{matrix} G(0,0) & G(0,1) & G(0,2) & G(0,3) & G(0,4) \\ G(1,0) & G(1,1) & G(1,2) & G(1,3) & G(1,4) \\ G(2,0) & G(2,1) & G(2,2) & G(2,3) & G(2,4) \end{matrix}$$

이것은 15개의 복소수 연산을 필요로 한다. 마지막 단계로 5개의 열 각각에 대해 3점 DFT $X(p,\ q)$를 구하고 다음을 얻는다.

$$\begin{matrix} X(0,0) & X(0,1) & X(0,2) & X(0,3) & X(0,4) \\ X(1,0) & X(1,1) & X(1,2) & X(1,3) & X(1,4) \\ X(2,0) & X(2,1) & X(2,2) & X(2,3) & X(2,4) \end{matrix}$$

여기서는 총 $5\times 3^2=45$개의 복소 연산을 필요로 한다. 이 예제의 첫 번째 식에 따르면 위에 있는 배열은 다음과 같이 $X(k)$를 다시 정리한 것이다.

$$\begin{matrix} X(0) & X(1) & X(2) & X(3) & X(4) \\ X(5) & X(6) & X(7) & X(8) & X(9) \\ X(10) & X(11) & X(12) & X(13) & X(14) \end{matrix}$$

마지막으로, 행 형태로 이 배열을 풀어주면(unwinding) 필요로 하는 15점 DFT $X(k)$를 얻는다. 이 분할-조합 방법에 필요한 총 복소 연산 수는 135개이며, 여기서 15점 DFT를 위한 직접 방법은 225개의 복소 연산을 필요로 한다. 따라서 분할-조합 방법이 분명히 효과적이다. ■

분할-조합 방법은 만약 M 또는 L이 합성수(composite number)라면 반복될 것이다. 명백히 N이 고차의 합성수, 즉 $N = R^{\nu}$일 때 가장 효율적인 알고리즘이 얻어진다. 그러한 알고리즘은 R진수(radix-R) FFT 알고리즘이라 한다. 만약 $N = R_1^{\nu 1} R_1^{\nu 2} \cdots$ 라면, 그러한 분해는 혼합 진수(mixed-radix) FFT 알고리즘이라 한다. 가장 인기 있고 쉽게 사용할 수 있는 알고리즘은 2진 FFT 알고리즘이다.

5.6.3 2진 FFT 알고리즘

$N = 2^{\nu}$이라고 하자. 그러고 나서 $L = 2$, $M = N/2$이라 하고, 식 (5.65)에 따라 $x(n)$을 2개의 $N/2$점 신호로 분할하면 다음과 같다.

$$\begin{aligned} g_1(n) &= x(2n) \\ g_2(n) &= x(2n+1) \end{aligned}; \quad 0 \leq n \leq \frac{N}{2} - 1$$

신호 $g_1(n)$은 $x(n)$의 짝수 번 샘플을 갖고 있고, 신호 $g_2(n)$은 $x(n)$의 홀수 번 샘플을 갖고 있다. $G_1(k)$와 $G_2(k)$를 각각 $g_1(n)$과 $g_2(n)$의 $N/2$점 DFT라고 하자. 그러면 식 (5.66)은 다음과 같이 줄어든다.

$$X(k) = G_1(k) + W_N^k G_2(k), \quad 0 \leq k \leq N-1 \tag{5.71}$$

이것을 병합 공식(merging formula)이라 하는데, 2개의 $N/2$점 DFT를 하나의 N점 DFT로 조합하는 것이다. 복소수 곱셈의 총 수는 다음과 같이 줄어든다.

$$C_N = \frac{N^2}{2} + N = o\left(N^2/2\right)$$

이 과정은 계속해서 반복될 수 있다. 각 단계에서 신호들은 데시메이션되고, 더 작은 DFT들이 결합한다. 이 데시메이션은 N개의 1점 신호, 즉 1점 DFT를 갖게 되는 ν단계 후에 끝난다. 이러한 과정을 시간 데시메이션 FFT(DIT-FFT: decimation-in-time FFT) 알고리즘이라 한다. 복소수 곱셈의 총 수는 다음과 같다.

$$C_N = N\nu = N \log_2 N$$

N이 클 경우 C_N은 근사적으로 N에 선형이 되는데, 이것이 효율적 알고리즘의 목적이다. 추가적으로 대칭성을 사용하면 C_N을 $\frac{N}{2} \log_2 N$으로 줄일 수 있다. $N = 8$인 경우 이 알고리즘의 신호 흐름도를 그림 5.22에 나타내었다.

다른 방법으로 $M = 2$, $L = N/2$이라 하고 식 (5.66)에 있는 단계들을 따라가 보자. 초기의 DFT는 복소수 곱셈을 포함하지 않은 2점 DFT임을 명심하자. 식 (5.67)로부터

$$\begin{aligned} F(0,m) &= x(0,m) + x(1,m)W_2^0 \\ &= x(n) + x(n+N/2), \quad 0 \leq n \leq N/2 \\ F(1,m) &= x(0,m) + x(1,m)W_2^1 \\ &= x(n) - x(n+N/2), \quad 0 \leq n \leq N/2 \end{aligned}$$

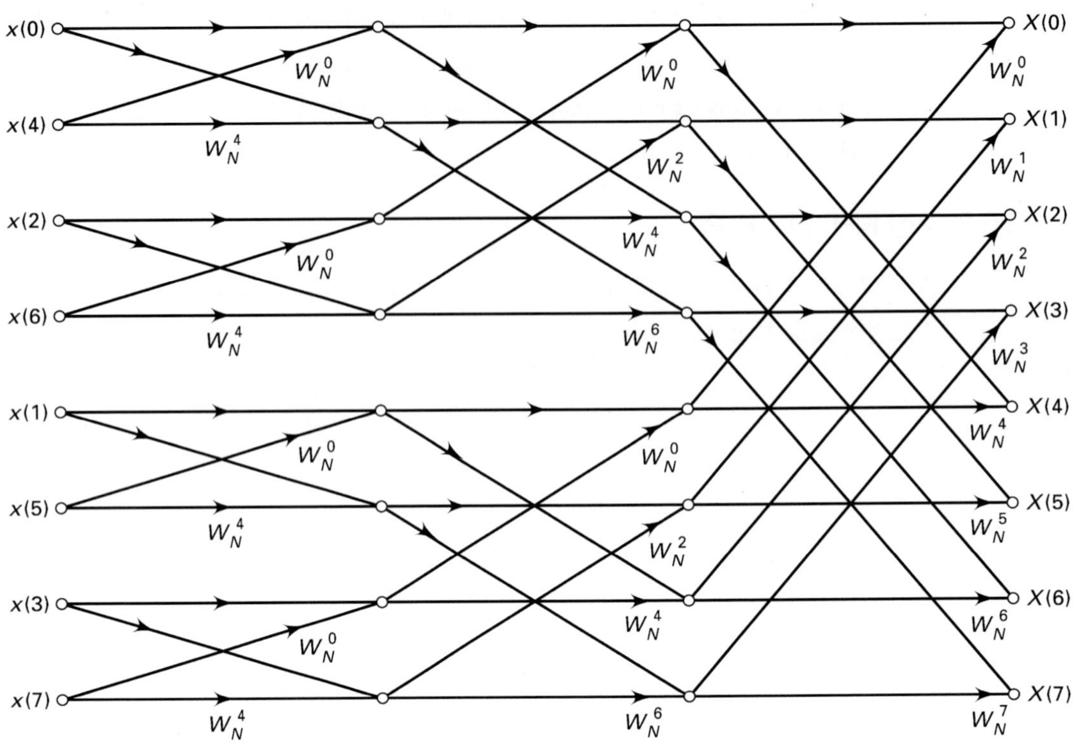

그림 5.22 $N = 8$인 경우의 시간 데시메이션 FFT 구조

그리고 식 (5.68)로부터

$$\begin{aligned} G(0,m) &= F(0,m)W_N^0 \\ &= x(n) + x(n+N/2), \quad 0 \le n \le N/2 \\ G(1,m) &= F(1,m)W_N^m \\ &= [x(n) - x(n+N/2)]\, W_N^n, \quad 0 \le n \le N/2 \end{aligned} \tag{5.72}$$

$0 \le n \le N/2 - 1$인 경우 $G(0,\ m) = d_1(n)$, $G(1,\ m) = d_2(n)$이라 하자(왜냐하면 그것들은 시간 영역에서의 신호로 생각할 수 있기 때문이다). 그러면 식 (5.69)로부터 다음 식을 얻게 된다

$$\begin{aligned} X(0,q) &= X(2q) &= D_1(q) \\ X(1,q) &= X(2q+1) &= D_2(q) \end{aligned} \tag{5.73}$$

이것은 DFT 값 $X(k)$를 데시메이션 방식으로 계산함을 의미한다. 그러므로 이러한 방법을 주파수 데시메이션 FFT(DIF-FFT: decimation-in-frequency FFT) 알고리즘이라 한다. 이것의 신호 흐름도는 DIT-FFT 구조를 전치시킨 형태이고, 계산 복잡도는 $\frac{N}{2}\log_2 N$과 같다.

5.6.4 MATLAB 구현

MATLAB은 벡터 x의 DFT를 계산하기 위해 fft라는 함수를 제공한다. 이 함수로 N점 DFT를 계산하기 위해 X = fft(x,N)과 같은 문법을 사용한다. 만약 x의 길이가 N보다 작다면, x는 0으로 메워진다. 만약 인자 N이 생략되면, DFT의 길이는 x의 길이와 같아진다. 만약 x가 행렬이라면, fft(x,N)은 x의 각 열에 대해 N점 DFT를 계산한다.

이 fft 함수는 기계어로 작성되었고 MATLAB 명령어를 사용하지 않으므로(즉, .m 파일로 얻을 수 없으므로) 매우 빠르게 실행된다. 만약 N이 2의 거듭제곱이라면, 고속의 2진 FFT 알고리즘이 사용된다. 만약 N이 2의 거듭제곱이 아니라면, N은 소인수들로 분해되고 더 느린 혼합 진수 FFT 알고리즘이 사용된다. 마지막으로, N이 소수라면 fft 함수는 원래의 DFT 알고리즘으로 축소된다.

역 DFT는 fft와 같은 성질을 갖는 ifft 함수를 사용하여 계산한다.

예제 5.22 이 예제에서는 $1 \le N \le 2048$인 경우 fft 함수의 실행 시간에 대해 공부한다. 이를 통해 다양한 값의 N에 대한 분할-조합 전략의 특성을 살펴볼 수 있다. 한 가지 주의해야 할 점이 있다. 이 예제에서 얻은 결과들은 MATLAB 버전 5 이하에서만 유효하다. MATLAB 버전 6부터는 LAPACK이라는 새로운 계산 코어를 사용한다. 그것은 각각의 부동소수점 연산이 아니라 메모리 참조와 캐시 사용을 최적화한다. 그러므로 버전 6 이상 버전에서의 결과들은 해석하기 복잡하다. 또한 여기서 주어진 특정 컴퓨터에서의 실행 시간 역시 컴퓨터에 따라 각기 다를 것이다.

풀이 실행 시간을 측정하기 위해 MATLAB은 2개의 함수를 제공한다. clock 함수는 순간의 시간을 알려주고, etime(t1,t2) 함수는 시간 표시 t1과 t2 사이의 경과된 시간을 계산해준다. 실행 시간을 측정하기 위해 길이 1과 2048 사이의 불규칙 벡터를 발생시키고, 그것들의 FFT를 계산한 후 계산 시간을 하나의 배열에 저장한다. N에 대한 FFT 연산의 실행 시간 그래프를 그려라.

MATLAB 코드:

```
>> Nmax = 2048;  fft_time=zeros(1,Nmax);
>> for n=1:1:Nmax
>>    x=rand(1,n);
>>    t=clock;fft(x);fft_time(n)=etime(clock,t);
>> end
>> n=[1:1:Nmax];   plot(n,fft_time,'.')
>> xlabel('N');ylabel('Time in Sec.')  title('FFT execution times')
```

실행 시간의 그래프는 그림 5.23에 있다. 이 그래프는 매우 유익하다. 그래프의 점들은 하나의 명확한 함수의 모양을 나타내지는 않지만, 다양한 경향으로 무리 짓는 모습을 보인다. 가장 위에 있는 무리는 N에 대한 $o(N^2)$의 의존성을 나타낸다. 이와 유사하게 N이 더 작은

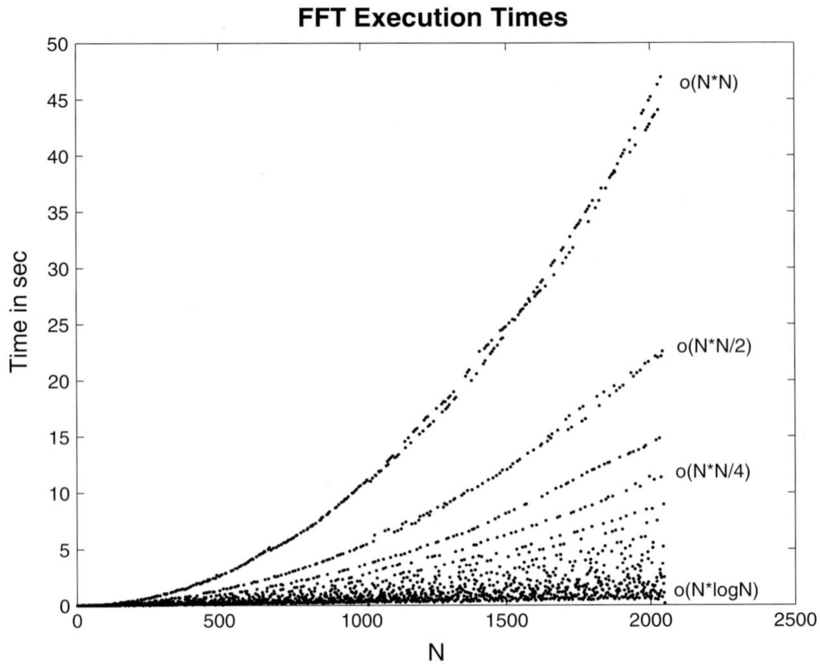

그림 5.23 $1 \le N \le 2048$의 경우의 FFT 실행 시간

수의 분해를 가진 경우에 해당하는 $o(N^2/2)$, $o(N^2/3)$, $o(N^2/4)$ 등의 의존성을 갖는 무리들이 있다. $N = 2^\nu$, $0 \le \nu \le 11$에 해당하는 마지막 무리는 거의 선형적인 $o(N \log N)$의 의존성을 보인다. 이 마지막 무리들에 해당하는 N의 값에 대해서는 2진 FFT 알고리즘이 사용된다. 그 밖의 모든 값에는 혼합 진수 알고리즘이 사용된다. 이것은 N이 고차의 합성수일 때 분할-조합 전략이 매우 효율적임을 보여준다. 예를 들면, 실행 시간이 $N = 2048$일 때는 0.16초, $N = 2047$일 때는 2.48초, $N = 2039$일 때는 46.96초이다.

이번 장의 앞에서 소개한 MATLAB 함수들은 이제 `dft` 함수를 `fft` 함수로 교체함으로써 바뀌어야만 한다. 위의 예제로부터 고차의 합성수 N을 사용할 때는 주의를 기울여야 함을 알 수 있다. 특별한 사정이 없다면 $N = 2^\nu$의 값을 선택하는 것이 좋다.

5.6.5 주파수 데시메이션 알고리즘

시간 데시메이션 FFT 알고리즘은 입력 신호 $x(n)$을 점점 더 작은 부분 신호로 분할함으로써 DFT의 계산을 분할하는 것이었다. 마찬가지로, 출력 신호 $X[k]$를 더 작은 부분 신호로 나눌 수 있다. 이런 절차의 알고리즘을 주파수 데시메이션 알고리즘(decimation-in-frequency algorithm)이라 한다.

편의상 N이 2의 거듭제곱인 경우로 한정하고, 주파수에 따라서 짝수 번째 샘플과 홀수 번째 샘플을 나누어 표현하면

$$X(k) = \sum_{n=0}^{N} x(n)W_N^{nk}, \quad k=0, 1, \dots, N-1$$
$$= \sum_{n=0}^{N} x(n)W_N^{n(2r)} + \sum_{n=0}^{N} x(n)W_N^{n(2r+1)}, \; r = 0, 1, \dots, (N/2)-1$$

여기서 짝수 번째 샘플을 $X[2r]$, 홀수 번째 샘플을 $X[2r+1]$이라 하자. 이들 샘플 역시 아래처럼 두 부분의 합으로 나타낼 수 있다.

$$X[2r] = \sum_{n=0}^{N/2-1} x(n)W_N^{2nr} + \sum_{n=N/2}^{N-1} x(n)W_N^{2nr}$$

$$X[2r+1] = \sum_{n=0}^{N/2-1} x(n)W_N^{n(2r+1)} + \sum_{n=N/2}^{N-1} x(n)W_N^{n(2r+1)}$$

여기서 각각 두 번째 덧셈 항의 변수를 치환하면,

$$X[2r] = \sum_{n=0}^{N/2-1} x(n)W_N^{2nr} + \sum_{n=0}^{N/2-1} x(n+N/2)W_N^{2r(N/2+n)}$$

$$X[2r+1] = \sum_{n=0}^{N/2-1} x(n)W_N^{n(2r+1)} + \sum_{n=0}^{N/2-1} x(n+N/2)W_N^{(2r+1)(N/2+n)}$$

W_N^{2rn}의 주기성 때문에 $W_N^{2r[n+(N/2)]} = W_N^{2rn}W_N^{rN} = W_N^{2rn}$이 성립하고, $W_N^2 = W_{N/2}$, $W_N^{Nr} = 1$, $W_N^{N/2} = -1$이기 때문에 위 식은

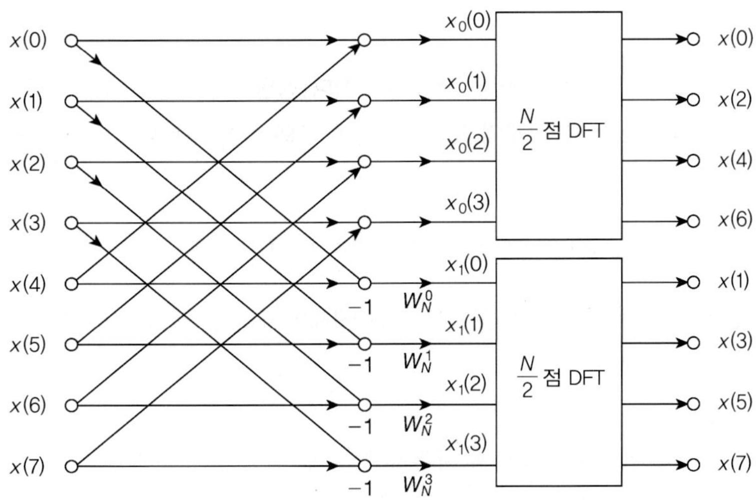

그림 5.24 $N = 8$인 경우의 주파수 데시메이션 FFT 구조

$$X[2r] = \sum_{n=0}^{N/2-1} (x(n) + x(n+N/2))W_{N/2}^{nr}$$

$$X[2r+1] = \sum_{n=0}^{N/2-1} (x(n) - x(n+N/2))W_N^{n(2r+1)}$$

$$= \sum_{n=0}^{N/2-1} (x(n) - x(n+N/2))W_N^n W_{N/2}^{nr}$$

여기서 다음과 같은 새로운 신호 $g(n)$과 $h(n)$을 정의한다.

$$g(n) = x(n) + x(n+N/2)$$
$$h(n) = x(n) - x(n+N/2)$$

그러면 $X(k)$를 구하는 과정은 먼저 $h(n)W_N^n$을 계산하고 $g(n)$과의 $N/2$점 DFT를 계산하는 과정으로 바뀐다. 그림 5.24는 주파수 데시메이션을 8점 FFT로 나타낸 것이다.

5.6.6 고속 콘벌루션

MATLAB의 `conv` 함수는 (C 언어로 작성한) `filter` 함수를 사용하여 구현되고, 작은 값의 $N(<50)$에 대해 매우 효율적이다. N 값이 더 큰 경우에는 FFT 알고리즘을 사용하여 콘벌루션을 빠르게 할 수 있다. 이러한 방법은 선형 콘벌루션을 구현하기 위해 순환 콘벌루션을 사용하고, 순환 콘벌루션을 구현하기 위해 FFT를 사용하는 것이다. 최종적인 알고리즘을 고속 콘벌루션 알고리즘(fast convolution algorithm)이라 한다. 만약 $N = 2^\nu$이어서 2진 FFT를 사용한다면, 그 알고리즘은 급속 콘벌루션(high-speed convolution)이라 한다. $x_1(n)$을 N_1점 수열, $x_2(n)$을 N_2점 신호라 하자. 그러면 급속 콘벌루션의 N은 다음과 같이 선택할 수 있다.

$$N = 2^{\lceil \log_2(N_1+N_2-1) \rceil} \tag{5.74}$$

여기서 $\lceil x \rceil$은 x보다 큰 가장 작은 정수이다(상한(ceiling) 함수라고도 한다). 이제 선형 콘벌루션 $x_1(n) * x_2(n)$은 2개의 N점 FFT, 하나의 N점 IFFT, 그리고 하나의 N점 점 곱셈을 통해 구현된다.

$$x_1(n) * x_2(n) = \text{IFFT}[\text{FFT}[x_1(n)] \cdot \text{FFT}[x_2(n)]] \tag{5.75}$$

N 값이 큰 경우에는 식 (5.75)가 다음 예제에서 보는 것과 같은 시간 영역에서의 콘벌루션보다 빠르다.

예제 5.23 급속 콘벌루션의 효율성을 보여주기 위해 두 접근 방법의 실행 시간을 비교해보자. $x_1(n)$을 0과 1 사이([0, 1])의 L점 균일 분포 불규칙 숫자라 하고, $x_2(n)$을 평균 0, 분산 1인 L점 가우시안(Gaussian) 불규칙 신호라 하자. $1 \le L \le 150$인 경우의 평균 실행 시간을 측정하는데,

100개의 불규칙 수열에 대해 평균을 계산한다(예제 5.22의 주의사항을 참고하기 바란다).

풀이 MATLAB 코드:

```
conv_time = zeros(1,150); fft_time = zeros(1,150);
%
for L = 1:150
    tc = 0; tf=0;
   N = 2*L-1; nu = ceil(log10(NI)/log10(2)); N = 2^nu;
    for I=1:100
       h = randn(1,L);  x = rand(1,L);
      t0 = clock; y1 = conv(h,x); t1=etime(clock,t0);  tc = tc+t1;
      t0 = clock; y2 = ifft(fft(h,N).*fft(x,N)); t2=etime(clock,t0);
      tf = tf+t2;
    end
%
    conv_time(L)=tc/100;  fft_time(L)=tf/100;
end
%
n = 1:150; subplot(1,1,1);
plot(n(25:150),conv_time(25:150),n(25:150),fft_time(25:150))
```

그림 5.25는 $25 \leq L \leq 150$에 대한 선형 콘벌루션과 급속 콘벌루션의 실행 시간을 보여준다. 주의할 점은 이 실행 시간이 MATLAB 코드를 실행하는 계산 시스템 환경에 따라 달라진다는 사실이다. 그림 5.25의 결과는 33-MHz 486 컴퓨터에서 구했다. 그래프는 L 값이 작은 경우 선형 콘벌루션이 더 빠름을 보여준다. 교차점은 선형 콘벌루션의 실행 시간이 지수적으로

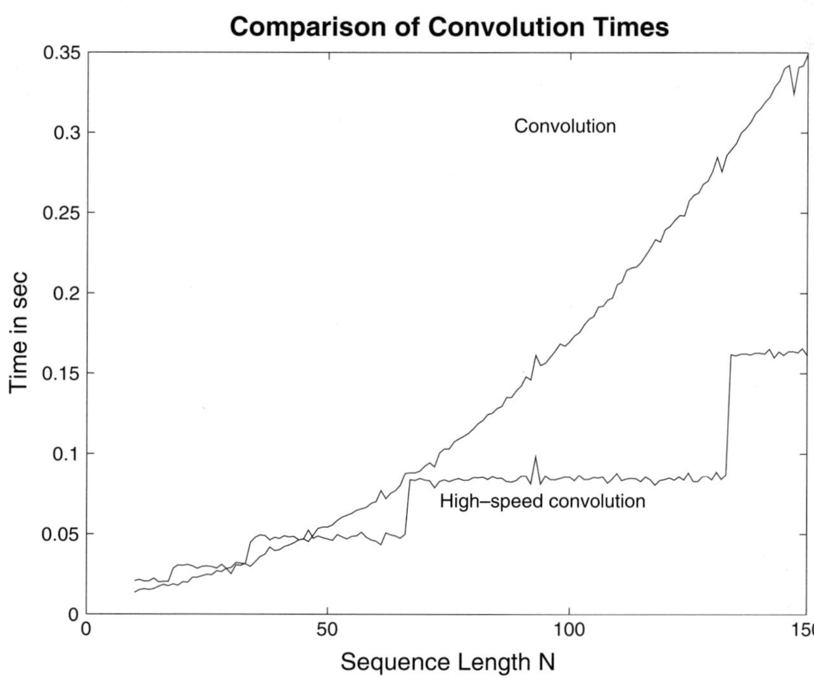

그림 5.25 선형 콘벌루션과 급속 콘벌루션의 실행 시간 비교

증가하는 $L = 50$ 근방이다. 반면에 급속 콘벌루션의 실행 시간은 상당히 선형적으로 증가한다. $N = 2^{\nu}$이기 때문에 L의 범위에서 급속 콘벌루션의 실행 시간이 일정하다는 점을 주의해야 한다.

5.6.7 급속 블록 콘벌루션

앞에서 매우 큰 신호를 비교적 작은 수열로 나누어 콘벌루션을 수행하는 중첩 보류법과 중첩 가산법이라는 블록 콘벌루션에 대해 논의했었다. 그 부분에서 논의한 MATLAB 함수 `ovrlpsav`는 선형 콘벌루션을 구현하기 위해 DFT를 사용한다. 이제는 급속(high-speed) 중첩 보류법을 얻기 위해 DFT를 2진 FFT 알고리즘으로 대체할 것이다. 계산을 한층 더 줄이기 위해 더 짧은(고정된) 수열의 FFT는 단지 한 번의 계산만으로 할 수 있다. 다음의 `hsolpsav` 함수는 이 알고리즘을 보여준다.

```
function [y] =  hsolpsav(x,h,N)
% High-speed Overlap-Save method of block convolutions using FFT
% --------------------------------------------------------------
% [y] = hsolpsav(x,h,N)
% y = output sequence
% x = input sequence
% h = impulse response
% N = block length (must be a power of two)
%
N = 2^(ceil(log10(N)/log10(2));
Lenx = length(x); M = length(h);
M1 = M-1; L = N-M1;  h = fft(h,N);
%
x = [zeros(1,M1), x, zeros(1,N-1)];
K = floor((Lenx+M1-1)/(L)); % # of blocks
Y = zeros(K+1,N);
for k=0:K
xk = fft(x(k*L+1:k*L+N));
Y(k+1,:) = real(ifft(xk.*h));
end
Y = Y(:,M:N)'; y = (Y(:))';
```

중첩 가산법 알고리즘도 이와 유사하게 바꿀 수 있다. MATLAB은 또한 중첩 가산법 알고리즘을 구현하기 위해 `fftfilt` 함수를 제공한다.

5.7 연습문제

P5.1 $\tilde{x}_1(n)$을 기본 주기 $N = 40$인 주기 신호라 하자. 여기서 한 주기는 다음과 같이 주어진다.

$$\tilde{x}_1(n) = \begin{cases} 5\sin(0.1\pi n), & 0 \le n \le 19 \\ 0, & 20 \le n \le 39 \end{cases}$$

$\tilde{x}_2(n)$을 기본 주기 $N = 80$인 주기 신호라 하자. 여기서 한 주기는 다음과 같이 주어진다.

$$\tilde{x}_2(n) = \begin{cases} 5\sin(0.1\pi n), & 0 \le n \le 19 \\ 0, & 20 \le n \le 79 \end{cases}$$

이 두 주기 신호는 주기는 다르지만 0이 아닌 샘플들은 모두 같다.

1. $\tilde{x}_1(n)$의 DFS $\tilde{X}_1(k)$를 찾고, (`stem` 함수를 사용하여) 샘플들의 크기와 각의 그래프를 k에 대해 그려라.
2. $\tilde{x}_2(n)$의 DFS $\tilde{X}_2(k)$를 찾고, 샘플들의 크기와 각의 그래프를 k에 대해 그려라.
3. 위의 두 DFS 그래프의 차이점은 무엇인가?

P5.2 DFS의 정의를 사용하여 다음 주기 신호의 DFS 계수를 구하고, MATLAB을 사용하여 검증하라.

1. $\tilde{x}_1(n) = \{4, 1, -1, 1\}$, $N = 4$
2. $\tilde{x}_2(n) = \{2, 0, 0, 0, -1, 0, 0, 0\}$, $N = 8$
3. $\tilde{x}_3(n) = \{1, 0, -1, -1, 0\}$, $N = 5$
4. $\tilde{x}_4(n) = \{0, 0, 2j, 0, 2j, 0\}$, $N = 6$
5. $\tilde{x}_5(n) = \{3, 2, 1\}$, $N = 3$

P5.3 다음의 주기적 DFS 계수에 대한 주기 신호를 결정하라. 먼저 IDFS의 정의를 사용하고 나서 MATLAB을 사용하여 검증하라.

1. $\tilde{X}_1(k) = \{4, 3j, -3j\}$, $N = 3$
2. $\tilde{X}_2(k) = \{j, 2j, 3j, 4j\}$, $N = 4$
3. $\tilde{X}_3(k) = \{1, 2+3j, 4, 2-3j\}$, $N = 4$
4. $\tilde{X}_4(k) = \{0, 0, 2, 0, 0\}$, $N = 5$
5. $\tilde{X}_5(k) = \{3, 0, 0, 0, -3, 0, 0, 0\}$, N

P5.4 $\tilde{x}_1(n)$은 연습문제 P5.1에서 주어진 주기 신호이다. $\tilde{x}_3(n)$은 $\tilde{x}_1(n)$을 두 주기에 걸쳐 연쇄적으로 이은 주기가 80인 신호라 하자. 즉,

$$\tilde{x}_3(n) = [\tilde{x}_1(n), \tilde{x}_1(n)]_{\text{PERIODIC}}$$

$\tilde{x}_3(n)$은 비록 연습문제 P5.1의 $\tilde{x}_2(n)$과 주기가 80으로 같지만, 명백히 다른 주기 신호이다.

1. $\tilde{x}_3(n)$의 DFS $\tilde{X}_3(k)$를 찾고, 샘플들의 크기와 각의 그래프를 k에 대해 그려라.
2. 주기를 2배로 할 때 DFS에 미치는 영향은 무엇인가?
3. 위의 결과를 M배의 주기 확장에 대해 일반화하라. 특히, 만약

$$\tilde{x}_M(n) = \Bigg[\underbrace{\tilde{x}_1(n), \tilde{x}_1(n), \ldots, \tilde{x}_1(n)}_{M\text{배}}\Bigg]_{\text{PERIODIC}}$$

이면

$$\begin{aligned}\tilde{X}_M(Mk) &= M\tilde{X}_1(k), \ k = 0, 1, \ldots, N-1 \\ \tilde{X}_M(k) &= 0, \qquad\qquad k \neq 0, M, \ldots, MN\end{aligned}$$

P5.5 $\tilde{x}_1(n)$은 연습문제 P5.1에서 주어진 주기 신호이다. $\tilde{x}_2(n)$을 기본 주기 $N = 40$이고 다음과 같은 값을 갖는 신호라 하자.

$$\tilde{x}_2(n) = \begin{cases} \tilde{x}_1(n), & 0 \le n \le 19 \\ -\tilde{x}_1(n-20), & 20 \le n \le 39 \end{cases}$$

1. DFS $\tilde{X}_2(k)$를 $\tilde{X}_1(k)$를 사용해 해석적으로 구하라.
2. $\tilde{x}_2(n)$의 DFS $\tilde{X}_2(k)$를 찾고, 샘플들의 크기와 각의 그래프를 k에 대해 그려라.
3. $\tilde{X}_1(k)$와 $\tilde{X}_2(k)$의 그래프를 사용하여 1번 답을 검증하라.

P5.6 $\tilde{x}(n)$이 주기 N인 신호이고, $\tilde{y}(n) \triangleq \tilde{x}(-n) = \tilde{x}(N-n)$이라고 하자. 즉, $\tilde{y}(n)$은 $\tilde{x}(n)$이 주기적으로 접힌 것이다. $\tilde{X}(k)$와 $\tilde{Y}(k)$를 DFS 신호라 하자.

1. $\tilde{Y}(k) = \tilde{X}(-k) = \tilde{X}(N-k)$임을 보여라. 즉, $\tilde{Y}(k)$ 역시 $\tilde{X}(k)$가 주기적으로 접힌 것이다.
2. $\tilde{x}(n) = \{\underset{\uparrow}{2}, 4, 6, 1, 3, 5\}_{\text{PERIODIC}}$, $N = 6$이라고 하자.
   (a) $\tilde{y}(n)$을 $0 \le n \le 5$ 구간에 대해 그려라.
   (b) $\tilde{X}(k)$를 $0 \le k \le 5$ 구간에 대해 계산하라.
   (c) $\tilde{Y}(k)$를 $0 \le k \le 5$ 구간에 대해 계산하라.
   (d) 1번의 관계를 검증하라.

P5.7 $X(e^{j\omega})$을 다음과 같은 유한 길이 신호의 DTFT라 하자.

$$x(n) = \begin{cases} n+1, & 0 \le n \le 49 \\ 100-n, & 50 \le n \le 99 \\ 0, & \text{그 외} \end{cases}$$

1. $$y_1(n) = \underset{10\text{점}}{\text{IDFS}} \left[X(e^{j0}), X(e^{j2\pi/10}), X(e^{j4\pi/10}), \ldots, X(e^{j18\pi/10})\right]$$

   라고 하자. 주파수 샘플링 정리를 사용하여 $y_1(n)$을 구하라. MATLAB을 사용하여 답을 검증하라.

2. $$y_2(n) = \underset{200\text{점}}{\text{IDFS}} \left[X(e^{j0}), X(e^{j2\pi/200}), X(e^{j4\pi/200}), \ldots, X(e^{j398\pi/200})\right]$$

   라고 하자. 주파수 샘플링 정리를 사용하여 $y_2(n)$을 구하라. MATLAB을 사용하여 답을 검증하라.

3. 1번과 2번의 결과에 대해 논하라.

P5.8 유한 길이 신호가 다음과 같이 주어져 있다고 하자.

$$x(n) = \begin{cases} 2e^{-0.9|n|}, & -5 \le n \le 5 \\ 0, & \text{그 외} \end{cases}$$

DFT를 사용하여 DTFT $X(e^{j\omega})$을 그려라. 부드러운 형태의 그래프를 얻기 위한 DFT의 길이 N을 선택하라.

P5.9 DFT를 사용하여 다음 신호의 DTFT 크기 그래프를 그려라. 그 그래프들이 의미가 있도록 길이 N을 추측해보라.

1. $x(n) = (0.6)^{|n|}\,[u(n+10) - u(n-11)]$
2. $x(n) = n(0.9)^n\,[u(n) - u(n-21)]$
3. $x(n) = [\cos(0.5\pi n) + j\sin(0.5\pi n)][u(n) - u(n-51)]$
4. $x(n) = \{1, 2, 3, \underset{\uparrow}{4}, 3, 2, 1\}$
5. $x(n) = \{-1, -2, -3, \underset{\uparrow}{0}, 3, 2, 1\}$

P5.10 아래와 같이 주어진 유한 길이 신호를 고려하자.

$$x(n) = \begin{cases} \text{sinc}^2\{(n-50)/2\}, & 0 \le n \le 100 \\ 0, & \text{그 외} \end{cases}$$

1. $x(n)$의 DFT $X(k)$를 구하라. (`stem` 함수를 사용하여) 그것의 크기 및 위상 그래프를 그려라.
2. MATLAB을 사용하여 $x(n)$의 DTFT $X(e^{j\omega})$의 크기 및 위상 그래프를 그려라.
3. 위의 DFT는 $X(e^{j\omega})$의 샘플링된 변형임을 검증하라. `hold` 함수를 사용하면 위의 두 그래프를 합치는 데 도움이 될 것이다.
4. DFT $X(k)$로부터 DTFT $X(e^{j\omega})$을 재구성할 수 있는가? 가능하다면, 재구성에 필요한 보간 공식을 구하라. 가능하지 않다면, 그 이유를 기술하라.

P5.11 N점 신호 $x(n)$의 N점 DFT를 $X(k)$로 나타내자. N은 짝수이다.

1. 만약 모든 n에 대해 $x(n) = x(n + N/2)$이면, k가 홀수인 경우 $X(k) = 0$임을 보여라(즉, k가 짝수인 경우에는 0이 아니다). 이 결과를 $x(n) = \{1,\ 2,\ -3,\ 4,\ 5,\ 1,\ 2,\ -3,\ 4,\ 5\}$에 대해 검증하라.
2. 만약 모든 n에 대해 $x(n) = -x(n + N/2)$이면, k가 짝수인 경우 $X(k) = 0$임을 보여라(즉, k가 홀수인 경우에는 0이 아니다). 이 결과를 $x(n) = \{1,\ 2,\ -3,\ 4,\ 5,\ -1,\ -2,\ 3,\ -4,\ -5\}$에 대해 검증하라.

P5.12 N점 신호 $x(n)$의 N점 DFT를 $X(k)$로 나타내자. $N = 2\mu\nu$이고, μ와 ν는 정수라 가정하자.

1. 만약 모든 n에 대해 $x(n) = x(n + \nu)$이면, $0 \le \ell \le \nu - 1$ 구간의 $k = 2(\mu\ell)$에 대해 $X(k)$는 0이 아님을 보여라. 이 결과를 $x(n) = \{1,\ -2,\ 3,\ 1,\ -2,\ 3,\ 1,\ -2,\ 3,\ 1,\ -2,\ 3,\ 1,\ -2,\ 3,\ 1,\ -2,\ 3\}$에 대해 검증하라.
2. 만약 모든 n에 대해 $x(n) = -x(n + \nu)$이면, $0 \le \ell \le \nu - 1$ 구간의 $k = 2(\mu\ell + 1)$에 대해 $X(k)$는 0이 아님을 보여라. 이 결과를 $x(n) = \{1,\ -2,\ 3,\ -1,\ 2,\ -3,\ 1,\ -2,\ 3,\ -1,\ 2,\ -3,\ 1,\ -2,\ 3,\ -1,\ 2,\ -3\}$에 대해 검증하라.

P5.13 N점 신호 $x(n)$의 N점 DFT를 $X(k)$로 나타내자. DFT $X(k)$ 자체도 N점 신호이다.

1. 만약 또 다른 N점 신호 $x_1(n)$을 얻기 위해 $X(k)$의 DFT를 계산한다면,

$$x_1(n) = Nx((-n))_N, \quad 0 \le n \le N-1$$

임을 보여라.

2. 위의 성질을 이용하여, N점 순환 반전 연산 $x_2(n) = x_1((-n))_N$을 실행하기 위한 MATLAB 함수(circfold)를 설계하라. 형식은 다음과 같아야 한다.

```
x2 = circfold(x1,N)
% Circular folding using DFT
% x2 = circfold(x1,N)
% x2 = circularly folded output sequence
% x1 = input sequence of length <= N
%  N = circular buffer length
```

3. 다음 신호의 순환 반전 여부를 결정하라.

$$x_1(n) = \{1, 3, 5, 7, 9, -7, -5, -3, -1\}$$

P5.14 $H(e^{j\omega})$을 인과적 이산 시간 LSI 시스템이라 하자.

1. 만약

$$\text{Re}\left\{H\left(e^{j\omega}\right)\right\} = \sum_{k=0}^{5} (0.9)^k \cos(k\omega)$$

일 때, 임펄스 응답 $h(n)$을 해석적으로 구하라. DFT를 사용하여 답을 검증하고, 적절한 길이 N을 선택하라.

2. 만약

$$\text{Im}\left\{H\left(e^{j\omega}\right)\right\} = \sum_{\ell=0}^{5} 2\ell \sin(\ell\omega), \quad \text{그리고} \quad \int_{-\pi}^{\pi} H(e^{j\omega})d\omega = 0$$

일 때, 임펄스 응답 $h(n)$을 해석적으로 구하라. DFT를 사용하여 답을 검증하고, 적절한 길이 N을 선택하라.

P5.15 N점 신호 $x(n)$의 N점 DFT를 $X(k)$로 나타내자. $N = 4\nu$이고, ν는 정수라 가정하자.

1. 만약 모든 n에 대해 $x(n) = x(n+\nu)$이면, $0 \le \ell \le \nu - 1$ 구간의 $k = 4\ell$에 대해 $X(k)$는 0이 아님을 보여라. 이 결과를 $x(n) = \{1,\ 2,\ 3,\ 1,\ 2,\ 3,\ 1,\ 2,\ 3,\ 1,\ 2,\ 3\}$에 대해 검증하라.
2. 만약 모든 n에 대해 $x(n) = -x(n+\nu)$이면, $0 \le \ell \le \nu - 1$ 구간의 $k = 4\ell + 2$에 대해 $X(k)$는 0이 아님을 보여라. 이 결과를 $x(n) = \{1,\ 2,\ 3,\ -1,\ -2,\ -3,\ 1,\ 2,\ 3,\ -1,\ -2,\ -3\}$에 대해 검증하라.

P5.16 복소수 값을 갖는 N점 신호 $x(n)$은 다음의 관계식을 이용하여 N점 순환-켤레-대칭과 순환-켤레-비대칭 신호들로 분해할 수 있다.

$$x_{\text{ccs}}(n) \triangleq \frac{1}{2}\left[x(n) + x^*((-n))_N\right]$$

$$x_{\text{cca}}(n) \triangleq \frac{1}{2}\left[x(n) - x^*((-n))_N\right]$$

만일 $X_{\text{R}}(k)$와 $X_{\text{I}}(k)$가 각각 $x(n)$의 N점 DFT 중 실수와 허수 부분이라고 하면, 다음과 같은 관계를 갖는다.

$$\text{DFT}\left[x_{\text{ccs}}(n)\right] = X_{\text{R}}(k) \quad \text{그리고} \quad \text{DFT}\left[x_{\text{cca}}(n)\right] = jX_{\text{I}}(k)$$

1. 위의 관계식을 해석적으로 증명하라.
2. 이번 장에서 논의한 `circevod` 함수를 복소수 값을 갖는 신호에 대해 사용할 수 있도록 바꾸어라.
3. $X(k) = [3\cos(0.2\pi k) + j4\sin(0.1\pi k)][u(k) - u(k-20)]$을 20점 DFT라 하자. 수정한 `circevod` 함수를 사용하여 대칭성을 검증하라.

P5.17 두 10점 신호 $x(n)$, $y(n)$에 대한 10점 DFT를 각각 $X(k)$, $Y(k)$라 하자. 만약

$$X(k) = \exp(j0.2\pi k), \quad 0 \le k \le 9$$

라면, 다음 각각의 경우에 대해 DFT를 계산하지 않고 $Y(k)$를 구하라.

1. $y(n) = x((n-5))_{10}$
2. $y(n) = x((n+4))_{10}$
3. $y(n) = x((3-n))_{10}$
4. $y(n) = x(n)e^{j3\pi n/5}$
5. $y(n) = x(n)$ ⑩ $x((-n))_{10}$

MATLAB을 이용하여 결과를 검증하라.

P5.18 실수 신호 $x(n)$에 대한 10점 DFT의 첫 6점의 값들이 다음과 같다.

$$\{10, -2+j3, 3+j4, 2-j3, 4+j5, 12\}$$

다음 각각의 경우에 대해 DFT 성질을 사용하여 DFT를 구하라.

1. $x_1(n) = x((2-n))_{10}$
2. $x_2(n) = x((n+5))_{10}$
3. $x_3(n) = x(n)x((-n))_{10}$
4. $x_4(n) = x(n)$ ⑩ $x((-n))_{10}$
5. $x_5(n) = x(n)e^{-j4\pi n/5}$

P5.19 주파수 영역 접근 방법을 사용하여, $N_1 \le N$인 N_1점 신호 $x(n)$이 주어졌을 때 순환 이동 $x((n-m))_N$을 결정하는 MATLAB 함수를 설계하라. 함수의 형식은 다음과 같아야 한다.

```
function y = cirshftf(x,m,N)
%  Circular shift of m samples wrt size N in sequence x: (freq domain)
%  -------------------------------------------------------------------
%  y = cirshftf(x,m,N)
%        y : output sequence containing the circular shift
%        x : input sequence of length <= N
%        m : sample shift
%        N : size of circular buffer
%   Method: y(n) = idft(dft(x(n))*WN^(mk))
%
%   If m is a scalar then y is a sequence (row vector)
%   If m is a vector then y is a matrix, each row is a circular shift
%       in x corresponding to entries in vecor m
%   M and x should not be matrices
```

다음 신호에서 (a) $m = -5$, $N = 12$, (b) $m = 8$, $N = 15$인 경우에 대해 작성한 함수를 검증하라.

$$x(n) = \{\underset{\uparrow}{5}, 4, 3, 2, 1, 0, 0, 1, 2, 3, 4\}, \quad 0 \le n \le 10$$

P5.20 $X(k)$가 아래와 같은 N점 복소수 신호 $x(n)$의 N점 DFT라고 하자.

$$x(n) = x_{\text{R}}(n) + jx_{\text{I}}(n)$$

여기서 $x_{\text{R}}(n)$과 $x_{\text{I}}(n)$은 각각 $x(n)$의 실수와 허수 부분이다. 그러면 아래 수식을 만족한다.

$$\text{DFT}\left[x_{\text{R}}(n)\right] = X_{\text{ccs}}(k) \quad \text{그리고} \quad \text{DFT}\left[jx_{\text{I}}(n)\right] = X_{\text{cca}}(k)$$

이때 $X_{\text{ccs}}(k)$와 $X_{\text{cca}}(k)$는 연습문제 P5.16에서 정의한 바와 같이 $X(k)$의 순환-우함수와 순환-기함수 부분이다.

1. 위의 관계식을 해석적으로 증명하라.
2. 위 관계식은 하나의 N점 DFT 동작을 사용하여 실수 값을 갖는 두 N점 신호의 DFT를 계산하는 데 사용할 수 있다. $x_1(n)$과 $x_2(n)$이 각각 N점 신호라 하자. 그러면 다음과 같은 복소수 값을 갖는 신호를 생성하고 위 관계식을 적용할 수 있다.

$$x(n) = x_1(n) + jx_2(n)$$

이러한 방법을 구현하기 위해 다음과 같은 형식을 갖는 MATLAB 함수를 작성하라.

```
function [X1,X2] = real2dft(x1,x2,N)
% DFTs of two real sequences
% [X1,X2] = real2dft(x1,x2,N)
%  X1 = n-point DFT of x1
%  X2 = n-point DFT of x2
%  x1 = sequence of length <= N
%  x2 = sequence of length <= N
%   N = length of DFT
```

3. 위 함수를 사용하여 다음 두 신호의 DFT를 계산하고 그래프를 그려라.

$$x_1(n) = \cos(0.1\pi n),\ x_2(n) = \sin(0.2\pi n);\quad 0 \le n \le 39$$

P5.21 $x(n)$은 다음과 같이 주어지는 유한 길이 신호이다.

$$x(n) = \left\{\ldots, 0, 0, 0, \underset{\uparrow}{1}, 2, -3, 4, -5, 0, \ldots\right\}$$

$\mathcal{R}_7(n)$이 다음과 같이 주어질 때 신호 $x((-8-n))_7\, \mathcal{R}_7(n)$을 결정하고 그려라.

$$\mathcal{R}_7(n) = \begin{cases} 1, & 0 \le n \le 6 \\ 0, & \text{그 외} \end{cases}$$

P5.22 이번 장에서 논의한 `circonvt` 함수는 행렬-벡터 곱셈으로 순환 콘벌루션을 구현한다. 순환 이동에 해당하는 행렬 $\{x((n-m))_N;\ 0 \le n \le N-1\}$은 흥미로운 구조를 갖고 있다. **순환 행렬**(circulant martix)이라 부르는 이 행렬은 2장에서 소개한 Toeplitz 행렬의 특수한 경우이다.

1. 예제 5.13에 주어진 신호를 생각하자. $x_1(n)$을 열 벡터 $\mathbf{x}_1$, $x_2((n-m))_N$을 $n=0,\ 1,\ 2,\ 3$에 해당하는 값을 갖는 행렬 $\mathbf{X}_2$로 나타내자. 행렬 $\mathbf{X}_2$의 특징을 설명하라. 첫 번째 행(또는 열)으로써 이 행렬을 완전하게 기술할 수 있는가?
2. 순환 콘벌루션 $\mathbf{X}_2\mathbf{x}_1$을 계산하고, 답을 검증하라.

P5.23 실수 값 신호 $x(n)$의 512점 DFT $X(k)$는 다음과 같은 DFT 값을 갖는다.

$$X(0) = 20 + j\alpha;\quad X(5) = 20 + j30;\quad X(k_1) = -10 + j15;\quad X(152) = 17 + j23;$$
$$X(k_2) = 20 - j30;\quad X(k_3) = 17 - j23;\quad X(480) = -10 - j15;\quad X(256) = 30 + j\beta$$

그리고 나머지 값은 0이다.

1. 실수 계수 α와 β를 구하라.
2. 정수 k_1, k_2, k_3의 값을 구하라.
3. 신호 $x(n)$의 에너지를 구하라.
4. $x(n)$을 닫힌 형식으로 나타내어라.

P5.24 DFT의 분석 및 종합 방정식을 사용하여, 신호의 에너지가 다음 관계를 만족함을 증명하라.

$$\mathcal{E}_X \triangleq \sum_{n=0}^{N-1} |x(n)|^2 = \frac{1}{N}\sum_{k=0}^{N-1} |X(k)|^2$$

이 식은 보통 DFT에 대한 파시발 관계식이라고 한다. 연습문제 P5.19에 있는 신호에 대해 MATLAB을 사용하여 이 관계식을 검증하라.

P5.25 N점 신호 $x(n)$이 주어졌을 때 순환 행렬 $\mathbf{C}$를 구성하기 위한 MATLAB 함수(`circulnt`)를 설계하라. 행렬 $\mathbf{C}$를 구현하기 위해 `toeplitz` 함수를 사용하라. 서브루틴(subroutine) 함수의 형식은 다음과 같아야 한다.

```
function [C] = circulnt(x,N)
% Circulant Matrix from an N-point sequence
% [C] = circulnt(x,N)
% C = circulant matrix of size NxN
% x = sequence of length <= N
% N = size of circulant matrix
```

이 함수를 사용하여 이번 장에서 논의한 `circonvt`를 `for...end` 루프가 없도록 바꾸어라. 연습문제 P5.22의 신호들에 대해 함수를 검증하라.

P5.26 $X(k)$는 3점 신호 $x(n) = \{\underset{\uparrow}{5}, -4, 3\}$의 8점 DFT이고, $Y(k)$는 신호 $y(n)$의 8점 DFT라 하자. $Y(k) = W_8^{5k}\, X(-k)_8$일 때 $y(n)$을 구하라.

P5.27 $x_1(n)$과 $x_2(n)$은 각각 N점 신호이다.

1. $y(n) = x_1(n)$ Ⓝ $x_2(n)$이면 다음 관계식을 만족함을 보여라.

$$\sum_{n=0}^{N-1} y(n) = \left(\sum_{n=0}^{N-1} x_1(n)\right)\left(\sum_{n=0}^{N-1} x_2(n)\right)$$

2. 위 결과를 다음 신호에 적용하여 검증하라.

$$x_1(n) = \{9, 4, -1, 4, -4, -1, 8, 3\}; \quad x_2(n) = \{-5, 6, 2, -7, -5, 2, 2, -2\}$$

P5.28 주파수 영역 접근 방법을 사용하여, 두 신호 간의 순환 콘벌루션을 수행하는 MATLAB 함수를 설계하라. 함수(`circonvf`)의 형식은 다음과 같아야 한다.

```
function x3 = circonvf(x1,x2,N)
% Circular convolution in the frequency domain
%  x3 = circonvf(x1,x2,N)
%  x3 = convolution result of length N
%  x1 = sequence of length <= N
%  x2 = sequence of length <= N
%   N = length of circular buffer
```

여러분의 함수를 사용하여, 순환 콘벌루션 $\{4, 3, 2, 1\}$ ④ $\{1, 2, 3, 4\}$를 계산하라.

P5.29 다음 신호들에 대한 N점 순환 콘벌루션을 계산하고, 샘플의 그래프를 그려라.

1. $x_1(n) = \sin(\pi n/3)\mathcal{R}_6(n),\ x_2(n) = \cos(\pi n/4)\mathcal{R}_8(n);\ N = 10$
2. $x_1(n) = \cos(2\pi n/N)\,\mathcal{R}_N(n),\ x_2(n) = \sin(2\pi n/N)\,\mathcal{R}_N(n);\ N = 32$
3. $x_1(n) = (0.8)^n\,\mathcal{R}_N(n),\ x_2(n) = (-0.8)^n\,\mathcal{R}_N(n);\ N = 20$
4. $x_1(n) = n\mathcal{R}_N(n),\ x_2(n) = (N-n)\,\mathcal{R}_N(n);\ N = 10$
5. $x_1(n) = (0.8)^n R_{20},\ x_2(n) = u(n) - u(n-40);\ N = 50$

P5.30 다음과 같은 네 가지 신호가 주어져 있다.

$$x_1(n) = \{\underset{\uparrow}{1}, 3, 2, -1\};\ x_2(n) = \{\underset{\uparrow}{2}, 1, 0, -1\};\ x_3(n) = x_1(n) * x_2(n);\ x_4(n) = x_1(n) \circledS\, x_2(n)$$

1. $x_3(n)$을 구하고 그 그림을 그려라.
2. $x_3(n)$만을 사용하여 $x_4(n)$을 구하고 그 그림을 그려라. $x_4(n)$을 직접 계산하지 않는다.

P5.31 아래와 같이 신호 $x_1(n)$과 $x_2(n)$이 주어졌을 때,

$$x_1(n) = \{2, 1, 1, 2\}, \quad x_2(n) = \{1, -1, -1, 1\}$$

1. $N = 4, 7, 8$인 경우의 순환 콘벌루션 $x_1(n)\ \textcircled{N}\ x_2(n)$을 계산하라.
2. 선형 콘벌루션 $x_1(n) * x_2(n)$을 계산하라.
3. 계산 결과를 이용하여, N점 구간에 대해 선형 콘벌루션과 순환 콘벌루션이 같아지도록 하는 데 필요한 N의 최소값을 구하라.
4. 실제로 콘벌루션을 수행하지 않고, 어떻게 3번과 같은 결과를 얻을 수 있는지 설명하라.

P5.32 다음의 신호들에 대해 (i) N점 순환 콘벌루션 $x_3(n) = x_1(n)\ \textcircled{N}\ x_2(n)$, (ii) 선형 콘벌루션 $x_4(n) = x_1(n) * x_2(n)$, (iii) 오차 신호 $e(n) = x_3(n) - x_4(n)$을 계산하라.

1. $x_1(n) = \{1, 1, 1, 1\},\ x_2(n) = \cos(\pi n/4)\,\mathcal{R}_6(n);\ N = 8$
2. $x_1(n) = \cos(2\pi n/N)\,\mathcal{R}_{16}(n),\ x_2(n) = \sin(2\pi n/N)\,\mathcal{R}_{16}(n);\ N = 32$
3. $x_1(n) = (0.8)^n\,\mathcal{R}_{10}(n),\ x_2(n) = (-0.8)^n\,\mathcal{R}_{10}(n);\ N = 15$
4. $x_1(n) = n\mathcal{R}_{10}(n),\ x_2(n) = (N - n)\,\mathcal{R}_{10}(n);\ N = 10$
5. $x_1(n) = \{1, -1, 1, -1\},\ x_2(n) = \{1, 0, -1, 0\};\ N = 5$

각각의 경우에 대해 $e(n) = x_4(n + N)$임을 검증하라.

P5.33 블록 콘벌루션의 중첩 가산법은 중첩 보류법의 대안이다. $x(n)$을 길이가 ML인 신호라 하자. 여기서 $M, L \gg 1$이다. $x(n)$을 각각의 길이가 L인 M조각 $\{x_m(n),\ m = 1, \ldots, M\}$으로 분할하라.

$$x_m(n) = \begin{cases} x(n), & mL \le n \le (m+1)L - 1 \\ 0, & \text{그 외} \end{cases} \qquad \text{여기서 } x(n) = \sum_{m=0}^{M-1} x_m(n)$$

$h(n)$을 L점 임펄스 응답이라 하자. 그러면

$$y(n) = x(n) * h(n) = \sum_{m=0}^{M-1} x_m(n) * h(n) = \sum_{m=0}^{M-1} y_m(n); \quad y_m(n) \stackrel{\triangle}{=} x_m(n) * h(n)$$

명백히, $y_m(n)$은 $(2L - 1)$점 신호이다. 이 방법에서 콘벌루션의 중간 결과들을 저장해야 한다. 그러고 나서 최종 결과인 $y(n)$을 만들기 위해 이것들을 더하기 전에 적절하게 중첩시켜야 한다. 이 연산에 대해 DFT를 사용하기 위해서는 $N \ge (2L - 1)$이어야 한다.

1. 순환 콘벌루션 연산을 이용하여 중첩 가산법을 구현하기 위한 MATLAB 함수(`ovrlpadd`)를 설계하라. 형식은 다음과 같아야 한다.

```
function [y] = ovrlpadd(x,h,N)
% Overlap-Add method of block convolution
% [y] = ovrlpadd(x,h,N)
%
% y = output sequence
% x = input sequence
% h = impulse response
% N = block length >= 2*length(h)-1
```

2. 급속 중첩 가산 블록 콘벌루션 루틴을 얻기 위해, 위의 함수에 2진수 FFT를 통합하라. $N = 2^\nu$을 선택하라.
3. 다음 두 신호에 대해 함수를 검증하라.

$$x(n) = \cos(\pi n/500)\,\mathcal{R}_{4000}(n), \quad h(n) = \{1, -1, 1, -1\}$$

P5.34

$$x(n) = \begin{cases} A\sin(2\pi\ell n/N), & 0 \le n \le N-1 \\ 0, & \text{그 외} \end{cases} = A\sin(2\pi\ell n/N)\,\mathcal{R}_N(n)$$

이라 하자. 여기서 ℓ는 정수이다. $x(n)$은 N개의 샘플 안에 정확히 ℓ 주기의 사인(sine) 파형을 갖고 있음을 주목하라. 이것은 누출이 전혀 없는 창을 이용한 사인 수열이다.

1. DFT $X(k)$가 다음과 같이 주어지는 순허수 값의 신호임을 보여라.

$$X(k) = \frac{AN}{2j}\delta(k-\ell) - \frac{AN}{2j}\delta(k-N+\ell); \quad 0 \le k \le (N-1), \quad 0 < \ell < N$$

2. 만약 $\ell = 0$이면, DFT $X(k)$가 다음과 같이 주어짐을 보여라.

$$X(k) = 0; \quad 0 \le k \le (N-1)$$

3. 만약 $\ell < 0$ 또는 $\ell > N$이라면, 위의 결과가 어떻게 바뀌어야 하는지 명확하게 설명하라.
4. 다음 신호들을 사용하여 1, 2, 3번의 결과들을 검증하라. `stem` 함수를 사용하여 DFT 수열들의 허수부 그래프를 그려라.
   (a) $x_1(n) = 3\sin(0.04\pi n)\,\mathcal{R}_{200}(n)$
   (b) $x_2(n) = 5\sin 10\pi n \mathcal{R}_{50}(n)$
   (c) $x_3(n) = [2\sin(0.5\pi n) + \sin(\pi n)]\,\mathcal{R}_{100}(n)$
   (d) $x_4(n) = \sin(25\pi n/16)\,\mathcal{R}_{64}(n)$
   (e) $x_5(n) = [4\sin(0.1\pi n) - 3\sin(1.9\pi n)]\,\mathcal{R}_{20}(n)$

P5.35

$$x(n) = \begin{cases} A\cos(2\pi\ell n/N), & 0 \le n \le N-1 \\ 0, & \text{그 외} \end{cases} = A\cos(2\pi\ell n/N)\,\mathcal{R}_N(n)$$

이라 하자. 여기서 ℓ는 정수이다. $x(n)$은 N개의 샘플 안에 정확히 ℓ 주기의 코사인(cosine) 파형을 갖고 있음을 주목하라. 이것은 누출이 전혀 없는 창(window)을 이용한 코사인 수열이다.

1. DFT $X(k)$가 다음과 같이 주어지는 실수 값의 신호임을 보여라.

$$X(k)=\frac{AN}{2}\delta(k-\ell)+\frac{AN}{2}\delta(k-N+\ell);\quad 0\le k\le(N-1),\quad 0<\ell<N$$

2. 만약 $\ell=0$이면, DFT $X(k)$가 다음과 같이 주어짐을 보여라.

$$X(k)=AN\delta(k);\quad 0\le k\le(N-1)$$

3. 만약 $\ell<0$ 또는 $\ell>N$이라면, 위의 결과가 어떻게 바뀌어야 하는지 명확하게 설명하라.
4. 다음 신호들을 사용하여 1, 2, 3번의 결과들을 검증하라. `stem` 함수를 사용하여 DFT 신호들의 실수부 그래프를 그려라.
   (a) $x_1(n)=3\cos(0.04\pi n)\mathcal{R}_{200}(n)$
   (b) $x_2(n)=5\mathcal{R}_{50}(n)$
   (c) $x_3(n)=[1+2\cos(0.5\pi n)+\cos(\pi n)]\mathcal{R}_{100}(n)$
   (d) $x_4(n)=\cos(25\pi n/16)\mathcal{R}_{64}(n)$
   (e) $x_5(n)=[4\cos(0.1\pi n)-3\cos(1.9\pi n)]\mathcal{R}_{40}(n)$

P5.36 아날로그 신호 $x_a(t)=2\sin(4\pi t)+5\cos(8\pi t)$가 N점 신호 $x(n)$을 얻기 위해 $n=0, 1, \ldots, N-1$인 경우 $t=0.01n$에서 샘플링되었다. $x_a(t)$ 크기 스펙트럼의 추정치를 얻기 위해 N점 DFT가 사용된다.

1. 다음 값들의 N들로부터 $x_a(t)$의 스펙트럼을 정확하게 추정할 수 있는 것을 골라라. DFT 스펙트럼 $X(k)$의 실수부와 허수부 그래프를 그려라.
   (a) $N=40$ (b) $N=50$ (c) $N=60$
2. 다음 값들의 N들로부터 $x_a(t)$의 스펙트럼에서 가장 적은 누설량을 나타내는 것을 골라라. DFT 스펙트럼 $X(k)$의 실수부와 허수부 그래프를 그려라.
   (a) $N=90$ (b) $N=95$ (c) $N=99$

P5.37 $x(n)=A\cos(\omega_0 n)\mathcal{R}_N(n)$이라 하자. 여기서 ω_0는 실수이다.

1. DFT의 성질들을 사용하여, $X(k)$의 실수부와 허수부가 다음과 같이 주어짐을 보여라.

$$\begin{aligned}X(k)&=X_R(k)+jX_I(k)\\X_R(k)&=(A/2)\cos\left[\tfrac{\pi(N-1)}{N}(k-f_0N)\right]\frac{\sin[\pi(k-f_0N)]}{\sin[\pi(k-f_0N)/N]}\\&\quad+(A/2)\cos\left[\tfrac{\pi(N-1)}{N}(k+f_0N)\right]\frac{\sin[\pi(k-N+f_0N)]}{\sin[\pi(k-N+f_0N)/N]}\\X_I(k)&=-(A/2)\sin\left[\tfrac{\pi(N-1)}{N}(k-f_0N)\right]\frac{\sin[\pi(k-f_0N)]}{\sin[\pi(k-f_0N)/N]}\\&\quad-(A/2)\sin\left[\tfrac{\pi(N-1)}{N}(k+f_0N)\right]\frac{\sin[\pi(k-N+f_0N)]}{\sin[\pi(k-N+f_0N)/N]}\end{aligned}$$

2. 위의 결과는 코사인 파형의 원래 주기인 ω_0가 시간 제한 수열의 조파들(harmonics)로 구성된 다른 주파수들로 누설되었음을 의미한다. 그러므로 코사인의 누설 특성(leakage property)이

라고 한다. 이는 대역 제한된 주기적 코사인들이 정수가 아닌 주기들에 대해 샘플링된다는 사실로부터 나온 자연스런 결과이다. $x(n)$의 주기적 확장 $\tilde{x}(n)$과 연습문제 P5.35의 1번 결과를 이용하여, 이 결과를 설명하라.

3. $x(n) = \cos(5\pi n/99)\,\mathcal{R}_{200}(n)$을 사용하여 누설 특성을 검증하라. `stem` 함수를 사용하여 $X(k)$의 실수부와 허수부의 그래프를 그려라.

P5.38 $x(n) = A\sin(\omega_0 n)\,\mathcal{R}_N(n)$이라 하자. 여기서 ω_0는 실수이다.

1. DFT의 성질들을 사용하여, $X(k)$의 실수부와 허수부가 다음과 같이 주어짐을 보여라.

$$\begin{aligned}
X(k) &= X_R(k) + jX_I(k) \\
X_R(k) &= -(A/2)\sin\left[\tfrac{\pi(N-1)}{N}(k - f_0N)\right]\frac{\sin\left[\pi(k - f_0N)\right]}{\sin\left[\pi(k - f_0N)/N\right]} \\
&\quad + (A/2)\sin\left[\tfrac{\pi(N-1)}{N}(k + f_0N)\right]\frac{\sin\left[\pi(k - N + f_0N)\right]}{\sin\left[\pi(k - N + f_0N)/N\right]} \\
X_I(k) &= -(A/2)\cos\left[\tfrac{\pi(N-1)}{N}(k - f_0N)\right]\frac{\sin\left[\pi(k - f_0N)\right]}{\sin\left[\pi(k - f_0N)/N\right]} \\
&\quad + (A/2)\cos\left[\tfrac{\pi(N-1)}{N}(k + f_0N)\right]\frac{\sin\left[\pi(k - N + f_0N)\right]}{\sin\left[\pi(k - N + f_0N)/N\right]}
\end{aligned}$$

2. 위의 결과는 사인(sine)의 누설 특성이다. $x(n)$의 주기적 확장 $\tilde{x}(n)$과 연습문제 P5.34의 1번 결과를 이용하여, 이 결과를 설명하라.
3. $x(n) = \sin(5\pi n/99)\,\mathcal{R}_{100}(n)$을 사용하여 누설 특성을 검증하라. `stem` 함수를 사용하여 $X(k)$의 실수부와 허수부의 그래프를 그려라.

P5.39 식 (5.66)을 사용하여, $N = 8$점, 2진 주파수 데시메이션 FFT 알고리즘의 신호 흐름도를 구하고 그려라. 이 흐름도를 사용하여 다음 신호의 DFT를 구하라.

$$x(n) = \cos(\pi n/2), \quad 0 \le n \le 7$$

P5.40 $x(n)$이 $0 \le n \le 10^6$인 경우 $[-1, 1]$ 구간 내에서 균일한 분포를 갖는 불규칙 신호라 하자.

$$h(n) = \sin(0.4\pi n), \quad 0 \le n \le 100$$

일 때

1. `conv` 함수를 이용하여, $y(n) = x(n) * h(n)$의 출력을 구하라.
2. 고속 블록 콘벌루션의 구현을 위해 FFT 알고리즘을 따르는 블록 콘벌루션의 중첩 보류법을 고려하자. 이때 1024, 2048, 4096의 FFT 크기를 갖는 출력 $y(n)$을 구하라.
3. 위 두 방법을 콘벌루션 결과와 수행 시간 측면에서 비교하라.

P5.41 식 (5.66)을 사용하여, $N = 16$점, 4진 시간 데시메이션 FFT 알고리즘의 신호 흐름도를 구하고 그려라. 이 흐름도를 사용하여 다음 신호의 DFT를 구하라.

$$x(n) = \cos(\pi n/2), \quad 0 \le n \le 15$$

이산 시간 필터의 구현 06 chapter

이전 장들에서는 시간과 주파수 영역에서의 이산 시스템 원리를 살펴봤다. 이제부터는 이 원리들을 사용하여 디지털 신호를 처리할 것이다. 신호를 처리하기 위해, **필터**(또는 몇몇 책에서는 스펙트럼 분석기라 한다)라고 하는 시스템을 설계하고 구현해야 한다. 필터 설계 문제는 필터의 형태(즉, IIR 또는 FIR) 또는 그 구현 형태, 즉 구조와 같은 인자에 의해 영향을 받는다. 그러므로 설계 문제에 관해 논의하기 전에 어떻게 이 필터들을 실제로 구현할 수 있는지에 관심을 기울여야 한다. 다른 필터 구조는 다른 설계 방법을 사용하므로 이것은 중요한 문제이다.

DSP에서 디자인되고 사용되는 IIR 필터는 유리 시스템 함수, 즉 차분 방정식으로 모델화될 수 있다. 그러한 필터는 **자기회기 이동 평균**(ARMA: autoregressive moving average) 필터 혹은 더 일반적으로 **순환**(recursive) 필터로 불린다. 비록 ARMA 필터가 FIR 필터인 이동 평균 필터를 포함하지만 디자인이나 구현을 목표로 할 때 FIR 필터는 IIR 필터와 별도로 다루기로 한다.

다양한 필터 구조를 설명하는 데 추가하여, 유한 정밀도 알고리즘이 필터 구현에 사용될 때의 양자화 효과와 관련된 문제를 다룰 것이다. 디지털 하드웨어는 유한 정밀도 연산을 사용하는 처리 요소를 내포하고 있다. 필터가 하드웨어나 소프트웨어로 구현될 때 필터 계수뿐만 아니라 필터 연산도 이러한 유한 정밀도 연산의 영향을 받는다. 이 장에서는 계수 양자화에 기인한 필터 주파수 응답 특성에서의 영향도 다룬다. 10장에서는 디지털 필터 구현에서 반올림 잡음 영향을 고려하기로 한다.

필터 구조를 설명하는 데 사용되는 기본 구성 블록을 설명하는 것부터 시작한다. 뒤따르는 절에서는 IIR 필터, FIR 필터 및 격자 필터를 간략하게 설명하고 이들 구조를 구현할 수 있는 MATLAB 함수를 제공한다. 이어 수의 표현과 그에 관련된 오차 특성을 간단히 다루는데, 이는 계수 양자화 영향을 해석하는 데 사용된다.

6.1 기본 소자

차분 방정식으로 선형 시불변 시스템을 구현하려면 입출력의 지연 값과 중간 과정의 신호를 구할 수 있어야 한다. 신호 값의 지연은 과거 신호의 저장을 필요로 하며, 곱셈뿐만 아니라 결과를 더하는 수단도 필요로 한다. 그러므로 선형 시불변 이산 시스템을 구현하는 데 필요한 기본 소자는 다음과 같이 가산기, 곱셈기와 지연된 신호 값을 저장하기 위한 메모리 등이다. 이러한 소자들을 그림 6.1에 나타내었다.

- **가산기(adder)**: 이 소자는 2개의 입력과 하나의 출력을 갖고 있고, 그림 6.1(a)와 같이 나타낼 수 있다. 3개 또는 더 많은 신호의 덧셈은 연속적인 2입력 가산기들로 구현할 수 있다.
- **곱셈기(multiplier)**: 이것은 단일 입력, 단일 출력 소자이고, 그림 6.1(b)와 같이 나타낼 수 있다. 1을 곱하는 것은 모두 알고 있으므로 명시적으로 나타내지 않는다.
- **지연 소자(이동기(shifter) 또는 메모리)**: 이 소자는 그림 6.1(c)에 나타난 바와 같이, 소자를 통과하는 신호를 하나의 샘플만큼 지연시킨다. 이것은 시프트 레지스터(shift register)를 사용하여 구현한다. 단위 지연 시스템 함수는 z^{-1}으로 표현한다. 하나 이상의 샘플만큼 일어나는 지연은 시스템 함수 z^{-M}으로 나타낼 수 있으며, 여기서 M은 지연 샘플의 수이다. 일반적으로 M개 샘플의 지연은 M개의 단위 지연을 접속함으로써 얻을 수 있다.

그림 6.1과 같은 소자를 사용하여 필터 등의 시스템을 표현한 것을 신호 흐름도(signal flow graph)라고 한다. 신호 흐름도에서 끝점을 절점(node)이라 하고, 그 사이를 가지(branch)라고 한다. 이 책에서는 이후의 시스템을 신호 흐름도를 이용하여 설명한다. 책에 따라서 블록선도(block diagram)를 사용하기도 하는데, 여기서는 설명하지 않는다.

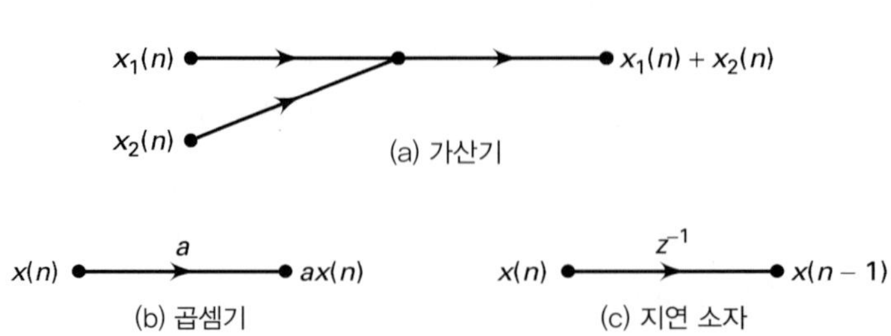

그림 6.1 세 가지 기본 소자

6.2 IIR 필터 구조

IIR 필터의 시스템 함수는 다음과 같이 주어진다.

$$H(z) = \frac{B(z)}{A(z)} = \frac{\sum_{n=0}^{M} b_n z^{-n}}{\sum_{n=0}^{N} a_n z^{-n}} = \frac{b_0 + b_1 z^{-1} + \cdots + b_M z^{-M}}{1 + a_1 z^{-1} + \cdots + a_N z^{-N}};\ a_0 = 1 \tag{6.1}$$

여기서 b_n과 a_n은 필터의 계수들이다. 일반성을 잃지 않고 $a_0 = 1$이라고 가정했다. 만약 $a_N \neq 0$이라면, 그러한 IIR 필터의 차수는 N이 된다. IIR 필터의 차분 방정식 표현은 다음과 같다.

$$y(n) = \sum_{m=0}^{M} b_m x(n-m) - \sum_{m=1}^{N} a_m y(n-m) \tag{6.2}$$

IIR 필터를 구현하기 위해 세 가지 구조를 사용한다.

1. **직접형(direct form)**: 이 형태에서는 차분 방정식 (6.2)를 주어진 대로 직접 구현한다. 이 필터에는 이동 평균 부분과 계단 부분(또는 이와 동등하게 분자 부분과 분모 부분)의 두 가지 부분이 있다. 따라서 이를 구현하는 데는 제 I 직접형 구조와 제 II 직접형 구조의 두 가지 방법이 있으며, 추후 설명한다.
2. **종속형(cascade form)**: 이 형태에서 방정식 (6.1)의 시스템 함수 $H(z)$는 바이쿼드(biquad)라는 더 작은 2차의 부분들로 인수분해된다. 그러고 나서 전체 시스템 함수를 이러한 바이쿼드들의 곱(product)으로 나타낸다. 각각의 바이쿼드는 직접형으로 구현하고, 전체 시스템 함수는 이러한 바이쿼드 부분들의 종속(cascade)으로 구현한다.
3. **병렬형(parallel form)**: 이것은 종속형과 비슷하나, $H(z)$를 더 작은 2차 부분들의 합으로 나타내기 위해 인수분해 후에 부분 분수 전개를 사용한다. 각 부분은 다시 직접형으로 구현하고, 전체 시스템 함수는 이러한 부분들의 병렬 회로망으로 구현한다.

이 절에서는 이런 형태를 간단히 알아본다. IIR 필터들은 보통 유리수 형태(직접형 구조)의 시스템 함수를 사용하여 나타낸다. 그러므로 직접형 구조를 종속형 또는 병렬형 구조로 변환하는 MATLAB 함수들도 설명할 것이다.

6.2.1 직접형

식 (6.1)의 시스템 함수를 다음과 같이 두 부분으로 분리할 수 있다.

$$H(z) = \frac{\sum_{n=0}^{M} b_n z^{-n}}{1 + \sum_{n=1}^{N} a_n z^{-n}} = H_1(z) H_2(z)$$

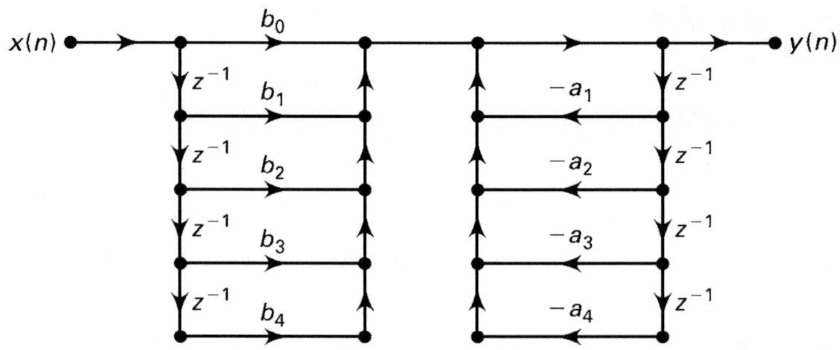

그림 6.2 제 I 직접형 구조

여기서 $H_1(z)$는 전영점(all-zero) 시스템이고, $H_2(z)$는 전극점(all-pole) 시스템이다.

$$H_1(z) = \sum_{n=0}^{M} b_n z^{-n}$$

$$H_2(z) = \frac{1}{1 + \sum_{n=1}^{N} a_n z^{-n}}$$

이제 $H_1(z)$와 $H_2(z)$를 순서대로 종속시키면 제 I 직접형 구조를 얻을 수 있다. 이것은 또한 지연 소자, 곱셈기, 가산기들을 사용하여 차분 방정식 (6.2)를 주어진 대로 직접 구현한 것과 일치한다. 예를 들기 위해 $M = N = 4$라 하자. 그러면 차분 방정식은

$$\begin{aligned} y(n) = b_0x(n) + b_1x(n-1) + b_2x(n-2) + b_3x(n-3) + b_4x(n-4) \\ - a_1y(n-1) - a_2y(n-2) - a_3y(n-3) - a_4y(n-4) \end{aligned}$$

이 되고, 그림 6.2와 같이 구현할 수 있다. 이 블록선도를 **제 I 직접형 구조**라고 한다.

그림 6.2의 일반적인 형태를 생각했을 때, 제 I 직접형 구조는 $M + N + 1$번의 곱셈과 $M + N$번의 덧셈, 그리고 $M + N$번의 지연 소자(z^{-1})를 필요로 함을 쉽게 예측할 수 있다. 만약 $H_1(z)$와 $H_2(z)$의 순서를 바꿔놓으면 지연 소자가 서로 접하게 되는데, 이 지연 소자를 공통으로 사용한다면 시스템의 구조를 좀 더 간단히 표현할 수 있을 것이다. 이러한 구조를

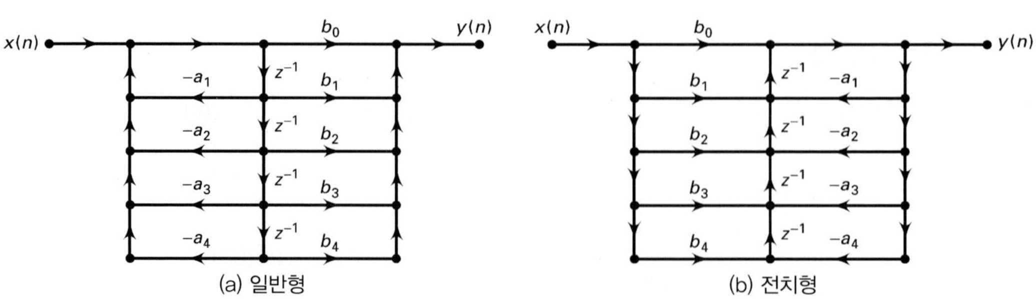

그림 6.3 제 II 직접형 구조

제 II 직접형 구조라고 하며, 그림 6.3에 나타내었다. 제 II 직접형의 경우 제 I 직접형과 곱셈과 덧셈의 횟수는 같으나 지연 소자의 개수가 M과 N 중 큰 값으로(즉, $\max(M, N)$) 줄어든다. 이 두 직접형들은 입력과 출력의 측면에서는 동등하다는 점을 주목해야 한다. 그러나 내부적으로는 다른 신호들을 갖고 있다.

6.2.2 전치형 구조

전치(transposition) 과정을 통해 직접형 구조와 동등한 필터 구조를 얻을 수 있다. 이 과정에서 세 단계의 동작이 수행된다.

1. 모든 경로의 화살표 방향을 반대로 뒤집는다.
2. 모든 가지 절점은 가산기 절점으로, 모든 가산기 절점은 가지 절점으로 대체한다.
3. 입력과 출력 절점을 서로 교환한다.

결과 구조는 **전치 직접형 구조**라 불린다. 전치 제 II 직접형 구조를 그림 6.3(b)에 나타내었다. 연습문제 P6.1에서 이러한 전치형 구조에 대해 알아본다.

6.2.3 MATLAB 구현

MATLAB에서 직접형 구조는 계수 $\{b_n\}$을 갖고 있는 `b`와 계수 $\{a_n\}$을 갖고 있는 `a`라는 2개의 행 벡터로 나타낸다. 전치 제 II 직접형 구조는 2장에서 논의했던 `filter` 함수로 구현한다.

6.2.4 종속형

이 형태에서 시스템 함수 $H(z)$는 실수 계수를 갖는 2차 부분들의 곱으로 나타낸다. 이것은 분자와 분모의 다항식을 각각의 근들로 인수분해하고 나서, 복소수 켤레근 쌍, 또는 어떤 두 실근을 조합하여 2차 다항식을 만듦으로써 가능해진다. 이번 장의 나머지 부분에서 N이 짝수라고 가정할 것이다. 그러면

$$
\begin{aligned}
H(z) &= \frac{b_0 + b_1 z^{-1} + \cdots + b_N z^{-N}}{1 + a_1 z^{-1} + \cdots + a_N z^{-N}} \\
&= b_0 \frac{1 + \frac{b_1}{b_0} z^{-1} + \cdots + \frac{b_N}{b_0} z^{-N}}{1 + a_1 z^{-1} + \cdots + a_N z^{-N}} \\
&= b_0 \prod_{k=1}^{K} \frac{1 + B_{k,1} z^{-1} + B_{k,2} z^{-2}}{1 + A_{k,1} z^{-1} + A_{k,2} z^{-2}}
\end{aligned} \tag{6.3}
$$

여기서 K는 $\frac{N}{2}$과 같고, $B_{k,1}$, $B_{k,2}$, $A_{k,1}$, $A_{k,2}$는 2차 부분들의 계수를 나타내는 실수들이다. 2차 부분은 다음과 같다.

$$
H_k(z) = \frac{Y_{k+1}(z)}{Y_k(z)} = \frac{1 + B_{k,1} z^{-1} + B_{k,2} z^{-2}}{1 + A_{k,1} z^{-1} + A_{k,2} z^{-2}}; \quad k = 1, \ldots, K
$$

여기서

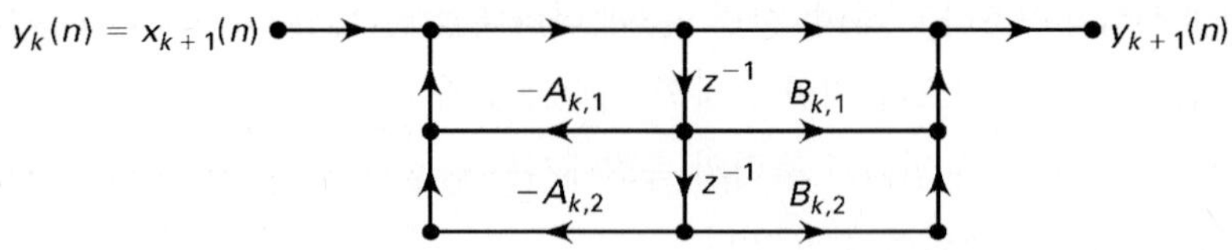

그림 6.4 바이쿼드 부분 구조

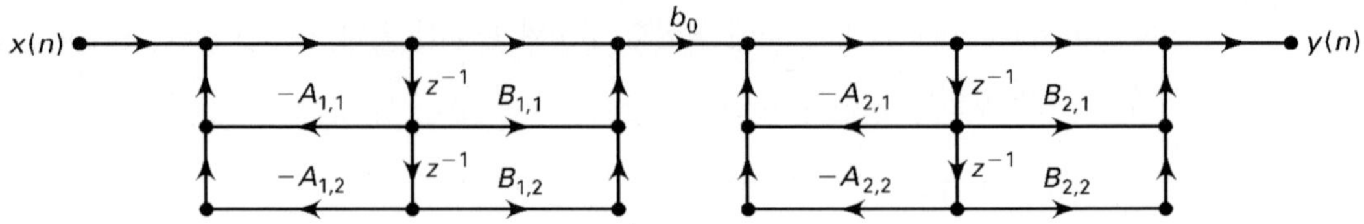

그림 6.5 N = 4인 경우의 종속형 구조

$$Y_1(z) = b_0 X(z); \quad Y_{K+1}(z) = Y(z)$$

이 2차 부분을 k번째 바이쿼드 부분이라 한다. k번째 바이쿼드 부분의 입력은 $(k - 1)$번째 바이쿼드 부분의 출력이다. 동시에 k번째 바이쿼드 부분의 출력은 $(k + 1)$번째 바이쿼드 부분의 입력이 된다. 이제 각각의 바이쿼드 부분 $H_k(z)$는 그림 6.4와 같은 제 II 직접형으로 구현할 수 있다. 그러고 나서 전체 필터를 바이쿼드 부분들의 종속으로 구현한다.

예를 들어 $N = 4$인 경우를 생각해보자. 그림 6.5는 4차 IIR 필터의 종속형 구조를 보여준다.

6.2.5 MATLAB 구현

직접형 필터의 계수 $\{b_n\}$과 $\{a_n\}$이 주어지면 계수 b_0, $\{B_{k,i}\}$, $\{A_{k,i}\}$를 얻을 수 있다. 이것은 아래 주어진 dir2cas 함수에 의해 수행된다.

```
function [b0,B,A] = dir2cas(b,a);
% DIRECT-form to CASCADE-form conversion (cplxpair version)
% ----------------------------------------------------------
% [b0,B,A] = dir2cas(b,a)
% b0 = gain coefficient
%  B = K by 3 matrix of real coefficients containing bk's
%  A = K by 3 matrix of real coefficients containing ak's
%  b = numerator polynomial coefficients of DIRECT form
%  a = denominator polynomial coefficients of DIRECT form

% compute gain coefficient b0
b0 = b(1); b = b/b0;  a0 = a(1); a = a/a0;  b0 = b0/a0;
%
M = length(b); N = length(a);
if N > M
b = [b zeros(1,N-M)];
```

```
elseif M > N
a = [a zeros(1,M-N)]; N = M;
else
NM = 0;
end
%
K = floor(N/2); B = zeros(K,3); A = zeros(K,3);
if K*2 == N;
b = [b 0];  a = [a 0];
end
%
broots = cplxpair(roots(b));  aroots = cplxpair(roots(a));
for i=1:2:2*K
Brow = broots(i:1:i+1,:);    Brow = real(poly(Brow));
B(fix((i+1)/2),:) = Brow;
Arow = aroots(i:1:i+1,:);    Arow = real(poly(Arow));
A(fix((i+1)/2),:) = Arow;
end
```

위의 함수는 벡터 b와 a를 $K \times 3$ 행렬 B와 A로 바꿔준다. 이것은 b_0를 계산함으로써 시작되는데, b_0는 $a_0 \neq 1$일 때의 b_0/a_0와 같다. 그러고 나서 짧은 벡터를 0-덧붙이기하여 길이가 같은 두 벡터 b와 a를 만든다. 이것은 각각의 바이쿼드가 0이 아닌 분자와 분모를 갖게 됨을 보장한다. 그런 다음 다항식 $B(z)$와 $A(z)$의 근들을 계산한다. `cplxpair` 함수를 사용하여, 이 근들을 복소수 켤레 쌍들로 정리한다. 이제 모든 쌍을 `poly` 함수를 사용하여 다시 2차의 분자 또는 분모 다항식으로 전환한다. SP 도구상자 함수인 `tf2sos`(transfer function to second-order section) 역시 비슷한 동작을 수행한다.

종속형은 아래에 나타낸 `casfiltr` 함수를 이용하여 구현한다.

```
function y = casfiltr(b0,B,A,x);
% CASCADE form realization of IIR and FIR filters
% -----------------------------------------------
% y = casfiltr(b0,B,A,x);
%  y = output sequence
% b0 = gain coefficient of CASCADE form
%  B = K by 3 matrix of real coefficients containing bk's
%  A = K by 3 matrix of real coefficients containing ak's
%  x = input sequence
%
[K,L] = size(B);
N = length(x);  w = zeros(K+1,N);  w(1,:) = x;
for i = 1:1:K
        w(i+1,:) = filter(B(i,:),A(i,:),w(i,:));
end
y = b0*w(K+1,:);
```

이것은 행렬 B와 A에 저장된 각 바이쿼드의 계수들을 사용하는 루프 안에서 `filter` 함수를 사용한다. 입력은 `b0`에 의해 일정한 비율로 만들어지고, 각 필터 연산의 출력은 다음 필터 연산의 입력으로 사용한다. 최종 필터 연산의 출력이 전체 출력이 된다.

다음의 MATLAB 함수 cas2dir은 종속형을 직접형으로 바꿔준다. 이것은 몇 개의 2차 다항식 곱셈을 포함하는 간단한 연산이다. 이를 위해 MATLAB 함수 conv를 루프 안에서 K 인수들에 대해 사용한다. SP 도구상자 함수인 sos2tf 역시 비슷한 동작을 수행한다.

```
function [b,a] = cas2dir(b0,B,A);
% CASCADE-to-DIRECT form conversion
% ---------------------------------
% [b,a] = cas2dir(b0,B,A)
%  b = numerator polynomial coefficients of DIRECT form
%  a = denominator polynomial coefficients of DIRECT form
% b0 = gain coefficient
%  B = K by 3 matrix of real coefficients containing bk's
%  A = K by 3 matrix of real coefficients containing ak's
%
[K,L] = size(B);
b = [1];  a = [1];
for i=1:1:K
b=conv(b,B(i,:));  a=conv(a,A(i,:));
end
b = b*b0;
```

예제 6.1 어떤 필터를 다음와 같은 차분 방정식으로 나타낼 수 있다.

$$\begin{aligned}16y(n) &+ 12y(n-1) + 2y(n-2) - 4y(n-3) - y(n-4)\\ &= x(n) - 3x(n-1) + 11x(n-2) - 27x(n-3) + 18x(n-4)\end{aligned}$$

이 필터의 종속형 구조를 구하라.

풀이 MATLAB 코드:

```
>> b=[1 -3 11 -27 18];  a=[16 12 2 -4 -1];
>> [b0,B,A]=dir2cas(b,a)
 b0 = 0.0625
  B =
      1.0000    -0.0000     9.0000
      1.0000    -3.0000     2.0000
  A =
      1.0000 1.0000     0.5000
      1.0000    -0.2500    -0.1250
```

결과 구조를 그림 6.6에 나타내었다. 계산한 종속형 구조가 맞는지를 확인하기 위해, 두 가지 형태를 사용하여 임펄스 응답의 처음 8개 샘플을 계산해보자.

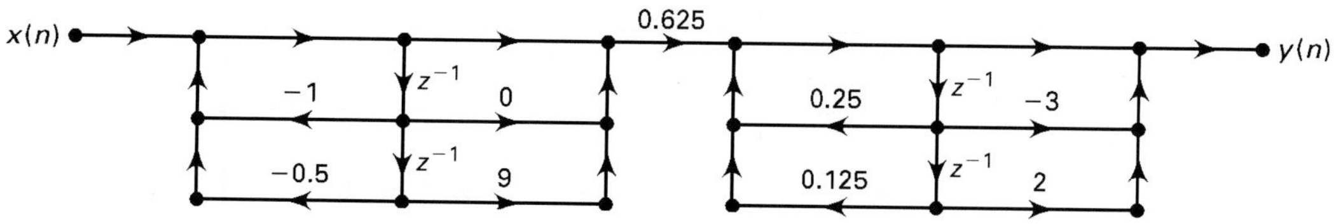

그림 6.6 예제 6.1의 종속형 구조

```
>> delta = impseq(0,0,7)
delta =
     1     0     0     0     0     0     0     0
>> format long
>> hcas=casfiltr(b0,B,A,delta)
hcas =
  Columns 1 through 4
   0.06250000000000  -0.23437500000000   0.85546875000000  -2.28417968750000
  Columns 5 through 8
   2.67651367187500  -1.52264404296875   0.28984069824219   0.49931716918945
>> hdir=filter(b,a,delta)
hdir =
  Columns 1 through 4
   0.06250000000000  -0.23437500000000   0.85546875000000  -2.28417968750000
  Columns 5 through 8
   2.67651367187500  -1.52264404296875   0.28984069824219   0.49931716918945
```

6.2.6 병렬형

이 형태에서는 시스템 함수 $H(z)$를 부분 분수 전개를 사용하여 2차 부분들의 합으로 나타낸다.

$$\begin{aligned}
H(z) &= \frac{B(z)}{A(z)} = \frac{b_0 + b_1 z^{-1} + \cdots + b_M z^{-M}}{1 + a_1 z^{-1} + \cdots + a_N z^{-N}} \\
&= \frac{\hat{b}_0 + \hat{b}_1 z^{-1} + \cdots + \hat{b}_{N-1} z^{1-N}}{1 + a_1 z^{-1} + \cdots + a_N z^{-N}} + \underbrace{\sum_{0}^{M-N} C_k z^{-k}}_{M \geq N\text{인 경우}} \\
&= \sum_{k=1}^{K} \frac{B_{k,0} + B_{k,1} z^{-1}}{1 + A_{k,1} z^{-1} + A_{k,2} z^{-2}} + \underbrace{\sum_{0}^{M-N} C_k z^{-k}}_{M \geq N\text{인 경우}}
\end{aligned} \tag{6.4}$$

여기서 K는 $\frac{N}{2}$과 같고, $B_{k,0}$, $B_{k,1}$, $A_{k,1}$, $A_{k,2}$는 2차 부분들의 계수를 나타내는 실수들이다. 2차 부분은 다음과 같다.

$$H_k(z) = \frac{Y_{k+1}(z)}{Y_k(z)} = \frac{B_{k,0} + B_{k,1} z^{-1}}{1 + A_{k,1} z^{-1} + A_{k,2} z^{-2}}; \quad k = 1, \ldots, K$$

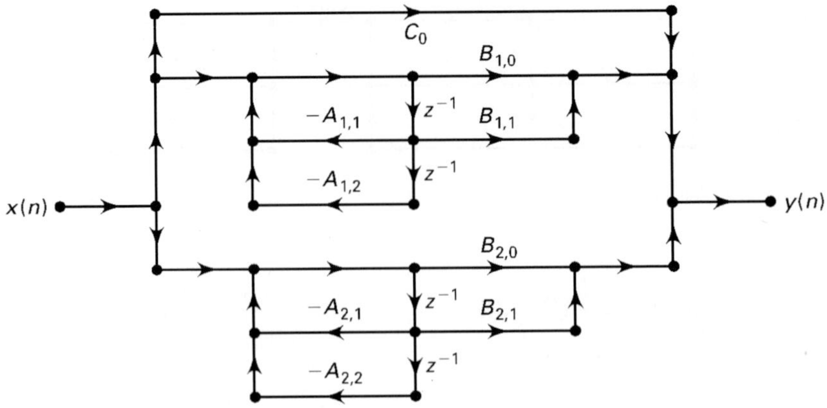

그림 6.7 $N = 4$인 경우의 병렬형 구조

여기서

$$Y_k(z) = H_k(z)X(z), \quad Y(z) = \sum Y_k(z), \quad M < N$$

이 2차 부분은 k번째 고유 유리 바이쿼드 부분이다. 만약 $M \geq N$(FIR 부분에 해당한다)이면, 다항식 부분뿐만 아니라 모든 바이쿼드 부분들이 필터 입력을 사용할 수 있다. 이 부분들의 출력을 필터의 출력으로 만들기 위해 더한다. 이제 각각의 바이쿼드 부분 $H_k(z)$를 제 II 직접형으로 구현할 수 있다. 소부분들을 더하기 때문에, $H(z)$를 구현하기 위해 병렬형 구조를 사용할 수 있다. 예를 들어 $M = N = 4$인 경우를 생각해보자. 그림 6.7은 4차 IIR 필터의 병렬형 구조를 보여준다.

6.2.7 MATLAB 구현

다음에 주어진 함수 dir2par은 직접형 구조의 계수 $\{b_n\}$과 $\{a_n\}$을 병렬형 구조의 계수 $\{B_{k,i}\}$, $\{A_{k,i}\}$로 바꿔준다.

```
function [C,B,A] = dir2par(b,a);
% DIRECT-form to PARALLEL-form conversion
% --------------------------------------
% [C,B,A] = dir2par(b,a)
%  C = Polynomial part when length(b) >= length(a)
%  B = K by 2 matrix of real coefficients containing bk's
%  A = K by 3 matrix of real coefficients containing ak's
%  b = numerator polynomial coefficients of DIRECT form
%  a = denominator polynomial coefficients of DIRECT form
%
M = length(b); N = length(a);

[r1,p1,C] = residuez(b,a);
p = cplxpair(p1,10000000*eps);  I = cplxcomp(p1,p);  r = r1(I);
```

```
K = floor(N/2); B = zeros(K,2); A = zeros(K,3);
if K*2 == N; %N even, order of A(z) odd, one factor is first order
 for i=1:2:N-2
 Brow = r(i:1:i+1,:);  Arow = p(i:1:i+1,:);
 [Brow,Arow] = residuez(Brow,Arow,[]);
 B(fix((i+1)/2),:) = real(Brow);  A(fix((i+1)/2),:) = real(Arow);
 end
 [Brow,Arow] = residuez(r(N-1),p(N-1),[]);
 B(K,:) = [real(Brow) 0]; A(K,:) = [real(Arow) 0];
else
for i=1:2:N-1
Brow = r(i:1:i+1,:);  Arow = p(i:1:i+1,:);
[Brow,Arow] = residuez(Brow,Arow,[]);
B(fix((i+1)/2),:) = real(Brow);  A(fix((i+1)/2),:) = real(Arow);
end
end
```

dir2par 함수는 먼저 residuez 함수를 사용하여 z-영역 부분 분수 전개를 계산한다. 극점-나머지 쌍들(pole-and-residue pairs)을 복소 켤레 극점-나머지 쌍들과 실수 극점-나머지 쌍들로 정렬해야 한다. 이를 위해 MATLAB의 cplxpair 함수를 사용한다. 이 함수는 복소수 배열을 복소 켤레 쌍들로 정렬한다. 그러나 극점과 나머지의 배열 각각에 대해 이 함수를 두 번 연속적으로 호출하면 극점과 나머지들이 서로 일치함을 보장할 수 없다. 그러므로 새로운 cplxcomp 함수를 사용한다. 이 함수는 2개의 뒤섞인 복소수 배열을 비교하여, 다른 배열을 재정렬하는 데 사용할 수 있는 하나의 배열에 대한 인덱스를 되돌려준다.

```
function I = cplxcomp(p1,p2)
%  I = cplxcomp(p1,p2)
% Compares two complex pairs which contain the same scalar elements
%  but (possibly) at differrent indices.  This routine should be
%  used after CPLXPAIR routine for rearranging pole vector and its
%  corresponding residue vector.
%      p2 = cplxpair(p1)
%
I=[];
for j=1:1:length(p2)
    for i=1:1:length(p1)
         if (abs(p1(i)-p2(j)) < 0.0001)
           I=[I,i];
        end
    end
end
I=I';
```

이 극점-나머지 쌍들을 모은 후에, dir2cas 함수는 residuez 함수를 역방향으로 사용하여 바이쿼드들의 분자와 분모를 계산한다.

그러고 나서 이러한 병렬형 구조의 계수들을 병렬형 구조를 구현하는 parfiltr 함수 안에서 사용한다. parfiltr 함수는 행렬 B와 A에 저장된 각 바이쿼드의 계수들을 이용하는 루프 안에서 filter 함수를 사용한다. 입력을 처음의 FIR 부분 C를 통해 여과한 후, 행렬 w의 첫 번째 행에 저장한다. 그리고 나서 모든 바이쿼드 필터들의 출력을 같은 입력에 대해 계산하고, 행렬 w의 다음 행들에 저장한다. 마지막으로, 최종 출력을 만들기 위해 행렬 w의 모든 열을 더한다.

```
function y = parfiltr(C,B,A,x);
% PARALLEL form realization of IIR filters
% ----------------------------------------
%  [y] = parfiltr(C,B,A,x);
%  y = output sequence
%  C = polynomial (FIR) part when M >= N
%  B = K by 2 matrix of real coefficients containing bk's
%  A = K by 3 matrix of real coefficients containing ak's
%  x = input sequence
%
[K,L] = size(B);  N = length(x);  w = zeros(K+1,N);
w(1,:) = filter(C,1,x);
for i = 1:1:K
        w(i+1,:) = filter(B(i,:),A(i,:),x);
end
y = sum(w);
```

병렬형으로부터 직접형을 얻기 위해 par2dir 함수를 사용한다. 각 고유 바이쿼드의 극점과 나머지를 계산하고, 이것들을 시스템의 극점과 나머지로 조합한다. 역방향의 residuez 함수 호출은 분자와 분모의 다항식을 계산한다.

```
function [b,a] = par2dir(C,B,A);
% PARALLEL-to-DIRECT form conversion
% ----------------------------------
% [b,a] = par2dir(C,B,A)
%  b = numerator polynomial coefficients of DIRECT form
%  a = denominator polynomial coefficients of DIRECT form
%  C = Polynomial part of PARALLEL form
%  B = K by 2 matrix of real coefficients containing bk's
%  A = K by 3 matrix of real coefficients containing ak's
%
[K,L] = size(A); R = []; P = [];

for i=1:1:K
[r,p,k]=residuez(B(i,:),A(i,:));  R = [R;r]; P = [P;p];
end
[b,a] = residuez(R,P,C);  b = b(:)'; a = a(:)';
```

예제 6.2 예제 6.1에 주어진 필터를 생각해보자.

$$\begin{aligned}16y(n) &+ 12y(n-1) + 2y(n-2) - 4y(n-3) - y(n-4)\\ &= x(n) - 3x(n-1) + 11x(n-2) - 27x(n-3) + 18x(n-4)\end{aligned}$$

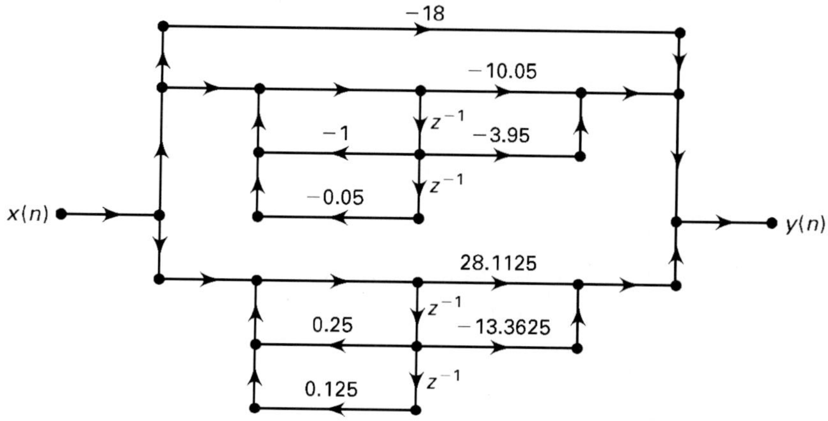

그림 6.8 예제 6.2의 병렬형 구조

이 필터의 병렬형 구조를 구하라.

풀이 MATLAB 코드:

```
>> b=[1 -3 11 -27 18];  a=[16 12 2 -4 -1];
>> [C,B,A]=dir2par(b,a)
C =
   -18
B =
  10.0500   -3.9500
  28.1125  -13.3625
A =
   1.0000    1.0000    0.5000
   1.0000   -0.2500   -0.1250
```

결과 구조를 그림 6.8에 나타내었다. 계산한 병렬형 구조가 맞는지를 확인하기 위해, 두 가지 형태를 사용하여 임펄스 응답의 처음 8개 샘플을 계산해보자.

```
>> format long; delta = impseq(0,0,7);  hpar=parfiltr(C,B,A,delta)
hpar =
  Columns 1 through 4
   0.06250000000000  -0.23437500000000   0.85546875000000  -2.28417968750000
  Columns 5 through 8
   2.67651367187500  -1.52264404296875   0.28984069824219   0.49931716918945
>> hdir = filter(b,a,delta)
hdir =
  Columns 1 through 4
   0.06250000000000  -0.23437500000000   0.85546875000000  -2.28417968750000
  Columns 5 through 8
   2.67651367187500  -1.52264404296875   0.28984069824219   0.49931716918945
```

예제 6.3 만약 어떤 구조가 직접형, 종속형, 병렬형의 조합으로 이루어져 있다면, 전체 형태는 어떻게 될까? 그림 6.9에 나온 블록선도를 생각해보라.

풀이 이 구조는 두 병렬 부분의 종속형 구조이다. 첫 번째 병렬 부분은 2개의 바이쿼드를 갖고 있고, 두 번째 부분은 3개의 바이쿼드를 갖고 있다. 먼저 par2dir 함수를 사용하여 각각의 병렬 부분을 직접형으로 전환해야 한다. 이렇게 하면 2개의 직접형으로 이루어진 종속형 구조를 얻게 된다. 전체 직접형은 해당하는 분자와 분모 다항식의 콘벌루션을 통해 계산한다. 전체 종속형과 병렬형은 이 직접형으로부터 유도할 수 있다.

MATLAB 코드:

```
>> C0=0; B1=[2 4;3 1]; A1=[1 1 0.9; 1 0.4 -0.4];
>> B2=[0.5 0.7;1.5 2.5;0.8 1]; A2=[1 -1 0.8;1 0.5 0.5;1 0 -0.5];
>> [b1,a1]=par2dir(C0,B1,A1)
b1 =
   5.0000    8.8000    4.5000   -0.7000
a1 =
   1.0000    1.4000    0.9000   -0.0400   -0.3600
>> [b2,a2]=par2dir(C0,B2,A2)
b2 =
   2.8000    2.5500   -1.5600    2.0950    0.5700   -0.7750
a2 =
   1.0000   -0.5000    0.3000    0.1500    0.0000    0.0500   -0.2000
>> b=conv(b1,b2) % Overall direct form numerator
b =
  Columns 1 through 7
  14.0000   37.3900   27.2400    6.2620   12.4810   11.6605   -5.7215
  Columns 8 through 9
```

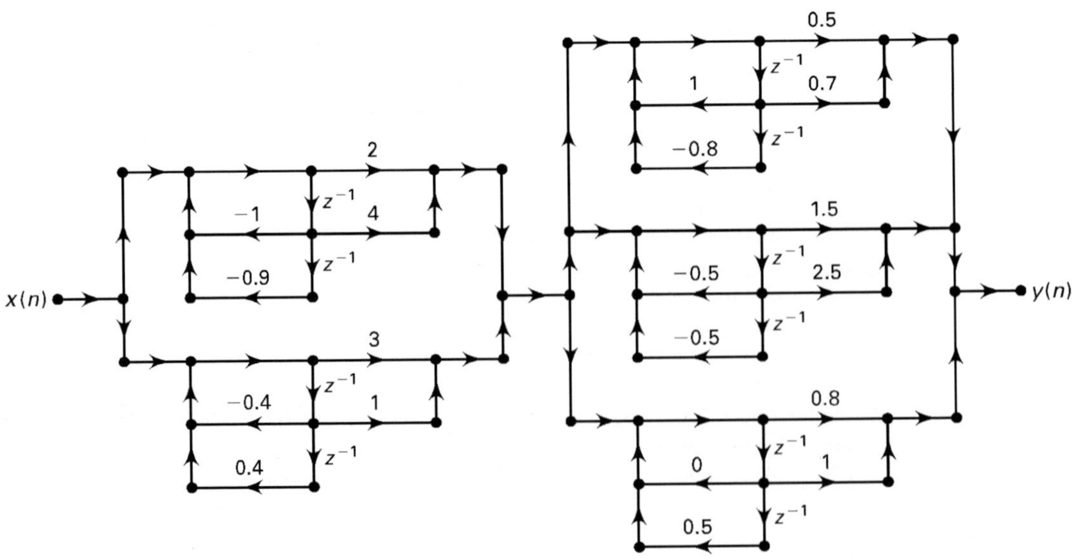

그림 6.9 예제 6.3의 블록선도

```
   -3.8865     0.5425
>> a=conv(a1,a2) % Overall direct form denominator
a =
  Columns 1 through 7
   1.0000     0.9000     0.5000     0.0800     0.1400     0.3530    -0.2440
  Columns 8 through 11
  -0.2890    -0.1820    -0.0100     0.0720
>> [b0,Bc,Ac]=dir2cas(b,a) % Overall cascade form
b0 =
  14.0000
Bc =
    1.0000     1.8836     1.1328
    1.0000    -0.6915     0.6719
    1.0000     2.0776     0.8666
    1.0000          0          0
    1.0000    -0.5990     0.0588
Ac =
    1.0000     1.0000     0.9000
    1.0000     0.5000     0.5000
    1.0000    -1.0000     0.8000
    1.0000     1.5704     0.6105
    1.0000    -1.1704     0.3276
>> [C0,Bp,Ap]=dir2par(b,a) % Overall parallel form
C0 = []
Bp =
  -20.4201    -1.6000
   24.1602     5.1448
    2.4570     3.3774
   -0.8101    -0.2382
    8.6129    -4.0439
Ap =
    1.0000     1.0000     0.9000
    1.0000     0.5000     0.5000
    1.0000    -1.0000     0.8000
    1.0000     1.5704     0.6105
    1.0000    -1.1704     0.3276
```

이 예제는 이 절에서 소개한 MATLAB 함수들을 사용하여, 다양한 구조들을 조사하고 구성할 수 있음을 보여준다.

지금까지의 IIR 시스템에서 볼 수 있듯이 IIR 시스템에서 모든 필터 구조는 귀환 루프를 갖는다. 즉, 어떤 가지에 의해 한 절점에서 시작하여 그 절점으로 되돌아가는 폐경로를 갖는다. 흐름도의 이러한 구조는 폐경로상의 한 절점 변수가 직접적으로 혹은 간접적으로 그 자신에 의존한다는 것을 의미한다. 더 자세히 말하면, 그 절점 변수의 현재 값은 자기 자신의 과거 값에 영향을 받는 것이다. 이처럼 루프가 있으면 절점 변수가 자신의 과거 값에 의해 영향을 받기 때문에 시스템에 유한한 입력이 들어와도 절점 변수의 과거 값이 다시 새로운 입력인 것처럼 계속 영향을 주므로 무한 응답이 나오게 된다.

6.3 FIR 필터 구조

유한 구간 임펄스 응답 필터는 다음과 같은 형태의 시스템 함수를 갖고 있다.

$$H(z) = b_0 + b_1 z^{-1} + \cdots + b_{M-1} z^{1-M} = \sum_{n=0}^{M-1} b_n z^{-n} \tag{6.5}$$

그러므로 임펄스 응답 $h(n)$은

$$h(n) = \begin{cases} b_n, & 0 \leq n \leq M-1 \\ 0, & \text{그 외} \end{cases} \tag{6.6}$$

이고, 차분 방정식의 표현은 다음과 같다.

$$y(n) = b_0 x(n) + b_1 x(n-1) + \cdots + b_{M-1} x(n-M+1) \tag{6.7}$$

이것은 유한 구간의 선형 콘벌루션이다.

필터의 차수는 $M-1$이다. 반면에 필터의 길이(이것은 계수의 개수와 같다)는 M이다. FIR 필터 구조는 언제나 안정적이고, IIR 구조에 비해 비교적 간단하다. 게다가 FIR 필터는 몇몇 응용 분야에서 바람직한 선형 위상 응답을 갖도록 설계할 수 있다.

이 절에서는 다음의 네 가지 구조에 대해 알아본다.

1. **직접형(direct form)**: 이 형태에서는 차분 방정식 (6.7)을 주어진 대로 직접 구현한다.
2. **종속형(cascade form)**: 이 형태에서는 식 (6.5)의 시스템 함수 $H(z)$를 2차의 인수들로 인수분해한다. 그러고 나서 이것들의 종속 접속을 통해 구현한다.
3. **선형 위상형(linear-phase form)**: FIR 필터가 선형 위상 응답을 가질 때, 그것의 임펄스 응답은 어떤 대칭성을 나타낸다. 이 형태에서는 곱셈을 거의 반으로 줄일 수 있는 이러한 대칭 관계식들에 대해 알아본다.
4. **주파수 샘플링형(frequency sampling form)**: 이 형태는 임펄스 응답 $h(n)$의 DFT를 기반으로 하고, 병렬형 구조를 만들어낸다. 또한 이것은 주파수 응답 $H(e^{j\omega})$을 기반으로 하는 설계 기술에 적합하다.

위의 네 가지 형태를 약간의 예제와 함께 간략히 설명할 것이다. 앞 절에서 설명한 MATLAB 함수 `dir2cas` 함수도 종속형에 사용할 수 있다.

6.3.1 직접형

차분 방정식 (6.7)은 귀환 경로가 없으므로, 탭 지연선으로 구현한다. $M = 5$, 즉 4차 FIR 필터일 때 다음과 같다.

$$y(n) = b_0 x(n) + b_1 x(n-1) + b_2 x(n-2) + b_3 x(n-3) + b_4 x(n-4)$$

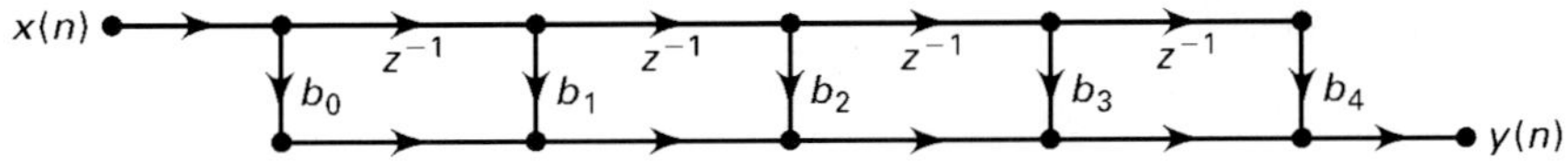

그림 6.10 직접형 FIR 구조

그림 6.10에 직접형 구조를 나타내었다. 분모가 1이므로 오직 하나의 직접형 구조만 있음을 주목하라.

6.3.2 MATLAB 구현

MATLAB에서 직접형 FIR 구조는 계수 $\{b_n\}$을 포함하는 행 벡터 `b`로 나타낸다. 이 구조는 2장에서 논의했듯이, 벡터 `a`를 스칼라(scalar) 값 1에 맞추어놓은 후 `filter` 함수를 통해 구현한다.

6.3.3 종속형

이 형태는 IIR 필터의 종속형과 유사하다. 먼저 시스템 함수 $H(z)$를 실수 계수를 갖는 2차 부분들의 곱으로 전환한다. 이 부분들을 다시 직접형으로 구현하고, 전체 필터를 2차 부분들의 종속으로 구현한다. 식 (6.5)로부터 다음의 식을 얻을 수 있다.

$$\begin{aligned} H(z) &= b_0 + b_1 z^{-1} + \cdots + b_{M-1} z^{-M+1} \\ &= b_0 \left(1 + \frac{b_1}{b_0} z^{-1} + \cdots + \frac{b_{M-1}}{b_0} z^{-M+1}\right) \\ &= b_0 \prod_{k=1}^{K} \left(1 + B_{k,1} z^{-1} + B_{k,2} z^{-2}\right) \end{aligned} \tag{6.8}$$

여기서 K는 $\lfloor \frac{M}{2} \rfloor$과 같고, $B_{k,1}$, $B_{k,2}$는 2차 부분들의 계수를 나타내는 실수들이다. $M = 7$인 경우의 종속형 구조를 그림 6.11에 나타내었다.

6.3.4 MATLAB 구현

FIR 종속형에 대해 새로운 MATLAB 함수를 만들 수도 있지만, 여기서는 분모 벡터 `a`를 1로 맞추어놓고, `dir2cas` 함수를 사용할 것이다. 마찬가지로, 종속형으로부터 직접형을 얻기 위해 `cas2dir` 함수를 사용할 수 있다.

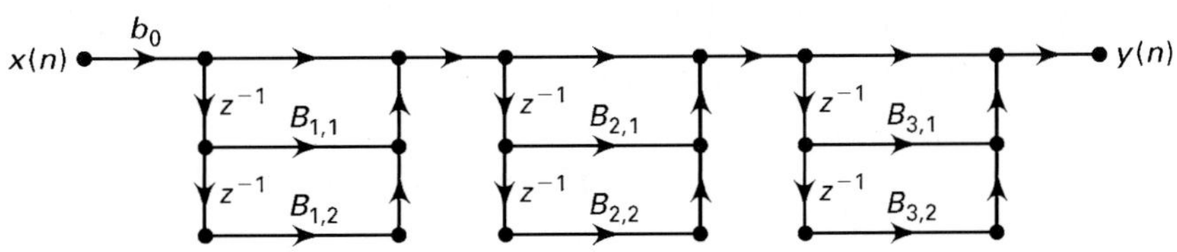

그림 6.11 종속형 FIR 구조

6.3.5 선형 위상형

3장에서 LTI 시스템의 주파수 응답에서 살펴보았듯이, 크기 응답이 일정하더라도 위상이 비선형일 경우 신호의 모양이 크게 바뀔 수 있다. 푸리에 변환에 의해서 시스템의 위상에 해당되는 값은 곧 입력 신호의 지연 값과 동일하다. 따라서 비선형 위상의 경우 크기 응답에서 왜곡이 생기지 않더라도 주파수별로 지연된 값이 달라짐으로써 입력 신호와 출력 신호의 모양이 크게 달라질 수 있다. 인과적 시스템은 0 위상이 될 수 없으므로 입력 신호와 비교하여 약간의 위상 왜곡이 생기는데, 비선형 위상 시스템과는 달리 선형 위상 시스템의 경우 그 영향이 단순한 시간 지연으로 나타나기 때문에 해석에 어려움이 없다. 다음과 같은 간단한 형태의 시스템을 생각해보자.

$$H_{id}(e^{-j\omega}) = e^{-j\omega a},\ |\omega| < \pi$$

여기서 a는 실수이며 반드시 정수일 필요는 없다. 이 시스템은 다음과 같이 상수 크기 응답, 선형 위상을 갖는다.

$$|H_{id}(e^{-j\omega})| = 1$$
$$\angle H_{id}(e^{-j\omega}) = -\omega a$$

$H_{id}(e^{-j\omega})$의 역 푸리에 변환은 임펄스 응답이며 다음과 같다.

$$h_{id}[n] = \frac{\sin\pi(n-a)}{\pi(n-a)},\ -\infty < n < \infty$$

$a = n_d$이고 정수이면 다음과 같은 결과를 얻는다.

$$h_{id}[n] = \delta[n-n_d]$$
$$y[n] = x[n-n_d]$$

즉, 선형 위상 시스템의 출력은 단순히 입력의 시간 지연으로 나타남을 확인할 수 있다. 이제 고정되지 않은 크기 응답을 갖는 시스템을 생각해보자.

$$H(e^{-j\omega}) = |H(e^{-j\omega})| e^{-j\omega a},\ |\omega| < \pi$$

위 결과는 두 가지 단계로 해석될 수 있다. 우선 입력 신호 $x(n)$은 0 위상 응답 $|H(e^{-j\omega})|$에 의해 크기가 변형되어 나온 뒤, α만큼 시간 이동될 것으로 예상할 수 있다. 선형 위상 시스템의 정의를 좀 더 일반화하여 시스템의 주파수 응답을 다음 형태로 표현할 수 있을 때 이를 일반 선형 위상 시스템이라고 한다.

$$H(e^{j\omega}) = A(e^{j\omega})e^{-j\alpha\omega + j\beta}$$

여기서 α와 β는 상수이고, $A(e^{j\omega})$은 ω의 실함수이다.

주파수 응답이 위 식과 같은 형태인 시스템의 위상은 선형 함수 $-\omega\alpha$와 상수의 합으로 구성되기 때문에 선형 위상 시스템이라고 한다. $|\omega| < \pi$의 일부 또는 전체 대역에서 상수항으로 인해 생성되는 불연속성을 무시한다면, 시스템의 군지연은 상수이다. 즉,

$$\tau(\omega) = -\frac{d}{d\omega}\angle[H(e^{j\omega})] = \alpha$$

위와 같은 종류의 시스템은 다음과 같은 선형 위상을 갖는다.

$$\angle H(e^{j\omega}) = \beta - \alpha\omega, \quad -\pi < \omega \le \pi \tag{6.9}$$

여기서 $\beta = 0$ 또는 $\pm\pi/2$이고, α는 상수이다. 군지연이 상수인 시스템에서 $h(n)$, α 그리고 β가 만족시켜야 할 조건을 알아보기로 하자. 위 시스템의 주파수 응답 특성은 다음과 같이 나타낼 수 있다.

$$\begin{aligned} H(e^{j\omega}) &= A(e^{j\omega})e^{-j\alpha\omega+j\beta} \\ &= A(e^{j\omega})\cos(\beta-\alpha\omega) + jA(e^{j\omega})\sin(\beta-\alpha\omega) \end{aligned} \tag{6.10}$$

혹은 동일하게, $h(n)$을 실수라 가정할 경우

$$\begin{aligned} H(e^{j\omega}) &= \sum_{n=-\infty}^{\infty} h(n)e^{-j\omega n} \\ &= \sum_{n=-\infty}^{\infty} h(n)\cos\omega n - j\sum_{n=-\infty}^{\infty} h(n)\sin\omega n \end{aligned} \tag{6.11}$$

여기서 식 (6.10)과 (6.11)의 식을 이용해서 $H(e^{j\omega})$의 위상 탄젠트를 구해보면 다음과 같다.

$$\tan(\beta-\alpha\omega) = \frac{\sin(\beta-\alpha\omega)}{\cos(\beta-\alpha\omega)} = \frac{-\sum_{n=-\infty}^{\infty} h(n)\sin\omega n}{\sum_{n=-\infty}^{\infty} h(n)\cos\omega n} \tag{6.12}$$

식 (6.12)로부터 다음과 같은 조건을 유도할 수 있다.

$$\begin{aligned} &\sum_{n=-\infty}^{\infty} h(n)\cos\omega n\cdot\sin(\beta-\alpha\omega) + \sum_{n=-\infty}^{\infty} h(n)\sin\omega n\cdot\cos(\beta-\alpha\omega) \\ &= \sum_{n=-\infty}^{\infty} h(n)[\cos\omega n\cdot\sin(\beta-\alpha\omega) + \sin\omega n\cdot\cos(\beta-\alpha\omega)] \\ &= \sum_{n=-\infty}^{\infty} h(n)\sin[\omega(n-\alpha)+\beta] = 0 \quad (\text{모든 } \omega\text{에 대해}) \end{aligned} \tag{6.13}$$

그러나 위 식은 단지 군지연이 상수인 시스템이 되기 위한 필요조건일 뿐 충분조건은 아니다. $[0, M-1]$의 구간에서 임펄스 응답을 갖는 인과적 FIR 필터에 대해, 선형 위상 조건식 (6.13)은 임펄스 응답 $h(n)$에 다음과 같은 대칭 조건을 부과한다.

$$h(n) = h(M-1-n); \quad \beta = 0, \alpha = \frac{M-1}{2}, 0 \le n \le M-1 \tag{6.14}$$

$$h(n) = -h(M-1-n); \quad \beta = \pm\pi/2, \alpha = \frac{M-1}{2}, 0 \le n \le M-1 \tag{6.15}$$

위 두 대칭 조건은 대칭 지수 $\alpha = (M-1)/2$의 정수 여부에 관계없이 성립한다. 식 (6.14)는 다음과 같은 조건에서 만족된다.

$$\beta = 0 \text{ 또는 } \pi$$
$$2\alpha = M = \text{정수}$$

$\beta = 0$ 또는 π이면 식 (6.13)은 다음과 같다.

$$\sum_{n=-\infty}^{\infty} h(n)\sin[\omega(n-\alpha)] = 0$$

따라서

$$H(e^{j\omega}) = A_e(e^{j\omega})e^{-j\omega M/2}$$

위 식에서 $A_e(e^{j\omega})$은 ω의 주기적이고 실수 값을 갖는 우함수가 된다. 이때 임펄스 응답을 대칭 임펄스 응답(symmetric impulse response)이라고 한다. 반면, 식 (6.15)는 다음과 같은 조건에서 만족된다.

$$\beta = \pi/2 \text{ 또는 } 3\pi/2$$
$$2\alpha = M = \text{정수}$$

$\beta = \pi/2$ 또는 $3\pi/2$이면 식 (6.13)은 다음과 같다.

$$\sum_{n=-\infty}^{\infty} h(n)\cos[\omega(n-\alpha)] = 0$$

따라서

$$H(e^{j\omega}) = jA_o(e^{j\omega})e^{-j\omega M/2} = A_o(e^{j\omega})e^{-j\omega M/2 + j\pi/2}$$

위 식에서 $A_o(e^{j\omega})$은 ω의 주기적이고 실수 값을 갖는 기함수이다. 이때 임펄스 응답은 반대칭 임펄스 응답(antisymmetric impulse response)이라고 한다. 만약 $(M-1)/2$가 정수라면 반드시 그 지점에서의 샘플 값은 0이 되어야 한다. 즉, $h((M-1)/2) = 0$이다.

이제 이 대칭 조건들을 선형 위상형이라고 하는 구조에 이용할 수 있다.

식 (6.14)와 같은 대칭 임펄스 응답을 갖는, 식 (6.7)에 주어진 차분 방정식을 생각해보자. 그러면

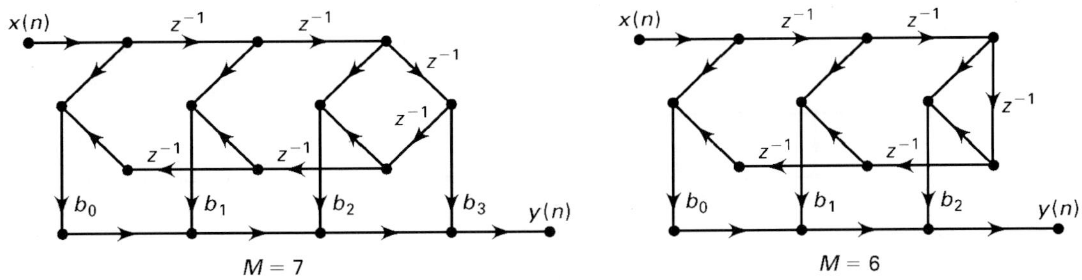

그림 6.12 선형 위상형 FIR 구조(대칭 임펄스 응답)

$$\begin{aligned} y(n) &= b_0x(n) + b_1x(n-1) + \cdots + b_1x(n-M+2) + b_0x(n-M+1) \\ &= b_0[x(n) + x(n-M+1)] + b_1[x(n-1) + x(n-M+2)] + \cdots \end{aligned}$$

을 얻게 된다. 짝수와 홀수의 M에 대한 차분 방정식의 블록선도 구현을 그림 6.12에 나타내었다.

이 구조는 직접형보다 50% 적은 곱셈을 필요로 한다. 반대칭 임펄스 응답에 대한 비슷한 구조를 유도할 수 있다.

6.3.6 MATLAB 구현

본질적으로 선형 위상형 구조는 곱셈의 수를 줄이기 위해 변형한 직접형 구조이다. 그러므로 MATLAB에서 선형 위상형 구조의 구현은 직접형과 동등하다.

예제 6.4 어떤 FIR 필터의 시스템 함수가 다음과 같이 주어졌다.

$$H(z) = 1 + 16\frac{1}{16}z^{-4} + z^{-8}$$

직접형, 선형 위상형, 종속형 구조를 구하고, 그림을 그려라.

풀이

a. **직접형**: 차분 방정식은 다음과 같이 주어진다.

$$y(n) = x(n) + 16.0625x(n-4) + x(n-8)$$

직접형 구조는 그림 6.13(a)에 나타내었다.

b. **선형 위상형**: 차분 방정식은 다음과 같이 주어진다.

$$y(n) = [x(n) + x(n-8)] + 16.0625x(n-4)$$

선형 위상형 구조는 그림 6.13(b)에 나타내었다.

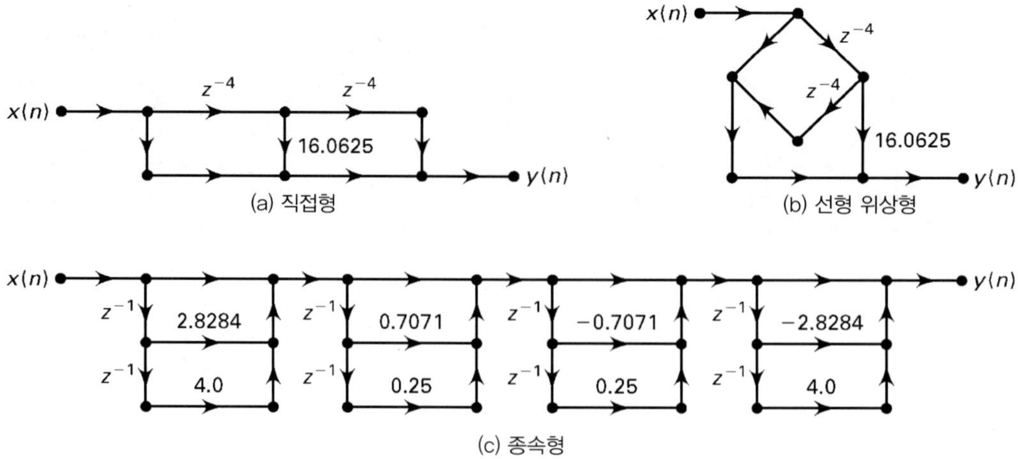

그림 6.13 예제 6.4의 FIR 필터 구조

c. **종속형**: 다음 MATLAB 코드를 사용한다.

```
>> b=[1,0,0,0,16+1/16,0,0,0,1];  [b0,B,A] = dir2cas(b,1)
b0 = 1
B =
    1.0000    2.8284    4.0000
    1.0000    0.7071    0.2500
    1.0000   -0.7071    0.2500
    1.0000   -2.8284    4.0000
A =
    1     0     0
    1     0     0
    1     0     0
    1     0     0
```

종속형 구조는 그림 6.13(c)에 나타내었다.

예제 6.5 예제 6.4의 필터에서 실수 계수를 가진 선형 위상형 요소를 포함하는 종속형을 원한다면, 구조가 어떻게 되는가?

풀이 관심 있는 곳은 대칭성과 실수 계수를 가진 종속형 부분이다. 7장에 나오는 선형 위상 FIR 필터의 성질들로부터, 만약 그런 필터가 임의의 $z = r\angle\theta$에서 0의 값을 갖는다면, 실수 계수를 갖기 위해 $z = (1/r)\angle\theta$, $z = r\angle-\theta$, $z = (1/r)\angle-\theta$에서 각기 다른 3개의 영점을 가져야 함을 알 수 있다. 이 성질을 다음과 같이 사용할 수 있다. 먼저 주어진 8차 방정식에서 영점의 위치를 결정한다. 그리고 하나의 4차 선형 위상 부분을 얻기 위해 위의 성질을 만족하는 4개의 영점을 묶는다. 그러한 부분이 2개 있는데, 이것들을 종속형으로 연결한다.

MATLAB 코드:

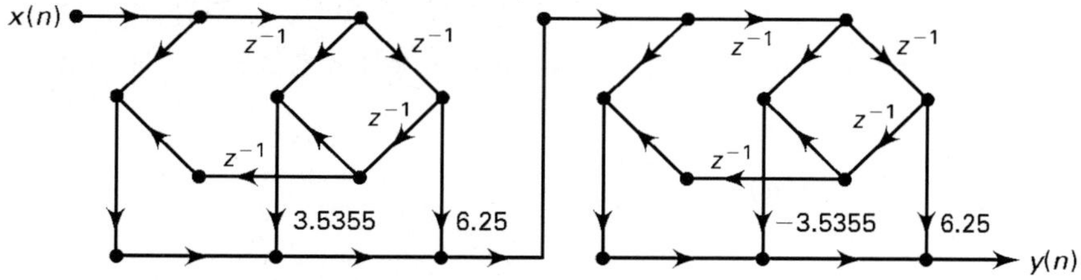

그림 6.14 FIR 선형 위상 요소의 종속형 구조

```
>> b=[1,0,0,0,16+1/16,0,0,0,1];  broots=roots(b)
broots =
  -1.4142 + 1.4142i
  -1.4142 - 1.4142i
   1.4142 + 1.4142i
   1.4142 - 1.4142i
  -0.3536 + 0.3536i
  -0.3536 - 0.3536i
   0.3536 + 0.3536i
   0.3536 - 0.3536i
>> B1=real(poly([broots(1),broots(2),broots(5),broots(6)]))
B1 =
    1.0000    3.5355    6.2500    3.5355    1.0000
>> B2=real(poly([broots(3),broots(4),broots(7),broots(8)]))
B2 =
    1.0000   -3.5355    6.2500   -3.5355    1.0000
```

이 구조를 그림 6.14에 나타내었다.

6.3.7 주파수 샘플링형

이 형태에서는 FIR 필터의 시스템 함수 $H(z)$를 단위원상의 샘플들로부터 재구성할 수 있다는 사실을 이용한다. 다음과 같은 샘플 주파수를 생각해보자.

$$\omega_k = \frac{2\pi}{M}(k+\alpha) \quad k=0, 1, \ldots, \frac{M-1}{2} \quad M\text{은 홀수}$$
$$k=0, 1, \ldots, \frac{M}{2}-1 \quad M\text{은 짝수}$$
$$\alpha = 0 \text{ 또는 } 1/2 \tag{6.16}$$

주파수 ω_k에서의 주파수 응답 $H(\omega)$는 다음과 같이 주어지며, $H(\omega)$의 주파수 샘플이라 한다.

$$H(k+\alpha) = H\left(\frac{2\pi}{M}(k+\alpha)\right)$$
$$= \sum_{n=0}^{M-1} h(n) e^{-j2\pi(k+\alpha)n/M} \quad k=0, 1, \ldots, M-1 \tag{6.17}$$

여기서 만약 α가 0이면 곧 $h(n)$의 M점 DFT와 동일한 결과를 얻을 수 있다.

또한 5장에서 논의했듯이 이 샘플들의 IDFT를 이용하면 다음과 같이 $h(n)$을 복원할 수 있다.

$$h(n) = \frac{1}{M}\sum_{n=0}^{M-1} H(k+\alpha)e^{j2\pi(k+\alpha)n/M} \quad n = 0,\ 1,\ \ldots,\ M-1 \tag{6.18}$$

식 (6.18)의 결과를 z-변환하면 다음과 같은 식을 얻는다.

$$H(z) = \sum_{n=0}^{M-1}\left[\frac{1}{M}\sum_{k=0}^{M-1} H(k+\alpha)e^{j2\pi(k+\alpha)n/M}\right]z^{-n}$$

n과 k의 합에 대해 정렬하고 n에 대한 합의 값을 구하면 다음과 같은 결과를 얻을 수 있다.

$$\begin{aligned} H(z) &= \sum_{k=0}^{M-1}\left[\frac{1}{M}\sum_{n=0}^{M-1}\left(e^{j2\pi(k+\alpha)/M}z^{-1}\right)^n\right] \\ &= \left(\frac{1-z^{-M}e^{j2\pi\alpha}}{M}\right)\sum_{k=0}^{M-1}\frac{H(k+\alpha)}{1-e^{j2\pi(k+\alpha)/M}z^{-1}} \end{aligned} \tag{6.19}$$

위 식은 이 구조에서 임펄스 응답 $h(n)$ 또는 차분 방정식이 아니라 DFT $H(k)$가 사용됨을 보여준다. 또한 위 FIR 필터는 식 (6.19)에서처럼 극점과 영점을 모두 갖고 있기 때문에, IIR 필터와 유사한 재귀적 형태가 된다는 것은 매우 흥미롭다. 그렇지만 $e^{-j2\pi k/M}$에 있는 극점들은 다음 식의 근들에 의해 약분되므로, 최종적인 필터는 FIR 필터이다.

$$1 - z^{-M} = 0$$

위 FIR 필터를 두 필터의 종속형으로 분리할 수 있는데(즉, $H(z) = H_1(z)H_2(z)$), 하나는 전영점 필터로 다음과 같이 나타낼 수 있다.

$$H_1(z) = \frac{1}{M}\left(1 - z^{-M}e^{j2\pi\alpha}\right)$$

이 필터의 영점은 다음과 같이 단위원상에 등간격으로 나타난다.

$$z_k = e^{j2\pi(k+\alpha)/M}$$

두 번째 필터는 단일 극점을 갖는 M개 시스템의 병렬로, 다음과 같이 나타낼 수 있다.

$$\sum_{k=0}^{M-1}\frac{H(k+\alpha)}{1-e^{j2\pi(k+\alpha)/M}z^{-1}}$$

여기서 주목할 점은 각각의 극점 위치가 첫 번째 필터의 영점과 정확히 일치한다는 사실이다. 그리고 그 위치가 곧 주파수 샘플의 위치와 동일함을 확인할 수 있다.

식 (6.19)의 시스템 함수에서 $M = 4$인 경우에는 그림 6.15와 같은 병렬 구조가 된다.

그림 6.15에 나타낸 구조의 한 가지 문제점은 복소수 산술 연산을 필요로 한다는 것이다.

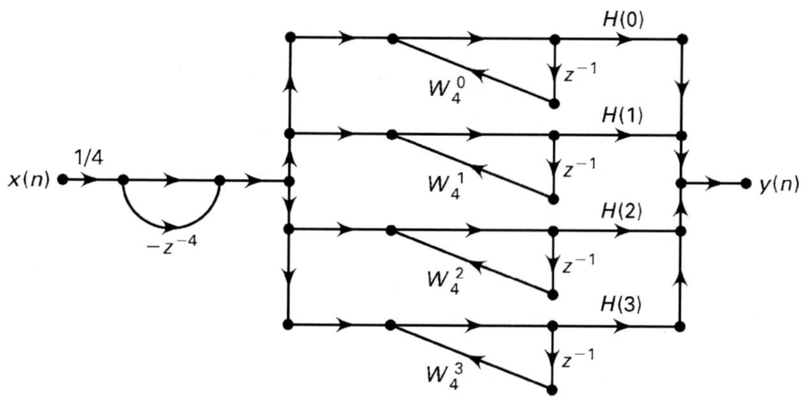

그림 6.15 $M = 4$인 경우의 주파수 샘플링형 구조

FIR 필터는 거의 언제나 실수 값을 갖는 필터이기 때문에, 실수 산술 연산만이 사용되는 대안적 구현을 얻을 수가 있다. 이 구현은 DFT와 W_M^{-k} 인자의 대칭성을 사용하여 유도할 수 있다. 그러면 식 (6.19)는 다음과 같이 나타낼 수 있다(연습문제 P6.16 참조).

$$H(z) = \frac{1 - z^{-M}}{M} \left\{ \sum_{k=1}^{L} 2 \left| H(k) \right| H_k(z) + \frac{H(0)}{1 - z^{-1}} + \frac{H(M/2)}{1 + z^{-1}} \right\} \tag{6.20}$$

여기서 M이 홀수일 때는 $L = \frac{M-1}{2}$이고, M이 짝수일 때는 $L = \frac{M}{2} - 1$이다. 그리고 $\{H_k(z),\ k = 1, \ldots, L\}$은 다음과 같이 주어지는 2차 부분이다.

$$H_k(z) = \frac{\cos\left[\angle H(k)\right] - z^{-1} \cos\left[\angle H(k) - \frac{2\pi k}{M}\right]}{1 - 2z^{-1} \cos\left(\frac{2\pi k}{M}\right) + z^{-2}} \tag{6.21}$$

DFT 샘플 $H(0)$과 $H(M/2)$는 실수이고, 식 (6.20)의 오른쪽 세 번째 항은 M이 홀수일 경우 사라진다는 사실을 주목하라. 식 (6.20)과 (6.21)을 사용하여, 그림 6.16에 있는 $M = 4$인 경우의 주파수 샘플링 구조가 실계수를 가짐을 보일 수 있다.

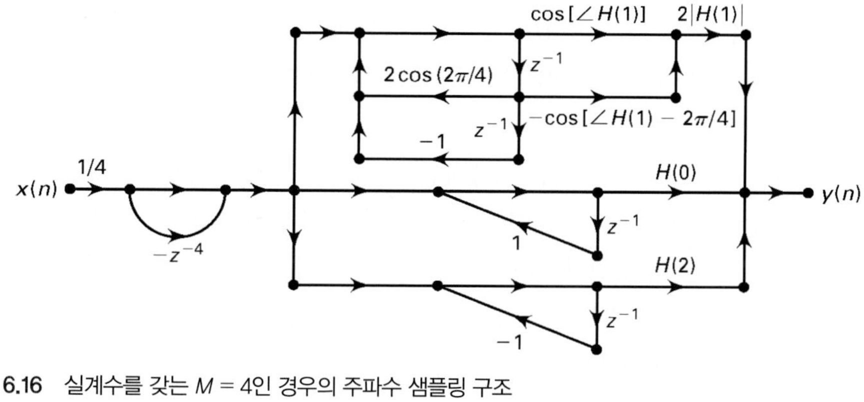

그림 6.16 실계수를 갖는 $M = 4$인 경우의 주파수 샘플링 구조

6.3.8 MATLAB 구현

임펄스 응답 $h(n)$ 또는 DFT $H(k)$가 주어지면, 식 (6.20)과 (6.21)에 있는 계수들을 결정해야 한다. 다음의 MATLAB 함수 `dir2fs`는 식 (6.20)과 (6.21)을 직접적으로 구현함으로써, 직접형 $h(n)$ 값들을 주파수 샘플링형으로 바꿔준다.

```
function [C,B,A] = dir2fs(h)
% Direct form to Frequency Sampling form conversion
% -------------------------------------------------
% [C,B,A] = dir2fs(h)
% C = Row vector containing gains for parallel sections
% B = Matrix containing numerator coefficients arranged in rows
% A = Matrix containing denominator coefficients arranged in rows
% h = impulse response vector of an FIR filter
%
M = length(h);  H = fft(h,M);
magH = abs(H); phaH = angle(H)';
% check even or odd M
if (M == 2*floor(M/2))
      L = M/2-1;   % M is even
     A1 = [1,-1,0;1,1,0];  C1 = [real(H(1)),real(H(L+2))];
else
      L = (M-1)/2; % M is odd
     A1 = [1,-1,0];  C1 = [real(H(1))];
end
k = [1:L]';
% initialize B and A arrays
B = zeros(L,2); A = ones(L,3);
% compute denominator coefficients
A(1:L,2) = -2*cos(2*pi*k/M); A = [A;A1];
% compute numerator coefficients
B(1:L,1) = cos(phaH(2:L+1));
B(1:L,2) = -cos(phaH(2:L+1)-(2*pi*k/M));
% compute gain coefficients
C = [2*magH(2:L+1),C1]';
```

위 함수에서 임펄스 응답의 값들은 배열 h를 통해 주어진다. 전환 후에 배열 C는 각 병렬 부분의 이득 값들을 갖는다. 먼저 2차 병렬 부분의 이득 값들이 주어지고 나서 $H(0)$, 그리고 M이 짝수인 경우에는 $H(M/2)$이 주어진다. 행렬 B는 각 2차 부분에 대해 길이가 2인 행 벡터로 정렬된 분자의 계수들을 갖는다. 행렬 A는 행렬 B와 일치하는 각 2차 부분에 대해 길이가 3인 행 벡터로 정렬된 분모의 계수들을 갖는다. 그리고 뒤에 1차 부분의 계수들을 갖는다.

그림 6.16의 구조가 갖는 실제적인 문제는 이 필터를 임계적으로 불안정하게 만드는 단위 원상의 극점을 갖는다는 것이다. 만약 이 필터가 극점 주파수 중 하나에 의해 활성화되지 않는다면 출력은 제한된다. 따라서 반지름 r이 1과 매우 가깝지만 1보다는 약간 작은 값(예를 들면 $r = 0.99$)을 갖는 원 $|z| = r$ 위에서 $H(z)$를 샘플링함으로써 이 문제를 피할 수 있다. 그 결과는 다음과 같다.

$$H(z) = \frac{1 - r^M z^{-M}}{M} \sum_{k=0}^{M-1} \frac{H(k)}{1 - rW_M^{-k} z^{-k}}; \quad H(k) = H\left(re^{j2\pi k/M}\right) \tag{6.22}$$

이제 $r \approx 1$인 경우에 $H(re^{j2\pi k/M}) \approx H(e^{j2\pi k/M})$으로 근사시킴으로써, 실수 값들을 갖는 그림 6.16과 유사한 안정적인 구조를 얻을 수 있다. 이것은 연습문제 P6.21에서 더 자세히 알아본다.

예제 6.6 $h(n) = \frac{1}{9}\{\underset{\uparrow}{1}, 2, 3, 2, 1\}$이라 하자. 주파수 샘플링형을 구하고, 그림을 그려라.

풀이 MATLAB 코드:

```
>> h = [1,2,3,2,1]/9;  [C,B,A] = dir2fs(h)
C =
    0.5818
    0.0849
    1.0000
B =
   -0.8090    0.8090
    0.3090   -0.3090
A =
    1.0000   -0.6180    1.0000
    1.0000    1.6180    1.0000
    1.0000   -1.0000         0
```

$M = 5$로 홀수이기 때문에 1차 부분이 하나만 있다. 그러므로

$$H(z) = \frac{1 - z^{-5}}{5} \left[0.5818 \frac{-0.809 + 0.809z^{-1}}{1 - 0.618z^{-1} + z^{-2}} + 0.0848 \frac{0.309 - 0.309z^{-1}}{1 + 1.618z^{-1} + z^{-2}} + \frac{1}{1 - z^{-1}} \right]$$

이 예제의 주파수 샘플링형은 그림 6.17에 나타내었다.

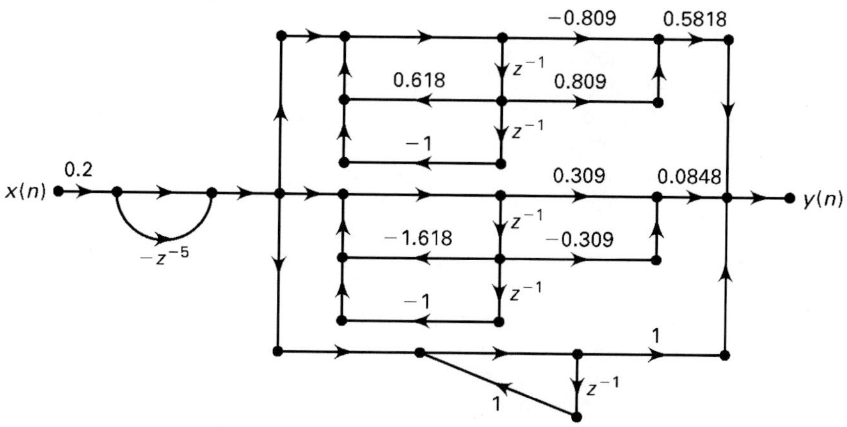

그림 6.17 예제 6.6의 주파수 샘플링형 구조

예제 6.7 32점 선형 위상 FIR 필터의 주파수 샘플들이 다음과 같이 주어졌다.

$$|H(k)| = \begin{cases} 1, & k = 0, 1, 2 \\ 0.5, & k = 3 \\ 0, & k = 4, 5, \ldots, 15 \end{cases}$$

이것의 주파수 샘플링형을 구하고, 계산 복잡도를 선형 위상형과 비교하라.

풀이 이 예제에는 DFT $H(k)$의 샘플들이 주어졌기 때문에, 구조를 결정하기 위해 식 (6.20)과 (6.21)을 직접 사용할 수 있다. 그러나 `dir2fs` 함수를 사용하기 위해, 임펄스 응답 $h(n)$을 결정해야 한다. 대칭성과 선형 위상 제약 조건을 이용하여, DFT $H(k)$를 다음과 같이 정리한다.

$$\begin{aligned} H(k) &= |H(k)|\, e^{j\angle H(k)}, \quad k = 0, 1, \ldots, 31 \\ |H(k)| &= |H(32-k)|, \quad k = 1, 2, \ldots, 31;\ H(0) = 1 \\ \angle H(k) &= -\frac{31}{2}\frac{2\pi}{32}k = -\angle H(32-k), \quad k = 0, 1, \ldots, 31 \end{aligned}$$

이제 $H(k)$의 IDFT가 원하는 임펄스 응답을 만들 것이다.

MATLAB 코드:

```
>> M = 32; alpha = (M-1)/2;
>> magHk = [1,1,1,0.5,zeros(1,25),0.5,1,1];
>> k1 = 0:15; k2 = 16:M-1;
>> angHk = [-alpha*(2*pi)/M*k1, alpha*(2*pi)/M*(M-k2)];
>> H = magHk.*exp(j*angHk);  h = real(ifft(H,M));  [C,B,A] = dir2fs(h)
   C =
        2.0000
        2.0000
        1.0000
        0.0000
        0.0000
        0.0000
        0.0000
             0
        0.0000
        0.0000
        0.0000
        0.0000
        0.0000
        0.0000
        0.0000
        1.0000
             0
   B =
       -0.9952    0.9952
        0.9808   -0.9808
       -0.9569    0.9569
       -0.8944    0.3162
        0.9794   -0.7121
        0.8265    0.2038
```

```
   -0.6754    0.8551
    1.0000    0.0000
    0.6866   -0.5792
    0.5191    0.9883
   -0.4430    0.4993
   -0.8944   -0.3162
   -0.2766    0.3039
    0.9343    0.9996
   -0.9077   -0.8084
A =
    1.0000   -1.9616    1.0000
    1.0000   -1.8478    1.0000
    1.0000   -1.6629    1.0000
    1.0000   -1.4142    1.0000
    1.0000   -1.1111    1.0000
    1.0000   -0.7654    1.0000
    1.0000   -0.3902    1.0000
    1.0000    0.0000    1.0000
    1.0000    0.3902    1.0000
    1.0000    0.7654    1.0000
    1.0000    1.1111    1.0000
    1.0000    1.4142    1.0000
    1.0000    1.6629    1.0000
    1.0000    1.8478    1.0000
    1.0000    1.9616    1.0000
    1.0000   -1.0000         0
    1.0000    1.0000         0
```

오직 4개의 이득 계수만이 0이 아님을 주목하라. 그러므로 주파수 샘플링형은 다음과 같다.

$$H(z) = \frac{1-z^{-32}}{32}\left[\begin{array}{c} 2\dfrac{-0.9952+0.9952z^{-1}}{1-1.9616z^{-1}+z^{-2}} + 2\dfrac{0.9808-0.9808z^{-1}}{1-1.8478z^{-1}+z^{-2}} + \\ \dfrac{-0.9569+0.9569z^{-1}}{1-1.6629z^{-1}+z^{-2}} + \dfrac{1}{1-z^{-1}} \end{array}\right]$$

계산 복잡도를 비교해보자. $H(0) = 1$이므로 1차 부분은 곱셈이 필요 없다. 반면, 3개의 2차 부분은 각각 세 번의 곱셈이 필요하므로, 출력 샘플마다 총 9번의 곱셈이 필요하다. 덧셈의 총 수는 13이다. 선형 위상 구조를 구현하기 위해서는 출력 샘플마다 16번의 곱셈과 31번의 덧셈이 필요하다. 그러므로 FIR 필터의 주파수 샘플링 구조가 선형 위상 구조보다 더 효율적이다.

6.4 유한 정밀도 수치 영향의 개관

지금까지 디지털 필터의 설계와 구현에 있어 필터 계수와 덧셈, 곱셈과 같은 연산을 무한 정밀도 수치를 사용해 표현하는 것을 고려해왔다. 이산 시간 시스템이 하드웨어나 소프트웨어

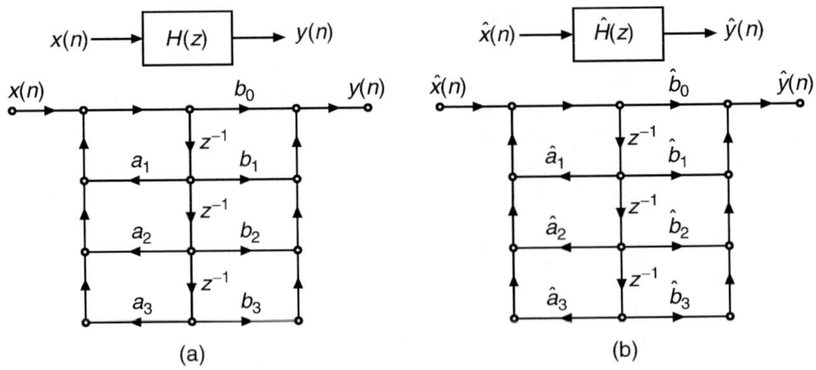

그림 6.18 제 II 직접형 디지털 필터 구현: (a) 무한 정밀도, (b) 유한 정밀도

로 구현될 때 모든 매개변수와 산술 연산은 유한 정밀도 수치로 구현된다. 그리하여 그들의 영향은 피할 수가 없다.

그림 6.18(a)와 같은 제 II 직접형 구조로 구현된 전형적인 디지털 필터를 고려하자. 구현하는 데 있어 유한 정밀도 표현이 사용될 때, 출력의 전체 성능에 영향을 미칠 수 있는 세 가지의 가능성 있는 고려사항이 있다.

1. 디지털 필터 계수 $\{a_k,\ b_k\}$의 유한 단어 길이 표현 $\{\hat{a}_k,\ \hat{b}_k\}$를 얻기 위해 양자화해야 한다.
2. $\hat{x}(n)$을 얻기 위해 입력 신호 $x(n)$을 양자화해야 한다.
3. 모든 내부 연산은 가장 적합한 표현으로 변환되어야 한다.

따라서 출력 $y(n)$ 역시 양자화된 값 $\hat{y}(n)$이 된다. 이것으로부터 그림 6.18(b)와 같은 새로운 필터 $\hat{H}(z)$를 얻게 된다. 우리는 새로운 필터 $\hat{H}(z)$와 그 출력 $\hat{y}(n)$이 본래의 필터 $H(z)$와 그 출력 $y(n)$에 가능한 한 가깝기를 원한다.

양자화 연산은 비선형 연산이기 때문에 위에서 설명한 세 가지 고려사항을 모두 고려한 통합적 분석은 매우 어렵고 복잡하다. 그러므로 이 장에서는 한 번에는 하나만 작용한다고 생각하고 각각의 효과를 분리하여 공부한다. 이렇게 함으로써 분석이 쉬워지고 결과의 해석이 가능해진다.

컴퓨터(좀 더 정확하게 중앙처리장치(CPU))에서의 수 표현에 관한 논의에서 출발한다. 이것은 신호 양자화와 아날로그-디지털(A/D) 변환 잡음으로 이어진다. 다음으로 디지털 필터 주파수 응답에 대한 필터 계수 양자화의 영향을 분석한다. 필터 출력에서의 곱셈과 덧셈 양자화(합쳐서 연산 반올림 오차로 알려진)의 영향은 10장에서 다룬다.

6.5 수의 표현

컴퓨터에서 수(실수, 허수, 정수, 분수)는 0, 1 중 하나의 값이 나열되는 이진수(비트)를 사용하여 표현된다. 이러한 수를 처리하기 위한 유한 단어 길이 연산은 구현의 편리성, 정확성 및 처리 과정의 동적 범위에 따라 두 가지 접근 방법으로 구현된다. **고정소수점**(fixed-point) 연산은 구현하기 쉽지만, 고정된 동적 범위와 정확성(즉, 매우 큰 수 혹은 매우 작은 수)을 갖는다. 반면, **부동소수점**(floating-point) 연산은 넓은 동적 범위와 다양한 정확성(수의 상대적 크기에 비례해)을 갖지만 구현하고 분석하기가 어렵다.

컴퓨터는 이진수(1 또는 0)에 대해서만 동작하므로 양수는 이진수로 바로 표현이 가능하다. 문제는 음수를 어떻게 표현하는가에 있다. 위에서 설명한 연산에 대해 **부호 절대값**(sign-magnitude) 형식, **1의 보수**(one's complement), **2의 보수**(two's complement)라는 세 가지 표현 방법이 있다. 이러한 표현 방식을 논의하고 분석하는 데 있어 대부분 비트들로 구성된 이진수 시스템을 고려할 것이다. 그러나 이러한 논의와 분석은 16진법, 8진법, 10진법 등의 기수법에도 유효하다.

다음 논의는 우선 고정소수점 부호 절대값 연산에서 시작한다. 정수 x의 B비트 이진수 표현은 다음과 같이 주어진다.[1]

$$x \equiv b_{B-1}\, b_{B-2}\, \ldots\, b_0 = b_{B-1} \times 2^{B-1} + b_{B-2} \times 2^{B-2} + \cdots + b_0 \times 2^0 \tag{6.23}$$

여기서 각 비트 b_i는 0 또는 1이다. 이러한 표현은 각 부호 방식의 장단점을 이해하고 간단한 MATLAB 함수를 개발하는 데 도움을 준다.

6.5.1 고정소수점 부호 정수 연산

이 연산에서 양수는 그것의 이진 표현을 사용하여 부호화된다. 예를 들어, 3비트를 사용하여 0부터 7까지의 숫자를 다음과 같이 표현할 수 있다.

```
 0    1    2    3    4    5    6    7
-+----+----+----+----+----+----+----+-
000  001  010  011  100  101  110  111
```

따라서 8비트를 사용해서는 0부터 255의 숫자를 표현할 수 있고, 10비트를 사용해서 0부터 1023까지의 수를 표현할 수 있으며, 16비트를 사용해서 0부터 65535까지를 표현할 수 있다. 음수에는 다음과 같은 세 가지 방식이 사용된다.

부호 절대값 형식 이 형식에서 양수는 앞에서와 같이 비트들을 사용해 표현된다. 그러나 최좌측 비트(최상위 비트(MSB)라고도 함)는 부호 비트(0은 +, 1은 −)로서 사용되고, 나머지 비트들은 다음과 같이 숫자의 절대값을 나타내는 데 사용된다.

---

1. 여기서 문자 b는 하나의 이진 비트를 표현하는 데 사용된다. 이는 필터 계수 $\{b_k\}$를 위해서도 사용된다. 본문에서의 사용은 내용을 통해 분명히 구분될 수 있다.

```
부호 비트
  -+     절대값
+---+----------------------+
|   |                      |
+---+----------------------+
```

따라서 이 시스템은 0을 위해 2개의 서로 다른 부호, 하나는 양의 0, 다른 하나는 음의 0을 갖는다. 예를 들면, 3비트를 사용하여 −3부터 3까지의 숫자를 다음과 같이 나타낼 수 있다.

```
 -3   -2   -1   -0    0    1    2    3
-+----+----+----+----+----+----+----+-
111  110  101  100  000  001  010  011
```

따라서 8비트는 구간 [−127, +127]을 나타낼 수 있으며, 16비트는 [+32767, +32767]을 나타낼 수 있다. 만약 B비트를 부호 절대값 형식으로 사용한다면, 정수 $-(2^{B-1}-1)$부터 $+(2^{B-1}-1)$까지 나타낼 수 있다.

이 형식은 두 가지 단점이 있다. 첫째는 0에 대한 두 가지 표현이 있다는 것이다. 둘째는 부호 절대값 형식을 사용하는 연산은 덧셈에 사용하는 규칙과 다른 뺄셈을 위한 또 하나의 규칙이 필요하다는 것인데, 이는 뺄셈을 하기 전에 두 숫자의 상대적인 값을 결정하기 위해 절대값을 비교해야 한다는 뜻이다.

MATLAB 구현 MATLAB은 결과를 10진수로 제공하는 64비트 부동소수점 계산 엔진이다. 그러므로 고정소수점 이진 연산은 MATLAB에서 시뮬레이션되어야 한다. MATLAB은 양의 10진수를 B비트 표현(하나의 부호이지 숫자가 아닌)으로 변환해주는 `dec2bin` 함수를 제공한다. 따라서 그것은 계산을 위해서는 사용될 수 없다. 비슷하게, `bin2dec` 함수는 B비트 표현을 10진수로 변환한다. 예를 들어 `dec2bin(3,3)`은 `011`을 반환하며, `bin2dec('111')`은 7을 반환한다. 부호 절대값 형식을 얻기 위해 부호 비트를 앞에 붙여야 하고, 그 비트는 양의 값과 음의 값을 구분하는 데 사용되어야 한다. 이러한 함수들은 연습문제 P9.1에서 살펴본다.

1의 보수 형식 이 형식에서는 정수 x의 부정(negation, 또는 보수)은 이진수 표현에서 모든 비트를 바꿈으로써(즉, 1은 0으로 0은 1로 바뀜) 얻어진다. x의 B비트 이진수 표현이 $b_{B-1}\,b_{B-2}\cdots b_0$라면, $\bar{x}$의 B비트 1의 보수는 다음과 같이 주어진다.

$$\bar{x} \triangleq \bar{b}_{B-1}\,\bar{b}_{B-2}\,\cdots\,\bar{b}_0$$

여기서 각 비트 $\bar{b}_i$는 비트 b_i의 보수이다. 그러면 당연히 다음이 성립한다.

$$x+\bar{x} \equiv 1\,1\,\ldots\,1 = 2^B-1 \tag{6.24}$$

최상위 비트가 0인 양수의 보수의 최상위 비트는 1을 가지므로, 최상위 비트는 1의 보수 형식에서도 부호 비트를 표현한다. 나머지 비트들은 양수라면 정수 x를 나타내며, 음수라면 x의

1의 보수를 나타낸다. 따라서 식 (6.24)를 사용하면 1의 보수 형식 표현[2]은 다음과 같이 주어진다.

$$x_{(1)} \triangleq \begin{cases} x, & x \geq 0 \\ |\overline{x}|, & x < 0 \end{cases} = \begin{cases} x, & x \geq 0 \\ 2^B - 1 - |x|, & x < 0 \end{cases} = \begin{cases} x, & x \geq 0 \\ 2^B - 1 + x, & x < 0 \end{cases} \tag{6.25}$$

당연히, B비트가 활용 가능하다면 부호 절대값 형식과 유사하게 정수 $(-2^{B-1}+1)$부터 $(+2^{B-1}-1)$까지 나타낼 수 있다. 예를 들면, 3비트를 사용해서 -3부터 3까지의 숫자를 다음과 같이 표현할 수 있다.

```
 -3   -2   -1   -0    0    1    2    3
 -+----+----+----+----+----+----+----+-
 100  101  110  111  000  001  010  011
```

이것은 부호 절대값 형식과 비교하여 다른 비트의 배열이다.

이 형식의 장점은 단지 비트들의 부정을 취해 쉽게 얻을 수 있는 보수를 더함으로써 뺄셈이 가능하다는 점이다. 그러나 단점도 많다. 여전히 0에 대한 두 가지 부호가 있다. 덧셈을 구현하기 까다롭고, 자릿수 초과를 관리하기 위해 최하위 비트(2^0)에 자릿수 초과 비트를 더해야 한다.

MATLAB 구현 B비트를 사용한 정수 x의 1의 보수 방식 표현은 숫자의 비트의 보수를 취하는 함수 `bitcmp(x,B)`를 사용해 얻을 수 있다. 결과는 0과 $2^B - 1$ 사이의 10진수로 표현된다. 이전과 같이 `dec2bin`을 사용해 이진 부호로 바꿀 수 있다. 식 (6.25)를 사용해 1의 보수 방식을 표현하는 MATLAB 함수 `OnesComplement`를 개발할 수 있다. 함수는 숫자의 부호를 언제 1의 보수를 사용해야 하는지 결정할 때 사용하며, 벡터 값뿐만 아니라 스칼라 값을 사용할 수 있다. 결과는 10진법 표현으로 나온다.

```
function y = OnesComplement(x,B)
% y = OnesComplement(x,B)
% ---------------
% Decimal equivalent of
%  Sign-Magnitude format integer to b-bit Ones'-Complement format conversion
%
%    x: integer between -2^(b-1) <  x <  2^(b-1) (sign-magnitude)
%    y: integer between         0 <= y <= 2^b-1   (1's-complement)

if any((x <= -2^(B-1) | (x >= 2^(B-1))))
    error('Numbers must satisfy -2^(B-1) < x <  2^(B-1)')
end
s = sign(x);  % sign of x (-1 if x<0, 0 if x=0, 1 if x>0)
sb = (s < 0); % sign-bit  (0 if x>=0, 1 if x<0));
y = (1-sb).*x + sb.*bitcmp(abs(x),B);
```

2. 1의 보수 형식은 양수와 음수를 모두 표현하는데, 한 수의 1의 보수는 그 수의 부호를 바꾼 것과 같다.

예제 6.8 `OnesComplement` 함수를 사용하여 4비트로 −7에서 7까지 정수의 1의 보수 표현을 구하라.

풀이 MATLAB 코드:

```
>> x = -7:7
x =
   -7   -6   -5   -4   -3   -2   -1    0    1    2    3    4    5    6    7
>> y = OnesComplement(x,4)
y =
    8    9   10   11   12   13   14    0    1    2    3    4    5    6    7
```

본래 우리가 입력한 정렬상에 −0이 없기 때문에 숫자 15가 빠져 있음에 주목하라.

2의 보수 형식 이 형식에서는 0을 위해 2개의 부호를 갖는 단점이 제거된다. 양수는 이전과 같이 부호화된다. 양수 x의 B비트 2의 보수 $\tilde{x}$은 다음과 같이 주어진다.

$$\tilde{x} = \bar{x} + 1 = 2^B - x \quad \text{또는} \quad x + \tilde{x} = 2^B \tag{6.26}$$

여기서 두 번째 등식은 식 (6.25)로부터 얻어진다. 다시 한 번 최상위 비트는 부호 비트로 사용된다. 따라서 식 (6.26)을 사용한 2의 보수 방식의 표현[3]은 다음과 같이 주어진다.

$$x_{(2)} = \begin{cases} x, & x \geq 0 \\ |\tilde{x}|, & x < 0 \end{cases} = \begin{cases} x, & x \geq 0 \\ 2^B - |x|, & x < 0 \end{cases} = \begin{cases} x, & x \geq 0 \\ 2^B + x, & x < 0 \end{cases} \tag{6.27}$$

따라서 B비트 2의 보수 형식에서 음수는 양수에 2^B을 더함으로써 얻어진다. B비트가 활용 가능하다면, 정수 (-2^{B-1})부터 $(+2^{B-1}-1)$까지 나타낼 수 있다. 예를 들면, 3비트를 사용해서 −4부터 3까지의 숫자를 다음과 같이 표현할 수 있다.

```
 -4   -3   -2   -1    0    1    2    3
-+----+----+----+----+----+----+----+-
100  101  110  111  000  001  010  011
```

이 형식은 음수들을 오른쪽으로 이동(증가)시킴으로써, 0에 대해 두 가지 부호가 있는 문제를 없애고, 왼쪽에 추가 음수를 표현할 수 있다. 따라서 4비트는 −8에서 +7, 8비트는 구간 [−127, +127]을 나타낼 수 있으며, 16비트는 [−32768, +32767]을 나타낼 수 있다.

MATLAB 구현 식 (6.27)을 사용하여 2의 보수 형식 표현을 얻는 MATLAB 함수 `TwosComplement`를 개발할 수 있다. `bitcmp` 함수에 1을 더함으로써 2의 보수 형식 결과를 얻을 수 있다. 그러나 분수를 다룰 때 편리하므로 2의 보수를 얻기 위해 식 (6.27)의 마지막 등식을 이용할 것이다. 이 함수는 벡터 값뿐만 아니라 스칼라 값도 사용할 수 있다. 결과는 2의 보수 표현의 10진수로 나온다. 이전과 같이 `dec2bin`을 사용해 이진 부호로 바꿀 수 있다.

---

3. 역시 2의 보수 형식도 양수와 음수를 모두 표현하는데, 한 수의 2의 보수는 그 수의 부호를 바꾼 것과 같다.

```
function y = TwosComplement(x,b)
% y = TwosComplement(x,b)
% ---------------
% Decimal equivalent of
%  Sign-Magnitude format integer to b-bit Ones'-Complement format conversion
%
%    x: integer between -2^(b-1) <= x <  2^(b-1) (sign-magnitude)
%    y: integer between        0 <= y <= 2^b-1   (2's-complement)
if any((x < -2^(b-1) | (x >= 2^(b-1))))
    error('Numbers must satisfy -2^(b-1) <= x <  2^(b-1)')
end
s = sign(x);  % sign of x (-1 if x<0, 0 if x=0, 1 if x>0)
sb = (s < 0); % sign-bit  (0 if x>=0, 1 if x<0));
y = (1-sb).*x + sb.*(2^b+x); % or y = (1-sb).*x + sb.*(bitcmp(abs(x),b)+1);
```

예제 6.9 `TwosComplement` 함수를 사용하여 4비트로 -8에서 7까지 정수의 2의 보수 표현을 구하라.

풀이 MATLAB 코드:

```
>> x = -8:7
x =
   -8   -7   -6   -5   -4   -3   -2   -1    0    1    2    3    4    5    6    7
>> y = TwosComplement(x,4)
y =
    8    9   10   11   12   13   14   15    0    1    2    3    4    5    6    7
>> y = dec2bin(y,4); disp(sprintf('%s',[y';char(ones(1,16)*32)]))
1000 1001 1010 1011 1100 1101 1110 1111 0000 0001 0010 0011 0100 0101 0110 0111
```

2의 보수 형식은 여러 가지 흥미로운 성질과 장점을 갖고 있다. 이 내용은 '10의 보수 형식'을 논의한 후 다룬다.

10의 보수 형식 이 형식은 10진수 정수의 표현이다. 이 형식을 설명하는 이유는 2의 보수 형식의 특성을 좀 더 쉽게 이해하기 위해서이다. 식 (6.26)과 같이, 양수 x의 N자리 10의 보수는 다음과 같이 주어진다.

$$\tilde{x} = 10^N - x \quad \text{또는} \quad x + \tilde{x} = 10^N \tag{6.28}$$

식 (6.28)을 사용하여, N자리 10의 보수 형식의 표현은 다음과 같이 주어진다.

$$x_{(10^N)} \triangleq \begin{cases} x, & x \geq 0 \\ |\tilde{x}|, & x < 0 \end{cases} = \begin{cases} x, & x \geq 0 \\ 10^N - |x|, & x < 0 \end{cases} = \begin{cases} x, & x \geq 0 \\ 10^N + x, & x < 0 \end{cases} \tag{6.29}$$

따라서 N자리 10의 보수 형식(10^N-보수 형식이라고도 함)에서 음수는 양수에 10^N을 더함으로써 얻어진다. 당연히 N자리를 사용할 수 있을 때, 정수 $(-\frac{10^N}{2})$부터 $(+\frac{10^N}{2}-1)$까지 10^N개의 정수를 표현할 수 있다. 예를 들면, 한 자리를 사용해서 −5부터 4까지의 숫자를 다음과 같이 표현할 수 있다.

```
-5   -4   -3   -2   -1    0    1    2    3    4
-+----+----+----+----+----+----+----+----+----+
 5    6    7    8    9    0    1    2    3    4
```

예제 6.10 두 자리 10의 보수를 사용하여, 즉 100의 보수 형식으로 다음 연산을 수행하라.

1. $16-32$ **2.** $32-16$ **3.** $-30-40$

4. $40+20-30$ **5.** $-40-20+30$

풀이

1. $16-32$

우선 $16-32=-16$임에 주목한다. 만약 계산 과정에서 오른쪽에서 왼쪽으로 진행하여 올림수를 발생시키는 일반적인 뺄셈 규칙을 사용한다면, 우리는 연산을 완성할 수 없다. 100의 보수 형식을 사용하여 다음과 같은 100의 보수 표현을 얻는 데 주목한다.

$$16_{(100)}=16,\quad -16_{(100)}=100-16=84,\quad -32_{(100)}=100-32=68$$

따라서 부호 절대값 형식에서처럼 $16-32\equiv 16+68=84\equiv -16$이 된다.

2. $32-16$

이 경우 100의 보수 형식은 부호 절대값 형식에서 생성되는 올림수를 무시함으로써 다음과 같이 주어진다.

$$32+84=116\equiv 16$$

이것은 부호 비트가 서로 달랐기 때문에 연산이 자릿수 초과를 발생시킬 수 없기 때문이다. 따라서 부호 비트가 같을 때만 자릿수 초과를 확인하면 된다.

3. $-30-40$

이 경우 100의 보수 형식은 다음과 같이 주어진다.

$$(100-30)+(100-40)=70+60=130$$

부호 비트가 서로 같았기 때문에 자릿수 초과가 발생했고, 결과는 유효하지 않다.

4. $40+20-30$

이 예는 하나 이상의 덧셈 또는 뺄셈이 있는 예이다. 최종 결과가 범위 안에 있으므로, 자릿수 초과는 무시될 수 있다. 즉,

$$40 + 20 + (100 - 30) = 40 + 20 + 70 = 130 \equiv 30$$

옳은 결과이다.

5. $-40 - 20 + 30$

이 경우에는 다음과 같이

$$(100 - 40) + (100 - 20) + 30 = 60 + 80 + 30 = 170 \equiv -30$$

부호 절대값 형식에서 다시 한 번 옳은 결과이다.

MATLAB 구현 식 (6.29)를 사용하여 10의 보수 형식 표현을 얻는 MATLAB 함수 `TensComplement`를 개발할 수 있다. 연습문제 P6.24에서 살펴볼 `TwosComplement`와 유사하다.

2의 보수 형식의 장점 위의 결과를 사용하여, 2의 보수 형식의 이점을 말할 수 있다. 이것들은(약간의 수정을 거치면) 10의 보수 형식에도 유효하다.

1. B비트 분수 표현에 대해 모두 2^{B+1}개의 다른 표현을 제공한다. 0에 대해 하나의 표현만이 있다.
2. 이 보수의 개념은 음수화의 개념과 상호 호환 가능하다(보수의 보수는 그 숫자 자신이다).
3. 이 방식은 뺄셈과 덧셈의 연산이 통일된다(뺄셈은 본질적으로 덧셈이다).
4. 2개 이상의 숫자들의 합에서, 중간 과정의 자릿수 초과는 최종 결과가 범위 안에 있는 한 영향을 미치지 않는다(즉, 두 양수의 덧셈은 양수 결과로 나오며, 두 음수의 덧셈은 음수로 나온다).

따라서 대부분의 아날로그-디지털 변환기나 처리기에서 음수들은 2의 보수 형식으로 표현된다. 대부분의 현재 처리기들은 부호 연산을 이 형식을 사용해 구현하고 있으며, 이를 지원하기 위해 특별한 기능(자릿수 초과 표시 문자)을 제공한다.

초과 2^{B-1} 형식 이 형식은 부동소수점의 지수(exponent)를 나타내기 위해 사용된다. 따라서 여기서는 간단히 논의한다. 초과 2^{B-1} 부호 형식(편향(biased) 형식이라고도 함)에서 (-2^{B-1})부터 $(+2^{B-1} - 1)$ 사이의 모든 양과 음의 정수는 다음과 같이 주어진다.

$$x_{(e)} \triangleq 2^{B-1} + x \tag{6.30}$$

예를 들어, 3비트를 사용하여 -4부터 3까지를 다음과 같이 나타낼 수 있다.

```
 -4   -3   -2   -1    0    1    2    3
-+----+----+----+----+----+----+----+-
000  001  010  011  100  101  110  111
```

이 형식은 2의 보수 형식과 유사하다는 사실을 알 수 있지만, 부호 비트가 서로 다르다. 이 형식에 대한 연산은 2의 보수 형식의 연산과 비슷하다. 이 형식은 부동소수점의 지수 표현에 쓰인다.

6.5.2 일반 고정소수점 연산

지난 절에서 논의한 정수 연산을 바탕으로 임의의 실수(정수와 소수)에 대한 고정소수점 표현으로 확장할 수 있다. 주어진 무한 정밀도 실수 x를 다음과 같은 비트 배열을 갖는 이진수 $\hat{x}$로 근사할 수 있다고 가정한다.

$$\hat{x} = \underset{\substack{\uparrow \\ \text{부호 비트}}}{\pm} \; \underbrace{\mathrm{xx}\cdots\mathrm{x}}_{\substack{\text{“}L\text{”} \\ \text{정수 비트}}} \blacktriangle \underbrace{\mathrm{xx}\cdots\mathrm{x}}_{\substack{\text{“}B\text{”} \\ \text{소수 비트}}} \tag{6.31}$$

여기서 부호 비트가 0이면 양수, 1이면 음수이며, x는 0 또는 1이며, ▲는 이진 소수점(binary point)이다. 이 표현은 사실 아래에서 살펴볼 실수의 부호 절대값 형식이다. 숫자 $\hat{x}$에 대한 총 단어 길이(word length)는 $L + B + 1$비트와 같다.

예제 6.11 $L = 4$이고 $B = 5$일 때, $\hat{x}$는 10비트 숫자이다. 11010▲01110을 10진수로 표현하라.

풀이

$$\begin{aligned}\hat{x} &= -(1\times 2^3 + 0\times 2^2 + 1\times 2^1 + 0\times 2^0 + 0\times 2^{-1} + 1\times 2^{-2} + 1\times 2^{-3} + 1\times 2^{-4} + 0\times 2^{-5}) \\ &= -10.4375\end{aligned}$$

■

많은 아날로그-디지털 변환기와 처리기에서 실수는 크기 조정을 통해 $(-1,\ 1)$ 범위 안의 고정소수점으로 표현된다. 이것은 두 소수를 곱할 때, 항상 소수가 되어 자릿수 초과가 일어나지 않는다는 장점이 있다. 따라서 우리는 다음과 같은 표현을 고려할 것이다.

$$\hat{x} = A(\pm \blacktriangle \underbrace{\mathrm{xxxxxx}\cdots\mathrm{x}}_{B\ \text{소수 비트}}) \tag{6.32}$$

여기서 A는 양의 비례 인자(scaling factor)이다.

예제 6.12 예제 6.11의 숫자 $\hat{x} = -10.4375$를 하나의 단일 소수 배열로 표현하라.

풀이 $A = 2^4 = 16$ 그리고 $B = 9$로 선택하면,

$$\hat{x} = -10.4375 = 16\,(1\blacktriangle 101001110)$$

따라서 A와 B를 선택함으로써 어떠한 단일 소수 표현으로 나타낼 수 있다.

주의: 스칼라 A는 2의 지수일 필요는 없다. 사실 어떠한 실수를 A로 택하더라도 우리는 임의의 범위를 얻을 수 있다. 그러나 A를 위해 2의 지수를 선택하면 하드웨어 구현이 좀 더 용이해진다.

지난 절에서 논의했듯이 음수를 얻는 방식에 따라 고정소수점 연산에는 세 가지의 주요 형식이 있다. 모든 형식에 있어서 양수의 표현은 정확히 같다. 다음에는 단일 소수 배열을 가정한다.

부호 절대값 형식 이름에서 알 수 있듯이 절대값은 B비트 소수로 주어지고, 부호는 최상위 비트로 주어진다. 따라서

$$\hat{x} = \begin{cases} 0{\blacktriangle}\mathtt{x}_1\mathtt{x}_2\cdots\mathtt{x}_B & x \geq 0 \text{일 때} \\ 1{\blacktriangle}\mathtt{x}_1\mathtt{x}_2\cdots\mathtt{x}_B & x < 0 \text{일 때} \end{cases} \tag{6.33}$$

예를 들면, $B = 2$일 때 $\hat{x} = +1/4$는 $\hat{x} = 0{\blacktriangle}01$ 그리고 $\hat{x} = -1/4$는 $\hat{x} = 1{\blacktriangle}01$로 표현된다.

1의 보수 형식 이 형식에서 양수는 부호 절대값 형식의 표현과 같다. 음수일 때는 양수의 비트 보수의 배열로 얻어질 수 있다. 따라서

$$\hat{x} = \begin{cases} 0{\blacktriangle}\mathtt{x}_1\mathtt{x}_2\cdots\mathtt{x}_B & x \geq 0 \text{일 때} \\ 1{\blacktriangle}\bar{\mathtt{x}}_1\bar{\mathtt{x}}_2\cdots\bar{\mathtt{x}}_B & x < 0 \text{일 때} \end{cases} \tag{6.34}$$

예를 들면, $B = 2$일 때 $\hat{x} = +1/4$는 $\hat{x} = 0{\blacktriangle}01$ 그리고 $\hat{x} = -1/4$는 $\hat{x} = 1{\blacktriangle}10$으로 표현된다.

2의 보수 형식 다시 한 번 양수의 표현은 같다. 음수는 절대값에 우선 보수를 취하고 나서 최하위 비트(LSB: least significant bit)에 모듈로-2 덧셈으로 1을 더함으로써 얻을 수 있다. 다시 말해, 2의 보수는 2에서 절대값의 크기를 빼서 얻을 수 있다. 따라서

$$\hat{x} = \begin{cases} 0{\blacktriangle}\mathtt{x}_1\mathtt{x}_2\cdots\mathtt{x}_B & x \geq 0 \text{일 때} \\ 2 - |x| = 1{\blacktriangle}\bar{\mathtt{x}}_1\bar{\mathtt{x}}_2\cdots\bar{\mathtt{x}}_B \oplus 0{\blacktriangle}00\cdots1 = 1{\blacktriangle}\mathtt{y}_1\mathtt{y}_2\cdots\mathtt{y}_B & x < 0 \text{일 때} \end{cases} \tag{6.35}$$

여기서 $\oplus$는 모듈로-2 덧셈을 나타내며, 비트 $\mathtt{y}$는 일반적으로 비트 $\bar{\mathtt{x}}$와 다르다. 예를 들면, $B = 2$일 때 $\hat{x} = +1/4$는 $\hat{x} = 0{\blacktriangle}01$ 그리고 $\hat{x} = -1/4$는 $\hat{x} = 1{\blacktriangle}10 \oplus 0{\blacktriangle}01 = 1{\blacktriangle}11$로 표현된다.

예제 6.13 $B = 3$일 때, $\hat{x}$은 4비트 숫자(부호 비트와 3비트)이다. 세 가지 형식 각각에 대해 $\hat{x}$이 표현할 수 있는 모든 가능한 값을 구하라.

풀이 가능한 $2^4 = 16$개의 값이 있으며, $\hat{x}$은 세 가지 형식에 따라 다음 표와 같은 값들을 취할 수 있다.

이진수	부호 절대값	1의 보수	2의 보수
0▲111	7/8	7/8	7/8
0▲110	6/8	6/8	6/8
0▲101	5/8	5/8	5/8
0▲100	4/8	4/8	4/8
0▲011	3/8	3/8	3/8
0▲010	2/8	2/8	2/8
0▲001	1/8	1/8	1/8
0▲000	0	0	0
1▲000	−0	−7/8	−1
1▲001	−1/8	−6/8	−7/8
1▲010	−2/8	−5/8	−6/8
1▲011	−3/8	−4/8	−5/8
1▲100	−4/8	−3/8	−4/8
1▲101	−5/8	−2/8	−3/8
1▲110	−6/8	−1/8	−2/8
1▲111	−7/8	−0	−1/8

위의 예제에서 비트 배열이 4비트 정수의 경우와 정확히 일치함을 관찰하라. 단 하나의 차이점은 이진 소수점의 위치에 있다. 따라서 지난 절에서 개발한 MATLAB 프로그램에 적절한 수정을 가하여 쉽게 사용할 수 있다. MATLAB 함수 `sm2oc`는 10진수 부호 절대값 소수를 1의 보수 형식으로 바꾸는 반면, 함수 `oc2sm`은 역의 기능을 한다. 이러한 함수들은 연습문제 P6.23에서 다룬다. 마찬가지로 MATLAB 함수 `sm2tc`와 `tc2sm`은 10진수 부호 절대값 소수를 2의 보수 형식으로 바꾸고 그 역의 기능을 하는데, 각각 연습문제 P6.25에서 다룬다.

6.5.3 부동소수점 연산

많은 응용 분야에서 매우 큰 범위의 숫자가 필요하다. 예를 들면, 물리학에서는 태양의 질량(예: 2.10^{30} kg)이나 전자의 질량(예: 9.10^{-31} kg)처럼 매우 크고 작은 숫자가 동시에 필요하다. 이 두 숫자의 범위는 10^{60}에 달한다. 고정소수점으로 표현하려면 62자리 숫자(또는 62자리 정밀도)가 필요하다. 그러나 태양의 질량은 다섯 자리까지의 정확한 값도 알려져 있지 않고, 62자리의 정밀도를 갖춘 측정 수단은 물리학에서 거의 없다. 62자리의 정밀도로 계산을 한다고 하더라도 마지막 결과를 프린트하기 전에 그중 50 또는 60자리는 지워버릴 것이라 상상할 수 있다. 이는 CPU 시간이나 메모리 공간 둘 다의 낭비이다. 그래서 필요한 시스템은 숫자를 표현할 수 있는 범위가 중요한 숫자의 개수에 독립적인 시스템이다.

10진수 10진수 x에 대한 부동소수점 표현은 과학적 표기법에서의 숫자 표현 방법에 기초를 둔다.

$$x = \pm M \times 10^{\pm E}$$

여기서 M은 가수(mantissa), E는 지수(exponent)라고 한다. 그러나 같은 숫자라도 소수점에 따라 여러 가지로 나타낼 수 있다. 예를 들면 다음과 같다.

$$1234 = 0.1234 \times 10^4 = 1.234 \times 10^3 = 12.34 \times 10^2 = \cdots$$

이 문제를 해결하기 위해 부동소수점 숫자는 항상 소수점 왼쪽에 하나의 0이 아닌 숫자만을 갖는 유일한 표현 방식으로 저장한다. 부동소수점 숫자의 이러한 표현을 **정규화 표현**(normalized form)이라고 한다. 위 숫자의 정규화 표현은 소수점 왼쪽에 단 하나의 숫자만을 가지므로 1.234×10^3이다. 정규화 형식에 대한 숫자의 배열은 다음과 같이 주어진다.

$$\hat{x} = \underset{\text{M의 부호 비트}}{\pm} \quad \mathtt{x}\blacktriangle\underbrace{\mathtt{xx\cdots x}}_{N\text{비트 } M} \quad \underset{\text{E의 부호 비트}}{\pm} \quad \underbrace{\mathtt{xx\cdots x}}_{L\text{비트 } E} \tag{6.36}$$

음수를 위해 10의 보수 형식을 포함하여 고정소수점 표현과 같은 형식을 갖는다.

지수의 자릿수는 표현 가능한 숫자들의 범위를 결정하며, 가수에 사용되는 자릿수는 숫자의 정밀도를 결정한다. 예를 들어 가수가 두 자리와 부호를 사용하고 지수가 두 자리와 부호를 사용한다면, 실수축에서 다음과 같은 범위 안을 표현할 수 있다.

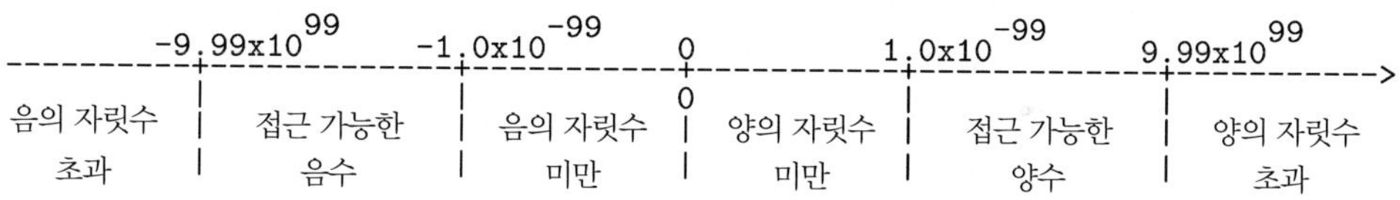

주어진 표현으로 접근 가능한 소수의 범위는 커질 수 있지만, 여전히 유한하다. 위의 예에서 (2자리 지수와 2자리 가수) 단지 $9 \times 10 \times 10 \times 199 = 179,100$개의 양수와 같은 개수의 음수만이 표현 가능하다.

이진수 단일 소수 고정소수점 연산은 곱셈을 할 때는 어떠한 자릿수 초과 문제도 발생하지 않지만, 덧셈을 할 때는 자릿수 초과 문제가 발생한다. 또한 고정소수점 숫자들은 가변 범위가 제한된다. 이 두 가지 면은 모두 집약적인 계산 업무에 적합하지 않다. 이러한 제한은 이진 소수점 '▴'를 고정하지 않고 움직임으로써 없앨 수 있다.

이진수 표현을 위한 부동소수점 비트 배열은 10진수의 경우와 유사하다. 하지만 실제로는 두 가지 예외가 발생한다. 지표는 L비트 초과 2^{L-1} 형식을 사용해 표현되고, B비트 정규화된 가수는 소수점 뒤에 하나의 1을 가진 소수이다. 부호 비트는 비트 배열의 최상위 비트임에 주목하라. 따라서 B비트 가수와 L비트 지수(총 $B + L + 1$ 단어 길이)는 다음과 같이 주어진다(가수와 지수의 위치가 바뀌어 있음을 주목하라).

$$\hat{x} = \overset{M\text{의 부호 비트}}{\overset{\downarrow}{\pm}} \; \underbrace{\texttt{xx}\cdots\texttt{x}}_{L\text{비트 } E} \; \blacktriangle \; \underbrace{\texttt{1x}\cdots\texttt{x}}_{B\text{비트 } M} \tag{6.37}$$

여기서 지수 E는 조정되어 정규화된 가수, 즉 $1/2 \le M < 1$을 갖는다. 따라서 소수점 뒤의 첫 비트는 항상 1이다. $\hat{x}$의 10진수 표현은 다음과 같이 주어진다.

$$\hat{x} = \pm M \times 2^E \tag{6.38}$$

음수에 대해 가수는 2의 보수 형식을 포함하여 고정소수점 표현과 같이 여러 형식으로 표현될 수 있다. 그러나 가수를 위해 가장 널리 쓰이는 것은 부호 절대값 형식이다.

예제 6.14 32비트 부동소수점 단어의 배열이 다음과 같을 때,

$$\hat{x} = \pm \underbrace{\texttt{xx}\cdots\texttt{x}}_{8\text{비트 } E} \; \blacktriangle \; \underbrace{\texttt{1x}\cdots\texttt{x}}_{23\text{비트 } M}$$

다음의 값을 10진수로 구하라.

`01000001111000000000000000000000`

풀이 8비트 지수이므로, 지수는 초과 2^7 또는 초과 128로 표현되어 있는 것이다. 그러면 비트 배열은 아래와 같이 분리될 수 있다.

$$\hat{x} = \overset{\text{부호}}{\overset{\downarrow}{0}} \; \underbrace{\texttt{10000011}}_{E=131} \; \blacktriangle \; \underbrace{\texttt{11000000000000000000000}}_{M=2^{-1}+2^{-2}}$$

부호 비트가 0이므로 이는 음수를 의미한다. 지표 131은 10진수로 $131 - 128 = 3$이다. 따라서 비트 배열은 10진수 $\hat{x} = +(2^{-1} + 2^{-2})(2^3) = 2^2 + 2^1 = 6$이다.

예제 6.15 $\hat{x} = -0.1875$이다. $\hat{x}$을 식 (6.49)에서 주어진 형식을 사용하여 표현하라. 단, $B = 11$, $L = 4$ (총 16비트)이고 가수를 위해서는 부호 절대값 형식을 사용한다.

풀이 다음과 같이 쓸 수 있다.

$$\hat{x} = -0.1875 = -0.75 \times 2^{-2}$$

따라서 지표는 -2, 가수는 0.75이고 부호는 음이다. 4비트 지표는 초과 8 형식으로 표현하여 $8 - 2 = 6$ 또는 비트 배열로 `0110`이다. 가수는 `11000000000`으로 표현된다. $\hat{x}$은 음이므로 비트 배열은 다음과 같다.

$$\hat{x} \equiv 1011011000000000$$

부동소수점 표현의 장점은 가변 범위가 매우 넓다는 점과 두 연속된 표현 가능한 수준 사이의 간격으로 정의된 해상도(resolution)가 크기에 비례한다는 점이다. 단점은 숫자 0에 대한 표현 방법이 없다는 점과 고정소수점에 비해 산술 연산이 좀 더 복잡하다는 점이다.

IEEE 754 표준 디지털 컴퓨터 혁명의 초기 시절에는 부동소수점 숫자를 표현하는 내부 표현 방식이 제각각이었다. 부동소수점 연산의 구현이 더 복잡해짐에 따라 몇몇 설계에서 부정확한 연산이 발생했다. 그래서 1985년 IEEE는 각기 다른 컴퓨터들 사이에 부동소수점 데이터를 교환하는 것을 허용하고 하드웨어 설계자에게 정확한 모델을 제공하기 위해 하나의 표준(IEEE 표준 754-1985 또는 줄여서 IEEE 754)을 발표했다. 최근에 대부분의 생산자는 부동소수점 연산을 위해 IEEE 754 표준을 사용하여 주 처리기나 전용 보조 처리기를 설계한다.

IEEE 754 표준은 이진수를 위해 세 가지 형식을 정의하는데, 바로 32비트 단정밀도 형식(32-bit single precision format), 64비트 배정밀도 형식(64-bit double precision format), 80비트 임시 형식(80-bit temporary format, 처리기나 연산 부 처리기 내부에서 버림 오차를 최소화하기 위해 내부적으로 사용됨)이다.

32비트 단정밀도 형식을 간단히 살펴본다. 이 표준은 위에서 논의한 부동소수점 표현과 유사점이 많지만, 차이점도 있다. 이것은 IEEE가 제안한 또 다른 모델임을 명심하라. 이 모델의 형태는 다음과 같다.

$$\hat{x} = \overset{M\text{의 부호 비트}}{\overset{\downarrow}{\pm}} \quad \underbrace{\mathtt{xx}\cdots\mathtt{x}}_{8\text{비트 } E} \;\blacktriangle\; \underbrace{\mathtt{xx}\cdots\mathtt{x}}_{23\text{비트 } M} \tag{6.39}$$

가수의 값을 표준에서는 유효 숫자(significand)라고 한다. 이 모델의 특징은 다음과 같다.

- 부호 비트가 0이면 양수, 1이면 음수이다.
- 지수는 8비트 초과 127(128 아님) 형식으로 표현된다. 따라서 지수의 범위는 10진수 -127에서 128 사이이다.
- 가수는 23비트 이진수이다. 정규화된 가수는 항상 비트 1로 시작하고 뒤에는 이진 소수점과 나머지 23비트가 온다. 그러나 첫 비트의 1은 정규화된 가수에서 항상 있으므로 숨어 있으며(저장되어 있지 않음), 계산을 위해 복원할 필요가 있다. 이것은 정규화된 가수의 일반적인 정의와 다름에 주목하라. 만약 수의 23비트가 모두 0이라면, 가수는 1(숨어 있는 첫 1을 기억하라)이다. 만약 23비트가 모두 1이라면, 가수는 거의 2(사실 $2-2^{-23}$)이다. 모든 IEEE 754 정규화된 숫자는 $1 \le M < 2$ 범위 안의 가수를 갖는다.
- 정규화된 숫자 중 가장 작은 것은 2^{-126}이고, 가장 큰 정규화된 숫자는 2^{128}이다. 결과적으

로 양의 10진수에 대해 대략 10^{-38}에서 10^{38}의 범위를 가지며, 음수에 대해서도 비슷한 범위를 갖는다.

- 만약 $E = 0$이고 $M = 0$이면, 그 표현은 **비정규화된 숫자**(즉, 숨겨진 비트는 0)라 해석되고, ± 0의 부호 비트에 따라(**소프트 0**이라고 함) 하나의 값이 부여된다. 따라서 0은 두 가지 표현을 갖는다.
- 만약 $E = 255$이고 $M \neq 0$이면, 그 표현은 **숫자가 아닌 것**(NaN: not-a-number)으로 해석된다. MATLAB은 0/0과 같은 일이 발생할 때 `NaN` 변수를 할당한다.
- 만약 $E = 255$이고 $M = 0$이면, 그 표현은 $\pm\infty$로 해석된다. MATLAB은 1/0과 같은 일이 발생할 때 `inf` 변수를 할당한다.

예제 6.13 예제 6.14에서 주어졌던 비트 배열을 고려하라. IEEE 754 형식을 가정할 때, 그것의 10진수 표현을 구하라.

풀이 부호 비트는 0이고 지수 부호는 131, 즉 지수는 $131 - 127 = 4$이다. 가수는 $1 + 2^{-1} + 2^{-2} = 1.75$이다. 따라서 주어진 비트 배열은 다음과 같이 표현된다.

$$\hat{x} = +(1 + 2^{-1} + 2^{-2})(2^4) = 2^4 + 2^3 + 2^2 = 28$$

이것은 예제 6.14에서의 숫자와 다르다.

MATLAB은 모든 숫자 표현을 위해 64비트 배정밀도를 가진 IEEE 754 형식을 사용하고 내부 계산을 위해 80비트 임시 형식을 사용한다. 따라서 MATLAB에서 하는 모든 계산은 사실 부동소수점 계산이다. MATLAB에서 다른 부동소수점 형식을 시뮬레이션하는 일은 훨씬 더 복잡하며, 그 자체의 형식에 비해 더 나은 통찰력을 주지 못한다. 따라서 고정소수점에서 했던 것과 같은 부동소수점 연산에 대한 MATLAB 시뮬레이션은 고려하지 않는다.

6.6 양자화 과정과 오차 특성

앞 절의 숫자 표현에 관한 논의로부터 일반적인 무한 정밀도 실수는 유한 길이 레지스터용으로 주어진 특정 구조에 대해 유한하고 표현 가능한 숫자로 대응되어야 함이 확실해졌다(표현 형식뿐만 아니라 연산도). 실제 구현할 때 가장 가까운 숫자나 수준으로 할당하는데, 보통 잘라버림(truncation) 연산과 끝처리(rounding) 연산이라는 두 가지 연산이 있다. 이러한 연산들은 디지털 필터나 DSP 연산들의 일반적인 특성뿐만 아니라 정확성에도 영향을 미친다.

우리는 보편성을 잃지 않고 부동소수점 (소수의) 연산 또는 부동소수점 연산의 가수에서 부호 비트를 포함하여 '$B + 1$'비트가 있다고 가정할 수 있다. 그러면 해상도(resolution) Δ

는 다음과 같이 주어진다.

$$\Delta = 2^{-B} \begin{cases} \text{고정소수점 연산의 경우 절대적} \\ \text{부동소수점 연산의 경우 상대적} \end{cases} \tag{6.40}$$

6.6.1 고정소수점 연산

이 경우의 양자화기 블록선도는 다음과 같이 주어진다.

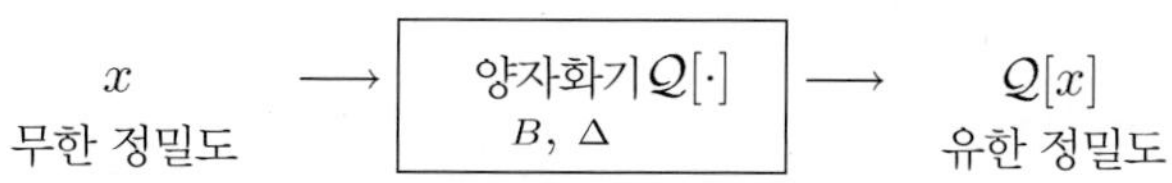

여기서 B는 소수 비트의 숫자이고, Δ는 해상도로 양자화기의 매개변수이다. 입력 숫자 x에 대해 양자화 후의 유한 단어 길이 숫자를 $Q[x]$라 표기한다. 양자화 오차는 다음과 같이 주어진다.

$$e \triangleq \mathcal{Q}[x] - x \tag{6.41}$$

이 오차를 잘라버림 연산과 끝처리 연산에 대해 분석할 것이다.

잘라버림 연산 이 연산에서 숫자 x는 B 상위 비트를 초과하는 부분들이 $\mathcal{Q}_{\mathrm{T}}[x]$를 얻기 위해 잘라 버려진다(즉, 나머지 비트들은 제거된다). MATLAB에서 B비트 잘라버림을 얻기 위해 숫자 x를 위로 2^B만큼 확대 크기 조정한 후, 크기 조정된 숫자에 fix 함수를 적용하고, 마지막으로 그 결과를 다시 2^{-B}만큼 축소 크기 조정을 한다. 따라서 MATLAB 코드는 `xhat = fix(x*2^B)/2^B;`와 같이 원하는 연산이 구현된다. 이제 세 가지 형식 각각을 고려할 것이다.

부호 절대값 형식 만약 숫자 x가 양수라면, 잘라버림 후에 x에서 어떤 값은 잃을 것이므로 $\mathcal{Q}_{\mathrm{T}}[x] \le x$가 된다. 따라서 잘라버림에 대한 양자기 오차는 e_{T}로 표기되며 0보다 작거나 같다 ($e_{\mathrm{T}} \le 0$). 그러나 B비트 양자화기이므로, 최대 오차의 절대값은 다음과 같다.

$$|e_{\mathrm{T}}| = 0_\blacktriangle \underbrace{00\cdots0}_{B\text{비트}}\ 111\cdots = 2^{-B}\ (10\text{진수}) \tag{6.42}$$

또는

$$-2^{-B} \le e_{\mathrm{T}} \le 0, \quad x \ge 0\text{인 경우} \tag{6.43}$$

마찬가지로, $x < 0$이면, $\mathcal{Q}_{\mathrm{T}}[x]$가 절대값이 작은 음수이므로 잘라버림 후에 $\mathcal{Q}_{\mathrm{T}}[x] \ge x$이다. 이 오차의 최대 절대값은 역시 2^{-B} 또는

$$0 \le e_{\mathrm{T}} \le 2^{-B}, \quad x < 0\text{인 경우} \tag{6.44}$$

예제 6.17 $-1 < x < 1$이고 $B = 2$이다. MATLAB을 사용하여 잘라버림 오차의 특성을 검증하라.

풀이 해상도 $\Delta = 2^{-2} = 0.25$이다. 다음 MATLAB 코드를 사용하여 잘라버림 오차 e_{T}의 관계식 (6.43)와 (6.44)를 검증할 수 있다.

```
x = [-1+2^(-10):2^(-10):1-2^(-10)];          % Sign-Mag numbers between -1 and 1
B = 2;                                        % Number of bits for Truncation
xhat = fix(x*2^B)/2^B                         % Truncation
plot(x,x,'g',x,xhat,'r','linewidth',1);      % Plot
```

x와 $\hat{x}$의 결과가 그림 6.19에 나타나 있다. $\hat{x}$의 그래프가 계단 형태로 식 (6.43)과 (6.44)를 만족함에 주목하라.

1의 보수 형식 만약 $x \ge 0$이면, 부호 절대값에서와 같은 오차 특성 e_{T}를 갖는다.

$$-2^{-B} \le e_{\mathrm{T}} \le 0, \quad x \ge 0\text{인 경우} \tag{6.45}$$

만약 $x < 0$이면, 표현은 부호 비트를 포함해 모든 비트를 보수화함으로써 얻어진다. 최대 오차를 계산하기 위해 x를 다음과 같이 놓는다.

$$x = 1_{\blacktriangle} b_1 b_2 \cdots b_B 000 \cdots = -\{_{\blacktriangle}\,(1-b_1)\,(1-b_2)\cdots(1-b_B)\,111\cdots\}$$

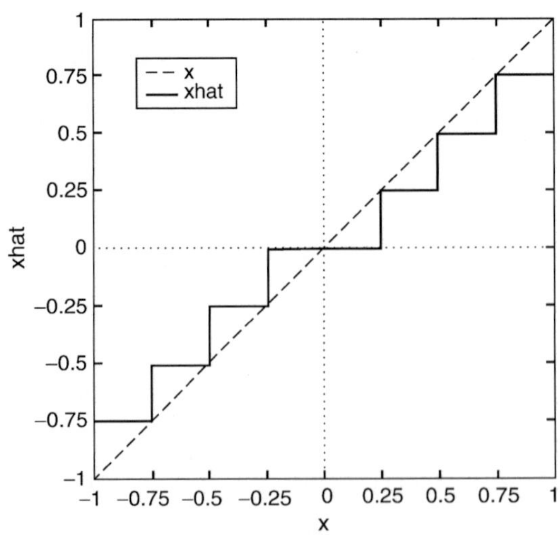

그림 6.19 부호 절대값 형식에서의 잘라버림 오차 특성

잘라버림 후에, 다음을 얻는다.

$$\mathcal{Q}_{\mathrm{T}}[x] = 1_\blacktriangle b_1 b_2 \cdots b_B = -\{{}_\blacktriangle (1-b_1)(1-b_2)\cdots(1-b_B)\}$$

분명히 x는 $\mathcal{Q}_{\mathrm{T}}[x]$보다 절대값이 더 큰 음수이다. 또는 $x \le \mathcal{Q}_{\mathrm{T}}[x]$ 또는 $e_{\mathrm{T}} \ge 0$. 사실 최대 잘라버림 오차는 다음과 같다.

$$e_{\mathrm{T}\max} = 0_\blacktriangle 00\cdots 0111\cdots = 2^{-B}\ \ (10\text{진수})$$

따라서

$$0 \le e_{\mathrm{T}} \le 2^{-B}, \quad x < 0\text{인 경우} \tag{6.46}$$

예제 6.18 다시 $-1 < x < 1$이고 해상도 $\Delta = 2^{-2} = 0.25$인 $B = 2$이다. MATLAB 코드를 사용하여 잘라버림 오차 e_{T}의 관계식 (6.45)와 (6.46)을 검증하라.

풀이 MATLAB 코드는 연습문제 P6.23에서 살펴볼 sm2oc와 oc2sm 함수를 사용한다.

```
x = [-1+2^(-10):2^(-10):1-2^(-10)];      % Sign-Magnitude numbers between -1 and 1
B = 2;                                    % Select bits for Truncation
y = sm2oc(x,B);                           % Sign-Mag to One's Complement
yhat = fix(y*2^B)/2^B;                    % Truncation
xhat = oc2sm(yhat,B);                     % Ones'-Complement to Sign-Mag
plot(x,x,'g',x,xhat,'r','linewidth',1);  % Plot
```

x와 $\hat{x}$의 결과가 그림 6.20에 나타나 있다. $\hat{x}$의 그래프가 그림 6.19와 같고 계단 형태로 식 (6.45)와 (6.46)을 만족함에 주목하라. ■

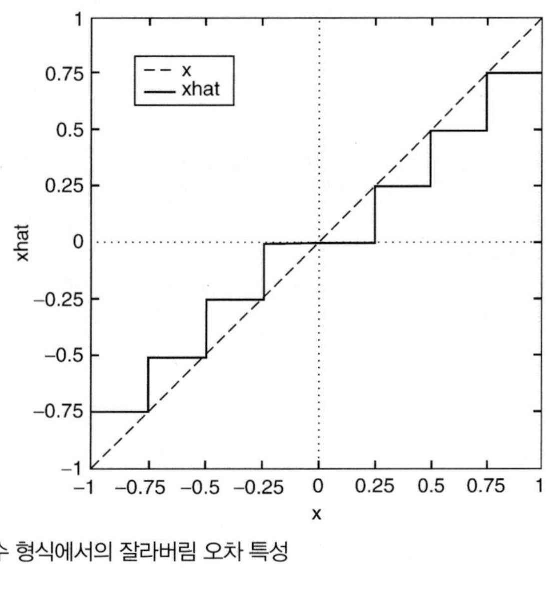

그림 6.20 1의 보수 형식에서의 잘라버림 오차 특성

2의 보수 형식 다시 한 번 숫자 $x \geq 0$가 양수라면, 다음과 같다.

$$-2^{-B} \leq e_{\mathrm{T}} \leq 0, \qquad \text{인 경우} \tag{6.47}$$

$x < 0$인 경우 표현은 $2 - |x|$으로 주어진다. 여기서 $|x|$은 x의 절대값이다. 따라서 x의 절대값은 다음과 같이 주어진다.

$$|x| = 2 - x \tag{6.48}$$

$x = 1{\scriptstyle\blacktriangle}b_1 b_2 \cdots b_B b_{B+1} \cdots$ 이다. B비트에 대해 잘라버림한 후에 $\mathcal{Q}_{\mathrm{T}}[x] = 1{\scriptstyle\blacktriangle}b_1 b_2 \cdots b_B$를 얻고, 그 절대값은 다음과 같다.

$$|\mathcal{Q}_{\mathrm{T}}[x]| = 2 - \mathcal{Q}_{\mathrm{T}}[x] \tag{6.49}$$

식 (6.48)과 (6.49)로부터,

$$H_k(z) = \frac{\cos\left[\angle H(k)\right] - rz^{-1}\cos\left[\angle H(k) - \frac{2\pi k}{M}\right]}{1 - 2rz^{-1}\cos\left(\frac{2\pi k}{M}\right) + r^2 z^{-2}}, \quad k = 1, \ldots, L \tag{6.50}$$

식 (6.50)으로부터 절대값의 가장 큰 변화는

$$0{\scriptstyle\blacktriangle}00 \cdots 0111 \cdots = 2^{-B} \quad (10\text{진수}) \tag{6.51}$$

절대값의 변화는 양이기 때문에 잘라버림 후의 $\mathcal{Q}_{\mathrm{T}}[x]$는 더 작아진다. 즉, $\mathcal{Q}_{\mathrm{T}}[x] \leq x$이다. 따라서

$$-2^{-B} \leq e_{\mathrm{T}} \leq 0, \quad x < 0 \text{ 인 경우} \tag{6.52}$$

예제 6.19 다시 $-1 < x < 1$이고 해상도 $\Delta = 2^{-2} = 0.25$인 $B = 2$이다. MATLAB 코드를 사용하여 잘라버림 오차 e_{T}의 관계식 (6.59)와 (6.64)를 검증하라.

풀이 MATLAB 코드는 연습문제 P6.25에서 살펴볼 `sm2tc`와 `tc2sm` 함수를 사용한다.

```
x = [-1+2^(-10):2^(-10):1-2^(-10)]; % Sign-Magnitude numbers between -1 and 1
B = 2;                              % Select bits for Truncation
y = sm2tc(x);                       % Sign-Mag to Two's Complement
yhat = fix(y*2^B)/2^B;              % Truncation
xq = tc2sm(yq );                    % Two's-Complement to Sign-Mag
plot(x,x,'g',x,xhat,'r','linewidth',1); % Plot
```

x와 $\hat{x}$의 결과가 그림 6.21에 나타나 있다. $\hat{x}$의 그래프 역시 계단 형태이지만, x 그래프의 아래에 있고, 식 (6.47)과 (6.52)를 만족함에 주목하라.

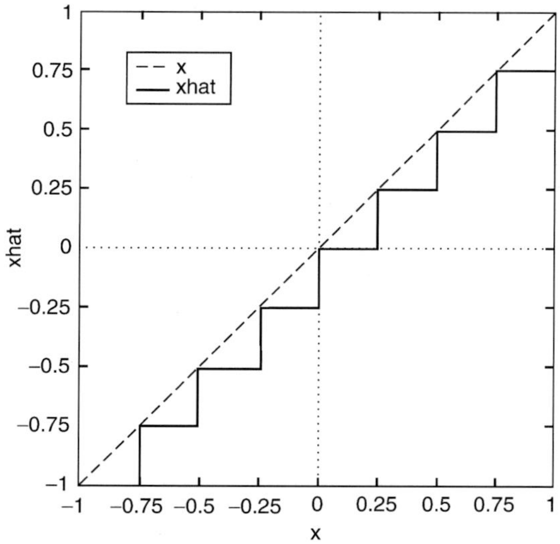

그림 6.21 2의 보수 형식에서의 잘라버림 오차 특성

그림 6.19~6.21을 따라 식 (6.43)~(6.47) 그리고 식 (6.52)의 결과를 모아보면 고정소수점에 대한 잘라버림 오차는 부호 절대값과 1의 보수 형식에 대해서는 같지만, 2의 보수 형식에 대해서는 다르다는 결론을 얻을 수 있다.

끝처리 연산 이 연산에서 숫자 x는 $Q_{\mathrm{T}}[x]$라 표기되는 가장 가까운 표현 가능한 수준으로 끝처리(올림 혹은 버림)된다. 즉, 반올림한다. MATLAB에서 B비트 끝처리 근사값을 얻기 위해 숫자 x를 위로 2^B만큼 확대 크기 조정한 후, 크기 조정된 숫자에 `round` 함수를 적용하고, 마지막으로 그 결과를 다시 2^{-B}만큼 축소 크기 조정을 한다. 따라서 MATLAB 코드는 `xhat = round(x*2^B)/2^B;`와 같이 원하는 연산이 구현된다.

양자화 계단 혹은 해상도는 $\Delta = 2^{-B}$이므로, 최대 오차의 절대값은 다음과 같다.

$$|e_{\mathrm{R}}|_{\max} = \frac{\Delta}{2} = \frac{1}{2}2^{-B} \tag{6.53}$$

따라서 세 가지 모든 형식에 대해, 끝처리에 의한 양자화기 오차(e_{R}로 표기된)는 다음을 만족한다.

$$-\frac{1}{2}2^{-B} \le e_{\mathrm{R}} \le \frac{1}{2}2^{-B} \tag{6.54}$$

예제 6.20 세 가지 형식을 사용하여 예제 6.17~6.19의 신호에 대한 끝처리 연산과 그에 대응되는 오차 특성을 보여라.

풀이 끝처리 연산은 양자화되기 전 값보다 크거나 같은 값으로 할당하므로 2의 보수나 1의 보수 형식에 대해 문제를 일으킬 수 있어 신호를 구간 $[-1,\ 1-2^{-B-1}]$으로 제한한다. 다음

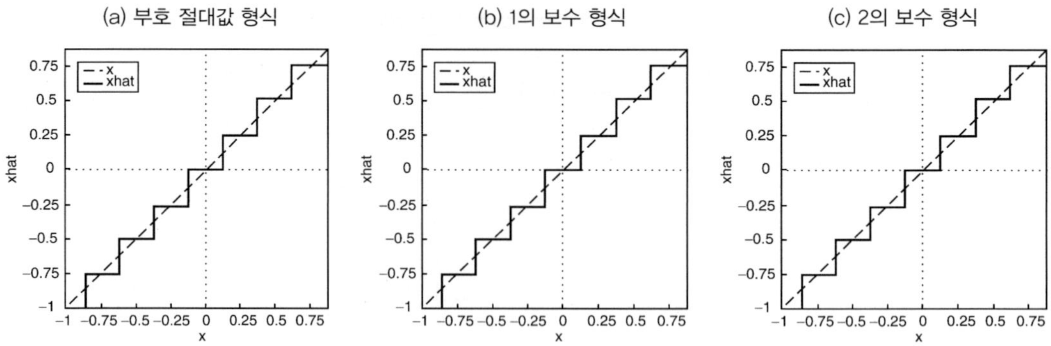

그림 6.22 고정소수점에서의 끝처리 오차 특성

MATLAB 코드는 2의 보수 형식 끝처리를 보여주지만, 나머지 구문도 유사하다(독자들이 검증해보기 바란다).

```
B = 2;                          % Select bits for Rounding
x = [-1:2^(-10):1-2^(-B-1)];    % Sign-Magnitude numbers between -1 and 1
y = sm2tc(x);                   % Sign-Mag to Two's Complement
yq = round(y*2^B)/2^B;          % Rounding
xq = tc2sm(yq);                 % Two'-Complement to Sign-Mag
```

부호 절대값, 1의 보수, 2의 보수 형식에 대한 결과가 그림 6.22에 나타나 있다. 이 그래프들은 식 (6.54)를 만족한다.

그림 6.19~6.22에 주어진 잘라버림과 끝처리의 오차 특성을 비교해보면, 양자화 오차에 대해 끝처리가 더 우수한 연산이다. 이것은 오차가 0에 대해 대칭적(양과 음에 대해 같음)이고, 모든 형식에 대해 오차가 동일하기 때문이다. 따라서 대부분 고정소수점 연산뿐만 아니라 앞으로의 분석에서도 끝처리 연산을 고려할 것이다.

6.6.2 부동소수점 연산

이 연산에서는 양자화기가 가수 M에만 영향을 미친다. 숫자 x는 $M \times 2^E$으로 표현되고, 여기서 E는 지수이다. 따라서 양자화 오차는 x의 절대값에 비례한다. 그러므로 오차의 적절한 측정은 절대적인 오차($\mathcal{Q}[x]-x$)가 아니라 상대적인 오차이다. 상대적 오차 ε을 다음과 같이 정의하자.

$$\varepsilon \triangleq \frac{\mathcal{Q}[x]-x}{x} \tag{6.55}$$

그러면 양자화된 값 $\mathcal{Q}[x]$는 다음과 같이 쓸 수 있다.

$$\mathcal{Q}[x] = x + \varepsilon x = x\,(1+\varepsilon) \tag{6.56}$$

끝처리 연산에 의한 $\mathcal{Q}[x]$일 때, 가수의 오차는 $[-\frac{1}{2}2^{-B}, \frac{1}{2}2^{-B}]$ 사이에 있다. 이 경우 상대적 오차를 $\varepsilon_{\rm R}$로 표기한다. 그러면 식 (6.38)로부터, 절대 오차 $\mathcal{Q}_{\rm R}[x] - x = \varepsilon_{\rm R}x$는 다음과 같다.

$$\left(-\frac{1}{2}2^{-B}\right)2^E \le \varepsilon_{\rm R}x \le \left(\frac{1}{2}2^{-B}\right)2^E \tag{6.57}$$

이제 주어진 E에 대해 가수는 $\frac{1}{2} \le M < 1$(이것은 IEEE 754가 아니다)이므로, 숫자 x는 다음과 같다.

$$2^{E-1} \le x < 2^E \tag{6.58}$$

따라서 식 (6.57)로부터 그리고 식 (6.58)의 가장 작은 값으로부터 다음을 얻는다.

$$-2^{-B} \le \varepsilon_{\rm R} \le 2^{-B} \tag{6.59}$$

이 상대 오차 관계식 (6.59)는 다음 분석에서 쓰일 것이다.

6.7 필터 계수의 양자화

이제 필터의 응답, 극-영점 위치, 안정성에 대한 유한 단어 길이 영향을 공부한다. FIR 필터에 대해 더 쉬운 결과를 얻을 수 있기 때문에 IIR과 FIR 필터에 관련된 이슈들을 분리해 논의할 것이다. IIR 필터의 경우부터 시작한다.

6.7.1 IIR 필터

다음과 같은 일반적인 IIR 필터를 고려하자.

$$H(z) = \frac{\sum_{k=0}^{M} b_k z^{-k}}{1 + \sum_{k=1}^{N} a_k z^{-k}} \tag{6.60}$$

여기서 a_k와 b_k는 필터 계수들이다. 이제 이 필터 계수들이 유한 정밀도 숫자 $\hat{a}_k$와 $\hat{b}_k$로 표현된다고 가정하자. 그러면 새로운 필터 시스템 함수를 얻는다.

$$H(z) \rightarrow \hat{H}(z) \triangleq \frac{\sum_{k=0}^{M} \hat{b}_k z^{-k}}{1 + \sum_{k=1}^{N} \hat{a}_k z^{-k}} \tag{6.61}$$

이것은 새로운 필터이기 때문에 원래의 필터 $H(z)$와는 다른 이 필터가 어떻게 '다른지' 알아야 한다. 비교할 사항들이 많은데, 예를 들면 크기 응답, 위상 응답 또는 극-영점 위치의 변화 등을 비교해야 할 것이다. 위에서 언급한 모든 사항을 비교하는 일반적인 분석 표현은 유도하기 어렵다. 그러므로 MATLAB을 통해 이런 변화와 필터의 유용성에 대한 전체적인 영향을 조사할 수 있다.

6.8.2 극-영점에 대한 영향

이것은 a_k가 $\hat{a}_k$로 바뀌었을 때 필터의 극점이 이동하는 것으로 충분히 분석 가능한 대상으로, IIR 필터의 안정성을 확인하는 데 사용될 수 있다. 분자 계수의 변화에 따른 영점들의 비슷한 이동 역시 분석할 수 있다.

이 이동을 평가하기 위해 식 (6.60)에서 $H(z)$의 분모 다항식을 고려하자.

$$D(z) \triangleq 1 + \sum_{k=1}^{N} a_k z^{-k} = \prod_{\ell=1}^{N} (1 - p_\ell z^{-1}) \tag{6.62}$$

여기서 $\{p_\ell\}$는 $H(z)$의 극점들이다. $D(z)$를 극점 $\{p_1, \ldots, p_N\}$에 관한 함수 $D(p_1, \ldots, p_N)$으로 간주할 것이다. 여기서 각 극점 p_ℓ는 필터 계수 $\{a_1, \ldots, a_N\}$의 함수, 즉 $p_\ell = f(a_1, \ldots, a_N)$, $\ell = 1, \ldots, N$이다. 그러면 분모 $D(z)$에서 k번째 계수 a_k에 의한 변화는 다음과 같이 주어진다.

$$\left(\frac{\partial D(z)}{\partial a_k}\right) = \left(\frac{\partial D(z)}{\partial p_1}\right)\left(\frac{\partial p_1}{\partial a_k}\right) + \left(\frac{\partial D(z)}{\partial p_2}\right)\left(\frac{\partial p_2}{\partial a_k}\right) + \cdots + \left(\frac{\partial D(z)}{\partial p_N}\right)\left(\frac{\partial p_N}{\partial a_k}\right) \tag{6.63}$$

식 (6.62)로부터

$$\left(\frac{\partial D(z)}{\partial p_i}\right) = \frac{\partial}{\partial p_i}\left[\prod_{\ell=1}^{N} (1 - p_\ell z^{-1})\right] = -z^{-1} \prod_{\ell \neq i} (1 - p_\ell z^{-1}) \tag{6.64}$$

식 (6.64)로부터 $\ell \neq i$일 때 $\left(\frac{\partial D(z)}{\partial p_i}\right)\Big|_{z=p_\ell} = 0$임에 주목하라. 따라서 식 (6.63)으로부터 다음을 얻는다.

$$\left(\frac{\partial D(z)}{\partial a_k}\right)\Big|_{z=p_\ell} = \left(\frac{\partial D(z)}{\partial p_\ell}\right)\Big|_{z=p_\ell}\left(\frac{\partial p_\ell}{\partial a_k}\right) \quad \text{또는} \quad \left(\frac{\partial p_\ell}{\partial a_k}\right) = \frac{\left(\frac{\partial D(z)}{\partial a_k}\right)\Big|_{z=p_\ell}}{\left(\frac{\partial D(z)}{\partial p_\ell}\right)\Big|_{z=p_\ell}} \tag{6.65}$$

이제

$$\left(\frac{\partial D(z)}{\partial a_k}\right)\Big|_{z=p_\ell} = \frac{\partial}{\partial a_k}\left(1 + \sum_{i=1}^{N} a_i z^{-i}\right)\Bigg|_{z=p_\ell} = z^{-k}\big|_{z=p_\ell} = p_\ell^{-k} \tag{6.66}$$

식 (6.64), (6.65), (6.66)으로부터 다음을 얻는다.

$$\left(\frac{\partial p_\ell}{\partial a_k}\right) = \frac{p_\ell^{-k}}{-z^{-1}\prod_{i\neq\ell}(1 - p_i z^{-1})\big|_{z=p_\ell}} = -\frac{p_\ell^{N-k}}{\prod_{i\neq\ell}(p_\ell - p_i)} \tag{6.67}$$

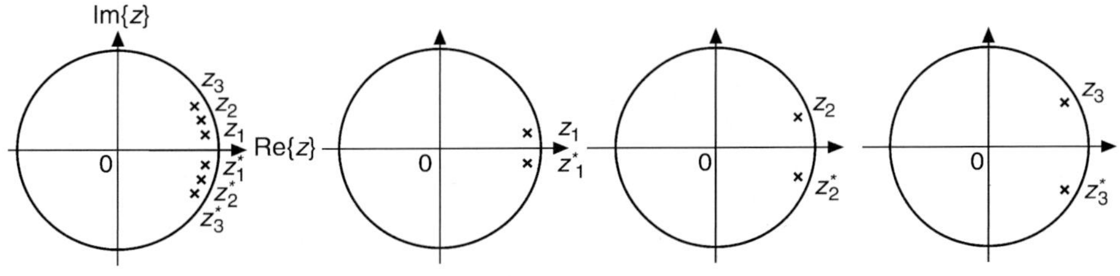

그림 6.23 디지털 필터의 매우 가깝게 모여 있는 극점들의 z평면 그래프

마지막으로, 총 섭동(perturbation) 오차 Δp_ℓ는 다음과 같이 표현된다.

$$\triangle p_\ell = \sum_{k=1}^{N} \frac{\partial p_\ell}{\partial a_k} \triangle a_k \tag{6.68}$$

이 공식은 계수 $\{a_k\}$ 각각이 변화할 때 첫 번째 극점 p_ℓ의 이동을 측정한다. 따라서 이를 민감도(sensitivity) 공식이라고 한다. 이 공식은 만약 어떤 ℓ와 i에 대해 극점 p_ℓ와 p_i가 매우 가깝다면, $(p_\ell - p_i)$가 매우 작아지고 결과적으로 필터 계수 $\{a_k\}$의 변화에 매우 민감해진다. 비슷한 결과를 매개변수 $\{b_k\}$의 변화에 따른 영점(zeros)의 민감도에서도 얻을 수 있다.

다양한 필터 구현의 측면에서 이를 더 조사하기 위해 그림 6.23(a)에 나타난 극점들이 매우 가깝게 모여 있는 z평면 그림을 고려하자. 이 상황은 저역통과 또는 고역통과 필터와 같은 넓은 대역을 갖는 필터에서 발생한다. 지금 이 필터를 직접형(I 또는 II)으로 분석하려면, 그 필터는 매우 가깝게 모여 있는 극점을 갖고 있어 직접형 구현이 유한 단어 길이에 의해 매우 민감해진다. 따라서 직접형 구현은 매개변수 양자화로부터 심각한 영향을 받을 것이다.

반면에 종속형 또는 병렬형을 사용한다면 그림 6.23(b)에서 나타나듯이 멀리 떨어진 극점들이 포함된 2차부들을 사용하여 구현된다. 따라서 각각의 2차부는 극점의 위치가 단지 미세하게 교란되어 낮은 민감도를 갖는다. 결과적으로 전체 시스템 함수 $H(z)$는 미세하게만 교란될 것이다. 따라서 종속형 또는 병렬형은 적절히 구현되었을 때 필터 계수에서의 변화나 오차에 낮은 민감도를 가질 것이다.

예제 6.21 다음과 같이 주어진 2차 IIR 필터인 디지털 공진기를 고려하라.

$$H(z) = \frac{1}{1 - (2r\cos\theta)\, z^{-1} + r^2 z^{-2}} \tag{6.69}$$

계수 표현을 위해 3비트 부호 절대값 형식이 사용될 때, 극점 위치의 민감도를 분석하라.

풀이 필터는 2개의 켤레복소수 극점을 다음과 같이 갖는다.

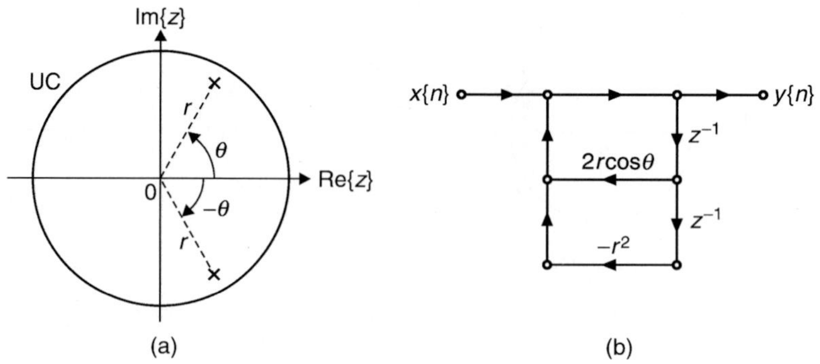

그림 6.24 예제 6.21의 디지털 필터: (a) 극-영점 그래프, (b) 필터 구현

$$p_1 = re^{j\theta} \quad \text{그리고} \quad p_2 = re^{-j\theta} = p_1^*$$

공진기로서 적절한 동작을 위해 극점들은 단위원, 즉 $r \simeq 1(r < 1)$에 가까이 위치해야 한다. 그러면 공진 진동수 $\omega_r \simeq \theta$이다. 극-영점 그래프와 필터 구현이 그림 6.24에 나타나 있다. $r = 0.9$, $\theta = \pi/3$이라 하자. 그러면 식 (6.69)로부터

$$a_1 = -2r\cos\theta = -0.9 \quad \text{그리고} \quad a_2 = r^2 = 0.81$$

이제 3비트 부호 절대값 형식으로 a_1과 a_2를 표현한다. 즉,

$$a_k = \pm_\blacktriangle b_1\, b_2\, b_3 = \pm\left(b_1 2^{-1} + b_2 2^{-2} + b_3 2^{-3}\right), \quad k = 1, 2$$

여기서 b_j는 j번째 비트를 나타내고, ▴는 이진 소수점을 나타낸다. 그러면 가장 가까운 표현은 다음과 같다.

$$\hat{a}_1 = 1_\blacktriangle 1\,1\,1 = -0.875 \quad \text{그리고} \quad \hat{a}_2 = 0_\blacktriangle 1\,1\,0$$

따라서 $|\Delta a_1| = 0.025$이고, $|\Delta a_2| = 0.06$이다. 민감도 공식 (6.68)을 고려하면,

$$\begin{aligned} \frac{\partial p_1}{\partial a_1} &= -\frac{p_1^{2-1}}{(p_1 - p_1^*)} = \frac{-p_1}{2\,\mathrm{Im}\{p_1\}} = \frac{-re^{j\theta}}{2r(\sin\theta)} = \frac{e^{j\pi/3}}{\sqrt{3}}, \\ \frac{\partial p_1}{\partial a_2} &= -\frac{p_1^{2-2}}{(p_1 - p_1^*)} = \frac{-1}{2\,\mathrm{Im}\{p_1\}} = \frac{1}{0.9\sqrt{3}} \end{aligned}$$

식 (6.68)을 이용하여 다음을 얻는다.

$$\begin{aligned} |\triangle p_1| &\le \left|\frac{\partial p_1}{\partial a_1}\right| |\triangle a_1| + \left|\frac{\partial p_1}{\partial a_2}\right| |\triangle a_2| \\ &= \frac{1}{\sqrt{3}}(0.025) + \frac{1}{0.9\sqrt{3}}(0.06) = 0.0529 \end{aligned} \tag{6.70}$$

변화된 극점의 정확한 위치를 결정하기 위해 변화된 분모를 고려하라.

$$\hat{D}(z) = 1-0.875z^{-1}+0.75z^{-2} = \left(1-0.866e^{j0.331\pi}z^{-1}\right)\left(1-0.866e^{-j0.331\pi}z^{-1}\right)$$

따라서 변화된 극점의 위치는 $\hat{p}_1 = 0.866e^{j0.331\pi} = \hat{p}_1^*$이다. 그러면 $|\Delta p_1| = |0.9e^{i\pi/3} - 0.866e^{i0.331\pi}| = 0.0344$이다. 이것은 식 (6.70)을 만족한다.

MATLAB을 사용한 분석 필터 동작에 대한 계수 양자화의 영향을 조사하는 데 있어 MATLAB은 이상적인 도구이다. 지난 절에서 개발한 함수들을 사용하여 양자화된 계수를 얻을 수 있고, 극-영점, 주파수 응답, 임펄스 응답과 같은 면들을 공부할 수 있다. 모든 필터 계수를 같은 개수의 정수 비트와 소수 비트를 사용하여 표현해야 한다. 따라서 각 계수를 분리해서 양자화하는 대신에 계수를 양자화하기 위해 `Qcoeff` 함수를 개발할 것이다. 이 함수는 부호 절대값 형식에 대해 끝처리 연산을 사용하여 양자화를 구현한다. 비슷한 함수들을 다른 형식이나 잘라버림 연산에 대해 구현할 수도 있으나, 위에서 설명한 것과 같은 `Qcoeff` 함수를 이용해 영향을 분석한다.

```
function [y,L,B] = QCoeff(x,N)
%  [y,L,B] = QCoeff(x,N)
%      Coefficient Quantization using N=1+L+B bit Representation
%        with Rounding operation
%      y: quantized array (same dim as x)
%      L: number of integer bits
%      B: number of fractional bits
%      x: a scalar, vector, or matrix
%      N: total number of bits

xm = abs(x);
 L = max(max(0,fix(log2(xm(:)+eps)+1))); % Integer bits
if (L > N)
     errmsg = [' *** N must be at least ',num2str(L),' ***']; error(errmsg);
end
B = N-L;                                  % Fractional bits
y = xm./(2^L); y = round(y.*(2^N)); % Rounding to N bits
y = sign(x).*y*(2^(-B));                  % L+B+1 bit representation
```

`Qcoeff` 함수는 `N+1`비트(부호 비트 포함)를 사용하여 `x` 배열 속에 각 계수를 표현한다. 우선 이 함수는 정수 표현을 위해 절대값이 가장 큰 계수에 대해 비트의 개수 `L`을 결정하고 나머지 `N-L`비트에 소수 부분을 할당한다. 그 결과 숫자들은 `B`에 반환된다. 따라서 모든 계수는 같은 `L+B+1`비트 형태를 갖는다. 당연히 `N` ≥ `L`이다.

예제 6.22 예제 6.21에서의 디지털 공명기를 고려하자. MATLAB을 사용하여 극점의 위치 변화를 구하라.

풀이 필터 계수 $a_1 = -0.9$와 $a_2 = 0.81$은 다음을 사용하여 예상한 것처럼 양자화될 수 있다.

```
>> x = [-0.9,0.81]; [y,L,B] = Qcoeff(x,3)
y = -0.8750    0.7500
L =  0
B =  3
```

이제 다음 MATLAB 코드를 사용하여 극점들의 위치 변화를 결정할 수 있다.

```
% Unquantized parameters
r = 0.9; theta = pi/3; a1 = -2*r*cos(theta); a2 = r*r;
p1 = r*exp(j*theta); p2 = p1';
% Quantized parameters: N = 3;
[ahat,L,B] = Qcoeff([a1,a2],3); rhat = sqrt(ahat(2));
thetahat = acos(-ahat(1)/(2*rhat)); p1hat = rhat*exp(j*thetahat); p2 = p1';
% Changes in pole locations
Dp1 = abs(p1-p1hat)
Dp1 = 0.0344
```

이것은 이전과 같은 결과이다.

예제 6.23 10개의 극점이 각 ±45° 주위에 5°씩 떨어져 반지름 $r = 0.9$ 주위에 모여 있는 다음 IIR 필터를 고려하라. 많은 수의 극점으로 인해 분모 계수는 정수를 위해 6비트가 필요한 값이다. 총 16비트 표현을 위해 소수 부분을 위해 9비트를 사용하여 새로운 극점의 위치를 계산하고 그린다.

```
r = 0.9; theta = (pi/180)*[-55:5:-35,35:5:55]';
p = r*exp(j*theta); a = poly(p); b = 1;

% Direct form: quantized coefficients
N = 15; [ahat,L,B] = Qcoeff(a,N);
TITLE = sprintf('%i-bit (1+%i+%i) Precision',N+1,L,B);

% Comparison of Pole-Zero Plots
subplot(1,2,1); [HZ,HP,Hl] = zplane(1,a);
set(HZ,'color','g','linewidth',1); set(HP,'color','g','linewidth',1);
set(Hl,'color','w'); axis([-1.1,1.1,-1.1,1.1]);
title('Infinite Precision','fontsize',10,'fontweight','bold');
subplot(1,2,2); [HZhat,HPhat,Hlhat] = zplane(1,ahat);
set(HZhat,'color','r','linewidth',1); set(HPhat,'color','r','linewidth',1);
set(Hlhat,'color','w'); title(TITLE,'fontsize',10,'fontweight','bold');
axis([-1.1,1.1,-1.1,1.1]);
```

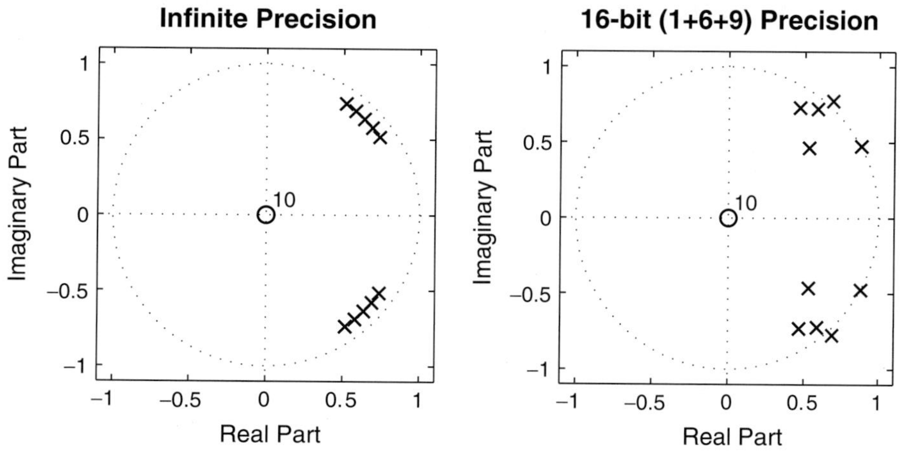

그림 6.25 예제 6.21에서 직접형에 대한 극-영점 그래프

그림 6.25는 무한 정밀도와 16비트 정밀도 계수를 가진 필터들의 극-영점 그래프를 보여준다. 분명히 16비트 단어 길이를 가진 필터는 원래의 것과 완전히 다르며 불안정하다. 종속형 구조에 대한 유한 단어 길이의 효과를 조사하기 위해 먼저 `dir2cas` 함수를 사용하여 직접형 계수를 종속형 계수로 바꾸고, 계수의 결과 값들을 양자화한 후, 극-영점 그래프를 위해 직접형으로 되돌린다. 2개의 서로 다른 단어 길이에 대한 결과를 보여준다. 첫 번째의 경우, 같은 16비트 단어 길이를 사용했다. 종속형 계수들은 단지 하나의 정수 비트가 필요한 더 작은 정수 부분을 갖기 때문에 소수 비트는 14비트이다. 두 번째 경우에는 총 단어 길이 11비트를 위해 9비트의 소수 비트를 (직접형과 같이) 사용한다.

```
% Cascade form: quantized coefficients: Same N
[b0,B0,A0] = dir2cas(b,a);   [BAhat1,L1,B1] = Qcoeff([B0,A0],N);
TITLE1 = sprintf('%i-bit (1+%i+%i) Precision',N+1,L1,B1);
Bhat1 = BAhat1(:,1:3); Ahat1 = BAhat1(:,4:6);
[bhat1,ahat1] = cas2dir(b0,Bhat1,Ahat1);

subplot(1,2,1);  [HZhat1,HPhat1,Hlhat1] = zplane(bhat1,ahat1);
set(HZhat1,'color','g','linewidth',1); set(HPhat1,'color','g','linewidth',1);
set(Hlhat1,'color','w'); axis([-1.1,1.1,-1.1,1.1]);
title(TITLE1,'fontsize',10,'fontweight','bold');
```

```
% Cascade form: quantized coefficients: Same B (N=L1+B)
N1 = L1+B; [BAhat2,L2,B2] = Qcoeff([B0,A0],N1);
TITLE2 = sprintf('%i-bit (1+%i+%i) Precision',N1+1,L2,B2);
Bhat2 = BAhat2(:,1:3); Ahat2 = BAhat2(:,4:6);
[bhat2,ahat2] = cas2dir(b0,Bhat2,Ahat2);

subplot(1,2,2);  [HZhat2,HPhat2,Hlhat2] = zplane(bhat2,ahat2);
set(HZhat2,'color','r','linewidth',1); set(HPhat2,'color','r','linewidth',1);
set(Hlhat2,'color','w');title(TITLE2,'fontsize',10,'fontweight','bold');
axis([-1.1,1.1,-1.1,1.1]);
```

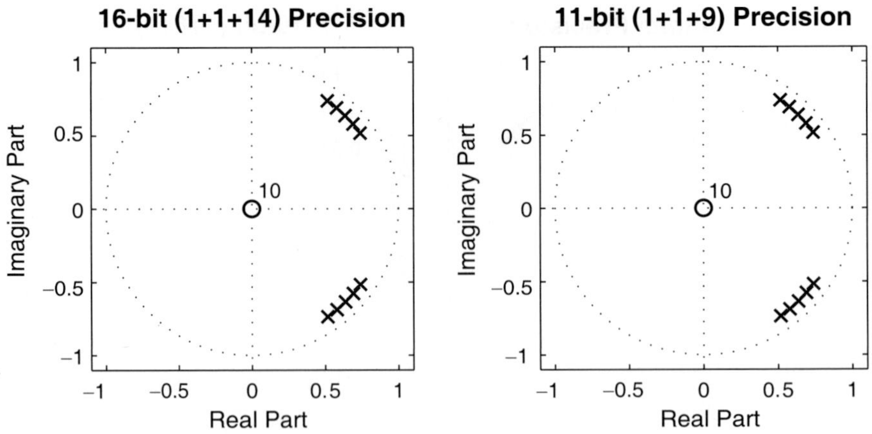

그림 6.26 예제 6.23의 종속형 구조에 대한 극–영점 그래프

결과는 그림 6.26에 나타내었다. 11비트뿐만 아니라 16비트에 대해서도 결과 필터는 본질적으로 원래의 것과 같고 안정적임을 관찰할 수 있다. 분명히 종속형 구조는 직접형에 비해 더 나은 유한 단어 길이 특징을 갖는다.

6.7.3 주파수 응답에 대한 영향

식 (6.43)의 IIR 필터의 주파수 응답은 다음과 같이 주어진다.

$$H(e^{j\omega}) = \frac{\sum_{k=0}^{M} b_k \, e^{-j\omega k}}{1 + \sum_{k=1}^{N} a_k \, e^{-j\omega k}} \tag{6.71}$$

필터 계수 $\{a_k\}$와 $\{b_k\}$가 $\{\hat{a}_k\}$와 $\{\hat{b}_k\}$로 각각 양자화되었을 때, 새로운 주파수 응답은 다음과 같이 주어진다.

$$\hat{H}(e^{j\omega}) = \frac{\sum_{k=0}^{M} \hat{b}_k \, e^{-j\omega k}}{1 + \sum_{k=1}^{N} \hat{a}_k \, e^{-j\omega k}} \tag{6.72}$$

필터 계수로 인한 크기나 위상 응답의 최대 변화를 얻기 위해 극점의 이동과 유사한 분석을 할 수 있다. 그러나 그러한 분석이 매우 복잡하긴 하나, 새로운 통찰이 필요한 것은 아니다. 따라서 이 영향을 MATLAB을 이용하여 공부한다. 다음 두 예제를 제공한다.

예제 6.24 예제 6.23에서 주어진 필터 구조의 크기 응답을 계산하고 그려라.

풀이 주어진 필터는 직접형과 종속형을 사용하여 10개의 매우 가까이 모여 있는 극점을 갖는 대역통과 필터이다. 직접형 구조를 위해 16비트 양자화와 무한 정밀도에 대해 크기 응답을 계산한다. 종속형 구조를 위해 11비트와 16비트 표현을 사용한다.

```
r = 0.9; theta = (pi/180)*[-55:5:-35,35:5:55]';
p = r*exp(j*theta); a = poly(p); b = 1;
w = [0:500]*pi/500; H = freqz(b*1e-4,a,w);
magH = abs(H); magHdb = 20*log10(magH);

% Direct form: quantized coefficients
N = 15; [ahat,L,B] = Qcoeff(a,N);
TITLE = sprintf('%i-bit (1+%i+%i) Precision (DF)',N+1,L,B);
Hhat = freqz(b*1e-4,ahat,w); magHhat = abs(Hhat);

% Cascade form: quantized coefficients: Same N
[b0,B0,A0] = dir2cas(b,a);
[BAhat1,L1,B1] = Qcoeff([B0,A0],N);
TITLE1 = sprintf('%i-bit (1+%i+%i) Precision (CF)',N+1,L1,B1);
Bhat1 = BAhat1(:,1:3); Ahat1 = BAhat1(:,4:6);
[bhat1,ahat1] = cas2dir(b0,Bhat1,Ahat1);
Hhat1 = freqz(b*1e-4,ahat1,w); magHhat1 = abs(Hhat1);

% Cascade form: quantized coefficients: Same B (N=L1+B)
N1 = L1+B; [BAhat2,L2,B2] = Qcoeff([B0,A0],N1);
TITLE2 = sprintf('%i-bit (1+%i+%i) Precision (CF)',N1+1,L2,B2);
Bhat2 = BAhat2(:,1:3); Ahat2 = BAhat2(:,4:6);
[bhat2,ahat2] = cas2dir(b0,Bhat2,Ahat2);
Hhat2 = freqz(b*1e-4,ahat2,w); magHhat2 = abs(Hhat2);
```

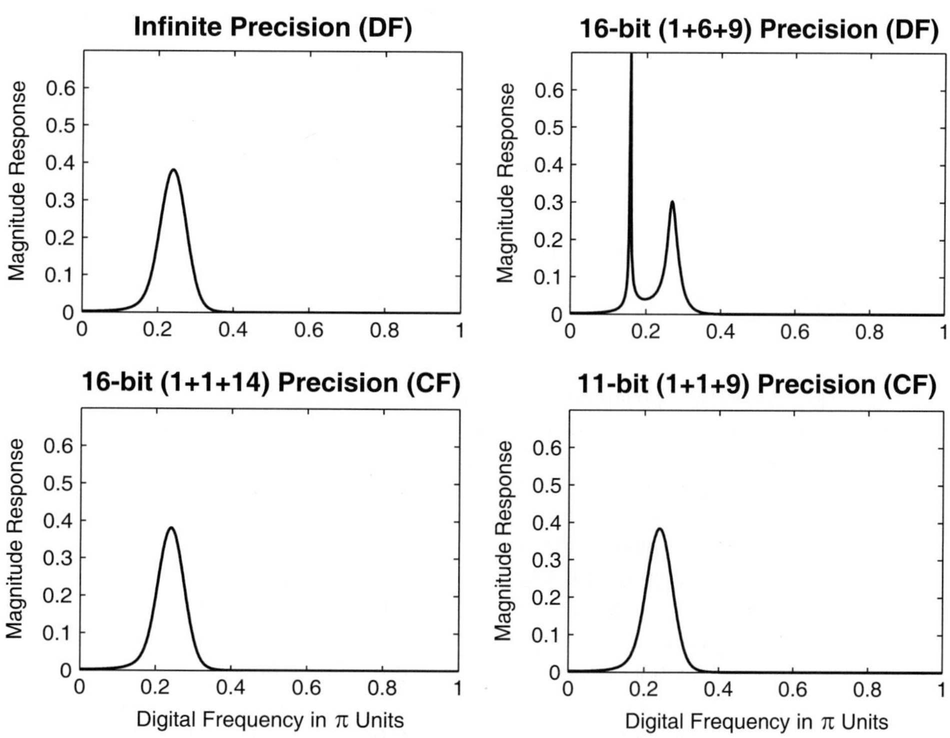

그림 6.27 예제 6.24의 직접형과 종속형 구조에 대한 크기 그래프

```
% Comparison of Magnitude Plots
Hf_1 = figure('paperunits','inches','paperposition',[0,0,6,4]);
subplot(2,2,1); plot(w/pi,magH,'g','linewidth',2); axis([0,1,0,0.7]);
%xlabel('Digital Frequency in \pi units','fontsize',10);
ylabel('Magnitude Response','fontsize',10);
title('Infinite Precision (DF)','fontsize',10,'fontweight','bold');
subplot(2,2,2); plot(w/pi,magHhat,'r','linewidth',2); axis([0,1,0,0.7]);

%xlabel('Digital Frequency in \pi units','fontsize',10);
ylabel('Magnitude Response','fontsize',10);
title(TITLE,'fontsize',10,'fontweight','bold');
subplot(2,2,3); plot(w/pi,magHhat1,'r','linewidth',2); axis([0,1,0,0.7]);
xlabel('Digital Frequency in \pi units','fontsize',10);
ylabel('Magnitude Response','fontsize',10);
title(TITLE1,'fontsize',10,'fontweight','bold');
subplot(2,2,4); plot(w/pi,magHhat2,'r','linewidth',2); axis([0,1,0,0.7]);
xlabel('Digital Frequency in \pi units','fontsize',10);
ylabel('Magnitude Response','fontsize',10);
title(TITLE2,'fontsize',10,'fontweight','bold');
```

그래프들은 그림 6.27에 나타나 있다. 윗줄은 직접형에 대한 그래프, 아랫줄은 종속형에 대한 그래프를 보여준다. 예상했듯이 직접형의 크기 그래프는 16비트 표현의 경우 매우 심하게 왜곡되었다. 반면 종속형은 11비트 단어 길이에서도 잘 유지된다.

예제 6.25 8차 대역통과 필터를 타원형 필터 설계 방법을 사용하여 구한다. 이를 비롯한 그 밖의 방법들은 8장에서 논의할 것이다. 이러한 설계에 필요한 MATLAB 함수는 다음의 코드에 나타나 있다. 이 설계는 직접형 필터 계수 b_k와 a_k를 64비트 부동소수점 연산을 사용하여 구하는데, 이것은 소수점 이하 15자리의 정밀도를 주기 때문에 양자화하지 않은 계수라고 간주할 수 있다. 표 6.1은 이 필터 계수들을 나타낸다.

양자화하지 않은 필터 계수를 16비트와 8비트의 단어 길이로 표현하라. 무한 및 유한 단어 길이 계수에 대해 필터의 로그 크기 응답과 극-영점 위치를 그려라.

표 6.1 예제 6.25에 사용한 양지화하지 않은 IIR 필터 계수

k	b_k	a_k
0	0.021985541264351	1.000000000000000
1	0.000000000000000	−0.000000000000004
2	−0.032498273955222	2.344233276056572
3	0.000000000000000	−0.000000000000003
4	0.046424673058794	2.689868616770005
5	0.000000000000000	0.000000000000001
6	−0.032498273955221	1.584557559015230
7	0.000000000000000	0.000000000000001
8	0.021985541264351	0.413275250482975

풀이 이전 예제와 달리 필터 계수 값의 몇몇(특히 자기회귀 부분의 것들)이 1보다 크고, 따라서 정수 부분에 대한 비트들이 더 필요하다. 이러한 할당이 모든 계수에 대해 실제로 취해지면 필터 표현을 위해 같은 비트 형태를 갖는다. 이를 비롯한 그 밖의 단계들이 다음 MATLAB 코드에 주어진다.

```
% The following 3 lines produce filter coefficients shown in Table 6.1.
wp = [0.35,0.65]; ws = [0.25,0.75]; Rp = 1; As = 50;
[N, wn] = ellipord(wp, ws, Rp, As);
[b,a] = ellip(N,Rp,As,wn);
w = [0:500]*pi/500; H = freqz(b,a,w); magH = abs(H);
magHdb = 20*log10(magH);

% 16-bit word-length quantization
N1 = 15; [bahat,L1,B1] = QCoeff([b;a],N1);
TITLE1 = sprintf('%i-bits (1+%i+%i)',N1+1,L1,B1);
bhat1 = bahat(1,:); ahat1 = bahat(2,:);
Hhat1 = freqz(bhat1,ahat1,w); magHhat1 = abs(Hhat1);
magHhat1db = 20*log10(magHhat1); zhat1 = roots(bhat1);

% 8-bit word-length quantization
N2 = 7; [bahat,L2,B2] = QCoeff([b;a],N2);
TITLE2 = sprintf('%i-bits (1+%i+%i)',N2+1,L2,B2);
bhat2 = bahat(1,:); ahat2 = bahat(2,:);
Hhat2 = freqz(bhat2,ahat2,w); magHhat2 = abs(Hhat2);
magHhat2db = 20*log10(magHhat2); zhat2 = roots(bhat2);

% Plots
Hf_1 = figure('paperunits','inches','paperposition',[0,0,6,5]);

% Comparison of Log-Magnitude Responses: 16 bits
subplot(2,2,1); plot(w/pi,magHdb,'g','linewidth',1.5); axis([0,1,-80,5]);
hold on; plot(w/pi,magHhat1db,'r','linewidth',1); hold off;
xlabel('Digital Frequency in \pi units','fontsize',10);
ylabel('Decibels','fontsize',10);
title(['Log-Mag plot: ',TITLE1],'fontsize',10,'fontweight','bold');

% Comparison of Pole-Zero Plots: 16 bits
subplot(2,2,3); [HZ,HP,Hl] = zplane([b],[a]); axis([-2,2,-2,2]); hold on;
set(HZ,'color','g','linewidth',1,'markersize',4);
set(HP,'color','g','linewidth',1,'markersize',4);
plot(real(zhat1),imag(zhat1),'r+','linewidth',1);
title(['PZ Plot: ',TITLE1],'fontsize',10,'fontweight','bold');
hold off;

% Comparison of Log-Magnitude Responses: 8 bits
subplot(2,2,2); plot(w/pi,magHdb,'g','linewidth',1.5); axis([0,1,-80,5]);
hold on; plot(w/pi,magHhat2db,'r','linewidth',1); hold off;
xlabel('Digital Frequency in \pi units','fontsize',10);
ylabel('Decibels','fontsize',10);
title(['Log-Mag plot: ',TITLE2],'fontsize',10,'fontweight','bold');
```

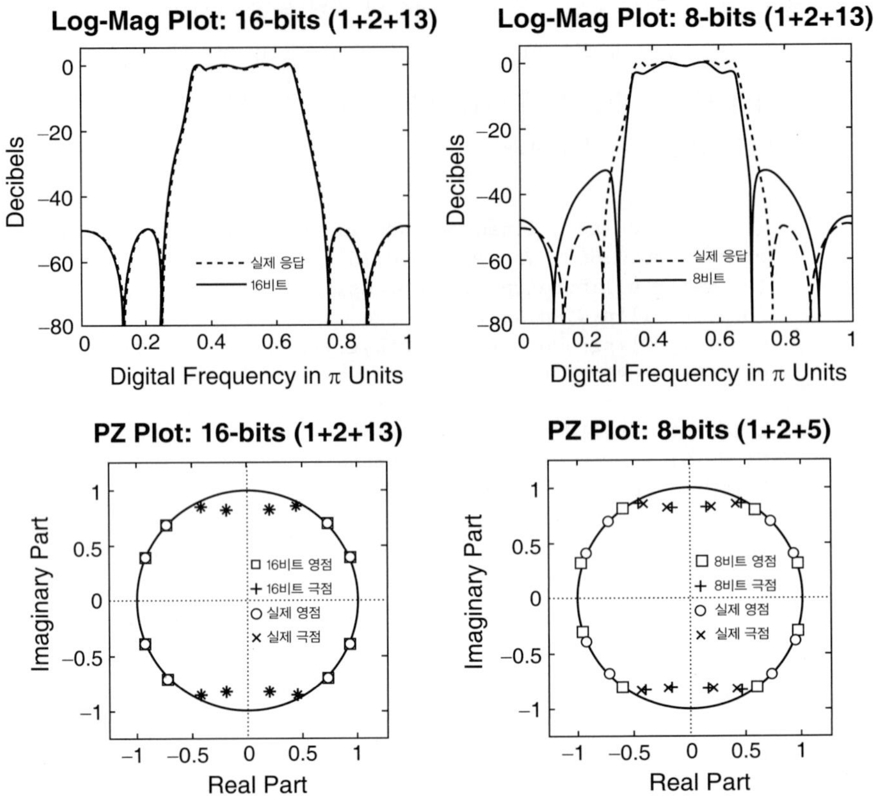

그림 6.28 예제 6.25의 IIR 필터에 대한 그래프

```
% Comparison of Pole-Zero Plots: 8 bits
subplot(2,2,4); [HZ,HP,Hl] = zplane([b],[a]); axis([-2,2,-2,2]); hold on;
set(HZ,'color','g','linewidth',1,'markersize',4);
set(HP,'color','g','linewidth',1,'markersize',4);
plot(real(zhat2),imag(zhat2),'r+','linewidth',1);
title(['PZ Plot: ',TITLE2],'fontsize',10,'fontweight','bold');
hold off;
```

결과 필터의 로그 크기 응답과 극-영점 위치들이 원래 필터의 것들과 함께 그림 6.28에 나타나 있다. 16비트가 사용되었을 때, 원래의 필터와 결과 필터는 거의 구분이 힘들다. 하지만 8비트가 사용되었을 때, 필터의 동작은 매우 심하게 왜곡된다. 필터는 여전히 안정적이지만, 필터의 상세사항은 만족하지 못한다.

6.7.4 FIR 필터

비슷한 분석을 FIR 필터에 대해 수행해보자. FIR 필터의 임펄스 응답을 $h(n)$이라 하면, 시스템 응답은 다음과 같다.

$$H(z) = \sum_{n=0}^{M-1} h(n) z^{-n} \tag{6.73}$$

그러면

$$\Delta H(z) = \sum_{n=0}^{M-1} \Delta h(n) z^{-n} \tag{6.74}$$

여기서 $\Delta H(z)$는 임펄스 응답 $h(n)$의 변화에 따른 변화이다. 따라서

$$\Delta H\left(\mathrm{e}^{\jmath\omega}\right) = \sum_{n=0}^{M-1} \Delta h(n)\, \mathrm{e}^{-\jmath\omega n} \quad \text{또는} \quad \left|\Delta H(\mathrm{e}^{\jmath\omega})\right| \le \sum_{n=0}^{M-1} |\Delta h(n)| \tag{6.75}$$

이제 만약 각각의 계수가 B 소수 비트(즉, 총 저장 길이는 $B + 1$)라면,

$$|\Delta h(n)| \le \frac{1}{2} 2^{-B}$$

그러므로

$$\left|\Delta H(\mathrm{e}^{\jmath\omega})\right| \le \frac{1}{2} 2^{-B} M = \frac{M}{2} 2^{-B} \tag{6.76}$$

따라서 주파수 응답의 변화는 사용된 비트의 개수뿐만 아니라 필터의 길이 M에 의존한다. 큰 M과 작은 b에 대해 그 차이는 매우 클 수 있고, 다음 예에서 볼 수 있듯이 필터의 등리플 동작을 파괴할 수 있다.

예제 6.26 30차 저역통과 FIR 필터를 firpm 함수를 사용하여 설계한다. 이를 비롯한 그 밖의 FIR 필터

표 6.2 예제 6.26에 사용한 양자화하지 않은 FIR 계수

k	b_k	k
0	0.000199512328641	30
1	−0.002708453461401	29
2	−0.002400461099957	28
3	0.003546543555809	27
4	0.008266607456720	26
5	0.000012109690648	25
6	−0.015608300819736	24
7	−0.012905580320708	23
8	0.017047710292001	22
9	0.036435951059014	21
10	0.000019292305776	20
11	−0.065652005307521	19
12	−0.057621325403582	18
13	0.090301607282890	17
14	0.300096964940136	16
15	0.400022084144842	15

설계 함수는 7장에서 설명할 것이다. 결과 필터 계수는 대칭이고 표 6.2에 나타나 있다. 이들 계수는 양자화하지 않은 것으로 간주할 것이다. 이 계수가 16비트(소수 비트 15개와 부호 비트 1개)와 8비트(소수 비트 7개와 부호 비트 1개)로 양자화된다. 결과의 필터 주파수 응답과 극-영점 그래프를 그리고 비교한다. 이들에 관련된 단계는 다음 MATLAB 코드에 나와 있다.

```
% The following function computes the filter
% coefficients given in Table 6.2.
  b = firpm(30,[0,0.3,0.5,1],[1,1,0,0]);
  w = [0:500]*pi/500; H = freqz(b,1,w); magH = abs(H);
magHdb = 20*log10(magH);
N1 = 15; [bhat1,L1,B1] = Qcoeff(b,N1);
TITLE1 = sprintf('%i-bits (1+%i+%i)',N1+1,L1,B1);
Hhat1 = freqz(bhat1,1,w); magHhat1 = abs(Hhat1);
magHhat1db = 20*log10(magHhat1);
zhat1 = roots(bhat1);

N2 = 7; [bhat2,L2,B2] = Qcoeff(b,N2);
TITLE2 = sprintf('%i-bits (1+%i+%i)',N2+1,L2,B2);
Hhat2 = freqz(bhat2,1,w); magHhat2 = abs(Hhat2);
magHhat2db = 20*log10(magHhat2);
zhat2 = roots(bhat2);

% Plots
Hf_1 = figure('paperunits','inches','paperposition',[0,0,6,5]);

% Comparison of Log-Magnitude Responses: 16 bits
subplot(2,2,1); plot(w/pi,magHdb,'g','linewidth',1.5); axis([0,1,-80,5]);
hold on; plot(w/pi,magHhat1db,'r','linewidth',1); hold off;
xlabel('Digital Frequency in \pi units','fontsize',10);
ylabel('Decibels','fontsize',10);
title(['Log-Mag plot: ',TITLE1],'fontsize',10,'fontweight','bold');

% Comparison of Pole-Zero Plots: 16 bits
subplot(2,2,3); [HZ,HP,Hl] = zplane([b],[1]); axis([-2,2,-2,2]); hold on;
set(HZ,'color','g','linewidth',1,'markersize',4);
set(HP,'color','g','linewidth',1,'markersize',4);
plot(real(zhat1),imag(zhat1),'r+','linewidth',1);
title(['PZ Plot: ',TITLE1],'fontsize',10,'fontweight','bold');
hold off;

% Comparison of Log-Magnitude Responses: 8 bits
subplot(2,2,2); plot(w/pi,magHdb,'g','linewidth',1.5); axis([0,1,-80,5]);
hold on; plot(w/pi,magHhat2db,'r','linewidth',1); hold off;
xlabel('Digital Frequency in \pi units','fontsize',10);
ylabel('Decibels','fontsize',10);
title(['Log-Mag plot: ',TITLE2],'fontsize',10,'fontweight','bold');

% Comparison of Pole-Zero Plots: 8 bits
subplot(2,2,4); [HZ,HP,Hl] = zplane([b],[1]); axis([-2,2,-2,2]); hold on;
set(HZ,'color','g','linewidth',1,'markersize',4);
set(HP,'color','g','linewidth',1,'markersize',4);
plot(real(zhat2),imag(zhat2),'r+','linewidth',1);
```

```
title(['PZ Plot: ',TITLE2],'fontsize',10,'fontweight','bold');
hold off;

% Comparison of Pole-Zero Plots: 8 bits
subplot(2,2,4); [HZ,HP,Hl] = zplane([b],[1]); axis([-2,2,-2,2]); hold on;
set(HZ,'color','g','linewidth',1,'markersize',4);
set(HP,'color','g','linewidth',1,'markersize',4);
plot(real(zhat2),imag(zhat2),'r+','linewidth',1);
title(['PZ Plot: ',TITLE2],'fontsize',10,'fontweight','bold');
hold off;
```

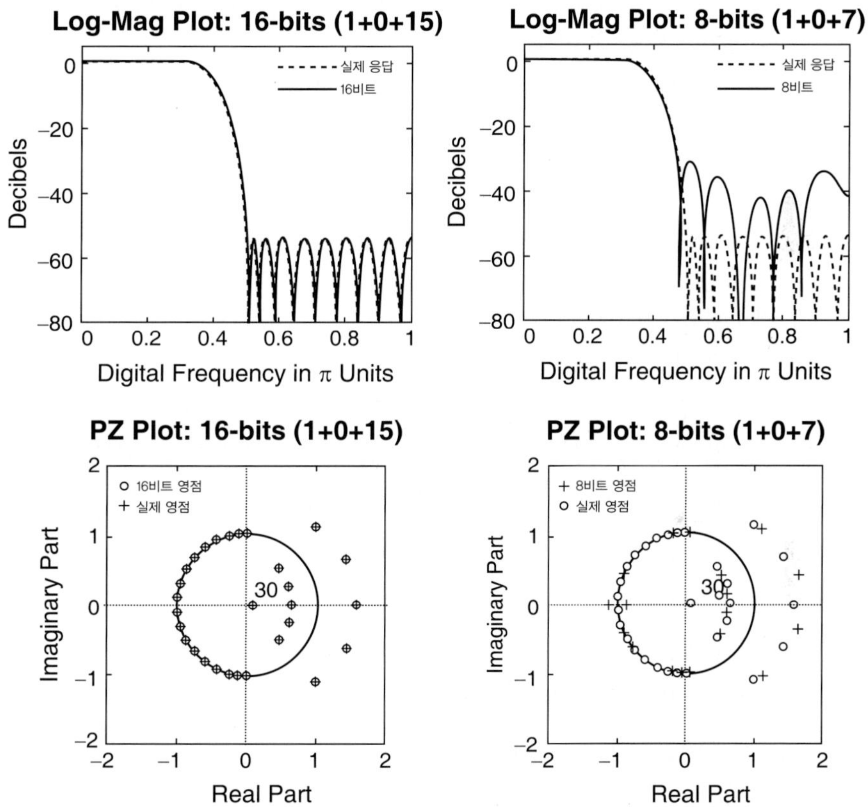

그림 6.29 예제 6.26의 FIR 필터에 대한 그래프

결과 필터들의 로그 크기 응답과 극-영점 위치들은 계산되고 그림 6.29에 원래 필터와 함께 나타나 있다. 16비트를 사용했을 때, 결과 필터는 원래의 것과 구별되지 않는다. 그러나 8비트를 사용했을 때는 필터의 동작이 매우 심하게 왜곡되며 설계 상세사항을 만족하지 못한다.

■

6.8 연습문제

P6.1 다음의 LTI 시스템을 고려하자.

$$y(n) = a\, y(n-1) + b\, x(n) \tag{6.77}$$

1. 위 시스템을 입력 노드 $x(n)$과 출력 노드 $y(n)$의 블록선도로 그려라.
2. 1번의 블록선도에 대해 다음 두 과정을 수행하라. (i) 모든 화살표의 방향을 반대로 하고, (ii) 입출력 노드를 교환하라. 가지 노드가 가산기가 되고 그 역도 성립함을 주목하라. 입력 노드가 가장 왼쪽에 위치하고, 출력 노드가 가장 오른쪽에 위치하도록 그림을 다시 그려보라. 이 그림이 전치형 블록선도이다.
3. 2번의 전치형 구조를 이용하여 차분 방정식을 구하고, 식 (6.77)과 동일한 결과임을 보여라.

P6.2 다음의 LTI 시스템을 고려하자.

$$H(z) = \frac{1 - 2.818z^{-1} + 3.97z^{-2} - 2.8180z^{-3} + z^{-4}}{1 - 2.536z^{-1} + 3.215z^{-2} - 2.054z^{-3} + 0.6560z^{-4}} \tag{6.78}$$

1. 제 I 직접형을 그려라.
2. 전치된 제 I 직접형을 그려라.
3. 제 II 직접형을 그려라. 이 그림은 2번의 결과와 매우 유사할 것이다.
4. 전치된 제 II 직접형을 그려라. 이 그림은 1번의 결과와 매우 유사할 것이다.

P6.3 연습문제 P6.2에 주어진 LTI 시스템을 이용하여 다음을 구하라.

1. 2차의 제 II 직접형 부분을 포함하는 종속형
2. 2차의 전치된 제 II 직접형 부분을 포함하는 종속형
3. 2차의 제 II 직접형 부분을 포함하는 병렬형
4. 2차의 전치된 제 II 직접형 부분을 포함하는 병렬형

P6.4 다음에 주어진 LTI 시스템에 대해 제 I 직접형 블록선도를 그려라.

1. $y(n) = x(n) + 2\,x(n-1) + 3x(n-2)$
2. $H(z) = \dfrac{1}{1 - 1.7z^{-1} + 1.53z^{-2} - 0.648z^{-3}}$
3. $y(n) = 1.7\,y(n-1) - 1.36\,y(n-2) + 0.576\,y(n-3) + x(n)$
4. $y(n) = 1.6\,y(n-1) + 0.64\,y(n-2) + x(n) + 2\,x(n-1) + x(n-2)$
5. $H(z) = \dfrac{1 - 3z^{-1} + 3z^{-2} + z^{-3}}{1 + 0.2z^{-1} - 0.14z^{-2} + 0.44z^{-3}}$

P6.5 그림 P6.1에 주어진 두 블록선도를 이용하여 다음 각 구조에 대해 답하라.

1. 시스템 함수 $H(z) = Y(z)/X(z)$를 구하라.
2. 이 구조는 정형적(canonical)인가(즉, 최소 지연 소자로 이루어진 구조인가)? 그렇지 않다면 정형적 구조를 구하라.
3. $H(e^{j0}) = 1$이 되기 위한 K 값을 구하라.

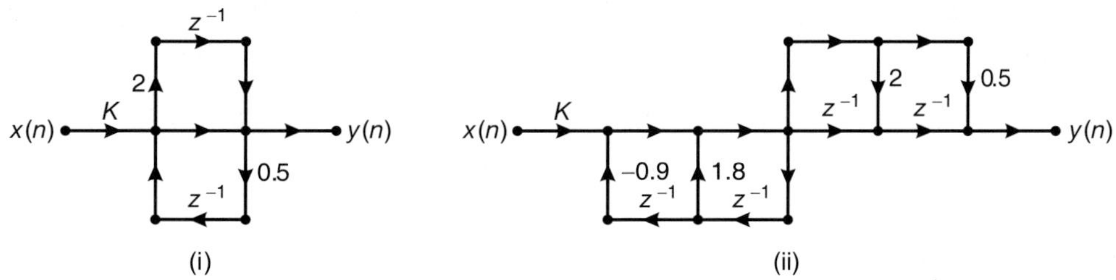

그림 P6.1 연습문제 P6.5의 블록선도

P6.6 다음 시스템 함수를 갖는 LTI 시스템을 그림 P6.2와 같은 형태의 흐름도를 사용하여 구현할 것이다.

$$H(z) = \frac{0.05 - 0.01z^{-1} - 0.13z^{-2} + 0.13z^{-4} + 0.01z^{-5} - 0.05z^{-6}}{1 - 0.77z^{-1} + 1.59z^{-2} - 0.88z^{-3} + 1.2z^{-4} - 0.35z^{-5} + 0.31z^{-6}}$$

1. 구성도에 있는 모든 계수의 빈칸을 채워넣어라.
2. 풀이가 유일한가? 설명하라.

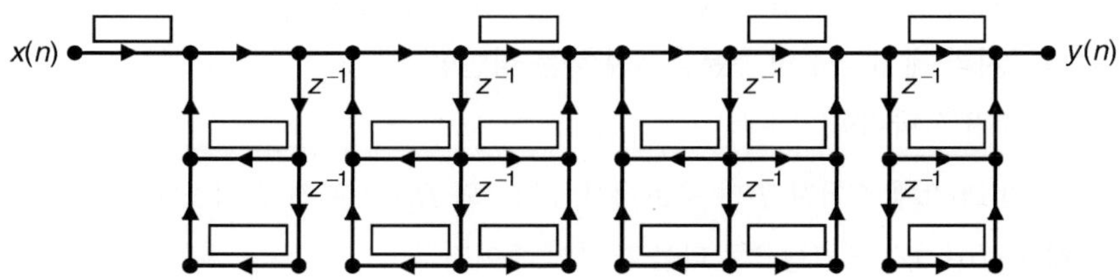

그림 P6.2 연습문제 P6.6의 구조

P6.7 IIR 필터를 다음의 시스템 함수로 나타낸다.

$$H(z) = \left(\frac{-14.75 - 12.9z^{-1}}{1 - \frac{7}{8}z^{-1} + \frac{3}{32}z^{-2}}\right) + \left(\frac{24.5 + 26.82z^{-1}}{1 - z^{-1} + \frac{1}{2}z^{-2}}\right)\left(\frac{1 + 2z^{-1} + z^{-2}}{1 + 0.81z^{-2}}\right)$$

다음의 구조들을 구하고, 그림을 그려라.

1. 제 I 직접형
2. 제 II 직접형
3. 2차의 전치된 제 II 직접형 부분을 포함하는 종속형
4. 2차의 전치된 제 II 직접형 부분을 포함하는 병렬형
5. 격자 사다리형

P6.8 인과적 선형 시불변(LTI) 시스템을 다음과 같이 나타낸다.

$$y(n) = \sum_{k=0}^{4} \cos(0.1\pi k)x(n-k) - \sum_{k=1}^{5} (0.8)^k \sin(0.1\pi k)y(n-k)$$

다음 구조들의 블록선도를 구하고 그려라. 각 구조에서 다음 입력에 대한 시스템의 응답을 계산하라.

$$x(n) = [1 + 2(-1)^n], \quad 0 \le n \le 50$$

1. 제 I 직접형
2. 제 II 직접형
3. 2차의 제 II 직접형 부분을 포함하는 종속형
4. 2차의 제 II 직접형 부분을 포함하는 병렬형
5. 격자 사다리형

P6.9 IIR 필터를 다음의 시스템 함수로 나타낸다.

$$H(z) = 2\left(\frac{1 + 0z^{-1} + z^{-2}}{1 - 0.8z^{-1} + 0.64z^{-2}}\right) + \left(\frac{2 - z^{-1}}{1 - 0.75z^{-1}}\right) + \left(\frac{1 + 2z^{-1} + z^{-2}}{1 + 0.81z^{-2}}\right)$$

다음의 구조들을 구하고, 그림을 그려라.

1. 전치된 제 I 직접형
2. 제 II 직접형
3. 2차의 전치된 제 II 직접형 부분을 포함하는 종속형
4. 2차의 제 II 직접형 부분을 포함하는 병렬형
5. 격자 사다리형

P6.10 그림 P6.3에 주어진 필터 구조에서, $H_1(z)$와 $H_2(z)$는 전체 시스템 $H(z)$의 하위 요소이다. 시스템 함수 $H_1(z)$가 병렬형으로 다음과 같이 주어지고

$$H_1(z) = 2 + \frac{0.2 - 0.3z^{-1}}{1 + 0.9z^{-1} + 0.9z^{-2}} + \frac{0.4 + 0.5z^{-1}}{1 - 0.8z^{-1} + 0.8z^{-2}}$$

시스템 함수 $H_2(z)$가 종속형으로 다음과 같이 주어질 때,

$$H_2(z) = \left(\frac{2 + z^{-1} - z^{-2}}{1 + 1.7z^{-1} + 0.72z^{-2}}\right)\left(\frac{3 + 4z^{-1} + 5z^{-2}}{1 - 1.5z^{-1} + 0.56z^{-2}}\right)$$

1. $H(z)$의 시스템 함수를 구하라.
2. $H(z)$를 종속형 구조로 그려라.

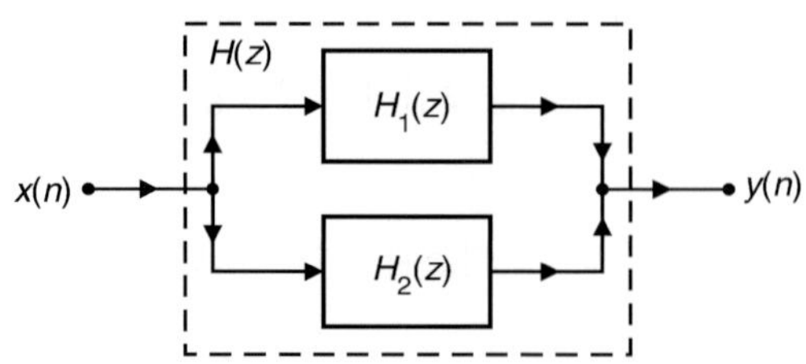

그림 P6.3 연습문제 P6.10의 구조

3. $H(z)$를 병렬형 구조로 그려라.

P6.11 그림 P6.4에 주어진 필터의 구조는 종속형 구조를 병렬 연결한 형태이다.

1. 모든 직접형 구조를 그려라.
2. 모든 직접형 구조에 대해 전치형을 구하라.
3. 2차 부분을 포함한 종속형 구조를 구하라.
4. 2차 부분을 포함한 병렬형 구조를 구하라.

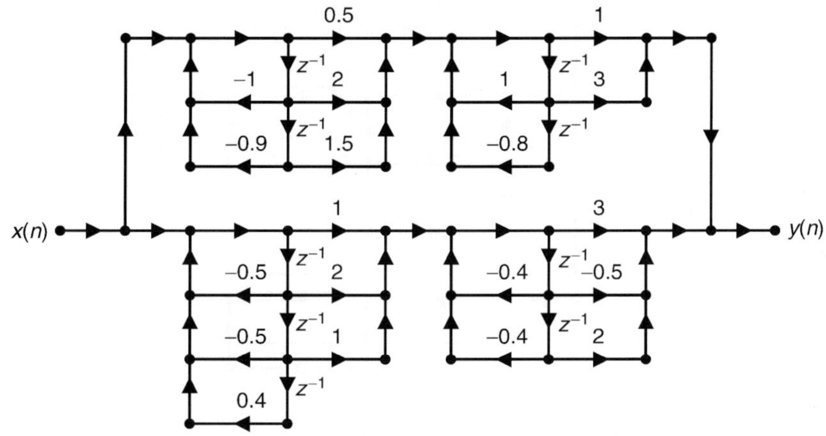

그림 P6.4 연습문제 P6.11의 구조

P6.12 연습문제 P6.6에 주어진 LTI 시스템을 그림 P6.5와 같은 형태의 흐름도를 사용하여 구현할 것이다.

$$H(z) = \frac{0.05 - 0.01z^{-1} - 0.13z^{-2} + 0.13z^{-4} + 0.01z^{-5} - 0.05z^{-6}}{1 - 0.77z^{-1} + 1.59z^{-2} - 0.88z^{-3} + 1.2z^{-4} - 0.35z^{-5} + 0.31z^{-6}}$$

1. 구성도에 있는 모든 계수의 빈칸을 채워넣어라.
2. 풀이가 유일한가? 설명하라.

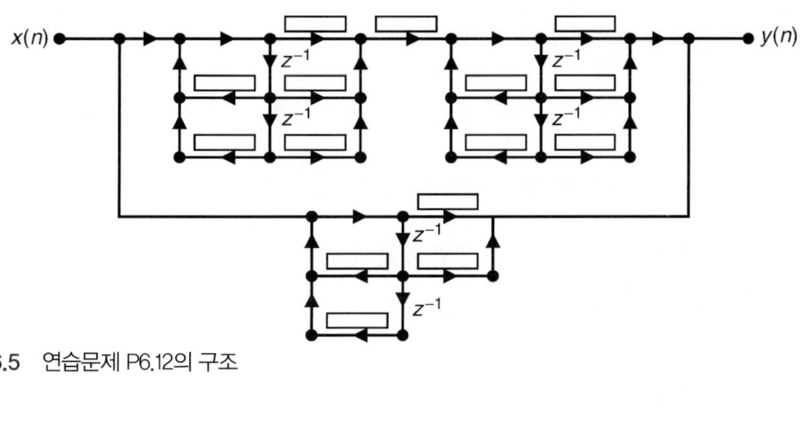

그림 P6.5 연습문제 P6.12의 구조

P6.13 다음의 시스템 함수를 갖는 LTI 시스템을 그림 P6.6과 같은 형태의 흐름도를 사용하여 구현할 것이다.

$$H(z) = \frac{0.051 + 0.088z^{-1} + 0.06z^{-2} - 0.029z^{-3} - 0.069z^{-4} - 0.046z^{-5}}{1 - 1.34z^{-1} + 1.478z^{-2} - 0.789z^{-3} + 0.232z^{-4}}$$

구성도에 있는 모든 계수의 빈칸을 채워넣어라.

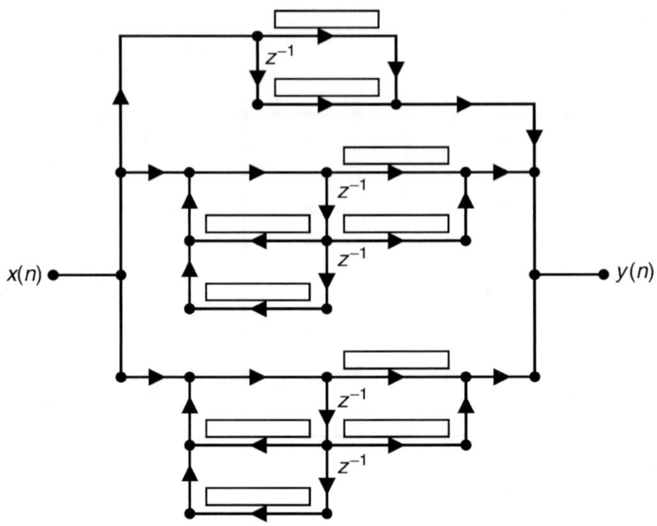

그림 P6.6 연습문제 P6.13의 구조

P6.14 선형 위상 필터는 임펄스 응답의 어떤 대칭 조건으로 얻을 수 있음을 배웠다.

1. 대칭적 임펄스 응답의 경우, $0 \leq n \leq M-1$일 때 $h(n) = h(M-1-n)$을 얻는다. 이때 위상 응답이 선형이고 다음과 같이 주어짐을 보여라.

$$\angle H\left(e^{j\omega}\right) = -\left(\frac{M-1}{2}\right)\omega, \quad -\pi < \omega \leq \pi$$

2. $M=5$와 $M=6$일 때 위의 선형 위상 구조를 그려라.
3. 반대칭적 임펄스 응답의 경우, $0 \leq n \leq M-1$일 때 $h(n) = -h(M-1-n)$을 얻는다. 이때 위상 응답이 다음과 같이 주어짐을 보여라.

$$\angle H\left(e^{j\omega}\right) = \pm\frac{\pi}{2} - \left(\frac{M-1}{2}\right)\omega, \quad -\pi < \omega \leq \pi$$

4. $M=5$와 $M=6$일 때 위의 선형 위상 구조를 그려라.

P6.15 그림 P6.7의 디지털 필터는 두 병렬 부분의 종속형으로 되어 있으며, 다음과 같은 10차 IIR 시스템 함수에 해당된다.

$$H(z) = \frac{1 - 2.2z^{-2} + 1.6368z^{-4} - 0.48928z^{-6} + 5395456 \times 10^{-8}z^{-8} - 147456 \times 10^{-8}z^{-10}}{1 - 1.65z^{-2} + 0.8778z^{-4} - 0.17281z^{-6} + 1057221 \times 10^{-8}z^{-8} - 893025 \times 10^{-10}z^{-10}}$$

1. 그림상에 표기 오류로 인해 두 군데에 걸쳐 곱의 계수 값이 잘못되었다. 그 부분을 찾고 정확한 값으로 고쳐라.
2. 2차 종속 구조를 갖는 전체 시스템 구조를 구하고 그려라. 최소의 곱셈 인자를 갖도록 해야 한다.

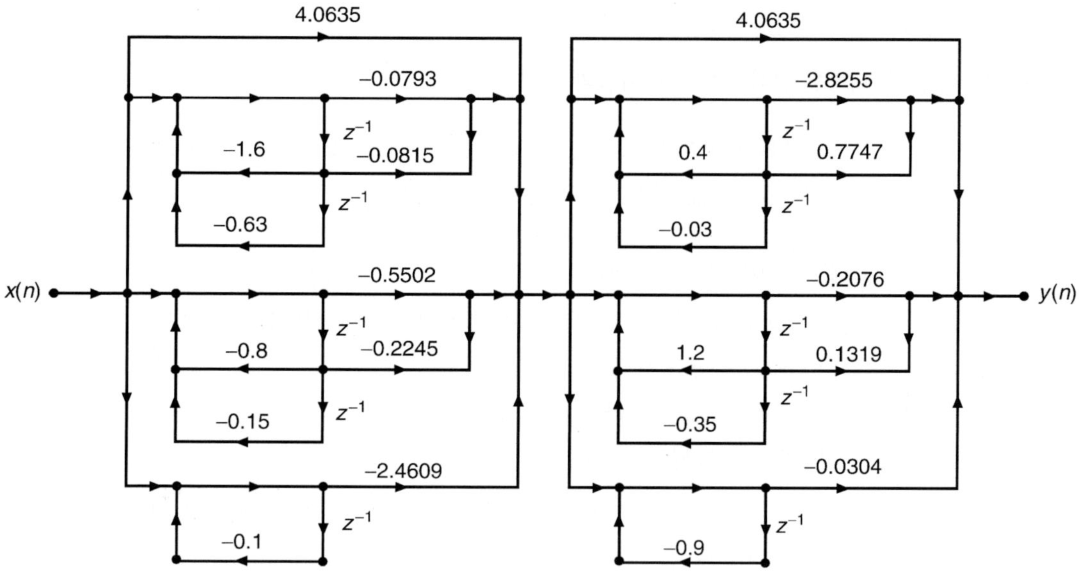

그림 P6.7 연습문제 P6.15의 구조

P6.16 다음과 같은 DFT의 켤레 대칭성과

$$H(k) = \begin{cases} H(0), & k = 0 \\ H^*(M-k), & k = 1, \ldots, M-1 \end{cases}$$

W_M^{-k} 인자의 켤레 대칭성을 이용하여 식 (6.19)가 식 (6.20)과 식 (6.21)로 주어진 FIR 필터 식에 삽입 가능함을 보여라.

P6.17 FIR 필터를 다음과 같은 차분 방정식으로 나타낸다.

$$y(n) = \sum_{k=0}^{6} e^{-0.9|k-3|} x(n-k)$$

다음 구조들의 블록선도를 구하고, 그림을 그려라.

1. 직접형
2. 선형 위상형
3. 종속형
4. 주파수 샘플링형

P6.18 선형 시불변 시스템의 시스템 함수가 다음과 같이 주어질 때,

$$H(z) = 2 + 3z^{-1} + 5z^{-2} - 3z^{-3} + 4z^{-5} + 8z^{-7} - 7z^{-8} + 4z^{-9}$$

다음 구조들의 블록선도를 구하고, 그림을 그려라.

1. 직접형
2. 종속형
3. 격자형
4. 주파수 샘플링형

P6.19 인과적 디지털 필터의 영점이 다음과 같이 주어지고,

$$z_1 = 0.5\,e^{j60^\circ},\quad z_2 = 0.5\,e^{-j60^\circ},\quad z_3 = 2\,e^{j60^\circ},\quad z_4 = 2\,e^{-j60^\circ},$$
$$z_5 = 0.25\,e^{j30^\circ},\quad z_6 = 0.25\,e^{-j30^\circ},\quad z_7 = 4\,e^{j30^\circ},\quad z_8 = 4\,e^{-j30^\circ}$$

극점은 $\{p_i\}_{i=1}^{8} = 0$으로 주어질 때,

1. 이 필터의 위상 응답을 구하고, 그 응답이 선형 위상 FIR 필터임을 보여라.
2. 이 필터의 임펄스 응답을 구하라.
3. 직접형으로 블록선도를 그려라.
4. 선형 위상형으로 블록선도를 그려라.

P6.20 MATLAB은 음이 아닌 10진수를 이진수 부호로 바꾸거나 그 역을 행할 때 각각 사용하는 내부 함수 `dec2bin`과 `bin2dec`를 제공한다.

1. 부호 절대값 형식의 10진수 정수 D를 이진수 표현 B로 바꾸는 함수 `B = sm2bin(D)`를 개발하라. 개발한 함수를 다음 숫자들에 대해 검증하라.

   (a) $D = 1001$ (b) $D = -63$ (c) $D = -449$
   (d) $D = 978$ (e) $D = -205$

2. 부호 절대값 형식의 이진수 표현 B를 10진수 정수 D로 바꾸는 함수 `D = bin2sm(B)`를 개발하라. 개발한 함수를 다음 숫자들에 대해 검증하라.

   (a) $B = 1010$ (b) $B = 011011011$ (c) $B = 11001$
   (d) $B = 1010101$ (e) $B = 011011$

P6.21 주파수 샘플링 구조에서 단위원상의 극점을 피하기 위해, 이번 장에서 논의한 바와 같이 $z_k = re^{j2\pi k/M}$, $k = 0, \ldots, M-1$, $r \approx 1$(그러나 < 1)에서 $H(z)$의 샘플을 구한다.

1. 다음 식을 사용하여

$$H\left(re^{j2\pi k/M}\right) \approx H(k)$$

   주파수 샘플링 구조가 다음과 같이 주어짐을 보여라.

$$H(z) = \frac{1-(rz)^{-M}}{M}\left\{\sum_{k=1}^{L} 2\,|H(k)|\,H_k(z) + \frac{H(0)}{1-rz^{-1}} + \frac{H(M/2)}{1+rz^{-1}}\right\}$$

   여기서

$$H_k(z) = \frac{\cos\left[\angle H(k)\right] - rz^{-1}\cos\left[\angle H(k) - \frac{2\pi k}{M}\right]}{1 - 2rz^{-1}\cos\left(\frac{2\pi k}{M}\right) + r^2 z^{-2}}, \quad k = 1, \ldots, L$$

이고, M은 짝수이다.

2. 이번 장에서 소개한 MATLAB 함수 dir2fs를 위의 주파수 샘플링형을 구현하도록 바꾸어라. 형식은 다음과 같아야 한다.

```
[C,B,A,rM] = dir2fs(h,r)
% Direct form to Frequency Sampling form conversion
% -----------------------------------------------
% [C,B,A,rM] = dir2fs(h,r)
%  C = Row vector containing gains for parallel sections
%  B = Matrix containing numerator coefficients arranged in rows
%  A = Matrix containing denominator coefficients arranged in rows
% rM = r^M factor needed in the feedforward loop
%  h = impulse response vector of an FIR filter
%  r = radius of the circle over which samples are taken (r<1)
%
```

3. 위의 함수를 사용하여 예제 6.6에 주어진 임펄스 응답에 대한 주파수 샘플링 구조를 구하라.

P6.22 다음과 같은 FIR 필터의 시스템 함수를 생각하자.

$$H(z) = 1 - 4z^{-1} + 6.4z^{-2} - 5.12z^{-3} + 2.048z^{-4} - 0.32768z^{-5}$$

1. 다음 형태의 블록선도를 구하라.
   (a) 직접형과 그 전치형
   (b) 1차 구조의 5개 종속형
   (c) 1차 구조 1개와 2차 구조 2개의 종속형
   (d) 2차 구조 1개와 3차 구조 1개의 종속형
   (e) 실계수의 주파수 샘플링형
2. 디지털 필터의 계산 복잡도는 하나의 출력을 구하는 데 사용되는 곱셈기와 가산기의 총 개수로 나타낼 수 있다. $x(n)$이 실수이고 1과의 곱셈은 무시한다고 할 때, 위 구조의 복잡도를 구하라.

P6.23 이 장에서 개발한 함수 OnesComplement는 부호 정수를 1의 보수 형식 10진수 표현으로 바꾼다. 이 연습문제에서는 소수에 대해 동작하는 함수를 개발할 것이다.

1. 부호 절대값 형식 소수 x를 B비트 1의 보수 형식 10진수 숫자 y로 바꾸는 MATLAB 함수 `y = sm2oc(x, B)`를 개발하라. 개발한 함수를 다음 숫자들에 대해 검증하라. 각 경우에서 고려되는 숫자들은 모두 양과 음, 둘 다이다. 또한 각 경우의 적절한 비트 개수 B를 선택하라.
   (a) $x = \pm 0.5625$ (b) $x = \pm 0.40625$ (c) $x = \pm 0.953125$
   (d) $x = \pm 0.1328125$ (e) $x = \pm 0.7314453125$
2. B비트 1의 보수 형식 10진수 숫자 y를 부호 절대값 형식 소수 x로 바꾸는 MATLAB 함수 `x = oc2sm(y, B)`를 개발하라. 개발한 함수를 다음 소수 이진 표현들에 대해 검증하라.

(a) $y = 1_\blacktriangle 10110$ (b) $y = 0_\blacktriangle 011001$ (c) $y = 1_\blacktriangle 00110011$

(d) $y = 1_\blacktriangle 11101110$ (e) $y = 0_\blacktriangle 00010001$

P6.24 모델로서 함수 `TwosComplement`를 사용하여 부호 절대값 형식 정수 x를 N비트 10의 보수 정수 y로 바꾸는 함수 `y = TensComplement(x,N)`을 개발하라.

1. 개발한 함수를 다음 숫자들에 대해 검증하라.

   (a) $x = 1234,\ N = 6$ (b) $x = -603,\ N = 4$ (c) $x = -843,\ N = 5$

   (d) $x = -1978,\ N = 6$ (e) $x = 50,\ N = 3$

2. 10의 보수 형식을 사용하여 다음 연산들을 수행하라. 각 경우의 의미 있는 결과를 위한 적절한 N 값을 선택하라.

   (a) $123 + 456 - 789$ (b) $648 + 836 - 452$ (c) $2001 + 3756$

   (d) $-968 + 4539$ (e) $888 - 666 + 777$

P6.25 이 장에서 개발한 함수 `TwosComplement`는 부호 정수를 2의 보수 형식 10진수 표현으로 바꾼다. 이 연습문제에서는 소수에 대해 동작하는 함수를 개발할 것이다.

1. 부호 절대값 형식 소수 x를 B비트 2의 보수 형식 10진수 숫자 y로 바꾸는 MATLAB 함수 `y = sm2tc(x, B)`를 개발하라. 개발한 함수를 다음 숫자들에 대해 검증하라. 각 경우에서 고려되는 숫자들은 모두 양과 음, 둘 다이다. 또한 각 경우의 적절한 비트 개수 B를 선택하라.

   (a) $x = \pm 0.5625$ (b) $x = \pm 0.40625$ (c) $x = \pm 0.953125$

   (d) $x = \pm 0.1328125$ (f) $x = \pm 0.7314453125$

   연습문제 P6.23의 1번 결과와 비교하라.

2. B비트 2의 보수 형식 10진수 숫자 y를 부호 절대값 형식 소수 x로 바꾸는 MATLAB 함수 `x5tc2sm(y, B)`를 개발하라. 개발한 함수를 다음 소수 이진 표현들에 대해 검증하라.

   (a) $y = 1_\blacktriangle 10110$ (b) $y = 0_\blacktriangle 011001$ (c) $y = 1_\blacktriangle 00110011$

   (d) $y = 1_\blacktriangle 11101110$ (e) $y = 0_\blacktriangle 00010001$

   연습문제 P6.23의 2번 결과와 비교하라.

P6.26 부호 절대값, 1의 보수, 2의 보수 형식에서 $B = 4$인 경우의 잘라버림 오차 특성을 계산하고 그래프를 그려라.

P6.27 다음과 같은 3차 타원형 저역통과 필터를 고려하라.

$$H(z) = \frac{0.1214\left(1 - 1.4211z^{-1} + z^{-2}\right)\left(1 + z^{-1}\right)}{\left(1 - 1.4928z^{-1} + 0.8612z^{-2}\right)\left(1 - 0.6183z^{-1}\right)}$$

1. 만약 필터가 직접형 구조를 사용하여 구현된다면, 그것의 극점 민감도를 구하라.
2. 만약 필터가 종속형 구조를 사용하여 구현된다면, 그것의 극점 민감도를 구하라.

P6.28 6비트 지수와 25비트 가수를 갖는 32비트 부동소수점 수 표현을 고려하라.

1. 표현할 수 있는 가장 작은 숫자의 값을 구하라.
2. 표현할 수 있는 가장 큰 숫자의 값을 구하라.

3. 이 부동소수점 표현의 가변 범위를 결정하고, 32비트 고정소수점 정수 표현의 가변 범위와 비교하라.

P6.29 32비트 IEEE 표준에서 부동소수점 숫자의 절대값 범위는 1.18×10^{-38}에서 3.4×10^{38}임을 보여라.

P6.30 다음 10진수 숫자들의 10비트 부호 절대값, 1의 보수, 2의 보수 표현을 구하라.

(a) 0.12345 (b) −0.56789 (c) 0.38452386
(d) −0.762349 (e) −0.90625

P6.31 통과대역에서 0.5 dB 리플을 갖고, 저지대역에서 60 dB 리플을 갖고, 통과대역 주파수가 $\omega_{\mathrm{p}} = 0.25\pi$, 저지대역 주파수가 $\omega_{\mathrm{s}} = 0.3\pi$인 사양을 만족하도록 설계된 IIR 저역통과 필터는 다음과 같은 MATLAB 코드를 사용하여 얻을 수 있다.

```
wp = 0.25*pi; ws = 0.3*pi; Rp = 0.5; As = 60;
[N, Wn] = ellipord(wp/pi, ws/pi, Rp, As);
[b,a] = ellip(N,Rp,As,Wn);
```

필터 계수 b_k와 a_k는 각각 배열 b와 a 안에 있으며, 무한 정밀도를 갖고 있다고 생각한다.

1. 무한 정밀도를 갖고 있다고 가정하고, 설계된 필터의 로그 크기 응답과 위상 응답을 그려라. 가로 두 줄과 세로 한 줄의 그래프를 사용하라.
2. 직접형 계수를 네 자리 10진수로 끝처리하여 양자화하라. 이제 결과 필터의 로그 크기 응답과 위상 응답을 그려라. 가로 두 줄과 세로 한 줄의 그래프를 사용하라.
3. 직접형 계수를 세 자리 10진수로 끝처리하여 양자화하라. 설계된 필터의 로그 크기 응답과 위상 응답을 그려라. 가로 두 줄과 세로 한 줄의 그래프를 사용하라.
4. 위 세 가지 그래프에 대해 논하라.

P6.32 저지대역 감쇠가 60 dB, 저지대역의 아래쪽 끝 주파수가 $\omega_{\mathrm{s}_1} = 0.2\pi$, 그리고 저지대역의 위쪽 끝 주파수가 $\omega_{\mathrm{s}_2} = 0.8\pi$인 사양을 만족하도록 설계된 길이 32인 선형 위상 FIR 대역통과 필터는 다음의 MATLAB 코드를 사용하여 얻을 수 있다.

```
ws1 = 0.2*pi; ws2 = 0.8*pi; As = 60;
M = 32; Df = 0.2115;
fp1 = ws1/pi+Df; fp2 = ws2/pi-Df;
h = firpm(M-1,[0,ws1/pi,fp1,fp2,ws2/pi,1],[0,0,1,1,0,0]);
```

필터 응답 $h(n)$은 배열 h 안에 있으며, 무한 정밀도를 갖고 있다고 가정한다.

1. 무한 정밀도를 갖고 있다고 가정하고, 설계된 필터의 로그 크기 응답과 위상 응답을 그려라. 가로 두 줄과 세로 한 줄의 그래프를 사용하라.
2. 직접형 계수를 네 자리 10진수로 끝처리하여 양자화하라. 설계된 필터의 로그 크기 응답과 위상 응답을 그려라. 가로 두 줄과 세로 한 줄의 그래프를 사용하라.

3. 직접형 계수를 세 자리 10진수로 끝처리하여 양자화하라. 설계된 필터의 로그 크기 응답과 위상 응답을 그려라. 가로 두 줄과 세로 한 줄의 그래프를 사용하라.
4. 위 세 가지 그래프에 대해 논하라.
5. 이 연습문제의 결과를 근거로 하여, FIR 직접형 구현을 표현하는 데 실제로 얼마나 많은 유효(significant) 비트(10진수가 아님)가 필요한지 결정하라.

P6.33 연습문제 P6.31의 저역통과 필터를 고려하라.

1. 무한 정밀도와 종속형 구현을 사용하여 설계된 필터의 로그 크기 응답과 위상 응답을 그려라. 가로 두 줄과 세로 한 줄의 그래프를 사용하라.
2. 종속형 계수를 네 자리 10진수로 끝처리하여 양자화하라. 이제 결과 필터의 로그 크기 응답과 위상 응답을 그려라. 가로 두 줄과 세로 한 줄의 그래프를 사용하라.
3. 종속형 계수를 세 자리 10진수로 끝처리하여 양자화하라. 이제 결과 필터의 로그 크기 응답과 위상 응답을 그려라. 가로 두 줄과 세로 한 줄의 그래프를 사용하라.
4. 위 세 가지 그래프에 대해 논하고, 연습문제 P6.31의 비슷한 그래프들과 비교하라.

P6.34 다음과 같은 차분 방정식으로 표현된 필터를 고려하라.

$$y(n) = \frac{1}{\sqrt{2}}y(n-1) - x(n) + \sqrt{2}x(n-1) \tag{6.79}$$

1. 이 필터는 전대역통과 필터(즉, $|H(e^{j\omega})|$가 전 주파수 범위 $-\pi \le \omega \le \pi$에서 상수)이다. 정규화된 주파수 범위 $0 \le \omega/\pi \le 1$에 대해 크기 응답 $|H(e^{j\omega})|$을 그려 답을 검증하라. `subplot(3,1,1)`을 사용하라.
2. 차분 방정식 (6.79)의 계수들을 세 자리의 10진수로 끝처리하라. 여전히 필터는 전대역통과 필터인가? 정규화된 주파수 범위 $0 \le \omega/\pi \le 1$에 대해 크기 응답 $|\hat{H}_1(e^{j\omega})|$을 그려 답을 검증하라. `subplot(3,1,2)`를 사용하라.
3. 차분 방정식 (6.79)의 계수들을 두 자리의 10진수로 끝처리하라. 여전히 필터는 전대역통과 필터인가? 정규화된 주파수 범위 $0 \le \omega/\pi \le 1$에 대해 크기 응답 $|\hat{H}_2(e^{j\omega})|$을 그려 답을 검증하라. `subplot(3,1,3)`을 사용하라.
4. 왜 크기 $|\hat{H}_1(e^{j\omega})|$은 $|\hat{H}_2(e^{j\omega})|$과 다른지를 설명하라.

P6.35 다음 요구사항

$$\begin{aligned} 0.95 \le |H(e^{j\omega})| &\le 1.05, & 0 \le |\omega| &\le 0.25\pi \\ 0 \le |H(e^{j\omega})| &\le 0.01, & 0.35\pi \le |\omega| &\le 0.65\pi \\ 0.95 \le |H(e^{j\omega})| &\le 1.05, & 0.75\pi \le |\omega| &\le \pi \end{aligned}$$

을 만족하는 IIR 대역저지 디지털 필터는 아래의 MATLAB 코드를 사용하여 얻을 수 있다.

```
wp = [0.25,0.75]; ws = [0.35,0.65]; delta1 = 0.05; delta2 = 0.01;
[Rp,As] = delta2db(delta1,delta2);
[N, wn] = cheb2ord(wp, ws, Rp, As);
[b,a] = cheby2(N,As,wn,'stop');
```

필터 계수 b_k와 a_k는 각각 배열 b와 a 안에 있으며 무한 정밀도를 갖고 있다고 생각한다.

1. 무한 정밀도를 갖고 있다고 가정하고, 설계된 필터의 로그 크기 응답 그래프와 극-영점 그래프를 그려라.
2. 직접형 구조와 필터 계수를 12비트로 나타낸다고 가정하고, 설계된 필터의 로그 크기 응답 그래프와 극-영점 그래프를 그려라. `Qcoeff` 함수를 사용하라.
3. 종속형 구조와 필터 계수를 12비트로 나타낸다고 가정하고, 설계된 필터의 로그 크기 응답 그래프와 극-영점 그래프를 그려라. `Qcoeff` 함수를 사용하라.

P6.36 다음 사양

$$\text{통과대역의 끝: } 0.4\pi, \qquad R_p = 0.5\,\text{dB}$$
$$\text{저지대역의 끝: } 0.6\pi, \qquad A_s = 50\,\text{dB}$$

을 만족하는 IIR 저역통과 디지털 필터는 아래의 MATLAB 코드를 사용하여 구할 수 있다.

```
wp = 0.4; ws = 0.6; Rp = 0.5; As = 50;
[N, wn] = buttord(wp, ws, Rp, As);
[b,a] = butter(N,wn);
```

필터 계수 b_k와 a_k는 각각 배열 b와 a 안에 있으며 무한 정밀도를 갖고 있다고 생각한다.

1. 무한 정밀도를 갖고 있다고 가정하고, 설계된 필터의 크기 응답 그래프와 극-영점 그래프를 그려라.
2. 직접형 구조와 필터 계수를 10비트로 나타낸다고 가정하고, 설계된 필터의 크기 응답 그래프와 극-영점 그래프를 그려라. `Qcoeff` 함수를 사용하라.
3. 종속형 구조와 필터 계수를 10비트로 나타낸다고 가정하고, 설계된 필터의 크기 응답 그래프와 극-영점 그래프를 그려라. `Qcoeff` 함수를 사용하라.

P6.37 그림 P6.8의 디지털 필터는 두 병렬 부분의 종속형으로 되어 있고, 다음과 같은 10차 IIR 디지털 필터 시스템 함수에 해당된다.

$$H(z) = \frac{1 - 2.2z^{-2} + 1.6368z^{-4} - 0.48928z^{-6} + 5395456 \times 10^{-8}z^{-8} - 147456 \times 10^{-8}z^{-10}}{1 - 1.65z^{-2} + 0.8778z^{-4} - 0.17281z^{-6} + 1057221 \times 10^{-8}z^{-8} - 893025 \times 10^{-10}z^{-10}}$$

1. 그림상에 표기 오류로 인해 두 군데에 걸쳐 곱의 계수 값이 잘못되었다. 그 부분을 찾고 정확한 값으로 고쳐라.
2. 시스템 함수 $H(z)$의 극점을 조사하여 이 구조가 계수 양자화에 민감하다는 점을 알아야 한다. 계수 양자화에 가장 덜 민감한 다른 구조를 근거를 가지로 제안하라.

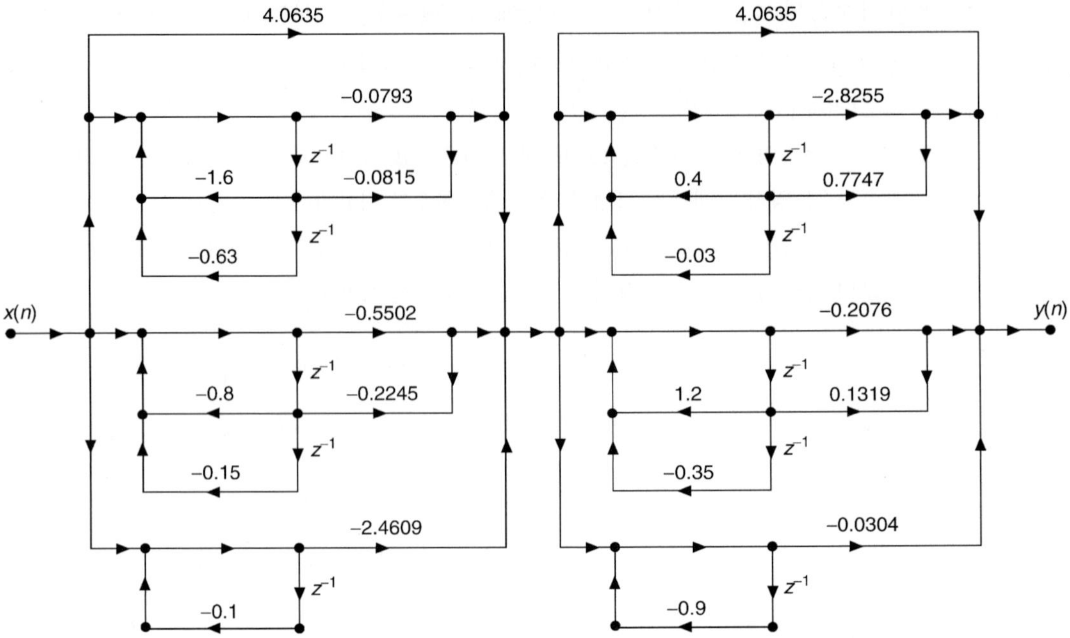

그림 P6.8 연습문제 P6.37의 구조

P6.38 다음 사양

저지대역의 낮은 쪽 끝:	0.4π,	$A_s = 50$ dB
저지대역의 높은 쪽 끝:	0.6π,	
통과대역의 낮은 쪽 끝:	0.3π,	$R_p = 0.2$ dB
통과대역의 높은 쪽 끝:	0.7π,	

을 만족하는 대역저지 선형 위상 FIR 필터는 아래의 MATLAB 코드를 사용하여 구할 수 있다.

```
wp1 = 0.3; ws1 = 0.4; ws2 = 0.6; wp2 = 0.7; Rp = 0.2; As = 50;
[delta1,delta2] = db2delta(Rp,As);
b = firpm(44,[0,wp1,ws1,ws2,wp2,1],[1,1,0,0,1,1],...
    [delta2/delta1,1,delta2/delta1]);
```

필터의 임펄스 응답 $h(n)$은 배열 b 안에 있다. 무한 정밀도를 갖고 있다고 가정한다.

P6.39 다음 사양

$$\begin{array}{rcccl} 0 & \le & |H(e^{j\omega})| & \le & 0.01, \quad\quad 0 \le \omega \le 0.25\pi \\ 0.95 & \le & |H(e^{j\omega})| & \le & 1.05, \ 0.35\pi \le \omega \le 0.65\pi \\ 0 & \le & |H(e^{j\omega})| & \le & 0.01, \ 0.75\pi \le \omega \le \pi \end{array}$$

을 만족하는 대역통과 선형 위상 FIR 필터는 아래의 MATLAB 코드를 사용하여 구할 수 있다.

```
ws1 = 0.25; wp1 = 0.35; wp2 = 0.65; ws2 = 0.75;
delta1 = 0.05; delta2 = 0.01;
b = firpm(40,[0,ws1,wp1,wp2,ws2,1],[0,0,1,1,0,0],...
    [1,delta2/delta1,1]);
```

필터의 임펄스 응답 $h(n)$은 배열 b 안에 있다. 무한 정밀도를 갖고 있다고 가정한다.

P6.40 다음 사양

$$\text{저지대역의 끝: } 0.4\pi, \quad A_s = 60\,\text{dB}$$
$$\text{통과대역의 끝: } 0.6\pi, \quad R_p = 0.5\,\text{dB}$$

을 만족하는 IIR 고역통과 디지털 디지털 필터는 아래의 MATLAB 코드를 사용하여 구할 수 있다.

```
wp = 0.6; ws = 0.4; Rp = 0.5; As = 60;
[N,wn] = ellipord(wp, ws, Rp, As);
[b,a] = ellip(N,Rp,As,wn,'high');
```

필터 계수 b_k와 a_k는 각각 배열 b와 a 안에 있으며 무한 정밀도를 갖고 있다고 생각한다.

1. 무한 정밀도를 갖고 있다고 가정하고, 설계된 필터의 크기 응답 그래프와 극-영점 그래프를 그려라.
2. 직접형 구조와 필터 계수를 10비트로 나타낸다고 가정하고, 설계된 필터의 크기 응답 그래프와 극-영점 그래프를 그려라. Qcoeff 함수를 사용하라.
3. 병렬형 구조와 필터 계수를 10비트로 나타낸다고 가정하고, 설계된 필터의 크기 응답 그래프와 극-영점 그래프를 그려라. Qcoeff 함수를 사용하라.

FIR 필터 설계

07 chapter

이제부터는 주어진 사양으로 시스템을 설계하는 문제에 관심을 갖는다. 이것은 어려울 뿐만 아니라 중요한 문제이다. 디지털 신호 처리에는 두 가지의 중요한 시스템 형태가 있다. 첫 번째 시스템 형태는 시간 영역에서 신호 여과를 하는 것으로, **디지털 필터**(digital filter)라고 한다. 다시 말해 어떤 주파수 성분은 통과시키고 그 외의 주파수 성분은 여과를 통해 억제하는 시스템을 말한다. 두 번째 형태는 주파수 영역에서 신호를 표현하는 것으로, **스펙트럼 분석기**(spectrum analyzer)라고 한다. 5장에서는 DFT를 사용한 신호 표현을 설명했다. 이번 장과 다음 장에서는 FIR 필터와 IIR 필터의 기본적인 설계 알고리즘을 살펴볼 것이다. 이런 설계들은 대부분 **주파수 선택적**(frequency selective) 형태이다. 즉, 주로 다대역 저역통과, 고역통과, 대역통과, 대역저지 필터를 설계할 것이다. FIR 필터 설계에서는, 비록 주파수 선택적 필터는 아니지만 같은 설계 기술을 따르는 미분기나 힐버트(Hilbert) 변환기와 같은 시스템에 대해서도 알아볼 것이다. 더 복잡한 필터 설계는 임의의 주파수 영역 사양에 기반을 두며, 이 책의 범위를 넘어서는 도구를 필요로 한다.

이 장은 먼저 설계 철학과 설계 사양과 관계된 약간의 예비적인 사항을 다룬다. 이 사항들은 FIR 필터와 IIR 필터의 설계 모두에 적용한다. 이 장의 나머지 부분에서는 FIR 필터 설계 알고리즘을 살펴본다. 8장에서는 IIR 필터를 이와 마찬가지 방식으로 다룰 것이다.

7.1 예비사항

디지털 필터의 설계는 시스템이 갖추어야 할 성질에 관한 사양의 결정, 인과적 이산 시스템을 사용한 사양의 근사화 그리고 시스템의 구현으로 이루어지는 다음의 세 단계를 거친다.

- **사양(specification)**: 필터를 설계하기 전에 몇 가지 사양을 가져야 한다. 이 사양들은 응용에 따라 결정된다.
- **근사(approximation)**: 일단 사양이 결정되면, 다양한 개념과 수학을 사용하여 사양에 근접한 필터 표현을 얻는다. 이 단계가 필터 설계의 주제이다.
- **구현(implementation)**: 위 단계의 결과는 차분 방정식, 또는 시스템 함수 $H(z)$, 또는 임펄스 응답 $h(n)$의 형태를 갖는 필터 표현이다. 이 표현을 하드웨어나, 6장에서 논의한 것과 같은 컴퓨터 소프트웨어를 통해 구현한다.

이번 장과 다음 장에서는 주어진 사양을 필터 표현으로 바꾸는 두 번째 단계에 대해서만 자세하게 알아볼 것이다.

음성과 오디오 신호 처리와 같은 많은 응용 분야에서 주파수 선택적 연산을 구현하기 위해 디지털 필터를 사용한다. 그러므로 원하는 필터의 크기 및 위상 응답과 같은 주파수 영역에서의 사양이 필요하다. 일반적으로 통과대역에서는 선형 위상 응답이 바람직하다. FIR 필터의 경우에는 6장에서 살펴본 바와 같이, 정확한 선형 위상을 갖는 것이 가능하다. IIR 필터의 경우에는 통과대역에서 선형 위상을 얻을 수 없다. 그러므로 단지 크기 사양만을 고려할 것이다.

크기 사양은 두 방법 중 하나로 주어진다. 첫 번째 방법은 **절대 사양**(absolute specification)이라는 것으로서, 크기 응답 함수 $|H(e^{j\omega})|$에 대한 일단의 요구사항을 제시한다. 이 사양은 보통 FIR 필터에 사용된다. IIR 필터에 대해서는 다소 다른 방법으로 사양이 주어지는데, 이 내용은 8장에서 논의할 것이다. 두 번째 방법은 **상대 사양**(relative specification)이라는 것으로서, 다음과 같이 **데시벨**(dB, decibel)의 형태로 요구사항을 제시한다.

$$\text{dB scale} = -20\log_{10}\frac{|H(e^{j\omega})|}{|H(e^{j\omega})|_{\max}} \geq 0$$

이것은 실제로 가장 인기 있는 방법이고, FIR 필터와 IIR 필터 모두에 사용된다. 이 절에서는 이러한 사양들을 보여주기 위한 예로 저역통과 필터를 사용할 것이다.

7.1.1 절대 사양

저역통과 필터의 전형적인 절대 사양을 그림 7.1(a)에 나타내었다. 이 그림에서

- 대역 $[0,\ \omega_p]$는 **통과대역**(passband)이라 하고, δ_1은 이상적인 통과대역 응답에서 감수할 수 있는 허용오차(tolerance 또는 리플(ripple))이다.

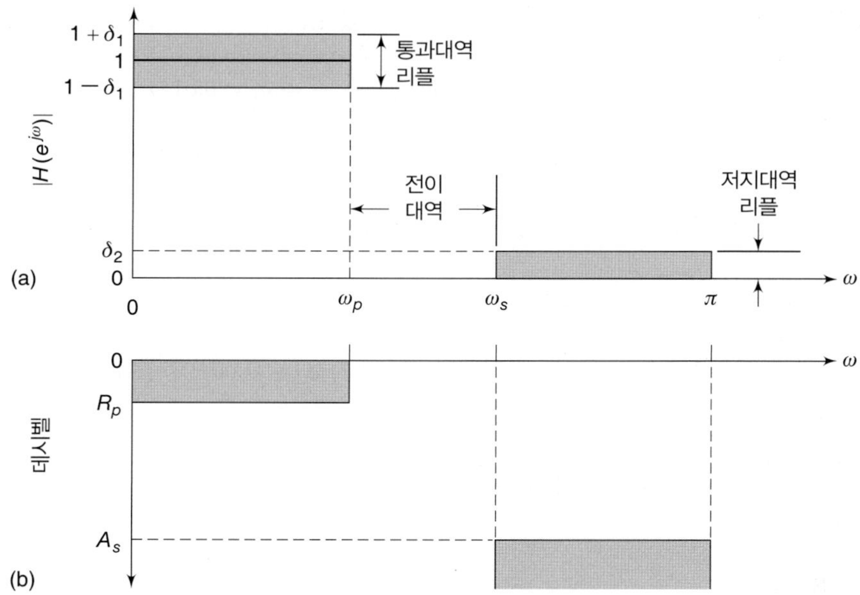

그림 7.1 FIR 필터의 사양: (a) 절대 사양, (b) 상대 사양

- 대역 $[\omega_s, \pi]$는 **저지대역**(stopband)이라 하고, δ_2는 이상적인 통과대역 응답에서 감수할 수 있는 허용오차이다.
- 대역 $[\omega_p, \omega_s]$는 **전이대역**(transition band)이라 하는데, 이 대역에서는 크기 응답에 대한 제한이 없다.

7.1.2 상대 사양(dB)

저역통과 필터의 전형적인 상대 사양을 그림 7.1(b)에 나타내었다. 이 그림에서

- R_p는 dB로 나타낸 통과대역 리플이다.
- A_s는 dB로 나타낸 저지대역 감쇠이다.

위의 두 사양에서 주어진 매개변수들은 밀접한 관계가 있다. 절대 사양의 $|H(e^{j\omega})|_{\max}$는 $(1 + \delta_1)$과 같기 때문에, 다음 식을 얻을 수 있다.

$$R_p = -20\log_{10}\frac{1-\delta_1}{1+\delta_1} > 0\ (\approx 0) \tag{7.1}$$

그리고

$$A_s = -20\log_{10}\frac{\delta_2}{1+\delta_1} > 0\ (\gg 1) \tag{7.2}$$

예제 7.1 어떤 필터의 사양에서 통과대역 리플은 0.25 dB이고, 저지대역 감쇠는 50 dB이다. δ_1과 δ_2를 구하라.

풀이 식 (7.1)을 사용하면 다음 식을 얻을 수 있다.

$$R_p = 0.25 = -20\log_{10}\frac{1-\delta_1}{1+\delta_1} \Rightarrow \delta_1 = 0.0144$$

식 (7.2)를 사용하면 다음 식을 얻을 수 있다.

$$A_s = 50 = -20\log_{10}\frac{\delta_2}{1+\delta_1} = -20\log_{10}\frac{\delta_2}{1+0.0144} \Rightarrow \delta_2 = 0.0032$$

예제 7.2 통과대역 허용오차 $\delta_1 = 0.01$, 저지대역 허용오차 $\delta_2 = 0.001$이 주어졌을 때, 통과대역 리플 R_p와 저지대역 감쇠 A_s를 구하라.

풀이 식 (7.1)로부터 통과대역 리플은

$$R_p = -20\log_{10}\frac{1-\delta_1}{1+\delta_1} = 0.1737 \text{ dB}$$

이고, 식 (7.2)로부터 저지대역 감쇠는 다음과 같다.

$$A_s = -20\log_{10}\frac{\delta_2}{1+\delta_1} = 60 \text{ dB}$$

연습문제 P7.1에서의 MATLAB 함수는 상대 사양과 절대 사양 간의 변환이 가능해야 한다.

위 사양은 저역통과 필터에 대해 주어졌다. 고역통과 필터나 대역통과 필터 등의 주파수 선택적 필터에 대해서도 유사한 사양을 줄 수 있다. 그러나 가장 중요한 설계 매개변수는 주파수 대역 허용오차(frequency-band tolerance)와 대역 끝 주파수(band-edge frequency)이다. 주어진 대역이 통과대역인가 저지대역인가 하는 것은 비교적 작은 문제이다. 그러므로 설계 기술을 설명할 때 저역통과 필터에 집중할 것이며, 다음 장에서 저역통과 필터를 다른 형태의 주파수 선택적 필터로 변환하는 방법을 논의할 것이다. 한편, 다른 형태의 필터 예도 제시할 것이다. 이런 논의의 관점에서 보았을 때 설계 목적은 다음과 같다.

문제 진술 허용오차 δ_1(또는 R_p)의 통과대역 $[0, \omega_p]$와 허용오차 δ_2(또는 A_s)의 저지대역 $[\omega_s, \pi]$를 갖는 저역통과 필터를 설계하라(즉, 시스템 함수 $H(z)$나 차분 방정식을 구하라).

이 장에서는 FIR 디지털 필터의 설계와 근사에 주의를 기울일 것이다. 이 필터들의 설계 및 구현상의 이점은 다음과 같다.

- 위상 응답이 정확히 선형으로 될 수 있다.
- 안정성 문제가 없기 때문에 비교적 설계하기가 쉽다.
- 구현이 효율적이다.
- 구현에 DFT를 사용할 수 있다.

6장에서 논의했듯이 필터는 정확한 선형 위상을 갖는데, 선형 위상 응답의 장점은 다음과 같다.

- 설계 문제가 단지 실수 연산만을 포함하고, 복소수 연산은 포함하지 않는다.
- 선형 위상 필터는 고정된 크기의 지연만 나타날 뿐 지연 왜곡은 없다.
- 선형 위상 필터의 구현에서 논의했듯이 길이 M(즉, $M-1$차)인 필터의 연산 수가 $M/2$차이다.

다음 절에서는 설계 알고리즘에 필요한 선형 위상 FIR 필터의 특성을 논의한 뒤, 선형 위상 FIR 필터의 세 가지 설계 기법, 즉 창 설계 기법(window design), 주파수 샘플링 기법(frequency sampling design), 최적 등리플 기법(optimal equiripple design)에 대해 알아본다.

7.2 선형 위상 FIR 필터의 특성

이 절에서는 선형 위상 FIR 필터의 임펄스 응답과 주파수 응답의 모양, 시스템 함수의 영점 위치에 대해 논의할 것이다. $h(n)$, $0 \le n \le M-1$을 길이(또는 구간) M의 임펄스 응답이라 하자. 그러면 시스템 함수는 다음과 같다.

$$H(z) = \sum_{n=0}^{M-1} h(n) z^{-n} = z^{-(M-1)} \sum_{n=0}^{M-1} h(n) z^{M-1-n}$$

이 식은 원점 $z=0$에서 $(M-1)$개의 극점을 갖고, z평면상의 어느 위치에서 $(M-1)$개의 영점을 갖는다. 주파수 응답 함수는 다음과 같다.

$$H(e^{j\omega}) = \sum_{n=0}^{M-1} h(n) e^{-j\omega n}, \quad -\pi < \omega \le \pi$$

이제 $h(n)$과 $H(e^{j\omega})$의 형태에 대한 요구사항을 알아보자. 또한 선형 위상 제한 조건이 부과하는 $(M-1)$개의 영점 위치에 대한 요구사항도 알아보자.

7.2.1 임펄스 응답 $h(n)$

선형 위상 제한 조건은 다음과 같다.

$$\angle H(e^{j\omega}) = -\alpha\omega, \quad -\pi < \omega \le \pi$$

여기서 α는 고정 위상 지연(constant phase delay)이다. 그러면 6장의 선형 위상형 FIR 필터로부터 $h(n)$이 대칭적이어야 함을 알 수 있다. 즉,

$$h(n) = h(M-1-n), \quad 0 \le n \le (M-1), \quad \alpha = \frac{M-1}{2} \tag{7.3}$$

그러므로 $h(n)$은 대칭 지수 α에 대칭적이다. 가능한 대칭 형태는 두 가지가 있다.

- M이 홀수일 때: 이 경우에는 $\alpha = (M-1)/2$가 정수이다. 임펄스 응답은 다음 그림과 같다.

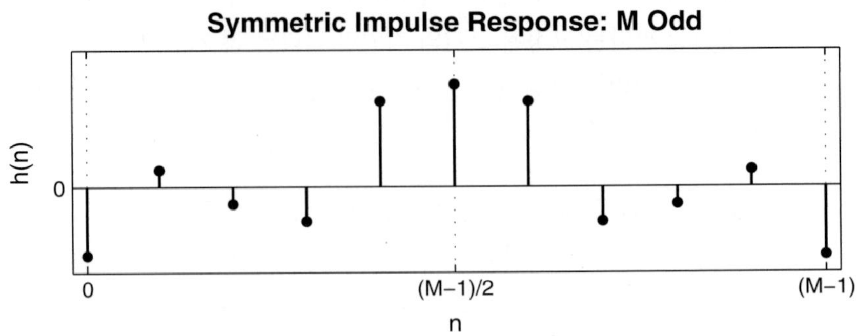

- M이 짝수일 때: 이 경우에는 $\alpha = (M-1)/2$가 정수가 아니다. 임펄스 응답은 다음 그림과 같다.

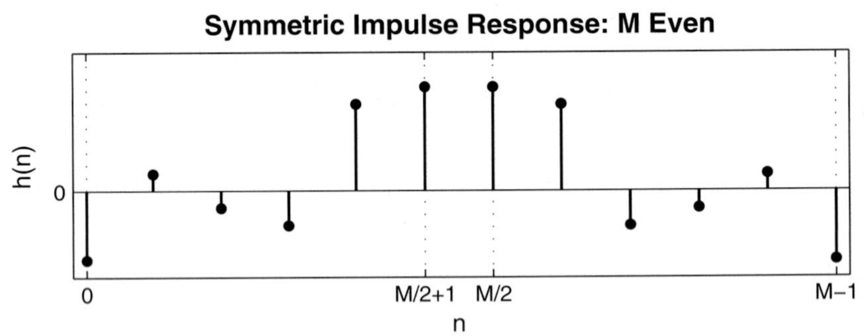

만약 다음과 같은 조건을 만족하는 위상 응답 $\angle H(e^{j\omega})$이 필요하다면, 두 번째 형태의 선형 위상 FIR 필터를 이용할 수 있다.

$$\angle H(e^{j\omega}) = \beta - \alpha\omega$$

이 식은 원점을 지나지 않는 직선이다. 이 경우 α가 고정 위상 지연은 아니지만, 다음의 식

$$\frac{d\angle H(e^{j\omega})}{d\omega} = -\alpha$$

가 상수이고, 이것은 군지연(group delay)이 된다. 그러므로 α를 고정 군지연(constant group delay)이라고 한다. 이 경우에는 주파수들이 하나의 무리로서 일정한 비율로 지연된다. 그러나 어떤 주파수는 더 많이 지연될 수도 있고, 어떤 것들은 더 조금 지연될 수도 있다. 이러한 형태의 선형 위상에 대해 다음과 같은 식을 쓸 수 있다.

$$h(n) = -h(M-1-n), \quad 0 \le n \le (M-1); \; \alpha = \frac{M-1}{2}, \beta = \pm\frac{\pi}{2} \tag{7.4}$$

이 식은 임펄스 응답 $h(n)$이 반대칭(antisymmetric)임을 의미한다. 대칭 지수는 여전히 $\alpha = (M-1)/2$이다. 가능한 대칭 형태는, M이 홀수인 경우와 M이 짝수인 경우에 해당하는 두 가지가 있다.

- M이 홀수일 때: 이 경우에는 $\alpha = (M-1)/2$가 정수이다. 임펄스 응답은 다음 그림과 같다.

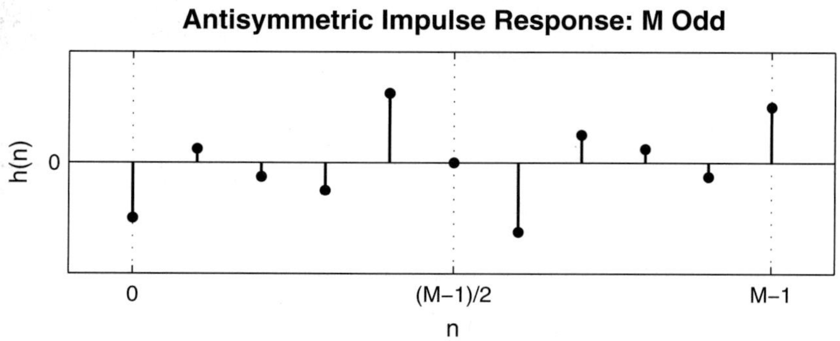

$\alpha = (M-1)/2$에서의 샘플 $h(\alpha)$가 반드시 0이어야 함을 주목하라. 즉, $h((M-1)/2) = 0$이다.

- M이 짝수일 때: 이 경우에는 $\alpha = (M-1)/2$가 정수가 아니다. 임펄스 응답은 다음 그림과 같다.

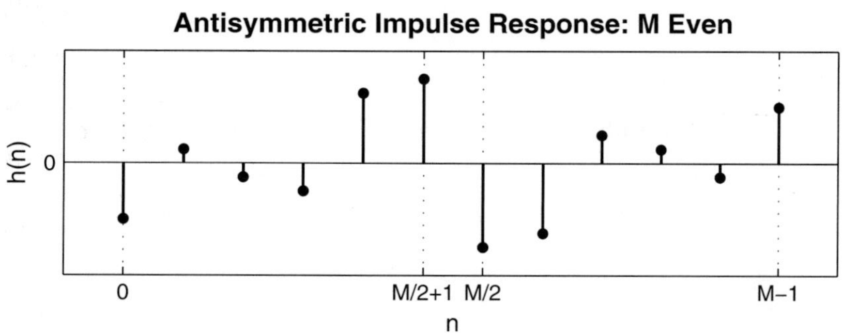

7.2.2 주파수 응답 $H(e^{j\omega})$

대칭과 반대칭인 경우와 M이 홀수, 짝수인 경우를 조합하면, 네 가지 형태의 선형 위상 FIR 필터를 얻을 수 있다. 각 형태의 주파수 응답 함수는 독특한 표현과 모양을 갖고 있다. 이러한 응답들을 알아보기 위해 $H(e^{j\omega})$을 다음과 같이 써보자.

$$H(e^{j\omega}) = H_r(\omega)e^{j(\beta-\alpha\omega)}; \quad \beta = \pm\frac{\pi}{2}, \alpha = \frac{M-1}{2} \tag{7.5}$$

여기서 $H_r(\omega)$는 크기 응답(magnitude response)이 아니라 **진폭 응답**(amplitude response)이다. 진폭 응답은 실수 함수이기는 하지만, 언제나 양의 값을 갖는 크기 응답과 다르게 양의 값과 음의 값을 모두 가질 수 있다. 크기 응답과 연관된 위상 응답은 **불연속 함수**

(discontinuous function)이다. 그러나 진폭 응답과 관련된 위상 응답은 연속 선형 함수(continuous linear function)이다. 이 두 가지 응답 형태 간의 차이를 알아보기 위해, 다음과 같은 예를 생각해보자.

예제 7.3 임펄스 응답이 $h(n) = \{\underset{\uparrow}{1},\ 1,\ 1\}$이다. 주파수 응답을 구하고 그려라.

풀이 주파수 응답은 다음과 같다.

$$\begin{aligned} H(e^{j\omega}) &= \sum_{0}^{2} h(n)e^{j\omega n} = 1 + 1e^{-j\omega} + e^{-j2\omega} = \left\{e^{j\omega} + 1 + e^{-j\omega}\right\} e^{-j\omega} \\ &= \{1 + 2\cos\omega\}\, e^{-j\omega} \end{aligned}$$

$\cos\omega$는 양의 값과 음의 값을 모두 가질 수 있으므로, 크기 응답과 위상 응답은 다음과 같다.

$$\begin{aligned} |H(e^{j\omega})| &= |1 + 2\cos\omega|, \quad 0 < \omega \le \pi \\ \angle H(e^{j\omega}) &= \begin{cases} -\omega, & 0 < \omega < 2\pi/3 \\ \pi - \omega, & 2\pi/3 < \omega < \pi \end{cases} \end{aligned}$$

이 경우 위상 응답은 구분적 선형(piecewise linear)이다. 반면에, 진폭 응답과 그에 해당하는 위상 응답은 다음과 같다.

$$\left.\begin{aligned} H_r(\omega) &= 1 + 2\cos\omega, \\ \angle H(e^{j\omega}) &= -\omega, \end{aligned}\right. \qquad -\pi < \omega \le \pi$$

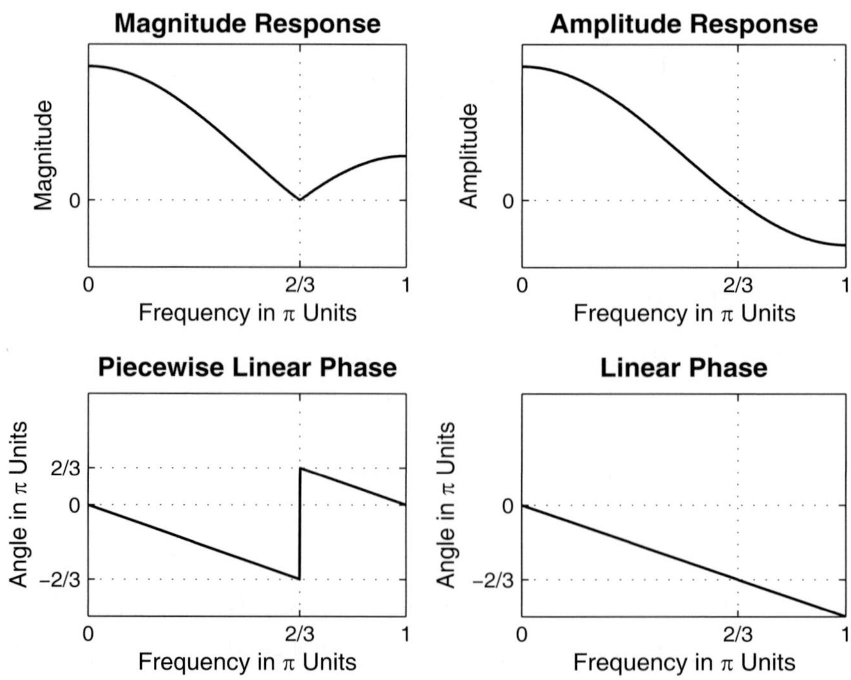

그림 7.2 예제 7.3의 주파수 응답

이 경우 위상 응답은 완전한 선형(truly linear)이다. 이 응답들을 그림 7.2에 나타내었다. 이 예제로부터 크기 응답과 진폭 응답(즉, 구분적 선형 응답과 선형 위상 응답)의 차이를 확실하게 알 수 있다.

제1형 선형 위상 FIR 필터: 대칭 임펄스 응답, *M*이 홀수인 경우 이 경우 $\beta = 0$, $\alpha = (M-1)/2$는 정수, $h(n) = h(M-1-n)$, $0 \le n \le M-1$이다. 그러면 다음과 같은 식을 만들 수 있다(연습문제 P7.2 참조).

$$H(e^{j\omega}) = \left[\sum_{n=0}^{(M-1)/2} a(n)\cos\omega n\right] e^{-j\omega(M-1)/2} \tag{7.6}$$

여기서 $a(n)$은 $h(n)$으로부터 얻어진 수열로 다음과 같다.

$$\begin{aligned} a(0) &= h\left(\frac{M-1}{2}\right) \quad : \quad \text{가운데 샘플} \\ a(n) &= 2h\left(\frac{M-1}{2}-n\right), \quad 1 \le n \le \frac{M-3}{2} \end{aligned} \tag{7.7}$$

식 (7.5)와 (7.6)을 비교하면, 다음과 같은 식을 얻을 수 있다.

$$H_r(\omega) = \sum_{n=0}^{(M-1)/2} a(n)\cos\omega n \tag{7.8}$$

제2형 선형 위상 FIR 필터: 대칭 임펄스 응답, *M*이 짝수인 경우 이 경우 $\beta = 0$, $h(n) = h(M-1-n)$, $0 \le n \le M-1$이다. 그러나 $\alpha = (M-1)/2$는 정수가 아니다. 그러면 다음과 같은 식을 만들 수 있다(연습문제 P7.3 참조).

$$H(e^{j\omega}) = \left[\sum_{n=1}^{M/2} b(n)\cos\left\{\omega\left(n-\frac{1}{2}\right)\right\}\right] e^{-j\omega(M-1)/2} \tag{7.9}$$

여기서

$$b(n) = 2h\left(\frac{M}{2}-n\right), \quad n = 1, 2, \ldots, \frac{M}{2} \tag{7.10}$$

그러므로

$$H_r(\omega) = \sum_{n=1}^{M/2} b(n)\cos\left\{\omega\left(n-\frac{1}{2}\right)\right\} \tag{7.11}$$

주의: $\omega = \pi$일 때, $b(n)$ 또는 $h(n)$과 관계없이 다음 식을 얻을 수 있다.

$$H_r(\pi) = \sum_{n=1}^{M/2} b(n) \cos\left\{\pi\left(n - \frac{1}{2}\right)\right\} = 0$$

그러므로 고역통과 필터나 대역통과 필터에는 이 형태($h(n)$이 대칭적이고, M이 짝수인 경우)를 사용할 수 없다.

제3형 선형 위상 FIR 필터: 반대칭 임펄스 응답, *M*이 홀수인 경우 이 경우 $\beta = \pi/2$, $\alpha = (M-1)/2$는 정수, $h(n) = -h(M-1-n)$, $0 \le n \le M-1$이고, $h((M-1)/2) = 0$이다. 그러면 다음과 같은 식을 만들 수 있다(연습문제 P7.4 참조).

$$H(e^{j\omega}) = \left[\sum_{n=1}^{(M-1)/2} c(n) \sin \omega n\right] e^{j\left[\frac{\pi}{2} - \left(\frac{M-1}{2}\right)\omega\right]} \tag{7.12}$$

여기서

$$c(n) = 2h\left(\frac{M-1}{2} - n\right), \quad n = 1, 2, \ldots, \frac{M-1}{2} \tag{7.13}$$

그리고

$$H_r(\omega) = \sum_{n=1}^{(M-1)/2} c(n) \sin \omega n \tag{7.14}$$

주의: $c(n)$과 $h(n)$에 관계없이 $\omega = 0$과 $\omega = \pi$에서 $H_r(\omega) = 0$이다. 게다가 $e^{j\pi/2} = j$이므로, $jH_r(\omega)$는 순허수가 된다. 그러므로 이 형태는 저역통과 필터나 고역통과 필터를 설계하는 데 적당하지 않다. 그러나 이상적인 디지털 힐버트 변환기나 미분기를 근사하는 데는 적당하다. 이상적인 힐버트 변환기[79]는 입력 신호의 위상을 90° 이동시키는 전역통과(all-pass) 필터이다. 이것은 종종 변조를 위해 통신 시스템에서 사용한다. 미분기는 신호의 도함수를 얻기 위해 많은 아날로그 시스템과 디지털 시스템에서 사용한다.

제4형 선형 위상 FIR 필터: 반대칭 임펄스 응답, *M*이 짝수인 경우 이 경우는 제2형과 비슷하다. 그리고 다음과 같은 식을 만들 수 있다(연습문제 P7.5 참조).

$$H(e^{j\omega}) = \left[\sum_{n=1}^{M/2} d(n) \sin\left\{\omega\left(n - \frac{1}{2}\right)\right\}\right] e^{j\left[\frac{\pi}{2} - \omega(M-1)/2\right]} \tag{7.15}$$

여기서

$$d(n) = 2h\left(\frac{M}{2} - n\right), \quad n = 1, 2, \ldots, \frac{M}{2} \tag{7.16}$$

그리고

$$H_r(\omega) = \sum_{n=1}^{M/2} d(n) \sin\left\{\omega\left(n - \frac{1}{2}\right)\right\} \tag{7.17}$$

주의: $\omega = 0$일 때, $H_r(0) = 0$이고, $e^{j\pi/2} = j$이다. 그러므로 이 형태 역시 디지털 힐버트 변환기나 미분기를 설계하는 데 적당하다.

7.2.3 MATLAB 구현

MATLAB 함수 freqz가 주파수 응답을 계산한다. 그러나 MATLAB에는 크기를 찾는 abs 함수에 상당하는 것이 없기 때문에 freqz로부터 진폭 응답을 결정할 수 없다. 그러나 네 가지 형태 각각에 대한 진폭 응답을 계산하는 함수를 만드는 일은 매우 쉽다. 다음에 이 네 가지 함수를 제시했다.

1. Hr_type1:

```
function [Hr,w,a,L] = Hr_Type1(h);
% Computes Amplitude response Hr(w) of a Type-1 LP FIR filter
% -------------------------------------------------------------
% [Hr,w,a,L] = Hr_Type1(h)
% Hr = Amplitude Response
%  w = 500 frequencies between [0 pi] over which Hr is computed
%  a = Type-1 LP filter coefficients
%  L = Order of Hr
%  h = Type-1 LP filter impulse response
%
 M = length(h);  L = (M-1)/2;
 a = [h(L+1) 2*h(L:-1:1)]; % 1x(L+1) row vector
 n = [0:1:L];              % (L+1)x1 column vector
 w = [0:1:500]'*pi/500;  Hr = cos(w*n)*a';
```

2. Hr_type2:

```
function [Hr,w,b,L] = Hr_Type2(h);
% Computes Amplitude response of a Type-2 LP FIR filter
% -------------------------------------------------------
% [Hr,w,b,L] = Hr_Type2(h)
% Hr = Amplitude Response
%  w = frequencies between [0 pi] over which Hr is computed
%  b = Type-2 LP filter coefficients
%  L = Order of Hr
%  h = Type-2 LP impulse response
%
 M = length(h);  L = M/2;
 b = 2*[h(L:-1:1)];  n = [1:1:L]; n = n-0.5;
 w = [0:1:500]'*pi/500;  Hr = cos(w*n)*b';
```

3. Hr_type3:

```
function [Hr,w,c,L] = Hr_Type3(h);
% Computes Amplitude response Hr(w) of a Type-3 LP FIR filter
% -------------------------------------------------------------
% [Hr,w,c,L] = Hr_Type3(h)
% Hr = Amplitude Response
%  w = frequencies between [0 pi] over which Hr is computed
%  c = Type-3 LP filter coefficients
%  L = Order of Hr
%  h = Type-3 LP impulse response
%
 M = length(h);  L = (M-1)/2;
 c = [2*h(L+1:-1:1)];  n = [0:1:L];
 w = [0:1:500]'*pi/500;  Hr = sin(w*n)*c';
```

4. Hr_type4:

```
function [Hr,w,d,L] = Hr_Type4(h);
% Computes Amplitude response of a Type-4 LP FIR filter
% -----------------------------------------------------
% [Hr,w,d,L] = Hr_Type4(h)
% Hr = Amplitude Response
%  w = frequencies between [0 pi] over which Hr is computed
%  d = Type-4 LP filter coefficients
%  L = Order of d
%  h = Type-4 LP impulse response
%
 M = length(h);  L = M/2;
 d = 2*[h(L:-1:1)];  n = [1:1:L]; n = n-0.5;
 w = [0:1:500]'*pi/500;  Hr = sin(w*n)*d';
```

이 네 가지 함수는 하나의 함수로 결합할 수 있다. 즉, 선형 위상 필터의 형태를 결정하고, 적당한 진폭 응답 표현을 구현하도록 만들 수 있다. 이 내용은 연습문제 P7.6에 있다. 이 네 가지 함수의 사용은 예제 7.4부터 예제 7.7에 걸쳐 설명한다.

SP 도구상자의 zerophase 함수는 freqz 함수와 비슷하다. [Hr,w,phi] = zerophase (b,a)의 형식으로 함수가 호출되며, 크기 응답 Hr과 단위원 위쪽 반구에서 추출된 512개의 샘플 벡터 w 그리고 연속적인 위상 응답을 갖는 phi를 반환한다. 따라서 이 함수는 FIR과 IIR 필터 둘 다에서 사용 가능하며, 위에 주어진 형식 외에 다양한 호출 형식이 존재한다.

7.2.4 영점 위치

FIR 필터는 원점 $z = 0$에서 $(M-1)$개의 극점을 갖고, z평면상의 어느 곳에 위치한 $(M-1)$개의 영점을 갖는다고 이야기했다. 선형 위상 FIR 필터의 경우, $h(n)$에 대한 대칭 제한 조건으로 인해 이 영점들이 어떤 대칭성을 갖게 된다. 이것은 다음과 같이 보일 수 있다([79] 및 연습문제 P7.7 참조).

$$H(z) = \sum_{n=0}^{M-1} h(n) z^{-n} \tag{7.18}$$

식 (7.18)을 풀어서 다음과 같이 정리할 수 있다.

$$\begin{aligned} H(z) &= h(0) + h(1)z^{-1} + h(2)z^{-2} + \cdots + h(M-1)z^{-(M-1)} \\ &= z^{-(M-1)/2}\left\{h\left(\frac{M-1}{2}\right) + \sum_{n=0}^{(M-3)/2} h(n)[z^{(M-1-2k)/2} \pm z^{-(M-1-2k)/2}]\right\} \quad M\text{은 홀수} \\ &= z^{-(M-1)/2} \sum_{n=0}^{M/2-1} h(n)[z^{(M-1-2k)/2} \pm z^{-(M-1-2k)/2}] \quad M\text{은 짝수} \end{aligned}$$

식 (7.18)에서 z^{-1}을 z로 교환하고 양쪽에 $z^{-(M-1)/2}$을 곱하면 위 식과 다음과 같은 관계를 갖게 된다.

$$z^{-(M-1)/2} H(z^{-1}) = \pm H(z)$$

이 관계를 통해 $H(z^{-1})$의 영점은 역시 $H(z)$의 영점이 되는 것을 알 수 있다. 즉, $H(z)$의 영점은 다음과 같은 쌍으로 나타난다.

만약 $H(z)$가

$$z = z_1 = re^{j\theta}$$

에서 영점을 갖는다면, 선형 위상의 경우

$$z = \frac{1}{z_1} = \frac{1}{r} e^{-j\theta}$$

에도 영점이 있어야 한다. 실수 값을 갖는 필터의 경우, z_1이 복소수라면 $z_1^* = re^{-j\theta}$에서 켤레 영점을 가져야 한다는 사실을 알고 있다. 이것은 $1/z_1^* = (1/r)e^{j\theta}$에도 영점이 있어야 함을 의미한다. 그러므로 일반적인 **영점 배치**(zero constellation)는 그림 7.3에 나타낸 바와 같이 다음의 4개 쌍 영점(zero-quadruplet)이 된다.

$$re^{j\theta}, \qquad \frac{1}{r}e^{j\theta}, \qquad re^{-j\theta}, \qquad \frac{1}{r}e^{-j\theta}$$

$r = 1$이라면, $1/r = 1$이 되고 영점들은 단위원상에서 다음과 같이 쌍으로 나타난다.

$$e^{j\theta}, \qquad e^{-j\theta}$$

$\theta = 0$ 또는 $\theta = \pi$라면, 영점들은 실수축상에서 다음과 같이 쌍으로 나타난다.

$$r, \qquad \frac{1}{r}$$

마지막으로 $r = 1$이고, $\theta = 0$ 또는 $\theta = \pi$라면, 영점들은 $z = 1$ 또는 $z = -1$에 있다. 이 대칭성은 선형 위상 부분을 통해 종속형을 구현하는 데 사용할 수 있다.

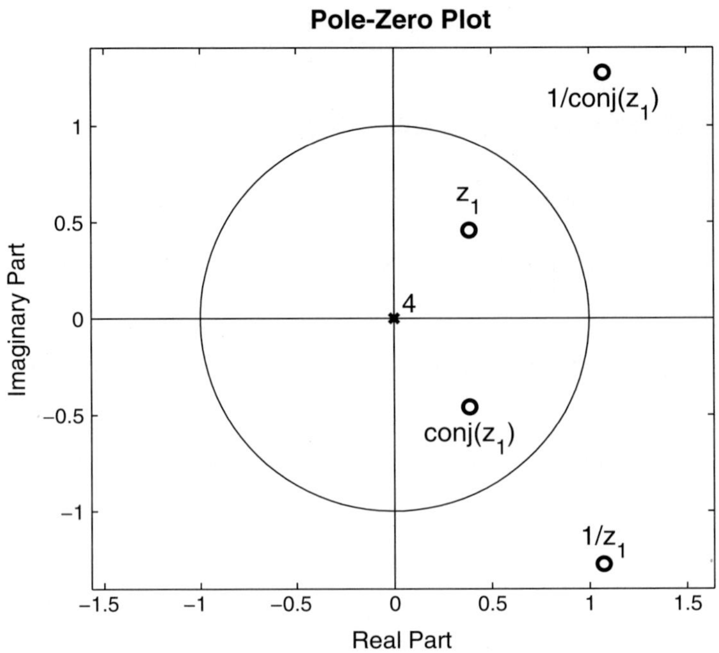

그림 7.3 일반적 영점 배치

다음 예제들은 위에 설명한 선형 위상 FIR 필터의 특성을 보여준다.

예제 7.4 $h(n) = \{\underset{\uparrow}{-4}, 1, -1, -2, 5, 6, 5, -2, -1, 1, -4\}$라 하자. 진폭 응답 $H_r(\omega)$와, $H(z)$의 영점 위치를 구하라.

풀이 $M = 11$, 즉 홀수이고, $h(n)$은 $\alpha = (11-1)/2 = 5$에 대해 대칭이므로, 이것은 제1형 선형 위상 FIR 필터이다. 식 (7.7)로부터 다음 값들을 얻을 수 있다.

$$a(0) = h(\alpha) = h(5) = 6,\ a(1) = 2h(5-1) = 10,\ a(2) = 2h(5-2) = -4$$
$$a(3) = 2h(5-3) = -2,\ a(4) = 2h(5-4) = 2,\ a(5) = 2h(5-5) = -8$$

식 (7.8)로부터 다음 식을 얻을 수 있다.

$$\begin{aligned} H_r(\omega) &= a(0) + a(1)\cos\omega + a(2)\cos 2\omega + a(3)\cos 3\omega + a(4)\cos 4\omega + a(5)\cos 5\omega \\ &= 6 + 10\cos\omega - 4\cos 2\omega - 2\cos 3\omega + 2\cos 4\omega - 8\cos 5\omega \end{aligned}$$

MATLAB 코드:

```
>> h = [-4,1,-1,-2,5,6,5,-2,-1,1,-4];
>> M = length(h); n = 0:M-1;
>> [Hr,w,a,L] = Hr_Type1(h);
>> a,L
a = 6    10    -4    -2    2    -8
L = 5
>> % plotting commands follow
```

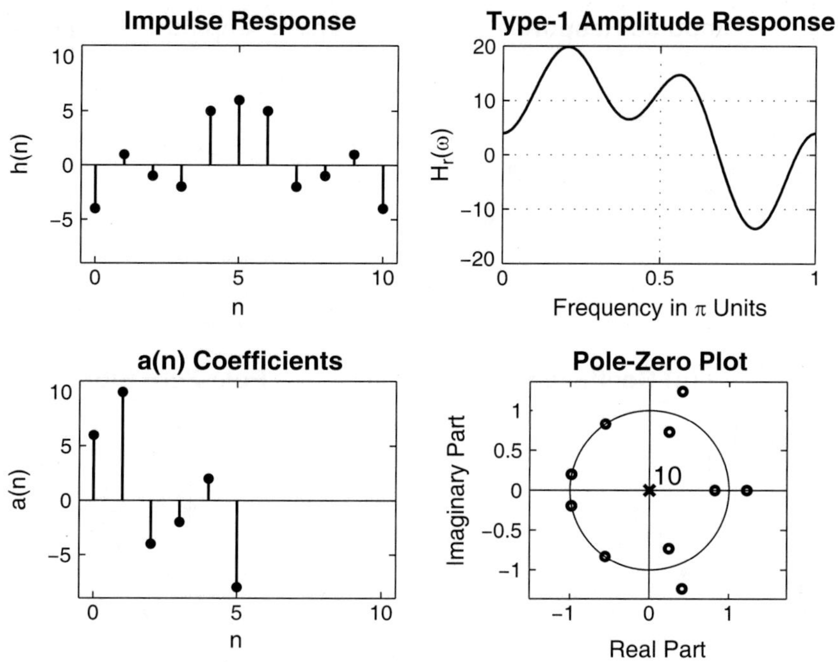

그림 7.4 예제 7.4의 그래프

그래프와 영점 위치는 그림 7.4에 나타내었다. 이 그래프들로부터 $\omega = 0$ 또는 $\omega = \pi$ 에서 $H_r(\omega)$에 대한 어떤 제한도 없음을 알 수 있다. 여기에는 하나의 4개 쌍 영점(zeroquadruplet) 배열과 3개의 영점 쌍(pair)이 있다.

예제 7.5 $h(n) = \{\underset{\uparrow}{-4}, 1, -1, -2, 5, 6, 6, 5, -2, -1, 1, -4\}$라 하자. 진폭 응답 $H_r(\omega)$와, $H(z)$의 영점 위치를 구하라.

풀이 $M = 12$, 즉 짝수이고 $h(n)$은 $\alpha = (12-1)/2 = 5.5$에 대해 대칭이므로, 이것은 제2형 선형 위상 FIR 필터이다. 식 (7.10)으로부터 다음 값들을 얻을 수 있다.

$$b(1) = 2h\left(\tfrac{12}{2} - 1\right) = 12, \quad b(2) = 2h\left(\tfrac{12}{2} - 2\right) = 10, \; b(3) = 2h\left(\tfrac{12}{2} - 3\right) = -4$$
$$b(4) = 2h\left(\tfrac{12}{2} - 4\right) = -2, \; b(5) = 2h\left(\tfrac{12}{2} - 5\right) = 2, \quad b(6) = 2h\left(\tfrac{12}{2} - 6\right) = -8$$

식 (7.11)로부터 다음 식을 얻을 수 있다.

$$\begin{aligned} H_r(\omega) &= b(1)\cos\left[\omega\left(1 - \tfrac{1}{2}\right)\right] + b(2)\cos\left[\omega\left(2 - \tfrac{1}{2}\right)\right] + b(3)\cos\left[\omega\left(3 - \tfrac{1}{2}\right)\right] \\ &\quad + b(4)\cos\left[\omega\left(4 - \tfrac{1}{2}\right)\right] + b(5)\cos\left[\omega\left(5 - \tfrac{1}{2}\right)\right] + b(6)\cos\left[\omega\left(6 - \tfrac{1}{2}\right)\right] \\ &= 12\cos\left(\frac{\omega}{2}\right) + 10\cos\left(\frac{3\omega}{2}\right) - 4\cos\left(\frac{5\omega}{2}\right) - 2\cos\left(\frac{7\omega}{2}\right) \\ &\quad + 2\cos\left(\frac{9\omega}{2}\right) - 8\cos\left(\frac{11\omega}{2}\right) \end{aligned}$$

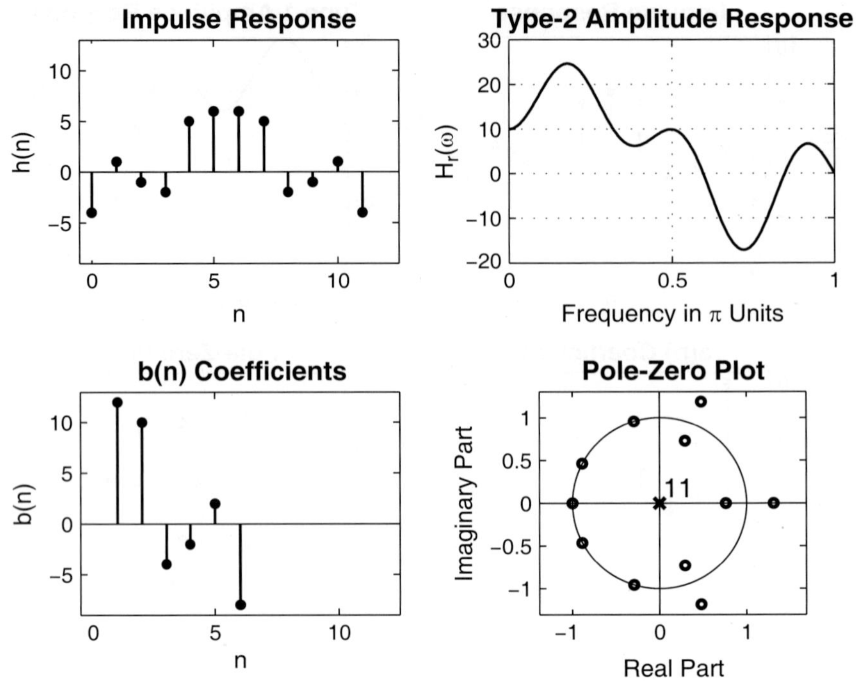

그림 7.5 예제 7.5의 그래프

MATLAB 코드:

```
>> h = [-4,1,-1,-2,5,6,6,5,-2,-1,1,-4];
>> M = length(h); n = 0:M-1;   [Hr,w,b,L] = Hr_Type2(h);
>> b,L
b = 12    10    -4    -2    2    -8
L = 6
>> % plotting commands follow
```

그래프와 영점 위치는 그림 7.5에 나타내었다. 이 그래프들로부터 $\omega = \pi$에서 $H_r(\omega) = 0$임을 알 수 있다. 여기에는 하나의 4개 쌍 영점 배열과 3개의 영점 쌍, 그리고 예상대로 $\omega = \pi$에 하나의 영점이 있다.

예제 7.6 $h(n) = \{\underset{\uparrow}{-4}, 1, -1, -2, 5, 0, -5, 2, 1, -1, 4\}$라 하자. 진폭 응답 $H_r(\omega)$와, $H(z)$의 영점 위치를 구하라.

풀이 $M = 11$, 즉 홀수이고 $h(n)$은 $\alpha = (11 - 1)/2 = 5$에 대해 반대칭이므로, 이것은 제3형 선형 위상 FIR 필터이다. 식 (7.13)으로부터 다음 값들을 얻을 수 있다.

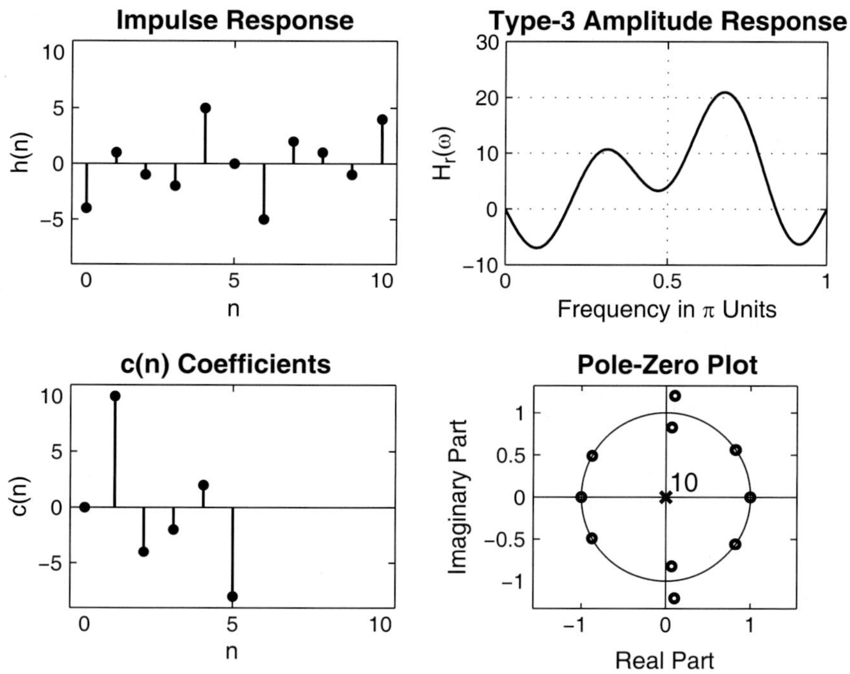

그림 7.6 예제 7.6의 그래프

$$c(0) = h(\alpha) = h(5) = 0,\ c(1) = 2h(5-1) = 10,\ c(2) = 2h(2-2) = -4$$
$$c(3) = 2h(5-3) = -2,\ c(4) = 2h(5-4) = 2,\ c(5) = 2h(5-5) = -8$$

식 (7.14)로부터 다음 식을 얻을 수 있다.

$$\begin{aligned} H_r(\omega) &= c(0) + c(1)\sin\omega + c(2)\sin 2\omega + c(3)\sin 3\omega + c(4)\sin 4\omega + c(5)\sin 5\omega \\ &= 0 + 10\sin\omega - 4\sin 2\omega - 2\sin 3\omega + 2\sin 4\omega - 8\sin 5\omega \end{aligned}$$

MATLAB 코드:

```
>> h = [-4,1,-1,-2,5,0,-5,2,1,-1,4];
>> M = length(h); n = 0:M-1; [Hr,w,c,L] = Hr_Type3(h);
>> c,L
a = 0     10     -4     -2     2     -8
L = 5
>> % plotting commands follow
```

그래프와 영점 위치는 그림 7.6에 나타내었다. 이 그래프들로부터 $\omega = 0$과 $\omega = \pi$에서 $H_r(\omega) = 0$임을 알 수 있다. 여기에는 하나의 4개 쌍 영점 배열과 2개의 영점 쌍, 그리고 예상대로 $\omega = 0$과 $\omega = \pi$에 영점들이 있다.

예제 7.7 $h(n) = \{\underset{\uparrow}{-4}, 1, -1, -2, 5, 6, -6, -5, 2, 1, -1, 4\}$라 하자. 진폭 응답 $H_r(\omega)$와, $H(z)$의 영점 위치를 구하라.

풀이 $M = 12$, 즉 짝수이고 $h(n)$은 $\alpha = (12-1)/2 = 5.5$에 대해 반대칭이므로, 이것은 제4형 선형 위상 FIR 필터이다. 식 (7.16)으로부터 다음 값들을 얻을 수 있다.

$$d(1) = 2h\left(\tfrac{12}{2}-1\right) = 12,\quad d(2) = 2h\left(\tfrac{12}{2}-2\right) = 10,\ d(3) = 2h\left(\tfrac{12}{2}-3\right) = -4$$

$$d(4) = 2h\left(\tfrac{12}{2}-4\right) = -2,\ d(5) = 2h\left(\tfrac{12}{2}-5\right) = 2,\quad d(6) = 2h\left(\tfrac{12}{2}-6\right) = -8$$

식 (7.17)로부터 다음 식을 얻을 수 있다.

$$\begin{aligned} H_r(\omega) &= d(1)\sin\left[\omega\left(1-\frac{1}{2}\right)\right] + d(2)\sin\left[\omega\left(2-\frac{1}{2}\right)\right] + d(3)\sin\left[\omega\left(3-\frac{1}{2}\right)\right] \\ &\quad + d(4)\sin\left[\omega\left(4-\frac{1}{2}\right)\right] + d(5)\sin\left[\omega\left(5-\frac{1}{2}\right)\right] + d(6)\sin\left[\omega\left(6-\frac{1}{2}\right)\right] \\ &= 12\sin\left(\frac{\omega}{2}\right) + 10\sin\left(\frac{3\omega}{2}\right) - 4\sin\left(\frac{5\omega}{2}\right) - 2\sin\left(\frac{7\omega}{2}\right) \\ &\quad + 2\sin\left(\frac{9\omega}{2}\right) - 8\sin\left(\frac{11\omega}{2}\right) \end{aligned}$$

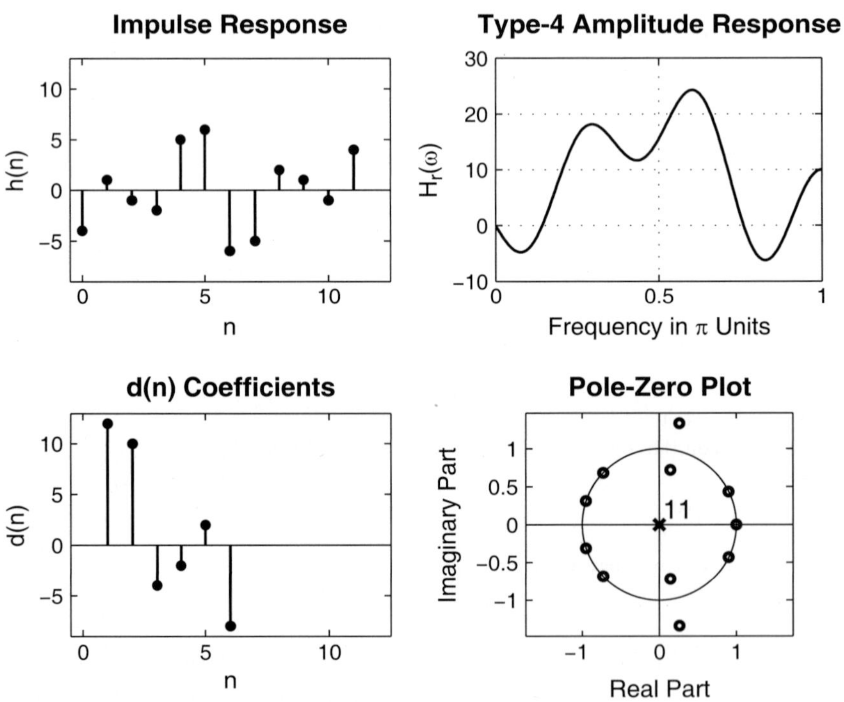

그림 7.7 예제 7.7의 그래프

MATLAB 코드:

```
>> h = [-4,1,-1,-2,5,6,-6,-5,2,1,-1,4];
>> M = length(h); n = 0:M-1;  [Hr,w,d,L] = Hr_Type4(h);
>> d,L
d = 12    10    -4    -2    2    -8
L = 6
>> % plotting commands follow
```

그래프와 영점 위치는 그림 7.7에 나타내었다. 이 그래프들로부터 $\omega=0$에서 $H_r(\omega)=0$임을 알 수 있다. 여기에는 하나의 4개 쌍 영점 배열과 3개의 영점 쌍, 그리고 예상대로 $\omega=0$에 하나의 영점이 있다.

7.3 창함수 설계 기법

FIR 필터의 가장 단순한 방법이 창함수법(window method)이다. 창함수 설계의 기본적인 생각은 다음과 같다. 먼저 언제나 인과적이지 않은 무한 임펄스 응답을 갖는, 적당한 이상적인 주파수 선택적 필터를 고른다. 그러고 나서 인과적 선형 위상 FIR 필터를 얻기 위해 임펄스 응답을 잘라낸다(즉, 창을 만든다). 그러므로 이 방법의 핵심은 적당한 **창함수**(windowing function)와 적당한 **이상적 필터**(ideal filter)를 고르는 것이다. 이상적인 주파수 선택적 필터를 $H_d(e^{j\omega})$이라 하자. 이것은 통과대역에서는 크기 이득이 1이고, 선형 위상 특성을 갖는다. 반면에 저지대역에서는 응답이 0이다. 대역폭(bandwidth)이 $\omega_c<\pi$인 이상적 저역통과 필터(LPF)는 다음과 같다.

$$H_d(e^{j\omega})=\begin{cases}1\cdot e^{-j\alpha\omega}, & |\omega|\le\omega_c\\ 0, & \omega_c<|\omega|\le\pi\end{cases} \tag{7.19}$$

여기서 ω_c는 **차단 주파수**(cutoff frequency)라고 하고, α는 **샘플 지연**(delay)이라고 한다(DTFT의 성질로부터, $e^{-j\alpha\omega}$은 n의 양의 방향으로의 이동, 즉 지연을 의미함을 주목하라). 이 필터의 임펄스 응답은 무한이고, 다음과 같이 주어진다.

$$\begin{aligned}h_d(n) &= \mathcal{F}^{-1}\left[H_d(e^{j\omega})\right]=\frac{1}{2\pi}\int_{-\pi}^{\pi}H_d(e^{j\omega})e^{j\omega n}d\omega \qquad (7.20)\\ &=\frac{1}{2\pi}\int_{-\omega_c}^{\omega_c}1\cdot e^{-j\alpha\omega}e^{j\omega n}d\omega\\ &=\frac{\sin\left[\omega_c(n-\alpha)\right]}{\pi(n-\alpha)}\end{aligned}$$

$h_d(n)$이 α에 대해 대칭임을 주목하라. 이 사실은 선형 위상 FIR 필터에 매우 유용하다.

$h_d(n)$으로부터 FIR 필터를 얻기 위해, $h_d(n)$의 양쪽을 잘라내야 한다. 길이가 M인 인과적 선형 위상 FIR 필터 $h(n)$은 다음과 같다.

$$h(n) = \begin{cases} h_d(n), \ 0 \le n \le M-1 \\ 0, \qquad \text{그 외} \end{cases} \qquad \text{그리고} \qquad \alpha = \frac{M-1}{2} \tag{7.21}$$

이 연산을 창만들기(windowing)라 한다. 일반적으로 $h(n)$은 다음과 같이 $h_d(n)$과 창함수 $w(n)$의 곱에 의해 만들어진다고 생각할 수 있다.

$$h(n) = h_d(n)w(n) \tag{7.22}$$

여기서

$$w(n) = \begin{cases} \alpha\text{에 대한 대칭 함수}, \ 0 \le n \le M-1 \\ 0, \ \text{그 외} \end{cases}$$

위의 $w(n)$을 어떻게 정의하느냐에 따라, 다른 창 설계를 얻을 수 있다. 예를 들면 식 (7.21)에서

$$w(n) = \begin{cases} 1, \ 0 \le n \le M-1 \\ 0, \ \text{그 외} \end{cases} = \mathcal{R}_M(n)$$

이면, 3장에서 정의했던 직사각형 창(rectangular window)이 된다.

주파수 영역에서 인과적 FIR 필터 응답 $H(e^{j\omega})$은 $H_d(e^{j\omega})$과 창함수 응답 $W(e^{j\omega})$의 주기적 콘벌루션으로 주어진다. 즉,

$$H(e^{j\omega}) = H_d(e^{j\omega}) \circledast W(e^{j\omega}) = \frac{1}{2\pi}\int_{-\pi}^{\pi} W\left(e^{j\lambda}\right) H_d\left(e^{j(\omega-\lambda)}\right) d\lambda \tag{7.23}$$

그림 7.8에 전형적인 창함수 응답에 대한 주기적 콘벌루션을 그림으로 나타내었다. 이로부터 다음과 같은 관찰 결과를 얻을 수 있다.

1. 창함수 $w(n)$은 M의 유한 길이를 갖기 때문에, 그 응답은 $1/M$에 비례하는 폭을 가진, 높이 솟아 있는 주엽(main lobe)과 높이가 작은 부엽(side lobe)들을 갖는다. 주엽은 그림 7.8에 나타나 있듯이 원점의 양측에서 최초로 0이 되는 점 안에 드는 영역으로 정해진다.
2. 식 (7.23)의 주기적 콘벌루션은 이상적인 응답 $H_d(e^{j\omega})$의 변형 $H(e^{j\omega})$을 만들어낸다. 절단으로 인한 불균일 문제는 푸리에 급수의 수렴에 관한 문제와 동일하며, 깁스(gibbs) 현상으로 나타난다.
3. 주엽은 $H(e^{j\omega})$에서 전이대역폭을 결정하는 전이대역을 만든다. 이 폭은 $1/M$에 비례한다. 주엽이 넓을수록, 전이대역폭도 넓어진다.

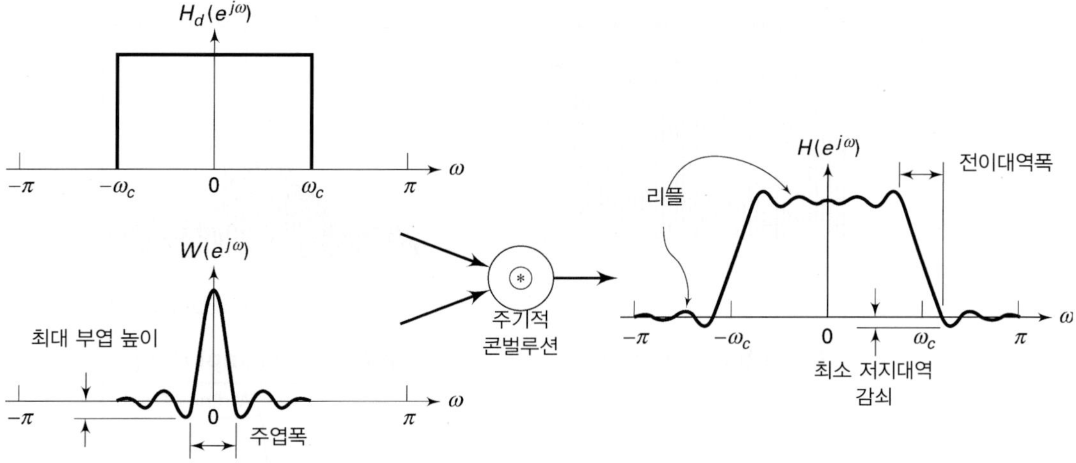

그림 7.8 주파수 영역에서의 창함수 연산

4. 부엽들은 통과대역과 저지대역 모두에 비슷한 모양을 갖는 리플을 만든다.

기본적인 창 설계 아이디어 주어진 필터의 사양에 대해, 가능한 좁은 주엽폭과 작은 부엽 감쇠를 갖도록 필터의 길이 M과 창함수 $w(n)$을 선택한다.

위의 관찰 결과 4번으로부터, 통과대역 허용오차 δ_1과 저지대역 허용오차 δ_2는 독립적으로 주어질 수 없다는 사실을 알 수 있다. 보통 δ_2에만 관심을 갖고, $\delta_2 = \delta_1$으로 한다. 이제 여러 종류의 잘 알려진 창함수들에 대해 알아보자. 주파수 영역에서의 동작을 살펴볼 예제로 직사각형 창함수를 사용할 것이다.

7.3.1 직사각형 창함수

이것은 가장 간단한 창함수이다. 그러나 저지대역 감쇠의 관점에서 보면 가장 나쁜 성능을 나타낸다. 이 함수는 다음과 같이 정의된다.

$$w(n) = \begin{cases} 1, & 0 \le n \le M-1 \\ 0, & \text{그 외} \end{cases} \tag{7.24}$$

주파수 응답 함수는 다음과 같다.

$$W(e^{j\omega}) = \left[\frac{\sin\left(\frac{\omega M}{2}\right)}{\sin\left(\frac{\omega}{2}\right)}\right] e^{-j\omega\frac{M-1}{2}} \Rightarrow W_r(\omega) = \frac{\sin\left(\frac{\omega M}{2}\right)}{\sin\left(\frac{\omega}{2}\right)}$$

이것은 진폭 응답이다. 식 (7.23)으로부터 실제 진폭 응답 $H_r(\omega)$는 다음과 같이 주어진다.

$$H_r(\omega) \simeq \frac{1}{2\pi}\int_{-\pi}^{\omega+\omega_c} W_r(\lambda)\,d\lambda = \frac{1}{2\pi}\int_{-\pi}^{\omega+\omega_c} \frac{\sin\left(\frac{\omega M}{2}\right)}{\sin\left(\frac{\omega}{2}\right)}d\lambda, \quad M \gg 1 \tag{7.25}$$

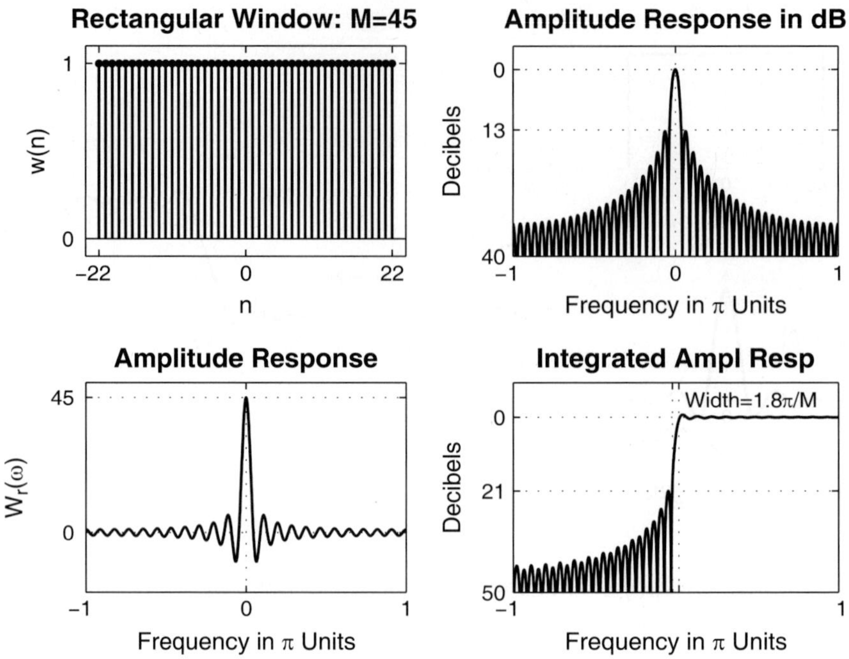

그림 7.9 직사각형 창함수: $M = 45$

이것은 전이대역폭과 저지대역 감쇠를 정확히 분석할 때, 창함수 진폭 응답의 이동 적분(누적된 진폭 응답)이 필요함을 의미한다. 그림 7.9는 직사각형 창함수 $w(n)$, 진폭 응답 $W(\omega)$, 진폭 응답의 dB 표현, 그리고 식 (7.25)의 누적된 진폭 응답에 대한 dB 표현을 보여준다. 그림 7.9로부터 다음의 몇 가지 관찰 결과를 얻을 수 있다.

1. 진폭 응답 $W_r(\omega)$는 $\omega = \omega_1$에서 처음으로 0의 값을 갖는다. 여기서

$$\frac{\omega_1 M}{2} = \pi, \text{ 즉 } \quad \omega_1 = \frac{2\pi}{M}$$

   그러므로 주엽의 폭은 $2\omega_1 = 4\pi/M$이다. 따라서 전이대역폭의 근사값은 $4\pi/M$이다.

2. 부엽 중에서 가장 큰 첫 번째 부엽의 크기는 $\omega = 3\pi/M$에서 대략 다음과 같은 값을 갖는다.

$$\left| W_r\left(\omega = \frac{3\pi}{M}\right) \right| = \left| \frac{\sin\left(\frac{3\pi}{2}\right)}{\sin\left(\frac{3\pi}{2M}\right)} \right| \simeq \frac{2M}{3\pi} \qquad M \gg 1\text{인 경우}$$

   이것과 주엽 진폭 M을 비교해보면, 최고 부엽 크기는 주엽 진폭의

$$\frac{2}{3\pi} = 21.22\% \equiv 13 \text{ dB}$$

   이다.

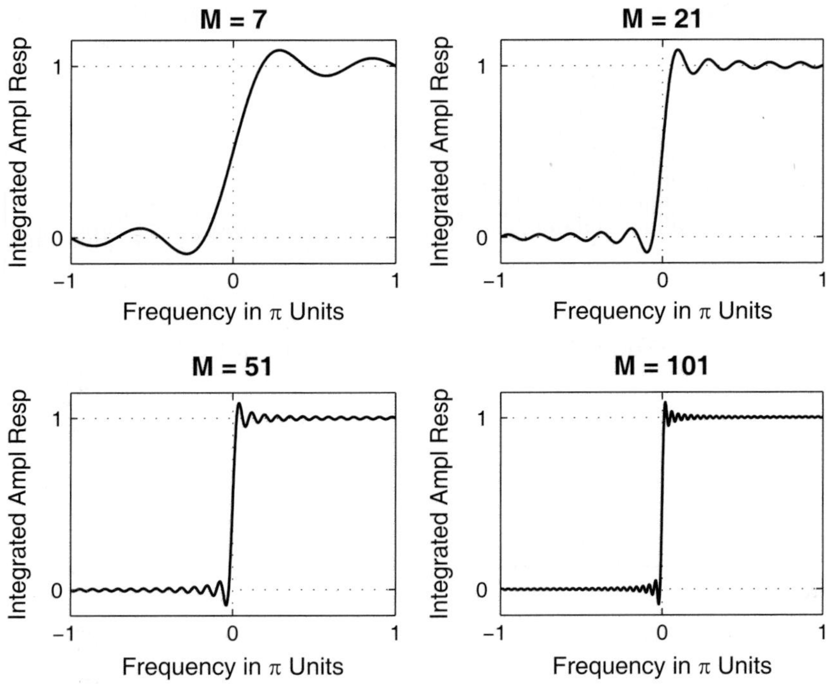

그림 7.10 깁스 현상

3. 누적된 진폭 응답의 첫 번째 부엽 크기는 21 dB이다. 이로 인해 최소 저지대역 감쇠는 창의 길이 M과 관계없이 21 dB이다.
4. 최소 저지대역 감쇠를 사용하면 전이대역폭을 정확하게 계산할 수 있다. 이것은 그림 7.9의 누적된 진폭 응답 그래프에 나타내었다. 정확히 계산한 전이대역폭은

$$\omega_s - \omega_p = \frac{1.8\pi}{M}$$

로, 대략 대역폭의 근사값 $4\pi/M$의 반이다.

이것은 시간 영역에서의 간단한 창함수 연산이고, 주파수 영역에서 분석하기 쉬운 함수이다. 그러나 두 가지 주요한 문제가 있다. 첫째로, 21 dB의 최소 저지대역 감쇠는 실제 응용에서 충분하지 않다. 둘째로, 직사각형 창함수는 무한 길이를 가진 $h_d(n)$을 직접 자르는 것이므로 깁스 현상(Gibbs phenomenon)이 발생한다. M을 증가시키면 각 부엽의 폭은 줄어든다. 그러나 각 부엽 아래의 면적은 변하지 않고, 최소 저지대역 감쇠도 여전히 21 dB이다. 이것은 모든 리플이 대역 끝 근처로 모임을 의미한다. 이 현상을 그림 7.10에 나타내었다.

직사각형 창함수는 여러 응용 분야에서 실용적이지 못하므로, 다른 창함수를 생각해야 한다. 이런 창함수들의 대부분은 이를 처음 제안했던 사람의 이름을 딴 명칭을 갖는다. 그 밖의 창함수도 직사각형 창함수와 비슷하게 분석할 수 있지만, 여기서는 그 결과만을 제시하겠다.

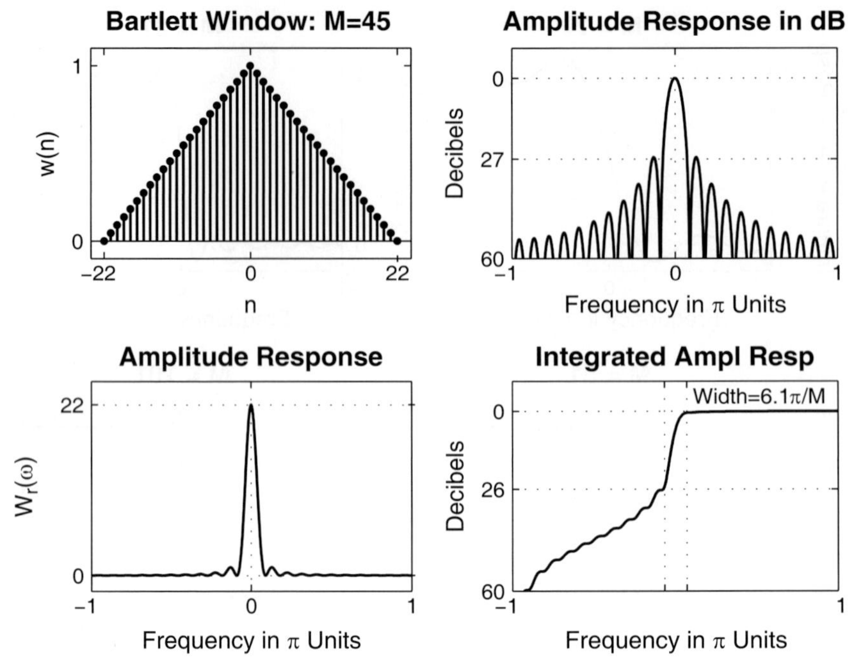

그림 7.11 바틀렛(삼각형) 창함수: $M = 45$

7.3.2 바틀렛 창함수(Bartlett window)

직사각형 창함수는 0에서 1, 또는 1에서 0으로 갑자기 전이하므로 깁스 현상이 발생한다. 이 때문에 바틀렛(Bartlett)은 아래의 식과 같이 삼각형 모양으로 천천히 전이하는 창함수를 제안했다.

$$w(n) = \begin{cases} \dfrac{2n}{M-1}, & 0 \le n \le \dfrac{M-1}{2} \\ 2 - \dfrac{2n}{M-1}, & \dfrac{M-1}{2} \le n \le M-1 \\ 0, & \text{그 외} \end{cases} \tag{7.26}$$

이 창함수와 주파수 응답 그래프를 그림 7.11에 나타내었다.

7.3.3 한 창함수(Hann window)

한 창함수는 코사인 그래프를 올린 형태의 창함수이다. 그 식은 다음과 같다.

$$w(n) = \begin{cases} 0.5\left[1 - \cos\left(\frac{2\pi n}{M-1}\right)\right], & 0 \le n \le M-1 \\ 0, & \text{그 외} \end{cases} \tag{7.27}$$

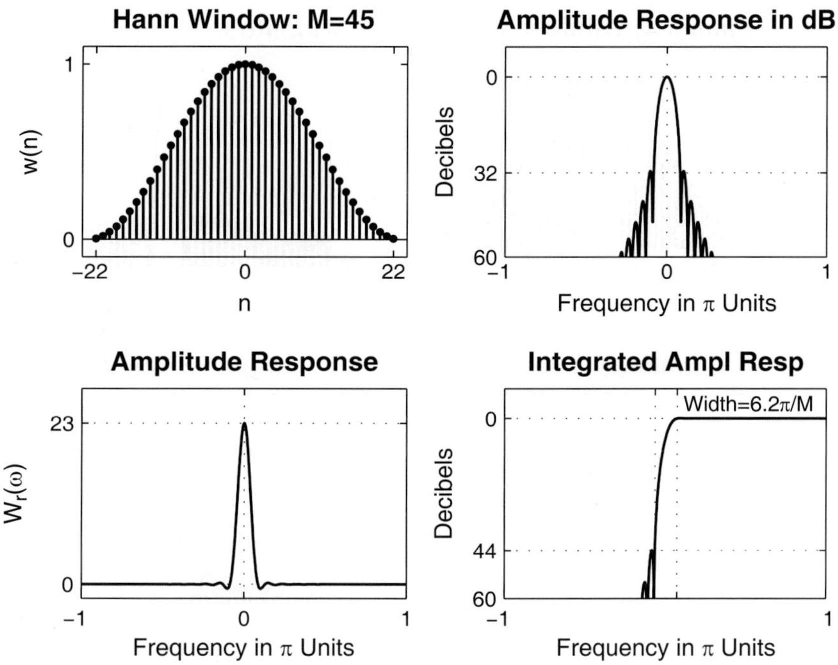

그림 7.12 한 창함수: $M = 45$

이 창함수와 주파수 응답 그래프를 그림 7.12에 나타내었다.

7.3.4 해밍 창함수(Hamming window)

이 함수는 약간의 불연속성을 갖는 것을 제외하면 한 창함수와 거의 유사하다. 그 식은 다음과 같다.

$$w(n) = \begin{cases} 0.54 - 0.46\cos\left(\frac{2\pi n}{M-1}\right), & 0 \le n \le M-1 \\ 0, & \text{그 외} \end{cases} \tag{7.28}$$

이 창함수와 주파수 응답 그래프를 그림 7.13에 나타내었다.

7.3.5 블랙맨 창함수(Blackman window)

이 함수는 2차 조파(second harmonic) 항을 갖는 것을 제외하면 앞의 두 창함수와 거의 유사하다. 그 식은 다음과 같다.

$$w(n) = \begin{cases} 0.42 - 0.5\cos\left(\frac{2\pi n}{M-1}\right) + 0.08\cos\left(\frac{4\pi n}{M-1}\right), & 0 \le n \le M-1 \\ 0, & \text{그 외} \end{cases} \tag{7.29}$$

이 창함수와 주파수 응답 그래프를 그림 7.14에 나타내었다.

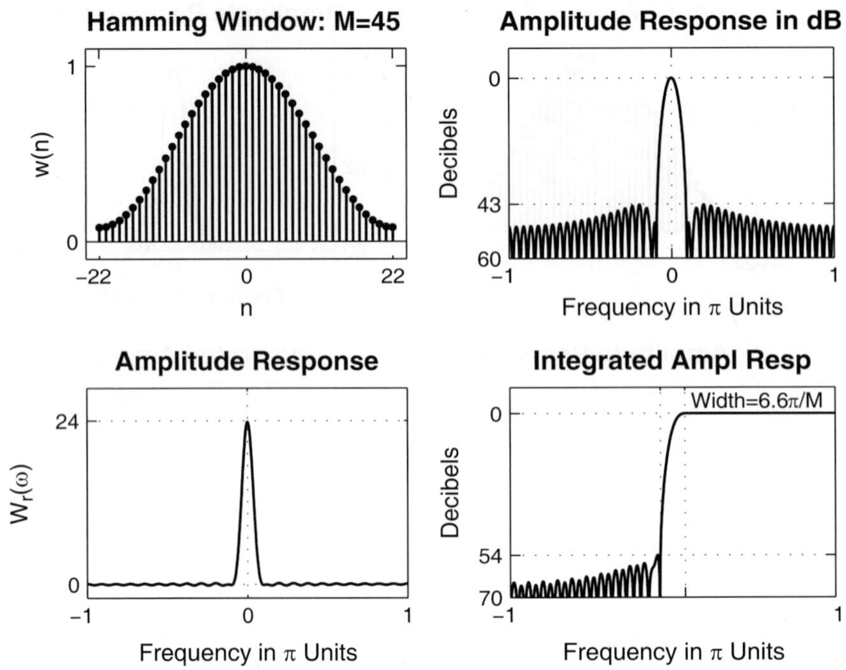

그림 7.13 해밍 창함수: $M = 45$

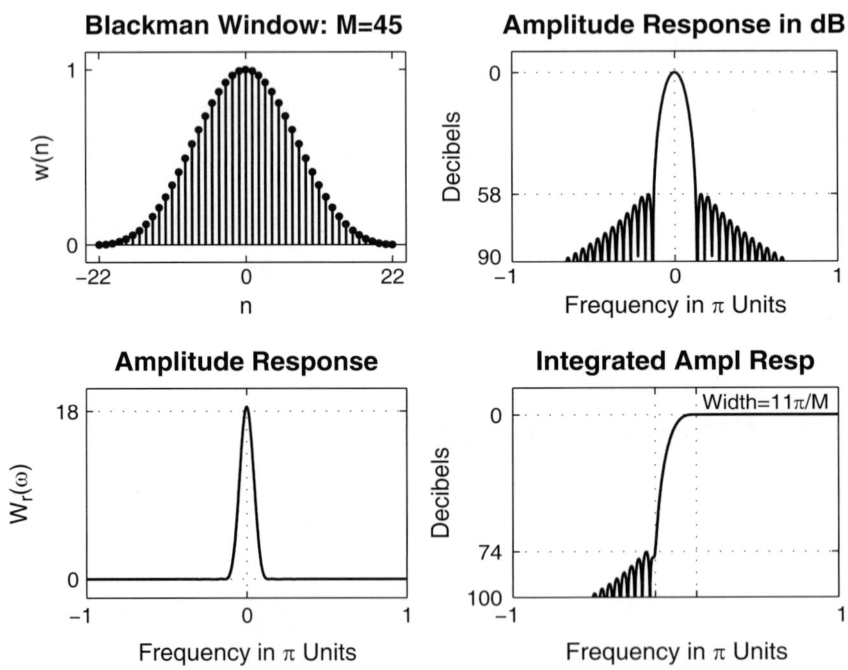

그림 7.14 블랙맨 창함수: $M = 45$

표 7.1 일반적으로 사용되는 창함수들의 특성 요약

창함수 이름	전이대역폭 $\Delta\omega$ 근사값	전이대역폭 $\Delta\omega$ 정확한 값	최소 저지대역 감쇠
직사각형	$\frac{4\pi}{M}$	$\frac{1.8\pi}{M}$	21 dB
바틀렛	$\frac{8\pi}{M}$	$\frac{6.1\pi}{M}$	25 dB
한	$\frac{8\pi}{M}$	$\frac{6.2\pi}{M}$	44 dB
해밍	$\frac{8\pi}{M}$	$\frac{6.6\pi}{M}$	53 dB
블랙맨	$\frac{12\pi}{M}$	$\frac{11\pi}{M}$	74 dB

표 7.1에 이 창함수들의 특성(M의 함수로 나타낸 전이대역폭과 dB로 표시한 최소 저지대역 감쇠)을 요약해뒀다. 정확한 전이대역폭뿐만 아니라 그 근사값도 표시했다. 표의 아래쪽으로 갈수록 전이대역폭과 최소 저지대역 감쇠가 증가함을 주목하라. 이 중에서는 해밍 창함수가 가장 좋다는 사실을 알 수 있다.

7.3.6 카이저 창함수(Kaiser window)

카이저 창함수는 조절 가능한 아주 유용한 창함수이다. 이것은 주어진 저지대역 감쇠하에서 가장 큰 주엽폭을 나타낸다는 점에서 최적의 창함수이다. 이는 전이대역폭이 매우 가파르다는 사실을 의미한다. 이 창함수는 J. F. 카이저(Kaiser)가 만들었고, 다음의 식으로 주어진다.

$$w(n) = \frac{I_0\left[\beta\sqrt{1-(1-\frac{2n}{M-1})^2}\right]}{I_0\left[\beta\right]}, \quad 0 \le n \le M-1 \tag{7.30}$$

여기서 $I_0[\cdot]$는 다음과 같은 **변형된 0차 베셀**(Bessel) 함수이다.

$$I_0(x) = 1 + \sum_{k=0}^{\infty}\left[\frac{(x/2)^k}{k!}\right]^2$$

이 식은 x의 모든 실수 값에서 양이다. 매개변수 β는 최소 저지대역 감쇠 A_s를 제어해서 근접한 최적값 A_s를 위한 다른 전이폭을 주도록 선택할 수 있다. 이 창은 같은 M에 대해 다른 전이폭을 제공할 수도 있다. 이 점은 다른 고정된 창에게는 없는 장점이다. 예를 들어

- 만약 $\beta = 5.658$이라면, 전이폭은 $7.8\pi/M$이며 최소 저지대역 감쇠는 60 dB이다. 이것은 그림 7.15에 나타내었다.

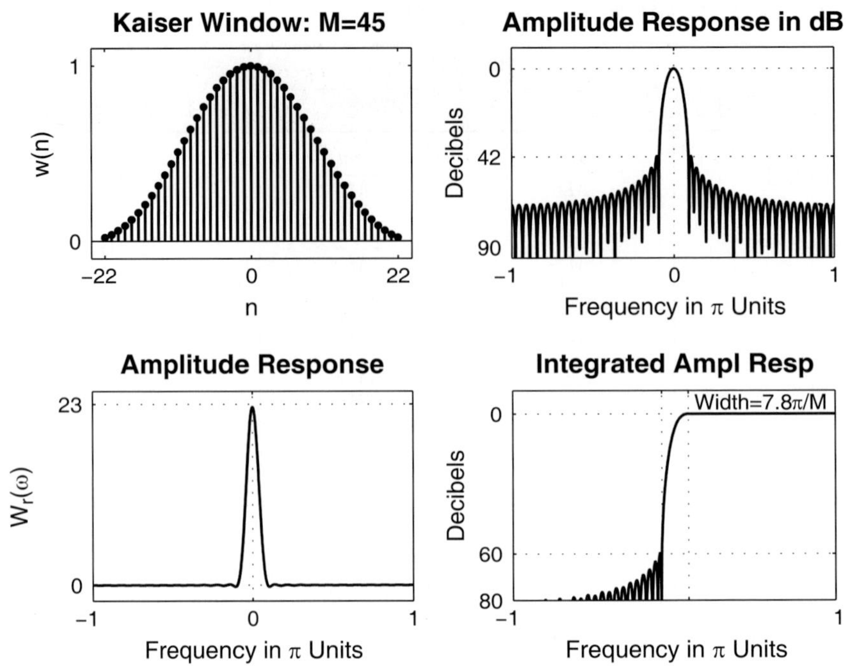

그림 7.15 카이저 창함수: $M = 45$, $\beta = 5.658$

- 만약 $\beta = 4.538$이라면, 전이폭은 $5.8\pi/M$이며 최소 저지대역 감쇠는 50 dB이다.

따라서 이 창의 성능은 해밍 창과 비교할 수 있다. 추가하여 카이저 창은 유연한 전이대역 폭을 제공하고 있다. 그러나 베셀 함수와 관련된 복잡성으로 인해 이 창함수의 설계 방정식 유도는 쉽지 않다. 다행스럽게도 카이저는 광범위한 수치적인 실험을 통해 다음과 같은 관계를 얻어내었다. 여기서 증명 없이 제공한다. ω_p, ω_s, R_p, A_s가 주어져 있는 경우

$$\Delta\omega = \omega_s - \omega_p$$

$$M \simeq \frac{A_s - 7.95}{2.285\Delta\omega} + 1 \tag{7.31}$$

$$\beta = \begin{cases} 0.1102(A_s - 8.7), & A_s \geq 50 \\ 0.5842\,(A_s - 21)^{0.4} \\ \quad + 0.07886(A_s - 21), & 21 < A_s < 50 \end{cases}$$

7.3.7 MATLAB 구현

MATLAB은 이 절에서 논의했던 창함수들을 구현하는 데 필요한 함수들을 제공한다. 아래에 이 함수들을 간략하게 설명했다.

- `w=boxcar(M)`은 M점 직사각형 창함수 배열 w를 만든다.
- `w=bartlett(M)`은 M점 바틀렛(삼각형) 창함수 배열 w를 만든다.

- w=hann(M)은 M점 한 창함수 배열 w를 만든다.
- w=hamming(M)은 M점 해밍 창함수 배열 w를 만든다.
- w=blackman(M)은 M점 블랙맨 창함수 배열 w를 만든다.
- w=kaiser(M,beta)는 beta의 값을 갖는 M점 카이저 창함수 배열 w를 만든다.

이 함수들을 사용하여, 창함수 기법에 기반한 FIR 필터 설계를 할 수 있다. 이때 이상적인 저역통과 임펄스 응답 $h_d(n)$도 필요하다. 그러므로 아래와 같이 $h_d(n)$을 만드는 간단한 함수를 갖고 있으면 편할 것이다.

```
function hd = ideal_lp(wc,M);
% Ideal LowPass filter computation
% --------------------------------
% [hd] = ideal_lp(wc,M)
%  hd = ideal impulse response between 0 to M-1
%  wc = cutoff frequency in radians
%   M = length of the ideal filter
%
alpha = (M-1)/2; n = [0:1:(M-1)];
m = n - alpha; fc = wc/pi; hd = fc*sinc(fc*m);
```

주파수 영역에서 디지털 필터의 그래프를 그리기 위해서는 앞 장에서 사용했던 freqz라는 함수를 사용하면 된다. 이 함수를 이용하여 freqz_m이라는 변형된 함수를 만들었다. freqz_m은 절대값과 dB 형태의 크기 응답을 구해줄 뿐만 아니라 위상 응답 및 군지연 응답도 구해준다. 군지연 응답은 다음 장에서 필요하다.

```
function [db,mag,pha,grd,w] = freqz_m(b,a);
% Modified version of freqz subroutine
% ------------------------------------
% [db,mag,pha,grd,w] = freqz_m(b,a);
%  db = Relative magnitude in dB computed over 0 to pi radians
% mag = absolute magnitude computed over 0 to pi radians
% pha = Phase response in radians over 0 to pi radians
% grd = Group delay over 0 to pi radians
%   w = 501 frequency samples between 0 to pi radians
%   b = numerator polynomial of H(z)   (for FIR: b=h)
%   a = denominator polynomial of H(z) (for FIR: a=[1])
%
[H,w] = freqz(b,a,1000,'whole');
    H = (H(1:1:501))'; w = (w(1:1:501))';
  mag = abs(H);  db = 20*log10((mag+eps)/max(mag));
  pha = angle(H);  grd = grpdelay(b,a,w);
```

7.3.8 설계 예제

여기서는 창함수 기법과 MATLAB 함수를 사용하여 FIR 필터를 설계하는 예제를 소개하겠다.

예제 7.8 사양이 다음과 같은 디지털 FIR 저역통과 필터를 설계하라.

$$\omega_p = 0.2\pi, \quad R_p = 0.25 \text{ dB}$$
$$\omega_s = 0.3\pi, \quad A_s = 50 \text{ dB}$$

표 7.1로부터 적당한 창함수를 선택하라. 임펄스 응답을 구하고, 설계한 필터의 주파수 응답을 그려라.

풀이 해밍과 블랙맨 창함수가 50 dB보다 큰 감쇠를 나타낼 수 있다. 여기서는 더 작은 전이대역폭을 나타내는, 즉 차수가 낮은 해밍 창함수를 골라보자. 비록 설계할 때 통과대역 리플 값 $R_p = 0.25$ dB을 사용하지는 않지만, 설계한 후에 실제 리플 값을 조사해서 정말로 주어진 허용오차 안에 들어가는지 확인할 것이다. 설계 과정은 다음의 MATLAB 코드에 들어 있다.

```
>> wp = 0.2*pi; ws = 0.3*pi;  tr_width = ws - wp;
>> M = ceil(6.6*pi/tr_width) + 1
M = 67
>> n=[0:1:M-1];
>> wc = (ws+wp)/2, % Ideal LPF cutoff frequency
>> hd = ideal_lp(wc,M);  w_ham = (hamming(M))';  h = hd .* w_ham;
>> [db,mag,pha,grd,w] = freqz_m(h,[1]);  delta_w = 2*pi/1000;
>> Rp = -(min(db(1:1:wp/delta_w+1)));    % Actual passband ripple
Rp = 0.0394
>> As = -round(max(db(ws/delta_w+1:1:501))) % Min stopband attenuation
As = 52
% plotting commands follow
```

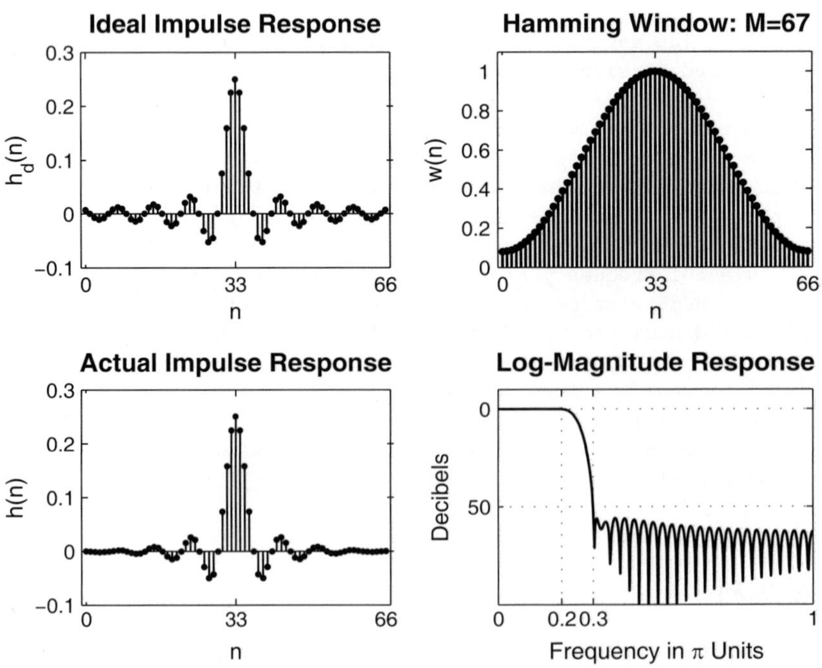

그림 7.16 예제 7.8의 저역통과 필터 그래프

필터의 길이 $M = 67$, 실제 저지대역 감쇠는 52 dB, 실제 통과대역 리플은 0.0394 dB임을 주목하라. 이 설계는 통과대역 리플 조건을 만족시킨다. 이렇게 통과대역 리플을 확인하는 습관을 가져야 한다. 시간 영역과 주파수 영역에서의 그래프를 그림 7.16에 나타내었다.

예제 7.9 예제 7.8의 사양에 대해 카이저 창함수를 사용하여 저역통과 필터를 설계하라.

풀이 설계 과정은 다음의 MATLAB 코드에 들어 있다.

```
>> wp = 0.2*pi; ws = 0.3*pi; As = 50;  tr_width = ws - wp;
>> M = ceil((As-7.95)/(2.285*tr_width)+1) + 1
M = 61
>> n=[0:1:M-1];  beta = 0.1102*(As-8.7)
beta = 4.5513
>> wc = (ws+wp)/2;  hd = ideal_lp(wc,M);
>> w_kai = (kaiser(M,beta))';  h = hd .* w_kai;
>> [db,mag,pha,grd,w] = freqz_m(h,[1]);  delta_w = 2*pi/1000;
>> As = -round(max(db(ws/delta_w+1:1:501))) % Min stopband attenuation
As = 52
% plotting commands follow
```

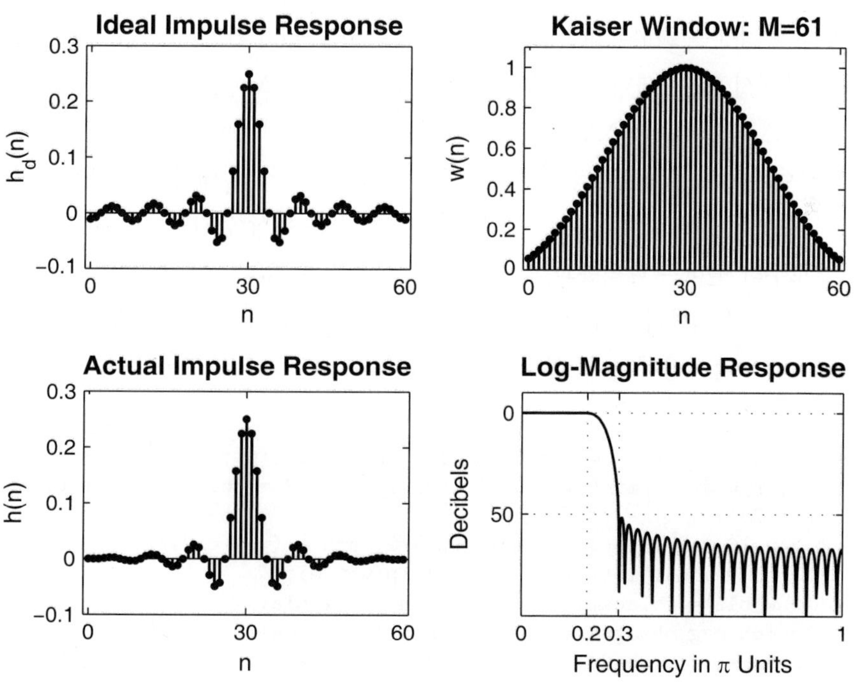

그림 7.17 예제 7.9의 저역통과 필터 그래프

카이터 창함수의 매개변수 $M = 61$, $\beta = 4.5513$이고, 실제 저지대역 감쇠는 52 dB임을 주목하라. 시간 영역과 주파수 영역에서의 그래프는 그림 7.17에 나타내었다.

예제 7.10 사양이 다음과 같은 디지털 대역통과 필터를 설계하라.

$$\begin{aligned}
&\text{저지대역의 낮은 쪽 끝: } \omega_{1s} = 0.2\pi, && A_s = 60\,\text{dB} \\
&\text{통과대역의 낮은 쪽 끝: } \omega_{1p} = 0.35\pi, && R_p = 1\,\text{dB} \\
&\text{통과대역의 높은 쪽 끝: } \omega_{2p} = 0.65\pi, && R_p = 1\,\text{dB} \\
&\text{저지대역의 높은 쪽 끝: } \omega_{2s} = 0.8\pi, && A_s = 60\,\text{dB}
\end{aligned}$$

이 사양들을 그림 7.18에 나타내었다.

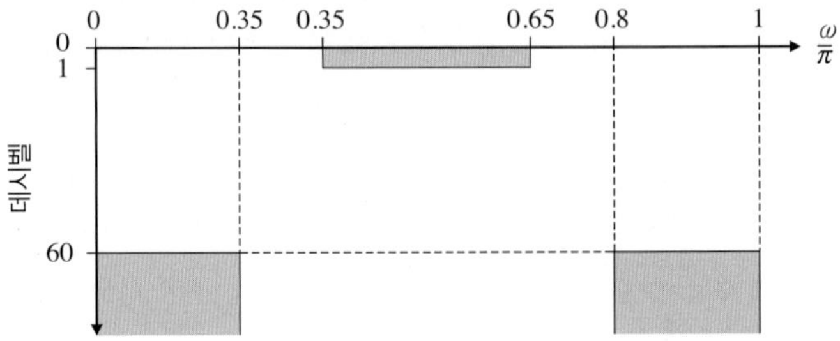

그림 7.18 예제 7.10의 대역통과 필터 사양

풀이 여기에는 2개의 전이대역, 즉 $\Delta\omega_1 \triangleq \omega_{1p} - \omega_{1s}$와 $\Delta\omega_2 \triangleq \omega_{2s} - \omega_{2p}$가 있다. 창함수 설계에서 이 두 대역폭은 같아야 한다. 즉, $\Delta\omega_1$과 $\Delta\omega_2$를 독립적으로 조정할 수 없다. 그러므로 $\Delta\omega_1 = \Delta\omega_2 = \Delta\omega$이다. 이 설계에서는 카이저 창함수나 블랙맨 창함수를 사용할 수 있다. 여기서는 블랙맨 창함수를 사용하자. 또한 이상적인 대역통과 임펄스 응답 $h_d(n)$도 필요하다. 만약 2개의 이상적인 저역통과 필터가 같은 위상 응답을 갖는다면, 이것들의 크기 응답으로부터 원하는 대역통과 임펄스 응답을 얻을 수 있다. 이 과정을 그림 7.19에 나타내었다. 그러므로 이상적인 대역통과 필터의 임펄스 응답을 구하는 데는 MATLAB 함수 `ideal_lp(wc,M)`이면 충분하다. 설계 과정은 다음의 MATLAB 코드에 들어 있다.

```
>> ws1 = 0.2*pi; wp1 = 0.35*pi;  wp2 = 0.65*pi; ws2 = 0.8*pi;  As = 60;
>> tr_width = min((wp1-ws1),(ws2-wp2));  M = ceil(11*pi/tr_width) + 1
M = 75
>> n=[0:1:M-1];  wc1 = (ws1+wp1)/2; wc2 = (wp2+ws2)/2;
>> hd = ideal_lp(wc2,M) - ideal_lp(wc1,M);
>> w_bla = (blackman(M))';  h = hd .* w_bla;
>> [db,mag,pha,grd,w] = freqz_m(h,[1]);  delta_w = 2*pi/1000;
>> Rp = -min(db(wp1/delta_w+1:1:wp2/delta_w)) % Actual passband ripple
Rp = 0.0030
>> As = -round(max(db(ws2/delta_w+1:1:501))) % Min stopband attenuation
As = 75
% plotting commands follow
```

필터의 길이 $M = 61$, 실제 저지대역 감쇠는 75 dB임을 주목하라. 시간 영역과 주파수 영역

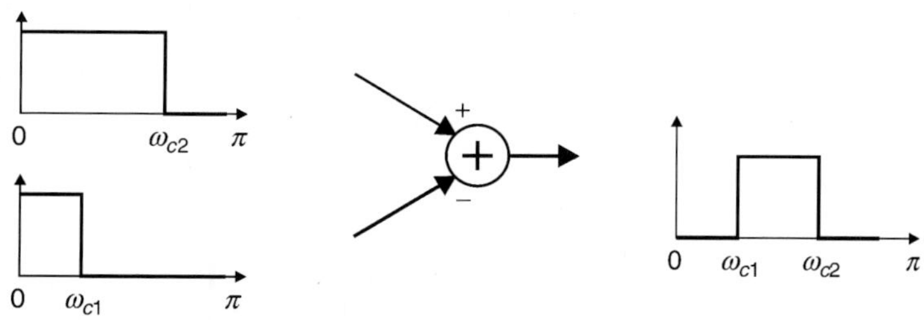

그림 7.19 2개의 저역통과 필터로부터 얻은 이상적인 대역통과 필터

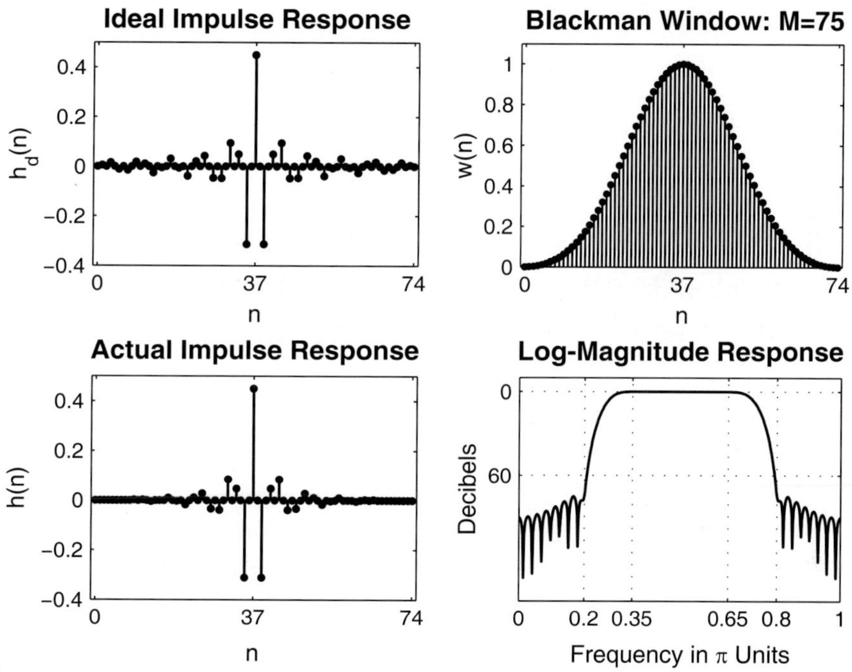

그림 7.20 예제 7.10의 대역통과 필터 그래프

에서의 그래프는 그림 7.20에 나타내었다.

예제 7.11 이상적인 대역저지 필터의 주파수 응답이 다음과 같다.

$$H_e(e^{j\omega}) = \begin{cases} 1, & 0 \le |\omega| < \pi/3 \\ 0, & \pi/3 \le |\omega| \le 2\pi/3 \\ 1, & 2\pi/3 < |\omega| \le \pi \end{cases}$$

카이저 창함수를 사용하여 길이 45, 저지대역 감쇠 60 dB의 대역저지 필터를 설계하라.

풀이 이번에는 설계 사양에 전이대역폭이 주어지지 않았음을 주목하라. 그것은 카이저 창함수의 길이 $M = 45$와 매개변수 β에 의해 결정된다. 설계 방정식 (7.31)을 따라 A_s로부터 β를

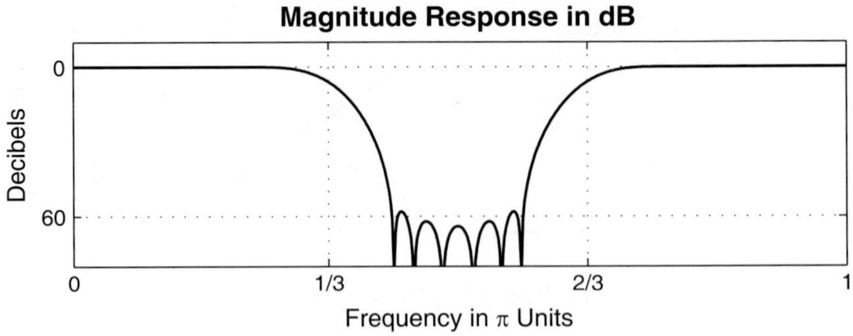

그림 7.21 예제 7.11의 대역저지 필터 크기 응답: $\beta = 5.6533$

구할 수 있다. 즉,

$$\beta = 0.1102 \times (A_s - 8.7)$$

이상적인 대역저지 임펄스 응답도 그림 7.19와 유사한 방법을 사용하여 이상적인 저역통과 필터의 임펄스 응답으로부터 구할 수 있다. 이제 카이저 창함수 설계를 구현하고, 최소 저지대역 감쇠를 확인해보자. 설계 과정은 다음의 MATLAB 코드에 들어 있다.

```
>> M = 45; As = 60; n=[0:1:M-1];
>> beta = 0.1102*(As-8.7)
beta = 5.6533
>> w_kai = (kaiser(M,beta))';   wc1 = pi/3; wc2 = 2*pi/3;
>> hd = ideal_lp(wc1,M) + ideal_lp(pi,M) - ideal_lp(wc2,M);
>> h = hd .* w_kai;   [db,mag,pha,grd,w] = freqz_m(h,[1]);
```

매개변수 β는 5.6533이다. 그리고 그림 7.21로부터 최소 저지대역 감쇠가 60 dB보다 작음을 알 수 있다. 감쇠를 60 dB로 증가시키기 위해서는 β를 증가시켜야 한다. 필요한 값은 $\beta = 5.9533$이다.

```
>> M = 45; As = 60; n=[0:1:M-1];
>> beta = 0.1102*(As-8.7)+0.3
beta = 5.9533
>> w_kai = (kaiser(M,beta))';   wc1 = pi/3; wc2 = 2*pi/3;
>> hd = ideal_lp(wc1,M) + ideal_lp(pi,M) - ideal_lp(wc2,M);
>> h = hd .* w_kai;   [db,mag,pha,grd,w] = freqz_m(h,[1]);
>> plotting commands follow
```

시간 영역과 주파수 영역에서의 그래프를 그림 7.22에 나타내었다. 이 그림으로부터 설계한 필터가 필요한 조건을 만족시킴을 알 수 있다.

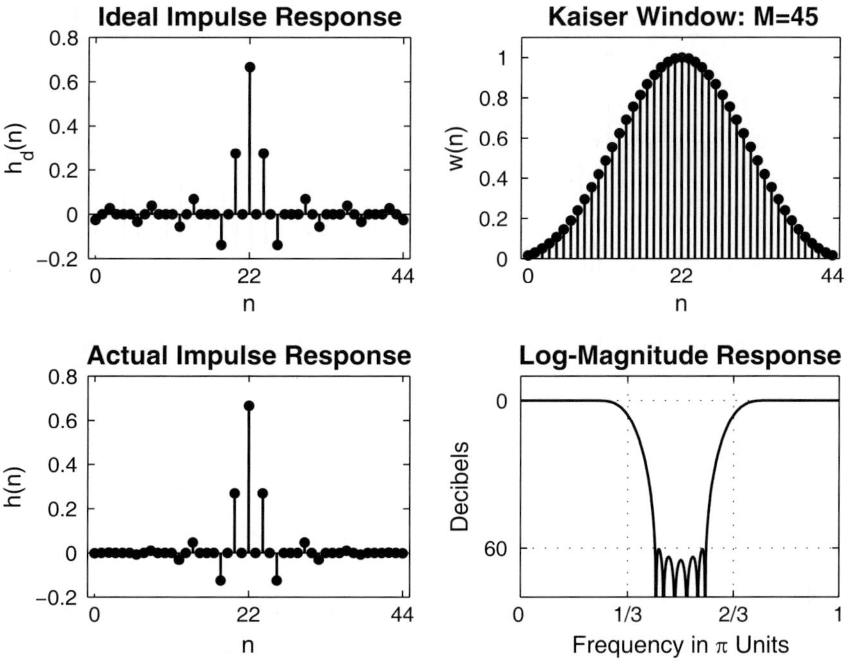

그림 7.22 예제 7.11의 대역저지 필터 그래프: $\beta = 5.9533$

예제 7.12 이상적인 디지털 미분기의 주파수 응답이 다음과 같다.

$$H_d(e^{j\omega}) = \begin{cases} j\omega, & 0 < \omega \leq \pi \\ -j\omega, & -\pi < \omega < 0 \end{cases} \tag{7.32}$$

길이가 21인 해밍 창함수를 사용하여 디지털 FIR 미분기를 설계하라. 시간 영역과 주파수 영역에서의 그래프를 그려라.

풀이 선형 위상을 가진 디지털 미분기의 이상적인 임펄스 응답은 다음과 같다.

$$h_d(n) = \mathcal{F}\left[H_d(e^{j\omega})e^{-j\alpha\omega}\right] = \frac{1}{2\pi}\int_{-\pi}^{\pi} H_d(e^{j\omega})e^{-j\alpha\omega}e^{j\omega n}d\omega$$

$$= \frac{1}{2\pi}\int_{-\pi}^{0}(-j\omega)\,e^{-j\alpha\omega}e^{j\omega n}d\omega + \frac{1}{2\pi}\int_{0}^{\pi}(j\omega)\,e^{-j\alpha\omega}e^{j\omega n}d\omega$$

$$= \begin{cases} \dfrac{\cos\pi(n-\alpha)}{(n-\alpha)}, & n \neq \alpha \\ 0, & n = \alpha \end{cases}$$

MATLAB에서 위의 임펄스 응답을 갖는 미분기를 설계하기 위해 해밍 창함수를 사용할 수 있다. 만약 M이 짝수이면, $\alpha = (M-1)/2$는 정수가 아니고 $h_d(n)$은 모든 n에 대해 0의 값을

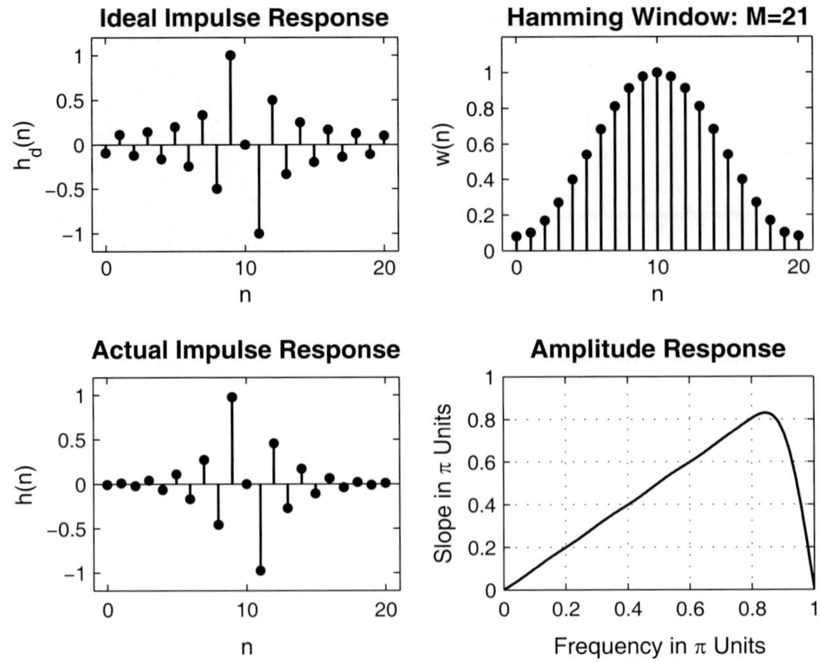

그림 7.23 예제 7.12의 FIR 미분기 설계

가질 것이다. 그러므로 M은 홀수여야 하고, 이 필터는 제3형 선형 위상 FIR 필터가 된다. 그러나 제3형 필터의 경우에 $H_r(\pi) = 0$이므로, 이 필터는 전대역 미분기는 아니다.

```
>> M = 21; alpha = (M-1)/2;  n = 0:M-1;
>> hd = (cos(pi*(n-alpha)))./(n-alpha); hd(alpha+1)=0;
>> w_ham = (hamming(M))';  h = hd .* w_ham;  [Hr,w,P,L] = Hr_Type3(h);
% plotting commands follow
```

이 그래프는 그림 7.23에 나타내었다.

예제 7.13 한 창함수를 사용하여 길이가 25인 디지털 힐버트 변환기를 설계하라.

풀이 선형 위상 힐버트 변환기의 이상적인 주파수 응답은 다음과 같다.

$$H_d(e^{j\omega}) = \begin{cases} -je^{-j\alpha\omega}, & 0 < \omega < \pi \\ +je^{-j\alpha\omega}, & -\pi < \omega < 0 \end{cases} \tag{7.33}$$

역변환 후의 이상적인 임펄스 응답은 다음과 같이 주어진다.

$$h_d(n) = \begin{cases} \dfrac{2}{\pi}\dfrac{\sin^2 \pi(n-\alpha)/2}{n-\alpha}, & n \neq \alpha \\ 0, & n = \alpha \end{cases}$$

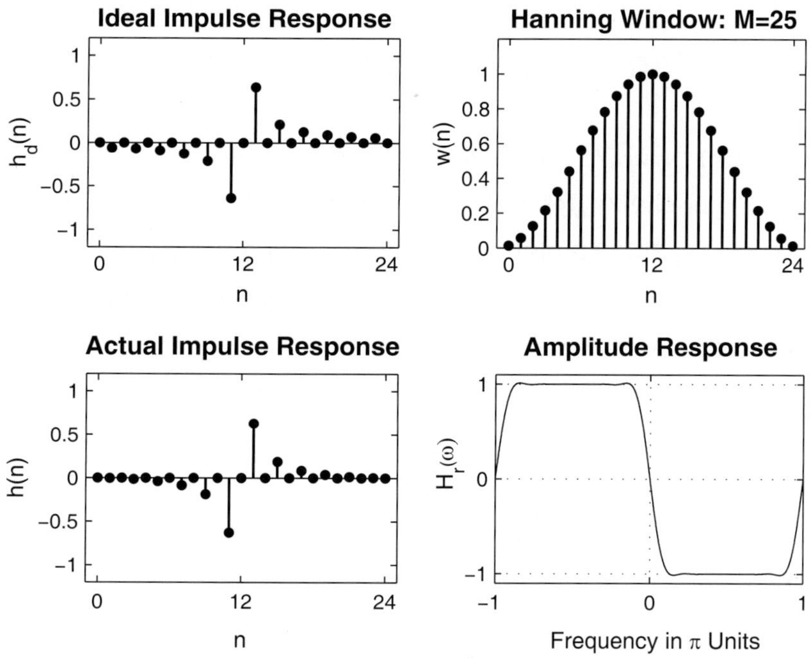

그림 7.24 예제 7.13의 FIR 힐버트 변환기

이 식은 MATLAB에서 쉽게 구현할 수 있다. $M = 25$이므로, 설계한 필터는 제3형이다.

MATLAB 코드:

```
>> M = 25; alpha = (M-1)/2;  n = 0:M-1;
>> hd = (2/pi)*((sin((pi/2)*(n-alpha)).^2)./(n-alpha)); hd(alpha+1)=0;
>> w_han = (hann(M))';  h = hd .* w_han;  [Hr,w,P,L] = Hr_Type3(h);
>> plotting commands follow
```

이 그래프는 그림 7.24에 나타내었다. 이 그림으로부터 진폭 응답이 $-\pi \leq \omega \leq \pi$에서 그려짐을 알 수 있다.

SP 도구상자는 fir1이라는 함수를 제공하는데, 이 함수를 이용하여 여러 가지 창함수 기법으로 전통적인 저역통과 및 고역통과 필터와 다대역(multiband) FIR 필터를 설계할 수 있다. 이 함수의 호출 방법은 다음과 같이 다양하다.

- h = fir1(N,wc) 형식의 호출은 N차($N = M - 1$) 저역통과 필터를 설계하고, 벡터 h에 그 임펄스 응답을 반환한다. 이 함수는 기본 값으로 해밍 창함수 기법을 사용한 선형 위상 설계를 제공한다. 이때 통과대역 끝 주파수 wc는 0~1 사이의 값으로 정규화되어 있다. 즉, 값이 1일 경우 이는 통과대역 끝 주파수가 π 라디안/샘플을 의미한다. 만약 wc가 2개의 인자를 갖는 벡터라면, 즉 wc = [wc1 wc2]일 때, fir1 함수는 통과대역의 양 끝이 각각

wc1, wc2인 통과대역 필터를 설계하고 그 임펄스 응답을 반환한다. 마찬가지로, wc가 2개 이상의 인자를 갖고 있다면 주어진 인자를 통과대역 끝 주파수로 갖는 다대역 필터를 설계한다.

- h = fir1(N,wc,'ftype')의 형식은 필터의 타입에 관한 인자가 새로 추가된 것인데, 이때 ftype의 인자 값에 따라서 다음과 같은 필터를 설계한다.
  a. 'high'일 경우 통과대역의 시작 주파수가 wc인 고대역통과 필터를 설계한다.
  b. 'stop'일 경우 만약 wc = [wc1 wc2]이면 대역저지 필터를 설계하는데, 저지대역의 양 끝은 wc에 주어진 인자 값으로 한다.
  c. 'DC-1'일 경우 다대역 필터의 첫 대역을 통과대역으로 하는 필터를 설계한다.
  d. 'DC-0'일 경우 다대역 필터의 첫 대역을 저지대역으로 하는 필터를 설계한다.
- h = fir1(N,wc,'ftype',window) 혹은 h = fir1(N,wc,window)의 형식은 앞서 설명한 MATLAB 창함수 기법 중 하나를 선택하여 사용할 수 있게 한다. window 벡터의 크기는 N+1이며, 기본 값으로 해밍 창함수 기법이 사용된다.

카이저 창함수를 이용하여 FIR 필터를 설계하기 위해, SP 도구상자는 kaiserord라는 함수를 제공한다. 이 함수는 fir1 함수에서 사용될 수 있는 창함수의 인자들을 추정하는데, 기본 형식은 다음과 같다.

```
[N,wc,beta,ftype] = kaiserord(f,m,ripple);
```

이 함수에서 N은 창함수의 차수, wc는 대역 끝 주파수, beta는 카이저 창함수의 β 그리고 ftype은 위에서 다룬 내용을 각각 담고 있다. 그리고 f는 0~1 사이로 정규화된 대역 끝 주파수에 관한 값을 갖고 있는 벡터이고, m은 f에서 명시된 대역에서 원하는 크기를 나타내는 벡터이다. 이때 f의 길이는 2m − 2로 주어지는데, 따라서 f는 0이나 1의 값은 갖지 않는다. 그리고 벡터 ripple은 각 대역에서 허용된 리플의 사양을 담고 있는데, 주의할 점은 dB 단위가 아니라는 것이다. kaiserord 함수를 통해 카이저 창함수를 계산할 수 있고, fir1 함수를 사용하기 위한 인자들을 추정하는 것이 가능하다.

임의의 크기 응답을 갖는 창함수 기법을 사용한 FIR 필터를 설계하기 위해 SP 도구상자는 fir2라는 함수를 제공한다. 이 함수 역시 주파수 샘플링 기법을 포함하고 있으며, 다음 절에서 자세히 설명할 것이다.

7.4 주파수 샘플링 설계 기법

주파수 샘플링 설계 기법(frequency sampling design technique)은 주파수 응답 $H(e^{j\omega})$의 샘플 $H(k)$로부터 시스템 함수 $H(z)$를 얻을 수 있다는 사실을 이용한다. 더욱이 이 설계 기법은 6장에서 논의했던 주파수 샘플링 구조에 매우 적합하다. $h(n)$을 M점 FIR 필터의 임펄스 응답이라 하고, $H(k)$를 그것의 DFT, $H(z)$는 그것의 시스템 함수라 하자. 그러면 식 (6.19)로부터 다음 식을 얻을 수 있다.

$$H(z) = \sum_{n=0}^{M-1} h(n) z^{-n} = \frac{1 - z^{-M}}{M} \sum_{k=0}^{M-1} \frac{H(k)}{1 - z^{-1} e^{j2\pi k/M}} \tag{7.34}$$

그리고

$$H(e^{j\omega}) = \frac{1 - e^{-j\omega M}}{M} \sum_{k=0}^{M-1} \frac{H(k)}{1 - e^{-j\omega} e^{j2\pi k/M}} \tag{7.35}$$

이고

$$H(k) = H\left(e^{j2\pi k/M}\right) = \begin{cases} H(0), & k = 0 \\ H^*(M-k), & k = 1, \dots, M-1 \end{cases}$$

선형 위상 FIR 필터에 대해서는

$$h(n) = \pm h(M-1-n), \quad n = 0, 1, \dots, M-1$$

여기서 제1형과 제2형 선형 위상 FIR 필터의 경우에는 양의 부호이고, 제3형과 제4형 선형 위상 FIR 필터의 경우에는 음의 부호이다. 그러면 $H(k)$는 다음과 같이 쓸 수 있다.

$$H(k) = H_r\left(\frac{2\pi k}{M}\right) e^{j\angle H(k)} \tag{7.36}$$

여기서

$$H_r\left(\frac{2\pi k}{M}\right) = \begin{cases} H_r(0), & k = 0 \\ H_r\left(\frac{2\pi(M-k)}{M}\right), & k = 1, \dots, M-1 \end{cases} \tag{7.37}$$

제1형과 제2형의 경우에는

$$\angle H(k) = \begin{cases} -\left(\frac{M-1}{2}\right)\left(\frac{2\pi k}{M}\right), & k = 0, \dots, \left\lfloor \frac{M-1}{2} \right\rfloor \\ +\left(\frac{M-1}{2}\right)\frac{2\pi}{M}(M-k), & k = \left\lfloor \frac{M-1}{2} \right\rfloor + 1, \dots, M-1 \end{cases} \tag{7.38}$$

제3형과 제4형의 경우에는

$$\angle H(k) = \begin{cases} \left(\pm\frac{\pi}{2}\right) - \left(\frac{M-1}{2}\right)\left(\frac{2\pi k}{M}\right), & k = 0, \ldots, \left\lfloor \frac{M-1}{2} \right\rfloor \\ -\left(\pm\frac{\pi}{2}\right) + \left(\frac{M-1}{2}\right)\frac{2\pi}{M}(M-k), & \\ & k = \left\lfloor \frac{M-1}{2} \right\rfloor + 1, \ldots, M-1 \end{cases} \tag{7.39}$$

마지막으로,

$$h(n) = \text{IDFT}\left[H(k)\right] \tag{7.40}$$

$H(k)$가 주어졌을 때 $h(n)$을 계산하는 공식을 명시적으로 제시하는 교재(예: [71], [79], [83])도 있다. 여기서는 식 (7.40)으로부터 $h(n)$을 계산하기 위해 MATLAB 함수 `ifft`를 사용한다.

기본 아이디어 이상적인 저역통과 필터 $H_d(e^{j\omega})$이 주어지면, 필터의 길이 M을 선택하고 0과 2π 사이에서 간격이 같은 M개의 주파수 샘플 $H_d(e^{j\omega})$을 추출한다. 실제 응답 $H(e^{j\omega})$은 식 (7.35)에 주어진 것처럼 샘플 $H(k)$의 보간(interpolation)이다. 이를 그림 7.25에 나타내었다. 임펄스 응답은 식 (7.40)처럼 주어진다. 그 밖의 주파수 선택적 필터에도 유사한 과정을 적용할 수 있다. 더욱이 이 아이디어를 임의의 주파수 영역상의 사양을 근사하도록 확장할 수 있다.

그림 7.25로부터 다음과 같은 사실을 관찰할 수 있다.

1. 샘플링된 주파수에서는 근사 오차, 즉 이상적인 응답과 실제 응답의 차이가 0이다.
2. 모든 주파수에서의 근사 오차는 이상적인 응답의 모양에 의존한다. 즉, 이상적인 응답이 가파를수록 근사 오차는 커진다.
3. 오차는 대역 끝 부근에서는 커지고, 대역 내에서는 작아진다.

설계 방법에는 두 가지가 있다. 첫 번째 방법에서는 위의 기본적인 아이디어를 있는 그대로 사용하고, 근사 오차에는 어떤 제한도 두지 않는다. 즉, 설계한 필터가 어떤 오차를 갖더라도

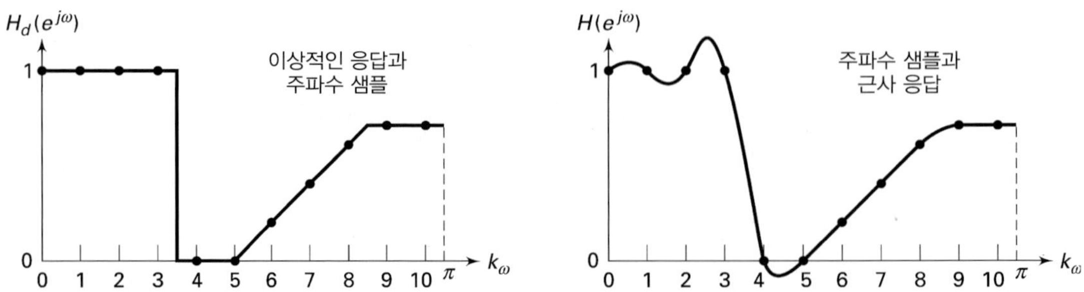

그림 7.25 주파수 샘플링 기법의 그림 표현

수용한다. 이런 방법을 단순 설계 방법(naive design method)이라고 한다. 두 번째 방법에서는 전이대역 샘플들의 값을 바꿈으로써 저지대역 내의 오차를 최소화하고자 한다. 이것을 최적 설계 방법(optimum design method)이라 하는데, 단순 설계 방법보다 훨씬 좋은 방법이다.

7.4.1 단순 설계 방법

이 방법에서는 $H(k) = H_d(e^{j2\pi k/M})$, $k = 0, \ldots, M-1$이라 놓고, 식 (7.36)부터 (7.40)까지의 식을 사용하여 임펄스 응답 $h(n)$을 얻는다.

예제 7.14 예제 7.8의 사양을 가진 저역통과 필터를 생각해보자.

$$\omega_p = 0.2\pi,\ R_p = 0.25 \text{ dB}$$
$$\omega_s = 0.3\pi,\ A_s = 50 \text{ dB}$$

주파수 샘플링 방법을 사용하여 FIR 필터를 설계하라.

풀이 $M = 20$이라 하자. 그러면 ω_p에서 주파수 샘플을 얻을 수 있다. 즉, $k = 2$일 때

$$\omega_p = 0.2\pi = \frac{2\pi}{20}2$$

다음 샘플은 ω_s에서 얻을 수 있다. 즉, $k = 3$일 때

$$\omega_s = 0.3\pi = \frac{2\pi}{20}3$$

그러므로 통과대역 $[0 \le \omega \le \omega_p]$ 내의 샘플 3개와, 저지대역 $[\omega_s \le \omega \le \pi]$ 내의 샘플 7개를 갖게 된다. 식 (7.37)로부터 다음을 얻을 수 있다.

$$H_r(k) = [1, 1, 1, \underbrace{0, \ldots, 0}_{15\text{개}}, 1, 1]$$

$M = 20$, $\alpha = \frac{20-1}{2} = 9.5$이고, 제2형 선형 위상 필터이기 때문에 식 (7.38)로부터 다음 식을 얻을 수 있다.

$$\angle H(k) = \begin{cases} -9.5\dfrac{2\pi}{20}k = -0.95\pi k, & 0 \le k \le 9 \\ +0.95\pi(20-k), & 10 \le k \le 19 \end{cases}$$

이제 식 (7.36)으로부터 $H(k)$를 구하고, 식 (7.40)으로부터 임펄스 응답 $h(n)$을 구할 수 있다. MATLAB 코드는 다음과 같다.

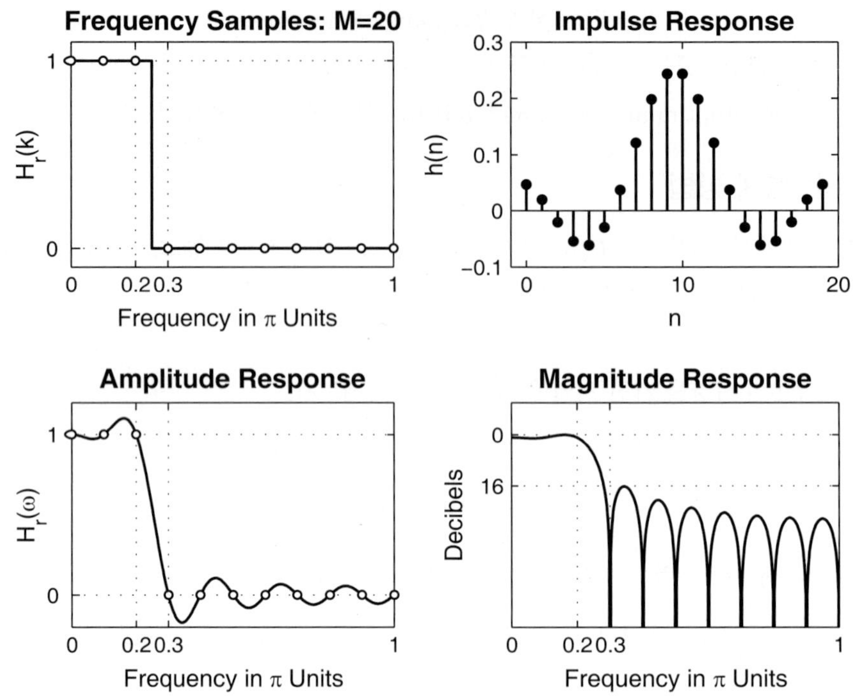

그림 7.26 단순 주파수 샘플링 설계 기법

```
>> M = 20; alpha = (M-1)/2; l = 0:M-1; wl = (2*pi/M)*l;
>> Hrs = [1,1,1,zeros(1,15),1,1]; %Ideal amp res sampled
>> Hdr = [1,1,0,0]; wdl = [0,0.25,0.25,1]; %Ideal amp res for plotting
>> k1 = 0:floor((M-1)/2); k2 = floor((M-1)/2)+1:M-1;
>> angH = [-alpha*(2*pi)/M*k1, alpha*(2*pi)/M*(M-k2)];
>> H = Hrs.*exp(j*angH);  h = real(ifft(H,M));
>> [db,mag,pha,grd,w] = freqz_m(h,1);  [Hr,ww,a,L] = Hr_Type2(h);
>> plotting commands follow
```

시간 영역과 주파수 영역에서의 그래프를 그림 7.26에 나타내었다. 최소 저지대역 감쇠가 약 16 dB임을 주목하라. 확실히 이 값은 받아들일 수 없다. 만약 M을 증가시킨다면 전이대역에 주파수 응답을 정확히 알 수 없는 샘플들이 생긴다. 그러므로 단순 설계 방법은 실제로 잘 사용하지 않는다.

7.4.2 최적 설계 방법

더 많은 감쇠를 얻기 위해서는 M을 증가시키고, 전이대역 내의 샘플들을 마음대로 할 수 있어야 한다. 즉, M과 전이대역폭이 주어졌을 때, 최대의 감쇠를 얻을 수 있도록 그 값을 바꿀 수 있어야 한다는 뜻이다. 이 문제는 최적화 문제로 알려져 있고, 선형 계획법을 사용하여 해결할 수 있다. 다음의 예제를 사용하여 전이대역 샘플의 변동이 설계에 미치는 영향을 알아보자.

예제 7.15 최적 설계 기법을 사용하여, 예제 7.14에 주어진 사양에 대해 더 좋은 저역통과 필터를 설계하라.

풀이 전이대역 $0.2\pi < \omega < 0.3\pi$ 내에 하나의 샘플이 있도록 $M = 40$이라 하자. $\omega_1 \triangleq 2\pi/40$이므로, 전이대역의 샘플들은 $k = 5$와 $k = 40 - 5 = 35$에 있다. 이 샘플들의 값을 T_1, $0 < T_1 < 1$이라 하자. 그러면 샘플링된 진폭 응답은 다음과 같다.

$$H_r(k) = [1, 1, 1, 1, 1, T_1, \underbrace{0, \ldots, 0}_{29\text{개}}, T_1, 1, 1, 1, 1]$$

$\alpha = \frac{40-1}{2} = 19.5$이므로, 위상 응답의 샘플들은 다음과 같다.

$$\angle H(k) = \begin{cases} -19.5\dfrac{2\pi}{40}k = -0.975\pi k, & 0 \le k \le 19 \\ +0.975\pi(40 - k), & 20 \le k \le 39 \end{cases}$$

이제 가장 좋은 최소 저지대역 감쇠를 얻도록 T_1의 값을 바꿔보자. 이로 인해 전이대역폭이 넓어질 것이다. 먼저 $T_1 = 0.5$일 때 어떻게 되는지 알아보자.

```
% T1 = 0.5
>> M = 40; alpha = (M-1)/2;
>> Hrs = [ones(1,5),0.5,zeros(1,29),0.5,ones(1,4)];
>> k1 = 0:floor((M-1)/2); k2 = floor((M-1)/2)+1:M-1;
>> angH = [-alpha*(2*pi)/M*k1, alpha*(2*pi)/M*(M-k2)];
>> H = Hrs.*exp(j*angH);
>> h = real(ifft(H,M));
```

이 설계의 그래프를 그림 7.27에 나타내었다. 이 그림으로부터 최소 저지대역 감쇠가 원했던 50 dB 수준은 아니지만, 단순 설계 기법보다는 더 좋은 30 dB이라는 사실을 알 수 있다. 최적의 T_1 값은 손수 바꾸어가며 찾을 수 있다. 비록 선형 계획법이라는 효율적인 방법이 있기는 하지만, 여기서는 사용하지 않았다. 여러 번의 시행 결과 $T_1 = 0.39$에서 최적치에 근사한 값을 가짐을 찾을 수 있었다.

```
% T1 = 0.39
>> M = 40; alpha = (M-1)/2;
>> Hrs = [ones(1,5),0.39,zeros(1,29),0.39,ones(1,4)];
>> k1 = 0:floor((M-1)/2); k2 = floor((M-1)/2)+1:M-1;
>> angH = [-alpha*(2*pi)/M*k1, alpha*(2*pi)/M*(M-k2)];
>> H = Hrs.*exp(j*angH);  h = real(ifft(H,M));
```

이 설계의 그래프를 그림 7.28에 나타내었다. 이 그림으로부터 최소 저지대역 감쇠가 43 dB임을 알 수 있다. 감쇠를 더 증가시키기 위해서는 전이대역 내에 있는 하나 이상의 샘플을 변화시켜야 한다.

■

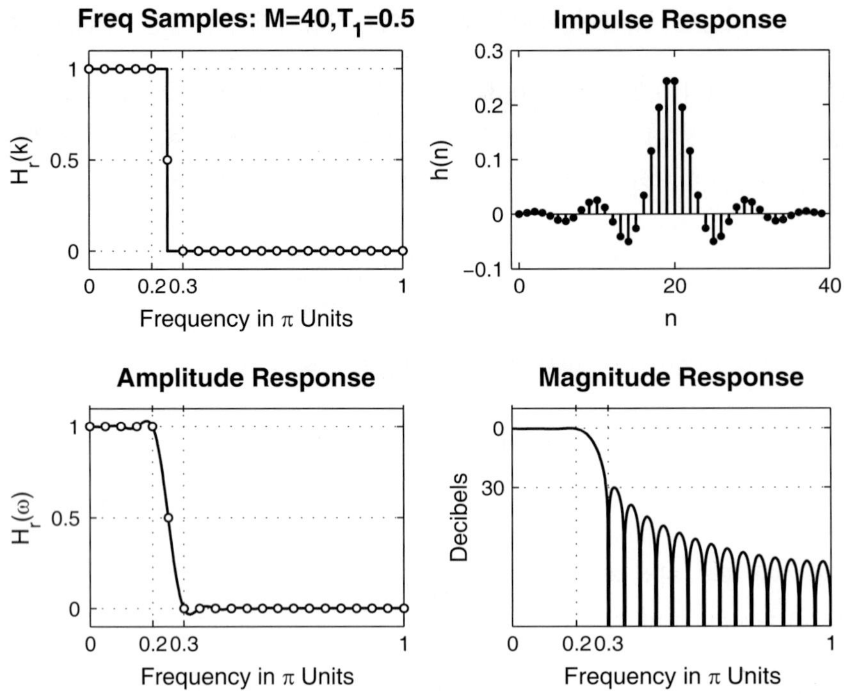

그림 7.27 최적 주파수 설계 방법: $T_1 = 0.5$

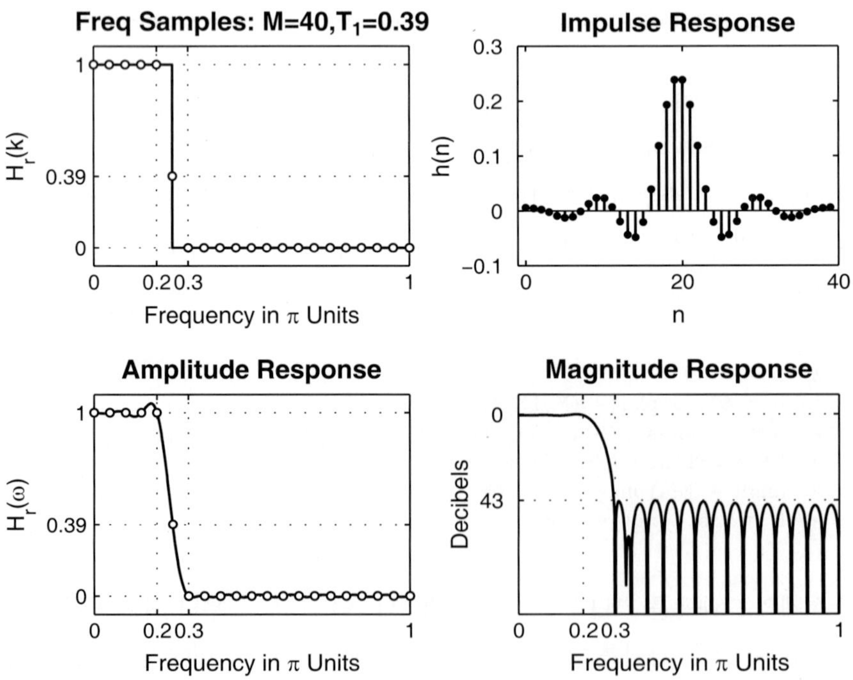

그림 7.28 최적 주파수 설계 방법: $T_1 = 0.39$

확실히 이 방법은 하나의 샘플을 변화시킴으로써 더 나은 설계를 얻을 수 있다는 점에서 훨씬 우수하다. 실제로 전이대역폭은 하나나 2개의 샘플을 가질 정도로 작다. 그러므로 가장 큰 최소 저지대역 감쇠를 얻기 위해 많아야 2개의 샘플만 최적화하면 된다. 이는 최대 부엽 크기의 절대값을 최소화하는 것과 같다. 따라서 이 최적화 문제를 **최소최대**(minimax) 문제라고도 한다. 이 문제는 래비너(Rabiner)와 그 동료들[83]이 풀었고, 전이 값들의 표 형태로 해를 이용할 수 있다. 선택한 값들에 대한 표도 이용할 수 있다[79, 부록 B]. 이 문제들은 MATLAB의 최적화(Optimization) 도구상자에 주어진 함수들을 이용하여 풀 수도 있다. 다음 절에서는 이 문제의 더 일반적인 형태를 알아본다. 이제 이어지는 예제들에서 이 표를 사용해보자.

예제 7.16 예제 7.14의 저역통과 필터 설계를 생각해보자. 더 나은 저지대역 감쇠를 얻을 수 있도록, 전이대역 내의 두 샘플을 사용하여 이 문제를 풀어보라.

풀이 전이대역 내에 2개의 샘플이 있도록 $M = 60$이라 하자. 이 전이대역 내의 샘플들의 값을 T_1과 T_2라 하자. 그러면 $H_r(\omega)$는 다음과 같이 주어진다.

$$H(\omega) = [\underbrace{1, \ldots, 1}_{7개}, T_1, T_2, \underbrace{0, \ldots, 0}_{43개}, T_2, T_1, \underbrace{1, \ldots, 1}_{6개}]$$

[23, 부록 B]의 표로부터 $T_1 = 0.5925$, $T_2 = 0.1099$임을 알 수 있다. 이 값들을 가지고 MATLAB으로 $h(n)$을 계산해보자.

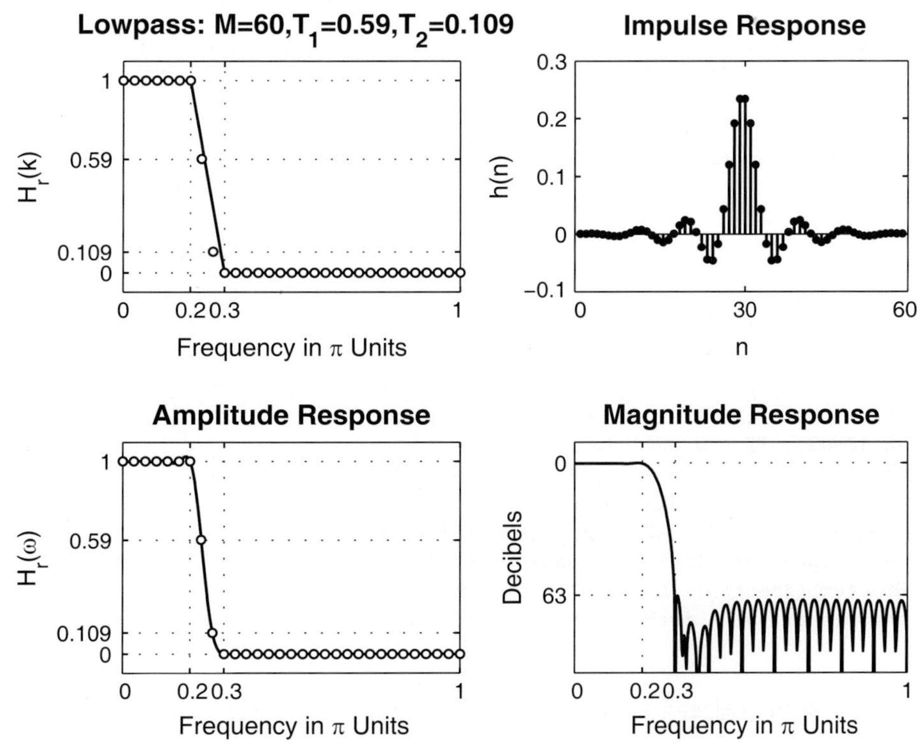

그림 7.29 예제 7.16의 저역통과 필터 설계 그래프

```
>> M = 60; alpha = (M-1)/2; l = 0:M-1; wl = (2*pi/M)*l;
>> Hrs = [ones(1,7),0.5925,0.1099,zeros(1,43),0.1099,0.5925,ones(1,6)];
>> Hdr = [1,1,0,0]; wdl = [0,0.2,0.3,1];
>> k1 = 0:floor((M-1)/2); k2 = floor((M-1)/2)+1:M-1;
>> angH = [-alpha*(2*pi)/M*k1, alpha*(2*pi)/M*(M-k2)];
>> H = Hrs.*exp(j*angH);  h = real(ifft(H,M));
>> [db,mag,pha,grd,w] = freqz_m(h,1);  [Hr,ww,a,L] = Hr_Type2(h);
```

시간 영역과 주파수 영역에서의 그래프는 그림 7.29에 나타내었다. 이제 최소 저지대역 감쇠가 63 dB이고, 이 값은 받아들일 수 있다.

예제 7.17 주파수 샘플링 기법을 사용하여 예제 7.10의 대역통과 필터를 설계하라. 설계 사양은 다음과 같다.

$$
\begin{aligned}
&\text{저지대역의 낮은 쪽 끝: } \omega_{1s} = 0.2\pi, && A_s = 60\,\text{dB}\\
&\text{통과대역의 낮은 쪽 끝: } \omega_{1p} = 0.35\pi, && R_p = 1\,\text{dB}\\
&\text{통과대역의 높은 쪽 끝: } \omega_{2p} = 0.65\pi, && R_p = 1\,\text{dB}\\
&\text{저지대역의 높은 쪽 끝: } \omega_{2s} = 0.8\pi, && A_s = 60\,\text{dB}
\end{aligned}
$$

풀이 전이대역 내에 2개의 샘플이 있도록 $M = 40$이라 하자. 이 전이대역의 낮은 쪽에 있는 주파수 샘플들의 값을 T_1과 T_2라 하자. 그러면 진폭 응답의 샘플들은 다음과 같다.

$$
H_r(\omega) = [\underbrace{0,\ldots,0}_{5}, T_1, T_2, \underbrace{1,\ldots,1}_{7}, T_2, T_1, \underbrace{0,\ldots,0}_{9}, T_1, T_2, \underbrace{1,\ldots,1}_{7}, T_2, T_1, \underbrace{0,\ldots,0}_{4}]
$$

[23, 부록 B]의 표로부터 $M = 40$이고 통과대역 내에 7개의 샘플이 있는 경우의 T_1과 T_2의 최적값이

$$
T_1 = 0.109021, \quad T_2 = 0.59417456
$$

임을 알 수 있다. MATLAB 코드는 다음과 같다.

```
>> M = 40; alpha = (M-1)/2; l = 0:M-1; wl = (2*pi/M)*l;
>> T1 = 0.109021; T2 = 0.59417456;
>> Hrs=[zeros(1,5),T1,T2,ones(1,7),T2,T1,zeros(1,9),T1,T2,ones(1,7),T2,T1,zeros(1,4)];
>> Hdr = [0,0,1,1,0,0]; wdl = [0,0.2,0.35,0.65,0.8,1];
>> k1 = 0:floor((M-1)/2); k2 = floor((M-1)/2)+1:M-1;
>> angH = [-alpha*(2*pi)/M*k1, alpha*(2*pi)/M*(M-k2)];
>> H = Hrs.*exp(j*angH);  h = real(ifft(H,M));
>> [db,mag,pha,grd,w] = freqz_m(h,1);  [Hr,ww,a,L] = Hr_Type2(h);
```

그림 7.30의 그래프는 수용할 수 있는 대역통과 필터의 설계를 보여준다.

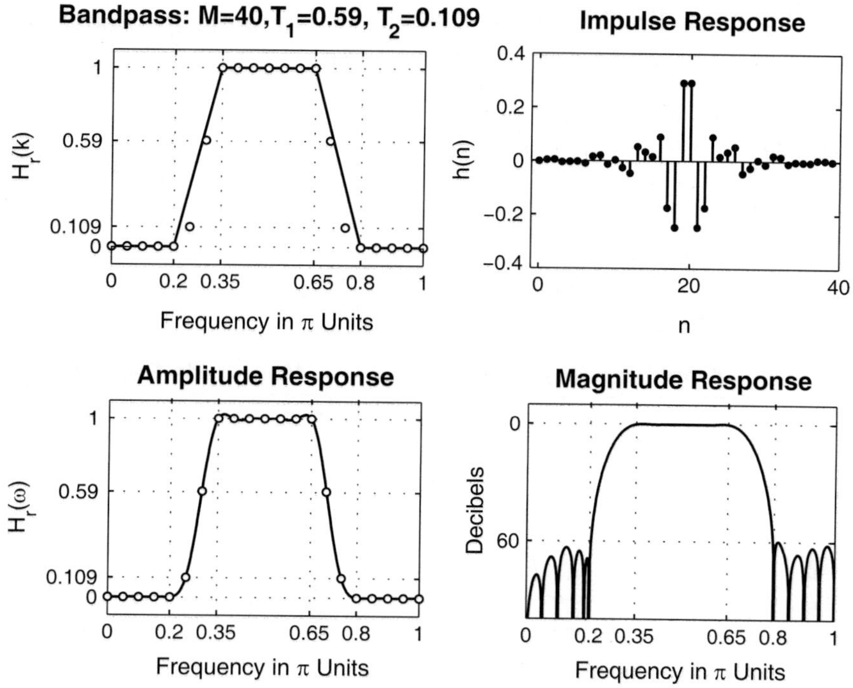

그림 7.30 예제 7.17의 대역통과 필터 설계 그래프

예제 7.18 사양이 다음과 같은 고역통과 필터를 설계하라.

$$\text{저지대역의 끝: } \omega_s = 0.6\pi, \quad A_s = 50\,\text{dB}$$
$$\text{통과대역의 끝: } \omega_p = 0.8\pi, \quad R_p = 1\,\text{dB}$$

풀이 고역통과 필터의 경우 M이 홀수, 즉 제1형이어야 함을 명심하라. 그러므로 전이대역 내에 2개의 샘플을 갖도록 $M = 33$이라 하자. 이와 같이 M을 선택하면 ω_s와 ω_p에서 샘플을 가질 수 없다. 진폭 응답의 샘플들은 다음과 같다.

$$H_r(k) = [\underbrace{0,\ldots,0}_{11\text{개}}, T_1, T_2, \underbrace{1,\ldots,1}_{8\text{개}}, T_2, T_1, \underbrace{0,\ldots,0}_{10\text{개}}]$$

위상 응답 샘플은 다음과 같다.

$$\angle H(k) = \begin{cases} -\dfrac{33-1}{2}\dfrac{2\pi}{33}k = -\dfrac{32}{33}\pi k, & 0 \le k \le 16 \\ +\dfrac{32}{33}\pi(33-k), & 17 \le k \le 32 \end{cases}$$

전이대역 샘플들의 최적값은 $T_1 = 0.1095$, $T_2 = 0.598$이다. 이 값들을 가지고 한 MATLAB 설계는 다음과 같다.

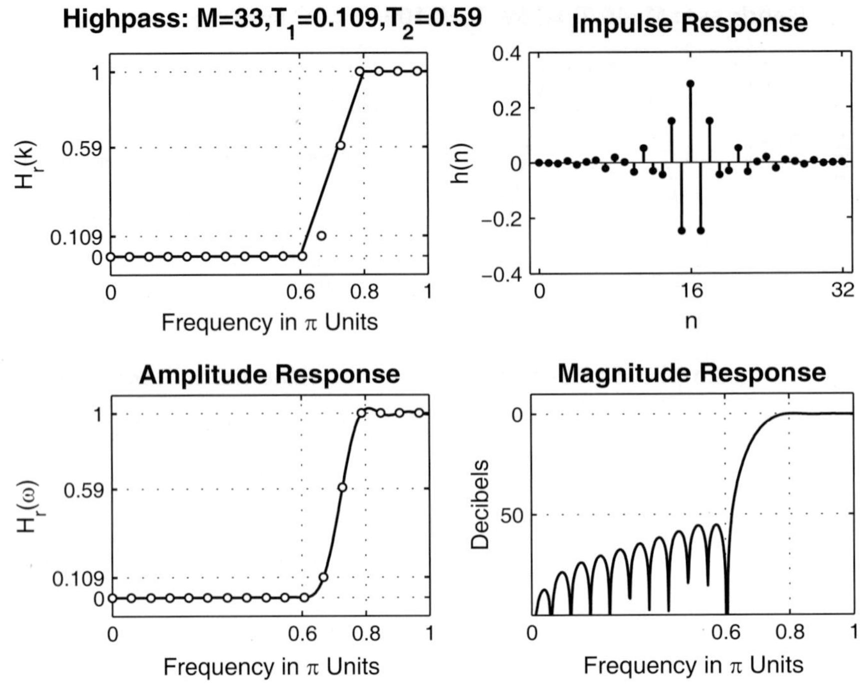

그림 7.31 예제 7.18의 고역통과 필터 설계 그래프

```
>> M = 33; alpha = (M-1)/2; l = 0:M-1; wl = (2*pi/M)*l;
>> T1 = 0.1095; T2 = 0.598;
>> Hrs = [zeros(1,11),T1,T2,ones(1,8),T2,T1,zeros(1,10)];
>> Hdr = [0,0,1,1]; wdl = [0,0.6,0.8,1];
>> k1 = 0:floor((M-1)/2); k2 = floor((M-1)/2)+1:M-1;
>> angH = [-alpha*(2*pi)/M*k1, alpha*(2*pi)/M*(M-k2)];
>> H = Hrs.*exp(j*angH);   h = real(ifft(H,M));
>> [db,mag,pha,grd,w] = freqz_m(h,1);   [Hr,ww,a,L] = Hr_Type1(h);
```

시간 영역과 주파수 영역에서의 그래프를 그림 7.31에 나타내었다.

예제 7.19 예제 7.12에 주어진 식 (7.32)에 기초해서 33점 디지털 미분기를 설계하라.

풀이 식 (7.32)로부터 복소수 값을 갖는 진폭 응답의 샘플들은 다음과 같이 주어진다.

$$jH_r(k) = \begin{cases} +j\dfrac{2\pi}{M}k, & k = 0, \ldots, \left\lfloor \dfrac{M-1}{2} \right\rfloor \\ -j\dfrac{2\pi}{M}(M-k), & k = \left\lfloor \dfrac{M-1}{2} \right\rfloor + 1, \ldots, M-1 \end{cases}$$

선형 위상의 경우 위상 샘플은 다음과 같다.

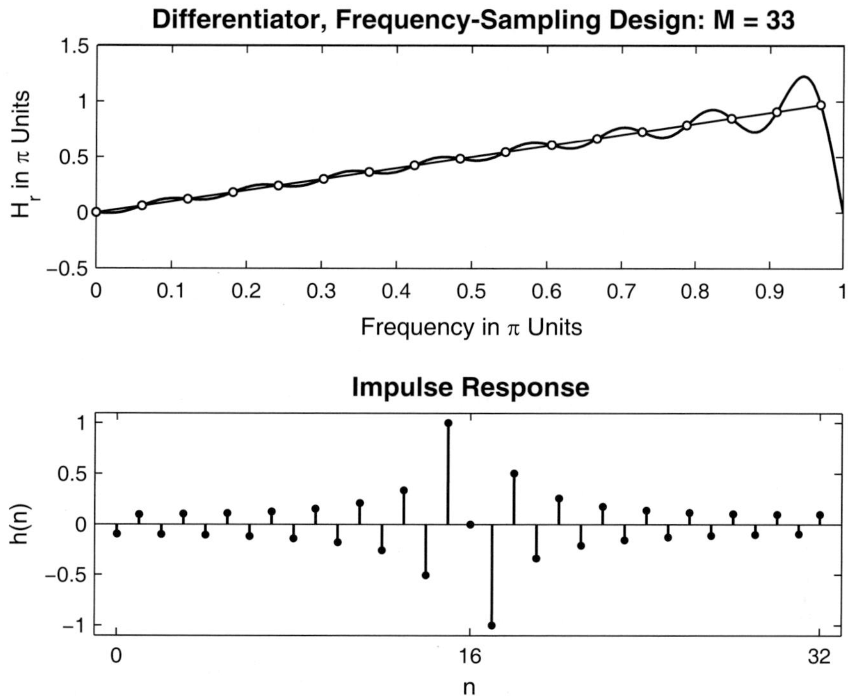

그림 7.32 예제 7.19의 미분기 설계 그래프

$$\angle H(k) = \begin{cases} -\frac{M-1}{2}\frac{2\pi}{M}k = -\frac{M-1}{M}\pi k, & k = 0, \ldots, \left\lfloor \frac{M-1}{2} \right\rfloor \\ +\frac{M-1}{M}\pi(M-k), & k = \left\lfloor \frac{M-1}{2} \right\rfloor + 1, \ldots, M-1 \end{cases}$$

그러므로

$$H(k) = jH_r(k)\, e^{j\angle H(k)}, \quad 0 \le k \le M-1 \quad \text{그리고} \quad h(n) = \text{IDFT}[H(k)]$$

MATLAB 코드:

```
>> M = 33; alpha = (M-1)/2; Dw = 2*pi/M;  l = 0:M-1; wl = Dw*l;
>> k1 = 0:floor((M-1)/2); k2 = floor((M-1)/2)+1:M-1;
>> Hrs = [j*Dw*k1,-j*Dw*(M-k2)];
>> angH = [-alpha*Dw*k1, alpha*Dw*(M-k2)];
>> H = Hrs.*exp(j*angH);  h = real(ifft(H,M));  [Hr,ww,a,P]=Hr_Type3(h);
```

시간 영역과 주파수 영역에서의 그래프는 그림 7.32에 나타내었다. 그림으로부터 이 미분기는 전대역 미분기가 아님을 알 수 있다.

예제 7.20 식 (7.33)의 이상적인 힐버트 변환기에 기초해서 51점 디지털 힐버트 변환기를 설계하라.

풀이 식 (7.33)으로부터 복소수 값을 갖는 진폭 응답의 샘플은 다음과 같이 주어진다.

$$jH_r(k) = \begin{cases} -j, & k = 1, \ldots, \left\lfloor \dfrac{M-1}{2} \right\rfloor \\ 0, & k = 0 \\ +j, & k = \left\lfloor \dfrac{M-1}{2} \right\rfloor + 1, \ldots, M-1 \end{cases}$$

이것은 제3형 선형 위상 필터이므로, $\omega = \pi$에서 진폭 응답이 0이다. 그러므로 리플을 줄이기 위해서는 $\omega = \pi$ 근처에서 0과 j 사이의 값을 갖는 전이대역 내의 2개의 샘플을 최적으로 선택해야 한다. 앞의 경험을 이용하여, $0.39j$의 값을 선택할 수 있었다. 위상 응답의 샘플들은 예제 7.19와 유사하게 선택한다.

MATLAB 코드:

```
>> M = 51; alpha = (M-1)/2; Dw = 2*pi/M;  l = 0:M-1; wl = Dw*l;
>> k1 = 0:floor((M-1)/2); k2 = floor((M-1)/2)+1:M-1;
>> Hrs = [0,-j*ones(1,(M-3)/2),-0.39j,0.39j,j*ones(1,(M-3)/2)];
>> angH = [-alpha*Dw*k1, alpha*Dw*(M-k2)];
>> H = Hrs.*exp(j*angH);  h = real(ifft(H,M));  [Hr,ww,a,P]=Hr_Type3(h);
```

그림 7.33으로부터 전이대역 샘플들의 영향을 알 수 있다.

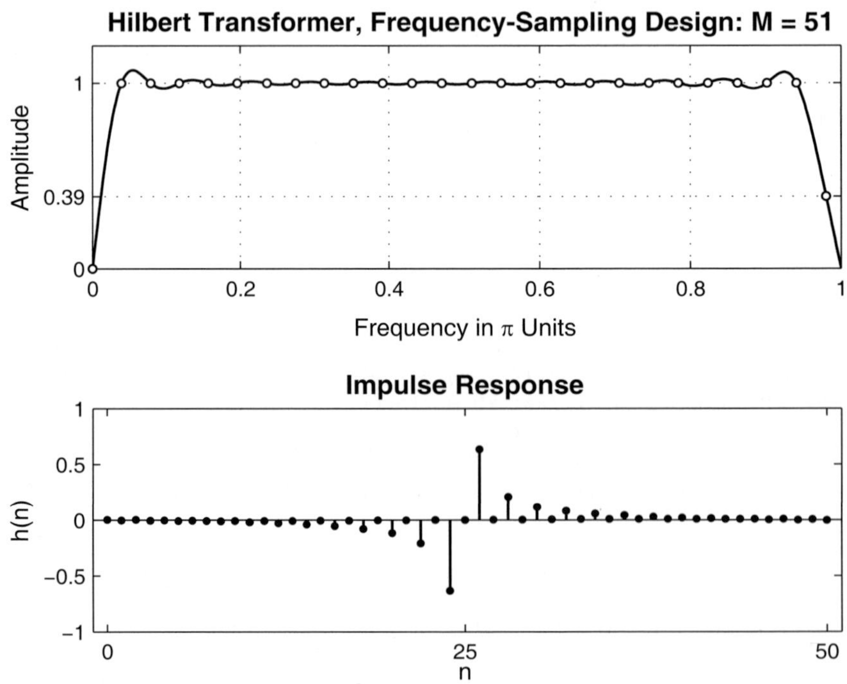

그림 7.33 예제 7.20의 디지털 힐버트 변환기 설계 그래프

SP 도구상자는 임의 형태의 크기 응답 FIR 필터를 설계하기 위해 주파수 샘플링 기법과 창함수 기법을 결합한 fir2 함수를 제공한다. 이 함수는 먼저 단순 설계 방법을 이용하여 필터의 임펄스 응답을 계산하고, 선택된 창함수 기법을 적용하여 대역 끝 주파수 부근에서의 리플을 최소화한다. 이 함수의 호출 방법은 다음과 같이 다양하다.

- `h = fir2(N,f,m)` 형식은 N차($N = M - 1$)의 저역통과 FIR 필터를 설계하고 그 임펄스 응답인 벡터 `h`를 반환한다. 원하는 필터의 크기 응답은 벡터 `f`와 `m`을 통해 주어지는데, 이때 두 벡터의 길이는 같아야 한다. 벡터 `f`는 0~1 사이로 정규화된 주파수 값을 갖고 있는데, 이때 1은 π 라디안/샘플을 의미한다. 벡터 `f`의 첫 번째 인자 값은 0이고 마지막 인자 값은 1이어야 한다. 벡터 `m`은 주어진 `f`에서의 원하는 크기 응답을 담고 있다. 이후 원하는 주파수 응답은 단순히 512개의 등간격으로 보간되기 때문에 이 설계 방식이 단순 설계 방법에 해당된다고 볼 수 있다.
- `h = fir2(N,f,m,window)` 형식은 MATLAB 창함수 기법 중 하나를 선택할 수 있게 길이 `N+1`인 벡터 `window`를 함수 인자로 갖고 있다. 기본 창함수로 해밍 창함수를 제공한다.
- `h = fir2(N,f,m,npt)` 혹은 `h = fir2(N,f,m,npt,window)` 형식은 fir2 함수가 보간할 주파수 응답의 샘플 개수를 나타내는 `npt`(number of points)를 갖고 있다. `npt`의 기본 값은 512로 주어진다.

fir2 함수는 전통적인 최적 주파수 샘플링 기법을 사용하여 구현되지 않았음을 주목해야 한다. 창함수 기법과 결합하여 fir2 함수는 전통 기법과 다르면서도 편리한 방법을 사용하기 때문에, 전통 기법들이 필요로 하는 최적 변환 대역과 관련된 값들, 혹은 그 표를 갖고 있지 않아도 된다. 전체 대역에서 많은 샘플 값을 갖기 때문에 최소화된 값은 아니지만 보간 오차는 매우 작다고 볼 수 있고, 저지대역 감쇠 역시 만족할 만한 수준으로 크다. 하지만 창함수에 의해 주파수 응답이 원래 샘플 값과 다르게 나타날 수 있다는 단점이 있기 때문에 임의의 형태를 갖는 주파수 응답의 FIR 필터를 설계하는 데 적합하다고 볼 수 있다.

지금까지 살펴본 주파수 샘플링 필터의 형태는 A형 필터라는 것으로, 샘플링 주파수는 다음과 같다.

$$\omega_k = \frac{2\pi}{M}k, \quad 0 \le k \le M-1$$

다음의 식처럼 주어지는 균일하게 분포한 샘플도 있다.

$$\omega_k = \frac{2\pi\left(k+\frac{1}{2}\right)}{M}, \quad 0 \le k \le M-1$$

이를 B형 필터라고 한다. 이 형태에 대해서도 주파수 샘플링 구조를 얻을 수 있다. 크기 응답 $H(e^{j\omega})$과 임펄스 응답 $h(n)$에 대한 식은 좀 더 복잡하고 [79]에서 구할 수 있다. 이들의 설계도 이 절에서 논의했던 방법들을 사용하여 MATLAB에서 수행할 수 있다.

7.5 최적 등리플 설계 기법

앞의 두 기법, 즉 창함수 설계와 주파수 샘플링 설계는 쉽게 이해하고 구현할 수 있다. 그러나 몇 가지 단점이 있다. 첫째로, 설계할 때 대역 주파수 ω_p와 ω_s를 정확하게 지정할 수 없다. 즉, 설계 후에 그것들이 어떤 값을 갖든지 받아들여야 한다. 둘째로, 리플 인자 δ_1과 δ_2를 동시에 지정할 수 없다. 창함수 설계 방법에서는 $\delta_1 = \delta_2$이고, 주파수 샘플링 방법에서는 단지 δ_2만을 최적화할 수 있다. 마지막으로 근사 오차, 즉 이상적인 응답과 실제 응답의 차이가 대역 구간에 걸쳐 균일하게 분포하지 않는다. 대역 끝 부근에서는 크고, 대역 끝에서 먼 영역에서는 작다. 오차를 균일하게 분포시킴으로써 같은 사양을 만족시키는 낮은 차수의 필터를 얻을 수 있다. 다행히도 위의 세 가지 문제를 없앨 수 있는 기법이 존재한다. 이 기법은 이해하기가 조금 어렵고, 구현할 때 컴퓨터를 필요로 한다.

선형 위상 FIR 필터의 경우, 어떤 설계가 '**최대 근사 오차**(때때로 **최소최대**(minimax) 또는 **체비셰프**(Chebyshev) 오차라고 한다)를 최소화한다는 점에서 최적이다'라고 증명할 수 있는 일단의 조건들을 유도할 수 있다. 이런 성질을 갖는 필터들은 근사 오차가 통과대역과 저지대역 모두에 균일하게 분포되어 있기 때문에, **등리플**(equiripple) 필터라고 한다. 이것으로 낮은 차수의 필터를 만들 수 있다.

다음에서는 먼저 최소최대 최적 FIR 필터 설계 문제를 공식화하고, 선형 위상 FIR 필터의 진폭 응답에서 얻을 수 있는 극대점과 극소점(합쳐서 **극점**(extrema)이라 함)의 총 개수에 대해 논의한다. 그러고 나서 다항식 보간(polynomial interpolation)을 통해 해를 구하는 일반적인 등리플 선형 위상 FIR 필터 설계 알고리즘에 대해 논의한다. 이 알고리즘은 팍스-맥클레란(Parks-MaClellan) 알고리즘으로 알려져 있다. 이것은 다항식 해를 위해 리메즈(Remez)의 교환 루틴을 사용했다. 이 알고리즘은 다양한 계산 환경에서 서브루틴으로 이용할 수 있다. 이 절에서는 등리플 FIR 필터를 설계하기 위해 MATLAB을 사용할 것이다.

7.5.1 최소최대 문제의 전개

이 장의 앞에서는 네 가지 형태의 선형 위상 FIR 필터에 대한 주파수 응답은 다음과 같이 쓸 수 있음을 보여주었다.

$$H(e^{j\omega}) = e^{j\beta}e^{-j\frac{M-1}{2}\omega}H_r(w)$$

여기서 β의 값과 $H_r(\omega)$의 표현은 표 7.2에 주어진 것과 같다.

간단한 삼각 항등식들을 사용하면, 위 $H_r(\omega)$의 표현은 ω에 대한 고정 함수 $Q(\omega)$와 코사인들의 합으로 이루어진 함수 $P(\omega)$의 곱으로 나타낼 수 있다. 자세한 사항은 [79]와 연습문제 P7.2-P7.5를 참조하라. 그러므로

$$H_r(\omega) = Q(\omega)P(\omega) \tag{7.41}$$

표 7.2 선형 위상 FIR 필터의 β 값과 진폭 응답

선형 위상 FIR 필터 형태	β	$H_r(e^{j\omega})$
제1형: M이 홀수, $h(n)$이 대칭	0	$\sum_{0}^{(M-1)/2} a(n)\cos\omega n$
제2형: M이 짝수, $h(n)$이 대칭	0	$\sum_{1}^{M/2} b(n)\cos[\omega(n-1/2)]$
제3형: M이 홀수, $h(n)$이 반대칭	$\frac{\pi}{2}$	$\sum_{1}^{(M-1)/2} c(n)\sin\omega n$
제4형: M이 짝수, $h(n)$이 반대칭	$\frac{\pi}{2}$	$\sum_{1}^{M/2} d(n)\sin[\omega(n-1/2)]$

여기서 $P(\omega)$의 형태는 다음과 같다.

$$P(\omega) = \sum_{n=0}^{L} \alpha(n)\cos\omega n \tag{7.42}$$

네 가지 경우의 $Q(\omega)$, L, $P(\omega)$를 표 7.3에 나타내었다.

이런 분석의 목적은 네 가지 형태의 $H_r(\omega)$에 대해 공통의 형식을 찾는 것이다. 그러면 문제의 공식화가 훨씬 쉬워진다. 문제를 체비셰프 근사 문제로 공식화하기 위해, 통과대역과 저지대역 모두에서 원하는 진폭 응답 $H_{dr}(\omega)$와 가중 함수(weighting function) $W(\omega)$를 정의해야 한다. 가중 함수는 δ_1과 δ_2를 독립적으로 조정하기 위해 필요하다. 가중 오차는 다음과 같이 정의한다.

$$E(\omega) \triangleq W(\omega)\left[H_{dr}(\omega) - H_r(\omega)\right], \quad \omega \in \mathcal{S} \triangleq [0, \omega_p] \cup [\omega_s, \pi] \tag{7.43}$$

표 7.3 선형 위상 FIR 필터의 $Q(\omega)$, L, $P(\omega)$

선형 위상 FIR 필터 형태	$Q(\omega)$	L	$P(\omega)$
제1형	1	$\frac{M-1}{2}$	$\sum_{0}^{L} a(n)\cos\omega n$
제2형	$\cos\frac{\omega}{2}$	$\frac{M}{2}-1$	$\sum_{0}^{L} \tilde{b}(n)\cos\omega n$
제3형	$\sin\omega$	$\frac{M-3}{2}$	$\sum_{0}^{L} \tilde{c}(n)\cos\omega n$
제4형	$\sin\frac{\omega}{2}$	$\frac{M}{2}-1$	$\sum_{0}^{L} \tilde{d}(n)\cos\omega n$

이 개념들은 다음 그림들을 보면 확실해진다. 이것은 등리플 필터의 이상적인 응답과 전형적인 응답을 함께 보여준다.

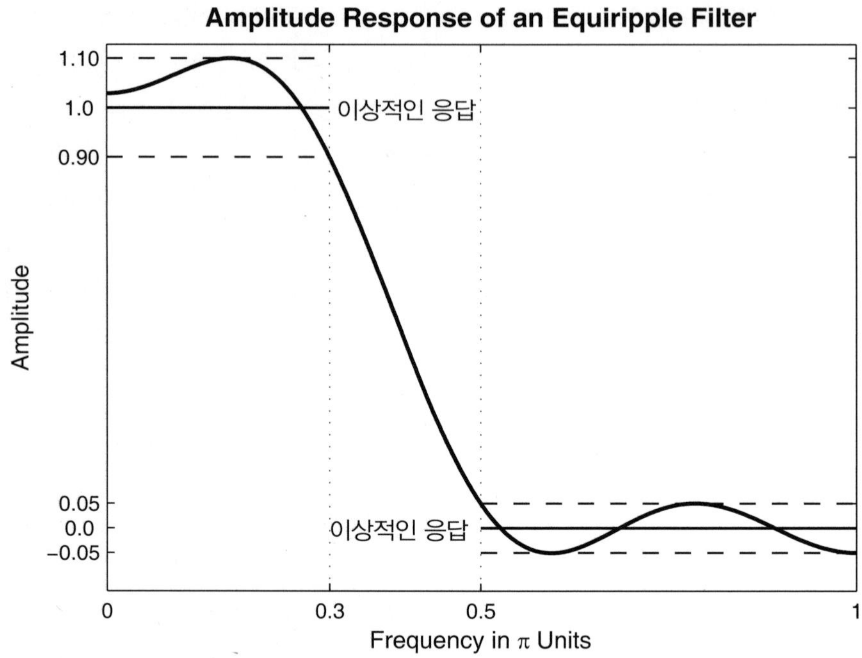

오차 응답 $[H_{dr}(\omega) - H_r(\omega)]$는 아래에 있다.

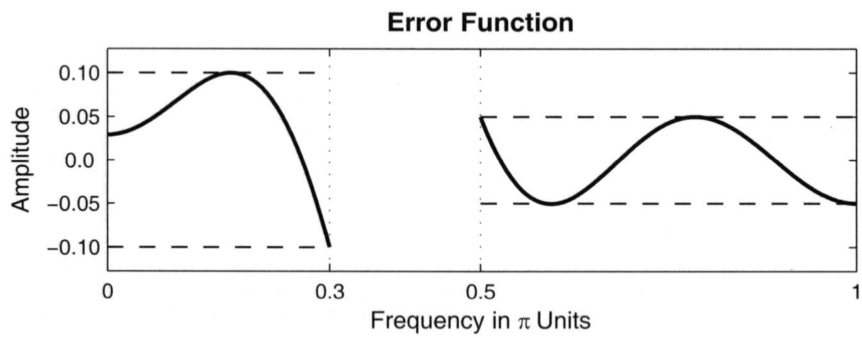

만약

$$W(\omega) = \begin{cases} \dfrac{\delta_2}{\delta_1}, & \text{통과대역에서} \\ 1, & \text{저지대역에서} \end{cases} \tag{7.44}$$

라면, 가중 오차 응답 $E(\omega)$는 다음과 같다.

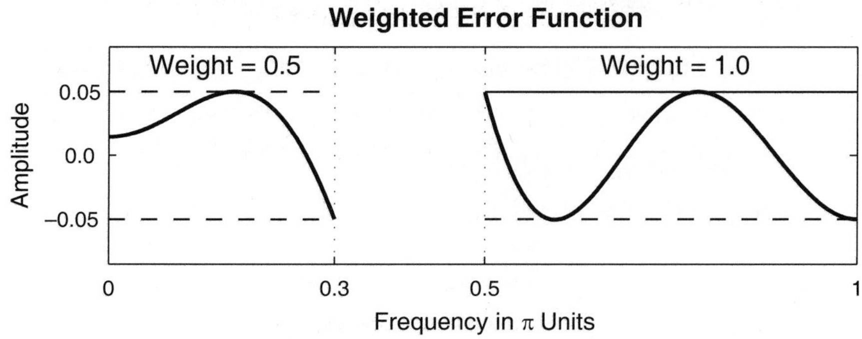

그러므로 통과대역과 저지대역 모두에서의 최대 오차는 δ_2이다. 따라서 최대 가중 오차를 δ_2로 최소화하는 데 성공한다면, 자동적으로 통과대역에서의 사양 δ_1을 만족시키게 된다. 식 (7.41)의 $H_r(\omega)$를 식 (7.43)에 대입하면 다음과 같은 식을 얻는다.

$$\begin{aligned} E(\omega) &= W(\omega)\left[H_{dr}(\omega) - Q(\omega)P(\omega)\right] \\ &= W(\omega)Q(\omega)\left[\frac{H_{dr}(\omega)}{Q(\omega)} - P(\omega)\right], \quad \omega \in \mathcal{S} \end{aligned}$$

만약

$$\hat{W}(\omega) \triangleq W(\omega)Q(w) \qquad \text{그리고} \qquad \hat{H}_{dr}(\omega) \triangleq \frac{H_{dr}(\omega)}{Q(\omega)}$$

라고 정의한다면, 다음과 같은 식을 얻을 수 있다.

$$E(\omega) = \hat{W}(\omega)\left[\hat{H}_{dr}(\omega) - P(\omega)\right], \quad \omega \in \mathcal{S} \tag{7.45}$$

그러므로 네 가지 경우 모두에 공통인 형태의 $E(\omega)$를 갖게 된다.

문제 진술 체비셰프 근사 문제는 다음과 같이 정의할 수 있다.

> 통과대역과 저지대역에서 $E(\omega)$의 절대값의 최대값을 최소화하도록 계수 $\tilde{a}(n)$ 또는 $\tilde{b}(n)$ 또는 $\tilde{c}(n)$ 또는 $\tilde{d}(n)$(또는 등가적으로 $a(n)$ 또는 $b(n)$ 또는 $c(n)$ 또는 $d(n)$)을 구한다. 즉,

$$\min_{\text{계수에 대해}} \left[\max_{\omega \in S} |E(\omega)|\right] \tag{7.46}$$

이제 ω_p, ω_s, δ_1, δ_2를 정확히 지정하는 데 성공했다. 게다가 오차가 통과대역과 저지대역에 균일하게 분포하도록 할 수 있다.

7.5.2 극점 수의 제한

위 문제의 해를 주기 전에, 먼저 다음과 같은 문제를 생각해봐야 한다. 주어진 M점 필터의 오차 함수 $E(\omega)$에 극대점과 극소점이 얼마나 많이 존재하는가? 이 정보는 다항식 보간을 위해 팍스-맥클레란 알고리즘에서 사용할 것이다. 답은 $P(\omega)$에 있다. 식 (7.42)에서 $P(\omega)$는 ω에 대한 삼각함수이다. 다음과 같은 삼각 항등식을 이용하면

$$\begin{aligned}\cos(2\omega) &= 2\cos^2(\omega) - 1\\ \cos(3\omega) &= 4\cos^3(\omega) - 3\cos(\omega)\\ \vdots\ &= \ \vdots\end{aligned}$$

$P(\omega)$를 $\cos(\omega)$로 표현된 삼각함수 다항식으로 바꿀 수 있다. 즉, 식 (7.42)를 다음과 같이 쓸 수 있다.

$$P(\omega) = \sum_{n=0}^{L} \beta(n)\cos^n \omega \tag{7.47}$$

예제 7.21 $h(n) = \frac{1}{15}[1,\ 2,\ 3,\ 4,\ 3,\ 2,\ 1]$이라 하자. 그러면 $M = 7$, $h(n)$은 대칭이므로, 제1형 선형 위상 필터이다. 그러므로 $L = (M-1)/2 = 3$이다. 식 (7.7)로부터

$$\alpha(n) = a(n) = 2h(3-n),\quad 1 \le n \le 2;\qquad \text{그리고}\qquad \alpha(0) = a(0) = h(3)$$

즉, $\alpha(n) = \frac{1}{15}[4,\ 6,\ 4,\ 2]$이다. 그러므로

$$\begin{aligned}P(\omega) &= \sum_{0}^{3}\alpha(n)\cos\omega n = \tfrac{1}{15}(4 + 6\cos\omega + 4\cos 2\omega + 2\cos 3\omega)\\ &= \tfrac{1}{15}\left\{4 + 6\cos\omega + 4(2\cos^2\omega - 1) + 2(4\cos^3\omega - 3\cos\omega)\right\}\\ &= 0 + 0 + \tfrac{8}{15}\cos^2\omega + \tfrac{8}{15}\cos^3\omega = \sum_{0}^{3}\beta(n)\cos^n\omega\end{aligned}$$

즉, $\beta(n) = \left[0, 0, \frac{8}{15}, \frac{8}{15}\right]$이다.

식 (7.47)로부터 $P(\omega)$는 $\cos(\omega)$의 L차 다항식임을 알 수 있다. $\cos(\omega)$는 열린 구간 $0 < \omega < \pi$에서 단조 함수이므로, $\cos(\omega)$의 L차 다항식 $P(\omega)$는 일반적인 x의 L차 다항식 $P(x)$와 같아진다. 따라서 $P(\omega)$는 열린 구간 $0 < \omega < \pi$에서 많아야 $(L-1)$개의 극점을 갖게 된다. 예를 들면,

$$\cos^2(\omega) = \frac{1 + \cos 2\omega}{2}$$

는 $\omega = \pi/2$에서 오직 하나의 극소점만을 갖는다. 그러나 닫힌 구간 $0 \le \omega \le \pi$에서는 3개의 극점($\omega = 0$에서 극대, $\omega = \pi/2$에서 극소, $\omega = \pi$에서 극대)을 갖는다. 만약 양 끝점 $\omega = 0$과

$\omega = \pi$를 포함한다면, $P(\omega)$는 닫힌 구간 $0 \le \omega \le \pi$에서 많아야 $(L + 1)$개의 극점을 갖게 되는 것이다. 마지막으로, 대역 끝 ω_p와 ω_s에서 필터 사양을 정확히 만족시키고자 한다. 따라서 구간 $0 \le \omega \le \pi$ 내에 있는 많아야 $(L + 3)$개의 극점 주파수에서 주어진 사양을 만족시키면 된다.

결론: 오차 함수 $E(\omega)$는 $\mathcal{S}$ 안에서 많아야 $(L + 3)$개의 극점을 갖는다.

예제 7.22 예제 7.21에 주어진 필터의 진폭 응답을 그려보고, 해당 오차 함수에 있는 극점의 개수를 세어보라.

풀이 예제 7.21로부터 임펄스 응답은

$$h(n) = \frac{1}{15}[1, 2, 3, 4, 3, 2, 1], \quad M = 7, \quad \text{즉} \quad L = 3$$

이고, $\alpha(n) = \frac{1}{15}[4, 6, 4, 2]$, $\beta(n) = \left[0, 0, \frac{8}{15}, \frac{8}{15}\right]$이다. 그러므로

$$P(\omega) = \frac{8}{15}\cos^2\omega + \frac{8}{15}\cos^3\omega$$

이것을 그림 7.34에 나타내었다. 명백히 $P(\omega)$는 열린 구간 $0 < \omega < \pi$에서 $(L - 1) = 2$개의 극점을 갖는다. 오차 함수는 $(L + 3) = 6$개의 극점을 갖는다. 이것도 그림 7.34에 나타내었다.

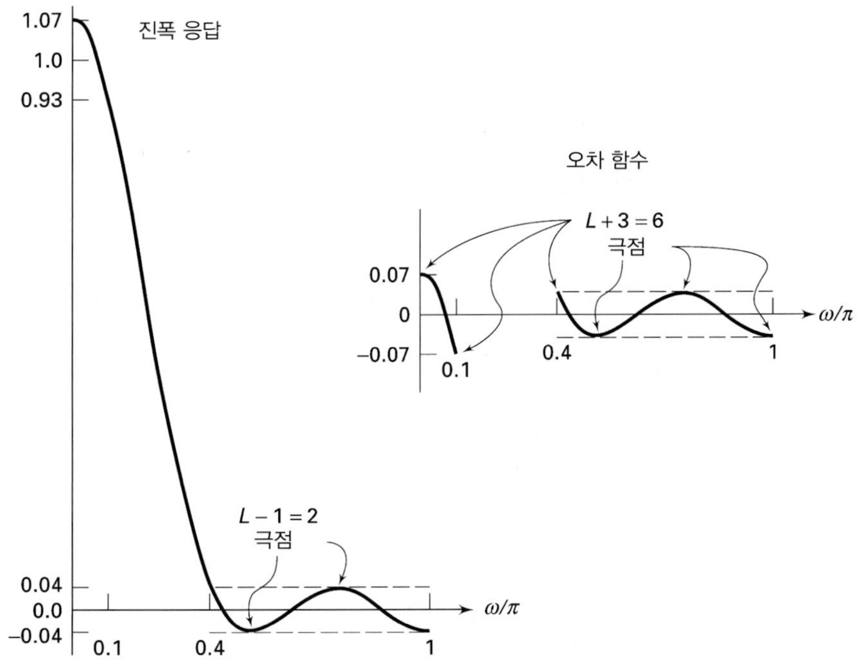

그림 7.34 예제 7.22의 진폭 응답과 오차 함수

이제 문제 진술과 방정식 (7.46)으로 관심을 돌려보자. 그것은 근사 이론(approximation theory)에서는 잘 알려진 문제이고, 다음에 설명할 중요한 정리에 의해 해가 주어진다.

■ 정리 1 교번 정리(alternation theorem)

$\mathcal{S}$를 닫힌 구간 $[0, \pi]$에 있는 임의의 부분집합이라 하자. $P(\omega)$가 $\mathcal{S}$에서 $H_{dr}(\omega)$의 유일한 최소최대 근사(minimax approximation)이기 위한 필요충분조건은 오차 함수 $E(\omega)$가 $\mathcal{S}$에서 적어도 $(L+2)$개의 교번, 즉 극점 주파수를 갖는 것이다. 다시 말해, $\mathcal{S}$ 안에 다음의 조건을 만족하는 주파수 ω_i가 적어도 $(L+2)$개 존재해야 한다는 것이다.

$$\begin{aligned} E(\omega_i) = -E(\omega_{i-1}) &= \pm \max_{S} |E(\omega)| \\ &\triangleq \pm\delta, \ \forall\, \omega_0 < \omega_1 < \cdots < \omega_{L+1} \in \mathcal{S} \end{aligned} \tag{7.48}$$

이 정리와 예제 7.21의 결론을 결합하면 최적 등리플 필터의 오차 함수는 $\mathcal{S}$에서 $(L+2)$ 또는 $(L+3)$개의 교번을 가짐을 추론할 수 있다. 대부분의 등리플 필터는 $(L+2)$개의 교번을 갖는다. 그러나 ω_p와 ω_s의 몇몇 조합에 대해 $(L+3)$개의 교번을 갖는 필터를 얻을 수 있다. 이것을 잉여리플 필터(extra-ripple filter)라고 한다.

7.5.3 팍스-맥클레란 알고리즘

교번 정리는 최소최대 근사 문제의 해가 유일하게 존재함을 보여준다. 그러나 이 정리는 그 해를 찾는 방법은 알려주지 않는다. 차수 M(또는 동등하게 L), 극점 주파수 ω_i, 매개변수 $\{\alpha(n)\}$, 최대 오차 δ 중에서 아는 것이 하나도 없다. 그렇지만 교번 정리를 이용하면 극점 주파수에서의 값은 최대 오차가 됨을 알 수 있고 최적 필터를 구하는 효율적 알고리즘의 바탕을 얻을 수 있다. 예를 들어 제1형 필터의 경우 최적 필터 $H_r(e^{j\omega})$은 교번 정리를 통해 다음 방정식을 만족한다.

$$W(\omega_i)\,[H_{dr}(e^{j\omega_i}) - H_r(e^{j\omega_i})] = (-1)^{i+1}\delta,\ \ i = 0, 1, \ldots, (L+1) \tag{7.49}$$

여기서 δ는 최적 오차이다. 식 (7.42)와 표 7.3을 이용하여 $H_r(e^{j\omega})$은

$$H_r(e^{j\omega}) = \sum_{k=0}^{L} \alpha(k)(\cos k\omega)$$

의 형태로 주어짐을 알 수 있고, 이를 이용하여 식 (7.49)는 다음과 같이 정리할 수 있다.

$$\sum_{k=0}^{L} a(k)(\cos k\omega_n) + \frac{(-1)^n\delta}{W(\omega_n)} = H_{dr}(\omega_n) \tag{7.50}$$

식 (7.50)은 다음과 같이 행렬의 형태로 나타낼 수 있다.

$$\begin{bmatrix} 1 & \cos\omega_0 & \cos 2\omega_0 & \cdots & \cos L\omega_0 & 1/W(\omega_0) \\ 1 & \cos\omega_1 & \cos 2\omega_1 & \cdots & \cos L\omega_1 & 1/W(\omega_1) \\ \vdots & \vdots & & & \vdots & \vdots \\ 1 & \cos\omega_{L+1} & \cos 2\omega_{L+1} & \cdots & \cos L\omega_{L+1} & 1/W(\omega_{L+1}) \end{bmatrix} \begin{bmatrix} \alpha(0) \\ \alpha(1) \\ \vdots \\ \alpha(L) \\ \delta \end{bmatrix} = \begin{bmatrix} H_{dr}(\omega_0) \\ H_{dr}(\omega_0) \\ \vdots \\ H_{dr}(\omega_0) \end{bmatrix} \tag{7.51}$$

그러나 초기에 극점 주파수 ω_n을 모르기 때문에 위 행렬을 이용하여 δ와 $\alpha(k)$의 값을 구할 수 없다. 따라서 $(L + 2)$개의 극점 주파수를 추측하고 $P(\omega)$와 δ를 계산하는 방법을 이용한다(최적 제1형 필터의 경우 ω_p와 ω_s는 불변이고, 반드시 교번 주파수의 일원이다. $\omega_i = \omega_p$이면 $\omega_{i+1} = \omega_s$가 된다). 계산된 $P(\omega)$와 δ를 이용해서 $E(\omega)$를 구할 수 있으며, 이를 바탕으로 다시 $(L + 2)$개의 극점 주파수를 예측하는 과정을 반복한다. 이런 반복을 통해 최적의 극점 주파수에 수렴해가며, 이런 반복을 리메츠 교환 알고리즘(Remez exchange algorithm)이라고 한다.

그러나 더 효율적인 방법은 다항식 보간법을 사용하는 것이다. 팍스(Parks)와 맥클레란(McClellan)에 따르면 주어진 극점 주파수에 대해 δ는 다음 공식으로 주어진다.

$$\delta = \frac{\displaystyle\sum_{k=1}^{L+2} b_k H_{dr}(e^{j\omega_k})}{\displaystyle\sum_{k=1}^{L+2} \frac{b_k(-1)^{k+1}}{W(\omega_k)}} \tag{7.52}$$

여기서

$$b_k = \prod_{\substack{i=1 \\ i\neq k}}^{L+2} \frac{1}{(x_k - x_i)} \tag{7.53}$$

이고, $x_i = \cos\omega_i$이다. 식 (7.52)의 결과는 식 (7.51)의 행렬을 δ에 관해 정리한 것과 일치한다. 식 (7.50)을 $P(\omega_n)$에 관해 정리하고 라그랑주 보간법을 이용하면

$$H_r(e^{j\omega}) = P(\omega) = \frac{\displaystyle\sum_{k=0}^{L} P(\omega_k)[d_k/(x - x_k)]}{\displaystyle\sum_{k=0}^{L} [d_k/(x - x_k)]} \tag{7.54}$$

를 얻는다. 여기서 $x = \cos\omega$, $x_i = \cos\omega_i$이고

$$d_k = \prod_{\substack{i=0 \\ i\neq k}}^{L} \frac{1}{(x_k - x)}$$

이다. 이제 식 (7.43)을 이용하여 $E(\omega)$의 값을 계산할 수 있다. 만약 특정 주파수에서 $|E(\omega)|$

$\geq \delta$를 만족하게 된다면 새로운 극점 주파수를 선택해서 식 (7.52)를 통해 다시 δ를 계산해야 한다. 이 경우 새로운 극값 주파수들을 곧 오차 곡선의 $(L + 2)$개의 최대 피크로서 새롭게 정의할 수 있다. 이것은 필터의 길이 M(또는 L), 비율 δ_2/δ_1을 안다고 가정한다. 만약 식 (7.44)와 같은 가중 함수를 선택하고, 차수 M을 올바르게 선택한다면, 해가 얻어질 때 $\delta = \delta_2$이다. 명백히, δ와 M은 관계가 있다. 즉, M이 커질수록 δ는 작아진다. 필터 사양에서는 δ_1, δ_2, ω_p, ω_s가 주어진다. 따라서 M은 가정을 해야 한다. 다행히도 카이저(Kaiser)가 M을 근사할 수 있는 간단한 공식을 만들어놓았다. 그 식은 다음과 같다.

$$\hat{M} = \frac{-20\log_{10}\sqrt{\delta_1\delta_2} - 13}{2.285\Delta\omega} + 1; \quad \Delta\omega = \omega_s - \omega_p \tag{7.55}$$

팍스-맥클레란 알고리즘은 $(L + 2)$개의 극점 주파수 $\{\omega_i\}$를 추측하고, 이 주파수들에서 오차 δ를 추정함으로써 시작한다. 그러고 나서 식 (7.48)에서 주어진 점들을 통해 식 (7.47)의 L차 다항식을 알맞게 맞춘다. 미세한 격자에 대해 국소 최대 오차가 결정되고, 이 새로운 극값들에 대해 극점 주파수 $\{\omega_i\}$를 조정한다. 이 새로운 주파수들을 통해 다시 새로운 L차 다항식을 맞춘다. 이 과정을 최적의 $\{\omega_i\}$와 전역 최대 오차 δ를 찾을 때까지 계속 반복한다. 이런 반복 과정은 반드시 수렴하고, 그 결과로 다항식 $P(\omega)$를 만든다. 식 (7.47)로부터 계수 $\beta(n)$을 결정한다. 최종적으로 계수 $a(n)$과 임펄스 응답 $h(n)$을 계산한다. 이 알고리즘은 아래 설명된 firpm이란 MATLAB 함수를 통해 사용 가능하다.

근사화된 M을 사용했기 때문에 최대 오차 δ는 δ_2와 다를 수 있다. 이런 경우, M을 증가시키거나($\delta > \delta_2$인 경우) M을 감소시키고($\delta < \delta_2$) 다시 firpm 알고리즘을 이용하여 새로운 δ를 구해야 한다. 이런 과정을 $\delta \leq \delta_2$의 결과를 얻을 때까지 반복한다. 지금부터 앞서 다룬 세 가지 요구를 만족시키는 최적 등리플 FIR 필터를 구현할 것이다.

7.5.4 MATLAB 구현

팍스-맥클레란 알고리즘은 MATLAB에서 firpm이라는 함수를 통해 이용할 수 있다. 가장 일반적인 구문은 다음과 같다.

```
[h] = firpm(N,f,m,weights,ftype)
```

그리고 이 구문은 다음과 같은 다양한 변형이 가능하다.

- [h] = firpm(n,f,m)은 배열 f와 m을 통해 주파수 응답이 주어진 N차(필터의 길이 $M = N + 1$임을 주목하라) FIR 디지털 필터를 설계한다. 필터 계수(즉, 임펄스 응답)는 길이가 M인 배열 h에 저장된다. 배열 f는 대역 끝 주파수들을 π의 단위로 갖고 있다. 즉, $0.0 \leq$ f ≤ 1.0이다. 이 주파수들은 증가 방향으로 있어야 하고, 0.0으로 시작해 1.0으로 끝나야 한다. 배열 m은 f에 주어진 주파수들에서의 원하는 크기 응답을 갖고 있다. f와 m

의 길이는 같아야 하고, 짝수여야 한다. 각 대역에 사용된 가중 함수는 1이다. 이는 모든 대역에서 허용오차들(δ_i)이 같음을 의미한다.

- `[h] = firpm(N,f,m,weights)`는 배열 `weights`가 각 대역에서의 가중 함수를 지정한다는 점을 제외하면 위의 경우와 유사하다.
- `[h] = firpm(N,f,m,ftype)`은 `ftype`이 디지털 미분기를 설계하는 문자열 '`differentiator`'나 디지털 힐버트 변환기를 설계하는 문자열 '`hilbert`'일 때를 제외하면 첫 번째 경우와 유사하다. 디지털 힐버트 변환기의 경우에 배열 `f`의 최저 주파수는 0이면 안 되고, 최고 주파수는 1이면 안 된다. 디지털 미분기의 경우에는 벡터 `m`이 각 대역에서 원하는 기울기를 지정하지 않고, 원하는 크기를 지정한다.
- `[h] = firpm(N,f,m,weights,ftype)`은 배열 `weights`가 각 대역에서의 가중 함수를 지정한다는 점을 제외하면 위의 경우와 유사하다.

필터의 차수 N을 추정하기 위해, SP 도구상자는 firpmord라는 함수를 제공한다. 이 함수를 통해 firpm에 사용되는 그 밖의 인자 값 역시 추정할 수 있다. 이 함수의 기본 형식은 다음과 같다.

```
[N,f0,m0,weights] = firpmord(f,m,delta);
```

위 함수의 실행 결과로 창함수의 차수 `N`과 정규화된 주파수 대역 끝 `f0`, 크기 응답 `a0`, 대역 가중치 `weights`를 얻을 수 있다. 여기서 벡터 `f`는 대역 끝을 나타내는 주파수 값을 갖고 있으며, 벡터 `m`은 `f`에 의해 명시된 대역에서 원하는 크기 값을 갖고 있다. 벡터 `f`의 길이는 2m − 2로 주어지며, 0 혹은 1의 값은 갖지 않는다. 벡터 `delta`는 각 대역의 허용오차를 담고 있는데, dB 단위가 아님을 주의해야 한다. 이제 추정한 인자 값들을 firpm 함수에 사용할 수 있다.

팍스-맥클레란 알고리즘을 기술할 때 설명한 바와 같이, firpm 함수를 사용하기 위해서는 먼저 식 (7.55)를 사용해 필터의 차수를 추측해야 한다. 필터 계수 배열 `h`를 얻은 후에, 최소 저지대역 감쇠를 조사해 주어진 A_s와 비교하고 필터의 차수를 늘이거나 줄여야 한다. 원하는 A_s 값을 얻을 때까지 이 과정을 반복해야 한다. 다음의 몇 가지 MATLAB 예제는 이 과정을 보여준다. 이 예제들은 또한 `db2delta`라는 리플 변환 함수에 사용할 수 있는데, 이 함수는 연습문제 P7.1에서 구할 것이다.

예제 7.23 팍스-맥클레란 알고리즘을 사용하여 예제 7.8에 있는 저역통과 필터를 설계하라. 설계 매개변수는 다음과 같다.

$$\omega_p = 0.2\pi\,, \quad R_p = 0.25 \text{ dB}$$
$$\omega_s = 0.3\pi\,, \quad A_s = 50 \text{ dB}$$

풀이 이 필터를 설계하기 위한 MATLAB 코드는 다음과 같다.

```
>> wp = 0.2*pi; ws = 0.3*pi; Rp = 0.25; As = 50;
>> [delta1,delta2] = db2delta(Rp,As);
>> [N,f,m,weights] = firpmord([wp,ws]/pi,[1,0],[delta1,delta2]);
>> h = firpm(N,f,m,weights);
>> [db,mag,pha,grd,w] = freqz_m(h,[1]);
>> delta_w = 2*pi/1000; wsi=ws/delta_w+1; wpi = wp/delta_w;
>> Asd = -max(db(wsi:1:501))
Asd = 47.8404
>> N = N+1
N = 43
>> h = firpm(N,f,m,weights); [db,mag,pha,grd,w] = freqz_m(h,[1]);
>> Asd = -max(db(wsi:1:501))
Asd = 48.2131
>> N = N+1
N =  44
>> h = firpm(N,f,m,weights); [db,mag,pha,grd,w] = freqz_m(h,[1]);
>> Asd = -max(db(wsi:1:501))
Asd = 48.8689
>> N = N+1
N = 45
>> h = firpm(N,f,m,weights); [db,mag,pha,grd,w] = freqz_m(h,[1]);
>> Asd = -max(db(wsi:1:501))
Asd = 49.8241
>> N = N+1
N = 46
>> h = firpm(N,f,m,weights); [db,mag,pha,grd,w] = freqz_m(h,[1]);
>> Asd = -max(db(wsi:1:501))
Asd = 51.0857
>> M = N+1
M = 47
```

계산된 저지대역 감쇠가 주어진 저지대역 감쇠 A_s를 넘어설 때 위의 반복 과정을 중단했고, 그때 찾아진 최적의 M 값은 47임을 주목하라. 이 값은 창함수 기법(카이저 창함수의 경우 $M = 61$)이나 주파수 샘플링 기법($M = 60$)보다 상당히 작은 값이다. 등리플의 동작을 보이기 위해, 통과대역과 저지대역에서의 오차 함수와 함께 설계한 필터의 시간 영역, 주파수 영역에서의 그래프를 그림 7.35에 나타내었다.

예제 7.24 팍스-맥클레란 알고리즘을 사용하여 예제 7.10에 있는 대역통과 필터를 설계하라. 설계 매개변수는 다음과 같다.

$$\begin{aligned} \omega_{1s} &= 0.2\pi \\ \omega_{1p} &= 0.35\pi \end{aligned} \quad ; \quad R_p = 1 \text{ dB}$$

$$\begin{aligned} \omega_{2p} &= 0.65\pi \\ \omega_{2s} &= 0.8\pi \end{aligned} \quad ; \quad A_s = 60 \text{ db}$$

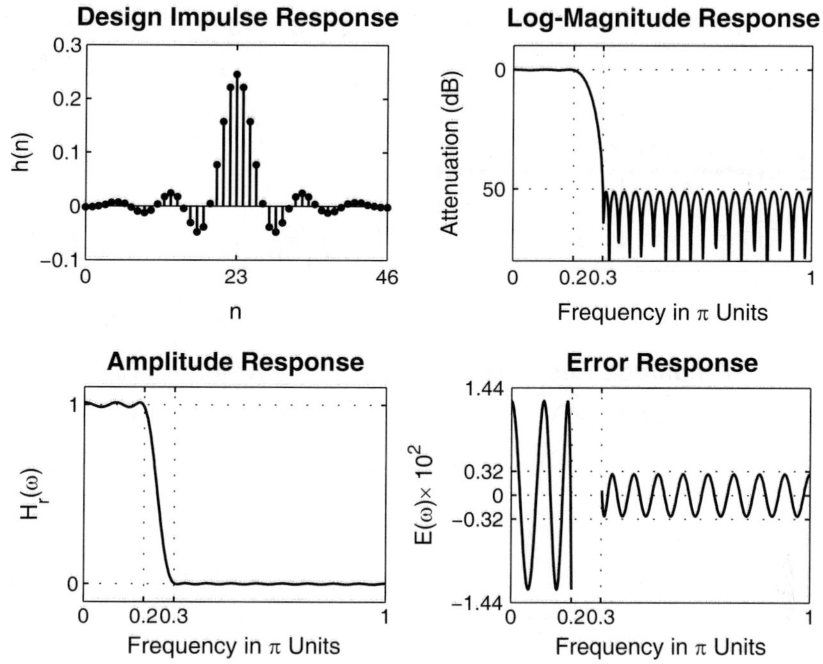

그림 7.35 예제 7.23의 등리플 저역통과 FIR 필터 그래프

풀이 다음의 MATLAB 코드는 이 필터를 설계하는 방법을 보여준다.

```
>> ws1 = 0.2*pi; wp1 = 0.35*pi; wp2 = 0.65*pi; ws2 = 0.8*pi;
>> Rp = 1.0; As = 60;
>> [delta1,delta2] = db2delta(Rp,As);
>> f = [ws1,wp1,wp2,ws2]/pi; m = [0,1,0]; delta = [delta2,delta1,delta2];
>> [N,f,m,weights] = firpmord(f,m,delta); N
N = 26
>> h = firpm(N,f,m,weights);
>> [db,mag,pha,grd,w] = freqz_m(h,[1]);
>> delta_w=2*pi/1000;
>> ws1i=floor(ws1/delta_w)+1; wp1i = floor(wp1/delta_w)+1;
>> ws2i=floor(ws2/delta_w)+1; wp2i = floor(wp2/delta_w)+1;
>> Asd = -max(db(1:1:ws1i))
Asd = 54.7756
>> N = N+1;
>> h = firpm(N,f,m,weights);
>> [db,mag,pha,grd,w] = freqz_m(h,[1]);
>> Asd = -max(db(1:1:ws1i))
Asd = 56.5910
>> N = N+1;
>> h = firpm(N,f,m,weights);
>> [db,mag,pha,grd,w] = freqz_m(h,[1]);
Asd = -max(db(1:1:ws1i))
>> Asd = 61.2843
>> M = N+1
M = 29
```

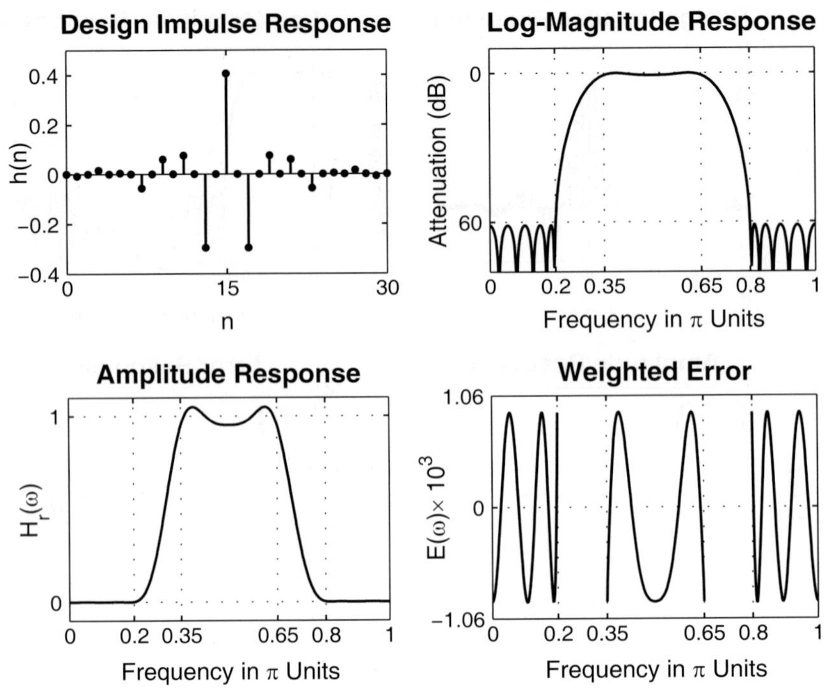

그림 7.36 예제 7.24의 등리플 대역통과 FIR 필터 그래프

M의 최적값은 29임을 찾을 수 있었다. 설계한 필터의 시간 영역과 주파수 영역에서의 그래프를 그림 7.36에 나타내었다.

예제 7.25 사양이 다음과 같은 고역통과 필터를 설계하라.

$$\omega_s = 0.6\pi, \quad A_s = 50 \text{ dB}$$
$$\omega_p = 0.75\pi, \quad R_p = 0.5 \text{ dB}$$

풀이 고역통과 필터이므로 M은 반드시 홀수여야 한다. 다음의 MATLAB 코드는 이 필터를 설계하는 방법을 보여준다.

```
>> ws = 0.6*pi; wp = 0.75*pi; Rp = 0.5; As = 50;
>> [delta1,delta2] = db2delta(Rp,As);
>> [N,f,m,weights] = firpmord([ws,wp]/pi,[0,1],[delta2,delta1]); N
N = 26
>> h = firpm(N,f,m,weights);
>> [db,mag,pha,grd,w] = freqz_m(h,[1]);
>> delta_w = 2*pi/1000; wsi=ws/delta_w; wpi = wp/delta_w;
>> Asd = -max(db(1:1:wsi))
Asd = 49.5918
>> N = N+2;
```

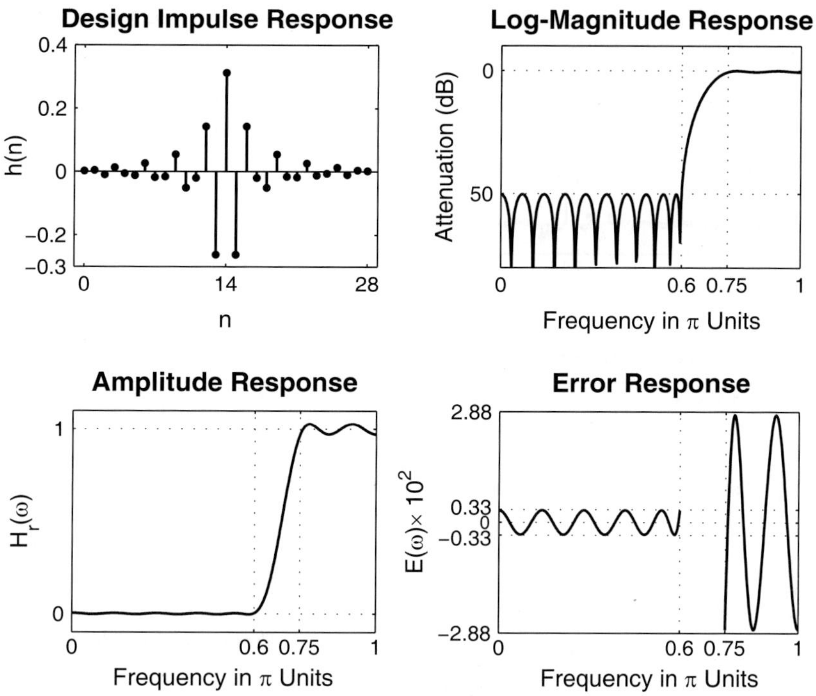

그림 7.37 예제 7.25의 등리플 고역통과 FIR 필터 그래프

```
>> h = firpm(N,f,m,weights);
>> [db,mag,pha,grd,w] = freqz_m(h,[1]);
>> Asd = -max(db(1:1:wsi))
>> Asd = 50.2253
>> M = N+1
M = 29
```

N이 홀수가 되도록 2씩 증가시켰음을 주목하라. M의 최적값은 29임을 찾을 수 있었다. 설계한 필터의 시간 영역과 주파수 영역에서의 그래프를 그림 7.37에 나타내었다.

예제 7.26 이 예제에서는 각기 다른 이상적인 응답과 허용오차를 갖는 3개의 대역을 가진 계단형(staircase) 필터를 설계할 것이다. 설계 사양은 다음과 같다.

대역 1: $0 \le \omega \le 0.3\pi$,	이상적인 이득 $= 1$,	허용오차 $\delta_1 = 0.01$
대역 2: $0.4\pi \le \omega \le 0.7\pi$,	이상적인 이득 $= 0.5$,	허용오차 $\delta_2 = 0.005$
대역 3: $0.8\pi \le \omega \le \pi$,	이상적인 이득 $= 0$,	허용오차 $\delta_3 = 0.001$

풀이 다음의 MATLAB 코드는 설계 과정을 기술한다.

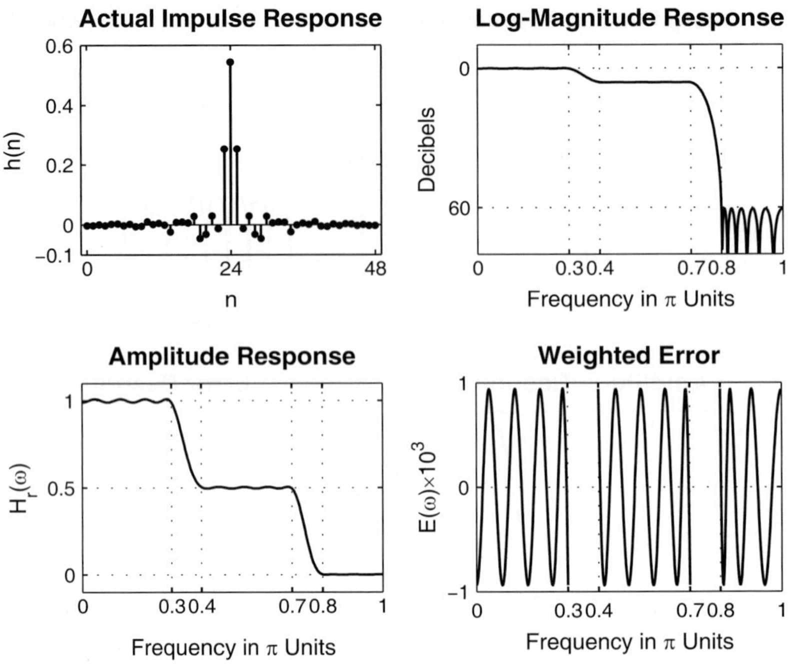

그림 7.38 예제 7.26의 등리플 계단형 FIR 필터 그래프

```
>> w1 = 0; w2 = 0.3*pi; delta1 = 0.01;
>> w3 = 0.4*pi; w4 = 0.7*pi; delta2 = 0.005;
>> w5 = 0.8*pi; w6 = pi; delta3 = 0.001;
>> weights = [delta3/delta1 delta3/delta2 1];
>> Dw = min((w3-w2), (w5-w3));
>> M = ceil((-20*log10((delta1*delta2*delta3)^(1/3))-13)/(2.285*Dw)+1)
>> M = 51
>> f = [0 w2/pi w3/pi w4/pi w5/pi 1];
>> m = [1 1 0.5 0.5 0 0];
>> h = firpm(M-1,f,m,weights);
>> [db,mag,pha,grd,w] = freqz_m(h,[1]);
>> delta_w = 2*pi/1000;
>> w1i=floor(w1/delta_w)+1; w2i = floor(w2/delta_w)+1;
>> w3i=floor(w3/delta_w)+1; w4i = floor(w4/delta_w)+1;
>> w5i=floor(w5/delta_w)+1; w6i = floor(w6/delta_w)+1;
>> Asd = -max(db(w5i:w6i))
Asd = 62.0745
>> M = M-1; h = firpm(M-1,f,m,weights);
>> [db,mag,pha,grd,w] = freqz_m(h,[1]);
>> Asd = -max(db(w5i:w6i))
Asd = 60.0299
>> M = M-1; h = firpm(M-1,f,m,weights);
>> [db,mag,pha,grd,w] = freqz_m(h,[1]);
>> Asd = -max(db(w5i:w6i))
Asd = 60.6068
>> M
M = 49
```

설계한 필터의 시간 영역과 주파수 영역에서의 그래프를 그림 7.38에 나타내었다. ■

예제 7.27 이 예제에서는 각 대역에서 기울기가 각기 다른 디지털 미분기를 설계할 것이다. 설계 사양은 다음과 같다.

$$\text{대역 1: } 0 \le \omega \le 0.2\pi, \quad \text{기울기} = 1\text{샘플/주기}$$
$$\text{대역 2: } 0.4\pi \le \omega \le 0.6\pi, \quad \text{기울기} = 2\text{샘플/주기}$$
$$\text{대역 3: } 0.8\pi \le \omega \le \pi, \quad \text{기울기} = 3\text{샘플/주기}$$

풀이 각 대역에서 원하는 크기 응답이 필요하다. 이것은 대역 끝 주파수(주기/샘플)와 기울기(샘플/주기)를 곱해서 얻을 수 있다.

$$\text{대역 1: } 0 \le f \le 0.1, \quad \text{기울기} = 1\text{샘플/주기} \Rightarrow 0.0 \le |H| \le 0.1$$
$$\text{대역 2: } 0.2 \le f \le 0.3, \quad \text{기울기} = 2\text{샘플/주기} \Rightarrow 0.4 \le |H| \le 0.6$$
$$\text{대역 3: } 0.4 \le f \le 0.5, \quad \text{기울기} = 3\text{샘플/주기} \Rightarrow 1.2 \le |H| \le 1.5$$

가중 함수를 모든 대역에서 같게 하자. MATLAB 코드는 다음과 같다.

```
>> f = [0 0.2 0.4 0.6 0.8 1];            % In w/pi units
>> m = [0,0.1,0.4,0.6,1.2,1.5];          % Magnitude values
>> h = firpm(25,f,m,'differentiator');
>> [db,mag,pha,grd,w] = freqz_m(h,[1]);
% Plot commands follow
```

주파수 영역에서의 응답을 그림 7.39에 나타내었다.

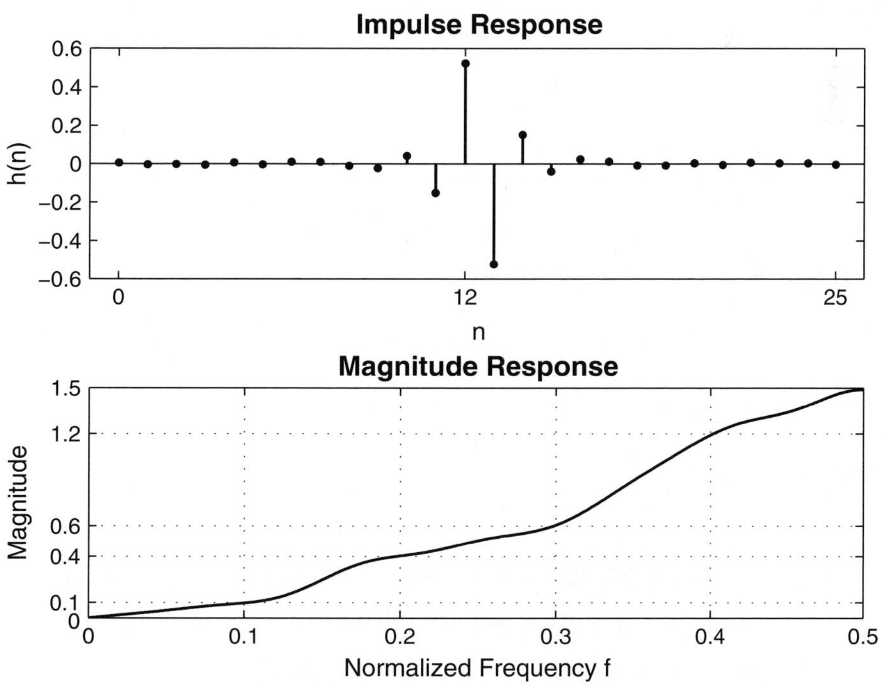

그림 7.39 예제 7.27의 미분기 그래프

예제 7.28 $0.05\pi \le \omega \le 0.95\pi$ 대역에 대한 힐버트 변환기를 설계하라.

풀이 이것은 광대역(wideband) 힐버트 변환기이기 때문에 M의 값으로 홀수(즉, 제3형 필터임)를 선택할 것이다. $M = 51$이라 하자. MATLAB 코드는 다음과 같다.

```
>> f = [0.05,0.95]; m = [1 1];  h = firpm(50,f,m,'hilbert');
>> [db,mag,pha,grd,w] = freqz_m(h,[1]);
% Plot commands follow
```

이 힐버트 변환기의 그래프는 그림 7.40에 나타내었다.

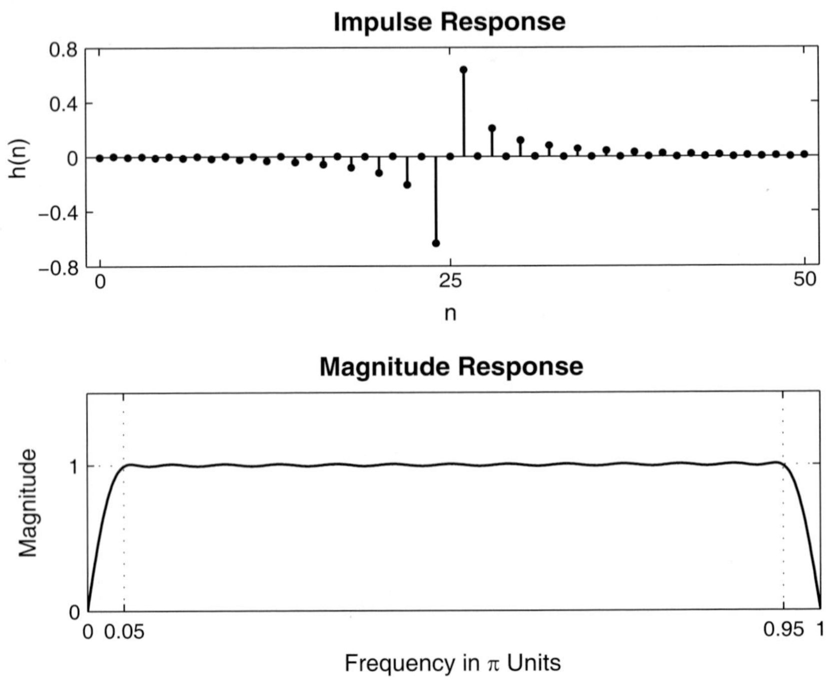

그림 7.40 예제 7.28의 힐버트 변환기 그래프

7.6 연습문제

P7.1 저역통과 필터의 절대 사양 및 상대(dB) 사양은 식 (7.1) 및 (7.2)와 관련되어 주어진다. 이 연습문제에서는 이 두 사양 간의 변환을 위한 간단한 MATLAB 함수를 개발할 것이다.

1. 절대 사양 δ_1과 δ_2를 상대 사양 R_p와 A_s(dB)로 변환하는 MATLAB 함수를 작성하라. 함수의 형식은 다음과 같아야 한다.

```
function [Rp,As] = delta2db(delta1,delta2)
% Converts absolute specs delta1 and delta2 into dB specs Rp and As
% [Rp,As] = delta2db(delta1,delta2)
```

예제 7.2에서 주어진 사양을 사용하여 작성한 함수를 검증하라.

2. 상대 사양 R_p와 A_s(dB)를 절대 사양 δ_1과 δ_2로 변환하는 MATLAB 함수를 작성하라. 함수의 형식은 다음과 같아야 한다.

```
function [delta1,delta2] = db2delta(Rp,As)
% Converts dB specs Rp and As into absolute specs delta1 and delta2
% [delta1,delta2] = db2delta(Rp,As)
```

예제 7.1에서 주어진 사양을 사용하여 작성한 함수를 검증하라.

P7.2 제1형 선형 위상 FIR 필터는 다음과 같은 특성을 갖는다.

$$h(n) = h(M-1-n)), \quad 0 \le n \le M-1, \quad M\text{은 홀수}$$

이것의 진폭 응답 $H_r(\omega)$가 다음과 같이 주어짐을 보여라.

$$H_r(\omega) = \sum_{n=0}^{L} a(n)\cos(\omega n), \quad L = \frac{M-1}{2}$$

여기서 계수 $\{a(n)\}$은 식 (7.6)의 정의로부터 얻을 수 있다.

P7.3 제2형 선형 위상 FIR 필터는 다음과 같은 특성을 갖는다.

$$h(n) = h(M-1-n), \quad 0 \le n \le M-1, \quad M\text{은 짝수}$$

1. 이것의 진폭 응답 $H_r(\omega)$가 다음과 같이 주어짐을 보여라.

$$H_r(\omega) = \sum_{n=1}^{M/2} b(n)\cos\left\{\omega\left(n-\tfrac{1}{2}\right)\right\}$$

여기서 계수 $\{b(n)\}$은 식 (7.10)의 정의로부터 얻을 수 있다.

2. 위의 $H_r(\omega)$는 다음과 같이 표현할 수도 있음을 보여라.

$$H_r(\omega) = \cos\left(\frac{\omega}{2}\right)\sum_{n=0}^{L} \tilde{b}(n)\cos(\omega n), \quad L = \frac{M}{2}-1$$

여기서 $\tilde{b}(n)$은 다음과 같이 주어진다.

$$\begin{aligned} b(1) &= \tilde{b}(0) + \tfrac{1}{2}\tilde{b}(1) \\ b(n) &= \frac{1}{2}\left[\tilde{b}(n-1) + \tilde{b}(n)\right], \quad 2 \le n \le \frac{M}{2}-1 \\ b\left(\tfrac{M}{2}\right) &= \frac{1}{2}\tilde{b}\left(\tfrac{M}{2}-1\right) \end{aligned}$$

P7.4 제3형 선형 위상 FIR 필터는 다음과 같은 특성을 갖는다.

$$h(n) = -h(M-1-n), \quad 0 \le n \le M-1, \quad M\text{은 홀수}$$

1. 이것의 진폭 응답 $H_r(\omega)$가 다음과 같이 주어짐을 보여라.

$$H_r(\omega) = \sum_{n=1}^{(M-1)/2} c(n)\sin(\omega n)$$

   여기서 계수 $\{c(n)\}$은 식 (7.13)의 정의로부터 얻을 수 있다.

2. 위의 $H_r(\omega)$는 다음과 같이 표현할 수도 있음을 보여라.

$$H_r(\omega) = \sin(\omega)\sum_{n=0}^{L} \tilde{c}(n)\cos(\omega n), \quad L = \frac{M-3}{2}$$

   여기서 $\tilde{c}(n)$은 다음과 같이 주어진다.

$$\begin{aligned} c(1) &= \tilde{c}(0) - \tfrac{1}{2}\tilde{c}(1) \\ c(n) &= \frac{1}{2}\left[\tilde{c}(n-1) - \tilde{c}(n)\right], \quad 2 \le n \le \frac{M-3}{2} \\ c\left(\frac{M-1}{2}\right) &= \frac{1}{2}\tilde{c}\left(\frac{M-3}{2}\right) \end{aligned}$$

P7.5 제4형 선형 위상 FIR 필터는 다음과 같은 특성을 갖는다.

$$h(n) = -h(M-1-n), \quad 0 \le n \le M-1, \quad M\text{은 짝수}$$

1. 이것의 진폭 응답 $H_r(\omega)$가 다음과 같이 주어짐을 보여라.

$$H_r(\omega) = \sum_{n=1}^{M/2} d(n)\sin\left\{\omega\left(n - \tfrac{1}{2}\right)\right\}$$

   여기서 계수 $\{d(n)\}$은 식 (7.16)의 정의로부터 얻을 수 있다.

2. 위의 $H_r(\omega)$는 다음과 같이 표현할 수도 있음을 보여라.

$$H_r(\omega) = \sin\left(\frac{\omega}{2}\right)\sum_{n=0}^{L} \tilde{d}(n)\cos(\omega n), \quad L = \frac{M}{2} - 1$$

   여기서 $\tilde{d}(n)$은 다음과 같이 주어진다.

$$\begin{aligned} d(1) &= \tilde{d}(0) - \tfrac{1}{2}\tilde{d}(1) \\ d(n) &= \frac{1}{2}\left[\tilde{d}(n-1) - \tilde{d}(n)\right], \quad 2 \le n \le \frac{M}{2} - 1 \\ d\left(\frac{M}{2}\right) &= \frac{1}{2}\tilde{d}\left(\tfrac{M}{2} - 1\right) \end{aligned}$$

P7.6 선형 위상 임펄스 응답 $h(n)$이 주어졌을 때, 진폭 응답 $H_r(\omega)$를 계산하는 MATLAB 함수를 만들어라. 이 함수의 형식은 다음과 같아야 한다.

```
function [Hr,w,P,L] = Ampl_Res(h);
% Computes Amplitude response Hr(w) and its polynomial P of order L,
% given a linear-phase FIR filter impulse response h.
% The type of filter is determined automatically by the subroutine.
%
% [Hr,w,P,L] = Ampl_Res(h)
% Hr = Amplitude Response
% w = frequencies between [0 pi] over which Hr is computed
% P = Polynomial coefficients
% L = Order of P
% h = Linear Phase filter impulse response
```

이 함수는 먼저 선형 위상 FIR 필터의 형태를 결정하고 나서, 이 장에서 논의했던 적당한 `Hr_Type#` 함수를 사용해야 한다. 또한 주어진 $h(n)$이 선형 위상인지 확인해야 한다. 아래 주어진 신호들에 대해 설계한 함수를 확인해보라.

$$
\begin{aligned}
h_{\mathrm{I}}(n) &= (0.9)^{|n-5|}\cos[\pi(n-5)/12]\,[u(n)-u(n-11)]\\
h_{\mathrm{II}}(n) &= (0.9)^{|n-4.5|}\cos[\pi(n-4.5)/11]\,[u(n)-u(n-10)]\\
h_{\mathrm{III}}(n) &= (0.9)^{|n-5|}\sin[\pi(n-5)/12]\,[u(n)-u(n-11)]\\
h_{\mathrm{IV}}(n) &= (0.9)^{|n-4.5|}\sin[\pi(n-4.5)/11]\,[u(n)-u(n-10)]\\
h(n) &= (0.9)^{n}\cos[\pi(n-5)/12]\,[u(n)-u(n-11)]
\end{aligned}
$$

P7.7 선형 위상 FIR 필터의 다음 성질들을 증명하라.

1. 만약 $H(z)$가 $z_1 = re^{j\theta}$, $z_2 = \frac{1}{r}e^{-j\theta}$, $z_3 = re^{-j\theta}$, $z_4 = \frac{1}{r}e^{-j\theta}$에서 4개의 영점을 가질 때, 이 $H(z)$는 선형 위상 FIR 필터를 나타냄을 보여라.
2. 만약 $H(z)$가 $z_1 = e^{j\theta}$, $z_2 = e^{-j\theta}$에서 2개의 영점을 가질 때, 이 $H(z)$는 선형 위상 FIR 필터를 나타냄을 보여라.
3. 만약 $H(z)$가 $z_1 = r$, $z_2 = \frac{1}{r}$에서 2개의 영점을 가질 때, 이 $H(z)$는 선형 위상 FIR 필터를 나타냄을 보여라.
4. 만약 $H(z)$가 $z_1 = 1$ 또는 $z_1 = -1$에서 1개의 영점을 가질 때, 이 $H(z)$는 선형 위상 FIR 필터를 나타냄을 보여라.
5. 연습문제 P7.6에서 주어진 각 신호의 영점 위치를 그려라. 어느 신호가 선형 위상 FIR 필터인지를 결정하라.

P7.8 노치(notch) 필터는 임의의 주파수 $\omega = \omega_0$를 제거하기 위해 사용되는 선형 시스템이다. 이상적인 선형 위상 노치 필터 주파수 응답은 다음과 같이 주어진다.

$$
H_d\left(e^{j\omega}\right) = \begin{cases} 0, & |\omega| = \omega_0 \\ 1\cdot e^{-j\alpha\omega}, & \text{그 외} \end{cases} \qquad (\alpha\text{는 샘플 지연이다.})
$$

1. 이상적인 노치 필터의 이상 임펄스 응답 $h_d(n)$을 결정하라.
2. $h_d(n)$을 이용하여 주파수 $\omega_0 = \pi/2$라디안/샘플을 제거하기 위한 길이 51의 직사각형 창을 사용한 선형 위상 FIR 노치 필터를 설계하라. 결과 필터의 진폭 응답을 그려라.
3. 길이 51인 해밍 창을 사용하여 2번 과정을 반복하고 결과를 비교하라.

P7.9 한(Hann) 창함수 설계 기법을 사용하여 대역통과 필터를 설계하라. 사양은 다음과 같다.

$$\begin{aligned} &\text{저지대역의 낮은 쪽 끝} = 0.2\pi \\ &\text{저지대역의 높은 쪽 끝} = 0.75\pi \end{aligned} \quad A_s = 40 \text{ dB}$$

$$\begin{aligned} &\text{통과대역의 낮은 쪽 끝} = 0.35\pi \\ &\text{통과대역의 높은 쪽 끝} = 0.55\pi \end{aligned} \quad R_p = 0.25 \text{ dB}$$

설계한 필터의 임펄스 응답과 크기 응답 그래프를 dB 단위로 그려라. `fir1` 함수를 사용해선 안 된다.

P7.10 해밍 창함수 설계 기법을 사용하여 대역통과 필터를 설계하라. 사양은 다음과 같다.

$$\begin{aligned} &\text{저지대역의 낮은 쪽 끝} = 0.4\pi \\ &\text{저지대역의 높은 쪽 끝} = 0.6\pi \end{aligned} \quad A_s = 50 \text{ dB}$$

$$\begin{aligned} &\text{통과대역의 낮은 쪽 끝} = 0.3\pi \\ &\text{통과대역의 높은 쪽 끝} = 0.7\pi \end{aligned} \quad R_p = 0.2 \text{ dB}$$

설계한 필터의 임펄스 응답과 크기 응답 그래프를 dB 단위로 그려라. `fir1` 함수를 사용해선 안 된다.

P7.11 해밍 창함수 설계 기법을 사용하여 대역통과 필터를 설계하라. 사양은 다음과 같다.

$$\begin{aligned} &\text{저지대역의 낮은 쪽 끝} = 0.3\pi \\ &\text{저지대역의 높은 쪽 끝} = 0.6\pi \end{aligned} \quad A_s = 50 \text{ dB}$$

$$\begin{aligned} &\text{통과대역의 낮은 쪽 끝} = 0.4\pi \\ &\text{통과대역의 높은 쪽 끝} = 0.5\pi \end{aligned} \quad R_p = 0.004 \text{ dB}$$

설계한 필터의 임펄스 응답과 크기 응답 그래프를 dB 단위로 그려라. `fir1` 함수를 사용해선 안 된다.

P7.12 고정 창함수 설계 기법을 사용하여 고역통과 필터를 설계하라. 사양은 다음과 같다.

$$\begin{aligned} &\text{저지대역의 끝} = 0.4\pi, \quad A_s = 50 \text{ dB} \\ &\text{통과대역의 끝} = 0.6\pi, \quad R_p = 0.004 \text{ dB} \end{aligned}$$

설계한 필터의 통과대역 리플 R_p를 검증하기 위해 확대된 크기 응답 그래프를 dB 단위로 그려라. `fir1` 함수를 사용해선 안 된다.

P7.13 카이저 창함수 설계 기법을 사용하여 다음 사양을 만족하는 선형 위상 FIR 디지털 필터를 설계하라.

$$\begin{aligned} 0.975 \le |H(e^{j\omega})| &\le 1.025, & 0 \le \omega &\le 0.25\pi \\ 0 \le |H(e^{j\omega})| &\le 0.005, & 0.35\pi \le \omega &\le 0.65\pi \\ 0.975 \le |H(e^{j\omega})| &\le 1.025, & 0.75\pi \le \omega &\le \pi \end{aligned}$$

이와 같은 필터의 최소 길이 임펄스 응답 $h(n)$을 구하라. 설계한 필터의 임펄스 응답과 크기 응답 그래프를 dB 단위로 그려라. `fir1` 함수를 사용해선 안 된다.

P7.14 카이저 창함수 설계 기법을 사용하여 다음 사양을 만족하는 선형 위상 FIR 디지털 필터를 설계하라.

$$\begin{aligned} 0 &\le |H(e^{j\omega})| \le 0.01, & 0 &\le \omega \le 0.25\pi \\ 0.95 &\le |H(e^{j\omega})| \le 1.05, & 0.35\pi &\le \omega \le 0.65\pi \\ 0 &\le |H(e^{j\omega})| \le 0.01, & 0.75\pi &\le \omega \le \pi \end{aligned}$$

이와 같은 필터의 최소 길이 임펄스 응답 $h(n)$을 구하라. 설계한 필터의 임펄스 응답과 크기 응답 그래프를 dB 단위로 그려라. `fir1` 함수를 사용해선 안 된다.

P7.15 카이저 창함수 기법을 사용하여 예제 7.26의 계단형 필터를 설계하라. 사양은 다음과 같다.

대역 1: $0 \le \omega \le 0.3\pi$,	이상적인 이득 = 1,	허용오차 $\delta_1 = 0.01$
대역 2: $0.4\pi \le \omega \le 0.7\pi$,	이상적인 이득 = 0.5,	허용오차 $\delta_2 = 0.005$
대역 3: $0.8\pi \le \omega \le \pi$,	이상적인 이득 = 0,	허용오차 $\delta_3 = 0.001$

설계한 필터의 길이를 예제 7.26과 비교하라. 크기 응답의 그래프를 dB 단위로 그려라. `fir1` 함수를 사용해선 안 된다.

P7.16 고정 창함수 설계 기법을 사용하여 최소 길이를 갖고 다음 사양을 만족하는 대역통과 필터를 설계하라.

$$\left.\begin{array}{l} \text{저지대역의 낮은 쪽 끝} = 0.3\pi \\ \text{저지대역의 높은 쪽 끝} = 0.6\pi \end{array}\right\} A_s = 40 \text{ dB}$$

$$\left.\begin{array}{l} \text{통과대역의 낮은 쪽 끝} = 0.4\pi \\ \text{통과대역의 높은 쪽 끝} = 0.5\pi \end{array}\right\} R_p = 0.5 \text{ dB}$$

설계한 필터의 로그 크기 응답을 dB 단위로 그리고 임펄스 응답을 `stem` 그래프로 그려라.

P7.17 연습문제 P7.9를 `fir1` 함수를 사용하여 반복하라.

P7.18 연습문제 P7.10을 `fir1` 함수를 사용하여 반복하라.

P7.19 연습문제 P7.11을 `fir1` 함수를 사용하여 반복하라.

P7.20 연습문제 P7.12를 `fir1` 함수를 사용하여 반복하라.

P7.21 연습문제 P7.13을 `fir1` 함수를 사용하여 반복하라.

P7.22 연습문제 P7.14를 `fir1` 함수를 사용하여 반복하라.

P7.23 차단 주파수 $\omega_c = 0.3\pi$인 이상적인 저역통과 필터를 생각해보자. 우리는 주파수 샘플링 설계 기법을 사용하여 이 필터를 근사시키고자 한다. 샘플은 40으로 하자.

1. ω_c에서의 샘플을 0.5라고 하고, 단순 설계 기법을 사용하여 $h(n)$을 계산하라. 최소 저지대역 감쇠를 구하라.

2. ω_c에서의 값을 변화시켜 최대의 최소 저지대역 감쇠를 얻을 수 있는 최적의 값을 구하라.
3. 위 두 설계로부터 얻어진 크기 응답을 dB 단위를 사용하여 하나의 그래프로 나타내고 결과를 설명하라.

P7.24 주파수 샘플링 기법을 사용하여 연습문제 P7.10의 대역통과 필터를 설계하라. 전이대역에 2개의 샘플이 존재하도록 필터의 차수를 적절히 선택하라. 이 샘플에 대해 최적값을 사용하라. 그 결과를 fir2 함수를 사용하여 얻은 결과와 비교하라.

P7.25 주파수 샘플링 기법을 사용하여 연습문제 P7.11의 대역통과 필터를 설계하라. 전이대역에 2개의 샘플이 존재하도록 필터의 차수를 적절히 선택하라. 이 샘플에 대해 최적값을 사용하라. 그 결과를 fir2 함수를 사용하여 얻은 결과와 비교하라.

P7.26 주파수 샘플링 기법을 사용하여 연습문제 P7.12의 고역통과 필터를 설계하라. 전이대역에 2개의 샘플이 존재하도록 필터의 차수를 적절히 선택하라. 이 샘플에 대해 최적값을 사용하라. 그 결과를 fir2 함수를 사용하여 얻은 결과와 비교하라.

P7.27 그림 P7.1에서 주어진 필터 사양을 고려하라. fir2 함수와 주파수 샘플링 기법을 통해 선형 위상 FIR 필터를 설계하기 위해 해밍 창을 사용하라. 요구된 설계를 얻기 위해 필터 길이로 실험을 수행하라. 결과 필터의 진폭 응답을 그려라.

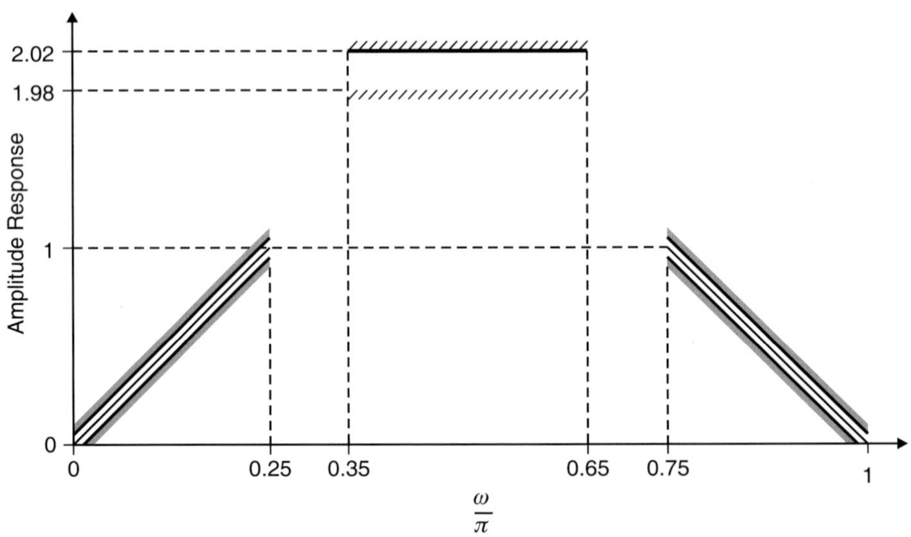

그림 P7.1 연습문제 P7.27의 필터 사양

P7.28 주파수 샘플링 기법을 사용하여 대역통과 필터를 설계하라. 전이대역에 1개의 샘플이 존재하도록 필터의 차수를 적절히 선택하라. 이 샘플에 대해 최적 길이를 사용하라. 사양은 다음과 같이 주어져 있다.

$$\left.\begin{array}{l}\text{저지대역의 낮은 쪽 끝} = 0.3\pi \\ \text{저지대역의 높은 쪽 끝} = 0.7\pi\end{array}\right\} A_s = 40 \text{ dB}$$

$$\left.\begin{array}{l}\text{통과대역의 낮은 쪽 끝} = 0.4\pi \\ \text{통과대역의 높은 쪽 끝} = 0.6\pi\end{array}\right\} R_p = 0.5 \text{ dB}$$

설계한 필터의 로그 크기 응답을 dB 단위로 그리고 임펄스 응답을 `stem` 그래프로 그려라.

P7.29 이상적인 대역통과 필터의 주파수 응답이 다음과 같이 주어진다.

$$H_d(e^{j\omega}) = \begin{cases} 0, & 0 \leq |\omega| \leq \pi/3 \\ 1, & \pi/3 \leq |\omega| \leq 2\pi/3 \\ 0, & 2\pi/3 \leq |\omega| \leq \pi \end{cases}$$

1. 팍스-맥클레란 알고리즘을 사용하여, 저지대역 감쇠가 50 dB인 25탭 필터의 계수를 구하라. 설계된 필터는 가능한 최소의 전이대역폭을 가져야 한다.
2. 연습문제 P7.6에서 만든 함수를 사용하여 필터의 진폭 응답 그래프를 그려라.

P7.30 연습문제 P7.10의 대역저지 필터를 생각해보자.

1. 팍스-맥클레란 알고리즘을 사용하여 선형 위상 대역저지 FIR 필터를 설계하라. 필터의 길이는 홀수여야 한다. 설계한 필터의 임펄스 응답과 크기 응답 그래프를 dB 단위로 그려라.
2. 설계한 필터의 진폭 응답을 그리고, 저지대역과 통과대역에 있는 극점의 수를 세라. 이 개수가 총 극점 수의 이론적 추정값과 같은지 확인하라.
3. 이 필터의 차수를 연습문제 P7.10와 P7.24의 경우와 비교하라.
4. 설계한 필터의 동작을 다음 신호에 대해 확인해보라.

$$x(n) = 5 - 5\cos\left(\frac{\pi n}{2}\right); \quad 0 \leq n \leq 300$$

P7.31 팍스-맥클레란 알고리즘을 사용하여 기울기가 1샘플/주기인 25탭 FIR 미분기를 설계하라.

1. 0.1π와 0.9π 사이에서 원하는 주파수 대역을 선택하라. 임펄스 응답과 진폭 응답의 그래프를 그려라.
2. 다음 사인 곡선에서 100개의 샘플을 만들어라.

$$x(n) = 3\sin(0.25\pi n), \quad n = 0, ..., 100$$

그리고 위의 FIR 미분기를 통해 처리하라. 그 결과를 $x(n)$의 이론적인 '도함수'와 비교하라. 주의: 12개 샘플의 지연을 고려하는 것을 잊지 마라.

P7.32 그림 P7.2에 주어진 사양을 만족시키는 최저 차수의 등리플 선형 위상 FIR 필터를 설계하라. 임펄스 응답과 진폭 응답의 그래프를 그려라.

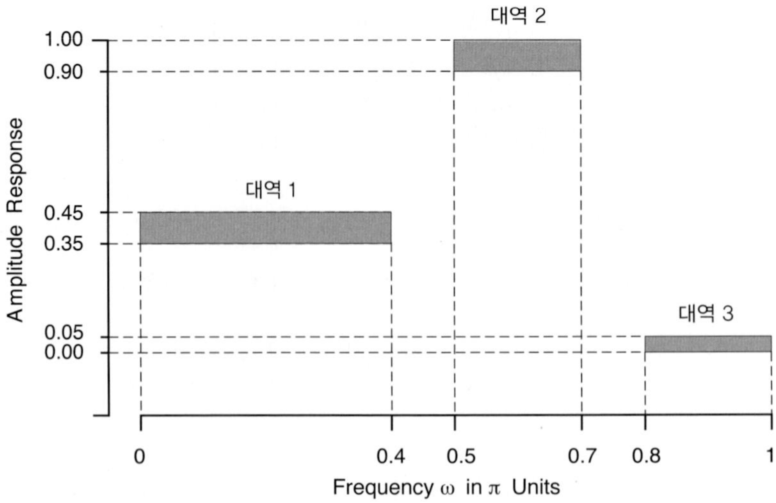

그림 P7.2 연습문제 P7.32의 필터 사양

P7.33 어떤 디지털 신호 $x(n)$이 주파수 $\pi/2$의 정현파와 평균이 0이고 분산 1인 가우시안 잡음 $w(n)$을 포함한다. 즉,

$$x(n) = 2\cos\frac{\pi n}{2} + w(n)$$

차수가 50인 인과적 선형 위상 FIR 필터를 사용하여 잡음 성분을 제거하려고 한다.

1. 팍스-맥클레란 알고리즘을 사용하여, 통과대역폭이 0.02π를 넘지 않고, 저지대역 감쇠가 적어도 30 dB인 협대역통과 필터를 설계하라. 어떤 다른 매개변수도 주어지지 않았다. 따라서 `firpm` 함수를 사용해 요구사항을 만족시킬 수 있도록 나머지 매개변수의 값을 선택해야 한다. 설계한 필터의 로그 크기 응답 그래프를 dB 단위로 그려라.
2. 수열 $x(n)$의 샘플 200개를 만들고, 위의 필터를 통과시켜 출력 $y(n)$을 구하라. $100 \le n \le 200$에서 $x(n)$과 $y(n)$ 그래프를 같이 그리고, 결과를 설명하라.

P7.34 팍스-맥클레란 알고리즘을 사용하여, 그림 P7.1을 만족하는 최소 차수 선형 위상 FIR 필터를 설계하라.

1. 그림 P7.1과 같이 눈금선과 축 이름을 달아 그래프를 그려라.
2. 다음 신호들을 생성하라.

$$x_1(n) = \cos(0.25\pi n), \quad x_2(n) = \cos(0.5\pi n), \quad x_3(n) = \cos(0.75\pi n); \quad 0 \le n \le 100$$

대응되는 출력 신호 $y_1(n)$, $y_2(n)$, $y_3(n)$을 얻기 위해 위 필터로 이 신호들을 처리하라. 하나의 그림에 모든 입력과 출력의 `stem` 그래프를 그려라.

P7.35 팍스-맥클레란 알고리즘을 사용하여, 그림 P7.3을 만족하는 최소 차수 선형 위상 FIR 필터를 설계하라. 그림 P7.3과 같이 눈금선과 축 이름을 달아 그래프를 그려라.

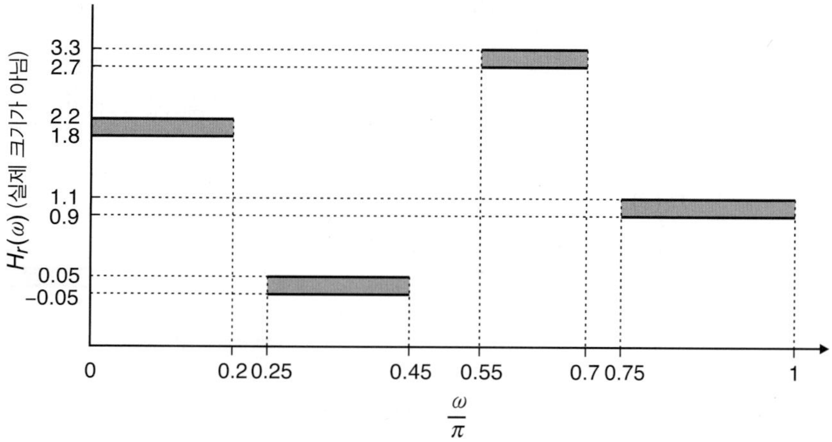

그림 P7.3 연습문제 P7.35의 필터 사양

P7.36 그림 P7.4에 FIR 필터의 크기 응답에 대한 사양이 주어져 있다.

1. 창 설계 기법과 고정 창함수를 사용하여, 그림 P7.4를 만족하는 최소 차수 선형 위상 FIR 필터를 설계하라. 그림 P7.4와 같이 눈금선과 축 이름을 달아 그래프를 그려라.
2. 창 설계 기법과 카이저 창함수를 사용하여, 그림 P7.4를 만족하는 최소 차수 선형 위상 FIR 필터를 설계하라. 그림 P7.4와 같이 눈금선과 축 이름을 달아 그래프를 그려라.
3. 주파수 샘플링 설계 기법을 사용하고 2개 이상의 샘플이 전이대역에 있지 않게, 그림 P7.4를 만족하는 최소 차수 선형 위상 FIR 필터를 설계하라. 그림 P7.4와 같이 눈금선과 축 이름을 달아 그래프를 그려라.
4. 팍스-맥클레란 설계 기법을 사용하여, 그림 P7.4를 만족하는 최소 차수 선형 위상 FIR 필터를 설계하라. 그림 P7.4와 같이 눈금선과 축 이름을 달아 그래프를 그려라.
5. 네 가지 설계 방법을 다음을 기준으로 비교하라.
   - 필터의 차수
   - 정확한 대역 끝 주파수

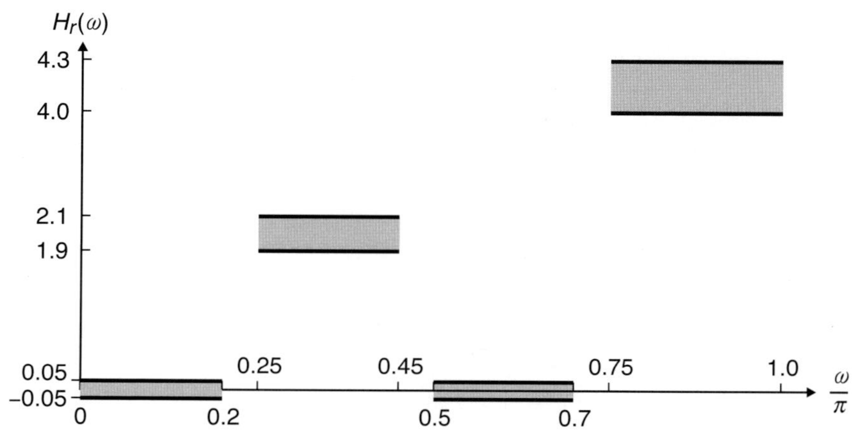

그림 P7.4 연습문제 P7.36의 필터 사양

• 각 대역에서의 정확한 허용오차

P7.37 팍스-맥클레란 알고리즘을 사용하여, 그림 P7.5를 만족하는 최소 차수 선형 위상 대역통과 필터를 설계하라. 그림 P7.5와 같이 눈금선과 축 이름을 달아 그래프를 그려라.

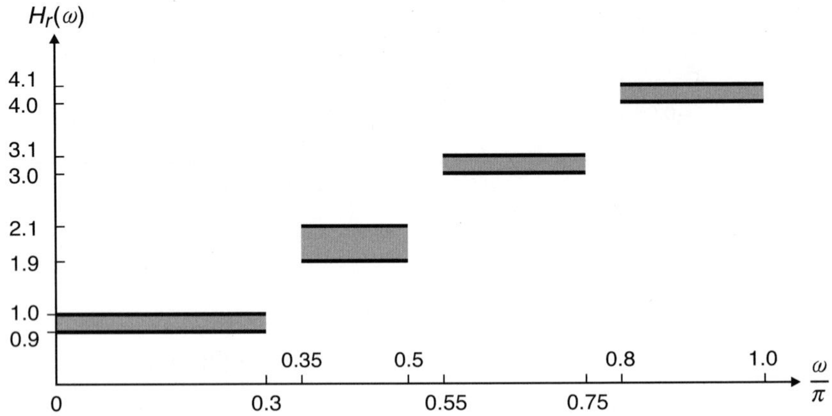

그림 P7.5 연습문제 P7.37의 필터 사양

P7.38 팍스-맥클레란 알고리즘을 사용하여, 연습문제 P7.9의 최소 길이 선형 위상 대역통과 필터를 설계하라.

1. 설계된 필터의 임펄스 응답과 크기 응답(dB 단위)을 하나의 그림에 그려라.
2. 설계된 필터의 진폭 응답을 그리고, 통과대역과 저지대역에서의 극값의 개수를 세라. 얻어진 극값의 개수와 이론적인 추정을 통해 얻은 극값의 개수가 같은지 확인하라.
3. 연습문제 P7.9의 필터와 차수를 비교하라.

IIR 필터 설계

chapter 08

IIR 필터는 무한 임펄스 응답을 갖는다. 따라서 무한히 긴 임펄스 응답을 갖는 아날로그 필터에 적합하다. 그러므로 IIR 필터의 기본적인 설계 기법은 잘 알려진 아날로그 필터를 복소수 사상(complex-valued mapping)을 사용하여 디지털 필터로 전환하는 것이다. 이런 방법을 사용하는 이유는 아날로그 필터 설계(AFD: analog filter design)에 관한 표와 사상을 여러 문헌에서 광범위하게 얻을 수 있기 때문이다. 이 기본적인 기법을 A/D(아날로그-디지털) 필터 변환이라 한다. 그러나 AFD 표는 저역통과 필터에만 이용할 수 있다. 그 밖의 주파수 선택적 필터(고역통과, 대역통과, 대역저지 필터)를 설계하려면, 저역통과 필터에 주파수 대역 변환(frequency-band transformation)을 적용해야 한다. 이런 변환도 복소수 사상이고, 역시 여러 문헌에서 얻을 수 있다. IIR 필터 설계의 기본적 기법에는 두 가지가 있다.

방법 1:

[아날로그 저역통과 필터를 설계한다.] ⟶ [주파수 대역 변환을 적용한다. $s \rightarrow s$] ⟶ [필터 변환을 적용한다. $s \rightarrow z$] ⟶ 원하는 IIR 필터

방법 2:

[아날로그 저역통과 필터를 설계한다.] ⟶ [필터 변환을 적용한다. $s \rightarrow z$] ⟶ [주파수 대역 변환을 적용한다. $z \rightarrow z$] ⟶ 원하는 IIR 필터

첫 번째 방법은 MATLAB에서 IIR 필터를 설계할 때 사용한다. 이러한 MATLAB 함수의 직접적인 사용은 설계 방법에 대한 어떤 직관도 주지 못한다. 따라서 여기서는 두 번째 방법을 사용하는데, 그 이유는 이 방법이 디지털 영역에서의 주파수 대역 변환을 포함하기 때문이다. 그러므로 이번 IIR 필터 설계에서는 다음의 과정을 따를 것이다.

- 아날로그 저역통과 필터를 설계한다.
- 디지털 저역통과 필터를 얻기 위해 필터 변환을 적용한다.
- 디지털 저역통과 필터로부터 다른 필터들을 얻기 위해 주파수 대역 변환을 적용한다.

위 두 방법의 주요 문제는 IIR 필터의 위상 특성을 조정할 수 없다는 점이다. 따라서 IIR 필터 설계에서는 크기만을 다룬다. 크기와 위상을 동시에 다루는 복잡한 방법은 향상된 최적화 도구를 필요로 하기 때문에 이 책에서는 다루지 않는다.

이 장에서는 먼저 아날로그 필터의 사양과 아날로그 필터를 지정하는 데 사용하는 크기 제곱 응답(magnitude-squared response)에 대해 논의한다. 다음으로 일반적인 IIR 필터를 위한 기본 기술을 탐구하기 이전에 특수 형태의 디지털 필터 설계를 고려한다. 예를 들어 공진기(resonator), 노치(notch) 필터, 빗살형(comb) 필터 등이다. 이어서 널리 사용되는 세 가지 아날로그 필터, 즉 **버터워스**(Butterworth), **체비셰프**(Chebyshev), **타원형**(elliptic) 필터의 특성을 알아본다. 마지막으로, 이들 원형(prototype) 아날로그 필터를 여러 가지 주파수 선택적인 디지털 필터로 변환하는 방법을 배우고, MATLAB을 사용하여 여러 IIR 필터를 설계할 것이다.

8.1 예비사항

이 절에서는 세 가지 예비사항에 대해 논의한다. 첫 번째로, 아날로그(또는 IIR) 필터의 전형적인 특성과 크기 제곱 응답 사양에 대해 생각해본다. 이 사양들은 **상대적 선형 스케일**(relative linear scale)에서 주어진다. 두 번째로, 크기 제곱 응답의 특성을 알아본다.

8.1.1 상대적 선형 스케일

아날로그 저역통과 필터의 사양에 의해 $H_a(j\Omega)$의 크기 제곱 응답은 다음의 조건을 만족시킨다.

$$
\begin{aligned}
\frac{1}{1+\epsilon^2} \le |H_a(j\Omega)|^2 \le\ & 1, \quad |\Omega| \le \Omega_p \\
0 \le |H_a(j\Omega)|^2 \le\ & \frac{1}{A^2}, \quad \Omega_s \le |\Omega|
\end{aligned}
\tag{8.1}
$$

여기서 ϵ은 **통과대역 리플 매개변수**(ripple parameter), Ω_p는 통과대역 차단 주파수(단위: 라

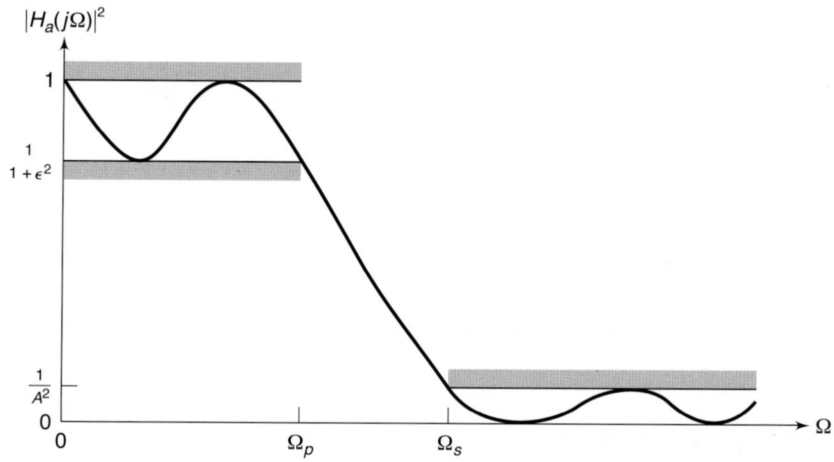

그림 8.1 아날로그 저역통과 필터 사양

디안/초), A는 저지대역 감쇠 **매개변수**(attenuation parameter), Ω_s는 저지대역 차단 주파수(단위: 라디안/초)이다. 이 사양들을 그림 8.1에 나타내었다. 이 그림으로부터 $|H_a(j\Omega)|^2$은 다음의 조건을 만족해야 함을 알 수 있다.

$$
\begin{aligned}
|H_a(j\Omega_p)|^2 &= \frac{1}{1+\epsilon^2} \qquad \Omega = \Omega_p\text{에서} \\
|H_a(j\Omega_s)|^2 &= \frac{1}{A^2} \qquad \Omega = \Omega_s\text{에서}
\end{aligned}
\tag{8.2}
$$

매개변수 ϵ과 A는 각각 dB 스케일의 R_p 및 A_s와 관련이 있다. 그 관계식은 다음과 같이 주어진다.

$$R_p = -10\log_{10}\frac{1}{1+\epsilon^2} \Longrightarrow \epsilon = \sqrt{10^{R_p/10}-1} \tag{8.3}$$

그리고

$$A_s = -10\log_{10}\frac{1}{A^2} \Longrightarrow A = 10^{A_s/20} \tag{8.4}$$

ϵ과 A는 절대 스케일의 리플 δ_1 및 δ_2와 관련이 있다. 그 식은 다음과 같다.

$$\frac{1-\delta_1}{1+\delta_1} = \sqrt{\frac{1}{1+\epsilon^2}} \Longrightarrow \epsilon = \frac{2\sqrt{\delta_1}}{1-\delta_1}$$

그리고

$$\frac{\delta_2}{1+\delta_1} = \frac{1}{A} \Longrightarrow A = \frac{1+\delta_1}{\delta_2}$$

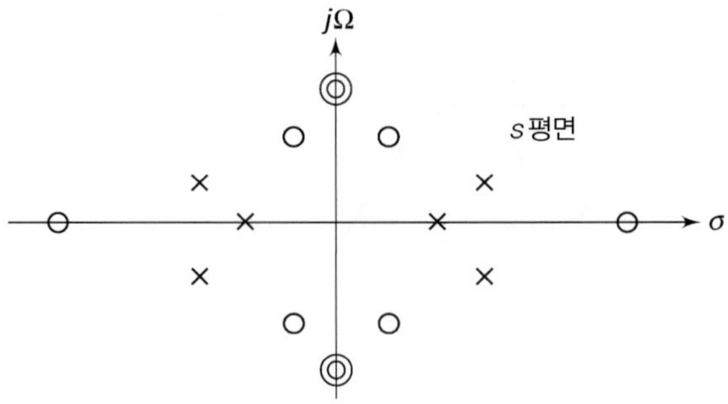

그림 8.2 $H_a(s)H_a(-s)$의 전형적인 극-영점 분포 형태

8.1.2 $|H_a(j\Omega)|^2$의 특성

크기 제곱 응답으로 주어진 식 (8.1)의 아날로그 필터 사양은 위상 정보를 갖고 있지 않다. 이제 s 영역에서의 시스템 함수 $H_a(s)$를 계산하기 위해 다음 식을 생각해보자.

$$H_a(j\Omega) = H_a(s)|_{s=j\Omega}$$

그러면 다음과 같은 식을 얻을 수 있다.

$$|H_a(j\Omega)|^2 = H_a(j\Omega)H_a^*(j\Omega) = H_a(j\Omega)H_a(-j\Omega) = H_a(s)H_a(-s)|_{s=j\Omega}$$

즉,

$$H_a(s)H_a(-s) = |H_a(j\Omega)|^2\Big|_{\Omega=s/j} \tag{8.5}$$

그러므로 크기 제곱 함수의 극점과 영점은 $j\Omega$축에 대해 거울상 대칭(mirror-image symmetry)의 형태로 분포되어 있다. 또한 실수 필터의 경우에는 극점과 영점이 복소 켤레 쌍들(즉, 실수축에 대한 거울상 대칭)로 나타난다. $H_a(s)H_a(-s)$의 전형적인 극-영점 분포 형태를 그림 8.2에 나타내었다. 이 형태로부터 아날로그 필터의 시스템 함수인 $H_a(s)$를 구성할 수 있다. $H_a(s)$가 인과적이고 안정적인 필터이기 위해서는 $H_a(s)$의 모든 극점이 좌반평면 내에 존재해야 한다. 그러기 위해서는 $H_a(s)H_a(-s)$의 좌반평면 극점들이 $H_a(s)$의 극점이 되도록 한다. 그러나 $H_a(s)$의 영점들은 s평면상의 어느 곳에 있어도 상관이 없다. 그러므로 영점들이 $j\Omega$축에 있지 않으면 유일하게 결정되지 않는다. $H_a(s)H_a(-s)$의 영점들을 $j\Omega$축상에서 선택해 $H_a(s)$의 영점들이 되도록 할 것이다. 결과 필터를 최소 위상(minimum-phase) 필터라 한다.

8.2 특수 필터 유형

이 절에서는 여러 가지 특수한 형태의 디지털 필터를 고려하고, 해당 주파수 응답 특성을 서술한다. 디지털 공진기의 설계와 특성부터 시작하기로 한다.

8.2.1 디지털 공진기

디지털 공진기는 그림 8.3(a)에서 보여주고 있는 바와 같이 한 쌍의 복소 공액 극점이 단위원 근방에 아주 가까이 위치하고 있는 특수한 2극점 대역통과 필터이다. 필터의 주파수 응답 크기가 그림 8.3(b)에 나타나 있다. **공진기**(resonator)라는 이름은 필터가 극점의 위치 근방에서 크기가 아주 크다는 사실에 근거를 두고 있다. 극점 위치의 각도가 필터의 공진 주파수를 결정한다. 디지털 공진기는 간단한 대역통과 필터와 음성 발생 등을 포함한 여러 응용에서 유용하게 쓰인다.

$\omega = \omega_0$에서나 그 근방에서 공진 피크를 갖고 있는 디지털 공진기를 설계해보자. 여기서 극점 위치를 다음과 같이 선택한다.

$$p_{1,2} = re^{\pm j\omega_0} \tag{8.6}$$

대응되는 시스템 함수는 다음과 같다.

$$\begin{aligned} H(z) &= \frac{b_0}{(1 - re^{j\omega_0}z^{-1})(1 - re^{-j\omega_0}z^{-1})} \\ &= \frac{b_0}{1 - (2r\cos\omega_0)z^{-1} + r^2 z^{-2}} \end{aligned} \tag{8.7}$$

여기서 b_0는 이득 매개변수이다. 공진기의 주파수 특성은 다음과 같다.

$$H\left(e^{j\omega}\right) = \frac{b_0}{\left[1 - re^{-j(\omega-\omega_0)}\right]\left[1 - re^{-j(\omega+\omega_0)}\right]} \tag{8.8}$$

$|H(e^{j\omega})|$은 $\omega = \omega_0$나 그 근방에서 피크를 가지므로, $|H(e^{j\omega})| = 1$이 되도록 이득 매개변수를 선정한다. 그리하여 다음과 같다.

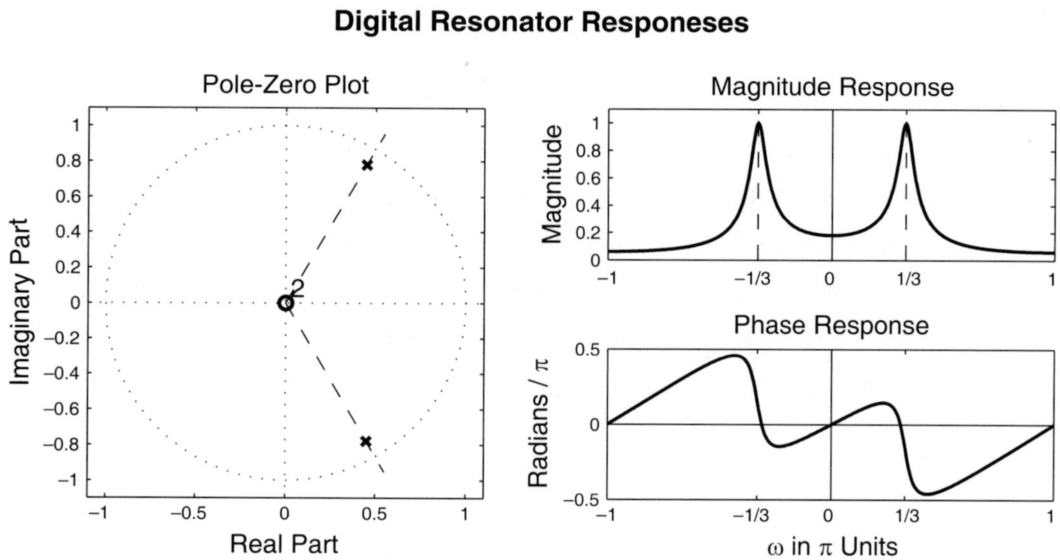

그림 8.3 $r = 0.9$이고 $\omega_0 = \pi/3$인 디지털 공진기의 극점 위치 및 주파수 응답

$$\begin{aligned}\left|H\left(e^{j\omega_0}\right)\right| &= \frac{b_0}{|(1-r)(1-re^{-j2\omega_0})|} \\ &= \frac{b_0}{(1-r)\sqrt{1+r^2-2r\cos 2\omega_0}}\end{aligned} \tag{8.9}$$

따라서 원하는 이득 매개변수는 다음과 같다.

$$b_0 = (1-r)\sqrt{1+r^2-2r\cos 2\omega_0} \tag{8.10}$$

주파수 응답 $H(e^{j\omega})$의 크기는 다음과 같이 표시될 수 있다.

$$\left|H\left(e^{j\omega}\right)\right| = \frac{b_0}{D_1(\omega)D_2(\omega)} \tag{8.11}$$

여기서 $D_1(\omega)$와 $D_2(\omega)$는 다음과 같이 주어진다.

$$D_1(\omega) = \sqrt{1+r^2-2r\cos(\omega-\omega_0)} \tag{8.12a}$$

$$D_2(\omega) = \sqrt{1+r^2-2r\cos(\omega+\omega_0)} \tag{8.12b}$$

주어진 r 값에서 $D_1(\omega)$는 $\omega = \omega_0$에서 최소값 $(1-r)$을 가지며, 곱 $D_1(\omega)D_2(\omega)$는 다음과 같은 주파수에서 최소값을 갖는다.

$$\omega_r = \cos^{-1}\left(\frac{1+r^2}{2r}\cos\omega_0\right) \tag{8.13}$$

이 주파수를 정확히 필터의 공진 주파수로 정의한다. r이 1에 매우 근접할 때 $\omega_r \approx \omega_0$이 되며, 이것은 극점의 각 위치인 점을 주의하라. 게다가 r이 1에 접근하면 $D_1(\omega)$가 ω_0 근방에서 급격히 변화하기 때문에 공진 피크는 점점 더 좁아지고 뾰족해진다. 피크 폭의 양적 측정은 필터의 3 dB 대역폭이며, $\Delta(\omega)$로 표시한다. r 값이 1에 가까우면 다음과 같다.

$$\Delta\omega \approx 2(1-r) \tag{8.14}$$

그림 8.3은 $\omega_0 = \pi/3$, $r = 0.90$인 경우 디지털 공진기의 크기와 위상 응답을 나타내고 있다. 위상 응답은 공진 주파수 $\omega_r \approx \omega_0 = \pi/3$ 근방에서 변화율이 가장 크다는 점에 유의하라.

이 공진기는 $z = 0$에서 2개의 영점을 갖는다. 원점에 영점을 위치시키는 대신에 다른 선택으로 영점을 $z = 1$과 $z = -1$에 위치시키는 것이다. 이 선택은 주파수 $\omega = 0$과 $\omega = \pi$에서 필터의 응답을 완전히 제거하는 것이다. 어떤 응용에서는 이편이 바람직할 때가 있다. 그에 상응하는 공진기는 다음과 같은 시스템 함수

$$\begin{aligned}H(z) &= \frac{G(1-z^{-1})(1+z^{-1})}{(1-re^{j\omega_0}z^{-1})(1-re^{-j\omega_0}z^{-1})} \\ &= G\frac{1-z^{-2}}{1-(2r\cos\omega_0)z^{-1}+r^2z^{-2}}\end{aligned} \tag{8.15}$$

와 주파수 응답 특성

$$H(e^{j\omega}) = G\frac{1 - e^{-j2\omega}}{[1 - re^{j(\omega_0 - \omega)}][1 - re^{-j(\omega_0 + \omega)}]} \tag{8.16}$$

을 갖는다. 여기서 G는 $|H(e^{j\omega_0})| = 1$이 되도록 선택하는 이득 매개변수이다.

$z = \pm 1$에서 영점이 있게 하면 공진기의 크기와 위상 응답이 바뀐다. 크기 응답은 다음과 같이 표시된다.

$$|H(e^{j\omega})| = G\frac{N(\omega)}{D_1(\omega)D_2(\omega)} \tag{8.17}$$

여기서 $N(\omega)$는 다음과 같이 정의된다.

$$N(\omega) = \sqrt{2(1 - \cos 2\omega)} \tag{8.18}$$

$z = \pm 1$에 영점이 있기 때문에 공진기의 공진 주파수는 식 (8.13)에 주어진 식과 달라진다. 필터의 대역폭도 달라진다. 비록 이 두 가지 매개변수의 정확한 값은 유도하기가 지루할 정도이지만, 영점이 $z = \pm 1$과 $z = 0$에 있을 때 주파수 응답은 쉽게 계산할 수 있고 결과들을 비교할 수 있다.

그림 8.4는 $z = \pm 1$과 $z = 0$이고 극점 위치가 $\omega = \pi/3$, $r = 0.90$인 경우의 크기와 위상 응답을 나타낸다. $z = \pm 1$을 가진 공진기가 $z = 0$에서 영점들을 가진 공진기보다 대역폭이 다소 작다는 점을 관찰한다. 추가적으로, 이 두 가지 공진기 사이의 공진 주파수에 아주 작은 이동이 있는 것 같다.

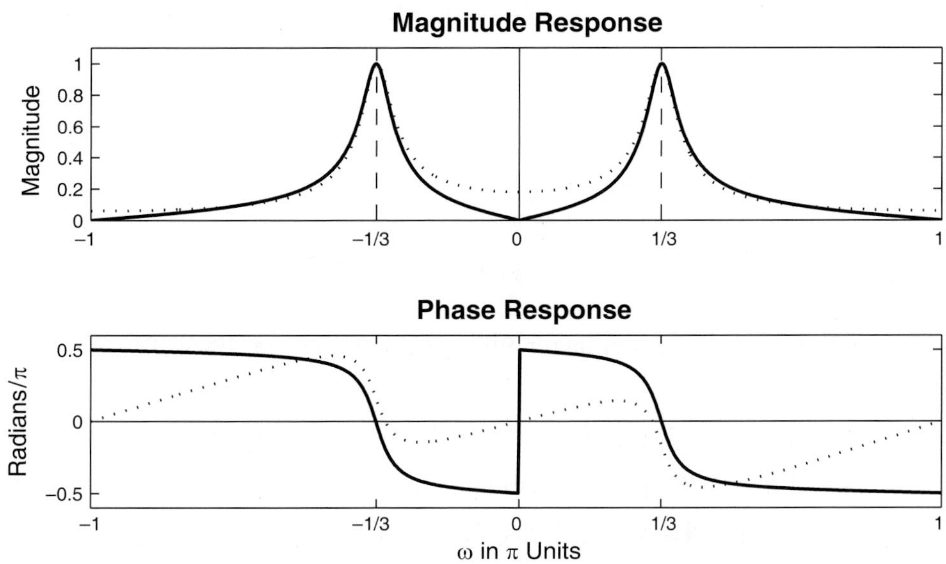

그림 8.4 $r = 0.90$이고 $\omega = \pi/3$인 경우 $z = \pm 1$(굵은 선)과 $z = 0$(점선)에서 영점을 갖는 디지털 공진기의 크기 및 위상 응답

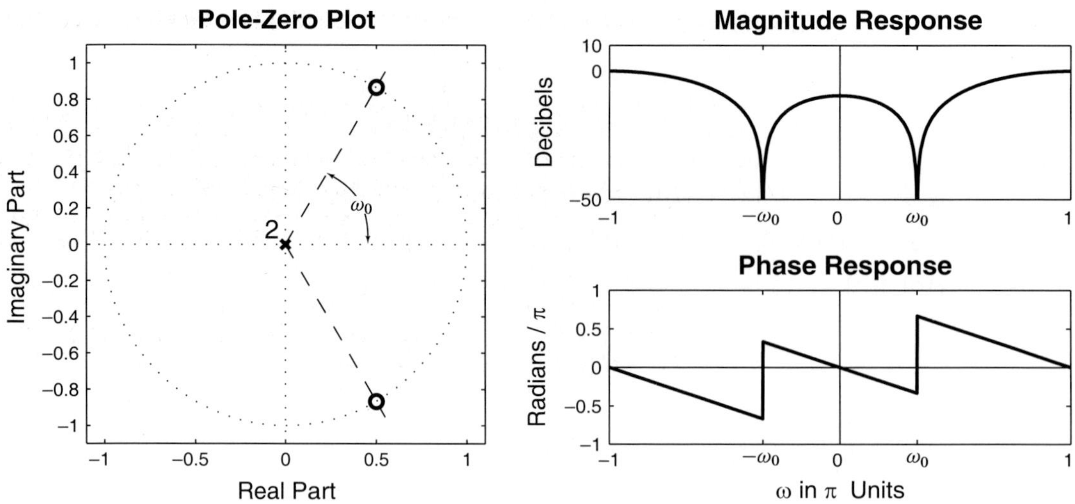

그림 8.5 대표적인 노치 필터의 주파수 응답

8.2.2 노치 필터

노치 필터는 하나 또는 여러 개의 깊게 파인 곳, 즉 이상적으로는 주파수 응답이 완전히 영(null)인 곳을 갖고 있는 필터이다. 그림 8.5가 주파수 $\omega \approx \omega_0$에서 영이 되는 노치 필터의 주파수 응답을 나타내고 있다. 노치 필터는 특정 주파수 부분을 제거해야 하는 많은 응용 분야에서 아주 유용하게 쓰인다. 예를 들어 어떤 계장(instrumentation) 시스템은 전력선 주파수인 60 Hz와 그 고조파가 제어되어야 한다는 조건을 요구하기도 한다.

어떤 주파수 ω_0에서 필터의 주파수 응답이 영이 되도록 하기 위해서는 단순히 각 ω_0에서 단위원상에 복소 켤레의 영점 쌍을 도입한다. 따라서 영점을 다음과 같이 선택한다.

$$z_{1,2} = e^{\pm j\omega_0} \tag{8.19}$$

그러면 노치 필터의 시스템 함수는 다음과 같다.

$$\begin{aligned} H(z) &= b_0(1 - e^{j\omega_0}z^{-1})(1 - e^{-j\omega_0}z^{-1}) \\ &= b_0(1 - (2\cos\omega_0)z^{-1} + z^{-2}) \end{aligned} \tag{8.20}$$

여기서 b_0는 이득율(gain factor)이다. 그림 8.6은 $\omega = \pi/4$에서 영을 갖는 노치 필터의 크기 응답을 나타낸다.

노치 필터에서 중요한 문제는 노치(깊숙이 패인 곳)가 상대적으로 큰 대역폭을 갖고 있다는 점이며, 이는 원하는 영 근방에 있는 다른 주파수 부분이 심각하게 감쇠된다는 뜻이다. 영인 점에서의 대역폭을 줄이기 위해서는 7장에 설명한 최적 등리플 설계 방법에 따라 좀 더 복잡하고 길이가 긴 FIR 필터를 사용해야 할지도 모른다. 다른 방법으로는 시스템 함수에 극점을 추가하여 필터의 주파수 특성을 개선해보도록 시도할 수도 있다.

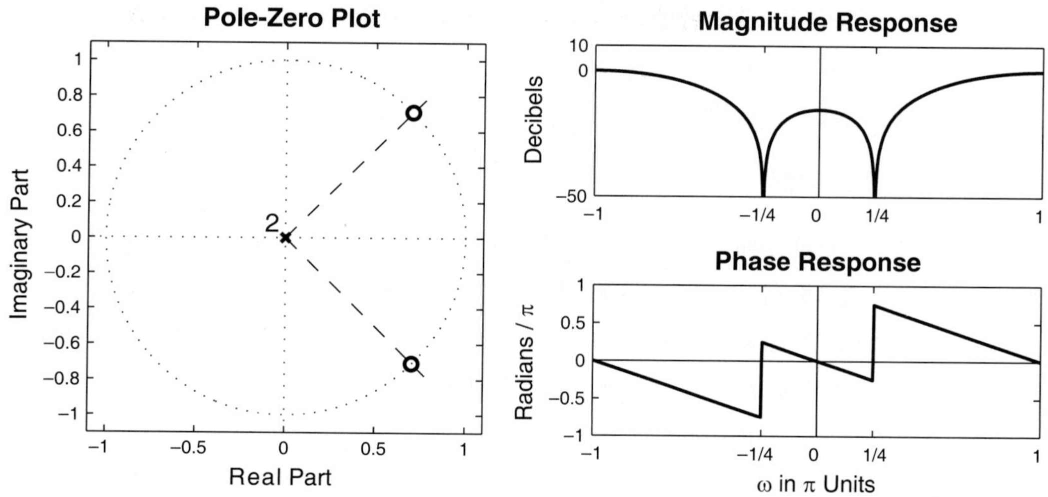

그림 8.6 $\omega = \pi/4$를 가진 노치 필터의 주파수 응답

특별히 극점을 다음과 같이 선택한다고 가정하자.

$$p_{1,2} = re^{\pm j\omega_0} \tag{8.21}$$

그러면 시스템 함수는 다음과 같이 된다.

$$H(z) = b_0 \frac{1 - (2\cos\omega_0)z^{-1} + z^2}{1 - (2r\cos\omega_0)z^{-1} + r^2 z^{-2}} \tag{8.22}$$

이 필터의 주파수 응답의 크기 $|H(e^{j\omega})|$은 $\omega_0 = \pi/4$, $r = 0.85$인 경우에 대해 그림 8.7에 나타나 있다. 또한 이 그림에는 극점이 없는 경우의 주파수 응답도 나타나 있다. 극점의 효과는

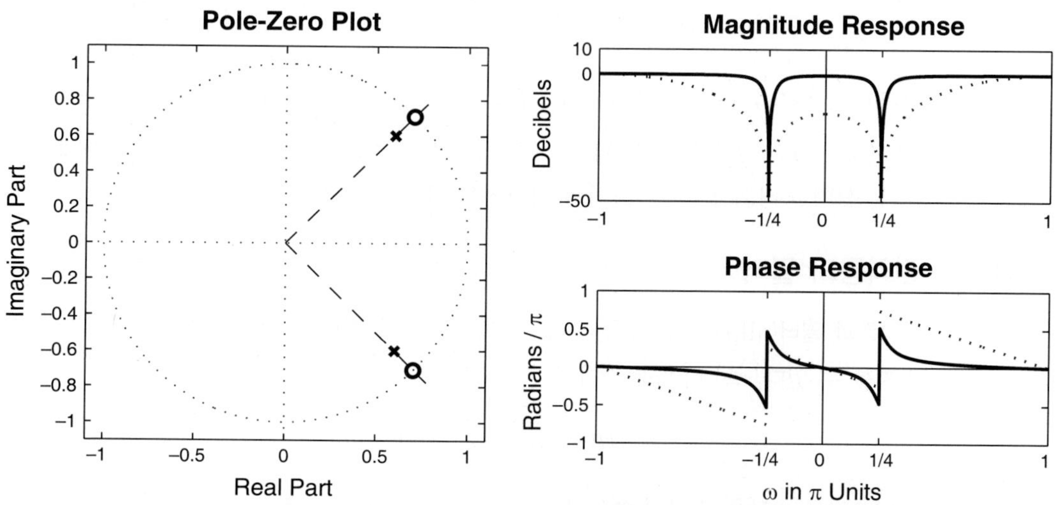

그림 8.7 $\omega_0 = \pi/4$, $r = 0.85$인 경우 극점을 가진(굵은 선) 노치 필터와 극점이 없는(점선) 노치 필터의 크기 및 위상 응답

영 근방에서 공진을 발생시키고, 따라서 노치의 대역폭을 감소시킨다. 노치의 대역폭을 감속시키는 데 추가하여 영 근방에서 극점을 도입하면 극점에 의한 공진 때문에 필터의 통과대역에서 적은 리플을 만들기도 한다.

8.2.3 빗살형 필터

가장 간단한 형태의 빗살형 필터는 노치 필터에서 주파수 대역에 걸쳐 주기적으로 영이 일어나는 것으로 볼 수 있다. 그래서 주기적으로 배치된 이빨을 갖고 있는 보통의 빗과 비교된다. 빗살형 필터는 많은 실제 시스템에서 사용되는데, 예를 들면 전력선 고조파의 제거와 이동 목표 지시(MTI: moving-target indicator) 레이더에서 고정 목표로부터의 반사파(clutter)를 억제하는 데 사용된다.

다음과 같은 시스템 함수를 가진 FIR 필터로 빗살형 필터를 만들 수 있다.

$$H(z) = \sum_{k=0}^{M} h(k) z^{-k} \tag{8.23}$$

L은 양의 정수이고 z를 z^L으로 대치하면 새로운 FIR 필터는 다음과 같은 시스템 함수를 갖는다.

$$H_L(z) = \sum_{k=0}^{M} h(k) z^{-kL} \tag{8.24}$$

만약 원래 FIR 필터의 주파수 응답이 $H(e^{j\omega})$이라면 식 (8.24)의 필터 주파수 응답은 다음과 같다.

$$H_L(e^{j\omega}) = \sum_{k=0}^{M} h(k) e^{-jkL\omega} = H(e^{jL\omega}) \tag{8.25}$$

따라서 주파수 응답 특성 $H_L(e^{j\omega})$은 $0 \le \omega \le 2\pi$ 영역에서 $H(e^{j\omega})$의 L차 반복이 된다. 그림 8.8은 $L = 4$인 경우 $H_L(e^{j\omega})$과 $H(e^{j\omega})$ 사이의 관계를 나타내고 있다. 각 노치에서 도입한 극점은, 설명한 바와 같이 각 노치의 대역폭을 좁히는 데 사용된다.

8.2.4 전역통과 필터

전역통과 필터(allpass filter)는 모든 주파수에서 일정한 크기 응답을 갖는 시스템 함수로 특징지을 수 있다. 즉, 다음과 같다.

$$|H(e^{j\omega})| = 1, \qquad 0 \le \omega \le \pi \tag{8.26}$$

전역통과 시스템의 간단한 예는 입력 신호에 단순 시간 지연을 갖는 시스템이다. 즉,

$$H(z) = z^{-k} \tag{8.27}$$

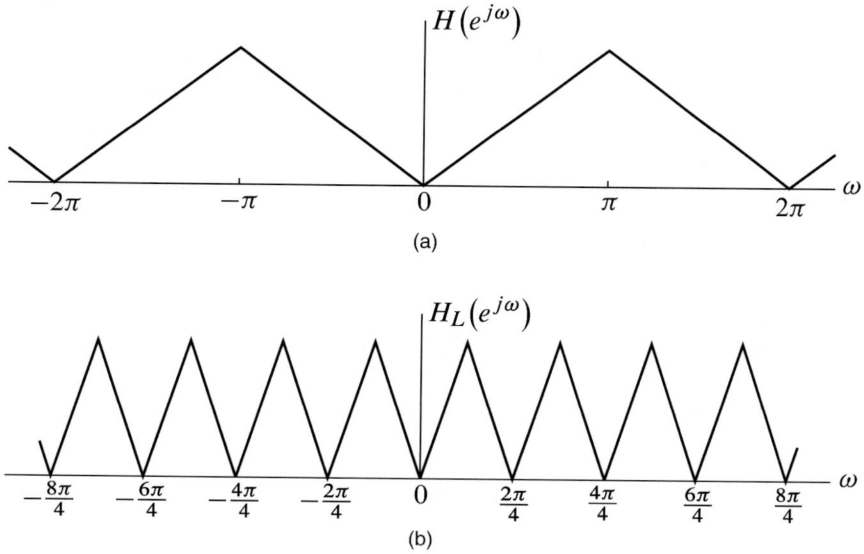

그림 8.8 $L = 4$인 경우 $H(e^{j\omega})$으로부터 얻은 주파수 응답 $H_L(e^{j\omega})$을 가진 빗살형 필터

이 시스템은 주파수에 따라 좌우되는 감쇠가 일체 없이 입력 신호의 모든 주파수 성분을 통과시킨다. 단순히 k샘플만큼 모든 주파수 성분을 지연시킨다.

전역통과 필터의 더 일반적인 특성은 다음과 같은 형태의 시스템 함수를 갖고 있는 것이다.

$$H(z) = \frac{a_N + a_{N-1}z^{-1} + \cdots + a_1 z^{-N+1} + z^{-N}}{1 + a_1 z^{-1} + \cdots + a_{N-1}z^{-N+1} + a_N z^{-N}} \tag{8.28}$$

이를 다음과 같은 축약된 형태로 표현할 수 있다.

$$H(z) = z^{-N}\frac{A(z^{-1})}{A(z)} \tag{8.29}$$

여기서

$$A(z) = \sum_{k=0}^{N} a_k z^{-k}, \qquad a_0 = 1 \tag{8.30}$$

모든 주파수에서 다음 사실을 관찰한다.

$$\left|H(e^{j\omega})\right|^2 = H(z)H(z^{-1})|_{z=e^{j\omega}} = 1 \tag{8.31}$$

따라서 시스템은 전역통과 필터이다.

식 (8.28)에 주어진 $H(z)$ 형태로부터 z_0가 $H(z)$의 극점이라면 $1/z_0$은 $H(z)$의 영점이다. 즉, 극점과 영점은 서로 역수(reciprocal) 관계이다. 그림 8.9는 단일 극점 단일 영점 필터와 2극점 2영점 필터의 대표적인 극-영점 패턴을 나타내고 있다. 이 두 필터의 크기 및 위상 특성은

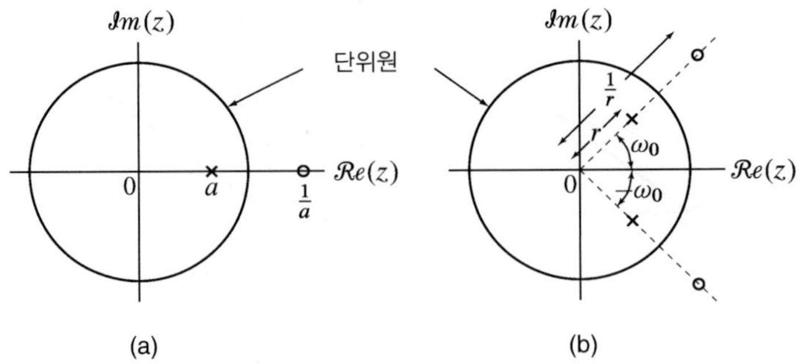

그림 8.9 (a) 단일 극점 및 (b) 2극점 전역통과 필터

$a = 0.6$, $r = 0.9$ 그리고 $\omega_0 = \pi/4$인 경우에 대해 그림 8.10에 나타나 있다. 여기서 두 필터의 $A(z)$는 각각 다음과 같이 주어진다.

$$A(z) = 1 + az^{-1} \tag{8.32a}$$

$$A(z) = 1 - (2r\cos\omega_0)z^{-1} + r^2z^{-2} \tag{8.32b}$$

실수 계수를 가진 전역통과 필터 시스템 함수의 일반 형태는 다음과 같이 곱한 형태로 표시된다.

$$H(z) = \prod_{k=1}^{N_R} \frac{z^{-1} - \alpha_k}{1 - \alpha_k z^{-1}} \prod_{k=1}^{N_C} \frac{(z^{-1} - \beta_k)(z^{-1} - \beta_k^*)}{(1 - \beta_k z^{-1})(1 - \beta_k^* z^{-1})} \tag{8.33}$$

여기서 N_R은 실수 극점과 영점의 수이고, N_C는 극점과 영점의 복소 결레쌍의 수이다. 인과적이고 안정적인 시스템을 위해서는 $|\alpha_k| < 1$과 $|\beta_k| < 1$을 만족해야 한다.

전역 필터는 흔히 위상 등화기(equalizer)에 적용된다. 원하지 않은 위상 응답을 가진 시스템과 종속형으로 연결되어 있으면 위상 등화기는 시스템의 부적절한 위상 특성을 보상하도록 설계하여 결과적으로 전반적인 선형 위상 시스템이 되게 할 수 있다.

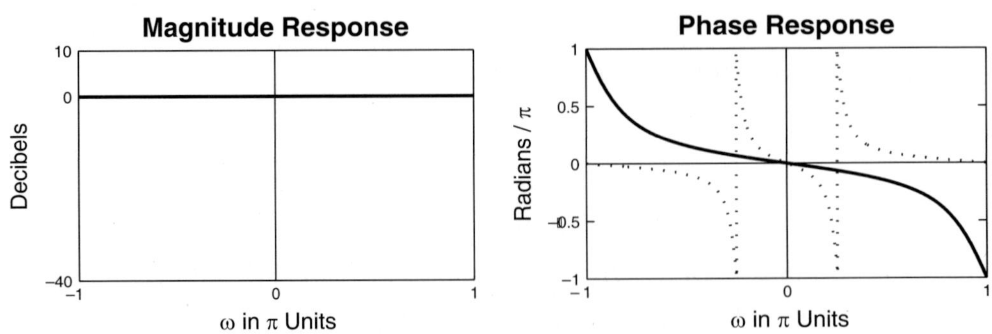

그림 8.10 1극점(굵은 선) 및 2극점(점선) 전대역 필터의 크기 및 위상 응답

8.2.5 디지털 정현파 발진기

디지털 정현파 발진기는 복소공액 극점들이 단위원 위에 위치한 2극점 공진기의 제한적인 형태로 볼 수 있다. 공진기에 대한 이전의 검토에 따르면 극점들이 $re^{\pm j\omega_0}$에 위치한 공진기의 시스템 함수는 다음과 같다.

$$H(z) = \frac{b_0}{1-(2r\cos\omega_0)z^{-1}+r^2z^{-2}} \tag{8.34}$$

만약 $r = 1$이라 하고 이득 매개변수 b_0를 다음과 같이 선택하면

$$b_0 = A\sin\omega_0 \tag{8.35}$$

시스템 함수는 다음과 같이 된다.

$$H(z) = \frac{A\sin\omega_0}{1-(2\cos\omega_0)z^{-1}+z^{-2}} \tag{8.36}$$

그리고 시스템에 상응하는 임펄스 응답은 다음과 같다.

$$h(n) = A\sin(n+1)\omega_0\ u(n) \tag{8.37}$$

따라서 이 시스템은 입력이 임펄스 $\delta(n) = 1$이면 주파수가 ω_0인 정현파 신호를 발생시킨다.

식 (8.36)에 주어진 시스템 함수의 블록선도 표현은 그림 8.11에 나타내었다. 이 시스템에 상응하는 차분 방정식은 다음과 같다.

$$y(n) = (2\cos\omega_0)\ y(n-1) - y(n-2) + b_0\delta(n) \tag{8.38}$$

여기서 $b_0 = A\sin\omega_0$이다.

식 (8.38)에 주어진 차분 방정식으로부터 얻어지는 정현파 발진기는 입력을 영으로 두고 초기 조건을 $y(-1) = 0$, $y(-2) = -A\sin\omega_0$로 둠으로써 얻어진다는 사실에 주목하기 바란다. 따라서 동차(homogeneous) 차분 방정식으로 나타낸 다음과 같은 2차 시스템

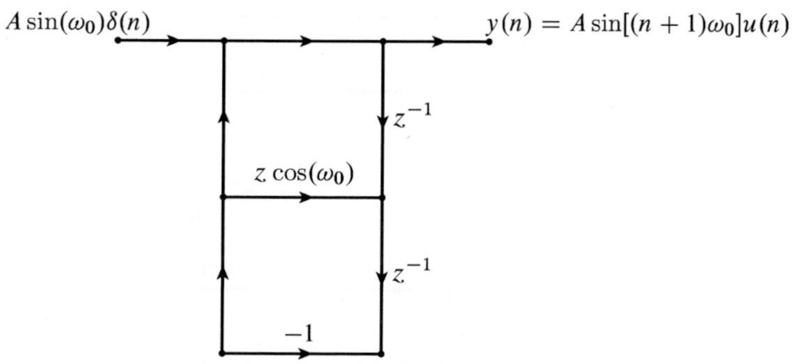

그림 8.11 디지털 정현파 발진기

$$y(n) = (2\cos\omega_0)\, y(n-1) - y(n-2) \tag{8.39}$$

에서 초기 조건을 $y(-1) = 0$, $y(-2) = -A\sin\omega_0$로 둘 때 영입력 응답은 식 (8.38)에서 임펄스 입력 응답과 동일하다. 사실은 식 (8.39)의 동차 차분 방정식은 다음의 삼각 등식으로부터 얻을 수 있다.

$$\sin\alpha + \sin\beta = 2\sin\left(\frac{\alpha+\beta}{2}\right)\cos\left(\frac{\alpha-\beta}{2}\right) \tag{8.40}$$

여기서 정의에 의해 $\alpha = (n+1)\omega_0$, $\beta = (n-1)\omega_0$, $y(n) = \sin(n+1)\omega_0$이다.

위상 직교(quadrature)가 있는 2개의 정현파 반송(carrier) 신호의 변조와 관련되어 있는 실제 응용에서 정현파 $A\sin\omega_0 n$과 $A\cos\omega_0 n$을 발생시킬 필요가 있다. 이들 직교 반송 신호는 소위 결합형 발진기에 의해 발생시킬 수 있다. 이 발진기는 다음과 같은 삼각 공식의 도움으로 얻을 수 있다.

$$\cos(\alpha+\beta) = \cos\alpha\cos\beta - \sin\alpha\sin\beta \tag{8.41}$$

$$\sin(\alpha+\beta) = \sin\alpha\cos\beta + \cos\alpha\sin\beta \tag{8.42}$$

여기서 정의에 따라 $\alpha = n\omega_0$, $\beta = \omega_0$, $y_c(n) = \cos(n+1)\omega_0$, $y_s(n) = \sin(n+1)\omega_0$이다. 따라서 이들을 2개의 삼각 등식에 대입하면 다음과 같은 2개의 결합된 차분 방정식이 얻어진다.

$$y_c(n) = (\cos\omega_0)\, y_c(n-1) - (\sin\omega_0)\, y_s(n-1) \tag{8.43}$$

$$y_s(n) = (\sin\omega_0)\, y_c(n-1) + (\cos\omega_0)\, y_s(n-1) \tag{8.44}$$

결합형 발진기를 구현하는 구조는 그림 8.12에 나타내었다. 이것은 2출력 시스템인데, 어떤 입력도 없으나 스스로 유지되는 발진을 시작하기 위해 초기 조건인 $y_c(-1) = A\cos\omega_0$, $y_s(-1) = -A\sin\omega_0$를 필요로 한다는 점을 유의하기 바란다.

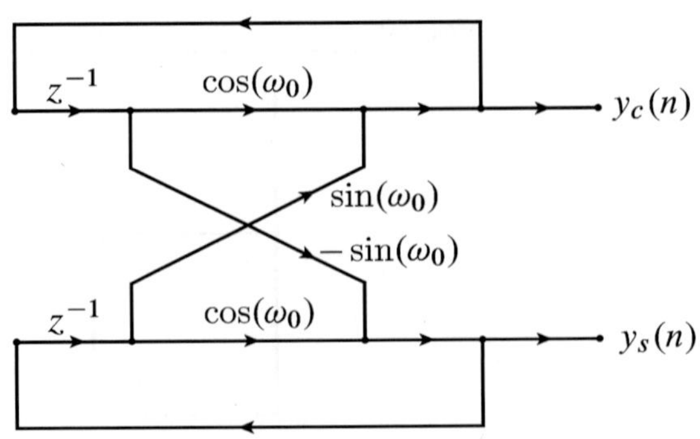

그림 8.12 결합형 발진기의 구현

8.3 원형 아날로그 필터의 특성

IIR 필터 설계 기법은 디지털 필터를 얻기 위해 기존의 아날로그 필터를 사용한다.

이 아날로그 필터를 원형(prototype) 필터라고 한다. 이 절에서는 이런 원형들의 저역통과 필터(버터워스 저역통과 필터, 체비셰프 저역통과 필터(제1형, 제2형), 타원형 저역통과 필터) 특성을 간략히 요약한다. 비록 이런 필터를 설계하는 데는 MATLAB 함수를 사용할 테지만, 올바른 결과를 얻기 위해 매개변수들을 적절히 사용할 수 있도록 이 필터들의 특성을 알아둘 필요가 있다.

8.3.1 버터워스 저역통과 필터

이 필터는 크기 응답이 통과대역과 저지대역 모두에서 평평하다는 특성을 갖는다. N차 저역통과 필터의 크기 제곱 응답은 다음과 같이 주어진다.

$$|H_a(j\Omega)|^2 = \frac{1}{1+\left(\dfrac{\Omega}{\Omega_c}\right)^{2N}} \tag{8.45}$$

여기서 N은 필터의 차수이고, Ω_c는 차단 주파수(단위: 라디안/초)이다. 크기 제곱 응답의 그래프는 아래 그림과 같다.

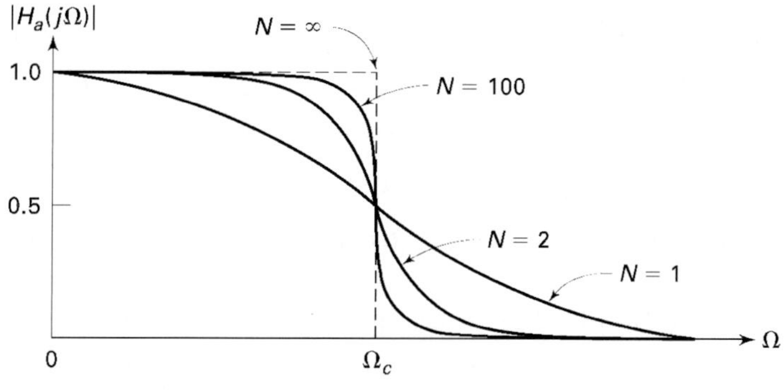

이 그래프로부터 다음과 같은 특성을 관찰할 수 있다.

- $\Omega = 0$에서 모든 N에 대해 $|H_a(j0)|^2 = 1$이다.
- $\Omega = \Omega_c$에서 모든 N에 대해 $|H_a(j\Omega_c)|^2 = \frac{1}{2}$이다. 이는 Ω_c에서의 3 dB 감쇠를 의미한다.
- $|H_a(j\Omega)|^2$은 Ω에 대한 단조 감소 함수이다.
- $|H_a(j\Omega)|^2$은 $N \to \infty$이면 이상적인 저역통과 필터에 가까워진다.
- $|H_a(j\Omega)|^2$은 모든 차수의 도함수가 존재하고 그 값이 0이므로 $\Omega = 0$에서 최대한으로 평평(maximally flat)하다.

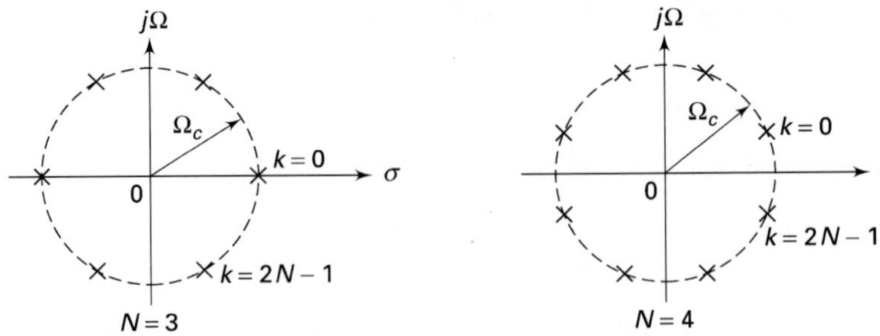

그림 8.13 버터워스 필터의 극점 그래프

시스템 함수 $H_a(s)$를 얻기 위해, 식 (8.45)를 식 (8.5)의 형태로 바꾸어 다음의 식을 얻는다.

$$H_a(s)H_a(-s) = |H_a(j\Omega)|^2\Big|_{\Omega=s/j} = \frac{1}{1+\left(\dfrac{s}{j\Omega_c}\right)^{2N}} = \frac{(j\Omega)^{2N}}{s^{2N}+(j\Omega_c)^{2N}} \tag{8.46}$$

분모 다항식의 근(즉, $H_a(s)H_a(-s)$의 극점)은 식 (8.46)으로부터 다음과 같이 주어진다.

$$p_k = (-1)^{\frac{1}{2N}}(j\Omega) = \Omega_c e^{j\frac{\pi}{2N}(2k+N+1)}, \quad k = 0, 1, \ldots, 2N-1 \tag{8.47}$$

식 (8.47)의 해석은 다음과 같다.

- 반지름이 Ω_c인 원 위에 π/N의 각(angle) 간격으로 똑같이 분포된 $2N$개의 극점이 있다.
- N이 홀수인 경우에는 극점들이 $p_k = \Omega_c e^{jk\pi/N}$, $k = 0, 1, \ldots, 2N-1$과 같다.
- N이 짝수인 경우에는 극점들이 $p_k = \Omega_c e^{j\left(\frac{\pi}{2N}+\frac{k\pi}{N}\right)}$, $k = 0, 1, \ldots, 2N-1$과 같다.
- 극점들은 $j\Omega$축에 대해 대칭적으로 위치한다.
- 극점은 허수축에는 결코 존재하지 않고, 실수축에는 N이 홀수인 경우에만 존재한다.

3차와 4차 버터워스 필터의 극점들을 그림 8.13에 나타내었다.

이제 인과적이고 안정적인 필터의 $H_a(s)$는 좌반평면에서 극점을 선택함으로써 결정할 수 있고, 다음과 같은 형태로 쓸 수 있다.

$$H_a(s) = \frac{\Omega_c^N}{\displaystyle\prod_{\text{좌반평면 극점들}} (s-p_k)} \tag{8.48}$$

예제 8.1 $|H_a(j\Omega)|^2 = \dfrac{1}{1+64\Omega^6}$일 때, 아날로그 필터의 시스템 함수 $H_a(s)$를 구하라.

풀이 주어진 크기 제곱 응답으로부터

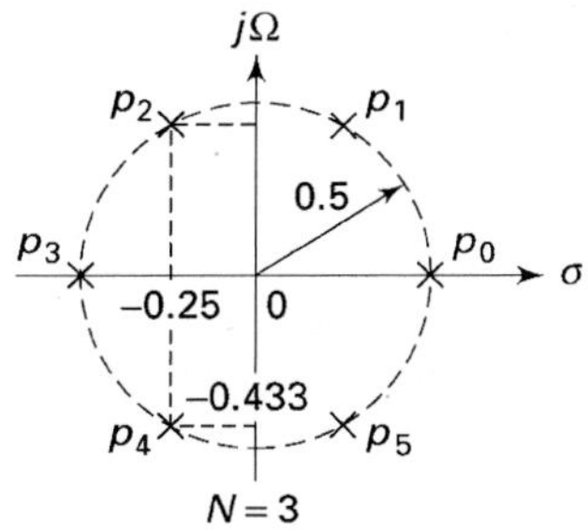

그림 8.14 예제 8.1의 극점 그래프

$$|H_a(j\Omega)|^2 = \frac{1}{1+64\Omega^6} = \frac{1}{1+\left(\frac{\Omega}{0.5}\right)^{2(3)}}$$

이 식과 식 (8.45)를 비교하면 $N = 3$, $\Omega_c = 0.5$를 얻을 수 있다. $H_a(s)H_a(-s)$의 극점들을 그림 8.14에 나타내었다.

그러므로

$$\begin{aligned} H_a(j\Omega) &= \frac{\Omega_c^3}{(s-p_2)(s-p_3)(s-p_4)} \\ &= \frac{1/8}{(s+0.25-j0.433)(s+0.5)(s+0.25+j0.433)} \\ &= \frac{0.125}{(s+0.5)(s^2+0.5s+0.25)} \end{aligned}$$

■

8.3.2 MATLAB 구현

MATLAB은 정규화된(즉, $\Omega_c = 1$인) N차 버터워스 아날로그 원형 필터를 설계하기 위해 `[z,p,k]=buttap(N)`이라는 함수를 제공한다. 이 함수는 영점을 배열 `z`에, 극점을 배열 `p`에, 이득 값을 `k`에 저장한다. 그러나 임의의 Ω_c 값을 갖는 정규화되지 않은 버터워스 필터가 필요하다. 예제 8.1로부터 영점은 하나도 없으며, 정규화되지 않은 필터의 극점들은 단위원상에 있는 대신에 반지름이 Ω_c인 원 위에 있다는 사실을 알 수 있다. 이것은 정규화된 필터의 배열 `p`와 이득 `k`를 각각 Ω_c와 Ω_c^N으로 크기 조정해야 함을 의미한다. 다음의 함수 `u_buttap(N,Omegac)`는 정규화되지 않은 버터워스 아날로그 원형 필터를 설계한다.

```
function [b,a] = u_buttap(N,Omegac);
% Unnormalized Butterworth Analog Lowpass Filter Prototype
% -----------------------------------------------------------
% [b,a] = u_buttap(N,Omegac);
%       b = numerator polynomial coefficients of Ha(s)
%       a = denominator polynomial coefficients of Ha(s)
%       N = Order of the Butterworth Filter
```

```
% Omegac = Cutoff frequency in radians/sec
%
[z,p,k] = buttap(N);
      p = p*Omegac;
      k = k*Omegac^N;
      B = real(poly(z));
      b0 = k;  b = k*B;  a = real(poly(p));
```

위 함수는 직접형(분자-분모) 구조를 계산한다. 종종 종속형 구조가 필요할 때가 있다. 이때는 6장에서 살펴본 직접형에서 종속형으로의 전환 방법을 사용하면 된다. 다음의 sdir2cas 함수는 아날로그 필터를 직접형에서 종속형으로 전환한다.

```
function [C,B,A] = sdir2cas(b,a);
% DIRECT-form to CASCADE-form conversion in s-plane
% ---------------------------------------------------
% [C,B,A] = sdir2cas(b,a)
%  C = gain coefficient
%  B = K by 3 matrix of real coefficients containing bk's
%  A = K by 3 matrix of real coefficients containing ak's
%  b = numerator polynomial coefficients of DIRECT form
%  a = denominator polynomial coefficients of DIRECT form
%
Na = length(a)-1; Nb = length(b)-1;
% compute gain coefficient C
b0 = b(1); b = b/b0;  a0 = a(1); a = a/a0;  C = b0/a0;
%
% Denominator second-order sections:
p= cplxpair(roots(a)); K = floor(Na/2);
if K*2 == Na     % Computation when Na is even
   A = zeros(K,3);
   for n=1:2:Na
       Arow = p(n:1:n+1,:);  Arow = poly(Arow);
       A(fix((n+1)/2),:) = real(Arow);
   end

elseif Na == 1   % Computation when Na = 1
       A = [0 real(poly(p))];

else             % Computation when Na is odd and > 1
   A = zeros(K+1,3);
   for n=1:2:2*K
       Arow = p(n:1:n+1,:);  Arow = poly(Arow);
       A(fix((n+1)/2),:) = real(Arow);
       end
       A(K+1,:) = [0 real(poly(p(Na)))];
end

% Numerator second-order sections:
z = cplxpair(roots(b)); K = floor(Nb/2);
if Nb == 0          % Computation when Nb = 0
   B = [0 0 poly(z)];
```

```
elseif K*2 == Nb      % Computation when Nb is even
   B = zeros(K,3);
   for n=1:2:Nb
       Brow = z(n:1:n+1,:);  Brow = poly(Brow);
       B(fix((n+1)/2),:) = real(Brow);
   end

elseif Nb == 1        % Computation when Nb = 1
       B = [0 real(poly(z))];

else                  % Computation when Nb is odd and > 1
   B = zeros(K+1,3);
   for n=1:2:2*K
       Brow = z(n:1:n+1,:);  Brow = poly(Brow);
       B(fix((n+1)/2),:) = real(Brow);
   end
   B(K+1,:) = [0 real(poly(z(Nb)))];
end
```

예제 8.2 예제 8.1의 $\Omega_c = 0.5$를 가지고 3차 버터워스 아날로그 원형 필터를 설계하라.

풀이 MATLAB 코드:

```
>> N = 3; OmegaC = 0.5;  [b,a] = u_buttap(N,OmegaC);
>> [C,B,A] = sdir2cas(b,a)
C = 0.1250
B = 0      0      1
A = 1.0000    0.5000    0.2500
         0    1.0000    0.5000
```

종속형 계수들이 예제 8.1과 일치한다.

8.3.3 설계 방정식

아날로그 저역통과 필터는 매개변수 Ω_p, R_p, Ω_s, A_s에 의해 주어진다. 그러므로 버터워스 필터의 경우 설계의 핵심은 주어진 사양에 대해 차수 N과 차단 주파수 Ω_c를 얻는 것이다. 이때 다음 식들을 사용한다.

- $\Omega = \Omega_p$에서 $-10\log_{10}|H_a(j\Omega)|^2 = R_p$, 즉

$$-10\log_{10}\left(\frac{1}{1+\left(\frac{\Omega_p}{\Omega_c}\right)^{2N}}\right) = R_p$$

그리고

- $\Omega = \Omega_s$에서 $-10\log_{10}|H_a(j\Omega)|^2 = A_s$, 즉

$$-10\log_{10}\left(\frac{1}{1+\left(\frac{\Omega_s}{\Omega_c}\right)^{2N}}\right) = A_s$$

위의 두 방정식을 N과 Ω_c에 대해 풀면 다음을 얻을 수 있다.

$$N = \frac{\log_{10}\left[\left(10^{R_p/10}-1\right)/\left(10^{A_s/10}-1\right)\right]}{2\log_{10}\left(\Omega_p/\Omega_s\right)}$$

앞의 N은 보통 정수가 아니다. N이 정수여야 하므로, N의 값을 다음과 같이 선택한다.

$$N = \left\lceil \frac{\log_{10}\left[\left(10^{R_p/10}-1\right)/\left(10^{A_s/10}-1\right)\right]}{2\log_{10}\left(\Omega_p/\Omega_s\right)} \right\rceil \tag{8.49}$$

여기서 연산 $\lceil x \rceil$은 x보다 큰 최소의 정수를 고르라는 것이다. 예를 들면, $\lceil 4.5 \rceil = 5$이다. 선택한 실제의 N이 필요한 값보다 크기 때문에 주어진 사양을 만족시킬 수도 있고, Ω_p 또는 Ω_s에서 이를 넘어설 수도 있다. Ω_p에서 사양을 정확하게 만족시키기 위해,

$$\Omega_c = \frac{\Omega_p}{\sqrt[2N]{\left(10^{R_p/10}-1\right)}} \tag{8.50}$$

Ω_s에서 사양을 정확하게 만족시키기 위해,

$$\Omega_c = \frac{\Omega_s}{\sqrt[2N]{\left(10^{A_s/10}-1\right)}} \tag{8.51}$$

예제 8.3 다음 사양을 만족시키는 저역통과 버터워스 필터를 설계하라.

통과대역 차단 주파수: $\Omega_p = 0.2\pi$;　통과대역 리플: $R_p = 7$ dB

저지대역 차단 주파수: $\Omega_s = 0.3\pi$;　저지대역 리플: $A_s = 16$ dB

풀이 식 (8.49)로부터

$$N = \left\lceil \frac{\log_{10}\left[\left(10^{0.7}-1\right)/\left(10^{1.6}-1\right)\right]}{2\log_{10}\left(0.2\pi/0.3\pi\right)} \right\rceil = \lceil 2.79 \rceil = 3$$

Ω_p에서 사양을 정확하게 만족시키기 위해, 다음의 값을 식 (8.50)으로부터 얻을 수 있다.

$$\Omega_c = \frac{0.2\pi}{\sqrt[6]{(10^{0.7}-1)}} = 0.4985$$

Ω_s에서 사양을 정확하게 만족시키기 위해, 다음의 값을 식 (8.51)로부터 얻을 수 있다.

$$\Omega_c = \frac{0.3\pi}{\sqrt[6]{(10^{1.6}-1)}} = 0.5122$$

이제 위의 두 값 사이에서 Ω_c의 값을 선택할 수 있다. 여기서는 $\Omega_c = 0.5$라 하자. 그러면 예제 8.1에서 했던 것처럼 $N = 3$, $\Omega_c = 0.5$에 대해 버터워스 필터를 설계해야 한다. 그러므로

$$H_a(j\Omega) = \frac{0.125}{(s+0.5)\,(s^2+0.5s+0.25)}$$

8.3.4 MATLAB 구현

위의 설계 과정은 MATLAB에서 간단한 함수를 이용하여 구현할 수 있다. 어떤 사양이 주어졌을 때, 아날로그 버터워스 저역통과 필터를 설계하는 afd_butt라는 함수를 u_buttap 함수를 이용하여 만들 수 있다. 이 함수는 식 (8.50)을 사용한다.

```
function [b,a] = afd_butt(Wp,Ws,Rp,As);
% Analog Lowpass Filter Design: Butterworth
% -----------------------------------------
% [b,a] = afd_butt(Wp,Ws,Rp,As);
%  b = Numerator coefficients of Ha(s)
%  a = Denominator coefficients of Ha(s)
% Wp = Passband edge frequency in rad/sec; Wp > 0
% Ws = Stopband edge frequency in rad/sec; Ws > Wp > 0
% Rp = Passband ripple in +dB; (Rp > 0)
% As = Stopband attenuation in +dB; (As > 0)
%
if Wp <= 0
        error('Passband edge must be larger than 0')
end
if Ws <= Wp
        error('Stopband edge must be larger than Passband edge')
end
if (Rp <= 0) | (As < 0)
        error('PB ripple and/or SB attenuation ust be larger than 0')
end

N = ceil((log10((10^(Rp/10)-1)/(10^(As/10)-1)))/(2*log10(Wp/Ws)));
fprintf('\n*** Butterworth Filter Order = %2.0f \n',N)
OmegaC = Wp/((10^(Rp/10)-1)^(1/(2*N)));
[b,a]=u_buttap(N,OmegaC);
```

주파수 영역에서 그래프를 그리기 위해 MATLAB의 freqs 함수를 변형한 freqs_m이라

는 함수를 사용한다. 이 함수는 크기 응답을 절대값과 dB 스케일로 계산하고, 위상 응답도 계산한다. 이것은 앞에서 논의했던 `freqz_m` 함수와 유사하다. 이 두 함수의 주요한 차이점은 `freqs_m` 함수의 경우 최대 주파수 $\Omega_{\max}$까지만 응답을 계산한다는 것이다.

```
function [db,mag,pha,w] = freqs_m(b,a,wmax);
% Computation of s-domain frequency response: Modified version
% -----------------------------------------------------------
% [db,mag,pha,w] = freqs_m(b,a,wmax);
%   db = Relative magnitude in db over [0 to wmax]
%  mag = Absolute magnitude over [0 to wmax]
%  pha = Phase response in radians over [0 to wmax]
%    w = array of 500 frequency samples between [0 to wmax]
%    b = Numerator polynomial coefficents of Ha(s)
%    a = Denominator polynomial coefficents of Ha(s)
% wmax = Maximum frequency in rad/sec over which response is desired
%
w = [0:1:500]*wmax/500;  H = freqs(b,a,w);
mag = abs(H);  db = 20*log10((mag+eps)/max(mag));  pha = angle(H);
```

아날로그 필터의 임펄스 응답 $h_a(t)$는 MATLAB의 `impulse` 함수를 이용하여 계산한다. ■

예제 8.4 MATLAB을 사용하여 예제 8.3에 있는 아날로그 버터워스 저역통과 필터를 설계하라.

풀이 MATLAB 코드:

```
>> Wp = 0.2*pi; Ws = 0.3*pi; Rp = 7; As = 16;
>> Ripple = 10 ^ (-Rp/20); Attn = 10 ^ (-As/20);
>> % Analog filter design:
>> [b,a] = afd_butt(Wp,Ws,Rp,As);
*** Butterworth Filter Order =  3
>> % Calculation of second-order sections:
>> [C,B,A] = sdir2cas(b,a)
C = 0.1238
B = 0     0     1
A = 1.0000    0.4985    0.2485
         0    1.0000    0.4985
>> % Calculation of Frequency Response:
>> [db,mag,pha,w] = freqs_m(b,a,0.5*pi);
>> % Calculation of Impulse response:
>> [ha,x,t] = impulse(b,a);
```

시스템 함수는 다음과 같다.

$$H_a(s) = \frac{0.1238}{(s^2 + 0.4985s + 0.2485)(s + 0.4985)}$$

이 $H_a(s)$는 예제 8.3과는 조금 다르다. 그 이유는 예제 8.3에서는 $\Omega_c = 0.5$를 사용했지만,

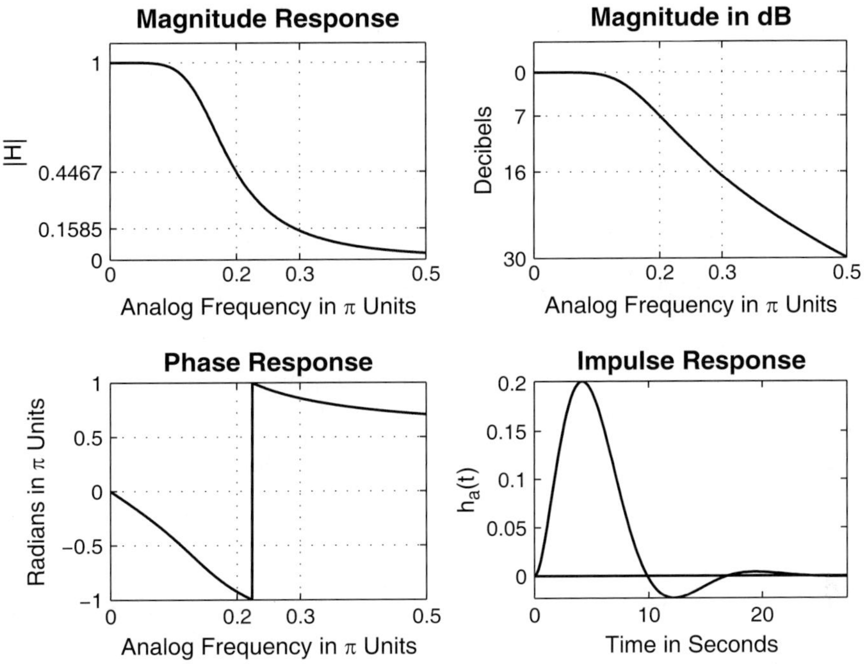

그림 8.15 예제 8.4의 버터워스 아날로그 필터

afd_butt 함수에서는 Ω_p에서의 사양을 만족시키도록 Ω_c를 선택하기 때문이다. 이 필터의 그래프는 그림 8.15에 나타내었다.

8.3.5 체비셰프 저역통과 필터

체비셰프 필터에는 두 가지 형태가 있다. 제1형 체비셰프 필터는 **통과대역에서 등리플 응답을** 갖는다. 반면, 제2형 체비셰프 필터는 **저지대역에서 등리플 응답을** 갖는다. 버터워스 필터는 두 대역 모두에서 단조(monotone) 응답을 갖는다. 등리플 FIR 필터의 내용을 상기해보자. 단조 응답보다는 등리플 응답을 갖도록 필터를 설계할 때 더 낮은 차수의 필터를 얻을 수 있음을 알 수 있었다. 그러므로 체비셰프 필터는 같은 사양에 대해 버터워스 필터보다 낮은 차수를 갖게 된다.

제1형 체비셰프 필터의 크기 제곱 응답은 다음과 같다.

$$|H_a(j\Omega)|^2 = \frac{1}{1+\epsilon^2 T_N^2\left(\dfrac{\Omega}{\Omega_c}\right)} \tag{8.52}$$

여기서 N은 필터의 차수이고, ϵ은 R_p와 관계 있는 통과대역 리플 인자이다. 그리고 $T_N(x)$는 다음과 같이 주어지는 N차 체비셰프 다항식이다.

$$T_N(x) = \begin{cases} \cos\left(N\cos^{-1}(x)\right), & 0 \le x \le 1 \\ \cosh\left(\cosh^{-1}(x)\right), & 1 < x < \infty \end{cases} \qquad \text{여기서 } x = \frac{\Omega}{\Omega_c}$$

체비셰프 필터의 등리플 응답은 이 다항식 $T_N(x)$ 때문이다. 이것의 핵심적인 특성은 다음과 같다.

(a) $T_N(x)$는 $0 < x < 1$에서 -1과 1 사이를 진동한다.
(b) $T_N(x)$는 $1 < x < \infty$에서 단조 증가 함수이다.

$|H_a(j\Omega)|^2$은 N이 홀수일 경우와 짝수일 경우에 해당하는 두 가지 모양을 갖는다. 이를 아래 그림에 나타내었다. $X = \Omega/\Omega_c$는 정규화된 주파수임을 주목하라.

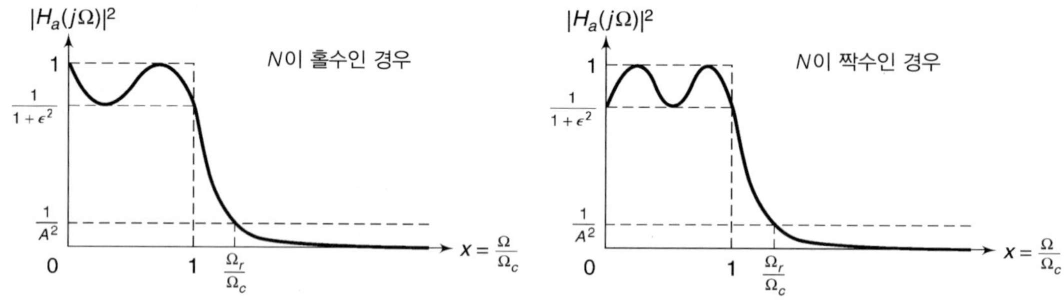

위의 두 응답 그래프로부터 다음과 같은 특성을 알 수 있다.

- $x = 0$(즉, $\Omega = 0$)에서 $|H_a(j0)|^2 = 1$, N이 홀수인 경우
  $|H_a(j0)|^2 = \dfrac{1}{1+\epsilon^2}$, N이 짝수인 경우
- $x = 1$(즉, $\Omega = \Omega_c$)에서 $|H_a(j1)|^2 = \dfrac{1}{1+\epsilon^2}$, 모든 N에 대해
- $0 \le x \le 1$(즉, $0 \le \Omega \le \Omega_c$)에서 $|H_a(jx)|^2$은 1과 $\dfrac{1}{1+\epsilon^2}$ 사이에서 진동한다.
- $x > 1$(즉, $\Omega > \Omega_c$)에서 $|H_a(jx)|^2$은 0까지 단조 감소한다.
- $x = \Omega_r$에서 $|H_a(jx)|^2 = \dfrac{1}{A^2}$이다.

인과적이고 안정적인 $H_a(s)$를 구하기 위해, 먼저 $H_a(s)H_a(-s)$의 극점들을 찾고, 좌반평면에 있는 극점들을 $H_a(s)$의 극점들로 선택해야 한다. $H_a(s)H_a(-s)$의 극점들은 다음 식의 근을 찾음으로써 구할 수 있다.

$$1 + \epsilon^2 T_N^2\left(\frac{s}{j\Omega_c}\right)$$

이 방정식의 해를 구하는 일은 어렵지 않지만 많은 시간을 필요로 한다. 이 방정식의 해는 $p_k = \sigma_k + j\Omega_k$, $k = 0, \ldots, N-1$의 형태로 다음과 같이 나타낼 수 있다.

$$\begin{aligned} \sigma_k &= (a\Omega_c)\cos\left[\frac{\pi}{2} + \frac{(2k+1)\pi}{2N}\right] \\ \Omega_k &= (b\Omega_c)\sin\left[\frac{\pi}{2} + \frac{(2k+1)\pi}{2N}\right] \end{aligned} \quad k = 0, \ldots, N-1 \tag{8.53}$$

여기서

$$a = \frac{1}{2}\left(\sqrt[N]{\alpha} - \sqrt[N]{1/\alpha}\right), \quad b = \frac{1}{2}\left(\sqrt[N]{\alpha} + \sqrt[N]{1/\alpha}\right), \text{ 그리고 } \alpha = \frac{1}{\epsilon} + \sqrt{1 + \frac{1}{\epsilon^2}} \tag{8.54}$$

이 근들은 $b\Omega_c$를 장축으로 하고 $a\Omega_c$를 단축으로 하는 타원 위에 존재한다. 이제 시스템 함수는 다음과 같이 주어진다.

$$H_a(s) = \frac{K}{\prod_k (s - p_k)} \tag{8.55}$$

여기서 K는 $\omega \to \Omega$일 때 다음과 같은 값을 갖게 하는 정규화된 인자이다.

$$H_a(j0) = \begin{cases} 1, & N\text{은 홀수} \\ \dfrac{1}{\sqrt{1+\epsilon^2}}, & N\text{은 짝수} \end{cases} \tag{8.56}$$

8.3.6 MATLAB 구현

MATLAB은 차수가 N이고 통과대역 리플이 Rp인 정규화된 제1형 체비셰프 아날로그 원형 필터를 설계하기 위해 `[z,p,k]=cheb1ap(N,Rp)`라는 함수를 제공한다. 이 함수는 영점들을 배열 z에, 극점들을 배열 p에, 이득 값을 k에 저장한다. 임의의 Ω_c를 갖는 정규화되지 않은 제1형 체비셰프 필터는 정규화된 필터의 배열 p를 Ω_c로 크기 조정하여 얻을 수 있다. 버터워스 원형 필터와 같이 이 필터도 영점을 갖고 있지 않다. 정규화되지 않은 이득 k는 식 (8.56)을 이용하여, $s = 0$에서 계산된 정규화되지 않은 분모 다항식과 정규화된 분모 다항식의 비로 정규화된 이득 k를 크기 조정하여 구할 수 있다. 직접형으로 $H_a(s)$를 구해주는 함수 `u_chb1ap(N,Rp,Omegac)`를 사용하여 정규화되지 않은 제1형 체비셰프 아날로그 원형 필터를 설계할 수 있다.

```
function [b,a] = u_chb1ap(N,Rp,Omegac);
% Unnormalized Chebyshev-1 Analog Lowpass Filter Prototype
% ----------------------------------------------------------
% [b,a] = u_chb1ap(N,Rp,Omegac);
%       b = numerator polynomial coefficients
%       a = denominator polynomial coefficients
%       N = Order of the Elliptic Filter
%      Rp = Passband Ripple in dB; Rp > 0
% Omegac = Cutoff frequency in radians/sec
%
[z,p,k] = cheb1ap(N,Rp);  a = real(poly(p));  aNn = a(N+1);
      p = p*Omegac;  a = real(poly(p));  aNu = a(N+1);
      k = k*aNu/aNn;
      b0 = k;  B = real(poly(z));  b = k*B;
```

8.3.7 설계 방정식

Ω_p, Ω_s, R_p, A_S가 주어졌을 때 제1형 체비셰프 필터를 설계하기 위해서는 ϵ, Ω_c, N의 세 가지 매개변수가 필요하다. 방정식 (8.3)과 (8.4)로부터 다음의 식을 얻을 수 있다.

$$\epsilon = \sqrt{10^{0.1R_p} - 1} \qquad \text{그리고} \qquad A = 10^{A_s/20}$$

위에서 살펴본 특성들로부터 다음을 얻을 수 있다.

$$\Omega_c = \Omega_p \qquad \text{그리고} \qquad \Omega_r = \frac{\Omega_s}{\Omega_p} \tag{8.57}$$

차수 N은 다음과 같이 주어진다.

$$g = \sqrt{\left(A^2 - 1\right)/\epsilon^2} \tag{8.58}$$

$$N = \left\lceil \frac{\log_{10}\left[g + \sqrt{g^2 - 1}\right]}{\log_{10}\left[\Omega_r + \sqrt{\Omega_r^2 - 1}\right]} \right\rceil \tag{8.59}$$

이제 식 (8.53), (8.54), (8.55)를 사용하여 $H_a(s)$를 구할 수 있다.

예제 8.5 다음 사양을 만족하는 제1형 체비셰프 저역통과 필터를 설계하라.

통과대역 차단 주파수: $\Omega_p = 0.2\pi$; 통과대역 리플: $R_p = 1$ dB
저지대역 차단 주파수: $\Omega_s = 0.3\pi$; 저지대역 리플: $A_s = 16$ dB

풀이 먼저 필요한 매개변수들을 계산한다.

$$\epsilon = \sqrt{10^{0.1(1)} - 1} = 0.5088 \qquad A = 10^{16/20} = 6.3096$$

$$\Omega_c = \Omega_p = 0.2\pi \qquad \Omega_r = \frac{0.3\pi}{0.2\pi} = 1.5$$

$$g = \sqrt{\left(A^2 - 1\right)/\epsilon^2} = 12.2429 \qquad N = 4$$

이제 $H_a(s)$를 구할 수 있다.

$$\alpha = \frac{1}{\epsilon} + \sqrt{1 + \frac{1}{\epsilon^2}} = 4.1702$$

$$a = 0.5\left(\sqrt[N]{\alpha} - \sqrt[N]{1/\alpha}\right) = 0.3646$$

$$b = 0.5\left(\sqrt[N]{\alpha} + \sqrt[N]{1/\alpha}\right) = 1.0644$$

$H_a(s)$에는 4개의 극점이 있다.

$$p_{0,3} = (a\Omega_c)\cos\left[\frac{\pi}{2}+\frac{\pi}{8}\right] \pm (b\Omega_c)\sin\left[\frac{\pi}{2}+\frac{\pi}{8}\right] = -0.0877 \pm j0.6179$$

$$p_{1,2} = (a\Omega_c)\cos\left[\frac{\pi}{2}+\frac{3\pi}{8}\right] \pm (b\Omega_c)\sin\left[\frac{\pi}{2}+\frac{3\pi}{8}\right] = -0.2117 \pm j0.2559$$

그러므로

$$H_a(s) = \frac{K}{\prod_{k=0}^{3}(s-p_k)} = \frac{\overbrace{0.89125 \times .1103 \times .3895}^{0.03829}}{(s^2+0.1754s+0.3895)\,(s^2+0.4234s+0.1103)}$$

분자가 다음과 같이 됨을 주목하라.

$$H_a(j0) = \frac{1}{\sqrt{1+\epsilon^2}} = 0.89125$$

8.3.8 MATLAB 구현

어떤 사양이 주어진 제1형 체비셰프 아날로그 저역통과 필터를 설계하기 위해, u_chb1ap 함수를 이용하여 만든 afd_chb1이란 함수를 사용한다. 이 함수는 예제 8.5와 같은 절차를 이용하고, 그 내용은 다음과 같다.

```
function [b,a] = afd_chb1(Wp,Ws,Rp,As);
% Analog Lowpass Filter Design: Chebyshev-1
% -----------------------------------------
% [b,a] = afd_chb1(Wp,Ws,Rp,As);
%  b = Numerator coefficients of Ha(s)
%  a = Denominator coefficients of Ha(s)
% Wp = Passband edge frequency in rad/sec; Wp > 0
% Ws = Stopband edge frequency in rad/sec; Ws > Wp > 0
% Rp = Passband ripple in +dB; (Rp > 0)
% As = Stopband attenuation in +dB; (As > 0)
%
if Wp <= 0
        error('Passband edge must be larger than 0')
end
if Ws <= Wp
        error('Stopband edge must be larger than Passband edge')
end
if (Rp <= 0) | (As < 0)
        error('PB ripple and/or SB attenuation ust be larger than 0')
end

ep = sqrt(10^(Rp/10)-1);   A = 10^(As/20);
OmegaC = Wp;   OmegaR = Ws/Wp;   g = sqrt(A*A-1)/ep;
N = ceil(log10(g+sqrt(g*g-1))/log10(OmegaR+sqrt(OmegaR*OmegaR-1)));
fprintf('\n*** Chebyshev-1 Filter Order = %2.0f \n',N)
[b,a]=u_chb1ap(N,Rp,OmegaC);
```

예제 8.6 MATLAB을 사용하여 예제 8.5에 주어진 제1형 체비셰프 아날로그 저역통과 필터를 설계하라.

풀이 MATLAB 코드:

```
>> Wp = 0.2*pi; Ws = 0.3*pi; Rp = 1; As = 16;
>> Ripple = 10 ^ (-Rp/20); Attn = 10 ^ (-As/20);
>> % Analog filter design:
>> [b,a] = afd_chb1(Wp,Ws,Rp,As);
*** Chebyshev-1 Filter Order =  4
>> % Calculation of second-order sections:
>> [C,B,A] = sdir2cas(b,a)
C = 0.0383
B = 0      0      1
A = 1.0000    0.4233    0.1103
    1.0000    0.1753    0.3895
>> % Calculation of Frequency Response:
>> [db,mag,pha,w] = freqs_m(b,a,0.5*pi);
>> % Calculation of Impulse response:
>> [ha,x,t] = impulse(b,a);
```

다음과 같이 주어지는 4차 제1형 체비셰프 필터의 시스템 함수가 사양을 만족시킨다.

$$H_a(s) = \frac{0.0383}{(s^2 + 4233s + 0.1103)\,(s^2 + 0.1753s + 0.3895)}$$

이 필터의 그래프는 그림 8.16에 나타내었다.

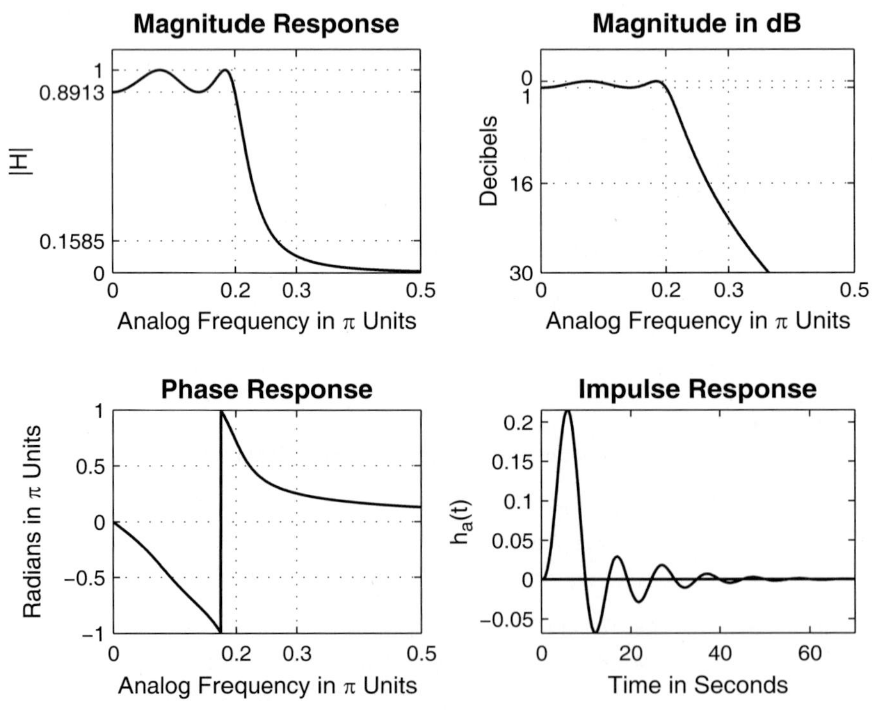

그림 8.16 예제 8.6의 제1형 체비셰프 아날로그 필터

제2형 체비셰프 필터는 제1형 체비셰프 필터의 간단한 변환을 통해 얻을 수 있다. 이 필터는 단조적 통과대역과 등리플 저지대역을 갖는다. 이는 이 필터가 s평면에서 극점과 영점을 모두 가짐을 의미한다. 그러므로 제2형 체비셰프 원형 필터는 제1형보다 통과대역에서의 군지연(group delay) 특성이 좋다(즉, 위상 응답이 더 선형적이다). 식 (8.52)에서 $\epsilon^2 T_N^2(\Omega/\Omega_c)$ 항을 그 역수로 바꾸고, 인수 $x = \Omega/\Omega_c$도 그 역수로 바꿔주면, 다음과 같은 제2형 체비셰프 필터의 크기 제곱 응답을 얻을 수 있다. 2차 체비셰프 필터의 크기 제곱 주파수 응답은 다음과 같다.

$$|H_a(j\Omega)|^2 = \frac{1}{1 + [\epsilon^2 T_N^2(\Omega_c/\Omega)]^{-1}} \tag{8.60}$$

제2형 체비셰프 필터를 설계하는 한 가지 접근 방법은 먼저 상응하는 제1형 체비셰프 필터를 설계한 후 위의 간단한 변환을 적용하는 것이다. 상세한 내용을 검토하진 않지만 제2형 체비셰프 필터를 설계하기 위해 MATLAB 함수를 사용할 것이다.

8.3.9 MATLAB 구현

MATLAB은 차수가 N이고 저지대역 리플이 As인 **정규화된** 제2형 체비셰프 아날로그 원형 필터를 설계하기 위해 `[z,p,k]=cheb2ap(N,As)`라는 함수를 제공한다. 이 함수는 영점들을 배열 z에, 극점들을 배열 p에, 이득 값을 k에 저장한다. 임의의 Ω_c를 갖는 정규화되지 않은 제2형 체비셰프 필터는 정규화된 필터의 배열 p를 Ω_c로 크기 조정하여 얻을 수 있다. 이 필터는 영점도 갖고 있기 때문에 배열 z도 Ω_c로 크기 조정을 해야 한다. 정규화되지 않은 이득 k는 식 (8.56)을 이용하여, $s = 0$에서 계산된 정규화되지 않은 유리 다항식과 정규화된 유리 다항식의 비로 정규화된 이득 k를 크기 조정하여 구할 수 있다. 직접형으로 $H_a(s)$를 구해주는 함수 `u_chb2ap(N,As,Omegac)`를 사용하여, 정규화되지 않은 제2형 체비셰프 아날로그 원형 필터를 설계할 수 있다.

```
function [b,a] = u_chb2ap(N,As,Omegac);
% Unnormalized Chebyshev-2 Analog Lowpass Filter Prototype
% -----------------------------------------------------------
% [b,a] = u_chb2ap(N,As,Omegac);
%      b = numerator polynomial coefficients
%      a = denominator polynomial coefficients
%      N = Order of the Elliptic Filter
%     As = Stopband Ripple in dB; As > 0
% Omegac = Cutoff frequency in radians/sec
%
[z,p,k] = cheb2ap(N,As);
      a = real(poly(p));   aNn = a(N+1);
      p = p*Omegac;   a = real(poly(p));   aNu = a(N+1);
      b = real(poly(z));   M = length(b);   bNn = b(M);
      z = z*Omegac;   b = real(poly(z));   bNu = b(M);
      k = k*(aNu*bNn)/(aNn*bNu);
     b0 = k;   b = k*b;
```

제2형 체비셰프 원형 필터의 설계 방정식은, 리플이 저지대역에 있기 때문에 $\Omega_c = \Omega_s$라는 점만 제외하면 제1형의 경우와 유사하다. 그러므로 afd_chb1 함수와 유사하게 제2형 체비셰프 원형 필터를 위한 afd_chb2라는 함수를 만들 수 있다.

```
function [b,a] = afd_chb2(Wp,Ws,Rp,As);
% Analog Lowpass Filter Design: Chebyshev-2
% -----------------------------------------
% [b,a] = afd_chb2(Wp,Ws,Rp,As);
%  b = Numerator coefficients of Ha(s)
%  a = Denominator coefficients of Ha(s)
% Wp = Passband edge frequency in rad/sec; Wp > 0
% Ws = Stopband edge frequency in rad/sec; Ws > Wp > 0
% Rp = Passband ripple in +dB; (Rp > 0)
% As = Stopband attenuation in +dB; (As > 0)
%
if Wp <= 0
        error('Passband edge must be larger than 0')
end
if Ws <= Wp
        error('Stopband edge must be larger than Passband edge')
end
if (Rp <= 0) | (As < 0)
        error('PB ripple and/or SB attenuation ust be larger than 0')
end

ep = sqrt(10^(Rp/10)-1);  A = 10^(As/20);
OmegaC = Wp;  OmegaR = Ws/Wp;  g = sqrt(A*A-1)/ep;
N = ceil(log10(g+sqrt(g*g-1))/log10(OmegaR+sqrt(OmegaR*OmegaR-1)));
fprintf('\n*** Chebyshev-2 Filter Order = %2.0f \n',N)
[b,a]=u_chb2ap(N,As,Ws);
```

예제 8.7 예제 8.5에 주어진 사양을 만족시키는 제2형 체비셰프 아날로그 저역통과 필터를 설계하라.

통과대역 차단 주파수: $\Omega_p = 0.2\pi$; 통과대역 리플: $R_p = 1$ dB

저지대역 차단 주파수: $\Omega_s = 0.3\pi$; 저지대역 리플: $A_s = 16$ dB

풀이 MATLAB 코드:

```
>> Wp = 0.2*pi; Ws = 0.3*pi; Rp = 1; As = 16;
>> Ripple = 10 ^ (-Rp/20); Attn = 10 ^ (-As/20);
>> % Analog filter design:
>> [b,a] = afd_chb2(Wp,Ws,Rp,As);
*** Chebyshev-2 Filter Order =  4
>> % Calculation of second-order sections:
>> [C,B,A] = sdir2cas(b,a)
C = 0.1585
B = 1.0000         0    6.0654
    1.0000         0    1.0407
```

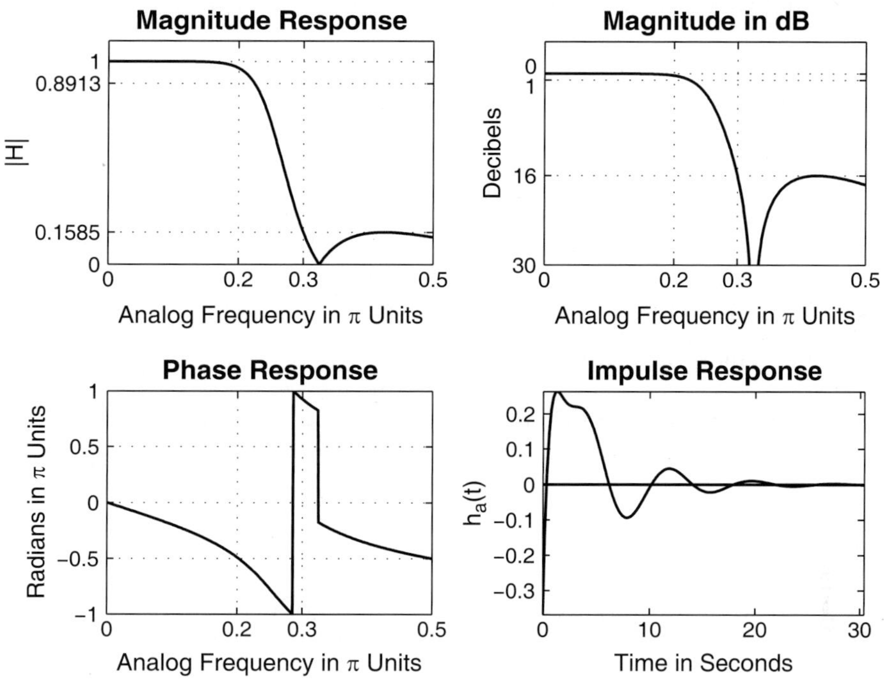

그림 8.17 예제 8.7의 제2형 체비셰프 아날로그 필터

```
A = 1.0000    1.9521    1.4747
    1.0000    0.3719    0.6784
>> % Calculation of Frequency Response:
>> [db,mag,pha,w] = freqs_m(b,a,0.5*pi);
>> % Calculation of Impulse response:
>> [ha,x,t] = impulse(b,a);
```

다음과 같이 주어지는 4차 제2형 체비셰프 필터의 시스템 함수가 사양을 만족시킨다.

$$H_a(s) = \frac{0.1585\left(s^2+6.0654\right)\left(s^2+1.0407\right)}{\left(s^2+1.9521s+1.4747\right)\left(s^2+0.3719s+0.6784\right)}$$

이 필터의 그래프는 그림 8.17에 나타내었다.

8.3.10 타원형 저역통과 필터

이 필터는 저지대역과 통과대역 모두에서 등리플 응답을 나타낸다. 이 필터의 크기 응답 특성은 FIR 등리플 필터의 경우와 유사하다. 그러므로 타원형 필터는 주어진 사양에 대해 최소의 차수 N을 얻을 수 있다는 점에서 최적의 필터이다. 다시 말해, 주어진 차수 N에 대해 가장 가파른 전이대역을 얻을 수 있다는 것이다. 따라서 이 필터를 분석하고 설계하는 일은 매우 어렵다. 간단한 도구를 사용하여 이 필터를 설계할 수는 없으며, 종종 프로그램이나 표를 사용한다.

이 필터의 크기 제곱 응답은 다음과 같이 주어진다.

$$|H_a(j\Omega)|^2 = \frac{1}{1+\epsilon^2 U_N^2\left(\dfrac{\Omega}{\Omega_c}\right)} \tag{8.61}$$

여기서 N은 필터의 차수이고, ϵ은 R_p와 관계 있는 통과대역 리플 인자이다. 그리고 $U_N(\cdot)$은 N차의 야코비안(Jacobian) 타원 함수이다. 이 함수의 분석은 피상적인 수준조차도 이 책의 범위를 넘어선다. 위의 응답식 (8.61)과 체비셰프 필터의 응답식 (8.52)의 유사성을 주목하라. N이 홀수일 경우와 짝수일 경우의 전형적인 응답을 다음 그림에 나타내었다.

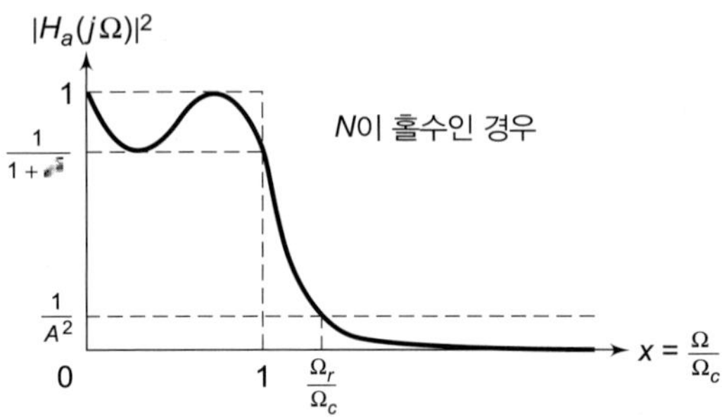

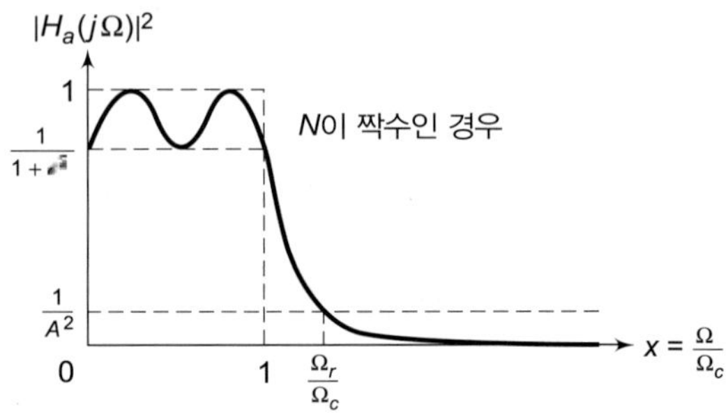

8.3.11 필터 차수 N의 계산

비록 식 (8.61)의 분석은 어렵지만 차수 계산 공식은 매우 간결하고, 여러 교재[18, 23, 24]에서 볼 수 있다. 그 식은 다음과 같다.

$$N = \frac{K(k)K\left(\sqrt{1-k_1^2}\right)}{K\left(k_1\right)K\left(\sqrt{1-k^2}\right)} \tag{8.62}$$

여기서

$$k = \frac{\Omega_p}{\Omega_s}, \quad k_1 = \frac{\epsilon}{\sqrt{A^2-1}}$$

그리고

$$K(x) = \int_0^{\pi/2} \frac{d\theta}{\sqrt{1-x^2\sin^2\theta}}$$

은 제1종 완전 타원 적분이다. MATLAB은 위 적분을 수치적으로 계산하는 `ellipke` 함수를 제공한다. 차수 N을 계산하고 타원형 필터를 설계하기 위해 이 함수를 사용할 것이다.

8.3.12 MATLAB 구현

MATLAB은 차수가 N, 통과대역 리플이 Rp, 저지대역 감쇠가 As인 **정규화된** 타원형 아날로그 원형 필터를 설계하기 위해 [z,p,k]=ellipap(N,Rp,As)라는 함수를 제공한다. 이 함수는 영점들을 배열 z에, 극점들을 배열 p에, 이득 값을 k에 저장한다. 임의의 Ω_c를 갖는 정규화되지 않은 타원형 필터는 정규화된 필터의 배열 p와 z를 Ω_c로 크기 조정하여 얻을 수 있다. 정규화되지 않은 이득 k는, $s = 0$에서 계산된 정규화되지 않은 유리 다항식과 정규화된 유리 다항식의 비로 정규화된 이득 k를 크기 조정하여 구할 수 있다. 직접형으로 $H_a(s)$를 구해주는 함수 u_elipap(N,Rp,As,Omegac)를 사용하여, 정규화되지 않은 타원형 아날로그 원형 필터를 설계할 수 있다.

```
function [b,a] = u_elipap(N,Rp,As,Omegac);
% Unnormalized Elliptic Analog Lowpass Filter Prototype
% -----------------------------------------------------
% [b,a] = u_elipap(N,Rp,As,Omegac);
%       b = numerator polynomial coefficients
%       a = denominator polynomial coefficients
%       N = Order of the Elliptic Filter
%      Rp = Passband Ripple in dB; Rp > 0
%      As = Stopband Attenuation in dB; As > 0
% Omegac = Cutoff frequency in radians/sec
%
[z,p,k] = ellipap(N,Rp,As);
      a = real(poly(p));  aNn = a(N+1);
      p = p*Omegac;  a = real(poly(p));  aNu = a(N+1);
      b = real(poly(z));  M = length(b);  bNn = b(M);
      z = z*Omegac;  b = real(poly(z));  bNu = b(M);
      k = k*(aNu*bNn)/(aNn*bNu);
     b0 = k;  b = k*b;
```

어떤 사양이 주어진 타원형 아날로그 저역통과 필터를 설계하기 위해, afd_elip라는 함수를 사용한다. 이 함수는 식 (8.62)에 주어진 필터 차수 계산 공식을 사용하고, 그 내용은 다음과 같다.

```
function [b,a] = afd_elip(Wp,Ws,Rp,As);
% Analog Lowpass Filter Design: Elliptic
% -------------------------------------
% [b,a] = afd_elip(Wp,Ws,Rp,As);
%  b = Numerator coefficients of Ha(s)
%  a = Denominator coefficients of Ha(s)
% Wp = Passband edge frequency in rad/sec; Wp > 0
% Ws = Stopband edge frequency in rad/sec; Ws > Wp > 0
% Rp = Passband ripple in +dB; (Rp > 0)
% As = Stopband attenuation in +dB; (As > 0)
%
if Wp <= 0
        error('Passband edge must be larger than 0')
```

```
end
if Ws <= Wp
        error('Stopband edge must be larger than Passband edge')
end
if (Rp <= 0) | (As < 0)
        error('PB ripple and/or SB attenuation ust be larger than 0')
end

ep = sqrt(10^(Rp/10)-1);  A = 10^(As/20);
OmegaC = Wp;  k = Wp/Ws;  k1 = ep/sqrt(A*A-1);
capk = ellipke([k.^2 1-k.^2]); % Version 4.0 code
capk1 = ellipke([(k1 .^2) 1-(k1 .^2)]); % Version 4.0 code
N = ceil(capk(1)*capk1(2)/(capk(2)*capk1(1)));
fprintf('\n*** Elliptic Filter Order = %2.0f \n',N)
[b,a]=u_elipap(N,Rp,As,OmegaC);
```

예제 8.8 예제 8.5에 주어진 사양을 만족시키는 타원형 아날로그 저역통과 필터를 설계하라.

$$\Omega_p = 0.2\pi,\ R_p = 1\,\text{dB}$$
$$\Omega_s = 0.3\pi,\ A_s = 16\,\text{db}$$

풀이 MATLAB 코드:

```
>> Wp = 0.2*pi; Ws = 0.3*pi; Rp = 1; As = 16;
>> Ripple = 10 ^ (-Rp/20); Attn = 10 ^ (-As/20);
>> % Analog filter design:
>> [b,a] = afd_elip(Wp,Ws,Rp,As);
*** Elliptic Filter Order =  3
>> % Calculation of second-order sections:
>> [C,B,A] = sdir2cas(b,a)
C = 0.2740
B = 1.0000         0    0.6641
A = 1.0000    0.1696    0.4102
         0    1.0000    0.4435
>> % Calculation of Frequency Response:
>> [db,mag,pha,w] = freqs_m(b,a,0.5*pi);
>> % Calculation of Impulse response:
>> [ha,x,t] = impulse(b,a);
```

다음과 같이 주어지는 3차 타원형 필터의 시스템 함수가 사양을 만족시킨다.

$$H_a(s) = \frac{0.274\left(s^2 + 0.6641\right)}{(s^2 + 0.1696s + 0.4102)\,(s + 0.4435)}$$

이 필터의 그래프는 그림 8.18에 나타내었다.

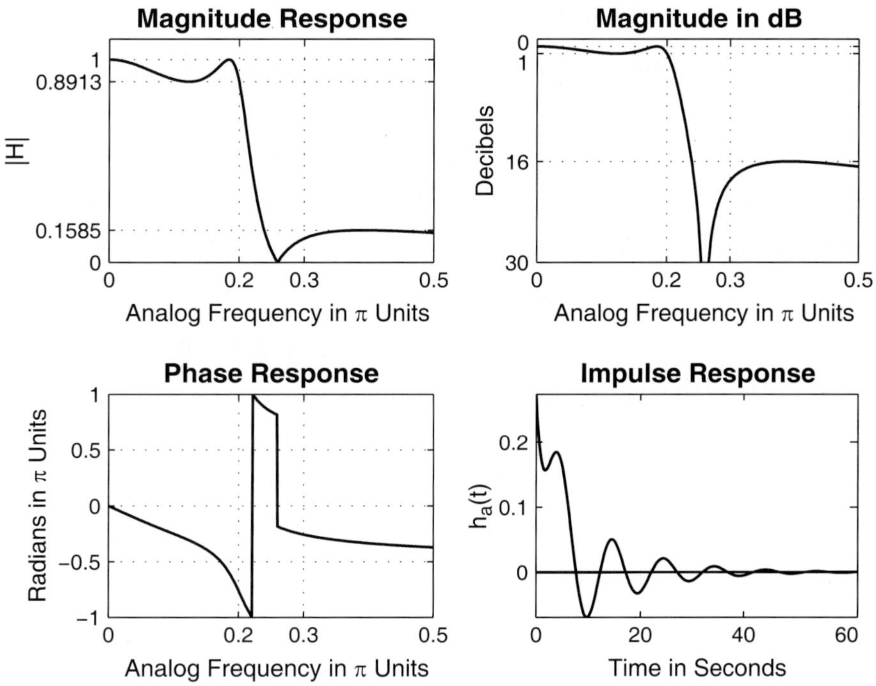

그림 8.18 예제 8.8의 타원형 아날로그 저역통과 필터

8.3.13 원형 필터들의 위상 응답

타원형 필터는 크기 제곱 응답에 있어서 최적의 기능을 나타낸다. 그러나 이 필터는 통과대역에서 매우 비선형적인 위상 응답을 갖는다. 이것은 여러 응용에서 바람직하지 않은 것이다. 비록 설계할 때는 위상 응답에 대해 신경 쓰지 않았으나, 위상은 여전히 전체 시스템에 있어 중요한 문제이다. 기능이 가장 나쁜 것은 버터워스 필터이다. 이것은 최대한으로 평평한 크기 응답을 갖고, 같은 저지대역 사양을 달성하기 위해 더 높은 차수의 N(즉, 더 많은 극점)을 필요로 한다. 그러나 버터워스 필터는 통과대역에서 상당히 선형적인 위상 응답을 나타낸다. 그러므로 실제 응용에서는 버터워스 필터, 체비셰프 필터, 타원형 필터 모두를 고려한다. 어떤 것을 선택하느냐는 필터의 차수(이것은 처리 속도와 구현의 복잡성에 영향을 미친다)와 위상 특성(이것은 왜곡을 결정한다)에 달려 있다.

8.4 아날로그-디지털 필터 변환

아날로그 필터를 설계하는 여러 방법을 살펴봤으므로, 이제 이를 디지털 필터로 바꿀 준비가 되었다. 이 변환은 여러 문헌에서 폭넓게 연구된 복소수 사상으로, 아날로그 필터와 디지털 필터의 여러 측면을 유지함으로써 유도할 수 있다. 만약 아날로그 필터와 디지털 필터의 임펄스 응답 모양을 유지하고자 한다면, 임펄스 불변(impulse invariance) 변환이라는 기법을 사용한다. 만약 미분 방정식 표현을 그에 상당하는 차분 방정식 표현으로 바꾸고자 한다면, 유한 차분 근사(finite difference approximation) 기법을 사용한다. 그 밖에도 수많은 기법이 가능하다. 스텝 불변(step invariance) 기법은 계단 응답(step response)의 모양을 유지한다. 이것은 연습문제 P8.24에서 다룬다. 스텝 불변 기법과 비슷한 정합(matched) z-변환이 있는데, 이는 극-영점 표현을 일치시키는 것이다. 이 내용은 이 장의 마지막에서 다루며 연습문제 P8.26에서 탐구할 것이다. 실제로 사용하는 가장 유명한 기법은 **쌍일차 변환**(bilinear transformation)이라는 것으로, 아날로그 영역과 디지털 영역에서의 시스템 함수 표현이 유지된다. 이 절에서는 차분 근사 기법, 임펄스 불변법과 쌍일차 변환에 대해 자세히 살펴본다. 이 두 가지는 MATLAB에서 쉽게 구현할 수 있다.

8.4.1 임펄스 불변 변환

이 설계의 목적은 디지털 필터의 임펄스 응답을 주파수 선택형 아날로그 필터의 임펄스 응답과 근사시키는 것이다. 그러므로 $h(n)$을 얻기 위해 샘플링 간격 T로 $h_a(t)$의 샘플을 추출한다. 즉,

$$h(n) = h_a(nT)$$

여기서 T는 샘플들이 $h_a(t)$의 모양을 나타낼 수 있도록 선택한다. 이것은 샘플링 연산이기 때문에, 아날로그와 디지털의 주파수는 다음과 같은 관계를 갖는다.

$$\omega = \Omega T \quad \text{또는} \quad e^{j\omega} = e^{j\Omega T}$$

$z = e^{j\omega}$은 단위원 위에 있고, $s = j\Omega$는 허수축에 있으므로, s평면과 z평면으로부터 다음과 같은 변환을 갖는다.

$$z = e^{sT} \tag{8.63}$$

시스템 함수 $H(z)$와 $H_a(s)$는 주파수 영역 에일리어싱 공식 (3.31)로부터 다음과 같은 관계가 있다.

$$H(z) = \frac{1}{T} \sum_{k=-\infty}^{\infty} H_a\left(s - j\frac{2\pi}{T}k\right)$$

$z = e^{sT}$의 사상을 이용한 복소평면 변환을 그림 8.19에 나타내었다. 이로부터 다음과 같은 사실을 관찰할 수 있다.

1. $\sigma = \text{Re}(s)$라 하면,

$\sigma < 0$인 부분은 $|z| < 1$(단위원 안쪽)로 사상한다.

$\sigma = 0$인 부분은 $|z| = 1$(단위원 위)로 사상한다.

$\sigma > 0$인 부분은 $|z| > 1$(단위원 바깥쪽)로 사상한다.

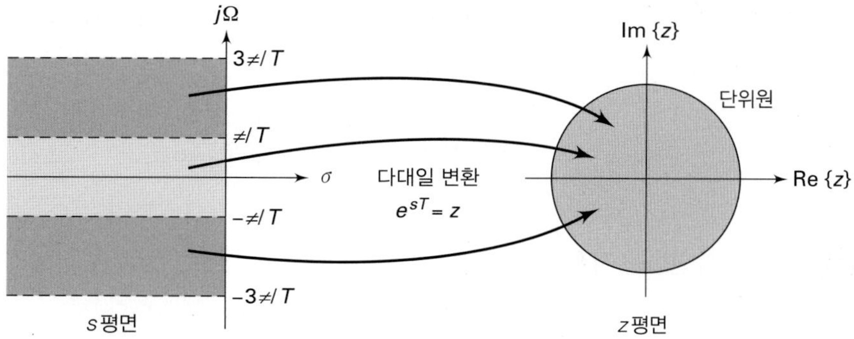

그림 8.19 임펄스 불변 변환에서의 복소평면 사상

2. 위에 있는 폭이 $2\pi/T$인 모든 반무한(semi-infinite) 조각은 $|z| < 1$로 사상한다. 그러므로 이 사상은 유일하지 않은 다대일(many-to-one) 사상이다.
3. s평면의 좌반평면이 단위원 안으로 사상하므로 인과적 안정 아날로그 필터는 인과적이고 안정적인 디지털 필터로 사상한다.
4. $|\Omega| \geq \pi/T$에서 $H_a(j\Omega) = H_a(j\omega/T) = 0$이면,

$$H(e^{j\omega}) = \frac{1}{T}H_a(j\omega/T), \quad |\omega| \leq \pi$$

이고, 에일리어싱이 없다. 그러나 어떤 유한 차수의 아날로그 필터도 완전하게 대역 제한적일 수는 없다. 따라서 이 설계 과정에서는 약간의 에일리어싱 오차가 발생하고, 그 결과 이 설계 방법에서 샘플링 간격 T는 큰 역할을 하지 못한다.

8.4.2 설계 과정

디지털 저역통과 필터의 사양 ω_p, ω_s, R_p, A_s가 주어지면, 먼저 그에 해당하는 아날로그 필터를 설계하여 $H(z)$를 결정한 후, 이것을 사상하여 원하는 디지털 필터를 얻는다. 이 과정에 필요한 단계는 다음과 같다.

1. T를 선택하고 아날로그 주파수를 다음과 같이 결정한다.

$$\Omega_p = \frac{\omega_p}{T_p} \qquad \text{그리고} \qquad \Omega_s = \frac{\omega_s}{T}$$

2. 사양 Ω_p, Ω_s, R_p, A_s를 사용하여 아날로그 필터 $H_a(s)$를 설계한다. 이것은 앞 절에서 살펴본 세 가지 원형(버터워스, 체비셰프, 타원형) 중에서 하나를 사용하여 할 수 있다.
3. 부분 분수 전개를 이용하여 $H_a(s)$를 다음과 같이 전개한다.

$$H_a(s) = \sum_{k=1}^{N} \frac{R_k}{s - p_k}$$

4. 이제 아날로그 극점 $\{p_k\}$를 디지털 극점 $\{e^{p_k T}\}$로 변환하여, 다음과 같은 디지털 필터를 얻는다.

$$H(z) = \sum_{k=1}^{N} \frac{R_k}{1 - e^{p_k T} z^{-1}} \tag{8.64}$$

예제 8.9 임펄스 불변법을 사용하여

$$H_a(s) = \frac{s+1}{s^2+5s+6}$$

를 디지털 필터 $H(z)$로 변환하라. $T = 0.1$로 한다.

풀이 먼저 부분 분수 전개를 이용하여 $H_a(s)$를 다음과 같이 전개한다.

$$H_a(s) = \frac{s+1}{s^2+5s+6} = \frac{2}{s+3} - \frac{1}{s+2}$$

극점은 $p_1 = -3$, $p_2 = -2$이다. 그러면 식 (8.64)와 $T = 0.1$을 사용하여 다음의 식을 얻을 수 있다.

$$H(z) = \frac{2}{1 - e^{-3T} z^{-1}} - \frac{1}{1 - e^{-2T} z^{-1}} = \frac{1 - 0.8966z^{-1}}{1 - 1.5595z^{-1} + 0.6065z^{-2}}$$

임펄스 불변법 사상을 구현하는 MATLAB 함수를 만드는 일은 어렵지 않다. $H_a(s)$의 유리 함수 표현이 주어졌을 때, `residue` 함수를 사용하여 극-영점 표현을 얻을 수 있다. 그러고 나서 식 (8.63)을 사용하여 각각의 아날로그 극점을 디지털 극점으로 사상한다. 마지막으로, $H(z)$를 유리함수 형태로 바꾸기 위해 `residuez` 함수를 사용한다. 이 과정을 `imp_invr` 함수에 나타내었다.

```
function [b,a] = imp_invr(c,d,T)
% Impulse Invariance Transformation from Analog to Digital Filter
% ----------------------------------------------------------------
% [b,a] = imp_invr(c,d,T)
%  b = Numerator polynomial in z^(-1) of the digital filter
%  a = Denominator polynomial in z^(-1) of the digital filter
%  c = Numerator polynomial in s of the analog filter
%  d = Denominator polynomial in s of the analog filter
%  T = Sampling (transformation) parameter
%
[R,p,k] = residue(c,d);  p = exp(p*T);
[b,a] = residuez(R,p,k);  b = real(b'); a = real(a');
```

MATLAB의 SP 도구상자는 위와 비슷한 기능을 수행하는 `impinvar` 함수도 제공한다. ■

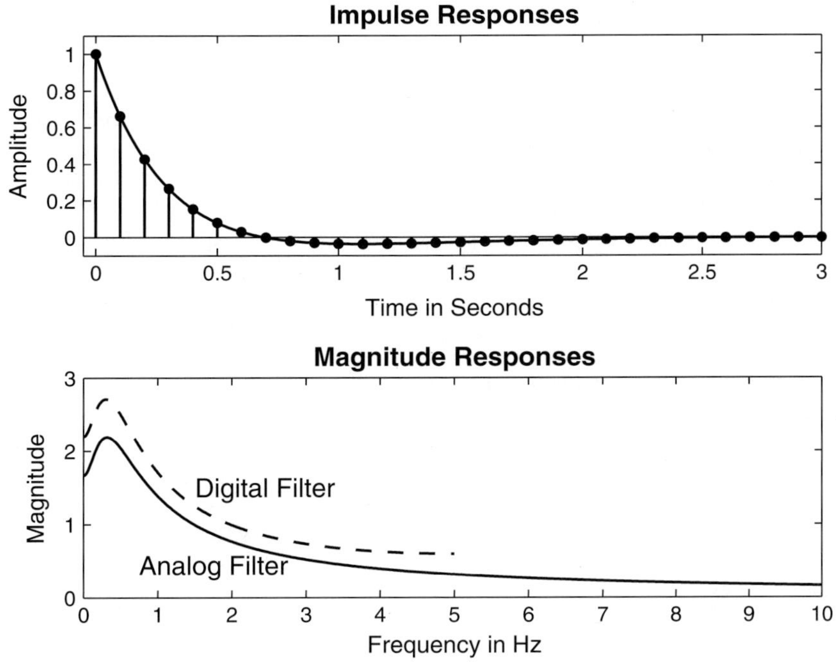

그림 8.20 예제 8.10의 임펄스 응답과 주파수 응답

예제 8.10 예제 8.9의 시스템 함수에 대해 imp_invr 함수를 사용해보라.

풀이 MATLAB 코드:

```
>> c = [1,1]; d = [1,5,6]; T = 0.1;
>> [b,a] = imp_invr(c,d,T)
b =   1.0000   -0.8966
a =   1.0000   -1.5595    0.6065
```

예상대로 디지털 필터는 다음과 같다.

$$H(z) = \frac{1 - 0.8966z^{-1}}{1 - 1.5595z^{-1} + 0.6065z^{-2}}$$

설계한 디지털 필터와 아날로그 필터의 임펄스 응답과 크기 응답(샘플링 주파수 $1/T$까지)을 그림 8.20에 나타내었다. 주파수 영역에서의 에일리어싱이 명백히 나타난다.

다음의 몇몇 예제에서 세 가지 원형 필터의 임펄스 불변 설계 과정을 설명할 것이다.

예제 8.11 버터워스 원형 필터를 사용하여 다음 사양을 만족하는 디지털 저역통과 필터를 설계하라.

$$\omega_p = 0.2\pi,\ R_p = 1 \text{ dB}$$
$$\omega_s = 0.3\pi,\ A_s = 15 \text{ dB}$$

풀이 설계 과정은 다음의 MATLAB 코드에 나타내었다.

```
>> % Digital Filter Specifications:
>> wp = 0.2*pi;                              % digital Passband freq in Hz
>> ws = 0.3*pi;                              % digital Stopband freq in Hz
>> Rp = 1;                                   % Passband ripple in dB
>> As = 15;                                  % Stopband attenuation in dB
>> % Analog Prototype Specifications: Inverse mapping for frequencies
>> T = 1;                                    % Set T=1
>> OmegaP = wp / T;                          % Prototype Passband freq
>> OmegaS = ws / T;                          % Prototype Stopband freq

>> % Analog Butterworth Prototype Filter Calculation:
>> [cs,ds] = afd_butt(OmegaP,OmegaS,Rp,As);
*** Butterworth Filter Order =  6

>> % Impulse Invariance transformation:
>> [b,a] = imp_invr(cs,ds,T);  [C,B,A] = dir2par(b,a)
C =  []
B = 1.8557   -0.6304
   -2.1428    1.1454
    0.2871   -0.4466
A = 1.0000   -0.9973    0.2570
    1.0000   -1.0691    0.3699
    1.0000   -1.2972    0.6949
```

설계된 필터는 다음과 같이 병렬형으로 주어진 시스템 함수 $H(z)$를 갖는 6차 버터워스 필터

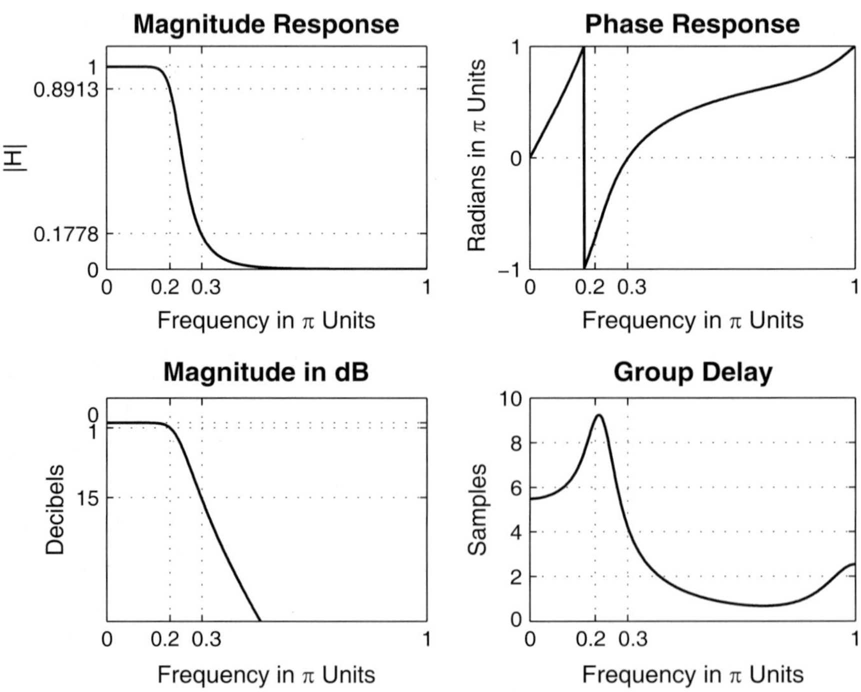

그림 8.21 임펄스 불변법 설계를 이용한 디지털 버터워스 저역통과 필터

이다.

$$H(z) = \frac{1.8587 - 0.6304z^{-1}}{1 - 0.9973z^{-1} + 0.257z^{-2}} + \frac{-2.1428 + 1.1454z^{-1}}{1 - 1.0691z^{-1} + 0.3699z^{-2}} + \frac{0.2871 - 0.4463z^{-1}}{1 - 1.2972z^{-1} + 0.6449z^{-2}}$$

주파수 응답 그래프를 그림 8.21에 나타내었다.

예제 8.12 제1형 체비셰프 원형 필터를 사용하여 다음 사양을 만족하는 디지털 저역통과 필터를 설계하라.

$$\omega_p = 0.2\pi,\ R_p = 1\text{ dB}$$
$$\omega_s = 0.3\pi,\ A_s = 15\text{ dB}$$

풀이 설계 과정은 다음의 MATLAB 코드에 나타내었다.

```
>> % Digital Filter Specifications:
>> wp = 0.2*pi;                          % digital Passband freq in rad
>> ws = 0.3*pi;                          % digital Stopband freq in rad
>> Rp = 1;                               % Passband ripple in dB
>> As = 15;                              % Stopband attenuation in dB

>> % Analog Prototype Specifications: Inverse mapping for frequencies
>> T = 1;                                % Set T=1
>> OmegaP = wp / T;                      % Prototype Passband freq
>> OmegaS = ws / T;                      % Prototype Stopband freq
>> % Analog Chebyshev-1 Prototype Filter Calculation:
>> [cs,ds] = afd_chb1(OmegaP,OmegaS,Rp,As);
*** Chebyshev-1 Filter Order =  4

>> % Impulse Invariance transformation:
>> [b,a] = imp_invr(cs,ds,T);  [C,B,A] = dir2par(b,a)
C =  []
B =-0.0833   -0.0246
    0.0833    0.0239
A = 1.0000   -1.4934    0.8392
    1.0000   -1.5658    0.6549
```

설계된 필터는 다음과 같은 시스템 함수 $H(z)$를 갖는 4차 제1형 체비셰프 필터이다.

$$H(z) = \frac{-0.0833 - 0.0246z^{-1}}{1 - 1.4934z^{-1} + 0.8392z^{-2}} + \frac{-0.0833 + 0.0239z^{-1}}{1 - 1.5658z^{-1} + 0.6549z^{-2}}$$

주파수 응답 그래프를 그림 8.22에 나타내었다.

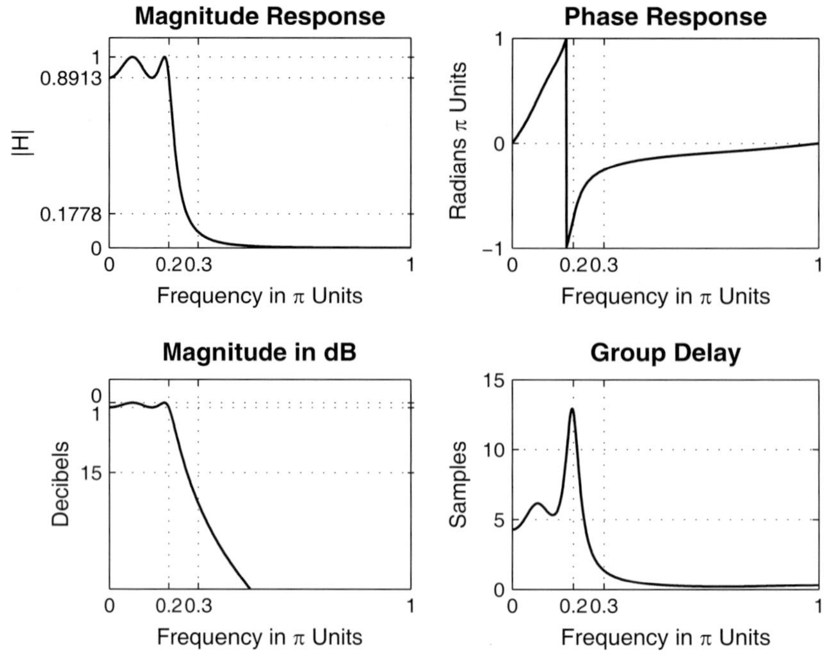

그림 8.22 임펄스 불변법 설계를 이용한 디지털 제1형 체비셰프 저역통과 필터

예제 8.13 제2형 체비셰프 원형 필터를 사용하여 다음 사양을 만족하는 디지털 저역통과 필터를 설계하라.

$$\omega_p = 0.2\pi,\ R_p = 1\ \text{dB}$$
$$\omega_s = 0.3\pi,\ A_s = 15\ \text{dB}$$

풀이 제2형 체비셰프 필터는 저지대역에서 등리플임을 상기하라. 이것은 이 아날로그 필터가 저지대역의 높은 주파수에서 0으로 가지 않는 응답을 가짐을 의미한다. 그러므로 임펄스 불변 변환 후에 에일리어싱 영향이 현저하게 나타난다. 이것은 통과대역 응답의 질을 떨어뜨린다. MATLAB 코드는 다음과 같다.

```
>> % Digital Filter Specifications:
>> wp = 0.2*pi;                          % digital Passband freq in rad
>> ws = 0.3*pi;                          % digital Stopband freq in rad
>> Rp = 1;                               % Passband ripple in dB
>> As = 15;                              % Stopband attenuation in dB

>> % Analog Prototype Specifications: Inverse mapping for frequencies
>> T = 1;                                % Set T=1
>> OmegaP = wp / T;                      % Prototype Passband freq
>> OmegaS = ws / T;                      % Prototype Stopband freq

>> % Analog Chebyshev-1 Prototype Filter Calculation:
>> [cs,ds] = afd_chb2(OmegaP,OmegaS,Rp,As);
*** Chebyshev-2 Filter Order =  4

>> % Impulse Invariance transformation:
>> [b,a] = imp_invr(cs,ds,T);   [C,B,A] = dir2par(b,a);
```

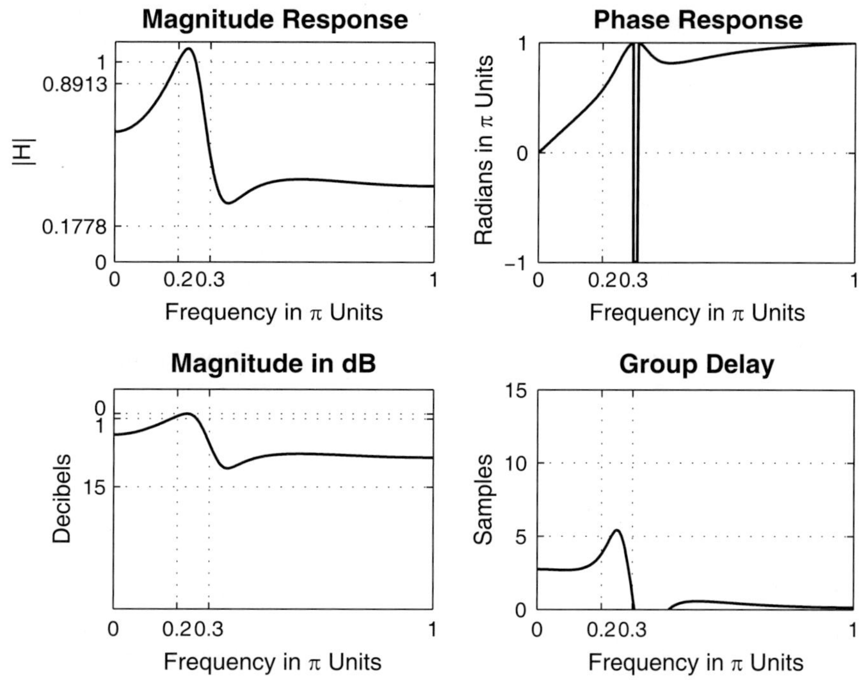

그림 8.23 임펄스 불변법 설계를 이용한 디지털 제2형 체비셰프 저역통과 필터

주파수 응답 그래프를 그림 8.23에 나타내었다. 이 그림으로부터 통과대역과 저지대역에서의 모양이 나빠졌음을 확실히 알 수 있다. 따라서 임펄스 불변 설계 기법으로는 원하는 디지털 필터를 만들 수 없다.

예제 8.14 타원 원형 필터를 사용하여 다음 사양을 만족하는 디지털 저역통과 필터를 설계하라.

$$\omega_p = 0.2\pi,\ R_p = 1 \text{ dB}$$
$$\omega_s = 0.3\pi,\ A_s = 15 \text{ dB}$$

풀이 타원형 필터는 통과대역과 저지대역 모두에서 등리플이다. 그러므로 이것은 제2형 체비셰프 필터의 경우와 유사하다. 따라서 좋은 디지털 필터를 만들 수 없다. MATLAB 코드는 다음과 같다.

```
>> % Digital Filter Specifications:
>> wp = 0.2*pi;                          % digital Passband freq in rad
>> ws = 0.3*pi;                          % digital Stopband freq in rad
>> Rp = 1;                               % Passband ripple in dB
>> As = 15;                              % Stopband attenuation in dB
>> % Analog Prototype Specifications: Inverse mapping for frequencies
>> T = 1;                                % Set T=1
>> OmegaP = wp / T;                      % Prototype Passband freq
>> OmegaS = ws / T;                      % Prototype Stopband freq
```

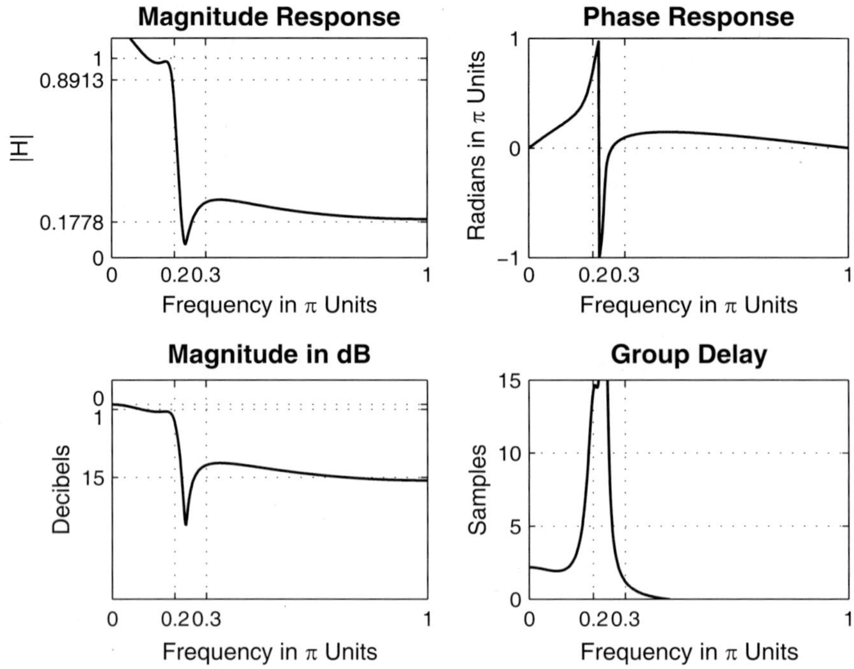

그림 8.24 임펄스 불변법 설계를 이용한 디지털 타원형 저역통과 필터

```
>> % Analog Elliptic Prototype Filter Calculation:
>> [cs,ds] = afd_elip(OmegaP,OmegaS,Rp,As);
*** Elliptic Filter Order =  3

>> % Impulse Invariance transformation:
>> [b,a] = imp_invr(cs,ds,T);  [C,B,A] = dir2par(b,a);
```

주파수 응답 그래프를 그림 8.24에 나타내었다. 또다시 임펄스 불변 설계 기법으로 원하는 디지털 필터를 만들 수 없었다.

임펄스 불변 사상의 장점은 안정적인 설계를 보장하고, 주파수 Ω와 ω가 선형적인 관계를 갖는다는 것이다. 그러나 아날로그 주파수 응답의 에일리어싱이 약간 발생하고, 어떤 경우에는 이 에일리어싱을 허용할 수 없다는 단점이 있다. 따라서 이 설계 방법은 저역통과 필터나 대역통과 필터와 같이, 저지대역에 진동이 없고 근본적으로 대역 제한된 아날로그 필터일 경우에만 유용하다.

8.4.3 쌍일차 변환

앞서 살펴본 IIR 필터 설계 기법은 제한된 대역통과 필터나 저역통과 필터에만 적합하다는 한계가 있다. 쌍일차 변환은 이와 같은 한계 없이 IIR 필터를 설계할 수 있다는 장점이 있다.

쌍일차 변환은 s평면상의 $j\Omega$축을 z평면상의 단위원으로 사상하는 변환을 사용함으로써 에일리어싱 문제를 해결했다. 따라서 s평면상의 좌반평면은 z평면의 단위원 내부로 사상이 되며, 우반평면은 단위원 밖으로 사상이 된다. $-\infty \le \Omega \le \infty$를 $-\pi \le \omega \le \pi$로 사상하기 때문에 연속 시간과 이산 시간 주파수 변수 사이의 변환은 비선형이며, 주파수축에 대응되는 휘어짐(wrapping)이 허용 범위를 벗어나지 않는 상황에서만 사용한다.

쌍일차 변환은 적분에 사용되는 사다리꼴 공식(trapezoidal formula)과 연관되어 전개될 수 있다. 예를 들어 다음과 같은 시스템 함수를 갖는 아날로그 선형 필터를 생각해보자.

$$H(s) = \frac{b}{s+a}$$

위 시스템을 미분 방정식 형태로 표현하면 다음과 같다.

$$\frac{dy(t)}{dt} + ay(t) = bx(t)$$

구간 $(n-1)T$에서 nT까지 양변에 적분을 취하면

$$\int_{(n-1)T}^{nT} \frac{dy(t)}{dt}dt + \int_{(n-1)T}^{nT} ay(t)dt = \int_{(n-1)T}^{nT} bx(t)dt$$

$$= y(nT) - y(nT-T) + \int_{(n-1)T}^{nT} ay(t)dt = \int_{(n-1)T}^{nT} bx(t)dt$$

위 식에서 나머지 적분을 사다리꼴 공식을 이용해 근사화하면 다음 식을 얻을 수 있다.

$$y(nT) - y(nT-T) + \frac{aT}{2}[y(nT) - y(nT-T)] = \frac{bT}{2}[x(nT) - x(nT-T)]$$

$y(n) \equiv y(nT)$, $x(n) \equiv x(nT)$로 정의하면 위 식을 다음과 같이 쓸 수 있다.

$$\left(1+\frac{aT}{2}\right)y(n) - \left(1-\frac{aT}{2}\right)y(n-1) = \frac{bT}{2}[x(n) - x(n-1)]$$

z-변환을 통해

$$\left(1+\frac{aT}{2}\right)y(n) - \left(1-\frac{aT}{2}\right)z^{-1}Y(z) = \frac{bT}{2}(1+z^{-1})X(z)$$

따라서 주어진 시스템 함수는 근사적으로 다음과 같이 표현될 수 있다.

$$H(z) = \frac{Y(z)}{X(z)} = \frac{(bT/2)(1+z^{-1})}{1+aT/2-(1-aT/2)z^{-1}} = \frac{b}{\frac{2}{T}\left(\frac{1-z^{-1}}{1+z^{-1}}\right)+a}$$

쌍일차 변환에서 s평면과 z평면의 변환 관계는 다음과 같이 얻을 수 있다.

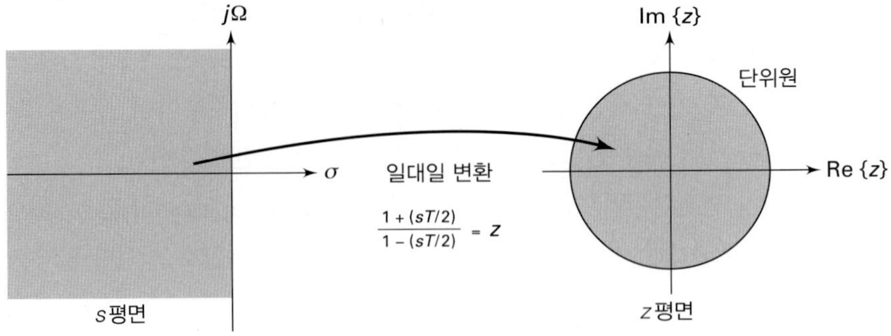

그림 8.25 쌍일차 변환에서의 복소평면 사상

$$s = \frac{2}{T}\frac{1 - z^{-1}}{1 + z^{-1}} \Longrightarrow z = \frac{1 + sT/2}{1 - sT/2} \tag{8.65}$$

여기서 T는 매개변수이다. 이 변환의 또 다른 이름은 선형 분수 변환(linear fractional transformation)이다. 그 이유는 분수의 형태를 없앴을 때 다음과 같은 식을 얻을 수 있기 때문이다.

$$\frac{T}{2}sz + \frac{T}{2}s - z + 1 = 0$$

이 식은 어떤 한 변수가 고정되면 나머지 한 변수에 대한 일차식이 된다. 즉, s와 z에 대한 쌍일차(bilinear)인 것이다. 식 (8.65)의 복소평면 사상을 그림 8.25에 나타내었다. 이 그림으로부터 다음과 같은 사실을 관찰할 수 있다.

1. 식 (8.65)에서 $s = \sigma + j\Omega$라 하면,

$$z = \left(1 + \frac{\sigma T}{2} + j\frac{\Omega T}{2}\right) \bigg/ \left(1 - \frac{\sigma T}{2} - j\frac{\Omega T}{2}\right) \tag{8.66}$$

그러므로

$$\sigma < 0 \Longrightarrow |z| = \left|\frac{1 + \frac{\sigma T}{2} + j\frac{\Omega T}{2}}{1 - \frac{\sigma T}{2} - j\frac{\Omega T}{2}}\right| < 1$$

$$\sigma = 0 \Longrightarrow |z| = \left|\frac{1 + j\frac{\Omega T}{2}}{1 - j\frac{\Omega T}{2}}\right| = 1$$

$$\sigma > 0 \Longrightarrow |z| = \left|\frac{1 + \frac{\sigma T}{2} + j\frac{\Omega T}{2}}{1 - \frac{\sigma T}{2} - j\frac{\Omega T}{2}}\right| > 1$$

2. 좌반평면 전체는 단위원 안쪽으로 사상한다. 그러므로 이것은 안정적인 변환이다.
3. 허수축은 단위원 위로 일대일 사상을 한다. 그러므로 주파수 영역에서 에일리어싱이 없다.

식 (8.66)에서 $\sigma = 0$이라 하면 크기가 1이 되기 때문에, 다음과 같은 식을 얻는다.

$$z = \frac{1 + j\frac{\Omega T}{2}}{1 - j\frac{\Omega T}{2}} = e^{j\omega}$$

ω를 Ω의 함수로 풀면 다음 식을 얻을 수 있다.

$$\omega = 2\tan^{-1}\left(\frac{\Omega T}{2}\right), \quad 즉 \quad \Omega = \frac{2}{T}\tan\left(\frac{\omega}{2}\right) \tag{8.67}$$

이 식은 Ω가 ω와 비선형적인(즉, 휘어지는(warped)) 관계를 가짐을 보여준다. 그러나 에일리어싱은 없다. 식 (8.67)을 일컬어 ω가 Ω로 미리 휘어졌다(prewarped)고 한다.

예제 8.15 쌍일차 변환을 사용하여 $H_a(s) = \dfrac{s+1}{s^2+5s+6}$을 디지털 필터로 변환하라. $T=1$로 한다.

풀이 식 (8.65)를 사용하여 다음과 같은 식을 얻는다.

$$\begin{aligned} H(z) &= H_a\left(\frac{2}{T}\frac{1-z^{-1}}{1+z^{-1}}\bigg|_{T=1}\right) = H_a\left(2\frac{1-z^{-1}}{1+z^{-1}}\right) \\ &= \frac{2\dfrac{1-z^{-1}}{1+z^{-1}}+1}{\left(2\dfrac{1-z^{-1}}{1+z^{-1}}\right)^2+5\left(2\dfrac{1-z^{-1}}{1+z^{-1}}\right)+6} \end{aligned}$$

이 식을 간단히 하면 다음과 같이 된다.

$$H(z) = \frac{3+2z^{-1}-z^{-2}}{20+4z^{-1}} = \frac{0.15+0.1z^{-1}-0.05z^{-2}}{1+0.2z^{-1}}$$

MATLAB에서는 이 사상을 구현하기 위해 `bilinear`라는 함수를 제공한다. 이 함수의 호출 방식은 `imp_invr` 함수와 유사하나, 몇 가지 다른 형태의 입력과 출력이 있다. 자세한 내용은 사용 설명서를 참고하라. 다음의 예제는 그 사용 예를 보여준다.

예제 8.16 `bilinear` 함수를 사용하여 예제 8.15의 시스템 함수 $H_a(s)$를 변환하라.

풀이 MATLAB 코드:

```
>> c = [1,1]; d = [1,5,6]; T = 1; Fs = 1/T;
>> [b,a] = bilinear(c,d,Fs)
b = 0.1500    0.1000   -0.0500
a = 1.0000    0.2000    0.0000
```

이 필터는 앞의 예제와 같이

$$H(z) = \frac{0.15+0.1z^{-1}-0.05z^{-2}}{1+0.2z^{-1}}$$

이다.

8.4.4 설계 과정

디지털 저역통과 필터의 사양 ω_p, ω_s, R_p, A_s가 주어지면, 먼저 $H(z)$를 결정한다. 이 과정에 필요한 단계는 다음과 같다.

1. T를 선택한다. 이 값은 임의로 정할 수 있다. 여기서는 $T = 1$로 한다.
2. 차단 주파수 ω_p와 ω_s를 미리 휜다. 즉, 식 (8.67)을 사용하여 Ω_p와 Ω_s를 계산한다.

$$\Omega_p = \frac{2}{T}\tan\left(\frac{\omega_p}{2}\right), \quad \Omega_s = \frac{2}{T}\tan\left(\frac{\omega_s}{2}\right) \tag{8.68}$$

3. 사양 Ω_p, Ω_s, R_p, A_s를 만족시키는 아날로그 필터 $H_a(s)$를 설계한다. 방법은 앞 절에서 이미 설명했다.
4. 마지막으로,

$$H(z) = H_a\left(\frac{2}{T}\frac{1-z^{-1}}{1+z^{-1}}\right)$$

라고 놓은 후, 이 식을 z^{-1}의 유리함수 형태로 간단히 정리한다.

다음의 예제들에 위의 아날로그 원형 필터의 설계 과정을 적용해보자.

예제 8.17 예제 8.11의 디지털 버터워스 필터를 설계하라. 사양은 다음과 같다.

$$\omega_p = 0.2\pi,\ R_p = 1\ \text{dB}$$
$$\omega_s = 0.3\pi,\ A_s = 15\ \text{dB}$$

풀이 MATLAB 코드:

```
>> % Digital Filter Specifications:
>> wp = 0.2*pi;                          % digital Passband freq in rad
>> ws = 0.3*pi;                          % digital Stopband freq in rad
>> Rp = 1;                               % Passband ripple in dB
>> As = 15;                              % Stopband attenuation in dB
>> % Analog Prototype Specifications: Inverse mapping for frequencies
>> T = 1; Fs = 1/T;                      % Set T=1
>> OmegaP = (2/T)*tan(wp/2);             % Prewarp Prototype Passband freq
>> OmegaS = (2/T)*tan(ws/2);             % Prewarp Prototype Stopband freq
>> % Analog Butterworth Prototype Filter Calculation:
>> [cs,ds] = afd_butt(OmegaP,OmegaS,Rp,As);
*** Butterworth Filter Order =  6
>> % Bilinear transformation:
>> [b,a] = bilinear(cs,ds,Fs);  [C,B,A] = dir2cas(b,a)
C = 5.7969e-004
B = 1.0000    2.0183    1.0186
    1.0000    1.9814    0.9817
    1.0000    2.0004    1.0000
A = 1.0000   -0.9459    0.2342
    1.0000   -1.0541    0.3753
    1.0000   -1.3143    0.7149
```

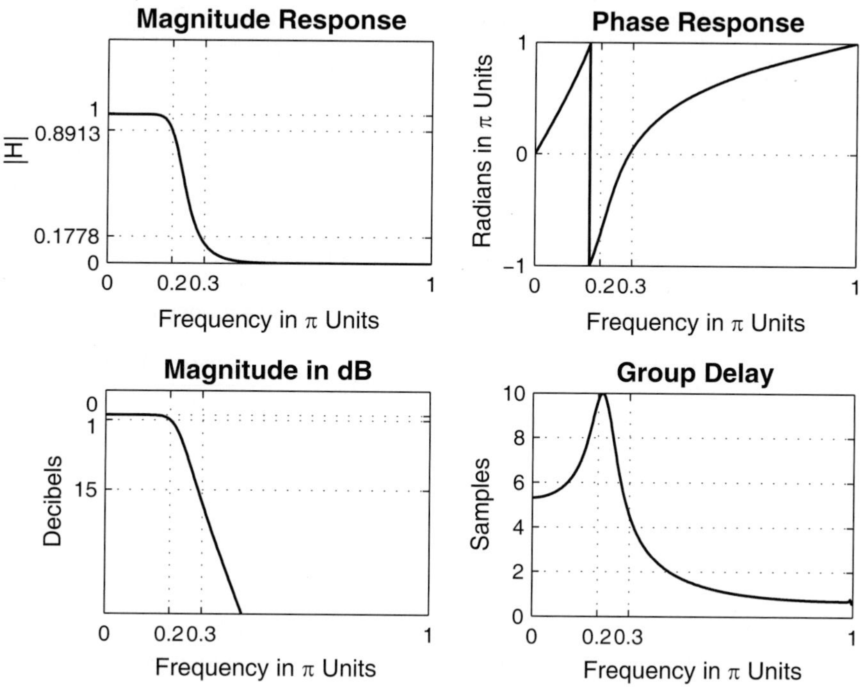

그림 8.26 쌍일차 변환을 이용한 디지털 버터워스 저역통과 필터

설계한 필터는 다시 6차 필터이고, 6개의 영점을 갖고 있다. $s = -\infty$에 있는 $H_a(s)$의 6차 영점이 $z = -1$로 사상하므로, 이 6개의 영점은 $z = -1$이어야 한다. MATLAB의 정밀도 때문에 이 영점들은 정확하게 $z = -1$에 있지 않다. 그러므로 시스템 함수 $H(z)$는 다음과 같아야 한다.

$$H(z) = \frac{0.00057969\left(1+z^{-1}\right)^6}{\left(1-0.9459z^{-1}+0.2342z^{-2}\right)\left(1-1.0541z^{-1}+0.3753z^{-2}\right)\left(1-1.3143z^{-1}+0.7149z^{-2}\right)}$$

주파수 응답 그래프는 그림 8.26에 나타내었다. 이 그래프와 그림 8.21의 그래프를 비교해보면, 두 설계가 매우 유사함을 알 수 있다.

예제 8.18 예제 8.12의 디지털 제1형 체비셰프 필터를 설계하라. 사양은 다음과 같다.

$$\omega_p = 0.2\pi,\ R_p = 1\text{ dB}$$
$$\omega_s = 0.3\pi,\ A_s = 15\text{ dB}$$

풀이 MATLAB 코드:

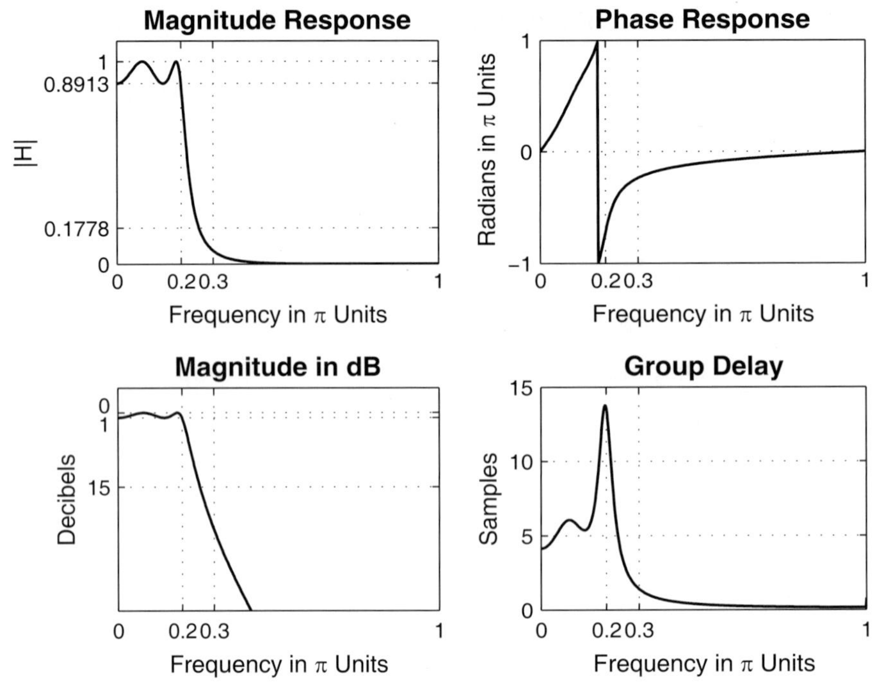

그림 8.27 쌍일차 변환을 이용한 디지털 제1형 체비셰프 저역통과 필터

```
>> % Digital Filter Specifications:
>> wp = 0.2*pi;                        % digital Passband freq in rad
>> ws = 0.3*pi;                        % digital Stopband freq in rad
>> Rp = 1;                             % Passband ripple in dB
>> As = 15;                            % Stopband attenuation in dB
>> % Analog Prototype Specifications: Inverse mapping for frequencies
>> T = 1; Fs = 1/T;                    % Set T=1
>> OmegaP = (2/T)*tan(wp/2);           % Prewarp Prototype Passband freq
>> OmegaS = (2/T)*tan(ws/2);           % Prewarp Prototype Stopband freq
>> % Analog Chebyshev-1 Prototype Filter Calculation:
>> [cs,ds] = afd_chb1(OmegaP,OmegaS,Rp,As);
*** Chebyshev-1 Filter Order =  4
>> % Bilinear transformation:
>> [b,a] = bilinear(cs,ds,Fs);  [C,B,A] = dir2cas(b,a)
C = 0.0018
B = 1.0000    2.0000    1.0000
    1.0000    2.0000    1.0000
A = 1.0000   -1.4996    0.8482
    1.0000   -1.5548    0.6493
```

설계한 필터는 4차 필터이고, $z = -1$에서 4개의 영점을 갖는다. 시스템 함수는 다음과 같다.

$$H(z) = \frac{0.0018\left(1 + z^{-1}\right)^4}{\left(1 - 1.4996z^{-1} + 0.8482z^{-2}\right)\left(1 - 1.5548z^{-1} + 0.6493z^{-2}\right)}$$

주파수 응답 그래프는 그림 8.27에 나타내었다. 이 그래프와 그림 8.22의 그래프가 유사함을 알 수 있다.

예제 8.19 예제 8.13의 디지털 제2형 체비셰프 필터를 설계하라. 사양은 다음과 같다.

$$\omega_p = 0.2\pi,\ R_p = 1\ \text{dB}$$
$$\omega_s = 0.3\pi,\ A_s = 15\ \text{dB}$$

풀이 MATLAB 코드:

```
>> % Digital Filter Specifications:
>> wp = 0.2*pi;                              % digital Passband freq in rad
>> ws = 0.3*pi;                              % digital Stopband freq in rad
>> Rp = 1;                                   % Passband ripple in dB
>> As = 15;                                  % Stopband attenuation in dB
>> % Analog Prototype Specifications: Inverse mapping for frequencies
>> T = 1; Fs = 1/T;                          % Set T=1
>> OmegaP = (2/T)*tan(wp/2);                 % Prewarp Prototype Passband freq
>> OmegaS = (2/T)*tan(ws/2);                 % Prewarp Prototype Stopband freq
>> % Analog Chebyshev-2 Prototype Filter Calculation:
>> [cs,ds] = afd_chb2(OmegaP,OmegaS,Rp,As);
*** Chebyshev-2 Filter Order =  4
>> % Bilinear transformation:
>> [b,a] = bilinear(cs,ds,Fs);  [C,B,A] = dir2cas(b,a)
C = 0.1797
B = 1.0000    0.5574    1.0000
    1.0000   -1.0671    1.0000
A = 1.0000   -0.4183    0.1503
    1.0000   -1.1325    0.7183
```

설계한 필터는 다시 4차 필터이고, 다음과 같은 시스템 함수를 갖는다.

$$H(z) = \frac{0.1797\left(1+0.5574z^{-1}+z^{-2}\right)\left(1-1.0671z^{-1}+z^{-2}\right)}{\left(1-0.4183z^{-1}+0.1503z^{-2}\right)\left(1-1.1325z^{-1}+0.7183z^{-2}\right)}$$

주파수 응답 그래프는 그림 8.28에 나타내었다. 쌍일차 변환을 사용하여 제2형 체비셰프 디지털 필터를 적절하게 설계했음을 주목하라.

예제 8.20 예제 8.14의 디지털 타원형 필터를 설계하라. 사양은 다음과 같다.

$$\omega_p = 0.2\pi,\ R_p = 1\ \text{dB}$$
$$\omega_s = 0.3\pi,\ A_s = 15\ \text{dB}$$

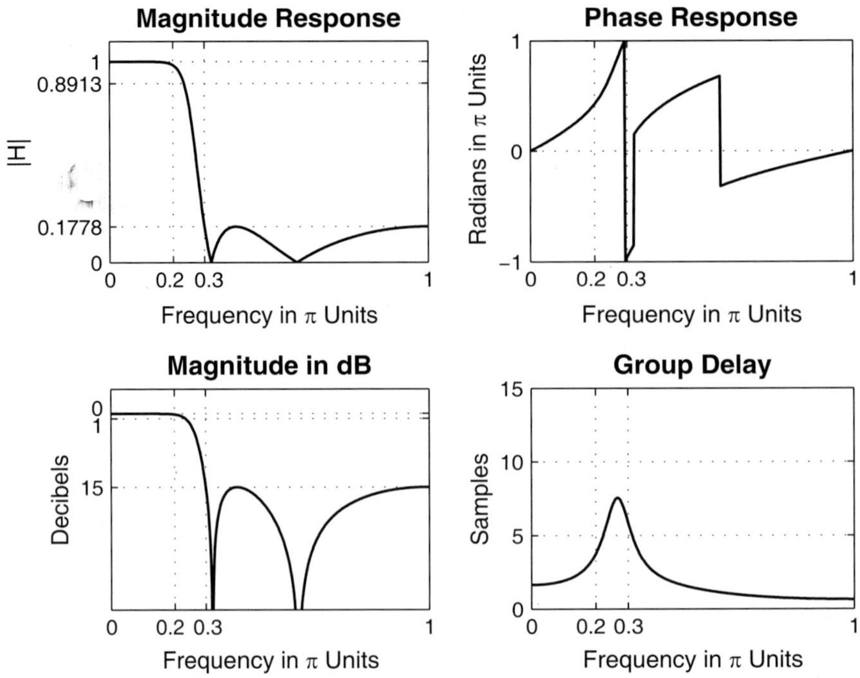

그림 8.28 쌍일차 변환을 이용한 디지털 제2형 체비셰프 저역통과 필터

풀이 MATLAB 코드:

```
>> % Digital Filter Specifications:
>> wp = 0.2*pi;                              % digital Passband freq in rad
>> ws = 0.3*pi;                              % digital Stopband freq in rad
>> Rp = 1;                                   % Passband ripple in dB
>> As = 15;                                  % Stopband attenuation in dB
>> % Analog Prototype Specifications: Inverse mapping for frequencies
>> T = 1; Fs = 1/T;                          % Set T=1
>> OmegaP = (2/T)*tan(wp/2);                 % Prewarp Prototype Passband freq
>> OmegaS = (2/T)*tan(ws/2);                 % Prewarp Prototype Stopband freq
>> % Analog Elliptic Prototype Filter Calculation:
>> [cs,ds] = afd_elip(OmegaP,OmegaS,Rp,As);
*** Elliptic Filter Order =  3
>> % Bilinear transformation:
>> [b,a] = bilinear(cs,ds,Fs);  [C,B,A] = dir2cas(b,a)
C = 0.1214
B = 1.0000   -1.4211    1.0000
    1.0000    1.0000         0
A = 1.0000   -1.4928    0.8612
    1.0000   -0.6183         0
```

설계한 필터는 3차 필터이고, 다음과 같은 시스템 함수를 갖는다.

$$H(z) = \frac{0.1214\left(1 - 1.4211z^{-1} + z^{-2}\right)\left(1 + z^{-1}\right)}{\left(1 - 1.4928z^{-1} + 0.8612z^{-2}\right)\left(1 - 0.6183z^{-1}\right)}$$

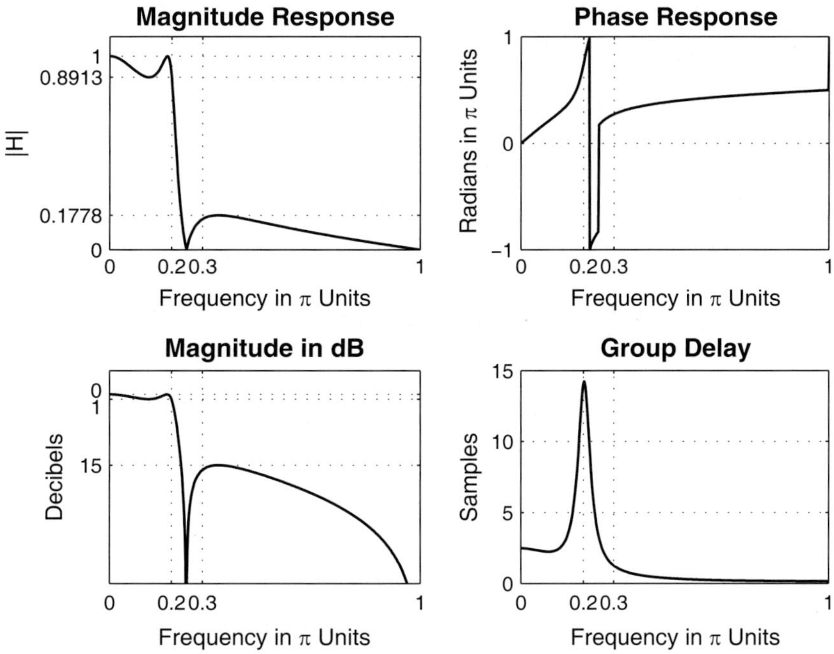

그림 8.29 쌍일차 변환을 이용한 디지털 타원형 저역통과 필터

주파수 응답 그래프를 그림 8.29에 나타내었다. 쌍일차 변환을 사용하여 타원형 디지털 필터를 적절하게 설계했음을 주목하라.

이 사상의 이점은 다음과 같다.

(a) 안정적인 설계이다.

(b) 에일리어싱이 없다.

(c) 변환할 수 있는 필터 형태의 제한이 없다.

따라서 쌍일차 변환은 MATLAB을 포함한 여러 컴퓨터 프로그램에서 가장 많이 사용한다.

8.4.5 정합 z-변환

이 필터 변환 기법에서는 $H_a(s)$의 영점과 극점이 지수함수를 통해 직접적으로 z평면의 영점과 극점으로 사상된다. s평면상에서 $s = a$로 근(영점 혹은 극점)이 주어질 때, 그 근은 z평면상에서 $z = e^{aT}$으로 사상된다. 여기서 T는 샘플링 간격이다. 따라서 영점 $\{z_k\}$와 극점 $\{p_\ell\}$로 주어진 시스템 전달 함수 $H_a(s)$는 아래와 같은 디지털 필터의 전달 함수 $H(z)$로 사상된다.

$$H_a(s) = \frac{\prod_{k=1}^{M}(s - z_k)}{\prod_{\ell=1}^{N}(s - p_\ell)} \quad \rightarrow \quad H(z) = \frac{\prod_{k=1}^{M}(1 - e^{z_k T} z^{-1})}{\prod_{\ell=1}^{N}(s - e^{p_\ell T} z^{-1})} \tag{8.69}$$

명확하게, z-변환의 시스템 함수는 s-영역의 시스템 함수와 정합(matched)된다.

이 변환 기법은 극점의 위치가 동일하고 에일리어싱을 피할 수 없다는 점에서 임펄스 불변법과 유사하다고 볼 수 있다. 그러나 두 변환 간 영점의 위치가 서로 다르고, 정합 z-변환 기법은 임펄스 응답과 혹은 주파수 응답의 특성을 유지하지 않는다. 따라서 이 변환은 극-영점 배치를 이용한 설계에는 적합하지만, 주파수 영역에서 사양이 주어질 때의 설계에는 적합하지 않다.

8.5 MATLAB을 이용한 저역통과 필터 설계

이 절에서는 디지털 저역통과 필터를 위해 MATLAB 함수를 사용하는 방법에 대해 알아본다. 이 함수들은 앞 절에서 이야기했던 바람직한 이점들 때문에 쌍일차 변환을 사용한다. 이 함수들은 다음과 같다.

1. `[b,a]=butter(N,wn)`

   이 함수는 N차의 디지털 버터워스 저역통과 필터를 설계한다. 그리고 필터 계수들을 길이가 $N+1$인 벡터 b와 a에 저장한다. 필터의 차수는 식 (8.49)에 의해 주어지고, 차단 주파수 wn은 미리휨(prewarping) 공식 (8.68)에 의해 결정된다. 그러나 MATLAB에서 모든 디지털 주파수는 π의 단위로 주어진다. 따라서 wn은 다음의 관계식을 이용하여 계산해야 한다.

$$\omega_n = \frac{2}{\pi}\tan^{-1}\left(\frac{\Omega_c T}{2}\right)$$

   예제 8.21에서 이 함수를 사용한다.

2. `[b,a]=cheby1(N,Rp,wn)`

   이 함수는 통과대역에서 Rp dB의 리플을 갖는 N차의 디지털 제1형 체비셰프 저역통과 필터를 설계한다. 그리고 필터 계수들을 길이가 $N+1$인 벡터 b와 a에 저장한다. 필터의 차수는 식 (8.59)에 의해 주어지고, 차단 주파수 wn은 π 단위로 나타낸 디지털 통과대역 주파수이다. 즉,

$$\omega_n = \omega_p/\pi$$

   예제 8.22에서 이 함수를 사용한다.

3. `[b,a]=cheby2(N,As,wn)`

   이 함수는 저지대역 감쇠 As dB을 갖는 N차의 디지털 제2형 체비셰프 저역통과 필터를 설계한다. 그리고 필터 계수들을 길이가 $N+1$인 벡터 b와 a에 저장한다. 필터의 차수는 식 (8.59)에 의해 주어지고, 차단 주파수 wn은 π 단위로 나타낸 디지털 저지대역 주파수이다. 즉,

$$\omega_n = \omega_s/\pi$$

예제 8.23에서 이 함수를 사용한다.

4. `[b,a]=ellip(N,Rp,As,wn)`

   이 함수는 `Rp` dB의 통과대역 리플과 `As` dB의 저지대역 감쇠를 갖는 `N`차의 디지털 타원형 저역통과 필터를 설계한다. 그리고 필터 계수들을 길이가 $N+1$인 벡터 `b`와 `a`에 저장한다. 필터의 차수는 식 (8.62)에 의해 주어지고, 차단 주파수 `wn`은 π 단위로 나타낸 디지털 통과대역 주파수이다. 즉,

$$\omega_n = \omega_p/\pi$$

   예제 8.24에서 이 함수를 사용한다.

이상의 함수들은 고역통과 필터나 대역통과 필터 등의 주파수 선택적 필터 설계에도 사용할 수 있다. 이들의 추가적인 기능은 8.6절에서 논의한다.

또한 어떤 사양이 주어졌을 때, 필터의 차수 N과 필터의 차단 주파수 ω_n을 구해주는 `buttord`, `cheb1ord`, `cheb2ord`, `ellipord`라는 함수도 있다. 따라서 다음의 예제들에서는 앞에 주어진 공식들을 사용하여 이 매개변수(필터 차수 N과 차단 주파수 ω_n)를 결정한다. 필터 차수 함수는 다음 절에서 논의한다.

이어지는 예제들에서는 이전 예제들의 저역통과 필터를 다시 설계하고, 그 결과를 비교해 볼 것이다. 디지털 저역통과 필터의 사양은 다음과 같다.

$$\omega_p = 0.2\pi,\ R_p = 1 \text{ dB}$$
$$\omega_s = 0.3\pi,\ A_s = 15 \text{ dB}$$

예제 8.21 디지털 버터워스 저역통과 필터 설계

풀이

```
>> % Digital Filter Specifications:
>> wp = 0.2*pi;                             %digital Passband freq in rad
>> ws = 0.3*pi;                             %digital Stopband freq in rad
>> Rp = 1;                                  %Passband ripple in dB
>> As = 15;                                 %Stopband attenuation in dB

>> % Analog Prototype Specifications:
>> T = 1;                                   %Set T=1
>> OmegaP = (2/T)*tan(wp/2);                %Prewarp Prototype Passband freq
>> OmegaS = (2/T)*tan(ws/2);                %Prewarp Prototype Stopband freq
>> % Analog Prototype Order Calculation:
>> N =ceil((log10((10^(Rp/10)-1)/(10^(As/10)-1)))/(2*log10(OmegaP/OmegaS)));
>> fprintf('\n*** Butterworth Filter Order = %2.0f \n',N)
** Butterworth Filter Order =  6
>> OmegaC = OmegaP/((10^(Rp/10)-1)^(1/(2*N))); %Analog BW prototype cutoff
>> wn = 2*atan((OmegaC*T)/2);                %Digital BW cutoff freq
>> % Digital Butterworth Filter Design:
```

```
>> wn = wn/pi;                              %Digital Butter cutoff in pi units
>> [b,a]=butter(N,wn);   [b0,B,A] = dir2cas(b,a)
C = 5.7969e-004
B = 1.0000    2.0297    1.0300
    1.0000    1.9997    1.0000
    1.0000    1.9706    0.9709
A = 1.0000   -0.9459    0.2342
    1.0000   -1.0541    0.3753
    1.0000   -1.3143    0.7149
```

시스템 함수는 다음과 같다.

$$H(z) = \frac{0.00057969\left(1+z^{-1}\right)^6}{(1-0.9459z^{-1}+0.2342z^{-2})\,(1-1.0541z^{-1}+0.3753z^{-2})\,(1-1.3143z^{-1}+0.7149z^{-2})}$$

예제 8.17에서 구한 시스템 함수와 같은 것이다. 주파수 영역에서의 그래프는 그림 8.26과 같다.

예제 8.22 디지털 제1형 체비셰프 저역통과 필터 설계

풀이

```
>> % Digital Filter Specifications:
>> wp = 0.2*pi;                            %digital Passband freq in rad
>> ws = 0.3*pi;                            %digital Stopband freq in rad
>> Rp = 1;                                 %Passband ripple in dB
>> As = 15;                                %Stopband attenuation in dB

>> % Analog Prototype Specifications:
>> T = 1;                                  %Set T=1
>> OmegaP = (2/T)*tan(wp/2);               %Prewarp Prototype Passband freq
>> OmegaS = (2/T)*tan(ws/2);               %Prewarp Prototype Stopband freq

>> % Analog Prototype Order Calculation:
>> ep = sqrt(10^(Rp/10)-1);                %Passband Ripple Factor
>> A = 10^(As/20);                         %Stopband Attenuation Factor
>> OmegaC = OmegaP;                        %Analog Prototype Cutoff freq
>> OmegaR = OmegaS/OmegaP;                 %Analog Prototype Transition Ratio
>> g = sqrt(A*A-1)/ep;                     %Analog Prototype Intermediate cal.
>> N = ceil(log10(g+sqrt(g*g-1))/log10(OmegaR+sqrt(OmegaR*OmegaR-1)));
>> fprintf('\n*** Chebyshev-1 Filter Order = %2.0f \n',N)
*** Chebyshev-1 Filter Order =  4
>> % Digital Chebyshev-I Filter Design:
>> wn = wp/pi;                             %Digital Passband freq in pi units
>> [b,a]=cheby1(N,Rp,wn);   [b0,B,A] = dir2cas(b,a)
b0 = 0.0018
B = 1.0000    2.0000    1.0000
    1.0000    2.0000    1.0000
A = 1.0000   -1.4996    0.8482
    1.0000   -1.5548    0.6493
```

시스템 함수는 다음과 같다.

$$H(z) = \frac{0.0018\left(1+z^{-1}\right)^4}{\left(1-1.4996z^{-1}+0.8482z^{-2}\right)\left(1-1.5548z^{-1}+0.6493z^{-2}\right)}$$

예제 8.18에서 구한 시스템 함수와 같은 것이다. 주파수 영역에서의 그래프는 그림 8.27과 같다.

예제 8.23 디지털 제2형 체비셰프 저역통과 필터 설계

풀이

```
>> % Digital Filter Specifications:
>> wp = 0.2*pi;                          %digital Passband freq in rad
>> ws = 0.3*pi;                          %digital Stopband freq in rad
>> Rp = 1;                               %Passband ripple in dB
>> As = 15;                              %Stopband attenuation in dB

>> % Analog Prototype Specifications:
>> T = 1;                                %Set T=1
>> OmegaP = (2/T)*tan(wp/2);             %Prewarp Prototype Passband freq
>> OmegaS = (2/T)*tan(ws/2);             %Prewarp Prototype Stopband freq

>> % Analog Prototype Order Calculation:
>> ep = sqrt(10^(Rp/10)-1);              %Passband Ripple Factor
>> A = 10^(As/20);                       %Stopband Attenuation Factor
>> OmegaC = OmegaP;                      %Analog Prototype Cutoff freq
>> OmegaR = OmegaS/OmegaP;               %Analog Prototype Transition Ratio
>> g = sqrt(A*A-1)/ep;                   %Analog Prototype Intermediate cal.
>> N = ceil(log10(g+sqrt(g*g-1))/log10(OmegaR+sqrt(OmegaR*OmegaR-1)));
>> fprintf('\n*** Chebyshev-2 Filter Order = %2.0f \n',N)
*** Chebyshev-2 Filter Order =  4

>> % Digital Chebyshev-II Filter Design:
>> wn = ws/pi;                           %Digital Stopband freq in pi units
>> [b,a]=cheby2(N,As,wn);  [b0,B,A] = dir2cas(b,a)
b0 = 0.1797
B = 1.0000    0.5574    1.0000
    1.0000   -1.0671    1.0000
A = 1.0000   -0.4183    0.1503
    1.0000   -1.1325    0.7183
```

시스템 함수는 다음과 같다.

$$H(z) = \frac{0.1797\left(1+0.5574z^{-1}+z^{-2}\right)\left(1-1.0671z^{-1}+z^{-2}\right)}{\left(1-0.4183z^{-1}+0.1503z^{-2}\right)\left(1-1.1325z^{-1}+0.7183z^{-2}\right)}$$

예제 8.19에서 구한 시스템 함수와 같은 것이다. 주파수 영역에서의 그래프는 그림 8.28과 같다.

예제 8.24 디지털 타원형 저역통과 필터 설계

풀이

```
>> % Digital Filter Specifications:
>> wp = 0.2*pi;                          %digital Passband freq in rad
>> ws = 0.3*pi;                          %digital Stopband freq in rad
>> Rp = 1;                               %Passband ripple in dB
>> As = 15;                              %Stopband attenuation in dB

>> % Analog Prototype Specifications:
>> T = 1;                                %Set T=1
>> OmegaP = (2/T)*tan(wp/2);             %Prewarp Prototype Passband freq
>> OmegaS = (2/T)*tan(ws/2);             %Prewarp Prototype Stopband freq

>> % Analog Elliptic Filter order calculations:
>> ep = sqrt(10^(Rp/10)-1);              %Passband Ripple Factor
>> A = 10^(As/20);                       %Stopband Attenuation Factor
>> OmegaC = OmegaP;                      %Analog Prototype Cutoff freq
>> k = OmegaP/OmegaS;                    %Analog Prototype Transition Ratio;
>> k1 = ep/sqrt(A*A-1);                  %Analog Prototype Intermediate cal.
>> capk = ellipke([k.^2 1-k.^2]);
>> capk1 = ellipke([(k1 .^2) 1-(k1 .^2)]);
>> N = ceil(capk(1)*capk1(2)/(capk(2)*capk1(1)));
>> fprintf('\n*** Elliptic Filter Order = %2.0f \n',N)
*** Elliptic Filter Order =  3

>> % Digital Elliptic Filter Design:
>> wn = wp/pi;                           %Digital Passband freq in pi units
>> [b,a]=ellip(N,Rp,As,wn);  [b0,B,A] = dir2cas(b,a)
b0 = 0.1214
B = 1.0000   -1.4211    1.0000
    1.0000    1.0000         0
A = 1.0000   -1.4928    0.8612
    1.0000   -0.6183         0
```

시스템 함수는 다음과 같다.

$$H(z) = \frac{0.1214\left(1 - 1.4211z^{-1} + z^{-2}\right)\left(1 + z^{-1}\right)}{\left(1 - 1.4928z^{-1} + 0.8612z^{-2}\right)\left(1 - 0.6183z^{-1}\right)}$$

예제 8.20에서 구한 시스템 함수와 같은 것이다. 주파수 영역에서의 그래프는 그림 8.29와 같다.

8.5.1 세 가지 필터의 비교

앞의 예제에서 네 가지의 원형 아날로그 필터로 동일한 디지털 필터를 설계해봤다. 그러면 이들의 기능을 비교해보자. 사양은 다음과 같았다.

표 8.1 세 가지 필터의 비교

원형	차수 N	최소 저지대역 감쇠
버터워스	6	15
제1형 체비셰프	4	25
타원형	3	27

$$\omega_p = 0.2\pi,\ R_p = 1\,\text{dB}$$
$$\omega_s = 0.3\pi,\ A_s = 15\,\text{dB}$$

차수 N과 최소 저지대역 감쇠의 관점에서 비교한 내용을 표 8.1에 나타내었다.

명백히, 타원 원형 필터로 가장 좋은 설계를 할 수 있다. 그러나 이들의 위상 응답을 비교해보면, 타원형 설계는 통과대역에서 가장 비선형적인 응답을 나타낸다.

8.6 주파수 대역 변환

앞의 두 절에서는 디지털 저역통과 필터를 그에 해당하는 아날로그 필터로부터 설계했다. 고역통과 필터, 대역통과 필터, 대역저지 필터와 같은 주파수 선택적 필터는 저역통과 필터를 다른 주파수 선택적 필터와 함께 동작하도록 주파수축(즉, 대역)을 변환함으로써 설계할 수 있다. 복소 변수 z에서의 이 변환은 쌍일차 변환과 매우 유사하고, 설계 방정식도 대수적이다. 일반적인 주파수 선택적 필터를 설계하는 과정은 다음과 같다.

(1) (고정된 대역폭을 가진, 즉 대역폭이 1인) **디지털 원형** 저역통과 필터를 설계한다.
(2) 대수 변환(algebraic transformation)을 적용한다.

이 절에서는 이 사상의 기본적인 방법을 설명하고, 예제를 통해 이 변환의 기교들을 보이고자 한다. MATLAB은 s평면상에서 이 변환을 수행하는 함수들을 제공한다. 먼저 z평면에서 사상을 사용하는 방법을 설명한 후에 MATLAB 함수의 사용법을 살펴보겠다. 가장 보편적으로 사용되는 형태의 주파수 선택적 디지털 필터 사양을 그림 8.30에 나타내었다.

$H_{LP}(Z)$를 원형 디지털 저역통과 필터라 하고, $H(z)$를 원하는 주파수 선택적 디지털 필터라 하자. $H_{LP}(Z)$와 $H(z)$에서 각각 Z와 z라는 2개의 주파수 변수를 사용했음을 주목하라. 다음과 같은 형태의 사상을 정의하자.

$$Z^{-1} = G(z^{-1})$$

이 사상은 다음과 같은 관계식을 만족시킨다.

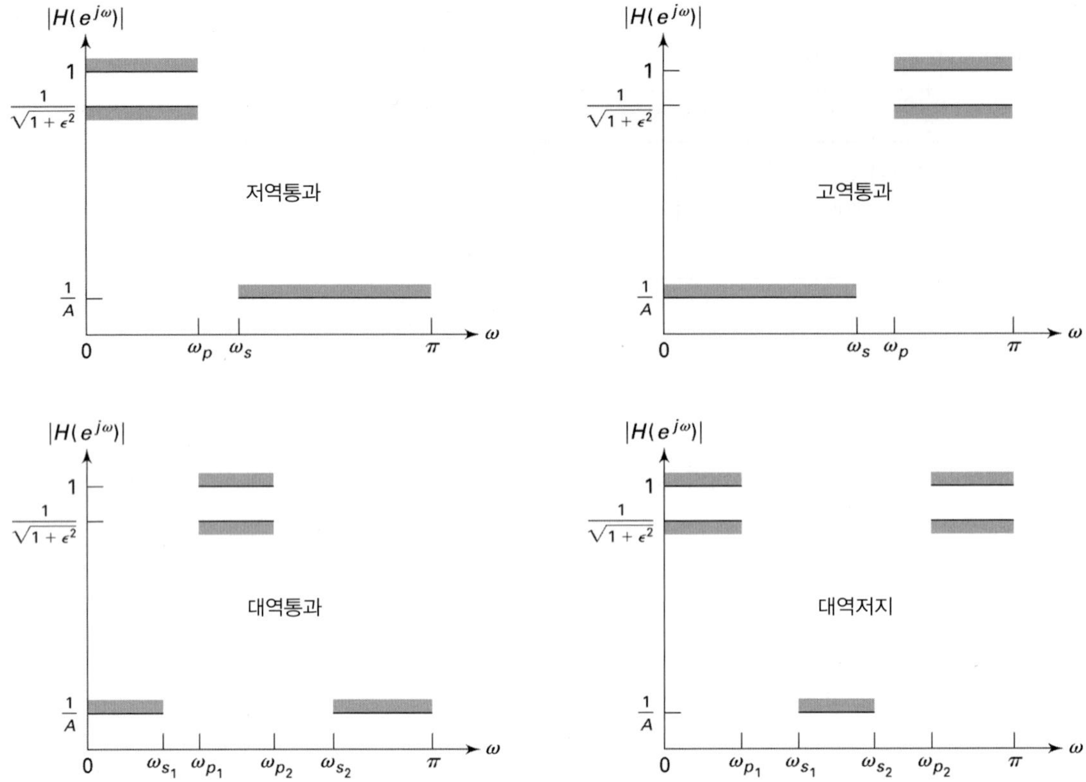

그림 8.30 주파수 선택적 필터들의 사양

$$H(z) = H_{LP}(Z)|_{Z^{-1}=G(z^{-1})}$$

이것을 하기 위해서는, 단지 $H_{LP}(Z)$ 안에 있는 모든 Z^{-1}을 $G(z^{-1})$으로 바꾸면 된다. $H_{LP}(Z)$가 안정적이고 인과적인 필터라면, $H(z)$도 안정적이고 인과적이다. 이것은 다음과 같은 사항을 요구한다.

1. $H(z)$를 구현할 수 있으려면 $G(\cdot)$는 z^{-1}의 유리함수여야 한다.
2. Z평면상의 단위원은 z평면상의 단위원으로 사상해야 한다.
3. 필터가 안정적이려면 Z평면상의 단위원 내부는 z평면상의 단위원 내부로 사상해야 한다.

ω'과 ω를 각각 Z와 z의 주파수 변수라고 하자. 즉, 각 단위원 위에서 $Z = e^{j\omega'}$이고, $z = e^{j\omega}$이다. 그러면 위의 두 번째 조건은 다음과 같이 쓸 수 있다.

$$|Z^{-1}| = |G(z^{-1})| = |G(e^{-j\omega})| = 1$$

그리고

$$e^{-j\omega'} = |G(e^{-j\omega})|\, e^{j\angle G(e^{-j\omega})}$$

즉,

$$-\omega' = \angle G(e^{-j\omega})$$

위의 요구 조건들을 만족시키는 함수 $G(\cdot)$의 일반적인 형태는 다음과 같이 주어지는 전역통과 형태의 유리함수다.

$$Z^{-1} = G\left(z^{-1}\right) = \pm \prod_{k=1}^{n} \frac{z^{-1} - \alpha_k}{1 - \alpha_k z^{-1}}$$

여기서 안정성과 요구사항 3을 만족시키기 위해서는 $|\alpha_k| < 1$이어야 한다.

이제 적당한 차수 n과 계수 $\{\alpha_k\}$를 선택함으로써 다양한 종류의 사상을 얻을 수 있다. 가장 널리 쓰이는 사상들을 표 8.2에 나타내었다. 고역통과 필터를 설계하는 데 이 표를 사용할 것이다.

표 8.2 디지털 필터들의 주파수 변환(원형 저역통과 필터의 차단 주파수는 ω'_c)

변환의 형태	변환	매개변수
저역통과	$z^{-1} \longrightarrow \dfrac{z^{-1} - \alpha}{1 - \alpha z^{-1}}$	$\omega_c =$ 새로운 필터의 차단 주파수 $\alpha = \dfrac{\sin\left[\left(\omega'_c - \omega_c\right)/2\right]}{\sin\left[\left(\omega'_c + \omega_c\right)/2\right]}$
고역통과	$z^{-1} \longrightarrow -\dfrac{z^{-1} + \alpha}{1 + \alpha z^{-1}}$	$\omega_c =$ 새로운 필터의 차단 주파수 $\alpha = -\dfrac{\cos\left[\left(\omega'_c + \omega_c\right)/2\right]}{\cos\left[\left(\omega'_c - \omega_c\right)/2\right]}$
대역통과	$z^{-1} \longrightarrow -\dfrac{z^{-2} - \alpha_1 z^{-1} + \alpha_2}{\alpha_2 z^{-2} - \alpha_1 z^{-1} + 1}$	$\omega_\ell =$ 낮은 쪽 차단 주파수 $\omega_u =$ 높은 쪽 차단 주파수 $\alpha_1 = -2\beta K/(K+1)$ $\alpha_2 = (K-1)/(K+1)$ $\beta = \dfrac{\cos\left[\left(\omega_u + \omega_\ell\right)/2\right]}{\cos\left[\left(\omega_u - \omega_\ell\right)/2\right]}$ $K = \cot \dfrac{\omega_u - \omega_\ell}{2} \tan \dfrac{\omega'_c}{2}$
대역저지	$z^{-1} \longrightarrow \dfrac{z^{-2} - \alpha_1 z^{-1} + \alpha_2}{\alpha_2 z^{-2} - \alpha_1 z^{-1} + 1}$	$\omega_\ell =$ 낮은 쪽 차단 주파수 $\omega_u =$ 높은 쪽 차단 주파수 $\alpha_1 = -2\beta/(K+1)$ $\alpha_2 = (K-1)/(K+1)$ $\beta = \dfrac{\cos\left[\left(\omega_u + \omega_\ell\right)/2\right]}{\cos\left[\left(\omega_u - \omega_\ell\right)/2\right]}$ $K = \tan \dfrac{\omega_u - \omega_\ell}{2} \tan \dfrac{\omega'_c}{2}$

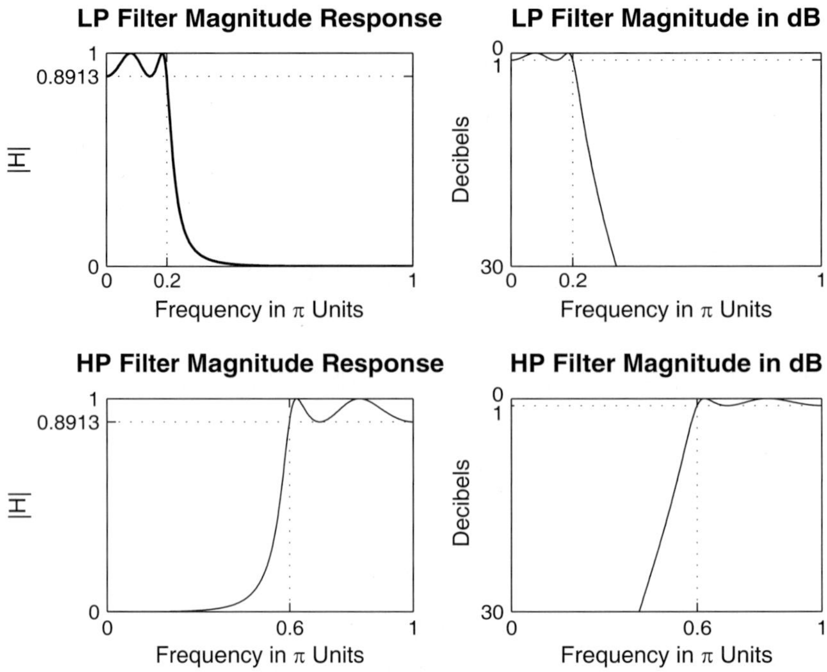

그림 8.31 예제 8.25의 크기 응답 그래프

예제 8.25 예제 8.22에서 다음과 같은 사양을 만족하는 제1형 체비셰프 저역통과 필터를 설계했다.

$$\omega_p' = 0.2\pi, \quad R_p = 1 \text{ dB}$$
$$\omega_s' = 0.3\pi, \quad A_s = 15 \text{ dB}$$

그리고 해당 시스템 함수를 다음과 같이 구했다.

$$H_{LP}(Z) = \frac{0.001836(1+Z^{-1})^4}{(1-1.4996Z^{-1}+0.8482Z^{-2})(1-1.5548Z^{-1}+0.6493Z^{-2})}$$

허용오차들은 위와 같지만 통과대역이 $\omega_p = 0.6\pi$에서 시작하는 고역통과 필터를 설계하라.

풀이 차단 주파수 $\omega_p' = 0.2\pi$가 차단 주파수 $\omega_p = 0.6\pi$ 위로 사상하도록, 주어진 저역통과 필터를 고역통과 필터로 변환하려고 한다. 표 8.2로부터

$$\alpha = -\frac{\cos[(0.2\pi + 0.6\pi)/2]}{\cos[(0.2\pi - 0.6\pi)/2]} = -0.38197 \tag{8.70}$$

그러므로 원하는 필터는 다음과 같이 된다.

$$\begin{aligned} H_{LP}(z) &= H(Z)\Big|_{Z=-\frac{z^{-1}-0.38197}{1-0.38197z^{-1}}} \\ &= \frac{0.02426(1-z^{-1})^4}{(1+0.5661z^{-1}+0.7657z^{-2})(1+1.0416z^{-1}+0.4019z^{-2})} \end{aligned}$$

저역통과 필터와 새로운 고역통과 필터의 주파수 응답 그래프를 그림 8.31에 나타내었다. ■

위의 예제를 통해 원형 디지털 저역통과 필터로부터 새로운 디지털 필터의 유리함수를 얻으려면 표 8.2에서와 같은 유리함수 치환을 해야 한다는 사실을 명백하게 알 수 있다. 어려워 보이긴 하지만, 대수 함수이기 때문에 conv 함수를 반복적으로 사용하여 수행할 수 있다. 다음의 zmapping 함수는 이러한 방법을 보여준다.

```
function [bz,az] = zmapping(bZ,aZ,Nz,Dz)
% Frequency band Transformation from Z-domain to z-domain
% -------------------------------------------------------
% [bz,az] = zmapping(bZ,aZ,Nz,Dz)
% performs:
%           b(z)   b(Z)|
%           ---- = ----|      N(z)
%           a(z)   a(Z)|@Z = ----
%                             D(z)
%

bNzord = (length(bZ)-1)*(length(Nz)-1);
aDzord = (length(aZ)-1)*(length(Dz)-1);
bzord = length(bZ)-1; azord = length(aZ)-1;
bz = zeros(1,bNzord+1);
for k = 0:bzord
    pln = [1];
    for l = 0:k-1
        pln = conv(pln,Nz);
    end
    pld = [1];
    for l = 0:bzord-k-1
        pld = conv(pld,Dz);
    end
    bz = bz+bZ(k+1)*conv(pln,pld);
end
az = zeros(1,aDzord+1);
for k = 0:azord
    pln = [1];
    for l = 0:k-1
        pln = conv(pln,Nz);
    end
    pld = [1];
    for l = 0:azord-k-1
        pld = conv(pld,Dz);
    end
    az = az+aZ(k+1)*conv(pln,pld);
end
```

예제 8.26 zmapping 함수를 사용하여 예제 8.25의 저역통과 필터를 고역통과 필터로 변환하라.

풀이 먼저 쌍일차 변환을 사용하여 디지털 저역통과 필터를 설계하고 나서, zmapping 함수를 사용한다.

MATLAB 코드:

```
>> % Digital Lowpass Filter Specifications:
>> wplp = 0.2*pi;                          % digital Passband freq in rad
>> wslp = 0.3*pi;                          % digital Stopband freq in rad
>>   Rp = 1;                               % Passband ripple in dB
>>   As = 15;                              % Stopband attenuation in dB

>> % Analog Prototype Specifications: Inverse mapping for frequencies
>> T = 1; Fs = 1/T;                        % Set T=1
>> OmegaP = (2/T)*tan(wplp/2);             % Prewarp Prototype Passband freq
>> OmegaS = (2/T)*tan(wslp/2);             % Prewarp Prototype Stopband freq

>> % Analog Chebyshev Prototype Filter Calculation:
>> [cs,ds] = afd_chb1(OmegaP,OmegaS,Rp,As);
** Chebyshev-1 Filter Order =  4

>> % Bilinear transformation:
>> [blp,alp] = bilinear(cs,ds,Fs);

>> % Digital Highpass Filter Cutoff frequency:
>> wphp = 0.6*pi;                             % Passband edge frequency

>> % LP-to-HP frequency-band transformation:
>> alpha = -(cos((wplp+wphp)/2))/(cos((wplp-wphp)/2))
alpha = -0.3820

>> Nz = -[alpha,1]; Dz = [1,alpha];
>> [bhp,ahp] = zmapping(blp,alp,Nz,Dz);  [C,B,A] = dir2cas(bhp,ahp)
C = 0.0243
B = 1.0000   -2.0000    1.0000
    1.0000   -2.0000    1.0000
A = 1.0000    1.0416    0.4019
    1.0000    0.5561    0.7647
```

고역통과 필터의 시스템 함수는 다음과 같다.

$$H(z) = \frac{0.0243(1-z^{-1})^4}{(1+0.5661z^{-1}+0.7647z^{-2})(1+1.0416z^{-1}+0.4019z^{-2})}$$

예제 8.25에서 구한 시스템 함수와 같은 것이다.

8.6.1 설계 과정

예제 8.26에서 특정한 대역 끝 주파수가 적절하게 사상하도록 저역통과 필터를 변환하여 고역통과 필터를 얻을 수 있었다. 실제로는 먼저 그림 8.30에 주어진 주파수 선택적 필터들의 사양으로부터 구한 저역통과 필터의 사양을 이용하여 원형 디지털 저역통과 필터를 설계해야 한다. 이제 표 8.2에 주어진 변환 공식들로부터 원형 저역통과 필터의 사양을 얻을 수 있음을 보일 것이다.

예로 예제 8.25의 고역통과 필터를 사용해보자. 통과대역 끝 주파수들을 식 (8.70)의 $\alpha = -0.38197$을 사용하여 변환했다. 원형 저역통과 필터의 저지대역 끝 주파수 $\omega_s' = 0.3\pi$에 해당하는 고역통과 필터의 저지대역 끝 주파수, 즉 ω_s는 얼마일까? 이 물음의 답은 식 (8.70)에 있다. 변환을 할 때 α는 고정되어 있으므로, 다음과 같은 방정식을 세운다.

$$\alpha = -\frac{\cos[(0.3\pi + \omega_s)/2]}{\cos[(0.3\pi - \omega_s)/2]} = -0.38197$$

이것은 초월함수의 방정식이므로, 최초의 추측 값으로부터의 반복적인 계산을 통해 해를 구할 수 있다. 이것은 MATLAB으로 할 수 있고, 그 해는 다음과 같다.

$$\omega_s = 0.4586\pi$$

실제로는 원하는 고역통과 필터의 주파수 ω_s와 ω_p를 알고, 원형 저역통과 필터의 차단 주파수 ω_s'와 ω_p'를 찾아야 한다. 통과대역 차단 주파수 ω_p'를 적당한 값, 말하자면 $\omega_p' = 0.2\pi$로 선택할 수 있다. 그리고 표 8.2를 이용하여 ω_p로부터 α를 결정한다. 이제 고역통과 필터 예제의 ω_s'를 α와 다음 식으로부터 결정할 수 있다.

$$Z = -\frac{z^{-1} + \alpha}{1 + \alpha z^{-1}}$$

여기서 $Z = e^{j\omega_s'}$이고, $z = e^{j\omega_s}$이다. 즉,

$$\omega_s' = \angle\left(-\frac{e^{-j\omega_s} + \alpha}{1 + \alpha e^{-j\omega_s}}\right) \tag{8.71}$$

고역통과 필터 예제를 계속 생각해보자. 대역 끝 주파수들을 $\omega_p = 0.6\pi$, $\omega_s = 0.4586\pi$라 하자. 또한 $\omega_p' = 0.2\pi$로 선택하자. 그러면 식 (8.70)의 $\alpha = -0.38197$과 식 (8.71)로부터 예상대로

$$\omega_s' = \angle\left(-\frac{e^{-j0.4586\pi} - 0.38197}{1 - 0.38197e^{-j-0.38197}}\right) = 0.3\pi$$

를 얻을 수 있다. 이제 디지털 저역통과 필터를 설계하고, 이를 `zmapping` 함수를 이용하여 고역통과 필터로 변환하면 모든 설계 과정이 끝난다. 디지털 제1형 체비셰프 고역통과 필터를 설계하기 위해 위의 과정을 MATLAB 함수 `cheb1hpf`로 구현했다. `cheb1hpf` 함수는 다음과 같다.

```
function [b,a] = cheb1hpf(wp,ws,Rp,As)
% IIR Highpass filter design using Chebyshev-1 prototype
% function [b,a] = cheb1hpf(wp,ws,Rp,As)
```

```
%   b = Numerator polynomial of the highpass filter
%   a = Denominator polynomial of the highpass filter
%  wp = Passband frequency in radians
%  ws = Stopband frequency in radians
%  Rp = Passband ripple in dB
%  As = Stopband attenuation in dB
%
% Determine the digital lowpass cutoff frequencies:
wplp = 0.2*pi;
alpha = -(cos((wplp+wp)/2))/(cos((wplp-wp)/2));
wslp = angle(-(exp(-j*ws)+alpha)/(1+alpha*exp(-j*ws)));
%
% Compute Analog lowpass Prototype Specifications:
T = 1; Fs = 1/T;
OmegaP = (2/T)*tan(wplp/2);
OmegaS = (2/T)*tan(wslp/2);

% Design Analog Chebyshev Prototype Lowpass Filter:
[cs,ds] = afd_chb1(OmegaP,OmegaS,Rp,As);

% Perform Bilinear transformation to obtain digital lowpass
[blp,alp] = bilinear(cs,ds,Fs);

% Transform digital lowpass into highpass filter
Nz = -[alpha,1]; Dz = [1,alpha];
[b,a] = zmapping(blp,alp,Nz,Dz);
```

위 과정을 다음의 예제를 통해 확인할 것이다.

예제 8.27 제1형 체비셰프 원형 필터를 사용하여, 다음의 사양을 만족하는 고역통과 필터를 설계하라.

$$\omega_p = 0.6\pi, \qquad R_p = 1 \text{ dB}$$
$$\omega_s = 0.4586\pi, \quad A_s = 15 \text{ dB}$$

풀이 MATLAB 코드:

```
>> % Digital Highpass Filter Specifications:
>> wp = 0.6*pi;                          % digital Passband freq in rad
>> ws = 0.4586*pi;                       % digital Stopband freq in rad
>> Rp = 1;                               % Passband ripple in dB
>> As = 15;                              % Stopband attenuation in dB

>> [b,a] = cheb1hpf(wp,ws,Rp,As);  [C,B,A] = dir2cas(b,a)
C = 0.0243
B = 1.0000   -2.0000    1.0000
    1.0000   -2.0000    1.0000
A = 1.0000    1.0416    0.4019
    1.0000    0.5561    0.7647
```

시스템 함수는 다음과 같다.

$$H(z) = \frac{0.0243(1 - z^{-1})^4}{(1 + 0.5661z^{-1} + 0.7647z^{-2})(1 + 1.0416z^{-1} + 0.4019z^{-2})}$$

예제 8.26에서 구한 시스템 함수와 같은 것이다.

위의 고역통과 필터 설계 과정은 그 밖의 주파수 선택적 필터에도 표 8.2의 변환들을 사용하여 쉽게 적용할 수 있다. 이 내용은 연습문제 P8.34, P8.36, P8.38, P8.40에서 다룬다. 이제 임의의 주파수 선택적 필터를 설계하기 위해 MATLAB의 필터 설계 함수를 사용하는 방법을 알아보자.

8.6.2 MATLAB 구현

앞 절에서 디지털 저역통과 필터를 설계하는 데 필요한 4개의 함수를 살펴봤다. 고역통과 필터, 대역통과 필터, 대역저지 필터를 설계하는 데도 같은 함수를 사용할 수 있다. 이 함수들에서의 주파수 대역 변환은 s평면 위에서 이루어진다. 즉, 이 함수들은 이 장 제일 앞에서 살펴본 '방법 1'을 사용한다. `butter` 함수를 사용하여 그 내용을 살펴보자. 이 함수는 다음과 같이 다양한 형태의 입력 인자에 대해 사용할 수 있다.

- `[b,a] = butter(N,wn,'high')`는 π 단위로 나타낸 3-dB 차단 주파수 `wn`을 갖는 N차 **고역통과** 필터를 설계한다.
- `[b,a] = butter(N,wn)`은 만약 `wn`이 2개의 성분을 갖는 벡터 `wn=[w1 w2]`라면, π 단위로 나타낸 3-dB 통과대역 주파수 `w1 < w < w2`를 갖는 2N차 **대역통과** 필터를 설계한다.
- `[b,a] = butter(N,wn,'stop')`은 만약 `wn`이 2개의 성분을 갖는 벡터 `wn=[w1 w2]`라면, π 단위로 나타낸 3-dB 저지대역 주파수 `w1 < w < w2`를 갖는 2N차 **대역저지** 필터를 설계한다.

주파수 선택적 버터워스 필터를 설계하기 위해서는, 차수 N과 3-dB 차단 주파수 벡터 `wn`을 알아야 한다. 이 장에서 저역통과 필터에 대해 이러한 매개변수를 구하는 방법을 설명했다. 그러나 이런 계산은 대역통과 필터나 대역저지 필터의 경우에는 더 복잡하다. MATLAB은 이 매개변수를 계산하기 위해 신호 처리 도구상자에 `buttord`라는 함수를 제공한다. 이 함수는 사양 ω_p, ω_s, R_p, A_s가 주어졌을 때, 필요한 매개변수의 값을 구해준다. 이 함수의 사용 방법은 다음과 같다.

```
[N,wn] = buttord(wp,ws,Rp,As)
```

매개변수 `wp`와 `ws`는 필터의 형태에 따라 몇 가지 제한 조건이 있다.

- 저역통과 필터의 경우 `wp < ws`

- 고역통과 필터의 경우 wp > ws
- 대역통과 필터의 경우 wp와 ws는 2개의 성분을 갖는 벡터 wp=[wp1, wp2], ws= [ws1, ws2]이고, ws1 < wp1 < wp2 < ws2
- 대역저지 필터의 경우 wp1 < ws1 < ws2 < wp2

이제 butter 함수와 함께 buttord 함수를 사용하여 어떤 버터워스 IIR 필터라도 설계할 수 있다. 위와 같은 내용을 약간 바꾸어서 cheby1, cheby2, ellip 함수에도 유사하게 적용할 수 있다. 다음의 예제들을 통해 이 함수를 사용해보자.

예제 8.28 예제 8.27에 주어진 사양을 갖는 제1형 체비셰프 고역통과 필터를 설계하라.

풀이 MATLAB 코드:

```
>> % Digital Filter Specifications:         % Type: Chebyshev-I highpass
>> ws = 0.4586*pi;                          % Dig. stopband edge frequency
>> wp = 0.6*pi;                             % Dig. passband edge frequency
>> Rp = 1;                                  % Passband ripple in dB
>> As = 15;                                 % Stopband attenuation in dB

>> % Calculations of Chebyshev-I Filter Parameters:
>> [N,wn] = cheb1ord(wp/pi,ws/pi,Rp,As);

>> % Digital Chebyshev-I Highpass Filter Design:
>> [b,a] = cheby1(N,Rp,wn,'high');
```

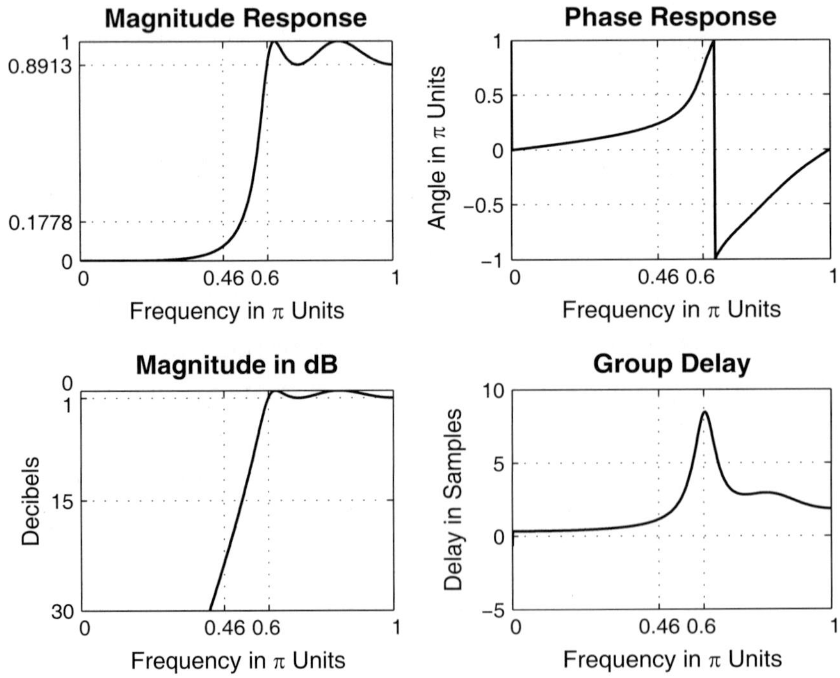

그림 8.32 예제 8.28의 디지털 제1형 체비셰프 고역통과 필터

```
>> % Cascade Form Realization:
>> [b0,B,A] = dir2cas(b,a)
b0 = 0.0243
B = 1.0000   -1.9991    0.9991
    1.0000   -2.0009    1.0009
A = 1.0000    1.0416    0.4019
    1.0000    0.5561    0.7647
```

종속형 시스템 함수는 다음과 같다.

$$H(z) = \frac{0.0243(1 - z^{-1})^4}{(1 + 0.5661z^{-1} + 0.7647z^{-2})(1 + 1.0416z^{-1} + 0.4019z^{-2})}$$

예제 8.27에서 구한 시스템 함수와 같은 것이다. 이는 이 장의 제일 앞에서 설명한 두 방법이 동일하다는 뜻이다. 주파수 영역에서의 그래프는 그림 8.32에 나타내었다.

예제 8.29 이 예제에서는 다음의 MATLAB 코드에 주어진 사양을 갖는 타원형 대역통과 필터를 설계한다.

```
>> % Digital Filter Specifications:          % Type: Elliptic Bandpass
>> ws = [0.3*pi 0.75*pi];                    % Dig. stopband edge frequency
>> wp = [0.4*pi 0.6*pi];                     % Dig. passband edge frequency
>> Rp = 1;                                   % Passband ripple in dB
>> As = 40;                                  % Stopband attenuation in dB

>> % Calculations of Elliptic Filter Parameters:
>> [N,wn] = ellipord(wp/pi,ws/pi,Rp,As);

>> % Digital Elliptic Bandpass Filter Design:
>> [b,a] = ellip(N,Rp,As,wn);

>> % Cascade Form Realization:
>> [b0,B,A] = dir2cas(b,a)
b0 = 0.0197
B = 1.0000    1.5066    1.0000
    1.0000    0.9268    1.0000
    1.0000   -0.9268    1.0000
    1.0000   -1.5066    1.0000
A = 1.0000    0.5963    0.9399
    1.0000    0.2774    0.7929
    1.0000   -0.2774    0.7929
    1.0000   -0.5963    0.9399
```

설계한 필터는 10차 필터임을 주목하라. 주파수 영역에서의 그래프는 그림 8.33에 나타내었다.

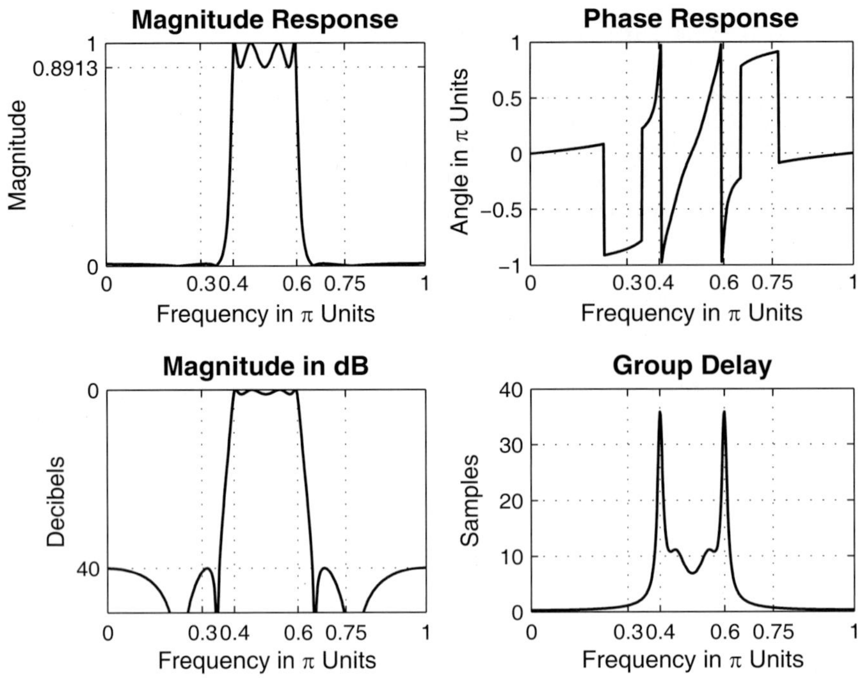

그림 8.33 예제 8.29의 디지털 타원형 대역통과 필터

예제 8.30 마지막으로, 다음의 MATLAB 코드에 주어진 사양을 갖는 제2형 체비셰프 대역저지 필터를 설계한다.

```
>> % Digital Filter Specifications:          % Type: Chebyshev-II Bandstop
>> ws = [0.4*pi 0.7*pi];                     % Dig. stopband edge frequency
>> wp = [0.25*pi 0.8*pi];                    % Dig. passband edge frequency
>> Rp = 1;                                   % Passband ripple in dB
>> As = 40;                                  % Stopband attenuation in dB

>> % Calculations of Chebyshev-II Filter Parameters:
>> [N,wn] = cheb2ord(wp/pi,ws/pi,Rp,As);

>> % Digital Chebyshev-II Bandstop Filter Design:
>> [b,a] = cheby2(N,As,ws/pi,'stop');

>> % Cascade Form Realization:
>> [b0,B,A] = dir2cas(b,a)
b0 = 0.1558
B = 1.0000    1.1456    1.0000
    1.0000    0.8879    1.0000
    1.0000    0.3511    1.0000
    1.0000   -0.2434    1.0000
    1.0000   -0.5768    1.0000
A = 1.0000    1.3041    0.8031
    1.0000    0.8901    0.4614
    1.0000    0.2132    0.2145
    1.0000   -0.4713    0.3916
    1.0000   -0.8936    0.7602
```

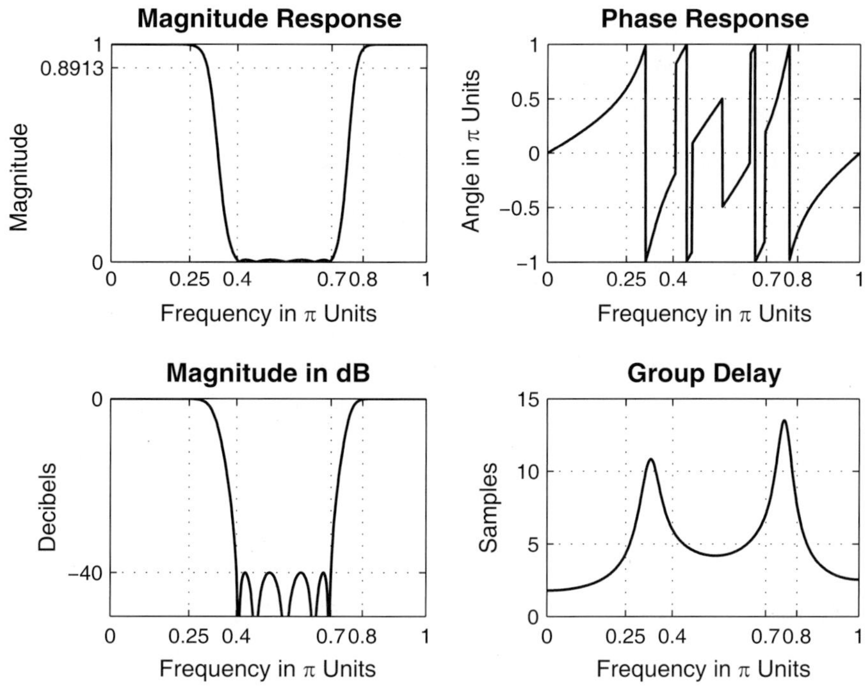

그림 8.34 예제 8.30의 디지털 제2형 체비셰프 대역저지 필터

이번에도 10차 필터이다. 주파수 영역에서의 그래프는 그림 8.34에 나타내었다.

8.7 연습문제

P8.1 디지털 공진기를 설계하려고 하는데, $\omega_0 = \pi/4$이며 $z = 0$에 2개의 영점을 갖고 있다.

1. $r = 0.8, 0.9, 0.99$일 때 공진기의 주파수 응답을 계산하고 그려라.
2. 위 1번의 각각에 대해 크기 응답 그래프로부터 3 dB 대역폭과 공진 주파수 ω_r을 결정하라.
3. 위 2번에서 얻은 결과가 이론적인 결과와 일치하는지 조사하라.

P8.2 디지털 공진기를 설계하려고 하는데, $\omega_0 = \pi/4$이며 $z = 1$과 $z = -1$에 2개의 영점을 갖고 있다.

1. $r = 0.8, 0.9, 0.99$일 때 공진기의 주파수 응답을 계산하고 그려라.
2. 위 1번의 각각에 대해 크기 응답 그래프로부터 3 dB 대역폭과 공진 주파수 ω_r을 결정하라.
3. 위 2번에서 얻은 결과를 식 (8.48) 및 (8.47)과 비교하라.

P8.3 다음과 같은 요구 조건을 갖는 디지털 공진기를 설계하려고 한다. 3 dB 대역폭이 0.05 rad, 공진 주파수가 0.375주기/샘플, $z = 1$과 $z = -1$에 2개의 영점을 갖고 있다. 시행착오 방법을 통해 공진기의 차분 방정식을 구하라.

P8.4 주파수 $\omega_0 = \pi/2$에 영을 갖도록 노치 필터를 설계하려고 한다.

1. $r = 0.7, 0.9, 0.99$일 때 이 노치 필터의 주파수 응답을 계산하고 그려라.
2. 위 1번의 각각에서 크기 그래프로부터 3 dB 대역폭을 결정하라.
3. 시행착오 방법으로 영 주파수가 $\omega_0 = \pi/2$에서 3 dB 대역폭이 0.04 rad가 되는 r의 값을 구하라.

P8.5 주파수 $\omega_0 = \pi/6$에 영을 갖도록 하면서 연습문제 P8.4를 풀어라.

P8.6 4 kHz의 대역폭을 갖는 음성 신호가 8 kHz로 샘플링된다. 신호는 주파수 1 kHz, 2 kH, 3 kHz를 가진 정현파의 잡음이 섞인다.

1. 이러한 정현파 신호를 제거하는 노치 필터를 부분적으로 사용하는 IIR 필터를 설계하라.
2. 최대 이득이 1이 되도록 하는 필터의 이득을 선택하라. 그리고 필터의 로그 크기 응답을 그려라.
3. MATLAB에 있는 `handel` 사운드 파일을 가져와서 앞의 세 가지 정현파 신호를 추가하여 잡음이 섞인 음성 신호를 만든다. 이제 위의 필터를 사용하여 잡음이 섞인 음성 신호에서 잡음을 제거하고 그 성능에 대해 언급하라.

P8.7 어떤 IIR 저역통과 필터의 시스템 함수가 다음과 같다고 하자.

$$H(z) = K\frac{1+z^{-1}}{1-0.9z^{-1}} \tag{8.72}$$

여기서 K는 최대 이득이 1이 되도록 조정할 수 있는 상수이다. $H_L(z) = H(z^L)$을 사용하여 L차 빗살형 필터의 시스템 함수를 구하려고 한다.

1. 식 (8.72)에 있는 시스템 함수에서 K의 값을 구하라.
2. 위 1번에서 구한 K 값을 사용하여 $L = 6$인 경우 빗살형 필터의 로그 크기 응답을 구하고 그려라.
3. 위 2번에서 구한 그래프의 모양을 서술하라.

P8.8 어떤 IIR 저역통과 필터의 시스템 함수가 다음과 같다고 하자.

$$H(z) = K\frac{1-z^{-1}}{1-0.9z^{-1}} \tag{8.73}$$

여기서 K는 최대 이득이 1이 되도록 조정할 수 있는 상수이다. $H_L(z) = H(z^L)$을 사용하여 L차 빗살형 필터의 시스템 함수를 구하려고 한다.

1. 식 (8.73)에 있는 시스템 함수에서 K의 값을 구하라.
2. 위 1번에서 구한 K 값을 사용하여 $L = 6$인 경우 빗살형 필터의 로그 크기 응답을 구하고 그려라.
3. 위 2번에서 구한 그래프의 모양을 서술하라.

P8.9 ([72]로부터 채택) 1장에서 논의했듯이 신호 $x(n)$의 반향과 잔향은 스케일링과 지연으로 얻을 수 있다. 즉,

$$y(n) = \sum_{k=0}^{\infty} \alpha_k x(n-kD) \tag{8.74}$$

여기서 D는 최소 지연을 나타내는 양의 정수이고, $\alpha_k > \alpha_{k-1} > 0$이다.

1. 다음과 같이 주어진 IIR 빗살형 필터를 고려하라.

$$H(z) = \frac{1}{1 - az^{-D}} \tag{8.75}$$

그 임펄스 응답을 구하라. 이 필터가 왜 잔향기로 사용될 수 있는지를 설명하라.

2. 다음과 같은 세 가지 전역통과 빗살형 필터의 종속 연결을 고려한다.

$$H(z) = \frac{z^{D_1} - a_1}{1 - a_1 z^{-D_1}} \times \frac{z^{D_2} - a_2}{1 - a_2 z^{-D_2}} \times \frac{z^{D_3} - a_3}{1 - a_3 z^{-D_3}} \tag{8.76}$$

이것은 실용적인 디지털 잔향기로 사용될 수 있다. $D_1 = 50$, $a_1 = 0.7$; $D_2 = 41$, $a_2 = 0.665$; $D_3 = 32$, $a_3 = 0.63175$인 경우 이 잔향기의 임펄스 응답을 계산하고 그려라.

3. $D_1 = 53$, $a_1 = 0.7$; $D_2 = 40$, $a_2 = 0.665$; $D_3 = 31$, $a_3 = 0.63175$인 경우 위 2번을 반복하라. 이 잔향기의 모양이 위 2번에 있는 것과 어떻게 다른가? 어느 것이 좋은 반향기인가?

P8.10 다음과 같이 주어진 1차 전역통과 시스템 함수를 고려한다.

$$H(z) = \frac{a + z^{-1}}{1 + az^{-1}}, \qquad 0 < a < 1 \tag{8.77}$$

시스템의 위상 지연은 $\Phi(\omega) \triangleq -\angle H(e^{j\omega})/\omega$로 정의되며 샘플 수로 측정된다.

1. 저주파수에서 식 (8.77)로 주어진 시스템의 위상 지연이 다음과 같이 주어짐을 보여라.

$$\Phi(\omega) \approx \frac{1-a}{1+a} \qquad a \approx 1\text{인 경우} \tag{8.78}$$

2. 연습문제 P8.10을 증명하기 위해 $a = 0.9,\ 0.95,\ 0.99$인 경우 $-\pi/2 \le \omega \le \pi/2$ 범위에서 위상 지연을 그려라. 결과의 정확성에 대해 논하라.

3. 0.01 샘플의 위상 지연을 갖고 있는 1차 전역통과 시스템을 설계하라. 그 크기와 위상 지연 응답을 그려라.

P8.11 다음과 같이 주어진 2차 전역통과 시스템 함수를 고려하라.

$$H(z) = \frac{a_2 + a_1 z^{-1} + z^{-2}}{1 + a_1 z^{-1} + a_2 z^{-2}} \tag{8.79}$$

시스템의 위상 지연은 $\Phi(\omega) \triangleq -\angle H(e^{j\omega})/\omega$로 정의되며 샘플 수로 측정된다. 만약 다음과 같이 선택하면

$$a_1 = 1\left(\frac{2-d}{1+d}\right), \qquad a_2 = \frac{(2-d)(1-d)}{(2+d)(1+d)} \tag{8.80}$$

저주파수에서 위상 지연 $\Phi(\omega)$는 근사값으로 d 샘플 수가 됨을 보여줄 수 있다. 이 사실을 $d = 0.1$, $d = 0.05$, $d = 0.01$인 경우에 대해 $-\pi/2 \le \omega \le \pi/2$ 범위에서 $\Phi(\omega)$를 그려봄으로써 보여라.

P8.12 500라디안/초에서 0.25 dB 또는 그보다 좋은 리플을 갖고, 2000라디안/초에서 적어도 50 dB의 감쇠를 갖는 아날로그 버터워스 저역통과 필터를 설계하라. 시스템 함수를 구하고, 크기 응답과 로그 크기 응답의 그래프를 dB 단위로 그려라. 그리고 위상 응답과 임펄스 응답의 그래프도 그려라.

P8.13 10 kHz에서 0.5 dB 또는 그보다 좋은 리플을 갖고, 20 kHz에서 적어도 45 dB의 감쇠를 갖는 아날로그 버터워스 저역통과 필터를 설계하라. 시스템 함수를 종속형으로 구하고, 크기 응답과 로그 크기 응답의 그래프를 dB 단위로 그려라. 그리고 군지연과 임펄스 응답의 그래프도 그려라.

P8.14 $|\Omega| \le 10$에서 허용 리플 1 dB을 갖고, $|\Omega| = 15$라디안/초에서 적어도 50 dB의 감쇠를 갖는 아날로그 제1형 체비셰프 저역통과 필터를 설계하라. 시스템 함수를 구하고, 크기 응답과 로그 크기 응답의 그래프를 dB 단위로 그려라. 그리고 군지연과 임펄스 응답의 그래프도 그려라.

P8.15 다음과 같은 특성을 갖는 아날로그 제1형 체비셰프 저역통과 필터를 설계하라.

- 0.5 dB의 통과대역 리플
- 4 kHz의 통과대역 차단 주파수
- 20 kHz에서 45 dB 또는 그 이상의 저지대역 감쇠

종속형으로 시스템 함수를 구하라. 크기 응답과 로그 크기 응답의 그래프를 dB 단위로 그리고, 위상 응답과 임펄스 응답의 그래프도 그려라.

P8.16 신호 $x_a(t)$는 10 kHz와 15 kHz의 두 주파수를 포함한다. 15 kHz 성분은 50 dB의 감쇠로 억제하려고 하고, 10 kHz 성분은 0.25 dB보다 작은 감쇠로 통과시키려고 한다. 이 필터 연산을 수행하는 최소 차수의 제2형 체비셰프 아날로그 필터를 설계하라. 로그 크기 응답의 그래프를 그리고, 설계를 검증하라.

P8.17 250 Hz에서 0.25 dB 또는 그보다 좋은 리플을 갖고, 400 Hz에서 적어도 40 dB의 감쇠를 갖는 아날로그 제2형 체비셰프 저역통과 필터를 설계하라. 크기 응답과 로그 크기 응답의 그래프를 dB 단위로 그리고, 군지연과 임펄스 응답의 그래프도 그려라.

P8.18 신호 $x_a(t)$는 10 kHz와 15 kHz의 두 주파수를 포함한다. 15 kHz 성분은 50 dB의 감쇠로 억제하려고 하고, 10 kHz 성분은 0.25 dB보다 작은 감쇠로 통과시키려고 한다. 이 필터 연산을 수행하는 최소 차수의 타원형 아날로그 필터를 설계하라. 로그 크기 응답의 그래프를 그리고, 설계를 검증하라. 연습문제 P8.16의 제2형 체비셰프 필터와 비교하라.

P8.19 500라디안/초에서 0.25 dB 또는 그보다 좋은 리플을 갖고, 2000라디안/초에서 적어도 50 dB의 감쇠를 갖는 아날로그 타원형 저역통과 필터를 설계하라. 유리함수의 형태로 시스템 함수를 구하라. 크기 응답과 로그 크기 응답의 그래프를 dB 단위로 그리고, 위상 응답과 임펄스 응답의 그래프도 그려라. 연습문제 P8.12의 버터워스 필터와 비교하라.

P8.20 아날로그 저역통과 필터를 설계하는 MATLAB 함수(`afd`)를 만들어라. 형식은 다음과 같아야 한다.

```
function [b,a] =afd(type,Fp,Fs,Rp,As)
%
% function [b,a] =afd(type,Fp,Fs,Rp,As)
%   Designs analog lowpass filters
% type = 'butter' or 'cheby1' or 'cheby2' or 'ellip'
%   Fp = passband cutoff in Hz
%   Fs = stopband cutoff in Hz
%   Rp = passband ripple in dB
%   As = stopband attenuation in dB
```

이번 장에서 살펴본 afd_butt, afd_chb1, afd_chb2, afd_elip 함수를 사용하라. 만든 함수를 연습문제 P8.12부터 P8.17까지 주어진 사양들에 대해 확인해보라.

P8.21 8 kHz의 샘플링률에서 3.2 kHz 내의 통과대역을 갖고, 통과대역 리플이 0.5 dB이고 3.8 kHz에서 최소 저지대역 감쇠가 45 dB인 디지털 제1형 체비셰프 원형 저역통과 필터를 설계할 것이다.

1. $T = 1$초에서 임펄스 불변 변환을 이용하여 필터를 설계하라. kHz 단위의 아날로그 주파수에 관한 함수로서 크기와 로그 크기 응답을 그려라.
2. $T = 1/8000$초일 때 위 결과를 반복하라.
3. 주파수 응답의 관점에서 위 두 결과를 비교하라. 임펄스 불변 설계에서 T의 영향에 대해 논하라.

P8.22 다음의 사양을 만족하는 디지털 버터워스 저역통과 필터를 설계하라.

$$\text{통과대역의 끝: } 0.4\pi, \quad R_p = 0.5\,\text{dB}$$
$$\text{저지대역의 끝: } 0.6\pi, \quad A_s = 50\,\text{dB}$$

$T = 2$의 임펄스 불변법을 사용하라. 시스템 함수를 유리식의 형태로 나타내고, dB로 나타낸 로그 크기 응답의 그래프를 그려라. 임펄스 응답 $h(n)$과 아날로그 원형 필터의 임펄스 응답 $h_a(t)$의 그래프를 그리고, 모양을 비교하라.

P8.23 임펄스 불변 변환을 기초로 하여 디지털 저역통과 필터를 설계하는 MATLAB 함수(dlpfd_ii)를 만들어라. 형식은 다음과 같아야 한다.

```
function [b,a] =dlpfd_ii(type,wp,ws,Rp,As,T)
%
% function [b,a] =dlpfd_ii(type,wp,ws,Rp,As,T)
%   Designs digital lowpass filters using impulse invariance
% type = 'butter' or 'cheby1'
%   wp = passband cutoff in Hz
%   ws = stopband cutoff in Hz
%   Rp = passband ripple in dB
%   As = stopband attenuation in dB
%    T = sampling interval
```

연습문제 P8.20에서 만든 afd 함수를 사용하라. 만든 함수를 연습문제 P8.21과 P8.22에 주어진 사양들에 대해 확인해보라.

P8.24 이 연습문제에서는 **스텝 불변**(step invariance) 변환이라는 기법을 알아본다. 이 기법에서는 아날로그 원형 필터의 계단 응답(step response)이 결과적인 디지털 필터에서도 유지되도록 한다. $v_a(t)$를 원형 필터의 계단 응답이라 하고, $v(n)$을 디지털 필터의 계단 응답이라 하자. 그러면

$$v(n) = v_a(t)|_{t=nT}, \quad T\text{: 샘플링 간격}$$

주파수 영역의 수량들이 다음과 같은 관계를 가짐을 주목하라.

$$V_a(s) \triangleq \mathcal{L}[v_a(t)] = H_a(s)/s$$

그리고

$$V(z) \triangleq \mathcal{Z}[v(n)] = H(z)\frac{1}{1-z^{-1}}$$

그러므로 스텝 불변 변환 단계들은 다음과 같다. $H_a(s)$가 주어졌을 때,

- $H_a(s)$를 s로 나누어서 $V_a(s)$를 얻는다.
- $V_a(s)$의 유수(residue) $\{R_k\}$와 극점 $\{p_k\}$를 찾는다.
- 아날로그 극점 $\{p_k\}$를 디지털 극점 $\{e^{p_kT}\}$로 변환한다. 여기서 T는 임의의 값이다.
- 유수 $\{R_k\}$와 극점 $\{e^{p_kT}\}$로부터 $V(z)$를 구한다.
- $V(z)$에 $(1-z^{-1})$를 곱해 $H(z)$를 구한다.

위의 과정을 사용하여 스텝 불변 변환을 구현하는 MATLAB 함수(stp_invr)를 만들어라. 형식은 다음과 같아야 한다.

```
function [b,a] =stp_invr(c,d,T)
% Step Invariance Transformation from Analog to Digital Filter
% [b,a] =stp_invr(c,d,T)
%  b = Numerator polynomial in z^(-1) of the digital filter
%  a = Denominator polynomial in z^(-1) of the digital filter
%  c = Numerator polynomial in s of the analog filter
%  d = Denominator polynomial in s of the analog filter
%  T = Sampling (transformation) parameter
```

P8.25 스텝 불변법을 사용하여, 연습문제 P8.22의 디지털 버터워스 저역통과 필터를 설계하라. dB로 나타낸 로그 크기 응답의 그래프를 그리고, 연습문제 P8.22의 그래프와 비교하라. 계단 응답 $v(n)$과 아날로그 원형 필터의 임펄스 응답 $v_a(t)$를 그리고 그 모양을 비교하라.

P8.26 이번 장에서 정합 z-변환라는 필터 변환 기법을 살펴봤다. 식 (8.69)를 이용하여 아날로그 시스템 함수 $H_a(s)$를 디지털 시스템 함수 $H(z)$로 변환하는 MATLAB 함수 mzt를 작성하라. 함수의 형식은 다음과 같아야 한다.

```
function [b,a] = mzt(c,d,T)
% Matched-Z Transformation from Analog to Digital Filter
% [b,a] = MZT(c,d,T)
%  b = Numerator polynomial in z^(-1) of the digital filter
%  a = Denominator polynomial in z^(-1) of the digital filter
%  c = Numerator polynomial in s of the analog filter
%  d = Denominator polynomial in s of the analog filter
%  T = Sampling interval (transformation parameter)
```

이 함수를 이용하여, 다음의 시스템 함수

$$H_a(s) = \frac{s+1}{s^2+5s+6}$$

를 $T=0.05$, $T=0.1$, $T=0.2$의 샘플링 간격(초 단위)에 대해 디지털 필터 $H(z)$로 변환하라. 각

경우에 대해 그림 8.20과 비슷한 그래프를 얻을 수 있을 것이다. 이 기법의 성능에 대해 논하라.

P8.27 100 Hz에서 1 dB 혹은 더 좋은 리플을 갖고 150 Hz에서 최소 30 dB 이상의 감쇠를 갖는 아날로그 버터워스 저역통과 필터를 고려하자. 이 필터를 $F_s = 1000$ Hz에서 정합 z-변환 기법을 이용하여 디지털 필터로 변환하라. 변환된 디지털 필터의 크기와 위상 응답을 그리고, 주어진 dB 사양에 대해 정확한 대역 끝 주파수를 구하라. 결과에 대해 논하라.

P8.28 500 Hz에서 0.5 dB 혹은 더 좋은 리플을 갖고 700 Hz에서 최소 40 dB 이상의 감쇠를 갖는 아날로그 제1형 체비셰프 저역통과 필터를 고려하자. 이 필터를 $F_s = 2000$ Hz에서 정합 z-변환 기법을 이용하여 디지털 필터로 변환하라. 변환된 디지털 필터의 크기와 위상 응답을 그리고, 주어진 dB 사양에 대해 정확한 대역 끝 주파수를 구하라. 결과에 대해 논하라.

P8.29 1500 Hz에서 0.25 dB 혹은 더 좋은 리플을 갖고 2000 Hz에서 최소 80 dB 이상의 감쇠를 갖는 아날로그 제2형 체비셰프 저역통과 필터를 고려하자. 이 필터를 $F_s = 8000$ Hz에서 정합 z-변환 기법을 이용하여 디지털 필터로 변환하라. 변환된 디지털 필터의 크기와 위상 응답을 그리고, 주어진 dB 사양에 대해 정확한 대역 끝 주파수를 구하라. 결과에 대해 논하라. 만족스러운 설계 결과를 얻었는가?

P8.30 연습문제 P8.22의 버터워스 저역통과 필터의 설계를 생각해보자.

1. 이 장에서 살펴본 쌍일차 변환 기법과 `bilinear` 함수를 사용하라. dB로 나타낸 로그 크기 응답의 그래프를 그려라. 아날로그 원형 필터와 디지털 필터의 임펄스 응답을 비교하라.
2. `butter` 함수를 사용하고, 위의 결과와 비교하라.

P8.31 연습문제 P8.21의 제1형 체비셰프 필터의 설계를 생각해보자.

1. 이 장에서 살펴본 쌍일차 변환 기법과 `bilinear` 함수를 사용하라. dB로 나타낸 로그 크기 응답의 그래프를 그려라. 아날로그 원형 필터와 디지털 필터의 임펄스 응답을 비교하라.
2. `cheby1` 함수를 사용하고, 위의 결과와 비교하라.

P8.32 다음 사양을 만족하는 타원형 디지털 저역통과 필터를 설계하라.

$$\text{통과대역의 끝: } 0.3\pi,\quad R_p = 0.25\text{ dB}$$
$$\text{저지대역의 끝: } 0.4\pi,\quad A_s = 50\text{ dB}$$

`bilinear` 함수뿐만 아니라 `ellip` 함수를 이용하여 설계를 하고 그 결과를 비교하라.

P8.33 다음 사양을 만족하는 디지털 저역통과 필터를 설계하라.

$$\text{통과대역의 끝: } 4.5\pi,\quad R_p = 0.5\text{ dB}$$
$$\text{저지대역의 끝: } 0.5\pi,\quad A_s = 60\text{ dB}$$

1. `butter` 함수를 사용하고, 차수 N과 실제의 최소 저지대역 감쇠(dB 단위로)를 구하라.
2. `cheby1` 함수를 사용하고, 차수 N과 실제의 최소 저지대역 감쇠(dB 단위로)를 구하라.
3. `cheby2` 함수를 사용하고, 차수 N과 실제의 최소 저지대역 감쇠(dB 단위로)를 구하라.
4. `ellip` 함수를 사용하고, 차수 N과 실제의 최소 저지대역 감쇠(dB 단위로)를 구하라.

5. 위에서 구한 설계의 차수, 실제의 최소 저지대역 감쇠, 군지연을 비교하라.

P8.34 이 장에서 다루었던 과정을 사용하여, 디지털 고역통과 필터의 사양으로부터 디지털 원형 저역통과 필터 주파수를 구하는 MATLAB 함수(hp2lpfre)를 만들어라. 형식은 다음과 같아야 한다.

```
function [wpLP,wsLP,alpha] = hp2lpfre(wphp,wshp)
% Band-edge frequency conversion from highpass to lowpass digital filter
% [wpLP,wsLP,a] = hp2lpfre(wphp,wshp)
%  wpLP = passband egde for the lowpass prototype
%  wsLP = stopband egde for the lowpass prototype
% alpha = lowpass to highpass transformation parameter
%  wphp = passband egde for the highpass
%  wshp = stopband egde for the highpass
```

이 함수를 사용하여, 쌍일차 변환을 통해 디지털 고역통과 필터를 설계하는 MATLAB 함수(dhpfd_bl)를 만들어라. 형식은 다음과 같아야 한다.

```
function [b,a] = dhpfd_bl(type,wp,ws,Rp,As)
% IIR Highpass filter design using bilinear transformation
% [b,a] = dhpfd_bl(type,wp,ws,Rp,As)
% type = 'butter' or 'cheby1' or 'chevy2' or 'ellip'
%    b = Numerator polynomial of the highpass filter
%    a = Denominator polynomial of the highpass filter
%   wp = Passband frequency in radians
%   ws = Stopband frequency in radians (wp < ws)
%   Rp = Passband ripple in dB
%   As = Stopband attenuation in dB
```

만든 함수를 예제 8.27의 사양을 사용하여 검증하라.

P8.35 다음의 사양을 만족하는 고역통과 필터를 설계하라.

$$\text{저지대역의 끝: } 0.4\pi,\quad A_s = 60\,\text{dB}$$
$$\text{통과대역의 끝: } 0.6\pi,\quad R_p = 0.5\,\text{dB}$$

1. 연습문제 P8.34의 dhpfd_bl 함수와 제1형 체비셰프 원형을 사용하라. 설계한 필터의 dB로 나타낸 로그 크기 응답 그래프를 그려라.
2. cheby1 함수를 사용하고, dB로 나타낸 로그 크기 응답의 그래프를 그려라. 두 설계를 비교하라.

P8.36 표 8.2의 함수와 고역통과 필터에 대해 설명했던 과정을 사용하여, 임의의 디지털 저역통과 필터의 사양으로부터 디지털 원형 저역통과 필터 주파수를 구하는 MATLAB 함수를 만들어라. 형식은 다음과 같아야 한다.

```
function [wpLP,wsLP,alpha] = lp2lpfre(wplp,wslp)
% Band-edge frequency conversion from lowpass to lowpass digital filter
% [wpLP,wsLP,a] = lp2lpfre(wplp,wslp)
%  wpLP = passband egde for the lowpass prototype
```

```
%  wsLP = stopband egde for the lowpass prototype
% alpha = lowpass to highpass transformation parameter
%  wplp = passband egde for the given lowpass
%  wslp = passband egde for the given lowpass
```

이 함수를 사용하여, 쌍일차 변환을 통해 원형 디지털 저역통과 필터로부터 저역통과 필터를 설계하는 MATLAB 함수를 만들어라. 형식은 다음과 같아야 한다.

```
function [b,a] = dlpfd_bl(type,wp,ws,Rp,As)
% IIR lowpass filter design using bilinear transformation
% [b,a] = dlpfd_bl(type,wp,ws,Rp,As)
% type = 'butter' or 'cheby1' or 'chevy2' or 'ellip'
%    b = Numerator polynomial of the bandpass filter
%    a = Denominator polynomial of the bandpass filter
%   wp = Passband frequency in radians
%   ws = Stopband frequency in radians
%   Rp = Passband ripple in dB
%   As = Stopband attenuation in dB
```

만든 함수를 연습문제 P8.33의 사양을 사용하여 검증하라.

P8.37 cheby2 함수를 사용하여 디지털 대역통과 필터를 설계하라. 사양은 다음과 같다.

저지대역의 낮은 쪽 끝: 0.3π	$A_s = 50$ dB
저지대역의 높은 쪽 끝: 0.6π	
통과대역의 낮은 쪽 끝: 0.4π	$R_p = 0.5$ dB
통과내역의 높은 쪽 끝: 0.5π	

설계한 필터의 임펄스 응답과 로그 크기 응답(dB 단위로)의 그래프를 그려라.

P8.38 표 8.2의 함수와 고역통과 필터에 대해 설명했던 과정을 사용하여, 디지털 대역통과 필터의 사양으로부터 디지털 원형 저역통과 필터 주파수를 구하는 MATLAB 함수를 만들어라. 형식은 다음과 같아야 한다.

```
function [wpLP,wsLP,alpha] = bp2lpfre(wpbp,wsblp)
% Band-edge frequency conversion from bandpass to lowpass digital filter
% [wpLP,wsLP,a] = bp2lpfre(wpbp,wsbp)
%  wpLP = passband egde for the lowpass prototype
%  wsLP = stopband egde for the lowpass prototype
% alpha = lowpass to highpass transformation parameter
%  wpbp = passband egde frequency array [wp_lower, wp_upper] for the bandpass
%  wsbp = passband egde frequency array [ws_lower, ws_upper] for the bandpass
```

이 함수를 사용하여, 쌍일차 변환을 통해 원형 디지털 저역통과 필터로부터 대역통과 필터를 설계하는 MATLAB 함수를 만들어라. 형식은 다음과 같아야 한다.

```
function [b,a] = dbpfd_bl(type,wp,ws,Rp,As)
% IIR bandpass filter design using bilinear transformation
% [b,a] = dbpfd_bl(type,wp,ws,Rp,As)
% type = 'butter' or 'cheby1' or 'chevy2' or 'ellip'
%    b = Numerator polynomial of the bandpass filter
%    a = Denominator polynomial of the bandpass filter
%   wp = Passband frequency array [wp_lower, wp_upper] in radians
%   ws = Stopband frequency array [wp_lower, wp_upper] in radians
%   Rp = Passband ripple in dB
%   As = Stopband attenuation in dB
```

만든 함수를 연습문제 P8.37의 사양을 사용하여 검증하라.

P8.39 제1형 체비셰프 원형 필터를 사용하여, 다음의 사양을 만족하는 디지털 대역저지 IIR 필터를 설계하려고 한다.

$$\begin{aligned} 0.95 \le |H(e^{j\omega})| &\le 1.05, \quad 0 \le |\omega| \le 0.25\pi \\ 0 \le |H(e^{j\omega})| &\le 0.01, \; 0.35\pi \le |\omega| \le 0.65\pi \\ 0.95 \le |H(e^{j\omega})| &\le 1.05, \; 0.75\pi \le |\omega| \le \pi \end{aligned}$$

`cheby1` 함수를 사용하여, 설계한 필터의 시스템 함수 $H(z)$를 구하라. 설계한 필터의 임펄스 응답과 로그 크기 응답(dB 단위로)의 그래프를 그려라.

P8.40 표 8.2의 함수와 고역통과 필터에 대해 설명했던 과정을 사용하여, 디지털 대역저지 필터의 사양으로부터 디지털 원형 저역통과 필터 주파수를 구하는 MATLAB 함수를 만들어라. 형식은 다음과 같아야 한다.

```
function [wpLP,wsLP,alpha] = bs2lpfre(wpbp,wsblp)
% Band-edge frequency conversion from bandstop to lowpass digital filter
% [wpLP,wsLP,a] = bs2lpfre(wpbp,wsbp)
%  wpLP = passband egde for the lowpass prototype
%  wsLP = stopband egde for the lowpass prototype
% alpha = lowpass to highpass transformation parameter
%  wpbp = passband egde frequency array [wp_lower, wp_upper] for the bandstop
%  wsbp = passband egde frequency array [ws_lower, ws_upper] for the bandstop
```

이 함수를 사용하여, 쌍일차 변환을 통해 원형 디지털 저역통과 필터로부터 대역저지 필터를 설계하는 MATLAB 함수를 만들어라. 형식은 다음과 같아야 한다.

```
function [b,a] = dbsfd_bl(type,wp,ws,Rp,As)
% IIR bandstop filter design using bilinear transformation
% [b,a] = dbsfd_bl(type,wp,ws,Rp,As)
% type = 'butter' or 'cheby1' or 'chevy2' or 'ellip'
%    b = Numerator polynomial of the bandstop filter
%    a = Denominator polynomial of the bandstop filter
%   wp = Passband frequency array [wp_lower, wp_upper] in radians
%   ws = Stopband frequency array [wp_lower, wp_upper] in radians
%   Rp = Passband ripple in dB
%   As = Stopband attenuation in dB
```

만든 함수를 연습문제 P8.39의 사양을 사용하여 검증하라.

P8.41 다음 아날로그 신호가

$$x_a(t) = 3\sin(40\pi t) + 3\cos(50\pi t)$$

다음의 시스템에서

$$x_a(t) \longrightarrow \boxed{\text{A/D}} \longrightarrow \boxed{H(z)} \longrightarrow \boxed{\text{D/A}} \longrightarrow y_a(t)$$

100샘플/초의 샘플링 간격으로 처리된다고 하자.

1. $x_a(t)$의 첫 번째 부분을 1 dB 이하의 감쇠를 갖게 하고 두 번째 부분을 최소 50 dB 이상의 감쇠를 갖게 하는 최소 차수의 IIR 디지털 필터를 설계하라. 이 필터는 단조(monotone)인 통과대역과 등리플인 저지대역을 가져야 한다. 유리함수 형태로 시스템 함수를 구하고, 로그 크기 응답을 그려라.
2. $x_a(t)$를 100샘플/초로 샘플링하여 500개의 샘플을 얻은 뒤, 위에서 설계한 필터에 입력하여 출력을 얻고자 한다. $y_a(t)$를 얻기 위해 이 신호를 보간하라(3장에서 살펴본 어떠한 보간 기법이든 이용해도 된다). 입력과 출력 신호를 그리고, 그 결과를 논하라.

P8.42 쌍일차 변환을 이용하여 0.08π의 대역폭에 $\omega = 0.44\pi$인 디지털 주파수를 제거할 수 있는 10차 타원형 대역저지 필터를 설계하라. 저지대역 감쇠를 위한 적절한 값을 선택하고 크기 응답을 그려라. 다음 $x(n)$에 대해 201개의 샘플을 생성하고

$$x(n) = \sin[0.44\pi n], \quad n = 0, \dots, 200$$

위 대역저지 필터를 거친 결과를 구하고 논하라.

P8.43 다음의 구조에서 사용하는 디지털 고역통과 필터 $H(z)$를 설계하라.

$$x_a(t) \longrightarrow \boxed{\text{A/D}} \longrightarrow \boxed{H(z)} \longrightarrow \boxed{\text{D/A}} \longrightarrow y_a(t)$$

이 필터는 다음과 같은 사항을 만족해야 한다.

- 샘플링 비율: 10 kHz
- 저지대역 끝 주파수 1.5 kHz에서의 감쇠: 40 dB
- 통과대역 끝 주파수 2 kHz에서의 리플: 1 dB
- 등리플의 통과대역과 저지대역
- 임펄스 불변 변환 기법

1. [0, 5 kHz]의 구간에서 전체 아날로그 필터의 크기 응답 그래프를 그려라.
2. 디지털 원형 저역통과 필터의 크기 응답 그래프를 그려라.
3. 아날로그 원형 저역통과 필터의 크기 응답 그래프를 그려라.
4. 위의 구조가 정말로 고역통과 필터처럼 동작하려면 입력 신호에 어떤 제약 조건을 두어야 하는가?

P8.44 그림 P8.1에 나타난 필터의 사양은 대역통과 및 고역통과 사양의 결합으로 생각할 수 있다. 이 사양을 만족하기 위한 최소 차수의 IIR 디지털 필터를 설계하라. 그림 P8.1에 나타난 바와 같이 점선을 이용하여 크기 응답을 그려라. 설계한 필터로부터 정확한 차수 및 대역 끝 주파수를 구하라.

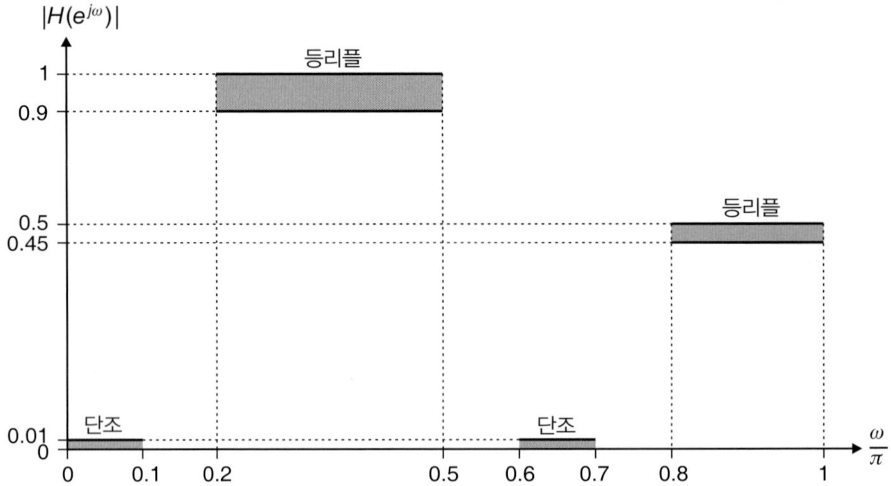

그림 P8.1 연습문제 P8.44의 필터 사양

P8.45 그림 P8.2에 나타난 필터의 사양은 저역통과 및 대역저지 사양의 결합으로 생각할 수 있다. 이 사양을 만족하기 위한 최소 차수의 IIR 디지털 필터를 설계하라. 그림 P8.2에 나타난 바와 같이 점선을 이용하여 크기 응답을 그려라. 설계한 필터로부터 정확한 차수 및 대역 끝 주파수를 구하라.

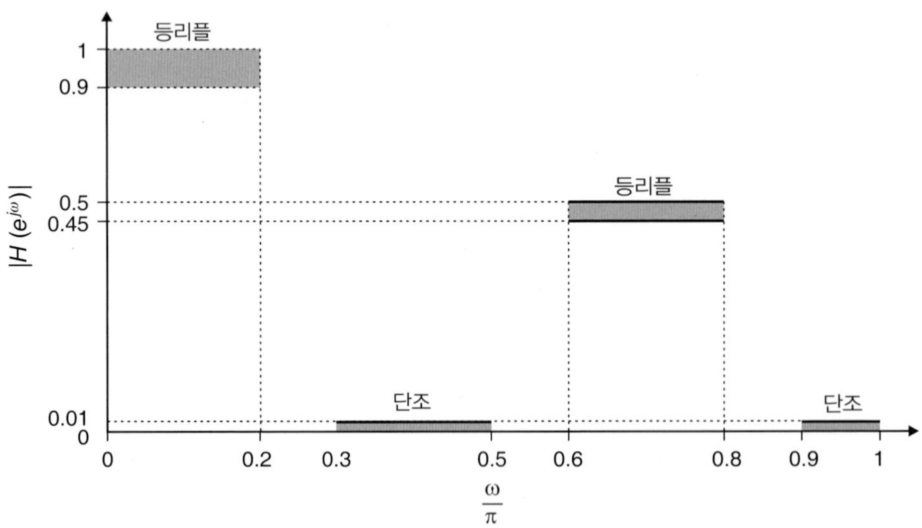

그림 P8.2 연습문제 P8.45의 필터 사양

P8.46 다음 사양을 만족하는 최소 차수의 IIR 디지털 필터를 설계하라.

- $[0.35\pi,\ 0.5\pi]$ 구간의 통과대역
- $[0,\ 0.3\pi]$ 및 $[0.6\pi,\ \pi]$ 구간의 저지대역
- 1 dB의 통과대역 리플
- 40 dB의 저지대역 감쇠
- 등리플의 통과대역 및 저지대역

유리함수 형태로 주어진 필터의 시스템 함수 $H(z)$를 구하고, dB 단위로 로그 크기 응답을 그려라. 위 필터 설계를 바탕으로 다음 문제를 풀어라.

1. 필터의 차수는 얼마인가?
2. 그림으로부터 주어진 통과대역 및 저지대역의 정확한 대역 끝 주파수는 얼마인가?
3. 주어진 사양의 주파수와 위에서 얻은 정확한 주파수 간에 차이가 생기는 원인은 무엇인가?

샘플링률 변환 09 chapter

디지털 신호 처리 분야의 여러 응용 프로그램에서 신호의 샘플링률을 특정 양만큼 증가시키거나 감소시키는 문제에 직면하게 된다. 이때 한 신호를 주어진 샘플링률에서 다른 샘플링률로 바꾸는 과정을 **샘플링률 변환**(sampling rate conversion)이라고 한다. 또한 디지털 신호의 처리를 위해 여러 개의 샘플링률을 사용하는 시스템을 **다중 샘플링률 신호 처리 시스템**(multirate digital signal processing system)이라고 한다. 이 장에서는 디지털 영역에서의 샘플링률 변환과 다중 샘플링률 신호 처리를 소개할 것이다.

예를 들어 그림 9.1과 같은 시스템을 생각하면 아날로그 신호 $x_a(t)$는 $F_s = 1/T$의 초당 샘플링률로 샘플링된다. 이어서 결과 디지털 신호 $x(n)$은 차단 주파수 ω_c의 저역통과 필터를 통과하게 된다.

따라서 출력 신호 $y(n)$은 $0 \le \omega \le \omega_c = 2\pi f_c$ 범위 내에서 전체 에너지를 갖게 된다. 샘플링 정리에 따르면 이러한 신호는 $F_s = 1/T$의 샘플링률 대신에 $2f_c/T$의 초당 샘플링률로 표현

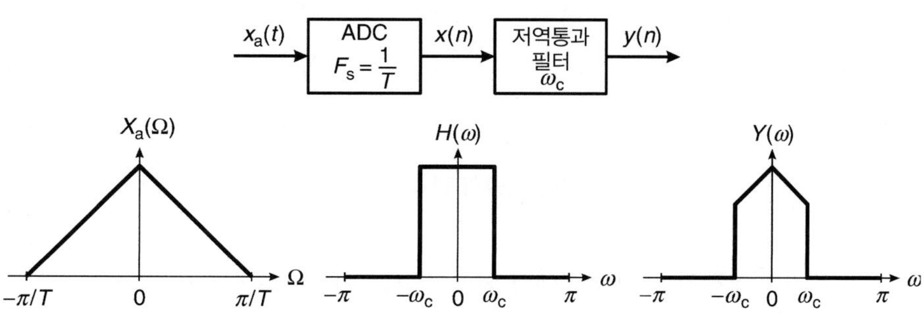

그림 9.1 일반적인 신호 처리 시스템

될 수 있다. $|f_c| \le 0.5$임에 유의한다. 그러나 $f_c \ll 0.5$이면 $2f_c/T \ll F_s$가 된다. 그러므로 샘플링 주파수를 $2f_c/T$에 가까운 값으로 낮추고 이러한 낮은 샘플링률로 신호 처리 과정을 수행하는 편이 더 유리하다.

그 밖의 응용 프로그램으로는 X선 단층 촬영의 최적 보간이나 협대역 저역통과 필터의 효율적인 다단 설계 등이 있다.

9.1 소개

보간은 우리 대부분에게 매우 친숙한 개념이며 수치 해석에 그 기원을 두고 있다. 일반적으로 보간은 수학 함수를 나타내는 숫자들의 표를 이용하여 수행된다. 그러한 표는 출력된 책 형태일 수도 있고 컴퓨터 메모리 기기에 저장되어 있을 수도 있다. 주로 쓰이는 간단한 선형 근사 등의 보간은 보간 오차(interpolation error)를 발생시킨다. 디지털 신호 처리 분야의 보간과 수치 해석 분야의 보간 사이의 차이점은 다음과 같다. 디지털 신호 처리에서는 주어진 데이터가 특정 주파수 대역 내에 제한되어 있다고 가정하고 그러한 근거를 바탕으로 최적화인 방법을 개발한다. 반면에 수치 해석에서는 일반적으로 데이터가 다항식(또는 다항식에 매우 가까운)의 샘플들로 구성되어 있다고 가정하고 결과 오차를 최소화하기 위한 방법을 개발한다.

신호 처리 분야의 보간 개념을 이해하기 위해, 주어진 이산 신호 $x(n)$을 만들기 위해 샘플링된 원래의 아날로그 신호 $x_a(t)$를 생각해보자. 만일 $x_a(t)$가 최소 요구 비율로 샘플링되었다면 샘플링 정리에 따라 샘플 $x(n)$으로부터 완벽하게 복원될 수 있다. 이제 만약 복원된 아날로그 신호를 예전보다 두 배의 비율로 샘플링한다면 샘플링률을 2배로 또는 보간 오차 없이 2배만큼 보간한 셈이 된다.

$$\text{원래 이산 신호: } x(n) = x_{\mathrm{a}}(nT) \tag{9.1}$$

$$\text{복원된 아날로그 신호: } x_{\mathrm{a}}(t) = \textstyle\sum_k x_{\mathrm{a}}(kT)\dfrac{\sin[\pi(t-kT)/T]}{\pi(t-kT)/T} \tag{9.2}$$

$$\begin{aligned}\text{리샘플링된 아날로그 신호: } x_{\mathrm{a}}\left(m\frac{T}{2}\right) &= \sum_k x_{\mathrm{a}}(kT)\frac{\sin\left[\pi\left(m\frac{T}{2}-kT\right)/T\right]}{\pi\left(m\frac{T}{2}-kT\right)/T} \\ &= \sum_k x_{\mathrm{a}}(kT)\frac{\sin\left[\pi\left(\frac{m}{2}-k\right)\right]}{\pi\left(\frac{m}{2}-k\right)}\end{aligned} \tag{9.3}$$

$$\text{높은 샘플링률의 결과 이산 신호: } y(m) \triangleq x_{\mathrm{a}}\left(m\frac{T}{2}\right) \tag{9.4}$$

위의 이상적인 보간 공식에서 이산 신호는 아날로그 신호로 변환되고, 다시 2배의 비율로 샘플링되어 이산 신호로 변환되었다. 다음 절에서는 이러한 우회적인 방법을 피하고 완전히 디

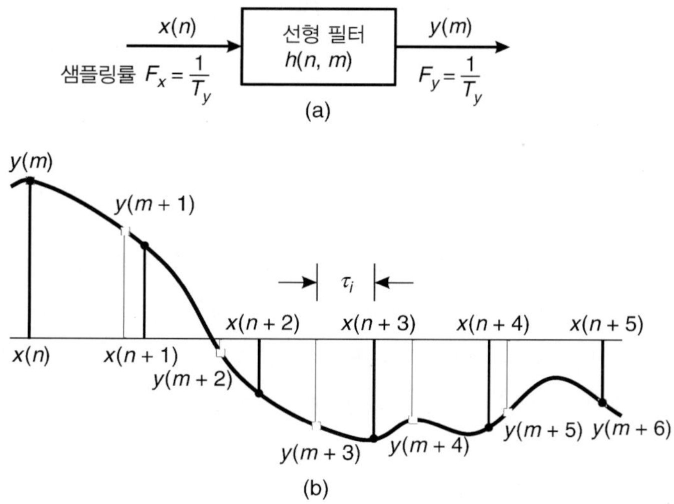

그림 9.2 선형 필터링 과정에서 본 샘플링률 변환

지털 영역 내에서 샘플링률 변환을 수행하는 방법에 대해 알아보겠다.

디지털 영역에서 샘플링률 변환 과정은 그림 9.2(a)에 묘사된 것처럼 선형 필터링 과정으로 볼 수 있다. T_x, T_y를 각각 샘플링 간격이라고 할 때, 입력 신호 $x(n)$은 $F_x = 1/T_x$, 출력 신호 $y(m)$은 $F_y = 1/T_y$의 샘플링률을 갖는다. D, I가 서로 소인 정수일 때, F_y/F_x 비율은 다음과 같은 유리수 형태가 된다.

$$\frac{F_y}{F_x} = \frac{I}{D} \tag{9.5}$$

선형 필터가 $h(n, m)$의 시변 임펄스 응답을 가지므로, 입력 $x(n)$과 출력 $y(m)$은 시변 시스템의 중첩 가산인 관계를 갖게 된다.

또한 샘플링률 변환 과정은 같은 아날로그 신호에 대한 디지털 리샘플링의 관점에서 이해될 수 있다. F_x의 샘플링률을 갖는 신호 $x(n)$을 생성하기 위해 샘플링된 아날로그 신호를 $x_a(t)$라고 하자. 비율 변환의 목표는 $x(n)$으로부터 F_y의 샘플링률을 갖는 다른 신호 $y(m)$을 바로 얻어내기 위한 것이다. 그림 9.2(b)에 묘사된 것처럼 $y(m)$은 시간축이 이동된 $x(n)$과 같다. 그러한 시간 이동은 평평한 크기 응답과 선형 위상 응답을 가진 선형 필터(즉, τ_i가 필터에 의한 시간 지연일 때, $e^{-j\omega\tau_i}$의 주파수 응답을 갖는다)를 사용해서 만들어낼 수 있다. 만약 2개의 샘플링률이 다르다면 필요한 시간 이동의 양은 그림 9.2(b)와 같이 샘플마다 변한다. 따라서 비율 변환기는 같은 크기의 평평한 응답과 다른 시간 지연을 갖는 여러 선형 필터를 사용하여 구현할 수 있다.

샘플링률 변환의 일반적인 경우를 고려하기 전에, 두 가지 특별한 경우를 생각해보자. 첫 번째는 샘플링률을 D라는 정수배만큼 감소시키는 경우이고, 두 번째는 샘플링률을 I라는 정수배만큼 증가시키는 경우이다. D배만큼 샘플링률을 줄이는 과정(D배 다운샘플링)을 데시메이션(decimation)이라 한다. I배만큼 샘플링률을 늘이는 과정(I배 업샘플링)을 보간(interpolation)이라 한다.

9.2 D배 데시메이션

데시메이션에 필요한 기본 동작은 높은 샘플링률의 신호 $x(n)$을 낮은 샘플링률의 신호 $y(m)$으로 다운샘플링하는 것이다. $y(m)$의 주파수 영역 에일리어싱을 이해하기 위해 두 가지 신호 간의 시간 및 주파수 영역 관계를 알아보겠다. 그 후 오차 없는 데시메이션에 필요한 조건과 그 구현에 필요한 시스템 구조를 알아볼 것이다.

9.2.1 다운샘플러

다운샘플링된 신호 $y(m)$은 $x(n)$의 샘플 D개마다 하나를 골라내고 나머지 $(D-1)$개의 샘플은 버려서 얻어진다는 점을 유의한다.

$$y(m) = x(n)|_{n=mD} = x(mD); \quad n, m, D \in \{\text{정수}\} \tag{9.6}$$

식 (9.6)의 블록선도는 그림 9.3과 같다. 이러한 다운샘플링 소자는 샘플링률을 바꾸며, 따라서 이전까지 사용한 여타 블록선도 소자와는 근본적으로 다르다. 실제로 다운샘플링 소자를 갖고 있는 시스템은 시변 시스템임을 보일 수 있다. 그러나 나중에 살펴보겠지만 이 사실이 $x(n)$에 의한 $y(m)$의 주파수 영역 해석을 방해하지는 않는다.

예제 9.1 $D = 2$, $x(n) = \{\underset{\uparrow}{1}, 2, 3, 4, 3, 2, 1\}$ 임을 이용하여 이 다운샘플러가 시변임을 증명하라.

풀이 다운샘플링된 신호는 $y(m) = \{\underset{\uparrow}{1}, 3, 3, 1\}$이다. 이때 만일 $x(n)$을 한 샘플만큼 지연시킨다면 $x(n-1) = \{\underset{\uparrow}{0}, 1, 2, 3, 4, 3, 2, 1\}$을 얻게 된다. 해당하는 다운샘플링 신호는 $y_1(m) = \{\underset{\uparrow}{0}, 2, 4, 2\}$가 되어 $y(m-1)$과는 다른 결과를 갖는다. ■

MATLAB 구현 MATLAB은 입력 배열 x의 첫 번째 샘플부터 시작해서 매 D번째 샘플을 추출하여 출력 배열 y로 다운샘플링하는 함수 `[y] = downsample(x,D)`를 제공한다. 선택적인 세 번째 매개변수 '위상'은 0에서 `(D-1)` 사이의 정수이며, 샘플의 편차(offset)를 명시

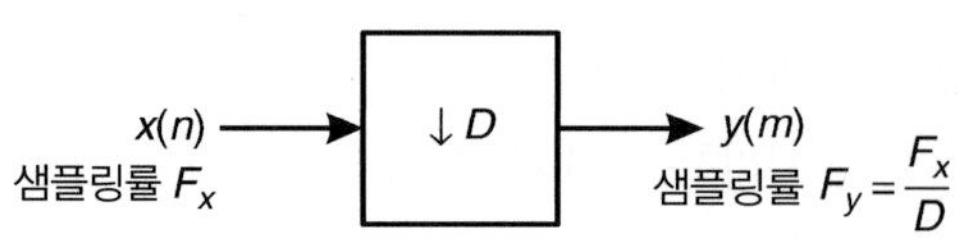

그림 9.3 다운샘플링 소자

한다. 예를 들면,

```
>> x = [1,2,3,4,3,2,1]; y = downsample(x,2)
y =
     1     3     3     1
```

위 경우는 첫 번째 샘플부터 2배 다운샘플링을 수행한다. 반면에,

```
>> x = [1,2,3,4,3,2,1]; y = downsample(x,2,1)
y =
     2     4     2
```

위 경우는 두 번째 샘플(즉, 1의 편차)부터 다운샘플링을 하여 완전히 다른 신호를 얻게 된다.

다운샘플링된 신호 $y(m)$의 주파수 영역 표현 이제 z-변환을 이용하여 $X(\omega)$에 의한 $Y(\omega)$를 표현할 것이다. 다음과 같이 주어지는 높은 샘플링률의 신호 $\bar{x}(n)$을 생각하자.

$$\bar{x}(n) \triangleq \begin{cases} x(n), & n = 0, \pm D, \pm 2D, \ldots \\ 0, & \text{그 외} \end{cases} \tag{9.7}$$

그림 9.4에 묘사된 것처럼, $\bar{x}(n)$은 명백하게 $x(n)$과 주기 D의 임펄스 함수 $p(n)$의 곱에 의해 얻어지는 신호로 볼 수 있다. $p(n)$의 이산 푸리에 급수 표현은 다음과 같다.

$$p(n) \triangleq \begin{cases} 1, & n = 0, \pm D, \pm 2D, \ldots \\ 0, & \text{그 외} \end{cases} = \frac{1}{D} \sum_{\ell=0}^{D-1} e^{\jmath \frac{2\pi}{D} \ell n} \tag{9.8}$$

그러므로 식 (9.6)에서 보인 것처럼 다음과 같은 관계가 성립한다.

$$\bar{x}(n) = x(n)p(n) \tag{9.9}$$

그리고

$$y(m) = \bar{x}(mD) = x(mD)p(mD) = x(mD) \tag{9.10}$$

그림 9.4는 식 (9.7)~(9.10)에 정의된 신호 $x(n)$, $\bar{x}(n)$, $y(m)$의 예를 보여준다.

이제 출력 신호 $y(m)$의 z-변환은 다음과 같다.

$$\begin{aligned} Y(z) &= \sum_{m=-\infty}^{\infty} y(m) z^{-m} = \sum_{m=-\infty}^{\infty} \bar{x}(mD) z^{-m} \\ Y(z) &= \sum_{m=-\infty}^{\infty} \bar{x}(m) z^{-m/D} \end{aligned} \tag{9.11}$$

여기서 마지막 단계의 전개는 D의 배수인 경우를 제외하면 $\bar{x}(m) = 0$이라는 사실 때문이다.

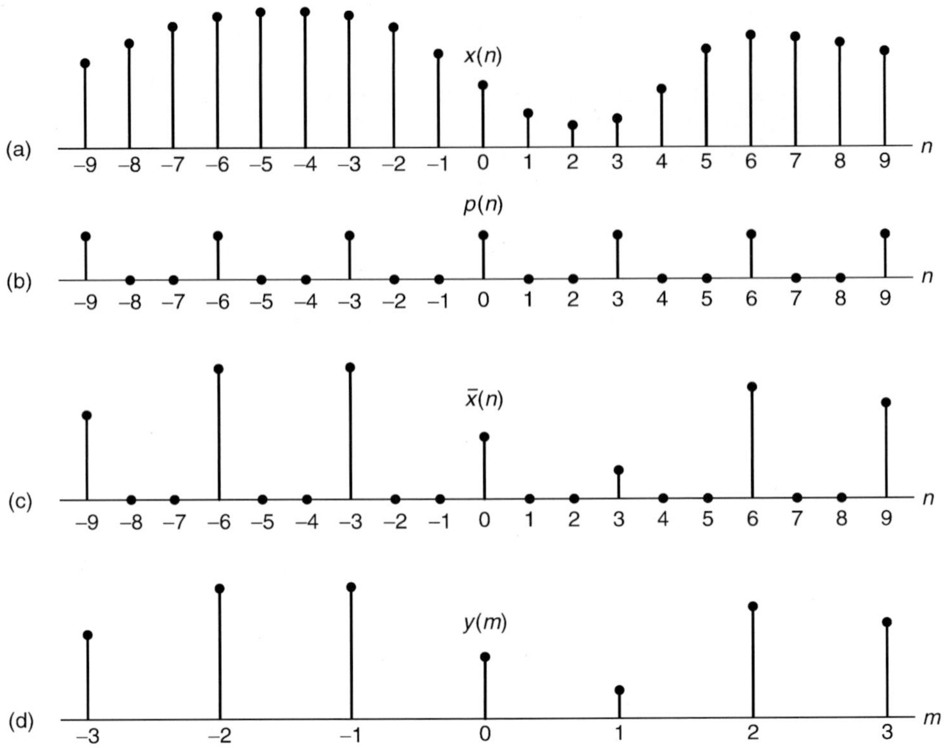

그림 9.4 다운샘플링 동작: (a) 원래 신호 $x(n)$, (b) 주기 $D = 3$ 인 주기 임펄스 함수 $p(n)$, (c) $x(n)$과 $p(n)$의 곱, (d) 다운샘플링된 신호 $y(n)$

식 (9.7)과 (9.8)의 관계를 식 (9.11)에 적용하면 다음 식을 얻는다.

$$
\begin{aligned}
Y(z) &= \sum_{m=-\infty}^{\infty} x(m) \left[\frac{1}{D} \sum_{k=0}^{D-1} \mathrm{e}^{\jmath 2\pi mk/D} \right] z^{-m/D} \\
&= \frac{1}{D} \sum_{k=0}^{D-1} \sum_{m=-\infty}^{\infty} x(m) \left(\mathrm{e}^{-\jmath 2\pi k/D} z^{1/D} \right)^{-m} \\
&= \frac{1}{D} \sum_{k=0}^{D-1} X\left(\mathrm{e}^{-\jmath 2\pi k/D} z^{1/D} \right)
\end{aligned}
\tag{9.12}
$$

D배 다운샘플러에 대한 식 (9.12)의 z-변환 표현을 얻는 데 중요한 단계는 다음과 같다.

- 값이 유지되는 $x(nD)$ 사이에 $(D-1)$개의 영점이 존재하는 높은 샘플링률 수 $\bar{x}(n)$
- $x(n)$과 $\bar{x}(n)$을 연관 짓는 주기적인 샘플링 급수를 위한 임펄스 함수 표현식 (9.8)

단위원에서 $Y(z)$를 평가해서 출력 신호 $y(m)$의 스펙트럼을 얻을 수 있다. $y(m)$의 샘플링률이 $F_y = 1/T_y$이기 때문에 라디안 단위인 주파수 변수 ω_y는 샘플링률 F_y에 반비례한다.

$$\omega_y = \frac{2\pi F}{F_y} = 2\pi F T_y \tag{9.13}$$

샘플링률은 다음과 같은 관계를 갖는다.

$$F_y = \frac{F_x}{D} \tag{9.14}$$

따라서 주파수 변수 ω_y와 식 (9.15)로 주어지는 ω_x는 식 (9.16)과 같은 관계를 갖는다.

$$\omega_x = \frac{2\pi F}{F_x} 2\pi F T_x \tag{9.15}$$

$$\omega_y = D\omega_x \tag{9.16}$$

그러므로 다운샘플링 과정에 의해 주파수 범위 $0 \le |\omega_x| \le \pi/D$는 해당되는 주파수 범위 $0 \le |\omega_y| \le \pi$로 늘어난다.

식 (9.12)를 단위원에서 평가하여 얻어지는 스펙트럼 $Y(\omega_y)$는 $x(n)$의 스펙트럼 $X(\omega_x)$의 에일리어싱이며 다음과 같이 표현될 수 있다.[1]

$$Y(\omega_y) = \frac{1}{D}\sum_{k=0}^{D-1} X\left(\frac{\omega_y - 2\pi k}{D}\right) \tag{9.17}$$

에일리어싱 오차를 피하기 위해서는 스펙트럼 $X(\omega_x)$가 전체 대역보다 적거나 또는 대역 제한이어야 한다(이러한 대역 제한은 디지털 주파수 영역에서임을 유의한다). 실제로 스펙트럼 $X(\omega_x)$가 다음과 같은 조건을 만족하면 에일리어싱 오차는 존재하지 않게 된다.

$$X(\omega_x) = 0 \qquad \frac{\pi}{D} \le |\omega_x| \le \pi \text{인 경우} \tag{9.18}$$

$$Y(\omega_y) = \frac{1}{D} X\left(\frac{\omega_y}{D}\right), |\omega_y| \le \pi \tag{9.19}$$

$D = 3$인 경우의 예를 그림 9.5에서 볼 수 있다.

해설

1. 식 (9.19)의 샘플링 정리 해석은 신호 $x(n)$이 원래 요구되는 것보다 D배 높은 비율로 샘플링되었다는 것이다. 그러므로 D배 다운샘플링은 단순히 에일리어싱을 방지하는 데 필요한 최소한의 효과적인 샘플링률로 감소시킨다.

---

1 이 장에서는 DTFT의 표기를 약간 바꿀 것이다. $x(n)$의 스펙트럼을 표시하기 위해 이전에 사용한 표기인 $X(e^{j\omega})$ 대신에 $X(\omega)$를 사용할 것이다. 이러한 변경은 z-변환 표기와 혼동을 줄 수 있지만 그 의미는 문맥상에서 명확할 것이다. 변수들의 명쾌함과 가시성을 위해 표기를 변경했다.

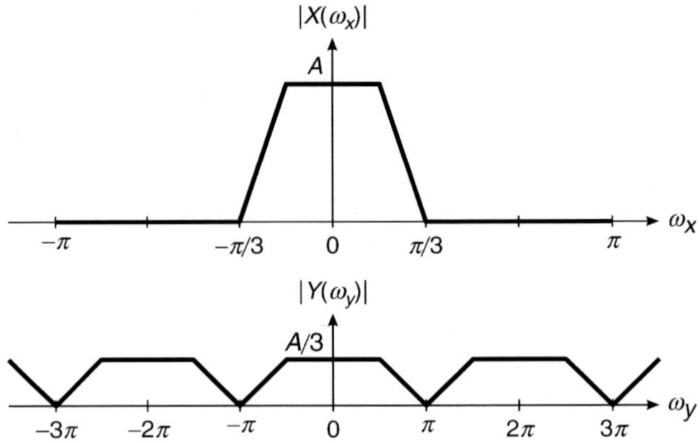

그림 9.5 에일리어싱이 없는 경우 $x(n)$과 $y(m)$의 스펙트럼

2. 식 (9.18)은 아무런 정보도 잃지 않는다는 의미에서 데시메이션 오차를 없애기 위한 요구사항을 표현한다.
3. 현재 표기에서 ω는 라디안/샘플(rad/sample)로 표현되기 때문에 인자 $\frac{\omega_y}{D}$가 나타난다. 그러므로 $y(m)$의 낮은 샘플링률을 위해 높은 샘플링률 신호 $x(n)$에 의해 표현된 $y(m)$의 주파수는 D로 나누어져야 한다.
4. 식 (9.19)에 $\frac{1}{D}$이 곱해져 있음을 유의한다. 이는 역 푸리에 변환이 제대로 동작하게 하는 데 필요하며, 샘플링된 아날로그 신호의 스펙트럼과 완전히 일치한다.

9.2.2 이상적인 데시메이터

보통 식 (9.18)은 정확한 사실이 아니며, D배 다운샘플러는 복구 불가능한 에일리어싱 오차를 야기한다. 에일리어싱을 피하기 위해 우선 $x(n)$의 대역폭을 $F_{x,\max} = F_x/2D$ 또는 동등하게 $\omega_{x,\max} = \pi/D$로 줄여야 한다. 그러면 에일리어싱 없이 D배 다운샘플링을 할 수 있다.

이러한 데시메이션 과정이 그림 9.6에 설명되어 있다. 입력 신호 $x(n)$이 임펄스 응답 $h(n)$과 주파수 응답 $H_D(\omega_x)$를 가진 저역통과 필터를 통과한다. 주파수 응답 $H_D(\omega_x)$는 이상적으로 다음 조건을 만족한다.

$$H_{\mathrm{D}}(\omega_x) = \begin{cases} 1, & |\omega_x| \le \pi/D \\ 0, & \text{그 외} \end{cases} \tag{9.20}$$

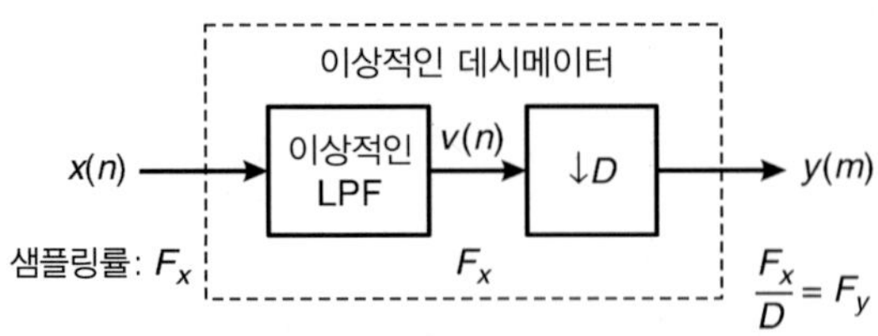

그림 9.6 이상적인 D배 데시메이션

그러므로 필터는 $X(\omega_x)$의 스펙트럼 중 $\pi/D < \omega_x < \pi$ 부분을 제거한다. 그 함축적인 의미는 $|\omega_x| \le \pi/D$ 범위에 있는 $x(n)$의 주파수 성분 신호 처리에만 관심이 있다는 뜻이다.

필터의 출력은 신호 $v(n)$으로 아래와 같이 주어진다.

$$v(n) \triangleq \sum_{k=0}^{\infty} h(k)x(n-k) \tag{9.21}$$

그 후 $v(n)$은 $y(m)$을 만들어내기 위해 D배만큼 다운샘플링된다. 그러므로 다음과 같은 관계가 성립한다.

$$y(m) = v(mD) = \sum_{k=0}^{\infty} h(k)x(mD-k) \tag{9.22}$$

$x(n)$에 대한 필터링 동작이 선형 시불변임에도 불구하고 필터링과 조합된 다운샘플링 동작은 역시 시변 시스템의 결과를 낳는다.

필터링된 신호 $v(n)$을 통해 얻어지는 출력 신호 $y(m)$의 주파수 영역 특성은 이전에 주어진 해석 단계를 따라 결정될 수 있다. 즉, $y(m)$의 스펙트럼과 입력 신호 $x(n)$의 스펙트럼 관계를 통해 결정 가능하다. 이 단계를 통해 다음과 같은 결과를 얻을 수 있다.

$$Y(z) = \frac{1}{D}\sum_{k=0}^{D-1} H\left(\mathrm{e}^{-\jmath 2\pi k/D} z^{1/D}\right) X\left(\mathrm{e}^{-\jmath 2\pi k/D} z^{1/D}\right) \tag{9.23}$$

$$Y(\omega_y) = \frac{1}{D} H_{\mathrm{D}}\left(\frac{\omega_y}{D}\right) X\left(\frac{\omega_y}{D}\right) = \frac{1}{D} X\left(\frac{\omega_y}{D}\right) \tag{9.24}$$

적절히 설계된 필터 $H_{\mathrm{D}}(\omega)$를 사용하여 에일리어싱이 제거되고, 그 결과 식 (9.24)에서 첫 항을 제외한 나머지 항이 소거된다. 따라서 $0 \le |\omega_y| \le \pi$ 구간에서 다음과 같은 결과를 얻는다.

계를 통해 결정 가능하다. 이 단계를 통해 다음과 같은 결과를 얻을 수 있다.

$$Y(\omega_y) = \frac{1}{D} H_{\mathrm{D}}\left(\frac{\omega_y}{D}\right) X\left(\frac{\omega_y}{D}\right) = \frac{1}{D} X\left(\frac{\omega_y}{D}\right) \tag{9.25}$$

신호 $x(n)$, $h(n)$, $v(n)$, $y(m)$의 스펙트럼이 그림 9.7에 설명되어 있다.

MATLAB 구현 MATLAB은 배열 `x` 내의 신호를 원래 샘플링률의 `1/D`배로 리샘플링하는 함수 `y = decimate(x,D)`를 제공한다. 리샘플링된 결과 배열 `y`의 길이는 `D`배 짧아진다. 즉, `length(y) = length(x)/D`이다. 식 (9.20)에 주어진 이상적인 저역통과 필터는 MATLAB 구현에서 불가능하다. 그러나 상당히 정밀한 근사치가 사용된다. 위 함수에 사용

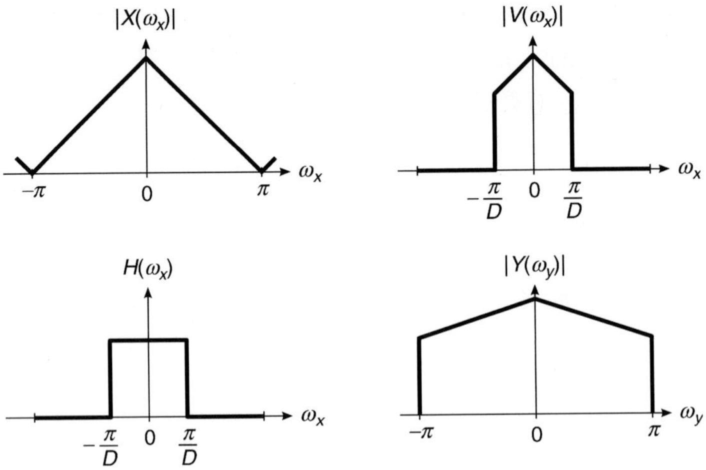

그림 9.7 $x(n)$의 D배 데시메이션 과정에서의 신호 스펙트럼

된 기본 저역통과 필터는 $0.8\pi/D$의 차단 주파수를 가진 8차 제1형 체비셰프 저역통과 필터이다. 추가적인 선택 인자들을 사용해서 필터 차수를 바꾸거나 명시된 차수와 차단 주파수를 가진 FIR 필터를 사용할 수도 있다.

예제 9.2 $x(n) = \cos(0.125\pi n)$이라고 하자. 다수의 $x(n)$ 샘플을 생성하고 데시메이션의 결과를 보여주기 위해 $D = 2, 4, 8$을 이용하여 샘플들을 데시메이션하라.

풀이 `decimate` 함수의 기본 저역통과 필터로 인한 종단 효과(end-effect)를 피하기 위해 신호의 중간 부분을 그릴 것이다. 다음 MATLAB 코드는 이러한 동작을 자세히 보여주며, 그림 9.7은 그 신호들의 그림을 보여준다.

```
n = 0:2048; k1 = 256; k2 = k1+32; m = 0:(k2-k1);
Hf1 = figure('units','inches','position',[1,1,6,4],...
    'paperunits','inches','paperposition',[0,0,6,4]);

% (a) Original signal
x = cos(0.125*pi*n); subplot(2,2,1);
Ha = stem(m,x(m+k1+1),'g','filled'); axis([-1,33,-1.1,1.1]);
set(Ha,'markersize',2); ylabel('Amplitude');
title('Original Sequence x(n)','fontsize',TF);
set(gca,'xtick',[0,16,32]); set(gca,'ytick',[-1,0,1]);

% (b) Decimation by D = 2
D = 2; y = decimate(x,D); subplot(2,2,2);
Hb = stem(m,y(m+k1/D+1),'c','filled');  axis([-1,33,-1.1,1.1]);
set(Hb,'markersize',2); ylabel('Amplitude');
title('Decimated by D = 2','fontsize',TF);
set(gca,'xtick',[0,16,32]); set(gca,'ytick',[-1,0,1]);
```

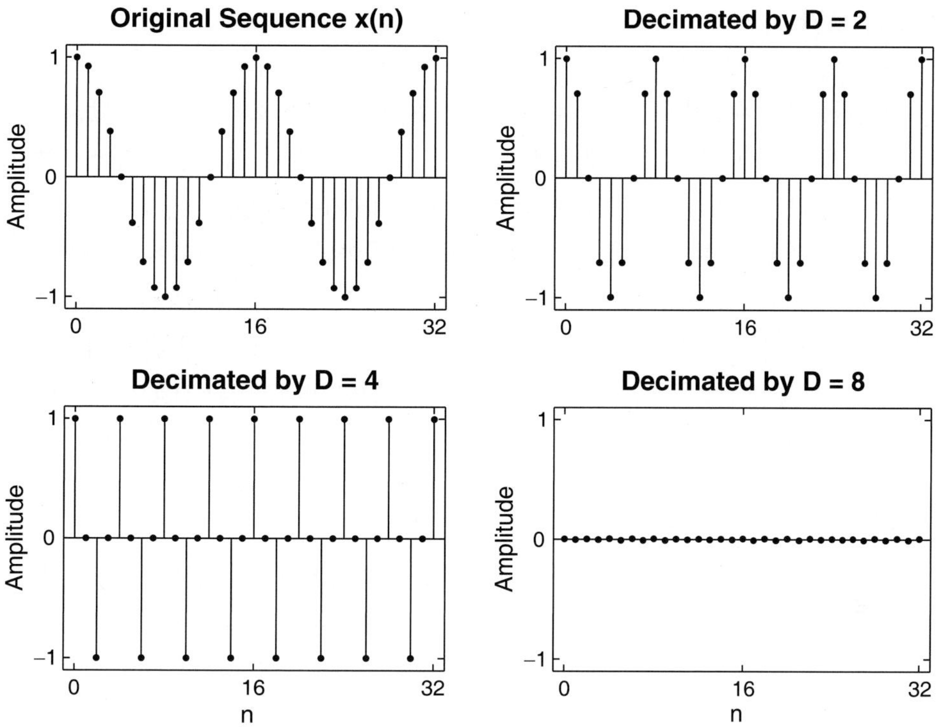

그림 9.8 예제 9.2의 원래 신호 및 데시메이트된 신호

```
% (c) Decimation by D = 4
D = 4; y = decimate(x,D); subplot(2,2,3);
Hc = stem(m,y(m+k1/D+1),'r','filled');  axis([-1,33,-1.1,1.1]);
set(Hc,'markersize',2); ylabel('Amplitude');
title('Decimated by D = 4','fontsize',TF);
set(gca,'xtick',[0,16,32]); set(gca,'ytick',[-1,0,1]);
xlabel('n');

% (d) Decimation by D = 8
D = 8; y = decimate(x,D); subplot(2,2,4);
Hd = stem(m,y(m+k1/D+1),'m','filled');  axis([-1,33,-1.1,1.1]);
set(Hd,'markersize',2); ylabel('Amplitude');
title('Decimated by D = 8','fontsize',TF);
set(gca,'xtick',[0,16,32]); set(gca,'ytick',[-1,0,1]);
xlabel('n');
```

그림 9.8로부터 $D=2$, $D=4$인 경우의 데시메이트된 신호가 정확하고 원래의 사인 파형 신호 $x(n)$을 낮은 샘플링률에서 표현하고 있음을 알 수 있다. 그러나 $D=8$인 경우의 신호는 저역통과 필터가 다운샘플링에 앞서서 $x(n)$을 감쇠시키기 때문에 대부분 0의 값을 갖는다. 저역통과 필터의 차단 주파수가 $x(n)$을 제거하는 $0.8\pi/D=0.1\pi$로 설정됐음을 상기하라. 데시메이션 대신 $x(n)$을 다운샘플링했다면 결과 신호는 에일리어싱된 신호인 $y(m)=1$이 되었을 것이다. 그러므로 저역통과 필터링이 필요하다.

9.3 *I*배 보간

샘플링률을 정수 I배만큼 증가시키는 것, 즉 $F_y = IF_x$는 신호의 연속적인 값들 사이에 $(I-1)$개의 새로운 샘플을 추가함으로써 이루어질 수 있다. 보간 과정은 다양한 방법으로 이루어진다. 우리는 신호 $x(n)$의 스펙트럼 형태를 유지시키는 과정을 서술하고자 한다. 이러한 과정은 두 단계로 이루어진다. 첫 번째 단계는 0이 아닌 샘플들 사이에 영점들을 얽히게 하는(interlacing) **업샘플링**(upsampling) 과정을 통해 F_y의 높은 샘플링률로 중간 신호를 생성하는 것이다. 두 번째 단계는 보간된 높은 샘플링률 신호를 생성하기 위해 얽힌 영점 샘플들을 채우도록 중간 신호가 필터링되는 것이다. 전과 같이 업샘플링된 신호의 시간 및 주파수 영역 특성을 먼저 알아본 다음, 보간 시스템을 소개할 것이다.

9.3.1 업샘플러

$v(m)$이 $x(n)$의 연속적인 값들 사이에 $(I-1)$개의 영점을 추가해서 얻어지는, $F_y = IF_x$의 샘플링률을 가진 중간 신호라고 하자. 그러므로 다음 관계가 성립한다.

$$v(m) = \begin{cases} x(m/I), & m = 0, \pm I, \pm 2I, \ldots \\ 0, & \text{그 외} \end{cases} \tag{9.26}$$

이때의 샘플링률은 $v(m)$의 샘플링률과 동일하다. 업샘플러의 블록선도가 그림 9.9에 나타나 있다. 업샘플러를 갖고 있는 어떤 시스템도 역시 시변 시스템이다(연습문제 P9.1).

예제 9.3 $I = 2$, $x(n) = \{\underset{\uparrow}{1}, 2, 3, 4\}$라 하자. 이 업샘플러가 시변임을 증명하라.

풀이 다운샘플링된 신호는 $v(m) = \{\underset{\uparrow}{1}, 0, 2, 0, 3, 0, 4, 0\}$이다. 이때 만일 $x(n)$을 한 샘플만큼 지연시킨다면 $x(n-1) = \{\underset{\uparrow}{0}, 1, 2, 3, 4\}$를 얻게 된다. 해당하는 업샘플링 신호는 $v_1(m) = \{\underset{\uparrow}{0}, 0, 1, 0, 2, 0, 3, 0, 4, 0\} = v(m-2)$가 되어 $v(m-1)$과는 다른 결과를 갖는다. ■

MATLAB 구현 MATLAB은 입력 배열 `x`의 샘플들 사이에 `(I-1)`개의 영점을 삽입해서 출력 배열 `v`로 업샘플링하는 함수 `[v] = upsample(x,I)`를 제공한다. 선택적인 세 번째 매개변수 '위상'은 0에서 `(I-1)` 사이의 정수이며, 샘플의 편차를 명시한다. 예를 들면,

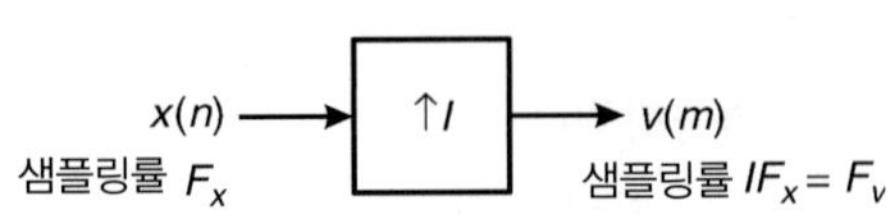

그림 9.9 업샘플링 소자

```
>> x = [1,2,3,4]; v = upsample(x,3)
v =
     1     0     0     2     0     0     3     0     0     4     0     0
```

위 경우는 첫 번째 샘플부터 2배 업샘플링을 수행한다. 반면에,

```
>> v = upsample(x,3,1)
v =
     0     1     0     0     2     0     0     3     0     0     4     0
>> v = upsample(x,3,2)
v =
     0     0     1     0     0     2     0     0     3     0     0     4
```

위 경우는 차례로 두 번째 샘플과 세 번째 샘플(즉, 1의 편차)부터 업샘플링을 하여 다른 두 신호를 얻게 된다. 업샘플링된 신호의 길이는 원래 신호 길이의 I배임에 유의한다.

업샘플링된 신호 *y*(*m*)의 주파수 영역 표현 신호 $v(m)$은 다음과 같은 z-변환을 갖는다.

$$V(z) = \sum_{m=-\infty}^{\infty} v(m)z^{-m} = \sum_{m=-\infty}^{\infty} v(m)z^{-mI} = X(z^I) \tag{9.27}$$

$v(m)$의 해당 스펙트럼은 식 (9.27)을 단위원에서 평가함으로써 얻어진다. 그러므로 ω_y가 새로운 샘플링률 F_y에 비례하는(즉, $\omega_y = 2\pi F/F_y$) 주파수 변수일 때 다음과 같은 관계가 성립한다.

$$V(\omega_y) = X(\omega_y I) \tag{9.28}$$

이제 샘플링률 간의 관계는 $F_y = IF_x$이므로 주파수 변수 ω_x, ω_y는 다음과 같은 관계를 갖는다.

$$\omega_y = \frac{\omega_x}{I} \tag{9.29}$$

$X(\omega_x)$와 $V(\omega_y)$의 스펙트럼이 그림 9.10에 나타나 있다. $x(n)$의 연속적인 값들 사이에 $(I-1)$개의 영점을 추가함으로써 얻어지는 샘플링률 증가는 입력 신호 스펙트럼 $X(\omega_x)$의 I겹(fold) 주기 반복인 스펙트럼 $V(\omega_y)$의 신호로 귀결됨을 관찰할 수 있다.

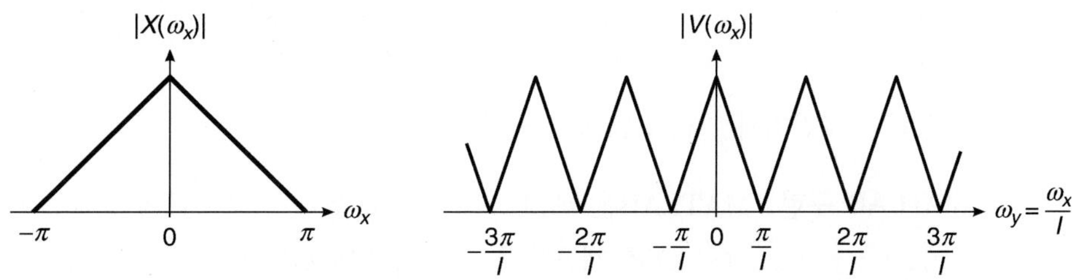

그림 9.10 $x(n)$과 $v(m)$의 스펙트럼. 여기서 $V(\omega_y) = X(\omega_y I)$

9.3.2 이상적인 보간기

$0 \le \omega_y \le \pi/I$ 범위에 있는 $x(n)$의 주파수 성분만이 유일하기 때문에, $\omega_y = \pi/I$ 이상인 $X(\omega)$의 허수 부분은 다음과 같은 이상적인 주파수 응답 $H_I(\omega_y)$를 가진 저역통과 필터에 신호 $v(m)$을 통과시켜서 제거해야 한다.

$$H_I(\omega_y) = \begin{cases} C, & 0 \le |\omega_y| \le \pi/I \\ 0, & \text{그 외} \end{cases} \tag{9.30}$$

이때 C는 출력 신호 $y(m)$을 적절하게 정규화하기 위한 배율이다. 결과적으로 출력 스펙트럼은 다음과 같다.

$$Y(\omega_y) = \begin{cases} CX(\omega_y I), & 0 \le |\omega_y| \le \pi/I \\ 0, & \text{그 외} \end{cases} \tag{9.31}$$

비례 인자 C는 $m = 0, \pm I, \pm 2I, \ldots$에 대해 출력 $y(m) = x(m/I)$가 되도록 선택한다. 문제를 간단히 하기 위해 $m = 0$인 점을 선택한다. 그러면 다음과 같은 결과를 얻는다.

$$y(0) = \frac{1}{2\pi}\int_{-\pi}^{\pi} Y(\omega_y)d\omega_y = \frac{C}{2\pi}\int_{-\pi/I}^{\pi/I} X(\omega_y I)d\omega_y \tag{9.32}$$

$\omega_y = \omega_x/I$이기 때문에 식 (9.32)는 다음과 같이 나타낼 수 있다.

$$y(0) = \frac{C}{I}\frac{1}{2\pi}\int_{-\pi}^{\pi} X(\omega_x)d\omega_x = \frac{C}{I}x(0) \tag{9.33}$$

그러므로 $C = I$가 원하는 정규화 인자이다.

결국 출력 신호 $y(m)$은 신호 $v(n)$과 단위 샘플 응답 $h(n)$을 가진 저역통과 필터의 콘벌루션으로 표현될 수 있을 것이다. 그러므로 다음과 같이 나타낼 수 있다.

$$y(m) = \sum_{k=-\infty}^{\infty} h(m-k)v(k) \tag{9.34}$$

$v(kI) = x(k)$에서, k가 I의 배수인 경우를 제외하면 $v(k) = 0$이기 때문에 식 (9.34)는 다음과 같이 정리된다.

$$y(m) = \sum_{k=-\infty}^{\infty} h(m-kI)x(k) \tag{9.35}$$

이상적인 보간기가 그림 9.11에 나타나 있다.

MATLAB 구현 MATLAB은 배열 `x`의 신호를 원래 샘플링률의 `I`배로 리샘플링하는 함수 `[y,h] = interp(x,I)`를 제공한다. 리샘플링된 결과 배열 `y`의 길이는 `I`배 길어진다. 즉, `length(y) = I*length(x)`이다. 식 (9.30)에 주어진 이상적인 저역통과 필터는 내부적으

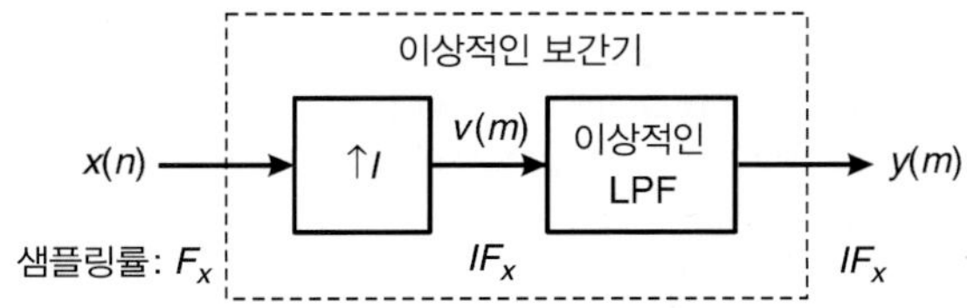

그림 9.11 이상적인 I배 보간

로 설계된 대칭 필터 임펄스 응답 h로 근사된다. 이 필터는 원래 샘플은 변화시키지 않고 통과시키며, 샘플과 이상적인 값들 사이의 평균 제곱 오차가 최소화되도록 그 값들 사이를 보간한다. 세 번째 선택 매개변수 `L`은 대칭 필터의 길이를 `2*L*I+1`로 명시하며, 네 번째 선택 매개변수 `cutoff`는 π 단위이며 입력 신호의 차단 주파수를 명시한다. 기본 값은 `L` = 5, `cutoff` = `0.5`이다. 그러므로 `I` = 2이면 기본 값 `L` = 5에 대한 대칭 필터의 길이는 21이다.

예제 9.4 $x(n) = \cos(\pi n)$이라고 하자. 다수의 $x(n)$ 샘플을 생성하고 보간의 결과를 보여주기 위해 $I = 2,\ 4,\ 8$을 이용해서 샘플들을 보간하라.

풀이 `interp` 함수의 기본 저역통과 필터로 인한 종단 효과(end-effect)를 피하기 위해 신호의 중간 부분을 그릴 것이다. 다음 MATLAB 코드는 이러한 동작을 자세히 보여주며, 그림 9.12는 그 신호들의 그래프를 보여준다.

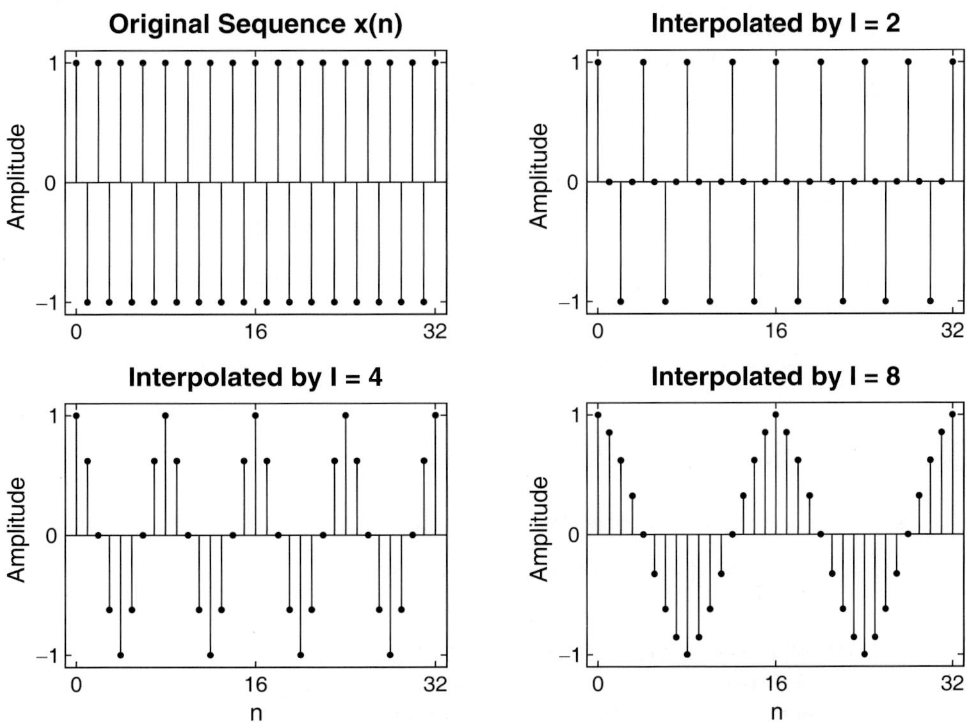

그림 9.12 예제 9.4의 원래 신호 및 보간된 신호

```
n = 0:256; k1 = 64; k2 = k1+32; m = 0:(k2-k1);
Hf1 = figure('units','inches','position',[1,1,6,4],...
    'paperunits','inches','paperposition',[0,0,6,4]);

% (a) Original signal
x = cos(pi*n); subplot(2,2,1);
Ha = stem(m,x(m+k1+1),'g','filled'); axis([-1,33,-1.1,1.1]);
set(Ha,'markersize',2); ylabel('Amplitude');
title('Original Sequence x(n)','fontsize',TF);
set(gca,'xtick',[0,16,32]); set(gca,'ytick',[-1,0,1]);

% (b) Interpolation by I = 2
I = 2; y = interp(x,I); subplot(2,2,2);
Hb = stem(m,y(m+k1*I+1),'c','filled');  axis([-1,33,-1.1,1.1]);
set(Hb,'markersize',2); ylabel('Amplitude');
title('Interpolated by I = 2','fontsize',TF);
set(gca,'xtick',[0,16,32]); set(gca,'ytick',[-1,0,1]);

% (c) Interpolation by I = 4
I = 4; y = interp(x,I); subplot(2,2,3);
Hc = stem(m,y(m+k1*I+1),'r','filled');  axis([-1,33,-1.1,1.1]);
set(Hc,'markersize',2); ylabel('Amplitude');
title('Interpolated by I = 4','fontsize',TF);
set(gca,'xtick',[0,16,32]); set(gca,'ytick',[-1,0,1]);
xlabel('n');

% (d) Interpolation by I = 8
I = 8; y = interp(x,I); subplot(2,2,4);
Hd = stem(m,y(m+k1*I+1),'m','filled');  axis([-1,33,-1.1,1.1]);
set(Hd,'markersize',2); ylabel('Amplitude');
title('Interpolated by I = 8','fontsize',TF);
set(gca,'xtick',[0,16,32]); set(gca,'ytick',[-1,0,1]);
xlabel('n');
```

그림 9.12로부터 세 가지 I 값에 대해 보간된 신호가 적절하며, 원래의 사인 파형 신호 $x(n)$을 높은 샘플링률에서 나타냄을 관찰할 수 있다. $I = 8$인 경우의 결과 신호는 완벽하게 사인 파형 형태로 나타나지 않는다. 이것은 저역통과 필터가 이상적인 필터와 차이가 나기 때문일 것이다.

예제 9.5 예제 9.4의 신호 보간에 사용된 저역통과 필터의 주파수 응답을 검토하라.

풀이 interp 함수의 두 번째 선택 인자는 다음 MATLAB 코드에서 보듯이 주파수 응답을 계산하는 데 사용될 수 있는 임펄스 응답을 제공한다.

```
n = 0:256; x = cos(pi*n); w = [0:100]*pi/100;
Hf1 = figure('units','inches','position',[1,1,6,4],...
    'paperunits','inches','paperposition',[0,0,6,4]);
```

```
% (a) Interpolation by I = 2, L = 5;
I = 2; [y,h] = interp(x,I); H = freqz(h,1,w); H = abs(H);
subplot(2,2,1);  plot(w/pi,H,'g'); axis([0,1,0,I+0.1]); ylabel('Magnitude');
title('I = 2, L = 5','fontsize',TF);
set(gca,'xtick',[0,0.5,1]); set(gca,'ytick',[0:1:I]);

% (b) Interpolation by I = 4, L = 5;
I = 4; [y,h] = interp(x,I); H = freqz(h,1,w); H = abs(H);
subplot(2,2,2);  plot(w/pi,H,'g'); axis([0,1,0,I+0.2]); ylabel('Magnitude');
title('I = 4, L = 5','fontsize',TF);
set(gca,'xtick',[0,0.25,1]); set(gca,'ytick',[0:1:I]);

% (c) Interpolation by I = 8, L = 5;
I = 8; [y,h] = interp(x,I); H = freqz(h,1,w); H = abs(H);
subplot(2,2,3);  plot(w/pi,H,'g'); axis([0,1,0,I+0.4]); ylabel('Magnitude');
title('I = 8, L = 5','fontsize',TF); xlabel('\omega/\pi','fontsize',10)
set(gca,'xtick',[0,0.125,1]); set(gca,'ytick',[0:2:I]);

% (d) Interpolation by I = 8, L = 10;
I = 8; [y,h] = interp(x,I,10); H = freqz(h,1,w); H = abs(H);
subplot(2,2,4);  plot(w/pi,H,'g'); axis([0,1,0,I+0.4]); ylabel('Magnitude');
title('I = 8, L = 10','fontsize',TF); xlabel('\omega/\pi','fontsize',10)
set(gca,'xtick',[0,0.125,1]); set(gca,'ytick',[0:2:I]);
```

주파수 응답 그래프들이 그림 9.13에 나타나 있다. 첫 3개의 그래프는 L = 5인 경우이며, 필터들은 예상하다시피 모두 대략 π/I 주파수 근처에서 대역통과 모서리(edge)를 갖는 저역통

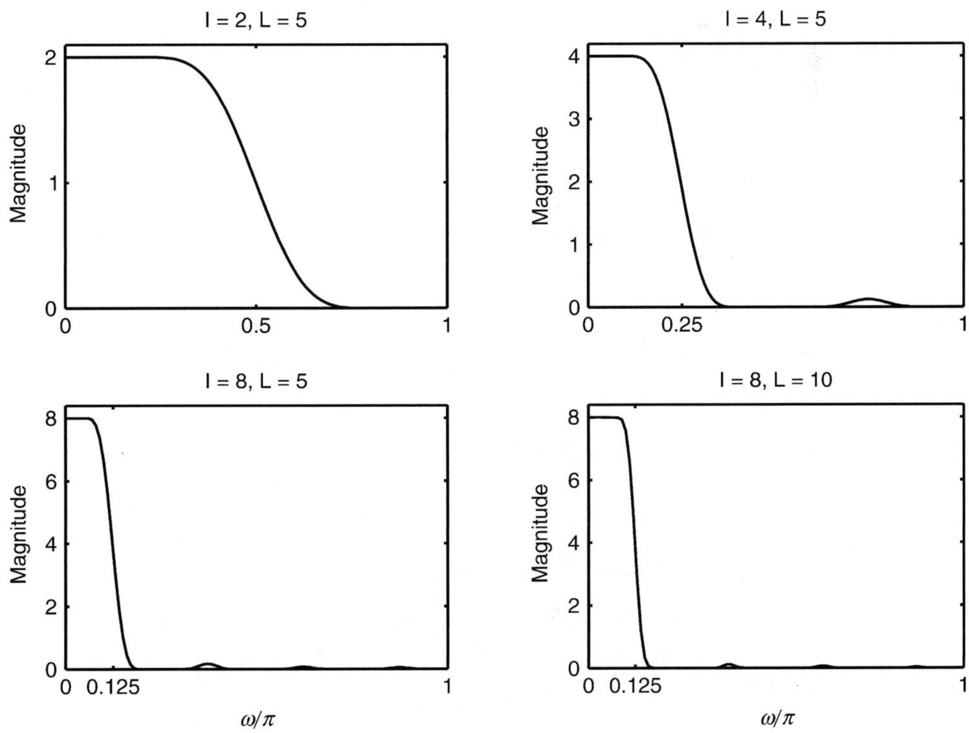

그림 9.13 예제 9.5의 필터 주파수 응답

과 필터이고 I의 이득을 갖는다. 또한 필터들은 급격한 변이(transition)를 갖고 있지 않기 때문에 이상적인 필터에 대한 좋은 근사는 아니다. 마지막 그림은 `L = 10`인 경우이며 예상대로 더 급격한 변이를 갖는 응답을 볼 수 있다. `L = 10`을 넘는 값은 불안정한 필터 설계가 되기 때문에 피해야 한다.

9.4 유리수 I/D배 샘플링률 변환

데시메이션(D배 다운샘플링)과 보간(I배 업샘플링)의 특별한 경우들을 논의했고, 이제부터는 유리수배 I/D 샘플링률 변환의 일반적인 경우를 고려해볼 것이다. 근본적으로 이러한 샘플링률 변환은 먼저 I배 보간을 수행한 후 그 출력에 대해 D배 데시메이션을 수행하여 달성할 수 있다. 다시 말해, 유리수배 I/D 샘플링률 변환은 그림 9.14에 나타나 있듯이 보간기와 데시메이터를 직렬로 연결하여 이루어질 수 있다.

보간을 먼저 수행하고 데시메이션을 나중에 수행하는 것의 중요성은 $x(n)$의 원하는 스펙트럼 특성을 유지하기 위한 것임을 강조한다. 게다가, 그림 9.14에 표시된 종속 연결에 의해 임펄스 응답 $\{h_u(k)\}$, $\{h_d(k)\}$를 가진 두 필터가 동일한 IF_x의 샘플링률로 동작하므로 그림 9.15에 묘사된 것처럼 임펄스 응답 $h(k)$를 가진 하나의 저역통과 필터로 결합하여 생각할 수 있다. 결합된 필터의 주파수 응답 $H(\omega_v)$는 보간과 데시메이션 둘 다를 위한 필터링 동작이 혼합되어야 하기 때문에 이상적으로 다음과 같은 주파수 응답 특성을 가져야 한다.

$$H(\omega_v) = \begin{cases} I, & 0 \le |\omega_v| \le \min(\pi/D, \pi/I) \\ 0, & \text{그 외} \end{cases} \tag{9.36}$$

여기서 $\omega_v = 2\pi F/F_v = 2\pi F/IF_x = \omega_x/I$이다.

식 (9.36) 설명 그림 9.15에서 $V(\omega_v)$와 $W(\omega_v)$는 $2\pi/I$의 주기를 갖고 있음에 유의한다. 그러므로

- $D < I$이면 필터 $H(\omega_v)$는 전체 주기를 가질 수 있고 최종 저역통과 필터링은 없다.
- $D > I$이면 필터는 우선 $(D\downarrow 1)$ 데시메이션 단계에서 에일리어싱 오차를 피하기 위해 $W(\omega_v)$의 기본 주기를 줄여야 한다.

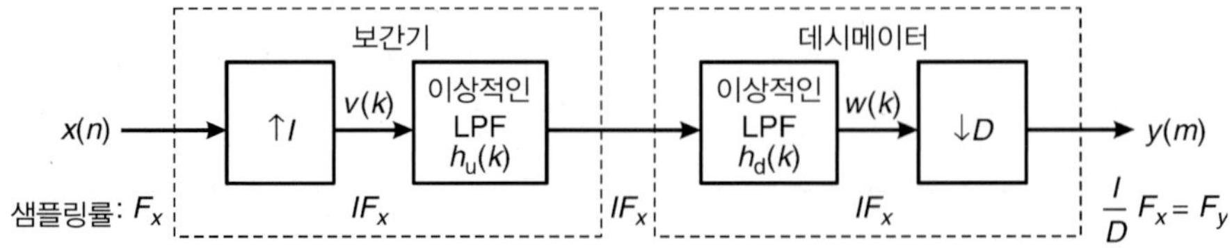

그림 9.14 I/D배 샘플링률 변환을 위한 보간기와 데시메이터의 종속 연결

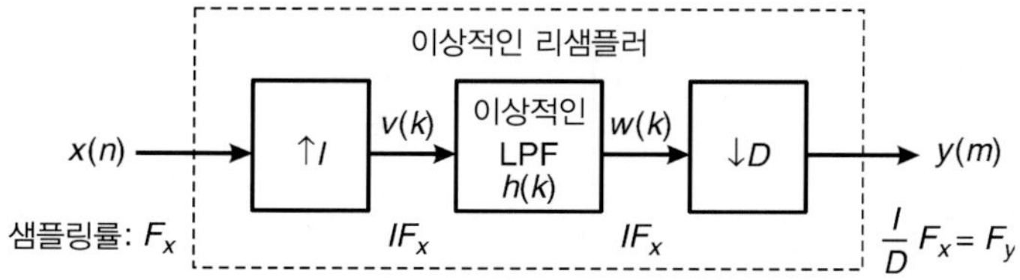

그림 9.15 *I*/*D*배 샘플링률 변환을 위한 방법

이러한 두 가지 관찰 결과를 바탕으로, $D/I<1$일 때는 순수 보간이 발생하고 $W(\omega_v)$의 기본 주기를 추출하기 위한 $H(\omega_v)$의 평활(smoothing) 과정이 필요 없음을 알 수 있다. 이때 $H(\omega_v)$는 이상적인 보간기 내에서의 저역통과 필터처럼 동작한다. 반면에 $D/I>1$이면 순수 데시메이션이 발생한다. 그러므로 주파수 대역을 $[-\pi/D,\ \pi/D]$로 낮추고 데시메이션 과정에서의 에일리어싱을 피하기 위해 먼저 $W(\omega_v)$의 기본 주기를 줄일 필요가 있다. 이때 $H(\omega_v)$는 이상적인 데시메이터에서의 평활 필터처럼 동작한다. D 또는 I가 1이면 식 (9.36)에 따른 그림 9.15의 일반적인 데시메이터/보간기는 특별한 경우로 각각 이상적인 데시메이터 또는 보간기가 된다.

시간 영역에서 업샘플러의 출력은 다음과 같은 신호다.

$$v(k)=\begin{cases} x(k/I), & k=0,\pm I,\pm 2I,\ldots \\ 0, & \text{그 외} \end{cases} \tag{9.37}$$

그리고 선형 시불변 필터의 출력은 다음과 같다.

$$w(k)=\sum_{\ell=-\infty}^{\infty} h(k-\ell)v(\ell)=\sum_{\ell=-\infty}^{\infty} h(k-\ell I)x(\ell) \tag{9.38}$$

결국, 샘플링률 변환기의 출력은 신호 $\{w(k)\}$를 D배 다운샘플링해서 얻어지는 신호 $\{y(m)\}$이다. 그러므로 다음과 같은 결과를 얻는다.

$$y(m)=w(mD)=\sum_{\ell=-\infty}^{\infty} h(mD-\ell I)x(\ell) \tag{9.39}$$

변수를 바꾸어서 식 (9.39)를 다른 형태로 나타내보자. $\lfloor r \rfloor$이 r을 포함하는 가장 큰 정수를 의미하는 표기일 때, ℓ를 다음과 같이 치환하자.

$$\ell=\left\lfloor \frac{mD}{I} \right\rfloor - n \tag{9.40}$$

이를 식 (9.39)에 대입하면, 다음과 같이 정리된다.

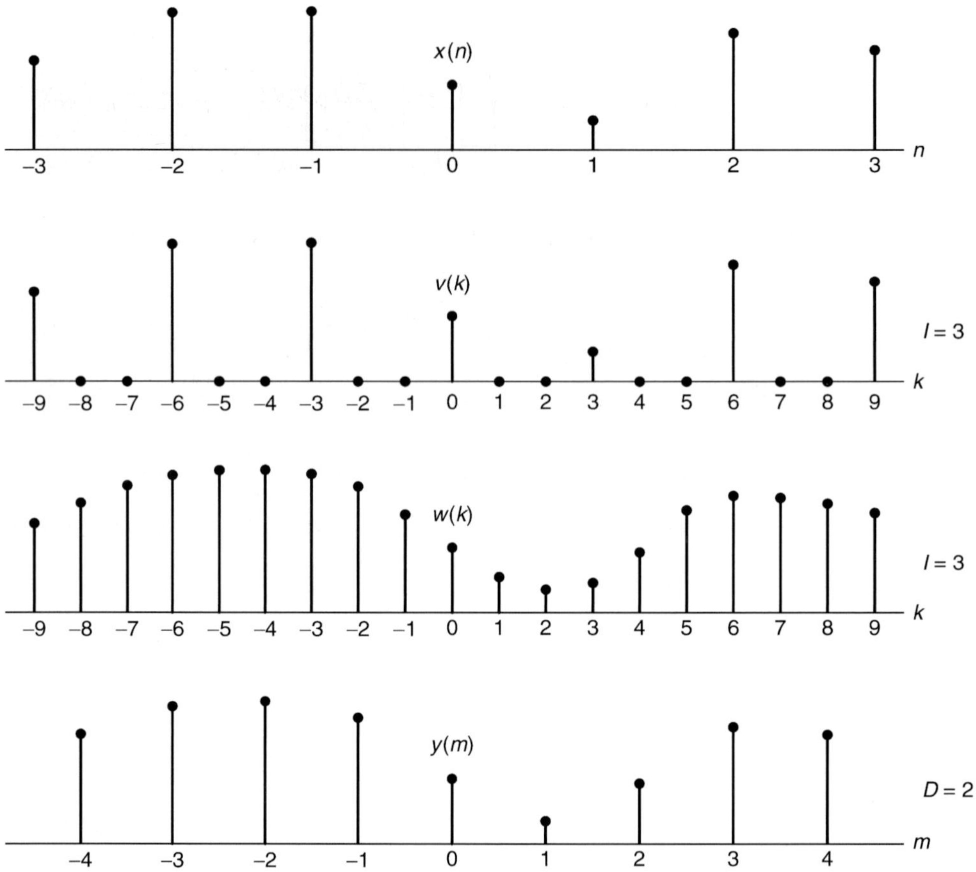

그림 9.16 그림 9.15의 샘플링률 변환기에서 $I = 3$, $D = 2$인 경우의 $x(n)$, $v(k)$, $w(k)$, $y(m)$ 신호 예제

$$y(m) = \sum_{n=-\infty}^{\infty} h\left(mD - \left\lfloor \frac{mD}{I} \right\rfloor I + nI\right) x\left(\left\lfloor \frac{mD}{I} \right\rfloor - n\right) \tag{9.41}$$

$$mD - \left\lfloor \frac{mD}{I} \right\rfloor I = (mD) \text{ 모듈로 } I = ((mD))_I$$

이때 위 수식과 같은 관계가 성립함에 유의하면 식 (9.41)은 결과적으로 다음과 같이 표현될 수 있다.

$$y(m) = \sum_{n=-\infty}^{\infty} h[nI + ((mD))_I]\, x\left(\left\lfloor \frac{mD}{I} \right\rfloor - n\right) \tag{9.42}$$

$I = 3$이고 $D = 2$일 때의 과정이 그림 9.16에 나타나 있다.

식 (9.41)과 그림 9.16에서, 출력 $y(m)$이 입력 신호 $x(n)$을 다음과 같은 임펄스 응답을 가진 시변 필터를 통과시켜서 얻어진 것임은 명백하다.

$$g(n,m) = h[nI + ((mD))_I] \quad -\infty < m, n < \infty \tag{9.43}$$

이때 $h(k)$는 IF_x의 샘플링률로 동작하는 시불변 저역통과 필터의 임펄스 응답이다. 더욱이, 임의의 정수 k에 대해 다음과 같은 관계가 성립함을 관찰할 수 있다.

$$\begin{aligned} g(n, m+kI) &= h[nI + ((mD+kDI))_I] = h[nI + ((mD))_I] \\ &= g(n,m) \end{aligned} \tag{9.44}$$

그러므로 $g(n,\ m)$은 변수 m이 주기 I를 가진 주기 함수이다.

일반적인 리샘플러(resampler)의 저역통과 필터의 계산 복잡도를 고려해보면, I개 샘플마다 0이 아닌 입력이 있고, 출력은 오직 매 D개 샘플마다 요구된다는 사실을 알 수 있다. 만일 이 저역통과 필터를 위해 FIR 구현을 사용하면 우리는 D개 샘플마다 하나의 출력을 계산하기만 하면 된다. 그러나 IIR 구현을 대신 사용한다면 필터의 재귀적 특성 때문에 우리는 보통 중간 출력들까지 계산해야 한다. 그러나 두 가지 종류의 필터 모두 듬성한(sparse) 입력 덕분에 계산을 절약할 수 있다는 장점이 있다.

리샘플링된 신호 $y(m)$의 주파수 영역 표현 주파수 영역 관계는 보간과 데시메이션 과정의 결과를 결합함으로써 얻을 수 있다. 그러므로 임펄스 응답 $h(k)$를 가진 선형 필터의 출력에서 스펙트럼은 다음과 같이 주어진다.

$$\begin{aligned} V(\omega_v) &= H(\omega_v)X(\omega_v I) \\ &= \begin{cases} IX(\omega_v I), & 0 \le |\omega_v| \le \min(\pi/D, \pi/I) \\ 0, & \text{그 외} \end{cases} \end{aligned} \tag{9.45}$$

신호 $v(n)$을 D배 데시메이션해서 얻어지는 출력 신호 $y(m)$의 스펙트럼은 $\omega_y = D\omega_v$일 때 다음과 같다.

$$Y(\omega_y) = \frac{1}{D}\sum_{k=0}^{D-1} V\left(\frac{\omega_y - 2\pi k}{D}\right) \tag{9.46}$$

식 (9.45)가 의미하듯이 선형 필터는 에일리어싱을 방지하기 때문에 식 (9.46)에 주어진 출력 신호의 스펙트럼은 다음과 같이 간단해진다.

$$Y(\omega_y) = \begin{cases} \dfrac{I}{D} X\left(\dfrac{\omega_y}{D}\right), & 0 \le |\omega_y| \le \min\left(\pi, \frac{\pi D}{I}\right) \\ 0, & \text{그 외} \end{cases} \tag{9.47}$$

MATLAB 구현 MATLAB은 배열 `x`의 신호를 원래 샘플링률의 `I/D`배로 리샘플링하는 `[y,h] = resample(x,I,D)` 함수를 제공한다. 리샘플링된 결과 배열 `y`의 길이는 `I/D`배가 된다. 즉, `length(y) = ceil(I/D)*length(x)`이다. 이 함수는 내부적으로 카이저 창함수를 사용하여 설계된 FIR 필터 `h`에 의해 식 (9.36)으로 주어지는 반에일리어싱(저역통과) 필터를 근사화한다. 이는 또한 필터의 지연을 보상한다.

`resample` 함수가 사용하는 FIR 필터 `h`의 길이는 기본 값이 10인 네 번째 선택 매개변수 `L`에 비례한다. `L = 0`인 경우 `resample` 함수는 근접 이웃(nearest-neighbor) 보간을 수행한다. 다섯 번째 선택 매개변수 `beta`(기본 값 5)는 카이저 창함수 저지대역 감쇠 매개변수 β를 명시하는 데 사용된다. 이 필터의 특성은 임펄스 응답 `h`를 사용하여 검토할 수 있다.

예제 9.6 예제 9.2의 신호 $x(n) = \cos(0.125\pi n)$을 고려해보자. 샘플링률을 3/2, 3/4, 5/8로 변경하라.

풀이 다음 MATLAB 코드가 상세한 부분을 보여준다.

```
n = 0:2048; k1 = 256; k2 = k1+32; m = 0:(k2-k1);
% (a) Original signal
x = cos(0.125*pi*n);
% (b) Sample rate conversion by 3/2: I= 3, D = 2
I = 3; D = 2; y = resample(x,I,D);
% (c) Sample rate conversion by 3/4: I= 3, D = 4
I = 3; D = 4; y = resample(x,I,D);
% (d) Sample rate conversion by 5/8: I= 5, D = 8
I = 5; D = 8; y = resample(x,I,D);
% Plotting commands follow
```

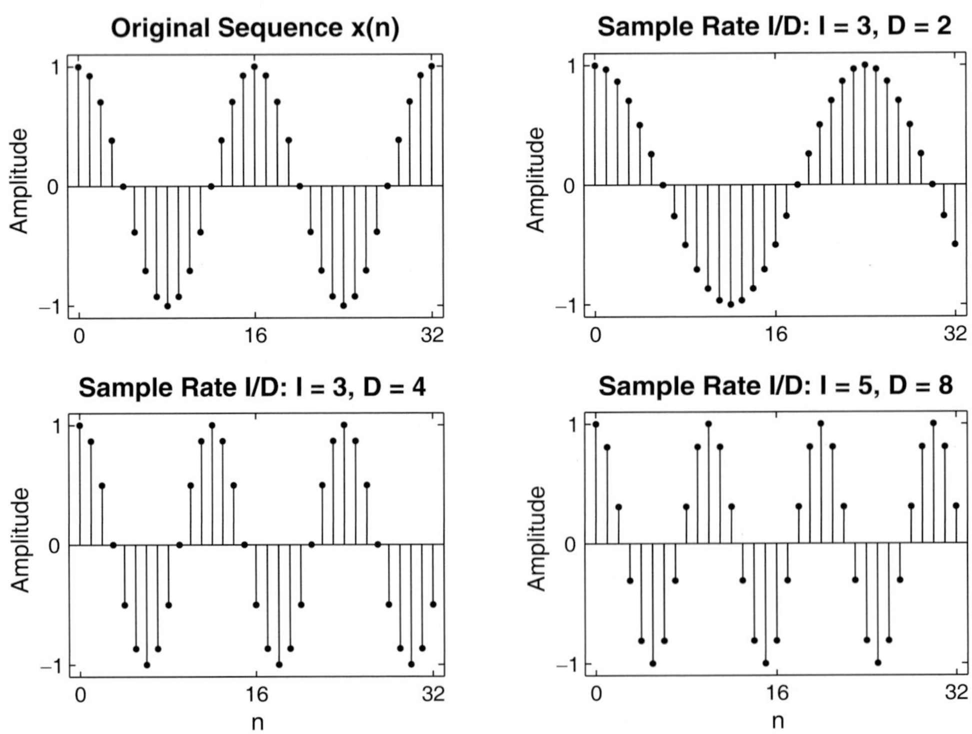

그림 9.17 예제 9.6의 원래 신호 및 리샘플링된 신호

결과 그래프가 그림 9.17에 나타나 있다. 원래 $x(n)$ 신호는 코사인 파형의 한 주기 내에 16개의 샘플을 갖고 있다. 첫 3/2배 샘플링률 변환은 1보다 크기 때문에 전체 효과는 $x(n)$을 보간하는 것이다. 결과 신호는 한 주기에 $16 \times 3/2 = 24$개의 샘플을 갖고 있다. 다른 두 샘플링률 변환의 배수는 1보다 작다. 그러므로 전체 효과는 $x(n)$을 데시메이션하는 것이다. 결과 신호는 주기당 $16 \times 3/4 = 12$, $16 \times 5/8 = 10$개의 샘플을 각각 갖고 있다.

9.5 샘플링률 변환을 위한 FIR 필터 설계

샘플링률 변환기의 실제 구현에서는 식 (9.20), (9.30), (9.36)의 이상적인 저역통과 필터들을 실제 유한 차수 필터로 대체해야 한다. 저역통과 필터는 선형 위상, 명시된 통과대역 리플(ripple), 저지대역 감쇠를 갖도록 설계될 수 있다. 이 설계를 수행하기 위해 잘 알려진 표준 FIR 필터 설계 기술(창함수 기법, 주파수 샘플링 기법) 중 어떤 것이라도 사용할 수 있다. 우리는 설계가 용이하고 D개의 출력 중 오직 하나만이 요구되는 데시메이터 단계에 매우 잘 맞기 때문에 선형 위상 FIR 필터를 고려한다(식 (9.44) 부분 참조). 우선 정수 보간기에 대해 논의한 후, 정수 데시메이터, 유리수 리샘플러(rational resampler)에 대해 논의할 것이다. 7장에서 설계 문제를 이미 다루었기 때문에, 여기서는 이러한 FIR 저역통과 필터의 사양에 중점을 둘 것이다.

9.5.1 FIR 정수 보간

그림 9.11에서 주어진 시스템의 이상적인 필터를 FIR 필터로 대체하면 그림 9.18에 주어진 시스템을 얻는다. 푸리에 변환 $V(\omega)$와 $X(\omega)$의 관계식 (9.28)을 편의상 다시 반복한다.

$$V(\omega) = X(\omega I) \tag{9.48}$$

I배 주파수 압축과 요구되는 I배 진폭 크기를 고려하면 식 (9.30)과 (9.33)에서 결정된 이상적인 저역통과 필터는 다음과 같이 되어야 한다.

$$H_{\mathrm{I}}(\omega) = \begin{cases} I, & |\omega| < \pi/I; \\ 0, & \text{그 외} \end{cases} \tag{9.49}$$

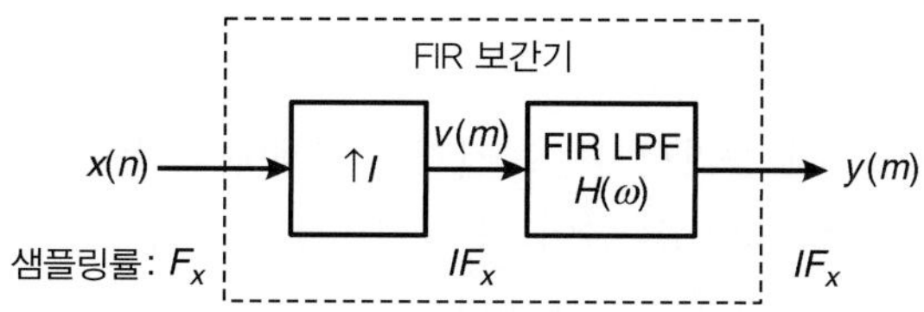

그림 9.18 FIR 정수 보간기

MATLAB 구현 보간 동작(추후 데시메이션에 대해 살펴볼 것이다)에 사용되기 위한 선형 위상 필터를 설계하기 위해, MATLAB은 `h = intfilt(I,L,alpha)` 함수를 제공한다. `I`개 샘플 사이마다 `I-1`개의 연속적인 영점이 존재하는 신호에 적용되었을 때, 이 함수는 가장 가까운 `2*L`개의 0이 아닌 샘플들을 사용해서 이상적인 대역 제한 보간을 수행한다. 신호 $x(n)$의 대역폭은 π라디안/샘플의 `alpha`배로 가정한다. 즉, `alpha = 1`은 전체 신호 대역폭을 의미한다. 필터 임펄스 응답 배열 `h`의 길이는 `2*I*L-1`이다. 설계된 필터는 `interp` 함수에서 사용된 것과 동일하다. 그러므로 매개변수 `L`은 수치적 불안정성을 피하도록 주의해서 선택해야 한다. 높은 `I` 값인 경우 `L`은 작은 값이어야 하며 10보다 크면 안 된다.

예제 9.7 대역제한 방법을 사용하여 신호를 4배 보간하는 선형 위상 FIR 보간 필터를 설계하라.

풀이 `L=5`인 경우의 설계를 위해 `intfilt` 함수를 조사하고, 필터 설계에 `alpha`가 끼치는 영향을 알아볼 것이다. 다음 MATLAB 코드가 상세한 부분을 보여준다.

```
I = 4; L = 5;
% (a) Full signal bandwidth: alpha = 1
alpha = 1; h = intfilt(I,L,alpha);
[Hr,w,a,L] = Hr_Type1(h); Hr_min = min(Hr); w_min = find(Hr == Hr_min);
H = abs(freqz(h,1,w)); Hdb = 20*log10(H/max(H)); min_attn = Hdb(w_min);
% (b) Partial signal bandwidth: alpha = 0.75
alpha = 0.75; h = intfilt(I,L,alpha);
[Hr,w,a,L] = Hr_Type1(h); Hr_min = max(Hr(end/2:end)); w_min = find(Hr == Hr_min);
H = abs(freqz(h,1,w)); Hdb = 20*log10(H/max(H)); min_attn = Hdb(w_min);
% Plotting commands follow
```

그래프는 그림 9.19에 나타나 있다. `alpha = 1`인 전체 대역폭의 경우, 필터는 통과대역과 22 dB의 최소 저지대역 감쇠를 가진 저지대역 모두에서 더 많은 리플이 있다. 이는 필터 전이(transition) 대역이 매우 좁기 때문이다. `alpha = 0.75`인 경우 필터 사양은 더 완화되기 때문에 필터 응답은 40 dB의 최소 저지대역 감쇠로 잘 동작한다. 그 밖의 설계 매개변수에 대해 완전한 통제를 하고 있지 않음에 유의한다. 이 문제는 이 절의 뒷부분에서 더욱 자세히 논의할 것이다.

다음 예제에서는 팍스-맥클레란 알고리즘을 사용하여 선형 위상 등리플 FIR 보간 필터를 설계할 것이다.

예제 9.8 입력 샘플링률을 5배 증가시키는 보간기를 설계하라. 통과대역에서 0.1 dB의 리플을 갖고 저지대역에서는 적어도 30 dB 줄어드는 FIR 필터의 계수를 결정하기 위해 `firpm` 알고리즘을 사용하라. 대역 끝 주파수를 위한 적당한 값들을 선택하라.

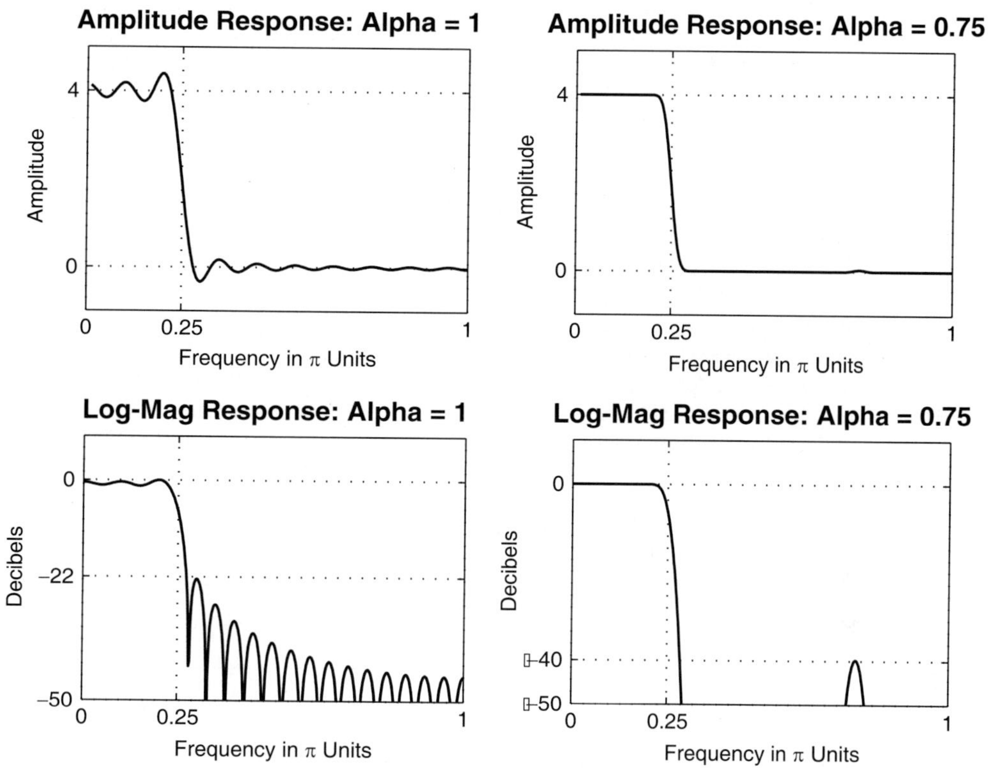

그림 9.19 $I = 4$, $L = 5$인 FIR 보간 필터 설계

풀이 통과대역 차단 주파수는 $\omega_{\mathrm{p}} = \pi/I = 0.2\pi$가 되어야 한다. 적당한 필터 길이 값을 얻기 위해 $\omega_{\mathrm{s}} = 0.32\pi$의 저지대역 차단 주파수를 제공하는 0.12π의 전이폭을 선택한다. 통과대역에서의 필터 규격 이득은 $I = 5$와 동일해야 함에 유의하라. 이는 데시벨 값을 사용하여 계산된 리플 값들이 5배로 크기 조정된다는 뜻이다. 길이 $M = 31$의 필터는 위에 주어진 필터 사양을 달성한다. 자세한 부분은 다음 MATLAB 코드에 주어져 있다.

```
I = 5; Rp = 0.1; As = 30; wp = pi/I; ws = wp+pi*0.12;
[delta1,delta2] = db2delta(Rp,As); weights = [delta2/delta1,1];
F = [0,wp,ws,pi]/pi; A = [I,I,0,0];
h = firpm(30,F,A,weights); n = [0:length(h)-1];
[Hr,w,a,L] = Hr_Type1(h); Hr_min = min(Hr); w_min = find(Hr == Hr_min);
H = abs(freqz(h,1,w)); Hdb = 20*log10(H/max(H)); min_attn = Hdb(w_min);
Hf1 = figure('units','inches','position',[1,1,6,4],...
    'paperunits','inches','paperposition',[0,0,6,4]);
subplot(2,2,1); Hs1 = stem(n,h,'filled'); set(Hs1,'markersize',2);
axis([-1,length(n),-0.5,1.5]); ylabel('Amplitude'); xlabel('n','vertical','bottom');
Title('Impulse Response','fontsize',TF);
subplot(2,2,3); plot(ww/pi,Hr,'m','linewidth',1.0); axis([0,1,-1,6]);
set(gca,'xtick',[0,wp/pi,ws/pi,1],'ytick',[0,I]); grid; ylabel('Amplitude');
title('Amplitude Response','fontsize',TF); xlabel('Frequency in \pi units');
```

```
subplot(2,2,2); plot(w/pi,Hdb,'m','linewidth',1.0); axis([0,1,-50,10]);
set(gca,'xtick',[0,wp/pi,ws/pi,1],'ytick',[-50,round(min_attn),0]); grid
ylabel('Decibels');
title('Log-magnitude Response','fontsize',TF);

subplot(2,2,4);
lw = length(w)-1; PB = [0:floor(wp/pi*lw)]; HrPB = Hr(PB+1)-I;
SB = [ceil(ws/pi*lw):lw]; HrSB = Hr(SB+1);
[AX,H1,H2] = plotyy(PB/lw,HrPB,SB/lw,HrSB);

delta1 = round(delta1*I*100)/100; delta2 = round(delta2*I*100)/100;
set(AX(1),'xtick',[0,wp/pi,ws/pi,1],'ytick',[-delta1,0,delta1],'Ycolor','g');
set(AX(2),'xtick',[0,wp/pi,ws/pi,1],'ytick',[-delta2,0,delta2],'Ycolor','r');
set(H1,'color','g','linewidth',1); set(H2,'color','r','linewidth',1);
title('Scaled Ripples','fontsize',TF); xlabel('Frequency in \pi units');
```

설계된 FIR 필터의 응답이 그림 9.20에 나타나 있다. 이 필터가 원래 신호를 통과시키더라도, 신호가 π라디안의 전체 대역폭을 차지하고 있다면 이웃 스펙트럼 에너지의 일부 역시 누출될 수 있다. 그러므로 이 절 후반부에서 논의할 더 나은 설계 사양이 필요하다. ■

MATLAB 구현 FIR 필터를 보간 목적(앞 예제에서 설계한 것과 같은)으로 사용하기 위해 MATLAB은 리샘플링뿐만 아니라 보간 및 데시메이션에도 사용할 수 있는 일반 함수

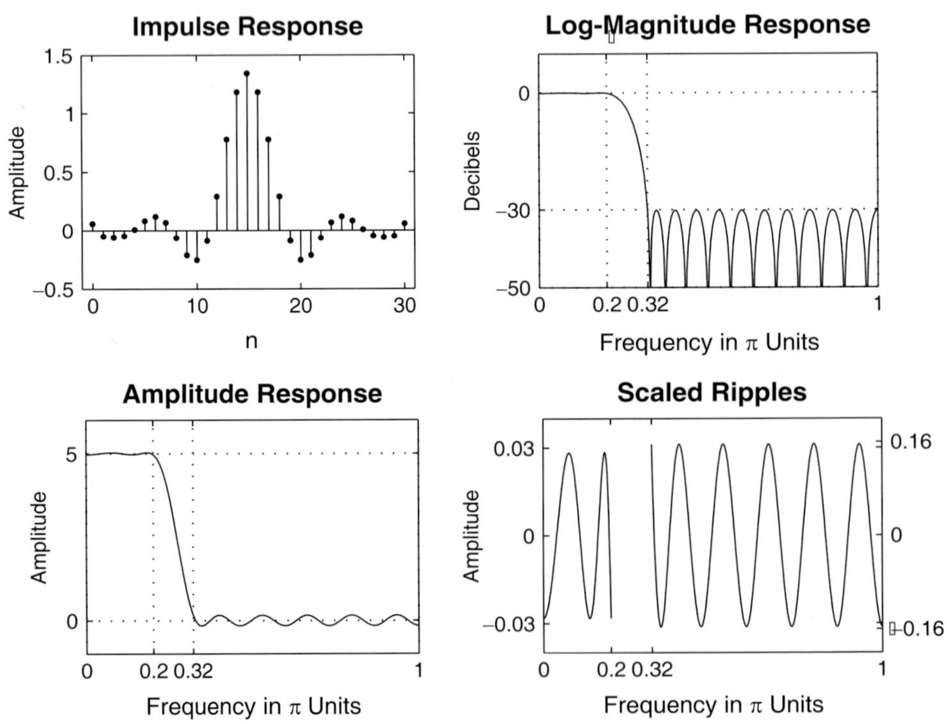

그림 9.20 예제 9.8의 FIR 보간 필터의 응답

upfirdn을 제공한다. 이 장에서 논의한 그 밖의 함수와는 달리 upfirdn은 사용자 정의 FIR 필터(선형 위상일 필요는 없다)를 동작 과정에 포함한다. `y = upfirdn(x,h,I)`가 실행될 때, 함수는 배열 x에 있는 입력 데이터를 정수 I배만큼 업샘플링한 후, 출력 배열 y를 생성하기 위해 업샘플링된 신호 데이터를 배열 h로 주어지는 임펄스 응답 신호로 필터링한다. 그리하여 그림 9.18과 같은 시스템이 구현된다.

예제 9.9 $x(n) = \cos(0.5\pi n)$이라 하자. 예제 9.8에서 설계된 필터를 사용하여 입력 샘플링률을 5배 증가시키라.

풀이 구현 단계가 다음 MATLAB 코드에 나와 있다.

```
% Given Parameters:
I = 5; Rp = 0.1; As = 30; wp = pi/I; ws = 0.32*pi;
[delta1,delta2] = db2delta(Rp,As); weights = [delta2/delta1,1];
n = [0:50]; x = cos(0.5*pi*n);
n1 = n(1:17); x1 = x(17:33); % For plotting purposes
% Input signal plotting commands follow
% Interpolation with Filter Design: Length M = 31
M = 31; F = [0,wp,ws,pi]/pi; A = [I,I,0,0];
h = firpm(M-1,F,A,weights); y = upfirdn(x,h,I);
delay = (M-1)/2; % Delay imparted by the filter
m = delay+1:1:50*I+delay+1; y = y(m); m = 1:81; y = y(81:161); % for plotting
% Output signal plotting commands follow
```

신호의 stem 그래프가 그림 9.21에 나타나 있다. 왼쪽 위 그림은 입력 신호 $x(n)$의 부분을 보여주며, 오른쪽 위 그림은 길이 31인 필터를 사용하여 보간된 신호 $y(n)$을 보여준다. 그래프는 필터 지연과 과도 응답의 효과를 보기 위해 수정되어 있다. 보간된 신호를 보면 다소 놀라운 부분을 발견할 수 있다. 신호 첨두치는 1이 넘고 형태는 일그러져 있다. 그림 9.20의 필터 응답 그래프를 주의 깊게 관찰하면 넓은 전이폭과 작은 감쇠로 인해 스펙트럼 에너지의 일부가 누출되어 형태가 일그러지게 했음을 알 수 있다.

이를 더 연구하기 위해, 다음 MATLAB 코드에 자세히 나와 있는 것과 같이 길이 51과 81의 큰 차수를 가진 필터를 설계했다.

```
% Interpolation with Filter Design: Length M = 51
M = 51; F = [0,wp,ws,pi]/pi; A = [I,I,0,0];
h = firpm(M-1,F,A,weights); y = upfirdn(x,h,I);
delay = (M-1)/2; % Delay imparted by the filter
m = delay+1:1:50*I+delay+1; y = y(m); m = 1:81; y = y(81:161);
% Plotting commands follow
% Interpolation with Filter Design: Length M = 81
M = 81; F = [0,wp,ws,pi]/pi; A = [I,I,0,0];
h = firpm(M-1,F,A,weights); y = upfirdn(x,h,I);
delay = (M-1)/2; % Delay imparted by the filter
m = delay+1:1:50*I+delay+1; y = y(m); m = 1:81; y = y(81:161);
% Plotting commands follow
```

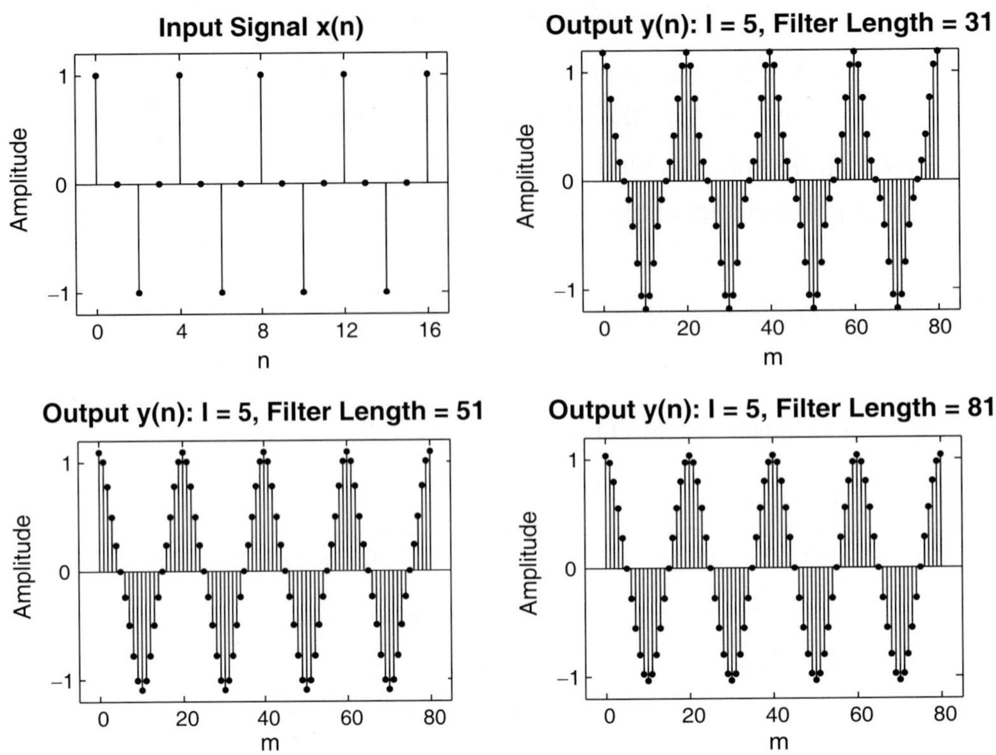

그림 9.21 예제 9.9의 신호 그래프

결과 신호는 역시 그림 9.21의 아래 그래프에 나타나 있다. 큰 차수의 경우 명백하게 필터가 더 나은 저역통과 특성을 갖는다. 신호 첨두치는 1에 접근하고 그 형태는 코사인 파형에 가깝다. 그러므로 좋은 필터 설계는 간단한 신호의 경우라도 매우 중요하다.

9.5.2 설계 사양

$H_{\mathrm{I}}(\omega)$를 유한 차수 FIR 필터 $H(\omega)$로 대치할 때, 전이대역을 허용해야 한다. 즉, 필터는 통과대역 끝을 π/I까지 가질 수 없다. 이를 구체화하면

- $\omega_{x,\mathrm{p}}$를 우리가 유지하고자 하는 신호 $x(n)$의 가장 높은 주파수로 정의한다.
- $\omega_{x,\mathrm{s}}$를 $x(n)$의 전체 신호 대역폭으로 정의한다. 즉, $\omega_{x,\mathrm{s}}$ 주파수를 넘어가는 대역에서는 $x(n)$의 에너지가 존재하지 않는다.

그러므로 $0 < \omega_{x,\mathrm{p}} < \omega_{x,\mathrm{s}} < \pi$이다. 매개변수 $\omega_{x,\mathrm{p}}$와 $\omega_{x,\mathrm{s}}$는 위에 정의한 대로 필터 매개변수가 아닌 신호 매개변수임에 유의한다. 그림 9.22(a)가 이를 보여준다. 필터 매개변수들은 $\omega_{x,\mathrm{p}}$와 $\omega_{x,\mathrm{s}}$를 기반으로 정의될 것이다.

식 (9.48)로부터 주파수 크기는 I배 압축되기 때문에 이 신호 매개변수 주파수는 각각

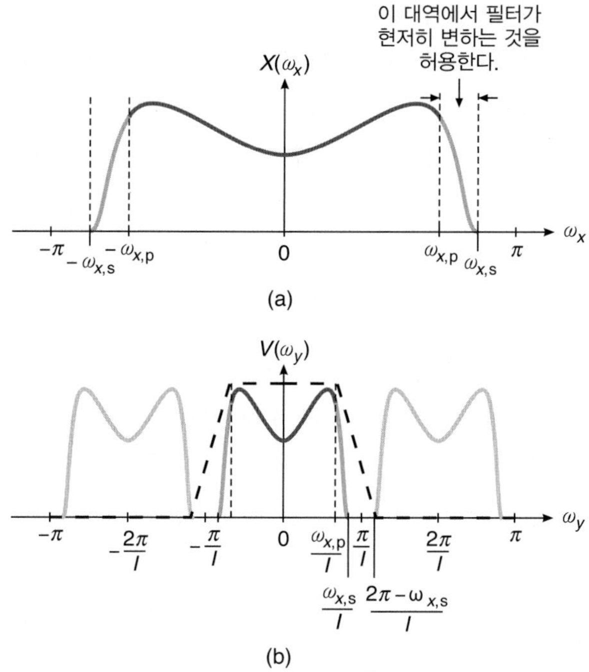

그림 9.22 주파수 매개변수: (a) 신호, (b) 필터

$\omega_{x,\mathrm{p}}/I$, $\omega_{x,\mathrm{s}}/I$가 된다. 이는 그림 9.22(b)에 나타나 있다. 이제 $\omega_{x,\mathrm{p}}/I$까지의 주파수는 통과시키고 $(2\pi - \omega_{x,\mathrm{s}})/I$부터의 주파수는 억제시키는 선형 위상 FIR 필터를 설계할 수 있다. 저역통과 선형 위상 FIR 필터의 통과대역, 저지대역 끝 주파수를 각각 다음과 같이 정의하자.

$$\omega_{\mathrm{p}} = \left(\frac{\omega_{x,\mathrm{p}}}{I}\right) \quad \text{그리고} \quad \omega_{\mathrm{s}} = \left(\frac{2\pi - \omega_{x,\mathrm{s}}}{I}\right) \tag{9.50}$$

위 저역통과 선형 위상 FIR 필터는 $H_{\mathrm{r}}(\omega)$가 실수 진폭 응답이고 $\theta(\omega)$가 위상 응답일 때, 다음과 같이 주어진다.

$$H(\omega) = H_{\mathrm{r}}(\omega)e^{\jmath\theta(\omega)} \tag{9.51}$$

그렇다면 다음과 같은 필터 설계 사양을 갖는다.

$$\begin{aligned} \frac{1}{I}H_{\mathrm{r}}(\omega) &\le 1 \pm \delta_1 \qquad |\omega| \in [0, \omega_{\mathrm{p}}]\text{인 경우} \\ \frac{1}{I}H_{\mathrm{r}}(\omega) &\le \pm\delta_2 \qquad |\omega| \in [\omega_{\mathrm{s}}, \pi]\text{인 경우} \end{aligned} \tag{9.52}$$

이때 ω_{p}, ω_{s}는 식 (9.50)에 주어져 있고, δ_1, δ_2는 각각 저역통과 FIR 필터의 통과대역, 저지대역 리플 매개변수이다.

해설: 저지대역을 π/I에서 시작하는 대신 $(2\pi - \omega_s)/I$로 옮길 수 있다. 만약 $\omega_{x,s} \ll \pi$이면, 이는 좀 더 낮은 필터 차수에 대한 중요한 고려가 될 것이다. 그러나 $\omega_{x,s} = \pi$인 최악의 경우에는 식 (9.49)의 이상적인 저역통과 필터의 경우와 같이 저지대역이 π/I에서 시작할 것이다. 거의 항상 $\omega_{x,s} < \pi$이기 때문에 우리가 원하는 만큼 $\omega_{x,s}$에 가깝게 $\omega_{x,p}$를 선택할 수 있다. 하지만 그러면 전이대역의 크기가 줄어들어 높은 필터 차수가 필요해진다.

예제 9.10 예제 9.9의 신호를 $I = 5$배 증가시키기 위한 좀 더 나은 FIR 저역통과 필터를 설계하라.

풀이 $x(n) = \cos(0.5\pi n)$이기 때문에 신호 대역폭과 유지되어야 할 대역폭이 같다. 즉, $\omega_{x,p} = \omega_{x,s} = 0.5\pi$이다. 그러므로 식 (9.50)으로부터 $\omega_p = 0.5\pi/5 = 0.1\pi$, $\omega_s = (2\pi - 0.5\pi)/5 = 0.3\pi$이다. $R_p = 0.01$, $A_s = 50$ dB인 필터를 설계할 것이다. 결과 필터 차수는 예제 9.9의 필터보다 2가 높은 32이지만 훨씬 우수한 감쇠를 갖고 있다. 자세한 부분은 아래에 주어진다.

```
% Given Parameters:
n = [0:50]; wxp = 0.5*pi; x = cos(wxp*n);
n1 = n(1:9); x1 = x(9:17); % for plotting purposes
I = 5; I = 5; Rp = 0.01; As = 50; wp = wxp/I; ws = (2*pi-wxp)/I;
[delta1,delta2] = db2delta(Rp,As); weights = [delta2/delta1,1];
[N,Fo,Ao,weights] = firpmord([wp,ws]/pi,[1,0],[delta1,delta2],2);N = N+2;
% Input signal plotting commands follow
% Interpolation with Filter Design: Length M = 31
h = firpm(N,Fo,I*Ao,weights); y = upfirdn(x,h,I);
delay = (N)/2; % Delay imparted by the filter
m = delay+1:1:50*I+delay+1; y = y(m); m = 0:40; y = y(81:121);
% Output signal plotting commands follow
[Hr,w,a,L] = Hr_Type1(h); Hr_min = min(Hr); w_min = find(Hr == Hr_min);
H = abs(freqz(h,1,w)); Hdb = 20*log10(H/max(H)); min_attn = Hdb(w_min);
% Filter design plotting commands follow
```

신호 `stem` 그래프와 필터 설계 그래프가 그림 9.23에 나타나 있다. 설계된 필터는 53 dB의 최소 저지대역 감쇠를 갖고 있고, 결과 보간은 32차 필터 차수에도 불구하고 정확하다. ■

9.5.3 FIR 정수 데시메이션

그림 9.5의 시스템을 고려해보자. 이상적인 저역통과 필터가 FIR 필터 $H(\omega)$로 대체된 시스템이 그림 9.24에 나타나 있다. 식 (9.24)에 의해 주어지는 $Y(\omega_y)$와 $X(\omega)$ 간의 관계식을 편의상 아래에 반복한다.

$$Y(\omega_y) = \frac{1}{D}\sum_{k=0}^{D-1} H\left(\omega - \frac{2\pi k}{D}\right) X\left(\omega - \frac{2\pi k}{D}\right); \quad \omega = \frac{\omega_y}{D} \tag{9.53}$$

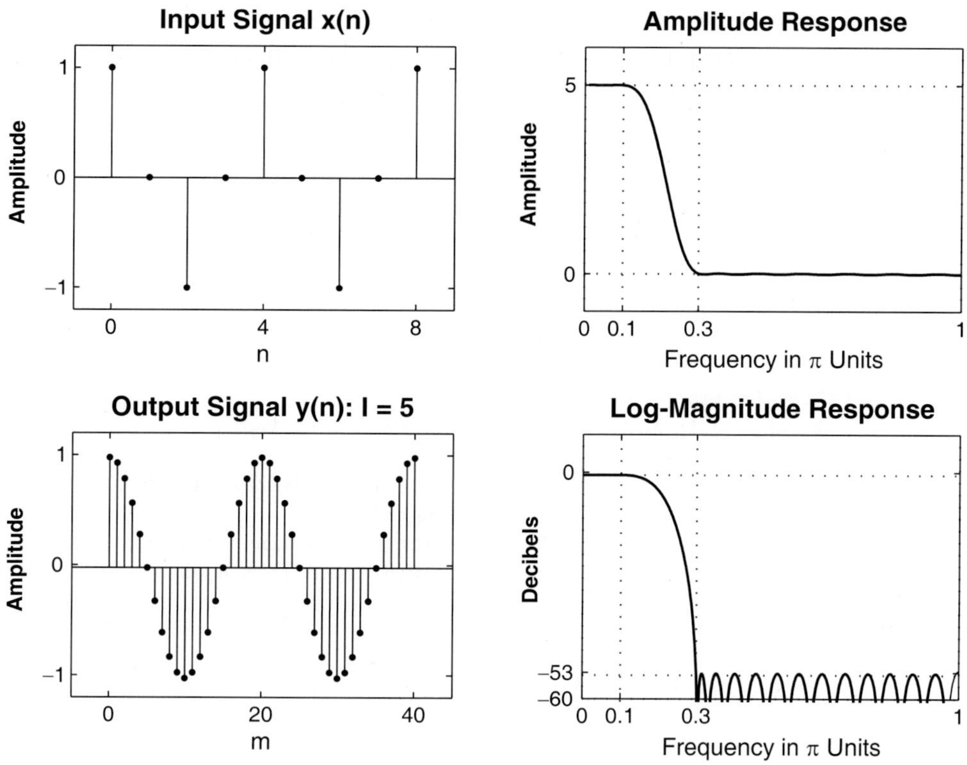

그림 9.23 예제 9.10의 신호 및 필터 설계 그래프

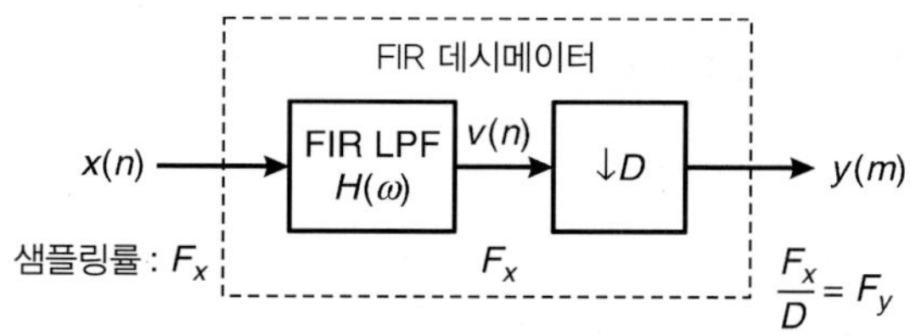

그림 9.24 FIR 정수 데시메이터

위 식은 단지 $H(\omega)X(\omega)$의 에일리어스 합일 뿐이기 때문에 에일리어싱을 피하기 위한 필요조건은 다음과 같다.

$$H(\omega)X(\omega) = 0 \qquad \frac{\pi}{D} \le |\omega| \le \pi \text{인 경우} \tag{9.54}$$

그러므로 식 (9.20)에서 주어진 $H_{\mathrm{D}}(\omega)$로 이상적인 필터링이 수행되었을 때의 식 (9.25)의 결과와 같이 다음의 관계가 성립한다.

$$Y(\omega_y) = \frac{1}{D}X(\omega)H(\omega) \tag{9.55}$$

예제 9.11 입력 신호 $x(n)$을 2배 다운샘플링하는 데시메이터를 설계하라. 통과대역에서 0.1 dB의 리플을 가지고 저지대역에서 적어도 30 dB 줄어드는 FIR 필터의 계수를 결정하기 위해 firpm 알고리즘을 사용하라. 대역 끝 주파수를 위한 적당한 값들을 선택하라.

풀이 통과대역 차단 주파수는 $\omega_{\rm p} = \pi/D = 0.5\pi$여야 한다. 필터 길이를 위한 적당한 값을 얻기 위해 저지대역 차단 주파수 $\omega_{\rm s} = 0.3\pi$를 제공하는 0.1π의 전이폭을 선택한다. 길이 $M = 37$의 필터가 위에 주어진 설계 사양을 만족한다. 자세한 부분은 다음 MATLAB 코드에 주어진다.

```
% Filter Design
D = 2; Rp = 0.1; As = 30; wp = pi/D; ws = wp+0.1*pi;
[delta1,delta2] = db2delta(Rp,As);
[N,F,A,weights] = firpmord([wp,ws]/pi,[1,0],[delta1,delta2],2);
h = firpm(N,F,A,weights); n = [0:length(h)-1];
[Hr,w,a,L] = Hr_Type1(h); Hr_min = min(Hr); w_min = find(Hr == Hr_min);
H = abs(freqz(h,1,w)); Hdb = 20*log10(H/max(H)); min_attn = Hdb(w_min);
% Plotting commands follow
```

설계된 FIR 필터의 응답이 그림 9.25에 나타나 있다. 이 필터는 어떠한 왜곡도 없이 $[0, \pi/2]$의 통과대역 신호 스펙트럼을 통과시킨다. 그러나 전이폭이 매우 좁은 것은 아니기 때문에, 전이대역의 신호 중 일부가 관심 대상인 대역과 에일리어싱이 될 수 있다. 또한 30 dB 감쇠는 다운샘플링 후에 저지대역에서 통과대역으로 작은 비율의 신호 스펙트럼을 허용할 수 있다.

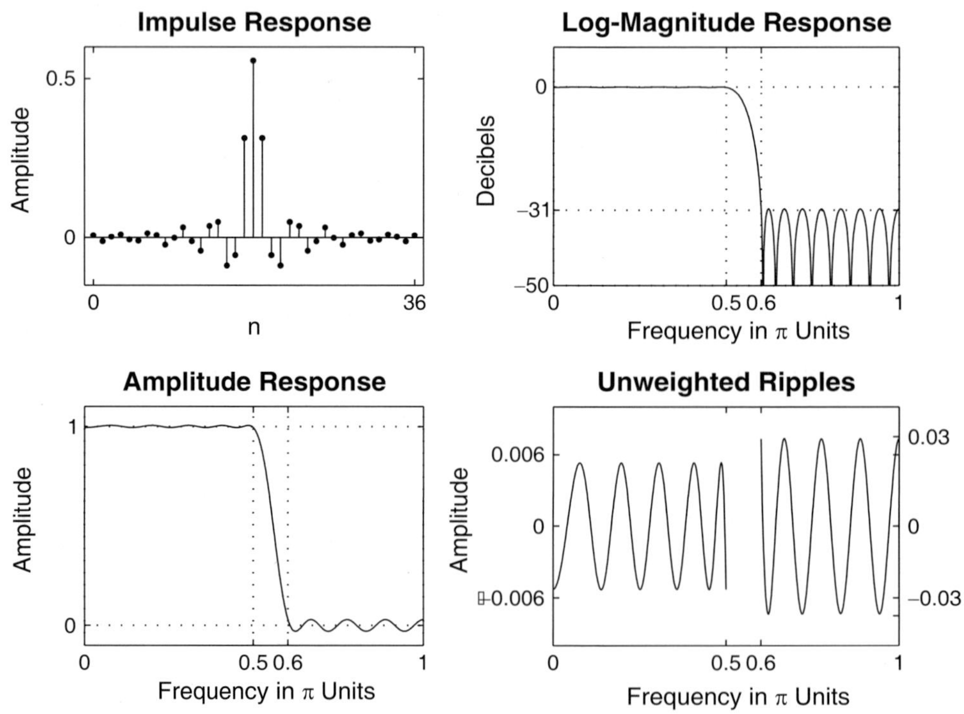

그림 9.25 예제 9.11의 FIR 데시메이션

그러므로 이 절의 뒷부분에서 논의되는 바와 같이 필터 사양을 위해 더 개선된 접근이 필요하다.

MATLAB 구현 이전에 논의했듯이 upfirdn 함수는 데시메이션 동작에서 사용자 설계의 FIR 필터를 구현하는 데도 사용될 수 있다. y = upfirdn(x,h,1,D)가 호출되면, 함수는 배열 x의 신호 데이터를 배열 h로 주어진 임펄스 응답을 이용해 필터링한다. 그 후, 결과 배열 y를 생성하기 위해 필터링된 데이터를 정수배 D만큼 다운샘플링하여 그림 9.24와 같은 시스템을 구현한다.

예제 9.12 예제 9.11에서 설계한 필터를 사용하여 필터의 통과대역 주파수 범위 내에서 사인 곡선 신호 $x_1(n) = \cos(\pi n/8)$과 $x_2(n) = \cos(\pi n/2)$를 데시메이션하라.

풀이 다음 MATLAB 코드가 상세한 부분을 제공한다.

```
% Given Parameters:
D = 2; Rp = 0.1; As = 30; wp = pi/D; ws = wp+0.1*pi;
% Filter Design
[delta1,delta2] = db2delta(Rp,As);
[N,F,A,weights] = firpmord([wp,ws]/pi,[1,0],[delta1,delta2],2);
h = firpm(N,F,A,weights); delay = N/2; % Delay imparted by the filter
% Input signal x1(n) = cos(2*pi*n/16)
n = [0:256]; x = cos(pi*n/8);
n1 = n(1:33); x1 = x(33:65); % for plotting purposes
% Input signal plotting commands follow
% Decimation of x1(n): D = 2
y = upfirdn(x,h,1,D);
m = delay+1:1:128/D+delay+1; y = y(m); m = 0:16; y = y(16:32);
% Output signal plotting commands follow
% Input signal x2(n) = cos(8*pi*n/16)
n = [0:256]; x = cos(8*pi*n/(16));
n1 = n(1:33); x1 = x(33:65); % for plotting purposes
% Input signal plotting commands follow
% Decimation of x2(n): D = 2
y = upfirdn(x,[h],1,D); %y = downsample(conv(x,h),2);
m = delay+1:1:128/D+delay+1; y = y(m); m = 0:16; y = y(16:32);
% Output signal plotting commands follow
```

신호 stem 그래프가 그림 9.26에 나타나 있다. 왼쪽 그래프는 신호 $x_1(n)$과 해당하는 데시메이션된 신호 $y_1(n)$을 보여주고 오른쪽 그래프는 마찬가지로 $x_2(n)$, $y_2(n)$에 대해 보여준다. 두 경우 모두 데시메이션은 바르게 된 것으로 보인다. 만일 $\pi/2$ 이상의 주파수를 선택했다면 필터는 신호를 감쇠시키거나 제거했을 것이다.

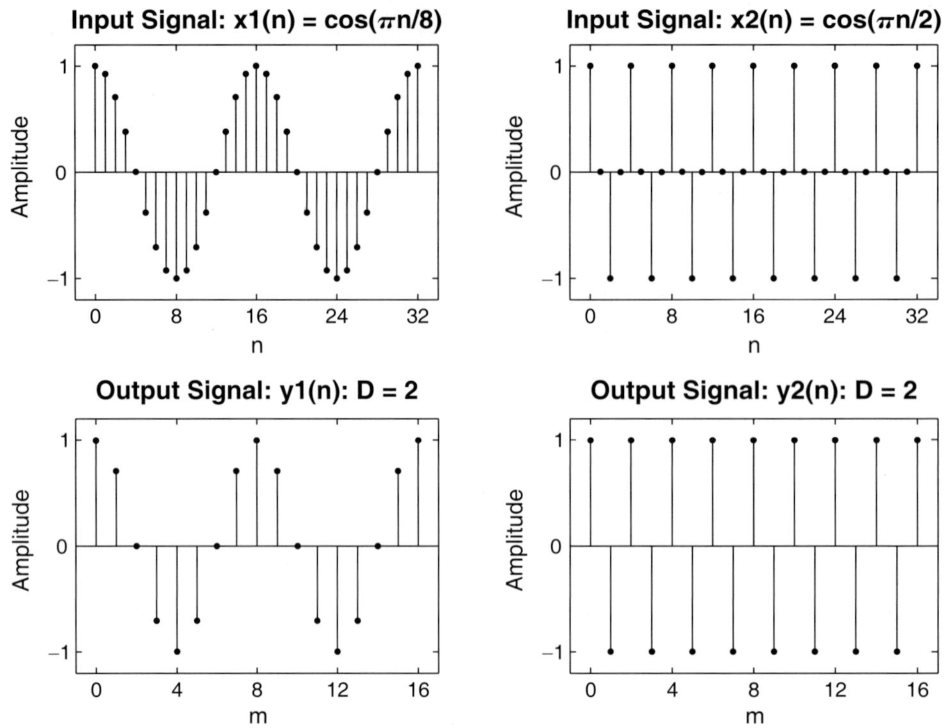

그림 9.26 예제 9.12의 신호 그래프

9.5.4 설계 사양

이상적인 저역통과 필터 $H_\mathrm{D}(\omega)$를 유한 차수의 FIR 필터 $H(\omega)$로 대체했을 때, 전이대역을 허용해야 한다. 여기서 다시 다음과 같이 정의한다.

- $\omega_{x,\mathrm{p}}$: 유지되어야 할 신호 대역폭
- $\omega_{x,\mathrm{s}}$: 허용되는 에일리어싱 오차를 넘는 주파수

그러면 $0 < \omega_{x,\mathrm{p}} \le \omega_{x,s} \le \pi/D$이게 된다. 만약 $\omega_{x,\mathrm{s}} = \pi/D$로 선택하면 데시메이터는 에일리어싱 오차가 없을 것이다. 만약 $\omega_{x,\mathrm{s}} = \omega_{x,\mathrm{p}}$로 선택하면 신호 대역을 넘는 대역은 에일리어싱 오차를 갖고 있게 된다. 이러한 정의와 관찰을 통해 이제 원하는 필터 사양을 열거할 수 있다. 필터는 $\omega_{x,\mathrm{p}}$까지의 주파수를 통과시켜야 하며 저지대역은 $(\frac{2\pi}{D} - \omega_{x,\mathrm{s}})$에서 시작해서 π까지 계속되어야 한다. 그러면 식 (9.53)에서 $k \neq 0$인 부분(즉, 에일리어스 성분) 중 아무것도 $\omega_{x,\mathrm{s}}$까지의 대역에서 감지할 수 있을 정도의 왜곡을 초래하지 않을 것이다. 다음을 각각 식 (9.51)에 주어진 저역통과 선형 위상 FIR 필터의 통과대역, 저지대역 끝 주파수라 하자.

$$\omega_\mathrm{p} = \omega_{x,\mathrm{p}} \quad \text{그리고} \quad \omega_\mathrm{s} = \left(\frac{2\pi}{D} - \omega_{x,\mathrm{s}}\right) \tag{9.56}$$

그러면 다음과 같은 필터 설계 사양을 갖게 된다.

$$\begin{aligned} H_r(\omega) &\le 1 \pm \delta_1 \quad |\omega| \in [0, \omega_p] \text{인 경우} \\ H_r(\omega) &\le \pm\delta_2 \quad |\omega| \in [\omega_s, \pi] \text{인 경우} \end{aligned} \tag{9.57}$$

이때 ω_p, ω_s는 식 (9.56)에 주어져 있고, δ_1, δ_2는 각각 저역통과 FIR 필터의 통과대역, 저지대역 리플 매개변수이다. 스펙트럼 $X(\omega)$가 무엇인지는 중요하지 않음에 유의하라. 단지 에일리어싱이 발생하지 않기 위해 식 (9.53)에서 $k \neq 0$인 부분이 $[-\omega_{x,s}, \omega_{x,s}]$ 대역에서 중대한 역할을 제공하지 않도록 곱 $X(\omega)H(\omega)$가 $\omega_| = 2\pi/D - \omega_{x,s}$에서 매우 작게 시작할 것을 요구한다.

δ_1과 δ_2의 중요성 필터 리플 매개변수 δ_1, δ_2는 값을 선택할 때 다음과 같은 중요성을 고려해야 한다.

- 통과대역 리플 δ_1은 통과대역의 리플을 측정하고, 따라서 신호 대역폭 ω_p에서 왜곡을 제어한다.
- 저지대역 리플 δ_2는 $\omega_{x,s}$까지의 대역에 들어가는 에일리어스 에너지(혹은 누출)의 양을 제어한다.

식 (9.53)에서 $k \neq 0$인 부분으로 인한 $(D-1)$개의 영향이 있다. 이러한 부분들은 통일성 없이 추가될 것으로 예상되므로(즉, 다른 위치에서 첨두치들을 가짐), 전체 첨두치 오차는 δ_2 정도가 되어야 한다. 실제 오차는 $|\omega| > \omega_{x,p}$ 대역의 나머지를 지나 $X(\omega)$가 어떻게 변화하는지에 달려 있다. 명백하게 필터 저지대역 리플 δ_2는 신호 통과대역의 에일리어싱 오차를 제어한다. 그러므로 δ_1, δ_2 모두 통과대역에서 데시메이션된 신호에 영향을 끼친다.

해설: FIR 데시메이터 필터 사양 (9.57)과 (9.52)의 FIR 보간기를 위한 필터 사양을 비교해 봤을 때 높은 유사성이 있음을 볼 수 있다. 사실 다음 예제에서 보는 것과 같이 D배 데시메이션을 위해 설계된 필터는 $I = D$배 보간을 위해서도 사용될 수 있다. 이것은 `intfilt` 함수가 데시메이션을 위한 FIR 필터를 설계하는 데도 사용될 수 있음을 의미한다.

예제 9.13 D배 데시메이션을 설계하기 위해서는 $\omega_{x,p}$, $\omega_{x,s}$ 값이 필요하다(이 값들이 신호 매개변수임을 기억하라). 제한 조건 $\omega_{x,p} \le \pi/D$를 만족하고 데시메이션된 대역폭의 정확히 절반이 되도록 $\omega_{x,p} = \pi/(2D)$라 가정하라. $\omega_{x,s} = \omega_{x,p}$라 하자. 그러면 FIR 저역통과 필터는 $\omega_p = \pi/(2D)$까지의 주파수를 통과시키고 $\omega_s = 2\pi/D - \pi/(2D) = 3\pi/(2D)$를 넘는 주파수를 차단해야 한다.

이제 해당하는 보간 문제를 고려해보자. 우리는 I배 보간하기를 원한다. 다시 $\omega_{x,s} = \omega_{x,p}$로 선택한다. 하지만 이제 범위는 $\omega_{x,p} < \pi$가 된다. 만약 이 대역의 정확히 절반을 취한다면 $\omega_{x,p} = \pi/2$를 얻는다. 그러면 보간을 위한 식 (9.52)의 사양에 따라, 필터가 $\pi/2I$까지의 주파수를 통과시키고 $3\pi/2I$ 이상의 주파수를 차단시킨다. 그러므로 $I = D$인 경우 우리는 동일한

필터 사양을 갖게 되며, 따라서 동일한 필터가 데시메이션과 보간 문제 양쪽 모두에 도움이 될 수 있다.

예제 9.14 예제 9.12의 신호 $x_1(n)$을 위해 개선된 저지대역 감쇠 $A_s = 50\,\text{dB}$을 가지며 낮은 필터 차수를 가진 데시메이션 FIR 필터를 설계하라.

풀이 신호 대역폭은 $\omega_{x,\text{p}} = \pi/8$이고 $\omega_{x,\text{s}} = \pi/D = \pi/2$로 선택한다. 그러면 $\omega_\text{p} = \pi/8$, $\omega_\text{s} = (2\pi/D) - \omega_{x,\text{s}} = \pi/2$가 된다. 이 매개변수들을 가진 최적의 FIR 필터 길이는 높은 감쇠를 가진 기존의 길이 37인 필터보다 매우 작은 13이다.

MATLAB 코드:

```
% Given Parameters:
D = 2; Rp = 0.1; As = 50; wxp = pi/8; wxs = pi/D; wp = wxp; ws = (2*pi/D)-wxs;
% Filter Design
[delta1,delta2] = db2delta(Rp,As);
[N,F,A,weights] = firpmord([wp,ws]/pi,[1,0],[delta1,delta2],2); N = ceil(N/2)*2;
h = firpm(N,F,A,weights); delay = N/2; % Delay imparted by the filter
% Input signal x(n) = cos(2*pi*n/16)
n = [0:256]; x = cos(pi*n/8);
n1 = n(1:33); x1 = x(33:65); % for plotting purposes
% Input signal plotting commands follow
% Decimation of x(n): D = 2
y = upfirdn(x,h,1,D);
m = delay+1:1:128/D+delay+1; y1 = y(m); m = 0:16; y1 = y1(14:30);
% Output signal plotting commands follow
% Filter Design Plots
[Hr,w,a,L] = Hr_Type1(h); Hr_min = min(Hr); w_min = find(Hr == Hr_min);
H = abs(freqz(h,1,w)); Hdb = 20*log10(H/max(H)); min_attn = Hdb(w_min);
% Filter design plotting commands follow
```

신호 stem 그래프와 필터 응답이 그림 9.27에 나타나 있다. 설계된 필터는 51 dB의 감쇠를 가지며, 데시메이션된 신호는 정확하다.

9.5.5 FIR 유리수배 비율 변환

그림 9.15에서 주어진 시스템의 이상적인 필터를 FIR 필터 $H(\omega)$로 대체하면 그림 9.28의 시스템을 얻게 된다. 이 경우 관련된 이상적인 저역통과 필터는 식 (9.36)에 의해 주어지며, 편의를 위해 아래에 다시 반복한다.

$$H(\omega) = \begin{cases} I, \ 0 \le |\omega| \le \min(\pi/D, \pi/I) \\ 0, \ \text{그 외} \end{cases} \tag{9.58}$$

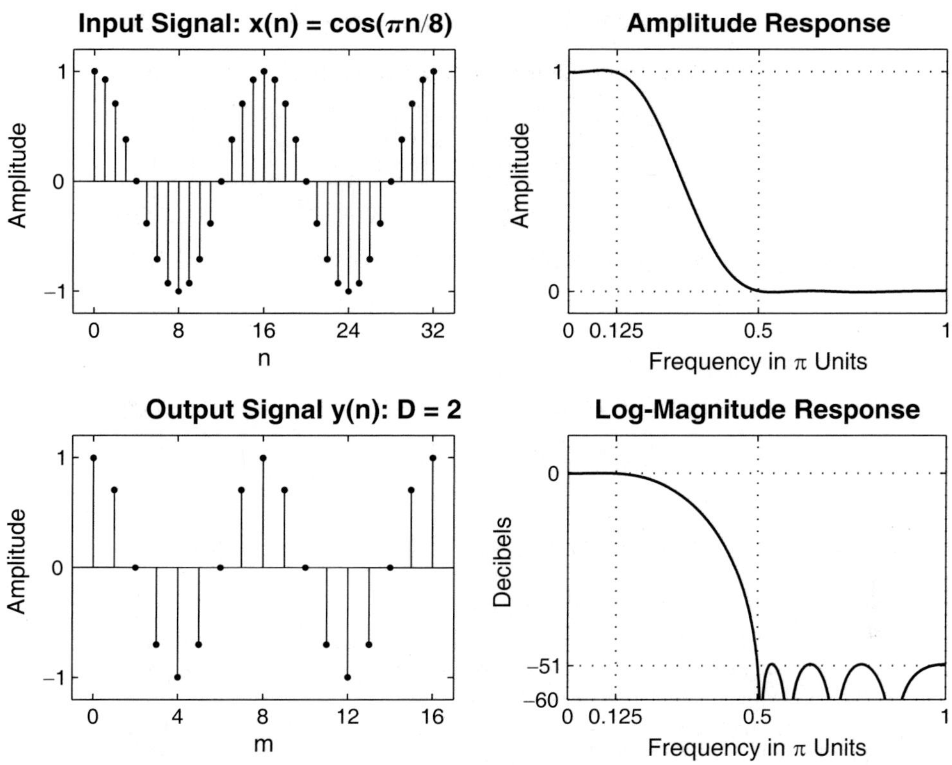

그림 9.27 예제 9.14의 신호 및 필터 설계 그래프

신호 $x(n)$을 위해 다음과 같이 정의한다.

- $\omega_{x,\mathrm{p}}$: 유지되어야 할 신호 대역폭
- ω_{x,s_1}: 전체 신호 대역폭
- ω_{x,s_2}: 리샘플링 후 에일리어싱 오차가 없기 위해 요구되는 신호 대역폭

그러면 다음과 같은 결과를 얻는다.

$$0 < \omega_{x,\mathrm{p}} \le \omega_{x,\mathrm{s}_2} \le \frac{I\pi}{D} \qquad \text{그리고} \qquad \omega_{x,\mathrm{s}_1} \le \pi \tag{9.59}$$

이제 보간 부분을 위해, 저역통과 필터는 $\omega_{x,\mathrm{p}}/I$까지의 주파수는 통과시키고 $(2\pi/I - \omega_{x,\mathrm{s}_1}/I)$ 주파수부터는 감쇠시켜야 한다. 필터의 데시메이션 부분은 다시 $\omega_{x,\mathrm{p}}/I$까지의 주파수를 통과시키고 $(2\pi/D - \omega_{x,\mathrm{s}_2}/I)$ 이상의 주파수는 감쇠시켜야 한다. 그러므로 저지대역은 이 두 값 중 작은 값에서 시작해야 한다. 필터 차단 주파수를 다음과 같이 정의한다.

$$\omega_{\mathrm{p}} = \left(\frac{\omega_{x,\mathrm{p}}}{I}\right) \qquad \text{그리고} \qquad \omega_{\mathrm{s}} = \min\left[\frac{2\pi}{I} - \frac{\omega_{x,\mathrm{s}_1}}{I}, \frac{2\pi}{D} - \frac{\omega_{x,\mathrm{s}_2}}{I}\right] \tag{9.60}$$

그리고 대응되는 리플 매개변수를 δ_1, δ_2로 정의하면, $H_r(\omega)$가 진폭 응답일 때 다음과 같은

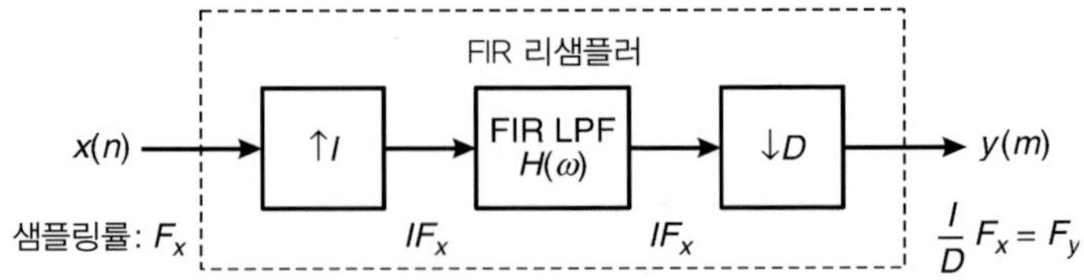

그림 9.28 FIR 유리수배 리샘플러

필터 사양을 얻게 된다.

$$\begin{aligned} \frac{1}{I}H_{\mathrm{r}}(\omega) &\le 1 \pm \delta_1 && |\omega| \in [0, \omega_{\mathrm{p}}] \text{인 경우} \\ \frac{1}{I}H_{\mathrm{r}}(\omega) &\le \pm\delta_2 && |\omega| \in [\omega_{\mathrm{s}}, \pi] \text{인 경우} \end{aligned} \tag{9.61}$$

만일 각각의 최대값인 $\omega_{x,\mathrm{s}_1} = \pi$, $\omega_{x,\mathrm{s}_2} = I\pi/D$로 정하면, 이전 식 (9.36)에서 주어진 것과 같이 이상적인 차단 주파수 $\max[\pi/I, \pi/D]$를 얻게 된다.

MATLAB 구현 upfirdn 함수는 그림 9.28에 나타낸 유리수배 샘플링률 변환 시스템에 필요한 모든 동작을 구현한다. `y = upfirdn(x,h,I,D)` 함수 형태로 실행될 때, 세 가지 동작을 직렬로 수행한다. 입력 데이터 배열 x를 I배 업샘플링하기, 업샘플링된 신호 데이터를 배열 h의 임펄스 응답 신호를 갖는 FIR 필터로 필터링하기, 마지막으로 그 결과를 D배 다운샘플링하는 동작을 수행한다. 우리는 잘 설계된 필터를 사용하여 샘플링률 변환 동작을 완전히 제어할 수 있다.

예제 9.15 샘플링률을 2.5배 증가시키는 샘플링률 변환기를 설계하라. 통과대역에서 0.1 dB의 리플을 가지고 저지대역에서는 적어도 30 dB 감소하는 FIR 필터의 계수를 결정하기 위해 firpm 알고리즘을 사용하라.

풀이 이 문제의 사양을 만족하는 FIR 필터는 예제 9.8에서 설계한 필터와 정확하게 일치한다. 그 필터의 대역폭은 $\pi/5$이다.

예제 9.16 신호 $x(n)$의 전체 대역폭은 0.9π이다. 출력 $y(m)$을 얻기 위해 4/3배 리샘플링되었다. 주파수 대역을 0.8π까지 유지하기를 원하고, 0.7π 대역까지 에일리어싱이 없어야 한다. 팍스-맥클레란 알고리즘을 사용하여 통과대역에서 0.1 dB의 리플을 갖고 저지대역에서 40 dB 감쇠를 갖는 FIR 필터의 계수를 결정하라.

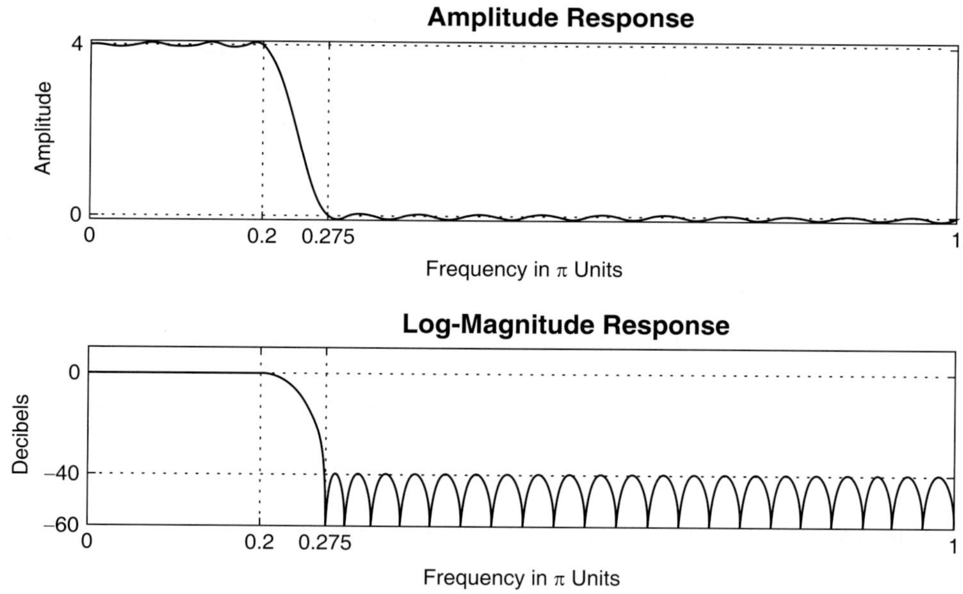

그림 9.29 예제 9.16의 필터 설계

풀이 전체 신호 대역폭은 $\omega_{x,\mathrm{s}_1} = 0.9\pi$이고, 유지되어야 할 대역폭은 $\omega_{x,\mathrm{p}} = 0.8\pi$, 에일리어싱이 허용되는 대역폭은 $\omega_{x,\mathrm{s}_2} = 0.7\pi$이다. 식 (9.60)과 $I = 4$, $D = 3$을 이용하면, FIR 필터 설계 매개변수는 $\omega_{\mathrm{p}} = 0.2\pi$, $\omega_{\mathrm{s}} = 0.275\pi$이다. 이 매개변수와 0.1 dB의 통과대역 리플, 40 dB의 저지대역 감쇠를 만족하는 최적의 FIR 필터 길이는 58이다. 자세한 내용과 설계 그림의 계산이 다음에 주어진다.

```
% Given Parameters:
I = 4; D = 3; Rp = 0.1; As = 40;
wxp = 0.8*pi; wxs1 = 0.9*pi; wxs2 = 0.7*pi;
% Computed Filter Parameters
wp = wxp/I; ws = min((2*pi/I-wxs1/I),(2*pi/D-wxs2/I));
% Filter Design
[delta1,delta2] = db2delta(Rp,As);
[N,F,A,weights] = firpmord([wp,ws]/pi,[1,0],[delta1,delta2],2);
N = ceil(N/2)*2+1; h = firpm(N,F,I*A,weights);
[Hr,w,a,L] = Ampl_res(h); Hr_min = min(Hr); w_min = find(Hr == Hr_min);
H = abs(freqz(h,1,w)); Hdb = 20*log10(H/max(H)); min_attn = Hdb(w_min);
% Plotting commands follow
```

설계된 필터가 40 dB의 감쇠를 만족함을 보여주는 필터 응답이 그림 9.29에 나타나 있다. ■

9.5.6 다수의 저지대역을 가진 FIR 필터

이제 FIR 정수배 보간기 설계 시, 낮은 샘플링률이 요구보다 2배 이상인 경우에 다수의 저지

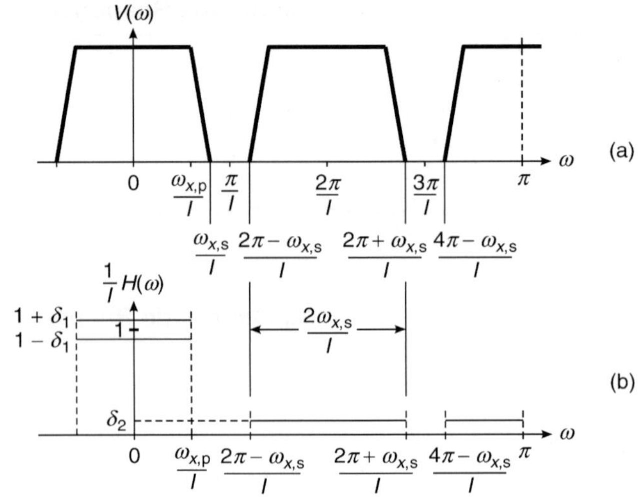

그림 9.30 다수의 저지대역 설계: (a) 신호 스펙트럼, (b) 필터 사양

대역을 사용하는 것에 대해 논의할 것이다. 정수배 보간기의 전형적인 스펙트럼 $V(\omega)$를 묘사하는 그림 9.22(b)를 다시 살펴보자. $k \neq 0$인 경우 $2\pi k/I$를 중심으로 대역폭 ω_s/I인 다수의 저지대역을 가진 저역통과 필터를 사용할 수 있다. $I = 4$인 경우의 스펙트럼을 그림 9.30(a)에 나타내었으며, 해당하는 필터 사양을 그림 9.30(b)에 나타내었다.

이러한 필터 사양은 저지대역이 더 이상 하나의 인접한 간격이 아니라는 점에서 식 (9.52)에서 주어진 것과 명백히 다르다. 만약 $\omega_s < \pi/2$이면, 이러한 다중 대역 설계를 사용할 경우 낮은 차수의 필터를 만들 수 있기 때문에 실용적인 측면에서 이점이 있다[9]. $\pi \geq \omega_s > \pi/2$인 경우 단일 대역 저역통과 필터 사양 (9.52)는 더 쉬워지는 동시에 잘 동작한다.

FIR 정수 데시메이터의 경우에도 비슷한 이점을 얻을 수 있다. 식 (9.57)에 주어지는 단일 저지대역 설계 역시 다수의 저지대역 저역통과 필터로 대체할 수 있음을 알 수 있다. 식 (9.57)의 신호 사양을 참조하면 $[\pi/D,\ 3\pi/D]$, $[3\pi/D,\ 5\pi D]$ 등의 대역 중 오직 일부만이 $[-\omega_s,\ +\omega_s]$ 대역과 에일리어싱됨을 알 수 있다. 그러므로 다중 저지대역은 $k \neq 0$인 $2\pi k/D$를 중심으로 $[(2\pi/D) - \omega_s,\ (2\pi/D) + \omega_s]$, $[(4\pi/D) - \omega_s,\ (4\pi/D) + \omega_s]$ 등으로 주어진다. $\omega_s < \pi/2M$일 때, 다시 한 번 실용적인 이점을 갖게 된다.

9.6 샘플링률 변환을 위한 FIR 필터 구조

이전의 논의에서 나타난 것처럼 I/D배 샘플링률 변환은 우선 입력 신호 $x(n)$의 값들 사이에 $(I - 1)$개의 영점을 삽입하여 샘플링률을 I배 증가시킨 후 $X(\omega)$에서 원하지 않는 상(image)을 제거하기 위한 선형 필터링을 거친 후, 마지막으로 필터링된 신호를 D배 다운샘플링함으로써 이루어진다. 이 절에서는 그러한 선형 필터의 설계와 구현을 고려한다. 먼저 가장 간단한 직접형 FIR 필터 구조에서 시작하여 계산에 효율적인 구현으로 발전시킬 것이다. 그 후에 MATLAB 함수 `resample`, `upfirdn`의 구현에 사용되며 다상(polyphase) 구조라 불리는 계산에 효율적인 또 다른 구현을 고려할 것이다. 마지막에는 샘플링률 변환의 일반적인 경우를 위한 시변 필터의 구조를 논의함으로써 이 절을 끝맺도록 하겠다.

9.6.1 직접형 FIR 필터 구조

원칙적으로, 필터의 가장 간단한 구현은 $h(k)$가 FIR 필터의 단위 샘플 응답일 때 다음과 같은 시스템 함수를 갖는 직접형 FIR 구조이다.

$$H(z) = \sum_{k=0}^{M-1} h(k)z^{-k} \tag{9.62}$$

이전 절에서 논의했듯이, 필터를 설계한 후에는 그림 9.31과 같은 FIR 필터를 직접 구현하게 해주는 필터 매개변수 $h(k)$를 얻게 될 것이다.

그림 9.31에 묘사된 직접형 FIR 필터 구현이 간단하긴 하지만 매우 비효율적이라는 단점이 있다. 이러한 비효율성은 입력 신호의 점들 사이에 $(I-1)$개의 영점을 삽입하는 업샘플링 과정에 기인한다. 만일 I가 크다면 FIR 필터 신호 구성 성분의 대부분은 0이다. 결과적으로 대부분의 곱셈과 덧셈의 결과는 0이 된다. 게다가 필터의 출력부에서의 다운샘플링 과정은 매 D개의 출력 샘플 중 오직 하나만이 필터의 출력에 요구됨을 의미한다. 결과적으로 필터의 출력에서 매 D개의 가능한 값 중 오직 하나만 계산되어야 한다.

더 효율적인 필터 구조를 개발하기 위해 샘플링률을 정수배 D만큼 감소시키는 데시메이터에서 시작하자. 이전의 논의로부터, 데시메이터는 그림 9.32(a)에 묘사되어 있는 것과 같이

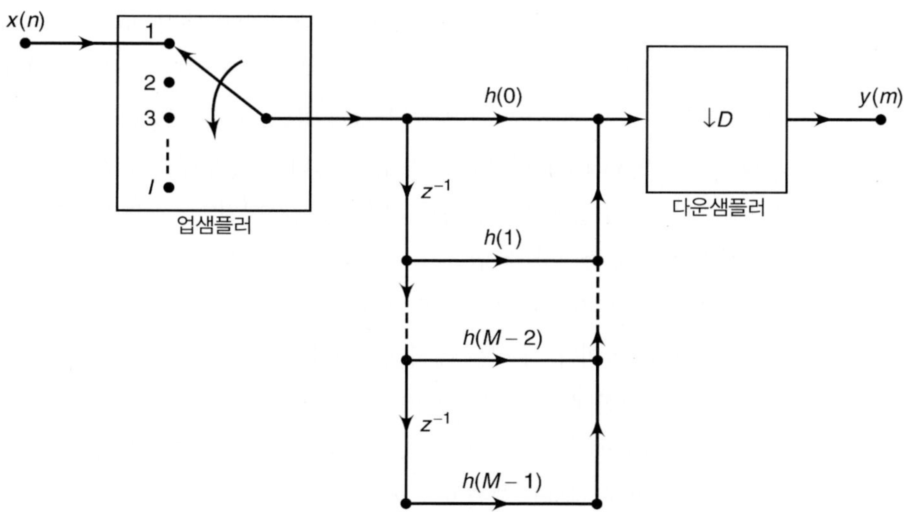

그림 9.31 I/D배 샘플링률 변환을 위한 FIR 필터의 직접형 구현

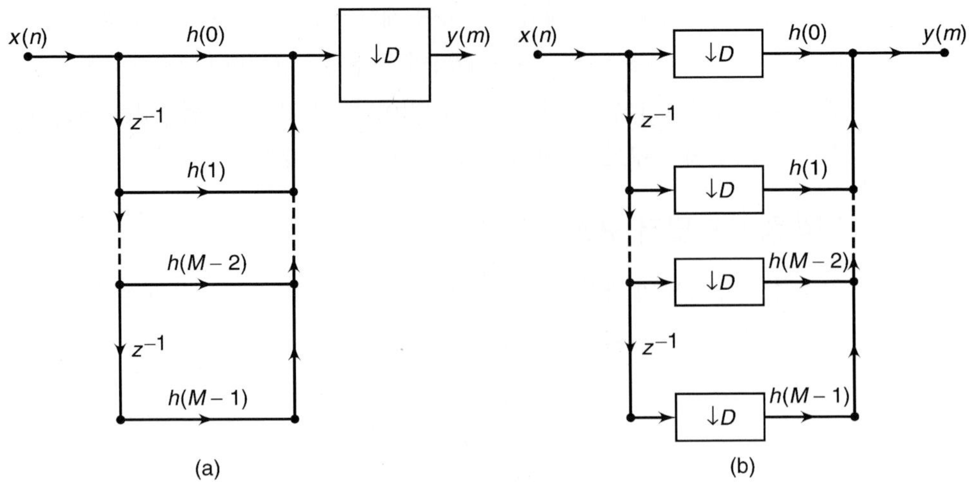

그림 9.32 *D*배 데시메이션: (a) 표준 구현, (b) 효율적 구현

입력 신호 $x(n)$을 FIR 필터에 통과시킨 후 필터 출력을 D배 다운샘플링함으로써 얻어진다. 이러한 설정하에서 필터는 실제 매 D개의 출력 샘플 중에서 오직 하나만이 필요함에도 불구하고 높은 샘플링률 F_x로 동작하고 있다. 이러한 비효율적인 문제에 대한 논리적인 해결책은 그림 9.32(b)에 주어지는 필터 구현과 같이 필터 내에 다운샘플링 과정을 포함시키는 것이다. 이러한 필터 구조에서는 모든 곱셈과 덧셈이 낮은 샘플링률 F_x/D로 수행된다. 그러므로 우리는 원하는 효율성을 달성할 수 있다. 추가적인 계산량 감소는 $\{h(k)\}$의 대칭 특성을 이용함으로써 이루어질 수 있다. 그림 9.33은 FIR 필터가 선형 위상을 가져서 $\{h(k)\}$가 대칭인 경우에 데시메이터의 효율적인 구현에 대해 설명하고 있다.

다음으로 먼저 $x(n)$의 샘플들 사이에 $(I - 1)$개의 영점을 삽입하고 그 결과 신호를 필터링하여 구현되는 보간기의 효율적인 구현을 고려해보자. 그 직접형 구현이 그림 9.34에 설명되어 있다. 이 구조의 주요 문제는 필터 계산이 높은 샘플링률 IF_x로 동작한다는 점이다. 원하는 단순화 방법은 먼저 그림 9.35(a)에 설명된 것처럼 FIR 필터의 전치 형태(transposed form)를 사용한 후, 그림 9.35(b)와 같이 필터 내에 업샘플러를 포함하는 것이다. 그러므로 업샘플링 과정은 그림 9.35(b)에 나타낸 것과 같이 필터의 가지 구조 각각에 $(I - 1)$개의 영점을 삽입하지만, 모든 필터 곱셈은 낮은 샘플링률 F_x로 수행된다. 그림 9.35의 두 필터 구조가 동일하다는 사실은 쉽게 증명할 수 있다.

그림 9.35(b)의 보간기 구조는 그림 9.32의 데시메이터 구조를 전치함으로써 얻을 수 있다는 것은 흥미로운 일이다. 우리는 데시메이터의 전치 형태가 보간기이고 그 역도 성립함을 관찰할 수 있다. 이러한 관계는 그림 9.36에 설명되어 있다. (b)는 (a)를 전치하여 얻어지고 (d)는 (c)를 전치하여 얻어진다. 결과적으로 데시메이터는 보간기의 쌍대(dual)이며 그 역도 성립한다. 이러한 관계로부터, 그림 9.33에 보인 $h(n)$의 대칭을 이용한 데시메이터의 쌍대인 보간기도 존재한다.

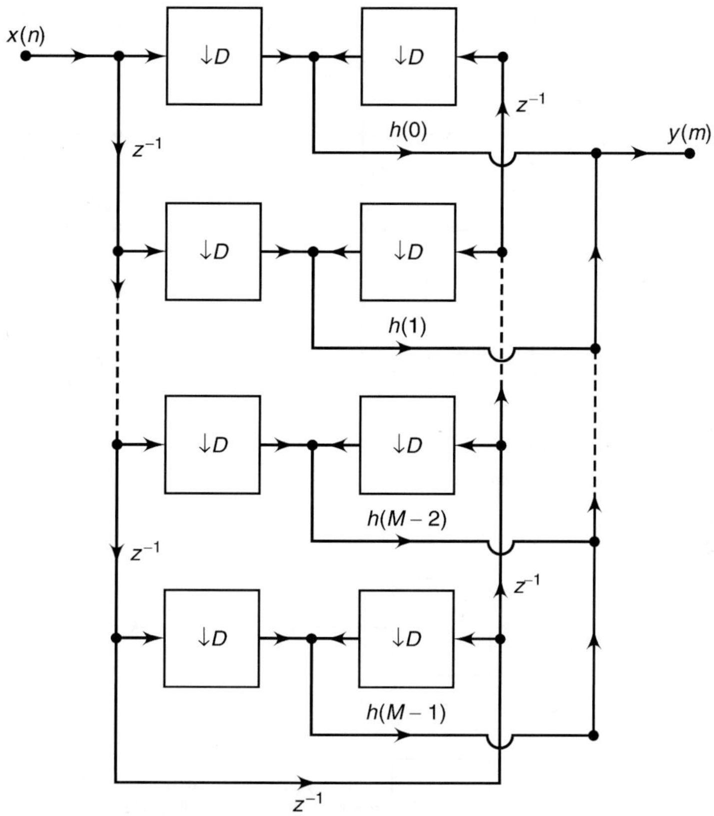

그림 9.33 FIR 필터의 대칭을 이용한 데시메이터의 효율적 구현

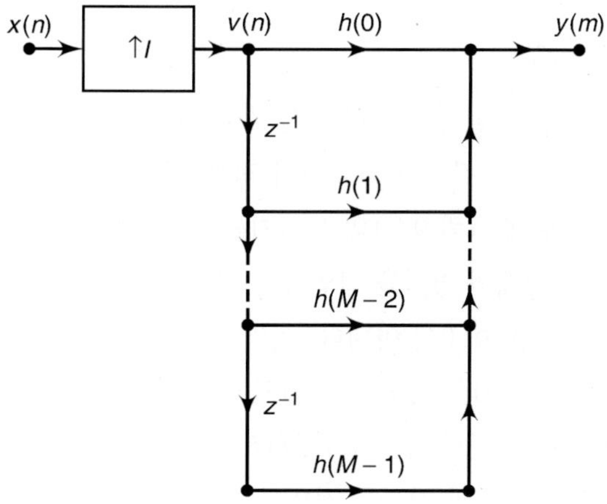

그림 9.34 *I*배 보간을 위한 FIR 필터의 직접형 구현

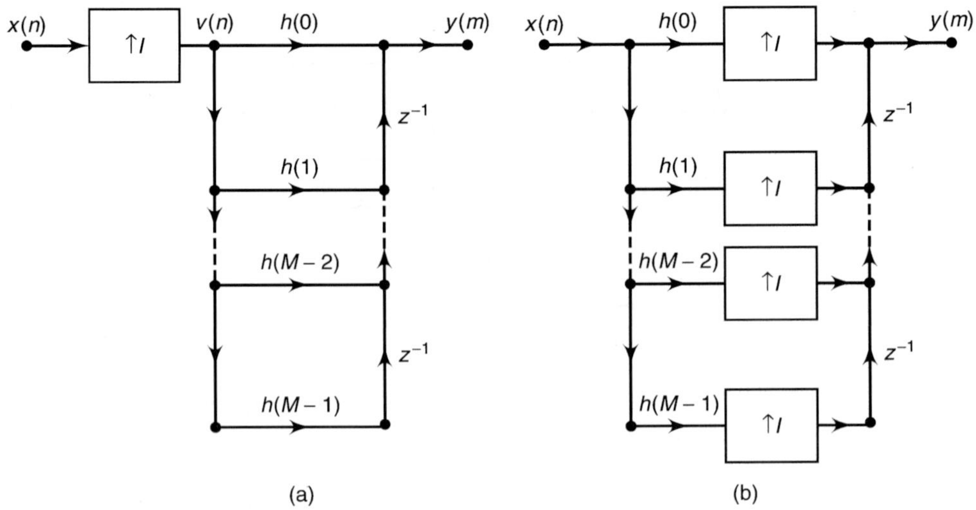

그림 9.35 보간기의 효율적인 구현

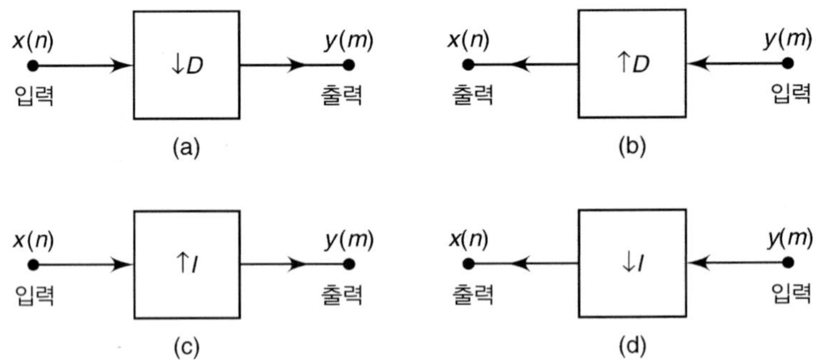

그림 9.36 전치를 통해 얻어지는 쌍대 관계

9.6.2 다상 필터 구조

그림 9.35에 보이는 필터 구조의 계산 효율성은 M이 I의 배수가 되도록 선택되었을 때, 길이 M의 큰 FIR 필터를 길이 $K = M/I$인 작은 필터들의 집합으로 줄임으로써 개선될 수 있다. 이를 논증하기 위해 그림 9.34의 보간기를 고려해보자. 업샘플링 과정이 $x(n)$의 연속적인 값들 사이에 $(I - 1)$개의 영점을 삽입하는 것이기 때문에 한 시점에 FIR 필터에 저장되는 M개의 입력 값 중 K개만이 0이 아니다. 이러한 0이 아닌 값들은 한 순간에 동시에 생성되어 필터 계수 $h(0)$, $h(I)$, $h(2I)$, … , $h(M - I)$와 곱해진다. 다음 순간에는 입력 신호의 0이 아닌 값들이 동시에 발생해서 필터 계수 $h(1)$, $h(I + 1)$, $h(2I + 1)$ 등과 곱해진다. 이러한 관찰은 다상 필터라는 작은 필터들의 집합을 정의할 수 있게 한다. 이 필터는 $K = M/I$가 정수일 때 다음과 같은 단위 샘플 응답들을 갖는다.

$$p_k(n) = h(k + nI); \quad k = 0, 1, \ldots, I - 1, \quad n = 0, 1, \ldots, K - 1 \tag{9.63}$$

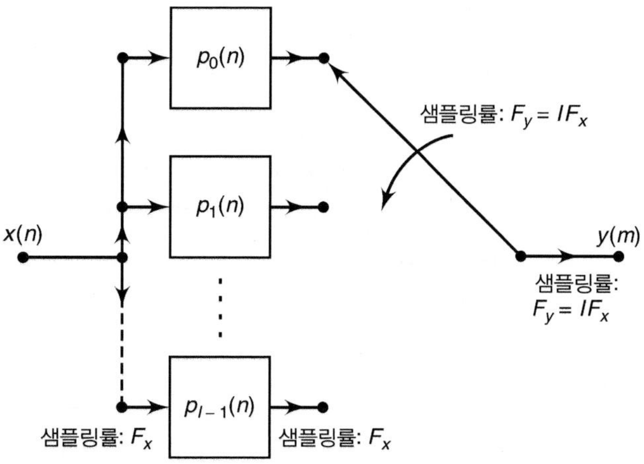

그림 9.37 다상 필터를 사용한 보간

이 논의로부터 I개의 다상 필터들의 집합은 병렬 구현으로 정렬될 수 있고, 각 필터의 출력은 그림 9.37에 보여주는 것과 같이 교환자(commutator)에 의해 선택될 수 있음을 알 수 있다. 교환자의 회전은 $m = 0$인 점에서 시작해서 반시계 방향이다. 그러므로 다상 필터는 낮은 샘플링률 F_x에서 계산을 수행하게 된다. 그리고 각 입력 샘플에 대해 각 필터마다 하나씩, 모두 I개의 출력 샘플이 생성되어 샘플링률이 변환된다.

$\{h(k)\}$를 임펄스 응답 $p_k(n)$, $k = 0, 1, \ldots, I-1$을 갖는 I개의 부필터(subfilter)의 집합으로 분해하는 것은 입력 신호를 다음과 같은 임펄스 응답을 갖는 주기적인 시변 선형 필터로 필터링한다는 이전의 관찰과 일치한다.

$$g(n, m) = h(nI + (mD)_I) \tag{9.64}$$

여기서 보간기의 경우 $D = 1$이다. 우리는 이전에 $g(n, m)$이 주기 I로 주기적으로 변한다는 점을 주목했다. 결과적으로, I개의 출력 샘플 $y(m)$, $m = 0, 1, \ldots, I-1$의 집합을 생성하기 위해 계수들의 다른 집합이 사용된다.

$p_k(n)$이 $h(n)$을 I배 데시메이션함으로써 얻어진다는 사실로부터 다상 부필터 집합의 특성에 대한 추가적인 통찰을 얻을 수 있다. 결과적으로, 만일 원래의 필터 주파수 응답 $H(\omega)$가 $0 \leq |\omega| \leq \pi/I$ 범위를 지나서 평탄하다면, 각 다상 부필터는 $0 \leq |\omega| \leq \pi$ 범위 이상에서 상대적으로 평탄한 응답을 갖는다(즉, 다상 부필터는 기본적으로 전대역통과 필터이고 본래 그들의 위상 특성과 다르다). 이는 이러한 필터들을 설명할 때 '다상'이란 용어를 사용하는 이유를 설명한다.

다상 필터는 또한 공통의 지연선(delay line)에 연결된 I개의 부필터 집합으로 볼 수 있다. 이상적으로 k번째 부필터는 $k = 0, 1, 2, \ldots, I-1$일 때 0번째 부필터와 비교해서 $(k/I)T_x$의 앞섬 시간 이동(forward time shift)이 생기게 할 것이다. 그러므로 만일 0번째 부필터가 지연을 발생시키지 않는다면, k번째 부필터의 주파수 응답은 다음과 같다.

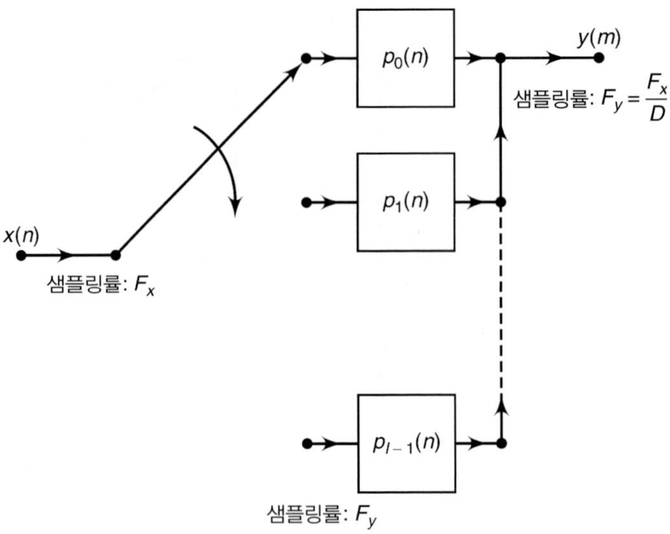

그림 9.38 다상 필터를 사용한 데시메이션

$$p_k(\omega) = e^{j\omega k/I}$$

입력 샘플링 간격의 정수배 시간 이동(예: kT_x)은 지연선에 있는 입력 데이터를 I개의 샘플만큼 이동시키고 같은 부필터를 사용함으로써 만들 수 있다. 이러한 두 방법을 결합해서, 이전 출력에 비해 $(k + i/I)T_x$만큼 앞으로 이동된 출력을 생성할 수 있다.

그림 9.37의 보간기 구조를 전치함으로써, 그림 9.38과 같은 다상 필터의 평행 뱅크(bank)에 기반을 둔 데시메이터를 위한 교환자 구조를 얻는다. 이제 다상 필터의 단위 샘플 응답들은 M이 D의 배수로 선택되어 $K = M/D$인 정수일 때, 다음과 같이 정의된다.

$$p_k(n) = h(k + nD); \quad k = 0, 1, \ldots, D-1, \quad n = 0, 1, \ldots, K-1 \tag{9.65}$$

교환자는 $m = 0$일 때 필터 $p_0(n)$에서 시작해서 반시계 방향으로 회전한다.

방금 설명한 보간기와 데시메이터의 두 교환자 구조는 반시계 방향으로 회전하지만, 시계 방향으로 회전하는 동등한 교환자 구조 짝을 유도하는 일 또한 가능하다. 기존의 방식과는 다른 이 방식에서 다상 필터의 집합들은 보간기와 데시메이터 각각에 대해 다음과 같은 임펄스 응답을 갖도록 정의된다.

$$p_k(n) = h(nI - k), \quad k = 0, 1, \ldots, I-1 \tag{9.66}$$

$$p_k(n) = h(nD - k), \quad k = 0, 1, \ldots, D-1 \tag{9.67}$$

예제 9.17 예제 9.11에서 설계한 데시메이션 필터에서 FIR 필터 계수 $\{h(n)\}$으로 다상 필터 계수 $\{p_k(n)\}$을 표현하라.

풀이 $h(n)$으로부터 얻어지는 다상 필터는 다음과 같은 임펄스 응답들을 갖는다.

$$p_k(n) = h(2n + k) \quad k = 0, 1; \quad n = 0, 1, \ldots, 14$$

$p_0(n) = h(2n)$, $p_1(n) = h(2n + 1)$임에 유의하라. 그러므로 하나의 필터는 $h(n)$의 짝수 번째 플으로 구성되어 있고, 다른 필터는 $h(n)$의 홀수 번째 샘플으로 이루어져 있다.

예제 9.18 예제 9.8에서 설계한 보간 필터에서 필터 계수 $\{h(n)\}$으로 다상 필터 계수 $\{p_k(n)\}$을 표현하라.

풀이 $h(n)$으로부터 얻어지는 다상 필터는 다음과 같은 임펄스 응답들을 갖는다.

$$p_k(n) = h(5n + k) \quad k = 0, 1, 2, 3, 4$$

결과적으로 각 필터의 길이는 6이 된다.

9.6.3 시변 필터 구조

데시메이터와 보간기를 위한 필터 구현을 염두에 두고, 이제 I/D배 샘플링률 변환의 일반적인 문제를 고려해보자. I/D배 샘플링률 변환의 일반적인 경우, 필터링은 다음과 같은 응답 함수로 묘사되는 선형 시변 필터에 의해 이루어질 수 있다.

$$g(n, m) = h[nI - ((mD))_I] \tag{9.68}$$

여기서 $h(n)$은 식 (9.36)으로 명시되는 이상적인 주파수 응답을 갖는 저역통과 FIR 필터의 임펄스 응답이다. 편의를 위해 FIR 필터 $\{h(n)\}$의 길이를 I의 배수로 선택한다(즉, $M = KI$). 결과적으로 각 $m = 0, 1, 2, \ldots, I - 1$에 대한 계수들의 집합 $\{g(n, m)\}$은 K개의 구성요소를 갖는다. 식 (9.44)에 증명된 것처럼 $g(n, m)$ 또한 주기가 I이기 때문에 출력 $y(m)$은 다음과 같이 표현될 수 있다.

$$y(m) = \sum_{n=0}^{K-1} g\left(n, m - \left\lfloor \frac{m}{I} \right\rfloor I\right) x\left(\left\lfloor \frac{mD}{I} \right\rfloor - n\right) \tag{9.69}$$

우리는 K개의 필터 계수 $g(n, m - \lfloor m/I \rfloor I)$, $n = 0, 1, \ldots, K - 1$들의 집합을 사용하여 길이 K의 데이터 블록을 처리하는 것으로 식 (9.69)에 명시된 계산을 수행하는 것을 생각해볼 수 있다. 하나의 집합은 $y(m)$의 I개 출력 점의 각 블록을 위한 것이며, 그러한 계수들의 집합이 I개 존재한다. I개 출력 점의 각 블록을 위해 계산에 들어가는 $x(n)$의 D개 입력 점에 대응하는 블록이 존재한다.

식 (9.69)를 계산하기 위한 블록 처리 알고리즘은 그림 9.39와 같이 시각화될 수 있다. D개의 입력 샘플 블록이 버퍼링된 후, 한 번에 한 샘플씩 길이 K인 두 번째 버퍼로 이동된다.

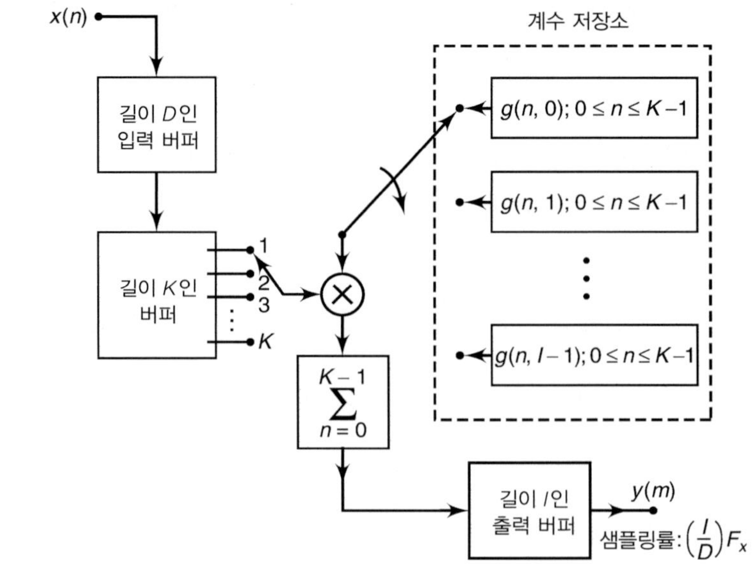

그림 9.39 블록 처리에 의한 샘플링률 변환의 효율적인 구현

$\lfloor mD/I \rfloor$ 값이 1 증가할 때마다 입력 버퍼에서 두 번째 버퍼로 하나의 샘플씩 이동하게 된다. 각 출력 샘플 $y(l)$을 위해, 두 번째 버퍼의 샘플들은 해당하는 필터 계수의 집합 $n = 0, 1, \dots, K-1$인 $g(n, l)$과 곱해지고, K개의 곱은 $l = 0, 1, \dots, I-1$인 $y(l)$을 만들기 위해 누적된다. 그러므로 이 계산은 I개의 출력을 만들어낸다. 그 후에 새로운 D개의 입력 샘플 집합을 위해 계산이 계속 반복된다.

식 (9.69)에 명시된 샘플링률 변환기의 출력을 계산하는 다른 방법은 주기적으로 변하는 필터 계수를 가진 FIR 필터 구조를 이용하는 것이다. 그러한 구조가 그림 9.40에 설명되어 있다. 입력 샘플 $x(n)$이 샘플링률 F_x로 동작하는 길이 $K = M/I$인 이동 레지스터를 통과한다.

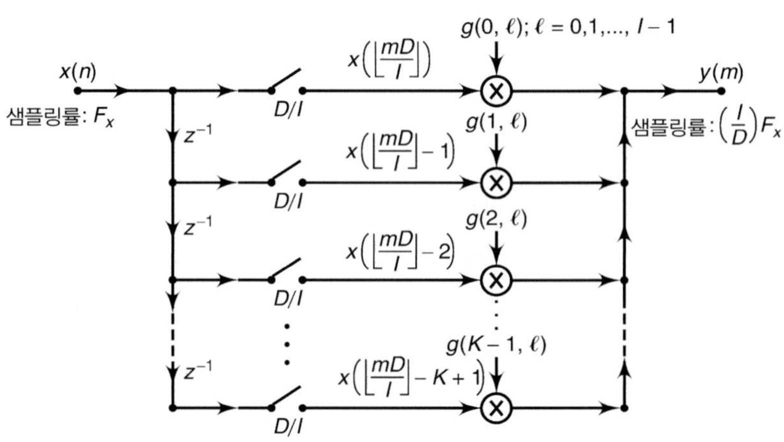

그림 9.40 I/D배 샘플링률 변환의 효율적인 구현

이때 M은 식 (9.36)으로 주어지는 주파수 응답으로 명시되는 시변 FIR 필터의 길이이다. 이 레지스터의 각 단계는 입력 샘플링률 F_x를 출력 샘플링률 $F_y = (I/D)F_x$로 변환하는 샘플 유지(hold-and-sample) 기기와 연결된다. 각 샘플 유지 기기의 입력에 있는 샘플은 다음 입력 샘플이 도착할 때까지 유지된 후 폐기된다. 샘플 유지 기기의 출력 샘플들은 mD/I, $m = 0$, 1, 2, ... 시간마다 취해진다. 입력과 출력 샘플링 시간이 모두 동시에 일어날 때는(즉, mD/I가 정수일 때), 샘플 유지 기기로의 입력이 먼저 변경되고, 그 후 출력부가 새로운 입력을 샘플링한다. K개의 샘플 유지 기기로부터의 K개 출력과 주기적으로 시간이 변하는 계수 $g(n,\ m - \lfloor m/I \rfloor I)$, $n = 0, 1, \ldots, K - 1$이 곱해지며, $y(m)$을 산출해내기 위해 곱셈 결과들이 더해진다. 샘플 유지 기기 출력에서의 계산이 출력 샘플링률 $F_y = (I/D)F_x$로 반복된다.

결국 유리수 I/D배 샘플링률 변환은 I개의 부필터를 갖는 다상 필터를 사용해서도 수행할 수 있다. m번째 샘플 $y(m)$이 지연선에서 입력 데이터 $x(n)$, $x(n-1)$, ... , $x(n-K+1)$을 가진 i_m번째 부필터의 출력을 취해서 계산된다고 가정하면, 다음 샘플 $y(m+1)$은 지연선에서 l_{m+1}개의 새로운 샘플만큼 이동한 후에 (i_{m+1})번째 부필터로부터 얻어진다. 이때 $i_{m+1} = (i_m + D)_{\text{mod } I}$이고 l_{m+1}은 $(i_m + D)/I$의 정수 부분이다. 정수 i_{m+1}은 다음 샘플이 취해질 부필터를 결정하는 데 사용되기 위해 저장되어 있어야 한다.

예제 9.19 예제 9.15에서 설계한 샘플링률 변환기를 위해, 그림 9.19로 주어지는 구조에 기반을 둔 변환기의 구현에 사용되는 시변 계수 $\{g(n,\ m)\}$의 집합을 열거하라. 또한 다상 필터에 기반을 둔 해당 구현을 명시하라.

풀이 필터 계수는 식 (9.43)에 의해 주어진다.

$$g(n,m) = h(nI + (mD)_I) = h\left(nI + mD - \left\lfloor \frac{D}{I} m \right\rfloor I\right)$$

$I = 5$, $D = 2$를 대입하면, 다음을 얻는다.

$$g(n,m) = h\left(5n + 2m - 5\left\lfloor \frac{2m}{5} \right\rfloor\right)$$

$n = 0, 1, \ldots, 5$, $m = 0, 1, \ldots, 4$인 경우 $g(n,\ m)$을 계산하면, 다음과 같은 시변 필터의 계수를 얻는다.

$$\begin{aligned}
g(0,m) &= \{h(0)\ \ h(2)\ \ h(4)\ \ h(1)\ \ h(3)\} \\
g(1,m) &= \{h(5)\ \ h(7)\ \ h(9)\ \ h(6)\ \ h(8)\} \\
g(2,m) &= \{h(10)\ h(12)\ h(14)\ h(11)\ h(13)\} \\
g(3,m) &= \{h(15)\ h(17)\ h(19)\ h(16)\ h(18)\} \\
g(4,m) &= \{h(20)\ h(22)\ h(24)\ h(21)\ h(23)\} \\
g(5,m) &= \{h(25)\ h(27)\ h(29)\ h(26)\ h(28)\}
\end{aligned}$$

다상 필터 구현은 각 길이가 6인 5개의 부필터를 사용한다. 다상 필터의 출력을 $D = 2$배 데시메이션하는 것은 단순히 각 다상 필터의 출력을 두 번에 한 번씩 취한다는 뜻이다. 그러므로 첫 번째 출력 $y(0)$는 $p_0(n)$, 두 번째 출력 $y(1)$은 $p_2(n)$, 세 번째 출력은 $p_4(n)$으로부터 취해지고, 네 번째 출력은 $p_1(n)$, 다섯 번째 출력은 $p_3(n)$으로부터 취해진다.

9.7 연습문제

P9.1 식 (9.26)에 주어진 입력 $x(n)$과 출력 $v(m)$의 업샘플러를 고려해보자. 이 업샘플러가 선형 시변 시스템임을 보여라.

P9.2 $x(n) = 0.9^n u(n)$이라 하자. 출력 신호 $y(m)$을 얻기 위해 이 신호가 샘플링률을 2배 감소시키는 다운샘플러에 적용된다.

1. 스펙트럼 $X(\omega)$를 결정하고 그 그래프를 그려라.
2. 스펙트럼 $Y(\omega)$를 결정하고 그 그래프를 그려라.
3. 2번의 스펙트럼이 단지 $x(2n)$의 DTFT 형태임을 보여라.

P9.3 다음과 같은 스펙트럼을 가진 신호를 고려해보자.

$$X(\omega) = \begin{cases} 0\text{이 아님}, & |\omega| \le \omega_0 \\ 0, & \omega_0 < |\omega| \le \pi \end{cases}$$

1. 신호 $x(n)$은 만약 샘플링 주파수가 $\omega_s \triangleq 2\pi/D \ge 2\omega_0$이면 자신의 샘플 $x(mD)$로부터 복원될 수 있음을 보여라.
2. $x(n)$과 $D = 4$일 때 $x(mD)$의 스펙트럼을 그려라.
3. $x(n)$이 대역 제한 보간으로부터 복원될 수 있음을 보여라.

$$x(n) = \sum_{k=-\infty}^{\infty} x(kD)\ \mathrm{sinc}[f_c(n-kD)]; \quad \omega_0 < 2\pi f_c < \omega_s - \omega_0,\ f_c = \frac{1}{D}$$

P9.4 `downsample` 함수를 사용하여 다음 신호들을 4배 다운샘플링하는 동작을 검토해보자. 원래 신호와 다운샘플링된 신호를 그리기 위해 `stem` 함수를 사용하라. 기본 오프셋 값으로 0과 2를 사용하여 실험하라. 각자의 차이에 대해 논하라.

1. $x_1(n) = \cos(0.15\pi n)$, $0 \le n \le 100$
2. $x_2(n) = \sin(0.1\pi n) + \sin(0.4\pi n)$, $0 \le n \le 100$
3. $x_3(n) = 1 - \cos(0.25\pi n)$, $0 \le n \le 100$
4. $x_4(n) = 0.1n$, $0 \le n \le 100$
5. $x_5(n) = \{0, 1, 2, 3, 4, 5, 4, 3, 2, 1\}_{\text{PERIODIC}}$, $0 \le n \le 100$

P9.5 5배 다운샘플러를 사용하여 연습문제 P9.4를 다시 풀어라.

P9.6 `fir2` 함수를 사용하여 주파수 영역 샘플 값이 $\omega = 0$에서 0.5, $\omega = 0.1\pi$에서 1, $\omega = 0.2$에서 1,

$\omega = 0.22\pi$에서 0, $\omega = \pi$에서 0인 길이 101의 신호 $x(n)$을 생성하라.

1. $x(n)$의 DTFT를 계산하고 그래프를 그려라.
2. $x(n)$을 2배 다운샘플링하고 결과 신호의 DTFT 그래프를 그려라.
3. $x(n)$을 4배 다운샘플링하고 결과 신호의 DTFT 그래프를 그려라.
4. $x(n)$을 5배 다운샘플링하고 결과 신호의 DTFT 그래프를 그려라.
5. 결과에 대해 논하라.

P9.7 `decimate` 함수를 사용하여 다음 신호들을 4배 데시메이션하는 동작을 검토해보자. 원래 신호와 데시메이션된 신호를 그리기 위해 `stem` 함수를 사용하라. 기본 IIR, FIR 데시메이션 필터 모두를 사용하여 실험하라. 각자의 차이에 대해 논하라.

1. $x_1(n) = \sin(0.15\pi n),\ 0 \le n \le 100$
2. $x_2(n) = \cos(0.1\pi n) + \cos(0.4\pi n),\ 0 \le n \le 100$
3. $x_3(n) = 1 - \cos(0.25\pi n),\ 0 \le n \le 100$
4. $x_4(n) = 0.1n,\ 0 \le n \le 100$
5. $x_5(n) = \{0, 1, 2, 3, 4, 5, 4, 3, 2, 1\}_{\text{PERIODIC}},\ 0 \le n \le 100$

P9.8 4차 IIR 필터와 15차 FIR 데시메이션 필터를 사용하여 연습문제 P9.7을 다시 반복하라. 각자의 성능 차이에 대해 논하라.

P9.9 5배 데시메이션을 사용하여 연습문제 P9.7을 반복하라. 각자의 차이에 대해 논하라.

P9.10 4차 IIR 필터와 15차 FIR 데시메이션 필터를 사용하여 연습문제 P9.9를 다시 반복하라. 각자의 성능 차이에 대해 논하라.

P9.11 `fir2` 함수를 사용하여 주파수 영역 샘플 값이 $\omega = 0$에서 0, $\omega = 0.1\pi$에서 0.5, $\omega = 0.2$에서 1, $\omega = 0.7\pi$에서 1, $\omega = 0.75\pi$에서 0.5, $\omega = 0.8\pi$에서 0, $\omega = \pi$에서 0인 길이 91의 신호 $x(n)$을 생성하라.

1. $x(n)$의 DTFT 크기를 계산하고 그래프를 그려라.
2. $x(n)$을 2배 업샘플링하고 결과 신호의 DTFT 크기 그래프를 그려라.
3. $x(n)$을 3배 업샘플링하고 결과 신호의 DTFT 크기 그래프를 그려라.
4. $x(n)$을 4배 업샘플링하고 결과 신호의 DTFT 크기 그래프를 그려라.
5. 결과에 대해 논하라.

P9.12 `upsample` 함수를 사용하여 다음 신호들을 4배 업샘플링하는 동작을 검토해보자. 원래 신호와 업샘플링된 신호를 그리기 위해 `stem` 함수를 사용하라. 기본 오프셋 값으로 0과 2를 사용하여 실험하라.

1. $x_1(n) = \sin(0.6\pi n),\ 0 \le n \le 100$
2. $x_2(n) = \sin(0.8\pi n) + \cos(0.5\pi n),\ 0 \le n \le 100$
3. $x_3(n) = 1 + \cos(\pi n),\ 0 \le n \le 100$
4. $x_4(n) = 0.2n,\ 0 \le n \le 100$

5. $x_5(n) = \{1, 1, 1, 1, 0, 0, 0, 0, 0, 0\}_{\text{PERIODIC}}$, $0 \le n \le 100$

P9.13 `fir2` 함수를 사용하여 주파수 영역 샘플 값이 $\omega = 0$에서 0.5, $\omega = 0.1\pi$에서 1, $\omega = 0.2$에서 1, $\omega = 0.22\pi$에서 0, $\omega = \pi$에서 0인 길이 101의 신호 $x(n)$을 생성하라.

1. $x(n)$의 DTFT를 계산하고 그래프를 그려라.
2. $x(n)$을 2배 데시메이션하고 결과 신호의 DTFT 그래프를 그려라.
3. $x(n)$을 4배 데시메이션하고 결과 신호의 DTFT 그래프를 그려라.
4. $x(n)$을 5배 데시메이션하고 결과 신호의 DTFT 그래프를 그려라.
5. 결과에 대해 논하라.

P9.14 `interp` 함수를 사용하여 연습문제 P9.12의 신호들을 4배 보간하는 동작을 검토해보자. 원래 신호와 보간된 신호를 그리기 위해 `stem` 함수를 사용하라. 필터 길이 매개변수 값으로 3과 5를 사용하여 실험하라. 보간 성능에 있어서 각자의 차이에 대해 논하라.

P9.15 연습문제 P9.14의 보간기에 사용된 저역통과 필터들의 주파수 응답을 그려라.

P9.16 3배 보간인 경우에 대해 연습문제 P9.14를 반복하라.

P9.17 연습문제 P9.16의 보간기에 사용된 저역통과 필터들의 주파수 응답을 그려라.

P9.18 5배 보간인 경우에 대해 연습문제 P9.14를 반복하라.

P9.19 연습문제 P9.18의 보간기에 사용된 저역통과 필터들의 주파수 응답을 그려라.

P9.20 `fir2` 함수를 사용하여 주파수 영역 샘플 값이 $\omega = 0$에서 0, $\omega = 0.1\pi$에서 0.5, $\omega = 0.2$에서 1, $\omega = 0.7\pi$에서 1, $\omega = 0.75\pi$에서 0.5, $\omega = 0.8\pi$에서 0, $\omega = \pi$에서 0인 길이 91의 신호 $x(n)$을 생성하라.

1. $x(n)$의 DTFT를 계산하고 그래프를 그려라.
2. $x(n)$을 2배 보간하고 결과 신호의 DTFT 그래프를 그려라.
3. $x(n)$을 3배 보간하고 결과 신호의 DTFT 그래프를 그려라.
4. $x(n)$을 4배 보간하고 결과 신호의 DTFT 그래프를 그려라.
5. 결과에 대해 논하라.

P9.21 다음과 같이 주어지는 두 신호 $x_1(n)$, $x_2(n)$을 고려해보자.

$$x_1(n) = \max(10 - |n|, 0) \qquad \text{그리고} \qquad x_2(n) = \min(|n|, 10)$$

기본 `resample` 함수를 사용하라.

1. $y_1(m)$을 얻기 위해 신호 $x_1(n)$을 원래 샘플링률의 3/2배로 리샘플링하고, 두 신호의 `stem` 그래프를 그려라.
2. $y_2(m)$을 얻기 위해 신호 $x_2(n)$을 원래 샘플링률의 3/2배로 리샘플링하고, 두 신호의 `stem` 그래프를 그려라.
3. $y_1(n)$과는 달리 $y_2(n)$의 리샘플링 그래프가 경계 부근에서 부정확한 이유를 설명하라.

4. 리샘플링 동작에 사용되는 필터의 주파수 응답을 그려라.

P9.22 $x(n) = \cos(0.1\pi n) + 0.5\sin(0.2\pi n) + 0.25\cos(0.4\pi n)$이라 하자. 기본 `resample` 함수를 사용하라.

1. $y_1(m)$을 얻기 위해 신호 $x(n)$을 원래 샘플링률의 4/5배로 리샘플링하고, 두 신호의 `stem` 그래프를 그려라.
2. $y_2(m)$을 얻기 위해 신호 $x(n)$을 원래 샘플링률의 5/4배로 리샘플링하고, 두 신호의 `stem` 그래프를 그려라.
3. $y_3(m)$을 얻기 위해 신호 $x(n)$을 원래 샘플링률의 2/3배로 리샘플링하고, 두 신호의 `stem` 그래프를 그려라.
4. 3개의 출력 신호 중 어느 것이 원래 신호 $x(n)$의 형태를 계속 유지하는지 설명하라.

P9.23 $x(n) = \{0, 0, 0, 1, 1, 1, 1, 0, 0, 0\}_{\text{PERIODIC}}$이 주기가 10인 주기 신호라 하자. 신호 $x(n)$을 원래 샘플링률의 3/5배로 리샘플링하기 위해 `resample` 함수를 사용하라. 입력 신호의 길이는 80임을 고려하라.

1. $y_1(m)$을 얻기 위한 필터 길이 매개변수 `L`을 0으로 두고, $x(n)$과 $y_1(m)$ 신호의 `stem` 그래프를 그려라.
2. $y_2(m)$을 얻기 위한 필터 길이 매개변수 `L`을 기본 값으로 두고, $x(n)$과 $y_2(m)$ 신호의 `stem` 그래프를 그려라.
3. $y_3(m)$을 얻기 위한 필터 길이 매개변수 `L`을 15로 두고, $x(n)$과 $y_3(m)$ 신호의 `stem` 그래프를 그려라.

P9.24 `fir2` 함수를 사용하여 주파수 영역 샘플 값이 $\omega = 0$에서 0, $\omega = 0.1\pi$에서 0.5, $\omega = 0.2\pi$에서 1, $\omega = 0.5\pi$에서 1, $\omega = 0.55\pi$에서 0.5, $\omega = 0.6\pi$에서 0, $\omega = \pi$에서 0인 길이 101의 신호 $x(n)$을 생성하라.

1. $x(n)$의 DTFT를 계산하고 그래프를 그려라.
2. $x(n)$을 4/3배로 리샘플링하고 결과 신호의 DTFT 그래프를 그려라.
3. $x(n)$을 3/4배로 리샘플링하고 결과 신호의 DTFT 그래프를 그려라.
4. $x(n)$을 4/5배로 리샘플링하고 결과 신호의 DTFT 그래프를 그려라.
5. 결과에 대해 논하라.

P9.25 `intfilt` 함수를 사용하여 입력 샘플링률을 3배 증가시키는 선형 위상 FIR 필터를 설계하려고 한다.

1. 신호의 전체 대역폭이 보간됨을 가정하고, 요구되는 FIR 필터의 임펄스 응답을 결정하라. 진폭 응답과 로그 크기 응답을 dB 단위로 그려라. 적당한 저지대역 감쇠를 얻기 위한 길이 매개변수 `L`에 대해 실험하라.
2. 보간될 신호 대역폭이 $\pi/2$임을 가정하고, 요구되는 FIR 필터의 임펄스 응답을 결정하라. 진폭 응답과 로그 크기 응답을 dB 단위로 그려라. 적당한 저지대역 감쇠를 얻기 위한 길이 매개변수 `L`에 대해 다시 실험하라.

P9.26 `intfilt` 함수를 사용하여 입력 샘플링률을 5배 증가시키는 선형 위상 FIR 필터를 설계하려고 한다.

1. 신호의 전체 대역폭이 보간됨을 가정하고, 요구되는 FIR 필터의 임펄스 응답을 결정하라. 진폭 응답과 로그 크기 응답을 dB 단위로 그려라. 적당한 저지대역 감쇠를 얻기 위한 길이 매개변수 L에 대해 실험하라.
2. 보간될 신호 대역폭이 $4\pi/5$임을 가정하고, 요구되는 FIR 필터의 임펄스 응답을 결정하라. 진폭 응답과 로그 크기 응답을 dB 단위로 그려라. 적당한 저지대역 감쇠를 얻기 위한 길이 매개변수 L에 대해 다시 실험하라.

P9.27 팍스-맥클레란 알고리즘을 사용하여 입력 샘플링률을 $I = 2$배 증가시키는 보간기를 설계하라.

1. 통과대역에서 0.5 dB의 리플을 갖고 저지대역에서는 50 dB 감쇠를 갖는 FIR 필터의 계수를 결정하라. 대역 끝 주파수를 위한 적당한 값들을 선택하라.
2. 임펄스 응답과 로그 크기 응답의 그래프를 그려라.
3. 필터 구현을 위해 대응되는 다상 구조를 결정하라.
4. $x(n) = \cos(0.4\pi n)$이라 하자. $x(n)$의 샘플 100개를 생성하고, $y(m)$을 얻기 위해 $I = 2$배 보간하는 과정을 위에 설계한 필터를 사용하여 처리하라. 두 신호의 `stem` 그래프를 그려라.

P9.28 팍스-맥클레란 알고리즘을 사용하여 입력 샘플링률을 $I = 3$배 증가시키는 보간기를 설계하라.

1. 통과대역에서 0.1 dB의 리플을 갖고 저지대역에서는 40 dB 감쇠를 갖는 FIR 필터의 계수를 구하라. 대역 끝 주파수를 위한 적당한 값들을 선택하라.
2. 임펄스 응답과 로그 크기 응답의 그래프를 그려라.
3. 필터 구현을 위해 대응되는 다상 구조를 구하라.
4. $x(n) = \cos(0.3\pi n)$이라 하자. $x(n)$의 샘플 100개를 생성하고, $y(m)$을 얻기 위해 $I = 3$배 보간하는 것을 위에 설계한 필터를 사용하여 처리하라. 두 신호의 `stem` 그래프를 그려라.

P9.29 신호 $x(n)$을 3배 보간하려고 한다. 신호는 0.4π의 대역폭을 갖고 있지만 보간된 신호에서는 0.3π까지의 주파수 대역을 유지하기 원한다. 팍스-맥클레란 알고리즘을 사용하여 그러한 보간기를 설계하라.

1. 통과대역에서 0.1 dB의 리플을 갖고 저지대역에서는 40 dB 감쇠를 갖는 FIR 필터의 계수를 구하라.
2. 임펄스 응답과 로그 크기 응답의 그래프를 그려라.
3. $x(n) = \cos(0.3\pi n) + 0.5\sin(0.4\pi n)$이라 하자. $x(n)$의 샘플 100개를 생성하고, $y(m)$을 얻기 위해 $I = 3$배 보간하는 과정을 위에 설계한 필터를 사용하여 처리하라. 두 신호의 `stem` 그래프를 그려라.

P9.30 신호 $x(n)$을 4배 보간하려고 한다. 신호는 0.7π의 대역폭을 갖고 있지만 보간된 신호에서는 0.6π까지의 주파수 대역을 유지하기 원한다. 팍스-맥클레란 알고리즘을 사용하여 그러한 보간기를 설계하라.

1. 통과대역에서 0.5 dB의 리플을 갖고 저지대역에서는 50 dB 감쇠를 갖는 FIR 필터의 계수를 구하라.
2. 임펄스 응답과 로그 크기 응답의 그래프를 그려라.

3. $x(n) = \sin(0.5\pi n) + \cos(0.7\pi n)$이라 하자. $x(n)$의 샘플 100개를 생성하고, $y(m)$을 얻기 위해 $I = 4$배 보간하는 과정을 위에 설계한 필터를 사용하여 처리하라. 두 신호의 `stem` 그래프를 그려라.

P9.31 팍스-맥클레란 알고리즘을 사용하여, 입력 신호 $x(n)$을 $D = 5$배 다운샘플링하는 데시메이터를 설계하라.

1. 통과대역에서 0.1 dB의 리플을 갖고 저지대역에서는 30 dB 감쇠를 갖는 FIR 필터의 계수를 구하라. 대역 끝 주파수를 위한 적당한 값들을 선택하라.
2. 임펄스 응답과 로그 크기 응답의 그래프를 그려라.
3. 필터 구현을 위해 대응되는 다상 구조를 구하라.
4. `fir2` 함수를 사용하여 주파수 영역 샘플 값이 $\omega = 0$에서 1, $\omega = 0.1\pi$에서 0.9, $\omega = 0.2\pi$에서 1, $\omega = 0.5\pi$에서 1, $\omega = 0.55\pi$에서 0.5, $\omega = 0.6\pi$에서 0, $\omega = \pi$에서 0인 길이 131의 신호 $x(n)$을 생성하라. $y(m)$을 얻기 위해 5배 데시메이션하는 과정을 위에 설계한 필터를 사용하여 처리하라. 두 신호의 스펙트럼 그래프를 그려라.

P9.32 팍스-맥클레란 알고리즘을 사용하여, 입력 신호 $x(n)$을 $D = 3$배 다운샘플링하는 데시메이터를 설계하라.

1. 통과대역에서 0.5 dB의 리플을 갖고 저지대역에서는 30 dB 감쇠를 갖는 FIR 필터의 계수를 구하라. 대역 끝 주파수를 위한 적당한 값들을 선택하라.
2. 임펄스 응답과 로그 크기 응답의 그래프를 그려라.
3. $x_1(n) = \sin(0.2\pi n) + 0.2\cos(0.5\pi n)$이라 하자. $x_1(n)$의 샘플 500개를 생성하고, $y_1(m)$을 얻기 위해 $D = 3$배 데시메이션하는 과정을 위에 설계한 필터를 사용하여 처리하라. 두 신호의 `stem` 그래프를 그려라.
4. `fir2` 함수를 사용하여 주파수 영역 샘플 값이 $\omega = 0$에서 1, $\omega = 0.15\pi$에서 0.8, $\omega = 0.3\pi$에서 1, $\omega = 0.4\pi$에서 1, $\omega = 0.45\pi$에서 0.5, $\omega = 0.5\pi$에서 0, $\omega = \pi$에서 0인 길이 131의 신호 $x_2(n)$을 생성하라. $y_2(m)$을 얻기 위해 $x_2(n)$을 3배 데시메이션하는 과정을 위에 설계한 필터를 사용하여 처리하라. 두 신호의 스펙트럼 그래프를 그려라.

P9.33 신호 $x(n)$을 $D = 2$배 데시메이션하려고 한다. 신호의 대역폭은 0.4π이고, 데시메이션된 신호에서는 0.45π 이상의 주파수 에일리어싱은 허용하려고 한다. 팍스-맥클레란 알고리즘을 사용하여 그러한 데시메이터를 설계하라.

1. 통과대역에서 0.1 dB의 리플을 갖고 저지대역에서는 45 dB 감쇠를 갖는 FIR 필터의 계수를 구하라.
2. 임펄스 응답과 로그 크기 응답의 그래프를 그려라.
3. $x_1(n) = \cos(0.4\pi n) + 2\sin(0.45\pi n)$이라 하자. $x_1(n)$의 샘플 200개를 생성하고, $y_1(m)$을 얻기 위해 $D = 2$배 데시메이션하는 과정을 위에 설계한 필터를 사용하여 처리하라. 두 신호의 `stem` 그래프를 그려라.
4. `fir2` 함수를 사용하여 주파수 영역 샘플 값이 $\omega = 0$에서 1, $\omega = 0.2\pi$에서 0.9, $\omega = 0.4\pi$에서

1, $\omega = 0.45\pi$에서 0.5, $\omega = 0.5\pi$에서 0, $\omega = \pi$에서 0인 길이 151의 신호 $x_2(n)$을 생성하라. $y_2(m)$을 얻기 위해 $x_2(n)$을 2배 데시메이션하는 과정을 위에 설계한 필터를 사용하여 처리하라. 두 신호의 스펙트럼 그래프를 그려라.

P9.34 신호 $x(n)$을 $D = 3$배 데시메이션하려고 한다. 신호의 대역폭은 0.25π이고, 데시메이션된 신호에서는 0.3π 이상의 주파수 에일리어싱은 허용하려고 한다. 팍스-맥클레란 알고리즘을 사용하여 그러한 데시메이터를 설계하라.

1. 통과대역에서 0.1 dB의 리플을 갖고 저지대역에서는 40 dB 감쇠를 갖는 FIR 필터의 계수를 구하라.
2. 임펄스 응답과 로그 크기 응답의 그래프를 그려라.
3. $x_1(n) = \cos(0.2\pi n) + 2\sin(0.3\pi n)$이라 하자. $x_1(n)$의 샘플 300개를 생성하고, $y_1(m)$을 얻기 위해 $D = 3$배 데시메이션하는 과정을 위에 설계한 필터를 사용하여 처리하라. 두 신호의 `stem` 그래프를 그려라.
4. `fir2` 함수를 사용해서 주파수 영역 샘플 값이 $\omega = 0$에서 1, $\omega = 0.1\pi$에서 1, $\omega = 0.25\pi$에서 1, $\omega = 0.3\pi$에서 0.5, $\omega = 0.35\pi$에서 0, $\omega = \pi$에서 0인 길이 151의 신호 $x_2(n)$을 생성하라. $y_2(m)$을 얻기 위해 $x_2(n)$을 3배 데시메이션하는 과정을 위에 설계한 필터를 사용하여 처리하라. 두 신호의 스펙트럼 그래프를 그려라.

P9.35 샘플링률을 2/5배 감소시키는 샘플링률 변환기를 설계하라.

1. 팍스-맥클레란 알고리즘을 사용하여 통과대역에서 0.1 dB의 리플을 갖고 저지대역에서는 30 dB 감쇠를 갖는 FIR 필터의 계수를 구하라. 대역 끝 주파수를 위한 적당한 값들을 선택하라.
2. 임펄스 응답과 로그 크기 응답의 그래프를 그려라.
3. 시변 계수 $g(m, n)$의 집합과 다상 필터 구현에서 대응되는 계수를 명시하라.
4. $x(n) = \sin(0.35\pi n) + 2\cos(0.45\pi n)$이라 하자. $x(n)$의 샘플 500개를 생성하고, $y(m)$을 얻기 위해 $x(n)$을 2/5배 리샘플링하는 과정을 위에 설계한 필터를 사용하여 처리하라. 두 신호의 `stem` 그래프를 그려라.

P9.36 샘플링률을 7/4배 증가시키는 샘플링률 변환기를 설계하라.

1. 팍스-맥클레란 알고리즘을 사용하여 통과대역에서 0.1 dB의 리플을 갖고 저지대역에서는 40 dB 감쇠를 갖는 FIR 필터의 계수를 구하라. 대역 끝 주파수를 위한 적당한 값들을 선택하라.
2. 임펄스 응답과 로그 크기 응답의 그래프를 그려라.
3. 시변 계수 $g(m, n)$의 집합과 다상 필터 구현에서 대응되는 계수를 명시하라.
4. $x(n) = 2\sin(0.35\pi n) + \cos(0.95\pi n)$이라 하자. $x(n)$의 샘플 500개를 생성하고, $y(m)$을 얻기 위해 $x(n)$을 7/4배 리샘플링하는 과정을 위에 설계한 필터를 사용하여 처리하라. 두 신호의 `stem` 그래프를 그려라.

P9.37 신호 $x(n)$을 3/2배 리샘플링하려고 한다. 신호는 0.8π의 전체 대역폭을 갖고 있지만 리샘플링된 신호에서는 0.6π까지의 주파수만 유지하기를 원하고 0.75π까지의 대역은 에일리어싱이 없도록 요

구한다.

1. 팍스-맥클레란 알고리즘을 사용하여 통과대역에서 0.5 dB의 리플을 갖고 저지대역에서는 50 dB 감쇠를 갖는 FIR 필터의 계수를 구하라.
2. 임펄스 응답과 로그 크기 응답의 그래프를 그려라.
3. fir2 함수를 사용하여 주파수 영역 샘플 값이 $\omega = 0$에서 0.7, $\omega = 0.3\pi$에서 1, $\omega = 0.7\pi$에서 1, $\omega = 0.75\pi$에서 0.5, $\omega = 0.8\pi$에서 0, $\omega = \pi$에서 0인 길이 101의 신호 $x(n)$을 생성하라. $y(m)$을 얻기 위해 $x(n)$을 3/2배 리샘플링하는 과정을 위에 설계한 필터를 사용하여 처리하라. 두 신호의 스펙트럼 그래프를 그려라.

P9.38 신호 $x(n)$을 4/5배 리샘플링하려고 한다. 신호는 0.8π의 전체 대역폭을 갖고 있지만 리샘플링된 신호에서는 0.5π까지의 주파수만 유지하기를 원하고 0.75π까지의 대역은 에일리어싱이 없도록 요구한다.

1. 팍스-맥클레란 알고리즘을 사용하여 통과대역에서 0.1 dB의 리플을 갖고 저지대역에서는 40 dB 감쇠를 갖는 FIR 필터의 계수를 구하라.
2. 임펄스 응답과 로그 크기 응답의 그래프를 그려라.
3. fir2 함수를 사용하여 주파수 영역 샘플 값이 $\omega = 0$에서 0.7, $\omega = 0.3\pi$에서 1, $\omega = 0.7\pi$에서 1, $\omega = 0.75\pi$에서 0.5, $\omega = 0.8\pi$에서 0, $\omega = \pi$에서 0인 길이 101의 신호 $x(n)$을 생성하라. $y(m)$을 얻기 위해 $x(n)$을 4/5배 리샘플링하는 과정을 위에 설계한 필터를 사용하여 처리하라. 두 신호의 스펙트럼 그래프를 그려라.

P9.39 신호 $x(n)$을 5/2배 리샘플링하려고 한다. 신호는 0.8π의 전체 대역폭을 갖고 있지만 리샘플링된 신호에서는 0.7π까지의 주파수만 유지하기를 원하고 0.75π까지의 대역은 에일리어싱이 없도록 요구한다.

1. 팍스-맥클레란 알고리즘을 사용하여 통과대역에서 0.5 dB의 리플을 갖고 저지대역에서는 50 dB 감쇠를 갖는 FIR 필터의 계수를 구하라.
2. 임펄스 응답과 로그 크기 응답의 그래프를 그려라.
3. fir2 함수를 사용하여 주파수 영역 샘플 값이 $\omega = 0$에서 0.7, $\omega = 0.3\pi$에서 1, $\omega = 0.7\pi$에서 1, $\omega = 0.75\pi$에서 0.5, $\omega = 0.8\pi$에서 0, $\omega = \pi$에서 0인 길이 101의 신호 $x(n)$을 생성하라. $y(m)$을 얻기 위해 $x(n)$을 5/2배 리샘플링하는 과정을 위에 설계한 필터를 사용하여 처리하라. 두 신호의 스펙트럼 그래프를 그려라.

P9.40 신호 $x(n)$을 3/8배 리샘플링하려고 한다. 신호는 0.5π의 전체 대역폭을 갖고 있지만 리샘플링된 신호에서는 0.3π까지의 주파수만 유지하기를 원하고 0.35π까지의 대역은 에일리어싱이 없도록 요구한다.

1. 팍스-맥클레란 알고리즘을 사용하여 통과대역에서 0.1 dB의 리플을 갖고 저지대역에서는 40 dB 감쇠를 갖는 FIR 필터의 계수를 구하라.
2. 임펄스 응답과 로그 크기 응답의 그래프를 그려라.
3. fir2 함수를 사용해서 주파수 영역 샘플 값이 $\omega = 0$에서 1, $\omega = 0.25\pi$에서 1, $\omega = 0.5\pi$에서

1, $\omega = 0.55\pi$에서 0.5, $\omega = 0.6\pi$에서 0, $\omega = \pi$에서 0인 길이 101의 신호 $x(n)$을 생성하라. $y(m)$을 얻기 위해 $x(n)$을 3/8배 리샘플링하는 과정을 위해 설계한 필터를 사용해서 처리하라. 두 신호의 스펙트럼 그래프를 그려라.

디지털 필터에서의 반올림 영향

chapter 10

6장 뒷부분에서 디지털 하드웨어상에서 필터 연산을 구현하는 목적으로 유한 정밀도를 갖는 수의 표현에 대해 논의했다. 특히 수의 양자화 과정과 그 결과로 발생하는 오차의 특성과 필터의 사용과 응답상에서 계수의 양자화의 영향을 집중적으로 다루었다. 이 장에서는 유한 정밀도 수치 영향을 신호 처리에서의 필터링 효과로 확장하여 다룬다.

우선 6장에서 다룬 수 표현과 양자화 오차 특성을 사용하여 A/D 변환 잡음을 다룬다. 그 다음에 곱셈과 덧셈 양자화(종합해서 연산 반올림 오차로 알려져 있다) 모델을 해석하기로 한다. 필터의 출력에 나타나는 이들 오차의 영향은 두 가지 주제로 다루는데, 하나는 **한계 순환**(limit cycles)이라 부르는 상관되어 있는 오차이고 다른 하나는 상관되어 있지 않은 **반올림 잡음**(round-off noise)이다.

10.1 A/D 양자화 잡음의 분석

앞 절에서 살펴본 양자화기 특성으로부터 양자화된 값 $Q[x]$는 값 x에 대한 비선형 연산임이 분명하다. 따라서 디지털 필터에서 유한 단어 길이 영향의 정확한 분석은 일반적으로 어렵고 실제 잘 수행할 수 있는 덜 이상적인 분석을 고려해야 한다.

그와 같은 기법은 통계적 모델링 기법이다. 이는 비선형 분석 문제를 선형 문제로 바꾸어 출력 오차 특성을 고찰할 수 있게 한다. 이 기술에서 양자화된 값 $Q[x]$는 정확한 값 x의 합이고 양자화 오차는 확률 변수 e라고 가정한다. $x(n)$이 양자화기의 입력으로 주어졌을 때, 오차 $e(n)$은 임의의 신호라고 가정한다. 그러면 디지털 필터에 대한 오차 효과를 분석하기 위해 이 임의의 신호에 대한 확률적 모델을 개발할 수 있다.

분석을 위해 양자화기는 고정소수점 2의 보수 형식 표현을 사용한다고 가정한다. 이전에

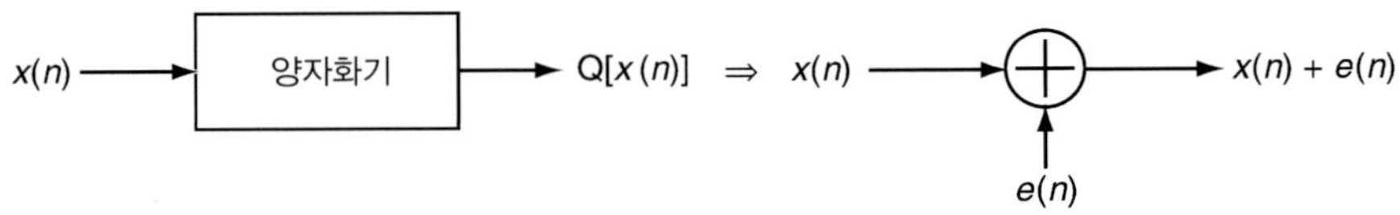

그림 10.1 양자화기의 통계 모델

주어진 결과들을 사용하여 이 분석을 그 밖의 형식에 대해서도 확장할 수 있다.

10.1.1 통계 모델

입력에 대한 양자화기 블록을 신호와 잡음의 합 연산으로서 모델을 만들 수 있다. 즉, 식 (6.53)으로부터

$$\mathcal{Q}[x(n)] = x(n) + e(n) \tag{10.1}$$

여기서 $e(n)$은 양자화 오차 신호를 나타내며 **양자화 잡음**(quantization noise)이라는 용어로 쓰일 임의의 신호이다. 이것은 그림 10.1에 나타나 있다.

모델 가정 수학적으로 편리하고 실제로 유용한 식 (10.1) 모델의 경우 관련된 신호에 대한 적절한 통계적 특성을 가정해야 한다. 실제로 적절한 가정들은 다음에 살펴볼 간단한 MATLAB 예제들을 통해 확인할 수 있다. 오차 신호 $e(n)$은 다음과 같은 특징을 갖는다고 가정한다.[1]

1. 신호 $e(n)$은 정상 확률 과정(stationary random process) $\{e(n)\}$이다.
2. 이 확률 과정 $\{e(n)\}$은 신호 $x(n)$과 서로 **관계없다**.
3. 과정 $\{e(n)\}$은 독립 과정이다(즉, 표본들은 각각 서로에 대해 독립적이다).
4. 각 n에 대한 표본 $e(n)$의 확률 밀도 함수(pdf) $f_E(e)$는 폭 $\Delta = 2^{-B}$의 구간에 대해 균일하게 분포한다.

이러한 가정들은 만약 신호 $x(n)$이 시간 n과 $n+1$을 지나 많은 양자화 단계를 가로지르며 충분히 임의적이라면 실제로 의미가 있다.

10.1.2 MATLAB을 사용한 분석

오차 표본에 대한 통계 특성을 조사하기 위해 많은 수의 표본을 생성하고 그 분포를 히스토그램(혹은 확률 막대그래프)을 이용하여 그릴 것이다. 더 나아가 표본이 반복하지 않는, 즉 오차 표본이 반복해 부정확한 분석을 일으키지 않는 신호 $x(n)$을 설계할 것이다. 이것은 잘 정의된 비주기 신호 또는 임의의 신호를 선택함으로써 보장될 수 있다.

$x(n)$을 B비트 끝처리 연산을 사용해 양자화할 것이다. 비슷한 구현이 잘라버림 연산에 대해 개발될 수 있다. 끝처리 연산에 대해 세 가지 형식의 오차 특징이 완전히 같으므로 구현의 편의상 부호 절대값 형식을 선택할 것이다. 양자화 후에 결과 오차 표본 $e(n)$은 구간 $[-\frac{\Delta}{2}, \frac{\Delta}{2}]$

1 독자들이 확률 변수와 확률 과정, 그리고 그와 관련된 용어들에 친숙하다고 가정한다.

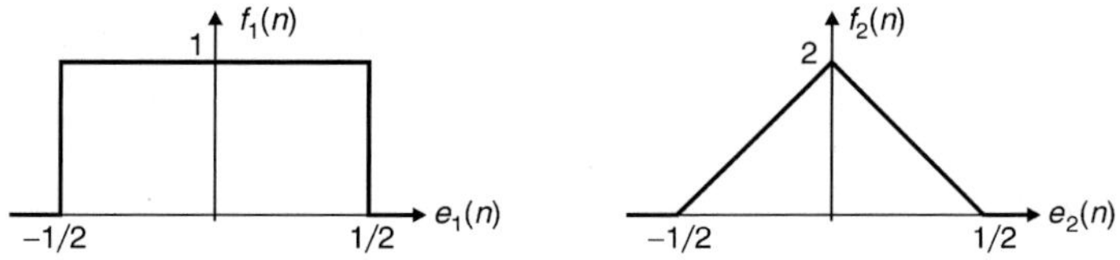

그림 10.2 정규화된 오차 $e_1(n)$과 $e_2(n)$의 확률 분포

에 균일하게 분포한다. $e_1(n)$을 정규화된 오차로 다음과 같이 두자.

$$e_1(n) \triangleq \frac{e(n)}{\Delta} = e(n)\,2^B \quad \Rightarrow \quad e_1(n) \in [-1/2, 1/2] \tag{10.2}$$

그러면 $e_1(n)$은 그림 10.2(a)에 나타나 있듯이 구간 $[-\frac{1}{2}, +\frac{1}{2}]$에 균일하게 분포한다. 따라서 히스토그램 구간은 모두 B비트 값에 대해 균일할 것이며, 계산 및 그래프 그리기가 쉬워진다. 이 구간은 그래프를 그리기 위해 128계급으로 나뉜다.

표본의 독립성을 결정하기 위해 신호의 히스토그램을 고려한다.

$$e_2(n) \triangleq \frac{e_1(n) + e_1(n-1)}{2} \tag{10.3}$$

이것은 두 연속된 정규화된 오차 표본의 평균이다. 만약 $e_1(n)$이 [−1/2, 1/2] 사이에서 균일하게 분포한다면, 표본 독립성을 위해 $e_3(n)$은 그림 10.2(b)에 나타나 있듯이 [−1/2, 1/2]에서 삼각형 형태의 분포를 가져야 한다. 역시 $e_2(n)$에 대해 128계급으로 나눈 히스토그램을 생성한다. 이러한 단계가 다음 MATLAB 함수에 구현되어 있다.

```
function [H1,H2,Q, estat] = StatModelR(xn,B,N);
% Statistical Model (Rounding) for A/D Quantization error and its Distribution
% ------------- ---------------------------------------------------------
% [H1,H2,Q] = StatModelR(xn,B,N);
%   OUT: H1 = Normalized histogram of e1
%        H2 = Normalized histogram of e2
%         Q = Normalized histogram bins
%     estat = row vector: [[e1avg,e1std,e2avg,e2std]
%    IN:  B = bits to quantize
%         N = number of samples of x(n)
%        xn = samples of the sequence
% Plot variables
  bM = 7; DbM = 2^bM;                           % bin parameter
   M = round((DbM)/2);                          % Half number of bins
bins = [-M+0.5:1:M-0.5];                        % Bin values from -M to M
   Q = bins/(DbM);                              % Normalized bins
% Quantization error analysis
    xq = (round(xn*(2^B)))/(2^B);               % Quantized to B bits
    e1 = xq-xn; clear xn xq;                    % Quantization error
    e2 = 0.5*(e1(1:N-1)+e1(2:N));               % Average of two adj errors
 e1avg = mean(e1); e1std = std(e1);             % Mean & std dev of the error e1
 e2avg = mean(e2); e2std = std(e2);             % Mean & std dev of the error e2
 estat = [e1avg,e1std,e2avg,e2std];
% Probability distribution of e1
e1 = floor(e1*(2^(B+bM)));                      % Normalized e1 (int between -M & M)
```

```
e1 = sort([e1,-M-1:1:M]);                  %
H1 = diff(find(diff(e1)))-1; clear e1;     % Error histogram
if length(H1) == DbM+1
   H1(DbM) = H1(DbM)+H1(DbM+1);
   H1 = H1(1:DbM);
 end
H1 = H1/N;                                 % Normalized histogram
% Probability distribution of e2
e2 = floor(e2*(2^(B+bM)));                 % Normalized e2 (int between -M & M)
e2 = sort([e2,-M-1:1:M]);                  %
H2 = diff(find(diff(e2)))-1; clear e2;     % Error histogram
if length(H2) == DbM+1
   H2(DbM) = H2(DbM)+H2(DbM+1);
   H2 = H2(1:DbM);
 end
H2 = H2/N;                                 % Normalized histogram
```

모델의 가정을 검증하기 위해 다음 두 가지 예를 고려한다. 첫 번째 예에서는 비주기 삼각함수 신호를 B비트로 양자화하고, 두 번째 예에서는 임의의 신호를 B비트로 양자화한다. 결과 양자화 오차를 분포 특성, 표본 독립성, 다양한 B의 값에 대해 분석한다. 이 예들을 통해 위의 가정들이 타당하기 위해 오차 e가 얼마나 작아야 하는지(B가 얼마나 커야 하는지와 동일)를 배울 수 있다.

예제 10.1 $x(n) = \frac{1}{3}\{\sin(n/11) + \sin(n/31) + \cos(n/67)\}$로 둔다. 이 신호는 주기적이지 않고, 따라서 그 표본들은 무한 정밀도 표현을 사용하면 결코 반복하지 않는다. 그러나 신호가 삼각함수의 특성을 가지므로 그 연속 포락선(envelope)은 주기적이며, 표본들은 이 포락선의 기본 주기 상에서 연속적으로 분포한다. $B = 2$와 6비트일 때, 오차 분포를 구하라.

풀이 통계적인 변화를 최소화하기 위해 표본의 크기는 매우 커야 한다. 500,000개의 표본을 고른다. 다음 MATLAB 코드는 $B = 2$비트일 때를 계산한다.

```
clear; close all;
% Example parameters
B = 2; N = 500000; n = [1:N];
xn = (1/3)*(sin(n/11)+sin(n/31)+cos(n/67)); clear n;
% Quantization error analysis
[H1,H2,Q, estat]] = StatModelR(xn,B,N);     % Compute histograms
H1max = max(H1); H1min = min(H1);   % Max and Min of H1
H2max = max(H2); H2min = min(H2);   % Max and Min of H2
```

결과 히스토그램의 그래프를 그림 10.3에 나타내었다. 분명히 오차 표본이 균일하게 분포하는 것처럼 보임에도 불구하고, 표본들은 독립적이지 않다. $B = 6$비트에 대응되는 그래프들이 그림 10.4에 나타나 있다. 그림으로부터 양자화 오차 신호가 $B = 6$비트에 대해 모델 가정들을 만족시킴을 관찰할 수 있다. ■

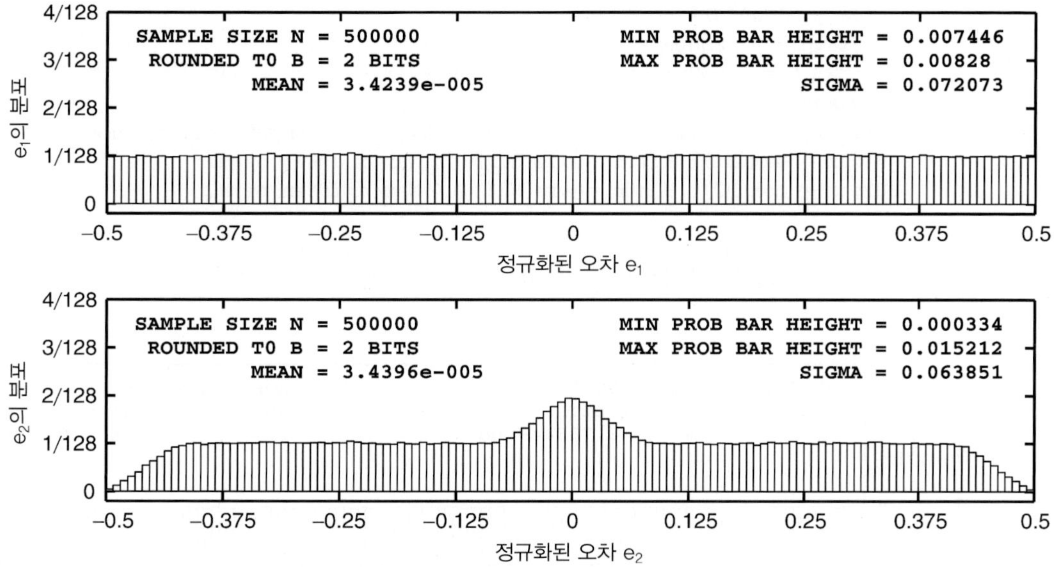

그림 10.3 예제 10.1의 삼각함수 곡선 신호에 대한 $B = 2$비트일 때의 A/D 양자화 오차 분포

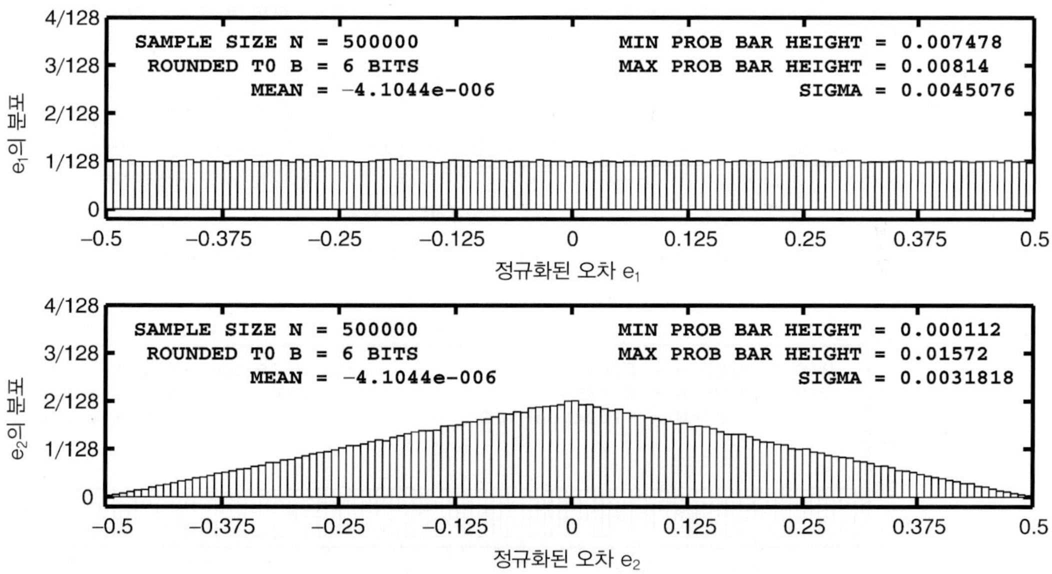

그림 10.4 예제 10.1의 삼각함수 곡선 신호에 대한 $B = 6$비트일 때의 양자화 오차 분포

예제 10.2 $x(n)$은 독립적이고 동일하게 분포한 임의의 신호로 $[-1, 1]$ 구간에 균일하게 분포한다고 하자. $B = 2$와 6비트일 때, 오차 분포를 구하라.

풀이 통계적인 변화를 최소화하기 위해 또 다시 500,000개의 표본을 고른다. 다음 MATLAB 코드는 $B = 2$비트일 때를 계산한다.

```
clear; close all;
% Example parameters
B = 2; N = 500000; xn = (2*rand(1,N)-1);
% Quantization error analysis
[H1,H2,Q, estat]] = StatModelR(xn,B,N);    % Compute histograms
H1max = max(H1); H1min = min(H1);  % Max and Min of H1
H2max = max(H2); H2min = min(H2);  % Max and Min of H2
```

결과 히스토그램의 그래프는 그림 10.5에 나타난다. $B = 6$비트에 대응되는 그래프들이 그림

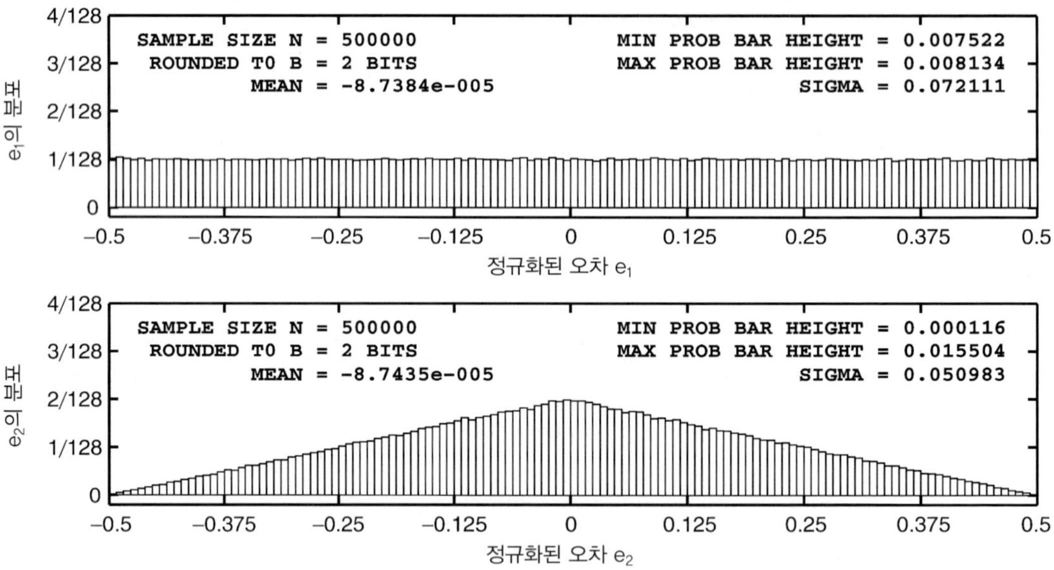

그림 10.5 예제 10.2의 삼각함수 곡선 신호에 대한 B =2비트일 때의 A/D 양자화 오차 분포

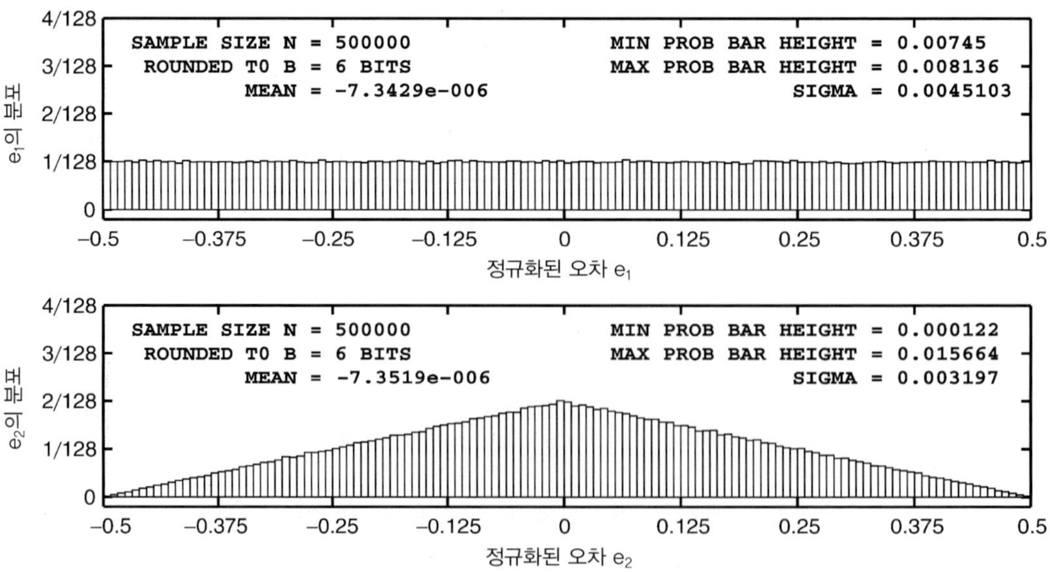

그림 10.6 예제 10.2의 삼각함수 곡선 신호에 대한 B =6비트일 때의 양자화 오차 분포

10.6에 나타나 있다. 그림으로부터 양자화 오차 신호가 $B = 2$일 때도 독립적이고 균일하게 분포함을 알 수 있다.

DSP 칩에서 사용되는 실제 처리 신호들은 자연적으로 전형적으로 임의이기 때문에(또는 그렇게 모델링이 가능하므로) 이러한 두 예로부터 기술된 가정들하에 통계 모델이 매우 좋은 모델이라고 결론 내릴 수 있다.

10.1.3 A/D 양자화 잡음의 통계

이제 오차 신호 $e(n)$의 2차 통계 특성을 잘라버림과 끝처리 연산 모두에 대해 알아본다.

잘라버림 식 (6.64)로부터 pdf $f_{E_T}(e)$는 그림 10.7(a)에 나타나 있듯이 $[-\Delta, 0]$상에 균일하게 분포한다. 그러면 $e_T(n)$의 평균은 다음과 같이 주어진다.

$$m_{e_T} \triangleq \mathrm{E}[e_T(n)] = -\Delta/2 \tag{10.4}$$

그리고 분산은

$$\begin{aligned}\sigma_{e_T}^2 &\triangleq \mathrm{E}\left[(e_T(n) - m_{e_T})^2\right] = \int_{-\Delta}^{0} (e - \Delta/2)^2 f_{E_T}(e)\,\mathrm{d}e \\ &= \int_{-\Delta/2}^{\Delta/2} e^2 \left(\frac{1}{\Delta}\right) \mathrm{d}e = \frac{\Delta^2}{12}\end{aligned} \tag{10.5}$$

$\Delta = 2^{-B}$을 사용하여 다음을 얻는다.

$$\sigma_{e_T}^2 = \frac{2^{-2B}}{12}, \text{ 즉 } \sigma_{e_T} = \frac{2^{-B}}{2\sqrt{3}} \tag{10.6}$$

끝처리 식 (6.66)으로부터 pdf $f_{E_R}(e)$는 그림 10.7(b)에 나타나 있듯이 $[-\Delta/2, \Delta/2]$상에 균일하게 분포한다. 그러면 $e_R(n)$의 평균은 다음과 같이 주어진다.

$$m_{e_R} \triangleq [\mathrm{E}e_R] = 0 \tag{10.7}$$

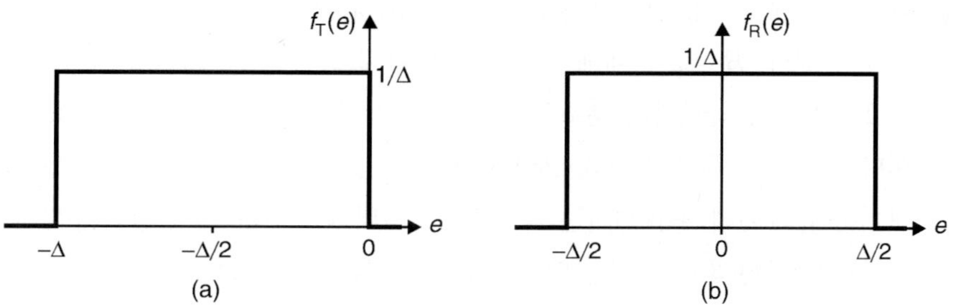

그림 10.7 확률 분포 함수: (a) 잘라버림, (b) 끝처리

그리고 분산은

$$\begin{aligned}\sigma_{e_\mathrm{R}}^2 &\triangleq \mathrm{E}\left[(e_\mathrm{R}(n)-m_{e_\mathrm{R}})^2\right] = \int_{-\Delta/2}^{\Delta/2} e^2 f_{E_\mathrm{R}}(e)\,\mathrm{d}e = \int_{-\Delta/2}^{\Delta/2} e^2 \left(\frac{1}{\Delta}\right)\mathrm{d}e \\ &= \frac{\Delta^2}{12}\end{aligned} \tag{10.8}$$

식 (6.53)을 사용하여 다음을 얻는다.

$$\sigma_{e_\mathrm{R}}^2 = \frac{2^{-2B}}{12}, \text{ 즉 } \sigma_{e_\mathrm{R}} = \frac{2^{-B}}{2\sqrt{3}} \tag{10.9}$$

신호 $e_\mathrm{R}(n)$의 표본들은 서로 독립적이라는 가정이 있으므로 $[e_\mathrm{R}(n)+e_\mathrm{R}(n-1)]/2$의 분산은 다음과 같이 주어진다.

$$\mathrm{var}\left[\frac{e_\mathrm{R}(n)+e_\mathrm{R}(n-1)}{2}\right] = \frac{1}{4}\left(\frac{2^{-2B}}{12}+\frac{2^{-2B}}{12}\right) = \frac{2^{-2B}}{24} = \frac{1}{2}\sigma_{e_\mathrm{R}}^2 \tag{10.10}$$

또는 표준 편차는 $\sigma_{e_\mathrm{R}}/\sqrt{2}$이다.

모델의 가정과 식 (10.6) 또는 (10.9)로부터 오차 신호(독립 신호)의 공분산(covariance)은 다음과 같이 주어진다.

$$\mathrm{E}[e(m)e(n)] \triangleq C_e(m-n) \triangleq C_e(\ell) = \frac{2^{-2B}}{12}\delta(\ell) \tag{10.11}$$

여기서 $\ell \triangleq m-n$은 지체(lag) 변수라고 한다. 이와 같은 오차 신호는 역시 백색(white) 잡음 신호로 알려져 있다.

10.1.4 MATLAB 구현

MATLAB에서 표본 평균과 표준 편차는 각각 `mean`과 `std` 함수로 계산한다. `StatModelR` 함수의 마지막 매개변수는 정규화되지 않은 오차 $e(n)$과 $[e(n)+e(n-1)]/2$의 표본 평균과 표준 편차를 포함한 벡터이다. 따라서 이러한 값은 통계 모델에서 얻어진 이론적인 값들과 비교할 수 있다.

예제 10.3 예제 10.1의 그래프는 오차 $e(n)$과 $[e(n)+e(n-1)]/2$의 표본 평균과 표준 편차 역시 나타낸다. $B=2$에 대해 이러한 계산된 값들이 그림 10.3에 나타나 있다. $e(n)$은 구간 $[-2^{-3}, 2^{-3}]$에 균일하게 분포하므로, $e(n)$의 평균은 0이고 $[e(n)+e(n-1)]/2$의 평균도 0이다. 계산된 값들은 각각 3.4239×10^{-5}과 3.4396×10^{-5}이고, 이것은 모델이 잘 일치함을 보여준다. $e(n)$의 표준 편차는 식 (10.9)로부터 0.072169이다. 반면에 그림 10.3의 위 그림으로부터 0.072073이고, 이는 역시 모델이 잘 일치함을 보여준다. 두 연속된 표본의 평균에 대한 표준 편차는 식 (10.10)으로부터 0.051031이고 그림 10.3의 아래 그림으로부터 0.063851

이며, 이는 분명 모델이 잘 일치하지는 않는 것이다. 따라서 $B = 2$일 때 $e(n)$의 표본들은 독립적이지 않다. 이것은 그림 10.3에서 확인되었다.

비슷하게 $B = 6$에 대해 이러한 계산된 값들이 그림 10.4에 나타나 있다. 계산된 두 평균은 -4.1044×10^{-6}이고, 이것은 모델이 잘 일치함을 보여준다. $e(n)$의 표준 편차는 식 (10.9)로부터 0.0045105이다. 반면에 그림 10.4의 위 그림으로부터 0.0045076이고, 이는 역시 모델이 잘 일치함을 보여준다. 두 연속된 표본의 평균에 대한 표준 편차는 식 (10.10)으로부터 0.0031894이고 그림 10.4의 아래 그림으로부터 0.00318181이며, 이는 역시 모델이 잘 일치함을 보여준다. 따라서 $B = 6$에 대해 $e(n)$의 표본들은 독립적이다. 이것은 그림 10.4에서 확인되었다.

비슷한 계산들이 예제 10.2에 대해서도 수행될 수 있다. 자세한 것은 독자들에게 맡기겠다.

10.1.5 디지털 필터를 통한 A/D 양자화 잡음

임펄스 응답 $h(n)$ 또는 주파수 응답 $H(e^{j\omega})$으로 묘사된 디지털 필터를 가정하자. 양자화된 입력 $\mathcal{Q}[x(n)] = x(n) + e(n)$이 이 시스템에 인가되었을 때, 필터 내에서는 무한 정밀도 연산을 갖는다고 가정하고 필터를 통해 전파됨에 따른 오차 신호 $e(n)$의 영향을 결정할 수 있다. 일반적으로 출력 잡음 신호의 평균과 분산에 관심이 있으며, 이는 선형 시스템 이론의 개념을 사용하여 얻을 수 있다. 이 결과에 관한 자세한 내용은 13.5절에 주어져 있다.

그림 10.8을 참고하여 필터의 출력을 $\hat{y}(n)$이라 둔다. LTI 특성과 $x(n)$과 $e(n)$의 통계적 독립을 사용하여 출력 $\hat{y}(n)$은 두 성분의 합으로서 표현될 수 있다. $x(n)$으로 인한 (본래) 출력을 $y(n)$, 그리고 $e(n)$으로 인한 응답을 $q(n)$이라 둔다. 그러면 $q(n)$ 역시 다음과 같은 평균을 갖는 임의의 신호임을 보여줄 수 있다.

$$m_q \triangleq \mathrm{E}[q(n)] = m_e \sum_{-\infty}^{\infty} h(n) = m_e H(\mathrm{e}^{\jmath 0}) \tag{10.12}$$

여기서 항 $H(\mathrm{e}^{\jmath 0})$을 필터의 DC 이득이라 한다. 잘라버림에 대해 $m_{e_{\mathrm{T}}} = -\Delta/2$이고, 여기서

$$m_{q_{\mathrm{T}}} = -\frac{\Delta}{2} H(e^{\jmath 0}) \tag{10.13}$$

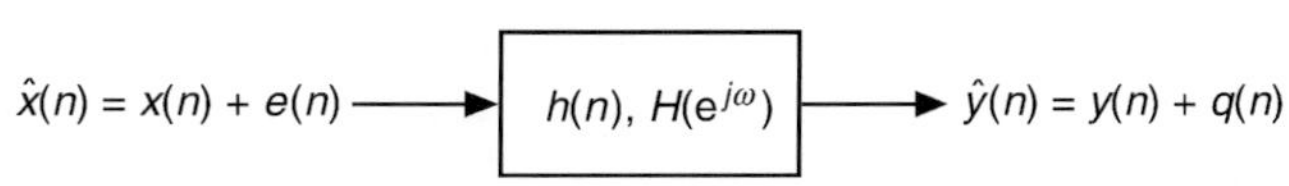

그림 10.8 디지털 필터를 통한 잡음

끝처리에 대해 $m_{e_{\mathrm{R}}} = 0$, 또는

$$m_{q_{\mathrm{R}}} = 0 \tag{10.14}$$

또한 $q(n)$의 분산은 잘라버림과 끝처리 모두에 대해 다음과 같이 주어진다.

$$\sigma_q^2 = \sigma_e^2 \sum_{-\infty}^{\infty} |h(n)|^2 = \frac{\sigma_e^2}{2\pi} \int_{-\pi}^{\pi} |H(e^{\jmath\omega})|^2 \, d\omega \tag{10.15}$$

입력으로부터 출력으로의 **분산 이득**(variance gain, **정규화된 출력 분산**(normalized output variance)이라고도 함)은 다음과 같은 비이다.

$$\frac{\sigma_q^2}{\sigma_e^2} = \sum_{-\infty}^{\infty} |h(n)|^2 = \frac{1}{2\pi} \int_{-\pi}^{\pi} |H(e^{\jmath\omega})|^2 \, d\omega \tag{10.16}$$

실수이고 안정한 필터에 대해 $z = e^{j\omega}$으로 치환을 하면, 식 (10.16)의 적분은 다음과 같은 복소수 경로 적분으로 표현할 수 있다.

$$\int_{-\pi}^{\pi} |H(e^{\jmath\omega})|^2 \, d\omega = \frac{1}{2\pi\jmath} \oint_{\mathrm{UC}} H(z)H(z^{-1})z^{-1} dz \tag{10.17}$$

여기서 UC는 단위원이고, 나머지(residue)(또는 $\mathcal{Z}$-변환의 역)를 사용하여 다음과 같이 계산할 수 있다.

$$\int_{-\pi}^{\pi} |H(e^{\jmath\omega})|^2 \, d\omega = \sum \left[\text{단위원 내 } H(z)H(z^{-1})z^{-1}\text{의 나머지들} \right] \tag{10.18a}$$

$$= \mathcal{Z}^{-1} \left[H(z)H(z^{-1}) \right] \Big|_{n=0} \tag{10.18b}$$

10.1.6 MATLAB 구현

식 (10.16)과 (10.18)을 사용하여 MATLAB으로 A/D 양자화 잡음에 대한 분산 이득을 계산할 수 있다. FIR 필터에 대해 식 (10.16)의 시간 영역을 사용하여 정확한 계산을 수행할 수 있다. IIR 필터의 경우에는 아래에서 보듯이 특별한 경우에(다행히 대부분의 실제 필터에서 유효하다) 식 (10.18)을 사용하여 정확한 계산을 할 수 있다. 근사화된 계산은 항상 시간 영역 표현으로 수행된다.

계수 $\{b_k\}_0^{M-1}$에 의해 주어진 FIR 필터를 가정하자. 그러면 식 (10.16)에 대해 시간 영역 표현을 사용하여, 분산 이득은 다음과 같이 주어진다.

$$\frac{\sigma_q^2}{\sigma_e^2} = \sum_{k=0}^{M-1} |b_k|^2 \tag{10.19}$$

임펄스 응답 $h(n)$을 가진 시스템 함수가 다음과 같이 주어진 IIR 필터를 가정하자.

$$H(z) = \frac{\sum_{\ell=0}^{N-1} b_\ell z^{-\ell}}{1 + \sum_{k=1}^{N-1} a_k z^{-k}} \tag{10.20}$$

만약 필터가 실수이고 인과적이며 안정적이고 간단한 극점들만을 갖는다고 가정하면, 부분 분수 표현을 사용하여 다음과 같이 쓸 수 있다.

$$H(z) = R_0 + \sum_{k=1}^{N-1} \frac{R_k}{z - p_k} \tag{10.21}$$

여기서 R_0는 상수항이고, R_k는 극점 위치 p_k에서의 나머지이다. 이러한 확장은 `residue` 함수를 사용해 계산할 수 있다. 극점과 대응되는 나머지들이 모두 실수 또는 켤레복소수임에 주목하라. 그러면 식 (10.18a)를 사용하여 다음을 보여줄 수 있다([68] 및 연습문제 P10.3 참조).

$$\frac{\sigma_q^2}{\sigma_e^2} = R_0^2 + \sum_{k=1}^{N-1} \sum_{\ell=1}^{N-1} \frac{R_k R_\ell^*}{1 - p_k p_\ell^*} \tag{10.22}$$

식 (10.22)의 분산 이득 표현은 다중 극점을 갖는 필터는 매우 드물기 때문에 대부분의 실제 필터에 유용하다. IIR 필터의 분산 이득 근사값은 다음과 같이 주어진다.

$$\frac{\sigma_q^2}{\sigma_e^2} \simeq \sum_{k=0}^{K-1} |h(n)|^2, \quad K \gg 1 \tag{10.23}$$

여기서 K는 K개의 표본을 초과하면 임펄스 응답 값이 (절대값 측면에서) 거의 0이 되도록 선택된다. 다음 MATLAB 함수 `VarGain`은 식 (10.19) 또는 (10.22)를 사용하여 분산 이득을 계산한다.

```
function Gv = VarGain(b,a)
% Computation of variance-gain for the output noise process
% of digital filter described by b(z)/a(z)
%  Gv = VarGain(b,a)
a0 = a(1); a = a/a0; b = b/a0; M = length(b); N = length(a);
if N == 1                                   % FIR Filter
    Gv = sum(b.*b);
    return
else                                        % IIR Filter
    [R,p,P] = residue(b,a);
    if length(P) > 1
        error('*** Variance Gain Not computable ***');
    elseif length(P) == 1
        Gv = P*P;
    else
        Gv = 0;
    end
    Rnum = R*R'; pden = 1-p*p';
    H = Rnum./pden; Gv = Gv + real(sum(H(:)));
end
```

실제 출력 잡음 분산은 A/D 양자화 잡음 분산에 분산 이득을 곱함으로써 얻어짐에 주목해야 한다.

예제 10.4 $p_k = r\,e^{j2\pi k/8}$, $k = 0, \ldots, 7$과 같은 극점을 가진 8차 IIR 필터를 고려하라. r은 1에 가깝고, 그러면 필터는 4개의 협대역 첨두(peak)를 갖는다. $r = 0.9$ 그리고 $r = 0.99$일 때, 이 필터의 분산 이득을 구하라.

풀이 다음 MATLAB 코드는 $r = 0.9$인 경우의 계산을 보여주는데, 근사적 접근뿐만 아니라 정확한 값 역시 구현되어 있다.

```
% Filter Parameters
N = 8; r = 0.9; b = 1; pl = r*exp(j*2*pi*[0:N-1]/N); a = real(poly(pl));

% Variance-gain (Exact)
Vg = VarGain(b,a)
Vg =
   1.02896272593178
% Variance-Gain (approximate)
x = [1,zeros(1,10000)]; % Unit sample sequence
h = filter(b,a,x);      % Impulse response
VgCheck = sum(h.*h)
VgCheck =
   1.02896272593178
```

분명히 두 가지 접근 모두 같은 분산 이득을 보여주며, $r = 0.9$는 대략 1~3% 정도 초과한다. $r = 0.99$인 경우의 계산은 다음과 같다.

```
% Filter Parameters
N = 8; r = 0.99; b = 1; pl = r*exp(j*2*pi*[0:N-1]/N); a = real(poly(pl));
% Variance-gain (Exact)
Vg = VarGain(b,a)
Vg =
   6.73209233071894
```

분산 이득은 673% 이상이고, 이는 극점이 단위원과 가까울 때 필터의 출력이 매우 잡음에 민감함을 의미한다. ■

10.2 IIR 디지털 필터의 반올림 영향

양자화기 연산과 단순화된 통계 모델에 대한 통찰력을 가지고, 이제 IIR과 FIR 디지털 필터 모두의 유한 단어 길이 효과에 대한 분석을 탐구할 준비가 되었다. 필터 동작에 대한 입력 신호 양자화와 필터 계수 양자화의 영향을 이미 살펴보았다. 이제 필터의 출력 응답에 대한 (신호 대 잡음비로 나타낸) 연산 양자화에 대한 영향으로 관심을 돌린다. 이를 살펴보기 위해 고정소수점과 부동소수점 연산 모두를 고려할 것이다. 우선 되먹임 경로로 인해 FIR 필터보다 결과가 더 복잡할 수 있기 때문에 관심을 돌려 IIR 필터에 대한 영향을 고려할 것이다. FIR 필터에 대한 영향은 다음 절에서 공부할 것이다.

더 나은 통계적 특성(편향이 없음 또는 평균이 0)으로 인해 양자화기의 끝처리 연산에 한정한다. 식 (6.66)으로부터 끝처리 연산에 대한 양자화 오차 e_{R}은 세 가지 숫자 표현 방식을 통해 모두 같은 특성을 갖는다. 따라서 MATLAB 시뮬레이션을 위해 부호 절대값 형식을 고려하는데, 이는 연산을 프로그래밍하고 시뮬레이션하기가 쉽기 때문이다. 그러나 실제로는 2의 보수 형식의 숫자 표현은 하드웨어 구현 관점에서 다른 것들보다 이점이 있다.

디지털 필터 구현은 곱셈과 덧셈의 산술 연산이 필요하다. 만약 B비트 두 소수를 곱한다면, $2B$비트 소수 결과가 나오는데 이것은 B비트로 양자화되어야 한다. 마찬가지로, 만약 B비트 두 소수가 더해진다면 1 이상이 되어 **자릿수 초과**(overflow)가 발생할 수 있는데, 그 자체가 비선형적 특성이며, 이를 방지하기 위해 **포화**(saturation) 전략을 사용하여 합이 교정될 수 있지만 이 역시 비선형적이다. 따라서 유한 단어 길이로 구현된 필터는 매우 비선형적인 필터이며, 따라서 의미 있는 결과를 위해서는 조심스럽게 분석해야 한다.

이번 장에서는 유한 단어 길이 표현으로 인한 오차를 다루는 두 가지 접근 방법을 고려할 것이다. 오차의 첫 번째 종류는 오차 표본이 양자화기의 비선형성으로 인해 **서로 관계가 생겼을 때**(correlated)이다. 이것은 **한계 순환 동작**(limit-cycle behavior)이라 하고, IIR 필터에서만 존재한다. 양자화기의 통계적 모델보다 비선형 양자화기 모델을 통해 이 문제를 분석할 것이다. 오차의 두 번째 종류는 양자화기에서 더 많은 비선형 영향이 억제되었다고 가정하는 것이다. 그러면 양자화기의 통계적 모델을 사용하여 IIR 필터를 위한 양자화기 잡음 모델을 개발할 수 있는데, 이는 유한 단어 길이 효과를 예상하는 데 더 유용하다.

10.2.1 한계 순환

디지털 필터는 선형 시스템이지만, 양자화기가 그들의 구현에 관련되었을 때 비선형 시스템이 된다. 비선형 시스템은 심지어 입력이 없을 때도 출력 신호를 가질 수 있다. 한계 순환은 매우 바람직하지 않은 진동하는 주기적 출력이 생성되는 동작이다.

■ 정의 1 한계 순환

0 입력 한계 순환은 디지털 필터의 되먹임 루프의 비선형적 요소나 양자화기에 의해 생성되는 0이 아닌 주기적 출력 신호이다.

두 가지 종류의 한계 순환이 있다. **입상**(granular) 한계 순환은 곱셈 양자화에서의 비선형성으로 인한 것으로, 낮은 진폭을 갖는다. 자릿수 초과(overflow) 한계 순환은 덧셈에서 자릿수 초과 결과로 인한 것으로, 큰 진폭을 가질 수 있다.

10.2.2 입상 한계 순환

이 종류의 한계 순환은 곱셈에 따른 간단한 끝처리 양자화기로 쉽게 보일 수 있다. 다음 예제를 통해 살펴본다.

예제 10.5 다음과 같이 주어진 간단한 1차 IIR 필터를 고려하자.

$$y(n) = \alpha\, y(n-1) + x(n); \quad y(-1) = 0, \quad n \geq 0 \tag{10.24}$$

$\alpha = -\frac{1}{2}$로 두면, 극점이 $z = -1$이므로 이것은 고역통과 필터이다. $x(n) = -\frac{7}{8}\delta(n)$이고 곱셈기에서 3비트 양자화기를 가정했을 때 출력 $y(n)$을 구하라.

풀이 α를 곱할 때, 그 결과를 양자화해야 한다. 이 양자화로 인한 결과를 $\hat{y}(n)$이라 두면, 실제 구현 가능한 디지털 필터는 다음과 같다.

$$\hat{y}(n) = \mathcal{Q}\left[-\frac{1}{2}\hat{y}(n-1)\right] + x(n); \quad \hat{y}(-1) = 0, \quad n \geq 0 \tag{10.25}$$

식 (10.24)에서의 입력은 양자화되고 덧셈으로 인한 자릿수 초과는 없다고 가정한다. $B = 3$ (즉, 소수 3비트, 부호 1비트를 갖는다) 그리고 $x(n) = \frac{7}{8}\delta(n)$이라 둔다. $\alpha = -\frac{1}{2}$은 $1_\blacktriangle 110$으로 2의 보수 형식으로 표현된다. 따라서 출력 신호는 다음과 같이 얻어진다.

$$\begin{aligned}
\hat{y}(0) &= x(0) & &= +\frac{7}{8} : 0_\blacktriangle 111 \\
\hat{y}(1) &= \mathcal{Q}[\alpha\,\hat{y}(0)] = \mathcal{Q}\left[-\frac{1}{2}\left(+\frac{7}{8}\right)\right] = \mathcal{Q}\left[-\frac{7}{16}\right] &&= -\frac{1}{2} : 1_\blacktriangle 100 \\
\hat{y}(2) &= \mathcal{Q}[\alpha\,\hat{y}(1)] = \mathcal{Q}\left[-\frac{1}{2}\left(-\frac{1}{2}\right)\right] = \mathcal{Q}\left[+\frac{1}{4}\right] &&= +\frac{1}{4} : 0_\blacktriangle 010 \\
\hat{y}(3) &= \mathcal{Q}[\alpha\,\hat{y}(2)] = \mathcal{Q}\left[-\frac{1}{2}\left(+\frac{1}{4}\right)\right] = \mathcal{Q}\left[-\frac{1}{8}\right] &&= -\frac{1}{8} : 1_\blacktriangle 111 \\
\hat{y}(4) &= \mathcal{Q}[\alpha\,\hat{y}(3)] = \mathcal{Q}\left[-\frac{1}{2}\left(-\frac{1}{8}\right)\right] = \mathcal{Q}\left[+\frac{1}{16}\right] &&= +\frac{1}{8} : 0_\blacktriangle 001 \\
\hat{y}(5) &= \mathcal{Q}[\alpha\,\hat{y}(4)] = \mathcal{Q}\left[-\frac{1}{2}\left(+\frac{1}{8}\right)\right] = \mathcal{Q}\left[-\frac{1}{16}\right] &&= -\frac{1}{8} : 1_\blacktriangle 111 \\
\vdots \quad & \vdots \qquad \vdots \qquad\qquad \vdots &&\vdots
\end{aligned} \tag{10.26}$$

따라서 $n \geq 5$인 경우 $\hat{y}(n) = \pm\frac{1}{8}$이다. 원하는 출력 $y(n)$은 다음과 같다.

$$y(n) = \left\{\frac{7}{8}, -\frac{7}{16}, \frac{7}{32}, -\frac{7}{64}, \frac{7}{128}, \cdots, \to 0\right\} \tag{10.27}$$

따라서 오차 신호는 다음과 같다.

$$e(n) = \hat{y}(n) - y(n) = \left\{0, -\frac{1}{16}, \frac{1}{32}, -\frac{1}{64}, \frac{9}{128}, \cdots, \rightarrow \pm\frac{1}{8}\right\} \tag{10.28}$$

이것은 오차 $e(n)$은 천천히 $\pm\frac{1}{8}$을 쌓는다는 것을 보여준다. 따라서 오차는 주기가 2이며, 점근적으로 주기적이다.

위의 예제로부터 정상 상태에서 시스템은 단위원상에 존재하고, 따라서 비선형 시스템은 효과적으로 선형 시스템이 된다는 것이 분명하다[37]. 이것은 효과적으로 식 (10.24)의 시스템에 대해 다음을 의미한다.

$$\mathcal{Q}\left[\alpha\hat{y}(n-1)\right] = \begin{cases} \hat{y}(n-1), & \alpha > 0 \\ -\hat{y}(n-1), & \alpha < 0 \end{cases} \tag{10.29}$$

또한 끝처리 연산으로 인해 양자화 오차는 $\pm\Delta/2$이다. 여기서 $\Delta = 2^{-B}$인 양자화 단계로 제한된다.

$$\left|\mathcal{Q}\left[\alpha\hat{y}(n-1)\right] - \alpha\hat{y}(n-1)\right| \le \frac{\Delta}{2} \tag{10.30}$$

식 (10.29)와 (10.30)에 대해 다음과 같은 결론을 얻는다.

$$|\hat{y}(n-1)| \le \frac{\Delta}{2(1-|\alpha|)} \tag{10.31}$$

이것은 한계 순환 진동의 진폭 범위이고, 이를 죽은 대역(dead band)이라고 한다. 예제 10.5의 시스템에 대해 $B = 3$ 그리고 $\alpha = -\frac{1}{2}$이다. 따라서 죽은 대역의 범위는 $\pm\frac{1}{8}$이고, 이는 식 (10.31)과 일치한다. 만약 입력이 0일 때 출력 $\hat{y}(n-1)$이 이 대역에 갇힌다면, 필터는 입상 한계 순환을 보여주는 것이다. 식 (10.29)로부터 진동 주기는 1 또는 2이다.

MATLAB을 사용한 분석 이전의 MATLAB 시뮬레이션들에서는 신호 양자화 또는 필터 계수에 대한 양자화만 강조했기 때문에 곱셈이나 덧셈에 대한 양자화는 걱정하지 않았다. 우리가 고려해야 할 중요한 연산은 산술 자릿수 초과 특성이다. 표현된 숫자들은 2의 보수 형식의 소수라고 가정하자. 그러면 실제로 두 가지의 자릿수 초과 특성이 사용된다. 하나는 2의 보수 자릿수 초과로 나머지(주기적) 함수이고, 나머지 하나는 포화로 이는 한계 함수이다. 이러한 특성이 그림 10.9에 나타나 있다.

이러한 두 가지 영향을 시뮬레이션하기 위해 함수 `y = QFix(x,B,'Qmode','Omode')`를 제공한다. 이 함수는 `(B+1)` 비트 표현을 사용하여 결과 숫자 y가 $-1 \le y < 1$ 사이에 있도록 고정소수점 2의 보수 형식 양자화를 수행한다. 양자화 모드 `Qmode`는 끝처리 또는 잘라

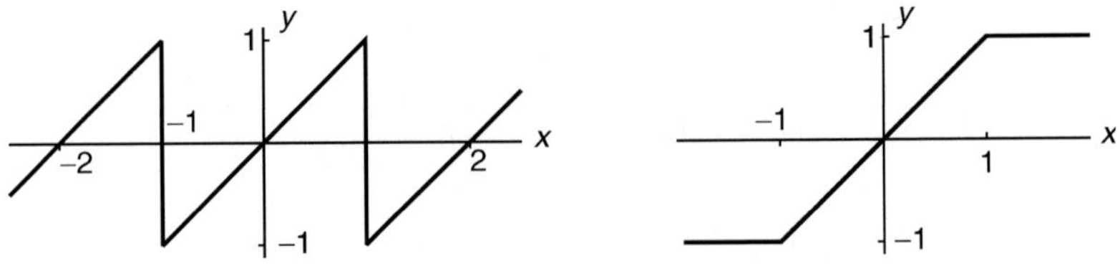

그림 10.9 QFix에서 사용된 자릿수 초과 특징

버림 연산이다. 자릿수 초과 특징은 Omode에서 제공된다. 이 함수를 사용하여 두 가지 한계 순환 모두에 대해 공부할 수 있다.

```
function [y] = QFix(x,B,Qmode,Omode)
% Fixed-point Arithmetic using (B+1)-bit Representation
% -----------------------------------------------------
%   [y] = QFix(x,B,Qmode,Omode)
%       y: Decimal equivalent of quantized x with values in [-1,1)
%       x: a real number array
%       B: Number of fractional bits
%   Qmode: Quantizer mode
%          'round': two's-complement rounding characteristics
%          'trunc': Two's complement truncation characteristics
%   Omode: Overflow mode
%          'satur': Saturation limiter
%          'twosc': Two's-complement overflow
% Quantization operation
if strcmp(lower(Qmode), 'round');
    y = round(x.*(2^B));
elseif strcmp(lower(Qmode), 'trunc');
    y = floor(x.*(2^B));
else
    error('Use Qmode = "round" or "trunc"');
end;
y = y*(2^(-B)); % (B+1)-bit representation
% Overflow operation
if strcmp(lower(Omode), 'satur');
    y = min(y,1-2^(-B)); y = max(-1,y); % Saturation
elseif strcmp(lower(Omode), 'twosc');
    y = 2*(mod(y/2-0.5,1)-0.5);          % Overflow
else error('Use Omode = "satur" or "twosc"');
end;
```

예제 10.6 $B = 3$인 QFix 함수를 사용하여 예제 10.5에서 주어진 시스템에 대해 결과를 시뮬레이션하라. 추가로 시스템이 곱셈기에서 잘라버림 연산을 사용하는 경우의 한계 순환 동작과 계수 $\alpha = 0.5$의 저역통과 필터인 경우의 한계 순환 동작을 조사하라.

풀이 MATLAB 코드:

```
% Highpass filter, rounding operation in multiplier
a = -0.5; yn1 = 0; m = 0:10; y = [yn1, zeros(1,length(m))];
x = 0.875*impseq(m(1),m(1)-1,m(end));
for n = m+2
   yn1 = y(n-1);
   y(n) = QFix(a*yn1,3,'round','satur') + x(n);
end
% Plotting commands follow
% Lowpass filter, rounding operation in multiplier
a = 0.5; yn1 = 0; m = 0:10; y = [yn1, zeros(1,length(m))];
x = 0.875*impseq(m(1),m(1)-1,m(end));
for n = m+2
   yn1 = y(n-1);
   y(n) = QFix(a*yn1,3,'round','satur') + x(n);
end
% Plotting commands follow
% Highpass filter, Truncation operation in multiplier
a = -0.5; yn1 = 0; m = 0:10; y = [yn1, zeros(1,length(m))];
x = 0.875*impseq(m(1),m(1)-1,m(end));
for n = m+2
   yn1 = y(n-1);
   y(n) = QFix(a*yn1,3,'trunc','satur') + x(n);
end
% Plotting commands follow
```

결과 그래프가 그림 10.10에 나타나 있다. 왼쪽 그래프의 출력 신호는 예제 10.5와 일치하며 두 표본의 점근적 주기를 갖는다. $\alpha = 0.5$(저역통과 필터)인 경우의 중간 그래프는 진폭이 1/8인 한 표본 주기를 가짐을 보여준다. 마지막으로, 오른쪽 그래프는 한계 순환이 잘라버림 연산에 대해 사라짐을 보여준다. 잘라버림 연산의 동작은 저역통과 필터에 대해서도 역시 같다.

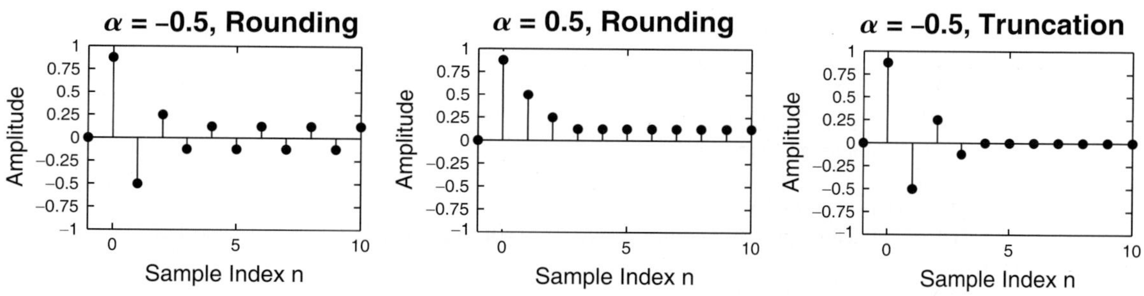

그림 10.10 예제 10.6에서의 입상 한계 순환

2차 및 고차 디지털 필터의 경우에는 입상 한계 순환이 존재할 뿐만 아니라 형태가 다양하다. 2차 필터에 대해 이러한 순환은 분석할 수 있고, 진동의 진동수뿐만 아니라 죽은 대역 역시 추정할 수 있다. 예를 들면, 만약 재귀적 전극점(recursive all-pole) 필터는 곱셈기에서 끝처리 양자화기를 가지고 다음과 같이 구현된다.

$$\hat{y}(n) = \mathcal{Q}[a_1\hat{y}(n-1)] + \mathcal{Q}[a_2\hat{y}(n-2)] + x(n) \tag{10.32}$$

여기서 $\hat{y}(n)$은 양자화된 출력이며, 1차의 경우와 비슷한 분석을 사용하여 죽은 대역 범위는 다음과 같이 주어진다.

$$\hat{y}(n-2) \leq \frac{\Delta}{2(1-|a_2|)} \tag{10.33}$$

a_1을 가지고 진동의 진동수를 구한다. 더 자세한 내용은 [79]를 참조하라. 3비트 양자화기를 사용하여 2차 필터에 대해 입상 한계 순환을 그리는 다음 예제를 제공한다.

예제 10.7 다음 2차 재귀적 필터를 고려하라.

$$y(n) = 0.875y(n-1) - 0.75y(n-2) + x(n) \tag{10.34}$$

초기 조건은 0이다. 이 필터는 2개의 켤레복소수 극점을 갖고, 따라서 대역통과 필터이다. 입력은 $x(n) = 0.375\delta(n)$으로 둔다. 3비트 양자화기를 사용하는 한계 순환 동작을 분석하라.

풀이 이 필터를 구현할 때, 계수 곱들이 양자화되어 다음과 같이 된다.

$$\hat{y}(n) = \mathcal{Q}[0.875\hat{y}(n-1)] - \mathcal{Q}[0.75\hat{y}(n-2)] + x(n) \tag{10.35}$$

여기서 $\hat{y}(n)$은 양자화된 출력이다. 잘라버림과 끝처리 연산 모두에 대해 MATLAB으로 식 (10.35)를 시뮬레이션한다.

```
% Bandpass filter
a1 = 0.875; a2 = -0.75;
% Rounding operation in multipliers
yn1 = 0; yn2 = 0;
m = 0:20; y = [yn2,yn1,zeros(1,length(m))];
x = 0.375*impseq(m(1),m(1)-2,m(end));
for n = m+3
   yn1 = y(n-1); yn2 = y(n-2);
   y(n) = QFix(a1*yn1,3,'round','satur')+QFix(a2*yn2,3,'round','satur')+x(n);
end
% Plotting commands follow
% Truncation operation in multipliers
yn1 = 0; yn2 = 0;
m = 0:20; y = [yn2,yn1,zeros(1,length(m))];
x = 0.375*impseq(m(1),m(1)-2,m(end));
for n = m+3
   yn1 = y(n-1); yn2 = y(n-2);
   y(n) = QFix(a1*yn1,3,'trunc','satur')+QFix(a2*yn2,3,'trunc','satur')+x(n);
end
% Plotting commands follow
```

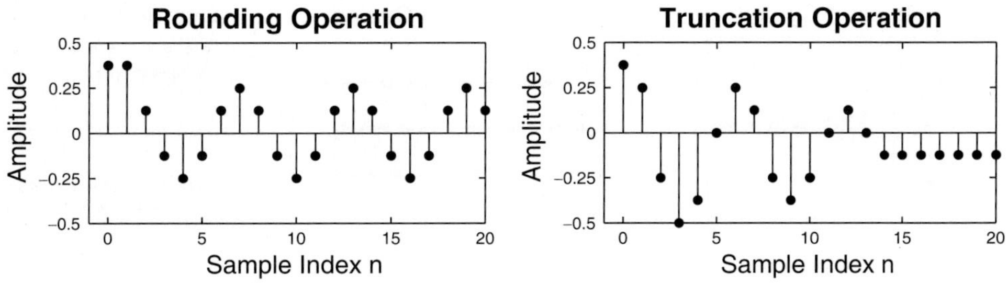

그림 10.11 예제 10.7의 입상 한계 순환

결과 그래프들이 그림 10.11에 나타나 있다. 반올림 한계 순환은 6개 표본의 주기와 0.25의 진폭을 가지며, 이는 식 (10.33)과 일치한다. 1차 필터의 경우와는 다르게 2차에 대한 한계 순환은 양자화기에 잘라버림을 사용할 때도 존재한다.

10.2.3 자릿수 초과 한계 순환

이 종류의 초과 한계 순환은 역시 진동 출력을 생성하는 0 입력 동작이다. 이는 필터 구현에 있어 곱셈 양자화에서는 무시되었음에도 불구하고 덧셈에서의 자릿수 초과로 인해 발생한다. 이것은 진동이 양자화기의 전체 가변 범위에 해당할 수 있으므로 좀 더 심각한 한계 순환이다. 이것은 실제 양자화기의 자릿수 초과 대신에 포화 특성을 사용함으로써 피할 수 있다. 다음 예제에서 2차 필터에 대해 입상과 자릿수 초과 한계 순환 모두를 시뮬레이션한다. 덧붙여 무한 정밀도 구현에 대해서도 수행한다.

예제 10.8 덧셈에서의 자릿수 초과를 얻기 위해 0 입력에 대해 활성화되는 큰 계수 값들과 초기 조건(절대값 측면에서)을 가진 2차 필터를 고려할 것이다.

$$y(n) = 0.875y(n-1) - 0.875y(n-1); \quad y(-1) = -0.875,\ y(-2) = 0.875 \tag{10.36}$$

덧셈에 대한 자릿수 초과는 덧셈 후에 양자화기를 위치시킴으로써 다음과 같이 얻어진다.

$$\hat{y}(n) = \mathcal{Q}[0.875\hat{y}(n-1) - 0.875\hat{y}(n-1)]; \quad \hat{y}(-1) = -0.875,\ \hat{y}(-2) = 0.875 \tag{10.37}$$

여기서 $\hat{y}(n)$은 양자화된 출력이다. 우선 식 (10.36)의 무한 정밀도 연산을 시뮬레이션하고, 그 결과를 식 (10.35)에서의 입상 한계 순환의 결과 및 식 (10.37)에서의 자릿수 초과 한계 순환의 결과와 비교한다. 여기서 끝처리 연산을 사용한다. 자세한 내용은 MATLAB 코드를 참고하라.

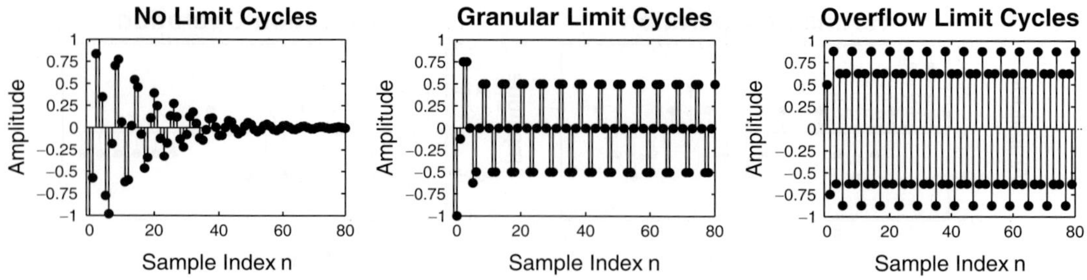

그림 10.12 예제 10.8의 한계 순환 비교

```
M = 100; B = 3; A = 1-2^(-B);
a1 = A; a2 = -A; yn1 = -A; yn2 = A;
m = 0:M; y = [yn2,yn1,zeros(1,length(m))];
% Infinite precision
for n = m+3
   yn1 = y(n-1); yn2 = y(n-2);
   y(n) = a1*yn1 + a2*yn2;
end
% Plotting commands follow
% Granular limit cycle
for n = m+3
   yn1 = y(n-1); yn2 = y(n-2);
   y(n) = QFix(a1*yn1,B,'round','satur')+QFix(a2*yn2,B,'round','satur');
   y(n) = QFix(y(n),B,'round','satur');
end
% Plotting commands follow
% Overflow limit cycle
for n = m+3
   yn1 = y(n-1); yn2 = y(n-2);
   y(n) = a1*yn1 + a2*yn2;
   y(n) = QFix(y(n),B,'round','twosc');
end
% Plotting commands follow
```

결과 그래프들이 그림 10.12에 나타나 있다. 기대했듯이 무한 정밀도 구현은 한계 순환이 없다. 입상 한계 순환은 더 작은 진폭을 갖는다. 분명히 자릿수 초과 한계 순환은 양자화기의 범위 -1과 1 사이에 걸친 큰 진폭을 갖는다.

이러한 예들에서 볼 수 있듯이, 각기 다른 많은 필터의 한계 순환 동작은 MATLAB `QFix` 함수를 사용하여 다른 양자화기 특성에 대해 연구될 수 있다.

10.2.4 곱셈 양자화 오차

두 B비트 소수를 곱하여 나온 $2B$비트 소수가 B비트로 양자화되어야 하기 때문에 필터 구현에서 곱셈기 요소는 추가적인 오차를 일으킬 수 있다. $B = 8$인 고정소수점 곱셈기를 고려하

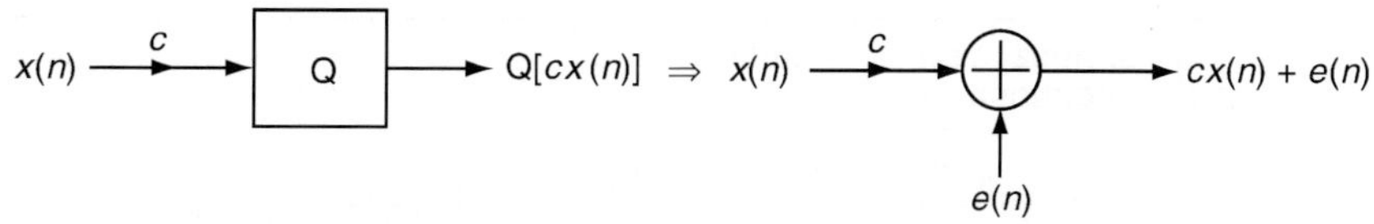

그림 10.13 곱셈 양자화 오차를 위한 선형 시스템 모델

자. 이때 숫자 $\frac{1}{\sqrt{3}}$은 10진수로 0.578125로 표현된다. 0.578125의 제곱은 8비트로 반올림되면 0.3359375(이것은 1/3이 8비트로 반올림된 0.33203125와 혼동되지 않아야 한다)이다. 제곱 연산으로 인한 추가적인 오차는 다음과 같다.

$$0.3359375 - (0.578125)^2 = 0.001708984375$$

이 추가적인 오차를 **곱셈 양자화 오차**(multiplication quantization error)라고 한다. 이 오차의 통계적으로 동일한 모델은 그림 10.13에 나타나 있듯이 A/D 양자화 오차 모델과 유사하다.

통계적 모델 그림 10.13(a)에 있는 곱셈기 요소 뒤에 따르는 B비트 양자화기를 고려하라. 신호 $x(n)$과 상수 c는 곱셈 이전에 (전형적인 구현의 경우처럼) B 소수 비트로 양자화된다. 곱해진 신호 $\{c\,x(n)\}$은 $y(n)$을 얻기 위해 양자화된다. 우리는 양자화기를 그림 10.13(b)에 나타난 것처럼 $y(n) = c\,x(n) + e(n)$(여기서 $e(n)$은 곱셈 양자화 오차)인 간단한 선형 시스템으로 대체하기를 원한다. 분석을 위해 $e(n)$에 대한 조건은 A/D 양자화 오차에 대한 것들과 유사하다고 가정한다. 즉,

1. 확률 신호 $e(n)$은 양자화기에서 끝처리 연산에 대해(또는 2의 보수 잘라버림 연산에 대해) 신호 $x(n)$과 서로 관계없다.
2. 신호 $e(n)$은 독립적인 과정이다(즉, 표본들은 각각 서로에 대해 독립적이다).
3. 각 n에 대한 $e(n)$의 확률 밀도 함수(pdf) $f_E(e)$는 양자화기의 해상도인 폭 $\Delta = 2^{-B}$의 구간에 균일하게 분포한다.

이번 절의 나머지 부분에서는 끝처리 연산에 집중할 것이다. 위 모델의 가정들을 기반으로 식 (10.7), (10.9)에 주어진 결과들은 곱셈 양자화 오차 $e(n)$에 대해서도 역시 응용 가능하다.

위의 모델을 살펴보기 위해 다음 두 MATLAB 예제를 제공한다. 이 오차에 대한 좀 더 자세한 연구는 [83]에서 찾을 수 있다.

예제 10.9 아래에 다시 적힌, 예제 10.1에서 주어진 신호를 고려하라.

$$x(n) = \frac{1}{3}\left[\sin(n/11) + \sin(n/31) + \cos(n/67)\right]$$

이 신호는 $c = 1/\sqrt{2}$로 곱해지며, B비트로 양자화되고 곱셈 결과도 B비트로 끝처리 연산을

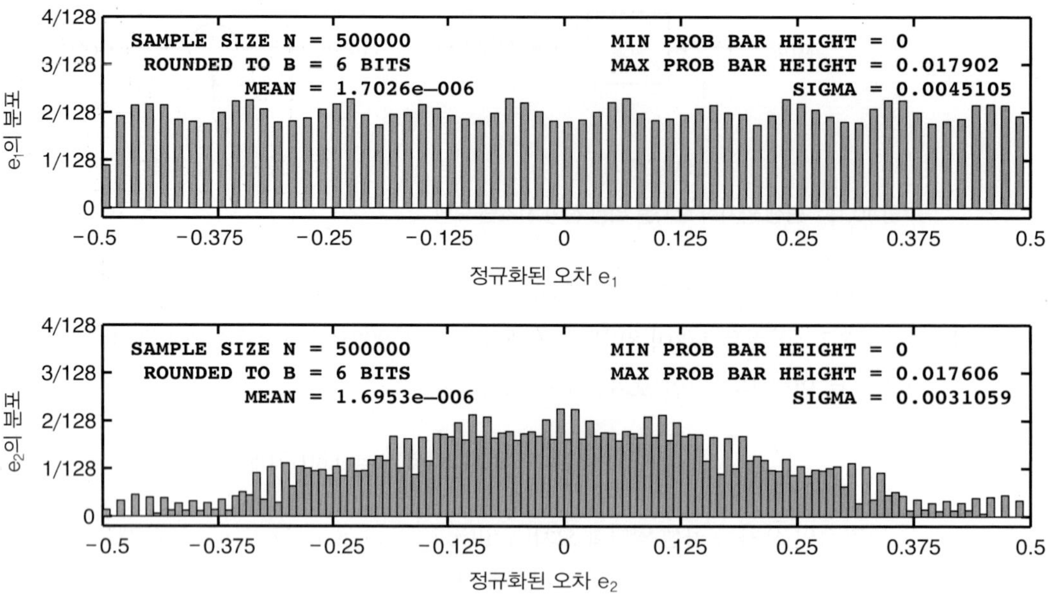

그림 10.14 예제 10.9의 삼각함수 신호에 대한 곱셈 양자화 오차 분포, B = 6비트

통해 양자화된다. StatModelR 함수와 500,000개의 표본을 사용하여 식 (10.2)와 (10.3)에 정의된 정규화된 오차 $e_1(n)$과 $e_2(n)$을 각각 계산하고 분석하라.

풀이 다음 MATLAB 코드는 $B = 6$비트에 대해 오차 분포를 계산한다.

```
clear; close all;
% Example parameters
B = 6; N = 500000; n = [1:N]; bM = 7;
xn = (1/3)*(sin(n/11)+sin(n/31)+cos(n/67)); clear n;
c = 1/sqrt(2);
% Signal and Coefficient Quantization
xq = (round(xn*(2^B)))/(2^B); c = (round(c*(2^B)))/(2^B);
cxq = c*xq;                                 % Multiplication of constant and signal
% Quantization error analysis
[H1,H2,Q, estat] = StatModelR(cxq,B,N);
H1max = max(H1); H1min = min(H1);           % Max and Min of H1
H2max = max(H2); H2min = min(H2);           % Max and Min of H2
```

결과 히스토그램이 그림 10.14에 나타나 있다. 삼각함수 신호에 대해 $B = 6$비트일 때, 오차 표본들은 균일하게 분포하지 않고 독립적이지 않다. $e(n)$과 $[e(n) + e(n-1)]/2$의 평균은 작다. 그들의 표준 편차는 0.0045105와 0.0031059로 식 (10.10)과 일치하지 않는다. $B = 12$에 대한 그래프가 그림 10.15에 나타나 있다. 여기서 $B = 12$비트에 대해 양자화 오차 신호가 모델의 가정을 만족함을 관찰할 수 있다. $e(n)$과 $[e(n) + e(n-1)]/2$의 평균은 매우 작으며, 표준 편차들은 식 (10.10)과 일치한다.

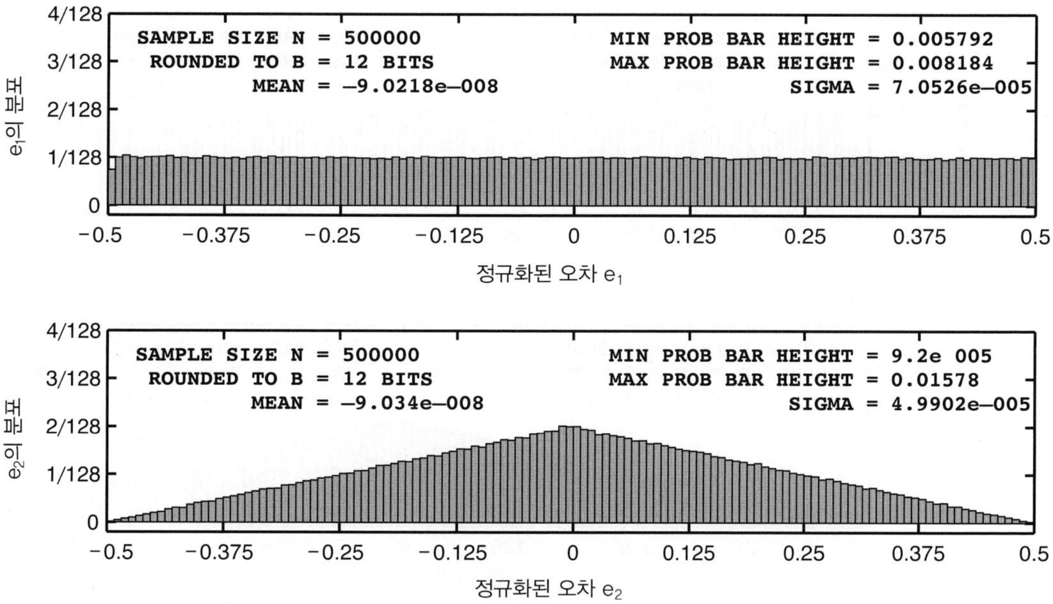

그림 10.15 예제 10.9의 삼각함수 신호에 대한 곱셈 양자화 오차 분포, $B = 12$비트

예제 10.10 $x(n)$은 표본들이 $[-1, 1]$ 구간에 균일하게 분포한 독립적이고 동일한 분포를 갖는 임의의 신호이다. 통계적 분산을 최소화하기 위해 500,000개의 표본을 사용하여 정규화된 오차를 구하라.

풀이 다음 MATLAB 코드는 $B = 6$일 때의 분포를 계산한다.

```
clear; close all;
% Example parameters
B = 6; N = 500000; xn = (2*rand(1,N)-1); bM = 7;  c = 1/sqrt(2);
% Signal and Coefficient Quantization
xq = (round(xn*(2^B)))/(2^B); c = (round(c*(2^B)))/(2^B);
cxq = c*xq;                                % Multiplication of constant and signal

% Quantization error analysis
[H1,H2,Q, estat] = StatModelR(cxq,B,N);
H1max = max(H1); H1min = min(H1);          % Max and Min of H1
H2max = max(H2); H2min = min(H2);          % Max and Min of H2
```

결과 히스토그램 그래프가 그림 10.16에 나타나 있다. $B = 6$비트에 대해서도 오차 표본들은 균일한 것으로 보이고 (비록 불연속적이긴 하나) 서로 독립적이다. $B = 12$비트에 대한 그래프가 그림 10.17에 나타나 있다. $B = 12$비트에 대해서는 분명히 양자화 오차가 독립적이고 균일하게 분포한다. 독자들은 식 (10.7), (10.9), (10.10)에서 주어진 이러한 오차들의 통계를 확인해야 한다.

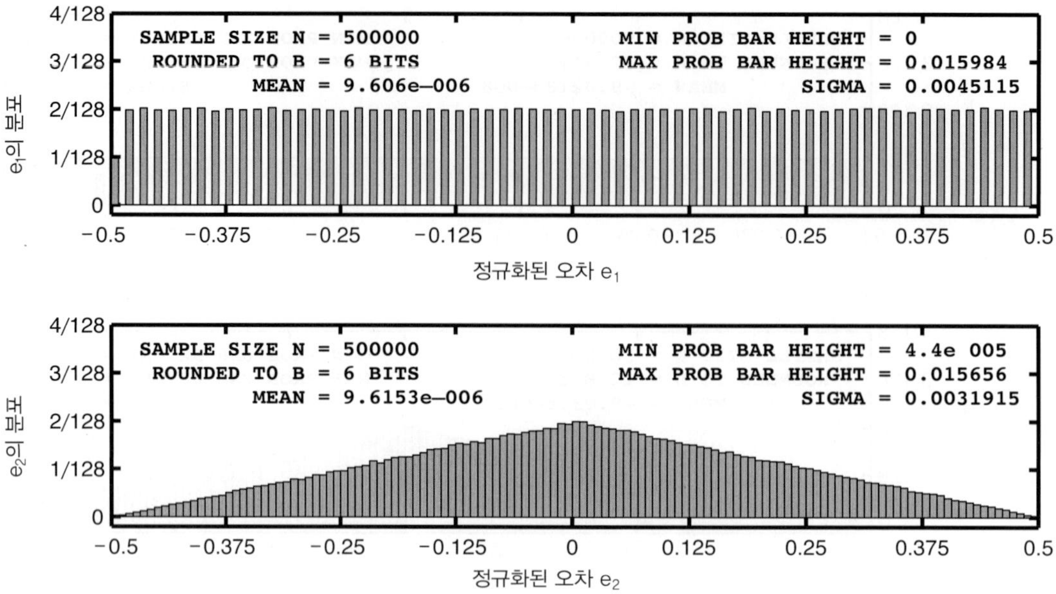

그림 10.16 예제 10.10의 확률 신호에 대한 곱셈 양자화 오차 분포, $B = 6$비트

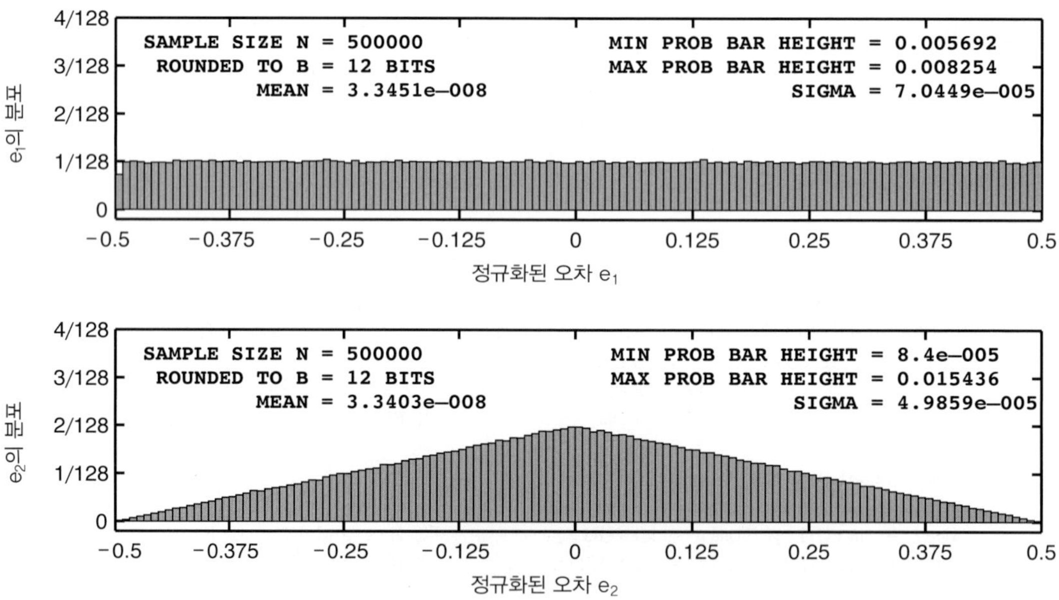

그림 10.17 예제 10.10의 확률 신호에 대한 곱셈 양자화 오차 분포, $B = 12$비트

이 두 예제로부터 곱셈 양자화 오차의 통계적 모델은 제시된 가정들과 함께 양자화 비트의 수가 충분히 크다면 확률 신호에 대한 매우 좋은 모델이라는 결론을 얻을 수 있다.

10.2.5 통계적 반올림 잡음: 고정소수점 연산

이번 절과 다음 절에서는 앞 절에서 배운 곱셈 양자화 오차 모델을 사용하여 IIR 필터에 대한 반올림 영향을 고려할 것이다. 우리는 끝처리 연산을 강조했으므로 이 모델은 반올림 잡음 모델이라고도 알려져 있다. 실제 구현들은 1차 혹은 2차의 부분들과 관련되어 있으므로 1차와 2차 필터로 한정한다.

1차 필터 그림 10.18(a)에 나타난 1차 필터를 고려하라. 양자화기 $\mathcal{Q}[\cdot]$가 곱셈기 후에 나타나면 결과 필터는 그림 10.18(b)처럼 나타나며, 이는 비선형 시스템이다. $\mathcal{Q}[\cdot]$가 반올림 특징에 기반한 양자화기일 때, 그 효과는 그림 10.18(c)에서 볼 수 있듯이 곱셈기 출력에 평균이 0인 정상 백색 잡음 신호 $e(n)$을 더한 것이다.

$q(n)$을 $e(n)$으로 인한 응답으로 두고, $h_e(n)$을 잡음 임펄스 응답(즉, $e(n)$과 $q(n)$ 사이의)이라 두자. 그림 10.18(c)의 시스템에 대해

$$h_e(n) = h(n) = \alpha^n u(n) \tag{10.38}$$

식 (10.12)와 (10.7)을 사용하여 $q(n)$의 평균은

$$m_q = m_e \sum_0^{\infty} h_e(n) = 0 \tag{10.39}$$

마찬가지로, 식 (10.15)를 사용하여 $q(n)$의 분산은

$$\sigma_q^2 = \sigma_e^2 \left(\sum_0^{\infty} |h_e(n)|^2 \right) \tag{10.40}$$

식 (10.38)로부터 끝처리에 대해 $\sigma_e^2 = 2^{-2B}/12$와 $h_e(n)$을 치환하면 다음을 얻는다.

$$\sigma_q^2 = \frac{2^{-2B}}{12} \left(\sum_0^{\infty} |\alpha^n|^2 \right) = \frac{2^{-2B}}{12} \sum_0^{\infty} \left(|\alpha|^2\right)^n = \frac{2^{-2B}}{12\,(1-|\alpha|^2)} \tag{10.41}$$

이것은 곱셈 뒤에 따르는 끝처리로 인한 출력 잡음 전력이다.

가산기 뒤를 따르는 가능한 자릿수 초과 역시 방지해야 한다. $y_1(n)$을 그림 10.18(a)에서

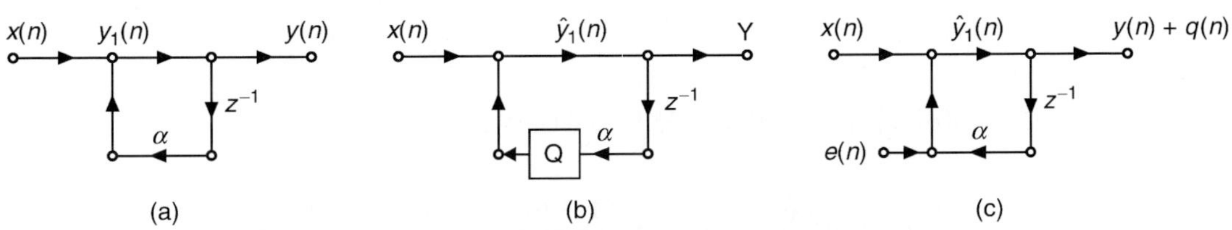

그림 10.18 1차 IIR 필터: (a) 구조, (b) 양자화기를 가진 구조, (c) 반올림 잡음 모델

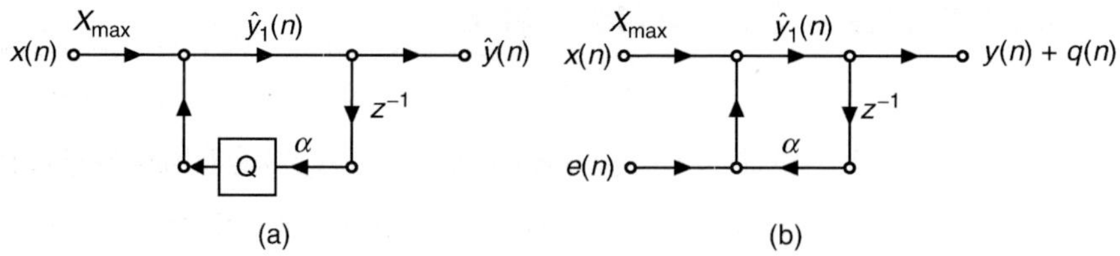

그림 10.19 크기 조정된 1차 IIR 필터: (a) 양자화기를 가진 구조, (b) 반올림 잡음 모델

의 덧셈 시의 출력 신호라고 두자. 이 경우는 $y(n)$과 동일하다. 이제 $y_1(n)$의 위쪽 경계는

$$|y_1(n)| = |y(n)| = \left|\sum_0^\infty h(k)\,x(n-k)\right| \le \sum_0^\infty |h(k)|\;|x(n-k)| \tag{10.42}$$

입력 신호가 $X_{\max}$(즉, $|x(n)| \le X_{\max}$)의 한계를 갖는다고 하자. 그러면

$$|y_1(n)| \le X_{\max} \sum_0^\infty |h(k)| \tag{10.43}$$

$y_1(n)$이 B 소수 비트로 표현되기 때문에 $|y_1(n)| \le 1$이다. 조건식 (10.43)은 다음을 요구함으로써 만족될 수 있다.

$$X_{\max} = \frac{1}{\sum_0^\infty |h(k)|} = \frac{1}{1/(1-|\alpha|)} = 1 - |\alpha| \tag{10.44}$$

따라서 자릿수 초과를 막기 위해 $x(n)$은 다음을 만족해야 한다.

$$-(1-|\alpha|) \le x(n) \le (1-|\alpha|) \tag{10.45}$$

따라서 입력은 그림 10.19에 나타나 있듯이 인가되기 전에 크기 조정을 통해 조정되어야 한다.

신호 대 잡음비 이제 유한 단어 길이 효과를 출력의 신호 대 잡음비(SNR: signal-to-noise ratio)로서 계산할 것이다. 적절히 크기 조정된 $x(n)$으로 출력에 자릿수 초과는 발생하지 않는다고 가정한다. $x(n)$은 정상 백색 신호이고, $[-(1-|\alpha|),\ (1-|\alpha|)]$ 사이에 균일하게 분포한다고 하자. 그러면

$$m_x = 0 \qquad \text{그리고} \qquad \sigma_x^2 = \frac{(1-|\alpha|)^2}{3} \tag{10.46}$$

그러므로 $y(n)$ 역시 $m_y = 0$인 정상 임의 신호이고,

$$\sigma_y^2 = \sigma_x^2 \sum_0^\infty |h(n)|^2 = \frac{(1-|\alpha|)^2}{3}\,\frac{1}{1-|\alpha|^2} = \frac{(1-|\alpha|)^2}{3\,(1-|\alpha|^2)} \tag{10.47}$$

식 (10.41)과 (10.47)을 사용하여, 출력 SNR은 다음과 같다.

$$\begin{aligned}\text{SNR} &\triangleq \frac{\sigma_y^2}{\sigma_q^2} = \frac{(1-|\alpha|)^2}{3\,(1-|\alpha|^2)}\frac{12\,(1-|\alpha|^2)}{2^{-2B}} \\ &= 4\left(2^{2B}\right)(1-|\alpha|)^2 = 2^{2(B+1)}\,(1-|\alpha|)^2\end{aligned} \tag{10.48}$$

또는 dB로 SNR은 다음과 같다.

$$\text{SNR}_{\text{dB}} \triangleq 10\log_{10}(\text{SNR}) = 6.02 + 6.02B + 20\log_{10}(1-|\alpha|) \tag{10.49}$$

단위원으로부터 극점까지의 거리를 $\delta = 1 - |\alpha|$이라 두자. 그러면

$$\text{SNR}_{\text{dB}} = 6.02 + 6.02B + 20\log_{10}(\delta) \tag{10.50}$$

이것은 매우 의미 있는 결과이다. 우선, 그것은 SNR이 직접적으로 B에 비례함을 보여주고 단어 길이가 1비트 추가됨에 대해 약 6 dB 정도가 증가함을 보여준다. 둘째, SNR은 또한 거리 δ에 직접적으로 비례한다. 더 작은 δ(단위원에 더 가까운 극점)는 필터 특징의 결과인 더 작은 SNR을 의미한다. 예를 들어 $B = 6$이고 $\delta = 0.05$라면 SNR = 16.12 dB이고, $B = 12$이고 $\delta = 0.1$이라면 SNR = 58.26 dB이다.

10.2.6 MATLAB을 사용한 분석

IIR 필터에서의 반올림 영향의 특성을 분석하기 위해 양자화 방식 `'round'`와 자릿수 초과 방식 `'satur'`를 사용하는 MATLAB 함수 `QFix`를 사용해 시뮬레이션할 것이다. 만약 자릿수 초과를 피하기 위한 적절한 크기 조정이 있다면, 곱셈기 출력은 자릿수 초과를 걱정할 필요 없이 각각의 n에서 양자화만이 필요하다. 그러나 우리는 어떠한 예측 못한 문제를 피하기 위해 최종 합을 여전히 포화시킬 것이다. 이전의 시뮬레이션에서 벡터에 양자화 연산을 수행했다(즉, 병렬적인 처리를 수행했다). IIR 필터는 재귀적 필터이고 각 오차는 시스템으로 되먹임되기 때문에 벡터 연산은 일반적으로 가능하지 않다. 따라서 필터 출력은 첫 번째 표본부터 마지막 표본까지 순차적으로 계산될 것이다. MATLAB은 벡터 연산에 대해 최적화되어 있으므로 많은 수의 표본을 위해 MATLAB에서의 실행 속도는 느려질 것이다. 그러나 최신의 고속 처리기에 대해 실행 속도는 몇 초 내일 것이다. 이러한 시뮬레이션 단계들은 다음 예제에서 자세히 다룬다.

예제 10.11 그림 10.19(b)에 주어진 모델을 고려하라. MATLAB에서 이 모델을 시뮬레이션하고 출력 오차 특성을 조사할 것이다. $a = 0.9$이고, 이는 B비트로 양자화될 것이다. 입력 신호는 $[-1, +1]$ 구간에 균일하게 분포하고 필터링되기 전에 B비트로 양자화된다. 신호 비례 인자 X_{max}는 식 (10.44)부터 계산된다. 100,000개의 신호 표본과 $B = 6$비트를 사용하여 다음 MATLAB

코드는 원래 출력 $y(n)$, 양자화된 출력 $\hat{y}(n)$, 출력 오차 $q(n)$ 그리고 출력 SNR을 계산할 것이다.

```
close all; clc;

% Example Parameters
B = 6;                  % # of fractional bits
N = 100000;             % # of samples
xn = (2*rand(1,N)-1);   % Input sequence - Uniform Distribution
a = 0.9;                % Filter parameter
Xm = 1-abs(a);          % Scaling factor

% Local variables
  bM = 7; DbM = 2^bM;      % bin parameter
  BB = 2^B;                % useful factor in quantization
   M = round(DbM/2);       % Half number of bins
bins = [-M+0.5:1:M-0.5];   % Bin values from -M to M
   Q = bins/DbM;           % Normalized bins
 YTN = 2^(-bM);            % Ytick marks interval
 YLM = 4*YTN;              % Yaxis limit

% Quantize the input and the filter coefficients
  xn = QFix(Xm*xn,B,'round','satur'); % Scaled Input quant to B bits
   a = QFix(a,B,'round','satur');      % a quantized to B bits

% Filter output without multiplication quantization
  yn = filter(1,[1,-a],xn);  % output using filter routine

% Filter output with multiplication quantization
   yq = zeros(1,N);                  % Initialize quantized output array
yq(1) = xn(1);                       % Calculation of the first sample yq(1)
for I = 2:N;
    A1Y = QFix(a*yq(I-1),B,'round','satur'); % Quantization of a*y(n-1)
  yq(I) = QFix(A1Y+xn(I),B,'round','satur'); % I-th sample yq(I)
end

% Output Error Analysis
   en = yn-yq;                             % Output error sequence
varyn = var(yn); varen = var(en);          % Signal and noise power
eemax = max(en); eemin = min(en);          % Maximum and minimum of the error
enmax = max(abs([eemax,eemin]));           % Absolute maximum range of the error
enavg = mean(en); enstd = std(en);         % Mean and std dev of the error
   en = round(en*(2^bM)/(2*enmax)+0.5);    % Normalized en (integer between -M & M)
   en = sort([en,-M:1:(M+1)]);             %
    H = diff(find(diff(en)))-1;            % Error histogram
    H = H/N;                               % Normalized histogram
 Hmax = max(H); Hmin = min(H);             % Max and Min of the normalized histogram

% Output SNRs
SNR_C = 10*log10(varyn/varen); % Computed SNR
SNR_T = 6.02 + 6.02*B + 20*log10(Xm); % Theoretical SNR
```

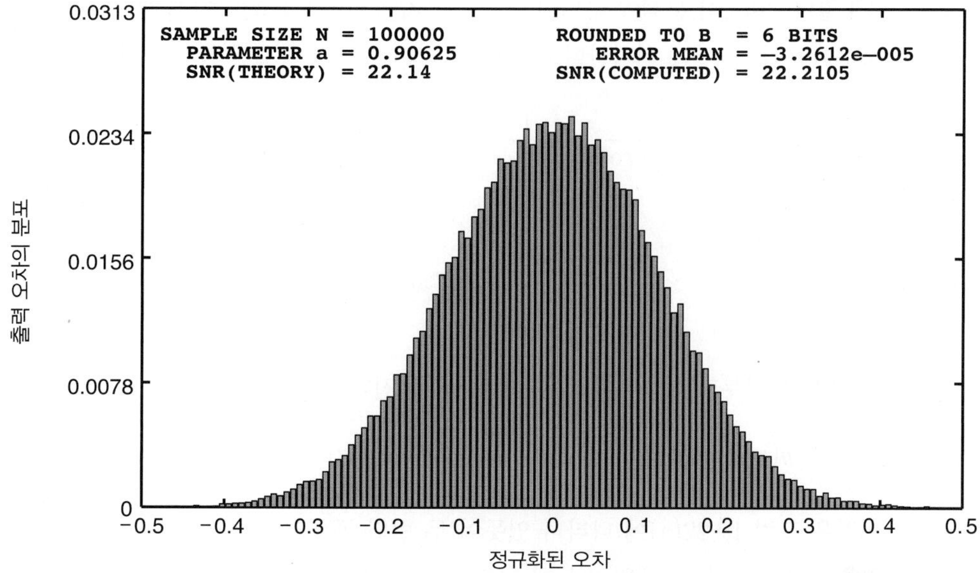

그림 10.20 예제 10.11의 1차 IIR 필터에서의 곱셈 양자화 영향, $B = 6$비트

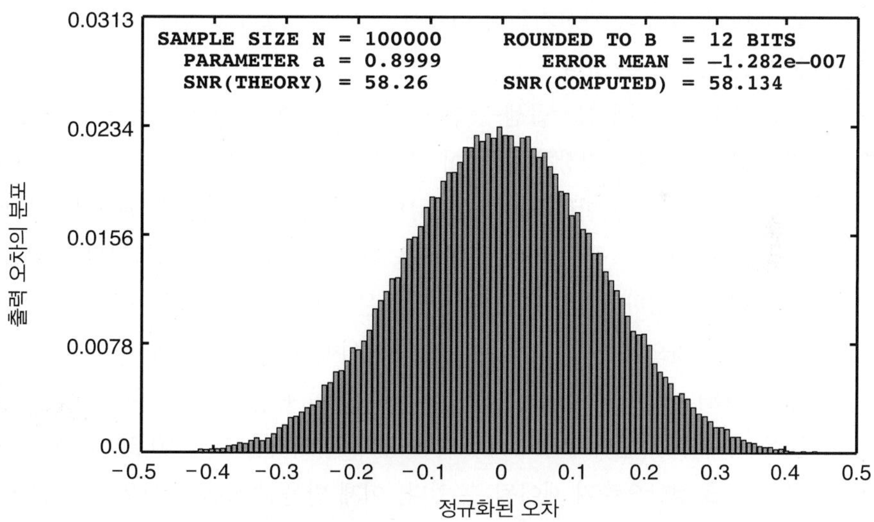

그림 10.21 예제 10.11의 1차 IIR 필터에서의 곱셈 양자화 영향, $B = 12$비트

위에서 나타나지 않은 코드 부분은 그림 10.20에 나타난 출력 오차의 정규화된 히스토그램을 그리고, 그래프에 표시된 통계 값을 계산하고 인쇄한다. 오차는 예상한 대로 가우스 분포를 갖는 것으로 보인다. 출력 SNR의 정확한 값은 22.14 dB이고, 이는 계산된 값 22.21 dB과 일치한다. 비슷한 결과가 $B = 12$비트에 대해 그림 10.21에 나타나 있다. 역시, 시뮬레이션 결과는 모델의 결과와 일치한다.

2차 필터 비슷한 분석이 극점이 단위원 근처에 있는 2차 필터에 대해 가능하다. 두 극점이 복소수 $re^{j\theta}$과 $re^{-j\theta}$에 위치한다고 하자. 그러면 필터의 시스템 함수는 다음과 같이 주어진다.

$$H(z) = \frac{1}{(1 - re^{j\theta}z^{-1})(1 - re^{-j\theta}z^{-1})} = \frac{1}{1 - 2r\cos(\theta)\, z^{-1} + r^2 z^{-2}} \tag{10.51}$$

임펄스 응답은

$$h(n) = \frac{r^n \sin\{(n+1)\theta\}}{\sin(\theta)} u(n) \tag{10.52}$$

식 (10.51)로부터 점화식이 다음과 같이 주어진다.

$$y(n) = x(n) - a_1 y(n-1) - a_2 y(n-2); \quad a_1 = -2r\cos(\theta),\ a_2 = r^2 \tag{10.53}$$

이것은 그림 10.22(a)에 나타나 있듯이 두 번의 곱셈과 두 번의 덧셈을 필요로 한다. 따라서 2개의 잡음 근원과 2개의 가능한 자릿수 초과 위치가 있다. 두 곱셈기에 따르는 양자화에 대한 반올림 모델이 그림 10.22(b)에 나타나 있다. 여기서 응답 $q_1(n)$과 $q_2(n)$은 각각 잡음 근원 $e_1(n)$과 $e_2(n)$으로 인한 것이다. 이 두 잡음 근원을 하나로 합칠 수 있다. 그러나 자릿수 초과를 피하기 위해 각 가산기의 입력에서 신호들을 크기 조정해야 하므로 이들의 근원을 통합하는 일은 복잡할 수 있다.

최신 DSP 칩에서는 곱셈-덧셈 연산들의 중간 결과를 곱셈-축적(multiply-accumulate) 또는 MAC 기기에 저장하는데, 이 기기는 두 배의 정밀도를 갖는 레지스터에 축적된 합을 갖고 있다. 최종적인 합(그림 10.22(b)의 위 가산기의 출력)은 $\hat{y}(n)$을 얻기 위해 양자화된다. 이러한 구현은 총 곱셈 양자화 잡음을 감소시킬 뿐만 아니라 결과 분석을 더 쉽게 한다. 최신 구현을 가정하면 단순화된 결과 모델은 그림 10.22(c)와 같이 나타나며, 여기서 $e(n)$은 단독 잡음 근원으로 $[-2^{-(B+1)}, 2^{-(B+1)}]$ 사이에 균일하게 분포하고 $q(n)$은 $e(n)$으로 인한 응답이다. $e(n) \neq e_1(n) + e_2(n)$이고, $q(n) \neq q_1(n) + q_2(n)$임을 주목하라. 우리가 걱정해야 하는 것은 단지 위 가산기에서의 자릿수 초과이다. 이것은 그림 10.22(d)에 나타난 입력 신호 $x(n)$을 크기 조정함으로써 제어될 수 있다. 이제 반올림 잡음 분석은 1차 필터에서와 비슷한 방식으로 수행될 수 있다. 그러나 자세한 내용은 식 (10.52)의 임펄스 응답으로 인해 더 복잡하다.

신호 대 잡음비 그림 10.22(d)를 참고하여, 잡음 임펄스 응답 $h_e(n)$은 $h(n)$과 같다. 따라서 출력 반올림 잡음 전력은 다음과 같이 주어진다.

$$\sigma_q^2 = \sigma_e^2 \sum_{n=0}^{\infty} |h(n)|^2 = \frac{2^{-2B}}{12} \sum_{n=0}^{\infty} |h(n)|^2 \tag{10.54}$$

$x(n)$은 양자화되기 때문에 $|x(n)| \le 1$이다. 그러면 가산기에서 자릿수 초과를 피하기 위해 $X_{\max}$로 크기 조정된다. 따라서 출력 신호 전력은 다음과 같이 주어진다.

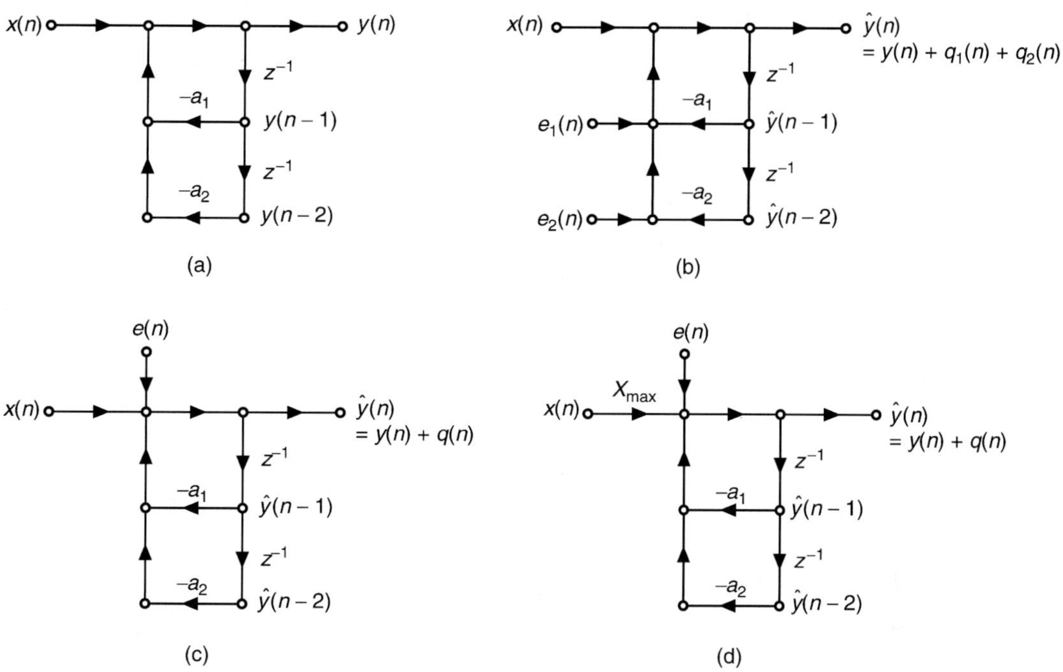

그림 10.22 2차 IIR 필터: (a) 구조, (b) 반올림 잡음 모델, (c) 단순화된 모델, (d) 크기 조정된 단순화된 모델

$$\sigma_y^2 = X_{\max}^2 \sigma_x^2 \sum_{n=0}^{\infty} |h(n)|^2 = \frac{X_{\max}^2}{3} \sum_{n=0}^{\infty} |h(n)|^2 \tag{10.55}$$

$x(n)$은 $[-1,\ +1]$ 구간에 균일하게 분포한다고 가정한다. 따라서 출력 SNR은 다음과 같이 주어진다.

$$\text{SNR} = \frac{\sigma_y^2}{\sigma_q^2} = 4\left(2^{2B}\right) X_{\max}^2 = 2^{2(B+1)} X_{\max}^2 \tag{10.56}$$

또는

$$\text{SNR}_{\text{dB}} = 6.02 + 6.02B + 20\log_{10} X_{\max} \tag{10.57}$$

식 (10.43), (10.44), (10.45)에 따라 비례 인자 $X_{\max}$는 다음과 같이 주어진다.

$$X_{\max} = \frac{1}{\sum_{n=0}^{\infty} |h(n)|} \tag{10.58}$$

이것은 계산하기가 쉽지 않다. 그러나 $X_{\max}$의 위쪽 한계나 아래쪽 한계는 쉽게 얻을 수 있다. 식 (10.52)로부터 식 (10.58)의 분모의 위쪽 한계는 다음과 같이 주어진다.

$$\sum_{n=0}^{\infty} |h(n)| = \frac{1}{\sin\theta} \sum_{n=0}^{\infty} r^n |\sin[(n+1)\theta]| \le \frac{1}{\sin\theta} \sum_{n=0}^{\infty} r^n = \frac{1}{(1-r)\sin\theta} \tag{10.59}$$

또는 $X_{\max}$의 아래쪽 한계는 다음과 같이 주어진다.

$$X_{\max} \geq (1-r)\sin\theta \tag{10.60}$$

식 (10.58)의 분모의 아래쪽 한계는 다음을 통해 얻을 수 있다.

$$|H(\mathrm{e}^{\jmath\omega})| = \left|\sum_{n=0}^{\infty} h(n)\mathrm{e}^{-\jmath\omega}\right| \leq \sum_{n=0}^{\infty} |h(n)|$$

이제 식 (10.51)로부터 절대값 $|\mathrm{H}(\mathrm{e}^{j\omega})|$은 다음과 같이 주어진다.

$$|H(\mathrm{e}^{\jmath\omega})| = \left|\frac{1}{1-2r\cos(\theta)\mathrm{e}^{-\jmath\omega}+r^2\mathrm{e}^{-\jmath2\omega}}\right|$$

이것은 공명 주파수 $\omega = \theta$에서 최대값을 갖는다는 사실을 쉽게 얻을 수 있다. 따라서

$$\sum_{n=0}^{\infty} |h(n)| \geq |H(\mathrm{e}^{\jmath\theta})| = \frac{1}{(1-r)\sqrt{1+r^2-2r\cos(2\theta)}} \tag{10.61}$$

또는 $X_{\max}$의 위쪽 한계는 다음과 같이 주어진다.

$$X_{\max} \leq (1-r)\sqrt{1+r^2-2r\cos(2\theta)} \tag{10.62}$$

식 (10.56)에서 식 (10.60)과 (10.62)를 치환하면 출력 SNR은 다음과 같이 위아래로 한계를 갖게 된다.

$$2^{2(B+1)}(1-r)^2\sin^2\theta \leq \mathrm{SNR} \leq 2^{2(B+1)}(1-r)^2(1+r^2-2r\cos 2\theta) \tag{10.63}$$

$1-r=\delta \ll 1$로 치환하고 간단하게 정리하면 다음과 같다.

$$2^{2(B+1)}\delta^2\sin^2\theta \leq \mathrm{SNR} \leq 4\left(2^{2(B+1)}\right)\delta^2\sin^2\theta \tag{10.64}$$

또는 SNR의 위쪽 한계와 아래쪽 한계의 차이는 약 6 dB이다. 다시 한 번 출력 SNR은 직접적으로 B와 δ에 비례한다. 더욱이 그것은 각 θ에도 의존한다. 이러한 관찰의 일부는 예제 10.12에서 조사된다.

10.2.7 MATLAB을 사용한 분석

다시 양자화 방식 `'round'`와 자릿수 초과 방식 `'satur'`를 사용하는 MATLAB 함수 `QFix`를 사용해 반올림 영향 오차를 시뮬레이션한다. MAC 구조를 가정하므로 중간 결과를 양자화할 필요도, 자릿수 초과를 걱정할 필요도 없다. 단지 최종 합만이 포화해서 양자화될 필요가 있다. 이러한 연산들 역시 순차적으로 계산될 것이다. 이는 실행 속도에 영향을 미친다. 2차 필터에 대한 시뮬레이션 단계들은 다음 예제에서 자세히 다룬다.

예제 10.12 그림 10.22(d)에 주어진 모델을 고려하라. MATLAB에서 이 모델을 시뮬레이션하고 출력 오차 특징을 조사할 것이다. $r = 0.9$이고 $\theta = \pi/3$이며, 필터 매개변수들은 B비트로 양자화될 것이다. 입력 신호는 $[-1, +1]$ 구간에 균일하게 분포하고 필터링되기 전에 B비트로 양자화된다. 비례 인자 $X_{\max}$는 식 (10.58)을 사용해 충분히 많은 수의 표본에 대한 임펄스 응답을 계산함으로써 MATLAB으로 계산된다. 100,000개의 신호 표본과 $B = 6$비트를 사용하여 다음 MATLAB 코드는 원래 출력 SNR, 계산된 SNR과 위, 아래의 한계를 계산할 것이다.

```
close all; clc;

% Example Parameters
 B = 12;                % # of fractional bits
 N = 100000;            % # of samples
xn = (2*rand(1,N)-1); % Input sequence - Uniform
 r = 0.9; theta = pi/3;% Pole locations

% Computed Parameters
p1 = r*exp(j*theta);  % Poles
p2 = conj(p1);        %
 a = poly([p1,p2]);   % Filter parameters
hn = filter(1,a,[1,zeros(1,1000)]); % Imp res
Xm = 1/sum(abs(hn));  % Scaling factor
Xm_L = (1-r)*sin(theta); % Lower bound
Xm_U = (1-r)*sqrt(1+r*r-2*r*cos(2*theta)); % Upper bound

% Local variables
  bM = 7; DbM = 2^bM;    % bin parameter
  BB = 2^B;              % useful factor in quantization
   M = round(DbM/2);     % Half number of bins
bins = [-M+0.5:1:M-0.5]; % Bin values from -M to M
   Q = bins/DbM;         % Normalized bins
 YTN = 2^(-bM);          % Ytick marks interval
 YLM = 4*YTN;            % Yaxis limit

% Quantize the input and the filter coefficients
  xn = QFix(Xm*xn,B,'round','satur'); % Scaled Input quant B bits
   a = QFix(a,B,'round','satur');     % a quantized to B bits
  a1 = a(2); a2 = a(3);

% Filter output without multiplication quantization
  yn = filter(1,a,xn);  % output using filter routine

% Filter output with multiplication quantization
   yq = zeros(1,N); % Initialize quantized output array
yq(1) = xn(1);      % sample yq(1)
yq(2) = QFix((xn(2)-a1*yq(1)),B,'round','satur'); % sample yq(2)
for I = 3:N;
    yq(I) = xn(I)-a1*yq(I-1)-a2*yq(I-2); % Unquantized sample
    yq(I) = QFix(yq(I),B,'round','satur'); % Quantized sample
end
```

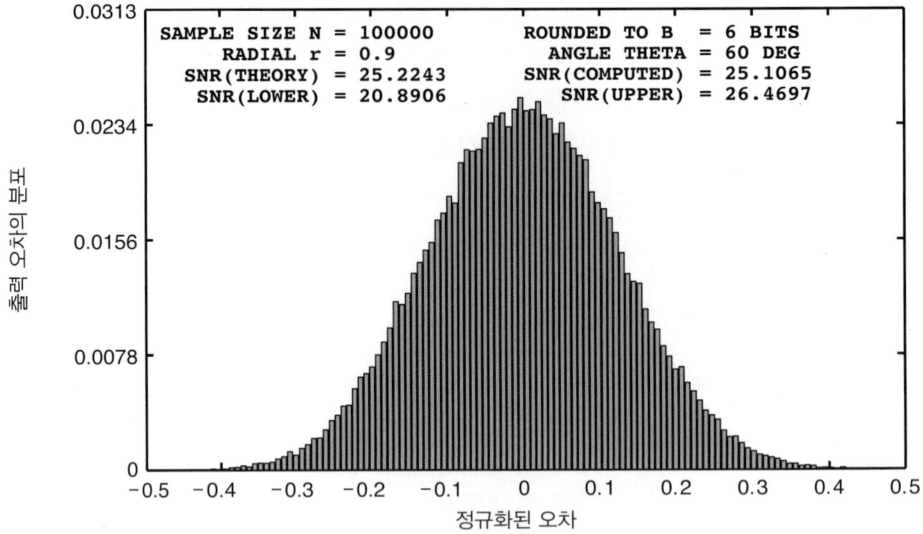

그림 10.23 예제 10.12의 2차 IIR 필터에서의 곱셈 양자화 영향, B = 6비트

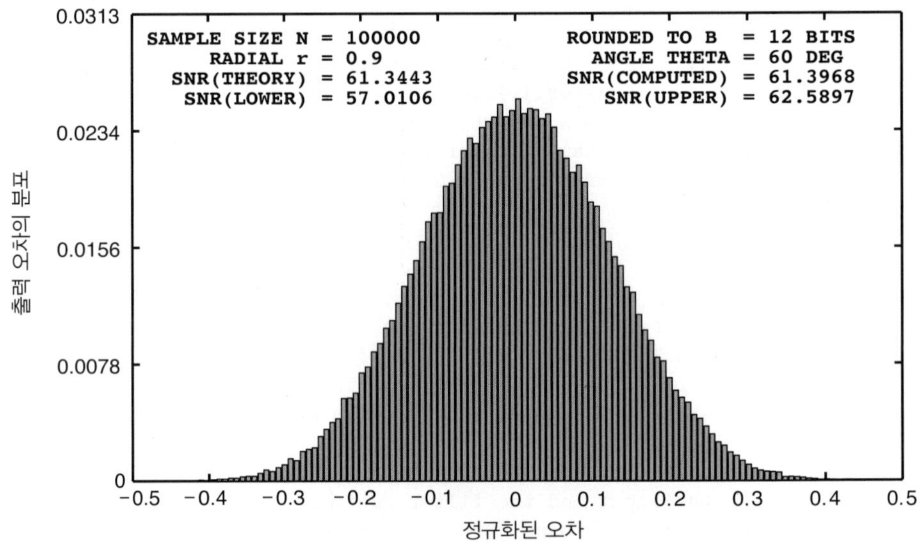

그림 10.24 예제 10.12의 2차 IIR 필터에서의 곱셈 양자화 영향, B = 12비트

```
% Output Error Analysis
   en = yn-yq;                               % Output error sequence
varyn = var(yn); varen = var(en);           % Signal and noise power
eemax = max(en); eemin = min(en);           % Maximum and minimum of the error
enmax = max(abs([eemax,eemin]));            % Absolute maximum range of the error
enavg = mean(en); enstd = std(en);          % Mean and std dev of the error
   en = round(en*(2^bM)/(2*enmax)+0.5);     % Normalized en (integer between -M & M)
   en = sort([en,-M:1:(M+1)]);              %
    H = diff(find(diff(en)))-1;             % Error histogram
    H = H/N;                                % Normalized histogram
 Hmax = max(H); Hmin = min(H);              % Max and Min of the normalized histogram
```

```
% Output SNRs
SNR_C = 10*log10(varyn/varen);          % Computed SNR
SNR_T = 6.02 + 6.02*B + 20*log10(Xm);   % Theoretical SNR
SNR_L = 6.02 + 6.02*B + 20*log10(Xm_L); % Lower SNR bound
SNR_U = 6.02 + 6.02*B + 20*log10(Xm_U); % Upper SNR bound
```

위에 나타나지 않은 코드 부분은 그림 10.23에 나타난 출력 오차의 정규화된 히스토그램을 그리고, 그래프에 표시된 통계 값들을 계산하고 인쇄한다. 오차는 역시 가우스 분포를 갖는다. 출력 SNR의 정확한 값은 25.22 dB로, 이는 계산된 값 25.11 dB과 일치하며, 아래쪽 한계 20.89 dB과 위쪽 한계 26.47 dB 사이에 있다. 비슷한 결과가 $B = 12$비트에 대해 그림 10.24에 나타나 있다. 역시, 시뮬레이션 결과는 모델의 결과와 일치한다.

10.2.8 고차 필터

2차 필터에서 양자화 영향의 분석은 병렬 구현을 기반으로 고차 필터에 직접 적용할 수 있다. 이 경우 각 2차 필터부는 그 밖의 부분들에 독립적이고, 그러므로 병렬 구조의 출력에서의 총 양자화 잡음 전력은 간단히 각 개별 부분의 양자화 잡음 전력들의 선형 합이다. 반면에 종속형 구현은 어떤 2차 필터부에서 생성된 잡음이 이어지는 부분으로 필터링되므로 분석하기가 훨씬 더 어렵다. 고차 필터 출력에서의 총 잡음 전력을 최소화하기 위한 하나의 적절한 전략은 각 부분을 최대 주파수 이득을 감소시키는 순서로 배치하는 것이다. 이 경우 이전의 고이득 부분에서 생성된 잡음 전력은 이후의 부분들에서 심각하게 증가하지 않는다. 이전 장에서 개발한 MATLAB 기법들을 바탕으로 주어진 종속형 구조의 유한 단어 길이 구현을 시뮬레이션하고, 출력 SNR을 결정하는 일은 쉽다.

10.2.9 통계적 반올림 잡음: 부동소수점 연산

6장에서 논의했듯이 부동소수점 연산은 절대적인 오차보다는 절대값에 비례하는 오차를 갖는다. 이것은 덧셈에 의한 잡음보다는 곱셈에 의한 잡음을 생성한다. 즉, 식 (6.68)로부터

$$\mathcal{Q}[x(n)] = x(n) + \varepsilon(n)x(n) = x(n)\{1 + \varepsilon(n)\} \tag{10.65}$$

$(B+1)$비트 가수에 대해 다음을 갖는다.

$$-2^{-B} < \varepsilon(n) \le 2^{-B} \tag{10.66}$$

따라서 상대적 오차의 평균은 $m_\varepsilon = 0$이고, 그 분산은 다음과 같다.

$$\sigma_\varepsilon^2 = \frac{2^{-2B}}{3} \tag{10.67}$$

MATLAB은 IEEE 754 부동소수점 연산으로 구현되었기 때문에 우리가 수행하는 모든 시뮬레이션은 IEEE 754 부동소수점 계산이다. (불가능하지는 않다고 하더라도) MATLAB으로 임

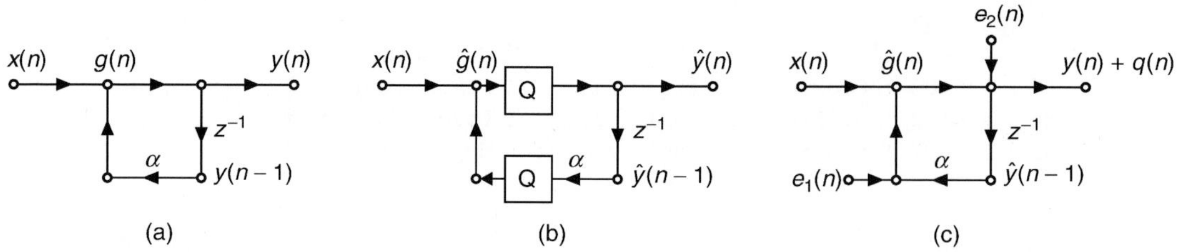

그림 10.25 1차 IIR 필터: (a) 구조, (b) 부동소수점 연산의 유한 단어 길이 모델, (c) 부동소수점 연산의 통계적 모델

의의 부동소수점 연산을 시뮬레이션하는 일은 어렵다. 그러므로 이론적인 결과만을 제시한다.

1차 필터 이전과 그림 10.25(a)에 보이는 1차 필터를 고려하라. 부동소수점 연산에 대한 유한 단어 길이 분석의 경우 그림 10.25(b)에 나타난 것처럼 곱셈과 덧셈 후에 가수의 반올림을 취하기 위해 양자화기가 필요하다. 따라서 그림 10.25(c)에 나타난 것처럼 통계적 모델에는 두 가지의 잡음 생성원이 있다. 여기서 $e_1(n)$은 곱셈기의 잡음 생성이고, $e_2(n)$은 가산기의 잡음 생성이며, $\hat{g}(n)$은 양자화 이전의 가산기 신호이고, $\hat{y}(n)$은 양자화 출력이다. 이제

$$e_1(n) = \varepsilon_1(n)\,\alpha\,\hat{y}(n-1) \tag{10.68a}$$

$$e_2(n) = \varepsilon_2(n)\,\hat{g}(n) \tag{10.68b}$$

여기서 $\varepsilon_1(n)$과 $\varepsilon_2(n)$은 각각 대응되는 양자화기에서의 상대적 오차들이다. 1차의 경우에 대해서조차 정확한 분석은 매우 장황하다. 따라서 우리는 몇몇의 실제 정당한 근사화를 취한다. 만약 오차의 절대값이 작다면, $\hat{y}(n-1) \approx y(n-1)$이고 $\hat{g}(n) \approx y(n)$이다. 따라서 식 (10.68a)로부터 다음을 얻는다.

$$e_1(n) \approx \alpha\,\varepsilon_1(n)\,y(n-1) \tag{10.69a}$$

$$e_2(n) \approx \varepsilon_2(n)\,y(n) \tag{10.69b}$$

더욱이 잡음 생성원들에 대해 다음을 가정한다.

1. $\varepsilon_1(n)$과 $\varepsilon_2(n)$은 백색 잡음 생성원들이다.
2. $\varepsilon_1(n)$과 $\varepsilon_2(n)$은 서로 관련이 없다.
3. $\varepsilon_1(n)$과 $\varepsilon_2(n)$은 입력 $x(n)$과 관련이 없다.
4. $\varepsilon_1(n)$과 $\varepsilon_2(n)$은 -2^{-B}와 2^{-B} 사이에 균일하게 분포한다.

$x(n)$을 평균이 0인 정상 확률 신호라고 두자. 그러면 $y(n)$ 역시 평균이 0인 정상 신호이다. 따라서 식 (10.69)로부터

$$\sigma_{e_1}^2 = |\alpha|^2\sigma_{\varepsilon_1}^2\sigma_y^2 \tag{10.70a}$$

$$\sigma_{e_2}^2 = \sigma_{\varepsilon_2}^2\sigma_y^2 \tag{10.70b}$$

$e_1(n)$으로 인한 출력에서의 오차를 $q_1(n)$으로, $e_2(n)$으로 인한 출력에서의 오차를 $q_2(n)$으

로 두자. $h_1(n)$과 $h_2(n)$은 대응되는 잡음 임펄스 응답으로 두자. $h_1(n) = h_2(n) = h(n) = \alpha^n u(n)$임을 주목하라. 그러면 총 오차 $q(n)$은 다음과 같다.

$$q(n) = q_1(n) + q_2(n) \tag{10.71}$$

다음과 함께

$$\sigma_q^2 = \sigma_{q_1}^2 + \sigma_{q_2}^2 \tag{10.72}$$

여기서

$$\sigma_{q_1}^2 = \sigma_{e_1}^2 \sum_0^\infty |h_1(n)|^2 \qquad \text{그리고} \qquad \sigma_{q_2}^2 = \sigma_{e_2}^2 \sum_0^\infty |h_2(n)|^2 \tag{10.73}$$

따라서 식 (10.72), (10.73), (10.70)을 사용하면,

$$\sigma_q^2 = (\sigma_{e_1}^2 + \sigma_{e_2}^2)\left(\frac{1}{1-|\alpha|^2}\right) = \sigma_y^2\left(\frac{1}{1-|\alpha|^2}\right)(|\alpha|^2\sigma_{\varepsilon_1}^2 + \sigma_{\varepsilon_2}^2) \tag{10.74}$$

$\sigma_{\varepsilon_1}^2 = \sigma_{\varepsilon_2}^2 = 2^{-2B}/3$을 사용하면,

$$\sigma_q^2 = \sigma_y^2\left(\frac{2^{-2B}}{3}\right)\left(\frac{1+|\alpha|^2}{1-|\alpha|^2}\right) \tag{10.75}$$

그러므로

$$\text{SNR} = \frac{\sigma_y^2}{\sigma_q^2} = 3\left(2^{2B}\right)\left(\frac{1-|\alpha|^2}{1+|\alpha|^2}\right) \tag{10.76}$$

또는

$$\text{SNR}_{\text{dB}} = 4.77 + 6.02B + 10\log_{10}(1-|\alpha|^2) - 10\log_{10}(1+|\alpha|^2) \tag{10.77}$$

이것은 역시 유용한 정보를 담고 있는 결과이다. 지적할 사항들은 다음과 같다.

1. 식 (10.76)의 SNR은 입력의 어떤 통계도 가정하지 않은 채 유도되었다. 따라서 그 결과는 백색 잡음, 협대역 또는 광대역을 포함한 많은 종류에 유효하다.
2. $0 < \delta = 1 - |\alpha| \ll 1$을 사용하여, 식 (10.77)의 SNR은 다음과 같은 형태로 둘 수 있다.

$$\text{SNR}_{\text{dB}} \approx 4.77 + 6.02B + 10\log_{10}(\delta) = \text{O}(\delta) \tag{10.78}$$

   이것은 고정소수점 결과식 (10.50)(여기서 SNR $\approx O(\delta^2)$)과 비교된다. 따라서 부동소수점 결과는 단위원과 극점의 거리에 덜 민감하다.
3. 부동소수점 연산에서 식 (10.75)의 출력 잡음 분산 σ_q^2은 σ_y^2에 비례한다. 따라서 입력 신호가 증폭된다면 σ_y^2 역시 증폭되기 때문에 잡음 분산 역시 증폭된다. 그러므로 SNR은 상수

이다. 이것은 역시 고정소수점인 경우(식 (10.41))와 비교되어야 한다. σ_q^2은 입력 신호와 독립적이다. 따라서 만약 신호의 수준이 높아지면, σ_y^2은 증가하고 SNR도 증가한다.

2차 필터 비슷한 분석이 단위원에서 가까운 극점을 갖는 2차 필터에 대해 수행될 수 있다. 만약 극점이 $re^{\pm j\theta}$으로 주어진다면, 다음을 보여줄 수 있다([71] 참조).

$$\mathrm{SNR} = \frac{\sigma_y^2}{\sigma_q^2} \approx 3\left(2^{2B}\right)\frac{4\delta\sin^{2\theta}}{3+4\cos\theta} \approx \mathrm{O}\left(\delta\right) \tag{10.79}$$

여기서 $\delta = 1 - r$이다. 이것 역시 실제로 잘 동작하는 근사적 결과이다. 이 경우에도 SNR은 고정소수점의 경우인 δ^2보다는 δ에 의존한다.

10.3 FIR 필터의 반올림 영향

이제 관심을 FIR 디지털 필터에서의 유한 단어 길이로 돌릴 것이다. 이전과 같이 고정소수점과 부동소수점의 경우를 분리하여 고려한다. 그리고 대표적인 예제들을 살펴보며 이 장을 맺을 것이다.

10.3.1 고정소수점 연산

두 가지 구현(직접형과 종속형)에 대한 영향을 고려할 것이다. IIR 필터 기술을 사용하여 분석 가능한 주파수 샘플링 구현을 제외하고는 실제 부분 확장이 없기 때문에 FIR 필터에 대한 병렬형 구현은 없다. FIR 필터의 분석은 되먹임 구간이 없으므로 IIR 필터의 분석보다 훨씬 더 간단하다. 이것의 결과 하나는 한계 순환이 없다는 것이다.

직접형 구현 길이가 M인(즉, 임펄스 응답에 M개의 표본이 있는) FIR 필터를 고려하자. 이것은 그림 10.26(a)에 나타난 것처럼 직접형으로 구현된다. 필터 계수들은 임펄스 응답 $h(n)$의 표본이다. 각각의 곱셈기 출력이 양자화되어 구현에 사용된다면, 그림 10.26(b)의 모델을 얻는다. 반면에 전형적인 DSP 칩을 구현한다면, 최종 합은 그림 10.26(c)와 같이 양자화된다. 우리는 반올림 잡음과 크기 조정(자릿수 초과를 피하기 위한)을 구분하여 고려할 것이다.

반올림 잡음 반올림 오차로 인한 그림 10.26(b)에서의 필터 출력을 $\hat{y}(n) = y(n) + q(n)$으로 두자. 그러면

$$q(n) = \sum_{k=0}^{M-1} e_k(n) \tag{10.80}$$

여기서 $e_k(n)$은 끝처리 연산을 취하는 각각의 수직 가지에 인가된 잡음 생성원들이다. 이러한 잡음 생성원들은 모두 동일하므로 $q(n)$에서의 잡음 전력은 다음과 같이 주어진다.

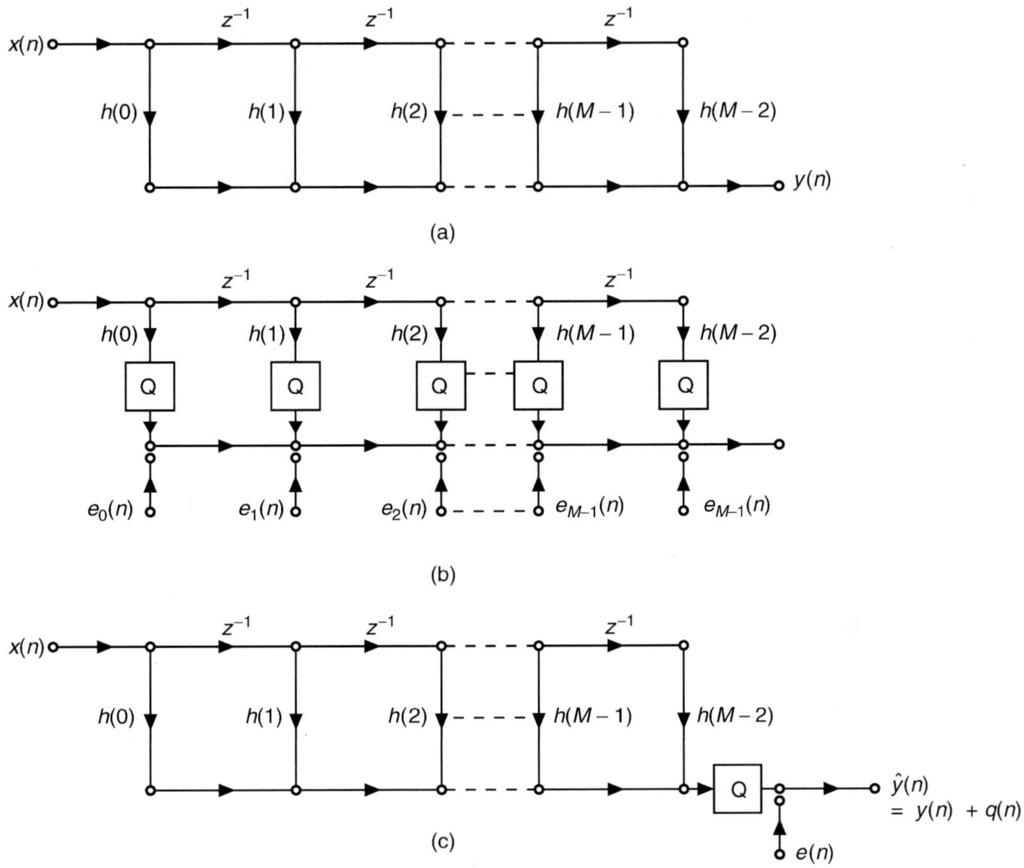

그림 10.26 직접형 FIR 필터: (a) 구조, (b) 각 곱셈기 후에 양자화기를 가진 반올림 잡음 모델, (c) 최종 합 후에 하나의 양자화기를 가진 반올림 잡음 모델

$$\sigma_q^2 = \sum_{0}^{M-1} \sigma_{e_k}^2 = M\,\sigma_e^2 = M\left(\frac{2^{-2B}}{12}\right) = \frac{M}{3}2^{-2(B+1)} \tag{10.81}$$

그림 10.26(c)에서 끝처리 연산으로 인한 출력은 $\hat{y}(n) = y(n) - e(n)$이다. 따라서 이 경우의 잡음 전력은 다음과 같다.

$$\sigma_q^2 = \sigma_e^2 = \frac{1}{3}2^{-2(B+1)} \tag{10.82}$$

이것은 기대했듯이 식 (10.81)의 결과에 인수 M을 나눈 것과 같다.

자릿수 초과를 피하기 위한 크기 조정 고정소수점 숫자가 2의 보수 형식을 갖는다고 가정한다. 이는 정당한 가정이다. 그러면 우리는 총합의 자릿수 초과만을 확인하면 된다. 따라서 이 분석은 그림 10.26에서 모든 구현에 대해 같고, 식 (10.42)~(10.44)의 IIR 필터에 대한 것들과 유사하다. $y(n)$의 위쪽 한계는 다음과 같이 주어진다.

$$|y(n)| = \left|\sum h(k)\,x(n-k)\right| \le X_{\max}\sum |h(n)| \tag{10.83}$$

여기서 $X_{\max}$는 $x(n)$에 대한 위쪽 한계이다. $|y(n)| \le 1$을 보장하기 위해, $x(n)$에 대한 비례 인자 $X_{\max}$가 다음과 같이 필요하다.

$$X_{\max} \le \frac{1}{\sum |h(n)|} \tag{10.84}$$

이것은 가장 보수적인 비례 인자이다. 응용 분야에 따라 다른 비례 인자들이 있다. 예를 들면, 협대역 신호는 다음을 사용한다.

$$X_{\max} \le \frac{1}{\max |H(e^{\jmath\omega})|}$$

그리고 광대역 임의 신호는 다음을 사용한다.

$$X_{\max} \le \frac{1}{4\sigma_x\sqrt{\sum |h(n)|^2}}$$

식 (10.84)를 사용하고 $x(n)$은 $[-X_{\max}, +X_{\max}]$ 구간에 균일하게 분포한다고 가정하면, 입력 신호 전력은 다음과 같이 주어진다.

$$\sigma_x^2 = \frac{X_{\max}^2}{3} = \frac{1}{3\left(\sum |h(n)|\right)^2} \tag{10.85}$$

더욱이 $x(n)$ 역시 백색 신호라고 가정하면, 출력 신호 전력은 다음과 같이 주어진다.

$$\sigma_y^2 = \sigma_x^2 \sum |h(n)|^2 = \frac{1}{3}\frac{\sum |h(n)|^2}{\left(\sum |h(n)|\right)^2} \tag{10.86}$$

따라서 출력 SNR은 다음과 같다.

$$\text{SNR} = \frac{\sigma_y^2}{\sigma_q^2} = \frac{2^{2(B+1)}}{A}\left[\frac{\sum |h(n)|^2}{\left(\sum |h(n)|\right)^2}\right] \tag{10.87}$$

여기서 그림 10.26(b)의 모델에 대해 $A = M$이거나 그림 10.26(c)의 모델에 대해 $A = 1$이다. 대응되는 dB로 표현되는 SNR은 다음과 같다.

$$\text{SNR}_{\text{dB}} = 6.02 + 6.02B + 10\log_{10}\left(\frac{\sum |h(n)|^2}{\left(\sum |h(n)|\right)^2}\right) - 10\log_{10} A \tag{10.88}$$

10.3.2 MATLAB을 사용한 분석

MATLAB에서 이 시뮬레이션은 곱셈 양자화기 오차에 대해 되먹임 경로가 없으므로 병렬적 방식으로 할 수 있다. 'round' 방식을 가진 QFix 함수를 사용하여 양자화된 곱셈기 출력을 계산할 것이다. M개 양자화기의 경우에 2의 보수 형식을 가정하면, 'twosc' 방식을 각 양자화기에 사용할 것이다. 양자화기가 하나인 경우 'satur' 방식을 사용할 필요가 있다. 이러한 시뮬레이션 단계들은 다음 예제에서 자세히 다룬다.

예제 10.13 4차($M=5$) FIR 필터가 다음과 같이 주어진다.

$$H(z) = 0.1 + 0.2z^{-1} + 0.4z^{-2} + 0.2z^{-3} + 0.1z^{-4} \tag{10.89}$$

이 필터는 $B=12$인 소수 비트 양자화기를 가진 직접형으로 구현된다. 그림 10.26(b)와 (c)의 모델에 대해 SNR을 계산하고 MATLAB 시뮬레이션을 사용하여 검증하라.

풀이 $\sum|h(n)|^2$과 $(\sum|h(n)|)^2$을 양자화할 필요가 있다. 이러한 양자화들은 필터 계수의 12비트 양자화를 사용해 계산되어야 한다. 양자화된 숫자들을 사용한 이러한 값들은 $\sum|h(n)|^2 = 0.2599$와 $(\sum|h(n)|)^2 = 1$이다. 식 (10.88)을 사용하여 출력 SNR은 5개의 곱셈기에 대해 65.42 dB이고 하나의 곱셈기에 대해 72.41 dB이다. 다음 MATLAB 코드는 이를 비롯한 그 밖의 양들을 측정한다.

```
% Example Parameters
B = 12;                        % # of fractional bits
N = 100000;                    % # of samples
xn = (2*rand(1,N)-1);          % Input sequence - Uniform Distribution
h = [0.1,0.2,0.4,0.2,0.1]; % Filter parameters
M = length(h);

% Local variables
  bM = 7; DbM = 2^bM;       % bin parameter
  BB = 2^B;                 % useful factor in quantization
   K = round(DbM/2);        % Half number of bins
bins = [-K+0.5:1:K-0.5]; % Bin values from -K to K
   Q = bins/DbM;            % Normalized bins
 YTN = 2^(-bM);             % Ytick marks interval
 YLM = 4*YTN;               % Yaxis limit

% Quantize the input and the filter coefficients
 h = QFix(h,B,'round','satur'); % h quantized to B bits
Xm = 1/sum(abs(h));              % Scaling factor
xn = QFix(Xm*xn,B,'round','satur');% Scaled Input quant to B bits

% Filter output without multiplication quantization
yn = filter(h,1,xn);      % output using filter routine

% Filter output with multi quant (5 multipliers)
```

```
x1 = [zeros(1,1),xn(1:N-1)]; x2 = [zeros(1,2),xn(1:N-2)];
x3 = [zeros(1,3),xn(1:N-3)]; x4 = [zeros(1,4),xn(1:N-4)];
h0x0 = QFix(h(1)*xn,B,'round','twosc');
h1x1 = QFix(h(2)*x1,B,'round','twosc');
h2x2 = QFix(h(3)*x2,B,'round','twosc');
h3x3 = QFix(h(4)*x3,B,'round','twosc');
h4x4 = QFix(h(5)*x4,B,'round','twosc');
yq = h0x0+h1x1+h2x2+h3x3+h4x4;
yq = QFix(yq,B,'round','satur');

% Output Error Analysis
   qn = yn-yq;                           % Outout error sequence
varyn = var(yn); varqn = var(qn);        % Signal and noise power
qqmax = max(qn); qqmin = min(qn);        % Maximun and minimum of the error
qnmax = max(abs([qqmax,qqmin]));         % Absolute maximum range of the error
qnavg = mean(qn); qnstd = std(qn);       % Mean and std dev of the error
   qn = round(qn*(2^bM)/(2*qnmax)+0.5); % Normalized en (interger between -K & K)
   qn = sort([qn,-K:1:(K+1)]);           %
    H = diff(find(diff(qn)))-1;          % Error histogram
    H = H/N;                             % Normalized histogram
 Hmax = max(H); Hmin = min(H);           % Max and Min of the normalized histogram

% Output SNRs
SNR_C = 10*log10(varyn/varqn); % Computed SNR
SNR_T = 6.02 + 6.02*B + 10*log10(sum(h.*h)/Xm^2) - 10*log10(M); % Theoretical SNR

% Filter output with multi quant (1 multiplier)
yq = QFix(yn,B,'round','satur');

% Output Error Analysis
   qn = yn-yq;                           % Outout error sequence
varyn = var(yn); varqn = var(qn);        % Signal and noise power
qqmax = max(qn); qqmin = min(qn);        % Maximun and minimum of the error
qnmax = max(abs([qqmax,qqmin]));         % Absolute maximum range of the error
qnavg = mean(qn); qnstd = std(qn);       % Mean and std dev of the error
   qn = round(qn*(2^bM)/(2*qnmax)+0.5); % Normalized en (interger between -K & K)
   qn = sort([qn,-K:1:(K+1)]);           %
    H = diff(find(diff(qn)))-1;          % Error histogram
    H = H/N;                             % Normalized histogram
 Hmax = max(H); Hmin = min(H);           % Max and Min of the normalized histogram

% Output SNRs
SNR_C = 10*log10(varyn/varqn); % Computed SNR
SNR_T = 6.02 + 6.02*B + 10*log10(sum(h.*h)/Xm^2); % Theoretical SNR
```

계산된 그리고 이론적인 SNR과 두 모델의 출력 오차 히스토그램이 그림 10.27에 나타나 있다. 위쪽 그래프는 곱셈기를 5개 사용했을 때의 히스토그램을 보여준다. 출력 오차는 65.42 dB의 SNR을 가진 가우스 분포와 유사하며, 이는 이론적 값과 일치한다. 아래 그래프는 곱셈기를 1개 사용했을 때의 히스토그램을 보여준다. 예상한 것처럼 오차는 72.43 dB의 SNR을 갖고 균일하게 분포하며, 이는 이론적 결과와 일치한다. ■

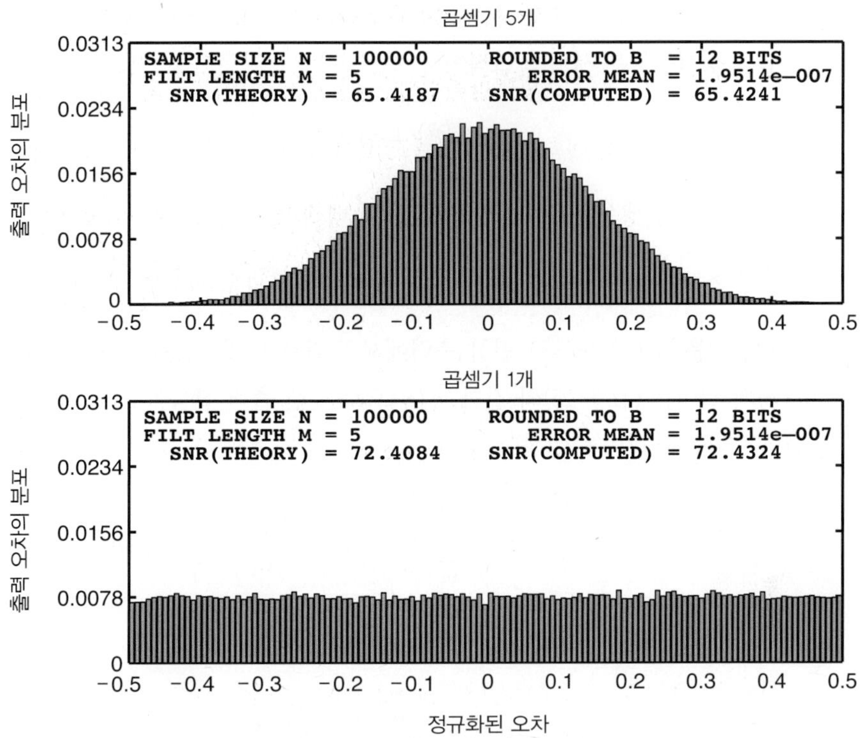

그림 10.27 예제 10.13의 직접형 FIR 필터에 대한 곱셈기 양자화 영향

종속형 구현 그림 10.28에 나타나 있듯이 K개의 2차부($M = 3$) 종속으로 구현된 필터가 다음과 같이 주어져 있다.

$$H(z) = \sum_{i=1}^{K} H_i(z) \quad \text{여기서 } H_i(z) = \beta_{0i} + \beta_{1i}\, z^{-1} + \beta_{2i}\, z^{-2} \tag{10.90}$$

필터의 총 길이는 $M = 2K + 1$이다. 그림 10.28은 또한 종속형의 유한 단어 길이 모델도 보여준다. 여기서 각 부의 출력에 관련된 양자화 오차 생성원들은 $e_i(n)$, $1 \le i \le K$이다. 입력 $x(n)$으로 인한 출력을 $y(n)$이라 놓고, 모든 잡음 생성원으로 인한 출력을 $q(n)$이라 두자. 다음과 같은 정당한 가정을 세운다.

1. 부들은 MAC(곱셈-축적) 구조를 사용하여 구현되어 각 부에 대해 $e_i(n)$에 영향을 미치는 단 하나의 독립적인 잡음 생성원이 있다. 각 부에서 세 가지 곱셈기의 다른 가능성은 직접

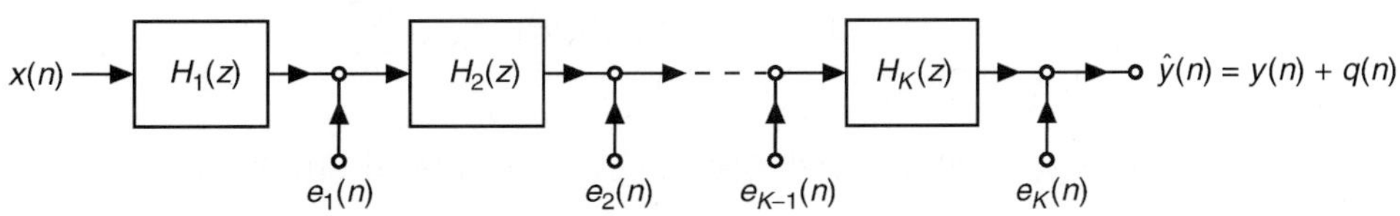

그림 10.28 곱셈 양자화에 의해 삽입되는 잡음 생성원을 가진 종속형 FIR 필터 구조

적이다.

2. 잡음 생성원들은 서로 독립적이다. 즉,

$$e_i(n) \perp e_j(n) \qquad i \neq j \text{일 때}$$

3. 각각의 잡음 생성원은 $\sigma_{e_i}^2 = 2^{-2B}/12$인 백색이다.

이제 종속형 구현의 반올림과 크기 조정(자릿수 초과를 피하기 위한) 문제를 논할 것이다.

반올림 잡음 $e_i(n)$ 노드로 인한 출력에서의 잡음 임펄스 응답을 $g_i(n)$이라 표시한다. 그러면 $g_i(n)$의 길이는 $(M-2i)$와 같다. $e_i(n)$으로 인한 출력 잡음을 $q_i(n)$이라 두자. 그러면 그것의 전력은 다음과 같이 주어진다.

$$\sigma_{q_i}^2 = \sigma_{e_i}^2 \sum_{0}^{M-2i} |g_i(n)|^2 = \frac{2^{-2B}}{12} \sum_{0}^{M-2i} |g_i(n)|^2 \tag{10.91}$$

$q(n) = \sum_{i=1}^{K} q_i(n)$이므로, 총 잡음 전력은 다음과 같다.

$$\sigma_q^2 = \sum_{i=1}^{K} \sigma_{q_i}^2 = \frac{2^{-2B}}{12} \left(\sum_{i=1}^{K} \sum_{n=1}^{M-2i} |g_i(n)|^2 \right) \tag{10.92}$$

표현 $\sum_{i=1}^{K} \sum_{n=1}^{M-2i} |g_i(n)|^2$은 오차 전력이 종속 연결의 순서에 의존함을 보여준다. 대부분의 순서에 대해 잡음 전력은 거의 같음이 알려져 있다.

자릿수 초과를 피하기 위한 크기 조정 그림 10.28로부터 각 노드에서 자릿수 초과를 피해야 한다는 점을 주목하라. $h_k(n)$을 각 노드 k에서의 임펄스 응답이라 두면, 다음과 같은 비례 상수 $X_{\max}$가 필요하다.

$$X_{\max} = \frac{1}{\max_k \sum |h_k(n)|}$$

그래서 $|y(n)| \leq 1$가 된다. 분명히 이것은 매우 보수적인 값이다. 더 나은 접근은 모든 부 $\{h_i(n)\}$의 임펄스 응답을 크기 조정하여 각 i에 대해 $\sum |h_i| = 1$이 되게 하는 것이다. 따라서 만약 입력 $x(n)$이 -1과 $+1$ 사이에 분포한다면, 모든 부의 출력도 -1과 $+1$ 사이로 제한된다. $x(n)$이 -1과 $+1$ 사이에 분포하고 백색이라고 가정한다면, 출력 신호 전력은 다음과 같다.

$$\sigma_y^2 = \sigma_x^2 \sum_{0}^{M-1} |h(n)|^2 = \frac{1}{3} \sum_{0}^{M-1} |h(n)|^2 \tag{10.93}$$

여기서 $h(n)$은 필터의 전체 임펄스 응답이다. $\hat{g}_i$를 식 (10.92)에서 대응하는 크기 조정된 임펄스 응답이라고 두자. 이제 출력 SNR은 다음과 같이 계산될 수 있다.

$$\text{SNR} = \frac{\sigma_y^2}{\sigma_q^2} = 2^{2(B+1)} \frac{\sum_0^{M-1} |h(n)|^2}{\left(\sum_{i=1}^{K} \sum_{n=1}^{M-2i} |\hat{g}_i(n)|^2\right)} \tag{10.94}$$

또는

$$\text{SNR}_{\text{dB}} = 6.02(B+1) + 10\log_{10}\left(\sum_{0}^{M-1} |h(n)|^2\right) - 10\log_{10}\left(\sum_{i=1}^{K}\sum_{n=1}^{M-2i} |\hat{g}_i(n)|^2\right) \tag{10.95}$$

10.3.3 MATLAB을 사용한 분석

casfiltr 함수를 사용하여 무한 정밀도 종속 구조의 출력을 계산할 수 있다. 위에서 소개한 크기 조정 접근을 사용하여 각각의 2차부는 크기 조정되고 양자화된 출력들의 시뮬레이션에 사용될 수 있다. 역시 모든 계산은 벡터 형태로 이루어지며 이는 실행 속도를 향상시킨다. 이를 비롯한 그 밖의 시뮬레이션 단계들은 다음의 예제에서 자세히 다룬다.

예제 10.14 예제 10.13에 주어진 4차 FIR 필터를 고려하라. 그것의 종속형 구현은 dir2cas 함수를 사용해 구해지는 이득 상수 b_0에 따라 2개의 부를 갖는다.

$$H_1(z) = 1+1.4859z^{-1}+2.8901z^{-2}, \quad H_2(z) = 1+0.5141z^{-1}+0.3460z^{-2}, \text{ 그리고 } b_0 = 0.1 \tag{10.96}$$

위의 계수 중 몇몇은 1보다 큼에 주목하라. 이것은 단지 B개의 소수 비트만을 사용할 때 계수의 양자화에 대해 문제를 일으킬 것이다. 크기 조정된 값은 다음과 같다.

$$\hat{H}_1(z) = 0.1860 + 0.2764z^{-1} + 0.5376z^{-2}, \quad \hat{H}_2(z) = 0.5376 + 0.2764z^{-1} + 0.1860z^{-2} \tag{10.97}$$

따라서 입력을 크기 조정할 필요가 없다. 이제 식 (10.94)에서 $\hat{g}_1(n) = \hat{h}_2(n)$이고 $\hat{g}_2(n) = 1$이다. 따라서 식 (10.95)로부터 출력 SNR은 70.96 dB이며, 이는 하나의 곱셈기 직접형 구현(72.41 dB)과 잘 비교된다. 이러한 계산과 오차 히스토그램 그래프는 다음 MATLAB 코드를 통해 나타난다.

```
% Example Parameters
B = 12;                          % # of fractional bits
N = 100000;                      % # of samples
xn = (2*rand(1,N)-1);            % Input sequence - Uniform Distribution
h = [0.1,0.2,0.4,0.2,0.1];       % Filter parameters
M = length(h);                   % Filter length
[b0,Bh,Ah] = dir2cas(h,1);       % Cascade sections
h1 = Bh(1,:);                    % Section-1
h2 = Bh(2,:);                    % Section-2
h1 = h1/sum(h1);                 % Scaled so Gain=1
h2 = h2/sum(h2);                 % Scaled so Gain=1
% Local variables
  bM = 7; DbM = 2^bM;      % bin parameter
```

```
  bM = 7; DbM = 2^bM;     % bin parameter
  BB = 2^B;               % useful factor in quantization
   K = round(DbM/2);      % Half number of bins
bins = [-K+0.5:1:K-0.5]; % Bin values from -K to K
   Q = bins/DbM;          % Normalized bins
 YTN = 2^(-bM);           % Ytick marks interval
 YLM = 20*YTN;            % Yaxis limit
% Quantize the input and the filter coefficients
h1 = QFix(h1,B,'round','satur'); % h1 quantized to B bits
h2 = QFix(h2,B,'round','satur'); % h1 quantized to B bits
xn = QFix(xn,B,'round','satur'); % Input quantized to B bits
% Filter output without multiplication quantization
yn = casfiltr(b0,Bh,Ah,xn); % output using Casfiltr routine
% Filter output with multi quant (1 multiplier/section)
xq = QFix(xn,B,'round','satur'); % Section-1 scaled input
wn = filter(h1,1,xq);            % Sec-1 unquantized output
wq = QFix(wn,B,'round','satur'); % Sec-1 quantized output
wq = QFix(wq,B,'round','satur'); % Section-2 scaled input
yq = filter(h2,1,wq);            % Sec-2 unquantized output
yq = QFix(yq,B,'round','satur'); % Sec-2 quantized output
% Output Error Analysis
   qn = yn-yq;                          % Outout error sequence
varyn = var(yn); varqn = var(qn);       % Signal and noise power
qqmax = max(qn); qqmin = min(qn);       % Maximun and minimum of the error
qnmax = max(abs([qqmax,qqmin]));        % Absolute maximum range of the error
qnavg = mean(qn); qnstd = std(qn);      % Mean and std dev of the error
   qn = round(qn*(2^bM)/(2*qnmax)+0.5); % Normalized en (interger between -K & K)
   qn = sort([qn,-K:1:(K+1)]);          %
    H = diff(find(diff(qn)))-1;         % Error histogram
    H = H/N;                            % Normalized histogram
 Hmax = max(H); Hmin = min(H);          % Max and Min of the normalized histogram
% Output SNRs
SNR_C = 10*log10(varyn/varqn); % Computed SNR
SNR_T = 6.02*(B+1) + 10*log10(sum(h.*h)) ...
    - 10*log10(1+sum(h2.*h2)); % Theoretical SNR
```

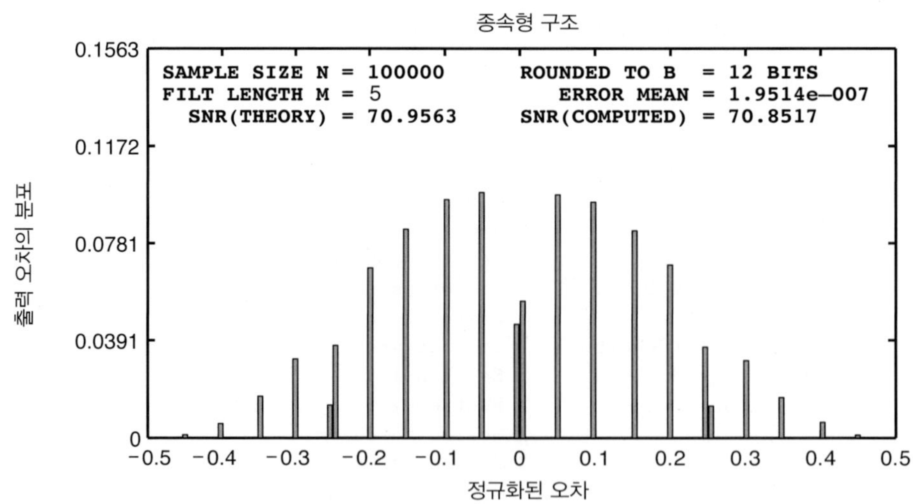

그림 10.29 예제 10.14의 종속형 FIR 필터에 대한 곱셈기 양자화 영향

그래프가 그림 10.29에 나타나 있다. 오차 분포는 가우스 포락선을 갖는 것처럼 보이지만 연속적으로 분포하지는 않는다. 이러한 동작은 출력 오차가 계수 값들의 특정한 집합으로 인해 단지 고정된 값들의 집합을 취함을 가리킨다. 계산된 SNR은 70.85 dB이며, 이는 위의 이론적 결과와 일치한다. 따라서 우리의 가정들은 정당하다.

10.3.4 부동소수점 연산

부동소수점 연산에 대한 분석은 더욱 복잡하고 장황하다. 따라서 단순화된 가정들을 바탕으로 직접형 구현만을 고려할 것이다. 그림 10.30은 부동소수점 연산 모델을 가진 직접형 구현을 보여준다. 이 구현에서 $\{\eta_i(n)\}$, $1 \le i \le M-1$은 가산기에서의 상대적 오차이고 $\{\varepsilon_i(n)\}$, $0 \le i \le M-1$은 곱셈기에서의 상대적 오차이며, $|\eta_i| \le 2^{-2B}$이고 $|\varepsilon_i| \le 2^{-2B}$이다.

$A(n, k)$를 출력에서 k번째 곱셈기로부터의 이득이라고 두면, 다음과 같이 주어진다.

$$A(n,k) = \begin{cases} (1+\varepsilon_k(n)) \prod_{r=k}^{M-1} (1+\eta_r(n)), & k \neq 0 \\ (1+\varepsilon_0(n)) \prod_{r=k}^{M-1} (1+\eta_r(n)), & k = 0 \end{cases} \tag{10.98}$$

$\hat{y}(n) \triangleq y(n) + q(n)$을 총 출력이라고 두자. 여기서 $y(n)$은 입력 $x(n)$으로 인한 출력이고, $q(n)$은 잡음 생성원에 의한 출력이다. 그러면

$$\hat{y}(n) = \sum_{k=0}^{M-1} A(n,k)\, h(k)\, x(n-k) \tag{10.99}$$

식 (10.99)로부터 $y(n) = \sum_{k=0}^{M-1} h(k)x(n-k)$를 치환하면 다음을 얻는다.

$$q(n) = \sum_{k=0}^{M-1} \{A(n,k) - 1\}\, h(k)\, x(n-k) \tag{10.100}$$

이제 식 (10.98)로부터 $A(n, k)$의 평균값은 $\mathrm{E}A(n, k) = 1$이고, $A(n, k)$의 평균 전력은 다음

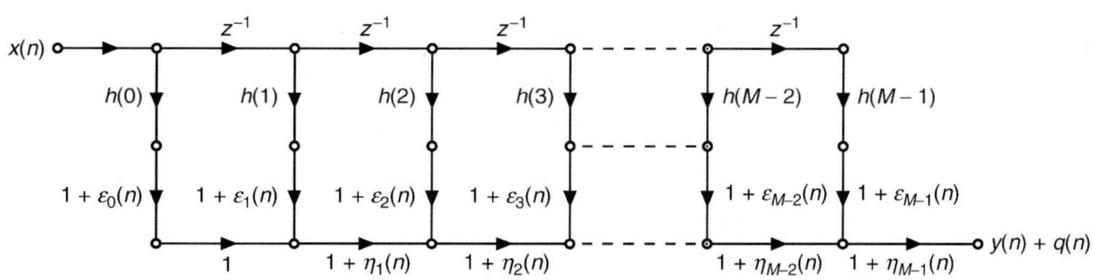

그림 10.30 FIR 필터의 직접형 부동소수점 구현에 대한 곱셈기 양자화 모델

과 같다.

$$\begin{aligned} \mathrm{E}[A^2(n,k)] &= \left(1+\frac{1}{3}\,2^{-2B}\right)^{M+1-k} \\ &\approx 1+(M+1-k)\frac{2^{-2B}}{3} \quad \text{작은 } 2^{-2B}\text{인 경우} \end{aligned} \tag{10.101}$$

입력 신호 $x(n)$ 역시 분산 σ_x^2인 백색 신호라고 가정하면, 식 (10.101)로부터 잡음 전력은 다음과 같이 주어진다.

$$\sigma_q^2 = \frac{(M+1)2^{-2B}}{3}\,\sigma_x^2 \sum_{k=0}^{M-1} |h(k)|^2 \left(1-\frac{k}{M+1}\right) \tag{10.102}$$

$(1-\frac{k}{M+1}) \le 1$이므로 $\sigma_y^2 = \sigma_x^2 \sum_{k=0}^{M-1} |h(k)|^2$을 사용하면, 잡음 전력 σ_q^2의 위쪽

$$\sigma_q^2 \le (M+1)\,\frac{2^{-2B}}{3}\,\sigma_y^2 \tag{10.103}$$

또는 SNR의 아래쪽 한계는 다음과 같다.

$$\text{SNR} \ge \frac{3}{M+1} 2^{2B} \tag{10.104}$$

식 (10.104)는 절대값이 증가하는 순서로 곱셈을 계산하는 것이 가장 좋음을 보여준다.

예제 10.15 역시 예제 10.13에서 주어진 $M=5$, $B=12$이고 $h(n)=\{0.1,\ 0.2,\ 0.4,\ 0.2,\ 0.1\}$인 4차 FIR 필터를 고려하라. 식 (10.104)로부터 SNR의 아래쪽 한계는 다음과 같다.

$$\text{SNR}_{dB} \ge 10\log_{10}\left(\frac{3}{M+1}2^{24}\right) = 69.24 \text{ dB}$$

그리고 식 (10.102)로부터 근사값은 71 dB이며, 이는 고정소수점 값의 72 dB과 비슷하다. 고정소수점 결과가 최적 크기 조정보다 덜 크기 조정되었을 때 성능이 악화됨에 주목하라(예를 들면, 신호 세기가 10 dB 약해졌을 때). 반면에 부동소수점 SNR은 변하지 않는다. 이러한 성능 악화를 막기 위해 고정소수점 시스템에서 완전 부동소수점과 가깝게 비례 인자 A를 잡을 수 있다. 사실 부동소수점은 단지 변수를 크기 조정할 수 있는 고정소수점이다. 즉, 각각의 곱셈과 덧셈에서 2의 지수(또는 자릿수 이동)로 크기 조정하는 것이다.

10.4 연습문제

P10.1 $x(n) = 0.5[\cos(n/17) + \sin(n/23)]$이라 두자. $x(n)$의 샘플 500,000개와 `StatModelR` 함수를 사용하여 다음을 구하라.

1. $x(n)$을 $B = 2$비트로 양자화하고 오차 신호 $e_1(n)$과 $e_2(n)$의 결과 분포를 그려라. 그래프들에 대해 논하라.
2. $x(n)$을 $B = 4$비트로 양자화하고 오차 신호 $e_1(n)$과 $e_2(n)$의 결과 분포를 그려라. 그래프들에 대해 논하라.
3. $x(n)$을 $B = 6$비트로 양자화하고 오차 신호 $e_1(n)$과 $e_2(n)$의 결과 분포를 그려라. 그래프들에 대해 논하라.

P10.2 $x(n) = \frac{1}{3}[\cos(0.1\pi n) + \sin(0.2\pi n) + \sin(0.4\pi n)]$이라 두자. $x(n)$의 샘플 500,000개와 `StatModelR` 함수를 사용하여 다음을 구하라.

1. $x(n)$을 $B = 2$비트로 양자화하고 오차 신호 $e_1(n)$과 $e_2(n)$의 결과 분포를 그려라. 그래프들에 대해 논하라.
2. $x(n)$을 $B = 4$비트로 양자화하고 오차 신호 $e_1(n)$과 $e_2(n)$의 결과 분포를 그려라. 그래프들에 대해 논하라.
3. $x(n)$을 $B = 6$비트로 양자화하고 오차 신호 $e_1(n)$과 $e_2(n)$의 결과 분포를 그려라. 그래프들에 대해 논하라.

P10.3 실계수, 인과적이고 안정적인 IIR 필터가 다음과 같이 주어졌다.

$$H(z) = R_0 + \sum_{k=1}^{N-1} \frac{R_k}{z - p_k} \tag{10.105}$$

모든 극점은 각기 다르다. 식 (10.16), (10.18a), (10.105)를 사용하여 다음을 보여라.

$$\frac{\sigma_q^2}{\sigma_e^2} = R_0^2 + \sum_{k=1}^{N-1}\sum_{\ell=1}^{N-1} \frac{R_k R_\ell^*}{1 - p_k p_\ell^*}$$

P10.4 연습문제 P6.38에서 설계한 저역통과 디지털 필터를 고려하라. 이 필터의 입력은 독립적이고 동일하게 분포한, 평균은 0이며 분산은 0.1인 가우스 신호이다.

1. `VarGain` 함수를 사용하여 필터 출력 과정의 분산을 구하라.
2. 입력 신호로부터 500,000개의 샘플을 생성하여 출력 과정의 분산을 수치적으로 구하라.

P10.5 0.3π의 하위 저지대역, 0.4π의 하위 통과대역, 0.5π의 상위 통과대역, 0.65π의 상위 저지대역을 갖는 타원형 대역통과 필터를 설계하라. 통과대역 리플이 0.1 dB이고 저지대역 감쇠가 50 dB이다. 입력 신호는 요소들은 서로 독립적이고 -1과 1 사이에 균일하게 분포한 임의의 신호이다.

1. `VarGain` 함수를 사용하여 필터 출력 과정의 분산을 구하라.

2. 입력 신호로부터 500,000개의 샘플을 생성하여 출력 과정의 분산을 수치적으로 구하라.

P10.6 초기 조건이 영인 1차 회귀적인 시스템 $y(n) = 0.75\,y(n-1) + 0.125\delta(n)$을 고려하라. 이 필터는 4비트(부호 포함) 고정소수점 2의 보수 소수 연산으로 구현된다. 곱셈은 4비트로 끝처리된다.

1. 덧셈에 대해 포화 제한기를 사용하여 출력의 첫 20개의 샘플을 구하고 그래프를 그려라. 필터는 한계 순환으로 들어가는가?
2. 덧셈에 대해 2의 보수 자릿수 초과를 사용하여 출력의 첫 20개의 샘플을 구하고 그래프를 그려라. 필터는 한계 순환으로 들어가는가?

P10.7 곱셈을 3비트 잘라버릴 때, 연습문제 P10.6을 반복하라.

P10.8 초기 조건이 영인 2차 회귀적인 시스템 $y(n) = 0.125\delta(n) - 0.875y(n-2)$를 고려하라. 이 필터는 5비트(부호 포함) 고정소수점 2의 보수 소수 연산으로 구현된다. 곱셈은 4비트로 끝처리된다.

1. 덧셈에 대해 포화 제한기를 사용하여 출력의 첫 30개의 샘플을 구하고 그래프를 그려라. 필터는 한계 순환으로 들어가는가?
2. 덧셈에 대해 2의 보수 자릿수 초과를 사용하여 출력의 첫 30개의 샘플을 구하고 그래프를 그려라. 필터는 한계 순환으로 들어가는가?

P10.9 곱셈을 4비트 잘라버릴 때, 연습문제 P10.8을 반복하라.

P10.10 $x(n) = \frac{1}{4}[\sin(n/11) + \cos(n/13) + \sin(n/17) + \cos(n/19)]$이고, $c = 0.7777$이라 두자. $x(n)$의 샘플 500,000개와 `StatModelR` 함수를 사용하여 다음을 구하라.

1. $cx(n)$을 $B = 4$비트로 양자화하고 오차 신호 $e_1(n)$과 $e_2(n)$의 결과 분포를 그려라. 그래프들에 대해 논하라.
2. $cx(n)$을 $B = 8$비트로 양자화하고 오차 신호 $e_1(n)$과 $e_2(n)$의 결과 분포를 그려라. 그래프들에 대해 논하라.
3. $cx(n)$을 $B = 12$비트로 양자화하고 오차 신호 $e_1(n)$과 $e_2(n)$의 결과 분포를 그려라. 그래프들에 대해 논하라.

P10.11 $x(n)$을 -1과 1 사이에 균일하게 분포한 임의의 신호이고, $c = 0.7777$이라 두자. $x(n)$의 샘플 500,000개와 `StatModelR` 함수를 사용하여 다음을 구하라.

1. $cx(n)$을 $B = 4$비트로 양자화하고 오차 신호 $e_1(n)$과 $e_2(n)$의 결과 분포를 그려라. 그래프들에 대해 논하라.
2. $cx(n)$을 $B = 8$비트로 양자화하고 오차 신호 $e_1(n)$과 $e_2(n)$의 결과 분포를 그려라. 그래프들에 대해 논하라.
3. $cx(n)$을 $B = 12$비트로 양자화하고 오차 신호 $e_1(n)$과 $e_2(n)$의 결과 분포를 그려라. 그래프들에 대해 논하라.

P10.12 입력 $x(n)$과 출력 $y(n)$을 가진 LTI 시스템을 고려하라.

$$y(n) = b_0x(n) + b_1x(n-1) + a_1y(n-1) \qquad (10.106)$$

1. 위 구조에 대해 제 I 직접형 구조를 그려라.
2. 제 I 직접형 구현으로 곱 $b_0x(n)$으로부터 나온 곱셈 양자화 오차를 $e_{b_0}(n)$이라 표기하고, $b_1x(n-1)$로부터 $e_{b_1}(n-1)$로, $a_1y(n-1)$로부터 $e_{a_1}(n-1)$로 표기하자. 하나의 잡음 생성원만을 갖는 동일한 구조를 그려라.
3. 식 (10.106)의 시스템에 대한 곱셈 양자화 오차를 살펴보기 위해 사용되었던 동일한 시스템을 그려라. 이 시스템의 입력은 위 2번의 잡음 생성원이어야 하고 출력은 총 출력 오차 $q(n)$이다.
4. 위 3번의 모델을 사용하여 출력 오차 $e(n)$의 분산에 대한 표현을 구하라.

P10.13 시스템이 $y(n) = a\,y(n-1) + x(n)$과 같이 주어져 있다. $a = 0.7$이고, 필터 구현 시 B(소수)비트로 양자화된다. 입력 신호를 $x(n) = \sin(n/11)$이라 두고, 가산기에 대해 자릿수 초과를 피하기 위해 적절히 크기 조정되고 필터링 이전에 B비트로 양자화된다고 하자. 필터링 연산에서 곱셈들 역시 B비트로 양자화된다.

1. $B = 5$라 두자. $x(n)$의 샘플 100,000개를 생성하고 곱셈 양자화를 가진 시스템을 통해 필터링하라. 원래 출력, 양자화된 출력, 출력 오차, 출력 SNR을 계산하라. 정규화된 히스토그램을 그리고 결과에 대해 논하라.
2. $B = 10$이라 두자. $x(n)$의 샘플 100,000개를 생성하고 곱셈 양자화를 가진 시스템을 통해 필터링하라. 원래 출력, 양자화된 출력, 출력 오차, 출력 SNR을 계산하라. 정규화된 히스토그램을 그리고 결과에 대해 논하라.

P10.14 시스템이 $y(n) = a\,y(n-1) + x(n)$과 같이 주어져 있다. $a = 0.333$이고, 필터 구현 시 B(소수)비트로 양자화된다. 입력 신호를 $x(n) = \sin(n/11)$이라 두고, 가산기에 대해 자릿수 초과를 피하기 위해 적절히 크기 조정되고 필터링 이전에 B비트로 양자화된다고 하자. 필터링 연산에서 곱셈들 역시 B비트로 양자화된다.

1. $B = 5$라 두자. $x(n)$의 샘플 100,000개를 생성하고 곱셈 양자화를 가진 시스템을 통해 필터링하라. 원래 출력, 양자화된 출력, 출력 오차, 출력 SNR을 계산하라. 정규화된 히스토그램을 그리고 결과에 대해 논하라.
2. $B = 10$이라 두자. $x(n)$의 100,000개의 샘플을 생성하고 곱셈 양자화를 가진 시스템을 통해 필터링하라. 원래 출력, 양자화된 출력, 출력 오차, 출력 SNR을 계산하라. 정규화된 히스토그램을 그리고 결과에 대해 논하라.

P10.15 식 (10.51)에 주어진 $r = 0.8$이고 $\theta = \pi/4$인 2차 IIR 필터를 고려하라. 이 필터의 입력은 $x(n) = \sin(n/23)$이다.

1. $B = 5$비트에 대해 이 필터의 곱셈 양자화 오차 동작을 조사하라. 원래 출력 SNR, 계산된 출력 SNR 그리고 SNR의 상위와 하위의 한계를 구하라. 출력 오차의 정규화된 히스토그램을 그려라.
2. $B = 10$비트에 대해 이 필터의 곱셈 양자화 오차 동작을 조사하라. 원래 출력 SNR, 계산된 출력 SNR 그리고 SNR의 상위와 하위의 한계를 구하라. 출력 오차의 정규화된 히스토그램을 그려라.

P10.16 식 (10.51)에 주어진 $r = 0.8$이고 $\theta = 2\pi/3$인 2차 IIR 필터를 고려하라. 이 필터의 입력은 $x(n) = \sin(n/23)$이다.

1. $B = 5$비트에 대해 이 필터의 곱셈 양자화 오차 동작을 조사하라. 원래 출력 SNR, 계산된 출력 SNR 그리고 SNR의 상위와 하위의 한계를 구하라. 출력 오차의 정규화된 히스토그램을 그려라.
2. $B = 10$비트에 대해 이 필터의 곱셈 양자화 오차 동작을 조사하라. 원래 출력 SNR, 계산된 출력 SNR 그리고 SNR의 상위와 하위의 한계를 구하라. 출력 오차의 정규화된 히스토그램을 그려라.

P10.17 다음과 같이 주어진 $B = 10$비트를 사용해 직접형으로 구현된 5차 FIR 필터를 고려하라.

$$H(z) = 0.1 + 0.2z^{-1} + 0.3z^{-2} + 0.3z^{-3} + 0.2z^{-4} + 0.1z^{-5}$$

이 필터의 입력은 확률 신호인데, $[-1, 1]$ 영역에서 샘플이 독립적이고 동일하게 분포되어 있다.

1. 모두 6개의 곱셈기가 구현에 사용되었을 때, 이 필터의 곱셈 양자화 오차를 조사하라. 출력 오차의 정규화된 히스토그램을 그려라.
2. 하나의 곱셈기가 구현에 사용되었을 때, 이 필터의 곱셈 양자화 오차를 조사하라. 출력 오차의 정규화된 히스토그램을 그려라.

P10.18 다음과 같이 주어진 2차부를 포함한 종속형으로 구현된 4차 FIR 필터를 고려하라.

$$H(z) = 0.1 + 0.2z^{-1} + 0.3z^{-2} + 0.2z^{-3} + 0.1z^{-4}$$

이 필터의 입력은 확률 신호인데, $[-1, 1]$ 영역에서 샘플이 독립적이고 동일하게 분포되어 있다.

1. $B = 6$비트가 구현에 사용되었을 때, 이 필터의 곱셈 양자화 오차를 조사하라. 출력 오차의 정규화된 히스토그램을 그려라.
2. $B = 12$비트가 구현에 사용되었을 때, 이 필터의 곱셈 양자화 오차를 조사하라. 출력 오차의 정규화된 히스토그램을 그려라.

적응 필터에의 응용

11 chapter

7장과 8장에서는 어떤 원하는 사양을 만족시키는 FIR 디지털 필터와 IIR 디지털 필터를 설계하는 방법을 설명했다. 즉, 원하는 사양을 만족시키는 필터의 계수를 구하는 것이었다.

앞의 두 장에서 다루었던 필터 설계 기법과는 달리, 디지털 신호 처리 응용에서는 필터의 계수를 구할 수 없는 경우가 많다. 예를 들어 전화선을 통해 자료를 전송하는 고속 변복조 장치(modem)를 생각해보자. 그러한 변복조 장치는 채널 왜곡을 보상하기 위해, 채널 등화기(channel equalizer)라는 필터를 사용한다. 그 변복조 장치들은 주파수 응답 특성이 다르기 때문에 각기 다른 왜곡 효과를 초래하는 여러 통신로를 통해 자료를 효과적으로 전송해야 한다. 이를 가능하게 하는 유일한 방법은 채널 등화기로 하여금 측정한 채널 특성에 대해, 왜곡을 최소화하도록 최적화될 수 있는 **조절 가능한 계수**(adjustable coefficient)를 갖게 하는 것이다. 그렇게 조절 가능한 매개변수를 갖는 필터를 **적응 필터**(adaptive filter)라고 하고, 이 경우에는 **적응 등화기**(adaptive equalizer)라고 한다.

여러 문헌에서 적응 필터의 수많은 응용을 설명하고 있다. 그중 주목할 만한 몇 가지 응용은 다음과 같다.

1. 적응 안테나 시스템: 빔 주사를 할 때와 원하지 않는 간섭을 제거하기 위해 빔 패턴에 널(null)을 넣을 때 적응 필터를 사용한다[97].
2. 디지털 통신 수신기: 상호 기호 간섭(intersymbol interference)의 등화와 채널 식별을 위해 적응 필터를 사용한다[81].
3. 적응 잡음 소거 기법: 원하는 신호에서 잡음을 추정하고 제거하는 데 적응 필터를 사용한다[96, 34, 15].

4. 시스템 모델링: 알지 못하는 시스템의 특성을 추정하기 위한 모델로 적응 필터를 사용한다.

이는 잘 알려진 적응 필터 사용 예의 일부일 뿐이다.

IIR 필터와 FIR 필터 모두에 대해 적응 필터를 생각해볼 수는 있지만, FIR 필터가 더 실용적이고 널리 사용된다. 그 이유는 간단하다. FIR 필터는 조절할 수 있는 영점을 갖고 있기 때문에, 조절 가능한 영점뿐만 아니라 조절 가능한 극점을 갖고 있는 IIR 필터의 경우와 같은 안정성 문제가 생기지 않는다. 그러나 적응 FIR 필터가 언제나 안정적이라고 해서는 안 된다. 오히려 안정성은 필터의 계수를 조절하는 알고리즘에 많이 의존한다.

다양한 FIR 필터 구조 중에서, 직접형과 격자형을 적응 필터 응용에 종종 사용한다. 조절 가능한 계수 $h(0), h(1), \ldots, h(N-1)$을 갖는 직접형 FIR 필터 구조를 그림 11.1에 나타내었다. FIR 격자 구조는 14장에서 논의되며 반사계수라고 부르는 조절할 수 있는 계수 K_n를 가지며 그림 14.15에 나타나 있다.

적응 필터를 사용할 때 중요하게 고려할 점은 조절 가능한 매개변수를 최적화하기 위한 기준이다. 그 기준은 필터 성능을 나타내는 의미 있는 측정값을 주어야 할 뿐만 아니라, 실제적으로 구현 가능한 알고리즘에도 사용할 수 있어야 한다.

적응 필터의 응용에서 성능을 잘 측정할 수 있는 기준으로 최소 제곱(least-squares) 기준이 있다. 통계의 경우 이에 대응하는 것으로, 평균 제곱 오차(MSE: mean-square-error) 기준이 있다. 최소 제곱과 MSE 기준은 2차 성능 지표를 필터 계수들의 함수로 나타낸다. 그러므로 이것은 하나의 극소값을 갖는다. 필터 계수를 조절하기 위한 알고리즘은 상대적으로 구현하기 쉽다.

이 장에서는 FIR 필터의 계수를 적응적으로 조절하기 위한 기본적인 알고리즘인 최소 평균 제곱 알고리즘(least-mean-square(LMS) algorithm)을 설명한다. 구현할 적응 필터 구조는 그림 11.1에 나타낸 것과 같은, 조절 가능한 계수 $h(0), h(1), \ldots, h(N-1)$을 갖는 직접형 FIR 필터 구조이다. LMS 알고리즘을 설명한 후에, 이를 적응 필터가 사용되는 실제 시스템에 적용해볼 것이다.

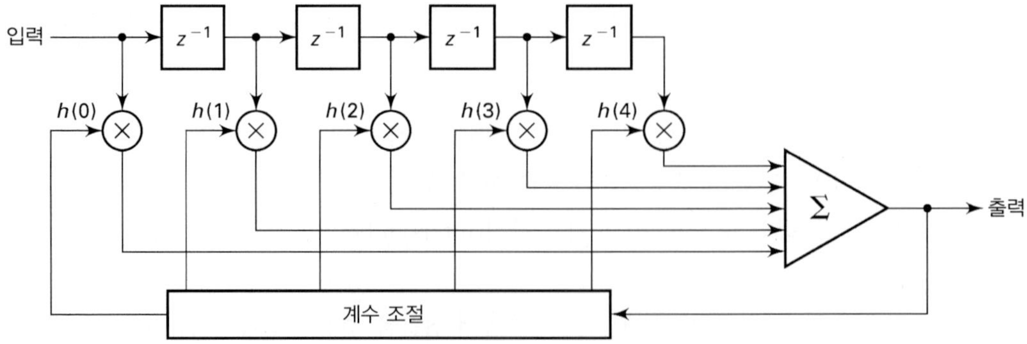

그림 11.1 직접형 적응 FIR 필터

11.1 계수 조절을 위한 LMS 알고리즘

조절 가능한 계수 $\{h(k),\ 0 \le k \le N-1\}$을 갖는 FIR 필터가 있다고 가정하자. $\{x(n)\}$을 이 필터의 입력 신호라 하고, $\{y(n)\}$을 그에 해당하는 출력 신호라 하자. 여기서

$$y(n) = \sum_{k=0}^{N-1} h(k)x(n-k), \quad n = 0, \ldots, M \tag{11.1}$$

또한 FIR 필터의 출력과 비교할 원하는 신호 $\{d(n)\}$이 있다고 가정하자. 그러면 $d(n)$과 $y(n)$의 차를 구함으로써 오차 신호 $\{e(n)\}$을 만들 수 있다. 즉,

$$e(n) = d(n) - y(n), \quad n = 0, \ldots, M \tag{11.2}$$

필터의 계수들은 오차 제곱들의 합을 최소화하도록 선택한다.

$$\begin{aligned}\mathcal{E} &= \sum_{n=0}^{M} e^2(n) = \sum_{n=0}^{M}\left[d(n) - \sum_{k=0}^{N-1} h(k)x(n-k)\right]^2 \\ &= \sum_{n=0}^{M} d^2(n) - 2\sum_{k=0}^{N-1} h(k)r_{dx}(k) + \sum_{k=0}^{N-1}\sum_{\ell=0}^{N-1} h(k)h(\ell)\, r_{xx}(k-\ell)\end{aligned} \tag{11.3}$$

그러므로 여기서 $r_{dx}(k)$와 $r_{xx}(k)$의 정의는 다음과 같다.

$$r_{dx}(k) = \sum_{n=0}^{M} d(n)x(n-k), \quad 0 \le k \le N-1 \tag{11.4}$$

$$r_{xx}(k) = \sum_{n=0}^{M} x(n)x(n+k), \quad 0 \le k \le N-1 \tag{11.5}$$

$\{r_{dx}(k)\}$를 원하는 출력 신호 $\{d(n)\}$과 입력 신호 $\{x(n)\}$의 상호상관(crosscorrelation) 신호라 하고, $\{r_{xx}(k)\}$를 $\{x(n)\}$의 자기상관(autocorrelation) 신호라고 한다.

오차 제곱의 합 $\mathcal{E}$은 FIR 필터 계수들의 2차 함수이다. 따라서 필터 계수 $\{h(k)\}$에 대해 $\mathcal{E}$을 최소화할 때, 일련의 선형 방정식이 만들어진다. $\mathcal{E}$을 필터의 각 계수에 대해 미분하면 다음과 같은 식을 얻을 수 있다.

$$\frac{\partial \mathcal{E}}{\partial h(m)} = 0, \quad 0 \le m \le N-1 \tag{11.6}$$

그러므로

$$\sum_{k=0}^{N-1} h(k)r_{xx}(k-m) = r_{dx}(m), \quad 0 \le m \le N-1 \tag{11.7}$$

이는 최적의 필터 계수를 만들어내는 선형 방정식들의 집합이다.

위의 선형 연립방정식을 직접 풀기 위해서는 먼저 입력 신호의 자기상관 신호 $\{r_{xx}(k)\}$, 원하는 출력 신호 $\{d(n)\}$과 입력 신호 $\{x(n)\}$ 간의 상호상관 신호 $\{r_{dx}(k)\}$를 계산해야 한다.

LMS 알고리즘은 상관 신호 $\{r_{xx}(k)\}$와 $\{r_{dx}(k)\}$를 명시적으로 계산하지 않고, 최적 필터 계수 $\{h(k)\}$를 구하는 대안적인 방법을 제공한다. 이 알고리즘은 기본적으로 재귀적 경사법(gradient method)을 사용하여 $\mathcal{E}$의 최소값과 최적 필터 계수를 찾아준다.

먼저 $\{h(k)\}$의 임의의 초기값을 선택한다. 이 값을 $\{h_0(k)\}$라 하자. 예를 들어 $h_0(k) = 0$, $0 \le k \le N-1$이라고 할 수 있다. 그러고 나서 각각의 새로운 출력 표본 $\{x(n)\}$을 적응 FIR 필터에 인가하여 그에 해당하는 출력 $\{y(n)\}$을 계산한 후에, 오차 신호 $e(n) = d(n) - y(n)$을 만들고, 다음 방정식에 따라 필터의 계수들을 새로 바꾼다.

$$h_n(k) = h_{n-1}(k) + \Delta \cdot e(n) \cdot x(n-k), \quad 0 \le k \le N-1, \quad n = 0, 1, \ldots \tag{11.8}$$

여기서 Δ는 스텝 크기 매개변수이고, $x(n-k)$는 시간이 n일 때 필터의 k번째 탭에 위치한 입력 신호의 표본이다. 그리고 $e(n)x(n-k)$는 k번째 필터 계수의 기울기에 -1을 곱한 값의 근사값(추정값)이다. 이것이 오차 제곱의 합 $\mathcal{E}$을 최소화하기 위해 필터의 계수를 적응적으로 조절하는 LMS 알고리즘이다.

스텝 크기 매개변수 Δ는 이 알고리즘이 최적의 해로 수렴하는 속도를 결정한다. 큰 값의 Δ는 큰 스텝 크기 조절을 수행하므로 수렴 속도가 빠르다. 반면에 Δ가 작으면 수렴 속도가 느려진다. 그러나 만약 Δ가 너무 크다면 이 알고리즘은 불안정해진다. 안정성을 확보하기 위해 Δ를 다음의 범위 안에서 선택해야 한다[81].

$$0 < \Delta < \frac{1}{10NP_x} \tag{11.9}$$

여기서 N은 적응 FIR 필터의 길이이고, P_x는 입력 신호의 전력(power)으로 다음과 같이 근사시킬 수 있다.

$$P_x \approx \frac{1}{1+M} \sum_{n=0}^{M} x^2(n) = \frac{r_{xx}(0)}{M+1} \tag{11.10}$$

식 (11.9)와 (11.10)의 수학적 증명과 LMS 알고리즘이 최적의 필터 계수에 대한 해를 찾는다는 것의 증명은 적응 필터를 더 자세하게 다루는 곳에서 찾을 수 있다. 관심 있는 독자는 헤이킨(Haykin)[30]과 프로아스키(Proakis)[79]의 책을 참조하라.

11.1.1 MATLAB 구현

LMS 알고리즘 (11.8)은 MATLAB에서 쉽게 구현할 수 있다. 입력 신호 $\{x(n)\}$, 원하는 신호 $\{d(n)\}$, 스텝 크기 Δ, 원하는 적응 FIR 필터의 길이 N이 주어지면, 적응 필터의 계수 $\{h(n), 0 \le n \le N-1\}$을 재귀적으로 구하기 위해, 식 (11.1), (11.2), (11.8)을 사용할 수 있다. 이것을 `lms`라는 다음의 함수에 나타내었다.

```
function [h,y] = lms(x,d,delta,N)
% LMS Algorithm for Coefficient Adjustment
% ----------------------------------------
% [h,y] = lms(x,d,delta,N)
%     h = estimated FIR filter
%     y = output array y(n)
%     x = input array x(n)
%     d = desired array d(n), length must be same as x
% delta = step size
%     N = length of the FIR filter
%
M = length(x); y = zeros(1,M);
h = zeros(1,N);
for n = N:M
    x1 = x(n:-1:n-N+1);
     y = h * x1';
     e = d(n) - y;
     h = h + delta*e*x1;
end
```

lms 함수는 적응 필터의 출력 $\{y(n)\}$도 계산한다.

이제 적응 필터를 포함한 몇 가지 실제적인 응용에 LMS 알고리즘을 적용해보자.

11.2 시스템 식별과 시스템 모델링

문제를 공식화하기 위해 그림 11.2를 참조해보자. 알지 못하는 선형 시스템을 식별하려고 할 때, 알지 못하는 시스템은 전영점(FIR) 시스템, 또는 전극점(IIR) 시스템일 수도 있다. 알지 못하는 시스템은 길이 N의 FIR 필터로 근사(모델화)시킬 수 있다. 알지 못하는 시스템과 FIR 모델을 병렬로 연결하고, 같은 입력 신호 $\{x(n)\}$으로 활성화한다. 만약 모델의 출력을 $\{y(n)\}$이라 하고, 알지 못하는 시스템의 출력을 $\{d(n)\}$이라 한다면, 오차 신호는 $\{e(n) = d(n) - y(n)\}$이다. 오차 제곱의 합을 최소화한다면, 식 (11.7)과 같은 선형 방정식을 얻게 된다. 그러므로 FIR 모델의 출력이 알지 못하는 시스템의 출력을 근사하도록 계수들

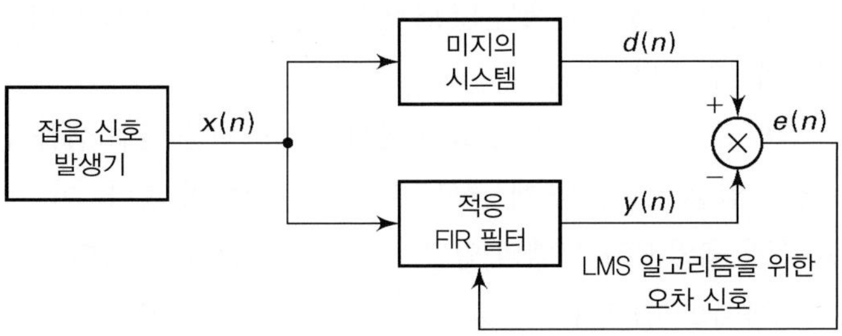

그림 11.2 시스템 식별 또는 시스템 모델링 문제의 블록선도

을 조절할 때 식 (11.8)에 주어진 LMS 알고리즘을 사용하는 것이다.

11.2.1 연구과제 11.1: 시스템 식별

이 과제를 수행하는 데는 세 가지 기본 모듈이 필요하다.

1. 평균이 0인 불규칙 신호를 발생시키는 잡음 신호 발생기. 예를 들어, 구간 $[-a, a]$에서 균일하게 분포된 불규칙 신호를 만들 수 있을 것이다. 이런 식으로 균일하게 분포된 신호는 평균이 0이고, 분산이 $a^2/3$이다. 이 신호($\{x(n)\}$이라 하자)는 알지 못하는 시스템과 적응 FIR 모델의 입력으로 사용할 것이다. 이 경우 입력 신호 $\{x(n)\}$의 전력은 $P_x = a^2/3$이다. 이것은 MATLAB에서 `rand` 함수를 통해 구현한다.
2. 선택할 알지 못하는 시스템 모듈은 IIR 필터이고, 차분 방정식을 통해 구현한다. 예를 들어, 다음과 같은 2차 차분 방정식으로 주어지는 IIR 필터를 선택할 수 있다.

$$d(n) = a_1 d(n-1) + a_2 d(n-2) + x(n) + b_1 x(n-1) + b_2 x(n-2) \tag{11.11}$$

   여기서 매개변수 $\{a_1, a_2\}$는 필터의 극점 위치를 결정하고, $\{b_1, b_2\}$는 필터의 영점 위치를 결정한다. 이 매개변수들은 프로그램의 변수들이다. 이것은 `filter` 함수를 통해 구현한다.
3. LMS 알고리즘에서 조절하는 N개의 계수를 갖는 적응 FIR 필터 모듈. 필터의 길이 N은 프로그램의 입력 변수이다. 이것은 앞 절에 주어진 `lms` 함수를 사용하여 구현한다.

이 세 가지 모듈을 그림 11.2와 같이 구성한다. 이 과제로부터 FIR 모델의 임펄스 응답이, LMS 알고리즘 수렴 후에 알지 못하는 시스템의 임펄스 응답을 얼마나 가깝게 근사시키는가를 결정할 수 있다.

LMS 알고리즘의 수렴 속도를 살펴보기 위해, 오차 제곱 $e^2(n)$의 단기 평균을 구하고, 그 그래프를 그려볼 수 있다. 즉, 다음과 같은 것을 계산하는 것이다.

$$\text{ASE}(m) = \frac{1}{K} \sum_{k=n+1}^{n+K} e^2(k) \tag{11.12}$$

여기서 $m = n/K = 1, 2, \ldots$ 이다. 평균 구간 K는 근사적으로 $K = 10N$으로 선택할 수 있다. 스텝 크기 매개변수 Δ의 선택이 LMS 알고리즘의 수렴 속도에 미치는 영향은 ASE(m)을 살펴봄으로써 알 수 있다.

프로그램의 주 부분과 더불어, 알지 못하는 시스템을 단위 샘플 신호 $\delta(n)$으로 활성화하여 얻을 수 있는 임펄스 응답을 계산하는 부분도 포함해야 한다. 이 실제의 임펄스 응답을 LMS 알고리즘 수렴 후의 FIR 모델의 임펄스 응답과 비교할 수 있다. 두 임펄스 응답을 비교의 목적으로 그려볼 수도 있겠다.

11.3 광대역 신호에서의 협대역 간섭 억제

원하는 광대역 신호 $\{w(n)\}$에, 협대역 간섭 신호 $\{s(n)\}$가 추가되어 손상된 신호 $\{x(n)\}$을 갖고 있다고 가정하자. 두 신호는 상관관계가 없다. 이 문제는 디지털 통신이나 신호 검출에서 발생한다. 여기서 원하는 신호 $\{w(n)\}$은 확산 스펙트럼이고, 협대역 간섭은 주파수 대역을 사용하는 다른 사용자의 신호나 통신 시스템 또는 검출 시스템을 망가뜨리고자 시도하는 방해자로부터의 의도적 간섭을 나타낸다.

신호 여과의 관점에서 보았을 때 이것은 협대역 간섭을 억제하는 것이다. 사실상 그러한 필터는 간섭이 차지하고 있는 주파수 대역에 노치(notch)를 놓아야 한다. 그러나 실제적으로 간섭의 주파수 대역을 알 수는 없다. 게다가 간섭의 주파수 대역은 시간에 따라 조금씩 바뀐다.

간섭의 협대역 특성은 신호 $x(n) = s(n) + w(n)$의 과거 표본으로부터 $s(n)$을 추정하고, 이 추정값을 $x(n)$에서 빼는 것을 가능하게 한다. $\{s(n)\}$의 대역폭은 $\{w(n)\}$의 대역폭보다 좁기 때문에, $\{s(n)\}$의 표본들은 큰 상관관계를 갖는다. 반면에, 광대역 신호 $\{w(n)\}$은 상대적으로 작은 상관관계를 갖는다.

간섭 억제 시스템의 일반적인 구성은 그림 11.3과 같다. 신호 $x(n)$을 D개의 표본만큼 지연시키는데, 여기서 D는 $x(n)$과 $x(n-D)$에 포함된 광대역 신호 $w(n)$과 $w(n-D)$가 서로 상관관계가 없도록 충분히 큰 값으로 선택한다. 적응 FIR 필터의 출력은 다음과 같은 추정값이다.

$$\hat{s}(n) = \sum_{k=0}^{N-1} h(k)x(n-k-D) \tag{11.13}$$

FIR 필터의 계수를 최적화하기 위해 사용하는 오차 신호는 $e(n) = x(n) - \hat{s}(n)$이다. 오차 제곱의 합을 최소화하는 것은 또다시 최적의 계수를 구하기 위한 일단의 선형 방정식을 만들어낸다. 지연 D로 인해, 계수를 재귀적으로 조절하기 위한 LMS 알고리즘은 다음과 같이 된다.

$$h_n(k) = h_{n-1}(k) + \Delta e(n)x(n-k-D), \quad \begin{array}{l} k = 0, 1, \ldots, N-1 \\ n = 1, 2, \ldots \end{array} \tag{11.14}$$

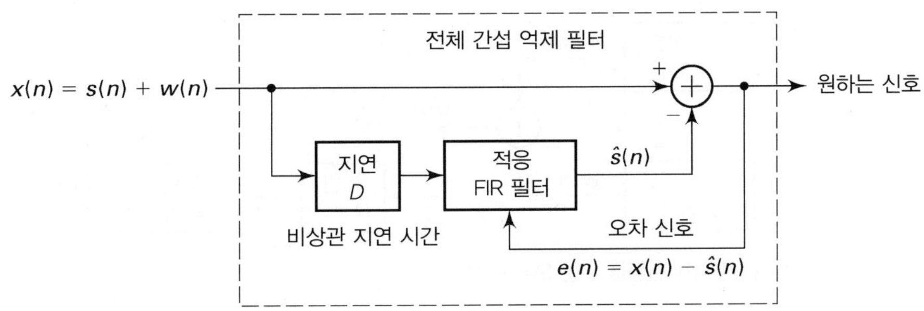

그림 11.3 협대역 간섭을 추정하고 억제하기 위한 적응 필터

11.3.1 연구과제 11.2: 정현파 간섭의 억제

이 과제를 수행하는 데는 세 가지 기본 모듈이 필요하다.

1. 평균이 0인 난수들의 광대역 신호 $\{w(n)\}$을 발생시키는 잡음 신호 발생기. 앞의 시스템 식별 과제에서 설명한 `rand` 함수를 사용하여 균일하게 분포된 불규칙 신호를 발생시킨다. 신호 전력은 P_w로 표시한다.
2. 정현파 신호 $s(n) = A\sin\omega_0 n$을 발생시키는 정현파 신호 발생기. 여기서 $0 < \omega_0 < \pi$이고, A는 신호의 진폭이다. 정현파 신호의 전력은 P_s로 표시한다.
3. `lms` 함수를 사용하는 적응 FIR 필터 모듈. 여기서 적응 FIR 필터는 LMS 알고리즘에서 조절하는 N개의 계수를 갖는다. 필터의 길이 N은 프로그램의 입력 변수이다.

이 세 가지 모듈을 그림 11.4와 같이 구성한다. 이 과제에서는 신호 $\{w(n)\}$이 평평한 스펙트럼을 갖는, 즉 상관관계가 없는 백색 잡음(white noise) 신호이기 때문에, 지연 $D = 1$이면 충분하다. 이 과제의 목적은 FIR 필터의 계수를 조절하고, 적응 필터의 특성을 조사하는 것이다.

간섭 신호의 전력이 $P_s = 10P_w$와 같이 원하는 신호 $w(n)$의 전력보다 크도록 하면 흥미로울 것이다. LMS 알고리즘의 스텝 크기 매개변수를 선택하는 데 필요한 전력 $P_x = P_s + P_w$임을 주목하라. 계수 $\{h(k)\}$를 갖는 적응 FIR 필터의 주파수 응답 특성 $H(e^{j\omega})$은 간섭 주파수에서 공진 피크(resonant peak)를 나타내야 한다. 간섭 억제 필터의 주파수 응답은 $H_s(e^{j\omega}) = 1 - H(e^{j\omega})$이다. 이것은 간섭 주파수에서 노치를 나타내야 한다.

신호 $\{w(n)\}$, $\{s(n)\}$, $\{x(n)\}$의 그래프를 그려보면 흥미로울 것이다. 또한 LMS 알고리즘이 수렴한 후에, 주파수 응답 $H(e^{j\omega})$과 $H_s(e^{j\omega})$의 그래프를 그려보는 것도 재미있을 것이다. 식 (11.12)에서 정의한 오차 제곱의 단기 평균 ASE(m)은 LMS 알고리즘의 수렴 특성을 살펴보는 데 사용한다. 적응 필터의 길이가 추정값의 질에 미치는 영향도 조사해야 한다.

이 과제는 다른 주파수의 정현파를 추가적으로 더함으로써 일반화할 수 있다. 그러면 $H(e^{j\omega})$은 두 주파수가 충분히 떨어져 있을 경우, 두 번의 공진 피크를 나타내야 한다. 필터의 길이 N이 가깝게 위치한 두 정현파에 대한 분해능에 미치는 영향을 조사해보라.

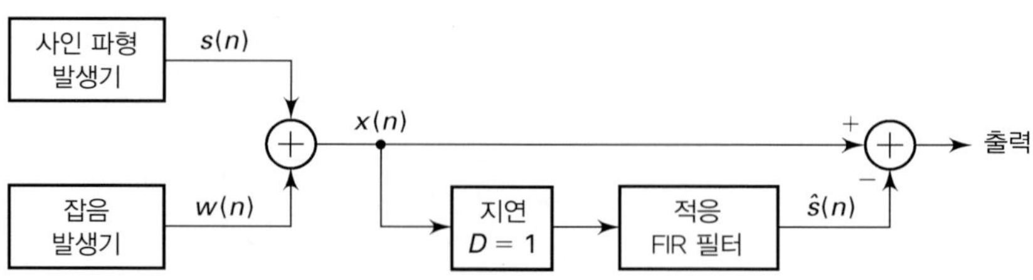

그림 11.4 간섭 억제 실험을 위한 모듈 구성

11.4 적응 선로 향상

앞 절에서는 광대역 신호로부터 강한 협대역 간섭을 억제하기 위한 방법을 설명했다. 적응 선로 향상기(ALE: adaptive line enhancer)는 그림 11.3에 있는 간섭 억제 필터의 구성과 같고, 다만 그 목적만 다르다.

적응 선로 향상기에서는 $\{s(n)\}$이 원하는 신호이고, $\{w(n)\}$은 $\{s(n)\}$을 방해하는 광대역 잡음을 나타낸다. 원하는 신호 $\{s(n)\}$은 스펙트럼 선(순수 정현파)일 수도 있고, 상대적으로 협대역을 가진 신호일 수도 있다. 보통 광대역 신호의 전력이 협대역 신호의 전력보다 크다. 즉, $P_w > P_s$이다. ALE는 입력 정현파의 주파수나 협대역 신호가 차지하는 주파수 대역에 피크를 갖는 자기동조(self-tuning) 필터이다. 협대역 FIR 필터를 통해 신호의 주파수 대역 밖에 있는 잡음을 억제할 수 있다. 따라서 스펙트럼 선이 $\{w(n)\}$의 잡음 전력에 대한 진폭 면에서 향상된다.

11.4.1 연구과제 11.3: 적응 선로 향상

이 과제는 간섭 억제 과제에서 사용한 것과 같은 소프트웨어 모듈을 필요로 한다. 그러므로 앞 절에 주어진 설명을 그대로 적용할 수 있다. 첫 번째로 바꿀 사항은 ALE의 경우 $P_w > P_s$의 조건을 갖는다는 것이다. 둘째는 ALE의 출력이 $\{s(n)\}$이라는 것이다. 이 조건하에서 앞 절에서 설명한 과제를 반복해보라.

11.5 적응 채널 등화

전화선을 통한 데이터 전송 속도는 보통 상호 기호 간섭(ISI: intersymbol interference)을 일으키는 채널 왜곡에 의해 제한된다. 2400비트보다 낮은 데이터 속도에서 ISI는 상대적으로 작고, 변복조 장치의 동작에 있어서 문제가 되지 않는다. 그러나 2400비트보다 높은 데이터 속도에서는 채널 왜곡을 보상하고, 신뢰할 수 있는 고속의 데이터 전송을 위해 변복조 장치에 적응 등화기를 사용한다. 전화선에서 신호를 다른 주파수 대역으로 분리하기 위해, 전 시스템에 걸쳐서 필터를 사용한다. 이 필터는 진폭 왜곡과 위상 왜곡을 발생시킨다. 적응 등화기는 기본적으로 채널 왜곡을 바로잡기 위해 LMS 알고리즘을 사용하여 계수를 조절하는 적응 FIR 필터이다.

채널을 통해 데이터를 전송하는 변복조 장치의 기본 요소에 대한 블록선도를 그림 11.5에 나타내었다. 처음에는 보통 1초보다 작은 시간의 단기 신호를 전송함으로써 적응 등화기의 계수를 조절한다. 송신기는 이 단기 신호 뒤에 데이터 신호 $\{a(n)\}$을 전송하기 시작한다. 시간에 대한 채널의 느린 변화를 추적하기 위해, 데이터를 받는 동안 등화기의 계수를 계속해서 적응적으로 조절해야 한다. 이를 위해 그림 11.5에 나타낸 것처럼, 판단 장치(decision

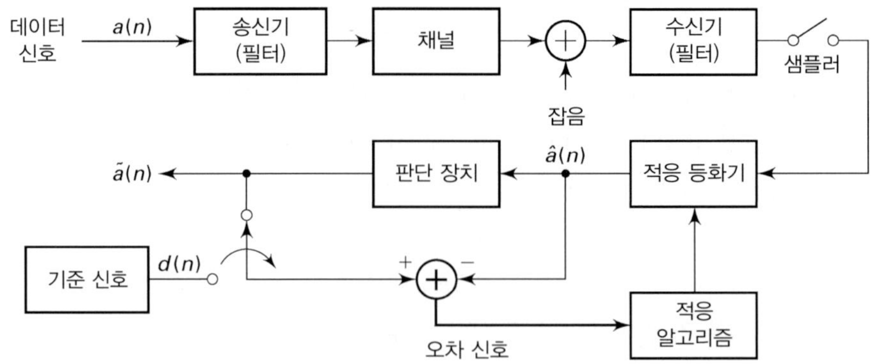

그림 11.5 적응 채널 등화에서의 적응 필터 응용

device)의 결정 값을 맞는 것으로 하고, 기준 $\{d(n)\}$ 대신에 그 결정 값을 사용하여 오차 신호를 발생시킨다. 이 방법은 100개의 데이터 기호 중 한 번의 오차보다 작은 비율로 판단 오차가 거의 발생하지 않을 때 꽤 잘 들어맞는다. 가끔씩 발생하는 판단 오차는 등화기 계수를 조금 잘못 조절할 뿐이다.

11.5.1 연구과제 11.4: 적응 채널 등화

이 과제의 목적은 상호 기호 간섭을 일으키는 채널을 통해 데이터를 전송하는 적응 등화기의 성능을 조사하는 것이다. 실험할 시스템의 기본 구성은 그림 11.6과 같다. 그림에서 보는 것처럼, 이 실험에는 5개의 모듈이 필요하다. 전화선 변복조 장치에 필요한 반송파 변조와 복조를 사용하지 않았음을 주목하라. 이것은 시뮬레이션 프로그램을 간단히 하기 위한 것이다. 그러나 모든 처리 과정은 복잡한 산술 연산을 포함한다.

5개의 모듈은 다음과 같다.

1. 데이터 발생기는 복소수 정보 기호의 신호 $\{a(n)\}$을 발생시키는 데 사용한다. 특별히 4개의 같은 확률을 가진 기호 $s + js$, $s - js$, $-s + js$, $-s - js$를 사용하자. 여기서 s는 $s = 1$이라 놓을 수도 있고, 입력 매개변수로 사용할 수도 있는 비례 인자(scale factor)이다.
2. 채널 필터 모듈은 채널 왜곡을 시뮬레이션하기 위한 계수 $\{c(n),\ 0 \le n \le K - 1\}$을 갖는 FIR 필터이다. 필터의 길이 K는 입력 매개변수이다.
3. 잡음 발생기 모듈은 임의의 디지털 통신 시스템에 생기는 상가성 잡음(additive noise)을 발생시키기 위해 사용한다. 만약 전자장치에 의해 발생하는 잡음을 모델링하려고 한다면, 그 잡음 분포는 평균이 0인 가우스 분포여야 한다. `randu` 함수를 사용하라.
4. 적응 등화기 모듈은 LMS 알고리즘으로 조절하는 계수 $\{h(k),\ 0 < k < N - 1\}$을 갖는 FIR 필터이다. 그러나 복소수 연산의 사용으로 인해, LMS 알고리즘의 재귀 방정식은 다음과 같이 조금 바뀐다.

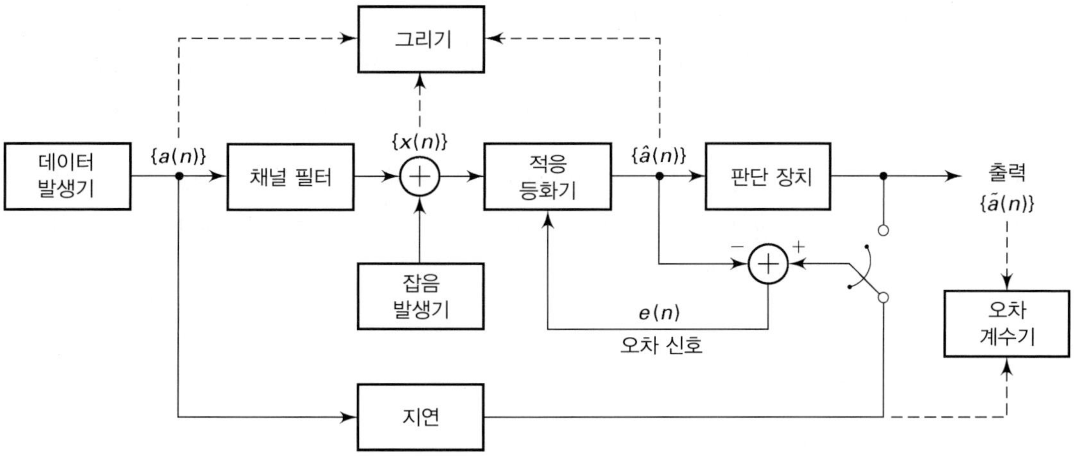

그림 11.6 적응 등화기의 성능을 조사하기 위한 실험

$$h_n(k) = h_{n-1}(k) + \Delta e(n) x^*(n-k) \tag{11.15}$$

여기서 *는 켤레복소수를 나타낸다.

5. 판단 장치 모듈은 추정값 $\hat{a}(n)$을 취한 후 다음의 판단 법칙을 기초로 하여, 네 가지 가능한 신호점 중 하나로 이 추정값을 양자화한다.

$$\begin{array}{llll}
\mathrm{Re}\,[\hat{a}(n)] > 0 & \text{그리고} & \mathrm{Im}\,[\hat{a}(n)] > 0 \longrightarrow & 1+j \\
\mathrm{Re}\,[\hat{a}(n)] > 0 & \text{그리고} & \mathrm{Im}\,[\hat{a}(n)] < 0 \longrightarrow & 1-j \\
\mathrm{Re}\,[\hat{a}(n)] < 0 & \text{그리고} & \mathrm{Im}\,[\hat{a}(n)] > 0 \longrightarrow & -1+j \\
\mathrm{Re}\,[\hat{a}(n)] < 0 & \text{그리고} & \mathrm{Im}\,[\hat{a}(n)] < 0 \longrightarrow & -1-j
\end{array}$$

채널 필터에 의해 발생하는 ISI를 억제하는 데 있어서의 등화기 효율성은 적절한 신호들을 2차원(실수와 허수) 화면에 그려봄으로써 살펴볼 수 있다. 데이터 발생기 출력 $\{a(n)\}$은 $\pm 1 \pm j$의 값을 갖는 네 점으로 구성해야 한다. 채널 왜곡과 상가성 잡음의 영향은 등화기의 입력 부분에서 신호 $\{x(n)\}$을 그려봄으로써 알 수 있다. 적응 등화기의 효율성은 계수들이 수렴한 후에 그것의 출력 $\{\hat{a}(n)\}$을 그려서 측정할 수 있다. 오차 제곱의 단기 평균 ASE(n)은 LMS 알고리즘 수렴 특성을 살펴보는 데 사용한다. 채널 필터와 적응 등화기 때문에 발생하는 신호의 지연을 보상하기 위해, 데이터 발생기의 출력에 지연을 넣어야 함을 주목하라. 예를 들어 이 지연 값을 $(N+K)/2$에 가장 가까운 최대의 정수라고 놓을 수 있다. 마지막으로, 오차 계수기(error counter)는 수신한 데이터 신호에서 기호 오차의 수를 세는 데 사용한다. 기호의 총 수에 대한 오차 수의 비율(error rate, 오율)을 표시해보라. 오율은 ISI와 상가성 잡음의 레벨을 변화시키면 같이 변할 것이다.

다음과 같은 세 가지 채널 조건에서 시뮬레이션해볼 것을 제안한다.

a. ISI가 없는 경우: $c(0) = 1$, $c(n) = 0$, $1 \le n \le K-1$
b. ISI가 약한 경우: $c(0) = 1$, $c(1) = 0.2$, $c(2) = -0.2$, $c(n) = 0$, $3 \le n \le K-1$
c. ISI가 강한 경우: $c(0) = 1$, $c(1) = 0.5$, $c(2) = 0.5$, $c(n) = 0$, $3 \le n \le K-1$

측정한 오율을 등화기의 입력부에서 신호 대 잡음비의 함수로 그려보라. 여기서 SNR은 다음과 같이 정의한다. SNR $= P_s/P_n$, 여기서 $P_s = s^2$는 신호전력이며 P_n은 잡음 발생기 출력 신호의 잡음 전력이다.

통신에의 응용 | 12 chapter

오늘날 MATLAB은 다양한 통신 시스템의 시뮬레이션을 위해 광범위하게 사용되고 있다. 이 장에서는 파형 표현, 부호화(coding), 특별히 음성 부호화, 그리고 디지털 통신을 다루는 몇 가지 응용에 초점을 맞춘다. 아날로그 파형을 디지털화하는 방법을 음성의 부호화와 전송에서의 응용과 함께 설명할 것이다. 이 방법에는 펄스 부호 변조(PCM: pulse-code modulation), 차동(differential) PCM, 적응 차동 PCM(ADPCM: adaptive differential PCM), 델타 변조(DM: delta modulation), 적응 델타 변조(ADM: adaptive delta modulation), 선형 예측 부호화(LPC: linear predictive coding) 등이 있다. MATLAB을 사용한 시뮬레이션을 위해, 파형 부호화(waveform encoding) 방법을 포함하는 연구과제들을 공식화할 것이다.

이 장에서 다루는 마지막 세 가지 주제는 디지털 통신 시스템에서 수신기를 구현할 때 보게 되는 신호 검출(signal detection) 응용이다. MATLAB에서의 시뮬레이션을 통한 검출 설계 구현을 포함하는 연구과제를 이 방법들 각각에 대해 설명할 것이다.

12.1 펄스 부호 변조

펄스 부호 변조는 신호를 디지털 형태로 전송하거나 저장할 목적으로 아날로그 신호를 양자화하는 방법이다. PCM은 전화 통신에서의 음성 전송과 무선 송신을 사용하는 원격 시스템에 널리 사용하고 있다. 여기서는 PCM의 음성 신호 처리를 주로 다룬다.

전화선을 통해 전송하는 음성 신호는 보통 4 kHz보다 낮은 주파수 범위로 대역폭이 제한된다. 그러므로 그런 신호를 샘플링하기 위한 나이키스트 속도(Nyquist rate)는 8 kHz보다 작다. PCM에서는 아날로그 음성 신호를 8 kHz(샘플/초)의 공칭 속도로 샘플링한다. 그리고 각 샘플을 2^b 준위 중의 하나로 양자화하고, b비트의 신호에 의해 디지털 형태로 표현한다. 그러므로 디지털화한 음성 신호를 전송하기 위한 비트율은 초당 $8000b$비트이다.

양자화 과정은 다음과 같이 수학적으로 모델링할 수 있다.

$$\tilde{s}(n) = s(n) + q(n) \tag{12.1}$$

여기서 $\tilde{s}(n)$은 $s(n)$의 양자화된 값을 나타내고, $q(n)$은 양자화 오차를 나타낸다. $q(n)$은 상가성 잡음으로 다룬다. 균일 양자화기가 사용되고 준위(level)의 수가 충분히 크다고 가정하면, 양자화 잡음은 통계적으로 균일 확률 밀도 함수로 표현할 수 있다.

$$p(q) = \frac{1}{\Delta}, \quad -\frac{\Delta}{2} \le q \le \frac{\Delta}{2} \tag{12.2}$$

여기서 양자화기의 스텝 크기는 $\Delta = 2^{-b}$이다. 양자화 오차의 제곱평균값은 다음과 같다.

$$E(q^2) = \frac{\Delta^2}{12} = \frac{2^{-2b}}{12} \tag{12.3}$$

데시벨로 측정하면, 양자화 오차의 제곱평균값은 다음과 같다.

$$10\log\left(\frac{\Delta^2}{12}\right) = 10\log\left(\frac{2^{-2b}}{12}\right) = -6b - 10.8 \text{ dB} \tag{12.4}$$

양자화 잡음이 양자화기에 사용한 비트 수당 6 dB의 비율로 감소함을 알 수 있다. 고품질의 음성은 최소한 샘플당 12비트를 필요로 한다. 그러므로 초당 96,000비트(96,000 bps)의 비트율이 필요한 것이다.

음성 신호는 작은 신호 진폭이 큰 신호 진폭보다 자주 발생하는 특성을 갖고 있다. 그러나 균일 양자화기는 신호의 동적 영역 전체에 걸쳐, 연속적인 두 준위 사이에 같은 간격만을 줄 수 있다. 따라서 더 좋은 방법은 균일하지 않은 양자화기를 사용하는 것이다. 이것은 낮은 신호 진폭에 대해서는 간격이 더 좁은 준위들을 갖고, 큰 신호 진폭에 대해서는 간격이 더 넓은 준위들을 갖는다. b비트를 가진 균일하지 않은 양자화기의 경우, 양자화 오차는 식 (12.4)에 주어진 것보다 더 작은 제곱평균값을 갖는다. 균일하지 않은 양자화기의 특성은 일반적으로 신호를 비선형 장치에 통과시켜 신호 진폭을 압축함으로써 얻을 수 있다. 예를 들면, μ법칙 압축기(μ-law compressor)라고 하는, 미국과 캐나다의 통신 시스템에 사용하는 대수 압축기(logarithmic compressor)는 다음과 같은 형태의 입력-출력 크기 특성을 갖는다.

$$y = \frac{\ln(1+\mu|s|)}{\ln(1+\mu)}\,\text{sgn}(s); \quad |s| \le 1,\ |y| \le 1 \tag{12.5}$$

여기서 s는 정규화된 입력이고, y는 정규화된 출력이다. 또한 sgn(·)는 부호 함수(sign function)이고, μ는 원하는 압축 특성을 주기 위해 선택하는 매개변수이다.

음성 신호의 부호화에서는 $\mu = 255$의 값을 미국과 캐나다의 표준으로 채택했다. 이 값은 양자화 잡음 전력을 균일 양자화기에 비해 약 24 dB 정도 감소시킨다. 결과적으로, $\mu = 255$의 대수 압축기를 가진 8비트 양자화기가 압축을 하지 않는 12비트의 균일 양자화기와 같은 품질의 음성을 만들어내는 것이다. 그러므로 압축을 하는 PCM 음성 신호는 64,000 bps의 비트율을 갖게 된다.

유럽 통신 시스템에 사용하는 대수 압축기는 A법칙이라고 하는 것으로, 다음과 같이 정의한다.

$$y = \begin{cases} \dfrac{1 + \ln(A|s|)}{1 + \ln A}\,\mathrm{sgn}(s), & \frac{1}{A} \le |s| \le 1 \\ \dfrac{A|s|}{1 + \ln A}\,\mathrm{sgn}(s), & 0 \le |s| \le \frac{1}{A} \end{cases} \tag{12.6}$$

여기서 A는 87.56으로 선택된다. 비록 식 (12.5)와 (12.6)이 다른 비선형 함수이지만 압축 특성은 매우 유사하다. 그림 12.1은 이 2개의 압축 함수를 보여주고 있다. 두 함수가 매우 유사함을 주목하라.

양자화한 값으로부터 신호를 재생할 때는, 역 대수관계식을 통해 신호 진폭을 신장(expand)하는 복호기(decoder)를 사용한다. μ법칙 역 대수관계식은 다음과 같다.

$$|s| = \frac{(1+\mu)^{|y|} - 1}{\mu}; \quad |y| \le 1,\ |s| \le 1 \tag{12.7}$$

압축기-신장기(compressor-expander) 쌍을 압신기(compander)라고 한다.

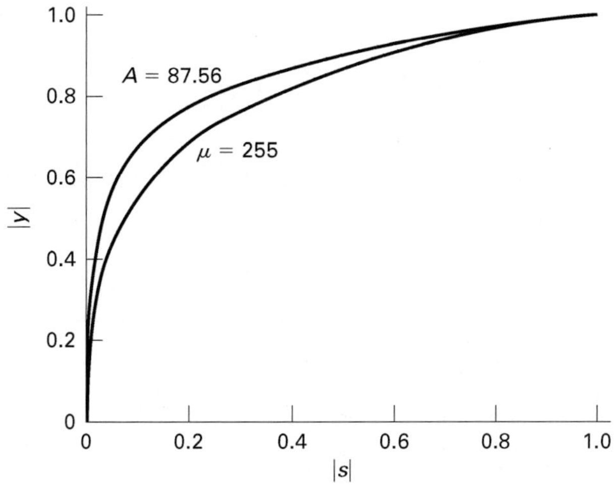

그림 12.1 μ법칙과 A법칙 비선형 함수의 비교

12.1.1 연구과제 12.1: PCM

이 과제의 목적은 PCM 압축(선형에서 대수로)과 PCM 신장(대수에서 선형으로)을 이해하는 것이다. 이 과제를 위해 다음과 같은 3개의 MATLAB 함수를 만들어보라.

1. 식 (12.5)를 구현하기 위한 μ법칙 압축기 함수. 이것은 평균이 0인 정규화된($|s| \leq 1$) 신호를 받아서 매개변수인 μ를 조정하여 평균이 0인 압축 신호를 만든다.
2. 평균이 0인 입력을 받아서 b비트의 양자화 후에 정수 출력을 만들어내는 양자화기 함수
3. 식 (12.7)을 구현하는 μ법칙 신장기. 이것은 정수 입력을 받은 후 지정한 μ 매개변수에 대해 평균이 0인 출력을 만든다.

실험을 위해 많은 수(10,000개 이상)의 샘플을 발생시켜 다음과 같은 신호를 만들어라.

(a) 톱니파(sawtooth) 신호
(b) 지수 펄스열(exponential pulse train)
(c) 정현파 신호
(d) 분산이 작은 불규칙(random) 신호

정규화 주파수를 무리수로 선택함으로써 주기성이 없는 신호를 만드는 것에 주의하라. 즉, 샘플의 값들이 반복되어서는 안 된다. 예를 들어 정현파 신호를 다음과 같이 만들 수 있다.

$$s(n) = 0.5\sin(n/33), \quad 0 \leq n \leq 10{,}000$$

2장에서 논의한 바와 같이 이 신호는 비주기적이다. 그러나 이것은 주기적인 포락선(envelope)을 갖는다. 그 밖의 신호도 비슷한 방법으로 만들 수 있다. 이 신호들을 그림 12.2와 같이 μ법칙 압축기, 양자화기, 신장기 함수를 통해 처리하라. 그리고 신호 대 양자화 잡음비(SQNR: signal-to-quantization noise ratio)를 다음과 같이 dB 단위로 계산하라.

$$\text{SQNR} = 10\log_{10}\left(\frac{\sum_{n=1}^{N} s^2(n)}{\sum_{n=1}^{N}\left(s(n) - s_q(n)\right)^2}\right)$$

다른 b비트의 양자화기에 대해 SQNR을 최대로 하는 μ 값을 구하라. 입력과 출력의 파형을 그려보고, 그 결과를 설명하라.

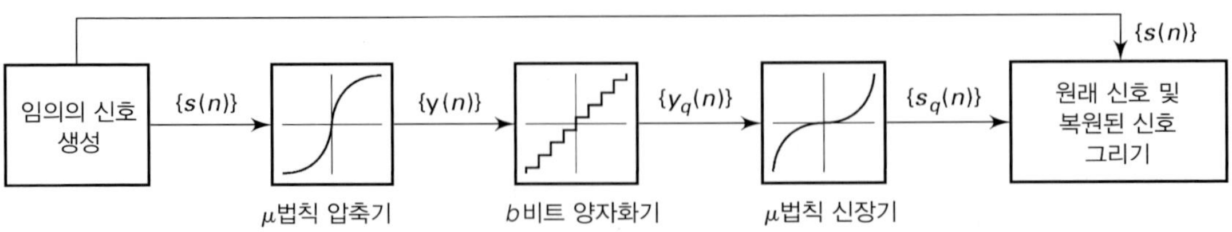

그림 12.2 PCM 과제

12.2 차동 PCM(DPCM)

PCM에서는 파형의 각 샘플을 다른 샘플들과 독립적으로 부호화한다. 그러나 나이키스트 속도나 또는 그 이상의 속도로 샘플링한 음성을 포함한 대부분의 신호는 연속적인 샘플들 간에 상당한 상관관계를 나타낸다. 다시 말해, 연속적인 샘플들 간의 진폭 변화의 평균이 비교적 작다. 따라서 이 중복(redundancy)을 해결하기 위한 부호화 설계를 통해 음성 신호에 대한 비트율을 낮출 수 있다.

비교적 간단한 해결책은 샘플 그 자체를 부호화하지 않고, 연속적인 샘플들 간의 차이를 부호화하는 것이다. 샘플들 간의 차이가 실제의 샘플 진폭보다 작기 때문에, 그 차이를 나타내는 데는 더 적은 수의 비트가 필요하다. 이 방법에서는 앞의 p개 샘플으로부터 현재의 샘플을 예측한다. $s(n)$을 음성의 현재 샘플이라 하고, $\hat{s}(n)$을 다음과 같이 정의하는 예측값이라 하자.

$$\hat{s}(n) = \sum_{i=1}^{p} a(i)\, s(n-i) \tag{12.8}$$

여기서 $\hat{s}(n)$은 지난 p개 샘플의 가중 선형 결합이고, $a(i)$는 예측기(필터) 계수들이다. $a(i)$는 $s(n)$과 $\hat{s}(n)$ 간의 오차에 대한 어떤 함수를 최소화하도록 선택한다.

수학적으로 적당할 뿐만 아니라 실제적으로도 편리한 오차 함수는 제곱 오차의 합이다. 이것을 예측기에 대한 성능 지수로 사용하여 다음의 식을 최소화하는 $a(i)$를 선택한다.

$$\begin{aligned}\mathcal{E}_p &\triangleq \sum_{n=1}^{N} e^2(n) = \sum_{n=1}^{N}\left[s(n) - \sum_{i=1}^{p} a(i)\, s(n-i)\right]^2 \\ &= r_{ss}(0) - 2\sum_{i=1}^{p} a(i)\, r_{ss}(i) + \sum_{i=1}^{p}\sum_{j=1}^{p} a(i)\, a(j)\, r_{ss}(i-j)\end{aligned} \tag{12.9}$$

여기서 $r_{ss}(m)$은 신호 $s(n)$의 샘플 값들에 대한 자기상관 함수로서, 다음과 같이 정의한다.

$$r_{ss}(m) = \sum_{i=1}^{N} s(i)\, s(i+m) \tag{12.10}$$

예측기 계수 $\{a_i(n)\}$에 대해 $\mathcal{E}_p$를 최소화할 때, 다음과 같이 정규 방정식이라고 하는 일련의 선형 방정식들이 생긴다.

$$\sum_{i=1}^{p} a(i)\, r_{ss}(i-j) = r_{ss}(j), \quad j = 1, 2, \ldots, p \tag{12.11}$$

또는 행렬 형태로

$$\mathbf{Ra} = \mathbf{r} \Longrightarrow \mathbf{a} = \mathbf{R}^{-1}\mathbf{r} \tag{12.12}$$

여기서 $\mathbf{R}$은 자기상관 행렬이고, $\mathbf{a}$는 계수 벡터, 그리고 $\mathbf{r}$은 자기상관 벡터이다. 그러므로 예측기의 계수값들이 만들어지는 것이다.

예측기 계수들을 구하는 방법을 설명했으므로, 이제 그림 12.3과 같은 실제적인 DPCM 시스템의 블록선도를 생각해보자. 이 구성에서 예측기는 양자화기 주위의 귀환 루프로 구현한다. 예측기의 입력은 $\tilde{s}(n)$으로 표시하는데, 이는 양자화 과정을 통해 변화시킨 신호 샘플 $s(n)$을 나타낸다. 그리고 예측기의 출력은 다음과 같다.

$$\hat{\tilde{s}} = \sum_{i=1}^{p} a(i)\,\tilde{s}(n-i) \tag{12.13}$$

두 신호의 차

$$e(n) = s(n) - \hat{\tilde{s}}(n) \tag{12.14}$$

는 양자화기의 입력이고, $\tilde{e}(n)$은 양자화기의 출력이다. 양자화 예측 오차 $\tilde{e}(n)$의 각 값을 이진 신호로 부호화하고, 채널을 통해 수신기까지 전송한다. 양자화 오차 $\tilde{e}(n)$을 예측값 $\hat{\tilde{s}}(n)$에 더해 $\tilde{s}(n)$을 만든다.

수신기에서는 송신기 쪽에서 사용했던 것과 같은 예측기를 합성하고, 그것의 출력 $\hat{\tilde{s}}(n)$을 $\tilde{e}(n)$에 더해 $\tilde{s}(n)$을 만든다. 신호 $\tilde{s}(n)$은 원하는 예측기 활성화 신호이고, 그림 12.3(b)에서 보는 바와 같이, 이 출력 신호를 필터를 통해 처리하여 신호 $\tilde{s}(t)$를 재구성할 수 있다.

양자화기 주위에서 귀환을 사용함으로써 $\tilde{s}(n)$에서의 오차는 단순히 양자화 오차 $q(n) = \tilde{e}(n) - e(n)$이 된다. 그리고 복호기를 구현할 때 앞부분의 양자화 오차가 누적되지 않는다. 즉,

$$q(n) = \tilde{e}(n) - e(n) = \tilde{e}(n) - s(n) + \hat{\tilde{s}}(n) = \tilde{s}(n) - s(n) \tag{12.15}$$

그러므로 $\tilde{s}(n) = s(n) + q(n)$이다. 이것은 양자화한 샘플 $\tilde{s}(n)$이 사용한 양자화기와 관계없이 입력 $s(n)$과 양자화 오차 $q(n)$만큼 차이가 난다는 것을 의미한다. 그러므로 양자화 오차는 누적되지 않는다.

그림 12.3과 같은 DPCM 시스템에서 신호 샘플 $s(n)$의 추정값, 즉 예측값 $\tilde{s}(n)$은 식 (12.13)에서 지적한 것처럼 과거의 값들 $\tilde{s}(n-k)$, $k = 1, 2, \ldots, p$의 선형 결합을 취함으로

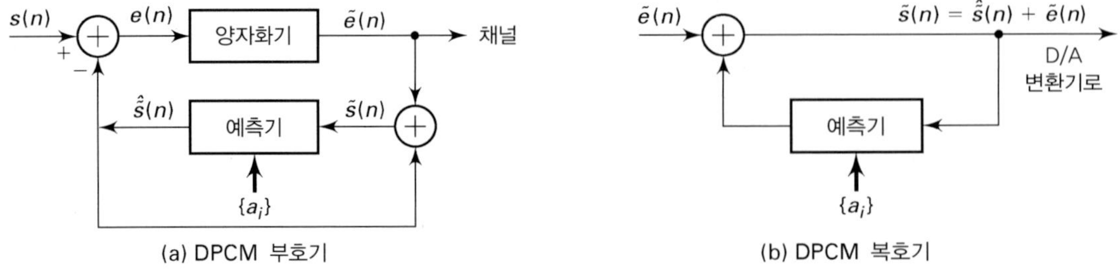

그림 12.3 DPDM 트랜스코더(transcoder)의 블록선도: (a) 부호기, (b) 복호기

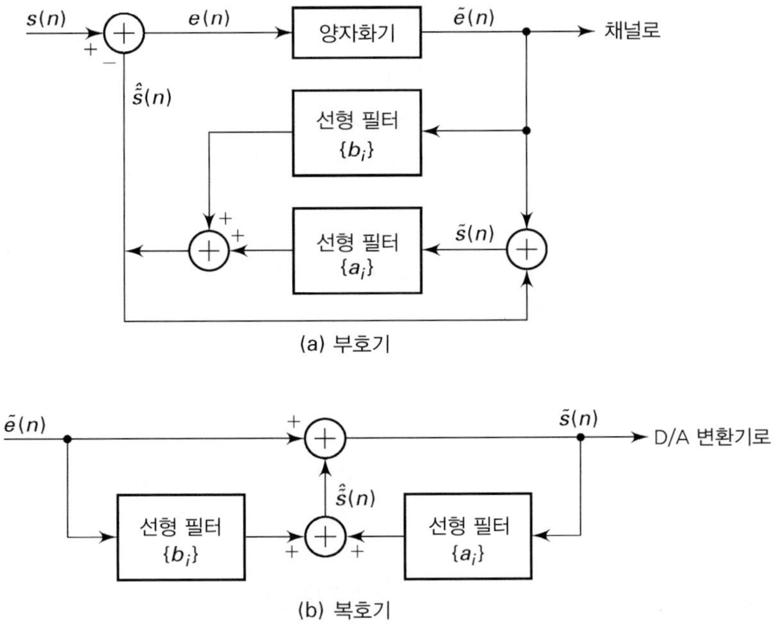

그림 12.4 선형적으로 여과된 오차 신호에 의해 바뀐 DPCM

써 구할 수 있다. 양자화 오차의 과거 값들을 선형적으로 여과함으로써 추정값의 질을 향상시킬 수 있다. 더 명확히 말하자면, $s(n)$의 추정값을 다음과 같이 표현할 수 있다는 것이다.

$$\widehat{s}(n) = \sum_{i=1}^{p} a(i)\,\tilde{s}(n-i) + \sum_{i=1}^{m} b(i)\,\tilde{e}(n-i) \tag{12.16}$$

여기서 $b(i)$는 양자화 오차 신호 $\tilde{e}(n)$에 대한 필터의 계수이다. 송신기 쪽의 부호기와 수신기 쪽의 복호기를 그림 12.4에 나타내었다. 오차 $e(n) = \tilde{s}(n) - s(n)$에 대한 어떤 함수, 예를 들면 제곱 오차의 합과 같은 함수를 최소화할 수 있도록 이 2개의 계수 집합 $a(i)$와 $b(i)$를 선택한다.

대수 압축기를 사용하고 오차 신호 $e(n)$에 대해 4비트 양자화기를 사용함으로써, DPCM은 32,000 bps의 속도로 고품질의 음성을 만들 수 있다. 이것은 대수적 PCM보다 2배 정도 낮은 값이다.

12.2.1 연구과제 12.2: DPCM

이 과제의 목적은 DPCM 부호기 연산과 복호기 연산을 이해하는 것이다. 실험을 위해 다음과 같은 형태의 극-영점 모델을 사용해 상관관계를 갖는 불규칙 신호를 만든다.

$$s(n) = a(1)\,s(n-1) + b_0 x(n) + b_1 x(n-1) \tag{12.17}$$

여기서 $x(n)$은 평균이 0이고 분산이 1인 가우스 신호다. 이것은 `filter` 함수를 이용하여 만들 수 있다. 연구과제 12.1에서 설명한 신호들도 이 실험에 사용할 수 있다. 이 과제를 위해 다음과 같은 3개의 MATLAB 모듈을 만들어라.

1. 입력 신호 $s(n)$이 주어졌을 때 식 (12.12)를 구현할 예측기 함수 모델
2. 그림 12.3(a)의 블록선도를 구현할 DPCM 부호기 함수. 이것은 평균이 0인 입력 신호를 받아서, 양자화된 b비트의 정수형 오차 신호를 만든다. 여기서 b는 마음대로 정할 수 있는 매개변수이다.
3. 그림 12.3(b)의 블록선도를 구현할 DPCM 복호기 함수. 이것은 양자화한 오차 신호로부터 신호를 재생한다.

주어진 신호에 대해 몇 가지 p차의 예측 모델을 실험하여, 최적의 차수를 구하라. DPCM의 구현과 연구과제 12.1의 PCM 시스템을 비교하여, 그 결과를 설명하라. 이 구현을 식 (12.16)과 같은 m차의 이동 평균 필터를 포함하도록 확장하라.

12.3 적응 PCM과 적응 DPCM(ADPCM)

일반적으로 음성 신호의 전력은 시간에 따라 느리게 변한다. 그러나 PCM과 DPCM의 부호기는 음성 신호의 전력이 변하지 않는다는 데 기반하여 설계한 것이다. 그러므로 양자화기는 고정되어 있다. 부호기들이 시간에 따라 느리게 변하는 음성 신호의 전력 레벨에 따라 적응적으로 변하게 하면 이 부호기들의 효율과 성능을 향상시킬 수 있다.

PCM과 DPCM 모두에서, 느리게 변하는 전력 레벨을 갖는 입력 신호가 균일 양자화기를 거친 후 생기는 양자화 오차 $q(n)$은 시간에 따라 변하는 분산(양자화 잡음 전력)을 갖는다. 양자화 잡음의 동적 영역을 감소시키기 위해 적응 양자화기를 사용할 수 있다.

적응 양자화기는 앞먹임(feedforward)과 귀환(feedback)으로 나눌 수 있다. 앞먹임 적응 양자화기는 입력 음성 신호의 분산(전력) 측정값을 기초로 하여 각 신호 샘플의 스텝 크기를 조절한다. 예를 들면, 미끄럼창 추정기(sliding window estimator)에 기반하여 추정한 분산은 다음과 같다.

$$\hat{\sigma}^2_{n+1} = \frac{1}{M} \sum_{k=n+1-M}^{n+1} s^2(k) \tag{12.18}$$

그러면 양자화기의 스텝 크기는 다음과 같아진다.

$$\Delta(n+1) = \Delta(n)\hat{\sigma}_{n+1} \tag{12.19}$$

이 경우에는 복호기가 신호를 재생할 수 있도록 $\Delta(n+1)$을 전송해야 한다.

귀환 적응 양자화기는 스텝 크기를 조절할 때 양자화기의 출력을 사용한다. 스텝 크기를 다음과 같이 놓을 수 있다.

$$\Delta(n+1) = \alpha(n)\Delta(n) \tag{12.20}$$

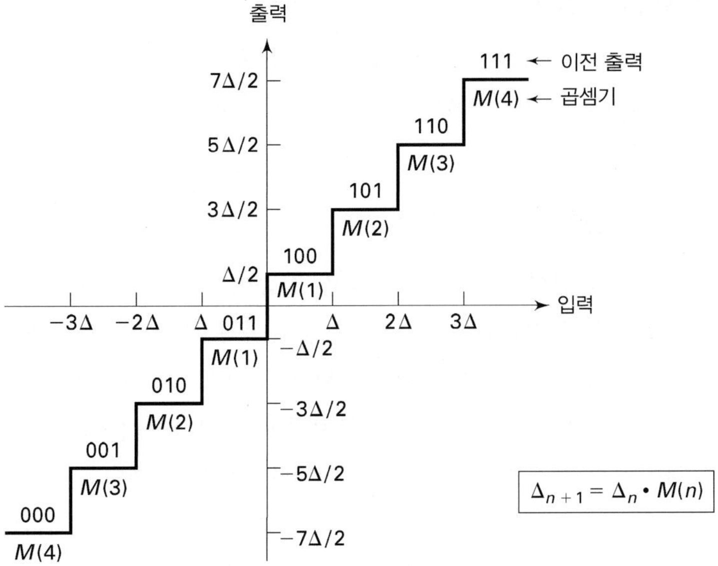

그림 12.5 적응 스텝 크기를 가진 양자화기의 예[39]

여기서 비례 인자 $\alpha(n)$은 앞쪽의 양자화기 출력에 의존한다. 예를 들어, 앞의 양자화기 출력이 작다면 신호 클리핑의 가능성을 감소시키기 위해 스텝 크기를 증가시켜야 한다. 그러한 알고리즘을 음성 신호의 부호화에 성공적으로 사용했다. 그림 12.5는 스텝 크기를 다음의 관계식을 통해 재귀적으로 조절하는 3비트 양자화기를 보여준다.

$$\Delta(n+1) = \Delta(n) \cdot M(n)$$

여기서 $M(n)$은 샘플 $s(n)$에 대한 양자화기 준위에 의존하는 증배 인자(multiplication factor)이고, $\Delta(n)$은 $s(n)$을 처리하기 위한 양자화기의 스텝 크기이다. 음성 부호화의 경우 최적화를 위한 증배 인자의 값들을 [39]에서 찾을 수 있다. PCM과 DPCM에서의 2비트, 3비트, 4비트 양자화에 대한 이 값을 표 12.1에 나타내었다.

표 12.1 적응 스텝 크기 조절을 위한 증배 인자

	PCM			DPCM		
	2	3	4	2	3	4
$M(1)$	0.60	0.85	0.80	0.80	0.90	0.90
$M(2)$	2.20	1.00	0.80	1.60	0.90	0.90
$M(3)$		1.00	0.80		1.25	0.90
$M(4)$		1.50	0.80		1.70	0.90
$M(5)$			0.80			1.20
$M(6)$			0.80			1.60
$M(7)$			0.80			2.00
$M(8)$			0.80			2.40

DPCM에서의 예측기도 적응적으로 만들 수 있다. 그러므로 ADPCM에서 예측기의 계수들은 계속 변하는 음성의 신호 통계량을 반영하기 위해 주기적으로 변화한다. 식 (12.11)의 선형 방정식을 여전히 적용할 수 있다. 그러나 $s(n)$의 단기 자기상관 함수 $r_{ss}(m)$은 시간에 따라 변화한다.

12.3.1 ADPCM 표준

그림 12.6은 전화선을 통해 음성을 전송하기 위한 국제적 표준(CCITT)으로 채택한 32,000 bps ADPCM 부호기와 복호기를 블록선도의 형태로 보여주고 있다. ADPCM 부호기는 64,000 bps의 속도로 8비트의 PCM 압축 신호 샘플을 받도록 설계했다. 그리고 적응 예측과 적응 4비트 양자화를 통해 채널의 비트율을 32,000 bps로 감소시킨다. ADPCM 복호기는 32,000 bps의 데이터 스트림을 받아서, 64,000 bps의 8비트 압축 PCM 형태로 신호를 재생한다. 그러므로 그림 12.7과 같은 구성을 갖게 되는 것이다. 여기서 ADPCM 부호기와 복호기는 PCM 시스템 안으로 들어간다. 물론 ADPCM 부호기와 복호기를 직접 음성 신호에 대해 사용할 수 있지만, 전화망에 널리 사용하고 있는 기존 PCM 시스템과의 호환성을 유지하기 위해, 실제적으로 PCM 시스템의 인터페이스가 필요하다.

ADPCM 부호기는 8비트의 PCM 압축 신호를 받아서 14비트/샘플의 선형 표현으로 신장한다. 14비트의 선형 값으로부터 예측값을 빼서 차분 신호를 만든 후, 이 값을 양자화기에 넣는다. 이 차분 신호를 적응 양자화하고, 채널을 통해 전송할 4비트의 출력을 만든다.

부호기와 복호기는 모두 ADPCM 생성 값에만 근거하여 내부 변수의 값들을 갱신한다. 따

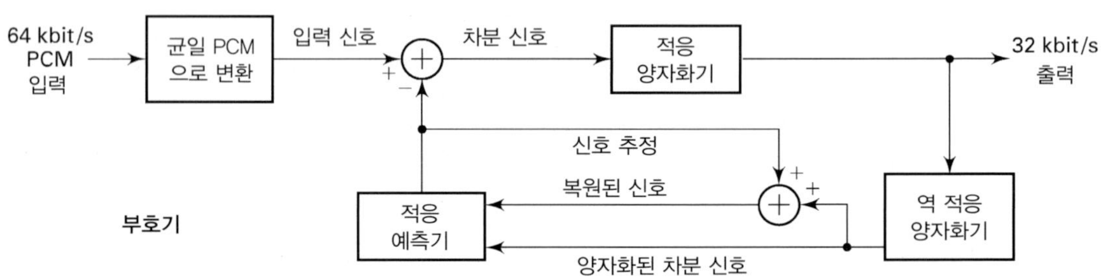

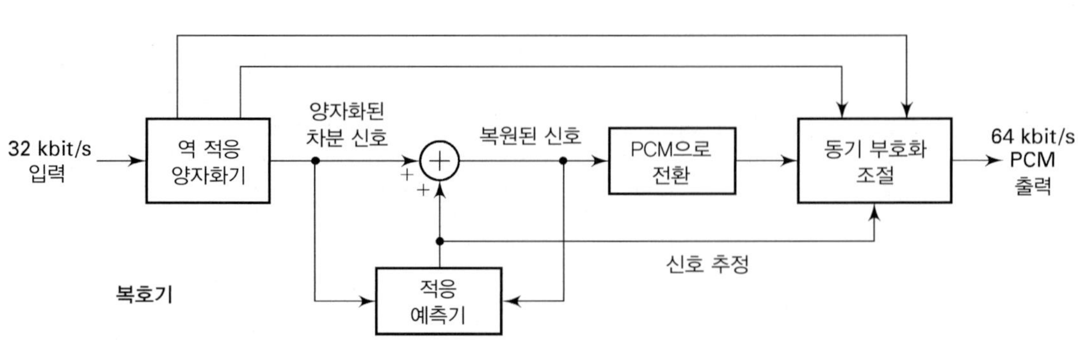

그림 12.6 ADPCM 블록선도

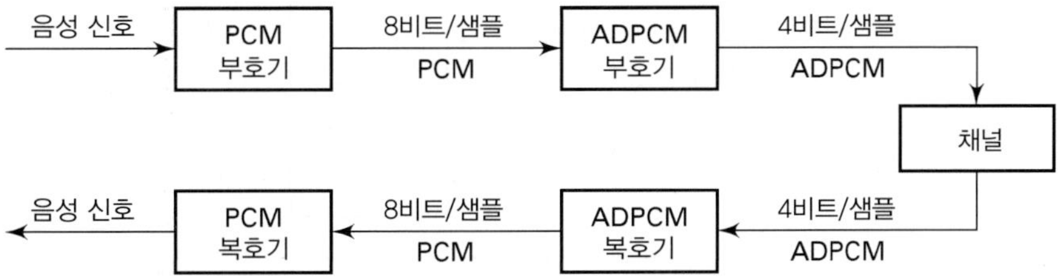

그림 12.7 PCM 시스템에 대한 ADPCM 인터페이스

라서 역 적응 양자화기를 포함하는 ADPCM 복호기는 부호기에 포함이 되고, 모든 내부 변수는 같은 데이터에 근거하여 값을 갱신한다. 이는 내부 변수의 값에 대한 정보를 전송하지 않고도 부호기와 복호기가 동기화되어 동작함을 보장한다.

적응 예측기는 과거 6개의 역양자화 연산을 통해 구한 차분 값들과 과거 2개의 예측값들에 대한 가중 평균을 계산한다. 그러므로 이 예측기는 식 (12.16)의 차분 방정식을 따르는 극점 2개($p = 2$), 영점 6개($m = 6$)의 필터이다. 필터의 계수는 계속 새로운 입력 샘플에 대해 적응적으로 변화한다.

수신 복호기와 부호기에 포함된 복호기는 전송시킨 4비트의 ADPCM 값을 역 적응 양자화기를 갱신하는 데 사용한다. 즉, 역양자화 연산을 통해 출력 차분 신호를 만들어낸다. 이 값을 적응 예측기에서 만든 값에 더해 음성 샘플을 재생한다. 이 신호가 복호기의 출력이고, 수신기 쪽의 압축 PCM 형태이다.

12.3.2 연구과제 12.3: ADPCM

이 과제의 목적은 ADPCM과 그것의 PCM 부호기/복호기(트랜스코더) 인터페이스를 이해하는 것이다. 위에 설명한 바와 같이 ADPCM 트랜스코더는 PCM 압축기와 PCM 신장기 사이에 들어간다. 이것은 그림 12.7을 보면 알 수 있다. 이 과제를 위해서는 이미 만든 MATLAB PCM, DPCM 모듈을 사용할 수 있다.

PCM-ADPCM 트랜스코더 시스템의 입력은 PCM 연구과제에서와 같이, 내부적으로 생성된 파형 데이터 파일로부터 공급한다. 트랜스코더의 출력을 그려보자. PCM-ADPCM 트랜스코더의 출력 신호를 PCM 트랜스코더의 출력 신호(PCM 연구과제 12.1), 또 본래의 입력 신호와 비교해야 한다.

12.4 델타 변조(DM)

델타 변조는 2단계(1비트) 양자화기를 고정 1차 예측기와 함께 사용하여 DPCM을 단순화한 형태로 볼 수 있다. DM 부호기와 복호기의 블록선도를 그림 12.8에 나타내었다. 여기서 다음과 같은 식을 알 수 있다.

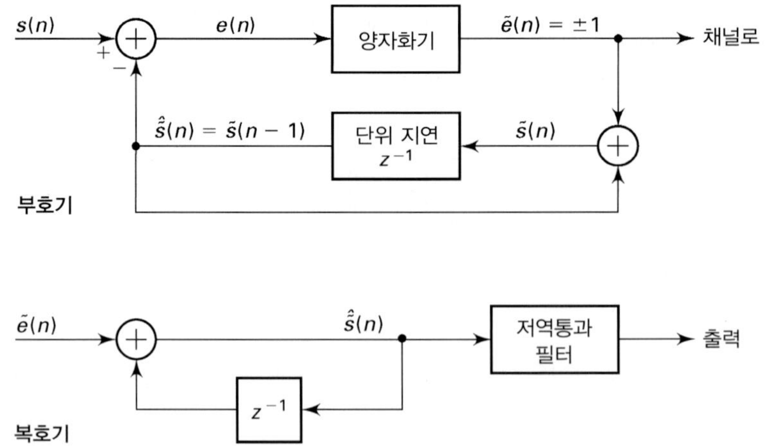

그림 12.8 델타 변조 시스템의 블록선도

$$\hat{s}(n) = \tilde{s}\,(n-1) = \hat{s}\,(n-1) + \tilde{e}\,(n-1) \tag{12.21}$$

그리고

$$q(n) = \tilde{e}(n) - e(n) = \tilde{e}(n) - \Big[s(n) - \hat{s}(n)\Big]$$

이므로, 다음과 같이 쓸 수 있다.

$$\hat{s}(n) = s\,(n-1) + q\,(n-1) \tag{12.22}$$

그러므로 $s(n)$의 예측값은 이전의 샘플 $s(n-1)$을 양자화 잡음 $q(n-1)$을 통해 변화시킨 값이 된다. 또한 식 (12.21)의 차분 방정식이 입력 $\tilde{e}(n)$을 가진 적분기를 나타냄을 알 수 있다. 그러므로 1단계 예측기와 동등한 구현은 양자화 오차 $\tilde{e}(n)$과 똑같은 입력을 갖는 누산기(accumulator)가 되는 것이다. 일반적으로 양자화 오차 신호는 어떤 값(Δ_1이라 하자)으로 크기 조정한다. 이 Δ_1을 스텝 크기라고 한다. 이와 같은 구현을 그림 12.9에 나타내었다. 실

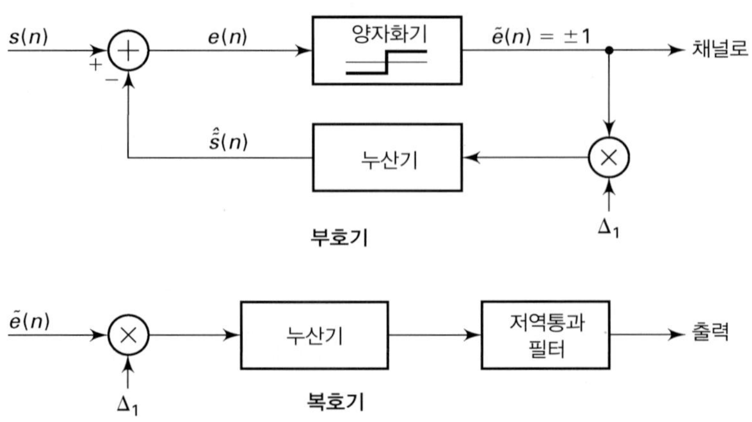

그림 12.9 델타 변조 시스템의 구현

제적으로 그림 12.9의 부호기는 파형 $s(t)$를 선형 계단 함수로 근사한다. 비교적 정확하게 근사시킬 수 있으려면 파형 $s(t)$가 샘플링 속도보다 느리게 변해야 한다. 이 요구 조건은 샘플링 속도가 나이키스트 속도보다 몇 배(적어도 5배) 정도 빨라야 함을 의미한다. 보통 재생된 신호에서의 불연속성을 완화하기 위해 복호기에 저역통과 필터를 넣어준다.

12.4.1 적응 델타 변조(ADM)

샘플링 속도가 주어졌을 때, DM 부호기의 성능은 그림 12.10과 같은 두 가지 종류의 왜곡에 의해 제한된다. 하나는 경사과부하 왜곡(slope-overload distortion)이라고 한다. 이것은 스텝 크기 Δ_1이 너무 작아서 파형 중의 가파른 경사를 갖는 부분을 따라가지 못하기 때문에 생긴다. 다른 하나는 입상 잡음(granular noise)이라는 왜곡으로, 파형 중의 경사가 작은 부분에서 스텝 크기 Δ_1이 너무 클 때 발생한다. 이 두 가지 형태의 왜곡을 최소화할 필요성으로 인해, 스텝 크기 Δ_1을 선택할 때 서로 상충하는 요구 조건이 생기게 된다.

대안적 해결책으로 소스(source) 신호의 단기 특성에 따라 크기를 조절하는 것이 있다. 즉, 파형의 경사가 가파를 때는 스텝 크기를 증가시키고, 파형의 경사가 비교적 작을 때는 스텝 크기를 감소시킨다.

반복할 때마다 스텝 크기를 적응적으로 맞추기 위해 다양한 방법을 사용한다. 양자화 오차 신호 $\tilde{e}(n)$은 부호화한 파형의 경사 특성을 잘 나타낸다. 양자화 오차 $\tilde{e}(n)$이 연속적인 반복시마다 부호를 바꾼다면, 이는 그 부근에 있는 파형의 경사가 비교적 작음을 나타낸다. 반면에, 파형의 경사가 가파를 때는 오차 $\tilde{e}(n)$의 연속적인 값들이 똑같은 부호를 갖는다. 이것으로부터 $\tilde{e}(n)$의 연속적인 값에 따라 스텝 크기를 줄이고 늘리는 알고리즘을 고안하는 일이 가능해진다. [38]에서 제시한 비교적 간단한 규칙은 다음의 관계식에 따라 스텝 크기를 적응적으로 변화시키는 것이다.

$$\Delta(n) = \Delta(n-1)\, K^{\tilde{e}(n)\tilde{e}(n-1)}, \quad n = 1, 2, \ldots \tag{12.23}$$

여기서 $K \geq 1$은 전체 왜곡을 최소화하기 위해 선택한 상수이다. 이 적응 알고리즘을 구현하는 DM 부호기-복호기의 블록선도를 그림 12.11에 나타내었다.

또 다른 변형의 적응 DM 부호화가 연구되었고, 여러 기술 문헌에서 이를 설명하고 있다.

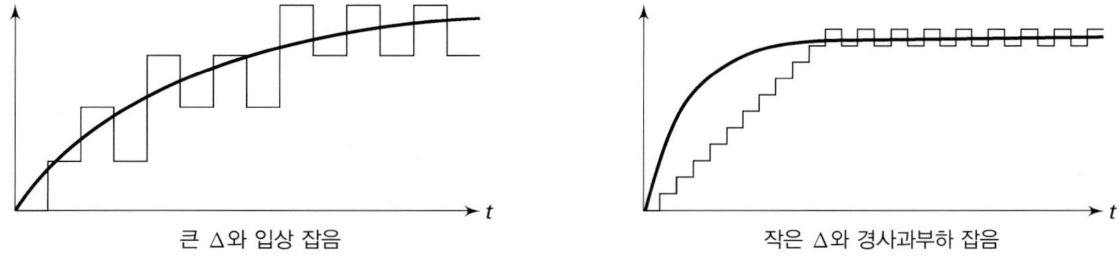

그림 12.10 두 가지 형태의 DM 부호기 왜곡

특별히 효율적이고 인기 있는 기법은 연속 가변 경사 델타 변조(CVSD: continuously variable slope delta modulation)라는 것으로, [27]에서 처음으로 제안했다. CVSD에서 $\tilde{e}(n)$, $\tilde{e}(n-1)$, $\tilde{e}(n-2)$가 같은 부호를 가질 때, 적응 스텝 크기 매개변수를 다음과 같이 표현한다.

$$\Delta(n) = \alpha\Delta(n-1) + k_1 \tag{12.24}$$

그렇지 않으면, 다음과 같이 표현한다.

$$\Delta(n) = \alpha\Delta(n-1) + k_2 \tag{12.25}$$

매개변수 α, k_1, k_2는 $0 < \alpha < 1$과 $k_1 > k_2 > 0$의 조건을 만족하는 값으로 선택한다. 이를 비롯해, 또 다른 형태의 적응 DM에 관심이 있는 독자는 [39]와 [15], 그리고 이 논문에 포함된 참고문헌을 참조하기 바란다.

12.4.2 연구과제 12.4: DM과 ADM

이 과제의 목적은 파형의 부호화를 위한 델타 변조와 적응 델타 변조를 이해하는 것이다. 이 과제를 위해 그림 12.9에 나와 있는 DM 부호기와 복호기, 그림 12.11에 나와 있는 ADM 부호기와 복호기에 대한 MATLAB 함수를 만들어야 한다. 복호기에 있는 저역통과 필터는 선

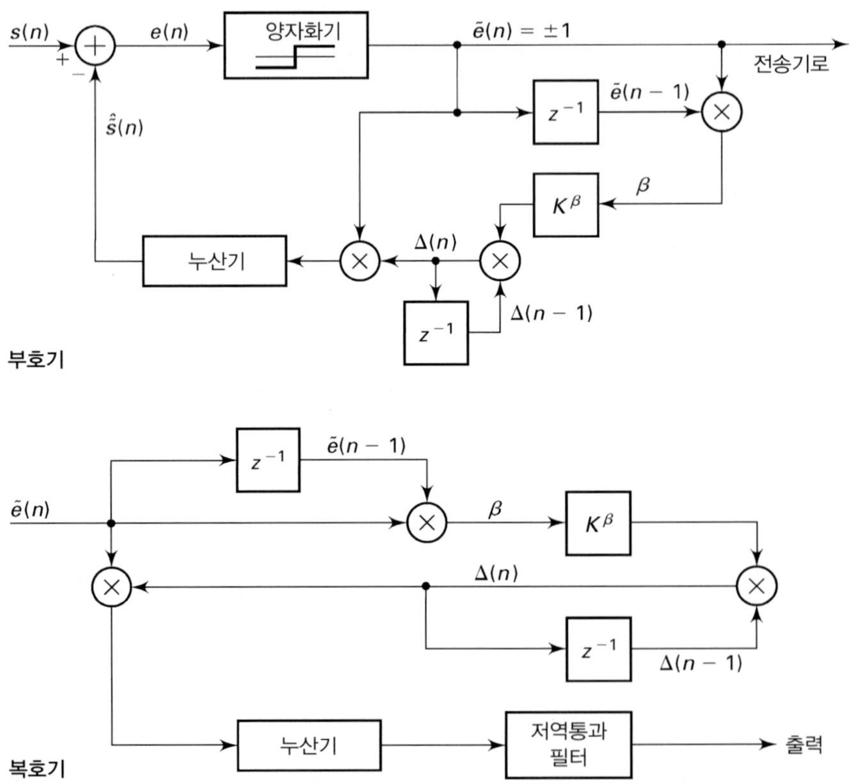

그림 12.11 적응 스텝 크기를 갖는 델타 변조 시스템의 예

형 위상 FIR 필터로 구현할 수 있다. 예를 들면, 다음과 같은 임펄스 응답을 갖는 한 창함수를 사용할 수 있다.

$$h(n) = \frac{1}{2}\left[1 - \cos\left(\frac{2\pi n}{N-1}\right)\right], \quad 0 \le n \le N-1 \tag{12.26}$$

여기서 N은 $5 \le N \le 15$의 범위에서 선택할 수 있다.

DM과 ADM 시스템의 입력으로는 연구과제 12.1에서 만든 파형들을 사용할 수 있다. 그러나 샘플링 속도는 5배에서 10배 정도 커야 한다. 복호기의 출력을 그려보라. 이 출력 신호를 DM과 ADM의 출력 신호와 비교하고, 또 본래의 입력 신호와도 비교해보라.

12.5 음성의 선형 예측 부호화

음성의 분석과 합성을 위한 선형 예측 부호화(LPC: linear predictive coding) 방법에서는 성도(vocal tract)를 다음과 같은 시스템 함수를 갖는 선형 전극점(IIR) 필터로 모델링한다.

$$H(z) = \frac{G}{1 + \sum_{k=1}^{p} a_p(k)\, z^{-k}} \tag{12.27}$$

여기서 p는 극점의 수이고, G는 필터 이득, $\{a_p(k)\}$는 극점들을 결정하는 매개변수이다. 유성음과 무성음을 모델링할 때 2개의 상호배타적인 활성화 함수(excitation function)가 필요하다. 단기적 관점에서 보았을 때, 유성음은 기본 주파수 F_0, 즉 피치(pitch) 주기가 $1/F_0$로 주기적이다. 이 주파수는 화자마다 달라진다. 그러므로 유성음은 전극점 필터 모델을 원하는 피치 주기와 같은 주기를 갖는 주기적 펄스열로 활성화함으로써 만들 수 있다. 무성음은 불규칙 잡음 발생기의 출력으로 전극점 필터 모델을 활성화함으로써 만들 수 있다. 이 모델을 그림 12.12에 나타내었다.

음성 신호의 단기 부분(보통 20 ms, 즉 샘플링 속도가 8 kHz일 때 160개의 샘플)이 주어졌을 때, 송신기의 음성 부호기는 적당한 활성화 함수, 유성음에 대한 피치 주기, 이득 매개변수 G, 계수 $a_p(k)$를 결정해야 한다. 이와 같은 음성 부호화 시스템의 블록선도를 그림 12.13에

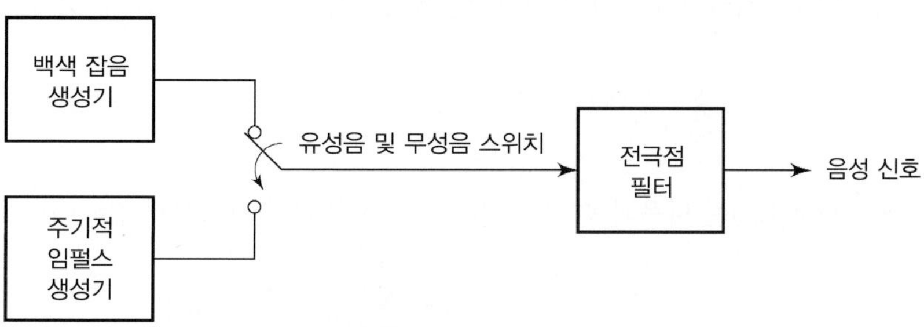

그림 12.12 음성 신호의 생성을 위한 모델의 블록선도

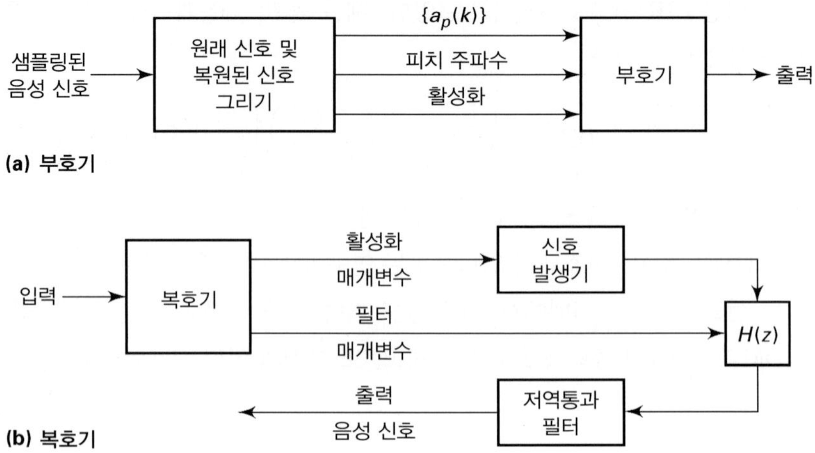

그림 12.13 LPC를 위한 부호기와 복호기

나타내었다. 모델의 매개변수들을 데이터로부터 적응적으로 구하고, 이진 신호로 부호화한 후에 수신기까지 전송한다. 수신기에서는 모델과 활성화 신호로부터 음성 신호가 합성된다.

전극점 필터 모델의 매개변수들은 선형 예측을 통해 음성 샘플들로부터 쉽게 구할 수 있다. 명확히 말하면, FIR 선형 예측 필터의 출력이 다음과 같이 된다는 것이다.

$$\hat{s}(n) = -\sum_{k=1}^{p} a_p(k)\, s(n-k) \tag{12.28}$$

그리고 관찰한 샘플 $s(n)$과 예측값 $\hat{s}(n)$의 오차는 다음과 같다.

$$e(n) = s(n) + \sum_{k=1}^{p} a_p(k)\, s(n-k) \tag{12.29}$$

다음과 같은 제곱 오차의 합

$$\mathcal{E} = \sum_{n=0}^{N} e^2(n) = \sum_{n=0}^{N}\left[s(n) + \sum_{k=1}^{p} a_p(k)\, s(n-k)\right]^2 \tag{12.30}$$

을 최소화함으로써 극점 매개변수 $\{a_p(k)\}$를 구할 수 있다. $\mathcal{E}$을 각각의 매개변수에 대해 미분하고, 그 결과를 0과 같다고 놓으면 p개의 선형 방정식을 얻을 수 있다.

$$\sum_{k=1}^{p} a_p(k)\, r_{ss}(m-k) = -r_{ss}(m), \quad m = 1, 2, \ldots, p \tag{12.31}$$

여기서 $r_{ss}(m)$은 다음과 같이 정의하는 신호 $s(n)$의 자기상관 함수이다.

$$r_{ss}(m) = \sum_{n=0}^{N} s(n)s(n+m) \tag{12.32}$$

선형 방정식 (12.31)은 다음과 같이 행렬 형태로 나타낼 수 있다.

$$\mathbf{R}_{ss}\mathbf{a} = -\mathbf{r}_{ss} \tag{12.33}$$

여기서 $\mathbf{R}_{ss}$는 $p \times p$인 자기상관 행렬이고, $\mathbf{r}_{ss}$는 $p \times 1$의 자기상관 벡터, 그리고 $\mathbf{a}$는 $p \times 1$의 모델 매개변수 벡터이다. 그러므로

$$\mathbf{a} = -\mathbf{R}_{ss}^{-1}\mathbf{r}_{ss} \tag{12.34}$$

이 방정식들은 역행렬을 사용하지 않고 레빈슨-더빈(Levinson-Durbin) 알고리즘을 사용하여 재귀적인 방법을 통해 매우 효율적으로 풀 수 있다[54]. 그러나 MATLAB에서는 역행렬을 사용하는 것이 편리하다. 전극점 필터 매개변수 $\{a_p(k)\}$는, 6장에서 만들었던 MATLAB 함수 `dir2latc`를 이용하여 전극점 격자 매개변수(반사 계수) $\{K_i\}$로 바꿀 수 있다.

필터의 이득 매개변수는 그것의 입력-출력 방정식이 다음과 같음을 이용하여 구할 수 있다.

$$s(n) = -\sum_{k=1}^{p} a_p(k)\, s(n-k) + Gx(n) \tag{12.35}$$

여기서 $x(n)$은 입력 신호이다. 명백히 다음과 같은 식이 성립한다.

$$Gx(n) = s(n) + \sum_{k=1}^{p} a_p(k)\, s(n-k) = e(n)$$

따라서

$$G^2 \sum_{n=0}^{N-1} x^2(n) = \sum_{n=0}^{N-1} e^2(n) \tag{12.36}$$

만약 입력 활성화 에너지가 1이 되도록 정규화하여 설계했다면,

$$G^2 = \sum_{n=0}^{N-1} e^2(n) = r_{ss}(0) + \sum_{k=1}^{p} a_p(k)\, r_{ss}(k) \tag{12.37}$$

그러므로 G^2은 최소 제곱 최적화에서 생기는 잔류 에너지와 같아진다.

일단 LPC 계수들을 구하면, 입력 음성 프레임이 유성인지 아닌지, 유성이라면 피치가 얼마인지 구할 수 있다. 이것은 다음의 신호를 계산함으로써 구할 수 있다.

$$r_e(n) = \sum_{k=1}^{p} r_a(k)\, r_{ss}(n-k) \tag{12.38}$$

여기서 $r_a(k)$는 다음과 같이 정의하는 예측 계수들의 자기상관 신호다.

$$r_a(k) = \sum_{i=1}^{p} a_p(i)\, a_p(i+k) \tag{12.39}$$

피치는 20 ms 샘플링 프레임에서의 3 ms와 15 ms에 해당하는 사간 간격 안에서 정규화한 신호 $r_e(n)/r_e(0)$의 피크를 찾음으로써 검출할 수 있다. 만약 이 피크값이 0.25 이상이라면, 음성의 프레임은 다음과 같은 피치 주기 n을 갖는 유성음으로 생각할 수 있다.

$$n = N_p, \text{ 여기서 } r_e(N_p)/r_e(0)\text{는 최대값}$$

만약 피크가 0.25보다 작다면, 음성의 프레임은 피치가 0인 무성음으로 간주한다.

LPC 계수의 값, 피치 주기, 활성화의 형태 등을 수신기까지 전송한다. 수신기에서 복호기는 성도의 전극점 모델에 적당한 활성화 신호를 통과시켜줌으로써 음성 신호를 합성한다. 전형적으로 피치 주기는 6비트를 필요로 하고, 이득 매개변수는 그것의 동적 영역을 대수적으로 압축한 후에 5비트로 나타낼 수 있다. 만약 예측 계수를 부호화한다면 정확한 표현을 위해 계수당 8 내지 10비트가 필요할 것이다. 그렇게 높은 정확도가 필요한 이유는 비교적 작은 예측 계수의 변화가 필터 모델의 극점 위치를 상당히 크게 변화시키기 때문이다. 이런 정확도 요구는 더 작은 동적 영역(즉, $|K_i| < 1$)을 갖는 반사 계수 $\{K_i\}$를 전송함으로써 줄일 수 있다. 이것은 계수당 6비트로 적절하게 표현할 수 있다. 그러므로 10차 예측기의 경우, 한 프레임에 할당하는 모델 매개변수의 총 수는 72이다. 만약 모델 매개변수들이 20 μs마다 변한다면, 결과적인 비트율은 3,600 bps이다. 일반적으로 수신기에 반사 계수들을 전송하므로, 수신기에 있는 합성 필터는 6장에서 설명했던 전극점 격자 필터로 구현할 수 있다.

12.5.1 연구과제 12.5: LPC

이 과제의 목적은 LPC 부호기를 이용하여 음성 신호를 분석하고, 해당하는 LPC 복호기를 통해 그것을 합성하는 것이다. 위 목적을 위해 MATLAB에서 사용 가능한 여러 가지의 `.wav` 소리 파일(8000샘플/초로 샘플링된)을 사용하라. 음성 신호들을 (길이가 120 내지 150개의 샘플에 해당하는 길이를 갖는) 단기 부분들로 나누어라. 그리고 각 부분을 처리하여 (유성음 또는 무성음의) 적당한 활성화 함수, 유성음의 피치 주기, 계수 $\{a_p(k)\}(p \le 10)$, 이득 G를 구하라. 합성을 수행하는 복호기는 반사 계수들을 매개변수로 가진 전극점 격자 필터이다. 이 반사 계수들은 $\{a_p(k)\}$로부터 구할 수 있다. 이 과제의 출력은 원래의 음성 신호와 비교할 수 있는 합성된 음성 신호이다. LPC 분석/합성 때문에 생기는 왜곡의 영향을 정성적으로 평가해보라.

12.6 복합 주파수 부호(DTMF) 신호

DTMF(dual-tone multifrquency)는 벨 시스템(Bell System) 안에서 사용하고 있는 터치톤(Touch Tone) 시스템과 같은 누름 버튼 전화 신호 방식의 일반적인 이름이다. DTMF는 전자우편 시스템과 텔레뱅킹 시스템에서도 널리 사용하고 있다. 이 시스템에서 사용자들은 전화로 DTMF 신호를 보냄으로써 메뉴의 옵션을 선택할 수 있다.

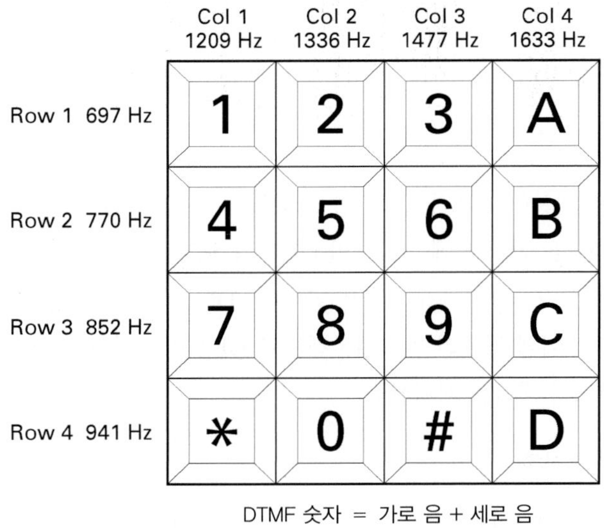

그림 12.14 DTMF 숫자

DTMF 신호 시스템에서는 고주파 톤과 저주파 톤의 조합으로 특정한 숫자와 문자 *, #을 나타낸다. 8개의 주파수는 그림 12.14와 같이 배열되어 총 16개의 문자를 나타낸다. 이 중 12개는 그림에서 보는 것처럼 할당되어 있고, 다른 4개는 나중을 위해 예비로 남겨져 있다.

DTMF 신호는 소프트웨어로 쉽게 만들 수 있다. 그리고 이 신호를 소프트웨어로 구현하고, 8개의 주파수 톤과 동조되는 디지털 필터들을 통해 검출할 수 있다. 보통 DTMF 신호는 **코덱**(codec: coder/decoder) 칩이나 A/D, D/A 변환기를 통해 아날로그와의 인터페이스를 구성한다. 코덱은 양방향 아날로그/디지털 인터페이스를 위해 필요한 A/D, D/A, 샘플링 회로, 필터 회로 등을 모두 포함한다.

DTMF 톤은 수학적으로 또는 참조표(look-up table)를 이용하여 만들 수 있다. 하드웨어(예: 디지털 신호 처리기)에서는 두 정현파의 디지털 샘플들을 수학적으로 생성하고, 크기 조정한 후, 서로 더한다. 합을 대수적으로 압축하고, 코덱으로 보내어 아날로그 신호로 변환한다. 샘플링 속도가 8 kHz일 때, 하드웨어는 125 ms마다 샘플을 출력해야 한다. 이 경우에는 정현파 참조표를 사용하지 않는데, 그 이유는 참조표에 필요한 많은 양의 데이터 메모리를 사용하지 않고서도 정현파의 값을 계산할 수 있기 때문이다. MATLAB에서 시뮬레이션과 조사를 할 때는 아마도 참조표가 좋은 방법인 것 같다.

수신하는 쪽에서는 코덱으로부터 온 대수적으로 압축한 8비트의 디지털 데이터 단어들을 수신하고, 이것들을 대수적으로 신장시켜 16비트의 선형 형식으로 변환한다. 그러고 나서 전송한 숫자를 결정하기 위해 톤을 검출한다. 검출 알고리즘은 FFT 알고리즘을 사용하는 DFT 구현일 수도 있고, 필터 뱅크(filter bank)일 수도 있다. 비교적 적은 수의 톤을 검출할 때는 필터 뱅크 구현이 더 효율적이다. 아래에 8개의 동조된 필터들을 구현하기 위해 고어첼(Goertzel) 알고리즘을 사용하는 방법을 설명했다.

5장에서 논의했듯이 N점 데이터 신호 $\{x(n)\}$의 DFT는 다음과 같이 됨을 상기하자.

$$X(k) = \sum_{n=0}^{N-1} x(n) W_N^{nk}, \quad k = 0, 1, \ldots, N-1 \tag{12.40}$$

만약 DFT를 계산하기 위해 FFT 알고리즘을 사용한다면, 계산(복소수 곱셈과 덧셈)의 수는 $N \log_2 N$이 된다. 이 경우에는 N개의 DFT 값 모두를 한 번에 얻는다. 그러나 DFT의 M점만을(여기서 $M < \log_2 N$) 계산하고자 한다면, DFT를 직접 계산하는 편이 더 효율적이다. 아래에 설명한 고어첼 알고리즘은 기본적으로 DFT를 계산하기 위한 선형 필터 방법이고, 직접 계산하는 방법의 대안을 제시한다.

12.6.1 고어첼 알고리즘

고어첼 알고리즘은 위상 인자 $\{W_N^k\}$의 주기성을 이용하고, DFT 계산을 선형 필터 연산으로 표현할 수 있게끔 해준다. $W_N^{-kN} = 1$이기 때문에, DFT에 이 인자를 곱할 수 있다. 그러므로

$$X(k) = W_N^{-kN} X(k) = \sum_{m=0}^{N-1} x(m) W_N^{-k(N-m)} \tag{12.41}$$

식 (12.41)이 콘벌루션의 형태임을 알 수 있다. 신호 $y_k(n)$을 다음과 같이 정의한다면,

$$y_k(n) = \sum_{m=0}^{N-1} x(m) W_N^{-k(n-m)} \tag{12.42}$$

$y_k(n)$이 길이 N의 유한 입력 신호 $x(n)$과 다음과 같은 임펄스 응답을 갖는 필터와의 콘벌루션이라는 사실은 명백하다.

$$h_k(n) = W_N^{-kn} u(n) \tag{12.43}$$

$n = N$에서의 이 필터의 출력은 주파수 $\omega_k = 2\pi k/N$에서의 DFT 값이 된다. 즉,

$$X(k) = y_k(n)\big|_{n=N} \tag{12.44}$$

이 식은 식 (12.41)과 (12.42)의 비교를 통해 확인할 수 있다.

임펄스 응답 $h_k(n)$을 가진 필터는 다음과 같은 시스템 함수를 갖는다.

$$H_k(z) = \frac{1}{1 - W_N^{-k} z^{-1}} \tag{12.45}$$

이 필터는 주파수 $\omega_k = 2\pi k/N$에서 단위원 위에 있는 하나의 극점을 갖는다. 그러므로 전체의 DFT는 입력 데이터 블록을 N개의 1극점 필터(공진기(resonator))들의 병렬형 뱅크를 통과시켜 계산할 수 있다. 여기서 각 필터는 해당하는 DFT의 주파수에서 하나의 극점을 갖는다.

식 (12.42)에서처럼 콘벌루션을 통해 DFT를 계산하는 대신에, $y_k(n)$을 재귀적으로 계산하기 위해 식 (12.45)에 주어진 필터에 해당하는 차분 방정식을 사용할 수 있다. 그러면 다음과 같은 식을 얻을 수 있다.

$$y_k(n) = W_N^{-k} y_k(n-1) + x(n), \quad y_k(-1) = 0 \tag{12.46}$$

원하는 출력은 $X(k) = y_k(N)$이다. 이 계산을 수행하기 위해 위상 인자 W_N^{-k}을 한 번만 계산하고, 저장하여 사용할 수 있다.

공진기 쌍들이 복소 켤레쌍 극점들을 갖도록 조합함으로써 식 (12.46)에 필요한 복소수 곱셈과 덧셈을 피할 수 있다. 이것은 다음과 같은 형태의 시스템 함수를 갖는 2극점 필터들을 만들어낸다.

$$H_k(z) = \frac{1 - W_N^k z^{-1}}{1 - 2\cos(2\pi k/N) z^{-1} + z^{-2}} \tag{12.47}$$

그림 12.15에서 보여주는 시스템의 구현은 다음과 같은 차분 방정식으로 설명할 수 있다.

$$v_k(n) = 2\cos\frac{2\pi k}{N} v_k(n-1) - v_k(n-2) + x(n) \tag{12.48}$$

$$y_k(n) = v_k(n) - W_N^k v_k(n-1) \tag{12.49}$$

초기 조건은 $v_k(-1) = v_k(-2) = 0$이다. 이것이 고어첼 알고리즘이다.

식 (12.48)에 있는 재귀 관계식을 $n = 0,\ 1,\ \ldots,\ N$에 대해 반복한다. 그러나 방정식 (12.49)는 $n = N$에서 한 번만 계산한다. 각 반복 시마다 한 번의 실수 곱셈과 두 번의 덧셈이 필요하다. 따라서 실수 입력 신호 $x(n)$의 경우, 이 알고리즘에서는 대칭성으로 인해 $X(k)$의 값과 $X(N-k)$의 값을 구하는 데 $N+1$번의 곱셈이 필요하다.

이제 DTMF 복호기를 고어첼 알고리즘을 사용하여 구현할 수 있다. 8개의 가능한 톤들을 검출해야 하기 때문에, 식 (12.47)과 같은 형태의 필터가 8개 필요하다. 각 필터는 8개의 주

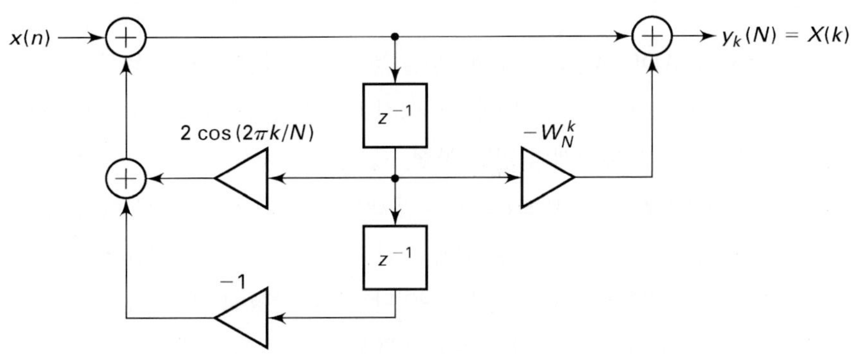

그림 12.15 DFT를 계산하기 위한 2극점 공진기의 구현

파수 중 하나의 값으로 동조된다. DTMF의 복호기에서는 복소수 값 $X(k)$를 계산할 필요가 없다. 다만 크기 $|X(k)|$이나 크기제곱값 $|X(k)|^2$이면 충분하다. 따라서 분자 항(필터 계산의 앞먹임 부분)을 포함하는 DFT 값 계산의 마지막 단계가 간단해지는 것이다. 결론적으로 다음과 같은 식을 얻을 수 있다.

$$X(k)|^2 = |y_k(N)|^2 = \left|v_k(N) - W_N^k v_k(N-1)\right|^2 \tag{12.50}$$

$$= v_k^2(N) + v_k^2(N-1) - \left(2\cos\frac{2\pi k}{N}\right) v_k(N) v_k(N-1)$$

그러므로 복소수 산술 연산은 DTMF 복호기에서 완전히 사라진다.

12.6.2 연구과제 12.6: DTMF 신호

이 과제의 목적은 DTMF 톤 발생 소프트웨어와 DTMF 복호기 알고리즘(고어첼 알고리즘)을 이해하는 것이다. 다음의 MATLAB 모듈을 만들어라.

1. 다이얼 숫자를 포함하는 배열을 받아서 8 kHz의 샘플링 주파수로 각 숫자당 0.5초의 구간을 갖는 적당한 톤(그림 12.14)을 담은 신호를 만들어내는 톤 발생 함수
2. 8 kHz의 샘플링 간격에서 지정한 양의 구간 동안 (350 + 440) Hz의 샘플들을 만들어내는 발신음(dial-tone) 발생기
3. 식 (12.50)을 구현하는 복호기 함수. 이것은 DTMF 신호를 받아서 다이얼 숫자를 포함하는 배열을 만든다.

숫자들과 발신음이 섞인 몇 개의 다이얼 목록 배열을 만들어라. 톤 발생과 검출 모듈을 가지고 실험을 한 후 관찰 결과를 설명하라. 톤을 듣고 생성된 톤의 주파수 성분을 관찰하기 위해 MATLAB의 소리 생성 기능을 사용하라.

12.7 이진 디지털 통신

PCM, ADPCM, DM, LPC 등을 통해 부호화한 디지털 음성 신호는 일반적으로 디지털 변조를 통해 복호기까지 전송한다. 이진 디지털 통신 시스템은 음성 신호를 나타내는 이진 신호를 전송하기 위해 2개의 신호 파형, 즉 $s_1(t) = s(t)$, $s_2(t) = -s(t)$를 사용한다. 만약 데이터 비트가 1이면, 구간 $0 \le t \le T$ 동안 0이 아닌 신호 파형 $s(t)$를 전송하고, 데이터 비트가 0이면 $-s(t)$, $0 \le t \le T$를 전송한다. 시간 간격 T는 신호 간격(signal interval)이라고 하는데, 채널을 통한 비트율은 $R = 1/T$ bps이다. 신호 파형 $s(t)$의 전형적인 모양은 에너지가 A^2T인 직각 펄스이다. 즉, $s(t) = A$, $0 \le t \le T$이다.

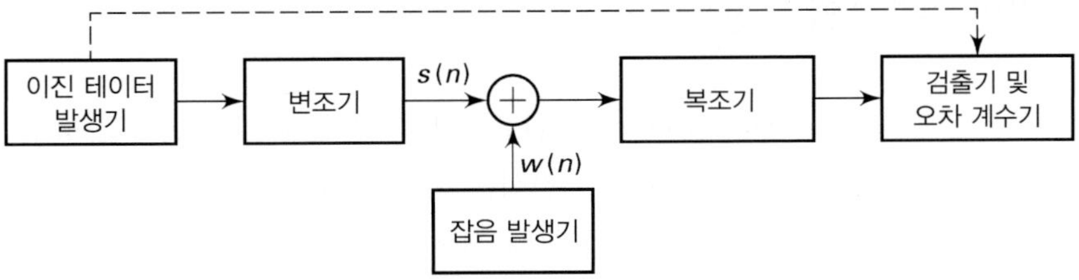

그림 12.16 이진 데이터 통신 시스템의 모델

실제적으로 채널을 통해 전송하는 신호 파형은 상가성 잡음과 그 외의 채널 왜곡에 의해 손상된다. 이것들은 결국 통신 시스템의 성능을 제한한다. 성능의 측정치로 보통 평균 오차 확률을 사용한다. 이를 비트 오율(bit error rate)이라고 한다.

12.7.1 연구과제 12.7: 이진 데이터 통신 시스템

이 과제의 목적은 상가성 잡음 채널 위에서 이진 데이터 통신 시스템의 성능을 시뮬레이션을 통해 조사하는 것이다. 실험할 시스템의 기본 구성은 그림 12.16과 같다. 다음 5개의 MATLAB 함수를 만들어라.

1. 같은 확률을 가진 독립적인 이진수의 신호를 만드는 이진 데이터 발생기 모듈
2. 이진수 1을 M개의 연속적인 $+1$들로 사상하고, 이진수 0을 M개의 연속적인 -1들로 사상하는 변조기(modulator) 모듈. 그러므로 M개의 연속적인 $+1$들은 직각 펄스의 샘플링된 형태를 나타내는 것이다.
3. 구간 $(-a, a)$에서 균일하게 분포한 수들로 이루어진 신호를 만드는 잡음 발생기. 각 잡음 샘플은 해당하는 신호 샘플에 더해진다.
4. M개의 연속적인 출력를 더하는 복조기(demodulator) 모듈. 출력은 채널을 통해 수신한, 잡음에 의해 손상된 $+1$들과 -1들을 뜻한다. 복조기는 각 파형의 시작과 끝을 알 수 있도록 시간 동기화가 되었다고 가정한다.
5. 검출기와 오차 계수(error counting) 모듈. 검출기는 변조기의 출력을 0과 비교하여, 출력이 0보다 크면 1이라 결정을 내리고, 출력이 0보다 작으면 0이라 결정을 내린다. 만약 검출기의 출력이 전송기로부터 전송된 비트와 일치하지 않으면 계수가 동작함으로써 오차를 셀 수 있다. 오율은 M의 크기와 상가성 잡음 전력 $P_n = a^2/3$과의 비(신호 대 잡음비)에 의해 결정된다.

신호 대 잡음비를 바꿔가며, 즉 P_n을 유지하고 M을 변화시키거나 또는 그 반대로 하며 측정된 오율을 그려보라.

12.8 확산 스펙트럼 통신

확산 스펙트럼(spread-spectrum) 신호는 종종 간섭에 의해 손상된 통신 채널을 통해 디지털 데이터를 전송할 때 사용한다. 간섭은 의도적 방해 때문에, 또는 무선 전화기나 기타 무선 응용의 경우 채널의 다른 사용자 때문에 발생한다. 통신 외의 응용으로, 레이더나 항법(navigation)에서 정확한 거리(시간 지연)와 레인지 레이트(속도)를 얻기 위해 확산 스펙트럼을 사용한다. 간략히 하기 위해 디지털 통신에서의 확산 스펙트럼 사용에 대해서만 논의한다. 그러한 신호는 대역폭이 bps로 나타낸 정보 속도보다 훨씬 크다는 특성을 갖는다.

의도적 간섭(방해)에 대처할 때, 통신을 혼란하게 하는 방해자가 신호 특성에 관한 사전지식이 없다는 사실은 통신자에게 있어 매우 중요하다. 전송자는 전송하는 신호 파형 각각에 예측 불가능한 또는 불규칙성(의사 불규칙성) 요소를 넣는다. 의도한 수신자들은 이것을 알고 있다. 그러나 방해자들은 이것을 알지 못한다. 결과적으로 방해자는 원하는 신호의 의사 불규칙 특성을 알지 못한 상태에서 간섭 신호를 보내야 한다.

다른 사용자들로부터의 간섭은 수많은 사람이 공동의 통신 채널을 공유하는 다중 접속 통신 시스템에서 발생한다. 어느 주어진 시간에 이 사용자들의 일부분이 공동의 채널을 통해 동시에 각각의 해당하는 수신자들에게 정보를 전송할 수 있다. 공동의 채널로 전송한 신호들은 **다중 접속 부호**(multiple-access code)라고 하는 다른 의사 불규칙 패턴을 각 신호에 첨가함으로써 그 외 사람들의 신호와 구별할 수 있다. 그러므로 특정 수신기는 의사 불규칙 패턴, 즉 해당 전송기가 사용한 비밀을 알아채서 자기에게 전송된 데이터를 복원할 수 있다. 이렇게 다중 사용자들이 데이터 전송을 위해 동시에 공동의 채널을 사용할 수 있게끔 하는 기법을 **코드 분할 다중 접속**(CDMA: code division multiple access)이라고 한다.

그림 12.17에 있는 블록선도는 확산 스펙트럼 디지털 통신 시스템의 기본 요소를 보여준다. 이것은 2개의 똑같은 의사 불규칙 패턴 발생기를 포함한다는 점에서 전통적인 디지털 통신 시스템과는 다르다. 둘 중 하나는 송신기 쪽의 변조기에 접속하고, 다른 하나는 수신기 쪽의 복조기에 접속한다. 발생기는 의사 불규칙 또는 **의사 잡음**(PN: pseudo-noise) 이진 신호(±1로 이루어진)를 만든다. 이것을 변조기에서 전송하는 신호에 포함시키고, 복조기가 수신한 신호로부터 제거한다.

수신한 신호를 복조하기 위해서는, 복조기가 발생시킨 PN 신호와 들어오는 수신 신호가

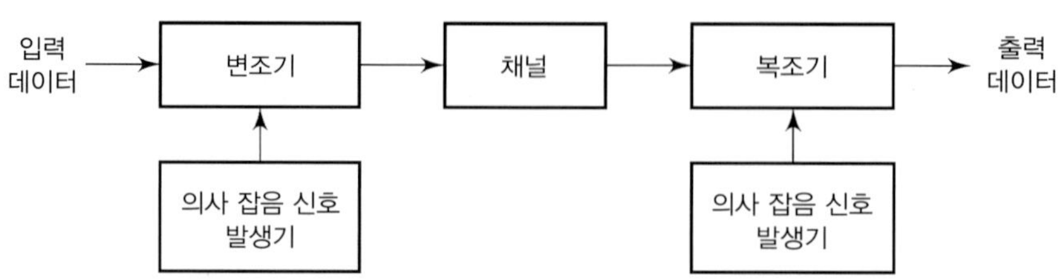

그림 12.17 기본적인 확산 스펙트럼 디지털 통신 시스템

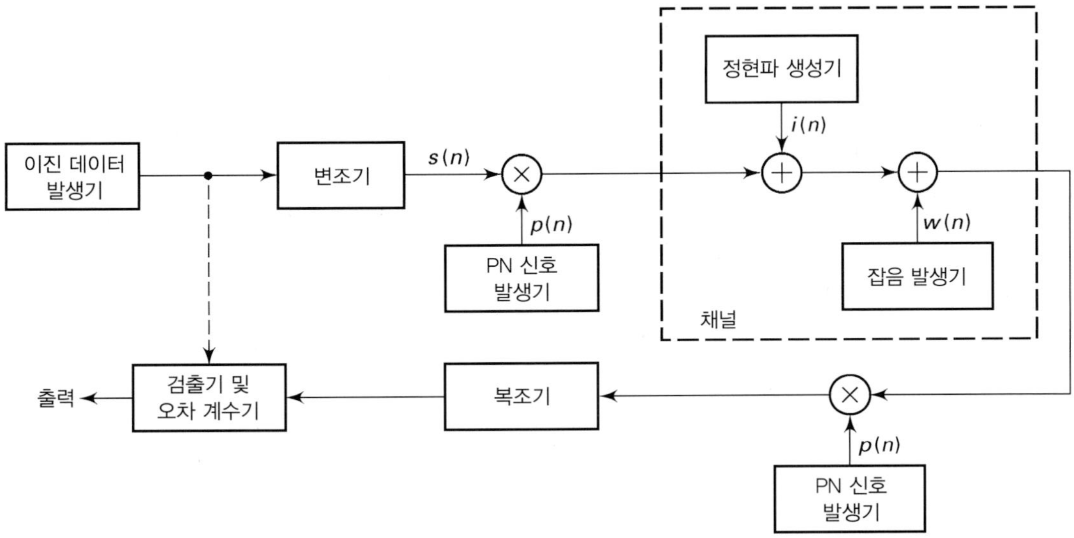

그림 12.18 시뮬레이션을 위한 이진 PN 확산 스펙트럼 시스템의 블록선도

포함한 PN 신호와의 동기화(synchronization)가 필요하다. 초기에, 즉 데이터 전송 전에 동기화를 목적으로 짧고 고정된 PN 신호를 수신기에 전송함으로써 동기화를 이룰 수 있다. PN 발생기들 간의 시간 동기화가 이루어진 후에 데이터 전송을 시작한다.

12.8.1 연구과제 12.8: 이진 확산 스펙트럼 통신

이 과제의 목적은 정현파 간섭을 억제하는 데 있어 PN 확산 스펙트럼 신호의 효율성을 보여주는 것이다. 연구과제 12.7에서 설명한 이진 통신 시스템을 생각해보자. 그리고 변조기의 출력에 이진(± 1) PN 신호를 곱하자. 똑같은 이진 PN 신호를 복조기의 입력에 곱하는 데 사용하여 원하는 신호에서 PN 신호의 영향을 제거한다. 채널은 전송 신호에 광대역 잡음 신호 $\{w(n)\}$과 $i(n) = A \sin \omega_0 n,\ 0 < \omega_0 < \pi$와 같은 형태의 정현파 간섭 신호를 더해서 전송 신호를 손상시킨다. $A \geq M$이라고 가정해보자. 여기서 M은 변조기의 비트당 샘플 수이다. 기본적인 이진 확산 스펙트럼 시스템을 그림 12.18에 나타내었다. 이 그림으로부터 이것은 단지 그림 12.16에 있는 이진 디지털 통신 시스템에 정현파 간섭과 PN 신호 발생기를 추가한 것이라는 사실을 알 수 있다. PN 신호는 같은 확률의 ± 1로 이루어진 신호를 만드는 난수(random number) 발생기를 사용하여 만들 수도 있다.

PN 신호를 사용하거나 사용하지 않은 상황에서 시스템을 실행해보고, $A \geq M$의 조건을 만족하는 여러 다른 값의 M(예: $M = 50,\ 100,\ 500,\ 1000$)에 대한 오율을 측정하라. PN 신호가 정현파 간섭 신호에 미치는 영향을 설명하라. 정현파 방해 신호가 있을 때, 왜 PN 확산 스펙트럼 시스템이 전통적인 이진 통신 시스템보다 성능이 더 좋은지 설명하라.

확률과정 13 chapter

10장까지는 결정신호의 특성을 이해하고, 처리하고, 필터링하는 데 초점을 두었다. 여기에서 결정신호는 명확한 수학적 표현이나 푸리에 스펙트럼을 통해서 정의되는 신호를 말한다. 실제로는 결정신호 자체만으로 정의되지 않고, 임의의 변화가 포함된 확률신호가 많이 존재한다. 음성신호, 음향신호, 비디오신호 등이 결정신호에 속하는 반면, 잡음, 레이더, 통신 신호 등은 확률 신호에 속한다. 확률신호는 특정한 확률 특성을 갖는 신호 샘플들의 집단 혹은 앙상블(총체)을 의미하고, 확률과정이라고도 한다. 따라서 확률과정을 분석하고 처리하기 위해서는 통계적 접근이 필요하다.

14장과 15장은 확률신호의 처리 방법을 다룬다. 확률과정의 앙상블에서 추출된 하나의 샘플 파형의 선형 필터링은 시간 영역의 콘벌루션이나 주파수 영역의 필터링과 매우 유사하지만, 관측 결과로부터 매개변수를 추정하고, 잡음 환경에서 신호를 검출하고, 주어진 최적의 기준을 만족하는 최적의 필터를 설계하는데 중요한 목적이 있다.

이 장에서는 측정 결과나 파형 변화의 무작위성을 정의하기 위한 다양한 해석적 개념을 소개하고, 확률신호가 입력된 선형필터의 출력을 계산하는 견고한 기술을 제공한다. 확률변수를 이론적으로 정의하기 위해서 확률함수와 통계적 평균을 정의한 후, 이 방법을 다수의 확률변수로 확장한다. 이러한 개념을 확장해서 확률신호를 정의하고, 이들을 2차 통계치로 표현한 후, 정적 및 에르고딕 과정, 상관도, 파워스펙트럼을 정의한다. 또한 이러한 이론이 시간 영역과 주파수 영역에서 LTI시스템을 통해서 어떻게 확률신호에 적용되는지 알아본다. 마지막으로 대표적인 확률과정인 가우시안, 마르코프, 백색잡음, 그리고 필터링된 잡음 신호들에 대해서 논의한다.

13.1 확률변수

어떤 집단에서 한 사람을 선택해서 키 혹은 몸무게를 측정할 때, 누구를 선택하느냐에 따라서 그 측정값은 특정한 범위 안에서 서로 다른 값을 갖게 된다. 이러한 방법을 무작위 측정 혹은 무작위 실험이라 하고, 이렇게 측정된 값을 확률변수 혹은 랜덤변수라고 정의한다. 동일한 무작위 실험을 되풀이하더라도 그 결과 값은 계속 변하게 되고, 따라서 예측이 불가능하다. 예를 들어 같은 주사위를 아무리 여러 번 던져도 어떤 숫자가 나올지 알 수 없는 것과 같다. 이것을 신호처리 관점에서 보면, 매 순간 신호에 포함되는 잡음의 크기를 정확하게 알 수 없기 때문에 무작위 값이라고 생각한다.

무작위 실험을 되풀이할 때 측정되는 수치가 아무리 변화한다고 해도, 이 값들이 발생되는 상대적인 개연성의 특정한 패턴이 존재한다. 확률 측정을 사용해서 이러한 패턴들을 이해하고 수치화할 수 있다. 예를 들면, 양면이 나올 확률이 동일한 동전을 던질 때, 그 결과가 앞면이 될 지 뒷면이 될지 알 수 없다. 그러나 이 실험을 충분히 많은 횟수만큼 실행하면 앞면이 나오는 횟수와 뒷면이 나오는 횟수가 대략 같아지는 것을 알 수 있다.

13.1.1 확률함수

잡음이 포함된 전압원을 측정해서 얻은 확률변수를 생각해보자. 대문자 X를 확률변수라 하고, 소문자 x를 측정된 값이라 한다. 따라서 x는 실수직선 R 위에 존재하는 어떤 값이 된다. 이 직선을 Δx 크기의 작은 구간들로 나누고, x값이 중심이 되는 한 구간 내에 속하는 전압 값들의 개수를 N_x라 한다. N을 랜덤전압 혹은 확률변수 X에 대한 총 측정횟수라 하면, N_x/N은 근사적으로 전압값 x가 측정될 확률을 나타낸다. 또한 $(N_x/N)/\Delta x$는 근사적으로 확률변수 X가 x값을 갖게 되는 확률밀도를 나타낸다. 이 값을 확률밀도함수(PDF) $f_{\mathsf{X}}(x)$라 하고, 다음과 같이 정의한다.

$$f_{\mathsf{X}}(x) = \lim_{\substack{\Delta x \to 0 \\ N \to \infty}} \left(\frac{N_x}{N \Delta x} \right) \tag{13.1}$$

랜덤전압 X가 $x_1 < \mathsf{X} < x_2$ 범위의 값을 갖는 확률은 $f_{\mathsf{X}}(x)$를 해당 구간에서 적분하여 다음과 같이 얻는다.

$$\Pr\{x_1 < \mathsf{X} < x_2\} = \int_{x_1}^{x_2} f_{\mathsf{X}}(x)\, \mathrm{d}x \tag{13.2}$$

유효한 PDF는 중요한 성질 몇 가지를 만족해야 한다. 첫째로 음수나 허수가 될 수 없고, 모든 측정마다 다음 성질을 만족하는 실수 값을 가져야 한다.

$$\int_{-\infty}^{\infty} f_{\mathsf{X}}(x)\, \mathrm{d}x = 1 \tag{13.3}$$

다른 유용한 확률 함수로서 누적분포함수(CDF)가 있는데, 이것은 확률변수 X가 특정한

값 x와 같거나 작을 확률을 뜻한다. CDF는 $F_{\mathsf{X}}(x)$로 표기하고, 다음과 같이 정의한다.

$$F_{\mathsf{X}}(x) = \int_{-\infty}^{x} f_{\mathsf{X}}(u)\,\mathrm{d}u \tag{13.4}$$

이 함수 역시 음수 값을 갖지 않고, 식 (13.4)와 (13.3)으로부터 다음과 같은 성질을 유추할 수 있다.

$$F_{\mathsf{X}}(-\infty) = 0, \quad F_{\mathsf{X}}(\infty) = 1 \tag{13.5}$$

이산확률변수 지금까지 실수 집합 $\mathbb{R}$ 상에서 연속 값을 갖는 연속 확률변수를 설명했다. 만약 확률변수 X가 이산 값 $\{x_i\}$을 갖고 각 x_i의 발생 확률이 p_i, $\sum_i p_i = 1$이면, X를 이산확률변수라 한다. 이 경우, 임펄스 함수들을 이용해서 PDF를 구할 수 있고, 스텝 함수를 사용해서 CDF를 계산할 수 있다:

$$f_{\mathsf{X}}(x) = \sum_i p_i \delta(x - x_i) \tag{13.6a}$$

$$F_{\mathsf{X}}(x) = \sum_i p_i u(x - x_i) \tag{13.6b}$$

마지막으로, 일반적인 경우, 연속 값과 이산 값을 모두 가질 수 있는 것을 혼합환경변수라 한다. 임펄스 함수들을 사용면 어떤 형태의 확률변수라도 표현이 가능하다.

PDF를 근사화하는 히스토그램 확률변수 X에 대해서 N개의 관측 값이 주어졌을 때, $x = x_i$를 중심으로 하는 작은 구간 Δx 안에 포함되는 확률변수 X 값들의 개수를 N_x이라 하자. 이때, x를 가로축, N_x를 세로축으로 하는 그래프를 관측 값들에 대하 히스토그램이라 한다. 또한 가로축을 같은 x이고, 세로축을 다음과 같은 비율로 하는 그래프를 정규화 히스토그램이라 한다.

$$P_{\mathsf{X}}(x) = \frac{N_x}{N \Delta x} \tag{13.7}$$

이것은 확률변수 X의 PDF인 $f_{\mathsf{X}}(x)$의 좋은 근사값이 되고, MATLAB 함수 `Nx=histc(x,edges)`는 관측값 x와 가로축 구간 edges가 주어졌을 때 히스토그램을 계산한다. 이 함수를 사용한 MATLAB 함수 `pdf1`은 관측된 값들로부터 정규화된 히스토그램을 PDF의 근사치로 계산한다.

```
function [Px,xc] = pdf1(x,xmin,xmax,M)
% pdf1: Normalized Histogram as 1-D Probability Density
%       Function (pdf)
%   [Px,xc] = pdf1(x,xmin,xmax,M)
%       Px: normalized histogram over the range [xmin, xmax]
%       xc: histogram bin centers
%        x: data (observation) values
%     xmin: minimun range value
%     xmax: maximum range value
```

```
%         M: number of bins
N = length(x);                             % Observation count
edges = linspace(xmin,xmax,M);             % Histogram boundaries
Dx = (xmax-xmin)/(M-1);                    % Delta_x
xc = [xmin,edges(1:M-1)+Dx/2,xmax];        % Bin centers
edges = [-inf,edges,inf];                  % Augment boundaries
Nx = histc(x,edges); Nx = Nx(1:end-1);     % Histogram
Px = Nx/(N*Dx);                            % Normalized Histogram
end
```

예제 13.1 우리는 13.1.3절에서 정현파 분포를 갖는 확률변수의 PDF에 관해서 논할 예정이다. 이 확률변수에서 관측 값들은 한 주기의 사인파에서 추출된다. 따라서 `pdf1`을 사용하기 위해서 다음과 같은 함수를 고려한다.

$$x(t) = \sin(2\pi t),\ 0 \le t \le 1$$

정규화된 히스토그램을 계산하고 그리기 위해서, 이 파형으로부터 취한 충분히 많은 샘플들을 관측 값이라 생각한다. 다음과 같은 MATLAB 스크립트가 이 과정을 보여준다.

```
>> N = 1000000; % Number of observations
>> n = 0:1:N; % Time index
>> x = sin(2*pi*n/N); % Observations
>> [Px,xc] = pdf1(x,-1,1,100); % Normalized Histogram
>> plot(xc(2:end-1),Px(2:end-1),'linewidth',1);
>> axis([-1.1,1.1,0,3.5]);
>> xlabel('Range of {\itx}','fontsize',9);
>> ylabel('Relative Histogram','fontsize',9);
```

그림 13.1은 계산된 히스토그램을 보이는데, 이것은 그림 13.6의 정현파 분포의 PDF와 일치한다.

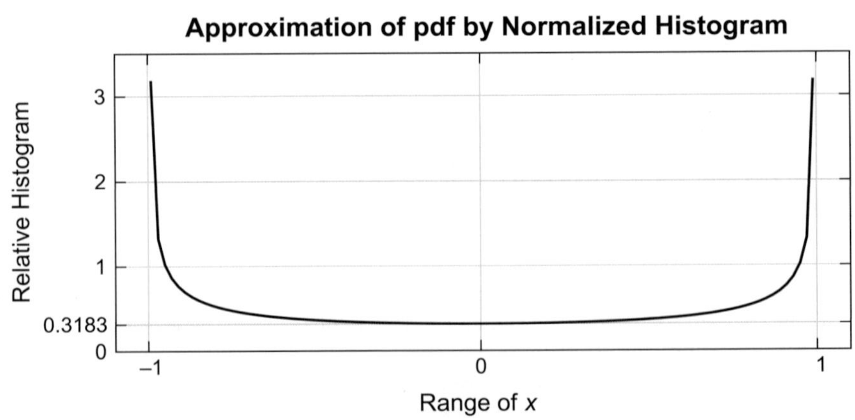

그림 13.1 정현파 분포 샘플들의 정규화된 히스토그램

13.1.2 통계적 평균값

(13.1)에서 정의한 PDF는 확률변수 X를 확률적 의미에서 완벽하게 표현한다. 그러나 실제로는 임의의 랜덤 값 하나를 측정해서 이러한 함수를 얻는 것은 불가능하다. PDF는 확률변수에 대해서 실제로 필요한 것 이상의 정보를 포함하고 있다. 확률변수는 모멘트라 불리는 고유값에 의해서도 정의될 수 있다. 이 모멘트들은 통계적 평균을 사용해서 얻어지고, 가산 혹은 이산 집합을 형성는 반면에, PDF는 연속적이다.

평균값의 해석적인 계산은 PDF를 사용해서 가능하다. 많은 관측 값들로부터 확률변수 X의 통계적 평균을 계산할 때, 이 평균은 E[X]로 표시하고 X의 기대값을 의미한다. 실수 직선을 다시 미세한 $\mathrm{d}x$ 크기의 구간으로 나누면, 많은 관측 값들에 대해서 $f_{\mathsf{X}}(x)$의 값은 x를 포함하는 $\mathrm{d}x$의 확률을 의미하게 된다. 따라서 관측 횟수가 충분히 많아지는 경우 X의 평균은 다음과 같이 계산된다.

$$\mathrm{E}[\mathsf{X}] = \int_{-\infty}^{\infty} x f_{\mathsf{X}}(x)\,\mathrm{d}x \tag{13.8}$$

같은 방법으로, 확률변수 X의 함수인 X^n이나 exp(X) 등의 평균도 많은 횟수의 측정을 통해서 계산할 수 있다. $g(x)$를 x의 함수라 하면 그 평균은 아래와 같이 주어진다.

$$\mathrm{E}\big[g(\mathsf{X})\big] = \int_{-\infty}^{\infty} g(x) f_{\mathsf{X}}(x)\,\mathrm{d}x \tag{13.9}$$

X^n의 평균을 나타내는 $g(\mathsf{X}) = \mathrm{E}[\mathsf{X}^n]$은 X의 모멘트를 나타내는 매우 유용한 함수이다. 이 모멘트를 $\xi_{\mathsf{X}}(n)$이라 표시하고 다음과 같이 정의한다.

$$\xi_{\mathsf{X}}(n) = \int_{-\infty}^{\infty} x^n f_{\mathsf{X}}(x)\,\mathrm{d}x \tag{13.10}$$

명백하게 0차 모멘트는 $\xi_{\mathsf{X}}(0) = 1$임을 알 수 있고, 다음과 같이 정의되는 1차 모멘트는 X의 통계적 평균을 나타낸다.

$$\xi_{\mathsf{X}}(1) \triangleq \mu_{\mathsf{X}} = \int_{-\infty}^{\infty} x f_{\mathsf{X}}(x)\,\mathrm{d}x \tag{13.11}$$

다음과 같이 정의되는 2차 모멘트는 X의 평균제곱 값을 나타낸다.

$$\xi_{\mathsf{X}}(2) = \int_{-\infty}^{\infty} x^2 f_{\mathsf{X}}(x)\,\mathrm{d}x \tag{13.12}$$

X가 랜덤 전압이라 하면, $\mu_{\mathsf{X}}(1)$는 평균 전압 혹은 DC값을 나타내고, $\xi_{\mathsf{X}}(2)$는 단위 임피던스에서 소모되는 총 전력의 평균을 나타낸다.

다른 유용한 통계적 평균값인 중심모멘트는 다음과 같이 정의된다.

$$M_{\mathsf{X}}(n) \triangleq \mathrm{E}\big[(\mathsf{X} - \mu_{\mathsf{X}})^n\big] = \int_{-\infty}^{\infty} (x - \mu_{\mathsf{X}})^n f_{\mathsf{X}}(x)\,\mathrm{d}x \tag{13.13}$$

0차 및 1차 중심모멘트는 명백하게 $M_{\mathsf{X}}(0)=1$, $M_{\mathsf{X}}(1)=0$임을 알 수 있다. 2차 중심모멘트인

$M_X(2)$는 확률변수 분포의 분산을 나타내고, σ_X^2로 표시한다. σ_X^2, μ_X, $\xi_X(2)$의 관계는 다음과 같다.

$$\sigma_X^2 = M_X(2) = \int_{-\infty}^{\infty} (x-\mu_X)^2 f_X(x)\,\mathrm{d}x = \xi_X(2) - \mu_X^2 \tag{13.14}$$

분산의 제곱근을 표준편차 혹은 제곱 평균 제곱근이라 하고, 랜덤 측정값이 평균값으로부터 퍼져나가는 평균치를 의미한다. 다시 한 번, X를 랜덤 전압이라 하면, σ_X^2은 단위 임피던스에서 소모되는 평균 AC 전력을 의미한다.

13.1.3 확률변수 모델

확률변수가 PDF에 의해서 완전하게 정의되지만, 모든 무작위 측정마다 이 함수를 알 수는 없다. 예제 13.1에서 측정 집합이 주어질 때 정규화된 히스토그램을 이용해서 PDF를 근사화시킬 수 있음을 확인했다. PDF를 추정하는 다른 방법은 랜덤 측정에 근거해서 PDF의 특정한 형태를 가정하는 것이다. 이러한 특정 형태를 모델이라 한다. 14장과 15장에서 자주 사용하게 될 세 가지 모델을 다음에 소개한다.

균등분포

이 모델에서는 확률변수 X가 유한한 영역 $a \le x \le b$에서 균일하게 분포한다. 균등분포는 $\mathrm{U}(a,\ b)$로 표시하고, 이 분포의 PDF는 다음과 같이 정의된다.

$$f_X(x) = \begin{cases} \dfrac{1}{b-a}, & a \le x \le b, \\ 0, & \text{그 외}, \end{cases} \sim \mathrm{U}(a,b) \tag{13.15}$$

또한 CDF는 다음과 같이 정의된다.

$$F_X(x) = \begin{cases} 0, & x < a \\ \dfrac{x-a}{b-a}, & a \le x \le b \\ 0, & x > b \end{cases} \tag{13.16}$$

위의 확률 함수들이 그림 13.2에 보인다. 균등분포의 평균은 다음과 같이 계산되고

$$\mu_X = \int_a^b \frac{x}{b-a}\,\mathrm{d}x = \frac{a+b}{2} \tag{13.17}$$

2차 모멘트인 평균제곱 값은 다음과 같이 계산된다.

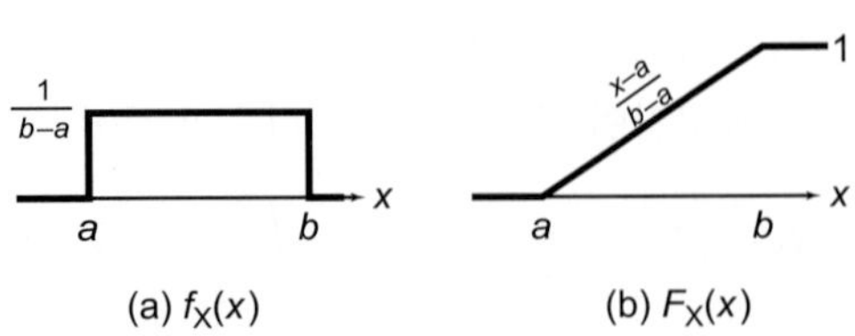

그림 13.2 균등분포: (a) PDF, (b) CDF

$$\xi_{\mathsf{X}}(2) = \int_a^b \frac{x^2}{b-a}\,\mathrm{d}x = \frac{b^2+ab+a^2}{3} \tag{13.18}$$

따라서 분산은 다음과 같다.

$$\sigma_{\mathsf{X}}^2 = \xi_{\mathsf{X}}(2) - \mu_{\mathsf{X}}^2 = \frac{(b-a)^2}{12} \tag{13.19}$$

특별히 $a=0$, $b=1$인 경우를 표준 균등분포라 하고 U(0, 1)으로 표시한다.

MATLAB 구현 MATLAB이 제공하는 `x=rand(N,1)` 함수는 N개의 표준 난수를 갖는 열 벡터를 생성한다. 이 때 발생되는 난수는 [0, 1] 구간에서 균등한 분포를 갖는다. 이 숫자들은 서로 독립적이기 때문에 이미 발생된 하나의 난수가 다음에 발생될 다른 난수에 영향을 주지 않는다(13.2.1절 참조). 식 (13.15)에서 정의된 균등분포를 갖는 확률변수를 얻기 위해서는 Y가 U(0, 1)의 표준 균등분포를 가질 때 $\mathsf{X}=(b-a)\mathsf{Y}+a$와 같이 변수를 변환한다.

```
>> x = (b-a)*rand(N,1)+a;
```

이 균등분포는 균일하게 분포하는 위상을 갖는 랜덤 정현파를 생성할 때 유용하게 사용된다.

가우시안 분포

가우시안 분포는 많은 응용분야에서 널리 사용되는 모델이다. 이 모델은 두 개의 매개변수 μ와 σ를 가지며, $N(\mu, \sigma^2)$로 표시한다. 이 모델의 PDF는 다음과 같이 정의되고

$$f_{\mathsf{X}}(x) = \frac{1}{\sigma\sqrt{2\pi}} e^{-(x-\mu)^2/2\sigma^2} \sim \mathrm{N}(\mu, \sigma^2) \tag{13.20}$$

CDF는 다음과 같이 정의된다.

$$F_{\mathsf{X}}(x) = \frac{1}{2}\left[1 + \mathrm{erf}\left(\frac{x-\mu}{\sqrt{2\sigma^2}}\right)\right] \tag{13.21}$$

여기에서 사용된 함수

$$\mathrm{erf}(x) = \frac{2}{\sqrt{\pi}} \int_0^x e^{-\lambda^2}\,\mathrm{d}\lambda \tag{13.22}$$

는 에러함수라 불리고, x에 대한 함수값은 표로 제공되며, MATLAB에서는 `erf(x)` 함수로 제공된다. 가우시안 확률 함수들은 그림 13.3에 보인다.

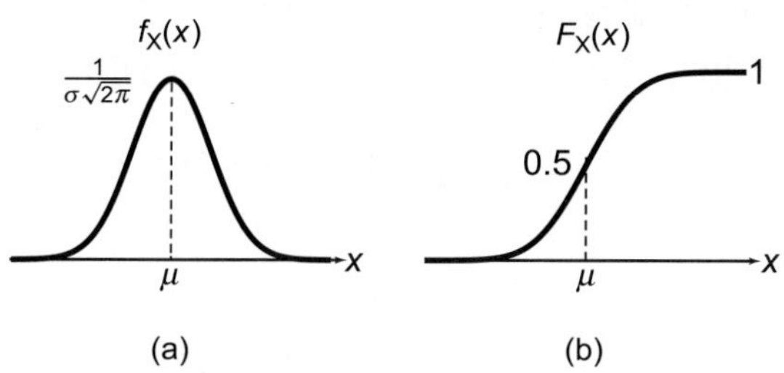

그림 13.3 가우시안 분포: (a) PDF, (b) CDF

가우시안 분포의 평균과 분산은 차례대로 매개변수 μ와 σ^2로 주어진다. 즉

$$\mu_{\mathsf{X}} = \mu, \quad \sigma_{\mathsf{X}}^2 = \sigma^2 \tag{13.23}$$

따라서 가우시안 분포는 처음 두 개의 모멘트에 의해서 완벽하게 정의된다. X는 실수 직선 $\mathbb{R}$ 상의 모든 값을 가질 수 있지만, 대부분은 평균 μ 근처에 모여있고, 퍼져있는 정도는 분산 σ^2에 의해서 결정된다. $\mu = 0$, $\sigma = 1$인 경우를 정규분포라 하고 $N(0, 1)$로 표시한다. 문헌상에서는 가우시안 분포와 정규분포는 같은 의미로 사용된다.

MATLAB 구현 MATLAB이 제공하는 `x=randn(N,1)` 함수는 N개의 독립적이고 정규분포를 갖는 난수를 갖는 열벡터를 생성한다. 평균 μ와 분산 σ^2를 갖는 임의의 가우시안 분포를 얻기 위해서는 Y가 정규분포일 때 $\mathsf{X} = \sigma\mathsf{Y} + \mu$와 같이 변수를 변환한다.

```
>> x = sigma*randn(N,1)+mu;
```

확률변수의 변환

신호처리 과정에서 랜덤신호를 변환할 필요가 있다. 보다 구체적으로, 특정한 함수 혹은 변환을 사용해서 랜덤신호의 값인 확률변수를 다른 값으로 바꾸게 된다. 간단한 예로 PDF를 알고 있는 하나의 확률변수를 다른 확률변수로 변환하고, 변환된 확률변수의 PDF를 계산하는 과정을 생각할 수 있다. X가 PDF $f_{\mathsf{X}}(x)$를 갖는 확률변수라 하고, Y를 $\mathsf{Y} = g(\mathsf{X})$ 함수에 의해서 변환된 확률변수라 하자. 만약 변환 함수 $g(\cdot)$가 가역적이라 하면, $x = g^{-1}(y) \triangleq h(y)$, $f_{\mathsf{Y}}(y)\,\mathrm{d}y = f_{\mathsf{X}}(x)\,\mathrm{d}x$의 관계를 얻을 수 있다. 따라서 직접 치환하면 다음 결과를 얻는다.

$$f_{\mathsf{Y}}(y)\,\mathrm{d}y = f_{\mathsf{X}}(x)\,\mathrm{d}x = f_{\mathsf{X}}\big(h(y)\big)h'(y)\,\mathrm{d}y \tag{13.24}$$

여기에서 $h'(y) = \mathrm{d}h(y)/\mathrm{d}y$는 역함수의 미분을 나타낸다. 따라서 다음의 결과를 얻을 수 있다.

$$f_{\mathsf{Y}}(y) = f_{\mathsf{X}}\big(h(y)\big)h'(y) \tag{13.25}$$

$g(x)$가 비가역적이면 $h(y)$는 다수의 값을 갖게 되고, 모든 값들에 대해서 식 (13.25)의 우변을 더하게 된다. 다른 방법으로, 균등분포를 갖는 난수를 사용하는 예가 다음과 같다.

예제 13.2 (0, 1) 영역에서 균등하게 분포하는 난수를 이용해서 특정하게 주어진 PDF를 갖는 다른 확률변수를 생성할 수 있다. 다음과 같은 선형 PDF와 2차 CDF를 갖는 확률변수 Y를 고려한다.

$$f_{\mathsf{Y}}(y) = \begin{cases} \frac{1}{2}y, & 0 \le y \le 2 \\ 0, & \text{그 외} \end{cases} \tag{13.26}$$

$$F_{\mathsf{Y}}(y) = \begin{cases} 0, & y < 0 \\ \frac{1}{4}y^2, & 0 \le y \le 2 \\ 1, & y > 2 \end{cases} \tag{13.27}$$

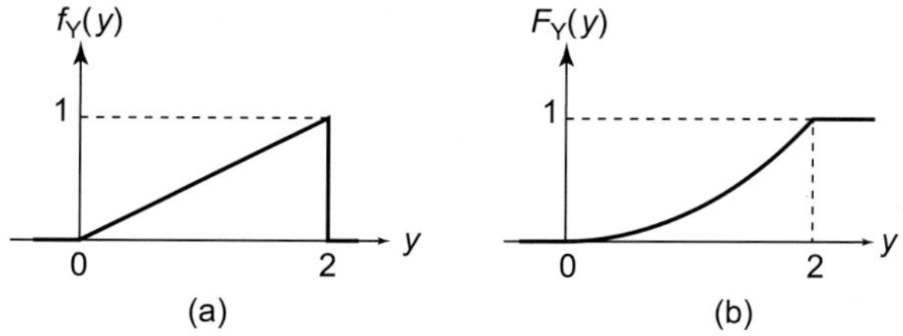

그림 13.4 선형분포: (a) PDF, (b) CDF

이 함수들이 그림 13.4에 보인다.

PDF $F_Y(y)$의 영역이 (0, 1)이므로, (0, 1) 구간에서 균등분포를 갖는 확률변수 X를 생성하고 다음 과정을 수행한다.

$$F_Y(y) = \tfrac{1}{4}y^2 = x \quad \Rightarrow \quad y = 2\sqrt{x} \tag{13.28}$$

따라서 그림 13.4(a)에 보이는 선형 PDF를 갖는 확률변수 Y를 생성하게 된다. 이 과정은 pdf1 함수를 이용해서 아래와 같이 검증할 수 있다. 결과로 얻어진 PDF는 그림 13.5에 보인다.

```
>> N = 1000000; x = rand(N,1); % Uniform distribution
>> y = 2*sqrt(x);               % Transformed random variable
>> [Py,yc] = pdf1(y,0,2,100);   % Normalized Histogram
>> plot(yc,Py,'linewidth',1); axis([-0.1,2.1,0,1.1]);
>> % Plotting commands follow
```

정현파 분포

확률변수 변환을 사용하는 대표적 응용사례가 통신 신호에서 많이 사용하는 정현파 분포를 생성하는 것이다. 예제 13.1에서 소개했던 다음과 같은 확률변수를 고려한다.

$$X = A\sin(\Theta) \tag{13.29}$$

여기에서 확률변수 Θ는 0에서 2π rad 사이에서 균등하게 분포한다. 따라서 X는 진폭 A를 갖는 정현파 분포라고 할 수 있다. Θ의 PDF는 다음과 같다.

$$f_\Theta(\theta) = \begin{cases} \frac{1}{2\pi}, & 0 \le \theta < 2\pi \\ 0, & \text{그 외} \end{cases} \tag{13.30}$$

(13.29)에서 $g(\Theta) = A\sin(\Theta)$이기 때문에 역함수는 다음과 같다.

$$\Theta = h(X) = \sin^{-1}\left(\frac{X}{A}\right) \tag{13.31}$$

그리고

$$h'(x) = \frac{1}{\sqrt{A^2 - x^2}} \tag{13.32}$$

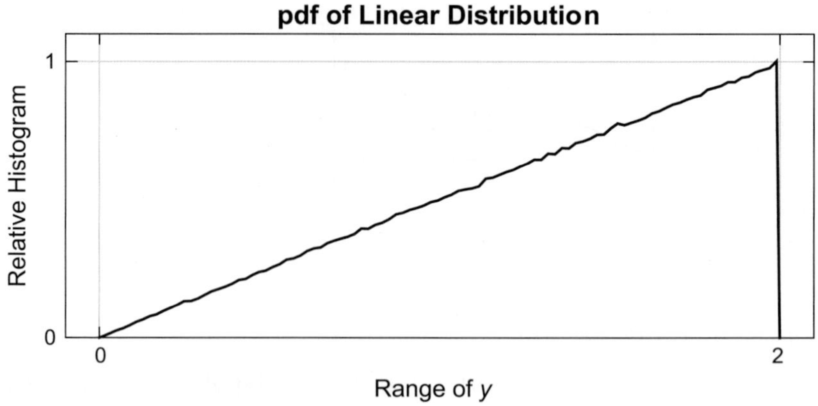

그림 13.5 선형적으로 분포된 샘플들의 정규화된 히스토그램

또한 $h(\mathsf{X})$ 함수가 고유하지 않기 때문에, $-A \le x \le A$ 구간에 있는 모든 x 값에 대해서 θ는 는다.

$$f_{\mathsf{X}}(x) = \begin{cases} \dfrac{1}{\pi\sqrt{A^2 - x^2}}, & -A \le x \le A \\ 0, & \text{그 외} \end{cases} \tag{13.33}$$

또한 CDF도 다음과 같이 계산된다.

$$F_{\mathsf{X}}(x) = \int_{-A}^{x} \frac{\mathrm{d}\lambda}{\pi\sqrt{A^2 - \lambda^2}} = \frac{1}{\pi}\left[\frac{\pi}{2} + \sin^{-1}\left(\frac{x}{A}\right)\right] \tag{13.34}$$

위의 함수들이 그림 13.6에 보인다.

X의 평균은 PDF의 대칭성을 이용해서 다음과 같이 계산되고

$$\mu_{\mathsf{X}} = \xi_{\mathsf{X}}(1) = \int_{-A}^{A} \frac{x\,\mathrm{d}x}{\pi\sqrt{A^2 - x^2}} = 0 \tag{13.35}$$

분산은 다음과 같다.

$$\sigma_{\mathsf{X}}^2 = \xi_{\mathsf{X}}(2) = \int_{-A}^{A} \frac{x^2\,\mathrm{d}x}{\pi\sqrt{A^2 - x^2}} = \frac{A^2}{2} \tag{13.36}$$

MATLAB 구현 균등분포 난수를 생성한 뒤 식 (13.29)를 사용해서 변환하면 쉽게 정현파 분

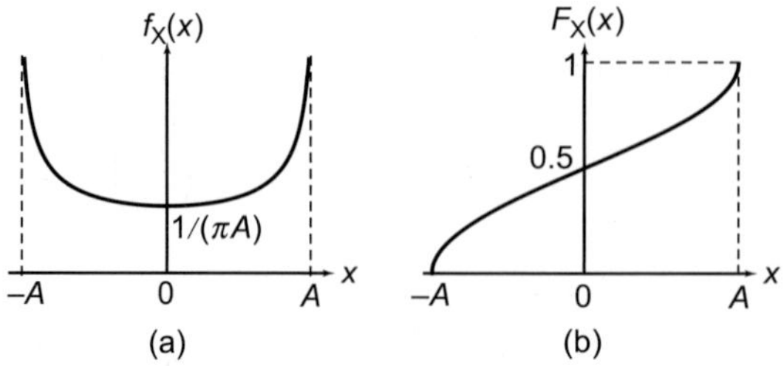

그림 13.6 정현파 분포: (a) PDF, (b) CDF

포의 난수를 생성할 수 있다. A와 N이 주어졌다고 가정하면, 다음의 MATLAB 스크립트가 정현파 분포의 난수를 생성한다.

```
>> theta = 2*pi*rand(N,1);
>> x = A*sin(theta);
```

13.1.4 확률변수의 평균값 추정

확률변수 X에 대해서 N개의 통계적으로 독립인 관측 x_1, …, x_N이 있을 때, N개의 관측값들로부터 X의 평균값을 추정하고자 한다. 추정된 평균값은 다음과 같이 계산된다.

$$\hat{\mu}_{\mathsf{X}} = \frac{1}{N}\sum_{n=1}^{N} x_k \tag{13.37}$$

확률변수들의 합인 $\hat{\mu}_{\mathsf{X}}$ 역시 확률변수이다. 추정된 $\hat{\mu}_{\mathsf{X}}$의 기대값은 다음과 같다.

$$\mathrm{E}[\hat{\mu}_{\mathsf{X}}] = \frac{1}{N}\sum_{n=1}^{N}\mathrm{E}[x_k] = \frac{1}{N}(\mu_{\mathsf{X}})N = \mu_{\mathsf{X}} \tag{13.38}$$

여기에서 μ_{X}는 X의 실제 평균을 나타낸다. 따라서 $\hat{\mu}_{\mathsf{X}}$는 편향(bias)되지 않은 추정값이다.

추정값 $\hat{\mu}_{\mathsf{X}}$의 분산 $\sigma^2_{\hat{\mu}}$은 실제 평균값으로부터 퍼짐의 정도를 계량하고, 다음과 같이 계산된다.

$$\begin{aligned}\sigma^2_{\hat{\mu}} &= \mathrm{E}\big[(\hat{\mu}_{\mathsf{X}} - \mu_{\mathsf{X}})^2\big] = \mathrm{E}\big[\hat{\mu}^2_{\mathsf{X}}\big] - 2\mathrm{E}\big[\hat{\mu}_{\mathsf{X}}\big]\mu_{\mathsf{X}} + \mu^2_{\mathsf{X}} \\ &= \mathrm{E}\big[\hat{\mu}^2_{\mathsf{X}}\big] - \mu^2_{\mathsf{X}}\end{aligned} \tag{13.39}$$

그러나 $\mathrm{E}[\hat{\mu}^2_{\mathsf{X}}]$는 다음과 같고,

$$\mathrm{E}\big[\hat{\mu}^2_{\mathsf{X}}\big] = \frac{1}{N^2}\sum_{n=1}^{N}\sum_{k=1}^{N}\mathrm{E}\big[x_n x_k\big] = \frac{\sigma^2_{\mathsf{X}}}{N} + \mu^2_{\mathsf{X}} \tag{13.40}$$

여기에서 σ^2_{X}은 X의 실제 분산을 나타낸다. 따라서 $\hat{\mu}_{\mathsf{X}}$의 분산은 다음과 같다.

$$\sigma^2_{\hat{\mu}} = \frac{\sigma^2_{\mathsf{X}}}{N} \tag{13.41}$$

$N \to \infty$이면, 추정치의 분산이 0에 수렴한다. 따라서 추정값 $\hat{\mu}_{\mathsf{X}}$는 일관적이라고 한다.

MATLAB 구현 MATLAB의 내장 함수인 `mean(X)`는 배열 X안의 원소들의 평균을 계산한다. 만약 X가 행렬이면, `mean(X)`는 X의 각 열의 평균값을 갖는다. 이 함수는 식 (13.37)의 추정 과정을 구현한다. 같은 방법으로 `var(X)`는 X의 분산값을 계산한다.

예제 13.3 [0, 2] 구간에서 균등하게 분포하는 확률변수 X의 샘플 10개를 생성한다. X의 평균값의 추정값 $\hat{\mu}_{\mathsf{X}}$를 구하고, 그 결과를 실제 평균값 $\mu_{\mathsf{X}} = 1$과 비교한다. 이 과정을 100회 반복하고, 결과

추정치를 그린다. 평균과 분산을 계산하고 X의 실제 평균값과 비교한다.

풀이 확률변수를 생성하고 평균을 추정하는 MATLAB 스크립트는 다음과 같다.

```
>> a = 0; b = 2; % Uniform random variable parameters
>> mu_X = (a+b)/2; % True mean value
>> N = 10; % Number of values
>> x = (b-a)*rand(N,1)+a; % Random data values
>> mu_hat = mean(x); % Mean estimate
>> disp(['True Mean value of X is: ',num2str(mu_X,2)]);
True Mean value of X is: 1
>> disp(['      Estimated Mean is: ',num2str(mu_hat,2)]);
      Estimated Mean is: 0.94
```

위의 MATLAB 스크립트는 10개의 샘플을 사용했을 경우, 추정된 평균값이 실제 평균값과 매우 가까운 것을 보인다. 다음의 스크립트는 위의 실험을 100회 반복하고 결과를 도시한다.

```
>> M = 100; % Number of experiments
>> x = (b-a)*rand(N,M)+a; % M experiments, each N values
>> mu_hat = mean(x); % Mean estimate of each column
>> mean_muhat = mean(mu_hat); % Mean of the estimates
>> var_muhat = var(mu_hat); % Variance of the estimates
>> disp(['        Mean value of the estimate is: ',...
       num2str(mean_muhat,2)]);
        Mean value of the estimate is: 1
>> disp(['Estimated variance of the estimate is: ',...
        num2str(var_muhat,2)]);
          Variance of the estimate is: 0.034
>> disp(['     True variance of the estimate is: ',...
          num2str(var_mutrue,2)]);
     True variance of the estimate is: 0.033
% Plotting commands follow
```

이 실험을 통해서 추정치의 평균이 실제 평균과 같고 추정치의 분산도 매우 작으면서 실제 분

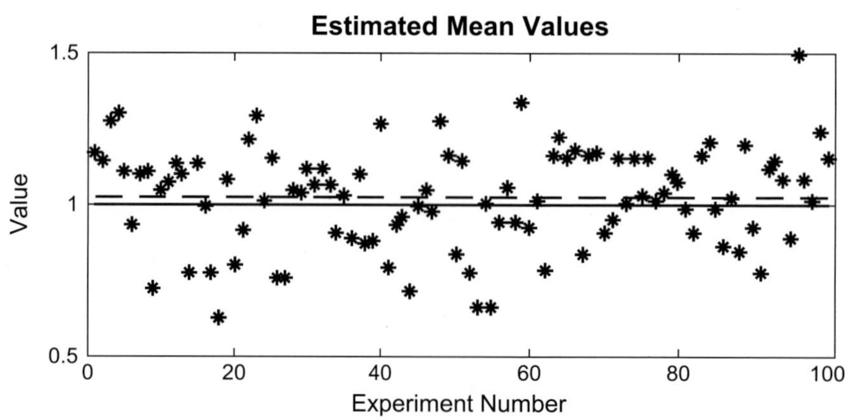

그림 13.7 예제 13.3에서 추정한 평균값들이 별표로 표시된다. 수평 점선은 $\hat{\mu}_X$를 나타내고, 수평 실선은 균등분포 확률변수의 실제 평균값을 나타낸다.

산에 가깝다는 것을 확인할 수 있다. 추정치를 도시한 결과가 그림 13.7에 보인다.

13.2 확률변수 쌍

지금까지 우리는 하나의 확률변수를 모델을 사용해서 단일 랜덤 신호의 값 (예를 들면 특정 순간에서)을 설명했다. 이 방법은 확률론적 정보를 제공하는 밀도 함수의 관점에서 볼 수 있고, 동시에 평균과 분산과 같은 통계적 평균 과점에서 볼 수 있다. 후자는 평균 신호 전력량을 모멘트와 연관시킬 수 있었다.

그러나 우리는 이러한 랜덤 값이 시간이 지나면서 변화하는 속도를 알 필요가 있다. 이것은 필터링과 같은 주파수 선택적 처리에 중요하다. 하나의 확률변수는 이 시간 (또는 주파수)에 의존하는 정보를 제공 할 수 없기 때문에, 어떤 유한한 시간으로 분리 된 두 개의 확률변수를 고려해야 한다. 이것은 한 쌍의 확률변수와 통계적 지식을 사용할 수 있게 한다. 이러한 추가적인 통계 정보는 다양한 실제 응용에 적용하기에 충분하다.

13.2.1 결합 확률 함수

한 개의 확률변수를 두 개로 일반화하기 위해서는 1차원 실수 직선 $\mathbb{R}$을 2차원 실수 평면 $\mathbb{R}^2$로 확장이 필요하다. (X, Y)를 한 쌍의 확률변수들이라 하자. X가 x 주위의 작은 영역 Δx에서 값을 가지고, Y도 같은 방법으로 y 주위의 작은 영역 Δy에서 값을 가지면, (X, Y)는 (x, y)를 중심으로 하는 작은 영역 $\Delta x \Delta y$에서 값을 갖는다. 하나의 확률변수의 경우와 마찬가지로, 결합 확률 밀도 함수 $f_{\mathsf{XY}}(x, y)$는 시행 횟수 N이 무한히 커질 때 $\Delta x \Delta y$에서 상대적인 발생 빈도 N_{xy}/N으로 정의할 수 있고, 수식적 표현은 다음과 같다.

$$f_{\mathsf{XY}}(x,y) \triangleq \lim_{\substack{\Delta x,\, \Delta y \to 0 \\ N \to \infty}} \left(\frac{N_{xy}}{N \Delta x \Delta y} \right) \tag{13.42}$$

결합 누적 분포 함수는 한쪽으로만 무한한 4분면 $\{\mathsf{X} \le x,\ \mathsf{Y} \le y\}$ 의 확률로서 다음과 같이 정의된다.

$$F_{\mathsf{XY}}(x,y) = \int_{\lambda=-\infty}^{x} \int_{\nu=-\infty}^{y} f_{\mathsf{XY}}(\lambda, \nu)\, \mathrm{d}\lambda\, \mathrm{d}\nu \tag{13.43}$$

혹은

$$f_{\mathsf{XY}} = \frac{\partial^2 F_{\mathsf{XY}}(x,y)}{\partial x \partial y} \tag{13.44}$$

X가 $\{x_1 \le \mathsf{X} \le x_2\}$에 속하고, Y가 $\{y_1 \le \mathsf{Y} \le y_2\}$에 속할 확률은 다음과 같이 계산된다.

$$\Pr\{x_1 \le \mathsf{X} \le x_2, y_1 \le \mathsf{Y} \le y_2\} = \int_{x_1}^{x_2} \int_{y_1}^{y_2} f_{\mathsf{XY}}(x, y)\,\mathrm{d}x\,\mathrm{d}y \tag{13.45}$$

다시 강조하자면, 결합 확률 함수는 비음성(non-negativity) 성질을 만족해야 하고, 결합 누적 분포 함수는 비음성, 단조비감소(nondecreasing monotonicity)와 같은 공리적 성질을 만족해야 한다.

$$F_{\mathsf{XY}}(-\infty, -\infty) = F_{\mathsf{XY}}(-\infty, y) = F_{\mathsf{XY}}(x, -\infty) = 0 \tag{13.46a}$$

$$F_{\mathsf{XY}}(\infty, \infty) = \int_{-\infty}^{\infty} \int_{\infty}^{\infty} f_{\mathsf{XY}}(x, y)\,\mathrm{d}x\,\mathrm{d}y = 1 \tag{13.46b}$$

주변 확률 함수

한 쌍의 확률변수가 있을 때 주변 확률 함수는 한 확률 변수의 확률만 정의하고 다른 하나는 고려하지 않는다. 이것은 하나의 확률 변수와 같지만, 결합 확률 함수로부터 정의된다는 점이 다르다. 따라서 두 개의 주변 분포는 다음과 같다.

$$F_{\mathsf{X}}(x) = F_{\mathsf{XY}}(x, \infty) = \int_{\lambda=-\infty}^{x} \left(\int_{-\infty}^{\infty} f_{\mathsf{XY}}(\lambda, y)\,\mathrm{d}y \right) \mathrm{d}\lambda = \int_{-\infty}^{x} f_{\mathsf{X}}(\lambda)\,\mathrm{d}\lambda \tag{13.47a}$$

$$F_{\mathsf{Y}}(y) = F_{\mathsf{XY}}(\infty, y) = \int_{\nu=-\infty}^{y} \left(\int_{-\infty}^{\infty} f_{\mathsf{XY}}(x, \nu)\,\mathrm{d}x \right) \mathrm{d}\nu = \int_{-\infty}^{y} f_{\mathsf{Y}}(\nu)\,\mathrm{d}\nu \tag{13.47b}$$

이 결과로부터 두 개의 주변 밀도 함수는 다음과 같이 계산된다.

$$f_{\mathsf{X}}(x) = \int_{-\infty}^{\infty} f_{\mathsf{XY}}(x, y)\,\mathrm{d}y \tag{13.48a}$$

$$f_{\mathsf{Y}}(y) = \int_{-\infty}^{\infty} f_{\mathsf{XY}}(x, y)\,\mathrm{d}x \tag{13.48b}$$

조건부 확률 함수

주변 확률 함수와 반대로, 하나의 확률변수를 위한 조건부 확률 함수는 다른 확률변수를 관측한 값 혹은 지식에 근거해서 정의된다. 이러한 성질때문에 조건부 확률 함수는 매우 유용하게 사용된다. $\mathsf{Y} = y$로 관측되었을 때 X의 조건부 pdf는 다음과 같이 정의된다.

$$f_{\mathsf{X|Y}}(x|y) \triangleq \frac{f_{\mathsf{XY}}(x, y)}{f_{\mathsf{Y}}(y)} \tag{13.49}$$

같은 방법으로 X가 관측되었을 때 Y의 조건부 pdf는 다음과 같다.

$$f_{\mathsf{Y|X}}(y|x) \triangleq \frac{f_{\mathsf{XY}}(x, y)}{f_{\mathsf{X}}(x)} \tag{13.50}$$

식 (13.49)와 (13.50)으로부터 다음 결과를 얻을 수 있다.

$$f_{\mathsf{XY}}(x, y) = f_{\mathsf{X|Y}}(x|y) f_{\mathsf{Y}}(y) = f_{\mathsf{Y|X}}(y|x) f_{\mathsf{X}}(x) \tag{13.51}$$

또한 이 결과로부터 다음과 같은 베이즈법칙(Bayes rule)을 유도할 수 있다.

$$f_{\mathsf{X}|\mathsf{Y}}(x|y) = \frac{f_{\mathsf{Y}|\mathsf{X}}(y|x)f_{\mathsf{X}}(x)}{f_{\mathsf{Y}}(y)} \tag{13.52a}$$

$$f_{\mathsf{Y}|\mathsf{X}}(y|x) = \frac{f_{\mathsf{X}|\mathsf{Y}}(x|y)f_{\mathsf{Y}}(y)}{f_{\mathsf{X}}(x)} \tag{13.52b}$$

이 법칙은 검출 및 추정 이론에서 유용하게 사용된다.

통계적 독립성

확률변수 X를 위한 주변 확률 함수가 Y와는 무관하게 결정되지만, Y의 발생은 여전히 X의 발생에 영향을 준다. 반면에, Y가 발생했을 때 X의 조건부 확률은 Y의 영향을 받지 않고 X의 주변 확률 밀도 함수(marginal pdf)가 되는 경우, X와 Y는 통계적으로 독립적이라고 한다. 따라서 X와 Y가 독립적이면 다음의 관계를 얻는다.

$$f_{\mathsf{X}|\mathsf{Y}}(x|y) = f_{\mathsf{X}}(x) \text{와 } f_{\mathsf{Y}|\mathsf{X}}(y|x) = f_{\mathsf{Y}}(y) \tag{13.53}$$

식 (13.49) 혹은 식 (13.50)으로부터 결합 확률 함수는 다음과 같이 결정된다.

$$f_{\mathsf{XY}}(x,y) = f_{\mathsf{X}}(x)f_{\mathsf{Y}}(y) \tag{13.54}$$

같은 방법으로 X와 Y가 독립적이면 결합 누적 분포 함수도 다음과 같이 결정된다.

$$F_{\mathsf{XY}}(x,y) = F_{\mathsf{X}}(x)F_{\mathsf{Y}}(y) \tag{13.55}$$

결합 확률 밀도 함수를 근사화하는 히스토그램 N개의 확률변수 쌍 (XY)의 관측값이 주어졌을 때, N_{xy}를 $(x,\ y)$ 근처의 작은 영역 Δ_{xy}에 속하는 쌍들의 개수라 한다. 그러면 $(x,\ y)$에 대한 N_{xy}의 3차원 그래프는 관측된 값들의 2차원 히스토그램이 되고, 아래와 같은 확률과 $(x,\ y)$에 대한 비율은 정규화된 히스토그램이 된다.

$$P_{\mathsf{XY}}(x,y) \triangleq \frac{N_{xy}}{N\Delta_{xy}} \tag{13.56}$$

이 비율은 결합 확률 밀도 함수인 $f_{\mathsf{XY}}(x,\ y)$의 우수한 근사값이 된다. MATLAB 함수 `Nxy=hist3([x,y], nbins)`는 관측된 쌍 `[x,y]`와 `nbins(1)×nbins(2)` 빈(bin)들의 그리드가 주어졌을 때 `Nxy`를 계산한다. 이 함수를 이용해서, 관측 쌍으로부터 정규화된 히스토그램을 계산하는 MATLAB 함수 `pdf2`를 구현할 수 있다. 이 함수의 설계는 연습문제로 남겨둔다.

pdf 그래프로서의 산포도(scatter-plot) 결합 pdf의 시각적 설명은 2차원 그래프인 scatter-plot을 사용하여 얻을 수 있다. 이것은 $(x,\ y)$ 쌍을 평면상의 점으로 표시된다. 점들의 밀도는 pdf의 값을 나타낸다. 다시 말해서 밀도가 높을수록 값이 커진다. 그 반대. 산포도의 형태는 pdf의 근사적 형태를 나타내고, 이것은 예제 13.5에서 설명된다.

확률변수 쌍들의 변환

하나의 확률변수를 다른 확률변수로 변환하고 그 pdf를 계산하는 방법을 이전에 소개했다. 비슷한 방법으로 보다 복잡한 신호처리 연산은 pdf를 알고있는 하나 또는 두 개의 새로운 확률변수로 변환한다. 첫 번째 응용은 부가적 잡음 신호이고, 두 번째 응용은 직교 좌표계를 극좌표계로 변환하는 경우가 될 것이다. 각각의 경우에 우리는 새로운 확률변수들의 확률 밀도 함수를 얻는 데 관심이 있다.

단일 함수 $f_{\mathsf{XY}}(x, y)$를 한 쌍의 확률변수 (X, Y)의 결합 pdf라 하고, W = g(X, Y)를 새로운 확률 변수라 한다. W의 pdf를 계산하는 방법은 몇 가지가 있다. 그중 이해하기 쉬운 방법 하나는 우선 $g(\cdot, \cdot)$를 사용해서 W의 CDF를 결정한 후, 이것을 미분해서 pdf를 얻는 것이다. 이렇게 하기 위해서, W의 CDF를 다음과 같이 X와 Y로 표현해야 한다.

$$\begin{aligned} F_{\mathsf{W}}(w) &= \Pr\{\mathsf{W} \le w\} = \Pr\{g(\mathsf{X}, \mathsf{Y}) \le w\} \\ &= \iint\limits_{g(x,y)\le w} f_{\mathsf{XY}}(x, y)\,\mathrm{d}x\,\mathrm{d}y \end{aligned} \tag{13.57}$$

여기에서 부등식 $g(\mathsf{X}, \mathsf{Y}) \le w$는 적분이 수행되는 (x, y) 평면의 영역을 정의한다. 이제 W의 pdf는 다음과 같이 결정된다.

$$f_{\mathsf{W}}(w) = \frac{\mathrm{d}}{\mathrm{d}w}\left(\iint\limits_{g(x,y)\le w} f_{\mathsf{XY}}(x, y)\,\mathrm{d}x\,\mathrm{d}y\right) \tag{13.58}$$

이 방법이 이해하기는 단순하지만, 적분이 결합 pdf와 함수 $g(\cdot, \cdot)$에 의해서 결정되기 때문에 해석적인 해를 구하기 쉽지 않다.

이 방법의 특수한 응용의 하나는 변환이 두 확률변수의 간단한 합으로 이루어진 경우이다. 예를 들어 신호에 잡음이 더해진 경우이다. W = X + Y라 하고, 식 (13.57)로부터 다음 결과를 얻는다.

$$F_{\mathsf{W}}(w) = \iint\limits_{x+y\le w} f_{\mathsf{XY}}(x, y)\,\mathrm{d}x\,\mathrm{d}y = \int_{y=-\infty}^{\infty}\int_{x=-\infty}^{w-y} f_{\mathsf{XY}}(x, y)\,\mathrm{d}x\,\mathrm{d}y \tag{13.59}$$

(13.59)를 미분하고 해석학의 Leibnitz 법칙[1]을 적용하면 다음 결과를 얻는다.

$$\begin{aligned} f_{\mathsf{W}}(w) &= \int_{y=-\infty}^{\infty} \frac{\mathrm{d}}{\mathrm{d}w}\left(\int_{x=-\infty}^{w-y} f_{\mathsf{XY}}(x, y)\,\mathrm{d}x\right)\mathrm{d}y \\ &= \int_{y=-\infty}^{\infty} f_{\mathsf{XY}}(w-y, y)\,\mathrm{d}y \end{aligned} \tag{13.60}$$

[1] Leibnitz 법칙 states that

$$\frac{\partial}{\partial x}\int_{a(x)}^{b(x)} f(x, y)\,\mathrm{d}y = \frac{\partial b}{\partial x} f(x, b(x)) - \frac{\partial a}{\partial x} f(a(x), x) + \int_{a(x)}^{b(x)} \frac{\partial}{\partial x} f(x, y)\,\mathrm{d}y.$$

보다 특별한 경우는 X와 Y가 독립적인 경우인데, 식 (13.54)를 이용하면 콘벌루션 적분에 의해서 다음과 같은 매우 중요한 결과를 얻는다.

$$f_{\mathsf{W}}(w) = \int_{y=-\infty}^{\infty} f_{\mathsf{X}}(w-y) f_{\mathsf{Y}}(y)\,\mathrm{d}y = f_{\mathsf{X}}(w) * f_{\mathsf{Y}}(w) \tag{13.61}$$

예제 13.4 $\mathsf{X} \sim \mathrm{U}(0,\ 1)$와 $\mathsf{Y} \sim \mathrm{U}(0,\ 1)$를 각각 균등 분포를 가지고, 서로 독립적인 확률변수라 하고, 새로운 확률 변수를 $\mathsf{W} = \mathsf{X} + \mathsf{Y}$이라 정의한다. (13.61)로부터 W의 pdf는 다음과 같이 계산된다.

$$\begin{aligned} f_{\mathsf{W}}(w) &= \big(u(w) - u(w-1)\big) * \big(u(w) - u(w-1)\big) \\ &= \big(1 - |w-1|\big)\big(u(w) - u(w-2)\big) \end{aligned} \tag{13.62}$$

이것은 0과 2 사이의 삼각형이다. 이 결과를 확인하려면, X와 Y를 위해서 충분히 많은 랜덤 숫자들을 발생시킨 후, W를 위해서 이 랜덤 수들을 더한다. 그리고 난 후 MATLAB 함수 `pdf1`을 사용해서 pdf $f_{\mathsf{W}}(w)$를 계산한다. 이 과정은 다음의 MATLAB 스크립트를 사용해서 설명된다.

```
>> N = 1000000;
>> x = rand(N,1); y = rand(N,1); >> w = x+y;
>> [Pw,wc] = pdf1(w,0,2,100);
>> % Plotting commands follow
```

이 결과로 얻어진 그래프는 그림 13.8에 보인다.

두 개의 함수 두 번째 변환의 경우는 식 (13.25)의 단일 확률변수를 두 개의 확률변수로 확장한 것이다. 두 확률변수 X와 Y의 두 개의 함수를 다음과 같이 정의한다.

$$\mathsf{W} = g_1(\mathsf{X},\mathsf{Y})\text{와}\quad \mathsf{V} = g_2(\mathsf{X},\mathsf{Y}) \tag{13.63}$$

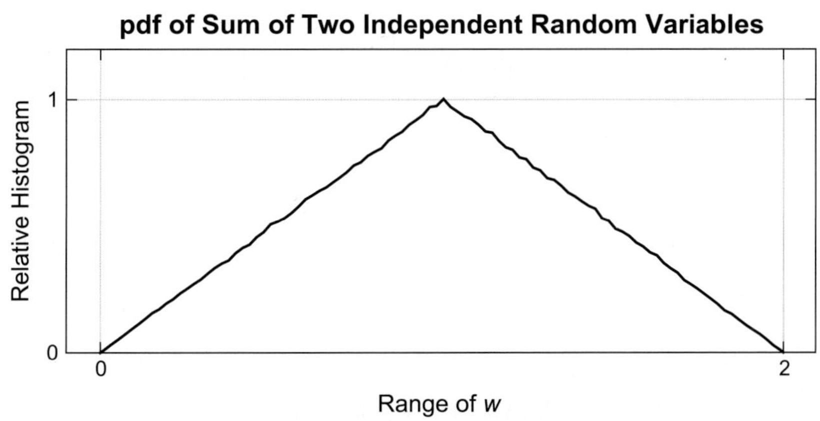

그림 13.8 두 개의 균등분포 확률변수의 합에 대한 정규화된 히스토그램.

위의 2 × 2 매핑이 가역적이라고 가정하면, 역함수들을 다음과 같이 정의한다.

$$\mathsf{X} = h_1(\mathsf{W}, \mathsf{V})\text{와 } \mathsf{Y} = h_2(\mathsf{W}, \mathsf{V}) \tag{13.64}$$

식 (13.64)에 의해서 $(w,\ v)$ 평면의 극소 영역 $\mathrm{d}w\,\mathrm{d}v$이 $(x,\ y)$ 평면의 면적 $A_{x,y}$로 매핑된다고 하면 다음 등식이 성립한다.

$$f_{\mathsf{WV}}(w, v)\,\mathrm{d}w\,\mathrm{d}v = f_{\mathsf{XY}}(h_1, h_2)A_{x,y} \tag{13.65}$$

여기에서 $A_{x,y}$는 다음과 같이 정의되고

$$A_{x,y} = \left|J\begin{pmatrix} x & y \\ w & v \end{pmatrix}\right| \mathrm{d}w\,\mathrm{d}v = \left|\det\begin{bmatrix} \dfrac{\partial x}{\partial w} & \dfrac{\partial x}{\partial v} \\ \dfrac{\partial y}{\partial w} & \dfrac{\partial y}{\partial v} \end{bmatrix}\right| \mathrm{d}w\,\mathrm{d}v \tag{13.66}$$

$J(\cdot)$는 변환함수의 자코비안이라 불리고 2차원 평면의 기울기를 의미한다. 식 (13.66)을 (13.65)에 대입하면 다음의 결과를 얻을 수 있다.

$$f_{\mathsf{WV}}(w, v) = f_{\mathsf{XY}}\big(h_1(\mathsf{W}, \mathsf{V}), h_2(\mathsf{W}, \mathsf{V})\big) \times \left|\det\begin{bmatrix} \dfrac{\partial x}{\partial w} & \dfrac{\partial x}{\partial v} \\ \dfrac{\partial y}{\partial w} & \dfrac{\partial y}{\partial v} \end{bmatrix}\right| \tag{13.67}$$

단일 변수의 경우와 마찬가지로, 2 × 2 변환이 비가역적이면 역변환은 다수의 근을 갖게 되고, 각 근의 기여도를 더해서 결합 pdf $f_{\mathsf{WV}}(w, v)$를 얻는다.

예제 13.5 확률변수 X와 Y가 서로 독립적이고 동일한 균등분포 U(0, 1)를 갖는다고 가정한다. 두 개의 새로운 변수를 각각 W = X + Y, V = X − Y와 같이 정의한다. 그러면 X와 Y는 다음과 같고

$$\mathsf{X} = \frac{\mathsf{W}+\mathsf{V}}{2} \triangleq h_1(\mathsf{W}, \mathsf{V})\text{와 } \mathsf{Y} = \frac{\mathsf{W}-\mathsf{V}}{2} \triangleq h_2(\mathsf{W}, \mathsf{V})$$

여기에서 자코비안은 다음과 같다.

$$\left|J\begin{pmatrix} x & y \\ w & v \end{pmatrix}\right| = \left|\det\begin{bmatrix} \frac{1}{2} & \frac{1}{2} \\ \frac{1}{2} & -\frac{1}{2} \end{bmatrix}\right| = \frac{1}{2}$$

따라서 W와 V의 결합 pdf는 독립성을 이용해서 다음과 같이 계산된다.

$$f_{\mathsf{WV}}(w, v) = \tfrac{1}{2} f_{\mathsf{XY}}\left(\frac{w+v}{2}, \frac{w-v}{2}\right) = \tfrac{1}{2} f_{\mathsf{X}}\left(\frac{w+v}{2}\right) f_{\mathsf{Y}}\left(\frac{w-v}{2}\right) \tag{13.68}$$

X와 Y가 균등분포 U(0, 1)을 가지므로 이 결합 pdf 역시 균등분포를 갖고, 네 개의 직선 $w+v=0$, $w-v=-2$, $w+v=2$, $w-v=0$으로 둘러싸인 마름모 상에서 1/2 값을 갖는다. 이것은 다음의 MATLAB 스크립트에서 산포도 그래프를 사용해서 확인할 수 있다.

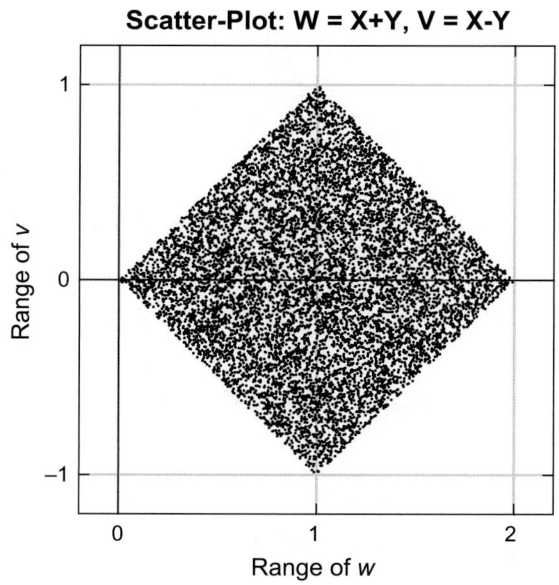

그림 13.9 X ~ U(0, 1)와 Y ~ U(0, 1)가 동일한 균등분포를 가질 때 W = X + Y와 V = X − Y에 대한 산포도 그래프

```
>> x = rand(10000,1); y = rand(10000,1);
>> w = x+y; v = x-y;
>> plot([-0.2,2.2],[0,0],'k','linewidth',0.75); hold on;
>> plot([0,0],[-1.1,1.1],'k','linewidth',0.75);
>> plot(w,v,'.','markersize',2); axis equal;
>> axis([-0.2,2.2,-1.1,1.2]);
>> set(gca,'xtick',[0,1,2],'ytick',[-1,0,1]); grid;
>> xlabel('Range of {\itw}','fontsize',9);
>> ylabel('Range of {\itv}','fontsize',9);
>> title('Scatter-Plot: W = X+Y, V = X-Y',...
>>      'fontsize',10,'fontweight','bold');
```

산포도 그래프의 결과는 그림 13.9에 보인다.

13.2.2 결합 통계적 평균

결합 통계적 평균 혹은 결합 모멘트는 2중 적분으로 계산이 가능하고, 두 개의 인수를 필요로 한다. 다시 말해서 X와 Y의 정수 제곱의 곱을 평균해서 다음과 같이 계산된다.

$$\xi_{\mathsf{XY}}(m,n) \triangleq \mathrm{E}\left[\mathsf{X}^m \mathsf{Y}^n\right] = \iint_{-\infty}^{\infty} x^m y^n f_{\mathsf{XY}}(x,y)\,\mathrm{d}x\,\mathrm{d}y \tag{13.69}$$

명확하게 $\xi_{\mathsf{XY}}(0,\ 0) = 1$이고, X와 Y의 평균이 다음과 같다.

$$\xi_{XY}(1,0) = \xi_X(1) = \mu_X = \iint_{-\infty}^{\infty} x f_{XY}(x,y)\,dx\,dy = \int_{-\infty}^{\infty} x f_X(x)\,dx \tag{13.70}$$

그리고

$$\xi_{XY}(0,1) = \xi_Y(1) = \mu_Y = \iint_{-\infty}^{\infty} y f_{XY}(x,y)\,dx\,dy = \int_{-\infty}^{\infty} y f_Y(y)\,dy \tag{13.71}$$

그러나 $\xi_{XY}(1,\ 1)$는 다음과 같은 새로운 결합 모멘트를 정의한다.

$$R_{XY} \triangleq \xi_{XY}(1,1) = \mathrm{E}[XY] = \iint_{-\infty}^{\infty} xy f_{XY}(x,y)\,dx\,dy \tag{13.72}$$

이것은 X와 Y의 상관도(correlation)라 하고, 두 확률변수 사이의 평균 선형 관계를 측정한다.

비슷한 방법으로, 평균값을 빼서 결합 중심 모멘트(joint central moment)를 다음과 같이 정의한다.

$$\begin{aligned} M_{XY}(m,n) &\triangleq \mathrm{E}\left[(X-\mu_X)^m (Y-\mu_Y)^n\right] \\ &= \iint_{-\infty}^{\infty} (x-\mu_X)^m (y-\mu_Y)^n f_{XY}(x,y)\,dx\,dy \end{aligned} \tag{13.73}$$

$M_{XY}(0,\ 0) = 1,\ M_{XY}(1,\ 0) = M_{XY}(0,\ 1) = 0$이고, X와 Y의 분산은 다음과 같이 계산된다.

$$\begin{aligned} M_{XY}(2,0) = M_X(2) = \sigma_X^2 &= \iint_{-\infty}^{\infty} (x-\mu_X)^2 f_{XY}(x,y)\,dx\,dy \\ &= \int_{-\infty}^{\infty} (x-\mu_X)^2 f_X(x)\,dx \end{aligned} \tag{13.74}$$

$$\begin{aligned} M_{XY}(0,2) = M_Y(2) = \sigma_Y^2 &= \iint_{-\infty}^{\infty} (y-\mu_Y)^2 f_{XY}(x,y)\,dx\,dy \\ &= \int_{-\infty}^{\infty} (y-\mu_Y)^2 f_Y(y)\,dy \end{aligned} \tag{13.75}$$

그러나 $M_{XY}(1,1)$는 다음과 같은 새로운 결합 중심 모멘트를 정의한다.

$$C_{XY} \triangleq M_{XY}(1,1) = \iint_{-\infty}^{\infty} (x-\mu_X)(y-\mu_Y) f_{XY}(x,y)\,dx\,dy \tag{13.76}$$

이것은 X와 Y의 공분산(covariance)이라 하고, 평균이 제거된 두 확률변수의 평균 선형 관계를 나타낸다. 식 (13.76)으로부터 다음 관계가 성립한다.

$$C_{XY} = R_{XY} - \mu_X \mu_Y \tag{13.77}$$

중요한 개념들

상관도와 분산의 결합 모멘트를 통해서 두 확률변수 사이의 중요한 관계들을 논하기로 한다.

비상관(uncorrelated) 확률변수들 X와 Y 사이의 공분산 C_{XY}가 0이면, 식 (13.77)로부터 다음 결과를 얻는다.

$$R_{\mathsf{XY}} = \mu_{\mathsf{X}}^2 \mu_{\mathsf{Y}}^2 \quad \text{or} \quad \mathrm{E}[\mathsf{XY}] = \mathrm{E}[\mathsf{X}]\mathrm{E}[\mathsf{Y}] \tag{13.78}$$

또한 확률변수 X와 Y는 서로 비상관이라 한다. 이것은 X와 Y 사이의 독립성을 결정하는 약한 조건이고, 식 (13.54)는 상대적으로 강한 조건이다. 다시 말해서 독립성은 X와 Y 사이의 상관도가 항상 0이라는 것을 의미하는 반면, 상관도가 0이라고 해서 반드시 두 확률변수가 독립인 것은 아니다. 13.2.3절에서 가우시안 확률변수들은 상관도가 0이면 서로 독립이라는 것을 증명할 것이다.

비상관 확률변수 X와 Y가 있을 때, 이들의 합의 분산이 각 분산들의 합이 됨을 쉽게 알 수 있다.

$$\sigma_{\mathsf{X+Y}}^2 = \sigma_{\mathsf{X}}^2 + \sigma_{\mathsf{Y}}^2 \tag{13.79}$$

직교하는 확률변수들 기대값 $\mathrm{E}(\mathsf{X}+\mathsf{Y})^2$을 생각해보자. 기대값은 선형연산이므로 다음과 같이 쓸 수 있다.

$$\begin{aligned} \mathrm{E}[(\mathsf{X}+\mathsf{Y})^2] &= \mathrm{E}[\mathsf{X}^2+\mathsf{Y}^2+2\mathsf{XY}] = \mathrm{E}[\mathsf{X}^2]+\mathrm{E}[\mathsf{Y}^2]+2\mathrm{E}[\mathsf{XY}] \\ &= \mathrm{E}[\mathsf{X}^2]+\mathrm{E}[\mathsf{Y}^2]+2R_{\mathsf{XY}} \end{aligned} \tag{13.80}$$

상관도가 $R_{\mathsf{XY}} = 0$이면, 식 (13.80)으로부터 다음을 얻는다.

$$\mathrm{E}[(\mathsf{X}+\mathsf{Y})^2] = \mathrm{E}[\mathsf{X}^2]+\mathrm{E}[\mathsf{Y}^2] \tag{13.81}$$

이것은 X와 Y를 직교좌표계의 벡터라고 생각할 때 서로 직교함을 의미한다. 따라서 상관도가 0일 때 두 확률변수를 직교한다고 말한다. 이 조건은 두 확률변수가 서로 비상관이거나 둘 중 최소 하나 이상의 평균값이 0인 경우에 성립한다.

상관계수 마지막으로, 두 확률변수간의 평균 선형 의존도를 비교하기 위해서 정규화된 공분산을 정의한다. 이것은 상관계수라고도 하고 다음과 같이 정의된다.

$$\rho_{\mathsf{XY}} \triangleq \frac{C_{\mathsf{XY}}}{\sigma_{\mathsf{X}}\sigma_{\mathsf{Y}}} \tag{13.82}$$

만약 $\rho_{\mathsf{XY}} = 0$이면, 공분산이 $C_{\mathsf{XY}} = 0$이 되고, X와 Y는 비상관이 된다. 반대로 $\rho_{\mathsf{XY}} = 1$이면, X와 Y는 완벽하게 연관되었다고 한다. 그러나 $\rho_{\mathsf{XY}} = -1$이면 두 확률변수는 여전히 완벽하게 연관되어 있지만 서로 반대되는 성질을 갖는다.

13.2.2 2변수 가우시안 분포

잘 알려져 있고 널리 사용되는 두 개의 확률변수 모델로서 2변수 결합 가우시안 분포가 있다. 이것은 두 확률변수의 결합 모멘트에 의해서 완벽하게 정의되고, 일반화된 형태가 다섯 개의 매개변수와 pdf에 의해서 결정된다.

$$\mathrm{N}\big(\mu_{\mathsf{X}},\mu_{\mathsf{Y}};\ \sigma_{\mathsf{X}},\sigma_{\mathsf{Y}};\ \rho_{\mathsf{XY}}\big)\ \triangleq\ f_{\mathsf{XY}}(x,y)=\frac{1}{2\pi\sigma_{\mathsf{X}}\sigma_{\mathsf{Y}}\sqrt{1-\rho_{\mathsf{XY}}^2}}\times$$
$$\exp\left[\frac{-1}{2(1-\rho_{\mathsf{XY}}^2)}\left\{\left(\frac{x-\mu_{\mathsf{X}}}{\sigma_{\mathsf{X}}}\right)^2-2\rho_{\mathsf{XY}}\left(\frac{x-\mu_{\mathsf{X}}}{\sigma_{\mathsf{X}}}\right)\left(\frac{y-\mu_{\mathsf{Y}}}{\sigma_{\mathsf{Y}}}\right)+\left(\frac{y-\mu_{\mathsf{Y}}}{\sigma_{\mathsf{Y}}}\right)^2\right\}\right] \quad (13.83)$$

이것은 단일 모드 (혹은 단봉형) 종형 곡면이 되고, 다양한 σ_{X}, σ_{Y}, σ_{XY} 값들과 $\mu_{\mathsf{X}}=\mu_{\mathsf{Y}}=0$인 경우가 그림 13.10에 보인다. 명확성을 위해서 동일 밀도값의 등고선들이 밀도 곡면 위에 중첩되어 있다. 그림 13.10에서 등고선은 원형이고, 그림 13.10b에서 등고선은 장축이 x축 기준으로 45도 회전되어 있는 타원형이다. 그림 13.10c에서 등고선은 역시 타원형이지만 장축이 45도보다 많이 회전되어 있고, 그림 13.10d에서 등고선은 시계방향으로 45도 이상 회전되어 있다. 밀도 곡면은 회전된 축에 대해서 대칭이다. 0이 아닌 평균값은 단순히 곡면의 중

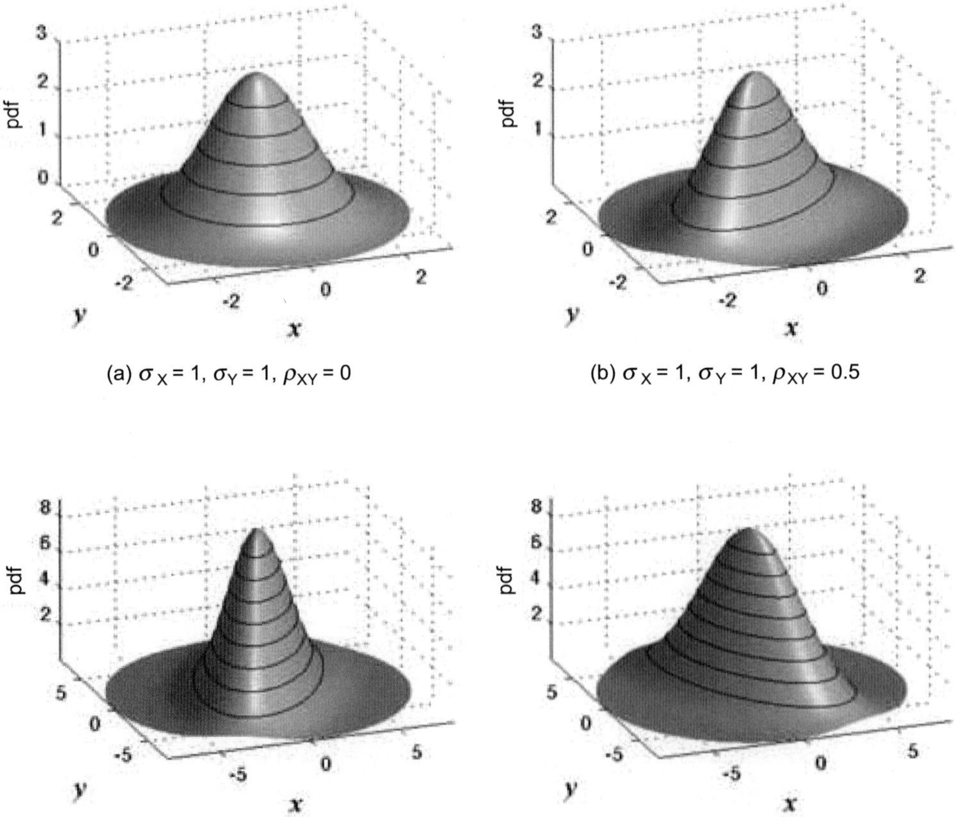

(a) $\sigma_{\mathsf{X}}=1$, $\sigma_{\mathsf{Y}}=1$, $\rho_{\mathsf{XY}}=0$ (b) $\sigma_{\mathsf{X}}=1$, $\sigma_{\mathsf{Y}}=1$, $\rho_{\mathsf{XY}}=0.5$

(c) $\sigma_{\mathsf{X}}=2$, $\sigma_{\mathsf{Y}}=3$, $\rho_{\mathsf{XY}}=0.5$ (d) $\sigma_{\mathsf{X}}=2$, $\sigma_{\mathsf{Y}}=3$, $\rho_{\mathsf{XY}}=-0.5$

그림 13.10 다양한 σ_{X}, σ_{Y}, ρ_{XY} 값들과 $\mu_{\mathsf{X}}=\mu_{\mathsf{Y}}=0$인 경우의 2변수 가우시안 분포

심을 다른 위치로 이동시키는 역할을 한다.

(13.83)에서 $f_{XY}(x,\ y)$를 직접 적분하면, 주변 확률 밀도가 다음과 같이 주어진다.

$$f_X(x) = \int_{-\infty}^{\infty} f_{XY}(x,y)\,dy = \frac{1}{\sigma_X\sqrt{2\pi}}\exp\left[\frac{-1}{2}\left(\frac{x-\mu_X}{\sigma_X}\right)^2\right] = N(\mu_X, \sigma_X^2) \quad (13.84a)$$

$$f_Y(x) = \int_{-\infty}^{\infty} f_{XY}(x,y)\,dx = \frac{1}{\sigma_Y\sqrt{2\pi}}\exp\left[\frac{-1}{2}\left(\frac{y-\mu_Y}{\sigma_Y}\right)^2\right] = N(\mu_Y, \sigma_Y^2) \quad (13.84b)$$

이것들은 주변 가우시안 확률밀도를 나타낸다. 식 (13.83)에서 $f_{XY}(x,\ y)$가 결합 가우시안 혹은 2변수 가우시안 분포를 나타냄을 알 수 있다.

만약 $\rho_{XY} = 0$이면 X와 Y가 비상관이 되어 공분산이 0이되고, 식 (13.83)으로부터 다음 결과를 얻는다.

$$\begin{aligned} f_{XY}(x,y) &= \frac{1}{2\pi\sigma_X\sigma_Y}\exp\left[\frac{-1}{2}\left\{\left(\frac{x-\mu_X}{\sigma_X}\right)^2 + \left(\frac{y-\mu_Y}{\sigma_Y}\right)^2\right\}\right] \\ &= \frac{1}{\sigma_X\sqrt{2\pi}}\exp\left[\frac{-1}{2}\left(\frac{x-\mu_X}{\sigma_X}\right)^2\right] \\ &\quad \times \frac{1}{\sigma_Y\sqrt{2\pi}}\exp\left[\frac{-1}{2}\left(\frac{y-\mu_Y}{\sigma_Y}\right)^2\right] = f_X(x)f_Y(y) \end{aligned} \quad (13.85)$$

이것은 X와 Y가 서로 독립적임을 의미하고, 가우시안 분포의 경우에 상관도가 0이면 두 확률변수는 서로 독립적이다.

유용한 성질들 지금까지 학습을 바탕으로, 가우시안 확률변수들은 고유하고 중요한 성질들을 갖는다.

1. 가우시안 확률변수는 처음 두 모멘트에 의해서 완벽하게 정의된다. 이것은 3차 이상의 모멘트들은 첫 두 모멘트를 사용해서 얻을 수 있다는 의미가 된다.
2. 두 개의 가우시안 확률변수는 다시 가우시안이 된다.
3. 실제로, 다수의 가우시안 확률변수들의 선형 결합 역시 가우시안이 된다.
4. 두 가우시안 밀도 함수의 곱은 역시 가우시안 함수가 된다.
5. 두 가우시안 함수의 콘벌루션은 역시 가우시안 함수가 된다.
6. 독립적인 확률변수들의 합은 각각의 분포함수에 관계 없이 적절하고 일반적인 조건에서 가우시안 분포가 된다. 이것은 중심극한정리(central limit theorem)라 한다. 따라서 가우시안 분포는 유한한 평균과 분산을 가질 경우 안정하다.
7. 상호 비상관인 가우시안 확률변수들은 서로 독립적이다.

예제 13.6 2변수 가우시안 확률변수들 X_1와 X_2가 차례대로 평균 μ_1과 μ_2, 분산 σ_1^2과 σ_2^2을 갖고, 상관계수 ρ를 갖도록 발생시킨다.

풀이 우선, 13.1.3절에서 사용했던 방법을 사용해서 평균이 0이고 분산이 1인 가우시안 확률변수들을 서로 독립적으로 발생시킨다. 이 확률변수들의 값을 다음의 벡터로 표현한다.

$$\boldsymbol{Y} = \begin{bmatrix} y_1 \\ y_2 \end{bmatrix} \tag{13.86}$$

다음 단계로, 원하는 (2×2) 공분산 행렬을 다음과 같이 구성한다.

$$\boldsymbol{C}_{\mathsf{X}} = \begin{bmatrix} \sigma_1^2 & \rho\sigma_1\sigma_2 \\ \rho\sigma_1\sigma_2 & \sigma_2^2 \end{bmatrix} \tag{13.87}$$

그리고 이것을 다음과 같이 인수분해한다.

$$\boldsymbol{C}_{\mathsf{X}} = \boldsymbol{C}_{\mathsf{X}}^{\frac{1}{2}}\left(\boldsymbol{C}_{\mathsf{X}}^{\frac{1}{2}}\right)^{\mathrm{T}} \tag{13.88}$$

이제 선형 변환된 (2×1) 벡터 $\boldsymbol{X}$를 다음과 같이 정의한다.

$$\boldsymbol{X} \triangleq \begin{bmatrix} X_1 \\ X_2 \end{bmatrix} = \boldsymbol{C}_{\mathsf{X}}^{\frac{1}{2}}\boldsymbol{Y} + \boldsymbol{\mu}_{\mathsf{X}}, \quad \boldsymbol{\mu}_{\mathsf{X}} \triangleq \begin{bmatrix} \mu_1 \\ \mu_2 \end{bmatrix} \tag{13.89}$$

그러면 $\boldsymbol{X}$의 공분산은 다음과 같이 계산된다.

$$\begin{aligned} \mathrm{E}[(\boldsymbol{X}-\boldsymbol{\mu}_{\mathsf{X}})(\boldsymbol{X}-\boldsymbol{\mu}_{\mathsf{X}})^{\mathrm{T}}] &= \mathrm{E}[\boldsymbol{C}_{\mathsf{X}}^{\frac{1}{2}}\boldsymbol{Y}\boldsymbol{Y}^{\mathrm{T}}(\boldsymbol{C}_{\mathsf{X}}^{\frac{1}{2}})^{\mathrm{T}}] \\ &= \boldsymbol{C}_{\mathsf{X}}^{\frac{1}{2}}\mathrm{E}[\boldsymbol{Y}\boldsymbol{Y}^{\mathrm{T}}](\boldsymbol{C}_{\mathsf{X}}^{\frac{1}{2}})^{\mathrm{T}} = \boldsymbol{C}_{\mathsf{X}}^{\frac{1}{2}}\boldsymbol{I}(\boldsymbol{C}_{\mathsf{X}}^{\frac{1}{2}})^{\mathrm{T}} \\ &= \boldsymbol{C}_{\mathsf{X}} \end{aligned} \tag{13.90}$$

전체 과정에서 가장 어려운 단계는 공분산 행렬 $\boldsymbol{C}_{\mathsf{X}}$를 인수분해하는 것인데, 이 과정은 MATLAB에서 `sqrtm` 함수를 사용해서 구현할 수 있다. 다음 MATLAB 스크립트는 $\mu_1 = 2$, $\mu_2 = 1$, $\sigma_1 = 1$, $\sigma_2 = 2$, $\rho = 0.5$를 갖는 2변수 가우시안 분포 1000개의 샘플을 발생시킨다. 발생된 샘플들의 산포도가 그림 13.11에 보인다. 여기에서 분포의 중심을 "+"로 표시하였다.

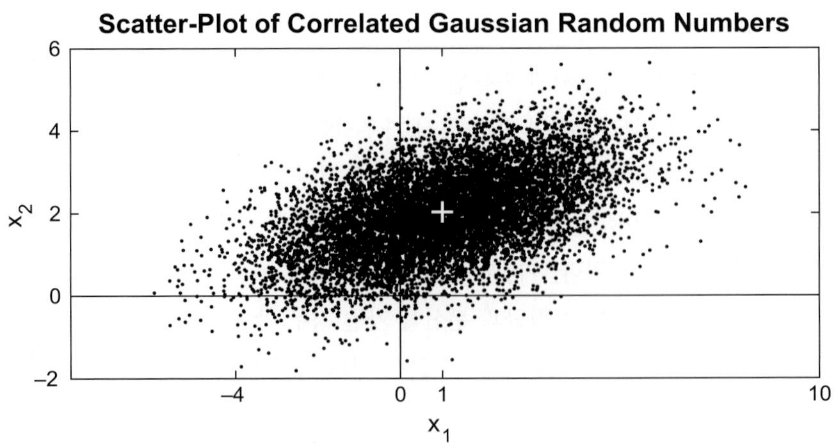

그림 13.11 예제 13.6에서 발생시킨 가우시안 난수들의 산포도

```
mu1 = 1; mu2 = 2; % Mean parameters
sd1 = 2; sd2 = 1; % Standard deviations
var1 = sd1^2; var2 = sd2^2; % Variances
rho = 0.5; % Correlation coefficient
Cx = [var1, rho*sd1*sd2; rho*sd1*sd2, var2]; % Cov matrix
% Generate 1000 unit Gaussian random-2 vectors
N = 10000; M = 2; Y = randn(N,M);
% Generate correlated non-zero mean Gaussian random-2 vectors
X = sqrtm(Cx)*Y'+ [mu1;mu2]*ones(1,N); X = X';
% Plotting commands follow
```

다변수 가우시안 확률변수를 발생시키기 위해서, 예제 13.6의 방법에서 벡터 크기를 2에서 임의의 값으로 확장한다. 다음의 MATLAB 함수 `X=randnMV(N,mu,C)`는 평균 벡터 $\boldsymbol{\mu}$와 공분산 행렬 $\boldsymbol{C}$가 주어질 때, `N`-변수 가우시안 랜덤 벡터 `X`를 발생시킨다.

```
function X = randnMV(N,mu,C)
% randnMV: multivariate Gaussian random vector generator
%   Generates N vectors in X given mean mu and covariance matrix C
%   mu should be a Mx1 column vector; C should be MxM
%   Generated X is NxM
% X = randnMV(N,mu,C)
%
mu = mu(:); M = length(mu);
Y = randn(N,M);
X = sqrtm(C)*Y'+ mu*ones(1,N); X = X';
end
```

13.3 확률신호

확률신호 혹은 확률과정은 특정한 확률을 갖는 파형(혹은 시간에 따라 변하는 값)들의 모임이라고 생각할 수 있다. 유사한 방법으로, 특정한 순간에서 확률신호의 값은 할당된 pdf를 갖는 확률변수라고 생각할 수 있다. 따라서 확률신호는 앙상블 공간에서 샘플 파형들의 모임인 동시에 시간 공간에서 확률변수들의 모임이라고 할 수 있다. 이것을 이해하는 것은 확률적(통계적) 표현 뿐 아니라 선형 시스템을 사용한 신호처리에도 매우 중요하다.

확률과정은 연속시간인 경우 확률신호가 되고, 이산시간인 경우 불규칙 수열이 된다. 여기에서는 확률신호를 주로 논의하되, 유도된 결과를 변형해서 불규칙 수열에도 적용한다. 확률변수에서 사용했던 용어들을 유지하기 위해서 확률신호를 $\mathsf{X}(t)$, 이것의 실현 값 혹은 파형을 $x(t)$로 표기한다. 다시 말해서 확률변수의 표기에 시간 변수가 추가된 것이다.

시간 인스턴스 t가 고정되면 (즉 알고있는 값이 할당되면), $\mathsf{X}(t)$는 확률변수가 되고, pdf $f_{\mathsf{X}}(x;\, t)$ 혹은 평균 $\mu_{\mathsf{X}}(t)$, 평균제곱값, 그리고 분산 $\sigma^2_{\mathsf{X}}(t)$ 등과 같은 모멘트 함수를 갖는다.

$$\mu_{\mathsf{X}}(t) = \mathrm{E}\big[\mathsf{X}(t)\big] = \int_{x=-\infty}^{\infty} x f_{\mathsf{X}}(x;t)\,\mathrm{d}x, \tag{13.91a}$$

$$\mathrm{E}\big[\mathsf{X}^2(t)\big] = \int_{x=-\infty}^{\infty} x^2 f_{\mathsf{X}}(x;t)\,\mathrm{d}x, \tag{13.91b}$$

$$\sigma_{\mathsf{X}}^2(t) = \mathrm{E}\big[(\mathsf{X}(t) - \mu_{\mathsf{X}}(t))^2\big] = \mathrm{E}\big[\mathsf{X}^2(t)\big] - \mu_{\mathsf{X}}^2(t) \tag{13.91c}$$

따라서 13.1절에서 논의했던 모든 개념들이 $\mathsf{X}(t)$의 각 시간 인스턴스에 그대로 적용된다.

만약 두 개의 고정된 시간 인스턴스 t_1과 t_2가 있다면, $\mathsf{X}(t_1)$과 $\mathsf{X}(t_2)$는 각각의 주변 밀도와 모멘트 이외에도 결합 pdf $f_{\mathsf{X}}(x_1, x_2; t_1, t_2)$ 혹은 다음과 같은 상관도 $R_{\mathsf{XX}}(t_1, t_2)$ 혹은 공분산 $C_{\mathsf{XX}}(t_1, t_2)$을 갖는 확률변수쌍이 된다.

$$R_{\mathsf{XX}}(t_1, t_2) = \mathrm{E}\big[\mathsf{X}(t_1)\mathsf{X}(t_2)\big] = \iint_{-\infty}^{\infty} x_1 x_2 f_{\mathsf{X}}(x_1, x_2; t_1, t_2)\,\mathrm{d}x_1\,\mathrm{d}x_2 \tag{13.92a}$$

$$C_{\mathsf{XX}}(t_1, t_2) = R_{\mathsf{XX}}(t_1, t_2) - \mu_{\mathsf{X}}(t_1)\mu_{\mathsf{X}}(t_2) \tag{13.92b}$$

확률변수쌍 $\mathsf{X}(t_1)$과 $\mathsf{X}(t_2)$은 동일한 확률과정 $\mathsf{X}(t)$에서 나온 것이기 때문에, $R_{\mathsf{XX}}(t_1, t_2)$를 자기상관함수라 부른다. 이제 13.2절에서 논했던 개념을 $\mathsf{X}(t)$에서 나온 확률변수쌍에 적용할 수 있다.

예제 13.7 다음과 같은 확률과정을 고려해보자.

$$\mathsf{X}(t) = \mathsf{A}e^{-t}u(t) \tag{13.93}$$

이것은 인과 지수신호이고, 진폭 $\mathsf{A} \sim \mathrm{U}(0,\ 1)$가 (0, 1) 사이에서 균일분포를 갖는 확률변수이다. $t\ \geq 0$ 일 때 $\mathsf{X}(t)$의 주변밀도는 식 (13.25)의 확률변수 변환 공식에 의해서 다음과 같이 결정된다.

$$\begin{aligned} f_{\mathsf{X}}(x;t) &= f_{\mathsf{A}}(xe^{t})e^{t} \quad (\text{since } h(x) = xe^{t} \text{ and } h'(x) = e^{t}) \\ &= e^{t}(u(x) - u(x - e^{-t}))\ \sim\ \mathrm{U}(0, e^{-t}) \end{aligned} \tag{13.94}$$

이것은 $t\ \geq 0$ 일 때 0과 e^{-t} 사이의 균일분포이다. $t \to \infty$일 때, 이 pdf는 진폭이 증가한 반면 좁아진 펄스가 되고, 극한에서는 $f_{\mathsf{X}}(x;\infty) = \delta(x)$가 된다. 이것은 $\mathsf{X}(\infty)$가 결정적인 0이 됨을 의미한다. $\mathsf{X}(t)$,의 첫 두 모멘트는 식 (13.91)과 균일분포의 모멘트 정의에 의해서 다음과 같이 결정된다.

$$\mu_{\mathsf{X}}(t) = \mathrm{E}\big[\mathsf{A}e^{-t}u(t)\big] = \mathrm{E}\big[\mathsf{A}\big]e^{-t}u(t) = \tfrac{1}{2}e^{-t}u(t), \tag{13.95a}$$

$$\mathrm{E}\big[\mathsf{X}^2(t)\big] = \mathrm{E}\big[\mathsf{A}^2\big]e^{-2t}u(t) = \tfrac{1}{3}e^{-2t}u(t), \tag{13.95b}$$

$$\sigma_{\mathsf{X}}(t) = \mathrm{E}\big[\mathsf{X}^2(t)\big] - \mu_{\mathsf{X}}^2(t) = \tfrac{1}{12}e^{-2t}u(t) \tag{13.95c}$$

결합밀도함수 $f_{\mathsf{X}}(x_1, x_2; t_1, t_2)$를 구하기 위해서는 확률변수 A가 시간독립적이기 때문에

t_1, $t_2 \geq 0$일 때 확률변수 $\mathsf{X}(t_1)$와 $\mathsf{X}(t_2)$가 선형적으로 독립이라는 점에 유의한다. 따라서

$$\mathsf{X}(t_2) = X(t_1)e^{-(t_2-t_1)} \tag{13.96}$$

이 되고, 이것은 결합밀도함수 $f_{\mathsf{X}}(x_1, x_2; t_1, t_2)$가 특이함수임을 의미한다. 다시 말해서 이것은 $(x_1$-$x_2)$ 영역에서 임펄스 평면을 포함한다. 다음과 같은 성질을 고려하자.

$$f_{\mathsf{X}}(x_1, x_2; t_1, t_2) = f_{\mathsf{X}}(x_2 | x_1; t_1, t_2) f_{\mathsf{X}}(x_1; t_1) \tag{13.97}$$

여기에서 (13.94)로부터 $f_{\mathsf{X}}(x_1; t_1) \sim \mathrm{U}(0, e^{-t_1})$가 되고, 식 (13.96)으로부터 다음 결과를 얻는다.

$$f_{\mathsf{X}}(x_2 | x_1; t_1, t_2) = \delta(x_2 - x_1 e^{-(t_2-t_1)}) \tag{13.98}$$

이것은 특이함수로서 기울기 $e^{-(t_2-t_1)}$로 주어진 각도의 임펄스 평면을 의미한다. 식 (13.98)을 (13.97)에 대입하면 결합 pdf가 다음과 같이 결정된다.

$$f_{\mathsf{X}}(x_1, x_2; t_1, t_2) = e^{t_1}(u(x_1) - u(x_1 - e^{-t_1}))\delta(x_2 - x_1 e^{-(t_2-t_1)}),\ t_1, t_2 \geq 0 \tag{13.99}$$

식 (13.92)와 (13.95)로부터 자기상관함수와 자기공분산함수를 다음과 같이 얻는다.

$$R_{\mathsf{XX}}(t_1, t_2) = \mathrm{E}\left[\mathsf{A}e^{-t_1} Ae^{-t_2}\right] = \mathrm{E}\left[\mathsf{A}^2\right] e^{-(t_1+t_2)} = \tfrac{1}{3} e^{-(t_1+t_2)}, \tag{13.100a}$$

$$C_{\mathsf{XX}}(t_1, t_2) = R_{\mathsf{XX}}(t_1, t_2) - \mu_{\mathsf{X}}(t_1)\mu_{\mathsf{X}}(t_2) = \tfrac{1}{12} e^{-(t_1+t_2)} \tag{13.100b}$$

예제 13.8 다음과 같은 정현파 확률과정을 생각한다.

$$\mathsf{X}(t) = \mathsf{A}\cos(\Omega_0 t + \Theta) \tag{13.101}$$

여기에서 Ω_0는 고정된 주파수이고, 진폭 확률변수 A는 다음과 같은 선형적으로 분포된 pdf를 갖는다.

$$f_{\mathsf{A}}(a) = \begin{cases} 2a, & 0 \leq a \leq 1 \\ 0, & \text{그 외} \end{cases} \tag{13.102}$$

또한 위상 확률변수는 $\Theta \sim \mathrm{U}(0,\ 2\pi)$과 같은 균일분포를 갖는다. 이 두개의 확률변수는 통계상 독립적이다. $\mathsf{X}(t)$의 평균은 다음과 같이 결정된다.

$$\mu_{\mathsf{X}}(t) = \mathrm{E}\left[\mathsf{X}(t)\right] = \mathrm{E}\left[\mathsf{A}\cos(\Omega_0 t + \Theta)\right] = \mathrm{E}\left[\mathsf{A}\right]\mathrm{E}\left[\cos(\Omega_0 t + \Theta)\right] = 0 \tag{13.103}$$

평균값이 0이 되는 이유는 코사인 파형의 한 주기 평균이 0이 되기 때문이다. $\mathsf{X}(t)$의 자기상관함수는 다음과 같이 결정된다.

$$\begin{aligned} R_{\mathsf{XX}}(t_1, t_2) &= \mathrm{E}\left[\mathsf{X}(t_1)\mathsf{X}(t_2)\right] = \mathrm{E}\left[\mathsf{A}\cos(\Omega_0 t_1 + \Theta)\mathsf{A}\cos(\Omega_0 t_2 + \Theta)\right] \\ &= \mathrm{E}\left[\mathsf{A}^2\right]\mathrm{E}\left[\cos(\Omega_0 t_1 + \Theta)\cos(\Omega_0 t_2 + \Theta)\right] \end{aligned} \tag{13.104}$$

식 (13.104) 우변의 첫 기대값은 다음과 같이 계산된다.

$$\mathrm{E}\left[\mathsf{A}^2\right] = \int_0^1 a^2(2a)\,\mathrm{d}a = \frac{1}{2} \tag{13.105}$$

또한 두 번째 기대값은 다음과 같이 계산된다.

$$\begin{aligned} \mathrm{E}\big[\cos(\Omega_0 t_1 + \Theta)\cos(\Omega_0 t_2 + \Theta)\big] &= \tfrac{1}{2}\Big\{\mathrm{E}\big[\cos\big(\Omega_0(t_1 - t_2)\big) \\ &\qquad + \cos(\Omega_0(t_1 + t_2) + 2\Theta)\big]\Big\} \\ &= \tfrac{1}{2}\cos(\Omega_0(t_1 - t_2)) \end{aligned} \tag{13.106}$$

여기에서 삼각함수의 동일성을 이용해서 두 코사인 함수의 곱셈을 계산하였다. 식 (13.105)와 (13.106)을 식 (13.104)에 대입하면 다음의 결과를 얻는다.

$$R_{\mathsf{XX}}(t_1, t_2) = \tfrac{1}{4}\cos(\Omega_0(t_1 - t_2)) \tag{13.107}$$

교차상관함수 $\mathsf{Y}(t)$가 동일한 무작위 실험에서 정의된 다른 확률과정이라 하면, $\mathsf{X}(t)$와 선형 상호작용이 주변 pdf와 자기 모멘트 뿐 아니라 결합 pdf인 $f_{\mathsf{XY}}(x, y; t_1, t_2)$ 혹은 교차 모멘트를 사용해서 기술된다. $\mathsf{X}(t)$와 $\mathsf{Y}(t)$의 교차상관함수 $R_{\mathsf{XY}}(t_1,\ t_2)$와 교차공분산함수 $C_{\mathsf{XY}}(t_1,\ t_2)$는 다음과 같다.

$$R_{\mathsf{XY}}(t_1, t_2) = \mathrm{E}\big[\mathsf{X}(t_1)\mathsf{Y}(t_2)\big] = \iint_{-\infty}^{\infty} xy f_{\mathsf{XY}}(x, y; t_1, t_2)\,\mathrm{d}x\,\mathrm{d}y \tag{13.108a}$$

$$C_{\mathsf{XY}}(t_1, t_2) = R_{\mathsf{XY}}(t_1, t_2) - \mu_{\mathsf{X}}(t_1)\mu_{\mathsf{Y}}(t_2) \tag{13.108b}$$

이 함수들은 선형시스템의 입력과 출력의 상관도와 공분산을 계산하는데 유용하게 사용된다.

13.3.1 정상성

일반적인 무작위신호에서, 밀도나 모멘트와 같은 통계량들은 예제 13.7에서 보듯이 시간에 따라서 변한다. 그러나 특정한 무작위신호에서는 이 통계량들이 예제 13.8과 같이 시간에 대해서 불변한다. 많은 응용분야에서 우리는 통계적으로 시간불변인 무작위신호들을 모델로 사용한다. 이렇게 하면 저장공간과 연산복잡도를 단순화할 수 있다. 무작위신호가 갖는 두 가지 형태의 시간불변 성질을 차례대로 논의하기로 한다.

엄격한 정상성

이러한 유형의 정상성을 갖는 경우, 모든 차수의 결합밀도함수 혹은 모든 차수의 결합모멘트가 시간불변이다. 다시 말해서, 1차 밀도가 다음과 같이 시간에 대해서 독립적이다.

$$f_{\mathsf{X}}(x; t) = f_{\mathsf{X}}(x) \tag{13.109}$$

또한 결합밀도함수들이 시간 t에 대해서는 독립적이지만 다음과 같이 두 시점 간의 상대적 간격 τ에 의존적이다.

$$f_{\mathsf{X}}(x_1, x_2; t_1 = t + \tau, t_2 = t) = f_{\mathsf{X}}(x_1, x_2; \tau = t_1 - t_2) \tag{13.110}$$

이상과 같은 성질이 다음과 같은 2차 혹은 그 이상의 모든 차수에 대해서 동일하게 적용된다.

$$\mu_{\mathsf{X}}(t) = \mu_{\mathsf{X}}, \quad \mathrm{E}\left[\mathsf{X}^2(t)\right] = \xi_X(2) \tag{13.111a}$$

$$R_{\mathsf{XX}}(t_1, t_2) = R_{\mathsf{XX}}(t_1 - t_2) \tag{13.111b}$$

$$C_{\mathsf{XX}}(t_1, t_2) = C_{\mathsf{XX}}(t_1 - t_2) \tag{13.111c}$$

이것은 모든 차수의 pdf와 모멘트들이 시간에 독립적이 되어야 하기 때문에 가장 강력한 형태의 정상성이다. 이와 같은 엄격한 정상성(strict-sense stationarity; SSS)은 항상 만족되기 어려운 단점이 있다.

확장된 정상성 많은 실용적인 응용에서 확률신호의 2차 통계량까지만 사용한다. 따라서 시간불변 성질도 1차와 2차 모멘트까지만 적용하는 것을 고려해볼 필요가 있다. 이것은 다소 약하지만 유용한 성질로서 확장된 정상성(wide-sense stationarity; WSS)이라 부른다. 확률신호 $\mathsf{X}(t)$가 다음과 같은 세가지 조건을 만족할 때 WSS라 한다.

$$\mathrm{E}\left[\mathsf{X}^2(t)\right] = \xi_X(2) < \infty \quad \text{(유한한 평균전력)}, \tag{13.112a}$$

$$\mu_{\mathsf{X}}(t) = \mu_{\mathsf{X}} \quad \text{(상수)} \tag{13.112b}$$

$$R_{\mathsf{XX}}(t+\tau, t) = R_{\mathsf{XX}}(\tau) \quad (\tau\text{만의 함수}) \tag{13.112c}$$

변수 τ는 지연변수라고 하는데, 그 이유는 확률신호 $\mathsf{X}(t)$가 τ초만큼 지연되어서 $\mathsf{X}(t+\tau)$가 되기 때문이다. 명확하게, 자기공분산함수 $C_{\mathsf{XX}}(t,\ t+\tau)$도 (13.112c)와 유사한 시간불변성질을 갖는다.

$$C_{\mathsf{XX}}(t+\tau, t) = C_{\mathsf{XX}}(\tau) \tag{13.113}$$

예제 13.7에서 다루었던 확률과정은 1차와 2차 모멘트가 시간의 함수이기 때문에 정상성을 만족하지 않는다. 반면에 예제 13.8의 확률과정은 평균이 상수이고 자기상관함수가 단지 $(t_1 - t_2)$에만 의존하기 때문에 WSS를 만족한다. 이 확률과정의 자기상관함수를 식 (13.107)로부터 다음과 같이 표현할 수 있다.

$$R_{\mathsf{XX}}(t+\tau, t) = R_{\mathsf{XX}}(\tau) = \tfrac{1}{4}\cos(\Omega_0 \tau) \tag{13.114}$$

이 장의 나머지 부분에서 우리는 대부분 WSS 확률신호를 다룰 것이다. 따라서 어떤 확률신호가 상수 평균값을 갖고, 자기상관함수가 단일 시간 변수에만 의존적일 경우에 이 신호는 WSS를 만족한다고 가정해도 좋다.

마지막으로 $\mathsf{X}(t)$와 $\mathsf{Y}(t)$가 동시에 WSS을 만족할 경우, 이들의 교차상관함수와 교차공분산함수가 지연 변수 τ에만 의존한다.

$$R_{\mathsf{XY}}(t+\tau, t) = R_{\mathsf{XY}}(\tau) \quad \text{and} \quad C_{\mathsf{XY}}(t+\tau, t) = C_{\mathsf{XY}}(\tau) \tag{13.115}$$

13.3.2 에르고딕성(Ergodicity)

지금까지 우리는 확률신호를 시간 t에서의 확률변수로 취급했고, 앙상블 공간을 사용해서 평균값을 계산했다. 앙상블 공간이라 함은 우리가 충분히 많은 개수의 파형을 관찰할 수 있어서, 모든 샘플 파형들에 대해서 식 (13.8)과 같이 특정 시간 t에서 가중 평균값인 pdf를 계산해서 평균값을 얻는다고 가정했다. 그러나 실제로는 단 하나만의 샘플 파형인 $x(t)$만이 주어진다. 전압계, 전류계, 혹은 전력계와 같은 측정 장치는 충분히 오랜 시간 동안 파형을 누적해서 평균값을 결정한다. 그렇다면 시간에 대한 평균이 앙상블 평균을 대체할 수 있는가에 대한 의문이 생긴다.

충분한 실험적 고려를 통해서 얻은 결론은 확률과정이 비록 정상성을 갖는다고 해도 일반적으로 시간에 대한 평균과 앙상블 평균이 같은 결과를 갖지 않는다는 것이다. 따라서 에르고딕성이라고 하는 새로운 개념을 사용해서 하나의 샘플에 대한 시간평균과 시간 t에서의 앙상블 평균을 동일시하는 방법을 소개한다. 이러한 성질을 만족하는 확률과정을 에르고딕 확률과정이라 하고, 이들은 필연적으로 정상성을 만족해야 한다. 그러나 모든 정상적 확률과정이 에르고딕한 것은 아니다. 에르고딕성은 기본적으로 하나의 샘플 파형을 사용해서 앙상블 파형에 내재되어 있는 모든 가능한 변수와 기복을 관찰할 수 있다는 것을 의미한다.

첫번째 단계로 평균값 계산을 수행한다. $\mathsf{X}(t)$가 평균 μ_{X} 를 갖는 WSS 확률과정이고, x(t)는 이것의 샘플 파형이라고 가정한다. $x(t)$의 시간평균을 다음과 같이 표현한다.

$$\langle x(t)\rangle \triangleq \lim_{T\to\infty}\frac{1}{2T}\int_{-T}^{T} x(t)\,\mathrm{d}t \tag{13.116}$$

여기에서 관찰 간격은 $2T$이다. 이렇게 계산한 시간평균이 μ_{X} 와 같으면 $\mathsf{X}(t)$는 평균 관점에서 에르고딕이라고 한다.

다음 단계로 임의의 파형 $x(t)$가 주어질 때, 자기상관함수 $R_{\mathsf{XX}}(\tau)$를 계산하기 위한 시간평균을 사용한다.

$$\mathcal{R}_{xx}(\tau) \triangleq \langle x(t+\tau)x(t)\rangle \triangleq \lim_{T\to\infty}\frac{1}{2T}\int_{-T}^{T} x(t+\tau)x(t)\,\mathrm{d}t \tag{13.117}$$

모든 τ에 대해서 $\mathcal{R}_{xx}(\tau)=R_{\mathsf{XX}}(\tau)$를 만족하면 $\mathsf{X}(t)$가 자기상관 관점에서 에르고딕하다고 한다. 만약 $\tau=$ 이면, 식 (13.116)에 의해서 $\mathcal{R}_{xx}(0)$는 와트(watt) 단위의 멱평균을 의미한다. 따라서 $\mathcal{R}_{xx}(0)=R_{xx}(0)$이면, $\mathsf{X}(t)$는 멱평균 관점에서 에르고딕이다.

예제 13.9 확률과정 $\mathsf{X}(t)=A\cos(\Omega_0 t+\Theta)$을 생각한다. 여기에서 진폭 A와 주파수 Ω_0는 상수인 반면, $\Theta\sim\mathrm{U}(0,\ 2\pi)$는 확률적 위상이다. 이 확률과정의 1차와 2차 모멘트는 식 (13.106)의 단계를 따라서 다음과 같이 결정된다.

$$\mu_{\mathsf{X}}(t)=\mathrm{E}\big[A\cos(\Omega_0 t+\Theta)\big]=A\mathrm{E}\big[\cos(\Omega_0 t+\Theta)\big]=0=\mu_{\mathsf{X}} \tag{13.118a}$$

$$\begin{aligned}R_{\mathsf{XX}}(t_1,t_2)&=\mathrm{E}\big[A\cos(\Omega_0 t_1+\Theta)A\cos(\Omega_0 t_2+\Theta)\big]\\&=A^2\mathrm{E}\big[\cos(\Omega_0 t_1+\Theta)\cos(\Omega_0 t_2+\Theta)\big]\\&=\tfrac{1}{2}A^2\cos(\Omega_0(t_1-t_2))\end{aligned} \tag{13.118b}$$

명확하게, $\mathsf{X}(t)$는 WSS이다. 식 (13.116)의 시간평균은 $T=2\pi/\Omega_0$일 때, 다음과 같다.

$$\langle x(t)\rangle \triangleq \lim_{T\to\infty}\frac{1}{2T}\int_{-T}^{T} A\cos(\Omega_0 t+\theta)\,\mathrm{d}t = 0 = \mu_{\mathsf{X}} \tag{13.119}$$

따라서 $\mathsf{X}(t)$는 평균관점에서 에르고딕이다. 이번에는 식 (13.117)의 시간평균이 다음과 같이 계산된다.

$$\begin{aligned}\mathcal{R}_{xx}(\tau) &= \lim_{T\to\infty}\frac{1}{2T}\int_{-T}^{T} A\cos(\Omega_0(t+\tau)+\theta)A\cos(\Omega_0 t+\theta)\,\mathrm{d}t\\ &= A^2\lim_{T\to\infty}\frac{1}{2T}\int_{-T}^{T}\tfrac{1}{2}(\cos(\Omega_0\tau)+\cos(\Omega_0(2t+\tau)+\theta))\,\mathrm{d}t\\ &= \tfrac{1}{2}A^2\cos(\Omega_0\tau) = R_{\mathsf{XX}}(\tau)\end{aligned} \tag{13.120}$$

따라서 $\mathsf{X}(t)$는 모든 τ에 대해서 자기상관 관점에서 에르고딕이다. 특히 멱평균 면에서 에르고딕이다.

예제 13.10 예제 13.8에서 다루었던 WSS 확률과정 $\mathsf{X}(t) = \mathsf{A}\cos(\Omega_0 t+\Theta)$를 생각한다. 이것의 평균과 자기상관도는 차례대로 $\mu_{\mathsf{X}}=0$, $R_{\mathsf{XX}}(\tau) = \frac{1}{4}\cos(\Omega_0\tau)$와 같이 계산된다. 이 확률과정은 평균 관점에서 에르고딕이지만 자기상관 관점에서는 에르고딕이 아니다. 그 이유는 확률변수 A의 모든 관찰된 a 값에 대해서 시간 평균이 다음과 같이 계산되 때문이다.

$$\begin{aligned}\mathcal{R}_{xx}(\tau) &= \lim_{T\to\infty}\frac{1}{2T}\int_{-T}^{T} a\cos(\Omega_0(t+\tau)+\theta)a\cos(\Omega_0 t+\theta)\,\mathrm{d}t\\ &= a^2\lim_{T\to\infty}\frac{1}{2T}\int_{-T}^{T}\tfrac{1}{2}(\cos(\Omega_0\tau)+\cos(\Omega_0(2t+\tau)+\theta))\,\mathrm{d}t\\ &= \tfrac{1}{2}a^2\cos(\Omega_0\tau) \neq R_{\mathsf{XX}}(\tau)\end{aligned} \tag{13.121}$$

13.3.3 확률수열(Random Sequences)

지금까지 논의했던 확률신호들에 대한 개념과 결과들은 이산시간 확률과정인 확률수열에 적용될 수 있다. 확률수열을 $\mathsf{X}(n)$으로 표시하기로 한다. 여기에서 n은 샘플의 인덱스 혹은 순서를 나타내는데, 시간상으로 균일한 간격을 갖는다. 각각의 n에 대해서 $\mathsf{X}(n)$의 값은 pdf $f_{\mathsf{X}}(x;\ n)$를 갖는 확률변수이고, 1차와 2차 모멘트는 다음과 같다.

$$\mu_{\mathsf{X}}(n) = \mathrm{E}[\mathsf{X}(n)] = \int_{-\infty}^{\infty} x f_{\mathsf{X}}(x;n)\,\mathrm{d}x, \tag{13.122a}$$

$$\mathrm{E}[\mathsf{X}^2(n)] = \int_{-\infty}^{\infty} x^2 f_{\mathsf{X}}(x;n)\,\mathrm{d}x, \tag{13.122b}$$

$$\sigma_{\mathsf{X}}^2(n) = \mathrm{E}[\mathsf{X}^2(n)] - \mu_{\mathsf{X}}^2(n) \tag{13.122c}$$

두 개의 시간 인덱스 m과 n이 고정되면, $\mathsf{X}(m)$과 $\mathsf{X}(n)$ 값들은 결합 pdf $f_{\mathsf{X}}(x_1,\ x_2;\ m,\ n)$

를 갖는 확률변수쌍을 나타낸다. 따라서 자기상관 및 자기공분산 수열들은 차례대로 다음과 같이 결정된다.

$$R_{\mathsf{XX}}(m,n) = \mathrm{E}\big[\mathsf{X}(m)\mathsf{X}(n)\big] = \iint_{-\infty}^{\infty} x_1 x_2\, f_{\mathsf{X}}(x_1,x_2;m,n)\,\mathrm{d}x_1\,\mathrm{d}x_2, \tag{13.123a}$$

$$C_{\mathsf{XX}}(m,n) = R_{\mathsf{XX}}(m,n) - \mu_{\mathsf{X}}(m)\mu_{\mathsf{X}}(n) \tag{13.123b}$$

$\mathsf{Y}(n)$이 $\mathsf{X}(m)$과의 결합 pdf $f_{\mathsf{XY}}(x,\ y;\ m,\ n)$에 의해서 정의되는 확률수열이라 하면, 이들의 교차상관 및 교차공분산 수열들은 차례대로 다음과 같이 결정된다.

$$R_{\mathsf{XY}}(m,n) = \mathrm{E}\big[\mathsf{X}(m)\mathsf{Y}(n)\big] = \iint_{-\infty}^{\infty} xy\, f_{\mathsf{XY}}(x,y;m,n)\,\mathrm{d}x\,\mathrm{d}y, \tag{13.124a}$$

$$C_{\mathsf{XY}}(m,n) = R_{\mathsf{XY}}(m,n) - \mu_{\mathsf{X}}(m)\mu_{\mathsf{Y}}(n) \tag{13.124b}$$

확률수열 $\mathsf{X}(n)$은 다음의 세 가지 조건이 만족되면 WSS이다.

$$\mathrm{E}\big[\mathsf{X}^2(n)\big] = \xi_X(2) < \infty, \tag{13.125a}$$

$$\mu_{\mathsf{X}}(n) = \mu_{\mathsf{X}}, \tag{13.125b}$$

$$R_{\mathsf{XX}}(n+\ell,n) = R_{\mathsf{XX}}(\ell) \quad \text{or} \quad C_{\mathsf{XX}}(n+\ell,n) = C_{\mathsf{XX}}(\ell) \tag{13.125c}$$

여기에서 ℓ은 지연인덱스 변수라 한다. 유사한 방법으로, 두 개의 WSS 확률수열들은 ℓ을 변수로 하는 교차상관 및 교차공분산 수열을 가진다.

마지막으로, 에르고딕 확률수열 $\mathsf{X}(n)$에 대해서 우리는 샘플 파형 $x(n)$으로부터 시간대수평균을 사용해서 통계평균을 다음과 같이 계산할 수 있다.

$$\mu_{\mathsf{X}} = \langle x(n) \rangle \triangleq \lim_{N\to\infty} \frac{1}{2N+1} \sum_{n=-N}^{N} x(n), \tag{13.126a}$$

$$R_{\mathsf{XX}}(\ell) = \langle x(n+\ell)x(n) \rangle \triangleq \lim_{N\to\infty} \frac{1}{2N+1} \sum_{n=-N}^{N} x(n+\ell)x(n) \tag{13.126b}$$

MATLAB 구현 SP 툴박스는 다음과 같은 함수를 제공한다.

```
[Rxy,lags]=xcorr(x,y,maxlags,'option')
```

이것은 두 데이터 벡터인 `x`와 `y` 사이의 지연인덱스인 `lags`에서 교차상관 값 `Rxy`를 추정한다. 상관도 값들은 네 개의 option들: '`none`' (기본값), '`biased`', '`unbiased`', '`coeff`'을 사용해서 `maxlag` 인덱스까지 계산된다. 좀 더 단순하게 아래와 같은 방법으로도 자기상관도 값을 계산할 수 있다.

```
[Rxy,lags]=xcorr(x,maxlags,'option')
```

x와 y 각각의 평균값을 빼서 결과적으로 평균값이 0인 배열이 되었을 때, xcorr는 공분산 값을 계산한다. 기본적으로 xcorr는 다음과 같이 정규화 과정 없이 추정된 상관도 값을 계산한다.

$$\hat{R}_{\mathsf{XY}}(\ell) = \begin{cases} \sum_{n=0}^{N-\ell} x(n+\ell)y(n), & \ell \geq 0 \\ \hat{R}_{\mathsf{XY}}(-\ell), & \ell < 0 \end{cases} \tag{13.127}$$

여기에서 N은 maxlag 인덱스를 의미한다. 출력 벡터 Rxy의 요소들은 다음과 같이 계산된다.

$$\texttt{Rxy(m)} = \hat{R}_{\mathsf{XY}}(m-N-1), \quad m = 1, 2, \ldots, 2N+1 \tag{13.128}$$

네 개의 option은 다음과 같이 선택된다.

- 'biased': 다음과 같은 교차공분산함수의 편향추정값

$$\hat{R}_{\mathsf{XY},\text{biased}}(\ell) = \left(\frac{1}{N}\right) \hat{R}_{\mathsf{XY}}(\ell) \tag{13.129}$$

- 'unbiased': 다음과 같은 교차공분산함수의 비편향추정값

$$\hat{R}_{\mathsf{XY},\text{unbiased}}(\ell) = \left(\frac{1}{N-|\ell|}\right) \hat{R}_{\mathsf{XY}}(\ell) \tag{13.130}$$

- 'coeff': 지연이 없을 때 (0일 때) 자기상관값들이 1이 되도록 수열을 정규화
- 'none': 가공되지 않은 교차상관함수 사용 (기본값)

예제 13.11 자기상관수열 $\rho^{|\ell|}$을 갖는 확률수열을 생성하는 방법이 13.6.3절의 예제 13.22에서 소개될 예정이다. 이렇게 생성된 확률과정의 샘플들은 MATLAB 데이터 파일인 x.mat에 저장되어 있다. 이 확률과정의 자기상관수열을 최대지연 10까지 계산하고 그리시오.

풀이 다음과 같은 MATLAB 스트립트는 데이터 파일을 불러들이고, xcorr 함수를 사용해서 상관도값들을 계산한 후에, 해당 확률수열과 자기상관 관계를 그린다. 이 결과각 그림 13.12에 보인다. 자기상관 도표로부터 상관계수 ρ가 근사적으로 0.7과 같음을 확인할 수 있다.

```
>> load x; maxlag = 10;
>> [Rx,lags] = xcorr(x,maxlag,'coeff');
>> % Plotting commands follow
```

13.4 전력스펙트럼밀도

13.1.2절에서는 정상 확률신호의 평균 dc와 ac 전력 값을 시간 t에서 확률변수의 1차와 2차 모멘트 값과 관련 지었다. 추가로 우리는 주파수 선택적인 혹은 최적의 필터를 설계하기 위해

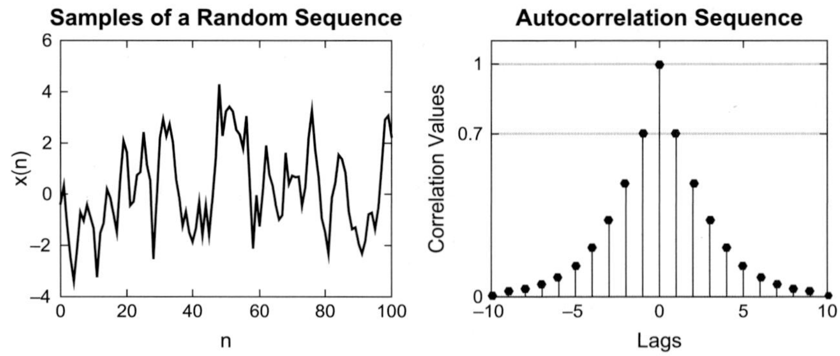

그림 13.12 예제 13.11의 확률과정과 그의 자기상관도 값

서 평균 ac 전력(power) 값이 주파수 영역에서 어떻게 분포하는지 추가로 확인하고자 한다. 전력 값의 분포는 확률변수쌍(보다 구체적으로는 자기상관함수)의 해석을 통해서 얻을 수 있다. 이렇게 얻는 결과를 전력스펙트럼밀도(power spectral density; PSD)라 한다.

PSD를 유도하기 위해서는 푸리에해석이 필요하다. 앞서 학습했던 연속시간 및 이산시간 푸리에변환에서 신호가 대부분 결정적이고 유한한 전력 혹은 절대적분가능 등의 조건을 만족하였다. 하지만 확률신호에서는 이러한 조건을 만족시키기 어렵다. 이와 같이 수학적으로 어려운 문제를 완화하기 위해서, 확률신호를 절단해서 푸리에 변환이 각 샘플 파형들에 대해서 확실하게 존재하도록 한다. 그리고 난 후 확률성 혹은 불확실성을 제거하기 위해서 앙상블평균을 취하고 시간을 무한대로 확장해서 앞에서 신호를 절단했던 효과를 상쇄한다.

$\mathsf{X}_T(t)$가 WSS 확률과정 $\mathsf{X}(t)$로부터 유도된 유한한 길이의 확률신호라 하자.

$$\mathsf{X}_T(t) \triangleq \begin{cases} \mathsf{X}(t), & -T \le t \le T \\ 0, & \text{그 외} \end{cases} \tag{13.131}$$

그리고 $X_T(j\Omega)$는 수렴하는 연속 시간 푸리에 변환(continuous-time Fourier transform; CTFT)이라 한다. CTFT 쌍은 다음과 같다.

$$X_T(j\Omega) = \int_{-\infty}^{\infty} \mathsf{X}_T(t) e^{-j\Omega t}\, \mathrm{d}t = \int_{-T}^{T} \mathsf{X}(t) e^{-j\Omega t}\, \mathrm{d}t, \tag{13.132a}$$

$$\mathsf{X}_T(t) = \frac{1}{2\pi} \int_{-\infty}^{\infty} X_T(j\Omega) e^{j\Omega t}\, \mathrm{d}\Omega \tag{13.132b}$$

여기에서 Ω는 rad/sec 단위의 아나로그 주파수를 나타내고, $X_T(j\Omega)$는 확률과정이다. 절단된 확률신호 $\mathsf{X}_T(t)$는 다음과 같다.

$$E_{\mathsf{X}_T} \triangleq \int_{-T}^{T} \mathsf{X}^2(t)\, \mathrm{d}t = \int_{-\infty}^{\infty} \mathsf{X}_T^2(t)\, \mathrm{d}t \tag{13.133}$$

1옴(ohm) 저항에 걸리는 전력의 시간 평균은 다음과 같다.

$$P_{\mathsf{X}_T} = \frac{1}{2T} \int_{-\infty}^{\infty} \mathsf{X}_T^2(t)\, \mathrm{d}t = \frac{1}{2T(2\pi)} \int_{-\infty}^{\infty} \left| X_T(j\Omega) \right|^2 \mathrm{d}\Omega \tag{13.134}$$

여기에서 두번째 등식은 CTFT의 파스발정리를 이용한 결과이다. $P_{\mathsf{X}T}$는 확률량을 포함하기 때문에 명확한 확률과정이다. 절단된 확률과정에서 평균전력을 얻기 위해서 다음과 같이 앙상블평균을 취한다.

$$\overline{P_{\mathsf{X}_T}} \triangleq \mathrm{E}\left[P_{\mathsf{X}_T}\right] = \frac{1}{2T(2\pi)} \int_{-\infty}^{\infty} \mathrm{E}\left[\left|X_T(j\Omega)\right|^2\right] \mathrm{d}\Omega \tag{13.135}$$

마지막으로, $T \to \infty$의 극한을 취해서 절단되지 않은 원래 확률과정의 평균전력을 계산한다.

$$\begin{aligned}\overline{P_{\mathsf{X}}} &\triangleq \lim_{T\to\infty} \left\{\frac{1}{2T(2\pi)} \int_{-\infty}^{\infty} \mathrm{E}\left[\left|X_T(j\Omega)\right|^2\right] \mathrm{d}\Omega\right\} \\ &= \frac{1}{2\pi} \int_{-\infty}^{\infty} \lim_{T\to\infty} \frac{\mathrm{E}\left[\left|X_T(j\Omega)\right|^2\right]}{2T} \mathrm{d}\Omega \end{aligned} \tag{13.136}$$

식 (13.136)에서 적분 내부의 값을 면밀하게 조사한 결과 이것이 전력밀도를 나타낸다는 것을 알게 된다. 이것을 다시 쓰면

$$S_{\mathsf{XX}}(\Omega) \triangleq \lim_{T\to\infty} \frac{\mathrm{E}\left[\left|X_T(j\Omega)\right|^2\right]}{2T} \tag{13.137}$$

이 되는데, 이것은 주파수 함수로 정의된 전력밀도이기 때문에 전력스펙트럼밀도(power spectral density; PSD)라 한다.

PSD가 자기상관함수의 CTFT가 됨을 증명하기 위해서, 식 (13.137)의 분자는 식 (13.132a)에 의해서 다음과 같이 쓸 수 있다.

$$\begin{aligned}\mathrm{E}\left[\left|X_T(j\Omega)\right|^2\right] &= \mathrm{E}\left[\int_{-T}^{T}\int_{-T}^{T} \mathsf{X}(t_1)\mathsf{X}(t_2)e^{-j\Omega(t_1-t_2)}\,\mathrm{d}t_1\,\mathrm{d}t_2\right] \\ &= \int_{-T}^{T}\int_{-T}^{T} \mathrm{E}[\mathsf{X}(t_1)\mathsf{X}(t_2)]e^{-j\Omega(t_1-t_2)}\,\mathrm{d}t_1\,\mathrm{d}t_2 \\ &= \int_{-T}^{T}\int_{-T}^{T} R_{\mathsf{XX}}(t_1-t_2)e^{-j\Omega(t_1-t_2)}\,\mathrm{d}t_1\,\mathrm{d}t_2 \end{aligned} \tag{13.138}$$

여기에서 마지막 등식은 $\mathsf{X}(t)$가 WSS 확률과정이라는 사실을 이용한 것이다. 식 (13.138)에서 피적분함수는 $(t_1 - t_2)$에만 의존하기 때문에 $\tau = t_1 - t_2$ 및 $\lambda = t_1 + t_2$의 변수변환을 적용한 후 2중 분을 λ에 대한 단일적분으로 변환한다.

$$\mathrm{E}\left[\left|X_T(j\Omega)\right|^2\right] = \int_{-2T}^{2T} R_{\mathsf{XX}}(\tau)(2T - |\tau|)e^{-j\Omega\tau}\,\mathrm{d}\tau \tag{13.139}$$

마지막으로 식 (13.139)를 식 (13.137)에 대입하고 극한을 취해서 다음 결과를 얻는다.

$$\begin{aligned}S_{\mathsf{XX}}(\Omega) &= \lim_{T\to\infty}\int_{-2T}^{2T} R_{\mathsf{XX}}(\tau)\left(1 - \frac{|\tau|}{2T}\right)e^{-j\Omega\tau}\,\mathrm{d}\tau \\ &= \int_{-\infty}^{\infty} R_{\mathsf{XX}}(\tau)e^{-j\Omega\tau}\,\mathrm{d}\tau \end{aligned} \tag{13.140}$$

이것은 PSD $S_{XX}(\Omega)$가 자기상관함수 $R_{XX}(\tau)$의 CTFT라는 것을 증명한다. 이 결과는 위너-킨친(Wiener-Khinchin) 정리라고 알려져 있다. 자기상관함수는 역 CTFT를 이용해서 PSD로부터 계산할 수 있다.

$$R_{XX}(\tau) = \frac{1}{2\pi}\int_{-\infty}^{\infty} S_{XX}(\Omega)e^{j\Omega\tau}\,d\Omega \tag{13.141}$$

WSS 확률과정 총평균전력 $X(t)$는 다음과 같이 계산된다.

$$\overline{P_X} = \frac{1}{2\pi}\int_{-\infty}^{\infty} S_{XX}(\Omega)\,d\Omega \tag{13.142}$$

식 (13.141)에 의해서 이것은 $R_{XX}(0) = E[X^2(t)] = \mu_X^2 + \sigma_X^2$과 동일한 것을 알 수 있다. 다시 말해서 dc와 ac 전력의 합을 나타낸다. 주의할 점은 확률과정이 에르고딕일 때에 한해서 μ_X^2가 dc 전력이 되고, σ_X^2가 ac 전력이 된다는 것이다. 그러나 확률과정이 dc 전력을 가질 경우, PSD 함수는 원점 $\Omega = 0$에서 dc 전력값을 넓이로 갖는 임펄스를 갖게된다. 같은 방법으로, PSD 함수가 0이 아닌 주파수에서 임펄스를 가지면, 그 확률과정을 조화과정(harmonic process)이라 한다.

PSD와 자기상관함수의 성질

PSD $S_{XX}(\Omega)$ 함수는 다음과 같은 중요한 성질을 갖는다.:

1. $S_{XX}(\Omega)$는 확률과정이 복소수라도 실수 함수가 된다
2. $S_{XX}(\Omega)$는 확률과정이 실수일 경우 우함수가 되고, 확률과정이 복소수이면 공액(켤레) 우함수가 된다.
3. $S_{XX}(\Omega)$는 양의 준정부호(semi-definite) 함수이다.

CTFT 관계에 의해서 자기상관함수 $R_{XX}(\tau)$도 동일한 성질을 갖는다.

1. $R_{XX}(\tau)$는 공액(켤레)대칭함수이다.
2. 실수 확률과정에 대해서, $R_{XX}(\tau)$는 실수이고 우함수이다.
3. $R_{XX}(\tau)$는 양의 준정부호함수이다.

예제 13.12 자기상관함수가 $R_{XX}(\tau) = e^{-\alpha|\tau|}$, $\alpha > 0$일 때, PSD $S_{XX}(\Omega)$를 계산하시오.

풀이 식 (13.140)을 이용해서 다음과 같은 결과를 얻는다.

$$\begin{aligned} S_{XX}(\Omega) &= \int_{-\infty}^{\infty} e^{-\alpha|\tau|}e^{-j\Omega\tau}\,d\tau \\ &= \int_{-\infty}^{0} e^{\alpha\tau}e^{-j\Omega\tau}\,d\tau + \int_{0}^{\infty} e^{-\alpha\tau}e^{-j\Omega\tau}\,d\tau \\ &= \frac{1}{\alpha - j\Omega} + \frac{1}{\alpha + j\Omega} = \frac{2\alpha}{\alpha^2 + \Omega^2} \end{aligned} \tag{13.143}$$

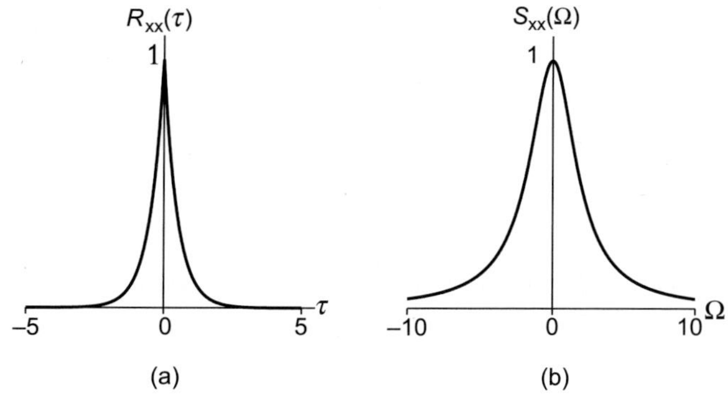

그림 13.13 예제 13.12의 (a) 자기상관함수, (b) PSD

자기상관함수 $R_{\mathsf{XX}}(\tau)$와 PSD $S_{\mathsf{XX}}(\Omega)$가 그림 13.13에 보인다.

교차스펙트럼밀도함수(Cross-Spectral Density Function)

PSD 함수과 유사하게, 교차스펙트럼밀도(CSD) 함수도 교차상관함수의 푸리에변환이다. $\mathsf{X}(t)$와 $\mathsf{Y}(t)$가 교차상관함수 $R_{\mathsf{XY}}(\tau)$를 갖는 결합 WSS 확률신호라 하면, CSD 함수는 다음과 같다.

$$S_{\mathsf{XY}}(\Omega) \triangleq \int_{-\infty}^{\infty} R_{\mathsf{XY}}(\tau) e^{-j\Omega\tau}\, \mathrm{d}\tau \tag{13.144}$$

이 함수는 전력밀도함수의 의미를 갖지 않는 복소수 함수이다. 하지만, 이론의 해석에 유용하다.

13.4.1 확률수열의 PSD

유사한 해석 방법이 확률수열에도 적용된다. WSS 확률수열 $\mathsf{X}[n]$의 PSD와 그 자기상관함수는 이산시간 푸리에변환(discrete-time Fourier transform; DTFT)으로 다음과 같이 연관된다.

$$S_{\mathsf{XX}}(\omega) = \sum_{\ell=-\infty}^{\infty} R_{\mathsf{XX}}(\ell) e^{-j\omega\ell}, \tag{13.145a}$$

$$R_{\mathsf{XX}}(\ell) = \frac{1}{2\pi} \int_{-\pi}^{\pi} S_{\mathsf{XX}}(\omega) e^{j\omega\ell}\, \mathrm{d}\omega \tag{13.145b}$$

여기에서 ω는 rad/sec 단위의 디지털 주파수이다. 이 경우 PSD $S_{\mathsf{XX}}(\omega)$는 ω에 대해서 주기 2π를 갖는 주기함수이다. $\mathsf{X}[n]$의 총평균전력은 다음과 같다.

$$\overline{P_{\mathsf{X}}} = R_{\mathsf{XX}}(0) = \frac{1}{2\pi} \int_{-\pi}^{\pi} S_{\mathsf{XX}}(\omega)\, \mathrm{d}\omega \tag{13.146}$$

확률수열의 PSD와 자기상관함수도 확률신호와 유사한 성질을 갖는다. 마지막으로, 교차상관

함수 $R_{\mathsf{XY}}(\ell)$를 갖는 결합 WSS 확률수열 $\mathsf{X}(n)$과 $\mathsf{Y}(n)$에 대해서 CSD 함수를 다음과 같이 정의한다.

$$S_{\mathsf{XY}}(\omega) \triangleq \sum_{\ell=-\infty}^{\infty} R_{\mathsf{XY}}(\ell) e^{-j\omega\ell} \tag{13.147}$$

예제 13.13 확률수열 $\mathsf{X}(n)$의 자기상관함수가 모든 ℓ에 대해서 $R_{\mathsf{XX}}(\ell) = (\frac{1}{2})^{|\ell|}$일 때, PSD $S_{\mathsf{XX}}(\omega)$를 계산하시오.

풀이 (13.145a)를 사용해서 다음 결과를 얻는다.

$$\begin{aligned} S_{\mathsf{XX}}(\omega) &= \sum_{\ell=-\infty}^{\infty} \left(\frac{1}{2}\right)^{|\ell|} e^{-j\omega\ell} = \sum_{\ell=-\infty}^{-1} \left(\frac{1}{2}\right)^{-\ell} e^{-j\omega\ell} + \sum_{\ell=0}^{\infty} \left(\frac{1}{2}\right)^{\ell} e^{-j\omega\ell} \\ &= \sum_{\ell=1}^{\infty} \left(\frac{1}{2}e^{j\omega}\right)^{\ell} + \sum_{\ell=0}^{\infty} \left(\frac{1}{2}e^{-j\omega}\right)^{\ell} = \frac{\frac{1}{2}e^{j\omega}}{1-\frac{1}{2}e^{j\omega}} + \frac{1}{1-\frac{1}{2}e^{-j\omega}} \\ &= \frac{3}{5-4\cos(\omega)} \end{aligned} \tag{13.148}$$

자기상관함수 $R_{\mathsf{XX}}(\ell)$와 PSD $S_{\mathsf{XX}}(\omega)$가 그림 13.14에 보인다.

예제 13.14 확률수열 $\mathsf{X}(n)$의 PSD가 다음과 같다.

$$S_{\mathsf{XX}}(\omega) = \frac{16}{17+8\cos(\omega)}, \quad -\pi < \omega \leq \pi \tag{13.149}$$

이것의 자기상관수열 $R_{\mathsf{XX}}(\ell)$을 구하시오.

풀이 식 (13.145b)를 사용해서 다음의 결과를 얻는다.

$$R_{\mathsf{XX}}(\ell) = \frac{1}{2\pi}\int_{-\pi}^{\pi} \frac{16}{17+8\cos(\omega)} e^{j\omega\ell}\, d\omega \tag{13.150}$$

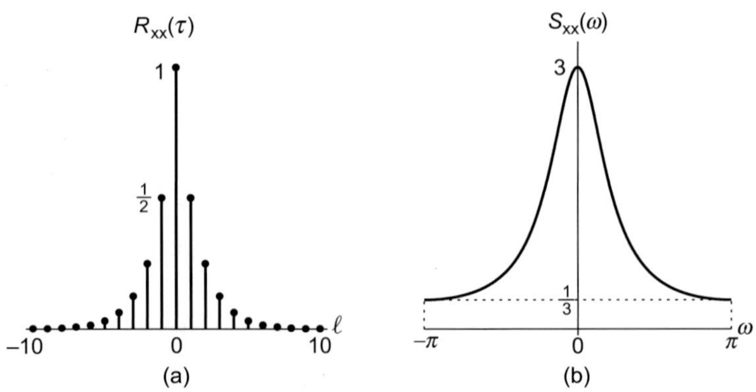

그림 13.14 예제 13.13의 (a) 자기상관함수와 (b) PSD

이 적분을 그대로 계산하는 것은 쉽지 않기 때문에 식 (13.149)의 $S_{xx}(\omega)$를 동등한 z-변환 함수인 $S_{xx}(z)$로 변환한 후 역 z-변환을 사용한다. 이것을 복소수 PSD라 하는데, 다음 식을 이용한다.

$$\cos(\omega) = \frac{e^{j\omega}+e^{-j\omega}}{2} = \left.\frac{z+z^{-1}}{2}\right|_{z=e^{j\omega}} \tag{13.151}$$

단위원이 수렴영역 안에 포함되어야 하므로, 식 (13.151)을 식 (13.149)에 적용해서 다음 결과를 얻는다.

$$\begin{aligned}\tilde{S}_{\mathrm{XX}}(z) &= \frac{16}{17+8(z+z^{-1})/2} = \frac{16z}{4z^2+17z+4} \\ &= \frac{4z}{(z+\frac{1}{4})(z+4)}, \quad \text{ROC: } \tfrac{1}{4}<|z|<4\end{aligned} \tag{13.152}$$

표 4.1의 z-변환 성질을 사용해서 부분분수 확장을 수행하면 $R_{\mathrm{XX}}(\ell)$을 얻는다. 식 (13.152)로부터

$$\tilde{S}_{\mathrm{XX}}(z) = \frac{4z}{(z+\frac{1}{4})(z+4)} = \frac{16}{15}\left(\frac{z}{z+\frac{1}{4}} - \frac{z}{z+4}\right), \quad \tfrac{1}{4}<|z|<4 \tag{13.153}$$

을 얻는다. 따라서

$$\begin{aligned}R_{\mathrm{XX}}(\ell) &= \frac{16}{15}\left(-\frac{1}{4}\right)^{\ell} u(\ell) + \frac{16}{15}(-4)^{\ell}u[-\ell-1] \\ &= \frac{16}{15}\left(-\frac{1}{4}\right)^{|\ell|}, \text{ for all } \ell\end{aligned} \tag{13.154}$$

PSD $s_{\mathrm{X}}(\omega)$와 자기상관함수 $R_{\mathrm{XX}}(\ell)$이 그림 13.15에 보인다.

MATLAB 구현 SP 툴박스는 데이터 벡터로부터 PSD와 CSD 함수를 추정하기 위한 `pwelch`와 `cpsd`와 같은 함수들을 제공한다. 이 함수들은 스펙트럼추정 이론을 사용하는데, 이것은 이 책의 범위를 벗어난다. 자기상관함수의 지연값을 추정하기 위해서 `xcorr` 함수를 사용했

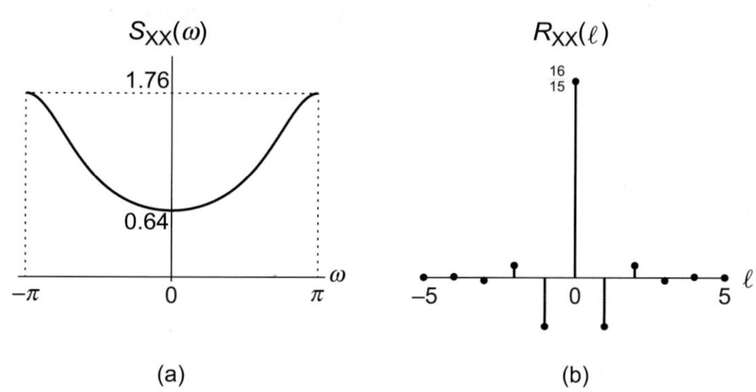

그림 13.15 예제 13.14의 (a) PSD와 (b) 자기상관함수

었기 때문에, 제로패딩된 자기상관함수들의 FFT를 계산해서 PSD를 추정할 것이다.

자기상관함수 값들은 여전히 유한한 값이기 때문에, 이 계산은 원래 자기상관수열에 직사각형 윈도우를 적용하는 과정에 해당한다. 이 결과 일부 PSD 값들이 음수가 되어서 PSD의 기본 성질을 만족하지 못하는 경우가 발생할 수 있다. 따라서 우리는 DTFT가 음이 아닌 윈도우를 사용해야 한다. 이러한 윈도우를 지연윈도우라 하고, 한 예가 바틀렛(Bartlett) 혹은 삼각형 윈도우이다. 이와 같은 비직사각형 윈도우를 사용할 때 발생하는 부작용은 스펙트럼 추정에서 발생하는 해상도의 손실이다. 그러나 이 손실은 많은 개수의 자기상관 지연을 사용해서 상쇄할 수 있다. 이상과 같은 방법을 정리한 것이 다음과 같은 `PSD` 함수이다.

```
function [Sx,omega] = PSD(Rx,maxlag,Nfft)
%PSD Computation of PSD using Autocorrelation Lags
%   [Sx,omega] = PSD(Rx,lags,Nfft)
% Sx: Computed PSD values
% omega: digital frequency array in pi units from -1 to 1
% Rx: autocorrelations from -maxlag to +maxlag
% maxlag: maximum lag index (must be >= 10)
% Nfft: FFT size (must be >= 512)
Nfft2 = Nfft/2;
M = 2*maxlag+1; % Bartlett window length
Rx = bartlett(M).*Rx(:); % Windowed autocorrelations
Rxzp = [zeros(Nfft2-maxlag,1);Rx;zeros(Nfft2-maxlag-1,1)];
Rxzp = ifftshift(Rxzp); %Zero-padding and circular shifting
Sx = fftshift(real(fft(Rxzp))); % PSD
Sx = [Sx;Sx(1)]; % Circular shifting
omega = linspace(-1,1,Nfft+1); % Frequencies in units of pi
end
```

예제 13.15 예제 13.11에서 우리는 확률수열의 자기상관수열 $R_{XX}(\ell)$, $-10 \le \ell \le 10$을 관찰값들로부터 계산했다. 이것의 PSD를 수치적으로 계산하시오.

풀이 다음과 같은 MATLAB 스크립트에서 `PSD` 함수의 사용방법을 보인다.

```
>> load x; maxlag = 10; %Load random sequence data
>> [Rx,lags] = xcorr(x,maxlag,'coeff'); % Compute ACRS
>> [Sx,omega] = PSD(Rx,maxlag,512); % Compute PSD
>> % Plotting commands follow
```

이 결과는 그림 13.16에 보인다.

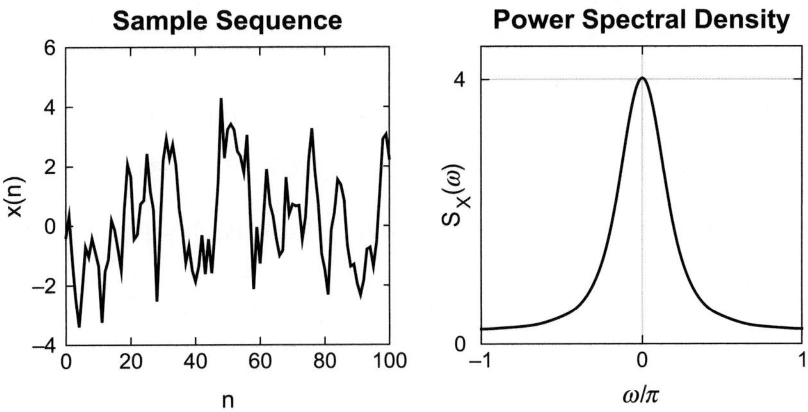

그림 13.16 예제 13.15의 샘플 수열과 PSD

13.5 선형시불변시스템을 통과한 정상 확률과정

선형시스템을 사용한 신호의 필터링은 신호처리의 중요한 요소들 중 하나이다. 이전에 우리는 결정적 신호가 선형시불변 시스템을 통과했을 때 시간 영역과 주파수 영역에서 출력을 얻기 위해서 어떻게 필터링 할 것인지 학습하였다. 여기에서는 정상 확률과정을 필터링하는 방법을 알아보기로 한다.

정상 확률과정의 필터링을 이해하기 위해서 샘플 파형의 집합인 앙상블의 개념을 사용한다. 각 입력 샘플 파형이 이 시스템에 의해서 처리되면, 필터링된 샘플 함수를 얻는다. 따라서 출력에서도 필터링된 샘플 함수 혹은 출력 확률과정을 얻게 된다. 개별적인 샘플 파형의 필터링은 이미 학습하였고, 6장에서 다양한 필터 구조들을 사용하여 구현한 바 있다. 여기에서 관심있는 것은 출력 확률과정을 2차 통계학적 평균으로 특성을 파악하는 것이다. 출력 확률 과정을 결합 밀도들을 사용해서 기술하는 것은 단순한 시스템에서도 쉬운 일이 아니다.

입력 확률신호 $\mathsf{X}(t)$를 알고 있는 평균 μ_{X}와 자기상관함수 $R_{\mathsf{XX}}(\tau)$를 갖는 WSS 확률과정이라 하자. 이 신호가 임펄스응답 $h(t)$ 혹은 주파수응답 $H(j\Omega)$를 갖는 LTI 시스템에 입력될 때, 출력 확률과정을 $\mathsf{Y}(t)$라 한다. 이 시스템의 구성은 그림 13.17에 보인다. 출력 확률과정은 상징적으로 다음과 같은 콘벌루션 적분에 의해서 결정된다.

$$\mathsf{Y}(t) = \mathsf{X}(t) * h(t) = \int_{\lambda=-\infty}^{\infty} \mathsf{X}(\lambda) h(t-\lambda)\, \mathrm{d}\lambda \tag{13.155}$$

여기에서 주파수응답 $H(j\Omega)$는 다음과 같다.

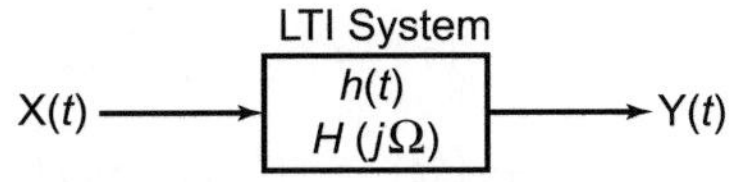

그림 13.17 Filtering of random process

$$H(j\Omega) = \int_{-\infty}^{\infty} h(t)e^{-j\Omega t}\,\mathrm{d}t \tag{13.156}$$

우리는 출력 확률과정 $\mathsf{Y}(t)$의 평균과 자기상관함수뿐만 아니라, 출력과 입력 과정 사이의 교차상관함수도 결정한다. 또한 $\mathsf{Y}(t)$가 정상확률과정인지 검증한다.

출력 평균함수의 계산 식 (13.155)로부터 $\mathsf{Y}(t)$의 출력은 다음과 같다.

$$\begin{aligned}\mu_{\mathsf{Y}}(t) = \mathrm{E}\big[\mathsf{Y}(t)\big] &= \int_{\lambda=-\infty}^{\infty} \mathrm{E}\big[\mathsf{X}(\lambda)\big]h(t-\lambda)\,\mathrm{d}\lambda \\ &= \int_{\lambda=-\infty}^{\infty} \mu_{\mathsf{X}} h(t-\lambda)\,\mathrm{d}\lambda = \left(\int_{\lambda=-\infty}^{\infty} h(\lambda)\,\mathrm{d}\lambda\right)\mu_{\mathsf{X}}\end{aligned} \tag{13.157}$$

여기에서 괄호 한에 적분은 식 (13.156)에 의해서 상수값 $H(j0)$ 혹은 dc 이득값을 갖는다. 따라서 출력의 평균도 다음과 같이 상수가 된다.

$$\mu_{\mathsf{Y}}(t) = \left(\int_{\lambda=-\infty}^{\infty} h(\lambda)\,\mathrm{d}\lambda\right)\mu_{\mathsf{X}} = H(j0)\mu_{\mathsf{X}} = \mu_{\mathsf{Y}} \tag{13.158}$$

결과적으로 출력 평균은 입력 평균이 LTI 시스템의 dc 이득값에 의해서 스케일된 결과가 된다.

교차상관 및 CSD 함수의 계산 출력 $\mathsf{Y}(t+\tau)$와 입력 $\mathsf{X}(t)$ 간의 교차상관함수는 식 (13.155)에 의해서 다음과 같이 계산된다.

$$\begin{aligned}R_{\mathsf{YX}}(t+\tau,t) = \mathrm{E}\big[\mathsf{Y}(t+\tau)\mathsf{X}(t)\big] &= \mathrm{E}\left[\int_{\lambda=-\infty}^{\infty} h(\lambda)\mathsf{X}(t+\tau-\lambda)\mathsf{X}(t)\,\mathrm{d}\lambda\right] \\ &= \int_{t_1=-\infty}^{\infty} h(\lambda)\mathrm{E}\big[\mathsf{X}(t+\tau-\lambda)\mathsf{X}(t)\big]\,\mathrm{d}\lambda \\ &= \int_{t_1=-\infty}^{\infty} h(\lambda)R_{\mathsf{XX}}(\tau-\lambda)\,\mathrm{d}\lambda\end{aligned} \tag{13.159}$$

여기의 마지막 등식에서 $\mathsf{X}(t)$의 정상성을 사용하였다. 식 (13.159)의 적분은 $h(\tau)$와 $R_{\mathsf{XX}}(\tau)$의 콘벌루션을 사용해서 다음과 같이 정의된다.

$$R_{\mathsf{YX}}(t+\tau,t) = h(\tau) * R_{\mathsf{XX}}(\tau) = R_{\mathsf{YX}}(\tau) \tag{13.160}$$

따라서 교차상관함수는 시간불변이다. 식 (13.160)를 푸리에변환하면 입력과 출력간의 CSD 함수가 다음과 같이 계산된다.

$$S_{\mathsf{YX}}(\Omega) = H(j\Omega)S_{\mathsf{XX}}(\Omega) \tag{13.161}$$

유사한 방법으로, 입력과 출력간의 교차상관 및 CSD를 다음과 같이 얻는다.

$$R_{\mathsf{XY}}(\tau) = h(-\tau) * R_{\mathsf{XX}}(\tau) \tag{13.162a}$$

$$S_{\mathsf{XY}}(\Omega) = H^*(j\Omega)S_{\mathsf{XX}}(\Omega) \tag{13.162b}$$

출력 자기상관 및 PSD 함수의 계산 출력 $\mathsf{Y}(t)$의 자기상관함수를 식 (13.155)를 사용해서 다음과 같이 계산한다.

$$\begin{aligned} R_{\mathsf{YY}}(t+\tau, t) &= \mathrm{E}\big[\mathsf{Y}(t+\tau)\mathsf{Y}(t)\big] = \mathrm{E}\left[\int_{\lambda=-\infty}^{\infty} \mathsf{Y}(t+\tau)h(\lambda)\mathsf{X}(t-\lambda)\,\mathrm{d}\lambda\right] \\ &= \int_{\lambda=-\infty}^{\infty} h(\lambda)\mathrm{E}[\mathsf{Y}(t+\tau)\mathsf{X}(t-\lambda)]\,\mathrm{d}\lambda \\ &= \int_{\lambda=-\infty}^{\infty} h(\lambda)R_{\mathsf{YX}}(\tau+\lambda)\,\mathrm{d}\lambda = \int_{\lambda=-\infty}^{\infty} h(-\lambda)R_{\mathsf{YX}}(\tau-\lambda)\,\mathrm{d}\lambda \end{aligned} \tag{13.163}$$

여기에서 교차상관함수 $R_{\mathsf{YX}}(\tau)$가 시간불변인 성질을 사용하였다. 식 (13.163)의 적분은 다음과 같이 $h(-\tau)$ 와 $R_{\mathsf{YX}}(\tau)$의 콘벌루션으로 계산된다.

$$R_{\mathsf{YY}}(t+\tau, t) = h(-\tau) * R_{\mathsf{YX}}(\tau) = R_{\mathsf{YY}}(\tau) \tag{13.164}$$

명확하게, 자기상관 $R_{\mathsf{YY}}(\tau)$도 시간불변이다. 식 (13.160)에서 $R_{\mathsf{YX}}(\tau)$를 식 (13.164)에 대입하면

$$R_{\mathsf{YY}}(\tau) = h(\tau) * h(-\tau) * R_{\mathsf{XX}}(\tau) \tag{13.165}$$

의 결과를 얻는다. 식 (13.165)를 푸리에변환하면 출력 PSD는 다음과 같이 계산된다.

$$S_{\mathsf{YY}}(\Omega) = \left|H(j\Omega)\right|^2 S_{\mathsf{XX}}(\Omega) \tag{13.166}$$

이것은 음수가 아닌 실수이기 때문에 유효한 PSD 함수가 된다.

식 (13.165)의 첫 콘벌루션은 LTI 시스템에 대해서 유일하기 때문에 사전에 계산할 수 있다. 이것을 시스템 자기상관함수라 하고 다음과 같이 표현한다.

$$R_h(\tau) \triangleq h(\tau) * h(-\tau) \tag{13.167}$$

이것이 의미하는 것은 다음과 같다.

$$R_{\mathsf{YY}}(\tau) = R_h(\tau) * R_{\mathsf{XX}}(\tau) \tag{13.168}$$

$R_h(\tau)$의 푸리에 변환을 시스템의 전력스펙트럼함수라 하고 다음과 같이 표현한다.

$$S_H(\Omega) = \left|H(j\Omega)\right|^2 \tag{13.169}$$

이것이 의미하는 것은 다음과 같다.

$$S_{\mathsf{YY}}(\Omega) = S_H(\Omega)S_{\mathsf{XX}}(\Omega) \tag{13.170}$$

교차상관함수 $R_{\mathsf{XY}}(\tau)$로부터 식 (13.165)와 같은 결과를 얻는다.

$$R_{\mathsf{YY}}(\tau) = h(\tau) * R_{\mathsf{XY}}(\tau) = h(\tau) * h(-\tau) * R_{\mathsf{XX}}(\tau) \tag{13.171a}$$

$$S_{\mathsf{YY}}(\Omega) = H(j\Omega)S_{\mathsf{XY}}(\Omega) = \left|H(j\Omega)\right|^2 S_{\mathsf{XX}}(\Omega) \tag{13.171b}$$

결론적으로, 평균 μ_{Y}는 상수이고 출력 자기상관함수 $R_{\mathsf{YY}}(\tau)$는 시간불변이기 때문에 출력

$\mathsf{Y}(t)$ 역시 WSS 확률과정이다. 따라서 WSS 확률과정의 LTI 필터링 결과는 항상 WSS 확률과정이 된다.

예제 13.16 평균 $\mu_{\mathsf{X}} = 2$와 자기공분산 $C_{\mathsf{XX}}(\tau) = 4\delta(\tau)$를 갖는 WSS 확률과정 $\mathsf{X}(t)$가 다음과 같은 임펄스응답을 갖는 안정된 LTI시스템에 입력된다.

$$h(t) = e^{-t}u(t) \tag{13.172}$$

이 시스템의 출력이 확률과정 $\mathsf{Y}(t)$가 될 때 다음 값들을 계산하시오.

1. 평균 μ_{Y}

풀이 식 (13.158)을 이용하면 $\mathsf{Y}(t)$의 평균은 다음과 같다.

$$\mu_{\mathsf{Y}} = \mu_{\mathsf{X}} \int_{-\infty}^{\infty} h(t)\,\mathrm{d}t = 2\int_{0}^{\infty} e^{-t}\,\mathrm{d}t = 2 \tag{13.173}$$

2. 교차상관 $R_{\mathsf{XY}}(\tau)$와 교차공분산 $C_{\mathsf{XY}}(\tau)$

풀이 $\mathsf{X}(t)$의 자기상관함수는 다음과 같다.

$$R_{\mathsf{XX}}(\tau) = \mu_{\mathsf{X}}^2 + C_{\mathsf{XX}}(\tau) = 4 + 4\delta(\tau) \tag{13.174}$$

식 (13.162a)를 사용해서 다음 결과를 얻는다.

$$\begin{aligned} R_{\mathsf{XY}}(\tau) &= h(-\tau) * R_{\mathsf{XX}}(\tau) = e^{\tau}u(-\tau) * [4 + 4\delta(\tau)] \\ &= 4\int_{-\infty}^{0} e^{\tau}\,\mathrm{d}\tau + 4e^{\tau}u(-\tau) = 4 + 4e^{\tau}u(-\tau) \end{aligned} \tag{13.175}$$

$R_{\mathsf{XY}}(\tau) = \mu_{\mathsf{X}}\mu_{\mathsf{Y}} + C_{\mathsf{XY}}(\tau)$를 만족하기 때문에, (13.175)의 교차공분산 $C_{\mathsf{XY}}(\tau)$은 다음과 같이 계산된다.

$$C_{\mathsf{XY}}(\tau) = 4e^{\tau}u(-\tau) \tag{13.176}$$

3. 자기상관함수 $R_{\mathsf{XX}}(\tau)$와 자기공분산 $C_{\mathsf{XX}}(\tau)$

풀이 식 (13.167)로부터 이 시스템의 자기상관 함수는 다음과 같다.

$$\begin{aligned} R_h(\tau) &= h(\tau) * h(-\tau) = [e^{-\tau}u(\tau)] * [e^{\tau}u(-\tau)] \\ &= \begin{cases} \int_{-\infty}^{\tau} e^{\lambda}e^{-(\tau-\lambda)}\,\mathrm{d}\lambda, & \tau < 0, \\ \int_{-\infty}^{0} e^{\lambda}e^{-(\tau-\lambda)}\,\mathrm{d}\lambda, & \tau \ge 0, \end{cases} = \begin{cases} \frac{1}{2}e^{\tau}, & \tau < 0, \\ \frac{1}{2}e^{-\tau}, & \tau \ge 0, \end{cases} = \frac{1}{2}e^{-|\tau|} \end{aligned} \tag{13.177}$$

이제 식 (13.168), (13.174), (13.177)로부터 출력 자기상관함수는 다음과 같이 계산된다.

$$\begin{aligned} R_{\mathsf{YY}}(\tau) &= R_h(\tau) * R_{\mathsf{XX}}(\tau) = \frac{1}{2}e^{-|\tau|} * [4 + 4\delta(\tau)] \\ &= 2\int_{-\infty}^{\infty} e^{|\tau|}\,\mathrm{d}\tau + 2e^{-|\tau|} = 4 + 2e^{-|\tau|} \end{aligned} \tag{13.178}$$

$\mu_{\mathsf{Y}} = 2$이기 때문에, 자기공분산 $C_{\mathsf{YY}}(\tau)$는 다음과 같이 계산된다.

$$C_{\mathsf{YY}}(\tau) = R_{\mathsf{YY}}(\tau) - \mu_{\mathsf{Y}}^2 = 2e^{-|\tau|} \tag{13.179}$$

이 결과로부터 교차함수들은 자기 함수들과 같은 연산과정에 의해서 결정됨을 알 수 있다.

예제 13.17 PSD와 CSD를 계산하여 주파수 영역에서 예제 13.16을 되풀이한다.

풀이 주파수응답은 다음과 같다.

$$H(j\Omega) = \mathcal{F}[e^{-t}u(t)] = \frac{1}{1+j\Omega} \tag{13.180}$$

식 (13.158)로부터 평균 μ_{Y}는 다음과 같다.

$$\mu_{\mathsf{Y}} = \mu_{\mathsf{X}} H(j0) = 2(1) = 2 \tag{13.181}$$

식 (13.174)로부터 입력 PSD는 다음과 같다.

$$S_{\mathsf{XX}}(\Omega) = \mathcal{F}[4 + 4\delta(\tau)] = 8\pi\delta(\Omega) + 4 \tag{13.182}$$

이제 식 13.162b)로부터 $\mathsf{X}(t)$와 $\mathsf{Y}(t)$ 간의 CSD는 다음과 같다.

$$\begin{aligned} S_{\mathsf{XY}}(\Omega) &= H^*(j\Omega) S_{\mathsf{XX}}(\Omega) = \frac{8\pi\delta(\Omega) + 4}{1 - j\Omega} \\ &= 8\pi\delta(\Omega) + \frac{4}{1 - j\Omega} \end{aligned} \tag{13.183}$$

이것을 역푸리에변환한 결과가 식 (13.175)와 같은 방법으로 계산된다.

$$R_{\mathsf{XY}}(\tau) = 4 + 4e^{\tau}u(-\tau) \tag{13.184}$$

식 (13.169)와 식 (13.170)으로부터 PSD $S_{\mathsf{YY}}(\Omega)$는 다음과 같이 계산된다.

$$\begin{aligned} S_{\mathsf{YY}}(\Omega) &= |H(j\Omega)|^2 S_{\mathsf{XX}}(\Omega) = \frac{8\pi\delta(\Omega) + 4}{1 + \Omega^2} \\ &= 8\pi\delta(\Omega) + \frac{4}{1 + \Omega^2} \end{aligned} \tag{13.185}$$

예제 13.12와 식 (13.143)에서 다음과 같은 푸리에변환쌍을 얻는다.

$$e^{-a|\tau|},\ a > 0 \quad \overset{\mathcal{F}}{\longleftrightarrow} \quad \frac{2a}{a^2 + \Omega^2} \tag{13.186}$$

식 (13.186)에서 a=1을 이용하면, 식 (13.178)과 같이 식 (13.186)의 둘째 항의 역푸리에변환을 얻는다.

$$R_{\mathsf{YY}}(\tau) = 4 + 2e^{-|\tau|} \tag{13.187}$$

13.5.1 이산시간 LTI 시스템

유사한 결과가 WSS 확률신호가 입력되는 이산시간 LTI 시스템에도 적용된다. $h(n)$을 이 시스템의 임펄스응답이라 하면, 주파수 응답 한 수는 다음과 같다.

$$H(e^{j\omega}) = \sum_{n=-\infty}^{\infty} h(n)e^{-j\omega n} \tag{13.188}$$

$\mathsf{X}(n)$을 평균 μ_{X}, 자기상관수열 $R_{\mathsf{XX}}(\ell)$, 그리고 자기 PSD $S_{\mathsf{XX}}(\omega)$를 갖는 입력 WSS 확률과정이라 한다. $\mathsf{Y}(n)$을 결과 출력 과정이라 하면, $\mathsf{Y}(n)$ 역시 다음과 같은 통계량을 갖는 WSS 확률과정이 된다.

출력 평균

$$\mu_{\mathsf{Y}} = \left(\sum_{n=-\infty}^{\infty} h(n)\right)\mu_{\mathsf{X}} = \underbrace{H(e^{j0})}_{\text{dc-gain}}\mu_{\mathsf{X}} \tag{13.189}$$

입력과 출력 간의 교차상관함수

$$R_{\mathsf{YX}}(\ell) = h(\ell) * R_{\mathsf{XX}}(\ell), \tag{13.190a}$$

$$R_{\mathsf{XY}}(\ell) = h(-\ell) * R_{\mathsf{XX}}(\ell) \tag{13.190b}$$

입력과 출력 간의 CSD 함수

$$S_{\mathsf{YX}}(\omega) = H(e^{j\omega})S_{\mathsf{XX}}(\omega) \tag{13.191a}$$

$$S_{\mathsf{XY}}(\omega) = H(e^{-j\omega})S_{\mathsf{XX}}(\omega) \tag{13.191b}$$

입력과 출력 간의 자기상관함수

$$R_{\mathsf{YY}}(\ell) = h(-\ell) * R_{\mathsf{Y,X}}(\ell) = h(\ell) * R_{\mathsf{XY}}(\ell) \tag{13.192a}$$

$$= \underbrace{h(\ell) * h(-\ell)}_{\triangleq\ R_h(\ell)} * R_{\mathsf{XX}}(\ell) = R_h(\ell) * R_{\mathsf{XX}}(\ell) \tag{13.192b}$$

입력과 출력 간의 자기 PSD 함수

$$S_{\mathsf{YY}}(\omega) = H(e^{-j\omega})S_{\mathsf{YX}}(\omega) = H(e^{j\omega})S_{\mathsf{XY}}(\omega) \tag{13.193a}$$

$$= \underbrace{\left|H(e^{j\omega})\right|^2}_{\triangleq\ S_H(\omega)} S_{\mathsf{XX}}(\omega) = S_H(\omega)S_{\mathsf{XX}}(\omega) \tag{13.193b}$$

출력의 평균 전력

$$\mathrm{E}\{\mathsf{X}^2(n)\} = R_{\mathsf{XX}}[0] = \frac{1}{2\pi}\int_{-\pi}^{\pi} S_{\mathsf{XX}}(\omega)\,\mathrm{d}\omega \tag{13.194}$$

예제 13.18 X(n)을 다음과 같은 평균과 자기공분산 수열을 갖는 WSS 확률수열이라 한다.

$$\mu_{\mathsf{X}} = 1\text{과} \quad C_{\mathsf{XX}}(\ell) = \{1, 2, \underset{\uparrow}{3}, 2, 1\} \tag{13.195}$$

이것이 다음과 같은 임펄스응답을 갖는 안정된 LTI 시스템에 입력된다.

$$h(n) = \{\underset{\uparrow}{1}, 1, 1, 1\} \tag{13.196}$$

다음 값들을 계산하시오.

1. 평균 μ_{Y}

풀이 (13.189)로부터 다음 결과를 얻는다.

$$\mu_{\mathsf{Y}} = \left(\sum_{\ell=-\infty}^{\infty} h(\ell) \right) \mu_{\mathsf{X}} = (1+1+1+1)(1) = 4 \tag{13.197}$$

2. 교차공분산 $C_{\mathsf{YX}}(\ell)$과 교차상관수열 $R_{\mathsf{Y,X}}(\ell)$

풀이 교차공분산수열을 식 (13.190)과 유사한 연산을 따른다. 그러므로 $C_{\mathsf{Y,X}}(\ell)$는 다음과 같다.

$$\begin{aligned} C_{\mathsf{YX}}(\ell) &= h(\ell) * C_{\mathsf{XX}}(\ell) = \{\underset{\uparrow}{1}, 1, 1, 1\} * \{1, 2, \underset{\uparrow}{3}, 2, 1\} \\ &= \{1, 3, \underset{\uparrow}{6}, 8, 8, 6, 3, 1\} \end{aligned} \tag{13.198}$$

이것은 다음과 같은 MATLAB 스크립트를 사용해서 계산할 수 있다.

```
>> h = [1,1,1,1]; nh = [0:3];
>> Cx = [1,2,3,2,1]; lCx = [-2:2];
>> [Cyx,lCyx] = conv_m(Cx,lCx,h,nh)
Cyx =
     1     3     6     8     8     6     3     1
lCyx =
    -2    -1     0     1     2     3     4     5
```

교차상관수열 $R_{\mathsf{YX}}(\ell)$은 다음과 같이 결정된다.

$$\begin{aligned} R_{\mathsf{YX}}(\ell) &= C_{\mathsf{YX}}(\ell) + \mu_{\mathsf{Y}}\mu_{\mathsf{X}} = \{1, 3, \underset{\uparrow}{6}, 8, 8, 6, 3, 1\} + 4 \\ &= \{\ldots, 4, 4, 5, 7, \underset{\uparrow}{10}, 12, 12, 10, 7, 5, 4, 4 \ldots\} \end{aligned} \tag{13.199}$$

3. 교차상관수열 $C_{\mathsf{YY}}(\ell)$과 자기상관수열 $R_{\mathsf{YY}}(\ell)$.

풀이 자기공분산 수열도 (13.192)와 유사한 방법으로 결정된다. 따라서 $C_{\mathsf{YY}}(\ell)$은 다음과 같다.

$$\begin{aligned} C_{\mathsf{YY}}(\ell) &= h(-\ell) * C_{\mathsf{YX}}(\ell) = \{1, 1, 1, \underset{\uparrow}{1}\} * \{1, 3, \underset{\uparrow}{6}, 8, 8, 6, 3, 1\} \\ &= \{1, 4, 10, 18, 25, \underset{\uparrow}{28}, 25, 18, 10, 4, 1\} \end{aligned} \tag{13.200}$$

이것은 다음과 같은 MATLAB 스크립트를 사용해서 계산할 수 있다.

```
>> [Cy,lCy] = conv_m(Cyx,lCyx,h,-fliplr(nh))
Cy =
     1     4    10    18    25    28    25    18    10     4     1
lCy =
    -5    -4    -3    -2    -1     0     1     2     3     4     5
```

마지막으로 자기상관수열 $R_{\mathsf{YY}}(\ell)$는 다음과 같다.

$$\begin{aligned} R_{\mathsf{YY}}(\ell) &= C_{\mathsf{YY}}(\ell) + \mu_{\mathsf{Y}}^2 = \{1, 4, 10, 18, 25, \underset{\uparrow}{28}, 25, 18, 10, 4, 1\} + 16 \\ &= \{\ldots, 16, 16, 17, 20, 26, 34, 41, \underset{\uparrow}{44}, 41, 34, 26, 20, 17, 16, 16 \ldots\} \end{aligned} \tag{13.201}$$

예제 13.19 PSD $S_{\mathsf{XX}}(\omega) = 1$과 평균값 0을 갖는 정상 확률과정이 다음가 같은 임펄스응답을 갖는 선형 필터에 입력된다.

$$h(n) = \begin{cases} (0.95)^n, & n \geq 0 \\ 0, & n < 0 \end{cases} \tag{13.202}$$

출력 확률과정 $\mathsf{Y}(n)$의 PSD $S_{\mathsf{YY}}(\omega)$와 자기상관수열 $R_{\mathsf{YY}}(\ell)$을 계산하시오.

풀이 주파수응답은 다음과 같이 구할 수 있다.

$$\begin{aligned} H(e^{j\omega}) &= \sum_{n=0}^{\infty} h(n) e^{-j\omega n} = \sum_{n=0}^{\infty} (0.95 e^{-j\omega})^n \\ &= \frac{1}{1 - 0.95 e^{-j\omega}} \end{aligned} \tag{13.203}$$

이것의 크기 응답은 다음과 같다.

$$\left|H(e^{j\omega})\right|^2 = \frac{1}{\left|1 - 0.95 e^{-j\omega}\right|^2} = \frac{1}{1.9025 - 1.9\cos(\omega)} \tag{13.204}$$

따라서 출력의 PSD는 다음과 같이 계산된다.

$$S_{\mathsf{YY}}(\omega) = \left|H(e^{j\omega})\right|^2 S_{\mathsf{XX}}(\omega) = \frac{1}{1.9025 - 1.9\cos(\omega)} \tag{13.205}$$

$S_{\mathsf{YY}}(\omega)$는 2π를 주기로 갖는 주기함수이다. 자기상관수열 $R_{\mathsf{YY}}(\ell)$은 예제 13.14에서 사용한 역z-변환을 사용해서 구할 수 있다. 그러나 이 예제에서는 $R_{\mathsf{YY}}(\ell)$의 샘플들을 MATLAB을 사용해서 수치적으로 계산한다. 이것은 윈도우를 사용한다는 것을 제외하고는 $R_{\mathsf{XX}}(\ell)$로부터 $S_{\mathsf{XX}}(\omega)$를 계산하기 위해서 `PSD` 함수에서 사용된 것과 유사하다. 보다 구체적인 내용은 다음의 MATLAB 스크립트 보인다.

```
>> N = 1024; omega = linspace(-1,1,N+1)*pi; % Frequency samples
>> Sy = 1./(1.9025-1.9*cos(omega));
>> % Autocorrelation sequence
>> Sy = fftshift(Sy(1:end-1)); % Circular shift; origin at the beginning
>> Ry = real(ifft(Sy));        % Autocorrelation samples
>> Ry = ifftshift(Ry);         % Circular shift; origin at the center
>> Ry = [Ry,Ry(1)];            % Sample symmetry for plotting
>> Rymax = max(Ry);            % Ry[0] value
>> fprintf(' Ry[0] = %7.4f\n',Rymax);
Ry[0] = 10.2564
>> Ry = Ry/Rymax;              % Normalized autocorrelation
>> fprintf(' rho = %4.2f\n',Ry(N/2));
 rho = 0.95
```

이 MATLAB 스크립트의 출력으로부터 최대 자기상관도가 $R_{YY}(0) = 10.2564$가 되는 반면에 지연이 $\ell = \pm 1$인 정규화된 자기상관도는 0.95임을 알 수 있다. $10.2564 = 1/(1 - 0.95^2)$이므로, 자기상관수열을 다음과 같이 추론할 수 있다.

$$R_{YY}(\ell) = \frac{\rho^{|\ell|}}{1-\rho^2}, \quad \rho = 0.95 \tag{13.206}$$

그림 13.18은 PSD $S_{YY}(\omega)$와 자기상관수열 $R_{YY}(\ell)$의 처음 ±10 만큼 지연된 값들을 보인다. 이것은 식 (13.206)의 추론 결과와 일치한다.

13.6 유용한 확률과정들

LTI 시스템의 입출력 관계와 통계적 및 주파수적 표현을 통해서 확률과정을 학습한 후, 몇 개의 대표적이고 유용한 확률과정 모델을 소개하기로 한다. 이 모델들은 14, 15장에서 사용될 것이다. 처음으로 중요한 모델은 가우시안 확률과정인데, 이것은 단지 2차 통계 평균만을 가

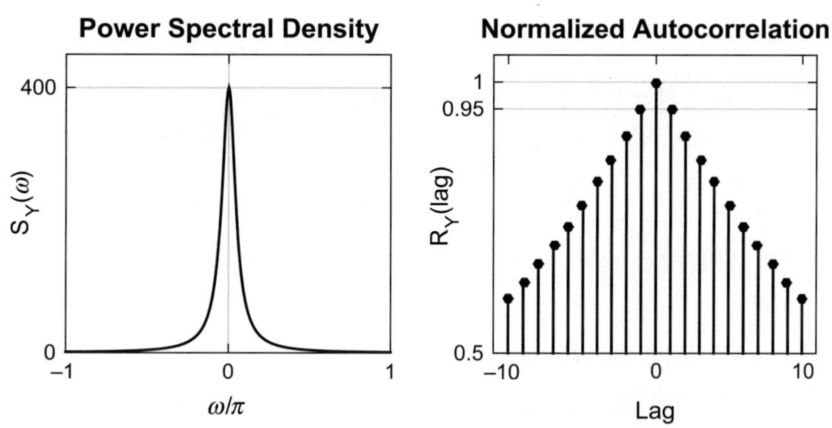

그림 13.18 예제 13.19의 PSD와 정규와된 $R_{YY}(\ell)$의 첫 ±10개의 지연된 샘플들

지고 모델을 완벽하게 정의할 수 있다. 다른 중요한 모델은 백색잡음이라고 불리는 이상적인 잡음 모델이다. 여기에서 잡음이라고 하는 용어는 일반적으로 신호의 전송과 처리 과정에서 부작용으로 발생하는 교란이나 왜곡 신호를 의미한다. 이러한 잡음 신호는 대개 완벽한 제어가 어렵다는 특성이 있다. 백색잡음 과정과 적절하게 설계된 LTI 시스템을 사용하면 마르코프 과정, 저역통과, 그리고 대역통과 과정들을 발생시킬 수 있다. 이러한 몇 개의 중요한 확률과정들을 살펴보기로 한다.

13.6.1 가우시안 확률과정

가우시안 확률과정은 여러가지 응용 분야에서 중요한 역할을 하는데, 그 중에서도 통신시스템에 많이 적용된다. 우리는 13.2.3절에서 가우시안 분포의 유용한 특성들을 학습하였다. 가우시안 분포가 필요한 또다른 중요한 이유는 전자기기에서 항상 존재하는 불규칙한 전자의 이동에 의해서 발생되는 열잡음에서 나타나기 때문이다.

가우시안 분포를 이해하기 위해서 저항을 생각해보기로 한다. 저항 내부의 자유전자는 열운동의 결과로 이동하게 된다. 이러한 이동은 불규칙하게 어느 방향으로도 일어날 수 있다. 그러나 이동의 속도는 주변 온도에 비례하는데, 온도가 높을수록 속도가 빨라진다. 결과적으로 불규칙한 전자의 이동은 확률 신호로 표시되는 전류를 발생시킨다. 각각의 전자를 미세한 전류원으로 모델링하면, 이 전류원이 발생시키는 전류는 양 혹은 음의 값을 갖는 확률변수가 된다. 열잡음으로 정의되는 전류의 총합은 모든 전류원들이 발생시키는 전류를 더한 값이 된다. 양자역학은 개별적인 전자의 이동은 통계적으로 독립이라는 사실을 제시한다. 따라서 열잡음은 많은 개수의 IID 랜덤소스들의 합이 된다. 중심극한정리를 사용하면 총전류는 가우시안 분포를 갖게된다.

확률과정 $\mathsf{X}(t)$가 가우시안 확률과정이 되는 조건은 모든 n과 모든 시간 $(t_1,\ t_2,\ \cdots,\ t_n)$에 대해서 n개의 확률변수 $\{\mathsf{X}(t_i)\}_{i=1}^{n}$들이 다음과 같은 결합 가우시안 pdf를 갖는 것이다.

$$f_{\mathsf{X}}(\boldsymbol{x}) = \frac{1}{(2\pi)^{n/2}\,[\det(\boldsymbol{C}_{\mathsf{X}})]^{1/2}} \exp\left[-\frac{1}{2}(\boldsymbol{x}-\boldsymbol{\mu}_{\mathsf{X}})^{\mathrm{T}}\boldsymbol{C}_{\mathsf{XX}}^{-1}(\boldsymbol{x}-\boldsymbol{\mu}_{\mathsf{X}})\right] \qquad (13.207)$$

여기에서 벡터 $\boldsymbol{x} = [x_1, \ldots, x_n]^{\mathrm{T}}$ 는 n개의 확률변수 $\mathsf{X}(t_i) \triangleq \mathsf{X}_i$, $\boldsymbol{\mu}_{\mathsf{X}}$들이 가지는 값들을 의미하고, μ_{X}는 확률변수 X_i의 기대값 $\mathrm{E}[\mathsf{X}_i] = \mu_i \triangleq \mu_{\mathsf{X}}(t_i)$를 가지는 평균 벡터를 나타낸다. $\boldsymbol{C}_{\mathsf{XX}}$는 다음과 같은 요소를 가지는 n개의 확률변수의 자기공분산 행렬이다.

$$C_{\mathsf{XX}}(t_k, t_\ell) = \mathrm{E}\big[(\mathsf{X}_k - \mu_k)(\mathsf{X}_\ell - \mu_\ell)\big] \qquad (13.208)$$

여기에서 윗첨자 ^{T}는 벡터 혹은 행렬의 전치 혹은 전위를 나타내고, $\boldsymbol{C}^{-1}$은 행렬 $\boldsymbol{C}$의 역행렬을 의미한다.

위와 같은 정의에 따라서, 임의의 시간 t에서 $\mathsf{X}(t)$는 평균 $\mu_{\mathsf{X}}(t)$와 분산 $C_{\mathsf{XX}}(t,\ t)$를 갖는 가우시안임이 명백하다. 유사한 방법으로, 만약 $t_1 \neq t_2$가 두 개의 서로 다른 시점이면 $\mathsf{X}(t_1)$과 $\mathsf{X}(t_2)$는 각각 평균 $\mu_{\mathsf{X}}(t_1)$과 $\mu_{\mathsf{X}}(t_2)$, 분산 $C_{\mathsf{XX}}(t_1,\ t_1)$과 $C_{\mathsf{XX}}(t_2,\ t_2)$, 그리고 상관계수

$\rho_X(t_1,t_2) = C_{XX}(t_1,t_2)/\sqrt{C_{XX}(t_1,t_1)C_{XX}(t_2,t_2)}$을 갖는 결합가우시안이 된다. 따라서 가우시안 확률과정은 확률적인 관점에서 완벽하게 정의된다. 나아가서, 가우시안 확률과정이 정상이면 $\mu_X(t) = \mu_X$, $C_{XX}(t+\tau,t) = C_{XX}(\tau)$가 된다.

마지막으로 가우시안 성질은 선형변환에 대해서 보존되므로, 가우시안 확률과정 $X(t)$가 LTI시스템을 통과하하면 그 출력도 가우시안 확률과정이 된다. 시스템 동작은 단순히 평균함수를 $\mu_X(t) \to \mu_Y(t)$로, 분산함수를 $C_{XX}(t_1,t_2) \to C_Y(t_1,t_2)$으로 변경하면 된다.

예제 13.20 $X(t)$는 평균 $\mu_X(t) = 3$, 자기공분산 $C_{XX}(t_1,t_2) = 4e^{-0.2|t_1-t_2|}$을 갖는 가우시안 확률과정이다.

1. $X(5) \le 2$가 될 확률을 구하시오.

풀이 $X(t)$가 평균 $\mu_X = 3$과 분산 $\sigma_X^2 = C_{XX}(t,t) = 4$를 갖는 정상 확률과정이므로, (13.21)과 (13.22)로부터 다음 결과를 얻는다.

$$\begin{aligned}\Pr[X(5) \le 2] = F_{X(5)}(2) &= \frac{1}{2}\left[1 + \text{erf}\left(\frac{2-3}{\sqrt{2(4)}}\right)\right] \\ &= \frac{1}{2}\left[1 + \text{erf}\left(\frac{-1}{2\sqrt{2}}\right)\right] = 0.3085\end{aligned} \tag{13.209}$$

이 결과는 다음과 같은 MATLAB 스트립트에 의해서 계산된다.

```
>> Pr = 0.5*(1+erf(-1/sqrt(2*4)));
>> fprintf('Pr[X(5)<=2] = %6.4f\n',Pr);
Pr[X(5)<=2] = 0.3085
```

2. $|X(8) - X(5)| \le 1$의 확률을 계산하시오.

풀이 $Y = X(8) - X(5)$를 확률변수라 하면 Y는 평균 0와 다음과 같은 분산을 갖는 가우시안이다.

$$\begin{aligned}\sigma_Y^2 &= C_{XX}(8,8) + C_{XX}(5,5) - 2C_{XX}(5,5) = 4 + 4 - 8e^{-0.6} \\ &= 3.608\end{aligned} \tag{13.210}$$

따라서 다음과 같은 결과를 얻을 수 있고,

$$\begin{aligned}\Pr[|X(8) - X(5)| \le 1] &= \Pr[|Y| \le 1] = F_Y(1) - F_Y(-1) \\ &= \frac{1}{2}\left[1 + \text{erf}\left(\frac{1}{\sqrt{2\cdot 3.608}}\right)\right] - \frac{1}{2}\left[1 + \text{erf}\left(\frac{-1}{\sqrt{2\cdot 3.608}}\right)\right] \\ &= 0.4014\end{aligned} \tag{13.211}$$

이것은 아래와 같은 MATLAB 스크립트를 사용해서 계산할 수 있다.

```
>> Pr = 0.5*(1+erf(1/sqrt(2*3.608))) ...
     - 0.5*(1+erf(-1/sqrt(2*3.608)));
>> fprintf('Pr[|X(8)-X(5)|<=1] = %6.4f\n\n',Pr);
Pr[|X(8)-X(5)|<=1] = 0.4014
```

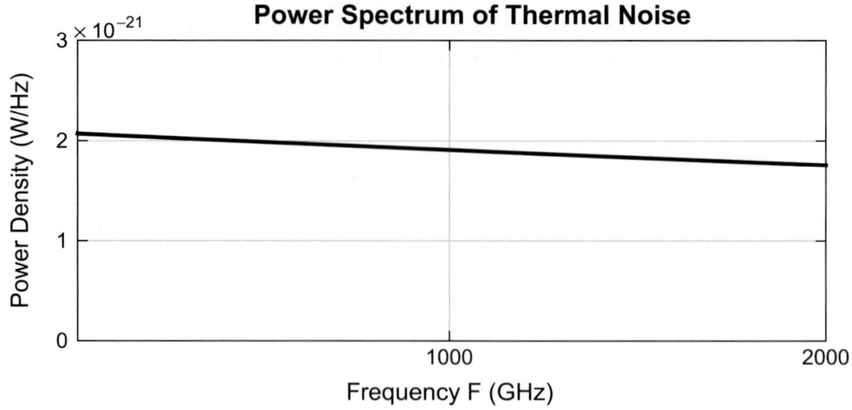

그림 13.19 상온 (T=300 K)에서 열잡음의 전력스펙트럼

13.6.2 백색잡음 확률과정

백색잡음은 전자기기에서 발생되는 열잡음을 해석하기 쉽게 이상적인 형태로 모델링한 것이다. 양자역학 해석을 이용하면 열잡음은 평균이 0이고 다음과 같은 PSD를 갖는 정상 확률과정이다.

$$S_{\text{TN}}(2\pi F) = \frac{\hbar F}{2\left(e^{\hbar F/kT} - 1\right)}, \quad F \text{ in Hz} \tag{13.212}$$

여기에서 $\hbar$는 플랑크 상수 (6.6×10^{-34} joules-sec.)이고, k는 볼츠만 상수(1.38×10^{-23} joules/kelvin)이며, T는 켈빈(K)을 단위로 하는 절대온도를 나타낸다. 이 확률과정의 PSD가 그림 13.19에 보인다. 이 PSD의 최대값은 $F = 0$에서 $kT/2$의 값을 갖는다. 또한 $F \to \infty$일 때 스펙트럼은 0에 수렴하지만, 감쇄 속도는 매우 느리다. 예를 들어, 상온 ($T = 300\,\text{K}$)에서, PSD $S_{\text{TN}}(2\pi F)$는 2000 GHz 근처에서 최대값의 90%까지만 감소한다. 이 주파수는 통신이나 레이더와 같은 기존 시스템들에서 사용하는 주파수를 충분히 상회하는 것이다.

열잡음 과정이 넓은 주파수 대역에서 근사적으로 상수인 PSD를 갖기 때문에, 식 (13.212)를 단순하게 근사화시키기 위해서 PSD가 모든 주파수 대역에서 완전하게 상수인 이상적인 확률과정을 사용한다. 이러한 확률과정은 무한대의 전력을 갖기 때문에 물리적으로 존재하는 과정은 아니지만, 이론적으로 무한대의 전력을 갖는 임펄스와 같이 유용하게 사용된다.

시스템에서 잡음의 해석은 평균이 0인 정상 확률과정인 백색잡음(white noise; WN)을 사용한다. 백색이라고 하는 형용사는 백색광이 가시광선 대역에 있는 모든 파장 (주파수의 역수)의 전자기파를 동일하게 포함하고 있다는 데서 유래한다. 백색잡음의 표기는 $\mathsf{W}(t)$를 사용하고, PSD를 사용해서 다음과 같이 정의한다.

$$S_{\mathsf{WW}}(2\pi F) = \frac{N_0}{2}, \ \frac{\text{watts}}{\text{Hz}} \quad \text{또는} \quad S_{\mathsf{WW}}(\Omega) = \frac{N_0}{4\pi}, \ \frac{\text{watts}}{\text{rad/sec}} \tag{13.213}$$

이 PSD가 그림 13.20에 보이고, 스펙트럼이 양쪽 방향으로 무한하게 존재하기 때문에 양방

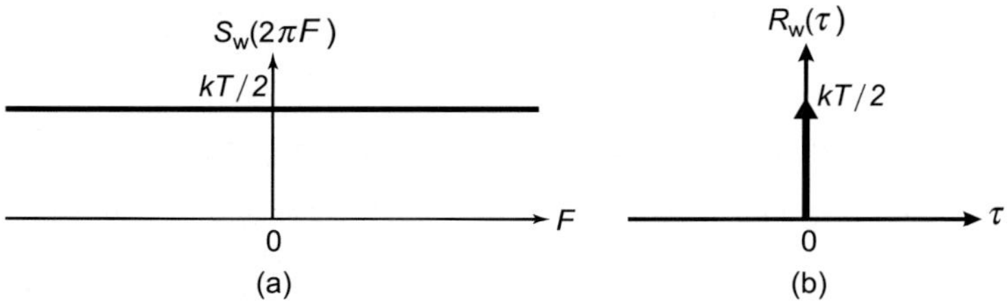

그림 13.20 백색잡음의 특성: (a) 전력스펙트럼, (b) 자기상관함수

향 전력스펙트럼이라고 부르기도 한다. 매개변수 N_0는 $S_{\mathsf{WW}}(2\pi F)$가 $F = 0$에서 열잡음의 PSD와 일치하도록 다음과 같이 결정된다.

$$N_0 = kT, \quad \text{watts per Hz} \tag{13.214}$$

자기상관함수 $\mathsf{W}(t)$는 다음과 같다.

$$R_{\mathsf{WW}}(\tau) = \frac{N_0}{2}\delta(\tau) \tag{13.215}$$

이것은 임펄스를 포함하기 때문에 백색잡음이 비현실적인 확률과정이라는 사실을 보인다. 자기상관함수는 그림 13.20에서도 보인다. 명확하게, $t_1 \neq t_2$일 때 백색잡음의 샘플들 $\mathsf{W}(t_1)$과 $\mathsf{W}(t_2)$는 서로 무상관이다. 만약 $\mathsf{W}(t)$가 동시에 가우시안을 만족하면 (열잡음이 가우시안 분포를 갖기 때문에) 서로 독립적이다. 이러한 확률과정을 독립적인 확률과정이라소 한다.

이산시간 백색잡음 과정

유사한 방법으로, 이산시간 백색잡음 과정 $\mathsf{W}(n)$은 평균이 0이고 다음과 같은 PSD를 갖는 확률수열로 정의된다.

$$S_{\mathsf{WW}}(2\pi f) = \sigma_{\mathsf{W}}^2 \ \text{ 또는 } S_{\mathsf{WW}}(\omega) = \frac{\sigma_{\mathsf{W}}^2}{2\pi}, \qquad f = \frac{\omega}{2\pi} \tag{13.216}$$

여기에서 σ_{W}^2는 $\mathsf{W}(n)$의 분산을 나타낸다. $\mathsf{W}(n)$의 자기상관함수는 다음과 같이 계산된다.

$$R_{\mathsf{WW}}(\ell) = \sigma_{\mathsf{W}}^2\delta(\ell) \tag{13.217}$$

추가적으로, 만약 $\mathsf{W}(n)$이 모든 n에 대해서 가우시안 분포를 가지면, 백색가우시안잡음(white Gaussian noise; WGN)이라 하고, 이것은 독립적인 확률과정이다. 독립적인 백색잡음 과정을 위한 샘플 수열들도 MATLAB에서 randn 혹은 rand 함수를 사용해서 쉽게 발생시킬 수 있다.

```
>> Wn = randn(N,1);
```

이것은 분산이 1인 WGN 과정의 N개의 샘플들을 생성하는 반면,

```
>> Wn = rand(N,1);
```

이것은 분산이 1인 독립적인 WN 과정의 N개의 샘플들을 생성한다.

예제 13.21 분산 $\sigma_W^2 = 4$를 갖는 WGN 확률과정의 샘플 10,000개를 생성한다. 자기 상관 지연값 $R_{WW}(\ell)$, $-20 \le \ell \le 20$을 수치적으로 추정하고, 이 결과를 이용해서 PSD $S_{WW}(2\pi F)$를 계산한다. 이 과정을 100회 이상 되풀이해서 추정값과 샘플 함수들에 대한 $R_{WW}(\ell)$과 $S_{WW}(2\pi F)$의 평균값의 편차를 줄인 후, 그 결과를 그린다.

풀이 `Randn` 함수를 사용해서 WGN 샘플들을 생성하고, `xcorr` 함수를 사용해서 자기상관 지연값을 추정한 후, `PSD` 함수를 사용해서 PSD를 계산한다. 같은 MATLAB 스크립트를 사용해서 이 단계들과 평균연산들을 수행한다.

```
>> M = 100; % Number of sample sequences to average over
>> N = 10000; % Number of samples in each sequence
>> varW = 4; % Variance of the process
>> sigW = sqrt(varW); % Standard deviation
>> maxlag = 20; % Maximum number of lag values
>> Nfft = 1024; Nfft2 = Nfft/2; % FFT size
>> Rwsum = zeros(2*maxlag+1,1)'; % Rw initialization
>> Swsum = zeros(Nfft+1,1); % Sw initialization
>> ell = -maxlag:maxlag; % Lag indices for plotting
>> f = linspace(-0.5,0.5,Nfft+1); % Frequency grid for plotting
>> % Loop over M Sample Sequences
>> for k = 1:M
>>     % Generate 10000 samples of WGN Process
>>     wn = sigW*randn(N,1)';
>>     % Compute ACRS
>>     [Rw,lags] = xcorr(wn, maxlag,'unbiased');
>>     Rwsum = Rw+Rwsum; % Sum autocorrelations
>>     Sw = PSD(Rw',maxlag,Nfft); % Compute PSD
>>     Swsum = Sw+Swsum; % Sum PSD values
>> end
>> Rw = Rwsum/M;              % Average autocorrelations
>> Sw = Swsum           /M; % Average PSD
>> % Plotting commands follow
```

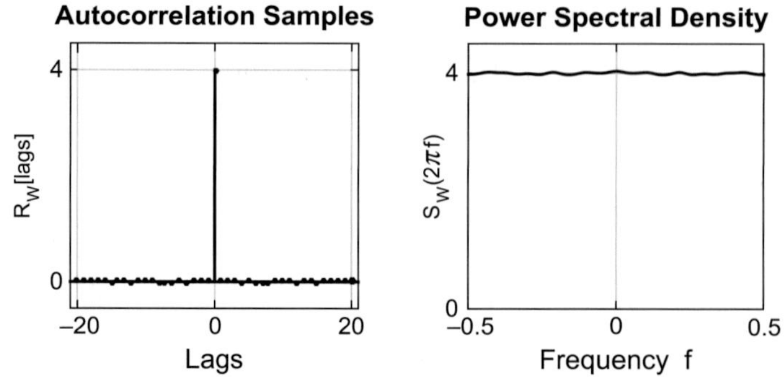

그림 13.21 예제 13.21의 자기상관 $R_{WW}(\ell)$과 PSD $S_{WW}(2\pi f)$

$R_{\mathsf{WW}}(\ell)$과 $S_{\mathsf{WW}}(2\pi F)$의 결과는 그림 13.21에 보인다. 여기에서 생성된 무작위 숫자들의 백색잡음 특성을 확인할 수 있다.

13.6.3 마르코프 확률과정

경우에 따라서 미래의 값이 현재 값에 의해서만 결정되는 확률과정을 사용하는 것이 필요하다. 이렇게 하면 연산량과 저장 공간을 줄일 수 있다. 이러한 확률과정을 마르코프 확률과정이라 하고, 이것은 과거의 값이 미래의 값에 영향을 주지 않는다. 다시 말해서 만약 $t_n > t_{n-1}$이면, 마르코프 확률과정 $\mathsf{X}(t)$의 무한한 과거에 대한 조건부 분포가 다음과 같이 직전의 과거에만 의존한다.

$$\Pr\{\mathsf{X}(t_n) \le x_n \mid \mathsf{X}(t),\ t \le t_{n-1}\} = \Pr\{\mathsf{X}(t_n) \le x_n \mid \mathsf{X}(t_{n-1})\} \tag{13.218}$$

이 성질을 발전시키면, 만약 $t_1 < t_2 < \cdots < t_n$수 일 때, 다음 성질을 만족한다.

$$\Pr\{\mathsf{X}(t_n) \le x_n \mid \mathsf{X}(t_{n-1}), \mathsf{X}(t_{n-2}), \ldots, \mathsf{X}(t_1)\} = \Pr\{\mathsf{X}(t_n) \le x_n \mid \mathsf{X}(t_{n-1})\} \tag{13.219}$$

만약 $\mathsf{X}(t)$가 가우시안이면, 이것을 가우스-마르코프 확률과정이라 한다. 선형, 상수계수 미분방정식과 WGN 확률과정에 의해서 구동되는 연속시간 LTI시스템이 가우스-마르코프 확률과정을 생성한다.

이산시간 마르코프 확률과정

유사한 방법으로, 선형, 상수계수 차분방정식과 WGN 수열에 의해서 구동되는 이산시간 LTI 시스템이 가우스-마르코프 수열을 생성한다. 따라서 가우스-마르코프 수열을 생성하는 가장 단순한 방법은 1차 자기회귀(auto-regressive; AR) 시스템을 사용하는 것이다.

$$\mathsf{X}(n) = \rho\mathsf{X}(n-1) + \mathsf{W}(n) \tag{13.220}$$

여기에서 $\mathsf{W}(n)$은 독립이고 평균이 0인 WGN 수열이고, 필터계수 ρ는 $\mathsf{X}(n)$과 $\mathsf{X}(n-1)$ 간의 상관계수를 나타낸다.

$$\begin{aligned} \mathrm{E}[\mathsf{X}(n)\mathsf{X}(n-1)] &= \mathrm{E}[(\rho\mathsf{X}(n-1) + \mathsf{W}(n))\mathsf{X}(n-1)] \\ &= \rho\mathrm{E}[\mathsf{X}^2(n-1)] = \rho\sigma_{\mathsf{X}}^2(n-1) \end{aligned} \tag{13.221}$$

따라서 이 확률과정에서, 미래의 연관된 값을 생성하기 위해서 단지 하나의 과거 값만이 필요하다.

예제 13.22 상관계수 $\rho = 0.7$과 100 watts의 평균전력을 가지는 가우스-마르코프 확률과정 $\mathsf{X}(n)$의 샘플 10,000 개를 생성한다.

풀이 식 (13.220)에서 $\rho = 0.7$을 이용해서 $\mathsf{W}(n)$으로부터 $\mathsf{X}(n)$의 샘플들을 생성한다. WGN $\mathsf{W}(n)$을 생성하기 위해서, 분산 σ_{W}^2을 사용한다. 예제 13.14에서 사용했던 단계를 따

라서 식 (13.220)의 $\mathsf{X}(n)$의 자기상관은 다음과 같다.

$$R_{\mathsf{XX}}(\ell) = \left(\frac{\sigma_{\mathsf{W}}^2}{1-\rho^2}\right)\rho^{|\ell|} = \left(\frac{\sigma_{\mathsf{W}}^2}{0.51}\right)0.7^{|\ell|} \tag{13.222}$$

$\mathsf{X}(n)$의 평균전력은 다음과 같다.

$$R_{\mathsf{XX}}[0] = \frac{\sigma_{\mathsf{W}}^2}{0.51} \tag{13.223}$$

따라서 $R_{\mathsf{XX}}[0] = 100$일 때, $\sigma_{\mathsf{W}}^2 = 51$이 된다. 이제 randn 함수를 사용해서 $\mathsf{W}(n)$의 샘플들을 생성하고, 식 (13.220)을 사용해서 이 샘플들을 필터링하여 $\mathsf{X}(n)$의 샘플들을 얻는다. 다음의 MATLAB 스크립트가 이 과정을 수행한다.

```
>> N = 10000; varW = 51;
>> wn = sqrt(varW)*randn(N,1);
>> rho = 0.7; b = 1; a = [1,-rho];
>> xn = filter(b,a,wn);
```

이 결과로 생성된 샘플들이 예제 13.11에서 사용되었다. 이 샘플들과 정규화된 자기상관 수열이 그림 13.12에 보인다.

■

13.6.4 필터링된 잡음과정

통신 수신 시스템에 입력되는 열잡음을 백색잡음으로 모델링하더라도, 그 입력은 수신기 내부의 연산단계에 의해서 필터링 된다. 각 단계에서 연관된 잡음과정이 생성되는데, 이것을 컬러잡음 확률과정 혹은 줄여서 컬러 확률과정이라고 한다. 만약 수신기의 주파수 응답이 $H(j\Omega)$이고, 입력이 PSD $S_{\mathsf{WW}}(\Omega) = N_0/(4\pi)$인 WGN $\mathsf{W}(n)$이면, 컬러 확률과정 $\mathsf{X}(t)$는 평균이 0이고 다음과 같은 PSD를 갖는다.

$$S_{\mathsf{XX}}(\Omega) = \tfrac{N_0}{4\pi}\left|H(j\Omega)\right|^2 \tag{13.224}$$

일반적으로 수신기의 처리 단계들은 대역통과 시스템이기 때문에, 필터링된 잡음은 대역통과 확률과정이다. 그러나, 신호의 정보 부분은 일반적으로 저주파 전력 분포를 갖는다. 두 종류의 확률 과정을 다음에서 학습한다.

저주파 확률과정

확률과정 $\mathsf{X}(t)$의 전력스펙트럼이 $F = 0$ 근처에서 높고, 고주파에서는 작아져서 0에 수렴할 경우, 저주파 확률과정 혹은 줄여서 저주파 과정이라고 한다. 다시 말해서, 저주파 확률과정은 대부분의 전력이 저주파 대역에 집중된다. 예제 13.22에서 생성했던 이산시간 확률과정은 PSD가 그림 13.16과 같은 저주파 과정이다.

저주파 확률과정 $\mathsf{X}(t)$는 전력스펙트럼이 $S_{\mathsf{XX}}(j\Omega) = 0$ for $|\Omega| > 2\pi B$를 만족할 때 대역

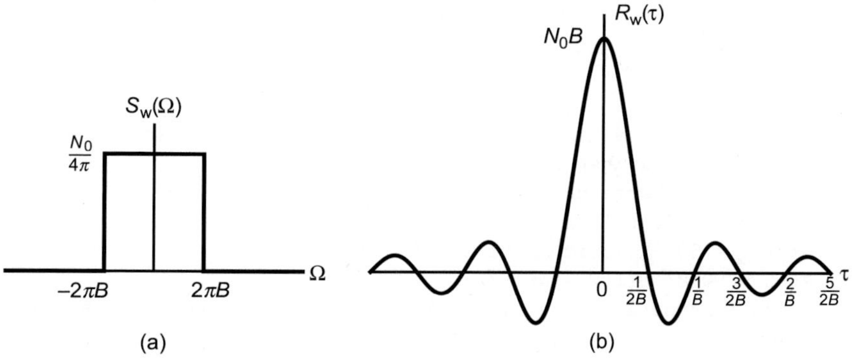

그림 13.22 이상적인 저주파 과정: (a) PSD, (b) 자기상관함수

제한되었다고 한다. 이 때 매개변수 B는 이 확률과정의 대역폭을 나타내고, 단위는 Hz이다. 이것은 WN 과정을 저대역통과 필터에 통과시켜서 생성된다. 유사한 방법으로 이상적인 대역제한된 저주파 과정은 WN 과정을 다음과 같은 주파수응답 함수를 갖는 이상적인 저대역통과필터에 통과시켜서 생성할 수 있다.

$$H(j\Omega) = \begin{cases} 1, & |\Omega| \le 2\pi B \\ 0, & |\Omega| > 2\pi B \end{cases} \tag{13.225}$$

이것은 다음과 같은 PSD를 갖소, 단위는 w/rad(watts per radian)이다.

$$S_{\mathsf{X}\mathsf{X}}(\Omega) = \begin{cases} N_0/(4\pi), & |\Omega| \le 2\pi B \\ 0, & |\Omega| > 2\pi B \end{cases} \tag{13.226}$$

이 결과는 그림 13.22(a)에 보이고, 이 과정의 평균 전력은 $\overline{P_{\mathsf{X}}} = \frac{N_0}{4\pi}(4\pi B) = N_0 B$ watts가 된다. 또한 이 과정의 자기상관 함수는 다음과 같다.

$$R_{\mathsf{X}\mathsf{X}}(\tau) = N_0 B \,\mathrm{sinc}(2B\tau) \tag{13.227}$$

이 결과도 그림 13.22에 보인다. 만약 $\mathsf{X}(t)$가 가우시안이면, 자기상관함수의 0교차점들로부터 이상적인 대역제한된 저주파 과정에서 $\tau = 1/2B$의 지연 간격으로 분리된 각 확률변수쌍들이 서로 무상관 (평균이 0이기 때문에)이거나 독립임을 알 수 있다.

예제 13.23 이산시간 WGN 과정을 적절하게 설계된 IIR 타원 필터 식 (13.225)에 통과시켜서 대역제한된 저주파 과정의 샘플들을 생성사는 문제를 생각해본다. 5차 타원필터를 이용해서 3 KHz에서 대역제한된 저주파 과정 $\mathsf{X}(t)$의 샘플들인 $\mathsf{X}(n)$을 구한다.

풀이 우선 통과대역의 차단주파수를 $\omega_p = (3/20)2\pi = 0.3\pi$로 설정한 5차의 타원필터를 설계한다. 이상적인 저역통과필터를 근사화하기 위해서, 통과대역의 리플을 0.1 dB로 선택하고 차단애역의 감쇄를 50 dB로 선택한다. `ellip` 함수를 이용해서 원하는 저역통과필터를 설계하여 대역제한된 저주파 과정의 샘플들을 얻기 위한 WGN 샘플들의 필터링을 수행한다. 다음의 MATLAB 스트립트가 이 과정을 수행한다.

```
M = 100; % Number of sample sequences to average over
N = 10000; % Number of samples in each sequence
varW = 4; % Variance of the input WGN process
sigW = sqrt(varW); % Standard deviation
maxlag = 50; % Maximum number of lag values
Nfft = 2048; Nfft2 = Nfft/2; % FFT size
Rxsum = zeros(2*maxlag+1,1)'; % Contains Autoc sum for averaging
Sxsum = zeros(Nfft+1,1); % Contains PSD sum for averaging
ell = -maxlag:maxlag; % Lag indices
f = linspace(-0.5,0.5,Nfft+1); % Frequency grid
% Approximation to Ideal LPF using Elliptic Filter
omp = 0.3; % Passband cutoff in pi units
Rp = 0.1; % Passband ripple in dB
As = 50; % Stopband attenuation in dB
Nellip = 5; % Order of the elliptic filter
[b,a] = ellip(Nellip,Rp,As,omp); % Elliptic filter coefficients
% Loop over M Sample Sequences
for k = 1:M
    % Generate 10000 samples of WGN Process
    wn = sigW*randn(N,1)';
    xn = filter(b,a,wn); % Filtered WGN using lowpass filter
    % Compute ACRS
    [Rx,lags] = xcorr(xn, maxlag,'unbiased');
    Rxsum = Rx+Rxsum;
    Sx = PSD(Rx,maxlag,Nfft); % Compute PSD
    Sxsum = Sx+Sxsum;
end
Rx = Rxsum/M;
Sx = Sxsum/M;
% Plotting commands follow
```

그림 13.23의 윗 그림은 생성된 확률과정의 샘플 몇 개를 보이고, 아래 그림들은 차례로 자기상관함수와 PSD 함수를 보인다. 자기상관함수의 그림은 명확하게 싱크 함수의 형태를 보이지만, PSD 그림은 3 KHz를 중심으로 대역제한되어 있다.

대역통과 확률과정

확률과정의 전력스펙트럼이 중심주파수 $\pm F_0$ 주변의 주파수 대역에서 높은 값을 갖고, 그 이외의 주파수 대역에서는 낮은 값을 가질 때, 대역통과 확률과정이라 한다. 특히 통과 대역이 $B \ll F_0$일때 협대역통과 확률과정이라 한다.

PSD $S_{\mathsf{W}\mathsf{W}}(\Omega) = N_0/(4\pi)$를 갖는WGN 과정 $\mathsf{W}(t)$가 이상적인 대역통과필터 $H(j\Omega)$에 입력된 결과 출력을 $\mathsf{X}(t)$라 한다. 이상적인 대역통과필터는 그림 13.24와 같이 주파수 F_0 Hz를 중심으로 대역폭 B Hz를 갖는다. 이 필터의 주파수응답은 다음과 같다.

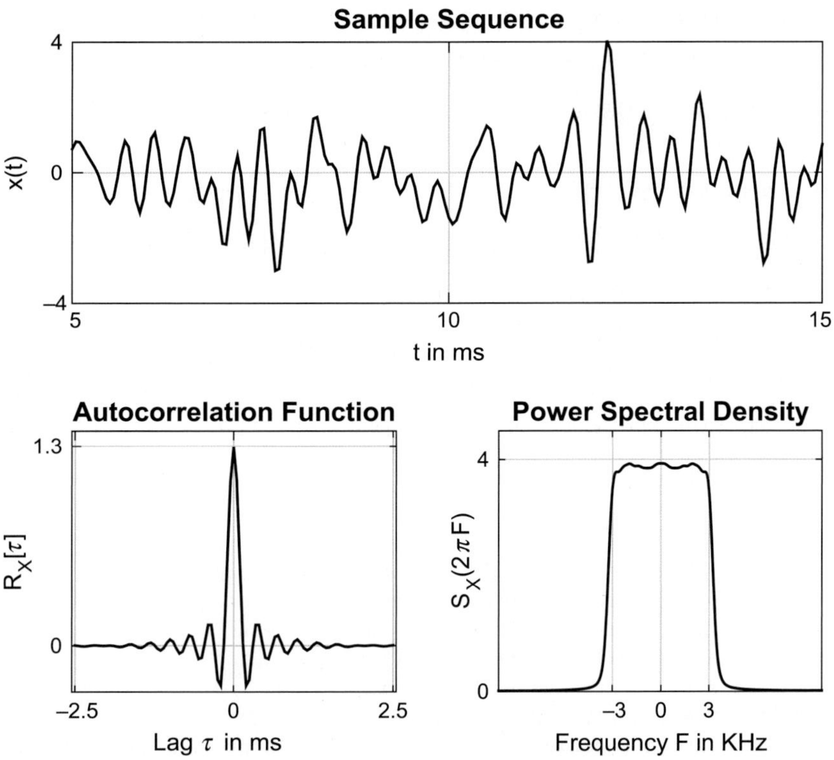

그림 13.23 생성된 대역제한된 저주파 과정의 샘플들, 자기상관값, 그리고 PSD 함수

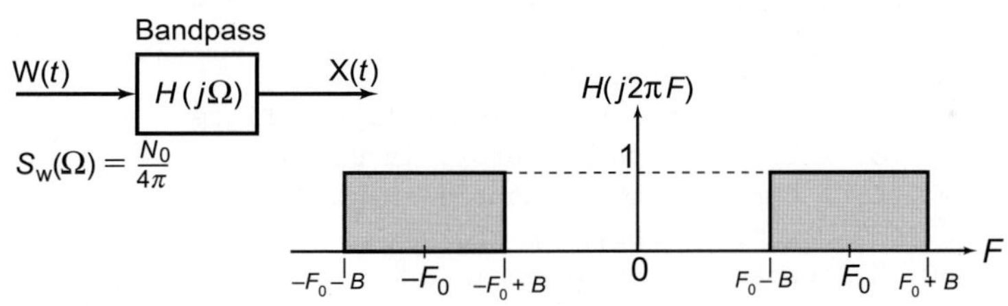

그림 13.24 White noise filtered through an ideal bandpass filter

$$H(j\Omega) = \begin{cases} 1, & |\Omega - \Omega_0| \le 2\pi B \\ 0, & \text{그 외} \end{cases} \tag{13.228}$$

열잡음이 백색이고 가우시안이기 때문에, 필터링된 잡음 X(t)는 가우시안이지만 백색은 아니다. 필터링된 잡음의 PSD는 다음과 같고

$$\begin{aligned} S_{\mathsf{XX}}(\Omega) &= \left|H(j\Omega)\right|^2 S_{\mathsf{WW}}(\Omega) \\ &= \frac{N_0}{4\pi} H(j\Omega) = \begin{cases} \frac{N_0}{4\pi}, & |\Omega - \Omega_0| \le 2\pi B \\ 0, & \text{그 외} \end{cases} \end{aligned} \tag{13.229}$$

평균전력은 다음과 같다.

$$\overline{P_{\mathsf{X}}} = 2 \times \frac{N_0}{4\pi} \times 4\pi B = 2N_0 B \text{ watts} \tag{13.230}$$

예제 13.24 여기에서는 예제 13.23의 과정을 사용해서 근사화된 대역제한된 대역통과 과정의 샘플들을 구해본다. 10차 타원 대역통과필터를 사용해서 대역폭이 3에서 6 KHz 사이인 대역통과 과정 X(t)의 샘플들을 생성하시오.

풀이 이번에도 통과대역의 차단 주파수를 $\omega_{p_1} = (3/20)2\pi = 0.3\pi$과 $\omega_{p_2} = (6/20)2\pi = 0.6\pi$로 선택하여 10차의 타원 필터를 설계한다. 이상적인 대역통과필터를 근사화하기 위해서, 통과대역의 리플을 0.1 dB, 차단대역의 감쇠를 50 dB로 선택한다. 다음 단계로, `ellip` 함수를 사용해서 대역제한된 대역통과 과정의 샘플을 얻기 위해서 WGN샘플을 필터링하는데 사용하기 위한 대역통과필터를 얻는다. 다음의 MATLAB 스크립트는 필요한 모든 자세한 내용을 제공한다. 대역통과 처리 과정에서 대표적인 부분은 자기상관 및 PSD 함수이며, 그림 13.25에 보인다.

```
M = 100; % Number of sample sequences to average over
N = 10000; % Number of samples in each sequence
varW = 1; % Variance of the input WGN process
sigW = sqrt(varW); % Standard deviation
maxlag = 50; % Maximum number of lag values
Nfft = 2048; Nfft2 = Nfft/2; % FFT size
Rxsum = zeros(2*maxlag+1,1)'; % Contains Autoc sum for averaging
Sxsum = zeros(Nfft+1,1); % Contains PSD sum for averaging
ell = -maxlag:maxlag; % Lag indices
f = linspace(-0.5,0.5,Nfft+1); % Frequencies in cycles/sam
Fs = 20; % Sampling rate in Khz
F = f*Fs; % Frequencies in KHz
% Approximation to ideal BPF using elliptic filter
omp1 = 0.3; % Lower Passband cutoff in pi units
omp2 = 0.6; % Upper Passband cutoff in pi units
Rp = 0.1; % Passband ripple in dB
As = 50; % Stopband attenuation in dB
Nellip = 5; % Order of the resulting elliptic filter is 2*N
[b,a] = ellip(Nellip,Rp,As,[omp1,omp2]); % Elliptic filter coefficients
% Loop over M sample sequences
for k = 1:M
    % Generate 10000 samples of WGN Process
    wn = sigW*randn(N,1)';
    xn = filter(b,a,wn); % Filtered WGN using lowpass filter
    % Compute ACRS
    [Rx,lags] = xcorr(xn, maxlag,'unbiased');
    Rxsum = Rx+Rxsum;
    Sx = PSD(Rx,maxlag,Nfft); % Compute PSD
    Sxsum = Sx+Sxsum;
end
Rx = Rxsum/M;
Sx = Sxsum/M;
% Plotting commands follow
```

■

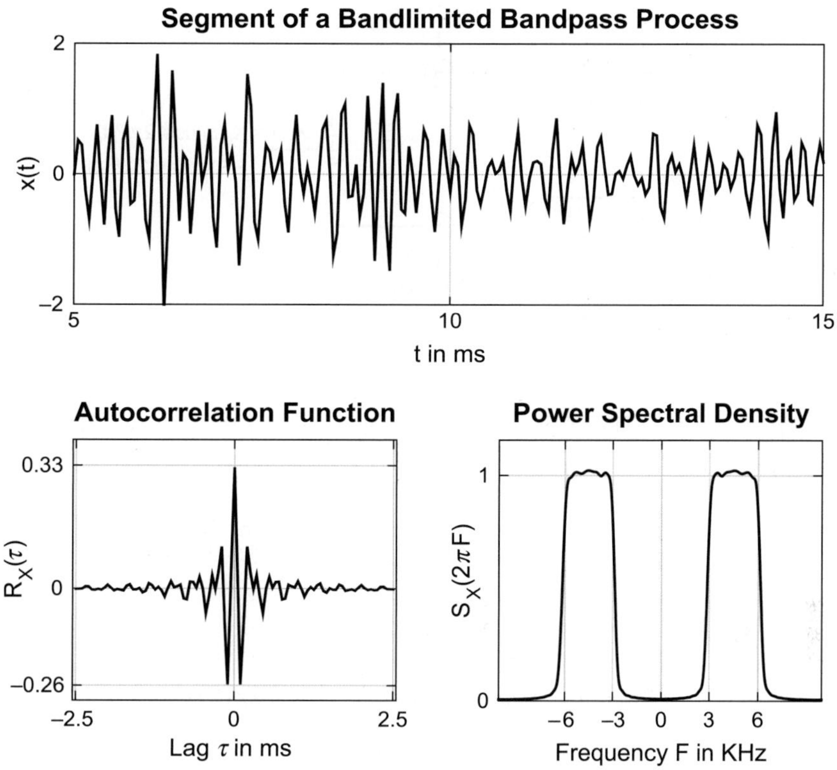

그림 13.25 예제 13.24에서 생성된 대역제한 대역통과 과정의 일부분, 자기상관함수, 그리고 PSD

대역통과 과정들은 변조된 신호들의 표현에 적합하다. 통신시스템에서 정보를 포함하는 신호는 보통 저대역통과 확률과정으로서, 협대역 대역통과 통신채널을 통해서 전송되는 캐리어 신호를 변조하는 역할을 한다. 따라서 변조된 신호는 대역통과 확률과정이 된다.

대역통과 확률과정 $\mathsf{X}(t)$는 저대역통과 확률과정을 이용해서 다음과 같이 표현할 수 있다.

$$\mathsf{X}(t) = \mathsf{X}_c(t)\cos(2\pi F_0 t) - \mathsf{X}_s(t)\sin(2\pi F_0 t) \tag{13.231}$$

여기에서 $\mathsf{X}_c(t)$와 $\mathsf{X}_s(t)$는 차례대로 동위상(in-phase)과 직교위상(quadrature-phase) 성분이라고 한다. 확률과정 $\mathsf{X}_c(t)$와 $\mathsf{X}_s(t)$는 저대역통과 과정들이다.

■ 정리 1 만약 $\mathsf{X}(t)$ 가 평균이 0인 정상 확률과정이라 하면, 확률과정 $\mathsf{X}_c(t)$와 $\mathsf{X}_s(t)$ 역시 평균이 0인 결합 정상 확률과정이다.

사실, $\mathsf{X}_c(t)$와 $\mathsf{X}_s(t)$의 자기상관함수들이 서로 같고, 다음과 같이 표현된다는 것은 쉽게 증명할 수 있다. ([82] 참고)

$$R_{\mathsf{X}_c}(\tau) = R_{\mathsf{X}_s}(\tau) = R_{\mathsf{XX}}(\tau)\cos(2\pi F_0\tau) + \hat{R}_{\mathsf{XX}}(\tau)\sin(2\pi F_0\tau) \tag{13.232}$$

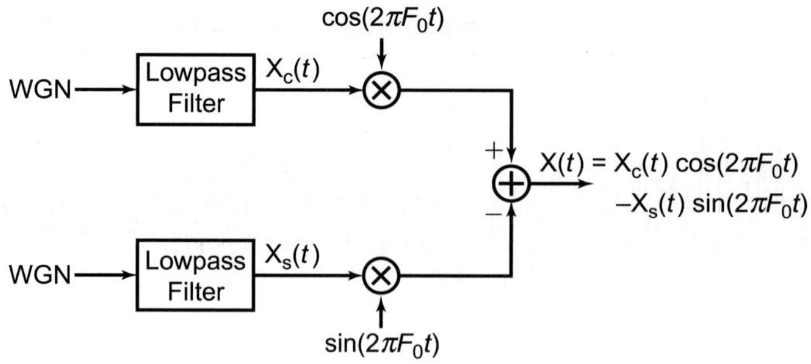

그림 13.26 대역통과 확률과정의 생성

여기에서 $R_{\mathsf{XX}}(\tau)$는 대역통과 과정 $\mathsf{X}(t)$의 자기상관함수이고, $\hat{R}_{\mathsf{XX}}(\tau)$는 $R_{\mathsf{X}}(\tau)$의 힐버트 변환으로서 다음과 같이 정의된다.

$$\hat{R}_{\mathsf{XX}}(\tau) = \frac{1}{\pi}\int_{-\infty}^{\infty}\frac{R_{\mathsf{XX}}(\tau)}{\tau - t}\,\mathrm{d}t \tag{13.233}$$

$\mathsf{X}_c(t)$와 $\mathsf{X}_s(t)$의 교차상관함수는 다음과 같다.

$$R_{\mathsf{X}_{cs}}(\tau) = R_{\mathsf{XX}}(\tau)\sin(2\pi F_0\tau) - \hat{R}_{\mathsf{XX}}(\tau)\cos(2\pi F_0\tau) \tag{13.234}$$

예제 13.25 두 개의 통계적으로 독립임 가우시안 확률과정 $\mathsf{X}_c(t)$와 $\mathsf{X}_s(t)$를 생성하여 가우시안 대역통과 과정의 샘플들을 만들어본다. 다음으로 이 샘플들을 이용해서 직교위상 캐리어들인 $\cos(2\pi F_0 t)$와 $\sin(2\pi F_0 t)$를 그림 13.26과 같이 변조한다.

풀이 MATLAB을 사용해서, 저역통과 과정들인 $\mathsf{X}_c(t)$와 $\mathsf{X}_s(t)$의 샘플들을 생성하기 위해서 두개의 독립적인 가우시안 백색잡음 수열을 두 개의 이상적인 저역통과 필터를 사용해서 필터링한다. 그 결과로 $\mathsf{X}_c(t)$와 $\mathsf{X}_s(t)$의 샘플값에 해당하는 $\mathsf{X}_c(n)$과 $\mathsf{X}_s(n)$의 샘플을 얻는다. 다음 단계로, $\mathsf{X}_c(n)$은 샘플링된 캐리어 $\cos(2\pi F_0 nT)$을 변조하고, $\mathsf{X}_s(n)$은 직교위상 캐리어 $\sin(2\pi F_0 nT)$를 변조한다. 이 때 T는 적절한 샘플링 간격을 나타낸다.

이 계산을 위한 MATLAB 스크립트가 다음과 같이 제공된다. 여기에서 다음과 같은 시스템함수를 갖는 저역통과 필터를 사용했다.

$$H(z) = \frac{1}{1 - 0.9z^{-1}} \tag{13.235}$$

또한 $T = 0.001$ sec, 샘플링속도 1000 sam/sec, $F_0 = 200$ Hz를 사용했다. 그림 13.27에 확률과정의 일부분, 자기상관함수, 그리고 PSD를 보인다.

```
M = 100; % Number of sample sequences to average over
N = 10000; % Number of samples in each sample sequence
varW = 1; % Variance of the input WGN process
sigW = sqrt(varW); % Standard deviation
```

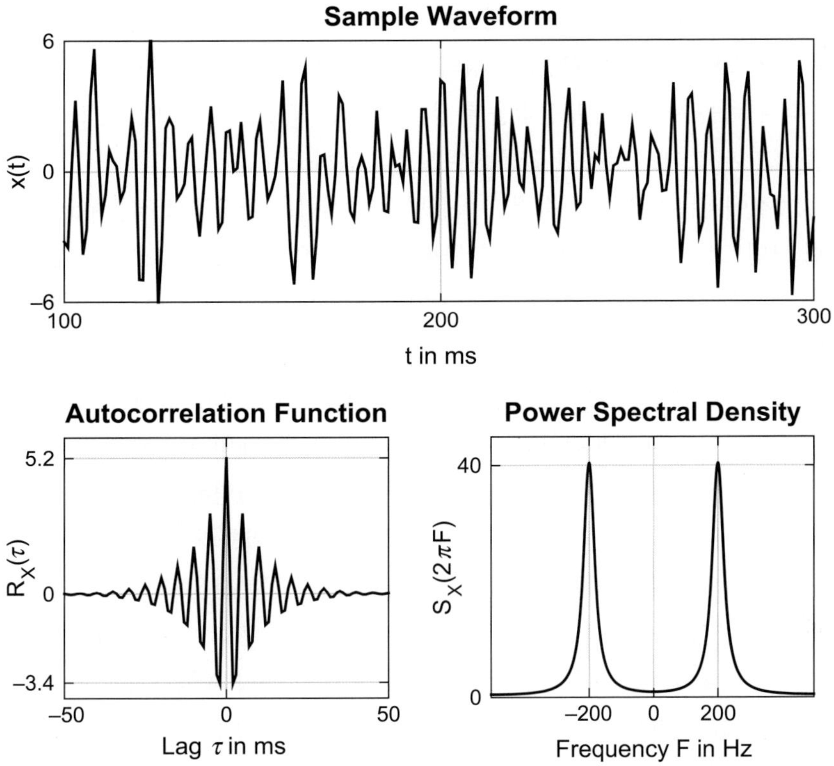

그림 13.27 예제 13.25에서 생성한 대역통과 확률과정의 일부분, 자기상관함수, 그리고 PSD.

```
maxlag = 50; % Maximum number of lag values
Nfft = 2048; Nfft2 = Nfft/2; % FFT size
Rxsum = zeros(2*maxlag+1,1)'; % Contains Autoc sum for averaging
Sxsum = zeros(Nfft+1,1); % Contains PSD sum for averaging
ell = -maxlag:maxlag; % Lag indices
f = linspace(-0.5,0.5,Nfft+1); % Frequency grid
Fs = 1000; % Sampling rate in Khz
F = f*Fs; % Frequencies in KHz
F0 = 200; % Carrier frequency in Hz
T = 1/Fs; % Sampling interval
t = (0:N-1)*T; % Sampled time instances
```

13.7 요약 및 참고문헌

이번 장에서는 무작위로 변화하는 파형을 가진 신호들의 확률적, 통계적인 표현을 제공하였고, 이 신호들이 LTI 시스템을 통과해서 처리될 때 필요한 도구와 기술을 소개하였다. 13.1절에서 확률변수의 개념을 단일 무작위 관측 모델로 정의하였다. 다시 말해서 확률변수를 확률함수들을 사용해서 정의하였고, 이들 중 가장 중요한 함수가 주변확률밀도함수이다. 이를 위해서 MATLAB 함수인 pdf1은 정규화된 히스토그램을 사용해서 pdf를 시뮬레이션한다. 실용적으로 단순화된 확률변수의 정의를 위해서 평균과 분산의 통계적 모멘트를 강조하였고, 다수의 관측을 사용해서 평균값을 추정할 수 있는 도구를 제공하였다. 또한 균일 가우시안 분포를 포함한 몇 개의 유용한 확률변수 모델을 논하였다.

13.2절에서는 이전에 학습했던 확률변수의 개념을 확장해서 결합 pdf와 상관도와 분포의 결합 모멘트를 사용해서 한 쌍의 확률변수를 다루었다. MATLAB에서 결합밀도함수를 실험하기 위해서 산포도를 사용하였다. 이변량 가우시안 분포라고 불리는 확률변수쌍을 위한 중요한 모델을 자세하게 학습하였고, 고유하고 중요한 특성을 열거하였다.

이 장의 중요한 초점은 확률신호 혹은 확률과정이다. 13.3절에서 확률신호 값 $\mathsf{X}(t)$를 고정된 시간 t에서 하나의 확률변수로 모델링하였고, 두 개의 고정된 시간 t_1과 t_2에서는 두 개의 무작위 관측값 $(\mathsf{X}(t_1), \mathsf{X}(t_2))$을 확률변수쌍으로 모델링하였다. 이렇게 해서 주변밀도, 결합밀도, 평균, 분산, 상관도, 그리고 분산 등의 개념을 확률과정에 그대로 적용하였다. 평균과 분산은 시간의 함수가 되는 반면, 자기상관도와 자기공분산은 결합 시간의 함수가 된다. 실제로, 우리는 시간에 따라서 변하지 않는 통계적 변량에 관심이 있기 때문에, 평균이 상수이고 자기 모멘트들이 지연변수인 $\tau = t_1 - t_2$의 함수인 정상 확률과정에 초점을 맞추었다. 또한 실용적인 고려사항으로서, 단일 샘플 파형을 관측해서 평균과 자기상관도를 추정할 수 있는 에르고딕 확률과정을 논하였다. 이러한 개념을 이산시간 확률과정 혹은 확률수열로 확장시켰다. MATLAB 함수인 xcorr를 사용하는 몇 가지 예제를 제공하였다.

신호를 표현하는데 가장 중요한 매개변수들 중의 하나가 평균전력이다. 13.4절에서 Wiener-Khinchin 정리를 소개하여, 정상 확률과정의 자기상관함수와 전력스펙트럼밀도를 푸리에변환쌍으로 연관지었고, 이 결과를 사용해서 주파수영역에서 평균 전력을 계산할 수 있다. 이러한 개념 역시 이산시간 확률과정 혹은 확률수열로 확장하였다. 13.5절에서 정상 확률과정과 확률수열을 LTI 시스템을 사용해서 필터링하는 과정에 대해서 학습하였다. 시간영역에서 임펄스응답과 콘벌루션을 통해서 출력의 평균과 자기상관도를 얻는 방법을 소개하였다. 같은 방법으로, 주파수영역에서 주파수응답함수를 사용해서 출력 PSD 함수를 얻는 방법도 소개하였다.

13.6절에서 몇 개의 실용적인 확률과정을 소개하였고, 단순한 선형필터를 사용해서 그들의 샘플을 구하는 방법을 알아보았다. 가우시안 확률과정은 이변량가우시안 분포를 임의의 시간에서 다변량 가우시안 분포로 확장한 것이다. 백색잡음 과정은 전자 부품들의 열잡음을 표현하기 위해서 고안한 이상적인 모델이다. 이 잡음과정이 재귀적인 방정식을 통해서 마르코프 확률과정이 되고, 저역 및 대역통과필터를 통해서 저대역 혹은 대역통과 확률과정이 된다. 마지막으로, 백색잡음 과정을 필터링하여 대역제한된 저역통과 및 대역통과 과정을 생성하는 방법을 소개하였다.

이 장에서 소개된 내용은 지난 50년간 출판되었던 많은 교재들에서도 수록되어 있다. 확률이론 및 확률과정이 직관적으로 가장 잘 정리된 것은 Papoulis와 Pillai의 저서이고[73], 현재

4판까지 출판되었다. 대학원 과정을 위해서는 Stark와 Wood [90], Leon-Garcia [53]의 교재가 적합하다. 학부과정을 위해서는 Miller와 Childers [67], Yates와 Goodman [99]의 교재면 충분하다. 이 내용은 많은 교재들에서 하나의 장 혹은 섹션으로 제공되기도 하는데, 그러한 교재들은 Proakis와 Salehi [82], Oppenheim과 Schafer [71], Manolakis와 Ingle [60], Manolakis, Ingle, Kogon [61] 등이 있다.

선형 예측과 최적 선형 필터

14 chapter

신호 추정을 수행하기 위한 필터의 설계는 통신 시스템 및 제어 시스템, 지구 물리학 및 기타 여러 분야의 설계에서 자주 발생하는 문제이다. 이 장에서 통계적 관점에서 최적화 필터 설계의 문제를 다룬다. 필터는 선형으로 제한되며, 최적화 기준은 평균 제곱 오차의 최소화를 기반으로 한다. 결과적으로 최적의 필터를 결정할 때는 자기 상관 함수 또는 서로 연관 함수와 같은 정적 프로세스의 2차 통계(Auto-correlation or Cross-correlation)만 필요하다.

이 처리에는 선형 예측을 위한 최적의 필터 설계가 포함된다. 선형 예측은 통신 시스템에서 음성 신호 처리, 이미지 처리 및 잡음 억제와 같은 다양한 분야의 응용과 함께 디지털 신호 처리에서 특히 중요한 주제이다. 우리가 관찰해야 할 것처럼 선형 예측을 위한 최적의 필터를 결정하기 위해서는 특별한 대칭성을 갖는 일련의 선형 방정식의 해가 필요하다. 이 선형 방정식을 풀기 위해 Levinson-Durbin과 Schur 두 가지 알고리즘을 설명한다. 이는 대칭성을 활용하는 계산 효율적인 절차를 통해 해를 제공하는 알고리즘이다.

이 장의 마지막 절에서는 부가 잡음으로 손상된 신호를 추정하는 많은 응용 분야에서 널리 사용되는 위너 필터(Wiener filter)라는 최적의 필터에 대한 중요한 클래스를 다루고 있습니다.

14.1 정상 확률 과정의 혁신 표현

이 절에서 우리는 wide-sense 정상 랜덤 프로세스가 원인의 출력과 백색 잡음 과정에 의해 여기(excited)된 인과적으로 반전 가능한 선형 시스템으로 표현될 수 있음을 입증한다. 시스템이 인과적으로 반전 될 수 있다는 조건은 또한 우리가 백색 잡음 과정인 역 시스템의 출력에 의한 wide-sense 정적 랜덤 프로세스를 나타낼 수 있게 한다.

자기 상관 시퀀스 $R_{XX}(m)$와 함께 wide-sense 정적 프로세스 $X(n)$와 파워 스펙트럼 밀도[1] $S_{XX}(f)$를 고려해보자($|f| \le \frac{1}{2}$). $S_{XX}(f)$가 모든 $|f| \le \frac{1}{2}$에 대해 실수이고 연속적이라고 가정한다. 자기 상관 시퀀스 $\{R_{XX}(m)\}$의 z-변환은 복소 PSD라 불리고 다음 식과 같다.[2]

$$S_{XX}(z) = \sum_{m=-\infty}^{\infty} R_{XX}(m) z^{-m} \tag{14.1}$$

식 (14.1)로부터 $z = \exp(j2\pi f)$를 대입하여 단위 원에 대해 $S_{XX}(z)$를 평가함으로써 파워 스펙트럼 밀도 $S_{XX}(f)$를 구한다.

이제 log $S(z)$가 단위 원을 포함하는 z-평면의 고리 모양의 영역에서 분석적인(모든 차수의 미분을 가짐) 것으로 가정한다. 즉, $r_1 < |z| < r_2$ $(r_1 < 1,\ r_2 > 1)$. 그런 다음 log $S_{XX}(z)$가 Laurent series로 확장될 수 있다.

$$\log S_{XX}(z) = \sum_{m=-\infty}^{\infty} v(m) z^{-m} \tag{14.2}$$

여기서 $v(m)$은 series 확장에서 계수들이다. $\{v(m)\}$을 z-변환 $V(z) = \log S_{XX}(z)$ 갖는 시퀀스로 볼 수 있다. 동등하게, 우리는 단위 원에 $\log S_{XX}(z)$를 평가할 수 있다.

$$\log S_{XX}(z)\big|_{z=e^{j2\pi f}} = \log S_{XX}(f) = \sum_{m=-\infty}^{\infty} v(m) e^{-j2\pi f m} \tag{14.3}$$

이번 챕터에서는 PSD에 대한 13장의 $S_{XX}(2\pi f)$ 표기법을 약간 무시하고, $S_{XX}(f)$로 간단히 나타낸다.

$S_{XX}(w)$, $S_{XX}(f)$ 및 $S_{XX}(z)$는 모두 동일한 기본 PSD 함수를 나타내지만, 다른 주파수 독립 변수에 종속한다. 정확한 종속은 문맥에서 분명해야 한다. $v(m)$는 주기 함수 $\log S_{XX}(f)$의 푸리에 급수 전개에서의 푸리에 계수이다.

$$v(m) = \int_{-\frac{1}{2}}^{\frac{1}{2}} [\log S_{XX}(f)] e^{j2\pi f m}\, \mathrm{d}f, \qquad m = 0, \pm 1, \ldots \tag{14.4}$$

$S_{XX}(f)$는 f의 실수 및 짝수 함수이기 때문에 $v(m) = v(-m)$이다.

식 (14.2)로부터 식 (14.5)는 다음과 같다.

---

1 본장에서 지난 13장에서 도입한 전력 밀도 함수(Power Spectral Density: PSD)와 관련하여 $S_{XX}(2\pi f)$를 편의상 $S_{XX}(f)$로 단순화 함.

2 필요 및 편집 측면에서 선형 주파수(f), 호도각 주파수(ω) 및 복소 공간 전력 밀도 함수(complex PSD)에 대하여 혼용한다. 좀더 나은 또는 상세한 구별은 본문에서 명기할 생각임.

$$\begin{aligned} S_{XX}(z) &= \exp\left[\sum_{m=-\infty}^{\infty} v(m)z^{-m}\right] \\ &= \exp\left[\sum_{m=-\infty}^{-1} v(m)z^{-m} + v(0) + \sum_{m=1}^{\infty} v(m)z^{-m}\right] \\ &\triangleq \sigma_W^2 H(z)H(z^{-1}) \end{aligned} \tag{14.5}$$

여기서 $\sigma_W^2 = \exp[v(0)]$이고,

$$H(z) = \exp\left[\sum_{m=1}^{\infty} v(m)z^{-m}\right], \qquad |z| > r_1 \tag{14.6}$$

만약 식 (14.5)가 단위 원에서 계산하면, 전력 스펙트럼 밀도의 등가 표현을 다음과 같이 나타낸다.

$$S_{XX}(f) = \sigma_W^2 |H(f)|^2 \tag{14.7}$$

그런 다음과 같이 쓸 수 있다.

$$\begin{aligned} \log S_{XX}(f) &= \log \sigma_W^2 + \log H(f) + \log H^*(f) \\ &= \sum_{m=-\infty}^{\infty} v(m)e^{-j2\pi fm} \end{aligned}$$

식 (14.6)에 주어진 $H(z)$의 정의로부터 식 (14.3)의 푸리에 급수의 인과적인(causal) 부분은 $H(z)$와 연관되고, anticausal 부분은 $H(z^{-1})$과 연관된다.

식 (14.6)에 의해 주어진 시스템 함수 $H(z)$를 갖는 필터는 $|z| > r_1 < 1$에서 분석적이다. 그러므로 이 영역에서는 causal 시스템 형태로 Taylor series 전개를 가진다.

$$H(z) = \sum_{n=0}^{\infty} h(n)z^{-n} \tag{14.8}$$

파워 스펙트럼 밀도 σ_W^2를 갖는 백색 잡음 입력 시퀀스 $W(n)$에 대한 필터의 출력은 파워 스펙트럼 밀도 $S_{XX}(f) = \sigma_W^2 |H(f)|^2$를 갖는 정상 랜덤 프로세스(stationary random process) $X(n)$이다. 역으로 파워 스펙트럼 밀도 $S_{XX}(f)$를 갖는 정상 랜덤 프로세트 $X(n)$은 시스템 함수 $1/H(z)$를 갖는 선형 필터를 통해 $X(n)$을 통과시킴으로써 백색 잡음 프로세트로 변환 될 수 있다. 이 필터를 노이즈 역변환 필터(noise-whitening filter)라고 부른다. 그 출력은 $W(n)$로 표시되며 정상 랜덤 프로세스 $X(n)$과 관련된 혁신 프로세스라고 한다. 이 두 가

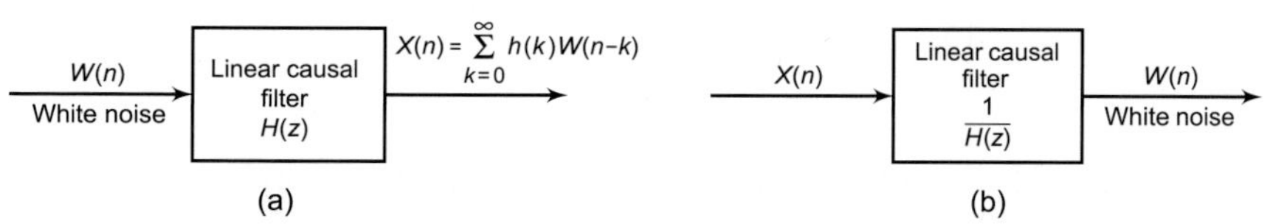

그림 14.1 (a) 백색 잡음으로부터 생성된 랜덤 프로세스 $X(n)$ 위한 필터 (b) 역(inverse) 필터

지 관계는 그림 14.1에 묘사된다. 여기서 $x(n)$과 $w(n)$은 각 각 정상 랜덤 프로세스 $\mathsf{X}(n)$과 $\mathsf{W}(n)$의 샘플 시퀀스이다.

백색 잡음 시퀀스 $\mathsf{W}(n)$에 의해 여기되고 식 (14.8)에 의해 주어진 시스템 함수 $H(z)$를 갖는 IIR 필터의 출력으로서 정상 확률 프로세스 $\mathsf{X}(n)$의 표현은 Wold 표현이라 부른다.

예제 14.1 wide-sense 정상 랜덤 프로세스의 자기 상관 함수는 다음과 같다.

$$R_{\mathsf{XX}}(m) = 5\left(\tfrac{1}{2}\right)^{|m|}$$

a. $S_{\mathsf{XX}}(z)$과 (14.5)에 주어진 그것의 요소 σ^2_{W}, $H(z)$, $H(z^{-1})$를 결정하라.

b. $R_{\mathsf{XX}}(m)$과 $S_{\mathsf{XX}}(f)$를 $|f| \le \frac{1}{2}$일 때 그래프로 그려라. 유의사항

$$S_{\mathsf{XX}}(f) = \sum_{m=-\infty}^{\infty} R_{\mathsf{XX}}(m)e^{-j2\pi fm}$$

$$R_{\mathsf{XX}}(m) = \int_{-\frac{1}{2}}^{\frac{1}{2}} S_{\mathsf{XX}}(f)e^{j2\pi fm}\,\mathrm{d}f$$

c. 입력 시퀀스 $w(n)$이 분산 σ^2_{W}을 갖는 백색 zero mean 가우시안 잡음 시퀀스의 샘플 시퀀스일 때 $0 \le n \le 10000$에 대한 출력 시퀀스 $x(n)$을 생성하기 위해 필터 $H(z)$를 구현하여라. $|m| \le 50$에 대한 자기상관 $R_{\mathsf{XX}}(m)$과 출력 시퀀스 $x(n)$의 파워 밀도 스펙트럼 $S_{\mathsf{XX}}(f)$를 계산하고 그래프로 그려라. (b)에서의 분석적인 결과들과 이 그래프들을 비교하고, 유사점과 차이점을 설명하여라. Biased 추정치 $\hat{R}_{\mathsf{XX}}(m)$와 $\hat{S}_{\mathsf{XX}}(f)$는 다음과 같이 정의된다.

$$\hat{R}_{\mathsf{XX}}(m) = \frac{1}{N}\sum_{n=0}^{N-m-1} x^*(n)x(n+m), \qquad 0 \le m \le N-1$$

$$\hat{S}_{\mathsf{XX}}(f) = \sum_{m=-(N-1)}^{N-1} R_{\mathsf{XX}}(m)e^{-j2\pi fm}, \qquad |f| \le \frac{1}{2}$$

풀이 이 예제는 예제 13.13과 같음을 유의하라.

a. $R_{\mathsf{XX}}(m)$의 z-변환은

$$\begin{aligned}
S_{\mathsf{XX}}(z) &= \sum_{m=-\infty}^{\infty} R_{\mathsf{XX}}(m)z^{-m} = 5\left[\sum_{m=-\infty}^{-1}\left(\frac{1}{2}\right)z^{-m} + \sum_{m=0}^{\infty}\left(\frac{1}{2}\right)^{m}z^{-m}\right] \\
&= \frac{15}{4}\left[\frac{1}{(1-\frac{1}{2}z^{-1})(1-\frac{1}{2}z)}\right], \qquad \frac{1}{2} < |z| < 2
\end{aligned}$$

그러므로 $\sigma^2_{\mathsf{W}} = \dfrac{15}{4}$이고 $H(z) = \dfrac{1}{1-\frac{1}{2}z^{-1}}$

b. PSD $S_{\mathsf{XX}}(f)$는 식 (13.148)을 이용하면 다음과 같이 주어진다.

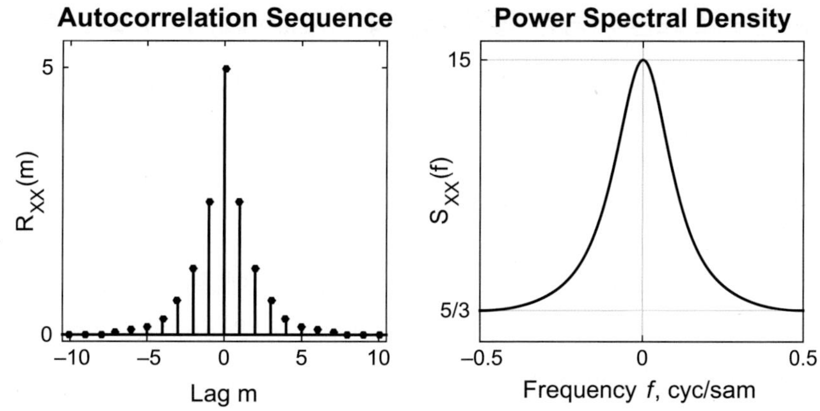

그림 14.2 예제 14.1(b)의 자기 상관함수 $R_{XX}(m)$ 및 전력 밀도 함수(PSD) $S_{XX}(f)$ 그래프

$$S_{XX}(f) = \sum_{m=-\infty}^{\infty} R_{XX}(m)e^{-j2\pi fm} = 5\sum_{m=-\infty}^{\infty}\left(\tfrac{1}{2}\right)^{|m|}e^{-j2\pi fm}$$
$$= \frac{15}{5-4\cos(2\pi f)}$$

$R_{XX}(m)$과 $S_{XX}(f)$는 그림 14.2와 같이 나타난다.

c. 필터 $H(z)$를 위한 차분 방정식은

$$x(n) = \tfrac{1}{2}x(n-1) + w(n)$$

여기서 $w(n)$은 분산 $\sigma_W^2 = \frac{15}{4}$를 갖는 백색 가우시안 잡음 프로세스로부터 샘플 시퀀스이다. 추정된 자기 상관 $\hat{R}_{XX}(m)$와 그것의 푸리에 변환 $\hat{S}_{XX}(f)$의 그래프는 그림 14.3에 나와 있으며, 13장에서 논의된 절차를 사용하여 얻은 것이다. 이 그래프들은 (b)와 비슷한 것을 관찰한다.

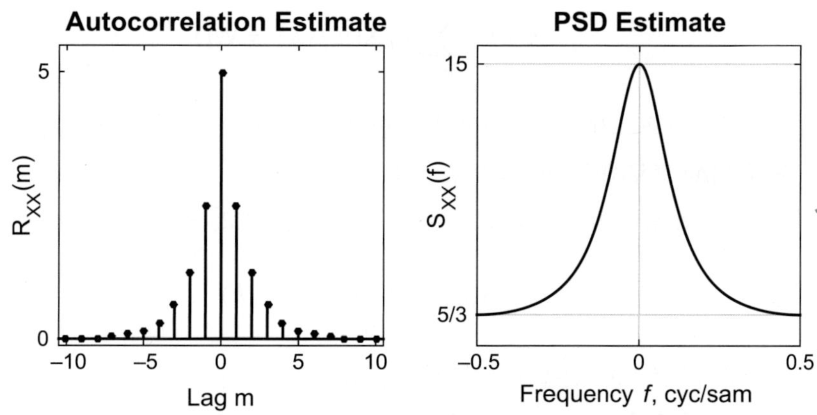

그림 14.3 예제 14.1(c)의 추정된 자기 상관함수 $\hat{R}_{XX}(m)$ 및 전력 밀도 함수(PSD) $\hat{S}_{XX}(f)$ 그래프

14.1.1 분수 분모로 표현 가능한 합리적인 함수(Rational) 전력 밀도 함수

이제 정상 랜덤 프로세스 $\mathsf{X}(n)$의 전력 스펙트럼 밀도가 다음과 같이 표현되는 합리적인 함수인 경우를 제한하자.

$$S_{\mathsf{XX}}(z) = \sigma_{\mathsf{W}}^2 \frac{B(z)B(z^{-1})}{A(z)A(z^{-1})}, \qquad r_1 < |z| < r_2 \tag{14.9}$$

여기서 다항식 $B(z)$와 $A(z)$는 z-평면에서 단위원 안에 속하는 루트를 가진다. 그런 다음, 백색 잡음 시퀀스 $\mathsf{W}(n)$으로부터 랜덤 프로세스 $\mathsf{X}(n)$을 생성하기 위한 선형 필터 $H(z)$도 합리적이며, 다음과 같이 표현된다.

$$H(z) = \frac{B(z)}{A(z)} = \frac{\sum_{k=0}^{q} b_k z^{-k}}{1 + \sum_{k=1}^{p} a_k z^{-1}}, \qquad |z| > r_1 \tag{14.10}$$

여기서 b_k 및 a_k는 각각 $H(z)$의 zero 및 pole의 위치를 결정하는 필터 계수이다. 또한 $H(z)$는 인과적(causal)하고 안정(stable)하고 최소 위상(phase) 선형 시스템이다. 그것의 역수인 $1/H(z)$ 또한 인과적, 안정적, 최소 위상 선형 시스템이다. 그러므로 랜덤 프로세스 $\mathsf{X}(n)$은 혁신 프로세스 $\mathsf{W}(n)$의 통계적 특성을 유일하게 나타내며 그 반대의 경우도 마찬가지다. 식 (14.10)에 의해 주어진 합리적인 시스템 함수 $H(z)$를 갖는 선형시스템의 경우, 출력 프로세스 X(n)은 다음 차분 방정식에 의해 입력 프로세스 $\mathsf{W}(n)$과 연관이 있다.

$$\mathsf{X}(n) + \sum_{k=1}^{p} a_k \mathsf{X}(n-k) = \sum_{k=0}^{q} b_k \mathsf{W}(n-k) \tag{14.11}$$

세 가지 구체적인 경우를 구분한다.

자기 회귀(AR) 프로세스: $b_0 = 1,\ b_k = 0,\ k > 0$.

이 경우, 선형 필터 $H(z) = 1/A(z)$는 all-pole 필터이고, 입력-출력 관계 차분 방정식은

$$\mathsf{X}(n) + \sum_{k=1}^{p} a_k \mathsf{X}(n-k) = \mathsf{W}(n) \tag{14.12}$$

계속해서 혁신 프로세스를 생성하기 위한 잡음 백색화 필터는 all-zero 필터이다.

이동 평균(MA) 프로세스 : $a_k = 0,\ k \geq 1$.

이 경우, 선형 필터 $H(z) = B(z)$는 all-zero 필터이고, 입력-출력 관계 차분 방정식은

$$\mathsf{X}(n) = \sum_{k=0}^{q} b_k \mathsf{W}(n-k) \tag{14.13}$$

MA 프로세스를 위한 잡음-백색화 필터는 all-pole 필터이다.

자기회귀 및 이동평균(ARMA) 프로세스: 이 경우, 선형 필터 $H(z) = B(z)/A(z)$는 z-평면에서 유한한 pole과 zero를 모두 가지며, 대응하는 차분 방정식은 (14.11)에 주어진다. $\mathsf{X}(n)$으로부터 혁신 과정을 생성하기 위한 inverse 시스템은 또한 $1/H(z) = A(z)/B(z)$ 형태의

pole-zero 시스템이다.

예제 14.2 차분 방정식에 의해 생성된 ARMA 프로세스 $\mathsf{X}(n)$을 고려해보자.

$$\mathsf{X}(n) = 1.6\mathsf{X}(n-1) - 0.63\mathsf{X}(n-2) + \mathsf{W}(n) + 0.9\mathsf{W}(n-1)$$

여기서 $\mathsf{W}(n)$은 단위 분산이 포함된 백색 잡음 시퀀스이다.

a. 시스템 함수 $H(z)$과 잡음 백색화 필터의 시스템 함수와 그것의 pole, zero를 결정하라. 잡음 백색화 필터는 안정한가?

b. 파워 스펙트럼 밀도 $S_{\mathsf{XX}}(f)$를 결정하고 그래프로 그려라. $|f| \le \frac{1}{2}$

풀이 **a.** 시스템 함수는 다음과 같이 주어진다.

$$H(z) = \frac{1+0.9z^{-1}}{1-1.6z^{-1}+0.63z^{-2}}$$

백색화 필터: $B(z) = H(z)^{-1} = \dfrac{1-1.6z^{-1}+0.63z^{-2}}{1+0.9z^{-1}}$

zeros: $z_{1,2} = 0.7,\ 0.9$

poles: $p_1 = -0.9$

그렇다. 잡음 백색화 필터는 $|p_1| < 1$이기 때문에 안정하다.

b. 파워 스펙트럼 밀도는

$$S_{\mathsf{XX}}(f) = \sigma_{\mathsf{W}}^2 |H(f)|^2 = \frac{|1+0.9e^{-j2\pi f}|^2}{|1-1.6e^{j2\pi f}+0.63e^{j4\pi f}|^2}$$

이 때 $\sigma_{\mathsf{W}}^2 = 1$이다. $S_{\mathsf{XX}}(f)$의 그래프는 그림 14.1에 보여진다.

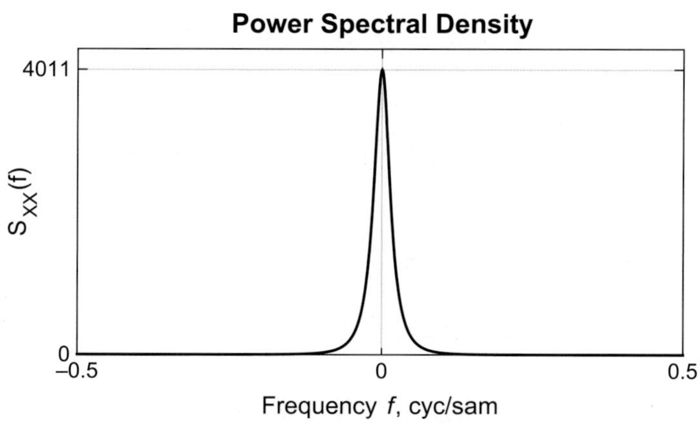

그림 14.4 예제 14.2(b)에서 전력 밀도 함수(PSD) $\hat{S}_{\mathsf{XX}}(f)$ 그래프

예제 14.3 ARMA 프로세스는 자기상관 $R_{\mathsf{XX}}(m)$을 가지며, z-변환은 다음과 같이 주어진다.

$$S_{XX}(z) = 9\frac{\left(z-\frac{1}{3}\right)(z-3)}{\left(z-\frac{1}{2}\right)(z-2)}, \qquad \frac{1}{2} < |z| < 2$$

a. 백색 잡음 입력 샘플 시퀀스 $w(n)$로부터 출력 시퀀스 $x(n)$을 생성하기 위한 필터 $H(z)$를 결정하라. $H(z)$는 유일한가? 설명하여라.

b. 입력 시퀀스 $w(n)$이 단위 분산을 갖는 백색 제로 평균 가우스 잡음 시퀀스의 샘플 시퀀스일 때 $0 \le n \le 10{,}000$에 대한 출력 시퀀스 $x(n)$을 생성하기 위한 필터 $H(z)$를 구현하라. |m|에 대해 자기 상관 추정 $\hat{R}_{XX}(m)$와 파워 스펙트럼 밀도 추정 $\hat{S}_{XX}(f)$를 출력 시퀀스 $x(n)$으로부터 $|f| \le 1/2$에 대해 계산하고 그래프로 그려라.

c. (b)에서 생성된 시퀀스에 대한 안정적인 선형 백색화 필터를 결정하라. (b)에서 생성된 시퀀스 $x(n)$을 잡음 제거 필터를 통해 $0 \le n \le 10{,}000$에서 통과시켜라. $|m| \le 50$에 대해 자기상관 $\hat{R}_{YY}(m)$과 파워 스펙트럼 밀도 $\hat{S}_{YY}(f)$를 $|f| \le \frac{1}{2}$에서 계산하라. 여기서 $y(n)$은 잡음 백색화 필터의 출력이다. $\hat{R}_{YY}(m)$ 및 $\hat{S}_{YY}(f)$를 그래프로 그리고, 결과에 대해 말해라.

풀이 **a.** 복소수 PSD는 다음 형태로 할 수 있다.

$$S_{XX}(z) = \frac{27}{2}\frac{\left(1-\frac{1}{3}z^{-1}\right)\left(1-\frac{1}{3}z\right)}{\left(1-\frac{1}{2}z^{-1}\right)\left(1-\frac{1}{2}z\right)}$$

안정한 시스템을 위해서 분모 $\left(1-\frac{1}{2}z^{-1}\right)$는 반드시 선택된다. 하지만 분자 요소는 하나만 사용될 수 있다.

$$H(z) = \underbrace{\frac{\left(1-\frac{1}{3}z^{-1}\right)}{\left(1-\frac{1}{2}z^{-1}\right)}}_{\text{Min. phase}} \quad \text{또는} \quad H(z) = \frac{\left(1-\frac{1}{3}z\right)}{\left(1-\frac{1}{2}z^{-1}\right)}$$

b. 우리는 최소 위상 시스템 함수 $H(z)$를 사용하여 시퀀스를 생성한다.

$$x(n) = \tfrac{1}{2}x(n-1) + w(n) - \tfrac{1}{3}w(n-1)$$

언바이어스드(Unbiased) 자기상관 시퀀스 추정을 계산한다.

$$\hat{R}_{XX}(m) = \frac{1}{N-m}\sum_{n=0}^{N-1-m} x(n)x(n-m), \qquad |m| \le 50$$

그로부터 전력 스펙트럼 밀도의 추정치는

$$\hat{S}_{XX}(f) = \sum_{m=-N}^{N} \hat{R}_{XX}(m)e^{-j2\pi fm}$$

$\hat{R}_{XX}(m)$과 $\hat{S}_{XX}(f)$의 그래프는 그림 14.5에 나타난다.

c. 안정적인 백색화 필터는 시스템 기능을 갖춘 최소 위상 시스템이다.

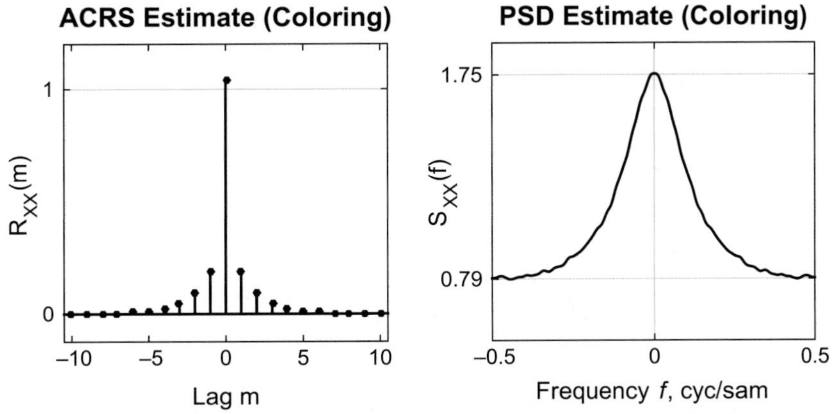

그림 14.5 예제 14.3(b)의 추정된 자기 상관함수 $\hat{R}_{XX}(m)$ 및 전력 밀도 함수(PSD) $\hat{S}_{XX}(f)$ 그래프

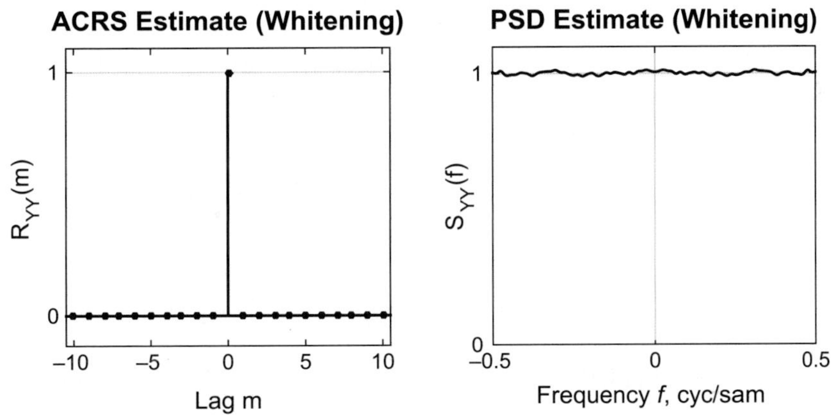

그림 14.6 예제 14.3(c)의 추정된 자기 상관함수 $\hat{R}_{YY}(m)$ 및 전력 밀도 함수(PSD) $\hat{S}_{YY}(f)$ 그래프

$$A(z) = \frac{1 - \frac{1}{2}z^{-1}}{1 - \frac{1}{3}z^{-1}}$$

또한 시퀀스는 생성된다.

$$y(n) = \tfrac{1}{3}y(n-1) + x(n) - \tfrac{1}{2}x(n-1)$$

그림 14.6에 묘사된 추정치 $\hat{R}_{YY}(m)$과 $\hat{S}_{YY}(f)$ 계산한다.

14.1.2 필터 파라미터와 자기상관 시퀀스 사이의 관계

정상 랜덤 프로세스의 파워 스펙트럼 밀도가 합리적인 함수일 때, 백색 잡음 시퀀스 W(n)을 필터링함으로써 생성하는 선형 필터 $H(z)$의 자기상관 시퀀스 $R_{XX}(m)$ 및 파라미터 a_k 및 b_k 사이에 존재하는 기본적인 관계가 있다. 이 관계는 식 (14.11)의 차분 방정식에

$\mathsf{X}^*(n-m)$을 곱하고 결과 방정식의 양측의 예상 값을 취하여 얻을 수 있다.

$$\begin{aligned}&\mathrm{E}\big[\mathsf{X}(n)\mathsf{X}^*(n-m)\big]\\&\quad=-\sum_{k=1}^{p}a_k\mathrm{E}\big[\mathsf{X}(n-k)\mathsf{X}^*(n-m)\big]+\sum_{k=0}^{q}b_k\mathrm{E}\big[\mathsf{W}(n-k)\mathsf{X}^*(n-m)\big]\end{aligned} \tag{14.14}$$

그러므로

$$R_{\mathsf{XX}}(m)=-\sum_{k=1}^{p}a_kR_{\mathsf{XX}}(m-k)+\sum_{k=0}^{q}b_kR_{\mathsf{WX}}(m-k) \tag{14.15}$$

여기서 $R_{\mathsf{WX}}(m)$은 $\mathsf{W}(n)$과 $\mathsf{X}(n)$ 사이의 상호 상관함수 시퀀스다.

Cross 상관 $R_{\mathsf{WX}}(m)$은 필터 임펄스 응답과 관련된다.

$$\begin{aligned}R_{\mathsf{WX}}(m)&=\mathrm{E}\big[\mathsf{X}^*(n)\mathsf{W}(n+m)\big]\\&=\mathrm{E}\left[\sum_{k=0}^{\infty}h(k)\mathsf{W}^*(n-k)\mathsf{W}(n+m)\right]\\&=\sigma_{\mathsf{W}}^2h(-m)\end{aligned} \tag{14.16}$$

여기서 마지막 단계는 시퀀스 $\mathsf{W}(n)$이 백색이라는 사실을 사용했다. 그러므로

$$R_{\mathsf{WX}}(m)=\begin{cases}0, & m>0\\ \sigma_{\mathsf{W}}^2h(-m), & m\le 0\end{cases} \tag{14.17}$$

식 (14.15)와 식 (14.17)을 결합함으로써 우리는 원하는 관계를 얻는다.

$$R_{\mathsf{XX}}(m)=\begin{cases}-\displaystyle\sum_{k=1}^{p}a_kR_{\mathsf{XX}}(m-k), & m>q\\ -\displaystyle\sum_{k=1}^{p}a_kR_{\mathsf{XX}}(m-k)+\sigma_{\mathsf{W}}^2\sum_{k=0}^{1-m}h(k)b_{k+m}, & 0\le m\le q\\ R_{\mathsf{XX}}^*(-m), & m<0\end{cases} \tag{14.18}$$

이것은 $R_{\mathsf{XX}}(m)$과 매개 변수 a_k, b_k 사이의 비선형 관계를 나타냅니다. 식 (14.18)의 관계는 일반적으로 ARMA 프로세스에 적용된다. AR 프로세스의 경우 식 (14.18)은 다음과 같이 단순화된다.

$$R_{\mathsf{XX}}(m)=\begin{cases}-\displaystyle\sum_{k=1}^{p}a_kR_{\mathsf{XX}}(m-k), & m>0\\ -\displaystyle\sum_{k=1}^{p}a_kR_{\mathsf{XX}}(m-k)+\sigma_{\mathsf{W}}^2, & m=0\\ R_{\mathsf{XX}}^*(-m), & m<0\end{cases} \tag{14.19}$$

따라서 $R_{XX}(m)$과 a_k 매개 변수 사이에는 선형 관계가 있다. 이 방정식을 율-워커(Yule-Walker) 방정식이라고 하며 행렬 형식으로 표현할 수 있다.

$$\begin{bmatrix} R_{XX}(0) & R_{XX}(-1) & R_{XX}(-2) & \dots & R_{XX}(-p) \\ R_{XX}(1) & R_{XX}(0) & R_{XX}(-1) & \dots & R_{XX}(-p+1) \\ \vdots & \vdots & \vdots & \ddots & \vdots \\ R_{XX}(p) & R_{XX}(p-1) & R_{XX}(p-2) & \dots & R_{XX}(0) \end{bmatrix} \begin{bmatrix} 1 \\ a_1 \\ a_2 \\ \vdots \\ a_p \end{bmatrix} = \begin{bmatrix} \sigma_W^2 \\ 0 \\ 0 \\ \vdots \\ 0 \end{bmatrix} \tag{14.20}$$

이 상관 행렬은 Toeplitz이므로 14.3절에 설명된 알고리즘을 사용하여 효율적으로 반전시킬 수 있다.

마지막으로 $a_k = 0,\ 1 \le k \le p$, 그리고 $h(k) = b_k,\ 0 \le k \le q$를 식 (14.18)에서 설정함으로써 MA 프로세스의 경우에 자기 상관 시퀀스에 대한 관계를 얻는다.

$$R_{XX}(m) = \begin{cases} \sum_{k=0}^{q-m} b_k b_{k+m}, & 0 \le m \le q \\ 0, & m > q \\ R_{XX}^*(-m), & m < 0 \end{cases} \tag{14.21}$$

예제 14.4 이동 평균 (MA) 프로세스의 차분 방정식은 다음과 같다.

$$X(n) = W(n) - 2W(n-1) + W(n-2) \tag{14.22}$$

여기서 $W(n)$은 분산 $\sigma_W^2 = 1$을 갖는 백색 잡음 시퀀스이다.

a. 자기 상관 $R_{XX}(m)$ 및 파워 스펙트럼 밀도 $S_{XX}(f)$를 결정하고 그래프로 그려라.

b. $w(n)$이 단위 분산을 갖는 백색 제로 평균 가우스 잡음 시퀀스의 샘플 시퀀스일 때 출력 시퀀스 $x(n),\ 0 \le n \le 10{,}000$을 생성한다. $|m| \le 50$에 대해 시퀀스 $X(n)$의 자기 상관 추정 $\hat{R}_{XX}(m)$과 그에 상응하는 $|f| \le \frac{1}{2}$에 대한 파워 스펙트럼 밀도 $\hat{S}_{XX}(f)$를 계산하고 그래프로 그려라. (a)에서 그래프와 비교하고 공통점과 차이점을 말해보자.

풀이 **a.** (14.22)로부터 $E[W(n)] = 0$을 사용하여, $E[X(n)] = 0$을 얻는다. 그러므로 다음을 얻는다.

$$R_{XX}(m) = \sigma_W^2 \sum_{k=0}^{q} b_k b_{k+m}, \qquad 0 \le m \le q$$

$q = 2,\ b_0 = 1,\ b_1 = -2,\ b_2 = 1$과 함께 식 (14.21)로부터 자기상관 값을 다음과 같이 얻는다.

$$R_{XX}(0) = \sigma_W^2 \sum_{k=0}^{2} b_k^2 = 6\sigma_W^2 = 6,$$

$$R_{XX}(\pm 1) = \sigma_W^2 \sum_{k=0}^{1} b_k b_{k+1} = -4\sigma_W^2 = -4,$$

$$R_{XX}(\pm 2) = \sigma_W^2 \sum_{k=0}^{0} b_k b_{k+2} = \sigma_W^2 = 1, \text{ and}$$

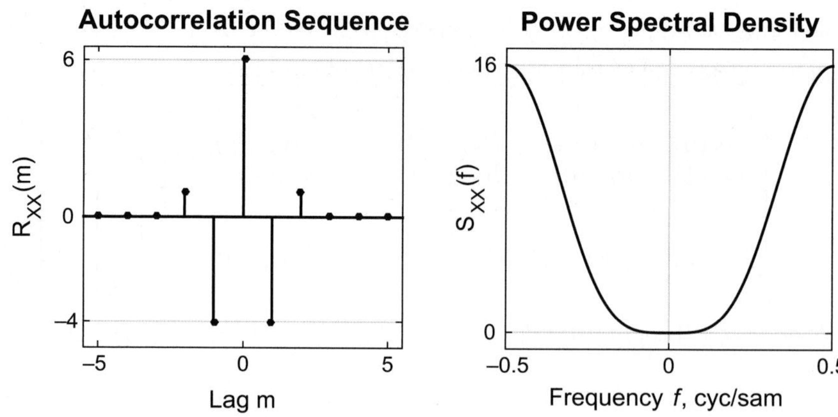

그림 14.7 예제 14.4(a)의 추정된 자기 상관함수 $R_{XX}(m)$ 및 전력 밀도 함수(PSD) $S_{XX}(f)$ 그래프

$$R_{XX}(m) = 0, \qquad |m| \geq 3$$

PSD는 다음과 같이 얻는다.

$$\begin{aligned} S_{XX}(f) &= \sum_{m=-2}^{2} R_{XX}(m)e^{-j2\pi fm} \\ &= (1)e^{-j2\pi f(-2)} + (-4)e^{-j2\pi f(-1)} + (6)e^{-j2\pi f(0)} \\ &\quad + (-4)e^{-j2\pi f(1)} + (1)e^{-j2\pi f(2)} \\ &= 6 - 8\cos(2\pi f) + 2\cos(4\pi f) \end{aligned}$$

$R_{XX}(m)$과 $S_{XX}(f)$의 그래프는 그림 14.7에 나타낸다.

b. 차분 방정식을 이용하여,

$$x(n) = w(n) - 2w(n-1) + w(n-2)$$

우리는 $0 \leq n \leq 10{,}000$에 대해 $x(n)$을 계산하고 자기 상관과 전력 스펙트럼 밀도를 추정한다. 이 함수들은 그림 14.8에 그려진다. 그것들은 (a)에 계산된 함수와 거의 비슷하다.

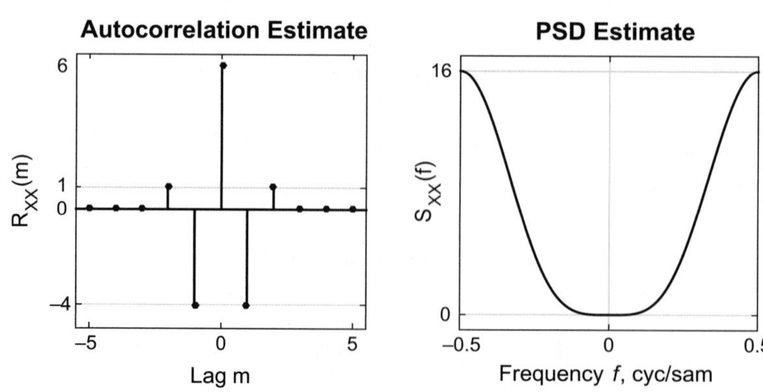

그림 14.8 예제 14.4(b)의 추정된 자기 상관함수 $\hat{R}_{XX}(m)$ 및 전력 밀도 함수(PSD) $\hat{S}_{XX}(f)$ 그래프

예제 14.5 AR 프로세스가 다음 차분 방정식을 가진다.

$$\mathsf{X}(n) = \mathsf{X}(n-1) - 0.6\mathsf{X}(n-2) + \mathsf{W}(n) \tag{14.23}$$

여기서 $\mathsf{W}(n)$은 분산 σ_{W}^2를 갖는 제로 평균 백색 잡음 프로세스이다.

a. Yule-Walker 방정식을 사용하여 자기 상관 $R_{\mathsf{XX}}(m)$의 값을 풀어라.

b. 자기 상관 $R_{\mathsf{XX}}(m)$의 z-변환을 결정하고 $|f| \le \frac{1}{2}$에 대한 파워 스펙트럼 밀도 $S_{\mathsf{XX}}(f)$를 그려라.

c. $w(n)$이 단위 분산을 갖는 백색 제로 평균 가우스 잡음 프로세스의 샘플 시퀀스 일 때 $0 \le n \le 10{,}000$에서 출력 시퀀스 $x(n)$을 생성하라. $|m| \le 50$에 대해 시퀀스 $x(n)$의 자기 상관 추정 $\hat{R}_{\mathsf{XX}}(m)$과 그에 상응하는 $|f| \le \frac{1}{2}$에 대한 파워 스펙트럼 밀도 추정 $\hat{S}_{\mathsf{XX}}(f)$을 계산하고 그려라. (b)와 결과를 비교하라.

풀이 **a.** Yule-Walker 방정식은 다음과 같이 주어진다.

$$\begin{bmatrix} R_{\mathsf{XX}}(0) & R_{\mathsf{XX}}(1) & R_{\mathsf{XX}}(2) \\ R_{\mathsf{XX}}(1) & R_{\mathsf{XX}}(0) & R_{\mathsf{XX}}(1) \\ R_{\mathsf{XX}}(2) & R_{\mathsf{XX}}(1) & R_{\mathsf{XX}}(0) \end{bmatrix} \begin{bmatrix} 1 \\ -1 \\ 0.6 \end{bmatrix} = \begin{bmatrix} 1 \\ 0 \\ 0 \end{bmatrix} \sigma_{\mathsf{W}}^2$$

또는

$$\begin{bmatrix} 1 & -1 & 0.6 \\ -1 & 1.6 & 0 \\ 0.6 & -1 & 1 \end{bmatrix} \begin{bmatrix} R_{\mathsf{XX}}(0) \\ R_{\mathsf{XX}}(1) \\ R_{\mathsf{XX}}(2) \end{bmatrix} = \begin{bmatrix} 1 \\ 0 \\ 0 \end{bmatrix} \sigma_{\mathsf{W}}^2$$

위 식을 풀면,

$$R_{\mathsf{XX}}(0) = 2.5641\sigma_{\mathsf{W}}^2, \qquad R_{\mathsf{XX}}(1) = 1.6026\sigma_{\mathsf{W}}^2, \qquad R_{\mathsf{XX}}(2) = 0.06416\sigma_{\mathsf{W}}^2$$

$m \ge 3$ 인 경우 다음과 같은 식을 얻을 수 있다.

$$R_{\mathsf{XX}}(m) = R_{\mathsf{XX}}(m-1) - 0.6R_{\mathsf{XX}}(m-2)$$

그래서 최종적으로 $m < 0$ 인 경우, 아래 관계식을 얻는다.

$$R_{\mathsf{XX}}(m) = R_{\mathsf{XX}}(-m)$$

b. 식 (14.5)로부터 자기상관 $R_{\mathsf{XX}}(m)$의 z-변환은

$$\begin{aligned} S_{\mathsf{XX}}(z) &= \sum_{m=-\infty}^{\infty} R_{\mathsf{XX}}(m) z^{-m} = \sigma_{\mathsf{W}}^2 H(z) H(z^{-1}) \\ &= \sigma_{\mathsf{W}}^2 \frac{1}{(1 - z^{-1} + 0.6z^{-2})(1 - z + 0.6z^2)} \end{aligned}$$

그리고 $S_{\mathsf{XX}}(f)$는

$$S_{\mathsf{XX}}(f) = \frac{\sigma_{\mathsf{W}}^2}{\left|1 - e^{-j2\pi f} + 0.6e^{-j4\pi f}\right|^2}$$

PSD $S_{\mathsf{XX}}(f)$는 그림 14.9에 그려졌다.

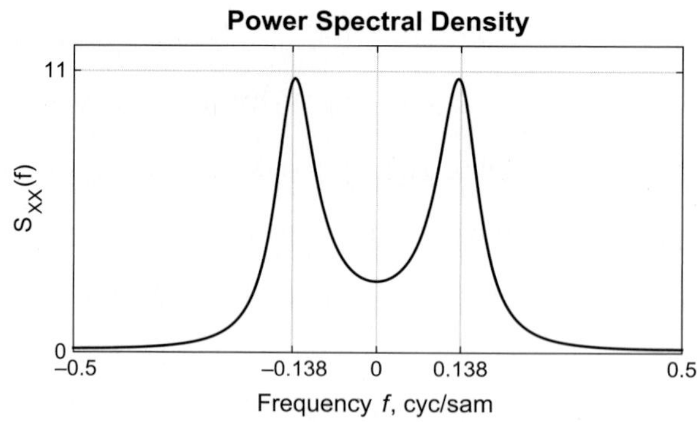

그림 14.9 예제 14.5(b)에서 전력 밀도 함수(PSD) $S_{XX}(f)$그래프

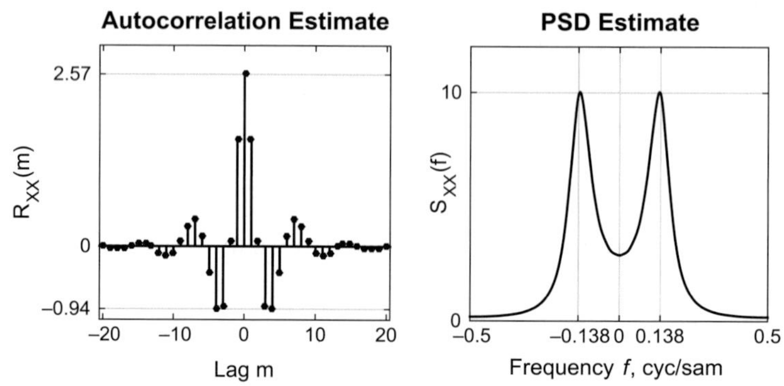

그림 14.10 예제 14.5(c)의 추정된 자기 상관함수 $\hat{R}_{XX}(m)$ 및 전력 밀도 함수(PSD) $\hat{S}_{XX}(f)$그래프

c. 추정된 자기 상관 $\hat{R}_{XX}(m)$과 전력 스펙트럼 밀도 $\hat{S}_{XX}(f)$는 그림 14.10에 그려져 있다.

14.2 전방 및 후방 선형 예측

선형 예측은 많은 실제 응용 프로그램과 함께 디지털 신호 처리에서 중요한 주제이다. 이 절에서는 정상 랜덤 프로세스의 값을 정방향 또는 역방향으로 예측하는 문제를 고려한다. 이 공식은 lattice 필터 구조 및 매개변수 신호 모델에 대한 몇 가지 흥미있는 연결을 유도한다.

14.2.1 순방향 선형 예측

프로세스의 과거 값을 관측함으로써 정상 랜덤 프로세스 $\mathsf{X}(n)$의 미래 값을 예측하는 문제부터 시작하자. 우리는 관찰된 값을 $x(n)$으로 표시할 것이다. 특히 과거 값 $x(n-1)$, $x(n-2)$, ⋯, $x(n-p)$의 가중 선형 결합에 의한 값 $x(n)$의 예측을 형성하는 onestep 순방향 선형 예측기를 고려한다. 따라서 $\mathsf{X}(n)$의 선형적으로 예측된 값은 다음과 같은 관측 값을 갖는 프로세스 $\hat{\mathsf{X}}(n)$이다.

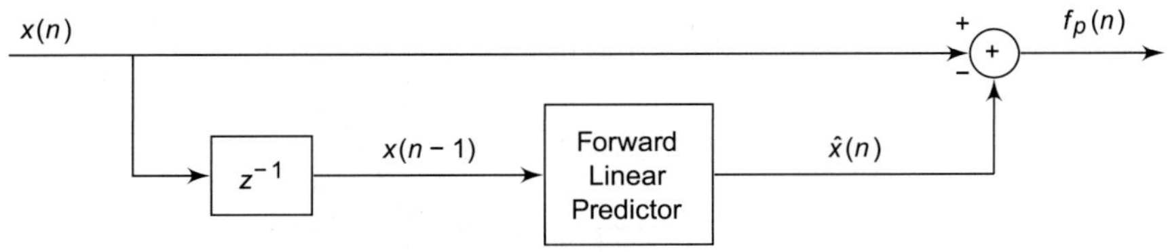

그림 14.11 순방향 선형 예측기

$$\hat{x}(n) = -\sum_{k=1}^{p} a_p(k)x(n-k) \tag{14.24}$$

여기서 $-a_p(k)$는 선형 결합에서의 가중치를 나타낸다. 이러한 가중치를 차수 p의 원 스텝 순방향 선형 예측기의 예측 계수라고 한다. $\hat{x}(n)$의 정의에서 음수 기호는 수학적 편의를 위한 것이며, 기술적인 문헌에서의 현재 관례를 따른다.

$X(n)$의 값과 예측된 값 $\hat{X}(n)$의 차이는 $F_p(n)$로 표시되는 순방향 예측 오류 프로세스라고 하며 다음과 같이 관찰된다.

$$\begin{aligned} f_p(n) &= x(n) - \hat{x}(n) \\ &= x(n) + \sum_{k=1}^{p} a_p(k)x(n-k) \end{aligned} \tag{14.25}$$

그림 14.11에서 볼 수 잇듯이 선형 필터가 선형필터에 포함될 때 선형 필터링과 동일한 것으로 간주한다. 이를 입력 시퀀스 $x(n)$과 출력 시퀀스 $f_p(n)$을 갖는 예측 오차 필터라고 한다. 그림 14.12는 예측 오차 필터에 대한 등가 구현을 보여준다. 이 구현은 직접형 FIR 필터이며 시스템 함수는 다음과 같다.

$$A_p(z) = \sum_{k=0}^{p} a_p(k)z^{-k} \tag{14.26}$$

정의로써 여기서 $a_p(0) = 1$.

격자 구조의 형태를 취하는 FIR 필터의 또 다른 구현이 있다. 이 구조를 설명하고, 그것을 직접형 FIR 필터 구조와 관련시키기 위해 차수 $p\ = 1$의 예측 인자로 시작하자. 이러한 필터

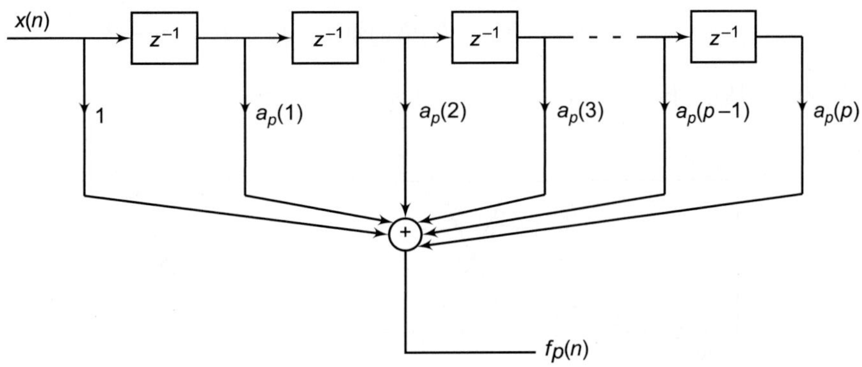

그림 14.12 예측 오차 필터

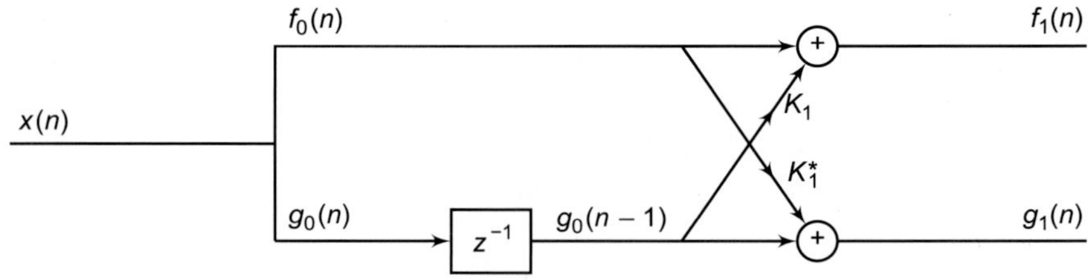

그림 14.13 단일 단계 격자 필터

의 출력은 다음과 같다.

$$f_1(n) = x(n) + a_1(1)x(n-1) \tag{14.27}$$

이 출력은 두 입력을 모두 $x(n)$로 여기하고 상단 지점으로부터 출력을 선택함으로써 그림 14.13에 표시된 single-stage lattice(격자) filter로부터 얻을 수 있다. 따라서 우리가 $K_1 = a_1(1)$을 선택하면 출력은 정확하게 식 (14.27)에 의해 주어진 출력이다. 격자 필터의 매개 변수 K는 반사 계수라고 한다.

다음으로, 차수 $p = 2$의 예측 인자를 고려해보자. 이 경우, 직접형 FIR 필터의 출력은

$$f_2(n) = x(n) + a_2(1)x(n-1) + a_2(2)x(n-2) \tag{14.28}$$

그림 14.14와 같이 2개의 격자 스테이지를 종속 접속함으로써, 식 (14.28)과 동일한 출력을 얻을 수 있다. 실제로 첫 번째 단계의 두 출력은 다음과 같다.

$$\begin{aligned} f_1(n) &= x(n) + K_1 x(n-1) \\ g_1(n) &= K_1^* x(n) + x(n-1) \end{aligned} \tag{14.29}$$

두 번째 단계의 두 출력은 다음과 같다.

$$\begin{aligned} f_2(n) &= f_1(n) + K_2 g_1(n-1) \\ g_2(n) &= K_2^* f_1(n) + g_1(n-1) \end{aligned} \tag{14.30}$$

$f_2(n)$에 집중하고 $f_1(n)$과 $g_1(n-1)$을 식(14.29)에서 식 (14.30)으로 대입하면, 다음과 같이 얻게 된다.

$$\begin{aligned} f_2(n) &= x(n) + K_1 x(n-1) + K_2[K_1^* x(n-1) + x(n-2)] \\ &= x(n) + (K_1 + K_1^* K_2)x(n-1) + K_2 x(n-2) \end{aligned} \tag{14.31}$$

계수가 같다면, 지금 식 (14.31)은 식 (14.28)에 의해 주어진 직접형 FIR 필터의 출력과 동

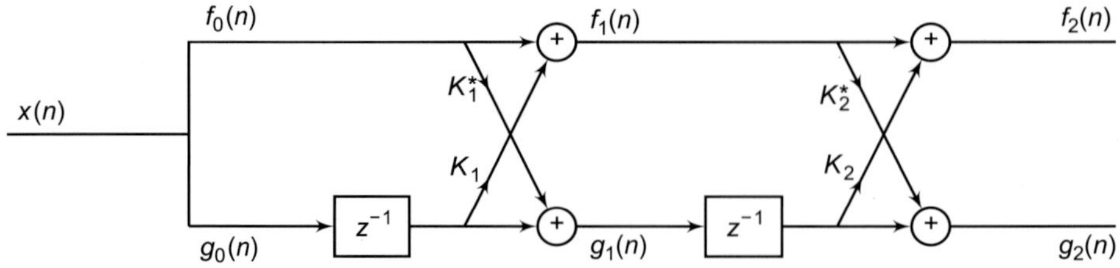

그림 14.14 두 번째 단계 격자 필터

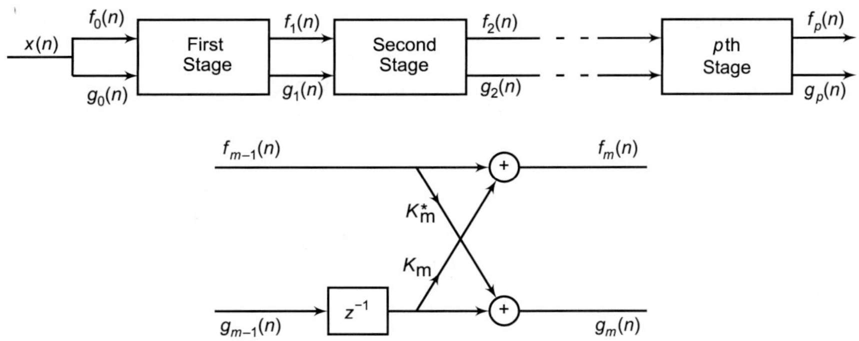

그림 14.15 p–단계 격자 필터

일하다. 그러므로

$$a_2(2) = K_2, \qquad a_2(1) = K_1 + K_1^* K_2 \tag{14.32}$$

또는 동등하게

$$K_2 = a_2(2), \qquad K_1 = a_1(1) \tag{14.33}$$

이 과정을 계속함으로써, 유도에 의해 m차 직접형 FIR 필터와 m차 혹은 m-단계 격자 필터 사시의 등가성을 쉽게 증명할 수 있다. 격자 필터는 일반적으로 다음과 같은 차수-재귀 방정식의 집합으로 표현될 수 있다.

$$\begin{aligned} f_0(n) &= g_0(n) = x(n) \\ f_m(n) &= f_{m-1}(n) + K_m g_{m-1}(n-1), \quad m = 1, 2, \ldots, p \\ g_m(n) &= K_m^* f_{m-1}(n) + g_{m-1}(n-1), \quad m = 1, 2, \ldots, p \end{aligned} \tag{14.34}$$

그러면 p단계 격자 필터의 출력은 p차 직접형 FIR 필터의 출력과 동일하다. 그림 14.15는 식 (14.34)에 의해 주어진 계산을 보여주는 일반적인 단계와 함께 블록 다이어그램 형태의 p 단계 격자 필터를 보여준다. 직접형 예측에러 FIR 필터와 FIR 격자 필터 사이의 등가물의 결과로써 p ㄷㅏㄴ계 격자 필터의 출력은 다음과 같이 표현된다.

$$f_p(n) = \sum_{k=0}^{p} a_p(k)x(n-k), \qquad a_p(0) = 1 \tag{14.35}$$

식 (14.35)는 컨볼루션 합이므로, z-변환 관계는 다음과 같다.

$$F_p(z) = A_p(z)X(z) \tag{14.36}$$

또는 동등하게,

$$A_p(z) = \frac{F_p(z)}{X(z)} = \frac{F_p(z)}{F_0(z)} \tag{14.37}$$

순방향 선형 예측 에러 프로세스 $\mathsf{F}_p(n)$의 평균 제곱 값은

$$\begin{aligned}\mathcal{E}_p^{\mathrm{f}} &= \mathrm{E}\left[|\mathsf{F}_p(n)|^2\right] \\ &= R_{XX}(0) + 2\mathrm{Re}\left[\sum_{k=1}^{p} a_p^*(k)R_{XX}(k)\right] + \sum_{k=1}^{p}\sum_{\ell=1}^{p} a_p^*(\ell)a_p(k)R_{XX}(\ell-k)\end{aligned} \tag{14.38}$$

$\mathcal{E}_p^{\mathrm{f}}$는 예측 계수의 2차 함수이고, 그 최소화는 다음 선형 방정식을 따른다.

$$R_{XX}(\ell) = -\sum_{k=1}^{p} a_p(k)R_{XX}(\ell-k), \qquad \ell = 1, 2, \ldots, p \tag{14.39}$$

이것을 선형 예측기의 계수에 대한 정규 방정식이라고 한다. 최소 제곱-평균 예측 오차는 간단하게 다음과 같다.

$$\min\left[\mathcal{E}_p^{\mathrm{f}}\right] \equiv E_p^{\mathrm{f}} = R_{XX}(0) + \sum_{k=1}^{p} a_p(k)R_{XX}(-k) \tag{14.40}$$

다음 섹션에서 우리는 위의 전개를 반대 방향, 즉 역방향으로 시계열 값을 예측하는 문제로 확장한다.

예제 14.6 다음 방정식에 의해 생성된 AR(3) 과정을 고려하자.

$$x(n) = \tfrac{14}{24}x(n-1) + \tfrac{9}{24}x(n-2) - \tfrac{1}{24}x(n-3) + w(n)$$

여기서 $w(n)$은 분산 σ_W^2를 갖는 백색 잡음 시퀀스의 샘플 시퀀스이다.

a. 최적의 $p = 3$ 선형 예측인자의 계수를 결정하라.

b. $0 \le m \le 5$에서 자기 상관 시퀀스 $R_{XX}(m)$을 결정하라.

풀이 **a.** 최적 $p = 3$의 계수는 다음과 같이 얻어진다.

$$A(z) = \frac{1}{1 - \frac{14}{24}z^{-1} - \frac{9}{24}z^{-2} + \frac{1}{24}z^{-3}}$$

따라서 차수 3의 최적 백색화 필터는 다음과 같은 z-변환을 가진다.

$$B(z) = 1 - \tfrac{14}{24}z^{-1} - \tfrac{9}{24}z^{-2} + \tfrac{1}{24}z^{-3}$$

b. AR 프로세스에 대하여 다음을 갖는다.

$$R_{XX}(m) = \begin{cases} -\sum_{k=1}^{p} a_k R_{XX}(m-k), & m > 0 \\ -\sum_{k=1}^{p} a_k R_{XX}(m-k) + \sigma_W^2, & m = 0 \\ R_{XX}^*(-m), & m < 0 \end{cases}$$

$\{a_k\}$를 알기 때문에 R_{XX}를 구할 수 있다($m = 0, 1, 2, 3$). 그런 다음 이전 재귀에 의해 $m > 3$에 대해 $R_{XX}(m)$을 얻을 수 있다.

$$\begin{bmatrix} 1 & -\frac{14}{24} & -\frac{9}{24} & \frac{1}{24} \\ -\frac{14}{24} & \frac{15}{24} & \frac{1}{24} & 0 \\ -\frac{9}{24} & -\frac{13}{24} & 1 & 0 \\ \frac{1}{24} & -\frac{9}{24} & -\frac{14}{24} & 1 \end{bmatrix} \begin{bmatrix} R_{XX}(0) \\ R_{XX}(1) \\ R_{XX}(2) \\ R_{XX}(3) \end{bmatrix} = \begin{bmatrix} \sigma_W^2 \\ 0 \\ 0 \\ 0 \end{bmatrix}$$

$$R_{XX}(0) = 4.9377\sigma_W^2, \qquad R_{XX}(1) = 4.3287\sigma_W^2,$$
$$R_{XX}(2) = 4.1964\sigma_W^2, \qquad R_{XX}(3) = 3.8654\sigma_W^2$$

$R_{XX}(m) = -\sum_{k=1}^{p} a_k R_{XX}(m-k)$, $m > 0$을 사용하여 $R_{XX}(4) = 3.65\sigma_W^2$이고, $R_{XX}(5) = 3.46\sigma_W^2$이다.

14.2.2 역방향 선형 예측

데이터 시퀀스 $x(n),\ x(n-1), \ldots, x(n-p+1)$을 고정 랜덤 프로세스 $X(n)$에서 계산하고 프로세스 값 $x(n-p)$를 예측하고자 한다. 이 경우, 우리는 차수 p의 1단계 역방향 선형 예측자를 사용한다. 그러므로

$$\hat{x}(n-p) = -\sum_{k=0}^{p-1} b_p(k)x(n-k) \tag{14.41}$$

값 $x(n-p)$와 추정값 $\hat{x}(n-p)$ 간의 차이는 $g_p(n)$로 표시된 역방향 예측 오차라 불린다.

$$\begin{aligned} g_p(n) &= x(n-p) + \sum_{k=0}^{p-1} b_p(k)x(n-k) \\ &= \sum_{k=0}^{p} b_p(k)x(n-k), \qquad b_p(p) = 1 \end{aligned} \tag{14.42}$$

역방향 선형 예측기는 그림 14.11에 나타낸 구조와 유사한 직접형 FIR 필터 또는 격자 구조로써 구현될 수 있다. 그림 14.15에 보이는 격자 구조는 역방향 및 순방향 예측기를 제공한다. 이 점을 증명하기 위해 하단 지점에서 격자 필터의 출력을 고려해보자. 이것의 출력은 다음과 같이 주어진다.

$$g_1(n) = K_1^* x(n) + x(n-1) \tag{14.43}$$

따라서 역방향 예측자의 가중 계수는 $b_1(0) = K_1^*$이다.

그림 14.14의 2단계 격자에서 하단 지점의 두 번째 단계 출력은 다음과 같다.

$$g_2(n) = K_2^* f_1(n) + g_1(n-1) \tag{14.44}$$

$f_1(n)$과 $g_1(n-1)$을 식 (14.29)에서 대입하면, 우리는 다음과 같이 얻는다.

$$g_2(n) = K_2^* x(n) + (K_1^* + K_1 K_2^*)x(n-1) + x(n-2) \tag{14.45}$$

따라서 역방향 선형 예측기의 가중 계수는 순방향 선형 예측기의(복소 공액) 계수와 동일하지만 역순으로 발생한다.

$$b_p(k) = a_p^*(p-k), \qquad k = 0, 1, \ldots, p \tag{14.46}$$

z-도메인에서 (14.42)의 컨볼루션 합은 다음과 같다.

$$G_p(z) = B_p(z)X(z) \tag{14.47}$$

또는 동등하게,

$$B_p(z) = \frac{G_p(z)}{X(z)} = \frac{G_p(z)}{G_0(z)} \tag{14.48}$$

여기서 $B_p(z)$는 계수 $b_p(k)$를 갖는 FIR 필터의 시스템 함수를 나타낸다.

$b_p(k) = a_p^*(p-k)$때문에, $B_p(z)$는 $A_p(z)$와 다음과 같이 관련이 있다.

$$\begin{aligned} B_p(z) &= \sum_{k=0}^{p} b_p(k)z^{-k} = \sum_{k=0}^{p} a_p^*(p-k)z^{-k} \\ &= z^{-p}\sum_{k=0}^{p} a_p^*(k)z^{k} = z^{-p}A_p^*(z^{-1}) \end{aligned} \tag{14.49}$$

식 (14.49)의 관계는 시스템 함수 $B_p(z)$를 갖는 FIR 필터의 zero는 단순히 $A_p(z)$의 zero의 역수임을 의미한다. 따라서 $B_p(z)$는 $A_p(z)$의 역수(reciprocal) 또는 역 다항식(reverse polynomial)이라고 부른다.

마지막으로 역방향 선형 예측자에서 평균 제곱 오차의 최소화를 고려해보자. 역방향 예측-에러 프로세스는 표본 시퀀스 $g_p(n)$과 함께 $\mathsf{G}_p(n)$으로 표시된다.

$$\begin{aligned} g_p(n) &= x(n-p) + \sum_{k=0}^{p-1} b_p(k)x(n-k) \\ &= x(n-p) + \sum_{k=1}^{p} a_p^*(k)x(n-p+k) \end{aligned} \tag{14.50}$$

그리고 그것의 평균-제곱 값은 다음과 같이 주어진다.

$$\mathcal{E}_p^{\mathrm{b}} = \mathrm{E}\left[\left|\mathsf{G}_p(n)\right|^2\right] \tag{14.51}$$

예측 계수에 대한 $\mathcal{E}_p^{\mathrm{b}}$의 최소화는 식 (14.39)에서와 같은 선형 방정식을 산출한다. 그러므로 최소 평균-제곱 에러는 식 (14.40)에서 주어진 것과 같다.

$$\min\left[\mathcal{E}_p^{\mathrm{b}}\right] \equiv E_p^{\mathrm{b}} = E_p^{\mathrm{f}} \tag{14.52}$$

14.2.3 FIR 필터 계수와 LATTICE 반영 계수 사이의 변환

직접형 FIR 필터와 FIR 격자 필터 사이에 이러한 흥미로운 관계가 확립했으므로, 식 (14.34)의 재귀 격자 방정식으로 돌아가서 z-도메인으로 변환해보자.

$$F_0(z) = G_0(z) = X(z) \tag{14.53a}$$
$$F_m(z) = F_{m-1}(z) + K_m z^{-1} G_{m-1}(z), \qquad m = 1, 2, \ldots, p \tag{14.53b}$$
$$G_m(z) = K_m^* F_{m-1}(z) + z^{-1} G_{m-1}(z), \qquad m = 1, 2, \ldots, p \tag{14.53c}$$

각 방정식을 X(z)로 나누면 원하는 결과를 얻을 수 있다.

$$A_0(z) = B_0(z) = 1 \tag{14.54a}$$
$$A_m(z) = A_{m-1}(z) + K_m z^{-1} B_{m-1}(z), \qquad m = 1, 2, \ldots, p \tag{14.54b}$$
$$B_m(z) = K_m^* A_{m-1}(z) + z^{-1} B_{m-1}(z), \qquad m = 1, 2, \ldots, p \tag{14.54c}$$

따라서 격자 필터는 행렬 방정식에 의해 z-영역에 다음과 같이 기술된다.

$$\begin{bmatrix} A_m(z) \\ B_m(z) \end{bmatrix} = \begin{bmatrix} 1 & K_m z^{-1} \\ K_m^* & z^{-1} \end{bmatrix} \begin{bmatrix} A_{m-1}(z) \\ B_{m-1}(z) \end{bmatrix} \tag{14.55}$$

$A_m(z)$와 $B_m(z)$에 대한 식 (14.54)의 관계는 반영 계수 K_m으로부터 직접형 FIR 필터 계수 $a_m(k)$를 얻을 수 있도록 해준다. 다음 예제에서 절차를 설명한다.

예제 14.7 계수 $K_1 = \frac{1}{4}$, $K_2 = \frac{1}{2}$, $K_3 = \frac{1}{3}$인 3단 격자 필터가 주어졌을 때, 직접형 구조에 대한 FIR 필터 계수를 결정하라.

풀이 우리는 $m = 1$에 대해 식 (14.53)로 시작하여 문제를 재귀적으로 풀어낸다.

$$\begin{aligned} A_1(z) &= A_0(z) + K_1 z^{-1} B_0(z) = 1 + K_1 z^{-1} \\ &= 1 + \tfrac{1}{4} z^{-1} \end{aligned}$$

따라서, 단일-스테이지 lattice에 대응하는 FIR 필터의 계수는 $a_0(0) = 1$, $a_1(1) = K_1$이다. $B_m(z)$는 $A_m(z)$의 역 다항식이기 때문에,

$$B_1(z) = \tfrac{1}{4} + z^{-1}$$

다음으로 lattice에 두 번째 stage를 추가한다. $m = 2$에 대하여 식 (14.53)를 산출하면,

$$\begin{aligned} A_2(z) &= A_1(z) + K_2 z^{-1} B_1(z) \\ &= 1 + \tfrac{3}{8} z^{-1} + \tfrac{1}{2} z^{-2} \end{aligned}$$

따라서 2-스테이지 격자에 대응하는 FIR 필터 파라미터는 $a_2(0) = 1$, $a_2(1) = \frac{3}{8}$ 및 $a_2(2) = \frac{1}{2}$이다. 또한

$$B_2(z) = \tfrac{1}{2} + \tfrac{3}{8} z^{-1} + z^{-2}$$

마지막으로 격자에 제 3 스테이지를 추가하면 다음 결과의 다항식이 된다.

$$\begin{aligned} A_3(z) &= A_2(z) + K_3 z^{-1} B_2(z) \\ &= 1 + \tfrac{13}{24} z^{-1} + \tfrac{5}{8} z^{-2} + \tfrac{1}{3} z^{-3} \end{aligned}$$

결과적으로, 원하는 직접형 FIR 필터는 다음 계수를 가진다.

$$a_3(0) = 1, \qquad a_3(1) = \tfrac{13}{24}, \qquad a_3(2) = \tfrac{5}{8}, \qquad a_3(3) = \tfrac{1}{3}$$

이 예제가 나타내는 바와 같이, 파라미터 K_1, $K_2, \cdots$, K_p 갖는 lattice 구조는 시스템 함수 $A_1(z)$, $A_2(z)$, $\cdots$, $A_p(z)$를 갖는 직접형 FIR 필터의 클래스에 대응한다. 이 클래스의 p-FIR 필터를 직접형으로 특성화 하려면 $p(p+1)/2$ 필터 계수가 필요하다. 대조적으로, 격자형 특성화는 단지 p 반영 계수 $\{K_i\}$만을 필요로 한다. Lattice가 p-FIR 필터의 클래스에 대해 보다 간결한 표현을 제공하는 이유는 lattice에 단계를 추가하는 것이 이전 단계의 파라미터를 변경시키지 않기 때문이다. 한편, p번째 단계를 $(p-1)$ 단계를 갖는 lattice에 부가하면, 시스템 함수 A_p를 갖는 하위 차수 FIR 필터의 계수와 완전히 다른 계수를 갖는 시스템 함수 $A_{p-1}(z)$를 갖는 FIR 필터가 된다.

$1 \le k \le p$에서 필터 계수 $a_p(k)$를 재귀적으로 결정하기 위한 공식은 다항식 관계 식 (14.53)에서 쉽게 얻을 수 있다.

$$A_m(z) = A_{m-1}(z) + K_m z^{-1} B_{m-1}(z) \tag{14.56a}$$

$$\sum_{k=0}^{m} a_m(k) z^{-k} = \sum_{k=0}^{m-1} a_{m-1}(k) z^{-k} + K_m \sum_{k=0}^{m-1} a_{m-1}^*(m-1-k) z^{-(k+1)} \tag{14.56b}$$

동일한 z^{-1}의 제곱의 계수를 동일시 하고, $m = 1, 2, \cdots, p$에서 $a_m(0) = 1$인 점을 상기함으로써, 다음 형태의 FIR 필터 계수를 위한 원하는 재귀 방정식을 얻는다.

$$\begin{aligned} a_m(0) &= 1 \\ a_m(m) &= K_m \\ \vdots \quad & \quad \vdots \\ a_m(k) &= a_{m-1}(k) + K_m a_{m-1}^*(m-k) \\ &= a_{m-1}(k) + a_m(m) a_{m-1}^*(m-k), \quad 1 \le k \le m-1,\ m = 1, 2, \ldots, p \end{aligned} \tag{14.57}$$

MATLAB 구현 다음 MATLAB 함수인 `latc2fir`은 식 (14.56a)를 구현한다. 곱 $K_m z^{-1} B_{m-1}(z)$는 두 개의 상응하는 배열을 convolving(굴림으로써) 얻어지는 반면, 다항식 $B_m(z)$는 $A_m(z)$ 다항식에 대해 `fliplr` 연산을 사용함으로써 얻어진다.

```
function [a] = latc2fir(K,a0)
% Lattice form to FIR direct form conversion
% ----------------------------------------
% [a] = latc2fir(K,b0)
%  a = FIR direct form coefficients (prediction coefficients)
%  K = lattice filter coefficients (reflection coefficients)
% a0 = overall gain if \= 1 (optional)
%
if nargin == 1
    a0 = 1;
end
p = length(K);
B = 1; A = 1;
for m=1:1:p
A = [A,0]+conv([0,K(m)],B);
B = fliplr(A);
end
a = a0*A;
end
```

Latc2fir 함수를 검증하기 위해 위의 예제 14.7에서 사용된 lattice 반영 계수를 고려하여라.

```
>> K = [1/4,1/2,1/3];
>> a = latc2fir(K)
a =
       1              13/24            5/8              1/3
```

분명하게 우리는 동일한 FIR 필터 계수를 얻는다.

직접형 FIR 필터 계수들 $a_p(k)$로부터 lattice 반영 계수들 K_i로의 변환을 위한 공식 또한 간단하다. p단계 lattice의 경우 반영 계수 $K_p = a_p(p)$를 즉시 구한다. K_{p-1}, ⋯, K_1을 얻기 위해서 $m = p-1$, ⋯, 1에 대해 다항식 $A_m(z)$가 필요하다. 식 (14.55)로부터 다음을 얻는다.

$$A_{m-1}(z) = \frac{A_m(z) - K_m B_m(z)}{1 - |K_m|^2}, \qquad m = p, \ldots, 1 \tag{14.58}$$

이것은 단지 step-down 재귀일 뿐이다. 따라서 우리는 $A_{p-1}(z)$로 시작하는 모든 하위 차수 다항식 $A_m(z)$를 계산하고 $K_m = a_m(m)$ 관계로부터 원하는 격자 반영 계수를 얻는다. 우리는 $m = 1, 2, \cdots, p-1$에 대해 $K_m \neq 1$인 동안 절차가 작동하는지 관찰한다. 다항식에 대한 이러한 step-down 회귀로부터 $m = p-1, \cdots, 1$에서 재귀적이고 직접적인 K_m을 계산하기 위한 공식을 얻는 것은 상대적으로 쉽다. $m = p-1, \cdots, 1$에 대하여 다음을 얻는다.

$$\begin{aligned} K_m &= a_m(m) \\ a_{m-1}(k) &= \frac{a_m(k) - K_m b_m(k)}{1 - |K_m|^2} \\ &= \frac{a_m(k) - a_m(m)a_m^*(m-k)}{1 - |a_m(m)|^2} \end{aligned} \tag{14.59}$$

이는 다항식 $A_m(z)$에 대한 Schur Cohn 안정성 테스트에서의 재귀에 불과하다.

MATLAB 구현 직접형의 계수들 $\{a_p(k)\}$가 주어질 때, 우리는 식 (14.58)과 식 (14.59)를 사용하여 격자 필터 계수 $\{K_i\}$를 구할 수 있다. 이것은 다음 MATLAB 함수 fir2latc에 의해 수행된다. 식 (14.58)에서 $B_m(z)$를 계산하는 방정식은 다항식 $B_m(z)$가 $A_m(z)$ 다항식에 대한 fliplr 연산임을 의미한다.

```
function [K,a0] = fir2latc(a)
% FIR Direct form to All-Zero Lattice form Conversion
% ---------------------------------------------------
% [K,a0] = fir2latc(b)
%   K = lattice filter coefficients (reflection coefficients)
%  a0 = first coefficient (or gain) of A(z), useful if \= 1
%   a = FIR direct form coefficients (prediction coefficients)
p = length(a)-1;
K = zeros(1,p);
a0 = a(1);
if a0 == 0
error('a(1) is equal to zero')
end
A = a/a0;
for m=p+1:-1:2
K(m-1) = A(m);
B = fliplr(A);
A = (A-K(m-1)*B)/(1-K(m-1)*K(m-1));
A = A(1:m-1);
end
end
```

마지막으로 격자 필터는 식 (14.34)를 사용하여 구현할 수 있으며, 여기에 표시된 것처럼 latcfilt 함수로 수행된다.

```
function [y] = latcfilter(K,x,a0)
% LATTICE form realization of FIR filters
% ---------------------------------------
% y = latcfilter(K,x,a0)
%   y = output sequence
%   K = LATTICE filter (reflection) coefficient array
%   x = input sequence
%  a0 = Overall Gain (optional)
%
if nargin == 1
```

```
    a0 = 1;
end
Nx = length(x)-1;
x = a0*x;
p = length(K); %K = K(2:M+1);
fg = [x; [0 x(1:Nx)]];
for m = 1:p
    fg = [1,K(m);K(m),1]*fg;
    fg(2,:) = [0 fg(2,1:Nx)];
end
y = fg(1,:);
end
```

SP Toolbox는 이 절에서 개발된 기능과 기능상 유사한 여러 기능을 제공한다. 함수 `K=tf2latc(a)`는 `a`에 정규화된 `a`배열의 FIR 필터(또는 예측) 계수가 주어진 배열 `K`의 FIR 격자 반영 계수를 계산합니다. 유사하게 함수 `a=latc2tf(K)`는 `a(1)=1`인 `K`에서 격자 반영 계수로부터 일반 FIR 필터 계수 배열 `a`를 생성한다. 마지막으로 함수 `[f,g]=latcfilt(K,x)`는 그림 14.15에 표시된 격자 필터를 구현한다. 그것은 입력 배열 `x`를 배열 `K`의 FIR 격자 계수로 필터링합니다. 순방향 격자 필터 출력 (또는 순방향 예측 오류)은 배열 `f`이고 역 격자 필터 출력(또는 역방향 예측 오류)은 배열 `g`이다. `|K| ≤ 1`, `f`는 최소 위상 출력에 해당하고, `g`는 최대 위상 출력에 해당한다(14.4절 참조).

예제 14.8 FIR 필터는 시스템 함수로 특성이 정해진다.

$$H(z) \equiv A_3(z) = 1 + \tfrac{13}{24}z^{-1} + \tfrac{5}{8}z^{-2} + \tfrac{1}{3}z^{-3}$$

격자 계수를 결정하고 FIR 필터에 해당하는 격자 필터 구조를 스케치한다.

풀이 식 (14.58)에 주어진 step-down 절차를 따른다.

- $m = 3$:

$$A_3(z) = 1 + \tfrac{13}{24}z^{-1} + \tfrac{5}{8}z^{-2} + \tfrac{1}{3}z^{-3}, \qquad K_3 = \tfrac{1}{3}$$
$$B_3(z) = \tfrac{1}{3} + \tfrac{5}{8}z^{-1} + \tfrac{13}{24}z^{-2} + z^{-3}.$$

- $m = 2$:

$$A_2(z) = \frac{A_3(z) - K_3B_3(z)}{1 - K_3^2} = 1 + \tfrac{3}{8}z^{-1} + \tfrac{1}{2}z^{-2}, \qquad K_2 = \tfrac{1}{2}$$
$$B_2(z) = \tfrac{1}{2} + \tfrac{3}{8}z^{-1} + z^{-3}.$$

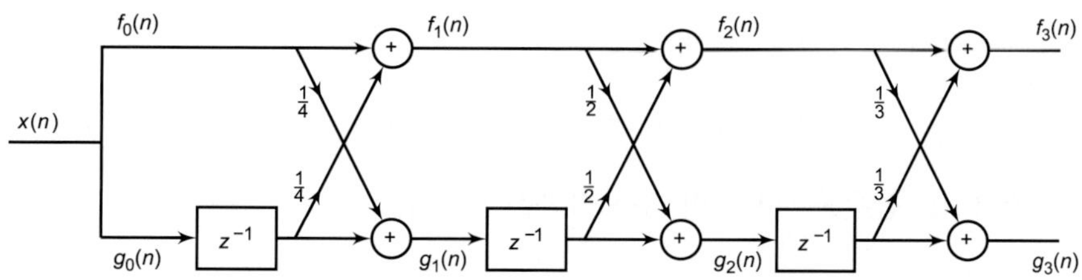

그림 14.16 예제 14.8의 격자 필터 다이어그램

- $m = 1$:

$$A_1(z) = \frac{A_2(z) - K_2 B_2(z)}{1 - K_2^2} = 1 + \tfrac{1}{4}z^{-1}, \qquad K_1 = \tfrac{1}{4}$$

fir2latc 함수를 사용할 수도 있다.

```
>> a = [1,13/24,5/8,1/3];
>> [K] = fir2latc(a)
K =
      1/4             1/2              1/3
```

격자 필터 구조 결과는 그림 14.16에 나온다.

예제 14.9 FIR 격자 필터의 반영 계수는

$$K_1 = \tfrac{1}{2}, \qquad K_2 = -\tfrac{1}{3}, \qquad K_3 = 1$$

a. FIR 필터의 시스템 함수 $H(z)$를 결정하라.

b. FIR 필터의 zero를 결정하고 z-평면에서의 패턴을 그려라.

c. $K_3 = -1$일 때 반복하라. 너의 결과를 말해보아라.

풀이 **a.** 시스템 함수는 다음과 같은 단계를 사용하여 얻어진다.

$$\begin{aligned} A_1(z) &= 1 + K_1 z^{-1} = 1 + \tfrac{1}{2}z^{-1}, \\ B_1(z) &= \tfrac{1}{2} + z^{-1}, \\ A_2(z) &= A_1(z) + K_2 B_1(z) z^{-1} = 1 + \tfrac{1}{3}z^{-1} - \tfrac{1}{3}z^{-2}, \\ B_2(z) &= -\tfrac{1}{3} + \tfrac{1}{3}z^{-1} + z^{-2}, \\ H(z) = A_3(z) &= A_2(z) + K_3 z^{-1} B_2(z) = 1 + z^{-3} \end{aligned}$$

Latc2fir 함수를 사용하면 다음과 같이 주어진다.

```
>> K = [1/2,-1/3,1];
>> a = latc2fir(K)
a =
    1.0000     0.0000     0.0000     1.0000
```

b. zero는 $z_1 = -1$, $z_{2,3} = e^{\pm j\pi/3}$. 극점-영점 그래프는 그림 14.17에 나온다.

c. $K_3 = -1$이면, 다음을 갖는다.

$$H(z) = A_2(z) - z^{-1}B_2(z) = 1 + \tfrac{2}{3}z^{-1} - \tfrac{2}{3}z^{-2} - z^{-3}$$

latc2fir 함수를 사용하면 다음 결과를 얻는다.

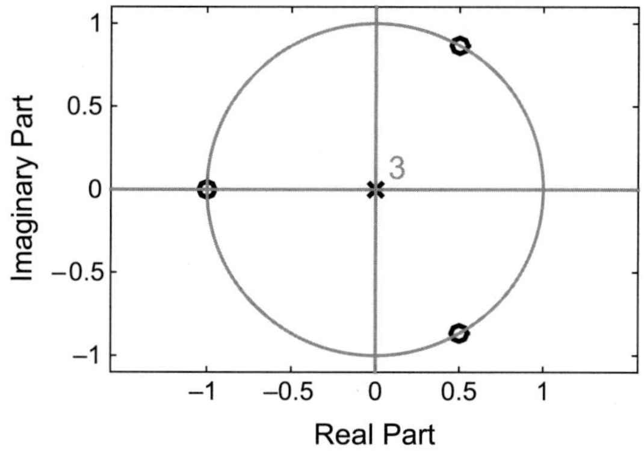

그림 14.17 예제 14.9(b)의 극점-영점 그래프

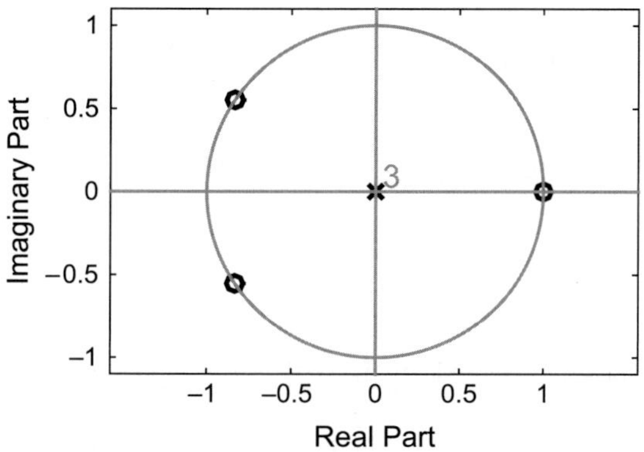

그림 14.18 예제 14.9(c)의 극점-영점 그래프

```
>> K = [1/2,-1/3,-1];
>> a = latc2fir(K)
a =
    1.0000    0.6667   -0.6667   -1.0000
>> zeros = roots(a)'; mag_zeros = abs(zeros)
mag_zeros =
    1.0000    1.0000    1.0000
>> pha_zeros = angle(zeros)/pi
pha_zeros =
         0   -0.8136    0.8136
```

zero는 $z_1 = 1$, $z_{2,3} = e^{\pm j0.8136\pi}$. 극점-영점 그래프는 그림 14.18에 나온다.

■

이전에 지적했듯이 식 (14.59)의 재귀방정식은 격자 매개 변수 $|K_m| = 1$이면 분해된다. 이것이 발생하면 다항식 $A_{m-1}(z)$가 단위 원에 위치하는 근을 가지고 있음을 나타낸다. 이것은 그림 14.17과 14.18에서 명백하게 드러난다. 이러한 근은 $A_{m-1}(z)$로부터 추론 될 수 있고, 식 (14.59)의 반복 과정은 감소된 차수 시스템에 대해 수행 될 수 있다.

예제 14.10 재귀식 (14.59)를 사용하여 예제 14.6에 주어진 AR(3) 프로세스의 FIR 격자 필터 매개 변수를 결정하라.

풀이 이 경우, $p = 3$, $a_3(3) = \frac{1}{24}$, $a_3(2) = -\frac{9}{24}$, $a_3(1) = -\frac{14}{24}$이다. 반영 계수에 대한 재귀 방정식은 다음과 같다.

$$a_{m-1}(k) = \frac{a_m(k) - a_m(m)a^*(m-k)}{1 - |a_m(m)|^2}, \qquad m = p-1, \ldots, 1$$

조건 $K_m = a_m(m)$을 고려한다.

이것들로부터 반사 계수 $K_3 = 0.0417, K_2 = -0.3513, K_1 = -0.8767$을 얻는다. 확인을 위해서

```
>> a = [1,-14/24,-9/24,1/24];
>> K = dir2latc(a)
K =
    1.0000    -0.8767    -0.3513     0.0417
```

14.2.4 LATTICE 정방향과 역방향 예측기를 위한 최적 반영 계수

14.2.1과 14.2.2절에서는 예측 오차의 평균 제곱 값을 최소화하는 예측 계수를 제공하는 선형 방정식을 도출했다. 이 절에서는 격자 예측기에서 반영 계수를 최적화하는 문제를 고려한다.

Lattice 필터에서 정방향 예측 에러 프로세스는 다음과 같이 표현된다.

$$\mathsf{F}_m(n) = \mathsf{F}_{m-1}(n) + K_m \mathsf{G}_{m-1}(n-1) \tag{14.60}$$

반영 계수 K_m에 대하여 $\mathrm{E}\left[\left|\mathsf{F}_m(n)\right|^2\right]$의 최소를 산출하면 다음 결과가 나온다.

$$K_m = \frac{-\mathrm{E}\left[\mathsf{F}_{m-1}(n)\mathsf{G}^*_{m-1}(n-1)\right]}{\mathrm{E}\left[\left|\mathsf{G}_{m-1}(n-1)\right|^2\right]} \tag{14.61}$$

또는 동등하게,

$$K_m = \frac{-\mathrm{E}\left[\mathsf{F}_{m-1}(n)\mathsf{G}^*_{m-1}(n-1)\right]}{\sqrt{E^{\mathrm{f}}_{m-1}E^{\mathrm{b}}_{m-1}}} \tag{14.62}$$

여기서

$$E^{\mathrm{f}}_{m-1} = E^{\mathrm{b}}_{m-1} = \mathrm{E}\left[\left|\mathsf{G}_{m-1}(n-1)\right|^2\right] = \mathrm{E}\left[\left|\mathsf{F}_{m-1}(n)\right|^2\right]$$

격자 예측기에서 반영 계수의 최적 선택은 lattice에서 정방향과 역방향 에러 사이의 (정규

화된) cross 상관 계수의 음수임을 관찰한다.[3] 식 (14.61)에서 $|K_m| \leq 1$이면, 예측 오차의 최소 평균 제곱 값은 다음과 같이 재귀적으로 표현된다.

$$E_m^{\mathrm{f}} = \left(1 - |K_m|^2\right) E_{m-1}^{\mathrm{f}} \tag{14.63}$$

식 (14.63)는 단조 감소 시퀀스이다.

14.2.5 선형 예측에 대한 AR 프로세스의 관계

AR(p) 프로세스의 매개 변수는 동일한 프로세스에 대한 순서 p의 예측기와 밀접한 관련이 있다. 관계를 보기 위해, AR(p) 과정에서 자기 상관 시퀀스 $R_{\mathrm{XX}}(m)$가 식 (14.19) 또는 식 (14.20)에 주어진 Yule-Walker 방정식에 의해 매개 변수 a_k와 관련된다는 것을 기억한다. 차수 p의 예측기에 대한 대응 방정식은 (14.39)와 식 (14.40)에 의해 주어진다.

이 두 가지 관계 집합을 직접 비교하면 AR(p) 과정의 매개 변수 a_k와 p차 예측기의 예측기 계수 $a_p(k)$ 사이에 일대일 대응이 있음을 알 수 있다. 사실, 기본 프로세스 $x(n)$이 AR(p)이면, p차 예측기의 예측 계수는 a_k와 동일할 것이다. 또한 p차 예측기 E_p^{f}의 최소 MSE는 백색 잡음 프로세스의 분산인 σ_{W}^2와 동일 할 것이다. 이 경우, 예측 오차 필터는 혁신 시퀀스 $\mathrm{W}(n)$을 생성하는 잡음 백색화 필터이다.

예제 14.11 14.2.5절에서 causal AR(p) 과정에 대한 잡음 백색화 필터 $A_p(z)$가 차수 p의 정방향 선형 예측 오차 필터라는 것을 나타냈다. 차수가 p인 역방향 선형 예측 오차 필터가 해당되는 안티 코우절(Anticasual) 또는 비인과관계 필터 AR(p) 과정의 잡음 백색화 필터임을 보여라.

풀이 역방향 선형 예측 오차 필터의 경우,

$$\hat{x}(n-p) = -\sum_{k=0}^{p-1} b_p(k)x(n-k) \qquad \text{where} \qquad b_p(k) = a_p^*(p-k), \qquad k = 0, \ldots, p$$

그러므로

$$\begin{aligned} \hat{x}(n-p) &= -\sum_{k=0}^{p-1} a_p^*(p-k)x(n-k) \qquad \text{set} \qquad p-k=l \\ &= -\sum_{l=1}^{p} a_p^*(l)x(n-p+l) = \{x(n-p+1), \ldots, x(n)\} \\ &\quad * \{a_p^*(-p), \ldots, a_p^*(-1)\} \end{aligned}$$

그래서 위 결과는 신호 $\{x(n)\}$과 안티 코우절 필터 $\{a_p^*(-p), \ldots, a_p^*(-1)\}$ 사이 컨볼루션으로 얻어진다.

3 격자 필터에서 순방향및 역방향 오차 관련 정규화된 상호 상관 함수 계수(Km)는 종종 부분 상관 계수 (PARCOR, Partial Correlation)라고 한다.

14.3 정규 방정식의 해

이전 절에서 우리는 전방 예측 오차의 평균값의 최소화가 식 (14.39)에 의해 주어진 예측기의 계수에 대한 일차 방정식을 결과로 나타낸 것을 관찰했다. 이 방정식은 정규 방정식(normal equation) 이라고 부르며, 간결한 형태로 표현하면 다음과 같다.

$$\sum_{k=0}^{p} a_p(k) R_{\mathsf{XX}}(\ell-k)=0, \qquad \ell=1,2,\ldots,p, \qquad a_p(0)=1 \tag{14.64}$$

최소 MSE (MMSE)는 식 (14.40)에 의해 주어진다. 식 (14.64)에 의해 주어진 정규 방정식을 (14.40)에 적용시키면, 우리는 다음과 같이 표현될 수 있는 증강된 정규 방정식의 집합을 얻는다.

$$\sum_{k=0}^{p} a_p(k) R_{\mathsf{XX}}(\ell-k)=\begin{cases} E_p^{\mathrm{f}}, & \ell=0 \\ 0, & \ell=1,2,\ldots,p \end{cases} \tag{14.65}$$

또한, 랜덤 프로세스가 AR(p) 프로세스라면, MMSE $E_p^{\mathrm{f}}=\sigma_{\mathsf{W}}^2$가 된다. 이 절에서는 정규 방정식을 풀기 위한 두 가지 계산 효율적인 알고리즘을 설명한다. Levinson-Durbin 알고리즘은 원래 Levinson[54]에 기인하고 Durbin[14]에 의해 수정 되었으며, 직렬 처리에 적합하며 o(p^2)의 계산 복잡도를 가진다. Schur로 인해 두 번째 알고리즘 또한 o(p^2) 연산에서 반영 계수를 계산하지만, 병렬 프로세스에서는 계산을 o(p) 곱하기 단위로 수행할 수 있다. 두 알고리즘 모두 자기 상관 행렬에 내재된 Toeplitz 대칭성을 이용한다. 먼저 Levinson-Durbin 알고리즘을 설명한다.

14.3.1 Levinson-Durbin 알고리즘

Levinson-Durbin 알고리즘은 예측 계수에 대한 식 (14.64)의 정규 방정식을 풀기 위한 계산 효율적인 알고리즘이다. 이 알고리즘은 자기 상관 행렬에서 특별한 대칭을 이용한다.

$$\boldsymbol{T}_p=\begin{bmatrix} R_{\mathsf{XX}}(0) & R_{\mathsf{XX}}^*(1) & \cdots & R_{\mathsf{XX}}^*(p-1) \\ R_{\mathsf{XX}}(1) & R_{\mathsf{XX}}(0) & \cdots & R_{\mathsf{XX}}^*(p-2) \\ \vdots & \vdots & & \vdots \\ R_{\mathsf{XX}}(p-1) & R_{\mathsf{XX}}(p-2) & \cdots & R_{\mathsf{XX}}(0) \end{bmatrix} \tag{14.66}$$

$\boldsymbol{T}_p(i,j)=\boldsymbol{T}_p(i-j)$이므로, 자기 상관 행렬은 Toeplitz 행렬이다. $\boldsymbol{T}_p(i,j)=\boldsymbol{T}_p^*(j,i)$이기 때문에 행렬 또한 Hermitian이다.

행렬의 Toeplitz 속성을 이용하는 Levinson-Durbin 해법의 핵심은 차수 $m=1$(계수 하나)의 계측기로 시작하여 재귀적으로 진행하는 것이다. 우리는 차수가 낮은 해를 사용하여 차수를 재귀적으로 증가시켜 해답을 얻어낸다. 또한 1차 예측기에서의 해답은 식 (14.64)를 풂으로써 얻어진다.

$$a_1(1) = -\frac{R_{\mathsf{XX}}(1)}{R_{\mathsf{XX}}(0)} \tag{14.67}$$

그리고 MMSE의 결과는

$$\begin{aligned} E_1^{\mathrm{f}} &= R_{\mathsf{XX}}(0) + a_1(1)R_{\mathsf{XX}}(-1) \\ &= R_{\mathsf{XX}}(0)\left[1 - |a_1(1)|^2\right] \end{aligned} \tag{14.68}$$

$a_1(1) = K_1$이 lattice 필터에서 첫 번째 반영 계수임을 상기시켜라.

다음 단계는 2차 예측기의 계수 $a_2(1)$, $a_2(2)$를 풀고 해를 $a_1(1)$로 표현하는 것이다. 식 (14.64)에서 얻은 두 방정식은 다음과 같다.

$$\begin{aligned} a_2(1)R_{\mathsf{XX}}(0) + a_2(2)R^*_{\mathsf{XX}}(1) &= -R_{\mathsf{XX}}(1) \\ a_2(1)R_{\mathsf{XX}}(1) + a_2(2)R^*_{\mathsf{XX}}(0) &= -R_{\mathsf{XX}}(2) \end{aligned} \tag{14.69}$$

$R_{\mathsf{XX}}(1)$을 제거하기 위해 식 (14.67)의 해를 사용함으로써, 우리는 해를 얻는다.

$$\begin{aligned} a_2(2) &= -\frac{R_{\mathsf{XX}}(2) + a_1(1)R_{\mathsf{XX}}(1)}{R_{\mathsf{XX}}(0)\left[1 - |a_1(1)|^2\right]} \\ &= -\frac{R_{\mathsf{XX}}(2) + a_1(1)R_{\mathsf{XX}}(1)}{E_1^{\mathrm{f}}} \\ a_2(1) &= a_1(1) + a_2(2)a_1^*(1) \end{aligned} \tag{14.70}$$

따라서 우리는 2차 예측 변수의 계수를 얻었다. 다시, 우리는 필터의 두 번째 반영 계수 $a_2(2)=K_2$를 주목한다.

이 방식으로 진행하여, $(m-1)$차 예측기의 계수로 m차 예측기의 계수를 표현할 수 있다. 따라서 계수 벡터 $\boldsymbol{a}_m$을 두 벡터의 합으로 쓸 수 있다. 즉,

$$\boldsymbol{a}_m = \begin{bmatrix} a_m(1) \\ a_m(2) \\ \vdots \\ a_m(m) \end{bmatrix} = \begin{bmatrix} \boldsymbol{a}_{m-1} \\ \cdots \\ 0 \end{bmatrix} + \begin{bmatrix} \boldsymbol{d}_{m-1} \\ \cdots \\ K_m \end{bmatrix} \tag{14.71}$$

여기서 $\boldsymbol{a}_{m-1}$은 $(m-1)$차 예측기의 예측 계수 벡터이며 벡터 $\boldsymbol{d}_{m-1}$과 스칼라 K_m은 결정되어야 한다. $m\times m$ 자기 상관 행렬 $\boldsymbol{T}_m$ 성분은 다음과 같다.

$$\boldsymbol{T}_m = \begin{bmatrix} \boldsymbol{T}_{m-1} & \boldsymbol{R}^{\mathrm{b}*}_{m-1} \\ \boldsymbol{R}^{\mathrm{bt}}_{m-1} & R_{\mathsf{XX}}(0) \end{bmatrix} \tag{14.72}$$

여기서 $\boldsymbol{R}^{\mathrm{bt}}_{m-1} = [R_{\mathsf{XX}}(m-1)R_{\mathsf{XX}}(m-2)\ldots R_{\mathsf{XX}}(1)] = (\boldsymbol{R}^{\mathrm{b}}_{m-1})^{\mathrm{t}}$, 별표(*)는 복소 공액(complex conjugate)을 나타내며, $\boldsymbol{R}^{\mathrm{t}}_m$는 $\boldsymbol{R}_m$의 전치 행렬을 나타내며, $\boldsymbol{R}_{m-1}$의 첨자 b는 벡터 $\boldsymbol{R}^t_{m-1} = [R_{\mathsf{XX}}(1)R_{\mathsf{XX}}(2)\ldots R_{\mathsf{XX}}(m-1)]$을 나타내며, 성분들은 역순으로 취해진다. 방정식 $\boldsymbol{T}_m\boldsymbol{a}_m = -\boldsymbol{R}_m$에 대한 해답은 다음과 같이 표현된다.

$$\begin{bmatrix} \boldsymbol{T}_{m-1} & \boldsymbol{R}_{m-1}^{\mathrm{b}*} \\ \boldsymbol{R}_{m-1}^{\mathrm{bt}} & R_{\mathsf{XX}}(0) \end{bmatrix} \left(\begin{bmatrix} \boldsymbol{a}_{m-1} \\ 0 \end{bmatrix} + \begin{bmatrix} \boldsymbol{d}_{m-1} \\ K_m \end{bmatrix} \right) = - \begin{bmatrix} \boldsymbol{R}_{m-1} \\ R_{\mathsf{XX}}(m) \end{bmatrix} \tag{14.73}$$

이것은 Levinson-Durbin 알고리즘의 핵심 단계이다. 식 (14.73)에서 우리는 두 개의 방정식을 얻는다.

$$\boldsymbol{T}_{m-1}\boldsymbol{a}_{m-1} + \boldsymbol{T}_{m-1}\boldsymbol{d}_{m-1} + K_m \boldsymbol{R}_{m-1}^{\mathrm{b}*} = -\boldsymbol{R}_{m-1} \tag{14.74}$$

$$\boldsymbol{R}_{m-1}^{\mathrm{bt}}\boldsymbol{a}_{m-1} + \boldsymbol{R}_{m-1}^{\mathrm{bt}}\boldsymbol{d}_{m-1} + K_m \boldsymbol{R}_{\mathsf{XX}}(0) = -R_{\mathsf{XX}}(m) \tag{14.75}$$

$\boldsymbol{T}_{m-1}\boldsymbol{a}_{m-1} = -\boldsymbol{R}_{m-1}$, 식 (14.74)를 이용하여 아래와 같은 식을 구할 수 있다.

$$\boldsymbol{d}_{m-1} = -K_m \boldsymbol{T}_{m-1}^{-1} \boldsymbol{R}_{m-1}^{\mathrm{b}*} \tag{14.76}$$

그러나 $\boldsymbol{R}_{m-1}^{\mathrm{b}*}$는 단지 성분이 역순으로 되고, conjugated한 $\boldsymbol{R}_{m-1}$일 뿐이다. 그러므로 식 (14.76)에서의 답은 간단하게 다음과 같다.

$$\boldsymbol{d}_{m-1} = K_m \boldsymbol{a}_{m-1}^{\mathrm{b}*} = K_m \begin{bmatrix} a_{m-1}^*(m-1) \\ a_{m-1}^*(m-2) \\ \vdots \\ a_{m-1}^*(1) \end{bmatrix} \tag{14.77}$$

이제 스칼라 방정식 (14.75)을 사용하여 K_m을 풀 수 있다. 만약 식 (14.75)에서 $\boldsymbol{d}_{m-1}$을 제거하면,

$$K_m[R_{\mathsf{XX}}(0) + \boldsymbol{R}_{m-1}^{\mathrm{bt}} \boldsymbol{a}_{m-1}^{\mathrm{b}*}] + \boldsymbol{R}_{m-1}^{\mathrm{bt}} \boldsymbol{a}_{m-1} = -R_{\mathsf{XX}}(m)$$

그러므로

$$K_m = -\frac{R_{\mathsf{XX}}(m) + \boldsymbol{R}_{m-1}^{\mathrm{bt}} \boldsymbol{a}_{m-1}}{R_{\mathsf{XX}}(0) + \boldsymbol{R}_{m-1}^{\mathrm{bt}} \boldsymbol{a}_{m-1}^{\mathrm{b}*}} \tag{14.78}$$

따라서 식 (14.77)과 식 (14.78)의 해를 식 (14.71)에 대입하여 Levinson-Durbin 알고리즘에서 예측 계수에 대한 원하는 얻는다.

$$a_m(m) = K_m = -\frac{R_{\mathsf{XX}}(m) + \boldsymbol{R}_{m-1}^{\mathrm{bt}} \boldsymbol{a}_{m-1}}{R_{\mathsf{XX}}(0) + \boldsymbol{R}_{m-1}^{\mathrm{bt}} \boldsymbol{a}_{m-1}^{\mathrm{b}*}} = -\frac{R_{\mathsf{XX}}(m) + \boldsymbol{R}_{m-1}^{\mathrm{bt}} \boldsymbol{a}_{m-1}}{E_{m-1}^{\mathrm{f}}} \tag{14.79}$$

$$\begin{aligned} a_m(k) &= a_{m-1}(k) + K_m a_{m-1}^*(m-k) \\ &= a_{m-1}(k) + a_m(m) a_{m-1}^*(m-k), \qquad \begin{array}{l} k = 1, 2, \ldots, m-1 \\ m = 1, 2, \ldots, p \end{array} \end{aligned} \tag{14.80}$$

식 (14.80)의 재귀 관계는 다항식 $A_m(z)$ 및 $B_m(z)$에서 얻은 예측 계수에 대한 식 (14.57)의 재귀 관계와 동일하다는 점에 유의하라. 또한 K_m은 격자 예측기의 m번째 단계에서의 반영 계수이다. 이 발전은 Levinson-Durbin 알고리즘이 최적의 격자 예측 인자에 대한 반영 계수와 최적의 직접형 FIR 예측 인자의 계수를 생성함을 명확하게 보여준다.

마지막으로 MMSE에 대한 표현을 결정하자. m 차 예측기의 경우, 다음과 같다.

$$\begin{aligned} E_m^{\mathrm{f}} &= R_{\mathrm{XX}}(0) + \sum_{k=1}^{m} a_m(k) R_{\mathrm{XX}}(-k) \\ &= R_{\mathrm{XX}}(0) + \sum_{k=1}^{m} [a_{m-1}(k) + a_m(m) a_{m-1}^*(m-k)] R_{\mathrm{XX}}(-k) \\ &= E_{m-1}^{\mathrm{f}} [1 - |a_m(m)|^2] = E_{m-1}^{\mathrm{f}} \left(1 - |K_m|^2\right) \qquad m = 1, 2, \ldots, p \end{aligned} \tag{14.81}$$

여기서 $E_0^{\mathrm{f}} = R_{\mathrm{XX}}(0)$. 반영 계수는 $|K_m| \le 1$인 경우 만족하기 때문에, 예측기의 시퀀스에 대한 MMSE는 다음 상태가 만족된다.

$$E_0^{\mathrm{f}} \ge E_1^{\mathrm{f}} \ge E_2^{\mathrm{f}} \ge \cdots \ge E_p^{\mathrm{f}} \tag{14.82}$$

이것은 $m=0,\ 1,\ \cdots,\ p$에 대한 선형 방정식 $\boldsymbol{T}_m \boldsymbol{a}_m = -\boldsymbol{R}_m$의 해를 위한 Levinson-Durbin 알고리즘의 유도를 결정짓는다. 선형 방정은 $\boldsymbol{T}_m$에서 오른쪽 벡터가 벡터로 나타나는 특수한 특성을 가지고 있음을 알 수 있다. 보다 일반적인 경우, 오른쪽에 있는 벡터가 다른 벡터인 경우 $\boldsymbol{c}_m$과 같이 더 일반적인 선형 방정식 $\boldsymbol{T}_m \boldsymbol{b}_m = \boldsymbol{c}_m$을 풀기 위해 두 번째 재귀 방정식을 도입하여 선형 방정식 집합을 재귀적으로 풀 수 있다. 결과는 일반화된 Levinson-Durbin 알고리즘이다.

식 (14.80)에 의해 주어진 Levinson-Durbin 재귀는 단계 m에서 단계 $m+1$로 진행하기 위해 $\mathrm{o}(m)$ 곱셈과 덧셈 (연산)을 요구한다. 따라서 p단계의 경우, 예측기 혹은 반영 계수에 대해 풀기 위해서는 $1+2+3+\cdots+p(p+1)/2$의 차수 또는 $\mathrm{o}(p^2)$ 연산이 요구되며, 우리가 상관 행렬의 Toeplitz 특성을 이용하지 않는다면 $\mathrm{o}(p^3)$ 연산이 요구된다.

Levinson-Durbin 알고리즘이 직렬 컴퓨터 또는 신호 프로세서에서 구현되는 경우 필요한 계산 횟수는 $\mathrm{o}(p^2)$ 횟수 단위이다. 다른 한편으로, 처리가 알고리즘에서 완전 병렬성을 이용하기 위해 필요한만큼의 프로세서를 이용하는 병렬 처리 기계상에서 수행되면, 연산 식 (14.80)에 필요한 곱셈 과 덧셈이 동시에 수행 될 수 있다. 이 경우 계산은 o(p) 횟수 단위로 수행될 수 있다. 그러나 반영 계수에 대한 식 (14.79)의 계산에는 추가적인 시간이 필요하다. 벡터 $\boldsymbol{a}_{m-1}$ 및 $\boldsymbol{R}_{m-1}^b$을 포함하는 내부 제품은 병렬 프로세서를 사용하여 동시에 계산할 수 있다. 그러나 이러한 제품의 추가는 동시에 할 수 없으며 대신 $\mathrm{o}(\log\, p)$ 횟수가 필요하다. 따라서 Levinson-Durbin 알고리즘의 계산은 p 병렬 프로세서에 의해 수행될 때 $\mathrm{o}(p\ \log\ p)$ 횟수로 수행될 수 있다.

MATLAB 구현 SP Toolbox는 Levinson-Durbin 알고리즘을 구현하는 함수 `levinson`을 제공한다.

```
[a,E,K] = levinson(Rx,p)
```

입력 배열 RX는 지연 0으로 시작하는 positive lag에 대한 자기 상관 시퀀스를 포함한다. 차수 p의 선형 예측 계수는 E의 p차 예측 오차 및 배열 K의 해당 반영 계수와 함께 배열 a에서 계산된다.

예제 14.12 랜덤 프로세스의 자기상관 시퀀스가 다음과 같다.

$$R_{XX}(m) = \begin{cases} 1, & m=0 \\ -0.5, & m=\pm 1 \\ 0.625, & m=\pm 2 \\ -0.6875, & m=\pm 3 \\ 0, & \text{그 외} \end{cases}$$

Levinson-Durbin 알고리즘을 사용하여 $m=1, 2, 3$에 대한 예측 에러 필터를 위한 시스템 함수 $A_m(z)$와 반영 계수 및 해당되는 평균 시퀀스 예측 오차를 결정하라.

풀이 Levinson-Durbin 알고리즘을 사용하라. $m=1$인 경우,

$$a_1(1) = -\frac{R_{XX}(1)}{R_{XX}(0)} = K_1 = \tfrac{1}{2}$$

그러므로 $A_1(z) = 1 + \frac{1}{2}z^{-1}$과 $E_1 = R_{XX}(0)(1 - a_1^2(1)) = \frac{3}{4}$. $m = 2$에서

$$a_2(2) = -\frac{R_{XX}(2) + a_1(1)R_{XX}(1)}{E_1} = K_2 = -\tfrac{1}{2}$$

와

$$a_2(1) = a_1(1) + a_2(2)a_1(1) = \tfrac{1}{4}$$

그러므로 $A_2(z) = 1 + \frac{1}{4}z^{-1} - \frac{1}{2}z^{-2}$와 $E_2 = (1 - a_2^2(2))E_1 = \frac{9}{16}$. 마지막으로 $m \ = 3$일 때,

$$\begin{aligned} a_3(3) &= -\frac{R_{XX}(3) + a_2(1)R_{XX}(2) + a_2(2)R_{XX}(1)}{E_2} = K_3 = \frac{1}{2} \\ a_3(2) &= a_2(2) + a_3(3)a_2(1) = -\tfrac{3}{8} \\ a_3(1) &= a_2(1) + a_3(3)a_2(2) = 0 \end{aligned}$$

이므로

$$A_3(x) = 1 - \tfrac{3}{8}z^{-2} + \tfrac{1}{2}z^{-3} \qquad E_3 = (1 - a_3^2(3))E_2 = \tfrac{27}{64} = 0.4219$$

Levinson 함수를 이용하여 위의 결과를 확인하자.

```
>> Rx = [1,-0.5,0.625,-0.6875];
>> [a,E,K] = levinson(Rx)
a =
    1.0000         0   -0.3750    0.5000
E =
    0.4219
K =
    0.5000
   -0.5000
    0.5000
```

예제 14.13 다음 자기 상관에 관한 AR 프로세스에 대하여 예제 14.12를 반복하라.

$$R_{XX}(m) = a^{|m|}\cos\frac{\pi m}{2}, \quad 0 < a < 1$$

풀이 주어진 자기 상관 $R_{XX}(m)$으로부터 우리는 처음 4개의 값이 필요하다.

$$R_{XX}(0) = a^{|0|}\cos(0) = 1, \qquad R_{XX}(1) = a^{|1|}\cos(\pi/2) = 0,$$
$$R_{XX}(2) = a^{|2|}\cos(\pi) = -a^2, \qquad R_{XX}(3) = a^{|3|}\cos(3\pi/2) = 0$$

지금 재귀를 고려하여라.

- $m = 1$:

$$a_1(1) = -\frac{R_{XX}(1)}{R_{XX}(0)} = 0 \quad \Rightarrow \quad K_1 = 0;$$
$$A_1(z) = 1;$$
$$E_1 = R_{XX}(0)(1 - a_1^2(1)) = R_{XX}(0) = 1$$

- $m = 2$:

$$a_2(2) = -\frac{R_{XX}(2) + a_1(1)R_{XX}(1)}{E_1} = a^2$$
$$a_2(1) = a_1(1) + a_2(2)a_1(1) = 0 \quad \Rightarrow \quad K_2 = a^2;$$
$$A_2(z) = 1 + a^2z^{-2};$$
$$E_2 = E_1(1 - a_2^2(2)) = E_1(1 - a^4) = 1 - a^4$$

- $m = 3$:

$$a_3(3) = -\frac{R_{XX}(3) + a_2(1)R_{XX}(2) + a_2(2)R_{XX}(1)}{E_2} = 0$$
$$a_3(2) = a_2(2) + a_3(3)a_2(1) = a^2$$
$$a_3(1) = a_2(1) + a_3(3)a_2(2) = 0 \quad \Rightarrow \quad K_3 = 0;$$
$$A_3(z) = 1 + a^2z^{-2};$$
$$E_3 = E_2 = 1 - a^4$$

다음 섹션에서는 Schur에 의해 내적의 계산을 피하기 때문에 반영 계수의 병렬 계산에 더 적합한 다른 알고리즘을 설명한다.

14.3.2 SCHUR 알고리즘

Schur 알고리즘은 상관 행렬의 확실성을 결정하기 위한 재귀적 테스트와 밀접한 관련이 있다. 구체적으로, 식 (14.65)에 의해 주어진 증강된 정규 방정식과 관련된 자기 상관 행렬 $\boldsymbol{T}_{P+1}$을 고려해보자. 이 행렬의 요소로부터 우리는 다음 함수를 형성한다.

$$D_0(z) = \frac{R_{XX}(1)z^{-1} + R_{XX}(2)z^{-2} + \cdots + R_{XX}(p)z^{-p}}{R_{XX}(0) + R_{XX}(1)z^{-1} + \cdots + R_{XX}(p)z^{-p}} \tag{14.83}$$

그리고 함수 $D_m(z)$의 시퀀스는 재귀적으로 다음과 같이 정의된다.

$$D_m(z) = \frac{D_{m-1}(z) - D_{m-1}(\infty)}{z^{-1}[1 - D^*_{m-1}(\infty)D_{m-1}(z)]}, \qquad m = 1, 2, \ldots \tag{14.84}$$

Schur의 정리에 따르면, 상관 행렬이 양의 값을 가질 필요충분 조건은 $m=1,\ 2,\ \cdots,\ p$에서 $|D_m(\infty)| < 1$이다.

자기 상관 행렬 $\boldsymbol{T}_{p+1}$의 양의 확률에 대한 조건은 등가 격자 필터의 반사 계수가 $|K_m| < 1$의 조건을 만족한다는 조건과 동일하다는 것을 증명하자($m=1,\ 2,\ \cdots,\ p$).

첫 번째로 $D_0(\infty) = 0$임을 알 수 있다. 그런 다음 식 (14.84)로부터 다음을 얻는다.

$$D_1(z) = \frac{R_{XX}(1) + R_{XX}(2)z^{-1} + \cdots + R_{XX}(p)z^{-p+1}}{R_{XX}(0) + R_{XX}(1)z^{-1} + \cdots + R_{XX}(p)z^{-p}} \tag{14.85}$$

그래서 $D_1(\infty) = R_{XX}(1)/R_{XX}(0)$. We observe $D_1(\infty) = -K_1$.

둘째, 식 (14.84)에 따라 $D_2(z)$를 계산하고 $z = \infty$에서 결과를 평가한다. 그러면 다음을 얻는다.

$$D_2(\infty) = \frac{R_{XX}(2) + K_1 R_{XX}(1)}{R_{XX}(0)(1 - |K_1|^2)}$$

식 (14-78) 및 z-변환 최종값 정리에 따라 $D_2(\infty) = -K_2$ 관계식을 얻을 수 있다. 이러한 절차를 계속함으로써, 우리는 $m = 1,\ 2,\ \cdots,\ p$에 대하여 $D_m(\infty) = -K_m$임을 발견한다. 그러므로 $m = 1,\ 2,\ \cdots,\ p$에 대한 $|D_m(\infty)|$ 상태는 $|K_m| < 1$ 상태와 같으며, 이는 자기 상관 행렬 $\boldsymbol{T}_{p+1}$의 확실한 한정을 보장한다.

반영 계수는 $m = 1,\ 2,\ \cdots,\ p$에 대하여 함수의 시퀀스 $D_m(z)$로 얻을 수 있다. 우리는 정규 방정식을 푸는 다른 방법을 가지고 있으며, 이 방식은 Schur 알고리즘이라 부른다.

Schur 알고리즘 먼저 $D_m(z)$를 아래 식과 같이 정의하면

$$D_m(z) = \frac{P_m(z)}{Q_m(z)}, \qquad m = 0, 1, \ldots, p \tag{14.86}$$

여기서

$$P_0(z) = R_{XX}(1)z^{-1} + R_{XX}(2)z^{-2} + \cdots + R_{XX}(p)z^{-p} \tag{14.87a}$$

$$Q_0(z) = R_{XX}(0) + R_{XX}(1)z^{-1} + \cdots + R_{XX}(p)z^{-p} \tag{14.87b}$$

$m = 1,\ 2,\ \cdots,\ p$에 대한 $K_0 = 0$ 및 $K_m = -D_m(\infty)$ 때문에 재귀 방정식 (14.84)는 다항식 $P_m(z)$ 및 $Q_m(z)$에 대한 다음 재귀 방정식을 내포한다.

$$\begin{bmatrix} P_m(z) \\ Q_m(z) \end{bmatrix} = \begin{bmatrix} 1 & K_{m-1} \\ K^*_{m-1}z^{-1} & z^{-1} \end{bmatrix} \begin{bmatrix} P_{m-1}(z) \\ Q_{m-1}(z) \end{bmatrix}, \qquad m = 1, 2, \ldots, p \tag{14.88}$$

그래서 다음과 같은 관계 식을 구할 수 있다.

$$
\begin{aligned}
P_1(z) &= P_0(z) = R_{XX}(1)z^{-1} + R_{XX}(2)z^{-2} + \cdots + R_{XX}(p)z^{-p} \\
Q_1(z) &= z^{-1}Q_0(z) = R_{XX}(0)z^{-1} + R_{XX}(1)z^{-2} + \cdots + R_{XX}(p)z^{-p-1}
\end{aligned}
\tag{14.89}
$$

그리고

$$
K_1 = -\left.\frac{P_1(z)}{Q_1(z)}\right|_{z=\infty} = -\frac{R_{XX}(1)}{R_{XX}(0)} \tag{14.90}
$$

다음으로, 식 (14.88)에서 $P_2(z)$와 $Q_2(z)$를 결정하고, $P_2(z)$를 $Q_2(z)$로 나누고, $z=\infty$에서 결과를 평가하여 반영 계수 K_2를 구한다.

$$
\begin{aligned}
P_2(z) &= P_1(z) + K_1Q_1(z) \\
&= [R_{XX}(2) + K_1R_{XX}(1)]z^{-2} + \cdots + [R_{XX}(p) + K_1R_{XX}(p-1)]z^{-p} \\
&\quad + K_1R_{XX}(p)z^{-p-1} \\
Q_2(z) &= z^{-1}[Q_1(z) + K_1^*P_1(z)] \\
&= [R_{XX}(0) + K_1^*R_{XX}(1)]z^{-2} + \cdots + [R_{XX}(p-1) + K_1^*R_{XX}(p)]z^{-p-1} \\
&\quad + R_{XX}(p)z^{-p-2}
\end{aligned}
\tag{14.91}
$$

따라서 식 (14.88)의 재귀 방정식은 식 (14.84)와 동일하다는 것을 알 수 있다. 이러한 관계에 기반하여 Schur 알고리즘은 다음 재귀 절차로 설명된다.

초기화: $2\times(p+1)$ 생성 행렬을 형성

$$
\boldsymbol{G_0} = \begin{bmatrix} 0 & R_{XX}(1) & R_{XX}(2) & \cdots & R_{XX}(p) \\ R_{XX}(0) & R_{XX}(1) & R_{XX}(2) & \cdots & R_{XX}(p) \end{bmatrix} \tag{14.92}
$$

첫 번째 행의 성분은 $P_0(z)$의 계수이고 두 번째 행의 성분은 $Q_0(z)$의 계수이다.

Step 1. 생성기 행렬의 두 번째 행을 한 곳 오른쪽으로 이동하고 행의 마지막 성분을 버리고 비어 있는 위치에 0을 배치한다. 새로운 생성 행렬은 다음과 같다.

$$
\boldsymbol{G_1} = \begin{bmatrix} 0 & R_{XX}(1) & R_{XX}(2) & \cdots & R_{XX}(p) \\ 0 & R_{XX}(0) & R_{XX}(1) & \cdots & R_{XX}(p-1) \end{bmatrix} \tag{14.93}
$$

두 번째 열의 성분들의 (음의) 비율은 반영 계수 $K_1 = -R_{XX}(1)/R_{XX}(0)$을 산출한다.

Step 2. 다음 2×2 행렬을 생성기 행렬에 곱한다.

$$
\boldsymbol{V}_1 = \begin{bmatrix} 1 & K_1 \\ K_1^* & 1 \end{bmatrix} \tag{14.94}
$$

$\boldsymbol{V}_1\boldsymbol{G}_1$ 행렬을 정리하면 다음과 같다.

$$
\boldsymbol{V}_1\boldsymbol{G}_1 = \begin{bmatrix} 0 & 0 & R_{XX}(2) + K_1R_{XX}(1) & \cdots & R_{XX}(p) + K_1R_{XX}(p-1) \\ 0 & R_{XX}(0) + K_1^*R_{XX}(1) & \cdots & \cdots & R_{XX}(p-1) + K_1^*R_{XX}(p) \end{bmatrix} \tag{14.95}
$$

Step 3. $\boldsymbol{V}_1\boldsymbol{G}_1$의 두 번째 행을 오른쪽으로 한 칸 이동하여 새 생성기 행렬을 만든다.

$$\boldsymbol{G}_2 = \begin{bmatrix} 0 & 0 & R_{XX}(2)+K_1R_{XX}(1) & \cdots & R_{XX}(p)+K_1R_{XX}(p-1) \\ 0 & 0 & R_{XX}(0)+K_1^*R_{XX}(1) & \cdots & R_{XX}(p-2)+K_1^*R_{XX}(p-1) \end{bmatrix} \quad (14.96)$$

$\boldsymbol{G}_2$의 세 번째 열에 있는 성분의 음의 비율은 K_2를 산출한다.

2단계와 3단계는 모든 p 반영 계수를 구할 때까지 반복된다. 일반적으로, 단계 m에서의 2×2행렬은 다음과 같다.

$$\boldsymbol{V}_m = \begin{bmatrix} 1 & K_m \\ K_m^* & 1 \end{bmatrix} \quad (14.97)$$

$\boldsymbol{V}_m$에 $\boldsymbol{G}_m$을 곱하면 $\boldsymbol{V}_m\boldsymbol{G}_m$이 된다. 3단계에서 $\boldsymbol{V}_m\boldsymbol{G}_m$의 두 번째 행을 오른쪽으로 1개 이동하여 새로운 생성 행렬 $\boldsymbol{G}_{m+1}$을 얻는다.

각 반복에서 두 번째 행의 시프팅 연산은 식 (14.88)의 두 번째 재귀 방정식에서 지연 연산자 z^{-1}에 의한 곱셈과 같다.

또한, 다항식 $P_m(z)$의 다항식 $Q_m(z)$에 의한 나눗셈과 $z=\infty$에서의 지수의 평가는 $\boldsymbol{G}_m$의 $(m+1)$ 번째 열의 성분을 나누는 것과 같다. P 반영 계수의 계산은 $o(p)$ 횟수로 병렬 프로세서를 사용하여 수행할 수 있다. 아래에서 이러한 계산을 수행하기 위한 파이프 라인 아키텍처를 설명한다.

예제 14.14 AR(3) 프로세스 $x(n)$은 자기 상관 시퀀스가 다음과 같다.

$$R_{XX}(0)=1,\ R_{XX}(1)=\frac{1}{2},\ R_{XX}(2)=\frac{1}{8},\ R_{XX}(3)=\frac{1}{64}$$

Schur 알고리즘을 사용하여 3개의 반영 계수 K_1, K_2, K_3를 결정하라.

풀이 Schur 알고리즘의 위의 단계에 따라 다음을 얻는다.

- 초기화:

$$G_0 = \begin{bmatrix} 0 & \frac{1}{2} & \frac{1}{8} & \frac{1}{64} \\ 1 & \frac{1}{2} & \frac{1}{8} & \frac{1}{64} \end{bmatrix}$$

- Step 1:

$$G_1 = \begin{bmatrix} 0 & \frac{1}{2} & \frac{1}{8} & \frac{1}{64} \\ 0 & 1 & \frac{1}{2} & \frac{1}{8} \end{bmatrix} \quad \Rightarrow \quad K_1 = -\frac{1}{2},$$

$$V_1 = \begin{bmatrix} 1 & -\frac{1}{2} \\ -\frac{1}{2} & 1 \end{bmatrix}, \quad V_1G_1 = \begin{bmatrix} 0 & 0 & -\frac{1}{8} & -\frac{3}{64} \\ 0 & \frac{3}{4} & \frac{7}{16} & \frac{15}{128} \end{bmatrix}$$

- Step 2:

$$G_2 = \begin{bmatrix} 0 & 0 & -\frac{1}{8} & -\frac{3}{64} \\ 0 & 0 & \frac{3}{4} & \frac{7}{16} \end{bmatrix} \quad \Rightarrow \quad K_2 = \frac{2}{3},$$

$$V_2 = \begin{bmatrix} 1 & \frac{2}{3} \\ \frac{2}{3} & 1 \end{bmatrix}, \quad V_2G_2 = \begin{bmatrix} 0 & 0 & 0 & \frac{47}{192} \\ 0 & 0 & \frac{2}{3} & \frac{13}{32} \end{bmatrix}$$

- Step 3:

$$G_3 = \begin{bmatrix} 0 & 0 & 0 & \frac{47}{192} \\ 0 & 0 & 0 & \frac{2}{3} \end{bmatrix} \quad \Rightarrow \quad K_3 = -\frac{47}{128}$$

필터에서 리플렉션 또는 반사 계수는 다음과 같다.

$$K_1 = -\tfrac{1}{2}, \quad K_2 = \tfrac{2}{3}, \quad \text{and} \quad K_3 = -\tfrac{47}{128}$$

예제 14.15 다음 자기상관에 대해 특성을 가진 AR 프로세스에 대하여 예제 14.14를 반복하라.

$$R_{XX}(m) = a^{|m|} \cos \frac{\pi m}{2}$$

풀이 먼저 4개의 자기상관 값은 다음과 같다.

$$R_{XX}(0) = 1, \quad R_{XX}(1) = 0, \quad R_{XX}(2) = -a^2, \quad \text{and} \quad R_{XX}(3) = 0$$

Schur 알고리즘에서 다시 단계를 반복하라.

- 초기화:

$$G_0 = \begin{bmatrix} 0 & 0 & -a^2 & 0 \\ 1 & 0 & -a^2 & 0 \end{bmatrix}$$

- Step 1:

$$G_1 = \begin{bmatrix} 0 & 0 & -a^2 & 0 \\ 0 & 1 & 0 & -a^2 \end{bmatrix} \quad \Rightarrow \quad K_1 = -\frac{0}{1} = 0,$$

$$V_1 = \begin{bmatrix} 1 & 0 \\ 0 & 1 \end{bmatrix}, \quad V_1G_1 = G_1 = \begin{bmatrix} 0 & 0 & -a^2 & 0 \\ 0 & 1 & 0 & -a^2 \end{bmatrix}$$

- Step 2:

$$G_2 = \begin{bmatrix} 0 & 0 & -a^2 & 0 \\ 0 & 0 & 1 & 0 \end{bmatrix} \quad \Rightarrow \quad K_2 = a^2,$$

$$V_2 = \begin{bmatrix} 1 & a^2 \\ a^2 & 1 \end{bmatrix}, \quad V_2G_2 = \begin{bmatrix} 0 & 0 & 0 & 0 \\ 0 & 0 & 1-a^4 & 0 \end{bmatrix}$$

- Step 3:

$$G_3 = \begin{bmatrix} 0\ 0\ 0 & 0 \\ 0\ 0\ 0 & 1-a^4 \end{bmatrix} \quad \Rightarrow \quad K_3 = 0$$

따라서 리플렉션 또는 반사 계수는 다음과 같다.

$$K_1 = 0, \quad K_2 = a^2, \quad \text{and} \quad K_3 = 0$$

예제 14.13에서와 유사한 결과를 구할 수 있다.

Schur 알고리즘과 Levinson-Durbin 알고리즘 및 상응하는 lattice 예측기의 관계를 나타내는 또 다른 방법은 입력 시퀀스가 상관 시퀀스 $\{R_{XX}(m), m = 0, 1, \ldots\}$일 때, 얻어지는 lattice 필터의 출력을 결정하는 것이다. 따라서 래티스 필터의 첫 번째 입력은 $R_{XX}(0)$이고, 두 번째 입력은 $R_{XX}(1)$이며, 나머지도 마찬가지다. 즉 $f_0(n) = R_{XX}(n)$이다. 첫 번째 단계에서 지연 후에 $g_0(n-1) = R_{XX}(n-1)$이 된다. 따라서 $n = 1$ 인 경우 반영 계수 K_1의 음수인 비율 $f_0(1)/g_0(0) = R_{XX}(1)/R_{XX}(0)$이다. 또는 이 관계를 다음과 같이 표현할 수도 있다.

$$f_0(1) + K_1 g_0(0) = R_{XX}(1) + K_1 R_{XX}(0) = 0$$

또한 $g_0(0) = R_{XX}(0) = E_0^f$이다. $n = 2$에서 두 번째 단계에 대한 입력은 식 (14.34)에 따라 다음과 같다.

$$f_1(2) = f_0(2) + K_1 g_0(1) = R_{XX}(2) + K_1 R_{XX}(1)$$

두 번째 단계에서 지연 단위가 지나면,

$$g_1(1) = K_1^* f_0(1) + g_0(0) = K_1^* R_{XX}(1) + R_{XX}(0)$$

두 다항식 비율 $f_1(2)/g_1(1)$은 다음과 같다.

$$\frac{f_1(2)}{g_1(1)} = \frac{R_{XX}(2) + K_1 R_{XX}(1)}{R_{XX}(0) + K_1^* R_{XX}(1)} = \frac{R_{XX}(2) + K_1 R_{XX}(1)}{E_1^f} = -K_2$$

그래서

$$f_1(2) + K_2 g_1(1) = 0$$
$$g_1(1) = E_1^f$$

이 방법을 계속함으로써 우리는 m번째 래티스 단계의 입력에서 $f_{m-1}(m)/g_{m-1}(m-1) = -K_m$ 및 $g_{m-1}(m-1) = E_{m-1}^f$이 된다. 결과적으로 Levinson 알고리즘으로부터 얻어진 레티스 필터 계수는 Schur 알고리즘으로부터 얻어진 꼐수와 동일하다. 또한, 레티스 필터 구조는 레티스 예측기에서 반영 계수를 계산하는 방법을 제공한다.

Schur 알고리즘을 구현하기 위한 파이프라인 아키텍처

Kung과 Hu는 Schur 알고리즘을 구현하기 위해 파이프라인 래티스 프로세서를 개발했다.

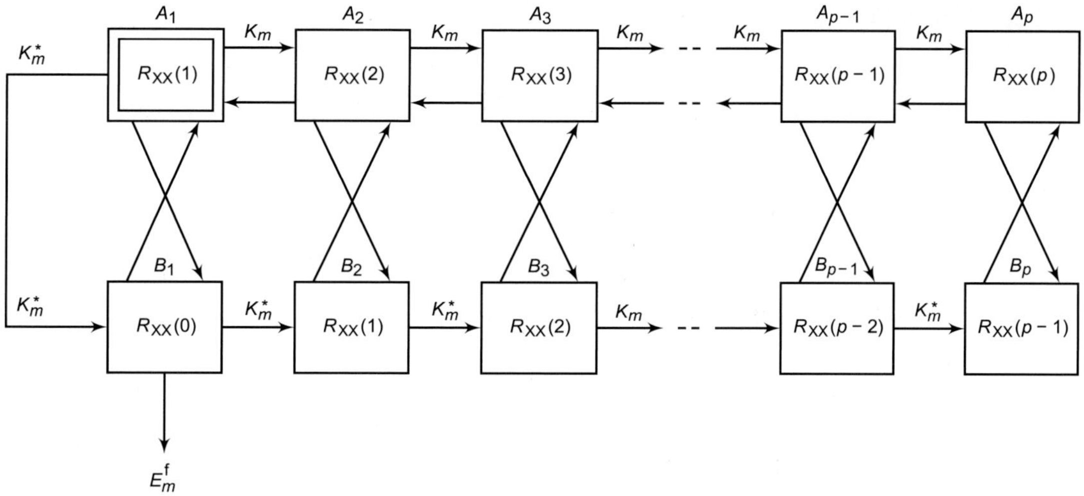

그림 14.19 리플렉션 또는 반사 계수 연산을 위한 파이프 라인 병렬 처리

프로세서는 p 단계 래티스 단계로 구성되며, 각 단계는 두 개의 PE(Processing Element)로 구성되며, A_1, $A_2, \cdots$, A_p로 표시된 상위 PE와 B_1, $B_2, \cdots$, B_p로 표시된 하위 PE로 디자인되며 그림 14.19에 나타난다. A_1으로 지정된 PE에는 분할 수행 작업이 할당된다. 나머지 PEs는 하나의 곱셈과 하나의 반복(하나의 클럭 사이클) 마다 하나의 덧셈을 수행한다. 초기에 그림 14.19와 같이 상위 PE에는 생성기 행렬 $\mathbf{G}_0$의 첫 번째 행 성분이 로드된다. 하위 PE에는 생성기 행렬 $\mathbf{G}_0$의 두 번째 행 성분이 로드된다. 계산 과정은 첫 번째 반영 계수를 $K_1 = -R_{XX}(1)/R_{XX}(0)$로 계산하는 PE A_1으로 시작된다. K_1의 값은 상위 및 하위 분기의 모든 PE로 동시에 전송된다.

계산의 두 번째 단계는 모든 처리 요소의 내용을 동시에 업데이트하는 것이다. 상위 PE와 하위 PE의 내용은 다음과 같이 갱신된다.

$$\begin{array}{lll} \text{PE } A_m: & A_m \leftarrow A_m + K_1 B_m, & m = 2, 3, \ldots, p \\ \text{PE } B_m: & B_m \leftarrow B_m + K_1^* A_m, & m = 1, 2, \ldots, p \end{array}$$

세 번째 단계는 상위 PE의 내용을 한 곳 왼쪽으로 이동하는 것이다.

$$\text{PE } A_m: \qquad A_{m-1} \leftarrow A_m, \qquad m = 2, 3, \ldots, p$$

이 시점에서 PE A_1에는 $R_{XX}(2)+K_1R_{XX}(1)$가 포함되고, PE B_1에는 $R_{XX}(0) + K_1^*R_{XX}(1)$가 포함된다. 따라서 프로세서 A_1은 두 번째 반영 계수 $K_2 = -A_1/B_1$을 계산함으로써 두 번째 사이클을 시작할 준비가 된다. A_1/B_1로 시작하는 세 가지 계산 단계는 모든 p 반영 계수가 계산 될 때까지 반복된다. PE B_1은 각 반복마다 최소 평균 제곱 오차 Efm을 제공한다. τ_{d}가 PE A_1이 (복소수) 나눗셈을 수행하는 횟수를 나타내고 τ_{ma}가 (복소수) 곱셈과 덧셈을 수행하는데 필요한 횟수인 경우, Schur 알고리즘을 위한 모든 p 반영 계수를 계산하는데 필요한 횟수는 $p(\tau_{\text{d}} + \tau_{\text{ma}})$이다.

14.4 선형 예측-오차 필터의 속성

선형 예측 오차 필터는 이 절에서 설명하는 몇 가지 중요한 특성을 가지고 있다. 정방향 예측 오차 필터가 최소 위상임을 증명함으로써 시작한다.

정방향 예측 오차 필터의 최소 위상 특성 우리는 이미 반영 계수 K_i가 상관 계수이며, 결과적으로 모든 i에 대해 $|K_i| \leq 1$을 증명하였다. 이 조건과 $E_m^f = (1 - |K_m|^2)E_{m-1}^f$ 관계는 예측 오차 필터의 zero가 모두 단위원 안에 있거나 단위원 위에 있음을 나타내는데 사용될 수 있다.

먼저, $E_p^f > 0$이면 모든 i에 대해 $|z_i| < 1$인 것을 보았다. 증거는 유도에 의한 것이다. 분명히, $p=1$에 대해 예측 오차 필터에 대한 시스템 함수는 다음과 같다.

$$A_1(z) = 1 + K_1 z^{-1} \tag{14.98}$$

따라서 $z_1 = -K_1$ 및 $E_1^f = (1 - |K_1|^2)E_0^f > 0$이다. 이제 $p-1$에 대한 가설을 가정해 보자. 그러면 z_i가 $A_p(z)$의 근이면 식 (14.49)와 식 (14.54)로부터

$$\begin{aligned} A_p(z_i) &= A_{p-1}(z_i) + K_p z_i^{-1} B_{p-1}(z_i) \\ &= A_{p-1}(z_i) + K_p z_i^{-p} A_{p-1}^*\left(\frac{1}{z_i}\right) = 0 \end{aligned} \tag{14.99}$$

그래서

$$\frac{1}{K_p} = -\frac{z_i^{-p} A_{p-1}^*\left(\frac{1}{z_i}\right)}{A_{p-1}(z_i)} \equiv Q(z_i) \tag{14.100}$$

우리는 함수 $Q(z)$가 allpass임을 주목한다. 일반적으로 allpass 형태의 함수는 다음과 같다.

$$P(z) = \prod_{k=1}^{N} \frac{z z_k^* + 1}{z + z_k}, \qquad |z_k| < 1 \tag{14.101}$$

$|z| < 1$이면 $|P(z)| > 1$, $|z| = 1$이면 $|P(z)| = 1$, $|z| > 1$이면 $|P(z)| < 1$인 특성을 만족한다. $Q(z) = -P(z)/z$이므로, $|Q(\zeta)| > 1$이면 $|z_i| < 1$을 따른다. 명백 이 경우 $Q(z_i) = 1/K_p$ 및 $E_p^f > 0$이기 때문이다.

한편, $E_{p-1}^f > 0$ 및 $E_p^f = 0$이라고 가정하자. 이 경우, $|K_p| = 1$과 $|Q(zi)| = 1$이다. MMSE가 0이기 때문에, 랜덤 프로세스 $X(n)$은 예측 가능하거나 결정론적이라고 불린다. 특히, 형태의 샘플 함수를 순수한 사인파 랜덤프로세스로 갖는 함수는 예측 가능하다.

$$x(n) = \sum_{k=1}^{M} \alpha_k e^{j(n\omega_k + \theta_k)} \tag{14.102}$$

위상 θ_k가 통계적으로 독립적이며 $(0, 2\pi)$에 걸쳐 균일하게 분산되는 경우, 다음과 같은 자기

상관을 갖는다.

$$R_{XX}(m) = \sum_{k=1}^{M} \alpha_k^2 e^{jm\omega_k} \tag{14.103}$$

전력 밀도 함수(PSD)

$$S_{XX}(f) = \sum_{k=1}^{M} \alpha_k^2 \delta(f - f_k), \qquad f_k = \frac{\omega_k}{2\pi} \tag{14.104}$$

이 프로세스는 차수 $p \geq M$의 예측 인자로 예측 가능하다.

이 언급의 타당성을 입증하기 위해서 이 프로세스을 $p > \mathrm{M}$ 차수 예측 오차 필터를 통해 전달하는 것을 고려한다. 이 필터의 출력에서 MSE는 다음과 같다.

$$\begin{aligned} \mathcal{E}_p^{\mathrm{f}} &= \int_{-1/2}^{1/2} S_{XX}(f)|A_p(f)|^2 df \\ &= \int_{-1/2}^{1/2} \left[\sum_{k=1}^{M} \alpha_k^2 \delta(f - f_k)\right] |A_p(f)|^2 df \\ &= \sum_{k=1}^{M} \alpha_k^2 |A_p(f_k)|^2 \end{aligned} \tag{14.105}$$

주파수 f_k와 일치하는 예측 오차 필터의 p번째 zero의 M을 선택함으로써, MSE $\mathcal{E}_p^{\mathrm{f}}$는 강제로 0이 될 수 있다. 나머지 $p-M$개의 zero는 단위 원의 임의의 위치에 임의로 선택될 수 있다.

마지막으로 임의의 프로세스가 연속적인 파워 스펙트럼 밀도와 불연속 스펙트럼의 혼합으로 구성되어 있으면 예측 오차 필터가 단위원 안에 모든 근을 가져야 한다는 것을 증명하기 위해 독자에게 맡긴다.

역방향 예측 오차 필터의 최대 위상 특성 차수 p의 역방향 예측 오차 필터에 대한 시스템 함수는 다음과 같다.

$$B_p(z) = z^{-p} A_p^*(z^{-1}) \tag{14.106}$$

결과적으로, $B_p(z)$의 근은 시스템 함수 $A_p(z)$를 갖는 정방향 예측 오차 필터의 근의 역수이다. 따라서 $A_p(z)$가 최소 위상이면, $B_p(z)$는 최대 위상이다. 그러나 프로세스 $\mathrm{X}(n)$이 예측 가능한 경우, $B_p(z)$의 모든 근이 단위 원에 놓인다.

백색화 속성 랜덤 프로세스 $\mathrm{X}(n)$가 분산 σ_{W}^2의 백색 잡음을 시스템 기능을 가진 all-pole 필터 식 (14.107)에 통과시켜 생성된 $AR(p)$ 정상 랜덤 프로세스라고 가정하자.

$$H(z) = \frac{1}{1 + \sum_{k=1}^{p} a_k z^{-1}} \tag{14.107}$$

그러면 p 차수의 예측-에러 필터는 다음과 같은 시스템 함수를 가진다.

$$A_p(z) = 1 + \sum_{k=1}^{p} a_p(k) z^{-k} \tag{14.108}$$

여기서 예측기 계수는 $a_p(k) = a_k$이다. 예측 에러 필터의 응답은 백색 잡음 프로세스 $\mathsf{W}(n)$이다. 이 경우, 예측 오차 필터는 입력 프로세스 $\mathsf{X}(n)$을 백색화하고, 14.2절에서 이전에 언급된 것 처럼 화이트닝 필터라고 불린다.

보다 일반적으로, 입력 시퀀스 $\mathsf{X}(n)$이 AR 프로세스가 아니더라도, 예측 에러 필터는 입력 프로세스의 신호 샘플들 간의 상관을 제거하려고 시도한다. 예측기의 차수가 증가함에 따라, 예측기 출력 $\hat{\mathsf{X}}(n)$은 $\mathsf{X}(n)$에 더 가깝게 되므로, 차이 $\mathsf{F}(n) = \hat{\mathsf{X}}(n) - \mathsf{X}(n)$은 백색 잡음 시퀀스에 접근한다.

예제 14.16 ARMA 프로세스의 복소수 PSD $S_{\mathsf{XX}}(z)$인 자기상관 $R_{\mathsf{XX}}(m)$의 z-변환은 다음과 같이 주어진다.

$$S_{\mathsf{XX}}(z) = \sigma_{\mathsf{W}}^2 H(z) H(z^{-1}) = \frac{4\sigma_{\mathsf{W}}^2}{9} \frac{5 - 2z - 2z^{-1}}{10 - 3z^{-1} - 3z}$$

(a) 최소 위상 시스템 함수 $H(z)$를 결정하라.

(b) 혼합된 위상 안정된 시스템을 위한 시스템 함수 $H(z)$를 결정하라.

풀이 (a) 복소수 PSD는 다음과 같이 분해 될 수 있다.

$$S_{\mathsf{XX}}(z) = \frac{4\sigma_{\mathsf{W}}^2(5 - 2z - 2z^{-1})}{9(10 - 3z - 3z^{-1})} = \frac{4\sigma_{\mathsf{W}}^2(2 - z^{-1})(2 - z)}{9(3 - z^{-1})(3 - z)} = \sigma_{\mathsf{W}}^2 H(z) H(z^{-1})$$

최소 위상 시스템 $H(z)$는 단위원 안의 극점과 영점을 선택함으로써 얻어진다.

$$H(z) = \left(\frac{2}{3}\right) \frac{2 - z^{-1}}{3 - z^{-1}} = \left(\frac{4}{9}\right) \frac{1 - \frac{1}{2}z^{-1}}{1 - \frac{1}{3}z^{-1}}$$

(b) 혼합 위상 안정 시스템은 단위원 밖에 있는 극점을 선택하고 0을 선택하여 얻을 수 있다.

$$H(z) = \left(\frac{4}{3}\right) \frac{\frac{1}{2} - z^{-1}}{3 - z^{-1}} = \left(\frac{2}{9}\right) \frac{1 - 2z^{-1}}{1 - \frac{1}{3}z^{-1}}$$

■

역방향 예측 오류의 직교성 FIR 래티스 필터의 상이한 단계들로부터의 역방향 예측 에러 프로세스들 $\mathsf{G}_m(k)$는 직교한다.

$$\mathrm{E}[\mathsf{G}_m(n)\mathsf{G}_\ell^*(n)] = \begin{cases} 0, & 0 \le \ell \le m-1 \\ E_m^b, & \ell = m \end{cases} \tag{14.109}$$

이 성질은 식 (14.109)의 $\mathsf{G}_m(n)$과 $\mathsf{G}_\ell^*(n)$를 대체하고 기대값을 구함으로써 쉽게 증명할 수

있다.

$$\begin{aligned}\mathrm{E}\big[\mathsf{G}_m(n)\mathsf{G}_\ell^*(n)\big] &= \sum_{k=0}^{m} b_m(k) \sum_{j=0}^{\ell} b_\ell^*(j)\mathrm{E}\big[\mathsf{X}(n-k)\mathsf{X}^*(n-j)\big] \\ &= \sum_{j=0}^{\ell} b_\ell^*(j) \sum_{k=0}^{m} b_m(k) R_{\mathsf{XX}}(j-k)\end{aligned} \tag{14.110}$$

다만, 역순 노말 관계식을 구하기 위하여 아래와 같은 연산이 필요하다.

$$\sum_{k=0}^{m} b_m(k) R_{\mathsf{XX}}(j-k) = \begin{cases} 0, & j = 1, 2, \ldots, m-1 \\ E_m^{\mathrm{b}}, & j = m \end{cases} \tag{14.111}$$

그러므로

$$\mathrm{E}\big[\mathsf{G}_m(n)\mathsf{G}_\ell^*(n)\big] = \begin{cases} E_m^{\mathrm{b}} = E_m^{\mathrm{f}}, & m = \ell \\ 0, & 0 \le \ell \le m-1 \end{cases} \tag{14.112}$$

14.5 자기회기 격자 필터 및 자기회기 이동 평균 격자-사다리 필터

14.2절에서 우리는 all-zero FIR 래티스 구조를 개발하고, 선형 예측과의 관계를 보여주었다. 선형 예측기 전달 함수는 다음과 같다.

$$A_p(z) = 1 + \sum_{k=1}^{p} a_p(k) z^{-k} \tag{14.113}$$

입력 무작위 과정 $\mathsf{X}(n)$에 의해 여기될 때, $p \to \infty$로 백색 잡음 시퀀스에 접근하는 출력을 생성한다. 반면, 입력 프로세스가 AR(p)이면, $A_p(z)$의 출력은 백색이다. 백색 잡음 시퀀스에 의해 여기 될 때 $A_p(z)$가 MA(p)를 생성하기 때문에, 모든 zero 격차는 때때로 MA 래티스라고 불린다. 우리는 역 래티스 $1/A_p(z)$의 래티스 구조를 AR 래티스라고 부르며 ARMA 프로세스의 래티스-래더 구조를 개발한다.

14.5.1 AR 레티스 구조

All-pole 시스템의 시스템 함수에 대해 고려해보자.

$$H(z) = \frac{1}{1 + \sum_{k=1}^{p} a_p(k) z^{-k}} \tag{14.114}$$

이것의 IIR 시스템의 차분 방정식은 다음과 같다.

$$y(n) = -\sum_{k=1}^{p} a_p(k) y(n-k) + x(n) \tag{14.115}$$

이제 우리는 입출력의 역할, 즉 $x(n)$을 식 (14.115)에서 $y(n)$로 교체한다고 가정해보자. 따라서 우리는 다음 차분 방정식을 얻는다.

$$x(n) = -\sum_{k=1}^{p} a_p(k)x(n-k) + y(n)$$

동등하게 다음과 같이 표시가 가능하다.

$$y(n) = x(n) + \sum_{k=1}^{p} a_p(k)x(n-k) \tag{14.116}$$

우리는 식 (14.116)이 시스템 함수 $A_p(z)$를 갖는 FIR 시스템의 차분 방정식임을 관찰한다. 따라서 모든 pole IIR 시스템은 입력과 출력을 역할을 교환함으로써 모두 zero 시스템으로 변환 될 수 있다. 이 관찰에 기초하여 MA(p) 래티스로부터 AR(p) 래티스 구조를 얻을 수 있다. MA(p) 래티스는 출력으로 $y(n) = f_p(n)$을 가지고 $x(n) = f_0(n)$을 입력으로 하기 때문에 다음을 갖는다.

$$\begin{aligned} x(n) &= f_p(n) \\ y(n) &= f_0(n) \end{aligned} \tag{14.117}$$

이 정의는 수량 $f_m(n)$이 내림차순으로 계산되도록 지시한다. 이 계산은 $f_m(n)$에 대한 재귀 방정식을 식 (14.34)에 재배치하고 $f_{m-1}(n)$을 $f_m(n)$으로 해결하여 수행 할 수 있다. 따라서 다음을 얻는다.

$$f_{m-1}(n) = f_m(n) - K_m g_{m-1}(n-1), \qquad m = p, p-1, \ldots, 1$$

$g_m(n)$의 방정식은 변경되지 않는다. 이 변경의 결과는 다음 방정식을 갖는다.

$$\begin{aligned} x(n) &= f_p(n) \\ f_{m-1}(n) &= f_m(n) - K_m g_{m-1}(n-1) \\ g_m(n) &= K_m^* f_{m-1}(n) + g_{m-1}(n-1) \\ y(n) &= f_0(n) = g_0(n) \end{aligned} \tag{14.118}$$

AR(p) 래티스에 해당하는 구조가 그림 14.20에 나와 있다. 모든 pole 래티스 구조는 입력 $g_0(n)$ 및 출력 $g_p(n)$을 갖는 all-zero 경로를 가지며, 이것은 MA(p) 래티스 구조에서 all-

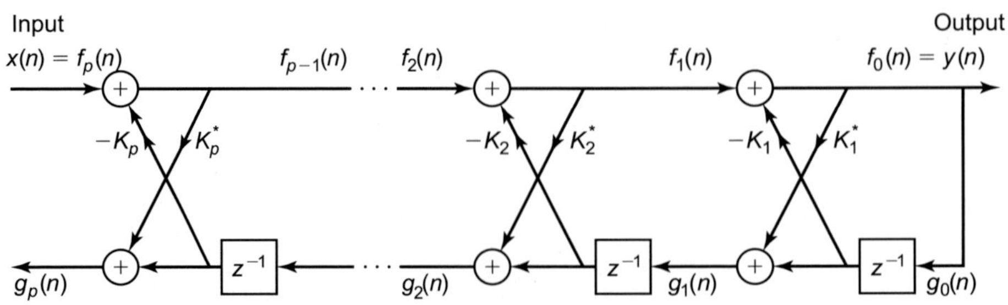

그림 14.20 올폴(all-pole) AR(p) 시스템을 위한 래티스 구조

zero 경로와 동일하다. $g_m(n)$의 방정식이 두 래티스 구조에서 동일하기 때문에 이는 놀랄 일이 아니다.

MATLAB 구현 우리는 AR(p)와 MA(p) 래티스 구조는 동일한 파라미터, 즉 반영 계수 K_i를 특징으로 한다. 결과적으로 방정식은 식 (14.57)과 식 (14.59)에 주어진다. All-zero 시스템 $A_p(z)$의 직접형 구현에서의 시스템 파라미터 $a_p(k)$와 all-pole 구조에서 적용된 MA(p) 래티스 구조의 래티스 파라미터 K_i 사이의 변환을 위한 방정식이다. 따라서 MA(p) 래티스 구조에 대한 14.2.3절에서 논의된 `fir2latc` 및 `latc2fir` 또는 `tf2latc` 및 `latc2tf` 함수는 AR(p) 래티스 구조에도 적용 할 수 있다. `tf2latc` 함수의 경우, 필요한 호출은 `K=tf2latc(1,a)`이다. 식 (14.118)에 주어진 AR(p) 래티스 구현은 다음 절에서 논의된다.

예제 14.17 백잽 잡음 여기에서 $x(n)$을 생성하기 위해 예제 14.14에서 얻은 래티스 필터를 그려라.

풀이 그림 14.21을 참고

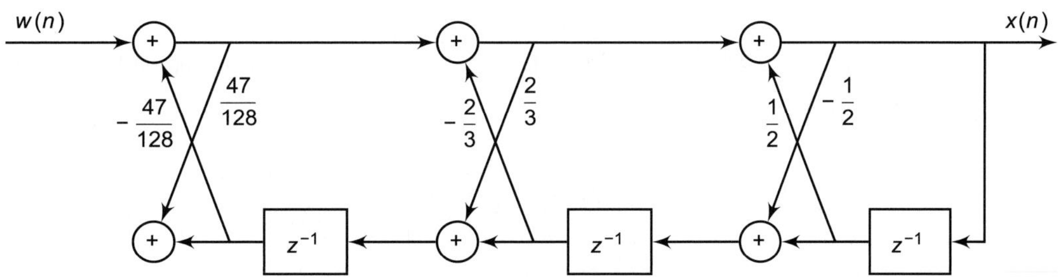

그림 14.21 예제 14.17에서 AR(3) 래티스/격자 필터 구조

14.5.2. ARMA 프로세스와 래티스-래더 필터

All-pole 래티스는 극점과 영점을 모두 포함하는 IIR 시스템을 구현하는 래티스형 구조의 기본 요소를 제공한다. 적절한 구조를 만들기 위해 시스템 기능을 가진 IIR 시스템을 고려해 보자.

$$H(z) = \frac{\sum_{k=0}^{q} c_q(k) z^{-k}}{1 + \sum_{k=1}^{p} a_p(k) z^{-z}} = \frac{C_q(z)}{A_p(z)} \tag{14.119}$$

보편성의 손실없이, 우리는 $p \geq q$이라고 가정한다. 이 시스템은 차분 방정식으로 설명된다.

$$\begin{aligned} v(n) &= -\sum_{k=0}^{p} a_p(k) v(n-k) + x(n) \\ y(n) &= \sum_{k=0}^{q} c_q(k) v(n-k) \end{aligned} \tag{14.120}$$

이는 시스템을 all-pole 시스템의 계단식으로 보고 all-zero 시스템을 계단식으로 본 것입니다. 식 (14.120)에서 우리는 출력 $y(n)$이 단순히 모든 극 시스템으로부터의 지연된 출력의 선형 조합이라는 것을 관찰한다. 이전 출력의 선형 조합을 형성함으로써 zero가 생성되기 때문에, 이 관찰을 통해 all-pole 래티스 구조를 기본 빌딩 블록으로 사용하여 pole-zero 시스템을 구성 할 수 있다. 우리는 all-pole 래티스에서 $g_m(n)$이 현재와 과거 출력의 선형 조합으로 표현 될 수 있다는 것을 관찰했다. 시스템은 다음과 같다.

$$H_b(z) \equiv \frac{G_m(z)}{Y(z)} = B_m(z) \tag{14.121}$$

위는 all-zero 시스템이다. 따라서 $g_m(n)$의 선형 조합 또한 all-zero 필터이다.

$1 \le m \le p$에서 K_m을 갖는 all-pole 레티스 필터로 시작하고 $g_m(n)$의 가중 선형 조합을 출력으로 사용하여 ladder 성분을 추가한다. 결과는 그림 14.22에 표시된 래티스-레더 구조를 갖는 pole-zero 필터이다. 출력은 다음과 같다.

$$y(n) = \sum_{k=0}^{q} \beta_k g_k(n)$$

여기서 β_k는 시스템의 zero를 결정하는 매개 변수이다. 식 (14.22)에 해당하는 시스템 함수는 다음과 같다.

$$H(z) = \frac{Y(z)}{X(z)} = \sum_{k=0}^{q} \beta_k \frac{G_k(z)}{X(z)} \tag{14.123}$$

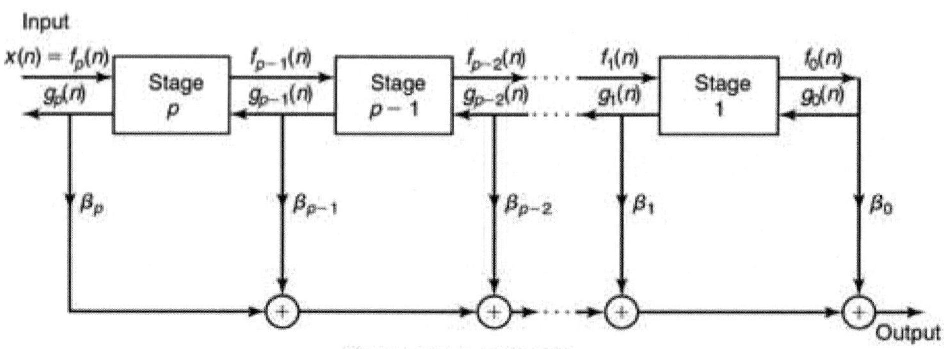

(a) Pole–Zero System

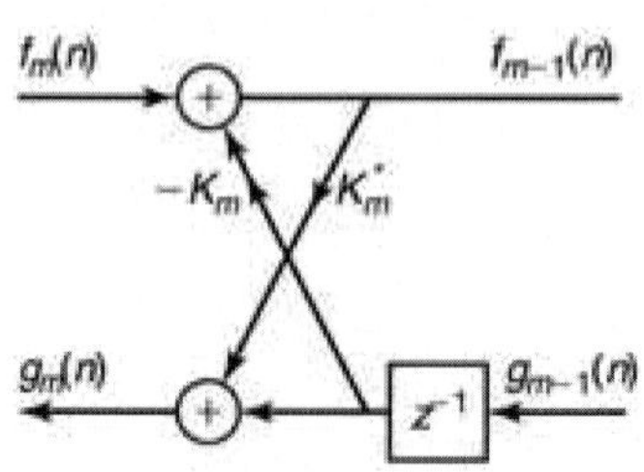

(b) *m*th Stage of Lattice

그림 14.22 극과 원점 시스템에서 래티스/격자 필터 구조

Since $X(z) = F_p(z)$ and $F_0(z) = G_0(z)$, 식 (14.123) may be expressed as

$$\begin{aligned} H(z) &= \sum_{k=0}^{q} \beta_k \frac{G_k(z)}{G_0(z)} \frac{F_0(z)}{F_p(z)} \\ &= \frac{1}{A_p(z)} \sum_{k=0}^{q} \beta_k B_k(z) \end{aligned} \tag{14.124}$$

그러므로

$$C_q(z) = \sum_{k=0}^{q} \beta_k B_k(z) \tag{14.125}$$

이것은 바람직한 관계이며, 가중 계수 β_k를 결정하는데 사용될 수 있다.

다항식 $C_q(z)$와 $A_p(z)$가 주어졌을 때, $p \geq q$인 경우 반영 계수 K_i는 먼저 계서 $a_p(k)$에서 결정된다. 식 (14.58)에 의해 주어진 step-down 재귀관계식을 사용하여 $k = 1, 2, \cdots, p$에서 다항식 $B_k(z)$를 얻는다. 그러면 래더 매개 변수는 식 (14.125)에서 얻을 수 있으며, 이는 다음과 같이 나타낼 수 있다.

$$\begin{aligned} C_m(z) &= \sum_{k=0}^{m-1} \beta_k B_k(z) + \beta_m B_m(z) \\ &= C_{m-1}(z) + \beta_m B_m(z) \end{aligned} \tag{14.126}$$

동등하게 다음과 같이 표시가 가능하다.

$$C_{m-1}(z) = C_m(z) - \beta_m B_m(z), \qquad m = p, p-1, \ldots, 1 \tag{14.127}$$

이 재귀 관계를 역방향으로 실행하면 모든 하위 차수 다항식 $m = p \ -1, \cdots, 1$에 대해 $C_m(z)$를 생성 할 수 있다. $b_m(m) = 1$이기 때문에 매개 변수 β_m은 식 (14.127)로부터 결정된다.

$$\beta_m = c_m(m), \qquad m = p, p-1, \ldots, 1, 0 \tag{14.128}$$

이 래티스-래더 필터 구조는 백색 잡음 시퀀스에 의해 여기 될 때, 전력 밀도 스펙트럼을 갖는 ARMA$(p,\ q)$ 프로세스를 생성한다.

$$S_{\mathsf{XX}}(f) = \sigma_{\mathsf{W}}^2 \frac{|C_q(f)|^2}{|A_p(f)|^2} \tag{14.129}$$

식 (14.18)을 만족하는 자기 상관 함수가 위와 같이 나타난다. 여기서 σ_{W}^2는 입력 백색 잡음 시퀀스의 분산이다.

MATLAB 구현 일반적인 이성적인 IIR 시스템에 대한 래티스-래더 구조를 얻기 위해, 먼저 재귀 식 (14.58)과 식 (14.59)를 사용하여 $A_p(z)$로부터 래티스 계수 $\{K_m\}$을 구한다. 그러면 우리는 분자 $C_q(z)$를 실현하기 위해 래더 계수 $\{\beta_m\}$에 대해 식 (14.127)과 식 (14.128)을 재귀적으로 풀 수 있다. 이는 MATLAB 함수 `iir2ladr`에서 수행된다. 또한 배열 `b`가

b=1로 설정된 경우 AR(p) 래티스 매개 변수를 결정하는 데에도 사용할 수 있다.

```
function [K,beta] = iir2ladr(b,a)
% IIR Direct form to pole-zero Lattice/Ladder form Conversion
% -----------------------------------------------------------
% [K,beta] = iir2ladr(b,a)
%     K = lattice coefficients (reflection coefficients), [K1,...,KN]
%  beta = ladder coefficients, [C0,...,CN]
%     b = numerator polynomial coefficients (deg <= Num deg)
%     a = denominator polynomial coefficients
%
a1 = a(1); a = a/a1; b = b/a1;
q = length(b); p = length(a);
if q > p
     error('    *** length of b must be <= length of a ***')
end
b = [b, zeros(1,p-q)]; K = zeros(1,p-1);
A = zeros(p-1,p-1); beta = b;
for m = p-1:-1:1
     A(m,1:m) = -a(2:m+1)*beta(m+1);
     K(m) = a(m+1);  J = fliplr(a);
     a = (a-K(m)*J)/(1-K(m)*K(m));  a = a(1:m);
     beta(m) = b(m) + sum(diag(A(m:p-1,1:p-m)));
end
```

이 기능을 사용하려면 $p \geq q$이어야 한다. 만약 $q > p$이면 적절한 합리적인 부분과 다항식 부분을 얻기 위해 decovn 함수를 사용하여 분자 $A_p(z)$를 분모 $C_q(z)$로 나누어야 한다. 적절하고 합리적인 부분은 래티스-래더 구조를 사용하여 구현 될 수 있지만 다항식 부분은 직접 구조를 사용하여 구현된다.

래티스-래더 형태를 직접형으로 변환하기 위해, 우리는 먼저 $\{a_q(k)\}$를 결정하기 위해서 $\{K_m\}$ 계수에 대해 식 (14.57)에서 재귀적 절차를 사용하고 그런 다음 $\{b_q(k)\}$를 얻기 위해 재귀적으로 식 (14.126)을 푼다. 이것은 MATLAB 함수 `lad2iir`에서 수행한다.

```
function [b,a] = ladr2iir(K,beta)
% Lattice/ladder form to IIR direct form conversion
% -------------------------------------------------
% [b,a] = ladr2iir(K,beta)
%     b = numerator polynomial coefficients
%     a = denominator polymonial coefficients
%     K = lattice coefficients (reflection coefficients)
%  beta = ladder coefficients
%
p = length(K); q = length(beta);
beta = [beta, zeros(1,p-q+1)];
J = 1; a = 1; A = zeros(p,p);
for m=1:1:p
    a = [a,0]+conv([0,K(m)],J);
    A(m,1:m) = -a(2:m+1);  J = fliplr(a);
end
```

```
b(p+1) = beta(p+1);
for m = p:-1:1
    A(m,1:m) = A(m,1:m)*beta(m+1);
    b(m) = beta(m) - sum(diag(A(m:p,1:p-m+1)));
end
```

기본적인 래티스-래더(Lattice-Ladder) 필터는 식(14.34) 및 (14.122 와 같이 표시할 수 있다. 범용 툴인 MATLAB에서 `ladrfilter` 함수를 이용하여 검증하는 것이 가능하나, 필터 자체 포함하고 있는 회귀적인 특징때문에 궤환 루프에 주의하고 성능 개량 및 응용 관련 주의가 요구된다. 이러한 래티스-래더 필터 구현 경우, MATLAB 툴에서 제공하는 행렬 처리 또는 병렬 연산을 통한 성능향상이 그렇게 크지 않다.

```
function [y] = ladrfilter(K,beta,x)
% LATTICE/LADDER form realization of IIR filters
% ---------------------------------------------
% [y] = ladrfilter(K,beta,x)
%    y = output sequence
%    K = LATTICE (reflection) coefficient array
% beta = LADDER coefficient array
%    x = input sequence
%
Nx = length(x); y = zeros(1,Nx);
p = length(beta); f = zeros(p,Nx); g = zeros(p,Nx+1);
f(p,:) = x;
for n = 2:1:Nx+1
   for m = p:-1:2
       f(m-1,n-1) = f(m,n-1) - K(m-1)*g(m-1,n-1);
       g(m,n) = K(m-1)*f(m-1,n-1) + g(m-1,n-1);
   end
   g(1,n) = f(1,n-1);
end
y = beta*g(:,2:Nx+1);
```

예제 14.18 다음 시스템 함수에서 래티스-래더 필터 구조의 매개 변수를 결정하라.

$$H(z) = \frac{1 + \frac{1}{4}z^{-1} - \frac{1}{8}z^{-2}}{1 + \frac{3}{8}z^{-1} + \frac{1}{2}z^{-2}}$$

풀이 전달 함수 H(z)의 분모로부터 아래와 같은 연관식을 구할 수 있다.

$$B_2(z) = \frac{1}{2} + \frac{3}{8}z^{-1} + z^{-2}$$
$$B_1(z) = \frac{1}{4} + z^{-1}$$

반영 계수는 $K_1 = \frac{1}{4}$, $K_2 = \frac{1}{2}$라고 하자. 그러면 $H(z)$의 분자로부터

$$\begin{aligned} C(z) &= \beta_0 B_0(z) + \beta_1 B_1(z) + \beta_2 B_2(z) \\ &= \beta_0 + \beta_1\left(\frac{1}{4} + z^{-1}\right) + \beta_2\left(\frac{1}{2} + \frac{3}{8}z^{-1} + z^{-2}\right) \end{aligned}$$

$$1 + \frac{3}{8}z^{-1} + \frac{1}{2}z^{-2} = \left(\beta_0 + \frac{1}{4}\beta_1 + \frac{1}{2}\beta_2\right) + \left(\beta_1 + \frac{3}{8}\beta_2\right)z^{-1} + \beta_2 z^{-2}$$

Step-down 재귀에서 우리는 $\beta_2 = -\frac{1}{8}$, $\beta_1 = \frac{19}{64}$, $\beta_0 = \frac{253}{256}$를 얻는다.

MATLAB 검증은 다음과 같다.

```
>> b = [1,1/4,-1/8]; a = [1,3/8,1/2];
>> [K,beta] = iir2ladr(b,a)
K =
    0.2500     0.5000
beta =
    0.9883     0.2969    -0.1250
```

예제 14.19 다음의 pole-zero IIR 시스템을 래티스-래더 구조로 변환하라.

$$H(z) = \frac{1 + 2z^{-1} + 2z^{-2} + z^{-3}}{1 + \frac{13}{24}z^{-1} + \frac{5}{8}z^{-2} + \frac{1}{3}z^{-3}}$$

풀이 MATLAB 스크립트는 다음과 같다.

```
>> b = [1,2,2,1] a = [1, 13/24, 5/8, 1/3];
>> [K,beta] = iir2ladr(b,a)
K =
    0.2500     0.5000     0.3333
beta =
   -0.2695     0.8281     1.4583     1.0000
```

Hence

$$K_1 = \tfrac{1}{4},\ K_2 = \tfrac{1}{5},\ K_3 = \tfrac{1}{3};$$

$$\beta_0 = -0.2695,\ \beta_1 = 0.8281,\ \beta_2 = 1.4583,\ \beta_3 = 1$$

결과적인 직접형과 래티스-래더형 구조는 그림 14.23에 나와있다. 래티스-래더 구조가 올

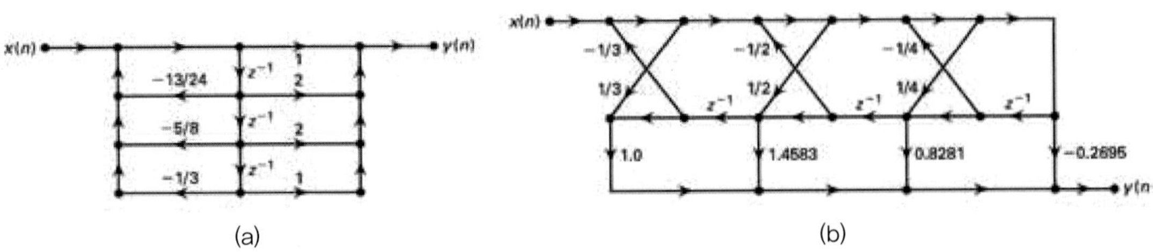

그림 14.23 예제 14.19 에서 IIR 시스템 구조: (a) 직접연결형태 (b) 래티스–래더 형태

바른지 확인하려면 두 가지 형식을 사용하여 임펄스 응답의 처음 8개 샘플을 계산하라.

```
>> [x,n]=impseq(0,0,7)  format long;  hdirect = filter(b,a,x)
hdirect =
  Columns 1 through 4
   1.00000000000000   1.45833333333333   0.58506944444444  -0.56170428240741
  Columns 5 through 8
  -0.54752302758488   0.45261700163162   0.28426911049255  -0.25435705167494
>> hladder = ladrfilter(K,C,x)
hladder =
  Columns 1 through 4
   1.00000000000000   1.45833333333333   0.58506944444444  -0.56170428240741
  Columns 5 through 8
  -0.54752302758488   0.45261700163162   0.28426911049255  -0.25435705167494
```

앞에서 설명한 SP 도구 상자 기능은 IIR (ARMA) 래티스-래더 구조를 얻거나 이를 구현하는데 사용된다. 호출 `[K, beta]=tf2latc(b,a)`는 배열 `K`의 래티스 매개 변수와 베타의 래더 매개 변수를 `a(1)`로 정규화한다. 하나 또는 그 이상의 lattice 매개 변수가 정확히 1일 경우 오류가 생성된다. 마찬가지로 `[b,a]=latc2tf(K, beta)` 호출은 `K`와 `beta`로부터 시스템 함수의 분자 및 분모 다항식 계수를 계산한다.

마지막으로, 호출 `[f,g]=latcfilt(k,v,x)`는 IIR 래티스 반영 계수 `K`와 래더 계수 베타를 사용하여 배열 `x`의 입력을 필터링한다. 정방향 래티스 필터 출력 (또는 정방향 예측 오차)은 배열 `f`이고, 역 래티스 필터 출력 (또는 역방향 예측 오차)은 배열 `g`이다. `|K| ≤ 1`이면 `f`는 최소 위상 출력에 해당하고 `g`는 최대 위상 출력에 해당한다.

14.6 필터링과 예측을 위한 위너 필터

많은 실제 응용에서, 우리는 원하는 신호 $s(n)$과 원하지 않는 잡음 또는 간섭 $w(n)$의 합으로 구성된 입력 신호 $x(n)$가 주어지며, 우리는 다음과 같은 필터를 설계하도록 요청받습니다. 바람직하지 못한 간섭 성분을 억제한다. 이러한 경우, 목표는 원하는 신호 $s(n)$의 특성을 보존하면서 가산 간섭을 걸러내는 시스템을 설계하는 것이다. 이 신호들은 임의의 프로세스 $\mathsf{X}(n)$, $\mathsf{S}(n)$, $\mathsf{W}(n)$이다.[4]

이 절에서는 부가적인 잡음 교란이 있는 경우 신호 추정의 문제를 다루겠습니다. 추정기는 임펄스 응답 $h(n)$을 갖는 선형 필터로 제한되며, 그 출력은 샘플 시퀀스 $d(n)$을 갖는 어떠한 원하는 신호 프로세스 $\mathsf{D}(n)$에 근사하도록 설계된다. 그림 14.24는 선형 추정 문제를 보여준다.

4 여러 조건을 고려하여 소문자 $x(n)$은 랜덤 데이터 샘플을 나타내고 대분자 $\mathsf{X}(n)$은 랜덤 프로세스 그 자체를 표시한다. 랜덤 변수/데이터와 랜덤 프로세스 사이 구별은 소문자 또는 대문자와 더불어 가능하면 전후 문맥 속에서 결정되어야 한다. 랜던 데이터 또는 프로세의 기대값을 표시할 때는 대문자를 이용한다.

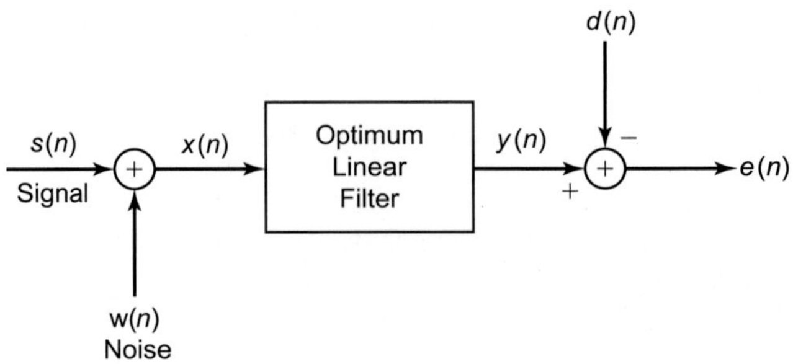

그림 14.24 선형 예측 시스템 모델

필터의 입력 시퀀스는 $x(n) = s(n) + w(n)$이고, 출력 시퀀스는 프로세스 $\mathsf{Y}(n)$의 샘플 시퀀스인 $y(n)$이다. 원하는 신호와 필터 출력 사이의 차이는 오류 시퀀스 $e(n) \triangleq d(n) - y(n)$이며, 기본 프로세스는 $\mathsf{E}(n)$으로 표시된다. 우리는 세 가지 특수한 경우를 구분한다.

(a) $d(n)=s(n)$이면, 선형 추정 문제는 필터링이라고 한다.

(b) $D>0$일 때 $d(n)=s(n+D)$이면, 선형 추정 문제는 신호 예측이라고 한다. 이 문제는 이전 절에서 고려한 예측과 다르며 여기서 $D \geq 0$이며 $d(n) = x(n+D)$이다.

(c) $D>0$일 때 $d(n)=s(n-D)$이면, 선형 추정 문제는 신호 평활화(smooting)이라고 한다.

우리는 필터링과 예측에 집중할 것이다.

필터 임펄스 응답 $h(n)$을 최적화하기 위해 선택된 기준은 평균 제곱 오차의 최소화이다. 이 기준에는 단순성과 수학적 편의성이라는 장점이 있다. 기본적인 가정은 프로세스 $\mathsf{S}(n)$ $\mathsf{W}(n)$ 및 $\mathsf{D}(n)$은 제로 평균 및 wide-sense 정상성이다. 선형 필터는 FIR 또는 IIR로 가정한다. 그것이 IIR이면, 입력 데이터 $x(n)$이 무한 과거에 이용 가능하다고 가정한다. 최적의 FIR 필터 설계부터 시작한다. 최적의 선형 필터는 MMSE의 의미로 위너 필터라고 부른다.

14.6.1 FIR 위너 필터

필터가 $0 \leq k \leq M-1$에서 계수 $h(k)$와 함께 길이 M인 것으로 제약한다고 가정하자. 따라서 그 출력 $y(n)$은 유한 데이터 레코드 $x(n), x(n-1), \ldots, x(n-M+1)$에 달려있다.

$$y(n) = \sum_{k=0}^{M-1} h(k)x(n-k) \tag{14.130}$$

원하는 출력 $d(n)$과 실제 출력 $y(n)$ 사시의 오차의 평균 제곱 값은

$$\begin{aligned}\mathcal{E}_M &= \mathrm{E}\left[|\mathsf{E}(n)|^2\right] \\ &= \mathrm{E}\left[\left|\mathsf{D}(n) - \sum_{k=0}^{M-1} h(k)\mathsf{X}(n-k)\right|^2\right]\end{aligned} \tag{14.131}$$

이것은 필터 계수의 2차 함수이기 때문에 $\mathcal{E}_M$의 최소화는 선형 방정식의 집합을 산출한다.

$$\sum_{k=0}^{M-1} h(k) R_{\mathsf{XX}}(\ell - k) = R_{\mathsf{DX}}(\ell), \qquad \ell = 0, 1, \ldots, M-1 \tag{14.132}$$

여기서 $R_{\mathsf{DX}}(k) = \mathrm{E}\big[\mathsf{D}(n)\mathsf{X}^*(n-k)\big]$는 $0 \le n \le M-1$에서 원하는 프로세스 $\mathsf{D}(n)$과 입력 프로세스 $\mathsf{X}(n)$ 사이의 교차 상관이고, $R_{\mathsf{XX}}(k)$는 입력 프로세스 $\mathsf{X}(n)$ 자기상관이다. 최적의 필터를 지정하는 이 선형 방정식 집합을 위너-호프 방정식이라고 한다. (이 방정식을 정규 방정식이라고도 하며 선형 one-step 예측과 관련하여 이 장의 앞 부분에서 설명하였다.)

일반적으로 식 (14.132)의 식은 다음과 같이 행렬 형태로 표현 될 수 있다.

$$\boldsymbol{T}_M \boldsymbol{h}_M = \boldsymbol{R}_{\mathsf{D}} \tag{14.133}$$

여기서 $\boldsymbol{T}_M$은 $T_{\ell k} = R_{\mathsf{XX}}(\ell - k)$ 원소를 갖는 $M \times M$(Hermitian) Toeplitz 행렬이고, $\boldsymbol{R}_{\mathsf{D}}$는 $R_{\mathsf{DX}}(\ell)$, $\ell = 0, 1, \ldots, M-1$ 원소를 갖는 $M \times 1$ 교차상관 벡터이다. 최적 필터 계수를 위한 해답은 다음과 같다.

$$\boldsymbol{h}_{\mathrm{opt}} = \boldsymbol{T}_M^{-1} \boldsymbol{R}_{\mathsf{D}} \tag{14.134}$$

그리고 위너 필터에 대한 최소 MSE는 다음과 같이 얻어진다.

$$\mathrm{MMSE}_M = \min_{\boldsymbol{h}_m} \mathcal{E}_M = \sigma_{\mathsf{D}}^2 - \sum_{k=0}^{M-1} \boldsymbol{h}_{\mathrm{opt}}(k) R_{\mathsf{DX}}^*(k) \tag{14.135}$$

동등하게 다음과 같이 표시가 가능하다.

$$\mathrm{MMSE}_M = \sigma_{\mathsf{D}}^2 - \boldsymbol{R}_{\mathsf{D}}^{*t} \boldsymbol{T}_M^{-1} \boldsymbol{R}_{\mathsf{D}} \tag{14.136}$$

여기서 $\sigma_{\mathsf{D}}^2 = \mathrm{E}\big[|\mathsf{D}(n)|^2\big]$.

식 (14.132)의 특별한 경우를 생각해 보자. 필터링을 다루는 경우, $\mathsf{D}(n) = \mathsf{S}(n)$이다. 또한, $\mathsf{S}(n)$ 및 $\mathsf{D}(n)$이 일반적으로 실제와 같이 비상관 랜덤 시퀀스라면, 다음과 같다.

$$\begin{aligned} R_{\mathsf{XX}}(k) &= R_{\mathsf{SS}}(k) + R_{\mathsf{WW}}(k) \\ R_{\mathsf{DX}}(k) &= R_{\mathsf{SS}}(k) \end{aligned} \tag{14.137}$$

식 (14.132)의 정규 방정식은 다음과 같이 된다.

$$\sum_{k=0}^{M-1} h(k)\big[R_{\mathsf{SS}}(\ell - k) + R_{\mathsf{WW}}(l - k)\big] = R_{\mathsf{SS}}(\ell), \quad \ell = 0, 1, \ldots, M-1 \tag{14.138}$$

우리가 예측을 다루는 경우, $\mathsf{D}(n) = \mathsf{D}(n+D)$ 여기서 $D > 0$이다. $\mathsf{S}(n)$과 $\mathsf{W}(n)$이 상관되지 않은 임의의 시퀀스라고 가정하면, 다음과 같다.

$$R_{\mathsf{DX}}(k) = R_{\mathsf{SS}}(k + D) \tag{14.139}$$

따라서 위너 예측 필터에 대한 방정식은

$$\sum_{k=0}^{M-1} h(k)\left[R_{\mathsf{SS}}(l-k)+R_{\mathsf{WW}}(l-k)\right]=R_{\mathsf{SS}}(\ell+D), \quad \ell=0,1,\ldots,M-1 \quad (14.140)$$

이 모든 경우에, 역 상관 행렬은 Toeplitz이다. 따라서 (일반화된) Levinson-Durbin 알고리즘을 사용하여 최적의 필터 계수를 풀 수 있다.

예제 14.20 신호 $x(n)=s(n)+w(n)$을 고려하자. 여기서 $s(n)$은 다음 차분 방정식을 만족하는 AR(1) 프로세스 $\mathsf{S}(n)$의 샘플 시퀀스이다.

$$s(n)=0.6s(n-1)+v(n)$$

여기서 $v(n)$은 분산 $\sigma_{\mathsf{V}}^2=0.64$를 갖는 백색 잡음 프로세스 $\mathsf{V}(n)$의 샘플 시퀀스이고, $w(n)$은 분산 $\sigma_{\mathsf{W}}^2=1$을 갖는 백잽 잡음 프로세스 $\mathsf{W}(n)$의 샘플 시퀀스이다.

a. 원하는 신호 $\mathsf{S}(n)$을 추정하기 위해 길이 $M=2$의 위너 FIR 필터를 설계하라.

b. MATLAB을 사용하여 길이 $M=3$, 4, 5의 최적 FIR 위너 필터를 각 경우에 대해 MMSE를 설계하여라.

풀이 $\mathsf{S}(n)$은 백색 잡음에 의해 single-pole 여기시킴으로써 얻어지므로, $\mathsf{S}(n)$의 전력 스펙트럼 밀도는 다음과 같다.

$$\begin{aligned} S_{\mathsf{SS}}(f) &= \sigma_{\mathsf{V}}^2\left|H\left(e^{j2\pi f}\right)\right|^2=\frac{0.64}{\left|1-0.6e^{-j2\pi f}\right|^2} \\ &= \frac{0.64}{1.36-1.2\cos(2\pi f)} \end{aligned}$$

예제 13.14에 주어진 절차를 사용하여, 대응하는 자기 상관 시퀀스 $R_{\mathsf{SS}}(m)$은 다음과 같다.

$$R_{\mathsf{SS}}(m)=(0.6)^{|m|}$$

a. 필터 계수에 대한 방정식은 다음과 같다.

$$\begin{aligned} 2h(0)+0.6h(1)&=1, \\ 0.6h(0)+2h(1)&=0.6 \end{aligned}$$

이 방정식의 해답은 다음 결과로 산출된다.

$$h(0)=0.451 \qquad h(1)=0.165$$

해당하는 평균 자승 오차(MSE)는 다음과 같다.

$$\begin{aligned} \text{MMSE}_2 &= 1-h(0)R_{\mathsf{SS}}(0)-h(1)R_{\mathsf{SS}}(1) \\ &= 1-0.451-(0.165)(0.6)=0.45 \end{aligned}$$

MATLAB 스크립트:

```
>> varW = 1; M = 2; m = 0:M-1;
>> Rss = 0.6.^m; TM = toeplitz(Rss) + varW*eye(M);
>> RD = Rss';
>> hopt2 = TM\RD
hopt2 =
    0.4505
    0.1648
>> MMSE2 = Rss(1) - RD'*hopt2
MMSE2 =
    0.4505
```

b. 필터 계수 및 해당 MMSE 값은 닫음 MATLAB 스크립트를 사용하여 얻는다.

```
>> M = 3; m = 0:M-1;
>> Rss = 0.6.^m; TM = toeplitz(Rss) + varW*eye(M); RD = Rss';
>> hopt3 = TM\RD; MMSE3 = Rss(1) - RD'*hopt3
MMSE3 =
    0.4451
>> M = 4; m = 0:M-1;
>> Rss = 0.6.^m; TM = toeplitz(Rss) + varW*eye(M); RD = Rss';
>> hopt4 = TM\RD; MMSE4 = Rss(1) - RD'*hopt4
MMSE4 =
    0.4445
>> M = 5; m = 0:M-1;
>> Rss = 0.6.^m; TM = toeplitz(Rss) + varW*eye(M); RD = Rss';
>> hopt5 = TM\RD; MMSE5 = Rss(1) - RD'*hopt5
MMSE5 =
    0.4445
>> MMSE = [MMSE2,MMSE3,MMSE4,MMSE5];
>> % Plotting commands follow
```

최소 자승(MMSE) 오차와 필터 차수 사이 그래프는 아래 그림 14.25와 같다.

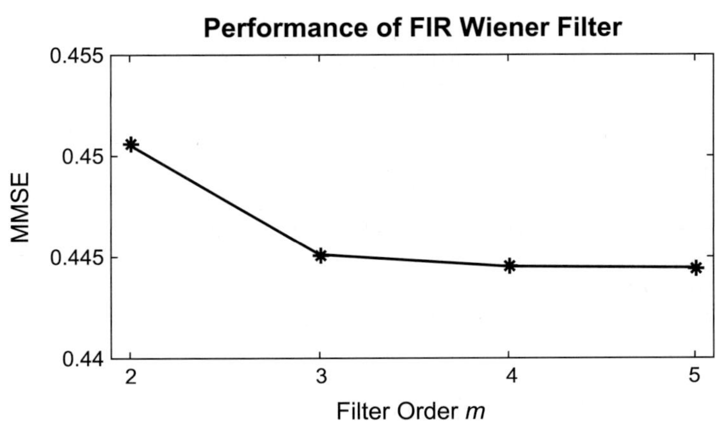

그림 14.25 예제 14.20의 필터 차수와 최소 자승값 사이 그래프

예제 14.21 a. $\mathsf{V}(n)$의 분산이 $\sigma_{\mathsf{V}}^2 = 0.64$이고 추가 잡음 $\mathsf{W}(n)$의 분산이 $\sigma_{\mathsf{W}}^2 = 0.1$일 때, 예제 14.20을 반복하라.

b. AR(1) 신호 시퀀스 $s(n)$을 생성하고 대응하는 수신 시퀀스가

$$x(n) = s(n) + w(n), \quad 0 \leq n \leq 1000$$

$M = 2, 3, 4, 5$인 위터 필터로 시퀀스 $x(n)$을 필터링하고, 출력 $y_2(n)$, $y_3(n)$, $y_4(n)$ 및 $y_5(n)$을 파생신호 $s(n)$과 함께 그래프로 그려라. 파생 신호 $s(n)$을 추정 할 때 위너 필터의 효과에 대해 설명하라.

풀이 예제 14.20으로부터 PSD와 $\mathsf{S}(n)$의 자기상관은 각각 다음과 같이 주어 진다.

$$S_{\mathsf{SS}}(f) = \frac{0.64}{1.36 - 1.2\cos 2\pi f},$$
$$R_{\mathsf{SS}}(m) = (0.6)^{|m|}$$

a. $\sigma_{\mathsf{W}}^2 = 0.1$을 사용하여 새로운 위너 필터 및 해당 MMSE를 얻기 위해 위너-호프 방정식의 새로운 세트를 개발하고 해결한다. 자세한 내용은 다음 MATLAB 스크립트에 나와있다.

```
>> varW = 0.1; M = 2; m = 0:M-1;
>> Rss = 0.6.^m; TM = toeplitz(Rss) + varW*eye(M);
>> RD = Rss';
>> hopt2 = TM\RD;
>> MMSE2 = Rss(1) - RD'*hopt2
MMSE2 =
    0.0871
>> M = 3; m = 0:M-1;
>> Rss = 0.6.^m; TM = toeplitz(Rss) + varW*eye(M); RD = Rss';
>> hopt3 = TM\RD; MMSE3 = Rss(1) - RD'*hopt3
MMSE3 =
    0.0870
>> M = 4; m = 0:M-1;
>> Rss = 0.6.^m; TM = toeplitz(Rss) + varW*eye(M); RD = Rss';
>> hopt4 = TM\RD; MMSE4 = Rss(1) - RD'*hopt4
MMSE4 =
    0.0870
>> M = 5; m = 0:M-1;
>> Rss = 0.6.^m; TM = toeplitz(Rss) + varW*eye(M); RD = Rss';
>> hopt5 = TM\RD; MMSE5 = Rss(1) - RD'*hopt5
MMSE5 =
    0.0870
>> % Plotting commands follow
```

분명히, MMSE 값은 매우 작고 0.0807의 정상 상태 값으로 빠르게 정착한다. 그림 14.26에 MMSE와 필터 순서의 도표가 나와 있다.

b. 신호 생성 및 위너 필터링 작업은 다음 MATLAB 스크립트에서 제공된다.

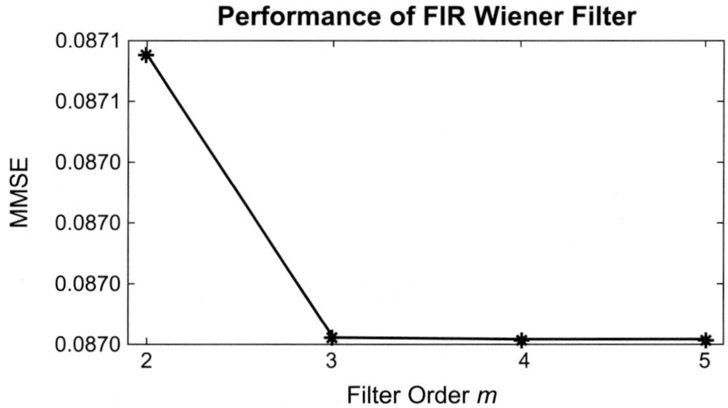

그림 14.26 예제 14.21(a)의 필터 차수와 최소 자승값 사이 그래프

```
>> n = 0:1000; varW = 0.1;
>> varV = 0.64; vn = sqrt(varV)*randn(1,length(n));
>> sn = filter(1,[1-0.6],vn);
>> wn = sqrt(varW)*randn(1,length(n));
>> xn = sn + wn;
>> yn2 = filter(hopt2,1,xn);
>> yn3 = filter(hopt3,1,xn);
>> yn4 = filter(hopt4,1,xn);
>> yn5 = filter(hopt5,1,xn);
```

$n=100$에서 $n=150$까지의 샘플을 포함하는 신호 추정의 plot이 그림 14.27에 나와 있다. 그것으로부터 우리는 모든 추정치가 서로 매우 가깝고 신호 $s(n)$을 면밀히 따라는 것으로 결론짓는다.

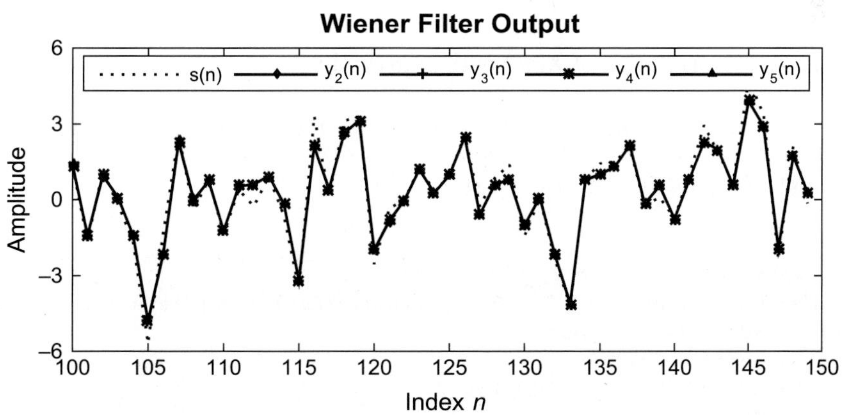

그림 14.27 예제 14.21(b)에서 신호 $s(n)$과 위너 필터 추정 값 $\{y_k(n)\}_{k=2}^{5}$ 사이 그래프

예제 14.22 신호 $x(n) = s(n) + w(n)$를 고려하라. 여기서 $s(n)$은 다음 차분 방정식을 만족하는 AR 프로세스 $\mathsf{S}(n)$의 샘플 함수이다.

$$s(n) = 0.8s(n-1) + v(n)$$

여기서 $v(n)$은 분산 $\sigma_{\mathsf{V}}^2 = 0.49$를 갖는 백색 가우시안 프로세스 $\mathsf{V}(n)$의 샘플 함수이고, $w(n)$은 분산 $\sigma_{\mathsf{W}}^2 = 0.1$을 갖는 백색 가우스 잡음 프로세스 $\mathsf{W}(n)$의 샘플 함수이다. 프로세스 $\mathsf{V}(n)$ 및 $\mathsf{W}(n)$은 상관 관계가 없다.

a. 자기상관 시퀀스 $R_{\mathsf{SS}}(m)$ 및 $R_{\mathsf{XX}}(m)$을 결정하라.

b. MATLAB을 사용하여 길이 $M=2, 3, 4, 5$의 위터 필터와 대응하는 MMSE를 설계하라.

c. $0 \le n \le 1000$에 대한 신호 시퀀스 $s(n)$과 수신 시퀀스 $x(n) = s(n) + w(n)$을 생성하라. $M=2, 3, 4, 5$에 대하여 시퀀스 $x(n)$을 위너 필터로 필터링하고 파생 신호 $s(n)$과 함께 출력 $y_2(n)$, $y_3(n)$, $y_4(n)$ 및 $y_5(n)$를 그래프로 그려라. 파생 신호 $s(n)$을 추정할 때 위너 필터의 효과에 대해 설명하라.

풀이 $\mathsf{S}(n)$은 백색 잡음에 의해 single-pole 필터를 여기시킴으로써 얻어지므로, $\mathsf{S}(n)$의 전력 스펙트럼 밀도는

$$S_{\mathsf{SS}}(f) = \sigma_{\mathsf{V}}^2 \left|H\left(e^{j2\pi f}\right)\right|^2 = \frac{0.49}{\left|1 - 0.8e^{-j2\pi f}\right|^2}$$
$$= \frac{0.49}{1.64 - 1.6\cos(2\pi f)}$$

a. 예제 13.14에서 주어진 절차를 사용하여, 대응하는 자기상관 시퀀스 $R_{\mathsf{SS}}(m)$은 다음과 같다.

$$R_{\mathsf{SS}}(m) = \left(\tfrac{7}{6}\right)^2 (0.8)^{|m|} = 1.3611(0.8)^{|m|}$$

The autocorrelation of $\mathsf{X}(n)$ is then given by

$$R_{\mathsf{XX}}(m) = R_{\mathsf{SS}}(m) + R_{\mathsf{VV}}(m) = 1.3611(0.8)^{|m|} + 0.1\delta(m)$$

b. 위너 필터 설계에 대한 MATLAB 스크립트

```
>> varW = 0.1; M = 2; m = 0:M-1;
>> Rss = 1.3611*0.8.^m; TM = toeplitz(Rss) + varW*eye(M);
>> RD = Rss';
>> hopt2 = TM\RD;
>> MMSE2 = Rss(1) - RD'*hopt2
MMSE2 =
    0.084606379865379
>> M = 3; m = 0:M-1;
>> Rss = 1.3611*0.8.^m; TM = toeplitz(Rss) + varW*eye(M); RD = Rss';
>> hopt3 = TM\RD; MMSE3 = Rss(1) - RD'*hopt3
MMSE3 =
    0.084475619407793
>> M = 4; m = 0:M-1;
```

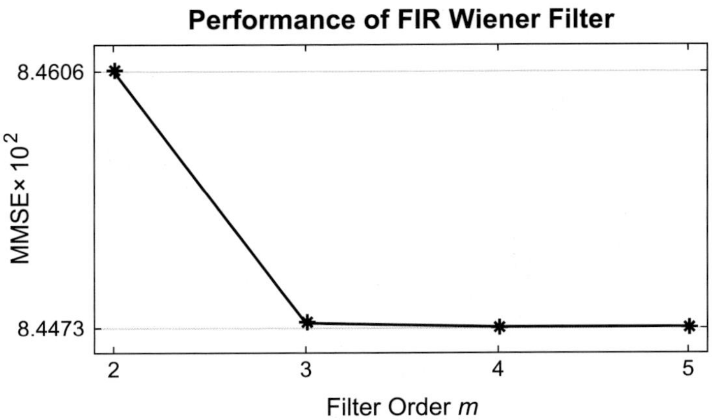

그림 14.28 예제 14.22(a) 필터 차수와 최소 자승값 사이 그래프

```
>> Rss = 1.3611*0.8.^m; TM = toeplitz(Rss) + varW*eye(M); RD = Rss';
>> hopt4 = TM\RD; MMSE4 = Rss(1) - RD'*hopt4
MMSE4 =
    0.084473602242929
>> M = 5; m = 0:M-1;
>> Rss = 1.3611*0.8.^m; TM = toeplitz(Rss) + varW*eye(M); RD = Rss';
>> hopt5 = TM\RD; MMSE5 = Rss(1) - RD'*hopt5
MMSE5 =
    0.084473571121205
>> % Plotting commands follow
```

다시 말하지만, MMSE 값은 매우 작으며 0.0845의 고정 값으로 신속하게 정착된다. 그림 14.28에 MMSE 대 필터 차수의 도표가 나와 있다.

c. 신호 생성 및 FIR 위너 필터링 작업은 다음 MATLAB 스크립트에서 제공된다.

```
>> n = 0:1000; varW = 0.1;
>> varV = 0.49; vn = sqrt(varV)*randn(1,length(n));
>> sn = filter(1,[1-0.8],vn);
>> wn = sqrt(varW)*randn(1,length(n));
>> xn = sn + wn;
>> yn2 = filter(hopt2,1,xn);
>> yn3 = filter(hopt3,1,xn);
>> yn4 = filter(hopt4,1,xn);
>> yn5 = filter(hopt5,1,xn);
```

$n=100$에서 $n=150$까지의 샘플을 포함하는 신호 추정의 플롯이 그림 14.29에 나와 있다. 그것으로부터 우리는 모든 추정치가 서로 매우 가깝고 신호 $s(n)$을 면밀히 따름을 결론 지었다. ■

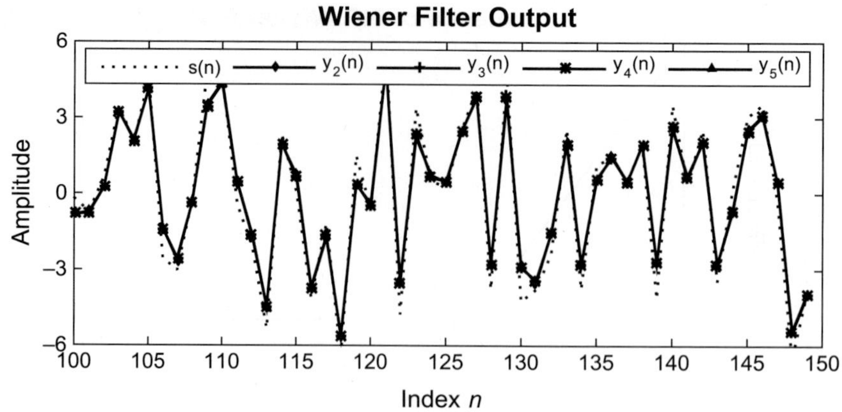

그림 14.29 예제 14.22(b) 의 신호 $s(n)$과 위너 필터 추정값 $\{y_k(n)\}_{k=2}^{5}$ 사이 그래프

14.6.2 선형 평균 제곱 추정에서의 직교 원리

식 (14.132)에 주어진 최적 필터 계수에 대한 위너-호프 방정식은 선형 평균 제곱 추정에 직교 원리를 적용하여 직접 얻을 수 있다. 간단히 말하면, 필터 계수 $h(k)$가 식 (14.131)인 경우, 식 (14.131)의 평균 제곱 오차 $\mathcal{E}_M$는 필터 계수 $h(k)$가 오차가 추정치의 각각의 데이터 포인트에 대해 직교하도록 선택되는 경우 최소값이며 다음과 같다.

$$\mathrm{E}\big[\mathsf{E}(n)\mathsf{X}^*(n-\ell)\big] = 0, \qquad \ell = 0, 1, \ldots, M-1 \tag{14.141}$$

여기서

$$e(n) = d(n) - \sum_{k=0}^{M-1} h(k)x(n-k) \tag{14.142}$$

반대로, 필터 계수가 식 (14.141)을 만족하면, 결과적인 MSE는 최소이다.

기하학적으로 볼 때 필터의 출력은 다음 추정치

$$\hat{d}(n) = \sum_{k=0}^{M-1} h(k)x(n-k) \tag{14.143}$$

는 $0 \le k \le M-1$ 데이터 $x(k)$에 의해 범위가 정해진 부분 공간의 벡터이다. 오류 $e(n)$는 그림 14.30에 나와 있는 것처럼 $d(n)$에서부터 $\hat{d}(n)$까지 벡터이며, $d(n) = e(n) + \hat{d}(n)$이다. 길이 $\mathcal{E}_M = \mathrm{E}\big[|\mathsf{E}(n)|^2\big]$가 최소인 직교 원리는 데이터 부분 공간에서 수직이다. 다시 말하면, $e(n)$은 $0 \le k \le M-1$에서 각각의 데이터 포인트 $x(k)$에 직교이다.

추정치 $\hat{d}(n)$의 데이터 $x(n)$이 선형적으로 독립적인 경우, 식 (14.132)의 정규 방정식으로부터 구한 해는 유일하다는 것을 알 수 있다. 이 경우, 상관 행렬 $\boldsymbol{T}_M$은 non-singular(역행렬이 존재함)이다. 반면에, 데이터가 선형적으로 종속적이면, $\boldsymbol{T}_M$의 랭크는 M보다 작고, 따라서 해는 유일하지 않다. 이 경우 추정치 $\hat{d}(n)$은 $\boldsymbol{T}_M$의 랭크와 동일한 선형적으로 독립적인 데이터 포인트들의 감소된 세트의 선형 조합으로서 표현 될 수 있다.

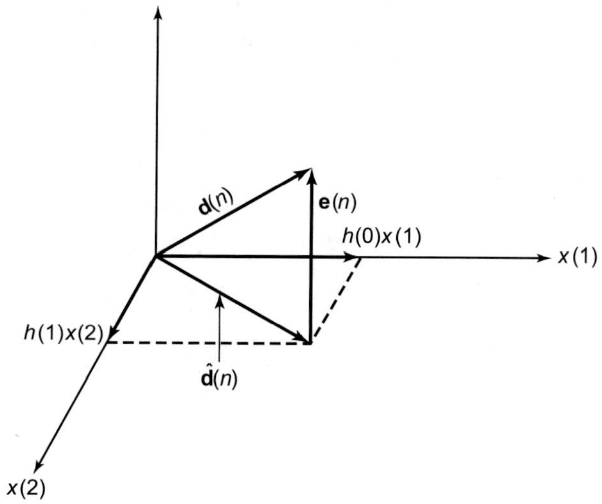

그림 14.30 선형 평균 자승 오차(MSE) 문제에서 기하학적 해석

MSE가 직교성 원리를 만족시키기 위해 필터 계수를 선택함으로써 최소화되기 때문에, 잔여/유수 또는 레지듈(residual) 최소 평균 자승 오차는 간단히 다음과 같다.

$$\text{MMSE}_M = \text{E}\left[\mathsf{E}(n)\mathsf{D}^*(n)\right] \tag{14.144}$$

정리한 결과는 식(14.135)와 같다.

예제 14.23 직교성 원리를 적용하여 식 (14.142)의 위너 호프 방정식과 방정식 (14.136)의 residual MMSE를 유도하라.

풀이 유도된 신호는 $d(n)$이고 $d(n)$의 추정은 다음과 같다.

$$\hat{d}(n) = \sum_{k=0}^{\infty} h(k)x(n-k)$$

여기서 $x(n)$은 관측된 데이터 시퀀스이다. 오류 시퀀스는 다음과 같이 정의된다.

$$\begin{aligned} e(n) &= d(n) - \hat{d}(n) \\ &= d(n) - \sum_{k=0}^{\infty} h(k)x(n-k) \end{aligned}$$

MSE를 최소화하는 최적 필터의 임펄스 응답 $\{h(k)\}$는 에러 $e(n)$가 추정치의 데이터와 직교 할 때 얻어진다.

$$\text{E}\left[\mathsf{E}(n)\mathsf{X}^*(n-\ell)\right] = 0 \quad \text{for} \qquad \ell = 0, 1, \ldots$$

그래서

$$\mathrm{E}\left[\left\{\mathsf{D}(n)-\sum_{k=0}^{\infty}h(k)\mathsf{X}(n-k)\right\}\mathsf{X}^*(n-\ell)\right]=0, \qquad \ell=0,1,\dots$$

$$\mathrm{E}\big[\mathsf{D}(n)x^*(n-\ell)\big]=\sum_{k=0}^{\infty}h(k)\mathrm{E}\big[\mathsf{X}(n-k)\mathsf{X}^*(n-\ell)\big]$$

$$R_{\mathsf{DX}}(\ell)=\sum_{k=0}^{\infty}h(k)R_{\mathsf{XX}}(\ell-k), \qquad \ell\geq 0$$

최소 MSE(Mean-Square Error)

$$\begin{aligned}\mathrm{E}\big[\mathsf{E}(n)\mathsf{D}^*(n)\big]&=\mathrm{E}\big[|\mathsf{D}(n)|^2\big]-\sum_{k=0}^{\infty}h(k)\mathrm{E}\big[\mathsf{D}^*(n)\mathsf{X}(n-k)\big]\\&=\sigma_{\mathsf{D}}^2-\sum_{k=0}^{\infty}h(k)R_{\mathsf{DX}}^*(k)\end{aligned}$$

14.6.3 IIR 위너 필터

이전 섹션에서는 필터를 FIR로 제한하고 최적의 필터 계수에 대한 M 선형 방정식 세트를 얻었다. 이 섹션에서는 필터의 무한대를 (IIR)을 허용하고 데이터 시퀀스도 무한대로 만든다. 따라서 필터 출력은 다음과 같다.

$$y(n)=\sum_{k=0}^{\infty}h(k)x(n-k) \tag{14.145}$$

필터 계수는 원하는 출력 $d(n)$과 $y(n)$ 사시의 평균 제곱 오차를 최소화하도록 한다. 즉,

$$\begin{aligned}\mathcal{E}_\infty&=\mathrm{E}\big[|\mathsf{E}(n)|^2\big]\\&=\mathrm{E}\left[\left|\mathsf{D}(n)-\sum_{k=0}^{\infty}h(k)\mathsf{X}(n-k)\right|^2\right]\end{aligned} \tag{14.146}$$

직교 원리의 적용한 위너 호프 방정식은 다음과 같다.

$$\sum_{k=0}^{\infty}h(k)R_{\mathsf{XX}}(\ell-k)=R_{\mathsf{DX}}(\ell), \qquad \ell\geq 0 \tag{14.147}$$

Residual MMSE는 식 (14.144)에 주어진 조건의 적용에 의해 간단하게 얻어진다. 따라서 우리는 다음을 얻는다.

$$\mathrm{MMSE}_\infty=\min_{\mathbf{h}}\mathcal{E}_\infty=\sigma_{\mathsf{D}}^2-\sum_{k=0}^{\infty}\boldsymbol{h}_{\mathrm{opt}}(k)R_{\mathsf{DX}}^*(k) \tag{14.148}$$

방정식이 $\ell \geq 0$에 대해서만 유지되기 때문에 식 (14.147)에 의해 주어진 위너-호프 방정식

은 z-변환 기법으로 직접 해결할 수 없다. 정상 랜덤 프로세스 $\mathsf{X}(n)$의 혁신 표현을 기반으로 최적의 IIR 위너 필터를 풀어낸다.

자기 상관 $R_{\mathsf{XX}}(k)$ 및 파워 스펙트럼 밀도 $S_{\mathsf{XX}}(f)$를 갖는 정상 랜덤 프로세스 $x(n)$가 $\mathsf{X}(n)$을 시스템 함수 $1/G$를 갖는 잡음-백색화 필터를 통과시킴으로써 동등한 혁신 프로세스를 나타낼 수 있음을 상기하라. 여기서, $G(z)$는 $S_{\mathsf{XX}}(z)$의 스펙트럼 인수 분해로부터 얻어진 최소 위상 성분, 즉,

$$S_{\mathsf{XX}}(z) = \sigma_{\mathsf{I}}^2 G(z)G(z^{-1}) \tag{14.149}$$

그러므로 $|z| > r_1$, $r_1 < 1$에서 $G(z)$는 분석가능하다.

최적의 위너 필터는 최적의 위너 필터의 출력과 동일한 제2필터, 예를 들어 $Q(z)$를 갖는 백색화 필터 $1/G(z)$의 캐스케이드로 간주 될 수 있다.

$$y(n) = \sum_{k=0}^{\infty} q(k)i(n-k) \tag{14.150}$$

여기서 $i(n)$은 혁신 프로세스 $\mathsf{I}(n)$의 샘플 시퀀스이고, $e(n) = d(n) - y(n)$일 때 직교성 원리를 적용하면 새로운 위너 호프 방정식은 다음과 같이 산출 된다.

$$\sum_{k=0}^{\infty} q(k)R_{\mathsf{II}}(\ell - k) = R_{\mathsf{DI}}(\ell), \qquad \ell \geq 0 \tag{14.151}$$

그러나 $\mathsf{I}(n)$은 백색이기 때문에, $\ell = k$가 아니면, $R_{\mathsf{II}}(\ell - k) = 0$이 된다. 따라서 우리는 다음과 같은 해를 구할 수 있다.

$$q(\ell) = \frac{R_{\mathsf{DI}}(\ell)}{R_{\mathsf{II}}(0)} = \frac{R_{\mathsf{DI}}(\ell)}{\sigma_{\mathsf{I}}^2}, \qquad \ell \geq 0 \tag{14.152}$$

시퀀스 $q(\ell)$의 z-변환은

$$Q(z) = \sum_{k=0}^{\infty} q(k)z^{-k} = \frac{1}{\sigma_i^2}\sum_{k=0}^{\infty} R_{\mathsf{DI}}(k)z^{-k} \tag{14.153}$$

$S_{\mathsf{DI}}(z)$에 의한 양면 상호 상관 시퀀스 $R_{\mathsf{DI}}(k)$의 z-변환을 나타내면,

$$S_{\mathsf{DI}}(z) = \sum_{k=-\infty}^{\infty} R_{\mathsf{DI}}(k)z^{-k} \tag{14.154}$$

주어진 조건을 고려하여 $[S_{\mathsf{DI}}(z)]_+$를 정의하면

$$[S_{\mathsf{DI}}(z)]_+ = \sum_{k=0}^{\infty} R_{\mathsf{DI}}(k)z^{-k} \tag{14.155}$$

그러면

$$Q(z) = \frac{1}{\sigma_i^2}\left[S_{\mathrm{DI}}(z)\right]_+ \tag{14.156}$$

$[S_{\mathrm{DI}}(z)]_+$를 결정하기 위해서, 잡음 제거 필터의 출력으로 시작하는데, 이는 다음과 같이 표현 될 수 있다.

$$i(n) = \sum_{k=0}^{\infty} v(k)x(n-k) \tag{14.157}$$

$v(k)$, $k \geq 0$는 잡음 역변환 필터의 impulse response이다.

$$\frac{1}{G(z)} \equiv V(z) = \sum_{k=0}^{\infty} v(k)z^{-k} \tag{14.158}$$

그러면

$$\begin{aligned} R_{\mathrm{DI}}(k) &= \mathrm{E}\big[\mathsf{D}(n)\mathsf{I}^*(n-k)\big] \\ &= \sum_{m=0}^{\infty} v(m)\mathrm{E}\big[d(n)x^*(n-m-k)\big] \\ &= \sum_{m=0}^{\infty} v(m)R_{\mathrm{DX}}(k+m) \end{aligned} \tag{14.159}$$

상호 상관함수 $R_{\mathrm{DI}}(k)$의 z-변환은 다음과 같다.

$$\begin{aligned} S_{\mathrm{DI}}(z) &= \sum_{k=-\infty}^{\infty}\left[\sum_{m=0}^{\infty} v(m)R_{\mathrm{DX}}(k+m)\right]z^{-k} \\ &= \sum_{m=0}^{\infty} v(m)\sum_{k=-\infty}^{\infty} R_{\mathrm{DX}}(k+m)z^{-k} \\ &= \sum_{m=0}^{\infty} v(m)z^{m}\sum_{k=-\infty}^{\infty} R_{\mathrm{DX}}(k)z^{-k} \\ &= V(z^{-1})S_{\mathrm{DX}}(z) = \frac{S_{\mathrm{DX}}(z)}{G(z^{-1})} \end{aligned} \tag{14.160}$$

그러므로

$$Q(z) = \frac{1}{\sigma_{\mathsf{I}}^2}\left[\frac{S_{\mathrm{DX}}(z)}{G(z^{-1})}\right]_+ \tag{14.161}$$

최적 위너 필터는 다음과 같은 전달함수로 표시할 수 있다.

$$H_{\mathrm{opt}}(z) = \frac{Q(z)}{G(z)} = \frac{1}{\sigma_{\mathsf{I}}^2 G(z)}\left[\frac{S_{\mathrm{DX}}(z)}{G(z^{-1})}\right]_+ \tag{14.162}$$

요약하면, 최적의 IIR 위너 필터의 해는 최소 위상 성분인 $G(z)$를 얻기 위해 $R_{\mathrm{XX}}(z)$의 스펙트럼 인자 분해를 수행한 다음 $S_{\mathrm{DX}}(z)/G(z^{-1})$의 causal 부분을 구한다. 다음 예제에서는 그 절차를 보여준다.

예제 14.24 예제 14.20에 주어진 신호에 대한 최적의 IIR 위너 필터를 결정하라. 이 신호의 경우,

$$S_{\mathsf{XX}}(z) = S_{\mathsf{SS}}(z) + 1 = \frac{1.8\left(1-\frac{1}{3}z^{-1}\right)\left(1-\frac{1}{3}z\right)}{\left(1-0.6z^{-1}\right)\left(1-0.6z\right)}$$

$\sigma_{\mathsf{I}}^2 = 1.8$ 그리고

$$G(z) = \frac{1-\frac{1}{3}z^{-1}}{1-0.6z^{-1}}$$

상호 상관함수 $R_{\mathsf{DX}}(m)$의 z-변환은 다음과 같다.

$$S_{\mathsf{DX}}(z) = S_{\mathsf{SS}}(z) = \frac{0.64}{\left(1-0.6z^{-1}\right)\left(1-0.6z\right)}$$

그래서

$$\begin{aligned}\left[\frac{S_{\mathsf{DX}}(z)}{G(z^{-1})}\right]_+ &= \left[\frac{0.64}{(1-\frac{1}{3}z)(1-0.6z^{-1})}\right]_+ \\ &= \left[\frac{0.8}{1-0.6z^{-1}} + \frac{0.266z}{1-\frac{1}{3}z}\right]_+ = \frac{0.8}{1-0.6z^{-1}}\end{aligned}$$

최적 IIR 필터의 전달 함수 아래와 같다.

$$H_{\mathrm{opt}}(z) = \frac{1}{1.8}\left(\frac{1-0.6z^{-1}}{1-\frac{1}{3}z^{-1}}\right)\left(\frac{0.8}{1-0.6z^{-1}}\right) = \frac{\frac{4}{9}}{1-\frac{1}{3}z^{-1}}$$

임펄스 응답(impulse response)

$$\boldsymbol{h}_{\mathrm{opt}}(n) = \frac{4}{9}\left(\frac{1}{3}\right)^n, \qquad n \geq 0$$

우리는 필터의 주파수 영역 특성의 관점에서 식 (14.148)에 의해 주어진 최소 MSE를 표현함으로써 이 절을 결론지었다. 먼저, 우리는 $\sigma_{\mathsf{D}}^2 \equiv \{\mathrm{E}[|\mathsf{D}(n)|^2]\}$가 $k=0$에서 구해진 자기상관 시퀀스 $R_{\mathsf{DD}}(k)$ 값을 간단하게 표시한다.

$$R_{\mathsf{DD}}(k) = \frac{1}{2\pi j}\oint_C S_{\mathsf{DD}}(z)z^{k-1}\,\mathrm{d}z \tag{14.163}$$

정리하면 다음과 같다.

$$\sigma_{\mathsf{D}}^2 = R_{\mathsf{DD}}(0) = \frac{1}{2\pi j}\oint_C \frac{S_{\mathsf{DD}}(z)}{z}\,\mathrm{d}z \tag{14.164}$$

여기에서 contour 적분은 $S_{\mathsf{DD}}(z)$의 수렴 영역에서 원점을 둘러싸는 닫힌 경로를 따라 계산

된다. Parseval의 정리를 적용하면 식 (14.148)의 두 번째 항도 쉽게 주파수 영역으로 변환된다. $k<0$에서 $\boldsymbol{h}_{\text{opt}}(k)=0$이므로,

$$\sum_{k=-\infty}^{\infty} \boldsymbol{h}_{\text{opt}}(k) R_{\mathsf{DX}}^{*}(k)=\frac{1}{2\pi j}\oint_{C} H_{\text{opt}}(z) S_{\mathsf{DX}}\left(z^{-1}\right) z^{-1}\, \mathrm{d} z \tag{14.165}$$

여기서 C는 $H_{\text{opt}}(z) S_{\mathsf{DX}}\left(z^{-1}\right)$의 수렴 공통 영역 내에 있는 원점을 둘러싸는 닫힌 윤곽이다. 식 (14.164)와 식 (14.165)를 결합함으로써, 우리는 MMSE에 대한 원하는 표현을 다음과 같이 한다.

$$\text{MMSE}_{\infty}=\frac{1}{2\pi j}\oint_{C}\left[S_{\mathsf{DD}}(z)-H_{\text{opt}}(z) S_{\mathsf{DX}}\left(z^{-1}\right)\right] z^{-1}\, \mathrm{d} z \tag{14.166}$$

다음 관계식을 주의하여 확인 바람. $S_{\mathsf{DD}}(z)=S_{\mathsf{SS}}(z)$ and $S_{\mathsf{DX}}\left(z^{-1}\right)=S_{\mathsf{SS}}\left(z^{-1}\right)$.

예제 14.25 예제 14.24에서 파생된 최적의 위너 필터의 경우 최소 MSE는 다음과 같다.

$$\text{MMSE}_{\infty}=\frac{1}{2\pi j}\oint_{C}\left[\frac{0.3555}{\left(z-\frac{1}{3}\right)(1-0.6 z)}\right] \mathrm{d} z$$

단일 pole은 $z=\frac{1}{3}$인 단위 원안에 있다. 극점에서 residue를 평가함으로써 우리는 다음을 얻는다.

$$\text{MMSE}_{\infty}=0.444$$

이 MMSE는 예제 14.20에서 최적의 2-탭 위너 필터의 MMSE보다 약간 작다.

예제 14.26 다음 신호 추정을 위한 최적의 causal IIR 위너 필터를 결정하라.

$$s(n)=0.8 s(n-1)+v(n)$$

관측으로부터

$$x(n)=s(n)+w(n)$$

여기서 $v(n)$은 $\sigma_{v}^{2}=0.49$인 백색 잡음 프로세스 $\mathsf{V}(n)$의 샘플 시퀀스이고, $w(n)$은 분산 $\sigma_{\mathsf{W}}^{2}=1$을 갖는 백색 잡음 프로세스 $\mathsf{W}(n)$의 샘플 시퀀스이다. 프로세스 $\mathsf{V}(n)$과 $\mathsf{W}(n)$은 상관 관계가 없다.

풀이 복소 교차 및 자기 상관 PSD는 다음과 같이 주어진다.

$$S_{\mathsf{DX}}(z)=S_{\mathsf{SS}}(z)=\frac{0.49}{\left(1-0.8 z^{-1}\right)(1-0.8 z)} \tag{14.167}$$

다음으로 $\mathsf{X}(n)$의 자기상관 PSD는

$$S_{\mathsf{XX}}(z) = S_{\mathsf{SS}}(z) + 1 = \frac{1.78\left(1-0.45z^{-1}\right)(1-0.45z)}{\left(1-0.8z^{-1}\right)(1-0.8z)}$$

위 식을 정리하면 다음과 같은 잡음 역변환 필터(whitening filter)를 얻을 수 있다.

$$G(z) = \frac{\left(1-0.45z^{-1}\right)}{\left(1-0.8z^{-1}\right)}$$

코우절 부분은 다음과 같다.

$$\begin{aligned}\left[\frac{S_{\mathsf{DX}}(z)}{G\left(z^{-1}\right)}\right]_+ &= \left[\frac{0.49}{\left(1-0.8z^{-1}\right)(1-0.45z)}\right]_+ = \left[\frac{0.766}{\left(1-0.8z^{-1}\right)} + \frac{0.345z}{(1-0.45z)}\right]_+ \\ &= \frac{0.766}{\left(1-0.8z^{-1}\right)}\end{aligned}$$

이제 최적 위너 필터의 전달함수는 다음과 같이 된다.

$$H_{\text{opt}}(z) = \frac{1}{1.78}\left(\frac{1-0.8z^{-1}}{1-0.45z^{-1}}\right)\left(\frac{0.766}{1-0.8z^{-1}}\right) = \frac{0.43}{1-0.45z^{-1}}$$

해당하는 임펄스 응답은

$$\boldsymbol{h}_{\text{opt}}(n) = 0.43(0.45)^n u(n)$$

결국 코우절 IIR 위너 필터에 대한 최소 평균 자승 오차는 다음과 같다.

$$\begin{aligned}\text{MMSE}_\infty &= \frac{1}{2\pi j}\oint_C \left[S_{\mathsf{SS}}(z) - H_{\text{opt}}(z)S_{\mathsf{SS}}\left(z^{-1}\right)\right]z^{-1}\,\mathrm{d}z \\ &= \frac{1}{2\pi j}\oint_C \frac{0.28}{(z-0.45)(1-0.8z)}\,\mathrm{d}z = \left.\frac{0.28}{1-0.8z}\right|_{z=0.45} \\ &= 0.438\end{aligned}$$

■

예제 14.27 예제 14.26에 주어진 신호 $s(n)$에 대한 최적의 인과 IIR 위너 필터의 설계를 고려해보아라. 여기서 추가 잡음 $w(n)$의 분산은 $\sigma_{\mathsf{W}}^2 = 0.1$이다.

a. 최적의 인과 IIR 필터 및 최소 MSE에 대한 시스템 기능을 결정하라.

b. $0 \le n \le 1000$에 대한 신호 시퀀스 $s(n)$과 수신 시퀀스 $x(n)$을 생성하라.

$$\begin{aligned}s(n) &= 0.8s(n-1) + v(n) \\ x(n) &= s(n) + w(n)\end{aligned}$$

(a)에서 얻은 최적의 causal 위너 필터로 $0 \le n \le 1000$에서 시퀀스 $x(n)$을 필터링하고 출력 시퀀스 $y(n)$을 원하는 시퀀스 $s(n)$과 함께 그래프로 그려라. 원하는 신호를 추정할 때 causal 필터의 효과에 대해 설명하라.

풀이 식 (14.167)로부터, 복소 PSD $S_{\mathsf{SS}}(z)$는

$$S_{\mathsf{SS}}(z) = \frac{0.49}{(1-0.8z^{-1})(1-0.8z)}$$

a. $\sigma_{\mathsf{W}}^2 = 0.1$, 자기 상관 전력 밀도 함수 $\mathsf{X}(n)$은

$$S_{\mathsf{XX}}(z) = S_{\mathsf{SS}}(z) + 0.1 = \frac{0.6441(1-0.1242z^{-1})(1-0.1242z)}{(1-0.8z^{-1})(1-0.8z)} \tag{14.168}$$

잡음 역변화(whitening) 필터 전달함수

$$G(z) = \frac{(1-0.1242z^{-1})}{(1-0.8z^{-1})}$$

코우절 부분은 다음과 같다.

$$\begin{aligned}\left[\frac{S_{\mathsf{DX}}(z)}{G(z^{-1})}\right]_+ &= \left[\frac{0.49}{(1-0.8z^{-1})(1-0.1242z)}\right]_+ \\ &= \left[\frac{0.5441}{(1-0.8z^{-1})} + \frac{0.0676z}{(1-0.1242z)}\right]_+ = \frac{0.5441}{(1-0.8z^{-1})}\end{aligned}$$

최적 위너 필터의 전달함수는

$$H_{\text{opt}}(z) = \frac{1}{0.6441}\left(\frac{1-0.8z^{-1}}{1-0.1242z^{-1}}\right)\left(\frac{0.5441}{1-0.8z^{-1}}\right) = \frac{0.8447}{1-0.1242z^{-1}}$$

해당하는 임펄스 응답은

$$\boldsymbol{h}_{\text{opt}}(n) = 0.8447(0.1242)^n u(n)$$

따라서 코우절 IIR 위너 필터의 최소 평균 자승 오차는

$$\begin{aligned}\text{MMSE}_\infty &= \frac{1}{2\pi j}\oint_C \left[S_{\mathsf{SS}}(z) - H_{\text{opt}}(z)S_{\mathsf{SS}}(z^{-1})\right]z^{-1}\,\mathrm{d}z \\ &= \frac{1}{2\pi j}\oint_C \frac{0.0761}{(z-0.1242)(1-0.8z)}\,\mathrm{d}z = \left.\frac{0.0761}{1-0.8z}\right|_{z=0.1242} \\ &= 0.08447.\end{aligned}$$

명백하게, 이 오차는 예제 14.22에 주어진 최소 평균 제곱 오차보다 낮다. 위의 계산은 다음 MATLAB 스크립트를 사용하여 수행되었다.

```
>> varW = 0.1; varV = 0.49; a = 0.8;
>> Ss_num = varV*[0,-1/a]; Ss_den = conv([1,-a],[1,-1/a]);
>> Sx_num = varW*Ss_den + [Ss_num,0]; Sx_den = Ss_den;
>> Sx_num0 = Sx_num(1);
>> Sx_num_roots = roots(Sx_num/Sx_num0);
>> Sx_den0 = Sx_den(1);
>> Sx_den_roots = roots(Sx_den/Sx_den0);
>> Sx_num_factor = [1,-1/Sx_num_roots(1); 1,- Sx_num_roots(2)];
>> Sx_den_factor = [1,-1/Sx_den_roots(1); 1,- Sx_den_roots(2)];
>> Sx_constant = (Sx_num0*Sx_num_roots(1))/(Sx_den0*Sx_den_roots(1));
```

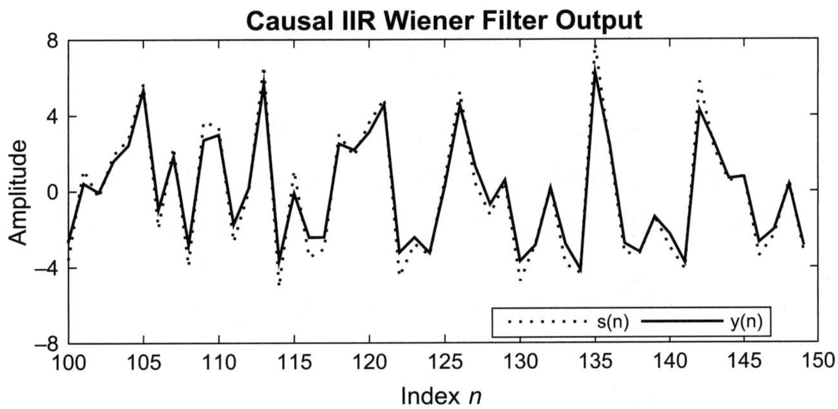

그림 14.31 예제 14.27(b)의 신호 $s(n)$과 코우절 위너 필터 추정값 $y(n)$ 그래프

```
>> G_num = Sx_num_factor(2,:); G_den = Sx_den_factor(2,:);
>> [R,p,C] = residuez(varV*[0,-Sx_num_roots(1)],...
   conv([1,-Sx_den_roots(2)],[1,->> Sx_num_roots(1)]));
>> causal_part_num = R(2);
>> anticausal_part_num = R(1)*(-Sx_num_roots(2));
>> Hopt_num = causal_part_num/Sx_constant;
>> Hopt_den = [1,-Sx_num_roots(2)];
>> DHopt_num = Hopt_den-[Hopt_num,0];
>> Int_num = conv(Ss_num,[0,DHopt_num]);
>> MMSEc = Int_num(end)/(1-Sx_den_roots(2)*Sx_num_roots(2));
MMSEc =
   0.084473570633519
```

b. 신호 생성 및 causal IIR 위너 필터링 작업은 다음 MATLAB 스크립트에서 제공된다.

```
>> n = 0:1000; varW = 0.1;
>> varV = 0.49; vn = sqrt(varV)*randn(1,length(n));
>> sn = filter(1,[1-0.8],vn);
>> wn = sqrt(varW)*randn(1,length(n));
>> xn = sn + wn;
>> yn = filter(Hopt_num,Hopt_den,xn);
```

그림 14.31에서 $n=100$에서 $n=150$까지의 샘플을 포함하는 신호 플롯과 그 추정치가 나와 있다. 이로부터 추정된 신호 $y(n)$은 신호 $s(n)$에 매우 가깝다는 결론을 얻는다.

14.6.4 NONCAUSAL 위너 필터

이전 섹션에서 우리는 최적의 위너 필터를 causal 관계로 제한하였다. 즉 $n<0$에 대하여 $\boldsymbol{h}_{\text{opt}}(n)=0$이었다. 이 섹션에서는 이 조건을 삭제하고 출력 $y(n)$을 형성할 때, 시퀀스 $x(n)$의 음의 무한대부터 양의 무한대까지를 모두 포함하는 것을 허용한다.

$$y(n) = \sum_{k=-\infty}^{\infty} h(k)x(n-k) \tag{14.169}$$

결과 필터는 실제로 구현할 수 없다. 무한 미래의 신호 값들이 원하는 신호 $d(n)$의 추정치 $y(n)$을 평탄화 시키는데 사용되는 평활화(smooth) 필터로 볼 수도 있다.

직교성 원리를 적용하면 논코우절 필터의 위너 호프 방정식이 다음 형태로 나타난다.

$$\sum_{k=-\infty}^{\infty} h(k)R_{\mathsf{XX}}(\ell-k) = R_{\mathsf{DX}}(\ell), \qquad -\infty < \ell < \infty \tag{14.170}$$

최소 자승 오차($\mathrm{MMSE_{nc}}$)는

$$\mathrm{MMSE_{nc}} = \sigma_{\mathsf{D}}^2 - \sum_{k=-\infty}^{\infty} h(k)R_{\mathsf{DX}}^*(k) \tag{14.171}$$

식 (14.170)은 $-\infty < \ell < \infty$에서 적용되기 때문에, 이 방정식은 다음과 같이 최적의 논코우절 위너 필터를 산출하기 위해 다음과 같이 직접 변화 될 수 있다.

$$H_{\mathrm{nc}}(z) = \frac{S_{\mathsf{DX}}(z)}{S_{\mathsf{XX}}(z)} \tag{14.172}$$

$\mathrm{MMSE_{nc}}$는 또한 z-도메인에서 다음과 같이 간단하게 표현 될 수 있다.

$$\mathrm{MMSE_{nc}} = \frac{1}{2\pi j}\oint_C \left[S_{\mathsf{DD}}(z) - H_{\mathrm{nc}}(z)S_{\mathsf{DX}}\left(z^{-1}\right)\right]z^{-1}\mathrm{d}z \tag{14.173}$$

다음 예제는 최적 causal 필터와 함께 최적 논코우절 필터의 형태를 비교하기 위해 제공한다.

예제 14.28 예제 14.20에 주어진 신호 특성을 위한 최적의 논코우절 위너 필터는 식 (14.172)에 의해 주어지며, 여기서 다음 필터는 명백하게 논코우절이다.

$$S_{\mathsf{DX}}(z) = S_{\mathsf{SS}}(z) = \frac{0.64}{\left(1-0.6z^{-1}\right)(1-0.6z)}$$

그리고

$$S_{\mathsf{XX}}(z) = S_{\mathsf{SS}}(z) + 1 = \frac{2\left(1-0.3z^{-1}-0.3z\right)}{\left(1-0.6z^{-1}\right)(1-0.6z)}$$

그러면

$$H_{\mathrm{nc}}(z) = \frac{0.3556}{\left(1-\frac{1}{3}z^{-1}\right)\left(1-\frac{1}{3}z\right)}$$

이 필터에 의해 달성된 최소 MSE는 평가된 식 (14.173)으로부터 결정된다. 그 적분된 함수는

$$\frac{1}{z}S_{SS}(z)\left[1-H_{nc}(z)\right]=\frac{0.3555}{\left(z-\frac{1}{3}\right)\left(1-\frac{1}{3}z\right)}$$

단위 원안에 있는 유일한 근 또는 Pole은 $z=1/3$이다. 그래서 복소수 레지듀(residue)는 다음과 같다.

$$\left.\frac{0.3555}{1-\frac{1}{3}z}\right|_{z=\frac{1}{3}}=\left.\frac{0.3555}{\frac{8}{9}}\right|=0.40$$

그래서 이러한 논코우절 위너 필터를 이용한 상황에서 얻을 수 있는 최소 자승 오차(MSE) 값은 다음과 같다.

$$\text{MMSE}_{nc}=0.40$$

이는 예상대로 코우절 필터의 MMSE보다 낮다.

예제 14.29 **a.** 예제 14.27에 주어진 신호에 대해 논코우절 IIR 위너 필터의 시스템 함수를 결정하라. 여기서 $\sigma_V^2=0.49$, $\sigma_W^2=0.1$.

b. 이 필터에 대한 MMSE를 결정하고 이를 예제 14.27의 최적 IIR 코우절 위너 필터의 MMSE와 비교하라.

c. $0\le n\le 1000$에 대하여 신호 시퀀스 $s(n)$과 수신 시퀀스 $x(n)$을 생성하라. (a)에서 얻은 최적의 논코우절 위너 필터로 $x(n)$을 필터링 하고 출력 시퀀스 $y(n)$을 원하는 시퀀스 $s(n)$과 함께 그래프로 그려라. 원하는 신호를 추정할 때 논코우절 위너 필터의 효과에 대해 설명하라.

풀이 식 (14.167)에서 복소수 전력 밀도함수 PSD $S_{SS}(z)$는

$$S_{SS}(z)=\frac{0.49}{(1-0.8z^{-1})(1-0.8z)}$$

a. 식(14.168)에서 복소수 전력 밀도 함수 PSD $S_{XX}(z)$

$$S_{XX}(z)=S_{SS}(z)+0.1=\frac{0.6441(1-0.1242z^{-1})(1-0.1242z)}{(1-0.8z^{-1})(1-0.8z)}$$

따라서 최적 너코우절 IIR 위너 필터는 다음과 같다.

$$H_{nc}(z)=\frac{S_{SS}(z)}{S_{XX}(z)}=\frac{0.7608}{(1-0.1242z^{-1})(1-0.1242z)} \qquad (14.174)$$

임펄스 응답(impulse response)는 아래와 같으며

$$h_{nc}(n)=0.7727(0.1242)^{|n|}$$

논코우절 필터이다.

b. 이 필터에 의해 달성된 최소 MSE는 식 (14.173)에서 결정된다.

$$\frac{1}{z}S_{SS}(z)[1-H_{\mathrm{nc}}(z)] = \frac{0.07608}{(z-0.1242)(1-0.1242z)}$$

단위 원안에 있는 유일한 근 또는 Pole은 $z=0.1242$이다. 그래서 복소수 레지듀(Residue)는 다음과 같다.

$$\left.\frac{0.07608}{1-0.1242}\right|_{z=0.1242} = \left.\frac{0.07608}{0.9846}\right| = 0.0773$$

그래서 이러한 논코우절 위너 필터를 이용한 상황에서 얻을 수 있는 자승 오차(MSE) 값은 다음과 같다.

$$\mathrm{MMSE}_{\mathrm{nc}} = 0.0773$$

그 값은 코우절 필터 경우(0.08447)와 비교하여 작은 값이다.

c. 식 (14.174)의 논코우절 필터는 causal 및 anticausal 필터의 결과로써 다음과 같이 표현될 수 있다.

$$H_{\mathrm{nc}}(z) = H_{\mathrm{c}}(z)H_{\mathrm{c}}(z^{-1}) = \left(\frac{\sqrt{0.7608}}{1-0.1242z^{-1}}\right)\left(\frac{\sqrt{0.7608}}{1-0.1242z}\right) \tag{14.175}$$

코우절 필터 부분은 다음과 같다.

$$H_{\mathrm{c}}(z) = \frac{0.8722}{1-0.1242z^{-1}} \tag{14.176}$$

이 필터는 `filtfilt` 함수에서 논코우절 필터 $H_{\mathrm{nc}}(z)$를 구현하는데 사용된다. 이 함수는 입력 데이터를 $H_{\mathrm{c}}(z)$를 통해 역방향 통과로 다시 필터링한 다음, 결과 출력을 반전하여 논코우절 필터의 출력을 얻는다. 이것은 또한 예상대로 zero 위상 필터링에 해당한다. 신호 생성 및 논코우절 IIR 위너 필터링 작업은 다음 MATLAB 스크립트에서 제공된다.

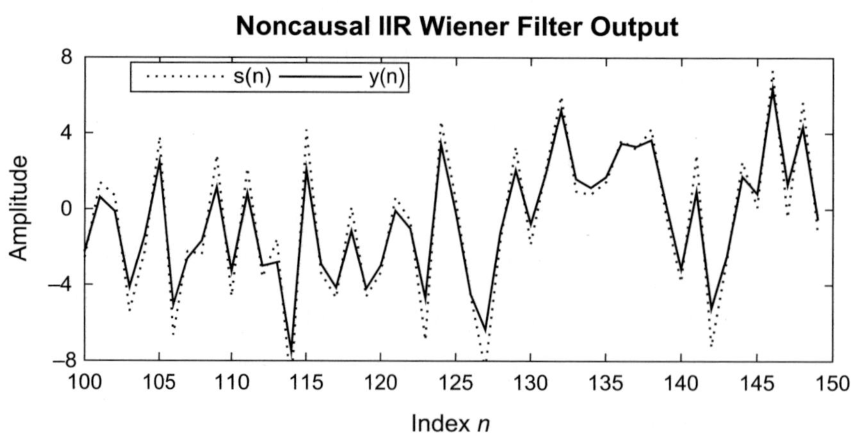

그림 14.32 예제 14.29(c) 의 신호 $s(n)$과 논코우절 위너 필터 추정값 $y(n)$ 그래프

```
n = 0:1000; varW = 0.1;
varV = 0.49; vn = sqrt(varV)*randn(1,length(n));
sn = filter(1,[1-0.8],vn);
wn = sqrt(varW)*randn(1,length(n));
```

```
xn = sn + wn;
Hc_num = sqrt(0.7608); Hc_den = [1,-0.1242];
yn = filtfilt(Hc_num,Hc_den,xn);
```

그림 14.32에는 $n=100$에서 $n=150$까지의 샘플을 포함하는 신호 플롯과 그 추정치가 나와 있다. 이로부터 우리는 추정된 신호 $y(n)$가 신호 $s(n)$에 매우 가깝다고 결론을 내린다.

14.7 요약 및 참고문헌

이 장에서는 선형 예측 및 필터링을 위한 최적 시스템 설계에 대하여 다루었다. 최적 판단 조건은 실제 필터 출력 값과 희망하는 출력 사이에서 평균 자승 값 오차가 최소화 되는 경우이다.

선형 예측 연구 과정에서 반사 계수(K_m)와 격자 필터 계수[$a_m(k)$]로 정의된 포워더 및 백워드 오류식들은 단순하게 FIR 선형 예측기의 필터 계수와 연관되고 예측 오차 필터와 관련이 있다. 최적 계수(K_m 및 a_m)들은 노말 또는 일반식에 대한 해로부터 쉽게 구할 수 있다.

노말 또는 일반식들에 대한 효과적인 알고리즘 중에서 러비슨 더빈 및 슈아 알고리즘은 중요하다. 단일 프로세스 기반 시스템에서 두 알고리즘 이용하여 선형 토플리츠 시스템을 해석하는 경우 계산량은 대충 $\mathrm{o}(p^2)$이다. 하지만 병렬 프로세스 처리 경우 슈아 알고리즘은 계산량이 $\mathrm{o}(p)$ 되고 러빈스 더빈은 $\mathrm{o}(p \log p)$ 계산량이 필요하다.

선형 예측기를 위하여 전부 제로 필터를 유도하고 추가하여 전부 폴 필터 설명했다. 위너 필터라고 하는 최적 필터에 대한 내용을 다루었다.

지난 시간 동안 선형 시스템 추정 이론은 풍부한 역사가 있다. 칼라이스 초기 연구 결과가 선행되며 통계적인 시스템에 대한 위너 최적 필터링은 독보적이다. 칼만 및 부시가 전개한 랜덤 입력에 대한 위너 필터 일반화는 매우 중요하다. 칼만 필터에 대하여 많은 검토가 이루어지고 있는데, 여기에는 메디치, 브라운, 츄, 첸이 있다. 특히 칼라이스가 위너 및 칼만 필터에 대한 투렷한 해석을 제공하고 있다.

러빈스 및 더빈은 노말 또는 일반식에 대한 회기적인 해를 제공하는 러빈슨 더빈 알고리즘은 제안했다. 러빈슨 더빈 알고리즘 관련 다양한 아류 버전을 연관 러빈슨 알고리즘이라 하고 델스아트, 게닌 및 크리시아 등이 전개에 기여 했다. 이러한 연관 러비슨 알고리즘은 토플리츠 연관 행렬 사이 대칭성에 대한 추가 고찰을 통하여 곱셈 계산 시간을 크게 절약하는 방법을 보여준다.

슈아가 독일에서 출판한 최초 논문에서 제안한 슈아 알고리즘은 소개되어있다. 이에 대한 영어 버전은 고부르거가 제공하고 있다. 슈아 알고리즘은 기본적으로 직교하는 다항식과 관련이 있다. 직교 다항식들에 대한 부연 설명은 수제, 그란더 수제 및 그로무스 발표한 자료를 참고 바란다. 바이에라 학위논문, 칼라이스 논문, 모프, 델살트, 게닌, 캄프 및 율라 칸자지안 등이 직교 다항식에 대한 추가 정보를 제공한다. 칼라이스 문헌은 슈아 알고리즘 혼자 학습방법과 직교 다항식 측면에서 슈아 알고리즘과 러빈슨 더빈 알고리즘 사이 관련성에 대하여 다루고 있다. 큥과 휴 논문에서 슈 알고리즘 기반 격자 필터용 반사 계수 계산을 위한 파이프라인 병렬처리 구조를 다루고 또한 선형 식의 토플리츠 시스템을 해석하는 문제를 설명한다. 결론적으로 크리시안이 제안한 봐와 같이 토플리츠 시스템에서 대칭성 특징에 대한 추가 고찰을 통하여 슈아 알고리즘 기반 계산상 효율은 나아질 수 있다.이러한 작업은 추후 분리 슈아 알고리즘으로 이어지는데 실은 러비슨 더빈 알고리즘과 결국 유사해 진다.

적응 필터 15 chapter

14장에서 설명한 신호들의 2차적인 통계 지식에 기초한 필터 설계 기법과는 다르게, 실제 디지털 신호 처리에서는 이러한 통계적인 정보를 사전에 결정하기 어려운 경우가 많다. 현실에서 실제 접하는 예제로 데이터 통신 시스템에서의 채널 동기화(Channel Equalization)과 에코 제거(Echo Cancellation), 제어 시스템에서의 시스템 전달함수 식별(System Identification) 및 시스템 모델링(System Modeling) 등이 있다. 이러한 응용에서 설계된 필터의 계수(Coefficient)들은 미리 결정하기가 매우 어렵다. 왜냐하면 계수들은 통신 채널 또는 제어 시스템의 특성에 따라 값이 변하며 임펄스 응답(Impulse Response)이 시간에 따라 변화하기 때문이다. 적응 또는 미세조정이 허용 또는 제공되는 필터를 일반적으로 적응 필터(Adaptive Filter)라고 불리는데, 특히 필터 계수가 신호 통계 특징에 적응적으로 대응하는 알고리즘을 특히 중요하다.

적응 필터는 지난 35년 동안 학계 및 산업계 연구자들로부터 많은 주목을 받고 있다. 결과적으로, 계산적으로 매우 효율적이고 변화에 동적으로 적응하는 필터 알고리즘은 지속으로 개발되고 있다. 관련하여 이 장에서는 두 가지 기본적인 알고리즘을 설명한다. 하나는 계수를 결정하기 위한 기울기 또는 경사 최적화(Gradient Optimization)을 기반한 LMS(Least-Mean-Square) 알고리즘이고 나머지는 반복 또는 칼만 필터링과 유사한 기법인 RLS(Recursive Least-Squares) 알고리즘이다. 구체적으로 각 알고리즘을 설명하기 전에 먼저 적응 필터가 잡음 및 다른 간섭에 의해 손상된 신호의 추정에 성공적으로 사용된 몇 가지 실용적인 응용을 설명한다.

15.1 적응 필터의 응용들

적응 필터는 통신 시스템, 제어 시스템과 필터링된 신호의 통계적 특성이 미리 또는 선험적으로 알려지지 않거나 또는 시간 경과에 따라 시스템 특징 변하는(Nonstationary Signals) 등 다양한시스템에서 널리 사용되어 있다. 적응 필터와 다양한 응용 결과들은 관련 문헌에 폭 넓게 기술되고 있다. 보다 주목할만한 응용 분야로는 (1) 적응 필터가 빔 조종에 사용되고 빔 패턴에 제로 또는 널(Null)을 제공하여 원하지 않는 간섭을 제거하는 적응 안테나 시스템, (2) 적응 필터가 부호 간 간섭 보상(Intersymbol Interference Equalization)과 채널 식별(Channel Identification)을 제공하는 디지털 통신 수신기, (3) 적응 필터가 원하는 신호 내의 잡음 성분을 추정하고 제거하는 적응 잡음 소거 기술, (4) 적응 필터가 알려지지 않은 시스템의 특성을 추정하기 위한 모델로 사용되는 시스템 모델링 등이 있다. 이는 적응 필터를 사용하는 가장 잘 알려진 예들 중 일부에 지나지 않는다.

IIR(Infinite Impulse Response)과 FIR(Finite Impulse Response) 필터 모두 적응 필터링을 고려해 왔지만, FIR 필터가 훨씬 실용적이고 널리 사용되고 있다. 그 이유는 매우 간단하다. FIR 필터는 zero만 조절 가능하다. 따라서 적응 IIR 필터와 관련된 안정성 문제가 없다. IIR 필터는 영점(Zero)와 극점(Pole)을 조절하는 것이 가능하다. 그러나 적응 FIR 필터는 항상 안정적이라고 결론 지을 수 없다. 필터의 안정성은 15.2절과 15.3절에서 설명하는 것처럼 계수를 조정하는 알고리즘에 크게 의존한다.

가능할 수 있는 다양한 FIR 필터 구조 중, 직렬형(Direct)과 병렬 또는 격자형(Lattice)은 적응 필터 응용에 사용되는 구조이다. 조절 계수 $h(n)$을 갖는 직렬 FIR 필터 구조가 그림 15.1에 나와있다.

반면에 FIR 병렬 구조에서 조정 가능한 매개 변수는 반영 계수 K_n이다. 이번 장에서는 직렬 FIR 필터 구조만을 고려한다.

적응 필터를 사용할 때 중요한 고려 사항은 조정 가능한 필터 매개 변수를 최적화하는 기준

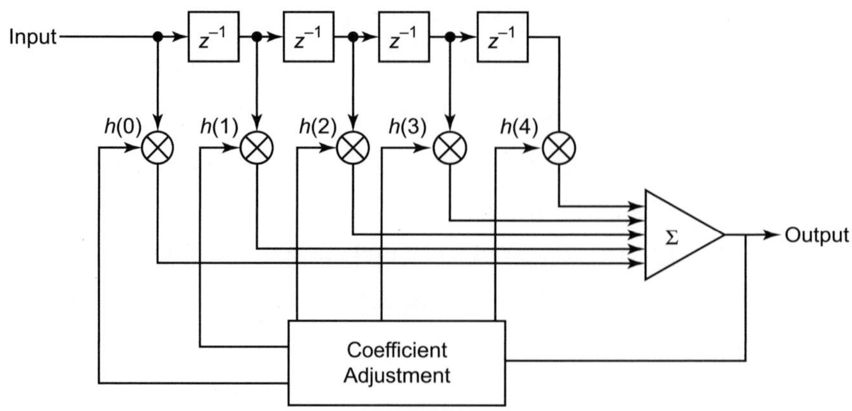

그림 15.1 다이렉트 형태 적응형 FIR 필터

이다. 이 기준은 필터 성능에 대한 의미 있는 측정 값을 제공할 뿐만 아니라 실질적으로 실현 가능한 알고리즘을 가져와야 한다.

예를 들면, 디지털 통신 시스템에서 바람직한 성능 지수는 평균 에러 확률이다. 따라서 적응 등화기(Equalizer)을 구현할 때 평균 오차 확률을 최소화하기 위해 등화기 계수를 선택하여 최적화 기준을 결정할 수 있다. 그러나 불행하게도 이러한 기준에 대한 성능 지표는 필터 계수 및 신호 통계의 비선형 함수이다. 결과적으로, 그러한 성능 지표를 최적화 하는 적응 필터의 구현은 복잡하고 비실용적이다.

어떠한 경우에는 필터 매개 변수의 비선형 함수인 성능 지표는 상대적 최소값(또는 최대값)을 가지므로 적응 필터가 최적의 솔루션으로 또는 상대적 최소값(최대값) 중 하나에 수렴했는지 여부가 확실하지 않다. 이러한 이유로 디지털 통신 시스템의 평균 오류 확률과 같은 일부 의미있는 성능 지수는 구현하기에 비실용적이라는 이유로 부결되어야 한다.

적응 필터링 응용에서 우수한 성능 측정을 제공하는 두 가지 기준은 최소-제곱(LS, Least-Squares) 기준 및 문제의 통계적 공식화에서의 대응, 다시 말하면 평균 제곱 오차(MSE, Mean-Square-Error) 기준이다. 최소 제곱(또는 MSE) 기준은 필터 계수의 함수로서 2차 성능 지표를 산출하며, 따라서 단일 최소값을 갖는다. 15.2절에서 설명하는 것처럼 필터의 계수를 조정하기 위한 결과 알고리즘은 구현하기가 비교적 쉽다.

이 절에서는 15.2절에 유도된 알고리즘의 수학적 발전을 위한 동기로 사용되는 적응 필터의 여러 응용을 설명한다. 이 예제에서는 직렬형 FIR 구조를 사용하는 것이 편리하다는 것을 알 수 있다. 이 절에서 필터 계수를 자동으로 조정하는 재귀 알고리즘은 개발하지 않겠지만, 최소 제곱 최적화 문제로 필터 계수 최적화를 공식화하는 것에 유익하다. 이 개발은 다음 두 절에서 파생된 알고리즘에 대한 공통 체계를 확립하는데 도움이 될 것이다.

15.1.1 시스템 전달 함수 파악 또는 시스템 모델링

시스템 식별 또는 시스템 모델링에서 Plant(공정)라 불리는 우리가 확인하고 싶은 알려지지 않은 시스템을 가진다. 시스템은 조정 가능한 계수를 가진 FIR 필터로 설계된다. 플랜트와 모델 모두 입력 시퀀스 $x(n)$에 의해 발생된다. $y(n)$이 플랜트의 출력을 나타내고, 이 모델의 출력을 나타내는 경우,

$$\hat{y}(n) = \sum_{k=0}^{M-1} h(k)x(n-k) \tag{15.1}$$

따라서 플랜트와 모델의 차이는 오류이므로,

$$e(n) = y(n) - \hat{y}(n), \qquad n = 0, 1, \ldots \tag{15.2}$$

이고 제곱 오차의 합을 최소화하기 위해 계수 $h(k)$를 선택하면,

$$\mathcal{E}_M = \sum_{n=0}^{N} \left[y(n) - \sum_{k=0}^{M-1} h(k)x(n-k) \right]^2 \tag{15.3}$$

여기서 $N+1$은 관측 수이다. 이것은 선형필터 계수를 결정하기 위한 최소 제곱 기준이며, 이는 일련의 선형방정식을 결과로 가진다.

$$\sum_{k=0}^{M-1} h(k) r_{xx}(\ell - k) = r_{yx}(\ell), \qquad \ell = 0, 1, \ldots, M-1 \tag{15.4}$$

여기서 $r_{xx}(\ell)$는 $x(n)$의 자기상관(Autocorrelation)이고, $r_{yx}(\ell)$는 입력에 대한 시스템 출력의 상호상관(Cross-correlation)이다. 정의는 다음과 같다.[1]

$$r_{xx}(\ell) = \sum_{n=0}^{N} x(n)x(n-\ell) \tag{15.5a}$$

$$r_{yx}(\ell) = \sum_{n=0}^{N} y(n)x(n-\ell) \tag{15.5b}$$

식 (15.4)를 풀면, 모델에 대한 필터 계수를 얻는다. 필터 모수 또는 파라미터는 플랜트에 대한 사전 지식 없이 시스템의 입력 및 출력에서 측정 데이터로부터 직접 얻어지므로 FIR 필터를 적응 필터라 부른다.

우리의 유일한 목표가 FIR 모델을 사용하여 시스템을 식별하는 것이라면, 식 (15.4)의 해법만으로 충분할 것이다. 그러나 제어 시스템 적용에서 모델링되는 시스템은 시간에 따라 천천히 변하는 시변일 수 있으며, 모델을 만드는 목적은 궁극적으로 공정을 제어하는 제어기를 설계하기 위해 사용하는 것이다. 또한 측정 잡음은 일반적으로 플랜트의 출력에 나타난다. 이 잡음은 측정에서 불확실성을 유발하고, 모델의 필터 계수 추정치를 손상시킨다.

이러한 개요는 그림 15.2에 설명되어 있다. 이 경우, 적응 필터는 플랜트 출력에서 측정 잡음이 있는 경우 플랜트의 시간 변화 특성을 식별하고 추적해야 한다. 15.2절에서 기술될 알고

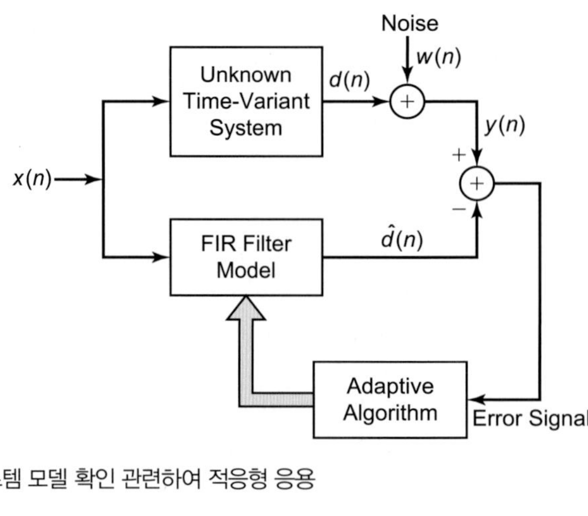

그림 15.2 시스템 모델 확인 관련하여 적응형 응용

1 본 장에서 자기 상관함수 및 상호 상관함수를 소문자 $r_{xx}(\ell)$ 및 $r_{yx}(\ell)$로 나타낸다.

리즘은 이 시스템 식별 문제에 적용 가능하다.

예제 15.1 **시스템 식별**

그림 15.2와 같이 시스템 식별 문제를 고려하자. 먼저, 알려지지 않은 시스템에 2개의 복소수 극점을 가지는 함수가 있다고 가정하자.

$$H(z) = \frac{1}{1 - 2\text{Re}(p)z^{-1} + |p|^2 z^{-2}}$$

여기서 p는 극점 중 하나이다. 적응형 잡음 시컨스 $w(n)$은 분산 $\sigma_{\mathsf{W}}^2 = 0.02$를 갖는 평균이 제로인 백색 가우시안 프로세스 $\mathsf{W}(n)$의 표본 시퀀스이다. 여기 시퀀스(excitation sequence) $x(n)$은 또한 분산 $\sigma_{\mathsf{X}}^2 = 1$을 갖는 백색 가우시안 잡음 프로세스 $\mathsf{X}(n)$의 샘플 시퀀스이다. 프로세스 $\mathsf{W}(n)$과 $\mathsf{X}(n)$은 상관 관계가 없다. FIR 필터 모델은 $0 \le n \le M-1$에 대해 임펄스 응답 $h(n)$을 가진다.

a. $p = 0.8e^{j\pi/4}$, $M=15$인 경우, $0 \le n \le 1000$에 대해 출력 시퀀스 $y(n)$를 구하고 $0 \le n \le 1000$에 해당하는 원하는 시퀀스 $d(n)$을 구하라.

b. $0 \le m \le M-1$에 대해 자기 상관 시퀀스 $r_{xx}(m)$ 및 상호 상관 시퀀스 $r_{yx}(m)$을 계산하라. 그런 다음 식 (15.4)의 최소 시퀀스 방정식에서 FIR 필터 계수를 계산하라.

c. 알려지지 않은 시스템의 임펄스 응답과 FIR 필터 모델을 그래프로 나타내고 비교하라. 또한 알려지지 않은 시스템의 주파수 응답을 모델의 주파수 응답과 그래프로 나타내고 비교하라.

d. 시퀀스 $x(n)$이 아래의 차분 방정식에 의해 기술된 1차 AR 프로세스의 출력 일 때, (a), (b)와 (c)를 반복하라.

$$x(n) = \frac{1}{2}x(n-1) + v(n)$$

여기서 $v(n)$은 $\sigma_{\mathsf{V}}^2 = 1$ 분산을 갖는 백색 가우시안 잡음 프로세스의 표본 함수이다.

풀이 이 솔루션은 MATLAB을 사용하여 얻을 수 있다.

a. MATLAB 코드:

```
>> varW = 0.02;                      % Additive noise variance
>> varX = 1;                         % Excitation seq Variance
>> N = 1000; n = 0:N;                % # of samples and indices
>> p = 0.8*exp(1j*pi/4);             % Pole location
>> a = [1,-2*real(p),abs(p)^2];      % Plant denominator coeff
>> M = 15;                           % FIR filter model order
>> xn = sqrt(varX)*randn(N+1,1);     % Input sequence
>> wn = sqrt(varW)*randn(N+1,1);     % Noise sequence
>> dn = filter(1,a,xn);              % Output of the plant
>> yn = dn+wn;                       % Noisy plant output
```

b. MATLAB 코드:

```
>> [rxx,lags] = xcorr(xn,M-1); % ACRS of x(n)
>> Rxx = toeplitz(rxx(M:end)); % ACRM of x(n)
>> ryx = xcorr(yn,xn,M-1);     % CCRS between y(n) and x(n)
>> ryx = ryx(M:end);           % CCRV between y(n) and x(n)
>> hm = Rxx\ryx;               % Model coeff (or Imp resp)
>> hp = impz(1,a,M+5);         % Plant impulse response
```

c. MATLAB 코드:

```
>> om = linspace(0,1,1001)*pi;
>> Hm = freqz(hm,1,om);
>> Hm_mag = abs(Hm);
>> Hm_pha = angle(Hm)/pi;
>> Hp = freqz(1,a,om);
>> Hp_mag = abs(Hp);
>> Hp_pha = angle(Hp)/pi;
>> % Plotting commands follow
```

결과 그래프가 그림 15.3에 나와 있다. 임펄스 응답 그래프를 비교하면, 모델 FIR 임펄스 응답은 첫 번째 $M = 15$ 샘플에 대한 공정 IIR 임펄스 응답에 매우 가깝다는 것을 알 수 있

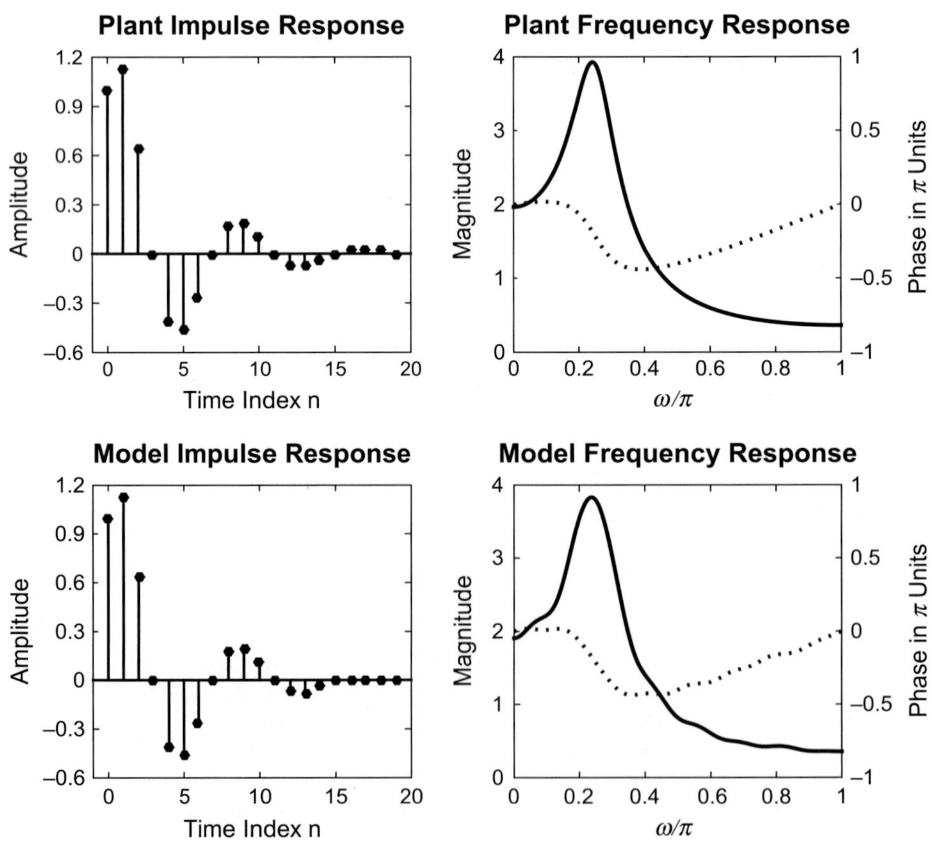

그림 15.3 예제 15.1 (c)의 공정 및 FIR 모델 시스템의 임펄스 및 주파수 응답 그래프. 점선은 위상 응답을 나타냄.

다. 마찬가지로 두 시스템의 주파수 응답은 서로 매우 가깝다. 이 그래프에서 점선은 위상 응답을 나타낸다. 모델 주파수 응답에서 약간의 리플은 FIR 모델 가정으로 인한 윈도우 효과의 결과이다.

d. 이 설정의 유일한 변화는 자극신호(Excitation Sequence)가 1차 AR(Auto Regressive) 프로세스를 사용하여 생성되는 방법이다.

```
>> varW = 0.02;                      % Additive noise variance
>> varV = 1;                         % Excitation seq Variance
>> N = 1000; n = 0:N;                % Number of samples and indices
>> p = 0.8*exp(1j*pi/4);             % Pole location
>> a = [1,-2*real(p),abs(p)^2];      % Plant denominator coeff
>> M = 15;                           % FIR filter model order
>> vn = sqrt(varV)*randn(N+1,1);     % Gaussian seq for Input x(n)
>> xn = filter(1,[1,-1/2],vn);       % Input sequence x(n)
>> wn = sqrt(varW)*randn(N+1,1);     % Noise sequence
>> dn = filter(1,a,xn);              % Output of the plant
>> yn = dn+wn;                       % Noisy plant output
>> [rxx,lags] = xcorr(xn,M-1);       % ACRS of x(n)
```

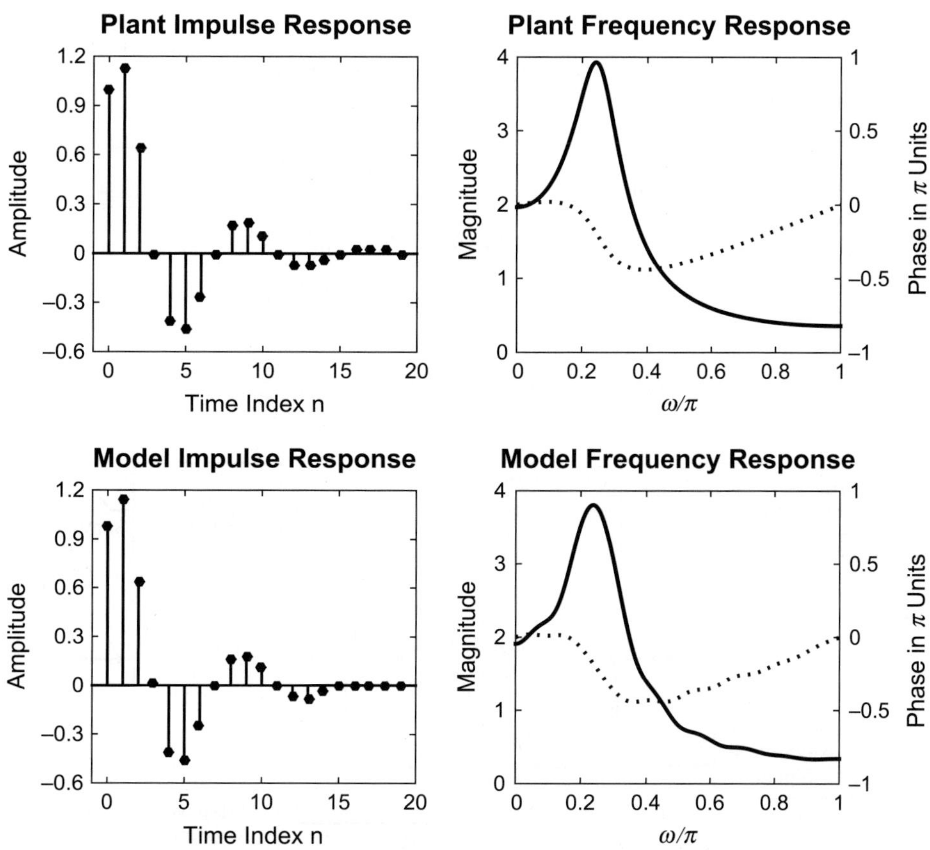

그림 15.4 예제 15.1 (d)의 공정 및 FIR 모델 시스템의 임펄스 및 주파수 응답 그래프. 점선은 위상 응답을 나타냄.

```
>> Rxx = toeplitz(rxx(M:end)); % ACRM of x(n)
>> ryx = xcorr(yn,xn,M-1);     % CCRS between y(n) and x(n)
>> ryx = ryx(M:end);           % CCRV
>> hm = Rxx\ryx;               % Model coeff (or Imp resp)
>> hp = impz(1,a,M+5);         % Plant impulse response
>> om = linspace(0,1,1001)*pi;
>> Hm = freqz(hm,1,om);
>> Hm_mag = abs(Hm); Hm_pha = angle(Hm)/pi;
>> Hp = freqz(1,a,om);
>> Hp_mag = abs(Hp); Hp_pha = angle(Hp)/pi;
```

그 결과 그래프가 그림 15.4에 나온다. 임펄스 및 주파수 응답 그래프의 비교는 Part (c)의 것과 유사하다. 또한 (c)와 (d)의 결과는 거의 동일하다.

15.1.2 적응 채널 이퀄라이징

그림 15.5는 전송 매체(채널)에 의해 발생한 왜곡을 보상하기 위해 적응 등화기(Equalizer)가 사용되는 디지털 통신 시스템의 블록 선도를 보여준다. 정보 심볼의 디지털 시퀀스 $a(n)$은 송신 필터에 공급되고, 출력은

$$s(t) = \sum_{k=0}^{\infty} a(k)p(t - kT_s) \tag{15.6}$$

이다.

여기서 $p(t)$는 송신기에서의 필터의 임펄스 응답이고, T_s는 정보 심볼들 간의 시간 간격이다. 즉, $1/T_s$는 심볼비(Symbol Rate)이다. 이 논의의 목적을 위해 $a(n)$이 ±1, ±3, ±5, $\cdots$, $\pm(K-1)$을 가지는 다중 레벨 시퀀스라고 가정할 것이다. 여기서 K는 가능한 심볼 값의 수이다.

일반적으로 펄스 $p(t)$는 그림 15.6에 나와있는 특성을 갖도록 설계되었다.

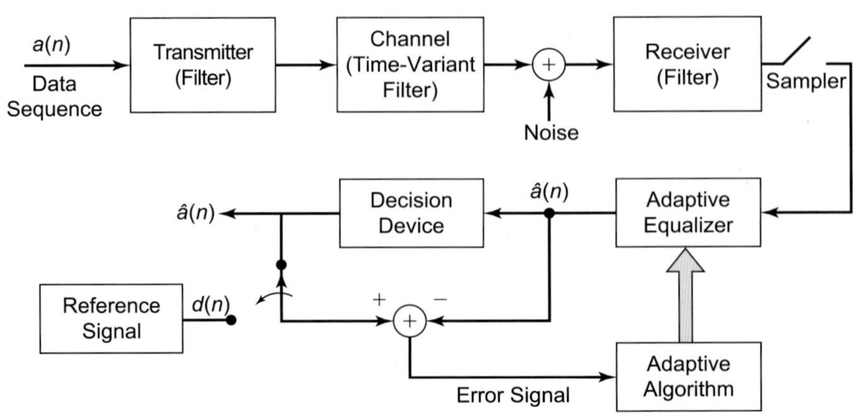

그림 15.5 적응형 채널 등화기 관련 적응형 필터링 응용

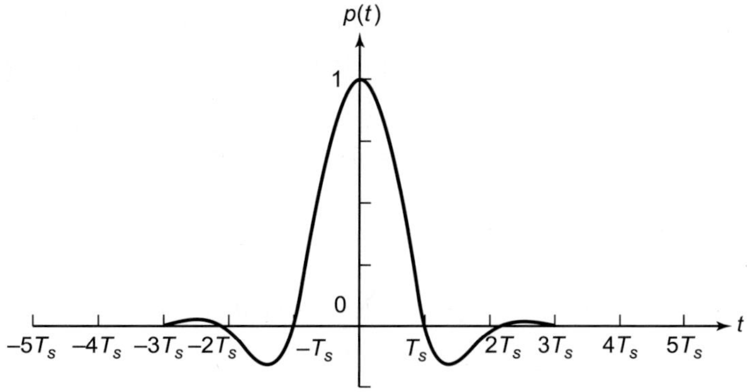

그림 15.6 디지털 통신에서 전형적인 싱크 신호 , $1/T_s$: 초당 심볼수(symbols/sec)

$P(t)$는 $t=0$에서 진폭 $p(0)=1$이고 $t=nT_s$에서 $p(nT_s)=0$임을 알 수 있다($n=\pm1$, ±2, $\cdots$). 결과적으로 t초마다 순차적으로 전송된 연속적인 펄스는 $t=nT_s$에서 샘플링 될 때 서로 간섭하지 않는다. 따라서 $a(n)=s(nT_s)$이다.

일반적으로 선형 필터로 잘 모델링된 채널은 펄스를 왜곡하여 심볼간의 간섭을 일으킨다. 예를 들어 전화 채널에서 필터는 시스템 전체에서 서로 다른 주파수 범위의 신호를 분리하는데 사용된다. 이러한 필터는 위상 및 진폭 왜곡을 유발한다. 그림 15.7은 전화 채널의 출력에서 나타날 수 있는 펄스 $p(t)$에 대한 채널 왜곡의 영향을 보여준다.

이제, T_s초마다 얻어진 표본이 인접한 여러 심볼의 간섭으로 인해 손상 되어진 것을 관찰한다. 왜곡된 신호는 일반적으로 광대역 추가 잡음에 의해 손상된다. 통신 시스템의 수신단에서, 신호는 주로 사용되는 주파수 대역의 외부 잡음을 제거하기 위해 설계된 필터를 통과한다. 이 필터는 잡음의 대역폭을 제한하지만 채널 손상 신호에서 무시할만한 추가적인 왜곡을

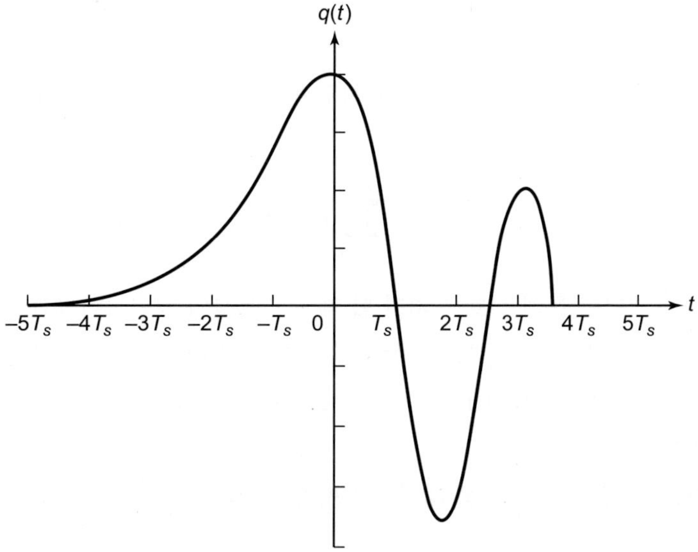

그림 15.7 그림 15.6 에서 전송된 싱크 신호가 채널 왜곡에 따라 변형된 형태

발생시키는 선형 위상 FIR 필터라고 가정할 수 있다. 이 필터의 출력에서 수신된 신호의 표본은 상호심볼 간의 간섭 및 부가 잡음의 존재를 반영한다. 채널에서 가능한 시간 변화를 잠시 무시한다면, 수신기에서 샘플링된 출력을 표현하면,

$$\begin{aligned} x(nT_s) &= \sum_{k=0}^{\infty} a(k)q(nT_s - kT_s) + w(nT_s) \\ &= a(n)q(0) + \sum_{\substack{k=0 \\ k\neq n}}^{\infty} a(k)q(nT_s - kT_s) + w(nT_s) \end{aligned} \tag{15.7}$$

여기서 $w(t)$는 부가 잡음을 나타내고 $q(t)$는 수신기 필터의 출력에서 왜곡된 펄스를 나타낸다.

논의를 간단히 하기 위해 수신기에 포함된 자동 이득 제어(Auto-Gain-Control)를 통해 표본 $q(0)$가 1로써 정규화된다고 가정한다. 그러면 식 (15.7)에 주어진 샘플된 신호는 다음과 같이 표현 될 수 있다.

$$x(n) = a(n) + \sum_{\substack{k=0 \\ k\neq n}}^{\infty} a(k)q(n-k) + w(n) \tag{15.8}$$

여기서 $x(n) \equiv x(nT_s)$, $q(n) \equiv q(nT_s)$, $w(n) \equiv w(nT_s)$.이다. 식 (15.8)에서 $a(n)$은 n번째 샘플링 순간에 원하는 심볼이다. 두 번째 용어,

$$\sum_{\substack{k=0 \\ k\neq n}}^{\infty} a(k)q(n-k)$$

는 채널 왜곡으로 인한 심볼 간 간섭을 구성하고, $w(n)$은 시스템의 부가 잡음을 나타낸다.

일반적으로, 샘플링된 값 $q(n)$을 통해 담긴 채널 왜곡 효과는 수신기에서 알 수 없다. 또한 채널은 심볼 간 간섭 효과가 시변이 되도록 시간에 따라 천천히 변할 것이다. 적응 등화기의 목적은 채널 왜곡에 대한 신호를 보상하여, 결과 신호가 믿을만하게 검출 될 수 있도록 하는 것이다. 등화기가 M개의 조정 가능한 계수 $h(n)$을 갖는 FIR 필터라고 가정하자. 그것의 출력은

$$\hat{a}(n) = \sum_{k=0}^{M-1} h(k)x(n+D-k) \tag{15.9}$$

여기서 D는 필터를 통해 신호를 처리 할 때의 명목상의 지연이며, $\hat{a}(n)$은 n번째 정보 심볼의 추정치를 나타낸다. 초기에, 등화기는 전송된 알려진 데이터 시퀀스 $d(n)$에 의해 트레이닝 된다. 그 다음 등화기 출력 $\hat{a}(n)$은 $d(n)$과 비교하여 필터의 계수를 최적화하는데 사용하는 에러를 생성한다.

만약 최소-자승 오차 기준을 채택한다면, 양을 최소화하기 위해 계수 $h(k)$를 선택한다.

$$\mathcal{E}_M = \sum_{n=0}^{N}\left[d(n) - \hat{a}(n)\right]^2 = \sum_{n=0}^{N}\left[d(n) - \sum_{k=0}^{M-1} h(k)x(n+D-k)\right]^2 \tag{15.10}$$

최적화의 결과는 다음과 같은 선형방정식 형태이다.

$$\sum_{n=0}^{M-1} h(k)r_{xx}(\ell - k) = r_{dx}(\ell - D), \qquad \ell = 0, 1, 2, \ldots, M-1 \tag{15.11}$$

여기서 $r_{xx}(\ell)$은 시퀀스 $x(n)$의 자기상관이고, $r_{dx}(\ell)$는 원하는 시퀀스 $d(n)$과 수신된 시퀀스 $x(n)$간의 상호상관이다.

식 (15.11)의 해는 실제로 (다음 두 절에서 설명하는 것처럼) 재귀적으로 얻어지지만, 원칙적으로 이 등식은 등화기(Equalizer)의 초기 조정을 위한 계수의 값을 산출한다는 것을 관측할 수 있다. 대부분의 채널에 대해 일반적으로 1초 미만 지속되는 짧은 트레이닝 기간 후에, 송신기는 정보 시퀀스 $a(n)$를 송신하기 시작한다. 채널에서의 가능한 시간 변화를 추적하기 위해서 등화기 계수는 데이터를 수신하는 동안 적응하는 방식으로 계속 조정되어야 한다. 그림 15.5에서 볼 수 있듯이, 이것은 보통 결과 장치의 출력에서의 결과를 올바른 것으로 간주하고 오류 신호를 생성하기 위해 참조 신호 $d(n)$ 대신에 결과를 사용함으로써 성취한다. 이러한 접근법은 결과 오류가 드물게 발생하는 경우(예를 들어, 100개 부호 당 하나의 결정 오류 미만)에 잘 작용한다. 간혹 발생하는 결과 오류로 인해 등화기 계수에 약간 잘못된 조정만 발생한다. 15.2절과 15.3절에서는 등화기 계수를 재귀적으로 조정하기 위한 적응 알고리즘을 설명한다.

예제 15.2 **채널 동기화**

다음 그림 15.8에 나와 있는 시스템 구성을 고려하십시오. 채널 필터 시스템 기능은 다음과 같다.

$$C(z) = 1 - 2\mathrm{Re}(z_0)z^{-1} + |z_0|^2 z^{-1}$$

그리고 동기화 시스템함수는

$$H(z) = \sum_{k=0}^{M-1} h(k)z^{-k}$$

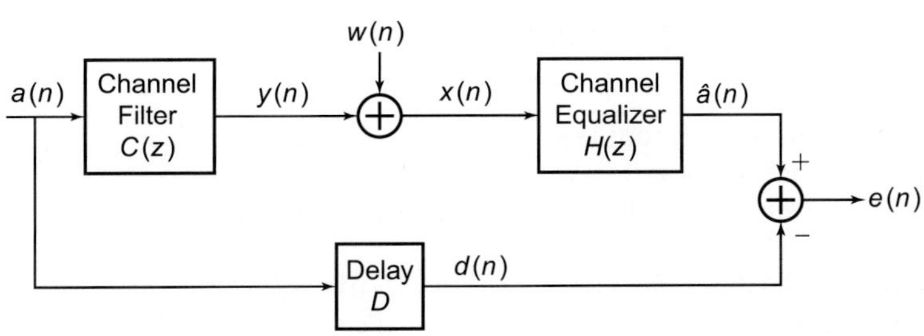

그림 15.8 예제 15.2에 대한 채널 동기화

$C(z)$의 zero는 $z_0 = 0.8e^{j\pi/4}$과 켤레복소수 $z_0^* = 0.8e^{-j\pi/4}$에 위치한다. 입력 시퀀스 $a(n)$은 ± 1의 의사 랜덤 시퀀스(Pseudo Random Sequence)이다. 부가 잡음 $w(n)$은 분산 $\sigma_{\mathsf{W}}^2 = 0.1$을 갖는 백색 가우스 잡음 과정의 샘플 시퀀스이다.

a. $0 \le n \le 1000$에 대해 시퀀스 $a(n)$ 및 $x(n)$을 생성하라.

b. $M = 7$, $D = 10$인 경우, 아래의 최소 제곱 솔루션을 기반으로 등화기 계수 $h(k)$를 계산하라. $0 \le k \le 6$

$$\sum_{k=0}^{6} h(k) r_{xx}(\ell - k) = r_{dx}(\ell), \qquad \ell = 0, 1, \ldots, 6$$

여기서 $d(n) = a(n)$, $0 \le n \le 1000$.

c. 채널 필터 $C(z)$, 동기화 필터 $H(z)$ 및 캐스케이드(Cascade) 필터 $C(z)H(z)$의 주파수 응답을 그래프로 그리고 설명하라.

풀이 이 솔루션은 MATLAB을 사용하여 얻을 수 있다.

a. MATLAB 코드:

```
>> z0 = 0.8*exp(1j*pi/4);               % Zero of C(z)
>> Cb = [1,-2*real(z0),abs(z0)^2]; % Numerator of C(z) or imp resp
>> N = 1000; n = 0:N;                   % Length and timing indices
>> varW = 0.1;                          % Additive noise variance
>> M = 7;                               % FIR Equalizer length
>> an = 2*randi([0,1],N+1,1)-1;         % Pseudorandom symbol sequence
>> yn = filter(Cb,1,an);                % Distorted symbol sequence
>> wn = sqrt(varW)*randn(N+1,1);        % Additive noise sequence
>> xn = yn+wn;                          % Noisy distorted symbols
```

b. MATLAB 코드:

```
>> [rxx,lags] = xcorr(xn,M-1); % ACRS of x(n)
>> Rxx = toeplitz(rxx(M:end)); % ACRM of x(n)
>> rdx = xcorr(an,xn,M-1);     % CCRS between d(n) and x(n)
>> rdx = rdx(M:end);           % CCRV
>> heq = Rxx\rdx;              % Equalizer coeff (or Imp resp)
```

c. 채널, 이퀄라이저 및 캐스케이드 필터의 주파수 응답 그래프는 다음 MATLAB 스크립트를 사용하여 계산되며 그림 15.9와 같다.

```
om = linspace(0,1,1001)*pi;
Heq = freqz(heq,1,om);
Heq_mag = abs(Heq); Heq_pha = angle(Heq)/pi;
Cz = freqz(Cb,1,om);
Cz_mag = abs(Cz); Cz_pha = angle(Cz)/pi;
CzHeq = Cz.*Heq;
CzHeq_mag = abs(CzHeq); CzHeq_pha = angle(CzHeq)/pi;
```

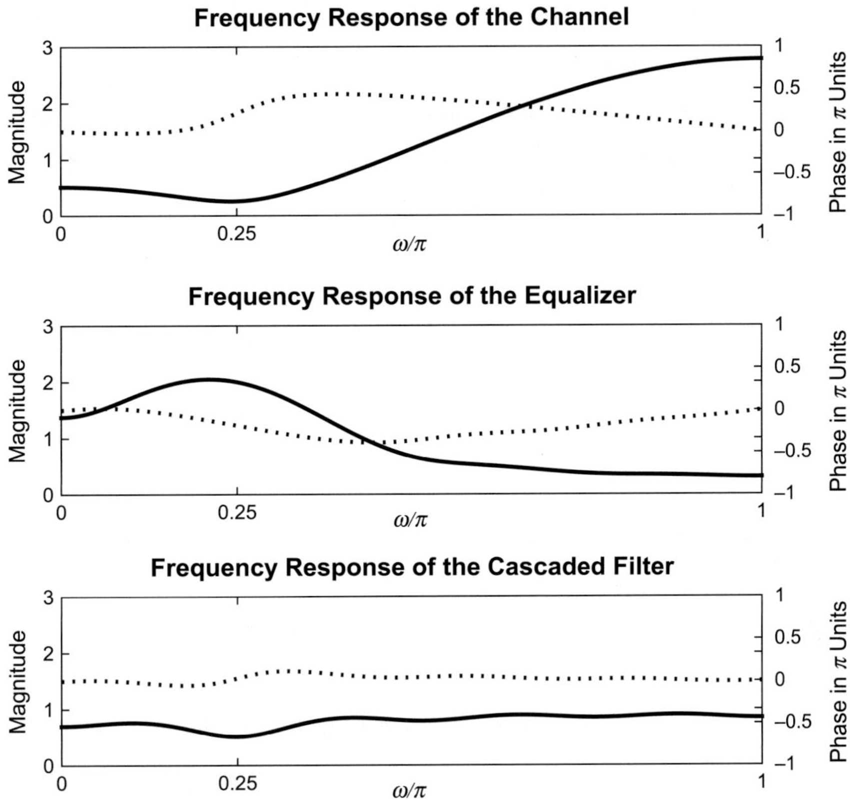

그림 15.9 예제 15.2 (c)의 채널, 이퀄라이저 및 캐스케이드 필터의 주파수 응답 그래프. 점선은 위상 응답을 나타냄.

캐스케이드 필터의 주파수 응답은 이퀄라이저가 채널에 대한 역 필터에 매우 가깝다는 것을 나타내는 all pass 필터의 주파수 응답과 거의 유사하다.

15.1.3 전화선에서 데이터 통신 에코 제거

전화 채널을 통해 데이터를 전송할 때, 모뎀(변조기/복조기)을 사용하여 디지털 데이터 시퀀스와 아날로그 채널 간의 인터페이스를 제공한다. 그림 15.10은 A와 B로 표시된 두 개의 터

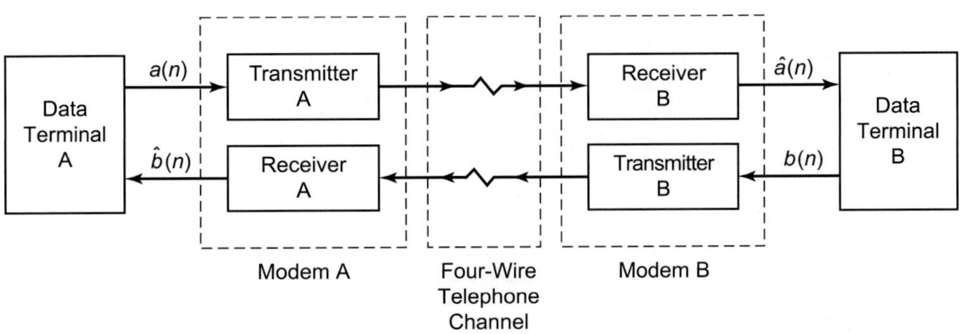

그림 15.10 전화 채널에서 전 이중 데이터 통신

미널이 모뎀 A와 B를 사용하여 전화 채널에 인터페이스하여 데이터를 전송하는 통신 시스템의 블록 다이어그램이다.

보이는 바와 같이, 디지털 시퀀스 $a(n)$은 터미널 A에서 터미널 B로 전송되는 반면, 다른 디시털 시퀀스 $b(n)$은 터미널 B에서 터미널 A로 전송된다. 이러한 양방향 동시 전송을 전이중 전송(Full-Duplex Transmission)이라고 한다.

기술된 바와 같이, 2개의 송신된 신호는 다음과 같이 나타낸다.

$$s_{\mathrm{A}}(t) = \sum_{k=0}^{\infty} a(k)p(t - kT_s) \tag{15.12}$$

$$s_{\mathrm{B}}(t) = \sum_{k=0}^{\infty} b(k)p(t - kT_s) \tag{15.13}$$

여기서 $p(t)$는 그림 15.6과 같은 펄스이다.

가입자가 전화 전화 접속 교환 네트워크를 통해 데이터를 전송하기를 원할 때, 가입자와 로컬 중앙 전화국 간의 로컬 통신 링크는 로컬 루프라고 불리는 2선식 회선이다. 중앙 오피스에서 가입자 2선은 하이브리드라고 하는 장치로 트렁크 라인이라 불리는 서로 다른 중앙 오피스를 상호 연결하는 주요 4선 전화 채널에 연결된다. 트랜스포머 커플링을 사용함으로써, 하이브리드는 전이중(Full-Duplex) 작동에서 송수신 채널 사이의 절연을 제공하도록 조정된다. 그러나 하이브리드와 채널 간의 임피던스 불일치로 인해 격리 수준이 불충분하기 때문에 송신기 측의 신호 일부가 누설되어 수신기 측의 신호가 손상되어 "echo"가 전화 채널을 통한 음성 통신에서 종종 발생한다. 음성 전송의 에코를 줄이기 위해 전화 회사는 에코 억제기(Echo Suppressor)라고 하는 장치를 사용한다. 데이터 전송에서 해결책은 각 모뎀 내에서 에코 제거기를 사용하는 것이다. 에코 제거기는 횡단 등화기(FIR Equalizer)와 마찬가지로 자동 조절 계수가 있는 적응 필터로 구현된다.

하이브리드를 사용하여 2선식 채널을 4선식 채널에 연결하고 각 모뎀에서 에코 제거기를 사용하여 에코를 추정하고 빼면 전화 접속 교환 네트워크의 데이터 통신 시스템은 그림 15.11

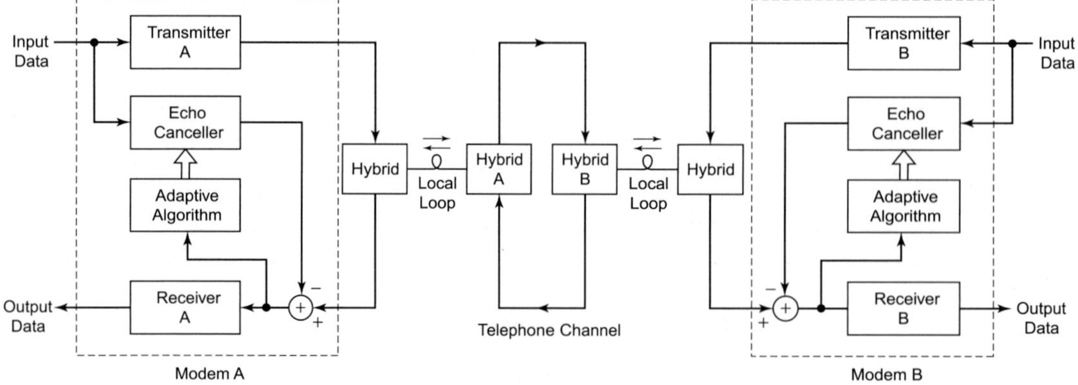

그림 15.11 모뎀에서 잡음 제거기를 고려한 디지털 통신 시스템의 블록다이그램

과 같은 형식을 취한다.

송신기를 수신기에서 분리하고 2선 로컬 루프에 연결하려면 각 모뎀에 하이브리드가 필요하다. 하이브리드 A는 가입자 A의 중앙국에 물리적으로 위치하며 하이브리드 B는 가입자 B가 연결된 중앙국에 위치한다. 2개의 중앙국은 4선식 선로에 의해 연결되며, 한 쌍은 A에서 B로의 전송에 사용되고 다른 쌍은 B에서 A로의 역방향 전송에 사용된다. 하이브리드 A로 인한 터미널 A에서의 에코는 근단 에코(Near-end)라 불리는 반면에 하이브리드 B로 인한 터미널 A에서의 에코는 원단 에코(Far-end)로 불린다. 두 유형의 에코는 일반적으로 데이터 전송에 존재하며 에코 제거기로 제거해야 한다.

이 토론의 목적을 위해 채널 왜곡을 무시하고 에코만 있다고 가정한다. 모뎀 A에서 수신된 신호는 다음과 같이 표현 될 수 있다.

$$s_{\mathrm{RA}}(t) = A_1 s_{\mathrm{B}}(t) + A_2 s_{\mathrm{A}}(t-d_1) + A_3 s_{\mathrm{A}}(t-d_2) \tag{15.14}$$

여기서 $s_{\mathrm{B}}(t)$는 모뎀 A에서 복조되는 원하는 신호; $s_{\mathrm{A}}(t-d_1)$은 하이브리드 A로 인한 근단 에코; $s_{\mathrm{A}}(t-d_2)$는 하이브리드 B에 의한 원단 에코; $A_{1,2,3}$은 세 신호 구성 요소의 해당되는 진폭; d_1 및 d_2는 에코 성분과 관련된 지연이다. 수신 신호를 손상시키는 추가 교란은 부가 잡음(Additive Noise)이므로, 모뎀 A에서 수신된 신호는

$$r_{\mathrm{A}}(t) = s_{\mathrm{RA}}(t) + w(t) \tag{15.15}$$

여기서 $w(t)$는 Additive Process의 표본 함수를 나타낸다.

적응 에코 제거기는 2개의 에코 성분을 적응적으로 추정하려고 시도한다. 그 계수가 $h(n)$이면, $n = 0,\ 1,\ \cdots,\ M-1$일 때 그 출력은

$$\hat{s}_{\mathrm{A}}(n) = \sum_{k=0}^{M-1} h(k)a(n-k) \tag{15.16}$$

이는 에코 신호 성분의 추정치이다. 이 추정치는 샘플링된 수신 신호로부터 감산되고, 결과적인 에러 신호는 에코 제거기의 계수를 최적으로 조정하기 위해 최소-자승법(LSS, Least-Squares Sense)에서 최소화 될 수 있다. 에코 제거기를 모뎀에 배치하고 해당 오류 신호를 형성하기 위한 여러 가지 가능한 구성이 있다. 그림 15.12는 입력 신호 $r_{\mathrm{A}}(t)$로 수신기 필터의 샘플링된 출력에서 제거기 출력을 뺀 첫번째 구성을 보여준다. 그림 15.13은 에코제거기가 심볼비(Symbol Rate) 대신 나이키스트비(Nyquist Rate)로 샘플을 생성하는 두 번째 구성을 보여준다; 이 경우 계수를 조정하는데 사용되는 오차 신호는 단순하게 샘플링된 수신 신호 $r_{\mathrm{A}}(n)$와 제거기 출력 간의 차이이다. 마지막으로 그림 15.14는 적응형 등화기와 함께 동작하는 제거기를 설명한다. 그림 15.12~15.14에 나와있는 구성 중 최소제곱기준을 적용하면 에코 제거기의 계수에 대한 선형 방정식 집합이 된다. 독자는 세 가지 구성에 해당하는 방정식을 유도하는 것이 좋다.

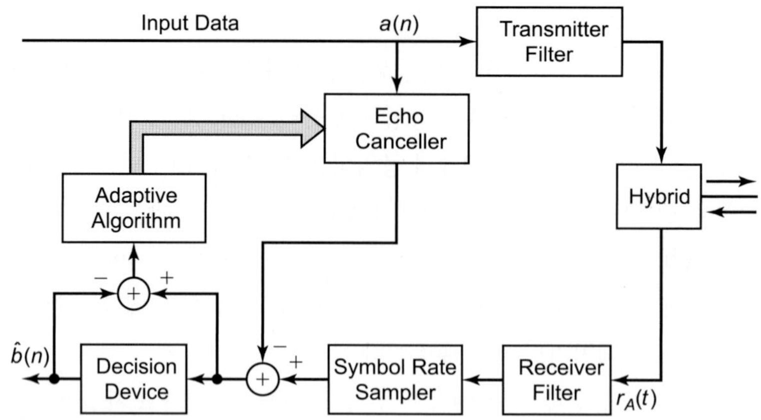

그림 15.12 단일 심볼비 에코 제거기

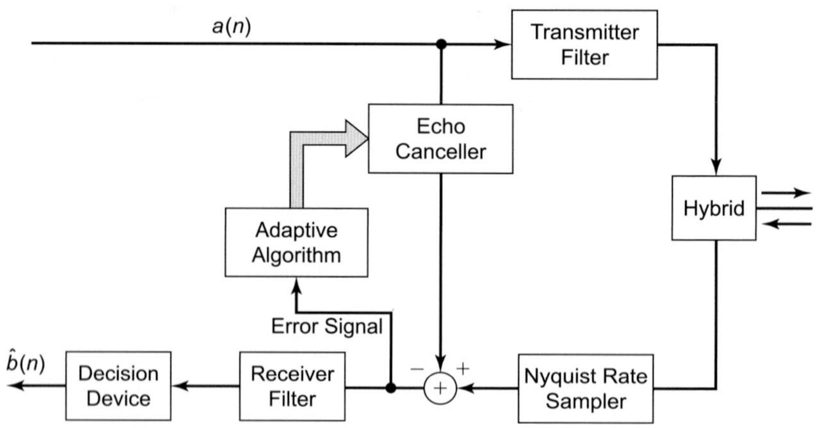

그림 15.13 나이키스트 심볼비 에코 제거기

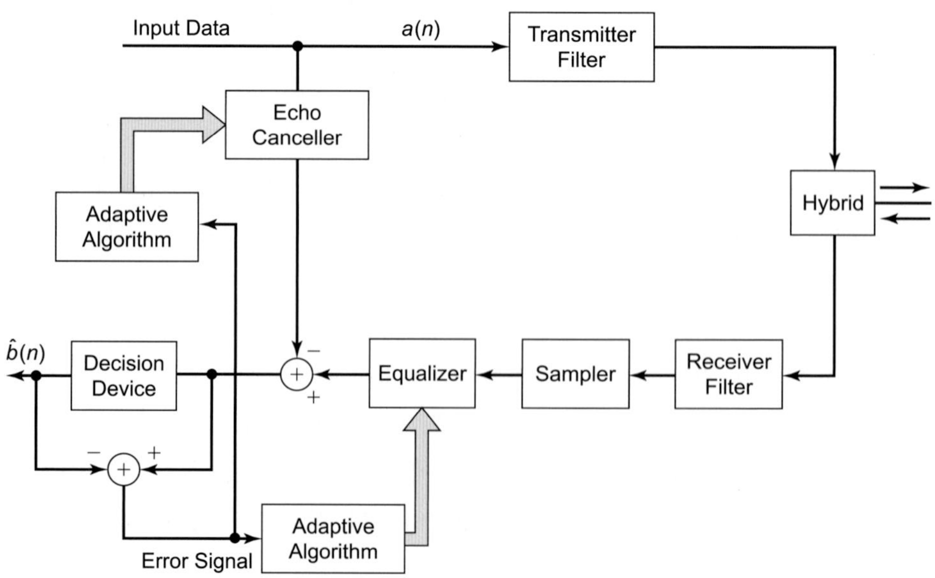

그림 15.14 에코 제거기와 적응형 등화기 기반 모뎀

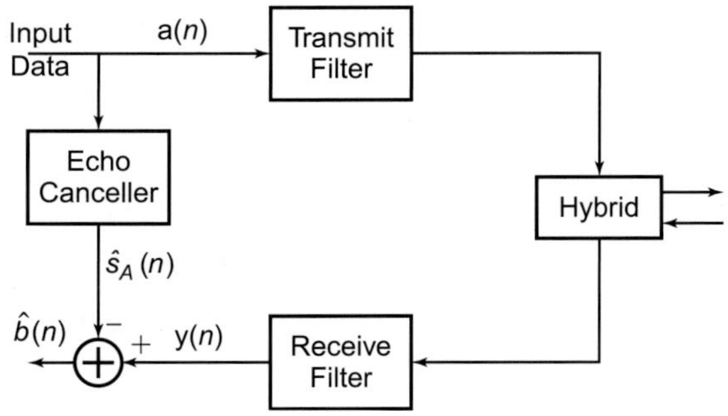

그림 15.15 예제 15.3의 에코 제거

예제 15.3 에코 제거

아래의 그림 15.15에서 보여지는 시스템 구성을 고려하여, 원하는 정보 시퀀스 $\{b(n)\}$의 검출에서 간섭을 억제하기 위해 에코 제거기가 사용된다. 수신된 시퀀스 $y(n)$은 다음과 같이 표현된다.

$$y(n) = b(n) + s_{\mathrm{A}}(n) + w(n)$$

여기서 $b(n)$은 원하는 수신 정보 시퀀스를 나타내고, $w(n)$은 부가 잡음을 나타내고, $s_{\mathrm{A}}(n)$은 억제될 원하지 않는 에코를 나타낸다. 원하는 시퀀스 $b(n)$은 ± 1의 의사 랜덤 시퀀스이다. 부가 잡음 샘플 시퀀스 $w(n)$은 분산 $\sigma_{\mathrm{W}}^2 = 0.1$을 갖는 백색 가우시안이다. 에코 신호 시퀀스는 다음과 같이 표현된다.

$$s_{\mathrm{A}}(n) \sum_{l=0}^{4} c(\ell) a(n-\ell)$$

에코 계수는

$$\boldsymbol{c} = [-0.25, -0.5, 0.75, 0.36, 0.25]$$

시퀀스 $a(n)$은 값 ± 1을 취하는 의사 랜덤 시퀀스이다.

에코 제거기는 $0 \le k \le M-1$에서 계수 $h(k)$을 갖는 FIR 필터이며, 그 출력은 원하지 않는 에코의 추정치이다. 출력은 다음과 같다.

$$\hat{s}_{\mathrm{A}}(n) = \sum_{k=0}^{M-1} h(k) a(n-k)$$

a. $0 \le n \le 1000$일 때, 시퀀스 $y(n)$ 및 $s_{\mathrm{A}}(n)$을 생성하고, 최소 제곱 방식을 사용하여 제곱의 합을 최소화하여라.

$$\sum_{n=0}^{N} \left[y(n) - s_{\mathrm{A}}(n)\right]^2 = \sum_{n=0}^{N} \left[y(n) - \sum_{k=0}^{M-1} h(k) a(n-k)\right]^2 \tag{15.17}$$

또한, $0 \le k \le M-1$일 때 에코 제거기의 계수 $h(k)$를 구하여라. $M = 10$

b. 에코 제거기의 계수를 에코 계수 $c(k)$와 비교하여 결과에 대해 설명하라. $(0 \le k \le 4)$

풀이 식 (15.17)의 제곱합의 최소화는 다음 방정식을 유도한다.

$$\sum_{k=0}^{M-1} h(k) r_{aa}(\ell - k) = r_{ya}(\ell), \qquad \ell = 0, 1, \ldots, M-1$$

여기서 $r_{aa}(\ell)$는 $a(n)$의 추정된 자기 상관 시퀀스이고, $r_{ya}(\ell)$은 $y(n)$과 $a(n)$ 사이의 상호 상관 추정 값이다.

a. 에코 제거 계수는 다음 MATLAB 스크립트를 사용하여 얻을 수 있다.

```
>> c = [-0.25,-0.5,0.75,0.36,0.25]; % Echo coefficients
>> N = 1000; n = 0:N;              % Length and timing indices
>> varW = 0.1;                     % Additive noise variance
>> an = 2*randi([0,1],N+1,1)-1; % Pseudorandom symbol seq at Modem-A
>> bn = 2*randi([0,1],N+1,1)-1; % Pseudorandom symbol seq at Modem-B
>> sAn = filter(c,1,an);           % Echo signal sequence at modem-A
>> wn = sqrt(varW)*randn(N+1,1); % Additive noise sequence
>> yn = bn + sAn + wn;             % Received signal at Modem-A
>> M = 10;                         % FIR echo canceller order
>> [raa,lags] = xcorr(an,M-1);   % ACRS of a(n)
>> Raa = toeplitz(raa(M:end));    % ACRM of a(n)
>> rya = xcorr(yn,an,M-1);        % CCRS between y(n) and a(n)
>> rya = rya(M:end);               % CCRV
>> hec = Raa\rya;                  % Echo canceller coeff (or Imp resp)
>> hec'
ans =
   -0.2540   -0.4982    0.7943    0.3285    0.2291
    0.0272    0.0139    0.0017   -0.0446    0.0319
```

b. 에코 계수는

$$\boldsymbol{c} = [-0.25, -0.5, 0.75, 0.36, 0.25]$$

(a)의 반향 제거기 계수 $\{h(k)\}$로부터 첫 번째 5개의 계수는 에코 계수에 가깝지만 나머지 계수는 매우 작다는 것을 알 수 있다.

■

15.1.4 광대역 신호에서 협대역 간섭 신호 억제

이제 신호 검출 및 디지털 통신에서 실제로 발생하는 문제에 대해 논의한다. 우리는 부가적인 협대역 간섭 시퀀스 $x(n)$에 의해 손상된 원하는 광대역 신호 시퀀스 $w(n)$로 구성된 신호 시퀀스 $v(n)$을 가지고 있다고 가정하자. 2개의 대응하는 프로세스 $\mathsf{W}(n)$과 $\mathsf{X}(n)$은 각각 상관 관계가 없다. 이들 시퀀스는 광대역 신호 $w(t)$의 나이퀴스트 속도(또는 더 빠름)에서 아날로그 신호 $v(t)$를 샘플링함으로써 얻어진다. 그림 15.16은 $w(n)$과 $x(n)$의 스펙트럼 특성을 보여준다. 보통 간섭 $|X(e^{j2\pi f})|$는 그것이 차지하는 좁은 주파수 대역 내에서 $|W(e^{j\ \pi f})|$ 보다 훨씬

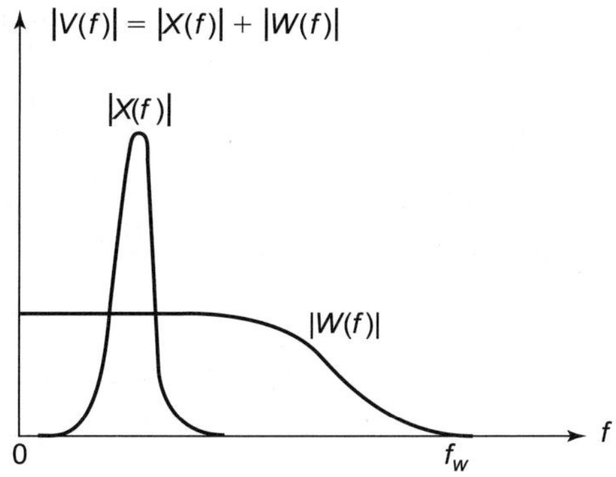

그림 15.16 광대역 신호 $W(e^{j2\pi f})$에 강한 협대역 간섭 신호 $X(e^{j2\pi f})$가 존재하는 경우

크다.

상기 모델에 적합한 디지털 통신 및 신호 검출 문제에서 원하는 신호 시퀀스 $w(n)$는 종종 확산 스펙트럼 신호이며, 좁은 대역 간섭은 주파수 대역의 다른 사용자로부터의 신호 또는 통신 또는 감지 시스템을 방해하려고 하는 방해전파 발신기로부터의 의도적 간섭을 나타낸다. 필터링 관점에서 우리의 목표는 좁은 대역 간섭을 억제하는 필터를 사용하는 것이다. 실제로, 이러한 필터는 $|X(e^{j2\pi f})|$에 의해 점유된 주파수 대역에서 노치(Notch)를 가지며 통상적으로 $|X(e^{j2\pi f})|$에 의해 점유된 대역은 알 수 없다. 또한, 간섭이 불안정한 경우 그 주파수 대역 점유율은 시간에 따라 변할 수 있다. 따라서 적응 필터가 요구된다. 다른 관점에서 간섭의 협대역 특성은 우리가 시퀀스 $v(n)$의 과거 샘플로부터 $x(n)$을 추정 가능하게 하고, $v(n)$으로부터 추정치를 뺄 수 있게 한다. $x(n)$의 대역폭은 시퀀스 $w(n)$의 대역폭에 비해 좁기 때문에 샘플 $x(n)$은 높은 샘플링 속도로 인해 높은 상관 관계가 있다. 반면 샘플 $w(n)$은 $w(n)$의 나이퀴스트 속도(Nyquist Rate)에서 취해지기 때문에 상관 관계가 크지 않다. $x(n)$과 시퀀스 $v(n)$의 과거 샘플 사이의 높은 상관 관계를 이용하여 $v(n)$에서 감산하여 $x(n)$의 추정치를 얻을 수 있다.

일반적인 구성은 그림 15.17에 나와 있다. 신호 $v(n)$은 D 샘플만큼 지연되며, 여기서 D는 $v(n)$ 및 $v(n-D)$에 각각 포함된 광대역 신호 성분 $w(n)$ 및 $w(n-D)$가 독립 또는 비상관이 되도록 충분히 크게 선택된다. 일반적으로 $D = 1$ 또는 2를 선택하는 것이 적절하다. 지연된 신호 시퀀스 $v(n-D)$는 M개의 샘플 $v(n-D-k)$, $k = 0, 1, \cdots, M-1$에 기초한 값 $x(n)$의 선형 예측기로써 가장 잘 특징 지어지는 FIR 필터를 통과한다. 선형 예측기의 출력은 다음과 같다.

$$\hat{x}(n) = \sum_{k=0}^{M-1} h(k)v(n-D-k) \tag{15.18}$$

그림 15.17에서와 같이 $x(n)$의 예측값을 $v(n)$에서 뺀 후, $w(n)$의 추정치를 산출한다. 명백하게 추정치 $x(n)$의 품질은 협대역 간섭이 얼마나 잘 억제되는지를 결정합니다. 지연 D는

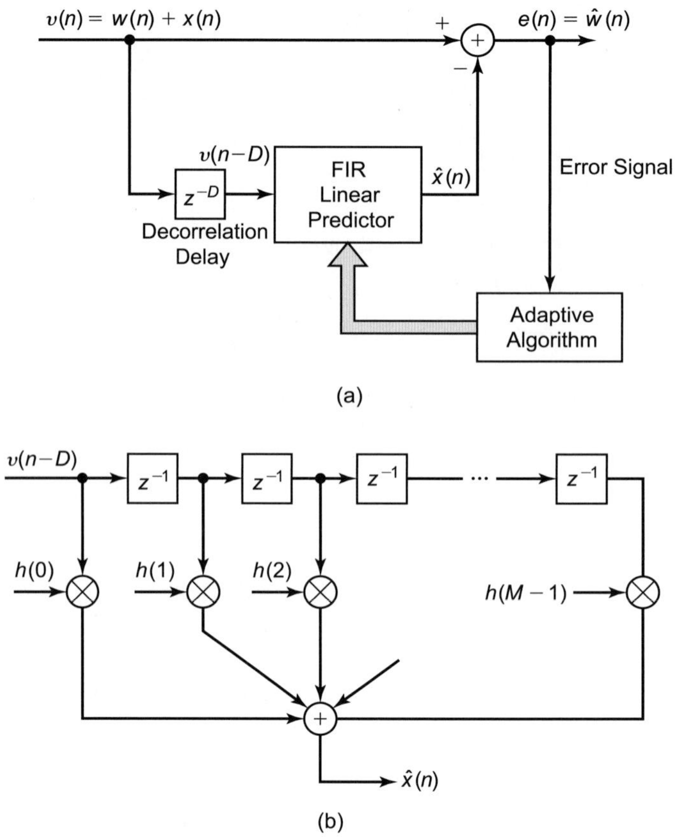

그림 15.17 측대역 신호에서 협대역 간섭을 추정하고 억제하는 적응 필터

$x(n)$의 양호한 추정치를 얻기 위해 가능한 작게 유지되어야 하지만, $w(n)$ 및 $w(n-D)$가 상관되지 않도록 충분히 커야 한다는 것이 명백하다. 에러 시퀀스를 정의해보자.

$$\begin{aligned} e(n) &= v(n) - \hat{x}(n) \\ &= v(n) - \sum_{k=0}^{M-1} h(k)v(n-D-k) \end{aligned} \tag{15.19}$$

최적의 예측 계수를 선택하기 위해 최소 제곱 기준을 적용하면 선형방정식의 집합을 얻을 수 있다.

$$\sum_{k=0}^{M-1} h(k)r_{vv}(\ell-k) = r_{vv}(\ell+D), \qquad \ell = 0, 1, \ldots, M-1 \tag{15.20}$$

여기서 $r_{vv}(\ell)$는 $v(n)$의 자기 상관 시퀀스이다. 그러나 식 (15.20)의 우변은 다음과 같이 표현된다.

$$\begin{aligned} r_{vv}(\ell + D) &= \sum_{n=0}^{N} v(n)v(n-\ell-D) \\ &= \sum_{n=0}^{N}[w(n)+x(n)][w(n-\ell-D)+x(n-\ell-D)] \\ &= r_{ww}(\ell+D) + r_{xx}(\ell+D) + r_{wx}(\ell+D) + r_{xw}(\ell+D) \end{aligned} \tag{15.21}$$

식 (15.21)의 상관 관계는 시간 평균 상관 시퀀스입니다. $r_{ww}(\ell+D)$의 기대값은

$$E[r_{ww}(\ell+D)] = 0, \qquad l = 0, 1, \ldots, M-1 \tag{15.22}$$

왜냐하면 $w(n)$은 광대역이고 D는 충분히 크므로 $w(n)$과 $w(n-D)$는 상관 관계가 없기 때문이다. 또한

$$E[r_{xw}(\ell+D)] = E[r_{wx}(\ell+D)] = 0 \tag{15.23}$$

마지막으로

$$E[r_{xx}(\ell+D)] = R_{\mathsf{X}}(\ell+D) \tag{15.24}$$

따라서 $r_{vv}(\ell+D)$의 기댓값은 간단하게 협대역 프로세스 $\mathsf{X}(n)$의 통계적 자동 상관이다. 또한 광대역 신호가 간섭에 비해 상대적으로 약한 경우, 식 (15.20)의 좌측의 자기 상관 $r_{vv}(\ell)$은 대략 $r_{xx}(\ell)$이다. $w(n)$의 주요 영향은 $r_{vv}(\ell)$의 대각선 요소이다. 결과적으로, 식 (15.20)의 선형방정식으로부터 결정된 필터 계수의 값은 간섭 $\mathsf{X}(n)$의 통계적 특성의 함수이다.

그림 15.17의 전체 필터 구조는 다음과 같은 계수와 주파수 응답을 갖는 적응 FIR 예측 오차 필터이다.

$$h'(k) = \begin{cases} 1, & k = 0 \\ -h(k-D), & k = D, D+1, \ldots, D+M-1 \\ 0, & \text{그 외} \end{cases} \tag{15.25}$$

이 전체 필터는 간섭을 위한 노치 필터의 역할을 한다. 예를 들어, 그림 15.18은 원하는 확산 스펙트럼 신호 시퀀스의 주파수 대역의 20%를 차지하는 협대역 간섭을 억제하려 하는 $M = 15$ 계수를 갖는 적응 필터의 주파수 응답의 크기를 보여준다.

데이터는 의사 잡음(Pseudo-Noise) 퍼짐 스펙트럼 신호에 100개의 무작위 위상, 같은 진폭 사인 곡선으로 구성된 협대역 간섭을 추가하여 의사(허위) 랜덤하게 생성된다. 필터의 계수는 식 (15.20)의 방정식을 $D = 1$로 풀면 얻어지며, 여기에서 상관 관계 $r_{vv}(\ell)$은 데이터로부터 얻어진다. 전체 간섭 억제 필터는 노치 필터의 특성을 갖는다는 것을 관찰했다. 노치의 깊이는 광대역 신호에 대한 간섭 전력에 따라 달라진다. 간섭이 강할수록 노치의 깊이가 더 깊어진다. 15.2절에 제시된 알고리즘은 비정적 협대역 간섭 신호를 추적하기 위해 예측 계수를 연속적으로 추정하는데 적절하다.

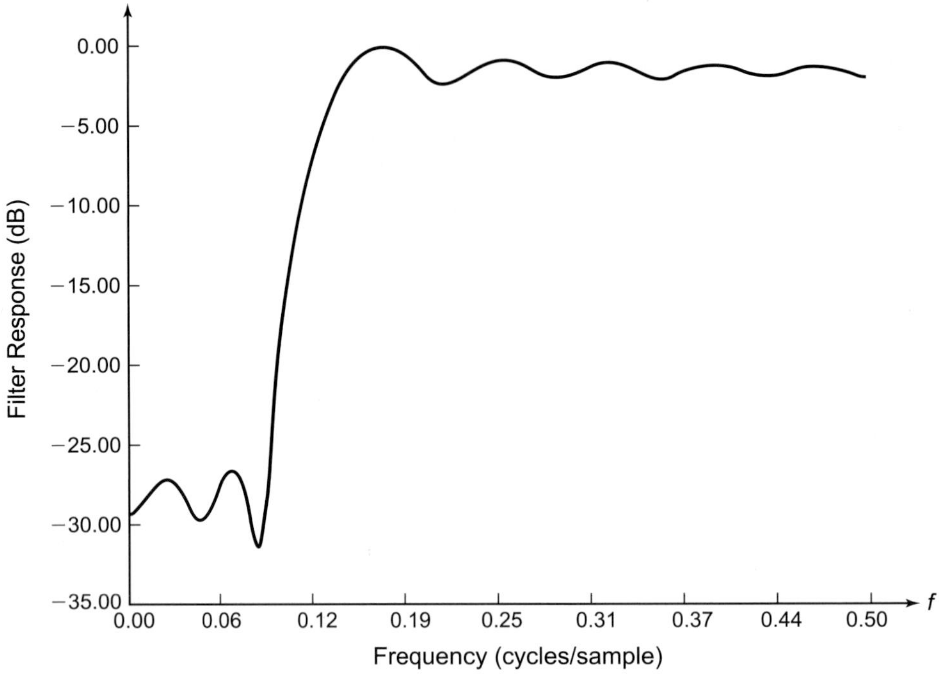

그림 15.18 적응 너치 필터(대역 억제 필터의) 로그 크기 응답 특성

예제 15.4 **협대역 간섭 억제**

그림 15.19의 시스템 구성을 고려하라. 입력 시퀀스 $v(n)$은 광대역 신호 시퀀스 $w(n)$와 협대역 간섭시퀀스 $x(n)$의 합이다. 시퀀스 $w(n)$은 분산 $\sigma_w^2 = 1$을 갖는 백색 가우스 잡음 시퀀스이다. 협대역 간섭 시퀀스는 사인 곡선들의 합으로 구성되며, 다음과 같이 표현된다.

$$x(n) = A \sum_{i=0}^{100} \cos(2\pi f_i n + \theta_i)$$

$f_i = 0.1i/100$, $i = 0, 1, \ldots, 99$일 때, θ_i는 각각의 i에 대해 간격 $(0,\ 2\pi)$에 균일하게 분포되며, 스케일 인자 $A = 1$이다. X(n)의 대역폭은 0.1 cycles/sample이다. 선형 예측기의 출력에서 협대역 간섭의 추정치는 다음과 같다.

$$\hat{x}(n) = \sum_{k=0}^{M-1} h(k)v(n-1-k)$$

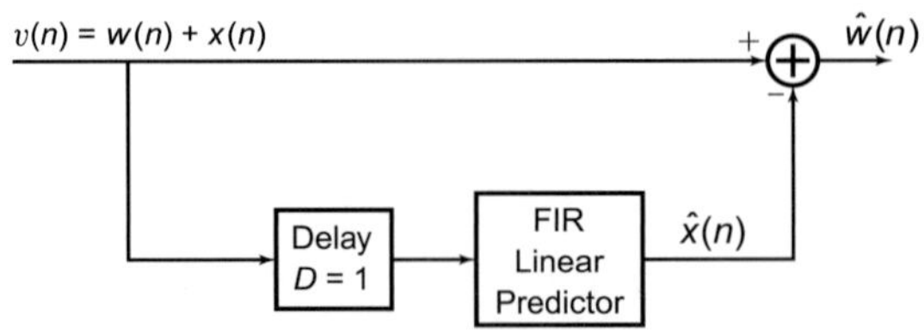

그림 15.19 예제 15.4에서 협대역 간섭 억제를 위한 시스템

그리고 에러 시퀀스 $e(n) = v(n) - \hat{x}(n)$은 광대역 신호 시퀀스 $w(n)$의 추정치를 생성한다. 최소 제곱 방식의 적용은 예측 계수에 대해 식 (15.20)에 주어진 선형 방정식을 유도한다.

a. $M = 15$라고 가정하고, 시퀀스 $v(n)$의 2000샘플을 생성하고, 예측 계수 $h(k)$에 대해 식 (15.20)을 풀어라. , $k = 0, 1, \ldots, 14$.

b. 계수 $h'(k)$, $k = 0, 1, \ldots, 15$ 가지는 FIR 예측 에러 필터는 식 (15.25)에 의해 정의되고, 그것의 주파수 응답은

$$H(e^{j2\pi f}) = \sum_{k=0}^{M} h'(k)e^{-j2\pi fk}, \qquad |f| \le \frac{1}{2}$$

$H(e^{j2\pi f})$를 계산하고, 예측 에러 필터는 시퀀스 $v(n)$에 포함된 협대역 간섭을 억제하는 notch 필터임을 $20\log[|H(e^{j2\pi f})|]$의 그래프를 통해 설명하여라.

c. 간섭 항 진폭 $A = 1/10$인 경우, (a)와 (b)를 반복하라.

풀이 협대역 간섭 신호는 다음 MATLAB 스크립트를 사용하여 얻을 수 있다.

```
>> i = (0:100)'; fi = 0.1*i/100; thetai = 2*pi*rand(length(i),1);
>> A = 1;
>> N = 2000; n = 0:N;
>> xn = sum(A*cos(2*pi*fi*n+thetai*ones(1,N+1))); xn = xn';
```

a. 예측 계수는 이 MATLAB 스크립트를 사용하여 얻는다.

```
>> M = 15; D = 1;
>> varW = 1;
>> wn = sqrt(varW)*randn(N+1,1);
>> vn = xn+wn;
>> [rvv,lags] = xcorr(vn,M-1+D);      % ACRS of v(n)
>> Rvv = toeplitz(rvv(M+D:2*M+D-1)); % ACRM of v(n)
>> rv = rvv(M+2*D:end);
>> h = Rvv\rv;
```

b. 식 (15.25)를 사용하여 예측 오차 계수와 log 크기 응답을 얻는다.

```
>> h1 = zeros(M+D,1);
>> h1(1) = 1;
>> h1(D+1:D+M) = -h;
>> f = linspace(0,1,1001)*0.5;
>> H1 = freqz(h1,1,2*pi*f);
>> H1db = 20*log10(abs(H1)/max(abs(H1)));
>> % Plotting commands follow
```

Log 크기 응답의 그래프는 그림 15.20에 나와 있으며, 여기에서 예측 오류 필터는 협대역 간섭 신호의 대역폭에서 약 20 dB의 노치를 생성한다는 것을 관찰 한다.

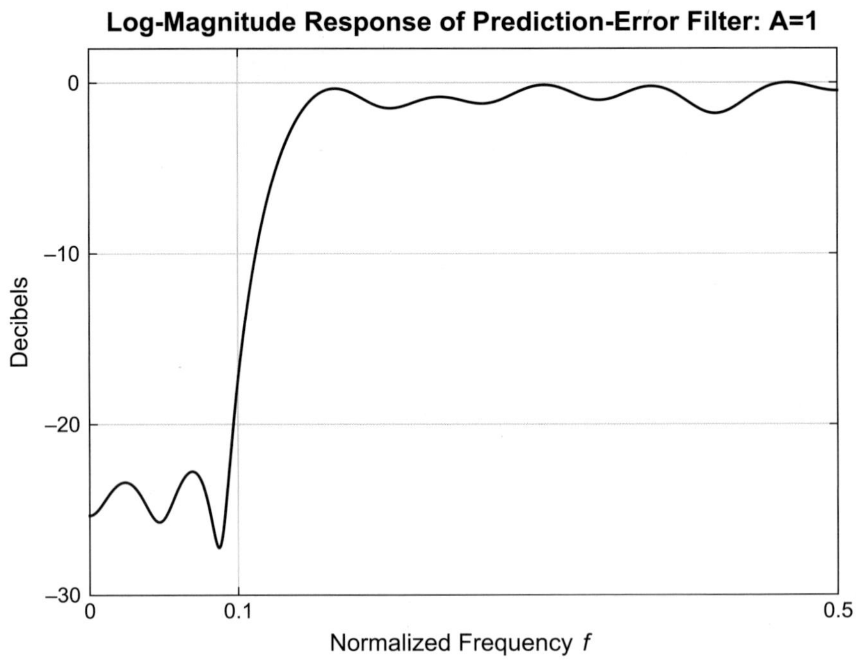

그림 15.20 예제 15.4(b)에서 오차 예측필터의 로그 크기 응답 특성

c. 스케일 계수는 이제 $A = 1/10$로 감소되고 새로운 결과가 얻어진다.

```
>> i = (0:100)'; fi = 0.1*i/100; thetai = 2*pi*rand(length(i),1);
>> A = 1/10;
>> N = 2000; n = 0:N;
>> xn = sum(A*cos(2*pi*fi*n+thetai*ones(1,N+1))); xn = xn';
>> M = 15;
>> D = 1;
>> varW = 1;
>> wn = sqrt(varW)*randn(N+1,1);
>> vn = xn+wn;
>> [rvv,lags] = xcorr(vn,M-1+D);      % ACRS of v(n)
>> Rvv = toeplitz(rvv(M+D:2*M+D-1)); % ACRM of v(n)
>> rv = rvv(M+2*D:end);
>> h = Rvv\rv;
>> h1 = zeros(M+D,1);
>> h1(1) = 1;
>> h1(D+1:D+M) = -h;
>> f = linspace(0,1,1001)*0.5;
>> H1 = freqz(h1,1,2*pi*f);
>> H1db = 20*log10(abs(H1)/max(abs(H1)));
>> % Plotting commands follow
```

결과 log 크기 응답은 그림 15.21과 같다. 이제 주파수 응답의 노치는 약 5 dB 아래로 훨씬 더 얕습니다.

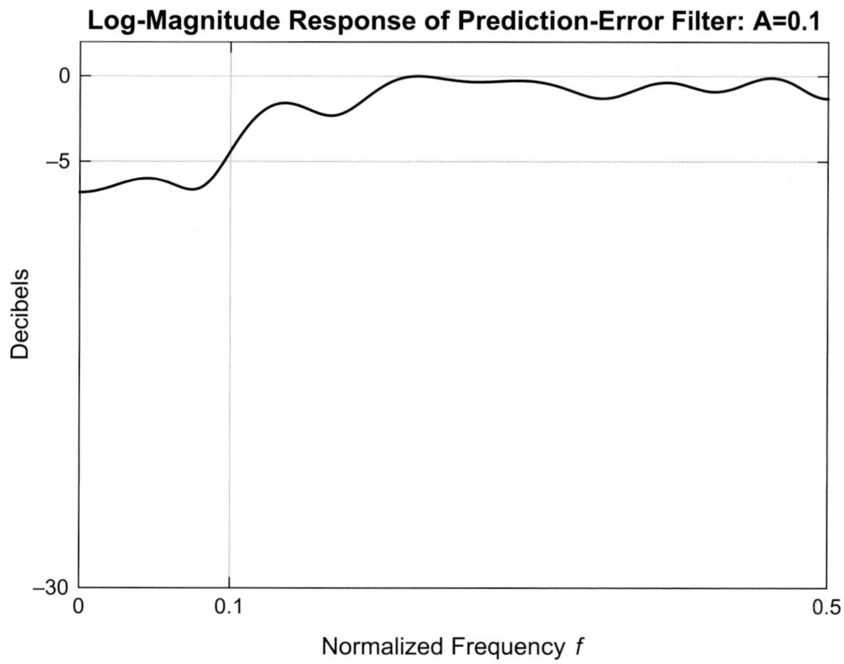

그림 15.21 예제 15.4(c) 에서 예측 오차에 대한 지수 크기 응답

15.1.5 적응형 선로 보상기

이전의 예에서 적응 선형 예측기는 입력 시퀀스 $v(n)$으로부터 간섭을 억제하기 위해 협대역 간섭을 추정하는데 사용되었다. Adaptive Line Enhancer(ALE)는 목적이 다르다는 점을 제외하면 그림 15.17의 간섭 제거 필터와 동일한 구성을 가진다.

ALE에서 $x(n)$은 원하는 신호이고, $w(n)$은 $x(n)$을 감추는 광대역 잡음 성분을 나타낸다. 원하는 신호 $x(n)$은 스펙트럼 선 또는 협대역 신호이다. 그림 15.17(b)에 보여지는 선형 예측기는 그림 15.17(a)에서와 동일한 방식으로 동작하고 협대역 신호 $x(n)$의 추정치를 제공한다. ALE(즉, FIR 예측 필터)는 사인 곡선의 요구 조건에서 또는 그와 동등하게 협대역 신호 $x(n)$의 주파수 대역에서 주파수 응답에서 최대치를 갖는 자체-튜닝 필터라는 것이 명백하다. 좁은 대역폭을 가짐으로써, 대역 외부의 잡음 $w(n)$이 억제되고, 따라서 스펙트럼 선은 $w(n)$의 잡음 전력에 비해 진폭이 향상된다. 이것은 왜 FIR 예측기를 ALE라고 부르는지를 설명한다. 그 계수는 식 (15.20)의 해에 의해 결정된다.

예제 15.5 **광대역 잡음에서 협대역 신호 추정**

예제 15.4에 주어진 시스템 구성을 고려해보자. 여기서 시퀀스 $x(n)$은 다음과 같이 정의된다.

$$x(n) = A\cos(2\pi f_0 n + \theta_0)$$

그 목적은 이제 광대역 잡음 시퀀스 $w(n)$의 상태에서 $x(n)$을 추정하는 것이다.

a. $M = 15$, $A = 1$, $f_0 = 0.2$, $\theta_0 = 0$일 때, 시퀀스 $v(n)$의 2000개의 샘플을 생성하라. 예측기 계수 $h(k)$에 대해 식 (15.20)을 풀어라. $k = 0,\ 1,\ \cdots,\ 14$. $50 < n \le 150$일 때, 주어진 신호 $x(n)$, 잡음 신호 $v(n)$ 및 추정 신호 $\hat{x}(n)$을 그래프로 그려라. 추정의 정도를 설명하라.

b. FIR 예측 필터의 주파수 응답 $H(e^{j2\pi f})$를 계산하고 $|f| \le \frac{1}{2}$에 대해 $20\log[|H(e^{j2\pi f})|]$를 그래프로 나타내어라.

c. $A = \frac{1}{10}$이고 $A = 10$일 때, (a)와 (b)를 반복하라.

d. 신호 $x(n)$가 다음과 같이 두 가지 주파수 성분을 가질 때, 단계 (a)와 (b)를 반복하라.

$$x(n) = A\cos(2\pi f_1 n + \theta_1) + B\cos(2\pi f_2 n + \theta_2)$$

여기서 $f_1 = 0.1$, $f_2 = 0.3$, $\theta_1 = 0$, $\theta_2 = \pi$, $A = B = 1$. $\hat{x}(n)$와 $H(e^{j2\pi f})$의 결과를 설명하라.

풀이 시퀀스 $x(n)$은 다음과 같이 얻어진다.

```
>> N = 2000; n = (0:N-1)';
>> xn = A*cos(2*pi*f0*n+th0);
```

a. 예측 계수와 그래프는 다음 MATLAB 코드를 사용하여 구한다.

```
>> M = 15; A = 1; f0 = 0.2; th0 = 0; D = 1;
>> varW = 1;
>> wn = sqrt(varW)*randn(N,1);
>> vn = xn + wn;
>> [rvv] = xcorr(vn,M-1+D);      % ACRS of v(n)
>> Rvv = toeplitz(rvv(M+D:2*M+D-1)); % ACRM of v(n)
>> rv = rvv(M+2*D:end);
>> h = Rvv\rv;
>> xhatn = filter(h,1,[zeros(D,1);vn]);
>> % Plotting commands follow
```

그림 15.22에서 잡음하에서 우수한 신호 복원성을 보여 주기 위하여 샘플 수 $n = 50$에서 $n = 150$ 구간을 보여 준다. 최적 필터는 주어진 잡음 $v(n)$에서 매우 우수한 복원 성능을 보여주고 당연하게 톤 신호 $x(n)$은 잘 추정된다.

b. MATLAB 코드:

```
>> f = linspace(-0.5,0.5,1001);
>> Hf = freqz(h,1,2*pi*f);
>> Hfdb = 20*log10(abs(Hf)/max(abs(Hf)));
>> % Plotting commands follow
```

데시벨 단위의 log 크기 그래프가 그림 15.23에 나타난다. 응답은 $f = \pm 0.2$에서 피크를 가지며 다른 모든 피크는 이 피크보다 약 10 dB 낮은 것을 관찰하라.

c. 스크립트는 축적 계수 A에 대한 변경과 유사하다.

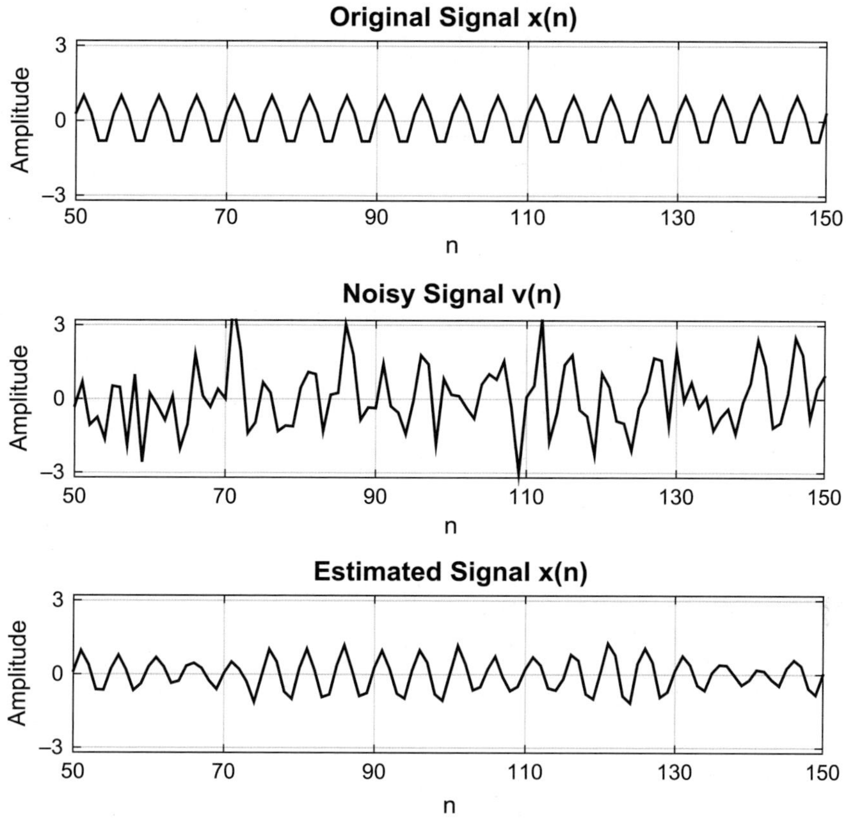

그림 15.22 예제 15.5 (a)에서 원신호, 잡음신호, 추정된 신호의 그래프

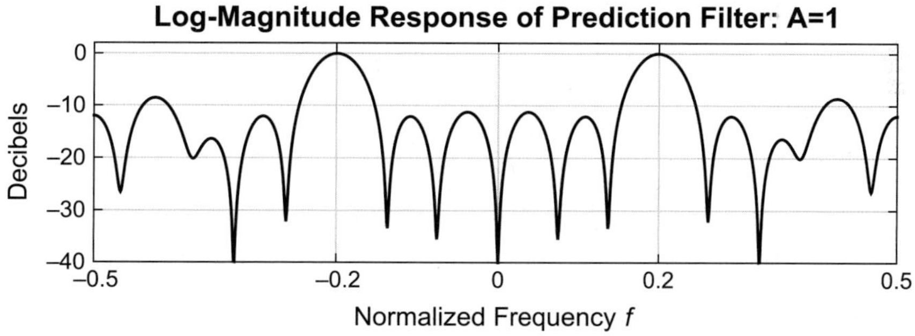

그림 15.23 예제 15.5(b)에서 log 크기 그래프

```
>> % A = 1/10
>> M = 15; A = 1/10; f0 = 0.2; th = 0; D = 1;
>> N = 2000; n = (0:N-1)';
>> xn = A*cos(2*pi*f0*n+th);
>> varW = 1;
>> wn = sqrt(varW)*randn(N,1);
>> vn = xn + wn;
```

```
>> [rvv,lags] = xcorr(vn,M-1+D);      % ACRS of v(n)
>> Rvv = toeplitz(rvv(M+D:2*M+D-1)); % ACRM of v(n)
>> rv = rvv(M+2*D:end);
>> h = Rvv\rv;
>> xhatn = filter(h,1,[zeros(D,1);vn]);
>> f = linspace(-0.5,0.5,1001);
>> Hf = freqz(h,1,2*pi*f);
>> Hfdb = 20*log10(abs(Hf)/max(abs(Hf)));
>>
>> % A = 10
>> M = 15; A = 10; f0 = 0.2; th = 0; D = 1;
>> N = 2000; n = (0:N-1)';
>> xn = A*cos(2*pi*f0*n+th);
>> varW = 1;
>> wn = sqrt(varW)*randn(N,1);
>> vn = xn + wn;
>> [rvv,lags] = xcorr(vn,M-1+D);      % ACRS of v(n)
>> Rvv = toeplitz(rvv(M+D:2*M+D-1)); % ACRM of v(n)
>> rv = rvv(M+2*D:end);
>> h = Rvv\rv;
>> xhatn = filter(h,1,[zeros(D,1);vn]);
>> f = linspace(-0.5,0.5,1001);
>> Hf = freqz(h,1,2*pi*f);
>> Hfdb = 20*log10(abs(Hf)/max(abs(Hf)));
```

그래프는 그림 15.24에 나와 있습니다. 왼쪽에 있는 그림은 $A = 1/10$에 해당된다. 분명하게, 이 경우 노이즈가 강해서 $x(n)$의 추정이 어려워진다. 대부분의 잡음은 제거되지만 신호도 왜곡됩니다. 이것은 필터의 log 크기 그래프에서도 분명합니다. $f = 0.2$에 피크가 있지만, 응답에도 다른 중요한 피크가 있다. 오른쪽 그래프는 $A = 10$에 해당된다. 이 경우, 신호 $x(n)$은 잡음보다 훨씬 강하며, 결과적으로 $x(n)$의 추정은 거의 왜곡이 없다. 필터의 log 크기 그래프는 $f = 0.2$에서 더 강하고 더 좁은 피크를 보여 대부분의 노이즈를 제거한다.

d. 이 경우, 다른 사인 곡선을 추가하여 $x(n)$을 변경한 다음 이전 스크립트를 실행합니다.

```
>> M = 15; D = 1;
>> A = 1; f1 = 0.1; th1 = 0;
>> B = 1; f2 = 0.3; th2 = pi;
>> N = 2000; n = (0:N-1)';
>> xn = A*cos(2*pi*f1*n+th1) + B*cos(2*pi*f2*n+th2);
>> varW = 1;
>> wn = sqrt(varW)*randn(N,1);
>> vn = xn + wn;
>> [rvv,lags] = xcorr(vn,M-1+D);      % ACRS of v(n)
>> Rvv = toeplitz(rvv(M+D:2*M+D-1)); % ACRM of v(n)
>> rv = rvv(M+2*D:end);
>> h = Rvv\rv;
>> xhatn = filter(h,1,[zeros(D,1);vn]);
>> f = linspace(-0.5,0.5,1001);
>> Hf = freqz(h,1,2*pi*f);
>> Hfdb = 20*log10(abs(Hf)/max(abs(Hf)));
```

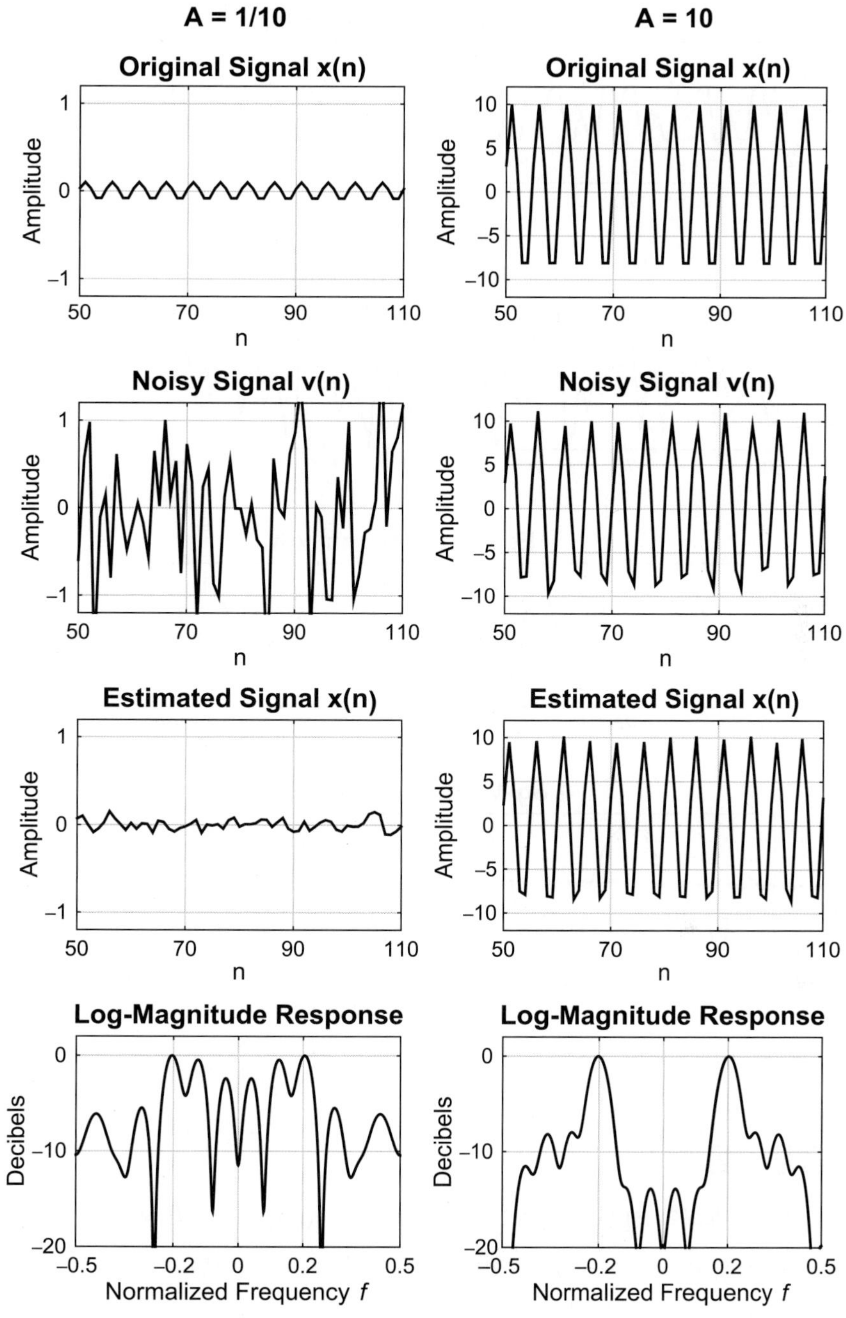

그림 15.24 예제 15.5(c)에서 신호와 log 크기 그래프

신호 및 log 크기 그래프는 그림 15.25에 나온다. 필터의 log 크기 그래프는 응답 피크가 올바른 위치에 있지만 $f_1 = 0.1$ 및 $f_2 = 0.3$ cycles/sample이지만 이러한 피크는 폭이 넓어 일부 잡음 전력이 통과한다는 것을 보여준다. 결과적으로 두 정현파의 추정은 완벽하지 않으며 파형이 다소 왜곡된다.

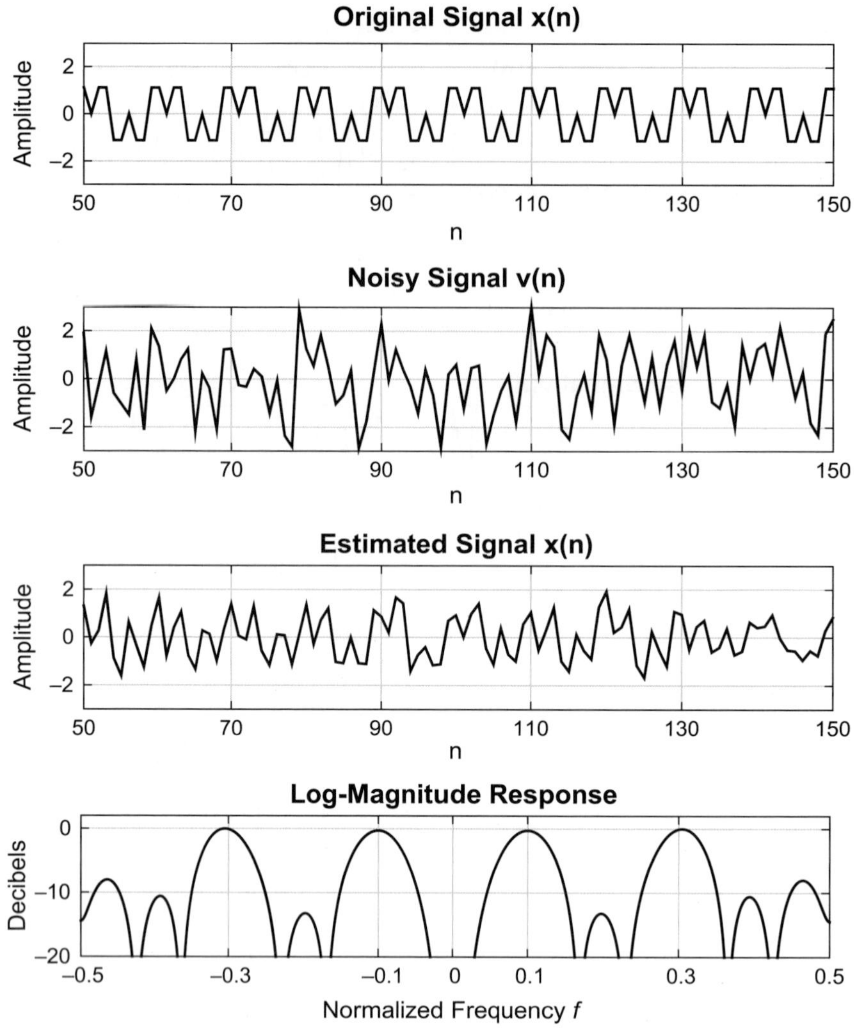

그림 15.25 예제 15.5(d)의 신호 및 log크기 그래프

15.1.6 적응형 잡음 제거

에코 제거, 광대역 신호의 협대역 간섭 억제 및 ALE는 적응형 잡음 제거(Adaptive Noise Canceling)라고 불리는 또 다른 형태의 적응 필터링과 관련된다. 적응 잡음 제거기의 모델은 그림 15.26에 나와 있다.

초기 입력 신호는 부가 잡음 시퀀스 $w_1(n)$ 및 부가 간섭(잡음) $w_2(n)$에 의해 손상된 원하는 신호 시퀀스 $x(n)$로 구성된다. 부가적인 간섭(잡음)은 $v_2(n)$을 생성하고 추가 잡음 시퀀스 $w_3(n)$에 의해 더 손상되는 일부 미지의 선형 시스템에 의해 필터링된 후에도 관찰 가능하다. 따라서 $v(n) = v_2(n) + w_3(n)$으로 표현 될 수 있는 2차 신호 시퀀스가 이용 가능하다. 시퀀스 $w_1(n)$, $w_2(n)$ 및 $w_3(n)$은 상호 상관되지 않고 평균이 0인 것으로 가정된다.

그림 15.26에 나와 있듯이 적응 FIR 필터는 2차 신호 $v(n)$에서 간섭 시퀀스 $w_2(n)$을 추정

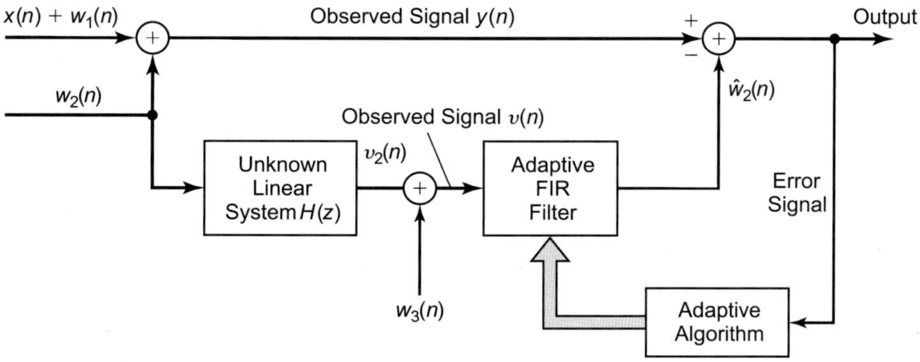

그림 15.26 적응 잡음/소음 제거 시스템 예

하고 초기 신호에서 추정 $\hat{w}_2(n)$을 뺀다. 원하는 신호 $x(n)$의 추정을 나타내는 출력 시퀀스는 에러 신호

$$\begin{aligned} e(n) &= y(n) - \hat{w}_2(n) \\ &= y(n) - \sum_{k=0}^{M-1} h(k)v(n-k) \end{aligned} \tag{15.27}$$

이 에러 시퀀스는 적응적으로 FIR 필터의 계수를 조정하는데 사용된다.

최소 제곱 기준이 필터 계수를 결정하는데 사용되는 경우, 최적화의 결과는 선형 방정식의 집합이다.

$$\sum_{k=0}^{M-1} h(k)r_{vv}(\ell-k) = r_{yv}(\ell), \qquad \ell = 0, 1, \ldots, M-1 \tag{15.28}$$

여기서 $r_{vv}(\ell)$은 시퀀스 $v(n)$의 샘플 (시간평균) 자기 상관이고, $r_{yv}(\ell)$는 시퀀스 $y(n)$과 $v(n)$의 샘플 상호 상관이다. 분명히, 잡음 제거 문제는 위에 설명된 마지막 3가지 적응 필터링 응용과 유사합니다.

예제 15.6 **소음 취소**

그림 15.27의 시스템 구성을 고려하라. 시퀀스 $x(n)$은 분산 σ_X^2를 갖는 백색 가우스 잡음 프로세스로 모델링된 광대역 신호의 샘플 시퀀스이다. 시퀀스 $w_2(n)$ 및 $w_3(n)$은 동일한 분산 σ_W^2를 갖는 백색 가우시안 잡음 프로세스의 샘플 시퀀스이다. 시퀀스 $x(n)$, $w_2(n)$, $w_3(n)$은 상호 관련이 없다. 선형 시스템은 다음 시스템 함수를 가진다.

$$H(z) = \frac{1}{1 - \frac{1}{2}z^{-1}}$$

그 목적은 잡음 성분 $w_2(n)$을 추정하고 제거하는 선형 예측 필터를 설계하는 것이다.

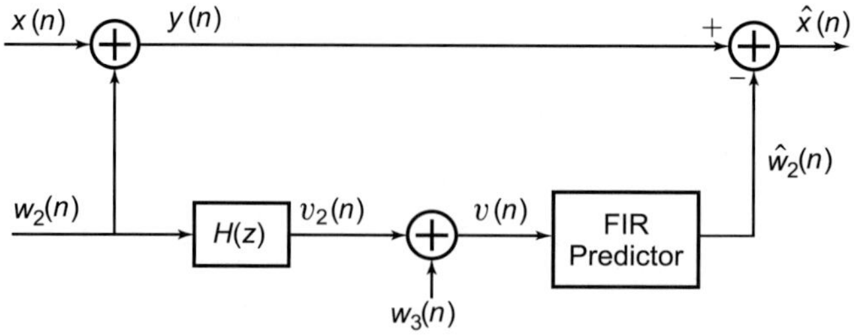

그림 15.27 예제 15.6에서 소음 제거

a. 다음 매개 변수를 고려하여라. 예측 차수 $M = 10$, $\sigma_W^2 = 1$, $\sigma_X^2 = 2$. 시퀀스 $x(n)$, $w_2(n)$, 및 $w_3(n)$ 그리고 시퀀스 $y(n)$, $v_2(n)$ 및 $v(n)$의 2000개의 샘플을 생성하여라. 그런 다음 최소 자승법에서 최적인 예측 계수를 결정하라.

b. 동일한 그래프에서 $y(n)$, $x(n)$ 및 $x(n)$을 그래프로 나타내고, 잡음 제거 방식의 품질에 대해 의견을 말하여라.

c. 다음 조건에서 (a)와 (b)를 반복하라. when $\sigma_X^2 = 5$ and when $\sigma_X^2 = 0.5$. 결과에 대해 설명하라.

풀이 알려지지 않은 선형 시스템은 다음을 사용하여 지정한다.

```
>> Hzb = 1; Hza = [1-0.5]; % Unknown LTI system parameters
```

a. 지정된 신호 및 예측 계수는 다음 MATLAB 스크립트를 사용하여 얻는다.

```
>> M = 10; varW = 1; varX = 2;
>> N = 2000; n = 0:N-1;
>> xn = sqrt(varX)*randn(N,1);
>> w2n = sqrt(varW)*randn(N,1);
>> w3n = sqrt(varW)*randn(N,1);
>> v2n = filter(Hzb,Hza,w2n);
>> yn = xn+w2n;
>> vn = v2n+w3n;
>> rvv = xcorr(vn,M-1);
>> Rvv = toeplitz(rvv(M:end)); % ACRM of v(n)
>> ryv = xcorr(yn,vn,M-1);     % CCRS between y(n) and v(n)
>> ryv = ryv(M:end);           % CCRV
>> hnc = Rvv\ryv;              % Noise canceller coeff (or Imp resp)
```

b. $\hat{x}(n)$은 다음과 같다.

```
>> w2hatn = filter(hnc,1,vn);
>> xhatn = yn - w2hatn;
```

$n = 50$에서 $n = 150$까지의 신호 그래프가 그림 15.28에 나와 있습니다. 광대역 신호 $x(n)$은 잡음이 많은 관찰로부터 원래의 파형에 가깝게 복원되므로 잡음이 거의 제거된다.

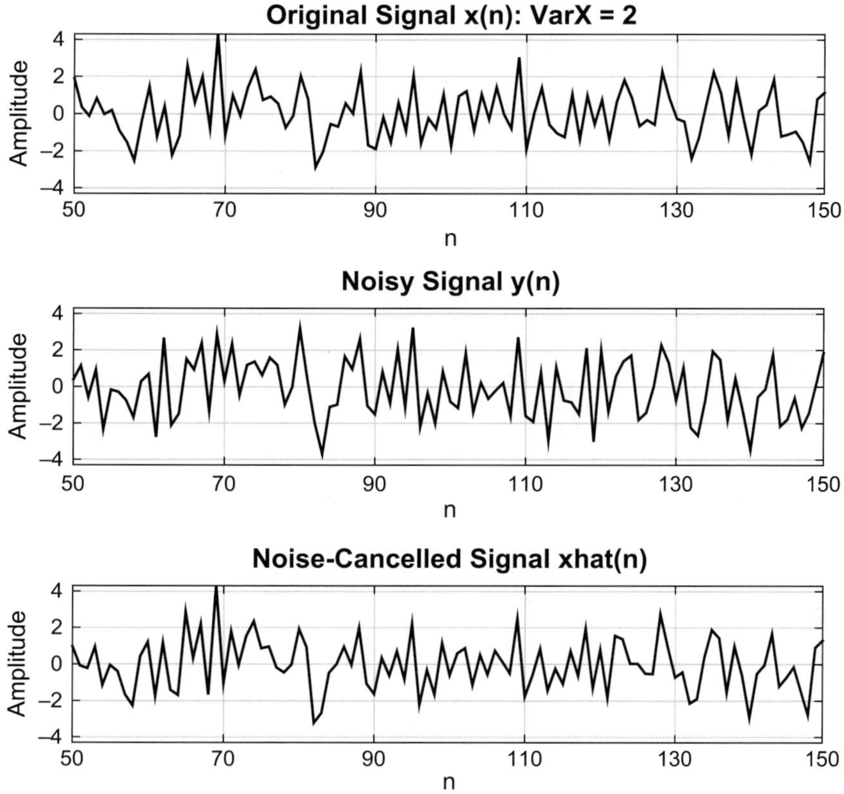

그림 15.28 예제 15.6(b)의 신호 그래프

c. 이제 우리는 σ_X에 대해 다른 값을 가진 이전 MATLAB 스크립트를 실행한다.

```
>> % (c1) VarX = 5
>> M = 10; varW = 1; varX = 5;
>> N = 2000; n = 0:N-1;
>> xn = sqrt(varX)*randn(N,1);
>> w2n = sqrt(varW)*randn(N,1);
>> w3n = sqrt(varW)*randn(N,1);
>> v2n = filter(Hzb,Hza,w2n);
>> yn = xn+w2n;
>> vn = v2n+w3n;
>> rvv = xcorr(vn,M-1);
>> Rvv = toeplitz(rvv(M:end)); % ACRM of v(n)
>> ryv = xcorr(yn,vn,M-1);     % CCRS between y(n) and v(n)
>> ryv = ryv(M:end);           % CCRV
>> hnc = Rvv\ryv;              % Noise canceller coeff (or Imp resp)
>> w2hatn = filter(hnc,1,vn);
>> xhatn = yn - w2hatn;
>> % Plotting commands follow
```

결과 신호 그림은 그림 15.29에 나와 있다. 이 경우 신호는 잡음 샘플보다 훨씬 강력하다. 따라서 신호와 그 추정 파형은 거의 동일하다.

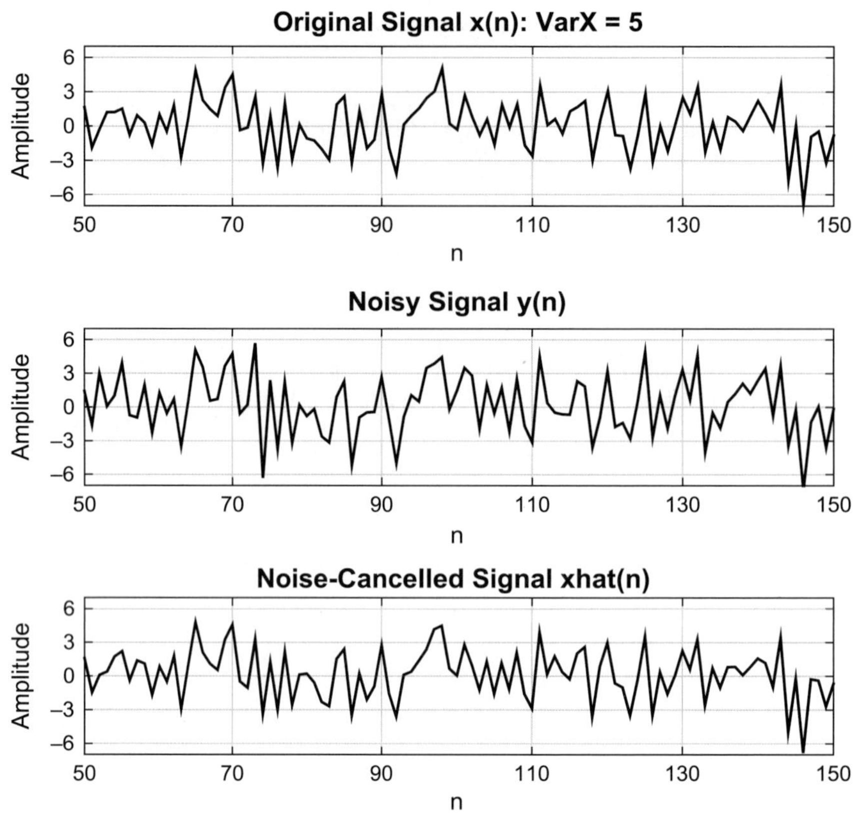

그림 15.29 예제 15.6(c)1의 신호 그래프

```
>> % (c2) VarX = 0.5
>> M = 10; varW = 1; varX = 0.5;
>> N = 2000; n = 0:N-1;
>> xn = sqrt(varX)*randn(N,1);
>> w2n = sqrt(varW)*randn(N,1);
>> w3n = sqrt(varW)*randn(N,1);
>> v2n = filter(Hzb,Hza,w2n);
>> yn = xn+w2n;
>> vn = v2n+w3n;
>> rvv = xcorr(vn,M-1);
>> Rvv = toeplitz(rvv(M:end)); % ACRM of v(n)
>> ryv = xcorr(yn,vn,M-1);      % CCRS between y(n) and v(n)
>> ryv = ryv(M:end);            % CCRV
>> hnc = Rvv\ryv;               % Noise canceller coeff (or Imp resp)
>> w2hatn = filter(hnc,1,vn);
>> xhatn = yn - w2hatn;
>> % Plotting commands follow
```

결과 신호 그림은 그림 15.30과 같습니다. 이 경우, 신호는 잡음 샘플보다 전력이 훨씬 약하다. 따라서 추정된 신호 파형은 원래의 신호에 비해 왜곡된다.

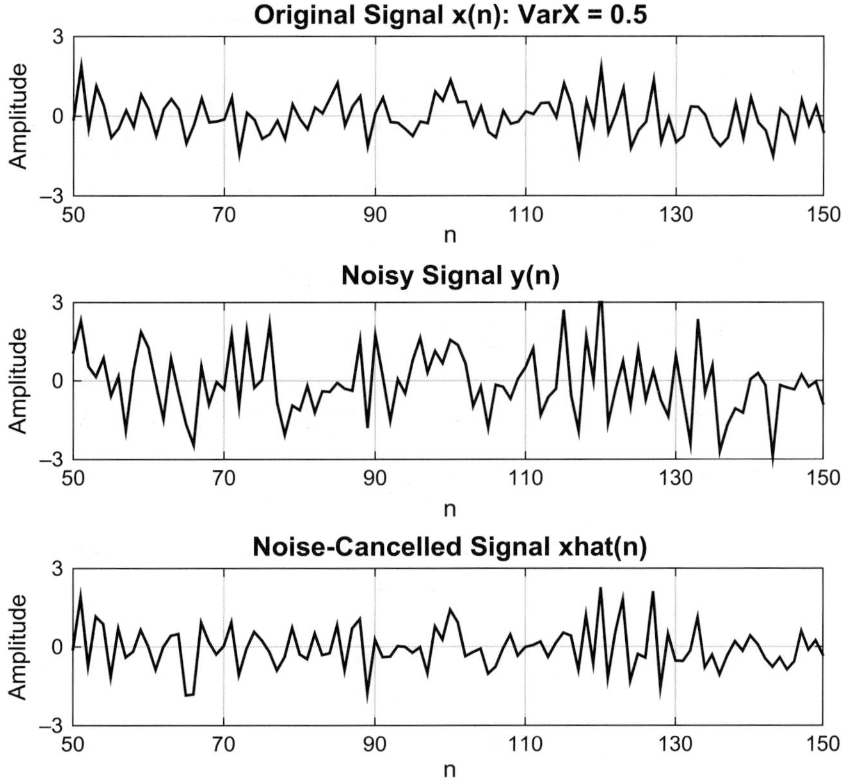

그림 15.30 예제 15.6(c)2의 신호 그래프

15.1.7 음성 신호에서 선형 예측 코딩

음성 신호의 디지털 인코딩을 위한 다양한 방법이 지난 40년 동안 개발되어왔다. 전화 시스템에서 예를 들어 음성 인코딩을 위해 일반적으로 사용되는 두 가지 방법은 펄스 코드 변조(PCM, Pulse Coding Modulation)과 차동 펄스 코드 변조(Differential PCM, DPCM)이다. 이들은 파형 코딩 방법의 예이다. 델타 변조(DM) 및 적응형 DPCM과 같은 다른 파형 부호화 방법도 개발되었다.

디지털 스피치 신호가 궁극적으로 소스로부터 목적지로 전송되기 때문에, 스피치 인코더를 고안하는 주요 목적은 스피치 신호를 표현하는데 필요한 비트 수를 최소화하면서 스피치 명료도를 유지하는 것이다. 이 목적은 스피치 소스의 모델을 구성하고 모델 파라미터를 전송하는 것에 기초하는 낮은 비트 레이트(초당 10000비트 이하) 스피치 인코딩 방법의 개발로 이어진다. 적응형 필터링은 이러한 모델 기반 음성 부호화 시스템에서 응용을 찾아낸다. 우리는 선형 예측 코딩(Linear Predictive Coding, LPC)이라고하는 매우 효과적인 방법을 설명한다.

LPC에서 성도는 다음과 같은 시스템 함수를 가지는 선형 all-pole 필터로 모델링 된다.

$$H(z) = \frac{G}{1 - \sum_{k=1}^{p} a_k z^{-k}} \tag{15.29}$$

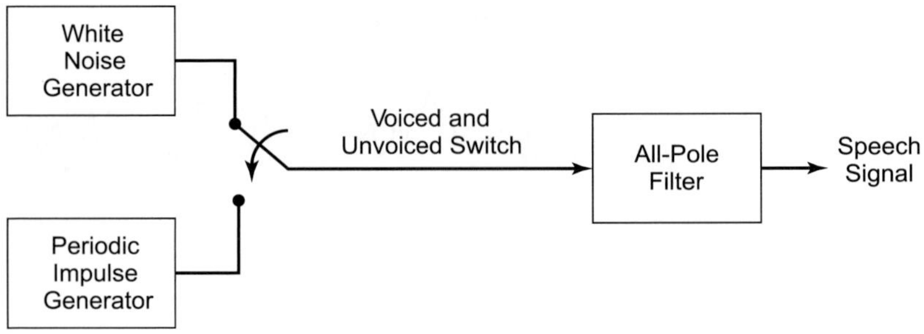

그림 15.31 음성 신호 발생/생성을 위한 블록 다이어그램

여기서 p는 극점의 수, G는 필터 Gain, a_k는 극점을 결정하는 매개 변수이다. 유성음 및 무성음 음성 설계에 사용되는 두 가지 상호 배타적인 여기 기능이 있다. 단 기간에 유성음은 기본 주파수 F_0 또는 말하는 사람에 의존하는 음조(pitch) 주기 $1/F_0$로 주기적이다. 따라서 유성음은 원하는 음조 주기와 동일한 주기를 갖는 주기적인 임펄스 훈련에 의해 all-pole 필터 모델을 여기시킴으로써 생성된다. 무성음은 랜덤 노이즈 생성기의 출력에 의해 all-pole 필터 모델을 여기시켜 생성된다. 이 모델은 그림 15.31과 같다.

음성 신호의 짧은 시간 구간을 고려할 때, 송신기에서 스피치 인코더는 여기 함수, 유성음 스피치의 음조 주기, 이득 파라미터 G 및 계수 a_k를 결정해야 한다. 소스 인코딩 시스템을 보여주는 블록 다이어그램은 그림 15.32에 나와 있다. 모델의 매개 변수는 데이터에서 적응적으로 결정된다. 그런 다음 모델을 사용하여 음성 샘플을 합성하고 실제 시퀀스와 합성된 시퀀스의 차이를 얻어 오류 신호 시퀀스를 생성한다. 에러 신호 및 모델 파라미터는 이진 시퀀스로 인코딩되어 목적지로 전송된다. 수신기에서, 음성 신호는 모델과 오차 신호로부터 합성된다.

All-pole 필터 모델의 매개 변수는 선형 예측에 의해 음성 샘플로부터 쉽게 결정된다. 구체

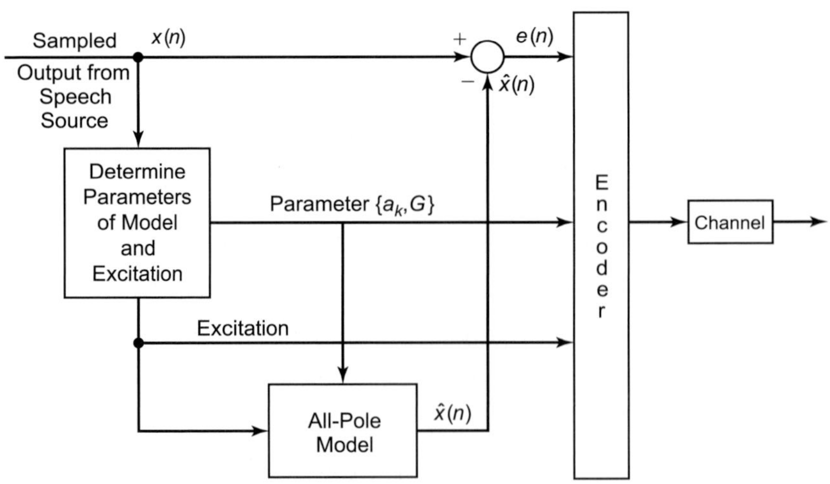

그림 15.32 음성 신호 발생을 위한 음원 엔코더

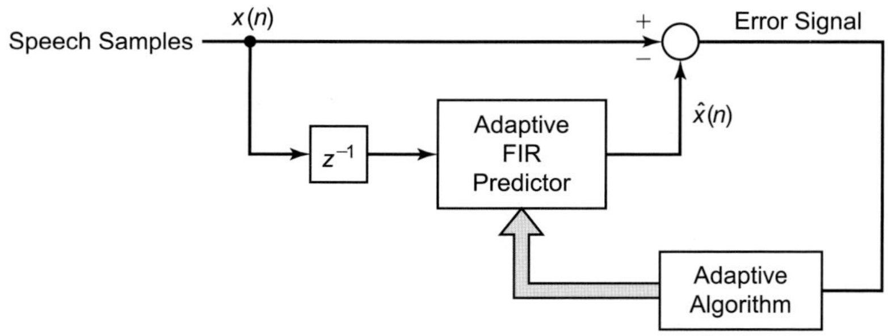

그림 15.33 선형예측코딩(LPC)에서 극점 인자 추정

적으로 그림 15.33에 표시된 시스템을 고려하고 우리가 N개의 샘플을 가지고 있다고 가정하라. FIR 필터의 출력은

$$\hat{x}(n) = \sum_{k=1}^{p} a_k x(n-k) \tag{15.30}$$

관찰된 샘플 $x(n)$와 추정치 $\hat{x}(n)$ 사이에 해당하는 에러는

$$e(n) = x(n) - \sum_{k=1}^{p} a_k x(n-k) \tag{15.31}$$

최소 제곱 기준을 적용함으로써 모델 파라미터 a_k를 결정할 수 있다. 이 최적화의 결과는 선형 방정식으로 나타난다.

$$\sum_{k=1}^{p} a_k r_{xx}(\ell - k) = r_{xx}(\ell), \qquad \ell = 1, 2, \ldots, p \tag{15.32}$$

여기서 $r_{xx}(\ell)$은 시퀀스 $x(n)$의 시간 평균 자기상관이다. 필터에 대한 이득 파라미터는 다음 입출력 방정식을 주목함으로써 얻어 질 수 있다.

$$x(n) = \sum_{k=1}^{p} a_k x(n-k) + Gv(n) \tag{15.33}$$

여기서 $v(n)$은 입력 시퀀스이다. 명백하게,

$$\begin{aligned} Gv(n) &= x(n) - \sum_{k=1}^{p} a_k x(n-k) \\ &= e(n) \end{aligned}$$

이면,

$$G^2 \sum_{n=0}^{N-1} v^2(n) = \sum_{n=0}^{N-1} e^2(n) \tag{15.34}$$

입력 여기가 설계에 의해 단위 에너지로 정규화되면,

$$
\begin{aligned}
G^2 &= \sum_{n=0}^{N-1} e^2(n) \\
&= r_{xx}(0) - \sum_{k=1}^{p} a_k r_{xx}(k)
\end{aligned} \tag{15.35}
$$

따라서 G^2은 최소 제곱 최적화로인한 잔여 에너지와 동일하게 설정된다.

이 개발에서 우리는 스피치 생성을 위한 극점 파라미터와 all-pole 필터 모델의 이득을 적응적으로 결정하기 위해 선형 예측의 사용을 설명했다. 실제로 음성 신호의 비정적 특성으로 인해, 이 모델은 음성 신호의 단시간 구간(10~20 ms)에 적용된다. 일반적으로 새로운 파라미터의 집합은 단시간 구간에 결정된다. 그러나 구간마다 얻은 모델 매개 파라미터의 추정치에 일반적으로 존재하는 불연속성을 부드럽게 하기 위해서 이전 구간에서 측정된 모델 매개변수를 사용하는 것이 종종 유리하다. 우리의 논의는 FIR 필터 구조에 관한 것이었지만, 음성 합성은 일반적으로 FIR 병렬 구조 및 반사 계수 K_i를 사용하여 수행된다. K_i의 동적인 범위가 a_k의 동적 범위보다 상당히 작기 때문에, 반사 계수는 이를 표현하기 위해 더 적은 비트를 요구한다. 따라서 K_i는 채널을 통해서 전송된다. 결과적으로 14.5.1절에서 이전에 설명한 all-pole 병렬 구조를 사용하여 목적지에서 음성을 합성하는 것이 당연하다.

음성 코딩을 위한 LPC 처리에서, 우리는 여기(excitation)과 음조(pitch) 주기의 추정을 위한 알고리즘을 고려하지 않았다. 이러한 모델 매개 변수에 대한 적절한 알고리즘에 대한 논의는 생략한다. 관심 있는 학습자들은 음성 해석 및 합성 방법에 대한 추가 심도 있는 학습에 관심있는 독자들은 라비너/샤퍼[84], 데릴, 한센 및 프로아키스[11] 연구 결과를 참고하길 바란다.

예제 15.7 **모든 극점 시스템의 극점 추정**

다음 차분 방정식에 의해 설명된 자기 회귀 과정을 고려하라.

$$x(n) = 1.26x(n-1) - 0.81x(n-2) + w(n) \tag{15.36}$$

여기서 $w(n)$은 분산 $\sigma_W^2 = 0.1$을 갖는 백색 가우스 잡음 과정의 샘플 시퀀스이다.극점 추정을 위한 시스템 구성은 그림 15.34에 나와 있습니다.

a. $0 \le n \le 1000$에 대한 시퀀스 $x(n)$을 생성하고 최소 제곱 방식을 사용하여 2차 예측 변수의 매개 변수를 결정하라.

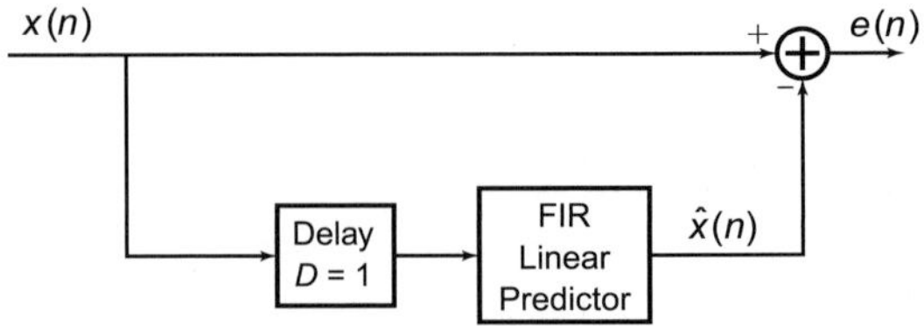

그림 15.34 예제 15.7 에서 극점 위치 추정

b. 예측 오차 필터의 0을 결정하고 이를 $x(n)$을 생성한 시스템의 극점과 비교하여라.

c. 다음 경우에 (a)와 (b)를 반복하라. when $\sigma_W^2 = 0.5$ and when $\sigma_W^2 = 1$. 결과에 대해 설명하라.

풀이 2차 AR 모델의 매개 변수는 다음을 사용하여 입력된다.

```
>> b = 1; a = [1,-1.26,0.81]; % Parameters of the AR model
```

a. 시퀀스 생성 및 2차 예측 변수의 매개 변수는 다음 MATLAB 스크립트를 사용하여 얻는다.

```
>> varW = 0.1; M = 2;
>> N = 1000; n = 0:N-1;
>> wn = sqrt(varW)*randn(N,1);
>> xn = filter(b,a,wn);
>> [rxx] = xcorr(xn,M);            % ACRS of x(n)
>> Rxx = toeplitz(rxx(M+1:2*M)); % ACRM of x(n)
>> rdx = xcorr(xn,M-1);           % CCRS between d(n) and x(n)
>> rx = rxx(M+2:end);            % CCRV
>> hpr = Rxx\rx;                 % Predictor coeff (or Imp resp)
>> hpr'
ans =
    1.2416   -0.8206
```

예측 계수는 식 (15.36)의 우변 계수와 거의 일치한다.

b. MATLAB 코드:

```
>> hpe = [1;-hpr]; % Prediction error imp response
>> hpe_zeros = roots(hpe);
>> fprintf('Zeros and Poles when varW = 0.1\n');
>> fprintf(['   Zeros of the Prediction Error Filter are: ',...
    '\n   %6.4f+j%6.4f, %6.4f-j%6.4f\n\n'],...
    real(hpe_zeros(1)),imag(hpe_zeros(1)),...
    real(hpe_zeros(2)),-imag(hpe_zeros(2)));

>> AR_poles = roots(a);
>> fprintf(['   Poles of the AR Model are: ',...
    '\n   %6.4f+j%6.4f, %6.4f-j%6.4f\n\n'],...
    real(AR_poles(1)),imag(AR_poles(1)),...
    real(AR_poles(2)),-imag(AR_poles(2)));
```

화면 출력물은 다음과 같다.

```
Zeros and Poles when varW = 0.1
   Zeros of the Prediction Error Filter are:
   0.6208+j0.6597, 0.6208-j0.6597

   Poles of the AR Model are:
   0.6300+j0.6427, 0.6300-j0.6427
```

분명한 것은 pole과 zero가 서로 가깝다는 것이다.

c. σ_W^2에 대해 다른 값을 갖는 유사한 MATLAB 스크립트는 유사한 결과를 제공한다.

```
Zeros and Poles when varW = 0.5
   Zeros of the Prediction Error Filter are:
   0.6296+j0.6345, 0.6296-j0.6345

   Poles of the AR Model are:
   0.6300+j0.6427, 0.6300-j0.6427
Zeros and Poles when varW = 1.0
   Zeros of the Prediction Error Filter are:
   0.6309+j0.6365, 0.6309-j0.6365

   Poles of the AR Model are:
   0.6300+j0.6427, 0.6300-j0.6427
```

AR 모델 입력 분산을 변경하더라도, 예측 모델 계수의 추정은 자가 상관 값의 비율에 의해 얻어지며, 이는 통계적 변동 내에서 영향을 받지 않는다.

15.1.8 적응형 배열 센서

이전 예제에서는 단일 데이터 시퀀스에서 수행되는 적응 필터링을 고려하였다. 그러나 적응 필터링은 센서(안테나, 수중 청음기 또는 지진계)가 일부 공간 구성에 배치되는 안테나, 수중 청음기와 지진계 배열로 인해 발생하는 여러 데이터 시퀀스에도 널리 적용되었다. 센서 배열의 각 요소는 신호 시퀀스를 제공한다. 다양한 센서의 신호를 적절하게 결합하여 배열의 지향성 패턴을 변경할 수 있다. 예를 들어 그림 15.35(a)와 같이 다섯 개의 요소로 구성된 선형 안테나 배열을 고려해보자. 신호가 단순히 선형적으로 합산된다면,

$$x(n) = \sum_{k=1}^{5} x_k(n) \tag{15.37}$$

이는 그림 15.35(a)에 나타난 안테나 지향성 패턴을 초래한다. 이제 배열 내의 사이드로브(Sidelobe)들 중 하나에 대응하는 방향으로부터 간섭 신호가 수신된다고 가정한다. 합성 전에 시퀀스 $x_k(n)$을 적절히 가중함으로써, 그림 15.35(b)에서와 같이 배열이 간섭 방향으로 Null을 포함하도록 사이드로브 패턴을 변경할 수 있다. 따라서 $x(n)$은

$$x(n) = \sum_{k=1}^{5} h_k x_k(n) \tag{15.38}$$

여기서 h_k는 가중치이다.

또한 결합 전에 센서 신호의 출력에 지연을 간단하게 도입함으로써 주 안테나 로브의 방향을 변경하거나 조정 할 수 있습니다. 따라서 K개의 센서로부터 결합된 신호는

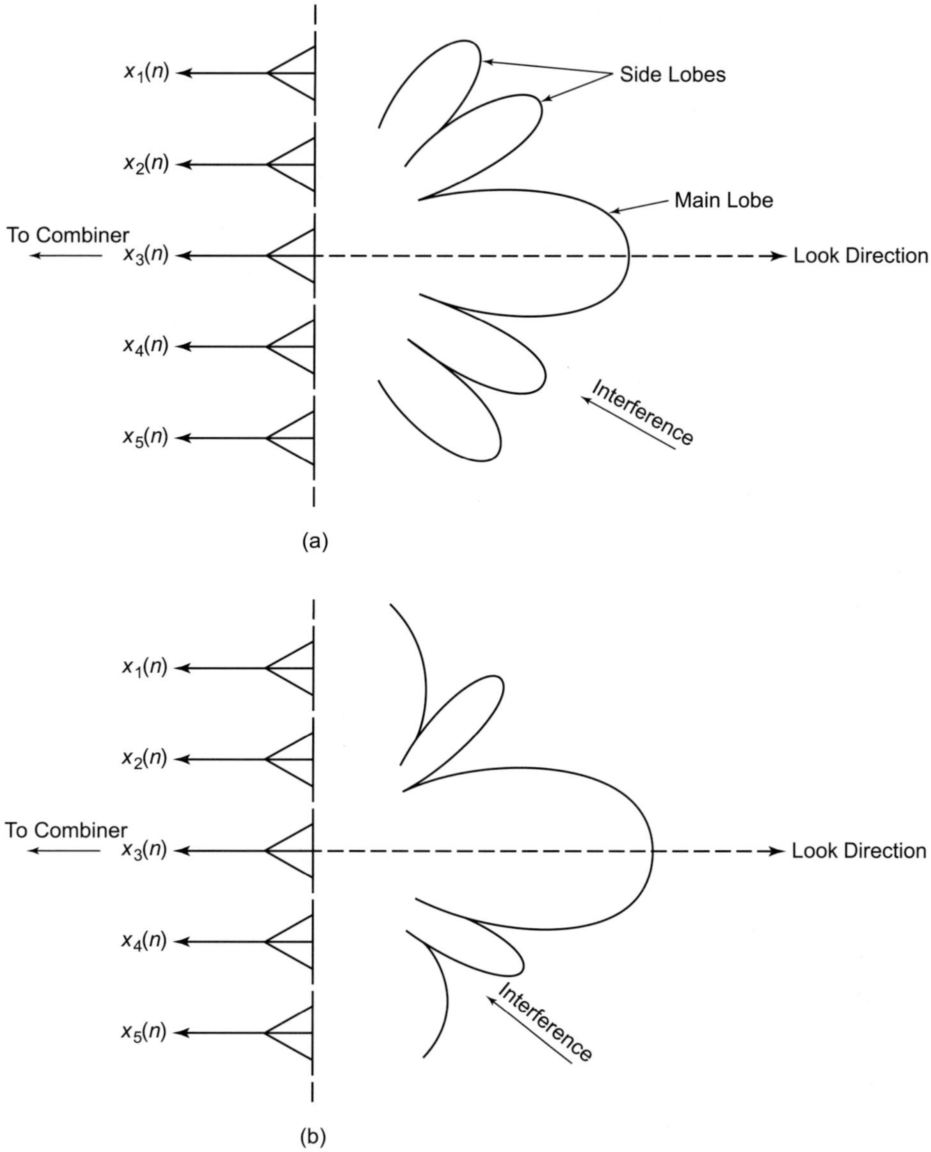

그림 15.35 선형 안테나 배열: (a) 외란에 대한 대응없는 안테나 패턴; (b) 간섭이 있는 방향으로 감쇄(Null)를 고려한 안테나 패턴

$$x(n) = \sum_{k=1}^{K} h_k x_k(n - n_k) \tag{15.39}$$

여기서 h_k는 가중치이고, n_k는 신호 $x(n)$의 n_k 샘플 지연에 해당한다. 가중치의 선택은 특정 방향으로 null을 배치하는데 사용될 수 있다. 보다 일반적으로는 결합하기 전에 각 시퀀스를 간단하게 필터링 할 수 있다. 그러한 경우 출력 순서는 일반적인 형식을 가진다.

$$\begin{aligned} y(n) &= \sum_{k=1}^{K} y_k(n) \\ &= \sum_{k=1}^{K} \sum_{\ell=0}^{M-1} h_k(\ell) x_k(n - n_k - \ell) \end{aligned} \tag{15.40}$$

여기서 h_k는 k번째 센서 출력을 처리하기 위한 필터의 임펄스 응답이고, n_k는 빔 패턴을 조정하는 지연이다.

15.2.2절에서 설명된 LMS 알고리즘은 가중치 h_k 또는 임펄스 응답 $h_k(\ell)$를 적응적으로 선택하는데 자주 사용된다. 설명된 더 강력한 재귀 최소 제곱 알고리즘은 멀티 센서(다중 채널) 데이터 문제에도 적용될 수 있다.

이 장에서 다루는 것은 단일 채널(센서) 신호를 다루고 있다.

15.2 적응 직접형 FIR 필터

이전 절의 예에서 모든 적응 필터링 응용에 공통 프레임 워크가 있음을 확인했다. 우리가 채택한 최소-제곱 기준은 필터 계수에 대한 일련의 선형 방정식을 유도하며, 이는 다음과 같이 표현 될 수 있다.

$$\sum_{k=0}^{M-1} h(k) r_{xx}(\ell - k) = r_{dx}(\ell + D), \qquad \ell = 0, 1, 2, \ldots, M-1 \tag{15.41}$$

여기서 $r_{xx}(\ell)$는 시퀀스 $x(n)$의 자기 상관이고, $r_{dx}(\ell)$은 시퀀스 $d(n)$과 $x(n)$의 상호 상관이다. 지연 매개 변수 D는 경우에 따라 0이거나 다른 경우에는 0이 아니다.

자기 상관 $r_{xx}(\ell)$와 상호 상관 $r_{dx}(\ell)$은 데이터로부터 얻어지며, 따라서 통계적 자기 상관과 상호 상관 시퀀스의 추정을 나타낸다. 결과적으로 식 (15.41)에서 얻은 계수 $h(k)$는 실제 계수의 추정치이다. 추정의 성능은 $r_{xx}(\ell)$와 $r_{dx}(\ell)$ 추정을 위한 사용하는 데이터 레코드의 길이에 의존한다. 이것은 적응 필터의 구현에서 고려해야 하는 첫 번째 문제이다.

고려해야 하는 두 번째 문제는 기본 무작위 프로세스 $x(n)$이 일반적으로 비안정적이라는 것이다. 예를 들어, 채널 등화기에서 채널의 주파수 응답 특성은 시간에 따라 변할 수 있다. 결과적으로 통계적 자기 상관과 상호 상관 시퀀스는 시간에 따라 다르다. 이것은 적응 필터의 계수가 신호의 시변 통계 특성을 필터에 통합하기 위해 시간에 따라 변해야 한다는 것을 의미한다. 이는 또한 자기 상관 및 상호 상관 시퀀스의 추정에 사용되는 샘플의 수를 단순히 늘림으로써 추정치의 품질을 임의적으로 높일 수 없다는 것을 의미한다. 적응 필터의 계수가 신호의 시간 변화 통계 특성을 추적하기 위해 시간에 따라 변할 수 있는 몇 가지 방법이 있다. 가장 보편적인 방법은 각각의 새로운 신호 샘플이 수신 될 때마다 샘플마다 샘플을 재귀적으로 적용하는 것이다. 두 번째 접근법은 블록과 블록 단위로 $r_{xx}(\ell)$ 및 $r_{dx}(\ell)$를 추정하는 것이며,

하나의 데이터 블록으로부터 다른 블록으로의 필터 계수 값의 연속성을 유지하려는 시도는 없다고 가정한다.

이러한 방식에서, 블록 크기는 데이터의 통계적 특성이 현저하게 변화하는 시간 간격과 비교하여 짧은 시간 간격을 포함하여 비교적 작아야 한다. 이 블록 처리 방법 외에도, 필터 계수에 일부 블록 대 블록 연속성을 통합하는 다른 블록 처리 기법을 고안 할 수 있다.

적응 필터링 알고리즘의 취급에서 여기서는 샘플 단위로 필터 계수를 업데이트하는 시간 재귀 알고리즘만을 고려한다. 특히 시간 변화 신호 특성을 추적하기 위한 그래디언트 유형 방식을 기반으로 하는 LMS 알고리즘과 LMS보다 훨씬 복잡하지만 더 빠른 수렴을 제공하는 반복적 최소 제곱 알고리즘(RLS) 알고리즘 클래스의 두 가지 유형의 알고리즘을 고려한다.

15.2.1 최소 자성 평균 판정법

다음 소절에서 설명하는 LMS(Least-Mean-Square) 알고리즘은 평균 에러의 최소화에 기반한 추정 문제로서 FIR 필터 계수의 최적화를 공식화함으로써 가장 쉽게 얻어진다. 자기 상관 시퀀스가 있는 정적 랜덤 프로세스 $\mathsf{X}(n)$의 샘플로 구성된 데이터 시퀀스 $x(n)$을 사용할 수 있다고 가정하자.

$$R_{\mathsf{XX}}(m) = \mathrm{E}\big[\mathsf{X}(n)\mathsf{X}^*(n-m)\big] \tag{15.42}$$

이 샘플들로부터 계수 $h(n)$, $0 \le n \le M-1$을 갖는 FIR 필터를 통해 관측된 데이터 $x(n)$을 전달함으로써 원하는 시퀀스 $\mathsf{D}(n)$의 추정치를 형성한다. 필터 출력은 다음과 같이 표현 될 수 있다.

$$\hat{d}(n) = \sum_{k=0}^{M-1} h(k)x(n-k) \tag{15.43}$$

여기서 $\hat{d}(n)$은 $\mathsf{D}(n)$의 추정치 $\widehat{\mathsf{D}}(n)$ 샘플을 표현한다. 추정 오차 과정은 다음과 같이 정의된다.

$$\mathsf{E}(n) = \mathsf{D}(n) - \widehat{\mathsf{D}}(n) = \mathsf{D}(n) - \sum_{k=0}^{M-1} h(k)\mathsf{X}(n-k) \tag{15.44}$$

필터 계수의 함수로서의 평균 제곱 오차는

$$\begin{aligned}
\mathcal{E}_M &= \mathrm{E}\big[|\mathsf{E}(n)|^2\big] = \mathrm{E}\left[\left|\mathsf{D}(n) - \sum_{k=0}^{M-1} h(k)\mathsf{X}(n-k)\right|^2\right] \\
&= \mathrm{E}\left\{|\mathsf{D}(n)|^2 - 2\mathrm{Re}\left[\sum_{k=0}^{M-1} h^*(\ell)\mathsf{D}(n)\mathsf{X}^*(n-\ell)\right]\right. \\
&\quad \left. + \sum_{k=0}^{M-1}\sum_{\ell=0}^{M-1} h^*(\ell)h(k)\mathsf{X}^*(n-\ell)\mathsf{X}(n-k)\right\} \\
&= \sigma_{\mathsf{D}}^2 - 2\mathrm{Re}\left[\sum_{\ell=0}^{M-1} h^*(\ell)R_{\mathsf{DX}}(\ell)\right] + \sum_{k=0}^{M-1}\sum_{\ell=0}^{M} h^*(\ell)h(k)R_{\mathsf{XX}}(\ell-k)
\end{aligned} \tag{15.45}$$

여기서 정의에 따라 $\sigma_{\mathsf{D}}^2 = \mathrm{E}\left[|\mathsf{D}(n)|^2\right]$.

MSE(Mean-Square-Error)는 필터 계수의 2차 함수이다. 결과적으로 계수에 대한 최소 $\mathcal{E}_M$은 M 선형 방정식 집합을 유도하며,

$$\sum_{k=0}^{M-1} h(k) R_{\mathsf{XX}}(\ell - k) = R_{\mathsf{DX}}(\ell), \qquad \ell = 0, 1, \ldots, M-1 \tag{15.46}$$

이전에 14.6.1절에서 얻은 Wiener-Hopf 방정식인 식 (15.46)에서 얻은 계수가 있는 필터를 위너 필터라고 한다.

우리가 식 (15.46)을 식 (15.41)과 비교한다면, 이 방정식은 형태가 유사하다는 것이 명백하다. 식 (15.41)에서는 필터 계수를 결정하기 위해 자기 상관 및 상호 상관 추정을 사용하는 반면, 식 (15.46)에서는 통계적 자기 상관 및 상호 상관을 사용한다. 따라서 식 (15.46)은 MSE에서 최적(위너) 필터 계수를 산출하는 반면, 식 (15.41)은 최적 계수의 추정치를 산출한다.

식 (15.46)의 방정식은 다음과 같이 행렬 형태로 표현 될 수 있다.

$$\boldsymbol{T}_M \boldsymbol{h}_M = \boldsymbol{R}_{\mathsf{D}} \tag{15.47}$$

여기서 $\boldsymbol{h}_M$은 계수들의 벡터를 나타내며, $\boldsymbol{T}_M$은 $T_{\ell k} = R_{\mathsf{XX}}(\ell - k)$ 성분이 있는 $M \times M$ (Hermitian) Toeplitz 행렬이고, $\boldsymbol{R}_{\mathsf{D}}$는 $R_{\mathsf{DX}}(\ell)$ 성분이 있는 $M \times 1$ 상호 상관 벡터이다.($\ell = 0, 1, \ldots, M-1$) $\boldsymbol{h}_M$의 켤레복소수는 $\boldsymbol{h}_M^*$으로 표시하고, 전치는 $\boldsymbol{h}_M^{\mathrm{t}}$로 표시한다. 최적의 필터 계수에 대한 해는 다음과 같다.

$$\boldsymbol{h}_{\mathrm{opt}} = \boldsymbol{T}_M^{-1} \boldsymbol{R}_{\mathsf{D}} \tag{15.48}$$

식 (15.48)에 의해 주어지는 최적 계수를 만족하는 결과적인 최소 MSE는

$$\begin{aligned} \mathcal{E}_{M\min} &= \sigma_{\mathsf{D}}^2 - \sum_{k=0}^{M-1} h_{\mathrm{opt}}(k) R_{\mathsf{DX}}^*(k) \\ &= \sigma_{\mathsf{D}}^2 - \boldsymbol{R}_{\mathsf{D}}^{\mathrm{H}} \boldsymbol{T}_M^{-1} \boldsymbol{R}_{\mathsf{D}} \end{aligned} \tag{15.49}$$

여기서 지수 H는 복합공액전치를 나타낸다.

식 (15.46)의 선형 방정식의 집합은 평균 제곱 추정(14.6.2절 참조)에서 직교성 원칙을 호출하여 얻을 수 있음을 기억하여라. 직교성 원리에 따르면, 평균 제곱 추정 에러는 에러 $\mathsf{E}(n)$이 통계적 의미에서 추정치 $\hat{\mathsf{D}}(n)$과 직교할 때 최소가 된다. 즉,

$$\mathrm{E}\left[\mathsf{E}(n)\hat{\mathsf{D}}^*(n)\right] = 0 \tag{15.50}$$

그러나 조건 식 (15.50)은 다음을 함축한다.

$$\mathrm{E}\left[\sum_{k=0}^{M-1} h(k)\mathsf{E}(n)\mathsf{X}^*(n-k)\right] = \sum_{k=0}^{M-1} h(k)\mathrm{E}\left[\mathsf{E}(n)\mathsf{X}^*(n-k)\right] = 0$$

또는 동등하게,

$$\mathrm{E}\big[\mathsf{E}(n)\mathsf{X}^*(n-\ell)\big]=0, \qquad \ell=0,1,\ldots,M-1 \tag{15.51}$$

식 (15.44)에서 주어진 $\mathsf{E}(n)$에 대한 식을 사용하여 식 (15.51)에서 $\mathsf{E}(n)$에 대입하고 기대 연산을 수행하면 우리는 식 (15.46)에 주어진 방정식을 얻는다.

$\widehat{\mathsf{D}}(n)$은 $\mathsf{E}(n)$에 직교하기 때문에, 잔여(최소) 평균 제곱 오류는

$$\begin{aligned}\mathcal{E}_{M\min}&=\mathrm{E}\big[\mathsf{E}(n)\mathsf{D}^*(n)\big]\\&=\mathrm{E}\big[|\mathsf{D}(n)|^2\big]-\sum_{k=0}^{M-1}h_{\text{opt}}(k)R^*_{\mathsf{DX}}(k)\end{aligned} \tag{15.52}$$

이것은 식 (15.49)에 주어진 결과이다.

Levinson-Durbin(LD) 알고리즘을 사용하여 식 (15.48)로 주어진 최적의 필터 계수를 효율적으로 풀 수 있다. 그러나 반복적으로 $\mathbf{h}_{\text{opt}}$를 구하기 위해 그래디언트 방법의 사용을 고려해야 한다. 이 개발은 적응 필터링을 위한 LMS 알고리즘으로 이어진다.

예제 15.8 MSE 방식에 따른 매개 변수 추정

다음 랜덤 프로세스를 고려하자.

$$\mathsf{X}(n)=\mathsf{G}v(n)+\mathsf{W}(n), \qquad n=0,1,\ldots,M-1$$

여기서 $v(n)$은 알려진 시퀀스이고, G는 $E[\mathsf{G}]=0$이고 $E[\mathsf{G}^2]=\sigma_{\mathsf{G}}^2$인 확률 변수이다. 시퀀스 $\mathsf{W}(n)$은 분산 σ_{W}^2를 갖는 백색 잡음 시퀀스이다.

a. G에 대한 선형 추정량의 계수를 다음과 같이 결정한다.

$$\widehat{\mathsf{G}}=\sum_{n=0}^{M-1}h(n)\mathsf{X}(n)$$

최소 평균 제곱 에러는 다음과 같다.

$$\mathcal{E}=\mathrm{E}\big[(\mathsf{G}-\widehat{\mathsf{G}})^2\big]$$

b. $\{v(n)\}=\{1,1,1,-1,-1,-1,1,-1,-1,1,-1\}$일 때, $\{h(n)\}$의 값을 결정하여라. (베이커 순열 길이 $M=11$, $\sigma_{\mathsf{G}}^2=1$, $\sigma_{\mathsf{W}}^2=0.1$)

풀이

a. MSE(최소제곱에러)는 다음과 같이 주어진다.

$$\mathcal{E}=\mathrm{E}\left[\left(\mathsf{G}-\sum_{n=0}^{M-1}h(n)\mathsf{X}(n)\right)^2\right]$$

최소 MSE는 다음과 같이 얻을 수 있다.

$$\frac{\partial \mathcal{E}}{\partial h(k)} = 0 \quad \Rightarrow \quad \mathrm{E}\left[2\left(\mathsf{G} - \sum_{n=0}^{M-1} h(n)\mathsf{X}(n)\right)\mathsf{X}(k)\right] = 0, \quad k = 0, 1, \ldots, M-1$$

또한

$$\mathrm{E}[\mathsf{G}\,\mathsf{X}(k)] = \mathrm{E}\left[\sum_{n=0}^{M-1} h(n)\mathsf{X}(n)\mathsf{X}(k)\right], \qquad k = 0, 1, \ldots, M-1 \tag{15.53}$$

그러면,

$$\mathrm{E}[\mathsf{G}\,\mathsf{X}(k)] = \mathrm{E}[\mathsf{G}\{\mathsf{G}\,v(k) + \mathsf{W}(k)\}] = \sigma_{\mathsf{G}}^2 v(k), \quad k = 0, 1, \ldots, M-1 \tag{15.54}$$

G와 W(k)는 상관 관계가 아니라고 가정하면,

$$\mathrm{E}\left[\sum_{n=0}^{M-1} h(n)\mathsf{X}(n)\mathsf{X}(k)\right] = \sum_{n=0}^{M-1} h(n)\mathrm{E}[\mathsf{X}(n)\mathsf{X}(k)] \tag{15.55}$$

그것은 다음과 같이 쉽게 보여진다.

$$\mathrm{E}[\mathsf{X}(n)\mathsf{X}(k)] = \sigma_{\mathsf{G}}^2 v(k)v(n) + \sigma_{\mathsf{W}}^2 \delta_{nk} \tag{15.56}$$

따라서 식 (15.53)에 식 (15.54)~(15.56)을 대입하면

$$\sigma_{\mathsf{G}}^2 v(k) = \sigma_{\mathsf{G}}^2 \sum_{n=0}^{M-1} h(n)v(k)v(n) + \sigma_{\mathsf{W}}^2 h(k) \tag{15.57}$$

따라서 필터 계수는 선형 방정식은

$$(\sigma_{\mathsf{G}}^2 \boldsymbol{v}\boldsymbol{v}^{\mathrm{t}} + \sigma_{\mathsf{W}}^2 \boldsymbol{I})\boldsymbol{h} = \sigma_{\mathsf{G}}^2 \boldsymbol{v} \tag{15.58}$$

여기서

$$\boldsymbol{v} = [v(0), v(1), \ldots, v(M-1)]^{\mathrm{t}},$$
$$\boldsymbol{h} = [h(0), h(1), \ldots, h(M-1)]^{\mathrm{t}}$$

b. $\{v(n)\} = \{1, 1, 1, -1, -1, -1, 1, -1, -1, 1, -1\}$, $\sigma_{\mathsf{G}}^2 = 1$, $\sigma_{\mathsf{W}}^2 = 0.1$일 때, 선형 방정식에 대한 해답은

$$\{h(n)\} = \{0.0901, 0.0901, 0.0901, -0.0901, -0.0901, -0.0901, 0.0901, \\ -0.0901, -0.0901, 0.0901, -0.0901\}$$

■

15.2.2 최소 자승 평균 방법

최적의 FIR 필터 계수에 대해 식 (15.46) 또는 식 (15.47)로 주어진 일련의 선형 방정식을 풀 때 사용할 수 있는 다양한 수치 방법이 있다. 다음에서 우리는 여러 변수들의 함수의 최소치를 찾기 위해 고안된 재귀적 방법을 고려한다. 우리의 문제에서 성능 지수는 필터 계수의 2차

함수인 식 (15.45)에 주어진 MSE이다. 따라서 이 함수는 반복 검색을 통해 결정한 고유한 최소값이 있다.

따라서 $\mathcal{E}_M$은 계수 $h(n)$의 알려진 함수이다. $(0 \le n \le M-1)$ 필터 계수를 재귀적으로 계산하고 최소 $\mathcal{E}_M$을 찾는 것은 다음과 같은 형식을 취한다.

$$\boldsymbol{h}_M(n+1) = \boldsymbol{h}_M(n) + \frac{1}{2}\Delta(n)\boldsymbol{V}(n), \qquad n = 0, 1, \ldots \tag{15.59}$$

$\boldsymbol{h}_M(n)$은 n번째 반복에서의 필터 계수들의 벡터이고, $\Delta(n)$은 n번째 반복에서의 단계 크기(Step Size)이고, $\boldsymbol{V}(n)$은 n번째 반복에 대한 방향 벡터이다. 초기 벡터 $h_M(0)$는 임의로 선택된다. 이 처리에서는 뉴튼 랩슨(Newton Raphson)의 방법과 같이 $\boldsymbol{T}_M^{-1}$의 계산을 필요로 하는 방법을 제외하고 그래디언트 벡터를 사용하여 찾는 방법만을 고려한다.

재귀적으로 $\mathcal{E}_M$의 최솟값을 찾는 가장 간단한 방법은 가장 가파른 하강(Descent) 찾기를 기초로 한다. 가파른 하강 방법에서, 방향 벡터 $\boldsymbol{V}(n) = -\boldsymbol{g}(n)$은 다음과 같이 정의된다.(여기서 $\boldsymbol{g}(n)$은 n번째 반복에서의 기울기 벡터이다.)

$$\begin{aligned}\boldsymbol{g}(n) &= \frac{d\mathcal{E}_M(n)}{d\boldsymbol{h}_M(n)} \\ &= 2[\boldsymbol{T}_M\boldsymbol{h}_M(n) - \boldsymbol{R}_{\mathrm{D}}], \qquad n = 0, 1, 2, \ldots\end{aligned} \tag{15.60}$$

따라서 각 반복에서 그래디언트 벡터를 계산하고 그래디언트와 반대 방향으로 $\boldsymbol{h}_M(n)$의 값을 변경한다. 따라서 가파른 강하 방법에 기반한 재귀 알고리즘은

$$\boldsymbol{h}_M(n+1) = \boldsymbol{h}_M(n) - \frac{1}{2}\Delta(n)\boldsymbol{g}(n) \tag{15.61}$$

또는 동등하게,

$$\boldsymbol{h}_M(n+1) = [\boldsymbol{I} - \Delta(n)\boldsymbol{T}_M]\boldsymbol{h}_M(n) + \Delta(n)\boldsymbol{R}_{\mathrm{D}} \tag{15.62}$$

우리는 알고리즘이 n이 무한대로 갈 때, $\boldsymbol{h}_{\mathrm{opt}}(n)$의 수렴으로 이끄는 증거가 없다고 주장하지만, 구간 크기(Step size) $\Delta(n)$은 절대적으로 합산 가능하며, n이 무한대이면 $\Delta(n)$은 0이다. 그 결과 n이 무한대로 가면 $\boldsymbol{g}(n)$은 0이 된다.

더 빠른 수렴을 제공하는 다른 후보 알고리즘은 공액-그래디언트 알고리즘과 필처 포웰(Fltcher-Powell) 알고리즘이다. 공액-기울기 알고리즘에서 방향 벡터는

$$\boldsymbol{V}(n) = \beta(n-1)\boldsymbol{V}(n-1) - \boldsymbol{g}(n) \tag{15.63}$$

여기서 $\beta(n)$은 그래디언트 벡터의 스칼라 함수이다.

Fletcher-Powell 알고리즘에서 방향 벡터는 다음과 같이 주어진다.

$$\boldsymbol{V}(n) = -\boldsymbol{H}(n)\boldsymbol{g}(n) \tag{15.64}$$

여기서 $\boldsymbol{H}(n)\,\boldsymbol{T}_M$의 역행렬에 수렴하는 반복적으로 계산된 $M \times M$개의 양행렬이다. 분명히

세 알고리즘은 방향 벡터가 계산되는 방식이 다르다. 이 세 알고리즘은 $\boldsymbol{T}_M$과 $\boldsymbol{R}_\mathsf{D}$를 알고 있는 경우에 적합하다. 그러나 이전에 언급했듯이 적응 필터링 응용 프로그램에서는 그렇지 않다. $\boldsymbol{T}_M$과 $\boldsymbol{R}_\mathsf{D}$에 대한 지식이 없으면 실제 벡터 $\boldsymbol{V}(n)$ 대신 방향 벡터의 추정치 $\widehat{\boldsymbol{V}}(n)$을 대체할 수 있다. 가장 가파른 하강 알고리즘에 대해 이 접근법을 고려한다.

먼저, 식 (15.60)에 의해 주어진 그래디언트 벡터는 식 (15.50)에 의해 주어진 직교성 조건의 관점에서 표현 될 수 있음을 주목한다. 사실 식 (15.50)의 조건은 다음과 동등하게 표현된다.

$$\mathrm{E}\big[\mathsf{E}(n)\mathbf{X}_M^*(n)\big] = \boldsymbol{R}_\mathsf{D} - \boldsymbol{T}_M\boldsymbol{h}_M(n) \tag{15.65}$$

여기서 $\mathbf{X}_M(n)$은 $\mathsf{X}(n-\ell)$ 성분의 벡터이다($\ell = 0, 1, \ldots, M-1$). 따라서 그래디언트 벡터는 간단하게

$$\boldsymbol{g}(n) = -2\mathrm{E}\big[\mathsf{E}(n)\mathbf{X}_M^*(n)\big] \tag{15.66}$$

오류가 추정치 $\widehat{\mathsf{D}}(n)$의 데이터와 직교할 때, 그래디언트 벡터 $\boldsymbol{g}(n) = \mathbf{0}$이다.

n번째 반복에서 그래디언트 벡터의 unbiased 추정은 식 (15.66)에서 간단하게 얻어진다.

$$\hat{\mathbf{g}}(n) = -2\mathsf{E}(n)\mathbf{X}_M^*(n) \tag{15.67}$$

여기서 $\mathsf{E}(n) = \mathsf{D}(n) - \hat{\mathsf{D}}(n)$이고 $\mathbf{X}_M(n)$은 n번째 반복에서 필터의 M개의 신호 샘플들의 집합이다. 따라서 $\hat{\boldsymbol{g}}$가 $\boldsymbol{g}(n)$으로 대체되면, 우리는 알고리즘을 얻는다.

$$\mathbf{h}_M(n+1) = \mathbf{h}_M(n) + \Delta(n)\mathsf{E}(n)\mathbf{X}_M^*(n) \tag{15.68}$$

여기서 $\mathbf{h}(n)$은 $\mathbf{h}(n)$에 의해 주어진 벡터 샘플 시퀀스를 갖는 벡터 랜덤 프로세스이다. 이것을 통계적 경사/그래디언트 하향 알고리즘(stochastic-gradient-descent algorithm)이라고 한다. 식 (15.68)에 의해 주어진 바와 같이, 구간 크기(Step size)가 가변적이다.

두 가지 이유로 고정된 구간 크기(Step size) 알고리즘을 사용하는 것이 적응 필터링에서 일반적인 관행이 되었다. 첫 번째는 고정된 스텝 크기 알고리즘이 하드웨어 또는 소프트웨어로 쉽게 구현된다는 것이다. 두 번째는 고정된 스텝 크기가 시간에 따라 변하는 신호 통계를 추적하는데 적절하지만, $\Delta(n) \to 0$이면 $n \to \infty$이므로 신호변화에 적응할 수 없다는 것이다. 이러한 이유로 식 (15.68)은 알고리즘으로 수정된다.

$$\mathbf{h}_M(n+1) = \mathbf{h}_M(n) + \Delta\,\mathsf{E}(n)\mathbf{X}_M^*(n) \tag{15.69}$$

여기서 Δ는 이제 고정된 스텝크기이다. 이 알고리즘은 윌도우(Widrow)와 호프(Hoff)에 의해 처음 제안되었으며 현재 LMS 알고리즘으로 널리 알려져 있다. 분명히 그것은 통계적 경사/그래디언트 알고리즘(stochastic-gradient algorithm)이다.

LMS 알고리즘은 비교적 간단하게 구현할 수 있다. 이러한 이유로 많은 적응 필터링 응용 프로그램에 널리 사용되었다. 그 속성과 한계도 철저히 조사되었다. 다음 섹션에서는 수렴, 안정성 및 그래디언트 벡터 추정을 사용하여 발생하는 노이즈에 관한 중요한 속성에 대해 간

략하게 설명합니다. 그 후, 우리는 그 속성을 복잡한 재귀 최소 제곱 알고리즘과 비교한다.

MATLAB 구현 SP toolbox는 LMS 알고리즘을 구현하기 위한 기능을 제공하지 않지만 객체 지향 프로그래밍 환경의 객체로 Communication System Toolbox 및 DSP systems Toolbox에서 사용할 수 있다. 이 논의는 이 책의 범위를 벗어난다. 11.1절에서 우리는 적응 필터 계수를 계산하는 함수 `[h,y]=lms(x,d,delta,M)`을 제공했다. 또한, `lms` 함수는 배열 `y`에서 적응 필터의 출력 $\{y(n)\}$을 제공한다. 쉽게 참조 할 수 있도록 아래에 다시 제공한다.

```
function [h,y] = lms(x,d,delta,M)
% LMS Algorithm for Coefficient Adjustment
% ----------------------------------------
% [h,y] = lms(x,d,delta,N)
%     h = estimated FIR filter
%     y = output array y(n)
%     x = input array x(n)
%     d = desired array d(n), length must be same as x
% delta = step size
%     M = length of the FIR filter
%
N = length(x); y = zeros(1,N);
h = zeros(1,M);
for n = M:N
    x1 = x(n:-1:n-M+1);
     y = h * x1';
     e = d(n) - y;
     h = h + delta*e*x1;
end
```

기본적인 LMS 알고리즘의 여러 변형이 문헌에서 제안되었고 적응 필터링 어플리케이션에서 구현되었다. 필터 계수를 조정하기 전에 몇 번의 반복에 걸쳐 그래디언트 벡터를 평균화하면 한 가지 변형이 얻어진다. 예를 들어 K개의 그래디언트 벡터에 대한 평균은

$$\bar{\hat{\mathbf{g}}}(nK) = -\frac{2}{K}\sum_{k=0}^{K-1} \mathsf{E}(nK+k)\mathbf{X}_M^*(nK+k) \tag{15.70}$$

그리고 K회 반복마다 필터 계수를 갱신하기 위한 대응하는 재귀 방정식은

$$\mathbf{h}_M\big((n+1)K\big) = \mathbf{h}_M(nK) - \frac{1}{2}\Delta\bar{\hat{\mathbf{g}}}(nK) \tag{15.71}$$

사실, 식 (15.70)에서 수행된 평균화 연산은 Gardner[20]에서 보여주듯이 그래디언트 벡터 추정의 노이즈를 감소시킨다.

다른 접근법은 저역 통과 필터에 의해 그래디언트 벡터를 필터링하고 그 필터의 출력을 그래디언트 벡터의 추정치로 사용하는 것이다. 예를 들어, 그래디언트에 대한 간단한 로우 패스 필터는 다음과 같은 출력으로 산출된다.

$$\widehat{\mathbf{V}}(n) = \beta\widehat{\mathbf{V}}(n-1) - \hat{\mathbf{g}}(n), \qquad \mathbf{V}(0) = -\hat{\mathbf{g}}(0) \tag{15.72}$$

여기서 $0 \le \beta < 1$의 선택은 저역 통과 필터의 대역폭을 결정한다. β가 1에 가까울 때, 필터 대역폭은 작고 유표 평균화는 다수의 그래디언트 벡터에 의해 수행된다. 반면, β가 작으면 저역 통과 필터는 큰 대역폭을 가지며, 따라서 그래디언트 벡터의 평균을 거의 제공하지 않는다. $\hat{\boldsymbol{g}}(n)$ 대신에 식 (15.72)에 의해 주어진 필터링된 그래디언트 벡터를 사용하여 다음과 같이 주어진 LMS 알고리즘의 필터링된 버전을 얻는다.

$$\mathbf{h}_M(n+1) = \mathbf{h}_M(n) + \frac{1}{2}\Delta\widehat{\mathbf{V}}(n) \tag{15.73}$$

필터링된 그래디언트 LMS 알고리즘 분석은 Proakis[78]에 나와있다.

15.2.3 최소 작성 평균 알고리즘의 특징

이 절에서는 식 (15.69)에 의해 주어진 LMS 알고리즘의 기본 속성을 고려한다. 특히, 우리는 수렴 특성, 안정성 및 실제 그래디언트 벡터 대신에 잡음이 있는 그래디언트 벡터를 사용하여 생성된 초과 잡음에 초점을 맞춘다. 그래디언트 벡터의 노이즈 추정을 사용하면 필터 계수가 무작위로 변동하므로 알고리즘의 특성 분석을 통계적으로 수행해야 한다.

수렴과 안정성

LMS 알고리즘의 수렴과 안정성은 $\mathbf{h}_M(n)$의 평균값이 최적 계수 $\mathbf{h}_{\text{opt}}$에 어떻게 수렴하는지를 결정함으로써 조사 될 수 있다. 기댓값인 식 (15.69)을 취하면 다음을 얻는다.

$$\begin{aligned}\bar{\mathbf{h}}_M(n+1) &= \bar{\mathbf{h}}_M(n) + \Delta\,\mathrm{E}\big[\mathsf{E}(n)\mathbf{X}^*_M(n)\big] \\ &= \bar{\mathbf{h}}_M(n) + \Delta[\boldsymbol{R}_{\mathrm{D}} - \boldsymbol{T}_M\bar{\mathbf{h}}_M(n)] \\ &= (\boldsymbol{I} - \Delta\,\boldsymbol{T}_M)\bar{\mathbf{h}}_M(n) + \Delta\,\boldsymbol{R}_{\mathrm{D}}\end{aligned} \tag{15.74}$$

여기서 $\bar{\mathbf{h}}_M(n) = \mathrm{E}[\mathbf{h}_M(n)]$이고 $\boldsymbol{I}$는 단위행렬이다.

식 (15.74)의 재귀 관계는 그림 15.36과 같이 폐루프 제어 시스템으로 표현 될 수 있다. 이 폐루프 시스템의 수렴 속도와 안정성은 스텝사이즈 파라미터 Δ를 선택함으로써 결정된다. 수렴 동작을 결정하기 위해 평균 벡터 $\bar{\mathbf{h}}_M(n)$의 선형 변환을 수행하여 식 (15.74)에 주어

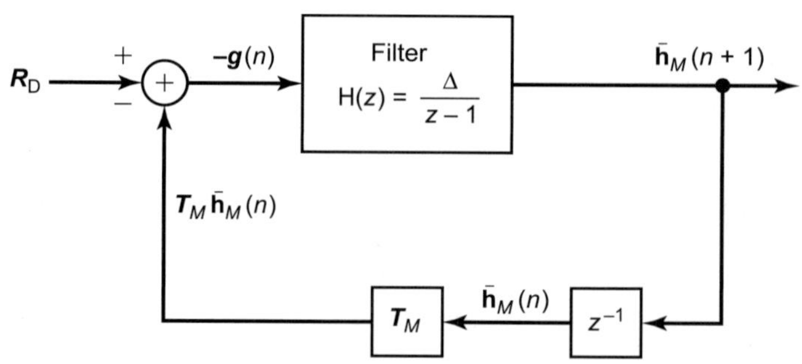

그림 15.36 Closed-loop control system representation of recursive Equation (15.74)

진 M개의 동시 차분 방정식을 분리하는 것이 편리하다. 적절한 변환은 자기 상관 행렬 $\boldsymbol{T}_M$이 Hermitian이므로 다음과 같이 나타난다.

$$\boldsymbol{T}_M = \boldsymbol{U\Lambda U}^{\mathrm{H}} \tag{15.75}$$

여기서 $\boldsymbol{U}$는 $\boldsymbol{T}_M$의 정규화 상태천이(Modal) 행렬이고 $\boldsymbol{\Lambda}$는 $\boldsymbol{T}_M$의 고유 값과 동일한 대각선 요소 λ_k를 갖는 대각 행렬이다. $(0 \le k \le M-1)$ 식 (15.75)가 식 (15.74)에 대입 될 때, 후자는 다음과 같이 표현 될 수 있다.

$$\overline{\mathbf{h}}^{\mathrm{o}}_M(n+1) = (\boldsymbol{I} - \Delta\boldsymbol{\Lambda})\overline{\mathbf{h}}^{\mathrm{o}}_M(n) + \Delta\boldsymbol{R}^{\mathrm{o}}_{\mathrm{D}} \tag{15.76}$$

여기서 직교화된 벡터는 $\overline{\mathbf{h}}^{\mathrm{o}}_M(n) = \boldsymbol{U}^H\overline{\mathbf{h}}_M(n)$과 $\boldsymbol{R}^{\mathrm{o}}_{\mathrm{D}} = \boldsymbol{U}^H\boldsymbol{R}_{\mathrm{D}}$이다. 이제 식 (15.76)의 M이 있는 1차 미분방정식 세트를 분리한다. 그들의 수렴과 안정성은 단일 변수(Homogeneous) 방정식에 의해 결정된다.

$$\overline{\mathbf{h}}^{\mathrm{o}}_M(n+1) = (\boldsymbol{I} - \Delta\,\boldsymbol{\Lambda})\overline{\mathbf{h}}^{\mathrm{o}}_M(n) \tag{15.77}$$

식 (15.77)의 k번째 방정식의 해를 구해본다면,

$$\bar{\mathsf{h}}^{\mathrm{o}}(k,n) = C(1-\Delta\lambda_k)^n u(n), \qquad k = 0,1,2,\ldots,M-1 \tag{15.78}$$

여기서 C는 임의의 상수이고, $u(n)$은 단위 스텝 시퀀스이다. 분명하게 $\bar{\mathsf{h}}^{\mathrm{o}}(k,n)$은 0으로 지수적으로 수렴한다. 따라서,

$$|1-\Delta\lambda_k| < 1$$

or equivalently,

$$0 < \Delta < \frac{2}{\lambda_k}, \qquad k = 0,1,\ldots,M-1 \tag{15.79}$$

가장 빠른 수렴 속도는 $\Delta = 1/\lambda_k$일 때 얻어진다.

K번째 정규화된 필터 계수에 대한단일 변수(Homogeneous) 방정식의 수렴에 대해 식 (15.79) 조건은 모든 $k = 0$, 1, ⋯, $M-1$에서 만족한다. 따라서 LMS 알고리즘에서 계수 벡터 평균의 수렴을 보장하는 Δ값의 범위는 다음과 같다.

$$0 < \Delta < \frac{2}{\lambda_{\max}} \tag{15.80}$$

여기서 $\lambda_{\max}$는 $\boldsymbol{T}_M$의 최대 고유값이다.

$\boldsymbol{T}_M$은 자기 상관 행렬이므로, 그 고유값은 음수가 아니다. 따라서 $\lambda_{\max}$에 대한 상한은

$$\lambda_{\max} < \sum_{k=0}^{M-1} \lambda_k = \operatorname{trace} \boldsymbol{T}_M = M\,R_{\mathsf{XX}}(0) \tag{15.81}$$

여기서 $R_{\mathsf{XX}}(0)$는 수신된 신호로부터 쉽게 추정되는 입력 신호 전력이다. 따라서 스텝 크기 Δ의 상한은 $2/MR_{\mathsf{XX}}(0)$이다.

식 (15.78)로부터 LMS 알고리즘의 빠른 수렴이 $|1-\Delta\lambda_k|$이 작을 때, 즉 그림 15.36의 폐루프 시스템의 극점이 단위 원에서 멀리 떨어질 때 발생한다. 그러나 우리는 $\boldsymbol{T}_M$의 가장 큰 고유 값과 가장 작은 고유 값 사이에 큰 차이가 있을 때 식 (15.79)에서 바람직한 조건을 달성할 수 없으며 여전히 상한을 만족시킨다. 즉 Δ를 $1/\lambda_{\max}$로 선택해도 LMS 알고리즘의 수렴 속도는 가장 작은 고유치 $\lambda_{\min}$에 해당하는 모드의 감쇠로 결정된다. 이 모드에서 $\Delta = 1/\lambda_{\max}$을 식 (15.78)에 대입하면,

$$\bar{\mathsf{h}}_M^{o}(k,n) = C\left(1-\frac{\lambda_{\min}}{\lambda_{\max}}\right)^n u(n)$$

결과적으로, 비율 $\lambda_{\min}/\lambda_{\max}$는 궁극적으로 수렴 속도를 결정한다. $\lambda_{\min}/\lambda_{\max}$가 작으면(1보다 훨씬 작음) 수렴 속도가 느려진다. 반면, $\lambda_{\min}/\lambda_{\max}$가 1에 가까워지면 알고리즘의 수렴 속도가 빠르다.

예제 15.9 **LMS 알고리즘의 스텝 크기 선택**

LMS 알고리즘에 기반한 적응형 이퀄라이저를 시뮬레이션 해보자. 채널 특성은 심볼 속도에서 가져온 다음 샘플 값에 의해 제공된다.

$$x = \left[0.05, -0.063, 0.088, -0.126, -0.25, 0.9047, 0.25, 0, 0.126, 0.038, 0.088\right]$$

이 채널에 대한 자기 상관 행렬은 $\lambda_{\max}/\lambda_{\min} = 11$의 고유치를 갖는다. FIR 이퀄라이저를 위해 선택된 탭 수는 $M = 11$이다. 수신된 신호+잡음 전력은 1로 정규화 된다. 우리는 스텝사이즈의 세가지 다른 값 $\Delta = 0.045,\ 0.09,\ 0.115$에 대해 LMS 알고리즘의 수렴 특성을 설명하고자 한다. 알고리즘의 안정성에 대한 상한 값은 $\Delta = 0.18$이다.

풀이 그림 15.37은 Δ의 3가지 값에 대한 LMS 알고리즘의 수렴 특성을 보여준다. 학습 곡선이라고 불리는 이 그래프는 200회의 시뮬레이션 실행에서 추정된 MSE를 평균하여 얻은 것이다. 그림 15.37에서와 같이 $\Delta = 0.09$ (상한의 절반)를 선택하면 급격하게 감소하는 수렴 속도를 얻을 수 있다. If we divide Δ를 2로 나누면 0.045로 수렴 속도는 감소하지만 초과 MSE 또한 감소하므로 알고리즘은 시간에 따라 변하지 않는 신호 환경에서 더 잘 수행된다. 즉, 추정된 등화기 계수는 그들의 최적 값에 더 가깝다. 이 예제의 MATLAB 스크립트는 다음과 같다.

```
N=500;                              % length of the information sequence
K=5;
actual_isi=[0.05 -0.063 0.088 -0.126 -0.25 0.9047 0.25 0 0.126 0.038 0.088];
sigma=0.01;
delta=0.115;
Num_of_realizations=1000;
mse_av=zeros(1,N-2*K);
info = zeros(1,N);
noise = zeros(1,N);
mse = zeros(1,N);
for j=1:Num_of_realizations,       % Compute the average over a number of
```

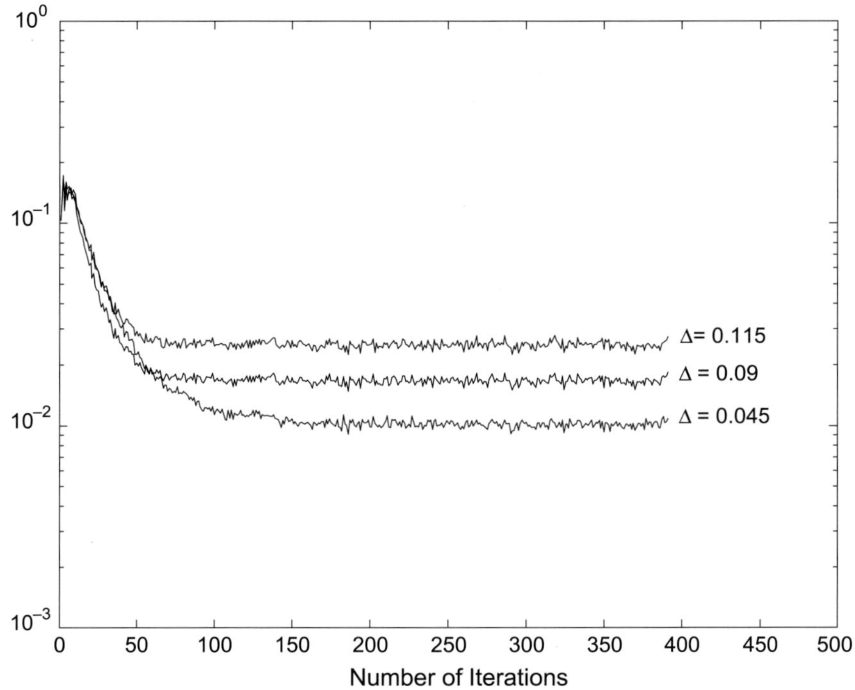

그림 15.37 단계 크기가 다른 LMS 알고리즘의 초기 수렴 특성

```
                                        % realizations.
    % The information sequence
    for i=1:N,
        if (rand<0.5),
            info(i)=-1;
        else
            info(i)=1;
        end
        echo off;
    end;
    % the channel output
    y=filter(actual_isi,1,info);
    for i=1:2:N, [noise(i), noise(i+1)]=gngauss(sigma); end;
    y=y+noise;
    % Now the equalization part follows.
    estimated_c=[0 0 0 0 0 1 0 0 0 0 0];    % Initial estimate of ISI
    for k=1:N-2*K,
        y_k=y(k:k+2*K);
        z_k=estimated_c*y_k.';
        e_k=info(k)-z_k;
        estimated_c=estimated_c+delta*e_k*y_k;
        mse(k)=e_k^2;
        echo off;
    end;
    mse_av=mse_av+mse;
end;
mse_av=mse_av/Num_of_realizations;   % mean-squared error versus iterations
% Plotting commands follow
```

예제 15.10 **가파른 하강에서의 스텝 크기 Δ의 선택**

2차 성능 지수 고려하자.

$$J = h^2 - 40h + 28$$

가장 가파른 하강 알고리즘을 사용하여 최소 J를 탐색한다고 가정해보자.

$$h(n+1) = h(n) - \frac{1}{2}\Delta g(n), \qquad n = 0, 1, \ldots$$

여기서 $g(n)$은 기울이다.

a. 조정 과정에서 과다 감쇠된 시스템을 제공하는 Δ의 값 범위를 결정하라.
b. 이 범위에서 Δ의 값에 대해 n의 함수로 J에 대한 표현을 그래프로 나타낸다.

풀이 **a.** 실적 지수의 기울기는

$$g(n) = \frac{\partial J}{\partial h(n)} = 2h(n) - 40$$

따라서 가장 가파른 하강 알고리즘은

$$h(n+1) = h(n) - \frac{1}{2}\Delta g(n) = (1-\Delta)h(n) + 20\Delta$$

과다 감쇠된 시스템의 경우,

$$|1-\Delta| < 1 \qquad \Rightarrow \qquad 0 < \Delta < 2$$

b. 그림 15.38(a)에는 $J(n)$ 대 n의 그래프가 포함되어 있다. 스텝 크기 Δ는 0.5로 설정되었고 h의 초기 값은 0으로 설정되었다. 그림 15.38(b)에서 $J(h(n))$ 대 $h(n)$을 그래프로 나타냈다. 그림에서 볼 수 있듯이 J의 최고값인 −372는 알고리즘의 5번 반복 내에서 도달한다.

외부 추가 잡음에 대한 고찰

LMS 알고리즘의 또 다른 중요한 특성은 그레디언트 벡터의 추정치를 사용하여 발생하는 잡음이다. 그레디언트-벡터 추정의 잡음은 계수의 임의의 변동을 그들의 최적 값에 대해 발생시키고, 따라서 적응 필터의 출력에서 MMSE를 증가시킨다. 따라서 총 MSE는 $\mathcal{E}_{M,\min} + \mathcal{E}_\Delta$이고, $\mathcal{E}_\Delta$은 평균 제곱 오차라고 불린다.

임의의 주어진 세트의 필터 계수 $\mathbf{h}_M(n)$에 대해 적응 필터의 출력에서의 총 MSE는 다음과 같이 표현된다.

$$\mathcal{E}_t(n) = \mathcal{E}_{M,\min} + (\mathbf{h}_M(n) - \boldsymbol{h}_{\text{opt}})^{\text{t}}\boldsymbol{T}_M(\mathbf{h}_M(n) - \boldsymbol{h}_{\text{opt}})^* \tag{15.82}$$

여기서 $\boldsymbol{h}_{\text{opt}}$는 식 (15.48)에 의해 정의된 최적 필터 계수를 나타낸다. 반복 n의 함수로서 플롯(Plot) $\mathcal{E}_t(n)$은 학습 곡선(Learning Curve)이라 부른다. $\boldsymbol{T}_M$에 식 (15.75)를 대입하고 이전에 사용된 선형 직교 변환을 수행하면,

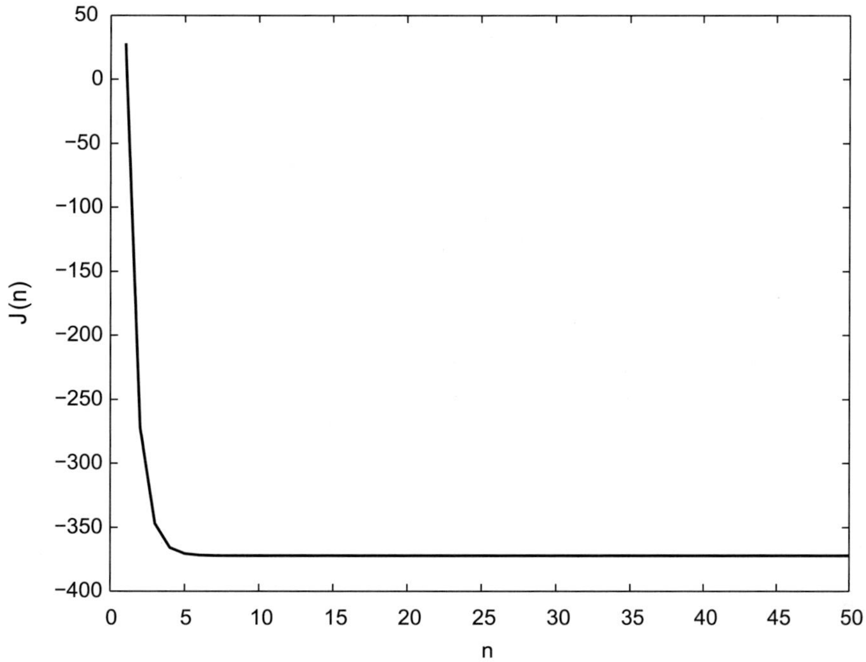

(a)

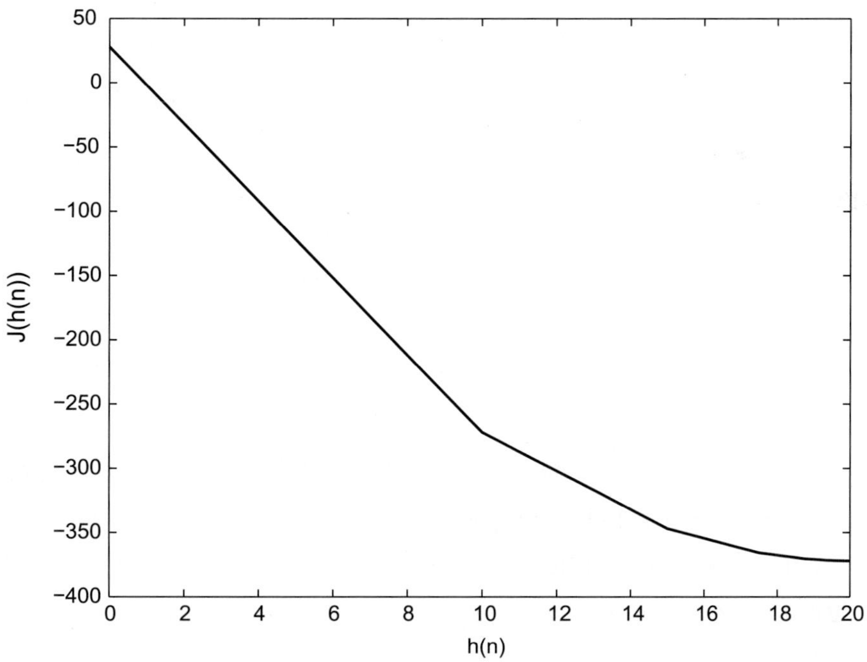

(b)

그림 15.38 예제 15.10 에서 함수 J 의 수렴 특성

$$\mathcal{E}_t(n) = \mathcal{E}_{M,\min} + \sum_{k=0}^{M-1} \lambda_k \left|\mathsf{h}^{\mathrm{o}}(k,n) - h^{\mathrm{o}}_{\mathrm{opt}}(k)\right|^2 \tag{15.83}$$

여기서 용어 $(\mathsf{h}^{\mathrm{o}}(k,n) - h^{\mathrm{o}}_{\mathrm{opt}}(k))$는 k번째 필터 계수의 오차를 나타낸다. 초과 MSE는 식 (15.83)에서 두 번째 항의 기대 값으로 정의되며,

$$\mathcal{E}_\Delta = \sum_{k=0}^{M-1} \lambda_k \mathrm{E}\left[\left|\mathsf{h}^{\mathrm{o}}(k,n) - h^{\mathrm{o}}_{\mathrm{opt}}(k)\right|^2\right] \tag{15.84}$$

초과 MSE $\mathcal{E}_\Delta$에 대한 식을 도출하기 위해, 필터 계수 $\mathbf{h}_M(n)$의 평균값이 그들의 최적값 $\boldsymbol{h}_{\mathrm{opt}}$로 수렴했다고 가정한다. 그러면 식 (15.69)에 주어진 LMS 알고리즘에서 용어 $\Delta\,\mathsf{E}(n)\mathbf{X}^*_M(n)$는 zero 평균 잡음 벡터이다. 그것의 분산은

$$\mathrm{cov}[\Delta\,\mathsf{E}(n)\mathbf{X}^*_M(n)] = \Delta^2\mathrm{E}\left[\left|\mathsf{E}(n)\right|^2\right]\mathbf{X}_M(n)\mathbf{X}^{\mathrm{H}}_M(n)] \tag{15.85}$$

첫 번째 근사값에서 $\left|\mathsf{E}(n)\right|^2$는 신호 벡터와 상관관계가 없다고 가정한다. 이 가정은 엄밀히는 사실이 아니지만 유도를 단순화하고 유용한 결과를 산출한다. 그러면

$$\begin{aligned}\mathrm{cov}[\Delta\,\mathsf{E}(n)\mathbf{X}^*_M(n)] &= \Delta^2\mathrm{E}\left[\left|\mathsf{E}(n)\right|^2\right]\mathrm{E}\left[\mathbf{X}_M(n)\mathbf{X}^{\mathrm{H}}_M(n)\right] \\ &= \Delta^2\mathcal{E}_{M,\min}\boldsymbol{T}_M\end{aligned} \tag{15.86}$$

부가 잡음을 갖는 직교화된 계수 벡터 $\mathbf{h}^{\mathrm{o}}_M(n)$에 대한 방정식은

$$\mathbf{h}^{\mathrm{o}}_M(n+1) = (\boldsymbol{I} - \Delta\boldsymbol{\Lambda})\mathbf{h}^{\mathrm{o}}_M(n) + \Delta\boldsymbol{R}^{\mathrm{o}}_{\mathsf{D}} + \mathbf{W}^{\mathrm{o}}(n) \tag{15.87}$$

여기서 $\mathbf{W}^{\mathrm{o}}(n)$은 변형을 통한 잡음 벡터 $\Delta\,\mathsf{E}(n)\mathbf{X}^*_M(n)$과 관련된 추가 잡음 벡터이다.

$$\begin{aligned}\mathbf{W}^{\mathrm{o}}(n) &= \boldsymbol{U}^{\mathrm{H}}[\Delta\,\mathsf{E}(n)\mathbf{X}^*_M(n)] \\ &= \Delta\,\mathsf{E}(n)\boldsymbol{U}^{\mathrm{H}}\mathbf{X}^*_M(n)\end{aligned} \tag{15.88}$$

쉽게 보기 위한 잡음 벡터의 공분산 행렬은

$$\begin{aligned}\mathrm{cov}[\mathbf{W}^{\mathrm{o}}(n)] &= \Delta^2\mathcal{E}_{M,\min}\boldsymbol{U}^{\mathrm{H}}\boldsymbol{T}_M\boldsymbol{U} \\ &= \Delta^2\mathcal{E}_{M,\min}\boldsymbol{\Lambda}\end{aligned} \tag{15.89}$$

따라서 $\mathbf{W}^{\mathrm{o}}(n)$의 M개의 성분들은 상관관계가 없으며, 각각의 성분은 분산 $\sigma_k^2 = \Delta^2\mathcal{E}_{M,\min}\lambda_k$, $k = 0, 1, \ldots, M-1$을 가진다.

$\mathbf{W}^{\mathrm{o}}(n)$의 잡음 성분은 상관 관계가 없기 때문에, 식 (15.87)의 M개의 분리된 차분 방정식을 개별적으로 고려할 수 있다. 각각의 1차 차분 방정식은 임펄스 응답 $(1-\Delta\lambda_k)^n$을 갖는 필터를 나타낸다. 이러한 필터가 잡음 시퀀스 $\mathsf{W}^{\mathrm{o}}_k(n)$로 여기 될 때, 필터의 출력에서의 잡음의 분산은

$$\mathrm{E}\left[\left|\mathsf{h}^{\mathrm{o}}(k,n) - h^{\mathrm{o}}_{\mathrm{opt}}(k)\right|^2\right] = \sum_{n=0}^{\infty}\sum_{m=0}^{\infty}(1-\Delta\,\lambda_k)^n(1-\Delta\,\lambda_k)^m\mathrm{E}\left[\mathsf{W}^{\mathrm{o}}_k(n)\mathsf{W}^{\mathrm{o}*}_k(m)\right] \tag{15.90}$$

잡음 시퀀스 $\mathsf{W}_k^{\mathrm{o}}(n)$는 백색잡음이라 단순한 가정을 한다. 그러면 식 (15.90)은

$$\mathrm{E}\Big[\big|\mathsf{h}^{\mathrm{o}}(k,n)-h_{\mathrm{opt}}^{\mathrm{o}}(k)\big|^2\Big]=\frac{\sigma_k^2}{1-(1-\Delta\,\lambda_k)^2}=\frac{\Delta^2\mathcal{E}_{M,\min}\lambda_k}{1-(1-\Delta\,\lambda_k)^2} \tag{15.91}$$

식 (15.91)의 결과를 식 (15.84)에 대입하면 초과 MSE에 대한 표현을 다음과 같이 얻는다.

$$\mathcal{E}_\Delta=\Delta^2\mathcal{E}_{M,\min}\sum_{k=0}^{M-1}\frac{\lambda_k^2}{1-(1-\Delta\,\lambda_k)^2} \tag{15.92}$$

이 식은 Δ가 모든 k에서 $\Delta\lambda_k \ll 1$와 같이 선택되도록 가정하면 단순화 될 수 있다.

$$\begin{aligned}\mathcal{E}_\Delta &\approx \Delta^2\mathcal{E}_{M,\min}\sum_{k=0}^{M-1}\frac{\lambda_k^2}{2\Delta\,\lambda_k}\\ &\approx \frac{1}{2}\Delta\mathcal{E}_{M,\min}\sum_{k=0}^{M-1}\lambda_k \approx \frac{\Delta M\mathcal{E}_{M,\min}R_{\mathsf{XX}}(0)}{2}\end{aligned} \tag{15.93}$$

여기서 $R_{\mathsf{XX}}(0)$은 입력 신호의 전력이다.

$\mathcal{E}_\Delta$에 대한 표현은 초과 MSE가 스텝사이즈 파라미터 Δ에 비례함을 나타낸다. 따라서 Δ의 선택은 빠른 수렴과 작은 초과 MSE 사이의 타협을 기반으로 해야 한다. 실제로 $\mathcal{E}_\Delta < \mathcal{E}_{M,\min}$을 갖는 것이 바람직하다. 그러므로

$$\frac{\mathcal{E}_\Delta}{\mathcal{E}_{M,\min}} \approx \frac{\Delta M R_{\mathsf{XX}}(0)}{2} < 1$$

or equivalently,

$$\Delta < \frac{2}{M R_{\mathsf{XX}}(0)} \tag{15.94}$$

그러나 이것은 우리가 이전에 $\lambda_{\max}$에 대해 얻은 상한선에 불과하다. 정상 상태 동작에서 Δ는 식 (15.94)의 상한을 만족시켜야 한다. 그렇지 않으면 초과 MSE는 적응 필터의 성능을 현저하게 저하시킨다.

예제 15.11 시스템 식별에 LMS 알고리즘 사용

LMS 알고리즘을 사용하여 예제 15.1에 주어진 2-극점 시스템의 임펄스 응답을 추정한다. 초기 값은 다음과 같이 설명된다. $h(k)=0$ for $0 \le k \le M-1$. $\mathsf{W}(n)$의 분산은 $\sigma_{\mathsf{W}}^2 = 0.02$이고 $\mathsf{X}(n)$의 분산은 $\sigma_{\mathsf{X}}^2 = 1$이다. LMS 알고리즘에서 스텝 크기 Δ를 선택하여 식 (15.94)를 만족시킨다. $0 \le n \le 1000$에 대한 시뮬레이션을 수행하라.

a. 1000회 반복 한 후, 2 극점 필터의 임펄스 응답을 FIR 필터 모델의 임펄스 응답과 그래프로 나타내고 비교하라. 또한 알려지지 않은 시스템의 주파수 응답을 모델의 주파수 응답을

그래프로 나타내고 비교하라.

b. (a)의 결과와 예제 15.1의 (c)에서 얻은 결과를 비교하라.

풀이 예제 15.1의 적응 필터 차수는 $M = 15$입니다. $\sigma_X^2 = 1$이므로, 신호 전력도 $R_{XX}(0) = 1$이다. 따라서 식 (15.94)로부터 스텝 크기의 상한은 $\Delta = 0.1333$이다. 우리는 $\Delta = 0.05$의 값을 선택한다. 이것은 좋은 수렴과 안정성을 제공한다.

a. MATLAB 코드:

```
>> varW = 0.02; varX = 1;          % Noise and signal variances
>> N = 1000; n = 0:N;              % Number of samples and indices
>> p = 0.8*exp(1j*pi/4);           % Pole location
>> a = [1,-2*real(p),abs(p)^2];    % Plant denominator coeff
>> M = 15;                         % FIR filter model order
>> xn = sqrt(varX)*randn(N+1,1);  % Input sequence
>> wn = sqrt(varW)*randn(N+1,1);  % Noise sequence
>> dn = filter(1,a,xn);            % Output of the plant
>> yn = dn+wn;                     % Noisy plant output
>> % FIR filter model coefficients using LMS algorithm
>> delta = 0.05; %2/(M*varX)=0.1333;
>> [hm,yhatn] = lms(xn.',yn,delta,M);
>> hp = impz(1,a,M+5);           % Plant impulse response
>> % Plots of the impulse and frequency responses
>> om = linspace(0,1,1001)*pi;
>> Hm = freqz(hm,1,om); Hm_mag = abs(Hm); Hm_pha = angle(Hm)/pi;
>> Hp = freqz(1,a,om); Hp_mag = abs(Hp); Hp_pha = angle(Hp)/pi;
>> % Plotting commands follow
```

결과 그래프는 그림 15.39에 나와 있다. 1000번 반복한 후에 모델 계수는 매우 작은 잔류 소음으로 공정 계수에 수렴하는 것처럼 보인다. 이것은 주파수 응답 그래프에서도 분명하다. 모델 진폭 응답의 피크는 정확한 위치에 있지만 전체 응답은 FIR 절단 및 잔여 노이즈의 영향을 나타냅니다.

b. 여기서는 LS 방법과 LMS 알고리즘을 사용하여 얻은 모델 계수와 주파수 응답을 비교한다.

```
>> varW = 0.02; varX = 1;          % Noise and signal variances
>> N = 1000; n = 0:N;              % Number of samples and indices
>> p = 0.8*exp(1j*pi/4);           % Pole location
>> a = [1,-2*real(p),abs(p)^2];    % Plant denominator coeff
>> M = 15;                         % FIR filter model order
>> xn = sqrt(varX)*randn(N+1,1);  % Input sequence
>> wn = sqrt(varW)*randn(N+1,1);  % Noise sequence
>> dn = filter(1,a,xn);            % Output of the plant
>> yn = dn+wn;                     % Noisy plant output
>> % FIR filter model coefficients using LS method
>> [rxx] = xcorr(xn,M-1); % ACRS of x(n)
>> Rxx = toeplitz(rxx(M:end)); % ACRM of x(n)
>> ryx = xcorr(yn,xn,M-1);      % CCRS between y(n) and x(n)
>> ryx = ryx(M:end);            % CCRV
>> hls = Rxx\ryx;               % Model coeff (or Imp resp)
```

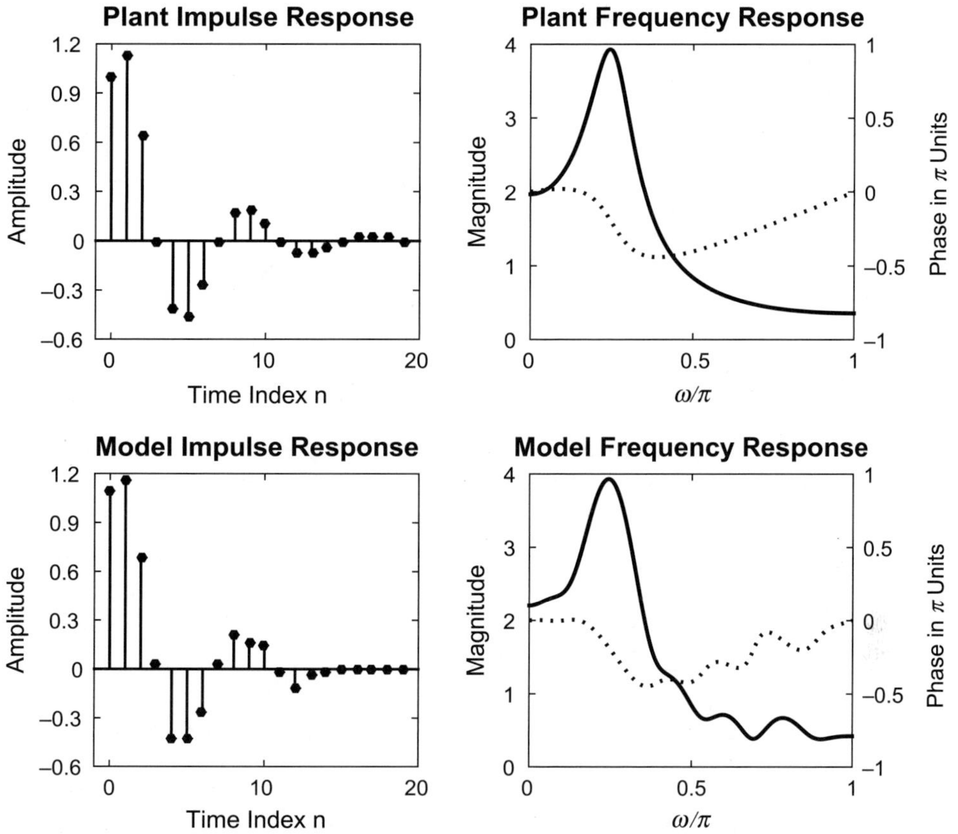

그림 15.39 예제 15.11 (a)의 LMS 알고리즘을 사용하여 얻은 공정 및 FIR 모델의 임펄스 및 주파수 응답 그래. 점선은 위상 응답을 나타냄.

```
>> % Plots of the impulse and frequency responses
>> om = linspace(0,1,1001)*pi;
>> Hls = freqz(hls,1,om); Hls_mag = abs(Hls); Hls_pha = angle(Hls)/pi;
>> % Plotting commands follow
```

결과 그래프는 그림 15.40과 같다. LMS 알고리즘을 사용하여 얻은 임펄스 응답 계수와 주파수 응답은 특히 고주파에서 과도 잡음의 영향을 나타냄을 관찰하십시오.

예제 15.12 **채널 동기화에서 LMS 알고리즘 사용**

예 15.2에 표시된 시스템 구성을 고려하여라. $M = 7$ 및 $D = 10$인 경우 출력 시퀀스 $\hat{a}(n)$을 생성하고 처음 10개의 출력 샘플을 버려 시스템의 과도 현상을 보상한다. 따라서 $\hat{a}(11)$은 $a(1)$에 해당하고, $\hat{a}(12)$는 $a(2)$에 해당한다. LMS 알고리즘을 사용하여 이퀄라이저 필터 계수 $h(k)$를 조정한다. $0 \le k \le 6$. $n = 1000$ 샘플에 대한 시뮬레이션을 수행하고 중지하여라.

a. 채널 필터 $C(z)$, 이퀄라이저 필터 $H(z)$ 및 캐스케이드 필터 $C(z)H(z)$의 주파수의 응답을

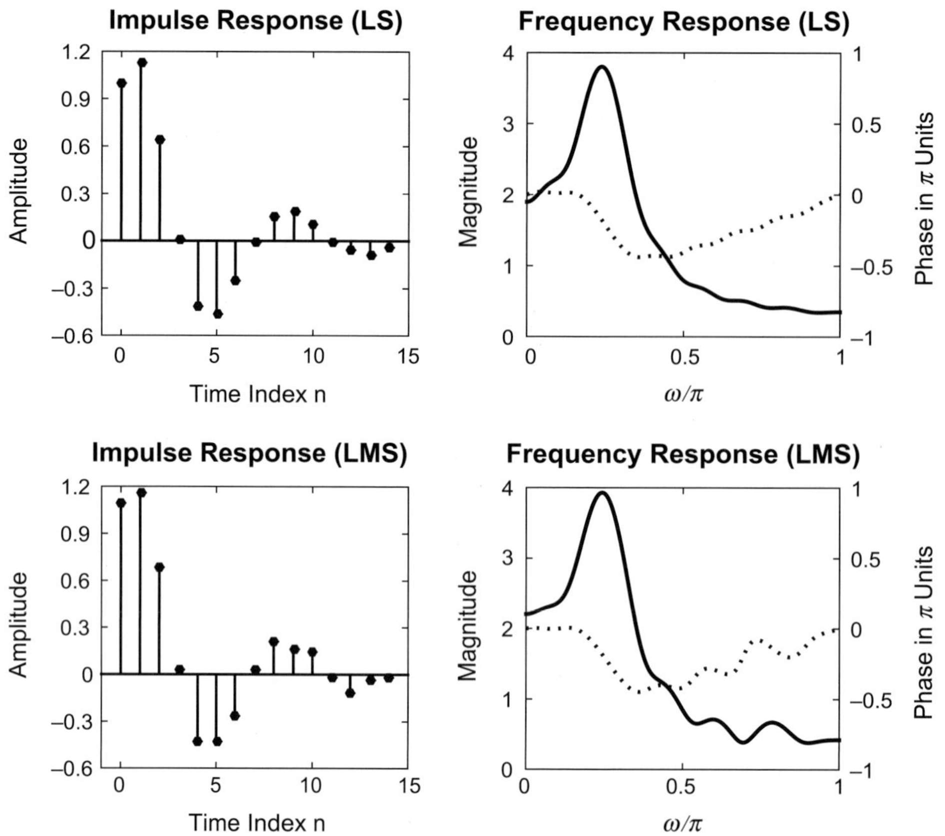

그림 15.40 예제 15.11(b)의 LS 방법과 LMS 알고리즘을 사용하여 얻은 FIR 모델의 비교. 점선은 위상 응답을 나타냄.

그래프로 나타낸다. 결과를 설명하라.

b. (a)의 결과와 최소 제곱 방식에서 얻은 예제 15.2 (c)의 결과를 비교하여라.

풀이 LMS 알고리즘을 사용하는 다양한 신호와 모델 계수는 다음 MATLAB 스크립트를 사용하여 계산된다.

```
>> z0 = 0.8*exp(1j*pi/4); % Zero of C(z)
>> Cb = [1,-2*real(z0),abs(z0)^2]; % Numerator of C(z) or imp resp
>> N = 1000; n = 0:N-1; % Length and timing indices for sequences
>> varW = 0.1; % Variance of the additive noise
>> % Generation of Sequences a(n), x(n), and d(n)
>> M = 7;                          % FIR equalizer length
>> D = 10;                         % Overall delay in processing
>> an = 2*randi([0,1],N,1)-1;      % Pseudorandom symbol sequence
>> yn = filter(Cb,1,an);           % Distorted symbol sequence
>> wn = sqrt(varW)*randn(N,1);     % Additive noise sequence
>> xn = yn+wn;                      % Noisy distorted symbols
>> dn = [zeros(D,1);an(1:N)];      % Desired symbols (delayed)
>> % FIR equalizer coefficients using LMS algorithm
```

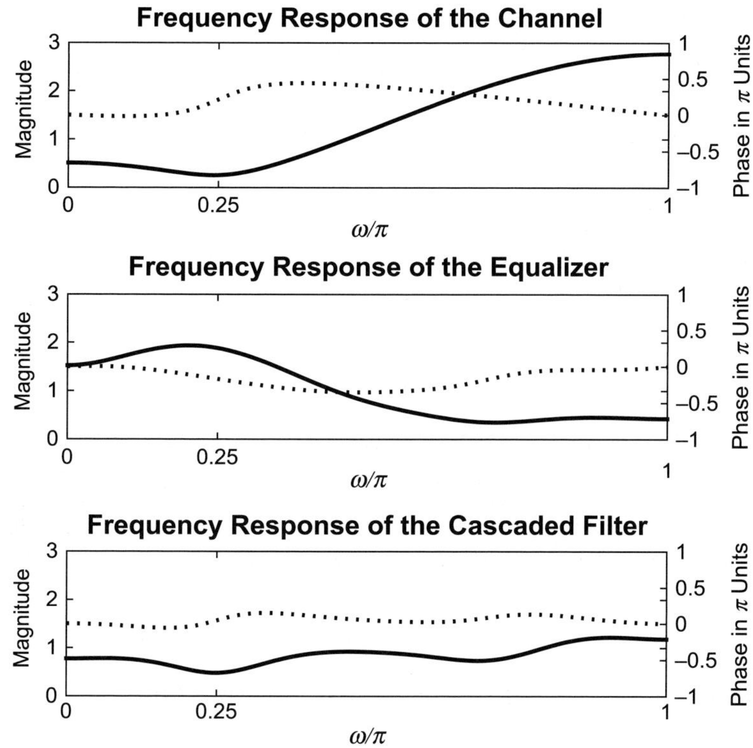

그림 15.41 예제 15.12(a)의 MATLAB 그래프

```
>> [rxx,lags] = xcorr(xn,M-1,'unbiased'); % ACRS of x(n)
>> delta = 0.05; %2/(M*rxx(M))=0.1012;
>> [heq,ahatn] = lms(xn.',dn(D+1:end),delta,M);
```

a. MATLAB 코드:

```
>> om = linspace(0,1,1001)*pi;
>> Heq = freqz(heq,1,om);
>> Heq_mag = abs(Heq); Heq_pha = angle(Heq)/pi;
>> Cz = freqz(Cb,1,om);
>> Cz_mag = abs(Cz); Cz_pha = angle(Cz)/pi;
>> CzHeq = Cz.*Heq;
>> CzHeq_mag = abs(CzHeq); CzHeq_pha = angle(CzHeq)/pi;
```

결과 그래프는 그림 15.41에 나타난다. 제품 필터의 크기 응답은 LMS 알고리즘의 과도한 잡음 특성으로 인해 전체 대역에 걸쳐 작은 편차로 단일에 가깝습니다. 전반적으로 LMS 이퀄라이저는 적절한 성능을 제공한다.

b. LS 방법과 그림을 15.41에 대한 그림 15.9의 비교는 두 개의 이퀄라이저 성능이 전체 대역에서 유사하며 더 부드러운 주파수 응답을 보여주는 LS 이퀄라이저를 보여준다.

예제 15.13 에코 제거에서 LMS 알고리즘 사용

예제 15.3에서 주어진 에코 제거 시스템을 고려하라. 예제 15.3에서와 같은 시스템 변수를 사용하여 LMS 알고리즘을 사용하여 1000개의 샘플에 대한 시뮬레이션을 실행하여 에코 제거기의 계수를 조정한다.

a. 에코 제거기의 계수를 에코 계수 $c(k)$와 비교하여 결과에 대해 설명하라. $0 \le k \le 4$.

b. LMS 알고리즘으로 얻은 결과와 예제 15.3에서 사용된 최소제곱법을 사용하여 얻은 결과를 비교하라.

풀이 예제 15.3에서 시스템 매개 변수는 다음과 같다.

```
>> c = [-0.25,-0.5,0.75,0.36,0.25]; % Echo coefficients>>
>> N = 1000; n = 0:N; % Length and timing indices
>> varW = 0.1; % Additive noise variance
>> an = 2*randi([0,1],N+1,1)-1; % Pseudorandom symbol sequence at Modem-A
>> bn = 2*randi([0,1],N+1,1)-1; % Pseudorandom symbol sequence at Modem-B
```

a. 이 경우의 스텝 크기 식 (15.94)으로부터 상한은 0.2이다. 그러나 $\Delta = 0.01$을 사용하여 1000회의 반복에 대한 양호한 수렴 및 안정성 결과를 얻었다.

```
>> sAn = filter(c,1,an); % Echo signal sequence at modem-A
>> wn = sqrt(varW)*randn(N+1,1); % Additive noise sequence
>> yn = bn + sAn + wn; % Received signal at Modem-A
>> M = 10;              % FIR echo canceller order
>> [raa,lags] = xcorr(an,M-1,'unbiased'); % ACRS of a(n)
>> delta = 0.01;        %2/(M*raa(M))=0.2;
>> [hec,Sahatn] = lms(an.',yn,delta,M);
>> hec(1:5)
hec =
    -0.2988   -0.5861    0.7469    0.3010    0.2272
```

결과적인 에코 제거기 계수는 1000회 반복한 후에는 합리적이지만 noisy하다.

b. 예제 15.3의 LS방법을 사용한 해당 에코 제거 계수는 원래의 반향 제거 계수에 더 가까운 아래에 있다.

```
>> hec'
ans =
   -0.2540   -0.4982    0.7943    0.3285    0.2291
```

이것은 LMS 알고리즘이 어느 정도 번잡하나 유용한 결과를 산출함을 다시 보여준다.

예제 15.14 협대역 간섭 억제에 LMS 알고리즘 사용

예제 15.4에서 주어진 협대역 간섭 억제를 위한 시스템 구성을 고려하라. 예제 15.4에서와 동일한 시스템 매개 변수를 사용하여 LMS 알고리즘을 사용하여 시뮬레이션을 1000번 반복 실행하여 선형 예측기의 계수를 적용한다.

a. 예제 15.4의 (b)에서와 같이, 예측 오차 필터의 주파수 응답을 계산하고 그래프로 나타내어라. 또한 이 필터가 협대역 간섭을 억제하는 노치 필터임을 검증하라.

b. LMS 알고리즘으로 얻은 결과와 예제 15.4에서 사용한 최소 제곱 법을 사용하여 얻은 결과를 비교하라.

풀이 신호 $x(n)$ 및 $v(n)$

```
>> i = (0:100)'; fi = 0.1*i/100; thetai = 2*pi*rand(length(i),1);
>> A = 1; N = 1000; n = 0:N;
>> xn = sum(A*cos(2*pi*fi*n+thetai*ones(1,N+1))); xn = xn';
>> varW = 1; wn = sqrt(varW)*randn(N+1,1);
>> vn = xn+wn;
>> [rvv] = xcorr(vn,M-1+D,'unbiased');
```

$r_{vv}(0)$을 사용하는 이 경우의 스텝 크기 상한은 식 (15.94)에 의해 0.0025이다. 그러나 LMS 알고리즘의 경우 $\Delta = 0.001$의 값을 선택하고 1000회 반복한 후에 예측 인자의 계수를 계산한다.

```
>> M = 15; D = 1;
>> delta = 0.001; %2/(M*rvv(M))=0.0025;
>> [h,xhatn] = lms(vn(1:N-D).',vn(D:N),delta,M);
```

a. 예측 오차 필터의 계수와 주파수 응답은 다음 MATLAB 스크립트를 사용하여 계산되었다.

```
>> h1 = zeros(M+D,1); h1(1) = 1;
>> h1(D+1:D+M) = -h;
>> f = linspace(0,1,1001)*0.5;
>> H1 = freqz(h1,1,2*pi*f);
>> H1db = 20*log10(abs(H1)/max(abs(H1)));
>> % Plotting commands follow
```

결과 그래프는 그림 15.42에 나와있다. 필터가 간섭 신호의 대역에서 15 dB 이상의 노치를 생성하지만, 통과 대역은 바람직하지 않은 리플을 갖는다. 이 경우, LMS 알고리즘은 간신히 잘 수행하는 것처럼 보인다.

b. LMS 알고리즘에 대한 그림 15.20과 그림 15.42의 LS 방법을 비교하면 LMS 알고리즘이 협대역 간섭을 억제하는데 효과적이지만 전반적인 성능은 LS 방법만큼 좋지 않다는 것이 분명하다.

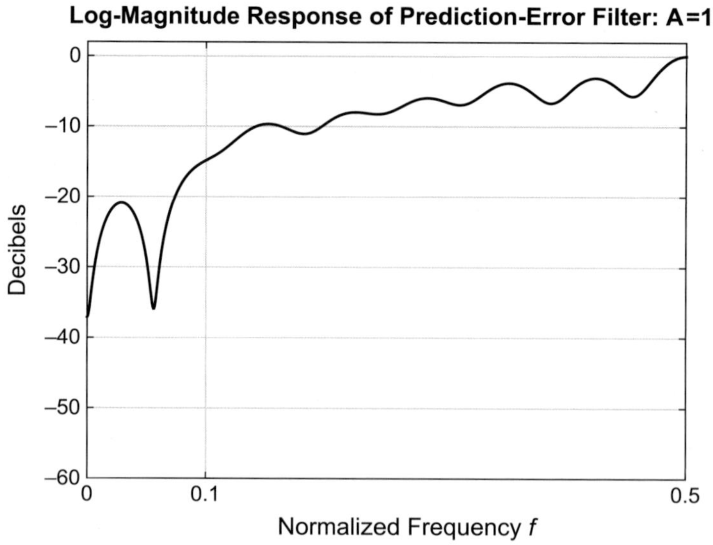

그림 15.42 예제 15.14(a)의 LMS 알고리즘을 사용한 예측 오차 필터의 log 크기 응답

추가 논의

초과 MSE에 대한 앞의 분석은 필터 계수의 평균 값이 최적 해답 $\boldsymbol{h}_{\text{opt}}$로 수렴했다는 가정에 기반한다. 이 조건 하에서 스텝사이즈 Δ는 식 (15.94)의 경계를 만족해야 한다. 다른 한편으로는 평균 계수 벡터의 수렴에는 $\Delta < 2/\lambda_{\max}$가 필요하다고 결정했다. 상한 $2/\lambda_{\max}$ 근처에서 Δ를 선택하는 것은 알려진 그레디언트 알고리즘의 초기 수렴으로 이어질 수 있지만, 그러한 큰 Δ값은 일반적으로 stochastic 그레디언트 LMS 알고리즘의 불안정성을 초래한다. LMS 알고리즘의 초기 수렴 또는 일시적인 동작은 여러 연구자에 의해 조사되었다. 이들 결과는 스텝사이즈가 식 (15.94)에서와 같이 적응 필터의 길이에 정비례하여 감소해야 함을 분명하게 나타낸다. Stochastic-gradient LMS 알고리즘의 초기 수렴을 보장하려면 식 (15.94)에서 주어진 상한값이 필요하다. 실제로 $\Delta < 1/MR_{\text{xx}}(0)$의 선택이 일반적으로 이루어 진다. Gitlin과 Weinstein[24]과 Ungerboeck[93]은 LMS 알고리즘의 과도 응답과 수렴 특성에 대한 분석을 포함하고 있다.

LMS 알고리즘의 디지털 구현에서 스텝사이즈 매개 변수의 선택이 더욱 중요하다. 초과 MSE를 줄이기 위한 시도로 스텝사이즈 파라미터를 총 출력 MSE가 실제로 증가하는 지점으로 줄일 수 있다. 이 조건은 작은 스텝사이즈 파라미터 Δ에 의한 곱셈 이후에 추정된 그레디언트 성분 $e(n)x^*(n-\ell)$, $\ell = 0, 1, M-1$가 필터 계수의 고정된 지점 기준에서 최하위 비트의 1/2보다 작을 때 발생한다. 그러한 경우 적응은 중단된다. 결과적으로, 스텝 크기가 $\boldsymbol{h}_{\text{opt}}$ 근방에서 필터 계수를 가져오기에 충분히 크다는 것이 중요하다. 스텝사이즈를 크게 줄이려는 경우, 필터 계수의 정밀도를 높이는 것이 필요하다. 일반적으로 16비트의 정밀도가 필터 계수에 사용되며, 12개의 최상위 비트는 데이터 필터링에서 산술 연산에 사용된다. 4개의 최하위 비트는 적응 프로세스에 필요한 정밀도를 제공하는데 필요하다. 따라서 스케일링된 추정 기울기 성분 $\Delta e(n)x^*(n-\ell)$은 일반적으로 최하위 비트에만 영향을 미친다. 결과적으로 추가된 정밀도는 데이터 필터링을 위한 산술 연산에 사용되는 상위 비트에서 변경이 발생하기 전에 최하위 비트의 여러 증분 변경이 필요하기 때문에 노이즈가 평균화 되도록 한다. LMS 알고리즘의 디지털 구현에서 반올림 오차를 분석하기 위해 독자는 Gittlin and Weinstein[24], Gitlin et al.[25], Caraiscos and Liu[4]를 참조한다.

마지막으로 LMS 알고리즘이 시간에 따라 변하는 신호 통계를 추적하는데 적합하다는 것을 나타내야 한다. 그러한 경우에 최소 MSE 및 최적의 계수 벡터는 시변이어야 한다. 즉, $\mathcal{E}_{M,\min}$은 시간의 함수이고, M차원 오차 표면은 시간 인덱스 n과 함께 움직인다. LMS 알고리즘은 M차원 공간에서 이동하는 최소 $\mathcal{E}_{M,\min}$을 따르려고 시도하지만, (추정된) 그레디언트 벡터를 사용하기 때문에 항상 뒤떨어져 있다. 결과적으로 LMS 알고리즘은 스텝사이즈 Δ의 증가에 따라 평균 제곱 값이 감소하는 lag error라 불리는 또 다른 형태의 에러를 발생시킨다. 총 MSE는 다음과 같이 나타난다.

$$\mathcal{E}_{\text{total}} = \mathcal{E}_{M\min} + \mathcal{E}_{\Delta} + \mathcal{E}_{l} \tag{15.95}$$

여기서 $\mathcal{E}_l$은 lag error로 표시된다.

임의의 비정적 적응 필터링 문제에서 $\mathcal{E}_\Delta$과 $\mathcal{E}_l$을 Δ의 함수로 플롯하면 이러한 오류가 그림 15.43에 나와있는 것처럼 동작 할 것으로 예상된다. 우리는 Δ가 증가함에 따라 $\mathcal{E}_\Delta$가 증가하는 반면에 $\mathcal{E}_l$이 감소함을 관찰했다. 총 오차는 최소값을 나타낼 것이고, 이는 스텝사이즈 매개 변수의 최적 선택을 결정한다.

신호의 통계적 시간 변화가 신속하게 발생하면, 지연 오차가 적응 필터의 성능을 좌우할 것이다. $\mathcal{E}_l \gg \mathcal{E}_{M\min} + \mathcal{E}_\Delta$ 이러한 경우에 가장 바람직한 Δ 값을 사용하는 경우에도 마찬가지이다. 이 조건이 발생하면 LMS 알고리즘은 응용에 적합하지 않으며, 빠른 수렴 및 트레킹을 얻기 위해 15.2.4절에 설명된 더 복잡한 재귀 최소 제곱 알고리즘(RLS)를 사용해야 한다.

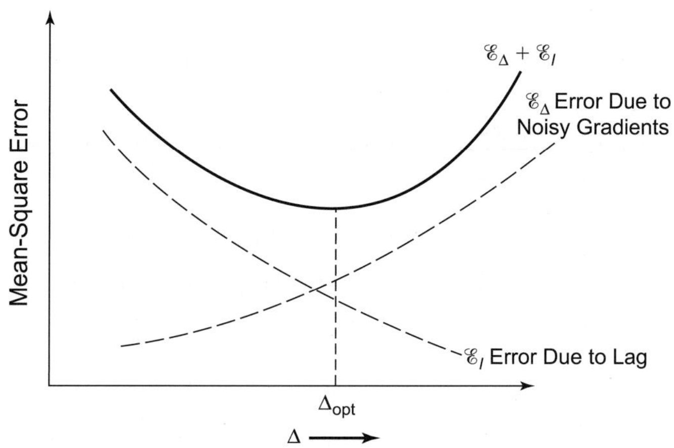

그림 15.43 단계 크기 Δ 증가에 따른 초과 평균 자승 오차 $\mathcal{E}_\Delta$ 및 지연 오차 $\mathcal{E}_t$ 함수

15.2.4 직접 연결방식 유한 임펄스 응답 필터를 위한 회기적인 최소 자승 방법

LMS 알고리즘의 주요 이점은 계산상의 단순성에 있다. 그러나 단순성에 대한 대가는 느린 수렴이다. 특히 자기 상관 행렬 $\mathbf{T}_M$의 고유치가 큰 분산을 가질 때($\lambda_{\max}/\lambda_{\min} \gg 1$) 더 그러하다. 다른 관점에서 볼 때, LMS 알고리즘은 수렴 속도를 제어하기 위한 하나의 조정 가능한 매개 변수, 즉 스텝사이즈 매개 변수 Δ만 갖는다. Δ는 식 (15.94)의 상한보다 작도록 안정성 목적으로 제한되므로, 보다 작은 고유값에 해당하는 모드는 매우 천천히 수렴한다.

더 빠른 수렴을 얻으려면 추가 매개 변수와 관련된 더 복잡한 알고리즘을 고안해야 한다. 특히, 상관 행렬 $\mathbf{T}_M$이 동일하지 않은 고유값을 가진다면, 각각의 고유값에 대해 하나씩 M개의 매개 변수를 포함하는 알고리즘을 사용해야 한다. 보다 신속하게 수렴하는 적응 필터링 알고리즘을 유도 할 때, MSE 기준을 기반으로한 통계적 접근 방식 대신 최소 제곱 기준을 채택한다. 따라서 우리는 데이터 시퀀스 $x(n)$을 직접 처리하고 데이터로부터 상관 관계 추정을 얻는다.

표기법을 단순화 하기 위해 행렬 형태로 최소 제곱 알고리즘을 표현하는 것이 편리하다. 알고리즘은 시간에 재귀적이기 때문에 필터 계수 벡터와 오류 시퀀스에 시간 인덱스를 도입이 필요하다. 따라서 시간 n에서 필터 계수 벡터를 다음과 같이 정의한다.

$$\boldsymbol{h}_M(n) = \begin{bmatrix} h(0,n) \\ h(1,n) \\ h(2,n) \\ \vdots \\ h(M-1,n) \end{bmatrix} \tag{15.96}$$

여기서 첨자 M은 필터의 길이를 나타낸다. 유사하게, 시간 n에서의 필토로의 입력 신호 벡터로는 다음과 같이 표시된다.

$$\boldsymbol{X}_M(n) = \begin{bmatrix} x(n) \\ x(n-1) \\ x(n-2) \\ \vdots \\ x(n-M+1) \end{bmatrix} \tag{15.97}$$

$n(0)$에 대해 $x(n) = 0$이라고 가정한다. 이는 일반적으로 입력 데이터의 프리 윈도우(pre-windowing)이라고 한다.

재귀적 최소 제곱 문제는 이제 다음과 같이 공식화 될 수 있다. 벡터 $\boldsymbol{X}_M(\ell)$, $\ell = 0, 1, \ldots, n$을 관찰하고 크기 제곱 오차의 가중합을 최소화하는 필터 계수 벡터 $\boldsymbol{h}_M(n)$을 결정한다고 가정하면,

$$\mathcal{E}_M = \sum_{\ell=0}^{n} w^{n-\ell} \left| e_M(\ell, n) \right|^2 \tag{15.98}$$

여기서 에러는 원하는 시퀀스 $d(\ell)$과 추정치 $\hat{d}(\ell, n)$ 사이의 차이로 정의되며,

$$\begin{aligned} e_M(\ell, n) &= d(\ell) - \hat{d}(\ell, n) \\ &= d(\ell) - \boldsymbol{h}_M^{\mathrm{t}}(n)\boldsymbol{X}_M(\ell) \end{aligned} \tag{15.99}$$

w는 $0 < w \leq 1$ 범위의 가중치 인자이다.

인자 w의 목적은 가장 최근의 데이터 포인트에 더 큰 가중치를 부여하고, 따라서 필터 계수가 데이터의 시간에 따른 통계적 특성에 적용하도록 허용한다. 이것은 과거 데이터에 지수 가중 계수를 사용하여 수행된다. 또한 균일한 가중치를 갖는 유한 지속 슬라이딩 윈도우를 사용할 수 있다. 수학적으로나 실제로나 지수 가중 계수를 보다 편리하게 사용할 수 있다. 비교를 위해 지수적으로 가중된 윈도우 시퀀스는 효과적인 메모리가 있다.

$$\overline{N} = \frac{\sum_{n=0}^{\infty} n w^n}{\sum_{n=0}^{\infty} w^n} = \frac{w}{1-w} \tag{15.100}$$

그러므로, 길이 $\overline{N}$의 슬라이딩 윈도우와 대략 동일해야 한다.

필터 계수 벡터 $\boldsymbol{h}_M(n)$에 대한 $\mathcal{E}_M$의 최소화는 선형 방정식 집합을 다음과 같이 나타낸다.

$$\boldsymbol{R}_M(n)\boldsymbol{h}_M(n) = \boldsymbol{D}_M(n) \tag{15.101}$$

여기에서 $\boldsymbol{R}_M(n)$은 추정된 신호에 대한 상관 행렬이미 다음과 같이 정의된다.

$$\boldsymbol{R}_M(n) = \sum_{\ell=0}^{n} w^{n-\ell} \boldsymbol{X}_M^*(\ell)\boldsymbol{X}_M^{\mathrm{t}}(\ell) \tag{15.102}$$

$\boldsymbol{D}_M(n)$은 추정된 상호 상관 벡터이고

$$\boldsymbol{D}_M(n) = \sum_{\ell=0}^{n} w^{n-\ell} \boldsymbol{X}_M^*(\ell) d(\ell) \tag{15.103}$$

따라서 식 (15.101) 의 해는 다음과 같다.

$$\boldsymbol{h}_M(n) = \boldsymbol{R}_M^{-1}(n)\boldsymbol{D}_M(n) \tag{15.104}$$

명백하게, 행렬 $\boldsymbol{R}_M(n)$은 통계적 자기 상관 행렬 $\boldsymbol{T}_M$과 유사하고, 벡터 $\boldsymbol{D}_M(n)$은 이전에 정의된 상호 상관 벡터 $\boldsymbol{R}_d$와 유사하다. 그러나 $\boldsymbol{R}_M(n)$은 $\boldsymbol{T}_M$이 아닌 반면에 Toeplitz 행렬이 아님을 강조한다. 우리는 또한 n의 작은 값에 대해 $\boldsymbol{R}_M(n)$이 상태가 좋지 않을 수 있으므로 역함수를 계산할 수 없다는 것을 언급해야 한다. 그러한 경우에, 초기에 행렬 $\delta \boldsymbol{I}_M$을 $\boldsymbol{R}_M(n)$에 추가하는 것이 통상적이며, 여기서 $\boldsymbol{I}_M$은 단위 행렬이고 δ는 작은 양의 정수이다. 이전의 지수 가중치를 적용하면, $\delta \boldsymbol{I}_M$을 더하는 효과가 시간과 함께 사라진다.

이제 시간 $n-1$에 식 (15.104)의 해답을 가지고 있다고 가정하자. 즉, $\boldsymbol{h}_M(n-1)$을 가지고 $\boldsymbol{h}_M(n)$을 계산하고자 한다. 새로운 신호 성분에 대한 M 선형 방정식의 집합을 푸는 것은 비효율적이며 실용적이지 못하다. 대신 행렬과 벡터를 재귀적으로 계산 할 것이다.

첫 번째로 $\boldsymbol{R}_M(n)$은 다음과 같이 재귀적으로 계산 될 수 있다.

$$\boldsymbol{R}_M(n) = w\boldsymbol{R}_M(n-1) + \boldsymbol{X}_M^*(n)\boldsymbol{X}_M^{\mathrm{t}}(n) \tag{15.105}$$

식 (15.105)를 $\boldsymbol{R}_M(n)$을 위한 시간 업데이트 방정식이라 한다.

$\boldsymbol{R}_M(n)$의 역행렬이 필요하기 때문에, 행렬 반전 보조 정리를 한다.

$$\boldsymbol{R}_M^{-1}(n) = \frac{1}{w}\left[\boldsymbol{R}_M^{-1}(n-1) - \frac{\boldsymbol{R}_M^{-1}(n-1)\boldsymbol{X}_M^*(n)\boldsymbol{X}_M^{\mathrm{t}}(n)\boldsymbol{R}_M^{-1}(n-1)}{w + \boldsymbol{X}_M^{\mathrm{t}}(n)\boldsymbol{R}_M^{-1}(n-1)\boldsymbol{X}_M^*(n)}\right] \tag{15.106}$$

따라서 $\boldsymbol{R}_M^{-1}(n)$은 재귀적으로 계산될 수 있다.

편의상 $\boldsymbol{P}_M(n) = \boldsymbol{R}_M^{-1}(n)$으로 정의한다. 또한 칼만 게인 벡터라고도하는 M차원 벡터 $\boldsymbol{K}_M(n)$을 다음과 같이 정의하는 것이 편하다.

$$\boldsymbol{K}_M(n) = \frac{1}{w + \mu_M(n)}\boldsymbol{P}_M(n-1)\boldsymbol{X}_M^*(n) \tag{15.107}$$

$\mu_M(n)$은 스칼라 값이며 다음과 같다.

$$\mu_M(n) = \boldsymbol{X}_M^t(n)\boldsymbol{P}_M(n-1)\boldsymbol{X}_M^*(n) \tag{15.108}$$

이러한 조건을 이용하면 식 (15.106)은 다음과 같이 표시할 수 있다.

$$\boldsymbol{P}_M(n) = \frac{1}{w}\Big[\boldsymbol{P}_M(n-1) - \boldsymbol{K}_M(n)\boldsymbol{X}_M^{\mathrm{t}}(n)\boldsymbol{P}_M(n-1)\Big] \tag{15.109}$$

식 (15.109)에 $\boldsymbol{X}_M^*(n)$을 앞쪽에 곱하면

$$\begin{aligned}\boldsymbol{P}_M(n)\boldsymbol{X}_M^*(n) &= \frac{1}{w}[\boldsymbol{P}_M(n-1)\boldsymbol{X}_M^*(n) - \boldsymbol{K}_M(n)\boldsymbol{X}_M^t(n)\boldsymbol{P}_M(n-1)\boldsymbol{X}_M^*(n)] \\ &= \frac{1}{w}\Big\{[w + \mu_M(n)]\boldsymbol{K}_M(n) - \boldsymbol{K}_M(n)\mu_M(n)\Big\} = \boldsymbol{K}_M(n)\end{aligned} \tag{15.110}$$

따라서 칼만 이득 벡터는 $\boldsymbol{P}_M(n)X_M^*(n)$으로 정의 될 수도 있다.

이제 필터 계수를 반복적으로 계산하기 위한 방정식을 도출하기 위해 행렬 반전 보조 정리를 사용하면,

$$\boldsymbol{h}_M(n) = \boldsymbol{P}_M(n)\boldsymbol{D}_M(n) \tag{15.111}$$

그리고

$$\boldsymbol{D}_M(n) = w\boldsymbol{D}_M(n-1) + d(n)\boldsymbol{X}_M^*(n) \tag{15.112}$$

식 (15.109) 및 식 (15.112)을 식 (15.104)에 대입하면

$$\begin{aligned}\boldsymbol{h}_M(n) \;=\; &\frac{1}{w}[\boldsymbol{P}_M(n-1) - \boldsymbol{K}_M(n)\boldsymbol{X}_M^{\mathrm{t}}(n)\boldsymbol{P}_M(n-1)] \\ &\times [w\boldsymbol{D}_M(n-1) + d(n)\boldsymbol{X}_M^*(n)]\end{aligned}$$

$$\begin{aligned}
&= \boldsymbol{P}_M(n-1)\boldsymbol{D}_M(n-1) + \frac{1}{w}d(n)\boldsymbol{P}_M(n-1)\boldsymbol{X}_M^*(n) \\
&\quad -\boldsymbol{K}_M(n)\boldsymbol{X}_M^{\mathrm{t}}(n)\boldsymbol{P}_M(n-1)\boldsymbol{D}_M(n-1) \\
&\quad -\frac{1}{w}d(n)\boldsymbol{K}_M(n)\boldsymbol{X}_M^{\mathrm{t}}(n)\boldsymbol{P}_M(n-1)\boldsymbol{X}_M^*(n) \\
&= \boldsymbol{h}_M(n-1) + \boldsymbol{K}_M(n)[d(n) - \boldsymbol{X}_M^{\mathrm{t}}(n)\boldsymbol{h}_M(n-1)]
\end{aligned} \tag{15.113}$$

$\boldsymbol{X}_M^{\mathrm{t}}(n)\boldsymbol{h}_M(n-1)$은 시간 $n-1$에서 필터 계수의 사용을 기반으로 시간 n에서 적응 필터의 출력임을 알 수 있다.

$$\boldsymbol{X}_M^{\mathrm{t}}(n)\boldsymbol{h}_M(n-1) = \hat{d}(n, n-1) \equiv \hat{d}(n) \tag{15.114}$$

그리고

$$e_M(n, n-1) = d(n) - \hat{d}(n, n-1) \equiv e_M(n) \tag{15.115}$$

임펄스 응답과 칼만 이득을 조합하여 다음과 같은 갱신 임펄스 응답식 $\boldsymbol{h}_M(n)$을 구할 수 있다.

$$\boldsymbol{h}_M(n) = \boldsymbol{h}_M(n-1) + \boldsymbol{K}_M(n)e_M(n) \tag{15.116}$$

또는 동등하게,

$$\boldsymbol{h}_M(n) = \boldsymbol{h}_M(n-1) + \boldsymbol{P}_M(n)\boldsymbol{X}_M^*(n)e_M(n) \tag{15.117}$$

요약하면, 최적의 필터 계수 $\boldsymbol{h}_M(n-1)$, 행렬 $\boldsymbol{P}_M(n-1)$ 및 벡터 $\boldsymbol{X}_M(n-1)$을 가지고 있다고 가정한다. 새로운 신호 성분 $x(n)$이 얻어질 때, $\boldsymbol{X}_M(n-1)$으로부터 $x(n-M)$ 기간을 삭제하고, $x(n)$을 더함으로 $\boldsymbol{X}_M(n)$이 형성된다. 그러면 필터 계수에 대한 순환 계산은 다음과 같이 진행된다.

1. 필터 출력 값 계산:

$$\hat{d}(n) = \boldsymbol{X}_M^{\mathrm{t}}(n)\boldsymbol{h}_M(n-1) \tag{15.118}$$

2. 오차값 계산:

$$e_M(n) = d(n) - \hat{d}(n) \tag{15.119}$$

3. 칼만 이득 벡터 계산:

$$\boldsymbol{K}_M(n) = \frac{\boldsymbol{P}_M(n-1)\boldsymbol{X}_M^*(n)}{w + \boldsymbol{X}_M^{\mathrm{t}}(n)\boldsymbol{P}_M(n-1)\boldsymbol{X}_M^*(n)} \tag{15.120}$$

4. 역 상관 행렬 갱신 또는 수정(Update)

$$\boldsymbol{P}_M(n) = \frac{1}{w}[\boldsymbol{P}_M(n-1) - \boldsymbol{K}_M(n)\boldsymbol{X}_M^{\mathrm{t}}(n)\boldsymbol{P}_M(n-1)] \tag{15.121}$$

5. 필터 계수 행렬 갱신 또는 수정(Update)

$$\boldsymbol{h}_M(n) = \boldsymbol{h}_M(n-1) + \boldsymbol{K}_M(n)e_M(n) \tag{15.122}$$

식 (15.118)~(15.122)에 의해 지정된 재귀 알고리즘을 직렬형 재귀 최소 제곱(RLS) 알고리즘이라고 한다. 이것은 $\boldsymbol{h}_M(-1) = \boldsymbol{0}$ 및 $\boldsymbol{P}_M(-1) = 1/\delta \boldsymbol{I}_M$으로 초기화되며, 여기서 δ는 작은 양수이다.

앞서 최적화로 인한 잔여 MSE는 다음과 같다.

$$\mathcal{E}_{M,\min}(n) = \sum_{\ell=0}^{n} w^{n-\ell} \left| d(\ell) \right|^2 - \boldsymbol{h}_M^{\mathrm{t}}(n) \boldsymbol{D}_M^*(n) \tag{15.123}$$

식 (15.122)부터 우리는 필터 계수가 오류 $e_M(n)$에 칼만 게인 벡터 $\boldsymbol{K}_M(n)$을 곱한 값만큼 시간에 따라 변한다는 것을 관찰한다. $\boldsymbol{K}_M(n)$은 M차원 벡터이므로 각 필터 계수는 $\boldsymbol{K}_M(n)$의 요소 중 하나에 의해 제어된다. 따라서 빠른 수렴이 이루어진다. 대조적으로 LMS 알고리즘의 사용에 의해 조정된 필터의 계수에 대한 시간-업데이트 방정식은 다음과 같다.

$$\boldsymbol{h}_M(n) = \boldsymbol{h}_M(n-1) + \Delta \boldsymbol{X}^*(n) e_M(n) \tag{15.124}$$

계수의 조정 비율을 제어하기 위한 단일 파라미터 Δ만을 갖는다.

예제 15.15 **LMS 알고리즘의 수렴 특성과 RLS 알고리즘의 비교**

LMS 알고리즘에 비해 직접형 RLS 알고리즘의 가장 큰 장점은 보다 빠른 수렴 속도이다. 이러한 특징적인 동작은 길이 $M = 11$의 적응형 FIR 채널 이퀄라이저에 대한 LMS 및 직접형 RLS 알고리즘의 수렴 속도를 보여주는 그림 15.44에 설명되어 있다. 수신 신호에 대한 통계 자기 상관 행렬 $\boldsymbol{T}_M$은 고유 값 비 $\lambda_{\max}/\lambda_{\min} = 11$을 갖는다. 모든 등화기 계수는 초기에 0으로 설정되었습니다. LMS 알고리즘의 스텝 크기는 $\Delta = 0.02$로 선택되었으며, 이는 수렴 속도와 초과 MSE 사이의 좋은 절충안을 나타낸다.

보다 빠른 수렴을 달성하기 위한 RLS 알고리즘의 우수성은 분명하다. 알고리즘은 70회 반

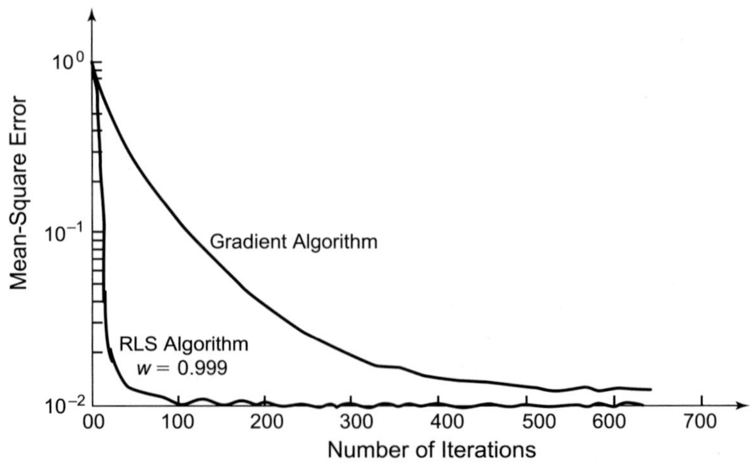

그림 15.44 길이 $M = 11$의 적응 이퀄라이저를 위한 RLS 및 LMS 알고리즘에 대한 학습 곡선. 채널의 고유값 비는 $\lambda_{\max}/\lambda_{\min} = 11$. LMS 알고리즘의 스텝 사이즈는 $\Delta = 0.02$.

복 (70개의 신호 샘플) 미만으로 수렴되지만 LMS 알고리즘은 600회 이상의 반복에 수렴하지 않는다. RLS 알고리즘 이러한 빠른 수렴 속도는 신호 통계가 시간이 지남에 따라 급격히 변화하는 애플리케이션에서 매우 중요하다. 예를 들어, 전리층 고주파(HF) 무선 채널의 특성의 시간 변화는 LMS 알고리즘에 적응적으로 뒤따르기에는 너무 빠르다. 그러나 RLS 알고리즘은 이러한 빠른 변화를 추적하기에 충분히 빠르게 적응한다. (Hsu [33]).

LDU 인수분해 및 자승 기법 RLS 알고리즘은 유한 정밀도 산술 알고리즘의 구현에서 반올림(Round-off) 잡음에 매우 취약하다. 반올림 오류의 주요 문제점은 $\boldsymbol{P}_M(n)$의 업데이트에서 발생한다. 이 문제를 해결하기 위해 상관 행렬 $\boldsymbol{R}_M(n)$ 또는 $\boldsymbol{P}_M(n)$ 중 하나를 분해 할 수 있다. 반올림 오류에 대한 민감도를 줄이기 위해 사용할 수 있는 여러 가지 가능한 분해가 있다. 구체적으로 $\boldsymbol{P}_M(n)$의 LDU 분해를 고려해보자.

$$\boldsymbol{P}_M(n) = \boldsymbol{L}_M(n)\bar{\boldsymbol{D}}_M(n)\boldsymbol{L}_M^{\mathrm{H}}(n) \tag{15.125}$$

여기서 $\boldsymbol{L}_M(n)$은 l_{ik} 성분이 있는 하삼각 행렬이고, $\bar{\boldsymbol{D}}_M(n)$은 δ_k가 있는 대각선 행렬이고 $\boldsymbol{L}_M^{\mathrm{H}}(n)$은 상삼각 행렬이다. $\boldsymbol{L}_M(n)$의 대각선 요소는 1로 설정된다. 이제 $\boldsymbol{P}_M(n)$을 재귀적으로 계산하는 대신, $\boldsymbol{L}_M(n)$ 및 $\bar{\boldsymbol{D}}_M(n)$을 직접 업데이트하는 공식을 결정할 수 있으므로 $\boldsymbol{P}_M(n)$의 계산을 피할 수 있다.

원하는 업데이트 공식은 식 (15.121)에서 식 (15.107)을 사용하여 $\boldsymbol{P}_M(n)$의 모양을 분해하여 바꾸어 구한다.

$$\begin{aligned}&\boldsymbol{L}_M(n)\bar{\boldsymbol{D}}_M(n)\boldsymbol{L}_M^{\mathrm{H}}(n)\\&=\frac{1}{w}\boldsymbol{L}_M(n-1)\left[\bar{\boldsymbol{D}}_M(n-1)-\frac{1}{w+\mu_M(n)}\boldsymbol{V}_M(n-1)\boldsymbol{V}_M^{\mathrm{H}}(n-1)\right]\boldsymbol{L}_M^{\mathrm{H}}(n-1)\end{aligned} \tag{15.126}$$

정의에 따라 다음 식을 얻을 수 있다.

$$\boldsymbol{V}_M(n-1) = \bar{\boldsymbol{D}}_M(n-1)\boldsymbol{L}_M^{\mathrm{H}}(n-1)\boldsymbol{X}_M^*(n) \tag{15.127}$$

식 (15.126) 사각 괄호에서 허미시안 행렬은 LDU 인수분해에 따라 다음과 같이 표시할 수 있다.

$$\begin{aligned}&\hat{\boldsymbol{L}}_M(n-1)\hat{\boldsymbol{D}}_M(n-1)\hat{\boldsymbol{L}}_M^{\mathrm{H}}(n-1)\\&\qquad=\bar{\boldsymbol{D}}_M(n-1)-\frac{1}{w+\mu_M(n)}\boldsymbol{V}_M(n-1)\boldsymbol{V}_M^{\mathrm{H}}(n-1)\end{aligned} \tag{15.128}$$

식 (15.128)을 적절하게 변경하여 식 (15.126)에 대입하면 다음과 같은 식을 얻을 수 있다.

$$\begin{aligned}&\boldsymbol{L}_M(n)\bar{\boldsymbol{D}}_M(n)\hat{\boldsymbol{L}}_M^{\mathrm{H}}(n)\\&\quad=\frac{1}{w}[\boldsymbol{L}_M(n-1)\hat{\boldsymbol{L}}_M(n-1)\hat{\boldsymbol{D}}_M(n-1)\hat{\boldsymbol{L}}_M^{\mathrm{H}}(n-1)\boldsymbol{L}_M^{\mathrm{H}}(n-1)]\end{aligned} \tag{15.129}$$

따라서 원하는 업데이트 관계(Update relations)는 다음과 같다

$$\begin{aligned} \boldsymbol{L}_M(n) &= \boldsymbol{L}_M(n-1)\hat{\boldsymbol{L}}_M(n-1) \\ \bar{\boldsymbol{D}}_M(n) &= \frac{1}{w}\hat{\boldsymbol{D}}_M(n-1) \end{aligned} \tag{15.130}$$

결과 알고리즘 식 (15.130)의 시간 업데이트 방정식에서 얻은 알고리즘은 데이터 벡터 $\boldsymbol{X}_M(n)$에 직접적으로 의존하고 데이터 벡터의 제곱에는 의존하지 않는다. 따라서 데이터 벡터의 제곱 연상이 회피되고 결과적으로 반올림 오차의 영향이 현저히 줄어든다.

$\boldsymbol{R}_M(n)$ 또는 $\boldsymbol{P}_M(n)$의 LDU 분해로 얻은 RLS 알고리즘을 제곱근 RLS 알고리즘이라고 합니다. 방금 설명한 것처럼 $\boldsymbol{P}_M(n)$의 LDU 분해에 기반한 제곱근 RLS 알고리즘이 표 15.1에 나와있다. 그것의 계산 상의 복잡성은 M^2에 비례한다.

표 15.1 자승근 RLS 알고리즘에 대한 LDU 형태

```
for j = 1, ..., 2, ..., M do
    f_j = x_j^*(n)
end loop j
for j = 1, 2, ..., M − 1 do
    for i = j + 1, j + 2, ..., M do
        f_j = f_j + l_ij(n − 1) f_i
end loop j
for j = 1, 2, ..., M do
        d̄_j(n) = d_j(n − 1)/w
        v_j = d̄_j(n) f_i
end loop j
α_M = 1 + v_M f_M^*
d_M(n) = d̄_M(n)/α_M
k̄_M = v_M
for j = M − 1, M − 2, ..., 1 do
    k̄_j = v_j
    α_j = α_{j+1} + v_j f_j^*
    λ_j = f_j/α_{j+1}
    d_j(n) = d̄_j(n) α_{j+1}/α_1
    for i = M, M − 1, ..., j + 1 do
        l_ij(n) = l_ij(n − 1) + k̄_i^* λ_j
        k̄_i = k̄_i + v_j l_ij^*(n − 1)      down to j = 2)
    end loop i
end loop j
K̄_M(n) = [k̄_1, k̄_2, ..., k̄_M]^t
e_M(n) = d(n) − d̄(n)
h_M(n) = h_M(n − 1) + [e_M(n)/α_1] K̄_M(n)
```

15.3 요약 및 참고문헌

지금까지 직렬 연결 유한 임펄스 응답 필터(Direct form FIR Filter)를 위한 적응형 알고리즘에 대하여 살펴보았다. 직접 연결 FIR 필터 알고리즘은 단순한 LMS 알고리즘, 회기적인 최소 자승을 포함한 직렬 연결 및 RLS 형태로 구성되다. 관련 연구자에는 Widrow와 Hoff [95], Bierman [2], Carlson과 Culmone [5], 그리고 Hsu [33] 등이 있다.

이러한 알고리즘 중에서 특히 LMS 알고리즘이 가장 간단합니다. 느린 수렴 응답이 문제가 되지 않는 경우 많은 애플리케이션에서 사용된다. 직접 형태의 RLS 알고리즘 중 제곱근 알고리즘은 빠른 수렴이 필요한 애플리케이션에 주로 선호된다. RLS 알고리즘은 상대적으로 우수한 수치적 통계적 특징을 보여주고 있다

적응 과정에서 과도한 메모리를 사용을 줄이기 위하여 직접 연결형 RLS 알고리즘에서는 과거 데이터에 대한 효과적인 지수 가중치로 접근하고 있다. 지수 가중치의 대안으로, 과거 데이터에 유한 길이의 균등 가중치를 사용할 수 있다. 이 접근법은 Cioffi와 Kalaith [7] 참고문헌에서 기술된 유한 메모리 RLS 직접 형 알고리즘의 관련 연구로 이어진다.

참고문헌

[1] F. S. Beckman. "The Solution of Linear Equations by the Conjugate Gradient Method," in *Mathematical Methods for Digital Computers*, A. Ralston and H. S. Wilf, eds., Wiley, New York, 1960.

[2] G. J. Bierman. *Factorization Methods for Discrete Sequential Estimation*, Academic Press, New York, 1977.

[3] R. C. Brown. *Introduction to Random Signal Analysis and Kalman Filtering*, Wiley, New York, 1983.

[4] C. Caraiscos and B. Liu. "A Roundoff Error Analysis of the LMS Adaptive Algorithm," *IEEE Trans. Acoustics, Speech, and Signal Processing*, vol. ASSP-32, pp. 34–41, January 1984.

[5] N. A. Carlson and A. F. Culmone. "Efficient Algorithms for On-Board Array Processing," *Record 1979 International Conference on Communications*, pp. 58.1.1–58.1.5, Boston, June 10–14, 1979.

[6] C. K. Chui and G. Chen. *Kalman Filtering*, Springer-Verlag, New York, 1987.

[7] J. M. Cioffi and T. Kailath. "Windowed Fast Transversal Filters Adaptive Algorithms with Normalization," *IEEE Trans. Acoustics, Speech, and Signal Processing*, vol. ASSP-33, pp. 607–625, June 1985.

[8] J. W. Cooley and J. W. Tukey. "An Algorithm for the Machine Computation of Complex Fourier Series," *Mathematical Computations*, vol. 19, pp. 297–301, April 1965.

[9] R. E. Crochiere and L. R. Rabiner. *Multirate Digital Signal Processing*, Prentice Hall, Englewood Cliffs, NJ, 1983.

[10] C. de Boor. *A Practical Guide to Splines*, Springer-Verlag, New York, 1978.

[11] J. R. Deller, J. H. L. Hansen, and J. G. Proakis. *Discrete-Time Processing of Speech Signals*, Wiley-IEEE Press, 2000.

[12] P. Delsarte and Y. Genin. "The Split Levinson Algorithm," *IEEE Trans. Acoustics, Speech, and Signal Processing*, vol. ASSP-34, pp. 470–478, June 1986.

[13] P. Delsarte, Y. Genin, and Y. Kamp. "Orthogonal Polynomial Matrices on the Unit Circle," *IEEE Trans. Circuits and Systems*, vol. CAS-25, pp. 149–160, January 1978.

[14] J. Durbin. "Efficient Estimation of Parameters in Moving-Average Models," *Biometrika*, vol. 46, pp. 306–316, 1959.

[15] J. L. Flanagan et al. "Speech Coding," *IEEE Transactions on Communications*, vol. COM-27, pp. 710–736, April 1979.

[16] R. Fletcher and M. J. D. Powell. "A Rapidly Convergent Descent Method for Minimization," *Comput. J.*, vol. 6, pp. 163–168, 1963.

[17] B. Friedlander. "Lattice Filters for Adaptive Processing," *Proc. IEEE*, vol. 70, pp. 829–867, August 1982.

[18] B. Friedlander. "Lattice Methods for Spectral Estimation," *Proc. IEEE*, vol. 70, pp. 990–1017, September 1982.

[19] F. R. Gantmacher. *The Theory of Matrices*, vol. I, Chelsea Publishing Company, Chelsea, NY, 1960.

[20] W. A. Gardner. "Learning Characteristics of Stochastic-Gradient-Descent Algorithms: A General Study, Analysis and Critique," *Signal Processing*, vol. 6, pp. 113–133, April 1984.

[21] D. A. George, R. R. Bowen, and J. R. Storey. "An Adaptive Decision-Feedback Equalizer," *IEEE Trans. Communication Technology*, vol. COM-19, pp. 281–293, June 1971.

[22] L. Y. Geronimus. *Orthogonal Polynomials* (in Russian) (English translation by Consultant's Bureau, New York, 1961), 1958.

[23] A. Gersho. "Adaptive Equalization of Highly Dispersive Channels for Data Transmission," *Bell Syst. Tech. J.*, vol. 48, pp. 55–70, January 1969.

[24] R. D. Gitlin and S. B. Weinstein. "On the Required Tap-Weight Precision for Digitally Implemented Mean-Squared Equalizers," *Bell Syst. Tech. J.*, vol. 58, pp. 301–321, February 1979.

[25] R. D. Gitlin, H. C. Meadors, and S. B. Weinstein. "The Tap-Leakage Algorithm: An Algorithm for the Stable Operation of a Digitally Implemented Fractionally Spaced, Adaptive Equalizer," *Bell Syst. Tech. J.*, vol. 61, pp. 1817–1839, October 1982.

[26] I. Gohberg, ed. *I. Schür Methods in Operator Theory and Signal Processing*, Birkhauser Verlag, Stuttgart, Germany, 1986.

[27] J. A. Greefties. "A Digitally Companded Delta Modulation Modem for Speech Transmission," In *Proceedings of IEEE International Conference on Communications*, pp. 7.33–7.48, June 1970.

[28] O. Grenander and G. Szegö. *Toeplitz Forms and Their Applications*, University of California Press, Berkeley, CA, 1958.

[29] D. Hanselman and B. Littlefield. *Mastering MATLAB 7*, Pearson/Prentice Hall, Englewood Cliffs, NJ, 2005.

[30] S. Haykin. *Adaptive Filter Theory*, 3rd ed., Prentice-Hall, Englewood Cliffs, NJ, 1996.

[31] A. S. Householder. "Unitary Triangularization of a Non-Symmetric Matrix," *J. Assoc. Comput. Math.*, vol. 5, pp. 204–243, 1958.

[32] A. S. Householder. *The Theory of Matrices in Numerical Analysis*, Blaisdell, Waltham, MA, 1964.

[33] F. M. Hsu. "Square-Root Kalman Filtering for High-Speed Data Received over Fading Dispersive HF Channels." *IEEE Trans. Information Theory*, vol. IT-28, pp. 753–763, September 1982.

[34] F. M. Hsu and A. A. Giordano. "Digital Whitening Techniques for Improving Spread Spectrum Communications Performance in the Presence of Narrowband Jamming and Interference," *IEEE Trans. Communications*, vol. COM-26, pp. 209–216, February 1978.

[35] B. R. Hunt, R. L. Lipsman, J. M. Rosenberg, and Kevin R. Coombes. *A Guide to MATLAB: For Beginners and Experienced Users*, Cambridge University Press, New York, NY, 2001.

[36] V. K. Ingle and J. G. Proakis. *Digital Signal Processing using the ADSP-2101*, Prentice Hall, Englewood Cliffs, NJ, 1991.

[37] L. B. Jackson. "An Analysis of Limit Cycles Due to Multiplicative Rounding in Recursive Digital Filters," *Proceedings of the 7th Allerton Conference on Circuits and System Theory*, pp. 69–78, 1969.

[38] N. S. Jayant. "Adaptive Delta Modulation with One-Bit Memory," *Bell System Technical Journal*, pp. 321–342, March 1970.

[39] N. S. Jayant. "Digital Coding of Speech Waveforms: PCM, DPCM, and DM Quantizers." *Proceedings of the IEEE*, vol. 62, pp. 611–632, May 1974.

[40] S. K. Jones, R. K. Cavin, and W. M. Reed. "Analysis of Error-Gradient Adaptive Linear Equalizers for a Class of Stationary-Dependent Processes," *IEEE Trans. Information Theory*, vol. IT-28, pp. 318–329, March 1982.

[41] T. Kailath. "A View of Three Decades of Linear Filter Theory," *IEEE Trans. Information Theory*, vol. IT-20, pp. 146–181, March 1974.

[42] T. Kailath. *Lectures on Wiener and Kalman Filtering*, Springer-Verlag, New York, 1981.

[43] T. Kailath. "Linear Estimation for Stationary and Near-Stationary Processes," in *Modern Signal Processing*, T. Kailath, ed., Hemisphere Publishing Corp., Washington, D.C., 1985.

[44] T. Kailath. "A Theorem of I. Schür and Its Impact on Modern Signal Processing," in [26].

[45] T. Kailath, A. C. G. Vieira, and M. Morf. "Inverses of Toeplitz Operators, Innovations, and Orthogonal Polynomials," *SIAM Rev.*, vol. 20, pp. 1006–1019, 1978.

[46] R. E. Kalman. "A New Approach to Linear Filtering and Prediction Problems," *Trans. ASME, J. Basic Eng.*, vol. 82D, pp. 35–45, March 1960.

[47] R. E. Kalman and R. S. Bucy. "New Results in Linear Filtering Theory," *Trans. ASME, J. Basic Eng.*, vol. 83, pp. 95–108, 1961.

[48] S. M. Kay. *Modern Spectral Estimation*, Prentice-Hall, Englewood Cliffs, NJ, 1988.

[49] S. M. Kay and S. L. Marple, Jr. "Spectrum Analysis: A Modern Perspective," *Proc. IEEE*, vol. 69, pp. 1380–1419, November 1981.

[50] J. W. Ketchum and J. G. Proakis. "Adaptive Algorithms for Estimating and Suppressing Narrow-Band Interference

in PN Spread-Spectrum Systems," *IEEE Trans. Communications*, vol. COM-30, pp. 913–923, May 1982.

[51] H. Krishna. "New Split Levinson, Schür, and Lattice Algorithms or Digital Signal Processing," *Proc. 1988 International Conference on Acoustics, Speech, and Signal Processing*, pp. 1640–1642, New York, April 1988.

[52] S. Y. Kung and Y. H. Hu. "A Highly Concurrent Algorithm and Pipelined Architecture for Solving Toeplitz Systems," *IEEE Trans. Acoustics, Speech, and Signal Processing*, vol. ASSP-31, pp. 66–76, January 1983.

[53] A. Leon-Garcia. *Probability, Statistics, and Random Processes for Electrical Engineering*, Pearson Prentice Hall, Upper Saddle River, NJ, third edition, 2008.

[54] N. Levinson. "The Wiener RMS Error Criterion in Filter Design and Prediction," *J. Math. Phys.*, vol. 25, pp. 261–278, 1947.

[55] R. W. Lucky. "Automatic Equalization for Digital Communications," *Bell Syst. Tech. J.*, vol. 44, pp. 547–588, April 1965.

[56] F. R. Magee and J. G. Proakis. "Adaptive Maximum-Likelihood Sequence Estimation for Digital Signaling in the Presence of Intersymbol Interference," *IEEE Trans. Information Theory*, vol. IT-19, pp. 120–124, January 1973.

[57] J. Makhoul. "Linear-Prediction: A Tutorial Review," *Proc. IEEE*, vol. 63, pp. 561–580, April 1975.

[58] J. Makhoul. "Stable and Efficient Lattice Methods for Linear Prediction," *IEEE Trans. Acoustics, Speech, and Signal Processing*, vol. ASSP-25, pp. 423–428, 1977.

[59] J. Makhoul. "A Class of All-Zero Lattice Digital Filters: Properties and Applications." *IEEE Trans. Acoustics, Speech, and Signal Processing*, vol. ASSP-26, pp. 304–314, August 1978.

[60] D. G. Manolakis and V. K. Ingle. *Applied Digital Signal Processing*, Cambridge University Press, Cambridge, UK, 2011.

[61] D. G. Manolakis, V. K. Ingle, and S. M. Kogon. *Statistical and Adaptive Signal Processing*, Artech House, Norwood, MA, 2005.

[62] D. G. Manolakis, F. Ling, and J. G. Proakis. "Efficient Time-Recursive Least-Squares Algorithms for Finite-Memory Adaptive Filtering," *IEEE Trans. Circuits and Systems*, vol. CAS-34, pp. 400–408, April 1987.

[63] J. D. Markel and A. H., Gray, Jr. *Linear Prediction of Speech*, Springer-Verlag, New York, 1976.

[64] S. L. Marple, Jr. *Digital Spectral Analysis with Applications*, Prentice-Hall, Englewood Cliffs, NJ, 1987.

[65] J. E. Mazo. "On the Independence Theory of Equalizer Convergence," *Bell Syst. Tech. J.*, vol. 58, pp. 963–993, May 1979.

[66] J. E. Meditch. *Stochastic Optimal Linear Estimation and Control*, McGraw-Hill, New York, 1969.

[67] S. L. Miller and D. G. Childers. *Probability and Random Processes*, Academic Press, Burlington, MA, second edition, 2012.

[68] S. K. Mitra. *Digital Signal Processing: A Computer-Based Approach*, McGraw-Hill, New York, NY, fourth edition, 2010.

[69] W. Murray, ed. *Numerical Methods of Unconstrained Minimization*, Academic Press, New York, 1972.

[70] H. E. Nichols, A. A. Giordano, and J. G. Proakis. "MLD and MSE Algorithms for Adaptive Detection of Digital Signals in the Presence of Interchannel Interference," *IEEE Trans. Information Theory*, vol. IT-23, pp. 563–575, September 1977.

[71] A. V. Oppenheim and R. W. Schafer. *Discrete-Time Signal Processing*, Prentice Hall, Englewood Cliffs, NJ, third edition, 2010.

[72] S. J. Orfanidis. *Introduction to Signal Processing*, Prentice Hall, Englewood Cliffs, NJ, 1996, pp. 367–383.

[73] A. Papoulis and S. U. Pillai. *Probability, Random Variables, and Stochastic Processes*, McGraw-Hill, New York, NY, fourth edition, 2002.

[74] T. W. Parks and J. H. McClellan. "A Program for the Design of Linear-Phase Finite Impulse Response Digital Filters," *IEEE Transactions on Audio and Electroacoustics*, vol. AU-20, pp. 195–199, August 1972.

[75] B. Picinbono. "Adaptive Signal Processing for Detection and Communication," in *Communication Systems and Random Process Theory*, J. K. Skwirzynski, ed.,

Sijthoff en Noordhoff, Alphen aan den Rijn, The Netherlands, 1978.

[76] R. Pratap. *Getting Started with MATLAB7: A Quick Introduction for Scientists and Engineers*, Oxford University Press, USA, 2005.

[77] J. G. Proakis. "Adaptive Digital Filters for Equalization of Telephone Channels," *IEEE Trans. Audio and Electroacoustics* vol. AU-18, pp. 195–200, June 1970.

[78] J. G. Proakis. "Advances in Equalization for Intersymbol Interference," in *Advances in Communication Systems*, vol. 4, A. J. Viterbi, ed., Academic Press, New York, 1975.

[79] J. G. Proakis and D. G. Manolakis. *Digital Signal Processing: Principles, Algorithms and Applications*, Prentice Hall, Upper Saddle River, NJ, third edition, 1996.

[80] J. G. Proakis and J. H. Miller. "Adaptive Receiver for Digital Signaling through Channels with Intersymbol Interference," *IEEE Trans. Information Theory*, vol. IT-15, pp. 484–497, July 1969.

[81] J. G. Proakis and M. Salehi. *Digital Communications*, McGraw-Hill, New York, NY, fifth edition, 2008.

[82] J. G. Proakis and M. Salehi. *Communication Systems Engineering*, Prentice Hall, Upper Saddle River, NJ, second edition, 2012.

[83] L. R. Rabiner and B. Gold. *Theory and Applications in Digital Signal Processing*, Prentice Hall, Englewood Cliffs, NJ, 1975.

[84] L. R. Rabiner and R. W. Schafer. *Digital Processing of Speech Signals*, Prentice Hall, Englewood Cliffs, NJ, 1978.

[85] L. R. Rabiner, R. W. Schafer, and C. A. McGonegal. "An Approach to the Approximation Problem for Nonrecursive Digital Filters," *IEEE Transactions on Audio and Electroacoustics*, vol. AU-18, pp. 83–106, June 1970.

[86] E. A. Robinson and S. Treitel. "Digital Signal Processing in Geophysics," in *Applications of Digital Signal Processing*, A. V. Oppenheim, ed., Prentice-Hall, Englewood Cliffs, NJ, 1978.

[87] E. A. Robinson and S. Treitel. *Geophysical Signal Analysis*, Prentice-Hall, Englewood Cliffs, NJ, 1980.

[88] Schur. "On Power Series Which Are Bounded in the Interior of the Unit Circle," (in German) *J. Reine Angew. Math.*, vol. 147, pp. 205–232, Berlin, 1917. (For an English translation of this paper, see [26]).

[89] M. Schetzen and V. K. Ingle. *Discrete Systems Laboratory Using MATLAB*, Brooks/Cole, Pacific Grove, CA, 2000.

[90] H. Stark and J. W. Woods. *Probability, Random Processes, and Estimation Theory for Engineers*, Prentice Hall, Upper Saddle River, NJ, fourth edition, 2012.

[91] G. Szegö. *Orthogonal Polynomials*, 3rd ed., Colloquium Publishers, no. 23, American Mathematical Society, Providence, RI, 1967.

[92] S. A. Tretter. *Introduction to Discrete-Time Signal Processing*, Wiley, New York, 1976.

[93] G. Ungerboeck. "Theory on the Speed of Convergence in Adaptive Equalizers for Digital Communication," *IBM J. Res. Devel.*, vol. 16, pp. 546–555, November 1972.

[94] A. C. G. Vieira. "Matrix Orthogonal Polynomials with Applications to Autoregressive Modeling and Ladder Forms," Ph.D. dissertation, Department of Electrical Engineering, Stanford University, Stanford, Calif., December 1977.

[95] B. Widrow and M. E. Hoff, Jr. "Adaptive Switching Circuits," *IRE WESCON Conv. Rec.*, pt. 4, pp. 96–104, 1960.

[96] B. Widrow et al. "Adaptive Noise Cancelling Principles and Applications," *Proc. IEEE*, vol. 63, pp. 1692–1716, December 1975.

[97] B. Widrow, P. Mantey, and L. J. Griffiths. "Adaptive Antenna Systems," *Proc. IEEE*, vol. 55, pp. 2143–2159, December 1967.

[98] N. Wiener. *Extrapolation, Interpolation and Smoothing of Stationary Time Series with Engineering Applications*, Wiley, New York, 1949.

[99] R. D. Yates and D. J. Goodman. *Probability and Stochastic Processes*, John Wiley & Sons, Hoboken, NJ, 2005.

[100] D. Youla and N. Kazanjian. "Bauer-Type Factorization of Positive Matrices and the Theory of Matrices Orthogonal on the Unit Circle," *IEEE Trans. Circuits and Systems*, vol. CAS-25, pp. 57–69, January 1978.

INDEX

찾아보기

ㄱ

ㄴ

ㄷ

ㄹ

ㅁ

ㅂ

ㅅ

ㅇ

ㅈ

ㅊ

ㅋ

ㅌ

ㅍ

ㅎ

A

B

C

D

K

L

M

N

O

P

Q

역서비교표 -역서와 영문판 비교

장		원서4판	역서4판	참고
1	수식	동일		
	그림	동일		
	예제	동일		
	표	동일		
2	수식		1	추가
		1~16	2~17	+1
		17~22	19~24	+2
			25~30	추가
		23	31	'+8
			32	추가
		24	18	특수함
		25-28	33-36	+8
	그림	동일		
	예제	동일		
	표	동일		
3	수식	1~2	1~2	
			3~4	추가
		3~12	5~14	'+2
			15~16	추가
		13	17	'+4
			18	추가
		14~ 29	19~34	'+5
		30~33		번호만 삭제
		34~37	35~38	'+1
		38~41		번호만 삭제
		42~44	39~41	-3
	그림	동일		
	예제	동일		
	표	동일		
4	수식	1	1	
			2~3	추가
		2	4	+2
			5	추가
		3	18	
		4 ~8	6~10	2
			11~12	추가
		9 ~11	13~15	+4
			16~18	추가
		12	19	+7
			20	추가
		13~34	21~42	'+8
	그림	동일		
	예제	동일		
	표		1	추가
		1	2	"+1

장		원서4판	역서4판	참고
5	수식	1 ~2	1 ~2	
			3	추가
		3~ 4	4~ 5	
			6	추가
		5~14	7 ~16	
			17~ 27	추가
		15~ 45	28~ 58	+13
			59~-61	추가
		46	62	+16
			63	추가
		47~53	64~70	"+17
		54~60		번호만 삭제
		61 ~65	71~75	+ 10
	그림	1~18	1~18	
			19~ 20	추가
		19~21	21~23	+ 2
			24	추가
		22	25	'+3
	예제	동일		
	표	0	1- 2	추가
6	수식	1~9	1~9	
			10~13	추가
		10~11	14~15	+4
			16~18	추가
		12~72	19 ~79	+7
	그림	동일		
	예제	동일		
	표	동일		
7	수식	1~17	1~17	
			18	추가
		18~47	19~48	+1
			49~54	추가
		48	55	"+7
	그림	동일		
	예제	동일		
	표	동일		
8~15	수식	동일		
	그림	동일		
	예제	동일		
	표	동일		